1 MONTH OF
FREE
READING

at
www.ForgottenBooks.com

By purchasing this book you are
eligible for one month membership to
ForgottenBooks.com, giving you
unlimited access to our entire
collection of over 1,000,000 titles via
our web site and mobile apps.

To claim your free month visit:
www.forgottenbooks.com/free1204199

ISBN 978-0-331-64766-2
PIBN 11204199

This book is a reproduction of an important historical work. Forgotten Books uses state-of-the-art technology to digitally reconstruct the work, preserving the original format whilst repairing imperfections present in the aged copy. In rare cases, an imperfection in the original, such as a blemish or missing page, may be replicated in our edition. We do, however, repair the vast majority of imperfections successfully; any imperfections that remain are intentionally left to preserve the state of such historical works.

DICTIONNAIRE

CLASSIQUE

D'HISTOIRE NATURELLE.

I

DE L'IMPRIMERIE DE BAUDOUIN FRÈRES,
RUE DE VAUGIRARD, Nº 36.

Bory de Saint-Vincent, Jean Baptiste George Marie.

DICTIONNAIRE

CLASSIQUE

D'HISTOIRE NATURELLE,

PAR MESSIEURS

Jean Victor

AUDOUIN, Isid. BOURDON, Ad. BRONGNIART, DE CANDOLLE, DAUDEBARD DE FÉRUSSAC, A. DESMOULINS, DRAPIEZ, EDWARDS, FLOURENS, GEOFFROY DE SAINT-HILAIRE, A. DE JUSSIEU, KUNTH, G. DE LA-FOSSE, LAMOUROUX, LATREILLE, LUCAS fils, PRESLE-DUPLESSIS, C. PRÉVOST, A. RICHARD, THIÉBAUT DE BERNEAUD, et BORY DE SAINT-VINCENT.

Ouvrage dirigé par ce dernier collaborateur, et dans lequel on a ajouté, pour le porter au niveau de la science, un grand nombre de mots qui n'avaient pu faire partie de la plupart des Dictionnaires antérieurs.

TOME PREMIER.

A - Arg

PARIS.

REY ET GRAVIER, LIBRAIRES-ÉDITEURS,
Quai des Augustins, n° 55;
BAUDOUIN FRÈRES, LIBRAIRES-ÉDITEURS,
IMPRIMEURS DE LA SOCIÉTÉ D'HISTOIRE NATURELLE,
Rue de Vaugirard, n° 36.

AVERTISSEMENT.

Nous n'entreprendrons point d'établir, dans une longue Préface, l'utilité de l'ouvrage que nous publions : ses rédacteurs sont résolus à ne présenter que des faits dégagés de l'appareil de phrases inutiles. Nous craindrions de dérober quelques pages à la science, en commençant par détailler minutieusement le plan qu'il nous a paru bon d'adopter, et de l'exécution duquel chacun pourra juger, après avoir parcouru ce premier volume. Mais, si des promesses exagérées et l'éloge d'un livre sont déplacés dans ses premiers feuillets, il peut être nécessaire d'y rendre compte des motifs qui le firent composer, surtout quand plusieurs ouvrages du même genre ayant vu le jour, ou continuant de paraître, on ne semblerait donner, sous un titre à peu près pareil, rien qui ne se pût trouver dans ces ouvrages antérieurs.

Trois Dictionnaires d'histoire naturelle seulement sont déjà connus : car on ne peut regarder comme tels ces compilations en un ou deux volumes, que l'on décore de ce titre : le premier, celui de Valmont de Bomare; le second, celui qu'on désigne ordinairement dans la librairie sous le nom de *Dictionnaire de Déterville;* le dernier, intitulé *Dictionnaire des Sciences naturelles*, qui s'imprime chez M. Levrault, à Strasbourg.

Compilation surannée, le Dictionnaire de Valmont de Bomare ne peut être aujourd'hui d'une grande utilité en histoire naturelle.

Rédigé par des savans d'un ordre supérieur, premier Dictionnaire d'histoire naturelle digne de ce titre, l'ouvrage dont M. Déterville fut l'éditeur, obtint un succès mérité, et l'épuisement rapide et presque total d'une seconde édition considérable-

ment augmentée , atteste combien son utilité fut sentie. Vingt-
quatre volumes composaient la première édition de ce Dictionnaire , trente-six composent la seconde. La rapidité avec laquelle
un si grand travail fut exécuté honore un éditeur auquel la
science a de réelles obligations. Deux cent soixante et une
planches , sont répandues dans ses volumes ; elles n'y sont pas
d'un usage commode ni fort nécessaire , mais du moins n'aug-
mentent-elles guère le prix du tout, établi, dans le commerce,
à la somme de 360 francs.

Conçu sur un plan beaucoup plus vaste que les Dictionnaires dont il vient d'être question, celui des *Sciences
naturelles* fut annoncé vers le commencement de 1816. Le
vingt-deuxième volume, qui vient de paraître avec la fin de 1821 ,
n'atteint que la lettre H inclusivement , c'est-à-dire , à peu
près au tiers présumable de la totalité de l'ouvrage. Des
cahiers , de 20 planches chacun, accompagnent ce Dictionnaire
sans avoir, avec ses volumes, de relation bien marquée. La
manière parfaite dont ces planches sont exécutées , le discernement avec lequel la plupart des objets qui s'y trouvent représentés ont été choisis , dédommagent amplement l'acquéreur de
l'augmentation de prix occasionée par ces livraisons qu'on pourrait appeler de luxe ; prix qui, pour tout ce qui a paru jusqu'à ce
jour du Dictionnaire de M. Levrault, c'est-à-dire pour son tiers
présumable, s'élève à la somme de 232 à 432 francs. Le nom des
rédacteurs de ce bel ouvrage, la manière dont il est exécuté, lui
assurent la continuation d'un succès qui datera bientôt de sept ans.

C'est après, ou pendant la publication des Dictionnaires de
MM. Déterville et Levrault, que nous venons en donner
un troisième , considérablement augmenté, mais cependant
réduit à une douzaine de volumes ; qu'on pourrait qualifier de
compactes , dans l'acception la plus favorable qu'on puisse donner à ce mot. Cet essai pourra sembler téméraire aux personnes qui
considéreront la rapidité avec laquelle se développe aujourd'hui

la sphère des sciences naturelles, avant d'avoir examiné l'économie et la précision avec lesquelles nous nous proposons d'en
traiter. L'étude de ces sciences s'est si généralement répandue, le
nombre des savans qui publient leurs découvertes est devenu si
considérable dans tous les pays, et le catalogue des productions
observées s'accroît tellement chaque jour, qu'à peine plusieurs
volumes du Dictionnaire de M. Levrault ont atteint leur trentième feuille, qu'ils ont dû, pour se trouver au courant,
admettre des supplémens considérables. A cette nécessité, qui
s'oppose à la perfection des Dictionnaires exécutés dans des proportions qu'on pourrait appeler *Encyclopédiques*, se joint un inconvénient capable de plonger la science dans ce chaos d'où la
tira Linné, c'est la confusion résultante de la dissémination des
découvertes modernes dans une multitude, presque innombrable,
de recueils périodiques ou d'ouvrages chers et peu répandus ;
ouvrages et recueils d'où, la plupart du temps, on ne parvient à
les exhumer, qu'après d'immenses recherches que n'ont pas toujours la patience ou le temps de faire, les auteurs qui ne comptent
point sur des articles de Dictionnaire pour établir leur réputation.

« Un pressant danger menace l'histoire naturelle, a dit
M. Cuvier dans le prospectus même d'un Dictionnaire d'Histoire naturelle. En devenant populaire, cette science est aussi
devenue l'objet de spéculations intéressées. Pendant que de vrais
naturalistes, continue le savant professeur, pénétrés de reconnaissance pour les travaux de leurs prédécesseurs, mais sentant
combien ils sont encore insuffisans, méditaient sur les nouvelles
bases à établir, et recueillaient, dans le silence, des faits propres à
les appuyer ; des auteurs moins difficiles et conséquemment plus
féconds, produisaient à l'envi des ouvrages qui portent l'empreinte
de la manière dont ils ont été composés. Retirés dans leurs
cabinets, seulement avec des livres, renonçant à l'observation,
dénués même, pour la plupart, des moyens d'observer, ils ont

cru enrichir le *système de la nature* en remplissant le vaste catalogue de phrases recueillies de toutes parts, sans comparaison, sans examen des autorités dont elles provenaient, et en les accompagnant d'une foule de citations discordantes et souvent contradictoires ; ou bien en se partageant, pour ainsi dire, la dépouille des grands auteurs, asservissant ainsi les matières les plus opposées, dépeçant un ouvrage pour le reformer sur un plan étranger, rattachant ces pièces de rapport par des morceaux écrits d'un style disparate, ils ont produit un mélange bizarre qui ne peut tenir lieu ni de l'auteur original, ni de ceux dont on intercalle les ouvrages dans le sien. »

Ce mélange bizarre, signalé par l'un des écrivains à qui l'histoire naturelle doit le plus d'ouvrages originaux d'une haute importance, a fait naître contre les Dictionnaires un préjugé qui, s'il n'empêche pas les libraires d'en vendre, nuit à la réputation des auteurs qui en composent; et c'est en général une assez mauvaise recommandation aux yeux de quelques personnes pour arriver aux Académies, que d'être auteur ou collaborateur d'un Dictionnaire. Cependant, ne serait-il pas injuste de méconnaître combien ceux de M. Déterville ou de M. Levrault, par exemple, contiennent d'articles qui présentent tout le mérite des plus utiles dissertations, outre un grand nombre d'observations et de vues nouvelles ; et peut-on supposer que MM. Arago, Blainville, Biot, de Bonnard, Bosc, Brongniart, Brochant de Villiers, Cassini, Chevreul, De Candolle, Coquebert de Montbret, Desmarest, Duméril, Gai-Lussac, Geoffroy-St.-Hilaire, Humboldt, de Jussieu, Lacépède, Latreille, Mirbel, Thouin, MM. Cuvier eux-mêmes, et tant d'autres savans estimables, la plupart académiciens, n'eussent autorisé de leurs noms que de pures spéculations de librairie ?

Ne confondant point les bons Dictionnaires avec les mauvais, et ne partageant point l'opinion défavorable qu'on a prise généralement de tous, nous avions dès long-temps conçu le plan d'un travail de ce genre, le plus complet en même temps que le plus abrégé possible, et dont la multiplicité des volumes ne rendît pas le prix trop considérable.

Ce n'est point pour embellir quelques bibliothèques fastueuses, dont les possesseurs ne font ordinairement qu'un objet de luxe, que les vrais amis des sciences devraient travailler, et c'est se condamner à ne point concourir suffisamment à la propagation des connaissances humaines, que de donner au papetier, ou bien à des graveurs, une trop grande part à l'importance d'un livre. Dans l'intérêt des vrais savans et même des gens du monde dont la fortune n'égale point toujours le mérite ou le goût de l'instruction, nous formons des vœux pour qu'on en revienne à l'usage de livres que leur prix permet d'acquérir aisément et de feuilleter, sans crainte de compromettre, par quelque tache, une partie de leur valeur. C'est dans le dessein d'être utile aux personnes laborieuses qui ne forment point des bibliothèques de parade, qu'en rentrant en France nous conçûmes l'idée d'un Dictionnaire dont on pût mettre le prix à toutes les portées, et, nous n'hésitons point à le déclarer, nous espérâmes, en même temps, trouver dans ce travail les moyens de réparer honorablement la perte d'un traitement auquel semblaient nous donner droit des voyages scientifiques entrepris par ordre du Gouvernement en temps de paix, et le sacrifice de nos plus belles années consacrées au service de la patrie pendant la guerre. Nous nous adressâmes à MM. Baudouin frères, éditeurs de tant d'ouvrages utiles, et qui, depuis deux ans, méditaient une semblable entreprise. Les deux plans furent confondus; et la direction de ce grand ouvrage nous fut confiée.

Nous n'avons pas dû abuser de l'amitié que nous témoignèrent les savans dont la réputation s'est établie, par de grands travaux, avant l'expiration du premier quart de ce siècle, en sollicitant d'eux une part de collaboration qu'absorbaient d'autres entreprises; c'est de savan s non moins illustres, mais qui se trouvaient libres, ou de jeunes naturalistes entrés depuis moins d'années dans la carrière, et qui presque tous dignes héritiers des grands noms de l'histoire naturelle la parcourent brillamment, que nous avons réclamé les secours. Tous ont eu la générosité de répondre à notre appel. Leur activité, leurs connaissances, le point de vue philosophique sous lequel de tels collaborateurs considèrent la science, la manière nouvelle dont ils travaillent à ses progrès, nous étaient des garans d'un succès certain.

Nous croyons superflu d'indiquer ici l'usage de notre Dictionnaire ou la manière de s'en servir ; il suffira de dire, pour ceux qui voudraient y consulter des parties de la science dans un autre ordre que celui des lettres de l'alphabet, qu'aux articles généraux de chacun des règnes de la nature, sera joint un Tableau qui renvoyant à chaque classe, traitée d'une manière assez étendue, fournira les moyens de descendre de celle-ci jusqu'aux genres où nous nous sommes arrêtés ; les noms d'espèces sont renvoyés aux articles de leurs genres respectifs. En nous étendant à de plus grands détails, nous eussions donné un *Species* par ordre alphabétique, et tel ne pouvait être notre dessein. Tout article purement synonymique ou non-subordonné aux articles de généralités, n'a trouvé place dans l'ouvrage, qu'afin d'y donner une idée juste des noms qu'on rencontre sans être accompagné de description dans d'autres livres, où l'on pourrait prendre une fausse idée des choses que ces noms désignent.

Nous avons pensé que, dans un Dictionnaire consacré à l'*Histoire naturelle* et non aux *Sciences naturelles*, la plupart de ces Sciences ne devaient être qu'effleurées, s'il est permis de s'exprimer ainsi, et traitées seulement dans leurs points de contact les plus intimes, avec les objets qui font le sujet spécial de notre ouvrage, où la Physique proprement dite, la Chimie, l'Astronomie et l'Agriculture ne devaient obtenir aucune préférence sur la Médecine, la Chirurgie, la Pharmacie et cette foule d'arts qui empruntent leur origine de l'emploi des corps naturels. Il n'en est pas de même de l'Anatomie et de la Physiologie, sciences que maintenant on doit considérer comme la base ou comme le but des connaissances exactes en histoire naturelle. On trouvera dans nos volumes un grand nombre d'articles de Physiologie ou d'Anatomie à la place de quelques articles répandus dans les Dictionnaires précédens, où l'on admit des choses d'application totalement étrangères au cadre dans lequel nous avons cru nous devoir renfermer. C'est pour ne point perdre de place que nous avons surtout repoussé l'amas de termes ridicules tirés du jargon de cette fauconnerie du vieux temps, digne tout au plus de figurer dans les annales de la féodalité ou dans un Traité des chasses: Nous eussions également désiré pouvoir nous dispenser d'admettre beaucoup de noms tirés de langues étrangères ou de dialectes peu connus, et de synonymes barbares, dont l'usage tombe de plus en plus en désuétude. De tels articles peuvent, à la vérité, être quelquefois utiles à l'intelligence d'anciens voyages ou d'ouvrages écrits avant l'époque où la nomenclature scientifique fut fixée; mais ne seraient-ils pas mieux placés dans un nouveau *Pinax*, et n'occupent-ils pas, dans un catalogue raisonné de faits, un espace qui pourrait être mieux rempli? Cet espace qu'ils occupent grossissant nécessairement le nombre des feuilles, leur utilité, relative à des livres qu'on ne lit guère plus, ou que l'on consulte rarement, est-elle un dédommagement proportionné à l'élévation du prix d'un Dictionnaire où tout esprit judicieux ne cherchera que ce qu'il est bon de savoir? Cependant, comme quelques lecteurs eussent pu blâmer le droit que nous nous serions arrogé de proscrire une grande quantité de mots qui nous semblaient inutiles, nous avons cru devoir, en les admettant, compléter leur nombre, et parmi ceux que nous avons reproduits, il n'en est guère dont on n'ait vérifié l'origine ou l'authenticité.

Convaincus, ainsi que nous l'avons déjà dit, qu'un Dictionnaire ne doit point être un *Species*, nous n'avons pas, pour allonger le nôtre, copié, dans des ouvrages que tout le monde possède,

des phrases ou des descriptions d'espèces choisies comme par
caprice. Nous n'omettrons pas le nom et les caractères d'un seul
genre, et considérant comme bases de la science ces divisions
importantes, nous avons pensé que c'étaient elles qu'il suffisait
de faire connaître exactement, en citant seulement, selon le rôle
que jouent ces genres, et comme types ou exemples, un certain
nombre d'espèces vulgaires, et qui, par divers usages ou autres
particularités, ont mérité qu'on les désignât, dans quelques pays,
par un nom propre. Ce n'est que dans les genres nouveaux que
nous avons cru devoir nous étendre davantage, parce qu'en
ajoutant à la science, nous acquérions le droit de dire entièrement ce qu'on ne trouverait nulle autre part.

Si pour le philosophe tous les êtres marchent égaux dans la
nature, ceux que la complication de leurs organes rapprochent
le plus de nous, et que par ce rapprochement l'on regarde communément comme d'ordres supérieurs, méritent qu'on s'occupe
plus longuement de ce qui les concerne. Si le moindre insecte
remplit, dans l'ordre des créations, un rôle non moins important
que des êtres dont les dimensions sont plus grandes, il est généralement reçu que la place occupée par ces derniers, dans un
Dictionnaire, doit être en raison de leur masse qui frappe les
premiers regards de la multitude, et attire d'abord son attention.
Ainsi, pour nous conformer à l'usage, c'est en s'éloignant de
l'Homme que les objets dont nous devons nous occuper seront mentionnés dans de plus étroites limites. Cent volumes ne suffiraient
point si l'on voulait entrer, pour la totalité des genres d'Invertébrés
ou de la Botanique, dans les mêmes détails qu'il est à peu près convenu d'accorder aux classes qui se trouvent rangées en tête du Règne
Animal. Mais il est essentiel de le répéter ici, parce que divers articles des ordres inférieurs de la Zoologie et de la Botanique,
sembleraient peut-être, par le développement que nous leur avons
donné, rompre les proportions adoptées; toutes les fois qu'il sera
question d'ordres ou de genres nouveaux, même dans les familles

les plus obscures, on ne croira pas s'éloigner du plan qu'on s'est tracé, en faisant l'histoire, à peu près complète, de ces ordres et de ces genres. Ainsi, par exemple, *Achlysis*, *Anthophyse* et *Arthrodiées*, articles inédits, occuperont plus d'espace que des choses plus considérables en apparence, mais sur lesquelles il suffit de donner de simples indications, parce qu'on trouve en cent endroits tout ce qu'on en peut savoir.

Tels sont les motifs qui nous ont déterminé à publier un Dictionnaire de plus; tel est le plan sur lequel ce Dictionnaire doit être exécuté. On y reconnaîtra la plus sévère économie de phrases, et, pour renfermer toute la matière possible en moins de pages, nous avons supprimé jusqu'aux alinéas que la rigueur du sens ne commandait point, en adoptant des abréviations auxquelles il sera peut-être nécessaire de s'accoutumer; mais ces abréviations prouveront combien, travaillant en conscience, nous avons évité d'allonger inutilement des feuilles d'impression, qui équivaudront, comme il sera facile de s'en convaincre par la simple inspection, à un tiers de plus que des feuilles ordinaires. On reconnaîtra surtout que nous n'y avons copié qui que ce soit, comme quelques personnes se sont plu à l'avance à en faire courir le bruit.

Sans examiner à quel point des planches sont nécessaires dans *un livre* d'histoire naturelle, quand on n'y représente point, comme exemple, une espèce de tous les genres qu'on décrit, et surtout les espèces litigieuses, il suffit que l'usage s'en soit introduit dans les Dictionnaires antérieurs, pour que nous n'ayons pas voulu innover en les supprimant, et demeurer en arrière quant à leur exécution; mais en soignant l'exécution de celles dont chacun de nos volumes sera accompagné, nous n'avons point eu l'intention d'en faire l'appui d'un texte diffus ou négligé. Les réduisant au moindre nombre possible, afin de ne pas trop hausser le prix de l'ouvrage, nous n'avons point fait peindre une Poule, un Coq, un **Cheval**, des Pommes ou des Groseilles, choses déjà représen-

tées plusieurs milliers de fois, et dont la connaissance est tellement vulgaire, que leur nom seul équivaut, dans toutes les langues, à la plus minutieuse description. Les figures doivent, selon
nous, être réservées pour des objets non encore représentés ou
qui l'ont été d'une manière imparfaite, et pour des choses si peu
connues, qu'on ne les puisse point habituellement comparer
avec celles qu'on rencontre communément. Nous ferons donc
nos efforts, afin que dans les dix planches de chaque livraison,
dont le nombre pourra surpasser celui de nos volumes, s'il convient aux acquéreurs, on rencontre toujours des choses qui
n'auront point été figurées partout. M. Vauthier, peintre d'histoire naturelle, connu avantageusement par des planches de Lépidoptères, gendre de feu Richard qui dessinait la botanique
avec une si rare perfection, et formé sous un tel maître, est chargé
de l'exécution de l'atlas.

Qu'il nous soit permis, en terminant cette Préface, de payer
à la mémoire de l'un de nos collaborateurs enlevé aux sciences
durant l'impression de ce premier volume, un douloureux tribut
de reconnaissance et de regrets. NUMA PRESLE-DUPLESSIS,
né de parens respectables et justement estimés, à Limalogne,
département des Deux-Sèvres, fut apprécié par tous ceux qui
le connurent un instant, et chéri de ceux qui le connurent davantage. Un séjour de six ans dans la capitale n'avait point altéré
l'extrême simplicité de ses mœurs aimables et pures ; doué d'un
esprit comparatif et d'un jugement solide, il ne semblait quelquefois sortir de son caractère de douceur habituelle, que pour
défendre la cause de la vérité dans les moindres choses où il la
trouvait attaquée. Versé dans la connaissance des langues, pas-
sionné pour la Botanique, il se livra d'abord sans réserve à l'é-
tude séduisante de cette science ; bientôt son éducation médicale
le détermina vers la Physiologie et l'Anatomie comparée ; il
s'occupait surtout de l'étude des crânes ; et fut bientôt un des élèves
les plus distingués de notre illustre confrère, Geoffroy-de-Saint-

Hilaire, auquel nous dûmes l'avantage de le connaître ; seul il ignorait son mérite ; et fut d'abord surpris que son professeur de prédilection nous l'eût désigné comme capable de briller entre les rédacteurs de notre ouvrage. Encore peu connu, mais à l'instant de l'être autant qu'il l'eût mérité, c'est au sein d'une famille dans laquelle il venait se délasser de longues et opiniâtres études, qu'il cessa de vivre, le 15 octobre 1821, âgé seulement de 23 ans et demi. Il travaillait encore à ce Dictionnaire la veille même de sa mort, et la lettre qui nous annonçait sa perte, nous portait l'article *Analogue*, qui se trouve à la fin d'*Anatomie*, et qu'il venait de terminer peu d'instans avant de rendre le dernier soupir. Presle-Duplessis avait déjà publié divers Mémoires intéressans dans différens journaux de médecine.

Les Rédacteurs du Dictionnaire classique d'histoire naturelle ayant adopté, comme signatures de leurs articles, des initiales auxquelles on pourra reconnaître leur part de collaboration, nous en donnerons ici la liste :

MM.	MM.
AD. B. Adolphe Brongniart.	FL..S. Flourens.
A. D. J. Adrien de Jussieu.	G. DEL. Gabriel Delafosse.
A. D..NS. Antoine Desmoulins.	GEOF. ST.-H. Geoffroy de St.-Hilaire.
A. R. Achille Richard.	ISID. B. Isidor Bourdon.
AUD. Audouin.	K. Kunth.
B. Bory de Saint-Vincent.	LAM..X. Lamouroux.
D. C..E. De Candolle.	LAT. Latreille.
C. P. Constant Prévost.	LUC. Lucas fils.
DR..Z. Drapiez.	PR. D. Presle-Duplessis.
E. Edwards.	T. D. B. Thiébaut de Berneaud.
F. Daudebard de Férussac.	

MM. Arago, Humboldt et Lacépède ont bien voulu donner quelques articles, qu'on trouvera dans le cours des volumes suivans.

Les astérisques qui précèdent un grand nombre d'articles désignent ceux qu'on ne trouve point dans le Dictionnaire de M. Déterville. Plusieurs de ces mots existent dans celui de Levrault, mais le plus grand nombre y manque. Lorsqu'on a dû citer, par abréviation, des auteurs ou leurs ouvrages, on a eu le soin de n'adopter que les abréviations usitées, et dans le cours du Dictionnaire ; par exemple, *Syn.* signifiera synonyme. — *L.* Linné. — *Lamk.* Lamarck, etc. Comme il est d'usage en histoire naturelle, le point d'interrogation sera toujours l'équivalent du doute.

La grande division à laquelle appartient chaque article, est indiquée par l'une des abréviations suivantes, qu'on trouve immédiatement après son titre.

ACAL. Acalèphes.	MAM. Mammifères.
ANNEL. Annelides.	MIN. Minéralogie.
ARACHN. Arachnides.	MOLL. Mollusques.
BOT. Botanique.	OIS. Oiseaux.
CRUST. Crustacés.	PHAN. Phanerogamie.
CRYPT. Cryptogamie.	POIS. Poissons.
ECHIN. Echinodermes.	POLYP. Polypes.
FOSS. Fossiles.	REPT. BATR. Reptiles Batraciens.
GÉOL. Géologie.	— CHEL. — Chéloniens.
INF. Infusoires.	— OPH. — Ophidiens.
INS. Insectes.	— SAUR. — Sauriens.
INT. Intestinaux.	ZOOL. Zoologie.

(B.)

DICTIONNAIRE

CLASSIQUE

D'HISTOIRE NATURELLE.

AAL. BOT. PHAN. Genre d'Arbres de l'Inde, dont Rumph a fait incomplètement connaître deux espèces, et qui paraît appartenir à la famille des Térébinthacées. L'écorce de l'espèce, dont les feuilles sont les plus grandes, est aromatique et donne un goût agréable aux alimens ainsi qu'aux liqueurs dans lesquels on la fait infuser. (B.)

AALCLIM. BOT. PHAN. Plante de l'Inde, qui paraît appartenir au genre *Bauhinia. V.* ce mot. (B.)

*AALIK. OIS. Syn. du Canard sauvage, *Anas boschas*, L. en Asie. *Voy.* CANARD. (DR...Z.)

* AALKA. OIS. Syn. du Macareux, *Alca arctica*, L. en Islande. *V.* MACAREUX. (DR...Z)

AALQUABBE. POIS. Syn. de la Lotte, *Gadus Lota*, L. en Danemarck. (B.)

*AANGA, AANGITCH ou ELANGITCH. OIS. Noms d'une espèce de Canard, *Anas hyemalis*, L. en Kamtschatka. (B.)

* AARA. OIS. Syn. de Guillemot, *Colymbus*, en langue kourile. (B.)

AARFUGI, ÆREFUGI ou ÆRE-FUGL. OIS. (Muller). Syn. de petit Tétras, *Tetrao tetrix*, L. d'Eider, *Anas mollissima*, L., et de la Huppe, *Upupa epops*. L. en norwégien. (B.)

* AAS-VOGEL. OIS. *Voy.* STRONT-VOGEL. (DR...Z.)

AAVORA, AOUARA ou AVOI-RA. BOT. PHAN. (Aublet.) Syn. d'*Elaïs*, genre de Palmier, à la Guyane. (B.)

ABABANGAY. BOT. PHAN. Syn. de Bignone indienne, *Bignonia indica*, L. aux Philippines. (B.)

ABABAYE. BOT. PHAN. Syn. de Papayer, *Carica Papaya*, L. chez les Caraïbes. (B.)

ABABOUY. BOT. PHAN. Syn. de la Ximénie épineuse, *Ximenia americana*, L. chez les Caraïbes. (B.)

ABACA. BOT. PHAN. (Sonnerat.) Nom donné à une espèce de Bananier, dans les îles Philippines. (B.)

ABACADO. BOT. PHAN. Syn. de l'Avocatier, *Laurus persea*, L. dans quelques-unes des Antilles. (B.)

ABACATUAIA, ABACATUIA ou ABACATUXIA. POIS. (Margrav.) Syn. du Gal Coq, *Zeus Gallus*, L. chez les Brésiliens. (B.)

ABADA. MAM. (Daper.) Animal probablement fabuleux. On désigne aussi sous ce nom, au rapport de Bontius, le Rhinocéros bicorne, dans les Indes. *V.* RHINOCÉROS. (B.)

* ABADAVINE. OIS. (Albin.) Syn. du Tarin, *Fringilla spinus*, L. (B.)

ABADIVA. POIS. Nom vulgaire du Gade pollack, *Gadus pollachius*, L. *V.* GADE. (B.)

* ABAI. BOT. PHAN. Syn. de Calycanthe d'hiver, *Calycanthus precox*, L. (B.)

ABAJOUES ou SALLES. Poches situées entre les joues et les mâchoires, aux deux côtés de la bouche, dans les Magots et les Guenons, parmi les Singes; dans le

Hamster, qui les a prolongées jusque sur les côtés du cou, et dans quelques autres rongeurs.—Les Nyctères, de la famille des Chauve-Souris, ont aussi des espèces d'Abajoues au fond desquelles se remarque une ouverture de deux millimètres de largeur, par où l'air s'introduit dans le tissu cellulaire, très-lâche et très-écarté, qui unit à peine, au corps de l'Animal, sa peau, qu'il peut gonfler à peu près comme le font certains Poissons, du genre *Tétrodon*. — Les Abajoues servent à mettre les alimens en réserve pour quelques instans; elles sont tapissées en dedans par la continuation de la peau qui revêt l'intérieur de la bouche, et couvertes en dehors par une extension du muscle peaussier.　　　　　(B.)

ABALON. BOT. PHAN. (Adanson.) Syn. d'*Hélonias*, L. *V.* ce mot. (B.)

ABAMA. BOT. PHAN. Famille des Joncs., de Jussieu; de l'Hexandrie monogynie, L. Genre établi par Adanson, et adopté ensuite dans la 3ᵉ édition de la Flore française. Une seule espèce désignée sous le nom de *Abama ossifraga*, Fl. fr. T. 3. p. 171, ou *Anthericum ossifragum*, L. Lob. ic. 92. f. 1, constitue ce genre; dont voici les caractères. — Calice persistant à six divisions profondes; six étamines, dont les filets sont couverts de poils laineux dans toute leur étendue, et qui sont persistans. L'ovaire est libre, et en forme de pyramide; il offre trois loges pluri-ovulées; le style est court, et terminé par un stigmate capitulé, petit, simple; le fruit est une capsule à trois loges, s'ouvrant en trois valves, qui emportent chacune une partie des cloisons; les graines sont attachées vers le fond de chaque loge; elles offrent à leurs deux extrémités un appendice membraneux et filiforme plus long qu'elles.

Ce genre est très-voisin de l'Anthéric dont il diffère par son calice et ses étamines persistantes et les deux appendices de ses graines.

L'*Abama ossifraga*, D. C. est une plante vivace, dont la tige est haute d'environ un pied, terminée par un épi de fleurs jaunâtres; les feuilles sont ensiformes, plus courtes que la tige. Elle croît dans les marais du nord et de l'ouest de la France.　　(A. R.)

ABANDION. BOT. PHAN. (Adanson.) Syn. de Bulbocode, *Ixia Bulbocodium*, L. *V.* IXIE.　　(B.)

ABANGA. BOT. PHAN. (J. Bauhin.) Fruit d'une espèce de Palmier indéterminé de l'île Saint-Thomas, dans les Antilles. *V.* ADY.　　　(B.)

ABANUS. BOT. PHAN. Syn. de l'Ébénier, *Diospyros Ebenum*, L. chez les Arabes.　　　　(B.)

* ABAPOKITSOK. POIS. *V.* LIPARIS.

ABAPUS. BOT. PHAN. (Adanson.) Syn. de Gethyllis. *V.* ce mot.　(B.)

* ABARIGA. BOT. PHAN. (C. Bauhin.) Fruit d'un Palmier indéterminé, de l'île Saint-Thomas. *V.* ADY. (B.)

* ABARMON ou ABREMON. POIS. (Gesner.) Espèce de Poisson indéterminé sur la reproduction duquel on a débité des fables, et qui pourrait bien être un Squale.　　　(B.)

* ABASIC. OIS. Syn. de Martinet noir, *Hirundo apus*, L. en Arabie. *V.* MARTINET.　　　(DR... Z.)

ABATIA. BOT. PHAN. Les caractères de ce genre qui appartient aux Plantes dicotylédones, mais qui, jusqu'ici, n'a pu être rapporté à aucune des familles établies, sont : un calice monosépale, coloré, persistant, à quatre divisions profondes, réfléchies dans la fleur, redressées autour du fruit. Il n'y a pas de corolle, mais en-dedans du calice se trouvent des touffes de poils insérés sous l'ovaire, frisés, noirâtres, un peu plus courts et plus fins que les filets des étamines. Celles-ci sont nombreuses, hypogynes, à anthères dressées, oblongues, biloculaires. L'ovaire libre, arrondi, tomenteux, surmonté d'un style que termine un stigmate simple, devient une capsule à une seule loge, à deux valves, s'ouvrant par le sommet, et garnies chacune dans son milieu d'une demi-cloison ou réceptacle linéaire qui porte un grand nombre de graines striées.

Ce genre contient deux espèces d'arbrisseaux à feuilles alternes ou opposées, à fleurs en grappes, originaires toutes deux du Pérou. Ce sont MM. Ruiz et Pavon qui l'ont décrit les premiers, et figuré *Flor. Peruv. Prodr.*, table XIV.   (A. d. J.)

ABAVI ou **ABAVO**. BOT. PHAN. Syn. de Baobab. *Adansonia digitata*, dans quelques dialectes africains. (B.)

ABAX. INS. Genre d'Insectes établi dans la grande tribu des Carabiques, par Bonelli. (Observations entomologiques sur les Carabes. *Mém. de l'Académ. des Sc. de Turin.*) — Latreille range ce genre dans les *Féronies. V.* ce mot.   (AUD.)

ABBAGUMBA. OIS. Syn. du Calao africain, *Buceros africanus*. L. (B.)

ABCDARIA. BOT. PHAN. (Dict. des Sc. nat.) Syn. du Spilanthe Acmelle, *Spilanthus Acmella*, L. dans l'Inde.   (B.)

ABDELAVI. BOT. PHAN. (Forskahl.) Nom appliqué à plusieurs espèces de Melons, particulièrement au *Cucumis chate*, L. chez les Egyptiens.   (B.)

ABDITOLARVES ou **NÉOTTOCRYPTES**. INS. Famille d'Insectes hyménoptères, établie par Duméril *Zoolog. anal.* Elle comprend les *Chalcides*, les *Cynips*, les *Diplolèpes*, et autres genres dont les larves sont contenues dans des végétations monstrueuses, occasionées par le dépôt de l'œuf.   (AUD.)

ABDOMEN. On a marché en anatomie de l'étude du corps humain à celle du corps des autres Animaux, et on a appliqué aux diverses parties de ces derniers des dénominations qui, chez l'Homme, avaient une acception reçue, et qui, portées chez les Animaux, n'ont pu avoir la même valeur; car l'analogie de formes a plutôt guidé, dans l'application de ces déterminations, que l'analogie d'élémens et de rapports, qui seuls sont constans, et seuls, par conséquent, peuvent donner des caractères invariables. — C'est l'histoire de plusieurs dénominations anatomiques; faisons-en l'application à l'Abdomen : sous ce nom on a désigné chez l'Homme la dernière des trois grandes cavités, celle qui fait suite au thorax et qui renferme les organes digestifs, leurs annexes, les organes urinaires et génitaux. Tant que l'on examine les Mammifères, la grande analogie de formes qui règne entre eux et l'Homme rend parfaitement exacte cette dénomination, et ces Animaux nous offrent une cavité renfermant les mêmes organes et ayant tous les rapports de l'Abdomen humain. Cette dénomination se trouve encore applicable aux Oiseaux qui nous offrent un diaphragme, imparfait, il est vrai, et permettant aux poumons d'étendre des prolongemens ou poches aériennes jusqu'au milieu des organes digestifs; mais qui, chez plusieurs, isole très-bien l'Abdomen et le thorax. — Si, dans le principe de leur formation, les Mammifères et les Oiseaux se sont trouvés dans des circonstances d'activité qui ont entraîné une grande rapidité de fonctions et surtout de circulation et de respiration, d'où est résulté le développement, au maximum, d'un plan charnu, capable d'appeler puissamment l'air dans l'intérieur de leurs poumons; alors aussi les organes thorachiques se sont trouvés isolés des viscères abdominaux, et la cavité de ces derniers a été parfaitement circonscrite et déterminée : mais dans les Reptiles et les Poissons, pour ne pas sortir de la classe des Vertébrés, la disposition des organes a changé avec la différence des conditions d'existence. Chez les premiers, une seule et même cavité renferme les organes respiratoires, circulatoires, digestifs et générateurs. Chez les Poissons, il existe bien une grande cavité qui renferme les mêmes organes que l'Abdomen du Mammifère : mais peut-on lui assigner la même dénomination puisque les mêmes élémens ne concourent pas à la former, puisque, dans le fait, elle représente et le thorax et l'Abdomen des Mammifères, le cœur de ces animaux s'étant glissé jusque sous la tête et n'étant renfermé dans aucune cavité qu'on puisse comparer à celle de la poitrine. — Si des Animaux vertébrés on passe aux invertébrés, on n'y rencontre nulle trace de cavité à qui le nom d'Abdomen ou de thorax puisse convenir, en tant que ce sont des contenans formés des mêmes matériaux et renfermant les mêmes viscères. Chez eux, les organes de la circulation, de la respiration, de la digestion et de la génération n'occupent plus de cavités distinctes; et ce ne sera ni dans les Mollusques, ni dans les Vers, ni dans les Annelides, etc., qu'on pourra faire ces applications de thorax et d'Abdomen, telles qu'elles sont reçues en anatomie humaine.

On voit donc que ce mot Abdomen ne peut être une dénomination générale, sans comprendre des cavités de forme ou de structure différentes, et sans renfermer, surtout, des organes de toute espèce. Cette dénomination ne peut convenir qu'aux deux premiers embranchemens de l'Arbre Zoologique, et tout au plus s'étendre aux Poissons; elle serait inexacte pour le reste des Animaux : aussi, l'appliquant seulement aux premiers, nous dirons que chez l'Homme l'Abdomen est placé au devant des corps vertébraux. Borné en haut par le diaphragme, en bas par le bassin, il est formé en devant et sur les côtés par une partie des côtes et par les muscles abdominaux qui sont au nombre de dix. Chez les autres Animaux, la direction différente de la colonne épinière fait varier la position de l'Abdomen. Chez tous, une membrane séreuse, nommée Péritoine, le tapisse et se replie sur les organes digestifs et générateurs, tandis qu'elle n'enveloppe qu'une partie de la vessie et passe simplement au-devant des reins; elle forme en outre de vastes replis flottans dans l'intérieur de l'Abdomen, et que l'on a nommés *Epiploon*. *V.* ce mot.—Pour faciliter l'étude des organes que renferme l'Abdomen, on

divise cette cavité en neuf régions : trois supérieures, trois moyennes et trois inférieures. Des trois premières, celle du milieu se nomme Epigastre, les deux autres Hypocondres; parmi les trois moyennes, celle du milieu a reçu le nom d'Ombilic, et les deux latérales, celui de Flancs. On a nommé Hypogastre celle qui se trouve au-dessus du pubis, et Régions des Iles celles où se trouvent les deux os de ce nom. — Selon les espèces d'Animaux et leurs divers états, l'Abdomen est sujet à un grand nombre de variations. Sa capacité est bien plus grande chez ceux qui se nourrissent de végétaux que chez ceux qui font de la chair leur nourriture habituelle; il augmente considérablement pendant la grossesse, et, en un mot, suit, comme tout contenant, le volume des organes qu'il renferme.   (PR. D.)

Malgré ce qui vient d'être dit, il n'en est pas moins vrai qu'une portion très-importante du corps de plusieurs Animaux articulés a été appelée *Abdomen*, et que ce nom, plutôt consacré par l'usage que rigoureusement défini, n'est pas, sous tous les rapports, susceptible d'une application générale.—Si on exige, en effet, que l'Abdomen soit toujours composé de matériaux identiques, c'est-à-dire, que les mêmes anneaux qui le constituent chez les Insectes, le constituent aussi chez les Crustacés et les Arachnides, si on veut qu'il contienne, dans tous, les mêmes organes avec des rapports analogues; si enfin on prétend qu'il doit avoir des fonctions semblables, nul doute que l'Abdomen des uns n'est pas celui des autres; car tels anneaux qui ici lui appartiennent, concourent ailleurs à former le thorax; tels viscères qui occupent dans un cas son intérieur, ne s'y rencontrent plus dans un autre, et telles fonctions qu'ils remplissent dans une classe entière, ils ne les remplissent plus dans celle qui l'avoisine. L'Abdomen ne saurait donc être assimilé à un organe ou à une pièce essentielle du corps, que l'anatomiste doit suivre, reconnaître et dénommer à travers les changemens nombreux qu'elle éprouve; il n'est autre chose qu'un ensemble, pouvant être formé de matériaux différens, qui ailleurs auront un tout autre emploi. C'est ainsi que dans les classes plus élevées, on voit la même vertèbre faire partie, alternativement, de l'Abdomen et du thorax. — Ces diverses analogies de structure, de rapports et de fonctions, qu'on aurait pu prendre, comme bases essentielles de la détermination de l'Abdomen, seraient devenues des obstacles insurmontables à son étude. En ne leur accordant aucune valeur, il nous sera très-facile d'en donner une définition exacte. — L'Abdomen, considéré dans toute la série des Animaux articulés, est cette partie du corps faisant suite au thorax, composée d'un nombre quelconque d'anneaux constamment dépourvus d'appendices articulés, essentiellement locomoteurs, en présentant tout au plus quelques vestiges privés de cette fonction, et renfermant toujours dans son intérieur une portion du canal digestif, quelquefois très-petite. — Si on étudie ensuite d'une manière générale sa composition, on verra qu'il est formé par une série de cylindres creux, souvent très-courts, réunis entre eux, ou bien par une soudure intime, ou bien par une membrane, ou bien encore par une articulation, jouissant quelquefois d'une assez grande mobilité, et pouvant, dans certains cas, rentrer les uns dans les autres comme les tubes d'une lunette. Chacun de ces cylindres porte indistinctement le nom d'*Anneau* ou de *Segment*, et paraît tantôt formé d'une seule pièce, tantôt constitué par deux demi-cylindres qui s'abouchent ordinairement par les deux bords de leur section. S'ils restent libres, ou, en d'autres termes, s'ils ne se réunissent pas vers ce point, on observe que l'un d'eux chevauche sur l'autre, et l'enveloppe plus ou moins: les Abeilles, les Bourdons, etc., en offrent des exemples.

Tout anneau ou segment abdominal, est donc composé originairement

de deux portions principales qui, lorsqu'elles seront visibles, porteront le nom d'*Arceaux* et pourront être distingués suivant leur position en supérieurs et en inférieurs.

Ceci posé, faisons-en l'application aux différentes classes. — Une des conditions indispensables à l'Abdomen, avons-nous dit, est de faire suite au thorax; l'absence de ce dernier entraînera donc l'absence de l'autre. C'est une conséquence du principe déjà posé. La classe entière des Annelides en est un exemple remarquable. Les Animaux qui la composent n'offrent aucune partie comparable au *Thorax. V.* ce mot. La distinction de l'Abdomen, si elle avait lieu, serait donc arbitraire et factice. Dans ce cas, on emploie le mot *Corps* pour désigner l'Animal tout entier: il n'en est pas de même pour les classes suivantes, où le thorax est généralement bien caractérisé.

Ce qu'on nomme *Queue* chez tous les Crustacés, n'est autre chose que l'Abdomen: elle fait suite au thorax, s'en distingue par l'absence d'appendices essentiellement locomoteurs, en présente tout au plus des rudimens, et contient une portion quelconque du canal intestinal. Ne sont-ce pas là les caractères assignés à l'Abdomen, dans notre définition? — On réservera le nom de Queue à des appendices articulés ou non, mobiles ou immobiles, ne renfermant jamais aucune portion du canal intestinal, tels sont le stylet du Limule, la queue du Scorpion, etc.

Dans les Arachnides, on a nommé Abdomen la partie du corps qui fait suite au thorax, et on n'a élevé aucun doute sur son analogie avec l'Abdomen des Insectes. Observons cependant, qu'il ne ressemble à celui-ci, qu'en tant qu'il fait suite au thorax, et qu'il contient une portion du canal intestinal, mais non parce qu'il est formé des mêmes anneaux: parce qu'il renferme, sans exception, les mêmes viscères, et parce qu'il a les mêmes fonctions; car l'observation montre qu'il n'est pas le même sous tous ces rapports, et que cette manière d'envisager son analogie prouverait au contraire sa différence.

Si l'Abdomen ne peut exister indépendamment du thorax, l'inverse n'a pas également lieu, et celui-ci peut, en quelque sorte, constituer l'Animal tout entier; il renferme alors tous les viscères que l'Abdomen contenait ailleurs. Plusieurs Insectes myriapodes, parmi lesquels nous citerons les Jules et les Scolopendres, en sont une preuve convaincante; leur corps résulte d'une série de segmens munis de pates, et qui peuvent être comparés chacun au prothorax d'un Insecte hexapode; il ne présente pas d'Abdomen, ou, pour mieux dire, celui-ci est réduit au dernier anneau qui conserve encore les caractères essentiels, c'est-à-dire, qu'il fait suite au thorax, qu'il ne présente pas d'appendice locomoteur, et qu'il contient une portion, très-petite il est vrai, du canal intestinal.

Les Insectes hexapodes, au contraire, présentent un Abdomen très-développé, parfaitement distinct du thorax, surtout lorsque celui-ci supporte des ailes; car, dans les individus aptères, cette différence est, par le défaut de ces organes, un peu moins tranchée; on peut en dire autant de la plupart des Larves qui, ayant tous les anneaux du corps également développés, ne pourraient être divisées en Abdomen et en thorax, si la présence des pates aux trois premiers anneaux n'indiquait suffisamment la limite respective de chacun d'eux. Cependant, il n'est plus possible d'établir cette distinction dans les Larves apodes; et si on admet chez elles un thorax et un Abdomen, c'est sur l'analogie seule que repose cette détermination. On peut alors assimiler cet état provisoire de l'Insecte à l'état permanent des Annélides, et employer le mot *Corps* pour désigner l'Animal tout entier, sans chercher à établir des divisions qui ne peuvent tomber sous nos sens.

S'il nous était possible de donner à notre sujet tous les développemens qu'il réclame, nous envisagerions maintenant l'Abdomen sous plusieurs point de vue et d'une manière plus spéciale. Sa composition, c'est-à-dire le nombre d'anneaux qui le forment dans chaque classe, chaque ordre, chaque famille; ses formes variées, sa consistance, ses usages, ses rapports avec les organes qu'il contient, son mode d'insertion avec le thorax et la manière dont il s'en distingue, fourniraient des observations curieuses et d'un haut intérêt. Nous ferions voir que dans aucun Insecte hexapode il n'est pédiculé, et que le rétrécissement qu'on remarque vers sa base dans un grand nombre d'Hyménoptères résulte de la jonction du deuxième anneau avec le premier dont le bord antérieur est appliqué si exactement contre la circonférence du méthathorax qu'on ne l'en a jamais distingué. Nous prouverions qu'un cylindre quelconque de l'Abdomen ne diffère d'un segment du thorax que par un moindre développement de toutes ses parties, puisque tel anneau qui dans l'Insecte appartient au premier, sera partie du second chez le Crustacé et l'Arachnide; et que si, par des causes que nous ignorons, l'un d'eux vient à se développer, il se rapprochera toujours, par sa composition, d'un segment thoracique. L'Abdomen des Cigales pourrait nous en fournir une preuve; mais l'énoncé de tous ces faits entraînerait de longs détails qui trouveront leur place dans nos recherches sur le système solide des Animaux articulés. Nous avons dû nous borner à donner ici une définition précise du mot Abdomen, qui permette de l'appliquer dorénavant, avec connaissance de cause, aux différentes classes d'Animaux articulés.   (AUD.)

ABDOMINAUX. POIS. IV° ordre de la classe des Poissons de Linné, et l'un des plus nombreux en espèces, dont les caractères consistent dans les branchies qui sont soutenues par quelques rayons osseux, et dans la position des nageoires ventrales, situées sur le ventre postérieurement aux pec-

torales. Les genres renfermés dans cet
ordre étaient *Cobitis*, *Amia*, *Silurus*,
Teuthis, *Lorioaria*, *Salmo*, *Fistularia*, *Esox*, *Elops*, *Argentina*, *Atherina*, *Mugil*, *Exocetus*, *Polynemus*,
Clupea, *Cyprinus*. — Cuvier a conservé à peu près cet ordre qui, à l'exception des *Teuthis*, *Fistularia*, *Atherina*, *Mugil et Polynemus*, devenus des
Acanthoptérygiens (*voy.* ce mot),
forme, dans son Traité du Règne
Animal, le v° ordre des *Malacoptè-
rygiens-abdominaux*. *Voy.* ce mot.
—Les Abdominaux forment le ıv°sous-
ordre des Poissons *Holobranches* de
Duméril, qui les divise en

Sıphonostomes, qui ont le corps
cylindrique et la bouche à l'extrémité
d'un long museau;

Cylindrosomes, qui ont le corps
cylindrique, la bouche non prolongée,
et les lèvres non extensibles;

Oplophores, qui ont le corps comprimé, les rayons des pectorales libres, distincts., un seul roide, dentelé et pointu;

Dimérèdes, qui ont les caractères
des précédens, mais ont les rayons
arrondis et flexibles;

Lépidopomes, qui ont le corps
comprimé, les rayons des pectorales
réunis, les opercules écailleux, et la
bouche dépourvue de dents;

Stagonotes, qui ont le corps et
les pectorales comme les précédens,
mais dont les opercules sont lisses,
les mâchoires très-développées et
ponctuées;

Dermoptères, qui ont la mâchoire
simple et la nageoire dorsale adipeuse;

Gymnopomes, chez qui cette dorsale a ses rayons osseux. (b.)

ABÉADAIRE. bot. phan. (Dict.
de Déterville.) Syn. du Spilanthe Acmelle, *Spilanthus Acmella*, L. (b.)

ABÉCEDARE. bot. phan. Nom
vulgaire de l'Agave d'Amérique, *Agave americana*, L. en quelques endroits où il est naturalisé et cultivé
pour former des clôtures. (b.)

ABEILLE. ins. Linné réunissait
sous le nom générique d'Abeille,
Apis, un grand nombre d'Insectes Hy-

ménoptères, dont l'organisation et
surtout les mœurs sont assez différentes. Depuis lui, plusieurs savans
ont subdivisé ce groupe, et Latreille,
dans le Règne Animal (éd. de 1817),
en a fait une section ou grande famille, sous le nom d'*Anthophiles* ou de
Mellifères. *Voy.* ces mots.

Le genre Abeille tel qu'il est adopté
aujourd'hui par le plus grand nombre des entomologistes, a pour type
l'Abeille commune, et ne renferme
que des espèces analogues, sous le
double point de vue de l'organisation
et des habitudes. Tous les Insectes qui
rentrent dans ce cadre ont les antennes
filiformes et brisées : le premier article
des tarses postérieurs en carré long,
garni intérieurement chez les Ouvrières d'un duvet soyeux, rangé par
bandes transversales, les mandibules
en cuiller chez les neutres, tronquées
et bidentées dans les Mâles et dans
les Femelles, etc. — Les Abeilles se
distingueront, au premier coup-d'œil,
des Bourdons et des Euglosses, par
l'absence d'épines à l'extrémité des
deux paires de jambes postérieures;
on ne pourra non plus les confondre
avec les Mellipones et les Trigones,
dont le premier article des tarses postérieurs n'est plus un carré long, mais
un triangle renversé.

Ces caractères zoologiques coïnci-
dent avec un grand nombre d'autres,
qu'il appartient à l'anatomie et à la
physiologie de nous faire connaître,
et que nous allons exposer en prenant,
pour objet de cette étude, l'Abeille
commune, dont l'intéressante histoire est enrichie d'observations très-
exactes.

Outre les caractères communs qui
distinguent les Abeilles mellifiques des
espèces voisines, il en existe d'autres
qui, suivant l'observation faite par
Swammerdam, permettent de les distinguer elles-mêmes en trois sortes
d'individus, les Mâles ou Faux-Bour-
dons, les Femelles ou Reines, les Neutres ou Ouvrières ou Mulets; chacun
d'eux présente une organisation et
surtout des mœurs toutes particulières
qui ne peuvent être traitées isolément,

mais que nous nous bornerons à caractériser dans le courant de cet article. — La tête un peu moins large que le corselet, triangulaire chez les Femelles et les Ouvrières, arrondie au contraire dans les Mâles et placée verticalement, est limitée sur les côtés par des yeux à facettes, hérissés de poils, ovales et assez distans l'un de l'autre chez les Ouvrières et les Femelles, très-saillans et contigus sur le vertex chez les Mâles. Cette partie supporte dans les premières, des yeux lisses, au nombre de trois, disposés en triangle; mais dans l'autre sexe ils n'occupent plus la même place, et sont situés plus en avant, immédiatement au-dessus de l'insertion des antennes. — Les antennes sont filiformes, brisées, composées de treize articles dans les Mâles, et seulement de douze dans les Femelles. — Le thorax est ombragé de poils, et ses parties constituantes, qu'on retrouve aussi dans les autres Hyménoptères, ne s'aperçoivent que lorsqu'ils ont été enlevés. On distingue alors parfaitement l'écusson du mésothorax qui, courbé en arc et placé transversalement, constitue une saillie assez remarquable. — Les épaulettes sont peu développées, et recouvrent à peine les épidèmes articulaires des ailes. Les ailes offrent, suivant l'observation de Jurine, une cellule radiale resserrée, fort allongée, et trois cellules cubitales presque égales: la première carrée; la seconde triangulaire, recevant la première nervure récurrente; la troisième, presque sémilunaire, recevant la seconde nervure, et éloignée du bout de l'aile. Ces ailes, chez la Femelle, sont très-courtes, proportionnellement à la longueur du corps, ne s'étendent guère au-delà du quatrième anneau, tandis que dans les autres individus, elles recouvrent tout l'abdomen. — La poitrine n'offre aucun caractère propre d'une grande importance, elle supporte les pates. Les deux dernières paires, et surtout la postérieure, présentent, comme nous l'avons déjà indiqué, chez les trois sortes d'individus, une dilatation du premier ar-

ticle de leurs tarses. Cet article est surtout très-remarquable dans les Ouvrières; Huber l'a décrit avec une exactitude scrupuleuse, et nous a fait connaître l'usage de plusieurs parties qui avaient échappé à Réaumur. Il s'articule supérieurement, et par son angle antérieur avec la jambe, de manière à exécuter sur elle un mouvement de ginglyme. Son angle postérieur, au contraire, est libre, muni d'une épine recourbée. Ces deux pièces forment par conséquent une sorte de pince, dont nous indiquerons l'usage en parlant de la construction des gâteaux de cire. Le premier article du tarse, qui a reçu le nom de Pièce carrée, présente, comme nous l'avons dit, sur sa face interne, plusieurs rangées transversales de poils roides et parallèles, qui ont valu à cette face le nom de Brosse. — Outre la dilatation du premier tarse, on remarque encore dans la pate postérieure la jambe qui, à cause de sa forme et de son usage, a été appelée Palette triangulaire; sa face externe a reçu, pour les mêmes motifs, le nom de Corbeille. Elle est légèrement concave, bordée de poils longs et recourbés en haut.

C'est au moyen de cet appareil très-simple, et qui n'existe que dans la caste Ouvrière, que se fait la récolte d'une poussière particulière nommée Pollen : ce pollen, fourni par l'anthère des étamines d'un grand nombre de Plantes, s'attache d'abord naturellement aux poils qui recouvrent le corps de l'Abeille, il est ensuite balayé au moyen des tarses des jambes, et surtout par la brosse qu'on distingue à la troisième. L'Insecte parvient à réunir cette poussière en petits globules, qui sont déposés successivement par la seconde paire de pates, dans la corbeille, jusqu'à ce que celle-ci en soit bien garnie. — C'est aussi le même appareil qui sert à la récolte d'une autre substance résineuse, odorante, qui a reçu le nom de Propolis, et que les Abeilles emploient principalement pour clore leur demeure.

Le tarse, outre la pièce carrée, est

encore formé par quatre autres articles beaucoup moins développés, et terminé par deux crochets unidentés séparés l'un de l'autre par une pelotte charnue.

L'abdomen, à partir de l'étranglement, est composé de sept anneaux dans le Mâle, et de six dans les Femelles et les Ouvrières ; le premier étant, ainsi que dans tous les Hyménoptères à abdomen pédiculé, uni intimement et confondu avec le thorax. Le système nerveux se compose, suivant Swammerdam, d'un cerveau formé de huit parties rangées par paires, et d'une portion moyenne qui est l'origine de la moelle épinière de laquelle part, à droite et à gauche, un nerf considérable se distribuant sans doute aux yeux, et antérieurement six nerfs ainsi répartis : deux pour les mandibules, deux pour les mâchoires, et deux pour la trompe ; vient ensuite la moelle épinière proprement dite formée de deux cordons parallèles, se réunissant à divers intervalles pour former sept ganglions, dont trois situés dans le thorax, et les autres dans l'abdomen : cette moelle se réunit aussi en un cordon étroit vers l'étranglement qui résulte de la jonction du premier anneau abdominal avec le deuxième. Les nerfs tirent leur origine des ganglions ; mais quelques-uns naissent dans le thorax de la moelle épinière, dans l'intervalle de ses renflemens ; ils se distribuent aux muscles et à tous les appareils d'organes, principalement ceux de la génération. Huber a tenté quelques expériences sur les sensations qui lui ont fait penser que la cavité de la bouche était le siége de l'odorat, et les antennes celui du toucher ; il n'a pu reconnaître l'organe de l'ouïe ; et cependant tout porte à croire que les Abeilles entendent, à moins de n'admettre aucun but dans les sons qu'elles produisent. Cette sorte de voix n'est autre chose qu'un bourdonnement très-nuancé ; tantôt c'est la Reine seule qui le fait entendre, et alors elle prend une attitude particulière qui frappe les Abeilles d'immobilité ; tantôt ce sont les mêmes Reines qui, re-

tenues captives dans les cellules, produisent un son très-singulier ; d'autres fois, c'est un bruit général qui a lieu dans certaines circonstances, à l'intérieur de la ruche ; souvent enfin, c'est le bourdonnement d'une ou de plusieurs Ouvrières qui font part d'un danger ; quoi qu'il en soit, ce sens chez ces Animaux est toujours en rapport avec leur instinct, et le bruit du tonnerre, ou d'une arme à feu, ne paraît pas les affecter. —S'il est difficile de se faire une opinion juste des sens dont nous sommes doués, on conçoit combien la difficulté s'accroîtra, lorsque nous voudrons nous former une idée de ceux dont nous sommes privés. Des Abeilles, sorties de la ruche, sont bien rarement surprises par la pluie. Comment savent-elles, sans s'y tromper, une chose que nous ne pouvons pas toujours prévoir ? Ont-elles une sensation qui les en avertit, et quel est le siége de ce sens ? Ou bien, est-ce le résultat d'un jugement qu'il faudrait dans ce cas avouer bien plus parfait que le nôtre. On peut faire, à cet égard, des suppositions aussi valables les unes que les autres jusqu'à ce que l'observation ayant accumulé un grand nombre de faits, ceux-ci se soient, pour ainsi dire, expliqués d'eux-mêmes. Le seul sens sur le siége duquel il n'est plus permis d'élever aucun doute est celui de la vue. On sait que les Abeilles aperçoivent de très-loin leur habitation, qu'elles distinguent leur ruche entre toutes les autres, et qu'elles y arrivent en ligne droite et avec rapidité. Réaumur ayant enduit successivement d'un vernis opaque les trois petits yeux lisses et les yeux composés, nous a prouvé par ses expériences qu'ils étaient également indispensables à la vision. Swammerdam (*Biblia naturæ*) a décrit, avec beaucoup de soin, l'œil des Abeilles mâles ; ce qu'il en dit s'applique également à un grand nombre d'insectes ; et nous renvoyons au mot ŒIL pour avoir une idée exacte de cet appareil. Dans les Abeilles, l'espèce de coroïde qui enduit la cornée est d'une couleur pourpre foncée ; celle-ci, composée de facettes très-serrées, présente dans leur intervalle des poils qui modifient probablement la vision, et qu'on ne retrouve que dans un petit nombre d'Insectes; ils sont simples et diffèrent beaucoup des poils longs et penniformes qui, situés sur le vertex, ombragent les petits yeux lisses et ne permettent à la lumière de leur arriver que dans un certain sens.

Le siége de l'organe du goût, placé par Swammerdam dans la trompe, n'est pas, à beaucoup près, aussi bien déterminé que celui de la vue. On se rend même difficilement raison de l'existence d'un tel sens, lorsque jugeant d'après ses propres sensations, on considère que l'Abeille, pour se désaltérer, préfère une eau croupissante à une eau limpide, et qu'elle se nourrit indistinctement d'un grand nombre de Plantes ayant des propriétés très-différentes : de là les nombreuses variétés de miel que l'on observe dans des ruches placées les unes auprès des autres.

Les Abeilles, en effet, se nourrissent de liquides végétaux; et principalement de liqueurs sucrées; c'est du nectaire des Plantes qu'elles retirent, au moyen d'un instrument nommé trompe, un suc qui sera bientôt converti en miel. La trompe n'est plus formée, comme celle du Papillon, par le prolongement des mâchoires, mais par celui de la lèvre inférieure, ainsi que chez tous les Hyménoptères. L'appareil de cette bouche, quoique formé sur un plan uniforme pour tous les Insectes, présente donc pour chaque ordre des modifications constantes. Nous l'étudierons dans sa généralité à l'article *Bouche*, et nous nous bornerons ici à quelques faits propres aux Abeilles.

La bouche se compose des mêmes parties que celle des autres Insectes; le labre est transversal, peu apparent dans les Mâles; les mandibules, supportées chacune sur un pédicule, sont petites, bidentées à leur sommet dans les Mâles et les Femelles, creusées, au contraire, chez les Ouvrières, d'une fossette divisée elle-même en deux portions par une arête longitudinale. Les mandibules viennent-elles à se rapprocher; l'une de ces portions s'applique exactement contre celle du côté opposé, et forme avec elle une pince tranchante, tandis que l'autre, ne se rapprochant pas également de sa vis-à-vis, constitue une sorte de gouttière; c'est au moyen de cette conformation de leurs mandibules que ces Insectes parviennent à bâtir les cellules de cire, ainsi que nous l'indiquerons bientôt.

Les mâchoires ont été étudiées avec soin par Swammerdam et Réaumur; mais ils ne les ont pas distinguées de la trompe, et ils les regardent comme les étuis ou enveloppes extérieures de celle-ci.

La trompe, parfaitement semblable à celle de la plupart des Hyménoptères, est, avons-nous dit, l'analogue de la lèvre inférieure des autres Insectes. On y retrouve les mêmes pièces, mais à des degrés de développement très-différens.

C'est au moyen de cet appareil que le suc des fleurs est porté dans la cavité buccale. Swammerdam s'était mépris sur les fonctions de ces parties; il attribuait à la trompe la faculté de sucer; à cet effet, il la croyait percée à son extrémité, et traversée dans toute sa longueur par un canal étroit. Les étuis extérieurs avaient, selon lui, pour usage, d'écarter les pétales des fleurs, et les divisions internes qui sont sur les côtés de la trompe, en pressant celle-ci, faisaient monter le liquide dans son intérieur. Cette succion était en outre, et toujours selon lui, favorisée par la pression de l'air extérieur et par la dilatation de l'Abdomen qui opérait le vide dans le canal médian.

Réaumur a mieux observé le jeu de ces pièces, il nous a appris que la trompe, proprement dite, était une sorte de langue qui, en léchant ou lapant, se chargeait de la liqueur miellée; que cette liqueur passait entre elle et les étuis extérieurs ou les mâchoires, et qu'elle gagnait ainsi une ouverture qui avait échappé à Swammerdam. Cette ouverture, placée au-dessus et à la base de la trompe, est recouverte par une sorte de langue charnue et doit être considérée comme l'entrée pharyngienne ou le pharynx lui-même ; c'est par elle que s'échappe ordinairement une gouttelette de miel, lorsqu'on presse une Abeille entre ses doigts. Le canal intestinal, qui fait suite à cet appareil, consiste en un œsophage assez grêle, aboutissant à un estomac renflé, mince, ordinairement plein d'une liqueur jaune limpide, ayant toutes les propriétés du miel, et limité postérieurement par le pilore, sorte d'étranglement valvulaire de l'intestin, qui sépare ce premier estomac d'un second que Swammerdam nommait Colon, et qui a beaucoup plus de longueur et de capacité que le précédent : il est en outre évidemment musculeux, et présente dans son intérieur plusieurs valvules. Cet estomac se continue avec l'intestin grêle ; et vers le point de leur réunion, on remarque un grand nombre de vaisseaux *biliaires* qui s'ouvrent dans l'intérieur de celui-ci. L'intestin grêle, qui n'est pas à beaucoup près aussi long que le deuxième estomac, s'abouche abruptement avec un large cœcum membraneux, garni de six glandes oblongues, faisant saillie à l'intérieur. Ce cœcum se rétrécit plus ou moins visiblement ; et après lui vient le rectum qui se continue avec l'anus placé au-dessous de l'aiguillon.

La respiration a lieu, comme dans les autres Hyménoptères, au moyen de trachées naissant des stigmates qui s'observent sur les côtés du thorax et sur les parties latérales de l'abdomen ; elles aboutissent à quelques vésicules aériennes très-développées et à un grand nombre d'autres plus petites. Les Abeilles partagent aussi avec les autres Insectes cette propriété remarquable de survivre à la privation de l'air prolongée pendant un assez long temps, soit qu'on les place dans un espace privé de ce fluide, soit qu'on les plonge dans l'eau ; et Réaumur a su employer ce dernier moyen pour examiner sans danger tous les individus d'une même ruche.

À cette fonction se rattachent quelques phénomènes très-curieux qui nous ont été transmis par Huber ; cet observateur ayant remarqué qu'une ouverture d'un assez grand diamètre, pratiquée dans une boîte ou une cloche de même capacité qu'une ruche ordinaire, était tout-à-fait inutile pour le renouvellement de l'air ; ayant appris aussi par plusieurs expériences que les Abeilles ne pouvaient continuer de vivre dans un espace où l'air ne se renouvelait pas ; et sachant en outre que dans une ruche peuplée quelquefois de 25,000 habitans, ce fluide est, à peu de chose près, toujours aussi pur à l'intérieur qu'à l'extérieur, parvint à expliquer ce phénomène par la ventilation que les Ouvrières produisent presque continuellement en agitant leurs ailes à la partie inférieure de la ruche. Sans pénétrer dans cette demeure, on peut, dans les temps de chaleurs, surprendre en dehors et auprès des portes de la ruche quelques Abeilles dans cette singulière action. Ce mouvement, quelquefois général, suffit, suivant Huber, pour établir des courans entre l'air extérieur et l'air intérieur, au moyen desquels celui-ci est sans cesse renouvelé. Ce phénomène, qui n'a encore été observé que dans les Abeilles et dans quelques Bourdons, était un fait digne d'être noté. Il est une conséquence immédiate de la respiration, ainsi que la chaleur des ruches, qu'il ne faut plus maintenant attribuer à la fermentation du miel. — Si le système respiratoire est remarquable par son développement et ses fonctions, celui de la circulation se réduit, de même que dans tous les Insectes hexapodes, à un simple vaisseau dorsal n'offrant rien de particulier.

Aux différentes fonctions que nous avons jusqu'ici fait connaître, il faut en ajouter une très-importante, celle des sécrétions. Les gâteaux sont formés, avons-nous dit, de cire. On a pensé pendant long-temps que l'ingrédient principal de cette cire était le pollen dont les Ouvrières se nourrissent quelquefois, et qu'elles mettent le plus souvent en magasin dans certaines cellules. Ce pollen, disait-on, était élaboré dans leur estomac, et dégorgé ensuite par la bouche sous forme de bouillie blanchâtre ou véritable cire. Telle fut l'opinion de tous les savans, jusqu'à ce qu'un cultivateur de Lusace, et par suite John Hunter, eussent découvert des lamelles de cire engagées entre les arceaux inférieurs de l'abdomen. Cette observation exacte, publiée dans les Transactions philosophiques pour l'année 1792, fixa l'attention de Huber, qui entreprit sur ce sujet un grand nombre d'expériences, et confirma cette importante découverte en l'étayant de nouvelles preuves. Si l'on détache, à la partie inférieure de l'abdomen d'une Ouvrière, certains arceaux, on remarque que chacun est formé de deux parties très-distinctes : la première, obscure, étroite et située en arrière; la seconde, au contraire, très-étendue, constituant à droite et à gauche deux espaces membraneux, transparens, d'un brun jaunâtre, séparés l'un de l'autre par une crête longitudinale et moyenne assez élevée. C'est à la surface de ces espèces d'aires membraneuses, circonscrites sur les côtés par des bords solides, que sont placées les petites lames de cire. Non content d'avoir connu dans tous ses détails cet appareil singulier, Huber voulut encore en déterminer, s'il était possible, les fonctions; et ses expériences ingénieuses lui apprirent que les Abeilles nourries uniquement de pollen ne sécrétaient jamais de cire, et que celles, au contraire, auxquelles on donnait une liqueur sucrée, en fournissaient en grande abondance. Il en tira cette conclusion : que si le sucre ou quelques-unes de ses parties constituantes ne se convertissaient pas en cire, il était du moins le stimulant de l'appareil sécréteur.

Par suite de ces expériences, on était en droit de penser que les Ouvrières produiraient d'autant plus de cire que la campagne leur fournirait une récolte plus abondante de miel, et que si, à cause d'une grande sécheresse, elles ne rapportaient à la ruche que du

pollen, la sécrétion de cette matière n'aurait plus lieu, et la construction des gâteaux cesserait. L'observation apprit bientôt qu'il en était ainsi. Une preuve d'un autre genre vint à l'appui des observations de Huber : il vit que l'Ouvrière, qui rentrait à la ruche avec l'estomac plein de miel et avec l'intention de construire, se gardait bien de dégorger le produit de sa récolte dans les magasins, comme si elle n'ignorait pas qu'en agissant autrement elle ne pourrait produire des matériaux de construction.

Tous ces faits sont positifs et se trouvent confirmés chaque jour par les observations des savans les plus distingués. C'est ainsi que Latreille, dans un Mémoire lu à l'Académie des sciences, le 20 août 1821, vient d'ajouter quelques éclaircissemens à l'opinion de Huber sur l'origine et l'issue de la cire. Il indique aux observateurs des expériences nouvelles et des analyses qu'il serait bon d'entreprendre, et démontre entre autres choses que l'opinion de Réaumur, sur la formation de la cire, est infirmée, 1° parce qu'on n'a jamais trouvé que du miel très-limpide dans le premier estomac; 2° parce que la seconde partie du canal intestinal qui renferme une matière qu'on pourrait regarder comme une sorte de cire brute et liquide, est séparée de ce premier estomac par une valvule pylorique très-étroite qui rendrait ce dégorgement au moins très-difficile. Latreille partage donc l'opinion de Huber; mais il pense que les anneaux ciriers, composés de même que tous les tégumens du corps de deux membranes de densité différente, savoir le Derme et l'Epiderme, sont seulement traversés par le fluide cireux qui, primitivement, a été formé à l'intérieur du corps peut-être par des glandes conglomérées, ou bien par des vaisseaux jaunes contigus à ces anneaux, et dans lesquels il a aperçu des mouvemens péristaltiques. Quoi qu'il en soit, il observe qu'après avoir traversé les aires membraneuses, la cire, devenue extérieure et non contenue dans une poche, est retenue et moulée en lamelles à leur surface par la portion du segment précédent qui les recouvre.

C'est avec cette cire, dont l'origine n'est plus maintenant douteuse, que les Ouvrières bâtissent les cellules dont le principal usage est de contenir l'œuf qui a été pondu par la Femelle quelque temps après son accouplement avec le Mâle. La conception n'a donc pas lieu, comme le pensait Swammerdam, par une sorte d'évaporation de la liqueur fécondante; mais elle résulte toujours de la copulation de deux individus de sexes différens. Les mâles, dont nous avons déjà fait connaître les caractères extérieurs, se distinguent principalement des Femelles par leurs organes génitaux. Swammerdam, Réaumur et Huber ont étudié l'appareil copulateur avec beaucoup de soin; mais ne l'ayant pas comparé avec les organes analogues chez des individus de genres différens et de même sexe, ils ont cru trouver dans ces parties une organisation nouvelle et leur ont appliqué des noms particuliers, tirés la plupart de leurs formes, tels que ceux de Lentille, de Plaque cartilagineuse, de Palette goudronnée, etc.

Un travail très-étendu, que nous avons entrepris sur les organes génitaux, réduira toutes ces dénominations à leur juste valeur et suppléera aux détails dans lesquels il nous est impossible d'entrer ici. Nous renvoyons aux ouvrages des savans précités, pour l'étude des organes-génitaux mâles et femelles. Les derniers se composent de deux ovaires subdivisés en plusieurs oviductus et réunis en un canal commun; ils sont enveloppés, suivant Swammerdam, d'une membrane commune et contiennent un nombre prodigieux d'œufs. Cette fécondité est telle qu'une Femelle qui avait déjà pondu plus de 28,000 œufs offrit à Réaumur son abdomen encore plein de plusieurs milliers de ceux-ci. A ces organes se joint un sac sphérique et deux vaisseaux aveugles s'ouvrant dans le canal commun des

oviductus, et que Swammerdam suppose renfermer une liqueur visqueuse propre à enduire les œufs. Huber ne partage pas cette opinion, et quelques recherches que j'ai faites sur cet organe ne me permettent pas de lui attribuer cet usage. — L'aiguillon appartient au même appareil; il est ici construit sur le même plan que celui des autres Hyménoptères. *V.* AIGUILLON. — La vésicule du venin est oblongue, très-développée dans les Femelles et munie de deux vaisseaux sécréteurs réunis en un canal commun. Un autre canal excréteur conduit le venin dans l'aiguillon. — Il suffit d'avoir jeté un coup-d'œil sur les organes mâles et femelles pour penser que de tels appareils sont faits pour un but déterminé; et ce but se conçoit facilement lorsqu'on voit chaque jour les mêmes organes servir chez d'autres Insectes à la copulation; cette pensée fut sans doute celle de Swammerdam et de Réaumur; mais ils ne purent être spectateurs d'une jonction immédiate et abandonnèrent une opinion très-rationnelle, qu'ils ne pouvaient fonder sur des faits. Huber, plus heureux sans doute et doué également du génie de l'observation, reconnut que cette jonction avait toujours lieu hors de la ruche et il en eut des preuves certaines quand, ayant tenu captives des Femelles, soit isolées, soit avec des Mâles, elles restèrent toujours stériles; quand, au contraire, leur ayant laissé toute liberté elles revinrent fécondées; quand, enfin, il retrouva dans la vulve des mêmes Femelles l'organe copulateur du Mâle qui y adhérait encore. — Si les Mâles sont inutiles à la ruche, parce que, n'étant pas pourvus des instrumens de travail, ils ne récoltent ni miel ni pollen et se nourrissent au contraire des provisions amassées par les Ouvrières; si, dis-je, ils sont inutiles sous ce rapport, ils ne le sont pas sous celui de la propagation de l'espèce. Aussi voit-on les Ouvrières, à une certaine époque, donner un soin particulier à leurs larves; je dis à une certaine époque, car il arrive un autre moment où elles percent de leur aiguillon tous les Mâles et détruisent tous ceux qui étaient près d'éclore. C'est ordinairement dans les mois de juin, de juillet et d'août que se fait au fond de la ruche le grand carnage ; il n'a pas lieu toutefois dans les ruches privées de Reines et dans celles où, par des causes particulières, quelques Ouvrières devenues fécondes, ou bien, quelques Reines dont la fécondation a été retardée, ne pondent uniquement que des œufs de Mâles. Hors ces trois cas, on ne trouve plus après le mois d'août aucun Mâle dans les ruches, et ce n'est qu'en avril et mai suivans que, de nouveaux œufs ayant été pondus, on les voit reparaître, d'abord en petit nombre, et ensuite en grande quantité. Ils éclosent dans les ruches avant les Reines : celles-ci sont aussi impropres que les Mâles à toute espèce de travail ; leur seule et unique fonction est de perpétuer l'espèce ; aussi ne restent-elles que très-peu de temps dans l'état de virginité. Cet état peut être prolongé par certaines circonstances ; mais ordinairement, cinq ou six jours après leur naissance, et un jour après qu'elles se sont établies dans une nouvelle demeure à la tête d'une colonie (ce qui a lieu vers les mois de mai, juin et juillet), on les voit sortir pour aller à la recherche d'un Mâle : elles reviennent à la ruche ordinairement fécondées, et la perte de leur virginité n'est pas équivoque. Elles reçoivent alors, de la part des Ouvrières, des hommages et des soins empressés qu'on ne leur avait pas encore rendus. C'est ordinairement quarante-six heures après l'acte de la copulation que la ponte a lieu ; elle se continue jusqu'au printemps suivant, sans que la Femelle ait été fécondée de nouveau ; car nous avons dit qu'à dater du mois d'août on ne rencontrait plus de Mâles. La ponte peut donc avoir lieu onze mois après l'accouplement, et ce terme n'est pas le plus éloigné ; car Huber nous apprend qu'un seul accouplement peut rendre une Femelle féconde pendant deux ans.

Si la Femelle est fécondée les quinze premiers jours de sa vie, elle ne pond guère jusqu'au printemps que des œufs d'Ouvrières ; à cette époque elle fait une copieuse ponte de Mâles, et immédiatement après a lieu celle des Reines, mais à un jour d'intervalle, afin que ces Reines conductrices des colonies qui doivent sortir de la ruche ne naissent pas toutes en même temps. Si, au contraire, la fécondation de la Reine est retardée au-delà du vingtunième jour qui suit sa naissance, ou bien si la ponte éprouve quelque retard à cause de la température peu élevée, elle ne produit plus que des œufs de Mâles et les dépose indistinctement dans toutes les cellules. Mais avant de parler de la ponte et des phénomènes qui l'accompagnent, nous devons jeter un coup-d'œil dans la ruche et faire connaître les cellules ou gâteaux dans lesquelles sont déposés les œufs.

Nous avons déjà parlé, sous plusieurs rapports des trois sortes d'individus qui s'observent dans une ruche, c'est-à-dire des Mâles, des Femelles et des Ouvrières ; ces dernières ne diffèrent des Reines que par un moindre développement des organes génitaux. Les ovaires se rencontrent également dans leur abdomen, mais à l'état rudimentaire, et ils peuvent même, dans certaines circonstances, contenir des œufs féconds sans que pour cela leur caractère extérieur d'Ouvrière éprouve de changemens ; dans l'état ordinaire, leurs fonctions principales sont d'aller à la récolte du miel et du pollen, de bâtir les cellules, de soigner les larves, de faire la police extérieure de la ruche, et de la défendre contre ses ennemis. Réaumur avait remarqué qu'elles n'étaient pas toutes de même grosseur, ce qu'il attribuait à une plus ou moins grande quantité de matière contenue dans leurs intestins ; mais Huber donna plus de valeur à cette différence, quand il découvrit qu'elle constituait deux variétés plus distinctes encore par les fonctions qu'elles étaient appelées à remplir ; les unes, dont l'abdomen est habituellement dilaté et qu'il nomme *Cirières*, s'occupent uniquement de la construction des gâteaux ; les autres, dont l'abdomen a moins de volume et qu'il appelle les *Nourrices*, ont pour emploi de soigner le produit de la conception jusqu'à son entier accroissement.

Les alvéoles ou cellules, lorsqu'elles sont réunies, portent, ainsi que tout le monde sait, le nom de Gâteaux. Chacune d'elles constitue ordinairement un petit godet hexagone ouvert d'un côté et fermé de l'autre par un fond ou calotte pyramidale, résultant de la réunion de trois rhombes qui auraient chacun un de leurs angles obtus au centre de ce fond pyramidal, et seraient réunis entre eux par les côtés qui renferment cet angle ; le contour de la base de cette pyramide présenterait alors six angles rentrans et saillans alternativement, qui, se joignant à la circonférence d'un tuyau hexagonal formé par six trapèzes et auquel on remarque les mêmes angles, l'emboîteraient et seraient à leur tour emboîtés par lui.

Ces gâteaux présentent deux faces semblables, c'est-à-dire qu'ils résultent de l'adossement de deux couches ou séries de cellules. Les Abeilles, dans leur construction, sont surtout étonnantes par l'épargne qu'elles savent faire de la matière et de l'espace ; à cet effet les fonds des cellules de l'une des couches constituent les fonds des cellules de l'autre ; par cela même la base de chaque cellule est formée par la réunion de trois cellules opposées ; ceci peut être rendu palpable et très-intelligible au moyen d'une expérience fort simple : introduisez trois longues épingles dans l'intérieur d'une cellule et percez-en le fond au centre des trois rhombes qui le constituent, chacune d'elle aboutira alors à une cellule propre du côté opposé.

Ces ouvrages admirables ont ordinairement une très-grande régularité ; il est cependant quelques circonstances dans lesquelles les Ouvrières dévient du plan général, mais

ces sortes d'écarts semblent calculés et on en aperçoit facilement le motif ; il est même des événemens qui les obligent à s'en écarter, sans quoi la république entière toucherait à sa ruine ; d'ailleurs il faut remarquer que ces irrégularités qu'on remarque quelquefois dans certaines cellules, ne vont pas en augmentant, qu'elles disparaissent au contraire insensiblement parce que les Ouvrières savent prendre ou ajouter à la base d'une cellule voisine, suivant que celles qu'elles ont construites sont ou trop étendues ou trop étroites. A la régularité du travail se joint un fini et une délicatesse dans l'exécution, qu'on a peine à concevoir, et qui portent naturellement à accorder à ces Insectes quelque chose d'intellectuel. L'admiration n'est pas moindre, quand on observe la simplicité des instrumens de construction ; les ayant déjà décrits avec assez de détail, nous n'aurons plus qu'à considérer ici leur action.

Lorsque l'Abeille veut construire, elle saisit une des plaques de cire situées entre les arceaux inférieurs de son abdomen, au moyen de la pince que forme, avec la jambe, le premier article du tarse, la porte aussitôt à sa bouche et la rompt avec le bord tranchant de ses mandibules ; quelques parcelles tombent dans la gouttière que nous avons dite formée par les deux bords inférieurs de celles-ci, sont poussées comme dans une filière vers la partie postérieure, et, arrivées à la base de la trompe, se trouvent enduites d'une matière écumeuse, blanchâtre, qui n'avait pas échappé à Réaumur. Bientôt après, cette cire élaborée repasse par le même chemin ; mais, dans une direction opposée, gagne l'extrémité tranchante des mandibules, et, après avoir été hachée de nouveau, elle est appliquée contre la voûte de la ruche. Plusieurs Abeilles viennent agir de concert à la même place, et la matière qu'elles déposent ne tarde pas à former une masse dans laquelle elles commencent à creuser les cellules du premier rang ; celles-ci n'ont plus les formes que nous avons déjà décrites,

et cette sorte d'anomalie a pour but
de fournir une base plus solide à la
masse qui va bientôt être formée; en
effet, les Ouvrières ajoutent successivement au travail que l'une d'elles a
commencé; d'autres posent les fondemens de nouvelles constructions à des
distances égales, et tous ces gâteaux,
ordinairement parallèles entre eux et
perpendiculaires au fond de la ruche,
s'agrandissent en très-peu de temps;
car, selon l'observation de Swammerdam, un essaim, assez nombreux,
placé dans une ruche depuis quatre
jours, avait déjà construit un gâteau
de quatre cent dix-huit cellules tant
ébauchées qu'achevées; et Réaumur
nous apprend qu'un gâteau de huit à
neuf pouces de diamètre est quelquefois l'ouvrage d'une seule journée.
Nos architectes toutefois ne mettent
pas de suite la dernière main à l'œuvre, et lorsque tout nous paraît achevé, on voit d'autres Abeilles cirières
entrer dans chaque alvéole pour en
polir et raboter, en quelque sorte, les
parois. Elles s'occupent aussi à enci-
drer les pans des cellules et leur orifice de propolis qu'elles recueillent
sur certains Végétaux, et entre autres
sur les bourgeons du Peuplier sauvage. Elles se servent aussi de cette
gomme résine pour boucher toutes les
ouvertures de leur ruche, et à une
certaine époque elles l'emploient pour
consolider la base des gâteaux; alors
nos industrieux Insectes la mêlent
avec de la cire et en garnissent la
circonférence du premier rang de
cellules qu'ils remplacent quelquefois
par cette matière. Si malgré ces précautions un gâteau se détache, ils construisent sur ce gâteau de nouvelles
cellules jusqu'à ce qu'il ait atteint
la partie supérieure de leur ruche, ou
bien, si la saison n'est pas favorable,
ils assujettissent avec de la vieille cire,
non-seulement ce gâteau, mais encore
tous les autres, comme si, avertis par
cet accident, ils voulaient prévenir
tous ceux du même genre. Comment
caractériser de tels actes? peuvent-ils
être franchement attribués à un instinct machinal?

Si, comme il est nécessaire de le
faire, nous distinguons les cellules en
petites, moyennes et *grandes*, nous de-
vrons observer que ce qui vient d'être
dit de leur construction et de leur
forme s'applique uniquement aux
deux premières. En effet, les grandes,
qu'on nomme aussi *royales*, outre
qu'on n'en compte jamais plus de 27,
(leur nombre étant ordinairement de
16 à 20,) diffèrent des autres, sous
plusieurs rapports. Elles sont en général oblongues, piriformes et très-
amples. Rien n'est épargné pour leur
solidité, et, dans leur construction,
on ne se montre avare ni d'espace,
ni de matière. Celle-ci est employée
avec une telle profusion que le poids
d'une loge royale équivaut au moins
à celui de cent cellules ordinaires;
leur position ensuite est bien différente: au lieu d'être placées horizontalement comme les alvéoles des
Ouvrières et des Mâles, elles le sont
verticalement. Quelquefois elles ressemblent à une stalactite, et paraissent
détachées du gâteau.

Ces cellules diffèrent aussi par l'é-
poque de leur formation, et c'est ordinairement au printemps et immédiatement après la ponte des Mâles
qu'on s'occupe de leur construction. — L'observation a appris que la
plupart des alvéoles, tant petites que
moyennes, étaient destinées à recevoir les œufs, qui doivent y prendre
tout leur développement, et à contenir le miel et le pollen en provision.
Les plus petites, situées à la partie supérieure de chaque gâteau, sont destinées aux larves d'Ouvrières. Les inférieures, plus étendues dans toutes
leurs dimensions, et bâties à la suite
des précédentes, doivent contenir les
larves des Mâles; et les troisièmes ou
les plus grandes, les Vers royaux qui
se métamorphoseront en Femelles ou
Reines.

Ces cellules, à peine bâties, et lors
même qu'elles ne sont encore qu'é-
bauchées, reçoivent successivement
un œuf. La ponte a lieu pendant toute
l'année, mais principalement au printemps et dès le mois de mars, lorsque

la température est un peu élevée. La
Reine parcourt alors les gâteaux, regarde, et palpe avec ses antennes les
cellules sur lesquelles elle passe, y
enfonce profondément son abdomen,
lorsqu'elle les trouve vides, et le retire, après y avoir déposé un œuf
qu'elle colle par un de ses bouts au fond
de l'alvéole. Elle pond d'abord dans les
petites cellules des œufs d'Ouvrières;
ensuite, dans les cellules moyennes,
des œufs de Mâles; et, en dernier lieu,
des œufs de Femelles dans les cellules
royales.

Il n'est personne qui n'ait entendu
parler des hommages rendus au Roi
par ses sujets fidèles. Ce Roi qu'on
doit, à cause de son sexe, considérer
plutôt comme une Reine, en reçoit
en effet de la part des Ouvrières, surtout au moment de la ponte. Il est curieux de voir les soins assidus que
rendent à leur Femelle les Abeilles du
cortége, pendant cette importante opération; elles la nettoyent, la frottent
avec leur trompe, et lui présentent de
temps en temps du miel qu'elles dégorgent. S'il arrive que la Femelle
soit très-féconde, et qu'au contraire
les cirières soient en trop petit nombre
pour bâtir une quantité de cellules égale à celle des œufs, la Femelle, pressée
de pondre, en dépose deux, trois et
même quatre dans la même alvéole.
Les Ouvrières qui s'en aperçoivent ne
tardent pas à enlever tous les œufs
surnuméraires et à les détruire.

Les œufs sont oblongs, un peu courbés et d'un blanc bleuâtre. Une fois
pondus, ils sont abandonnés aux soins
de cette variété d'Ouvrières, qu'on
appelle nourrices; assez semblables,
pour les caractères extérieurs, aux
Ouvrières cirières, elles en diffèrent
surtout par leur genre d'occupation:
elles vont à la recherche du miel et
du pollen, mais elles déposent toute
leur récolte dans les magasins, et sont
chargées exclusivement de nourrir la
larve. Elles ne commencent leurs
fonctions que lorsque les vers sont
éclos, c'est-à-dire, trois jours après
qu'ils ont été pondus. Alors, selon
Swammerdam, elles apportent à plu-

sieurs heures du jour une sorte de
bouillie, différente suivant l'âge de
la larve. D'abord insipide et blanchâtre, puis légèrement sucrée et
transparente, d'une couleur jaune
verdâtre, elle devient ensuite très-
sucrée; la quantité de cette bouillie est proportionnée d'une manière
si exacte aux besoins du ver, que,
selon Huber, il la consomme toujours en entier. Le même auteur a
observé que le pollen était la véritable
nourriture des larves; les nourrices en
remplissent leur estomac, et le dégorgent sans doute après l'avoir uni
avec une certaine quantité de miel.

La nourriture varie non-seulement
suivant les âges, mais encore suivant
les sexes. Celle des Mâles et des Ouvrières paraît analogue; mais celle
des larves de Reines est une bouillie
toute particulière, dont l'influence sur
le développement de l'individu est
telle, qu'elle rend fécondes les Ouvrières qui en ont été nourries à l'état
de larves. — Il n'est plus permis de
douter de ce fait, depuis qu'Huber a
confirmé les expériences de Riem et
de Schirach. Ce dernier avait observé
que lorsqu'une ruche se trouve privée
de Reine, les Abeilles agrandissent,
aux dépens des cellules voisines, les
alvéoles de quelques Ouvrières, dans
lesquelles se trouve une jeune larve,
et qu'elles lui apportent en outre, avec
abondance, une bouillie semblable à
celle dont elles nourrissent les vers
royaux; qu'enfin il naît bientôt de ces
larves des Reines ou Abeilles femelles.
—Si, pendant qu'elles sont occupées à
réparer une perte qui entraînerait celle
de la colonie toute entière, on introduit une Reine dans la ruche, aussitôt
ces travaux cessent, comme si elles sen-
taient que leur précaution est devenue
désormais inutile. — Riem avait remarqué un fait non moins extraordinaire : il vit plusieurs Ouvrières, absolument semblables aux autres, pondre
des œufs dans les alvéoles. Huber observa le même fait, mais il remarqua que
ces Ouvrières ne pondaient jamais
que des œufs de Mâles, et il suppo-
sa que cette fécondité était due à

une petite portion de gelée royale, tombée comme par accident dans leurs étroites demeures, toujours situées au voisinage des cellules royales. Ces Abeilles ne deviennent fécondes que dans les ruches privées de Reines; car celles-ci ont grand soin de détruire ces chétives rivales. A ces différentes preuves, on peut en ajouter une dernière qui démontre jusqu'à l'évidence que les Abeilles ouvrières sont réellement des Femelles dont les organes génitaux et quelques autres parties n'ont pas atteint tout leur accroissement. En effet Mademoiselle Jurine a reconnu et figuré des ovaires très-développés dans de petites Abeilles noires, ayant tous les caractères extérieurs des Ouvrières : et depuis elle a constamment retrouvé les mêmes parties, moins développées, il est vrai, dans les Ouvrières ordinaires.

La larve ou le ver qui est l'objet de tant de soins, et qui nous présente des faits si remarquables, est blanchâtre; apode composé de quatorze anneaux, y compris la tête : celle-ci est munie, selon Réaumur, de deux mandibules rudimentaires, d'une lèvre supérieure et d'une lèvre inférieure trifide ; la division moyenne de cette lèvre est redressée vers la partie supérieure, coupée carrément, et offre une échancrure de laquelle sort une lame charnue qui contient dans son centre la filière. Les deux divisions latérales sont de petites pointes aiguës dentelées à leur face interne. Swammerdam a fait avec soin l'anatomie de cette larve. Nous renvoyons à son ouvrage déjà cité.

Ce ver, contenu dans l'alvéole, se nourrit de la bouillie que lui donnent les nourrices. Après avoir changé plusieurs fois de peau, il arrive vers le cinquième jour au dernier terme de son accroissement ; pendant ce temps il s'est approché petit à petit de l'ouverture de sa loge, et n'en est plus qu'à deux lignes ; à cette époque les Ouvrières bouchent l'alvéole au moyen d'un petit couvercle de cire plus bombé pour les cellules de Mâles que pour celles d'Ouvrières ; le ver alors file en trente-six heures une coque de soie complète, lorsqu'il appartient à une Ouvrière ou à un Mâle, et incomplète s'il est dans une cellule royale. Trois jours après seulement il se métamorphose en nymphe. La nymphe est le passage de la larve à l'Insecte parfait, son organisation tient de l'un et de l'autre de ces états, et il est aisé, en suivant les descriptions de Swammerdam, de connaître les changemens qu'éprouvent les divers organes. Pour ce qui regarde les parties externes on remarque que leur durcissement (qu'on nous passe cette expression assez impropre) se fait d'une manière progressive, et sur un certain nombre de points distincts ; les petits yeux lisses et les yeux à réseaux prennent d'abord une teinte rouge; ensuite les épaulettes jaunissent. Les jambes, les épidèmes articulaires des ailes et des mandibules éprouvent en troisième lieu quelques changemens dans leur consistance. Bientôt les parties de la trompe et les antennes présentent les mêmes phénomènes ; c'est alors que le thorax, qui tirait déjà sur le gris, prend petit à petit une teinte plus foncée; pendant ce temps l'aiguillon a subi des changemens notables ; ses dentelures se colorent les premières ; enfin tout marche vers un certain degré de solidification, chaque pièce à sa manière, sauf certaines parties qui doivent toujours rester molles. Ce n'est que lorsque tous ces changemens ont eu lieu, c'est-à-dire, sept jours et demi après la métamorphose en nymphe, que celle-ci se dépouille d'une espèce d'enveloppe qui l'emmaillotait encore, et qu'elle devient Insecte parfait, le vingtième jour après la ponte. Cet espace de temps est plus court pour les Femelles, qui ne mettent que seize jours à prendre tout leur accroissement. — L'Insecte a donc vu le jour, et pour cela il a dû successivement, et sans aucun auxiliaire, se débarrasser de son enveloppe, percer sa coque soyeuse et le couvercle de cire qui fermaient son alvéole. A peine est-il né, les autres Abeilles lui prodiguent mille soins, l'essuient ou le lèchent, et lui offrent du miel. Il ne tarde pas lui-même, s'il appartient à la classe nombreuse des Ouvrières, à se mettre à l'ouvrage et n'a pas besoin de leçons pour remplir ses devoirs, son instinct est son maître; on le voit revenir sans aucun guide à son habitation, l'estomac gorgé de miel, et les corbeilles remplies de pollen qu'il a recueilli pour la communauté.

Un grand nombre d'Abeilles sont nées, l'habitation ne peut plus contenir tous les habitans; ce nombre est prodigieux; car selon Réaumur une ruche peut contenir alors vingt-six mille quatre cent vingt-six Abeilles ouvrières, sept cents Mâles et une Femelle, sans compter un grand nombre d'individus répandus dans la campagne. Une émigration devient nécessaire, elle ne peut toutefois s'effectuer que lorsqu'une nouvelle Reine, qui remplacera celle qui va partir en tête de la colonie, est sur le point d'éclore; quelles que soient les incommodités résultant de cette nombreuse réunion, le départ est toujours retardé jusqu'à cette époque. A peine cet événement attendu est-il arrivé, qu'un grand nombre d'Abeilles, ayant à leur tête la vieille Reine, abandonnent l'habitation. Cette colonie errante porte le nom d'*Essaim*; les Insectes qui la composent ne tardent pas à s'arrêter dans un endroit quelconque, souvent après une branche d'arbre, ils forment là une sorte de grappe ou de cône, en se cramponnant les uns aux autres au moyen de leurs pates. Au moment où ce groupe se fixe, la Femelle reste ordinairement dans le voisinage et ne se réunit à la masse que quelque temps après. Ce moment doit être choisi par le cultivateur pour s'emparer de l'essaim et le placer dans une demeure convenable. *V.* ESSAIM et RUCHE.

Le départ est précédé de phénomènes assez singuliers, et s'annonce par des signes non équivoques. Les Mâles qui viennent de naître s'aperçoivent en grand nombre; plusieurs milliers d'habitans ne trouvant plus de place dans la ruche se groupent par tas au dehors. Un bourdonnement particulier se fait souvent entendre le soir et la nuit dans l'intérieur de l'habi-

tation, ou bien on remarque un calme qui n'est pas ordinaire; enfin, dès le matin du jour, où la colonie doit s'expatrier, le calme est encore plus parfait, et le repos succède à l'activité générale qu'on remarquait la veille.

Les Abeilles qui doivent émigrer semblent ainsi prévoir l'heure du départ qui a ordinairement lieu vers le milieu du jour, par un temps chaud et un ciel pur; il semble aussi qu'elles jugent inutile d'entreprendre ou d'achever des travaux dont elles ne doivent pas jouir. La même inaction se remarque lorsqu'un essaim, s'étant établi dans une demeure et y ayant commencé quelques travaux, se décide cependant à l'abandonner.—Une ruche donne ordinairement, pendant le printemps, trois ou quatre essaims; quelquefois aussi elle n'en fournit aucun. Ceci a lieu lorsque les habitans sont en trop petit nombre; dans le premier cas, les vieilles Femelles se mettent toujours à la tête de la première colonie; les autres essaims ont lieu lorsque, de nouvelles Ouvrières et une nouvelle Reine étant nées, la ville est de nouveau trop petite pour contenir la population. Ces émigrations se succèdent par conséquent dans des intervalles plus ou moins longs, mais qui ne dépassent pas neuf jours, et il est curieux de voir que les Ouvrières savent retarder la naissance des Reines jusqu'à ce qu'il soit éclos un assez grand nombre d'Abeilles pour former une nouvelle colonie; pour cela elles les constituent prisonnières dans leurs propres cellules, en renforçant le couvercle qui bouche les alvéoles, et ne leur permettent d'en sortir que successivement et à quelques jours de distance les unes des autres; en vain les Femelles se débattent dans leurs cellules, en vain elles font entendre un son particulier; elles ne les délivrent que lorsque le besoin les réclame; et ce qui est curieux c'est qu'elles leur rendent la liberté par date d'âge, et que celles qui proviennent d'œufs plus anciens sont aussi délivrées les premières; elles ne laissent pas, pendant cette captivité, de leur prodiguer les soins indispensables à leur existence. Un trou pratiqué dans le couvercle de l'alvéole permet à la Femelle d'y passer l'extrémité de sa trompe; les Ouvrières qui s'en aperçoivent, dégorgent du miel et en répandent sur cet organe.

Nous avons rendu compte des phénomènes qui précèdent la sortie d'un essaim, et de quelques-unes des causes auxquelles semble due cette émigration. La cause prochaine du départ est l'antipathie ou plutôt la haine que les Femelles se portent réciproquement, et l'inquiétude qui en résulte pour les Ouvrières. Lorsqu'une Reine vient d'éclore, son premier soin est de se diriger du côté des cellules royales; elle voudrait les détruire, et en est sans cesse empêchée par plusieurs Ouvrières qui font la garde. Ces sentinelles vigilantes harcèlent de toute part cette Femelle, la poursuivent avec opiniâtreté; ne sachant plus alors où se retirer, elle parcourt avec vitesse les gâteaux, met en mouvement toutes les Abeilles qu'elle rencontre sur son passage. L'agitation est bientôt générale; plusieurs individus se précipitent vers l'entrée de la ruche; la Reine participe à cette impulsion; elle sort, s'envole, et est suivie par un grand nombre d'Abeilles.

La chaleur qui résulte de l'agitation dont nous venons de parler semble aussi contribuer pour beaucoup à la sortie des essaims. Le thermomètre de Réaumur, qui en été est ordinairement dans une ruche abritée de vingt-sept à vingt-neuf degrés, s'élève dans ces circonstances jusqu'à trente-deux.

Ces causes réunies déterminent le départ d'un essaim devenu d'ailleurs nécessaire par l'augmentation des habitans. On serait dans l'erreur si l'on pensait que le nombre des Femelles est toujours proportionné à celui des colonies. Celles-là sont toujours en plus grand nombre que ces dernières; aussi n'est-il pas rare d'en trouver deux et même trois dans un seul essaim. Si celui-ci se divise d'abord en autant de légions qu'il y a de Femelles, il ne tarde pas à se réunir en une seule troupe; les Femelles, se trouvant abandonnées, prennent bientôt le même parti. Il y a donc dans ce cas plusieurs Femelles dans une même ruche; mais ce gouvernement ne saurait subsister. Les Reines, toutes les fois qu'elles se rencontrent, se livrent un combat à mort. Les circonstances qui accompagnent ce duel, les ruses qu'emploient les deux champions, le rôle que jouent les Ouvrières qui en sont spectatrices, mériteraient des descriptions détaillées qu'il nous est impossible de donner dans un article déjà trop étendu. Nous engageons à lire les détails curieux que nous a transmis Huber.

On verra que cet observateur n'est pas ici d'accord avec Réaumur sur l'accueil que font les Ouvrières à une Reine étrangère. Celui-ci prétend qu'une Reine est toujours bien reçue des Ouvrières. Huber dit au contraire que, si cette Femelle étrangère est introduite dans une ruche déjà pourvue d'une Reine, elles l'entourent de toute part, la serrent étroitement jusqu'à ce qu'ayant aperçu sa rivale, elles se soient tuées l'une ou l'autre. Si, dans une ruche privée de Reine, on substitue, dans les douze premières heures, une étrangère, elle est, selon lui, très-mal reçue; on l'entoure encore de toute part, et cette fois elle périt étouffée dans le massif qu'on a formé autour d'elle. Si au contraire cette substitution ne se fait que vingt-quatre ou trente heures après, elle est accueillie avec tous les honneurs dus à son sexe, et traitée comme l'ancienne Reine.

Quoi qu'il en soit de la cause de ces réceptions, il n'en est pas moins vrai que les Femelles sont indispensables à la ruche, non-seulement parce qu'elles perpétuent l'espèce, mais encore parce qu'elles maintiennent l'existence de toutes les Abeilles qui sont nées. En voici la preuve. Si on enlève la Reine d'une ruche, lorsque les travaux sont déjà en pleine activité, et lorsque les œufs n'ont pas encore été pondus, on remarque que l'oisi-

veté succède à ce travail opiniâtre ;
l'espoir de voir perpétuer l'espèce est
détruit, la langueur atteint ces Ouvrières laborieuses, elles ne construisent plus d'alvéoles, ne font plus de
provisions, vivent au jour le jour, et
ne tardent pas à mourir. Leur rend-
on une Femelle avant cette dernière
catastrophe, où, ce qui en revient au
même, leur présente-t-on des gâteaux
contenant des cellules royales, ou de
jeunes larves capables d'être converties en Femelles à la manière déjà indiquée, les travaux reprennent toute
leur activité, et ce peuple découragé
recouvre toute son énergie. Les Ouvrières ne sont donc pas seulement
instruites par la présence d'une Femelle qu'elles doivent compter sur une
postérité ; mais cet espoir se réveille
encore par la présence des œufs ou des
larves contenues dans les alvéoles.

L'histoire des Abeilles, comme on
voit, présente assez d'intérêt pour
qu'il soit inutile de chercher à l'embellir de suppositions idéales et merveilleuses. Les faits curieux et exacts
que nous avons cités inspirent par eux-
mêmes l'admiration. Ce peuple industrieux, si remarquable par l'union
et l'ensemble qui règne dans chaque
habitation, ne l'est pas moins, lorsqu'il s'agit de défendre sa propriété ;
il a des ennemis nombreux et rusés à
combattre, et il n'est pas peu surprenant de voir les divers genres d'industrie qu'il emploie suivant les circonstances. Si l'Insecte, comme quelques-
uns l'ont prétendu, était une simple
machine, privé de toute faculté in-
tellectuelle, serait-il susceptible de
modifier ses actes, saurait-il prévoir,
calculer l'événement, le juger lorsqu'il se présente, proportionner les
moyens de défense à ceux de l'attaque,
et substituer mille ruses différentes à
la force, lorsqu'il ne se trouve pas en
nombre suffisant pour l'emporter en
combattant avec ses armes ; voilà cependant ce qui a lieu, lorsque des Fre-
lons, des Guêpes, des Souris, des Teignes, des Sphinx Tête-de-Mort ; etc.,
etc., cherchent à s'introduire dans
leur demeure ; tous les moyens sont

mis en usage pour s'opposer à leur entrée, tous les efforts sont dirigés vers
ce but ; car, une fois que ces ennemis
redoutables ont pénétré dans la ruche, il est bien difficile aux Abeilles de s'opposer à leurs dégâts, et elles
n'ont plus d'autre parti à prendre que
de fuir, et de transporter ailleurs
leur industrie. Les Ouvrières, comme
on le pense bien, sont les seuls combattans ; elles veillent sans cesse à la
porte de la ruche, et font une reconnaissance scrupuleuse de tous les individus qui entrent dans la ruche, en
les touchant de leurs antennes.

Réaumur et Huber ont été les his-
toriens de leurs victoires et de leurs
défaites, et nous ont donné des détails curieux sur leurs combats. Nous
engageons de nouveau à recourir à des
sources aussi pures.

L'ennemi le plus terrible pour les
Abeilles, et auquel elles ne peuvent
opposer aucune résistance, c'est le
froid. On sait que les Abeilles ont la faculté d'élever la température en raison directe de leur nombre ; ce nombre étant quelquefois trop petit l'hiver, pour élever la température à un
degré convenable, elles périssent toutes. La vieillesse enfin est une cause
naturelle de leur mort. Le printemps
et l'automne sont les époques où elle
a lieu ; et si les ruches ne se renouvellent pas ainsi tous les ans, cela a
lieu au moins tous les deux ans, suivant l'abbé de La Ferrière et Réaumur.

Tout ce que nous avons dit des
Abeilles s'applique à celle de notre
pays, c'est-à-dire, à l'Abeille mellifique, *Apis mellifica*, Lin. Fab.
Outre les caractères que nous avons
indiqués, et qui appartiennent à tous
les individus du même genre, on en
remarque de moins importans, qui
servent à la distinguer des autres espèces. Elle est noirâtre ; avec l'écusson
et l'abdomen de même couleur ; celui-ci offre à la base du troisième anneau et des suivans une bande transverse et grisâtre formée par une sorte
de duvet. Quelquefois la base du second anneau qui suit le pédicule est
rougeâtre. On la rencontre dans toute

l'Europe, en Barbarie, en Amérique où elle a été naturalisée.

Les autres espèces d'Abeilles, les plus remarquables, qu'on a distinguées jusqu'à présent de la précédente, sont :

L'ABEILLE LIGURIENNE, *Apis ligustica* de Spinola, qui est cultivée dans toute l'Italie, et qui habite peut-être aussi la Morée, l'Archipel, etc.

L'ABEILLE UNICOLORE, *Apis unicolor* de Latreille, qui habite les îles de France, de Madagascar et de la Réunion, et qui fournit un miel très-estimé, le miel *vert*.

L'ABEILLE INDIENNE, *Apis indica* de Fabricius, que l'on rencontre au Bengale et à Pondichéry.

L'ABEILLE FASCIÉE, *Apis fasciata* de Latreille, qui est domestique en Egypte, et que l'on faisait voyager sur le Nil, de la basse Egypte dans la haute, pour qu'elle fît une double récolte de miel.

L'ABEILLE D'ADANSON, *Apis Adansonii* de Latreille, qui a été trouvée au Sénégal.

L'ABEILLE DE PÉRON, *Apis Peronii* de Latreille, qui se trouve à Timor, d'où elle a été rapportée par Péron. *V.* la Monographie de ce genre par Latreille (Zoologie du Voyage de Humboldt et Bonpland). Pour ce qui reste à dire sur les Abeilles, et pour leur économie domestique, *V.* ESSAIM, RUCHE, MIEL, CIRE, PROPOLIS, ALVÉOLE. *V.* aussi, outre les ouvrages cités dans cet article, ceux de Blangy, della Rocca, Lombard, Féburier et Desormes. (AUD.)

ABEILLES-BOURDONS. *V.* BOURDON.

ABEILLES A NID DE MEMBRANE SOYEUSE. *V.* HYLÉE et COLLÈTE.

ABEILLES CHARPENTIÈRES, MENUISIÈRES, PERCE-BOIS ET VIOLETTES. *V.* XYLOCOPE.

ABEILLES TAPISSIÈRES. *V.* OSMIE. (AUD.)

*ABEJARUJO ou AVEJURUJO, ois. qui se prononce *Apécaruco*. Syn. du Guêpier, *Merops Apiaster*, L. en Espagne. *V.* GUÊPIER. (DR...)

*ABELANIE. BOT. PHAN. D'*Avellana* (noisette), et d'où vient *Ave-*

line. Syn. du Noisetier dans le midi de la France. *V.* COUDRIER. (B.)

*ABELLA. BOT. PHAN. Syn. éthiopien de Bananier. *V.* ce mot. (B.)

ABELLICEA. BOT. PHAN. Nom donné à une espèce de chêne. (A. R.)

ABEL-MOLUCH. BOT. PHAN. Syn. du Ricin d'Afrique ; *Ricinus africanus*, Willd., en Mauritanie. (B.)

ABEL-MOSCH. BOT. PHAN. *Graine d'ambrette, graine de musc*. Nom arabe donné aux graines d'une Ketmie, *Hibiscus Abelmoschus*, L. à cause de son odeur agréable ; on la mettait autrefois dans la poudre dont on blanchissait les cheveux, et elle lui communiquait tout son parfum. (B.)

*ABEMA. BOT. PHAN. (Necker.) Syn. de Stachytarpheta. *V.* ce mot. (B.)

* ABEN. BOT. PHAN. Syn. de *Guilandina Moringa*. chez les Arabes. *V.* GUILANDINA. (B.)

. ABER. MOLL. (Adanson.) Syn. de *Mytilus puniceus*, L. espèce de bivalve du Sénégal. (F.)

* ABERAS. BOT. PHAN. (Gesner.) Vieux nom de l'Ananas. (B.)

ABERDEEN. REPT. OPH. Syn. anglais d'*Anguis Eryx*, L. *V.* ORVET. (B.)

* ABEREMOA. BOT. PHAN. Ce genre, établi par Aublet dans ses plantes de la Guyane, a été réuni au genre *Uvaria* par Lamarck, et plus tard au genre *Guatteria* de Ruiz et Pavon, par Dunal et De Candolle. *V.* GUATTERIE. (A. R.)

* ABEREMOU. BOT. PHAN. Syn. de Péréba, à la Guyane. *V.* ce mot. (B.)

*ABERMON. POIS. *V.* ABARMON.

ABG. BOT. PHAN. Syn. de l'Asphodèle rameuse, *Asphodelus ramosus*, L., et de la blanche, *A. albus*, Willd., chez les Arabes. (B.)

* ABHEL. BOT. PHAN. Fruit d'une espèce de *Thuya*, selon l'Écluse. (B.)

* ABIES. BOT. PHAN. *V.* SAPIN.

*ABILDGAARD. POIS. (Lacépède.) Espèce de Spare d'Amérique qui devient d'une grandeur considérable. *V*. SPARE. (B.)

ABILDGAARDIA. BOT. PHAN. Genre formé par Vahl (Enum. II, p. 296) aux dépens des Souchets, dont il diffère par les écailles des fleurs imbriquées sur deux rangs, par ses semences acuminées et par la base trigone et persistante du style. Brown a ajouté deux espèces de la Nouvelle-Hollande à ce genre qui n'en contenait que deux, les *Cyperus monostachyos* et *triflorus* de L., et qui depuis a été supprimé par plusieurs botanistes. (B.)

ABIME ou **ABYME.** GÉOL. Gouffre profond dont l'imagination accroît presque toujours les proportions, et qui, pour le vulgaire, communique avec l'*Abîme* ou puits d'*Abîme* que certains livres supposent exister au centre du globe comme un grand vi.e ténébreux. Ces prétendus abîmes sont ordinairement des grottes obscures et rapides, de grands trous perpendiculaires où l'on n'a point osé pénétrer; d'antiques excavations qui s'enfoncent en terre d'une manière plus ou moins verticale; des cratères de volcans, soit brûlans, soit éteints; ou des lacs circonscrits entre des rochers, et dont la sonde n'a pas trouvé le fond. Diverses causes locales ont déterminé la formation de ces abîmes qui, en général, jouent un rôle trop superficiel dans la structure du globe pour mériter l'attention du géologue, et pour que nous citions ceux auxquels les récits exagérés des voyageurs ou la crédulité publique ont donné de la célébrité. (B.)

* **ABIRAKO.** BOT. PHAN. (Thunberg.) Syn. de Prenanthes au Japon. (B.)

***ABIRQUAJAVE.** BOT. PHAN. (Cossigny.) Syn. de Balsamier, *Amyris Opobalsamum*, L. dans l'Inde. (B.)

ABLANIA. BOT. PHAN. C'est le nom d'un arbre dicotylédone, de quarante à cinquante pieds de hauteur sur deux pieds et demi de diamètre environ, à feuilles alternes, à fleurs en corymbes axillaires, observée en Guyane par Aublet qui l'a décrit et figuré T. 234 de son ouvrage. Il lui assigne les caractères suivans, d'après lesquels ce genre n'a pu trouver encore sa place dans aucune famille connue : calice monosépale, à quatre ou cinq divisions profondes, persistant; pas de corolle; étamines nombreuses (soixante à soixante-dix), hypogynes, à anthères petites, arrondies, biloculaires; un ovaire oblong, velu, surmonté de deux styles bifides au sommet, et à quatre stigmates. Il devient une capsule couverte de poils longs et roides, à une seule loge, se séparant à la maturité en quatre valves, et contenant des graines nombreuses attachées à un trophosperme central, enveloppées d'une membrane visqueuse. On n'en connaît qu'une seule espèce, l'*Ablania guyanensis*, L. (A. D. J.)

ABLAQUE, nom vulgaire donné à la soie de la Pinne marine, *Pinna nobilis*, L. *V*. BYSSUS. (B.)

ABLE, POIS., vulgairement *Poissons blancs*. Genre établi par Cuvier, sous le nom de *Leuciscus* dans le genre *Cyprinus* de Linné, et que composent des espèces assez nombreuses dont la plupart sont de taille moyenne et quelquefois très-petites. Les Ables diffèrent des autres Cyprins par l'absence de barbillons aux mâchoires et d'épines aux nageoires. La dorsale est aussi moins étendue et la caudale constamment fourchue. La forme générale de ces Poissons est plus ou moins ovoïde et allongée; leur chair est blanche, mollasse, et généralement méprisée, si ce n'est celle de deux ou trois espèces. Ils habitent, à peu d'exception près, les eaux douces, et, s'il en est de rivage, ceux-ci se plaisent à remonter les fleuves. L'*Ablette*, *Cyprinus Alburnus*, L. a servi de type à ce genre qui est fort naturel, et dont la plupart des espèces bien connues se trouvent en Europe. Ces espèces sont :

L'**Ablette** ou **Ablet**. *Cyprinus Alburnus*, L. Bloch. pl. 8. f. 4. Encyc. Pois. pl. 83. f. 343. Cet Able acquiert de trois à huit pouces de longueur, ses écailles sont brillantes et se dé-

... sont d'une
... los, mais ar-
... ...tiques sur les
... ...ctieures de l'A-
... .. 9. A. 18. 22.
... ...ssance qui donne
... l'Ablette une couleur
... ... d'un grand usage
... ...our des fausses perles,
... l'attention des chimis-
... ...point encore suffisam-
... ...ence, elle existe dans plu-
... ...eurs, non-seulement à la
... leurs écailles, mais encore
... l'intérieur de leur poitrine, de
... ...domac et de leurs intestins qui
... ...sont entièrement tapissés; elle passe
... ...vite à la fermentation putride lors-
...qu'il fait chaud, devient aussitôt
...phosphorescente et se résout en une
...liqueur noirâtre; on la conserve à
... l'aide de l'ammoniaque sous le nom
...d'Arôme d'Orient. *Voy.* ce mot. —
L'Ablette habite les rivières et les
petits ruisseaux; on la pêche en abondance dans le temps du frai qui arrive
au printemps, en jetant pour appât
des entrailles dans certains paniers
d'où le Poisson ne peut plus sortir
quand il y est entré. Elle sert à son
tour d'appât pour de plus gros Poissons tels que les Truites et les Brochets.

L'Aphie. *Cyprinus Aphya*, L. Bloch.
pl. 97. f. 2. Encyc. Pois. p. 79. f. 330.
Ce petit Poisson de deux pouces de
longueur, selon Linné, et qui en acquiert jusqu'à quatre, a l'iris rouge,
la mâchoire supérieure plus longue
que l'inférieure, le dos brun et les
côtes blanchâtres ainsi que le ventre,
qui est rougeâtre dans certains individus. D. 9. 11. P. 8. 12. V. 7. 8. A.
9 C. 19. 20. —L'Aphie vit par bandes
nombreuses, non-seulement dans les
fleuves du nord, mais encore sur les
rivages de la mer qui sont voisins de
leur embouchure.

L'Aspe. *Cyprinus Aspius*, L. Encyc.
Pois. pl. 82. ... ...choire infé-
...re de c ... ...s longue
que la su ... rbée, et
sa tête c ... au reste
... ...ps ... les côtes

bleuâtres, et les parties inférieures
variées de rouge à reflets métalliques.
D. 11. P. 18. 20. V. 9. 10. A. 16. C. 19.
20. — L'Aspe habite la Norwège, la
Suède, ainsi que l'Allemagne septentrionale et orientale; on le retrouve
dans les versants de la Caspienne; il
pèse jusqu'à douze livres; sa chair est
molle, mais grasse et d'un bon goût.

La Bouvière. *Cyprinus amarus*,
L. Bloch. pl. 8. f. 3. Encyc. Pois. pl.
80. f. 333. Qui n'a guère plus de deux
pouces de long sur un demi-pouce de
large, et qui paraît transparent. Son
dos est verdâtre et son ventre blanc
argenté; ses nageoires inférieures sont
rougeâtres, et ses mâchoires égales.
D. 10. P. 7. V. 7. A. 11. C. 20. — Cet
Able, dont on dit la chair amère, habite les eaux pures et courantes de
l'Europe, particulièrement celles de
l'Allemagne.

La Carpe de Buggenhagen. *Cyprinus Buggenhagii*, Bloch. pl. 95. Encyc.
Pois. pl. 82. f. 342. Cet Able a la nageoire anale échancrée en forme de
croissant; les écailles plus grandes
que ses congénères; le dos convexe,
tranchant et noirâtre; le corps très-
comprimé, et le ventre argentin. D.
12. P. 12. V. 10. A. 19. C. 18. — Habite les lacs et les rivières de la Pomé-
ranie, où il acquiert jusqu'à quatorze
pouces de longueur; sa chair est assez
bonne.

La Chevanne ou Jesse. *Cyprinus
Jeses*, L. Bloch. pl. 6. Encyc. Pois. pl.
81. f. 338. A le dos et les opercules
bleus, les flancs nuancés de bleuâtre
et de jaune, jusqu'au ventre, qui est
d'un blanc argenté. Les nageoires inférieures sont d'un violet clair; la
caudale est bordée de bleu. Son corps
est fort épais. D. 11. P. 16. V. 9. A. 14.
C. 20. — Cet Able est le plus grand de
tous, et pèse jusqu'à dix livres; il a la
vie dure, nage rapidement dans les
eaux rapides des fleuves de l'Europe,
et particulièrement dans le Danube;
on a compté qu'une femelle produi-
sait jusqu'à 92,720 œufs dans les mois
de mars et d'avril; sa chair est molle,
mais d'un assez bon goût.

On donne encore le nom de *Che-*

vanne au *Cyprinus chub*, de Pennant, qui est aussi un Able.

Le COUTEAU. *Cyprinus cultratus*, L. Bloch. pl. 37. Encyc. Pois. pl. 84. f. 347. Le ventre de cet Able est aminci, tranchant, et lui donne la figure à laquelle il doit le nom qu'il porte ; sa couleur est argentée en dessous, grisâtre en dessus, et ses écailles assez grandes. D. 8. 9. P. 15. 16. V. 8. 9. A. 30. C. 19.—Il acquiert jusqu'à dix-huit pouces de long sur quatre seulement de large. Il habite les rivières de la Suisse, de l'Allemagne et du Nord.

L'IDE. *Cyprinus Idus*, L. Bloch. pl. 36. Encyc. Pois. pl. 80. f. 336. Ce Poisson a la tête épaisse, comme tronquée, la nuque noire, le dos arqué et bleu sombre; les côtés et le ventre sont argentés, et les nageoires inférieures rouges. D. 10. 11. P. 18. 20. V. 9. 10. A. 13. C. 19. 24.—Il habite les eaux les plus pures de l'Europe septentrionale, et pèse quelquefois jusqu'à huit livres. Sa femelle donne jusqu'à 67,600 œufs.

Le MEUNIER. *Cyprinus Dobula*, L. Bloch. pl. 5. Encyc. Pois. pl. 80. f. 332. Ses écailles sont garnies de petits points noirs à leur pourtour; le dos est verdâtre, et le ventre argenté, avec de belles teintes rouges aux nageoires inférieures. D. 10. 11. P. 15. V. 9. A. 10. 11. C. 18. 19.—Ce Poisson habite les lacs de toute l'Europe, pond depuis le mois de mars jusqu'à celui de mai, environ 20,460 œufs; se nourrit de Sangsues et de Vers; ne dépasse pas dix pouces de long, et pèse ordinairement d'une livre à une livre et demie.

La MORELLE. *Cyprinus Morella*, Leske. Cet Able a sa tête terminée en museau pointu; sa mâchoire inférieure est un peu plus avancée que la supérieure; le dos forme une convexité à sa partie antérieure, où il est aminci et tranchant, près de sa nageoire : cette partie est verdâtre, les côtés le sont également, le ventre est blanc et les nageoires sont olivâtres. D. 11. 12. P. 14. V. 9. A. 18. C. 19.—La longueur de la Morelle est d'environ six pouces; on la

trouve dans les rivières d'Europe, et elle a été plus particulièrement observée en Allemagne.

Le NASE. *Cyprinus Nasus*, L. Bloch. pl. 3. Encyc. Pois. pl. 82. f. 339. Son museau prolongé en forme de nez, a valu à cet Able le nom qu'il porte. Son dos est noirâtre ; son ventre blanc et argenté extérieurement, mais intérieurement noir. Ses nageoires ventrales, pectorales et anale sont rouges, ainsi que le lobe inférieur de la caudale. D. 11. 12. P. 7. 16. V. 9. 13. A. 12. 15. C. 22. 25. — Il habite l'Europe centrale, et pèse deux livres environ; la femelle pond dans le fond des eaux environ 7,900 œufs.

L'ORFE. *Cyprinus Orfus*, L. Bloch. pl. 96. Encyc. Pois. pl. 80. f. 336. Sa tête et son corps sont d'une superbe couleur d'orange brillante, et les nageoires inférieures rouges; les flancs blanchâtres et métalliques produisent des reflets qui peuvent faire comparer ce Poisson, pour la beauté, à la Dorade de la Chine, *Cyprinus auratus*, L. *V.* CARPE. D. 10. P. 11. V. 10. A. 14. C. 22. — L'Orfe acquiert jusqu'à seize pouces de longueur, habite les rivières de l'Allemagne australe, de la Russie, et même de l'Angleterre; sa chair est assez bonne.

La ROUSSE, ROSE, ou GARDON. *Cyprinus rutilus*, L. Bloch. pl. 2. Encyc. Pois. pl. 89. f. 334. Les mâchoires sont égales dans cette espèce, avec les lèvres rouges. Les lignes latérales sont marquées de trente-six petites lignes brunâtres; la dorsale est située précisément au-dessus de la ventrale. Le dos est noirâtre, le ventre argenté, les nageoires de la poitrine et la caudale sont d'un brun clair, celles du ventre et de l'anus d'un rouge de sang. D. 10. 13. P. 11. 18. V. 9. 10. A. 12. 15. C. 20. 30.—La Rousse ou Gardon est assez commune en France, et se retrouve jusqu'en Perse; elle pèse rarement plus d'une livre et demie; sa femelle pond jusqu'à 54,570 œufs.

La SARVE. *Cyprinus erythrophthalmus*, L. Bloch. pl. 1. Encyc. Pois. pl. 81. f. 337. La nageoire du dos correspond, dans ce Poisson, à l'espace qui se trouve entre les nageoires du ventre et celles de l'anus, et sa couleur est d'un rouge verdâtre. Le dos est d'un vert foncé, le ventre argenté, les pectorales sont d'un rouge foncé et les côtés jaunâtres. D. 11. 12. P. 16. V. 10. A. 14. 15. C. 19. 20.—Ce Poisson a dix pouces de longueur, trois et demi de hauteur, et un peu plus d'un pouce d'épaisseur : il habite les fleuves de l'Europe, particulièrement de la Hongrie, et de la Russie méridionale, d'où il descend quelquefois dans la mer Noire et dans la Caspienne. Il a la vie très-dure : on a compté dans une femelle 91,720 œufs.

Le SPIRLIN. *Cyprinus bipunctatus*, Bloch. pl. 8. f. 1. Encyc. Pois. 82. f. 340. La ligne latérale est rouge dans ce Poisson, et ornée d'une double rangée de petits points noirs; son dos est d'un gris foncé qui passe au verdâtre sur les flancs; le ventre argenté, avec ses nageoires rouges. D. 10. P. 13. V. 8. A. 16. C. 20. — Il habite toutes les eaux douces, mais préfère celles qui ont un fond de sable ou de rocher.

La VANDOISE ou VAUDOISE. *Cyprinus Leuciscus*, L. Bloch. pl. 97. f. 1. Encyc. Pois. pl. 79. f. 331. Sa tête est fort petite; son corps est d'un blanc argenté un peu sombre sur le dos, et toutes ses nageoires grisâtres; ce qui lui donne un aspect assez triste. D. 10. P. 15. V. 9. A. 10. 11. C. 18. 19. —Cet Able est l'un des plus répandus dans les eaux douces de l'Europe; il habite indifféremment les rivières et les étangs, où il varie par la taille. En Espagne, on l'appelle *Albure*. Il n'a guère que huit pouces de longueur. Dans le centre de l'Europe, on en voit d'un pied; en Angleterre, on en rencontre de dix-huit pouces. Forskahl en a trouvé deux variétés en Arabie qui diffèrent peu des européennes.

Le VÉRON. *Cyprinus Phoxinus*, L. Bloch. pl. 8. f. 5. Encyc. Pois. pl. 79. f. 391. Les écailles sont si petites dans cette espèce, qu'elles échappent presqu'à la vue. La dorsale est située précisément au milieu de sa longueur totale; la couleur fort variable est, en général, olivâtre; quelques individus ont une bande dorée longitudinale

sur les flancs, d'autres ont le dessous du corps fouetté d'écarlate : le ventre est blanc. D. 8. 10. P. 15. 17. V. 8. 10. A. 8. 10. C. 19. 20. — C'est le plus petit des Ables; il n'a guère que trois pouces de long; il est très-commun dans toutes les eaux de l'Europe, où il vit par troupes nombreuses. On le pêche souvent près des vannes de moulins en assez grande quantité, pour en faire d'excellentes fritures, et quelquefois on le confond avec les jeunes Goujons. *V.* ce mot. —Il sert d'appât pour les Brochets et les Truites. Bonnaterre en mentionne une variété dont le dos est varié de taches bleues avec une belle tache rouge à chaque angle de la bouche, ainsi qu'à la base des ventrales et des pectorales. Cette variété, appelée VERNHE, se trouve dans les lacs des montagnes d'Aubrac.

On doit comprendre parmi les Ables les *Cyprinus americanus*, *Chalcoïdes*, *Chub*, *clupeioïdes*, *Commersonii*, *Idbarus*, *falcatus*, *Grislagine*, *Julus*, *leptocephalus* et *regius*, de divers auteurs; quelques-uns de ces Poissons sont exotiques, et la plupart imparfaitement observés.

On a aussi donné le nom d'ABLE à l'espèce d'Ombre appelé par Linné *Salmo Albula V.* OMBRE.   (B.)

ABLET. POIS. Syn. d'Ablette. *V.* ce mot.   (B.)

ABLETTE. Espèce d'Able. *V.* ce mot. On donne aussi ce nom à l'Epinoche *Gasterosteus aculeatus*, L. *V.* GASTEROSTÉE.   (B.)

ABLETTE DE MER. POIS. Espèce de Perche. *V.* PERCHE.   (B.)

ABOC, ABOÉ ou ABOÉ-BÉTINA. POIS. Syn. d'Anneau, espèce d'Holacanthe, chez les Indous. *V.* HOLACANTHE.   (B.)

ABOIEMENT. Cri du chien; il sert de terme de comparaison avec les cris des diverses espèces d'animaux du même genre.   (D. S.)

ABOLA. BOT. PHAN. (Adanson.) Syn. de Cinna. *V.* ce mot.   (B.)

* ABOLARIA. BOT. PHAN. (Necker.)

Division des Globulaires dont les fleurs sont portées sur une hampe, et les feuilles toutes radicales. (B.)

* ABOLAZA. bot. phan. (Flacourt.) Nom d'un Arbre indéterminé de Madagascar. (B.)

ABOLBODA. bot. phan. Genre de la famille des Restiacées. Humboldt et Bonpland ont fait connaître (pl. æq. 2. p. 110. t. 114) sous ce nom une plante de l'Orénoque très-voisine du genre *Xyris*, mais distincte par un calice à long tube et à limbe triparti, par l'absence des étamines stériles et par le style trifide à lobés bifides. Le fruit est de même une capsule uniloculaire à trois valves renfermant plusieurs graines. Nous avons (Nov. Gen.) ajouté à ce genre une seconde espèce de l'Alabapo l'un des affluens de l'Orénoque. Elle présente quelque différence dans la structure du stigmate, et mériterait peut-être dans la suite de former un genre particulier. (K.)

ABOMA. rept. oph. Espèce de Boa. *V.* ce mot. Il paraît que les naturels de la Guyane donnent ce nom comme générique à toutes les grandes espèces de Serpent. (B.)

ABOMASUS ou CAILLETTE *V.* Estomac.

ABOMGATERIN ou ABU-MAGETRIN. pois. Syn. de Gaterine, espèce de Sciène. *V.* Sciène. (B.)

* ABORACH. bot. phan. (Flacourt.) Arbre indéterminé de Madagascar. (B.)

ABORCE ou ABORRE. pois. (Pontoppidan.) Syn. de la Perche commune, *Perca fluviatilis*, L. en Norwège. (B.)

* ABOU-BCHIR. pois., c'est-à-dire, *un Serpent*. Syn. de Bichir, chez les Arabes. *V.* Bichir. (B.)

* ABOU-BERAKISCH. ois. (Kaswini.) Oiseau peut-être fabuleux auquel les Orientaux supposent la taille et les formes de la Cigogne, une belle voix, et les couleurs changeantes du Paon. (B.)

*ABOU-BURS. rept. saur. Ce qui signifie *père de la lèpre*. Nom quel'on donne en Egypte au Gecko des maisons, *Gecko lobatus* de Geoffroy, *Lacerta Gecko*, L. dans l'idée où l'on est que cet Animal empoisonne en les touchant les alimens sur lesquels il passe, ou parce qu'en marchant sur la peau de l'Homme, l'impression de ses pieds y occasione de petites rougeurs. (B.)

* ABOU-DUNCH'N. ois. (Bruce.) C'est-à-dire *père à longue barbe*. Syn. de *Vultur barbatus*, Gmel, chez les Abyssins. *V.* Gypaete. (B.)

* ABOU-GARR. pois. (Forskahl.) Syn. de Centropode parmi les pêcheurs de la mer Rouge. *V.* Centropode. (B.)

ABOU-HANNES. ois. (Bruce.) Nom que l'on donne aujourd'hui en Egypte à l'Ibis sacré, *Numenius Ibis*, de Cuvier, et qui équivaut à *Père-Jean*: « peut-être, dit M. Dumont, parce » que cet Oiseau arrive ordinairement » vers la St.-Jean, époque à laquelle » commence la saison des pluies. » C'est l'Abou-Hannes dont on trouve si fréquemment des momies préparées par les antiques Egyptiens. *V.* Ibis. (B.)

ABOU-HAOUAM. ois. Syn. chez les Egyptiens de la Soubuse, Buff. pl. enl. 443. *Falco Pygargus*, L. *V.* Faucon Busard-S.-Martin. (D.)

* ABOU-KERDAN. ois. Syn. de la Spatule, *Platalea Leucorodia*, L. (B.)

ABOU-LAHIG. ois. Syn. de l'Autour, *Falco palumbarius*, L. en Syrie. *V.* Faucon Autour. (dr..z.)

ABOUMRAS. ois. (Sonnini.) Syn. du Sterne nilotique, *Sterna nilotica*, L., chez les Egyptiens. *V.* Sterne. (B.)

ABOU-SARAAAH. ois. Syn. égyptien de Cresserelle, *Falco Tinnunculus*, L. *V.* Faucon. (B.)

* ABOU-TABAK. pois. Syn. arabe de Centropode. *V.* ce mot. (B.)

ABOYEUR ou ABOYEUSE. ois. Syn. d'une Barge, *Scolopax Totanus*, L. *V.* Barge. (B.)

ABRACA-PALO. BOT. PHAN. (Jacquin.) Syn. de l'Angrec noueux, *Épidendrum nodosum*, L. dans l'Amérique espagnole. (B.)

ABRANCHES. ANNEL. Ordre troisième de la classe des Annélides établi par Cuvier (Règne animal, 1817). Il comprend les espèces qui, n'ayant pas de branchies apparentes, semblent respirer par la surface de la peau, et est divisé en deux familles : la première, celle des ABRANCHES SÉTIGÈRES, renferme les genres *Lombric*, *Thalassème* et *Naïde*, qui sont pourvus de soies servant au mouvement; l'autre, celle des ABRANCHES SANS SOIES, se compose d'individus dépourvus de ces moyens de locomotion, et contient les genres *Sangsue* et *Dragonneau*. *V.* ces mots. (AUD.)

ABRASIN. BOT. PHAN. (Kæmpfer.) On appelle ainsi au Japon un Arbrisseau dont les graines contiennent une grande quantité d'huile grasse. C'est le *Dryandra cordata* de Thunberg, ou *Eleococca* de Commerson. *V.* ELEOCOCCA. (A. R.)

ABRAUPE. POIS. L'un des noms vulgaires du Gade Lotte, *Gadus Lota*, L. (B.)

ABREUVOIR. Lieu où les Animaux se désaltèrent : on en pratique d'artificiels dans le voisinage des fermes pour les Animaux domestiques. La nature en forma de quelques Plantes, dont les feuilles retiennent l'eau pluviale : telles sont les feuilles du Ravenal et de la Cardère silvestre, qui, embrassant les tiges dans leur opposition, servent de réservoir pour les Oiseaux du ciel ; telles sont encore les feuilles de Népenthe, terminées par un long cornet où se conserve une eau pure qui désaltère le voyageur dans le désert. Le chasseur épie sa proie à l'abreuvoir, où l'oiseleur dispose souvent ses piéges et ses gluaux. (B.)

ABRICOT. BOT. PHAN. Fruit de l'Abricotier, dont le nom a été donné dans les Antilles au fruit de la Mammée américaine, *Mammea americana*, L., et dans la Guyane à celui de la Couroupite, *Lecythis bracteata*, Willd. (B.)

ABRICOTIER. *Armeniaca*. BOT. PHAN. (Tournefort.) Famille des Drupacées, Richard. Icosandrie Monogynie, L. Ce genre, établi par Tournefort, puis réuni par Linné au genre *Prunus*, enfin rétabli et séparé de nouveau par les auteurs modernes, offre l'analogie la plus frappante avec les Pruniers, et selon nous, y doit être définitivement rapporté. Voici du reste quels sont ses caractères : le calice est monosépale régulier, tubuleux, évasé supérieurement, et a cinq lobes obtus et réfléchis ; les cinq pétales sont insérés au haut du tube calicinal : ils sont arrondis, obtus, entiers ; le nombre des étamines, qui sont insérées sur le calice en dedans de la corolle, varie de trente à quarante : le pistil est simple et libre ; l'ovaire est globuleux, couvert de poils soyeux : il offre une seule loge qui renferme deux ovules ; le style est également soyeux à sa base, terminé par un stigmate simple, un peu comprimé, très-petit. Le fruit est une drupe charnue, succulente, arrondie, marquée d'un sillon latéral, recouverte d'un duvet, fin et court. Le noyau est comprimé, assez lisse ; il présente deux sutures, dont l'une est relevée de deux petites crêtes longitudinales. Il contient deux ou une seule graine, par l'avortement de la seconde. — Les Abricotiers sont des Arbres à tige ligneuse, ne s'élevant pas au-delà de douze à quinze pieds. Leurs fleurs, qui sont blanches, sont renfermées dans des boutons écailleux, et s'épanouissent ordinairement en mars. On n'en connaît que deux espèces : l'Abricotier commun, qui est l'espèce cultivée dans tous les jardins, et l'Abricotier de Sibérie, qui peut-être serait mieux placé parmi les Pêchers.

L'Abricotier commun, *Armeniaca vulgaris*, Lamk. Dict. 1, p. 2, *Prunus armeniaca*, L., est originaire d'Arménie. Allioni prétend en avoir rencontré des individus sauvages, aux environs de Montferrat en Piémont. C'est à cette espèce qu'il faut rapporter toutes les variétés cultivées dans nos jardins, et dont voici les principales :

1°. *L'Abricot-pêche ou de Nancy* : c'est la variété dont le fruit est le plus gros et le plus savoureux; sa chair est un peu rougeâtre, très-succulente. Il est mûr au commencement d'août.

2°. *L'Abricot angoumois*. Fruit petit, allongé ; chair d'un jaune rougeâtre, d'une saveur comme vineuse, d'un goût fort agréable. Il mûrit à la mi-juillet.

3°. *L'Abricot de Hollande* ou *Abricot-aveline*. Fruit petit ; chair fondante, jaune; amande ayant la saveur de l'Aveline. Mûrit à la fin de juillet.

4°. *Abricot alberge*. Fruit assez gros; surface raboteuse et fendillée ; chair fondante, d'un goût agréable. Mûrit en août.

On cultive l'Abricotier en plein vent ou en espalier. En général ses fruits sont meilleurs et plus savoureux lorsqu'ils proviennent de sujets cultivés en plein vent. On greffe l'Abricotier sur Prunier et sur Amandier. On peut également former des sujets par les semis. L'Abricotier demande une terre bien ameublie, qui ne soit ni trop forte, ni trop argileuse.

On trouve sur le tronc et sur les branches de l'Abricotier une gomme souvent colorée en rouge, ayant beaucoup d'analogie avec celle que l'on recueille sur l'Amandier, le Cerisier, le Prunier, et que l'on a proposé de substituer à la gomme arabique. (A. R.)

ABROME. BOT. PHAN. *Abroma*. (Jacquin) Ce genre, établi par Linné fils, dans son Supplément, sous le nom d'*Ambroma*, appartient à la famille des Malvacées de Jussieu et à la Monadelphie Décandrie, L. Il est très-voisin du *Théobroma*, dont il diffère par la forme et la structure de son fruit, qui a beaucoup de rapport avec celui des Ketmies. Voici les caractères de ce genre : le calice est monosépale, persistant, à cinq divisions profondes : la corolle formée de cinq pétales, concaves, voûtés ; les étamines sont au nombre de dix,

soudées par la base, et formant un urcéole globuleux ; de ces dix étamines, cinq sont dépourvues d'anthères. Les styles sont au nombre de cinq. Le fruit est une capsule ovoïde, mucronée, à cinq loges, à cinq angles saillans, s'ouvrant par la partie supérieure de chaque loge, qui renferme un assez grand nombre de graines réniformes.

Les espèces de ce genre sont peu nombreuses. Ce sont des Arbrisseaux élégans, qui croissent dans les contrées chaudes de l'Inde. On en cultive une espèce dans nos serres. L'*Abroma angulata* de Lamarck; petit Arbrisseau dont les feuilles sont grandes, pétiolées, cordiformes, anguleuses, et les fleurs d'une belle couleur pourpre foncée, formant des bouquets à la partie supérieure de la tige. (A. R.)

ABRONIE. BOT. PHAN. *Abronia* (Jussieu). Genre de la famille des Nyctaginées de Jussieu, Pentandrie Monogynie, L., qui a des rapports avec le Nyctago et l'Allionia. Ses fleurs sont disposées en bouquets au sommet de pédoncules axillaires ; elles offrent un calice coloré, longuement tubuleux, dont le limbe est étalé et à cinq divisions échancrées ; cinq étamines incluses ; un ovaire uniloculaire, monosperme, surmonté d'un style et d'un stigmate également inclus ; le fruit est un akène à cinq angles, recouvert par la base du calice qui persiste.

Ce genre ne renferme qu'une seule espèce, *Abronia umbellata*, Lamk. petite Plante qui ressemble à une Primevère, et qui est originaire des côtes de la Californie. (A. R.)

* **ABRONOMA.** OIS. Syn. de Pigeon, à la Côte-d'Or. (DR.-Z.)

ABROTANOIDE. POLYP. Espèce de Madrépore. *V.* ce mot. (LAM.-X.)

* **ABROTANOIDES.** BOT. PHAN. (Ray Petiver.) Syn. de Sériphium. *V.* ce mot. (B.)

ABROTONE, ABROTONON ou **ABRONON**; BOT. PHAN. Dérivés d'*Abrotanum*. Noms anciens et vulgaires de l'Aurone, de l'Armoise et même de la Santoline. *V*. ces mots. (B.)

* **ABROYCAYN**. OIS. (Gesner.) Vieux nom de l'Hirondelle de rivage, *Hirundo riparia*, L. (B.)

ABRUS. BOT. PHAN. Famille des Légumineuses de Jussieu, Diadelphie Décandrie, L. On n'en connaît qu'une espèce, l'*Abrus precatorius*, L. , arbuste, originaire de l'Inde, qui a sa tige comprimée grimpante ; des feuilles imparipennées, d'assez tristes fleurs rouges, en épis axillaires ; chacune d'elles, présente un calice à deux lèvres ; la supérieure à un seul lobe , l'inférieure à trois lobes ; une corolle irrégulière papilionacée ; dix étamines , dont neuf inférieures monadelphes, tandis que la supérieure avorte, Le fruit est une gousse un peu comprimée , courte , velue , à une seule loge, renfermant plusieurs graines pisiformes du plus beau rouge, luisantes et marquées d'une grande tache noire. Ces graines , d'un aspect fort élégant, sont recherchées pour faire des chapelets, des colliers, des bracelets et d'autres ornemens. (A. R.)

* **ABSIN-MENU**. BOT. PHAN. Syn. d'Absinthe commune. *V*. ABSINTHE. (B.)

ABSINTHE. BOT. PHAN. *Absinthium*. (Tournefort.) Famille des Synanthérées de Richard , Syngénésie Polygamie superflue , L. Ce genre ne se distingue de l'Armoise, *Arthemisia*, que par les poils dont son phoranthe ou réceptacle est garni. Nous pensons qu'il doit être réuni au genre *Arthemisia* et n'en former qu'une section. *V*. ARMOISE. (A. R.)

* **ABSINTION**. BOT. PHAN. (Adanson.) Syn. d'Absinthe, dont Adanson avait fait , à l'exemple de Tournefort, un genre séparé des autres *Arthemisia* *V*. ARMOISE. (B.)

* **ABSORBANS**. On nomme ainsi les corps qui ont la propriété d'en attirer ou d'en enlever d'autres par la seule interposition. (DR..Z)

* **ABSORPTION**. *Voyez* NUTRITION.

ABSUS. BOT. PHAN. Nom d'une Casse en Égypte. *Cassia Absus*, L. (B.)

ABU-CATUXIA. POIS. (Margrav.) Syn. de *Zeus gallus*, L. *V*. ZEUS. (B.)

ABU-DAFUR. POIS. (Forskahl.) Syn. de la Bandouillère à trois bandes, *Chætodon Araunus*, L. *Lutjanus Araunus*, Lac. chez les Arabes. (B.)

ABU-FAFADI. OIS. (Forskahl.) Nom arabe d'un Oiseau indéterminé qui paraît être une Fauvette. (B.)

* **ABUFFÆI**. OIS. Syn. de l'Accenteur Mouchet, *Sylvia Schœnobænus*, L. en Arabie. *V*. ACCENTEUR. (DR..Z.)

ABUGABA. OIS. (Forskahl.) Syn. de l'Alouette des prés, *Alauda pratensis*, L. en Arabie. *V*. ALOUETTE. (DR..Z.)

ABU-GRYMPI. POIS. (Forskahl.) Syn. de la Vandoise, *Cyprinus Leuciscus*, L. chez les Arabes. *V*. ABLE. (B.)

ABU-GUDDA. POIS. Syn. de la Donzelle, *Ophidium barbatum*, L. en Égypte. (B.)

ABU-HAMUR. POIS. (Forskahl.) Syn. d'une variété de la Bonkose, *Sciæna nebulosa*, L. chez les Arabes. *V*. SCIÈNE. (B.)

* **ABU-KOTT**. POIS. (Forskahl.) Syn. du Marteau, *Squalus Zygæna*, L. chez les Arabes. *V*. SQUALE. (B.)

ABU-LFALI. BOT. PHAN. (Adanson.) Syn. de *Thymbra spicata*, L. *V*. THYMBRA. (B.)

ABU-LI. BOT. PHAN. Syn. de la Carmantine infundibuliforme , *Justitia infundibuliformis*, L. chez les Brames. *V*. JUSTITIA. (B.)

* **ABU-MAGHASIL**. OIS. Syn. du Pluvier à collier d'Égypte , *Charadrius ægyptius*, L. en Arabie. *V*. PLUVIER. (DR..Z.)

ABUMECHAJAT. POIS. (Forskahl.) Syn. du Diodon orbe, *Diodon Orbis*, L. chez les Arabes. *V*. DIODON. (B.)

* **ABU-MGATERIN**. POIS. Nom d'une variété de la Gaterine, *Sciæna Gaterina*, L. chez les Arabes. (B.)

* **ABU-MINSCHAR**. POIS. (Forskahl.)

Syn. de la Scie, *Squalus Pristis* , L.
chez les Arabes. *V.* SQUALE (B.)

ABU-MNER. MAM. Syn. de l'Hip-
popotame, *Hippopotamus amphibius* ,
L. chez les Egyptiens et les Arabes.
V. HIPPOPOTAME. (B.)

ABU-MON. BOT. PHAN. (Adanson.)
Syn. d'Agapanthe ombellée, *Agapanthus ombellatus* , Willd. (B.)

*ABU-NURE. OIS. Syn. du Sterne du
Nil , *Sterna nilotica* , L. en Egypte.
V. STERNE. (B.)

*ABU-ROT ou ABURET. OIS. Noms
donnés par les nègres de la Côte-d'Or
à deux espèces de petits Oiseaux indéterminés auxquels on a , dans quelques relations , appliqué également le
nom de *Parrokitos* , qui est un diminutif de Perroquet en espagnol. (B.)

*ABU-SAMF. POIS. (Forskahl.) Nom
donné par les Arabes à un Poisson du
genre Sciène qui paraît n'être qu'une
variété du Murdjen , *Sciæna Murd-
jan* , L. *V.* SCIÈNE. (B.)

*ABU-SENDUK. POIS. Syn. du
Coffre tigré , *Ostracion cubicus* , L.
chez les Arabes. *V.* COFFRE. (B.)

ABUTA. BOT. PHAN. Genre de la
famille de Ménispermées. De Candolle le place dans la tribu des Ménispermées vraies; c'est-à-dire que ses
fleurs sont dioïques et que les mâles
doivent être symétriques par le nombre de leurs parties. Mais ces fleurs
mâles ne sont pas connues. Aublet,
auteur de ce genre , n'a rencontré et
décrit que le fruit , lequel est composé
de trois baies attachées à un réceptacle commun , grandes , ellipsoïdes , à
peine charnues , légèrement comprimées , à une seule loge qui renferme
une graine unique , sillonnée. — On
n'en compte que deux espèces , croissant toutes deux à Cayenne. Ce sont
des Arbrisseaux sarmenteux , grimpans , à fleurs en grappes axillaires , à
feuilles simples , grandes , dont les
nervures sont pennées. L'une est
l'*Abuta candicans* (Rich.), que les
habitans de Cayenne nomment Liane
amère; l'autre , l'*Abuta rufescens* ,
celle qu'Aublet a décrite et figurée ,

Tab. 260 , et dont la racine est , selon
lui , celle de Pareira-brava si connue
en médecine. Il en admettait une autre espèce , l'*Abuta amara* ou Pareira
brava jaune; mais les botanistes la
rapportent maintenant , avec Richard, au genre Aristoloche *V.* ce.
mot. (A. D. J.)

ABUTILON. *Abutilon*. BOT. PHAN.
(Tournefort.) Famil. des Malvacées, de
Jussieu, Monadelphie Décandrie, L.
Le calice est monosépale campanulé, à
cinq divisions très-profondes ; la corolle est formée de cinq pétales sub-
cordiformes , soudés à leur base ; les
étamines , au nombre de dix-huit à
vingt , ont les filamens soudés et monadelphes ; les anthères sont réniformes à une seule loge et s'ouvrent par
un sillon qui règne sur leur bord
convexe. Le fruit se compose de dix à
quinze petites capsules , disposées circulairement autour d'une columelle
centrale persistante , et soudées latéralement entre elles ; ces capsules qui
s'ouvrent naturellement en deux valves sont uniloculaires , et renferment
trois graines attachées à leur suture intérieure.—Ce genre, établi par Tournefort et adopté par Gærtner, est peu naturel. Il comprend les espèces de *Sida*
qui ont plus de cinq pistils, ou un fruit
à plus de cinq loges, et dont les étamines sont au nombre de quinze à vingt.
Il a été fondé d'après le *Sida Abutilon*, L., qui porte actuellement le
nom d'*Abutilon Avicenniæ*, Gærtn.
Cette plante annuelle croît aux Antilles , en Sibérie et jusqu'en Piémont.
Ses feuilles sont cordiformes , tomenteuses ; ses fleurs sont solitaires , petites et jaunes. (A. R.)

ABUTUA. BOT. PHAN. Genre de
Plantes originaires de la Cochinchine,
établi par Loureiro, encore fort mal
connu quant à sa structure et à ses
rapports naturels. Il paraît, d'après le
caractère donné par cet auteur, que
l'Abutua présente quelque analogie
avec les genres *Thoa* et *Gnetum*. *V.*
ces mots. (A. R.)

ABYME. GÉOL. *V.* ABIME.

ACABIRAS ou ACABIRAY. ois.
(Azara.) Syn. du Catharte Aura,
Vultur aura., L. au Paraguay. *V.* CA-
THARTE.   (DR..Z.)

*ACACAHOACTLI.*Acaçaçahoact-
li*, *Axoquen* ou *Tolcomoctli*. ois.
Oiseau du Méxique, habitant des marais qu'Hernandez et Niéremberg appellent aussi un Alcyon, et qui paraît être une espèce indéterminée de
Héron.   (B.)

ACACALIS. BOT. PHAN. Nom
donné par Dioscoride à un Arbuste de
l'Egypte, qui pourrait bien être une
Légumineuse, que Bélon appelle *Kes-
mesen*, et qui n'est pas déterminée. (B.)

ACACALOTL, ACACALOTE,
ACALALOTE ou ACALOT. ois. Espèce d'Ibis peu connue, *Tantalus mexicanus*, L. Mentionnée par Hernandez
et Niéremberg, dont les naturalistes
reproduisent les descriptions; sa chair
est, dit-on, un manger délicieux. (B.)

ACACIA. BOT. PHAN. *V.* ROBINIER,
ainsi que pour ACACIA BLANC.

    ACACIA COMMUN.
    ACACIA FAUX.
    ACACIA GLUTINEUX.
    ACACIA ROSE, etc.   (B.)

ACACIE, *Acacia*. BOT. PHAN.
Genre de la famille des Légumineuses. Parmi les botanistes modernes,
Willdenow a senti le premier la nécessité de rétablir les anciens genres
Acacia de Tournefort et *Inga* de Plumier, réunis par Linné au genre
Mimosa. Il a en outre distingué deux
autres genres sous les noms de *Des-
manthus* et de *Schrankia*; mais la manière peu complète dont il a fait connaître ces derniers est sans doute
la cause pour laquelle la plupart
des botanistes se sont refusés à les
adopter. Nous avons, dans un travail particulier (*Mimoses et autres
plantes légumineuses du nouveau continent*), démontré que tous ces genres, établis par Willdenow, méritaient
d'être conservés, en leur assignant toutefois des caractères plus complets et
plus précis. Nous limitons le genre *Acacia* de la manière suivante.—Fleurs po-

lygames; calice à deux, quatre ou le
plus souvent à cinq dents; corolle monopétale à cinq, rarement à quatre divisions égales; étamines en nombre indéterminé, à filets libres ou réunis à
la base; ovaire supère, le plus souvent porté par un pédicelle. Un style
simple; une gousse sèche, sans articulation, s'ouvrant par deux valves, et
contenant plusieurs graines; arbres
et arbustes, souvent garnis d'aiguillons, à fleurs en tête, rarement en
épis axillaires; deux stipules à la base
des pétioles, transformées quelquefois
en épines; feuilles alternes, le plus
souvent bipennées, quelquefois moins
composées, dont les folioles sont articulées, se détachant aisément, et
sujettes à disparaître dans diverses espèces où le pétiole a la propriété de
se dilater, de manière à prendre l'aspect d'une véritable feuille simple. La
plupart des espèces de la Nouvelle-
Hollande sont dans ce cas; leurs prétendues feuilles, que De Candolle a
nommées *Phyllodes*, ne sont que des
pétioles; on le reconnaît à ce que
leur lame, au lieu d'être horizontale,
est perpendiculaire à l'horizon. Dans
les forêts des hautes montagnes de
Mascareigne, on trouve déjà une Acacie pareille, mais qui, conservant
quelquefois de véritables feuilles mêlées aux fausses, a induit autrefois
en erreur Lamarck qui le nomma
Heterophylla; c'est à Bory (*Voyage*
T. 1. p. 322) que nous devons cette
observation : celui-ci a retrouvé, dans
la jeunesse de diverses Acacies, dites à
feuilles entières, leurs vraies feuilles qui
disparaissent de bonne heure. — Les
nombreuses espèces d'Acacies se trouvent principalement entre les tropiques; peu dépassent cette limite. En
Afrique, l'*Acacia gummifera* remonte
jusqu'à Mogador, à 32° du nord. Au
Japon, l'*Acacia nemu* couvre les environs de Nangasaki. Dans le nouveau
continent, l'*Acacia glandulosa* de
Michaux, et l'*Acacia brachyloba* de
Willdenow, ornent les rives du Mississipi et du Ténessée, ainsi que les Savanes des Illinois. Dans l'hémisphère
austral, qui présente en général le

phénomène - remarquable que les Plantes vont plus vers le Pôle, nous trouvons des Acacies jusqu'à l'île Van Diemen à quarante-un et quarante-deux degrés de latitude; car il n'est pas prouvé que le *Mimosa Caven* de Molina, qui croît au Chili entre vingt-quatre et trente-sept degrés, soit une espèce d'Acacie. (Humb., Tableau de la nature, p. 140.)

Toutes les Acacies se distinguent par l'élégance de leurs formes, quelques-unes par la délicatesse de leurs feuilles, et par l'odeur suave de leurs fleurs. Diverses espèces de l'Orient et de l'Afrique, comme l'*Acacia arabica* (*Acacia vera*, Willd., *Mimosa nilotica*, L.) sont remarquables par l'abondance de la gomme qui découle de leur tronc et de leurs branches; cette gomme est devenue un article de commerce très-important; c'est elle qui porte le nom de Gomme arabique. *V.* ce mot. Ses usages sont très-multipliés dans les arts et la médecine. —En faisant bouillir les gousses de cet Arbrisseau avant leur maturité, on en obtient un extrait solide, d'une couleur brune rougeâtre, d'une saveur astringente et styptique, désignée sous le nom de *Suc d'Açacia* et dont on faisait autrefois beaucoup plus fréquemment usage en médecine qu'aujourd'hui. On croit généralement que c'est une espèce d'Acacia (*Acacia Catechu*, Willd.) qui fournit la matière extractive connue sous le nom de Cachou. L'*Acacia senegalensis* fournit aussi une gomme que l'on trouve mélangée avec la gomme arabique, et qui jouit des mêmes propriétés. — Un grand nombre d'espèces d'Acacies sont cultivées dans les jardins dont elles font l'ornement. Quelques-unes peuvent passer l'hiver en pleine terre jusqu'à Paris, telles que l'*Acacia Julibrizin* et le *Lophantha*. Les autres se tiennent en serre tempérée. —Dans quelques villes entre les Tropiques l'*Acacia Lebbek* se plante dans les rues, comme en Europe l'Orme ou le Tilleul; mais perdant ses feuilles, elle n'y donne pas toujours un ombrage suffisant; en retour elle se couvre de houppes de fleurs élégantes

dans lesquelles la nature développe abondamment les moyens de fécondation; les étamines y sont en quantité prodigieuse. Bory de St.-Vincent (au lieu cité, p. 166) a compté qu'un Arbre de cette espèce et de moyenne taille, qui croissait dans la cour d'une maison qu'il habitait au port nord-ouest de l'Ile-de-France, produisit, dans une seule floraison, près de deux millions de ces organes mâles.   (K.)

* ACACOYOTL. BOT. PHAN. Syn. de Larmille, *Coix*, chez les Mexicains.   (B.)

* ACÆNE. *Acæna*. BOT. PHAN. Ce genre, de la famille des Rosacées et de la tribu des Sanguisorbées, a été séparé par la plupart des auteurs du genre voisin *Ancistrum*, et réuni à lui par d'autres, notamment par Vahl. On distinguait l'Ancistrum comme étant diandre et dépourvu de corolle, tandis que l'Acæna avait quatre étamines, quatre pétales, et de plus, un calice à quatre arêtes terminées par des espèces d'hameçons. Mais si l'on compare les figures et les descriptions données par les divers auteurs, on voit les mêmes espèces rapportées tantôt à l'un, tantôt à l'autre de ces genres; toutes présentent ce qu'on appelle corolle tétrapétale dans l'Ancistrum, où, le nombre des étamines variant de deux à cinq, le caractère de diandrie et de tétrandrie cesse d'être distinctif. Nous pensons donc qu'il convient de les réunir dans un seul genre, ainsi caractérisé :—calice monosépale, le plus souvent tronqué au sommet, quelquefois divisé en quatre parties, présentant, sur sa surface et sur le bord ou les dents qui le terminent supérieurement, des arêtes, munies à leur extrémité d'un crochet renversé; corolle tétrapétale, attachée au sommet du calice; deux à cinq étamines à anthères arrondies, biloculaires; ovaire semi-adhérent; un seul style et un seul stigmate en pinceau. Le fruit est rempli par une seule graine, et s'environne du calice persistant, que hérissent des pointes terminées souvent en hameçon, et diversement dirigées.

On compte dans ce genre treize espèces environ, qui se trouvent au Pérou, au Chili, vers le détroit de Magellan, et dans la Nouvelle-Hollande. On peut, pour leurs figures, consulter les Tab. 103 et 104 de la Fl. péruv. de Ruiz et Pavon, Lam. Illustr. tab. 22, l'Hort. Cels. de Ventenat. T. 6. (A.D.J.)

ACÆNITE. *Acœnitus*. INS. Genre d'Insectes hyménoptères, établi par Latreille, dans la famille des Ichneumonides (Considér. génér.) et avoisinant les Ichneumons et les Bracons. Il se distingue surtout des premiers par une lame saillante, recouvrant la base de la tarière, et diffère des seconds par l'étendue de la première cellule sous-marginale, et par la position des deux cellules discoïdales, dirigées longitudinalement et non transversalement. Le *Cryptus dubitator*, de Fabricius, sert de type à ce genre, auquel il faut aussi rapporter l'*Ichneumon arator*, de Rossi. (AUD.)

ACAHÉ. OIS. (Azara.) Temminck, pl. col. 58. Syn. d'une espèce de Pie. *Pica chrysops*, Vieill. au Paraguay. (DR..Z.)

ACAIA. BOT. PHAN. Nom qu'on donne à la Guyane, aux espèces de Cléomes qui y croissent; et au Brésil, au Monbin, *Spondia Mombin*. *Voy.* CLÉOME et SPONDIA. (B.)

* ACAIAIBA. BOT. PHAN. Syn. de l'*Anacardium occidentale*, L. au Brésil. *V.* ANACARDIER. (B.)

* ACAJA. BOT. PHAN. (Margrav.) Syn. brésilien de Chrysobalanus. *V.* ce mot. (B.)

ACAJOU (Bois d'). BOT. PHAN. *V.* SWIETÉNIE. Le bois du *Cedrela* est aussi appelé Acajou dans le commerce. *V.* CEDRELA. (A. R.)

ACAJOU. *Cassuvium*. BOT. PHAN. (Rumph? Lamk.) Térébinthacées de Jussieu; Décandrie Monogynie, L. Ce genre est très-voisin de l'Anacardier, avec lequel quelques auteurs l'ont confondu. Linné avait réuni l'un et l'autre, sous le nom d'*Anacardium*. *V.* ANACARDIER. Dans le *Cassuvium*, le calice est à cinq divisions

profondes; la corolle est formée de cinq pétales plus longs que le calice; les étamines sont au nombre de dix, dont neuf ont les filets courts et sans anthères; un seul est terminé par une anthère pollinifère, oblongue. L'ovaire est libre, uniloculaire, uniovulé; le style est latéral, terminé par un stigmate simple. Le fruit est une sorte de noix réniforme, de la grosseur du pouce, attachée par son extrémité inférieure au pédoncule, qui est charnu, et a pris un tel accroissement, après la floraison, qu'il est de la grosseur du poing environ.

Ce genre ne renferme qu'une seule espèce, l'Acajou à pommes. *Cassuvium pomiferum*, Lamarck, ou *Anacardium occidentale*, L. Arbre originaire de l'Inde et de l'Amérique méridionale. Ses feuilles sont grandes, ovales, obtuses, pétiolées; ses fleurs sont tristes, blanchâtres, et forment, au sommet, des ramifications de la tige des panicules terminales. —Les fruits de cet Arbre, connus sous les noms de *Pommes* ou *Noix d'Acajou*, sont composés de deux parties fort distinctes: le pédoncule, qui est ovoïde arrondi, charnu, jaunâtre, beaucoup plus gros que le fruit lui-même; et le fruit proprement dit, qui est de la grosseur et de la forme d'une fève, d'une couleur grise ardoisée; il est formé d'un péricarpe assez épais, dans l'intérieur duquel sont des cellules ou lacunes remplies d'un fluide huileux très-âcre, et d'une graine ou amande, très-agréable à manger, ayant à peu près le goût des fruits de l'Amandier. La chair du pédoncule, quoiqu'un peu âpre, n'est point désagréable; on en fait une espèce de limonade. (A. R.)

* ACAJOU BATARD. BOT. PHAN. Syn. de la Curatelle, *Curatella americana*, L. dans certaines Antilles. *V.* CURATELLE. (B.)

* ACAJU-IBA. BOT. PHAN. (Margrav.) Syn. d'Acajou. *V.* ce mot. (B.)

ACALALOTE ou ACALOT. OIS. *V.* ACACALOTL.

ACALANTHE. ois. (Vieillot.) Syn. de *Fringilla psittacea*, L. *V.* Gros-Bec. (DR...z.)

ACALANTHIS. ois. Syn. de Tarin , *Fringilla Spinus*, L. chez d'anciens auteurs. (B.)

* **ACALÈPHES. zool. gén.** Animaux qui forment la troisième classe des Zoophytes de Cuvier. Ce nom leur a été donné à cause de la propriété qu'ont plusieurs d'entre eux de causer, quand on les touche, une sensation de piqûre brûlante analogue à celle que produisent les orties désignées par les Grecs sous le nom de *Knidé* ou d'*Acaléphé*, *Urtica* des Latins.—La forme des Acalèphes est toujours circulaire et rayonnante , et leur organisation est loin d'être simple : l'on ne peut y reconnaître aucune sorte de tissu fibreux ; et quoique d'une substance molle , il en existe de fossiles. Leur bouche sert aussi d'anus , et leur estomac , en manière de sac, se prolonge quelquefois sous forme d'intestins rayonnans dans différentes parties de leurs corps. Ces intestins remplacent peut-être les vaisseaux dont ces Animaux sont dépourvus. Les Acalèphes sont divisés en trois ordres :

Les **Acalèphes fixes**, qui s'attachent à volonté par leur base sur tous les corps que la mer renferme , ou rampent, ou nagent et se laissent, au gré de leur caprice , entraîner par les flots. Les Actinies ou Anémones de mer, les Zoanthes et les élégantes Lucernaires appartiennent à cet ordre. *V.* ces mots.

Les **Acalèphes libres**, qui nagent dans les eaux et les parcourent dans tous les sens ; leurs brillantes légions couvrent l'immense étendue des mers , et semblent l'enflammer de leurs lueurs phosphoriques pendant l'absence du soleil qui les efface en s'élevant sur l'horizon. *V.* Phosphorescence. Linné, dans son style éloquent et concis , les comparait à des astres flottans sur les abîmes de l'Océan. La substance de ces êtres est presqu'entièrement gélatineuse et souvent translucide. On y remarque des mouvemens de contraction et de dilatation que des auteurs ont regardés comme analogues à celui que produit la respiration dans les Animaux à sang rouge. Les Méduses , les Porpites et les Vélelles composent cet ordre. *V.* ces mots.

Les **Acalèphes hydrostatiques**, regardés par Cuvier comme susceptibles de former peut-être une classe de plus. Ils sont ainsi nommés d'une ou plusieurs vessies ordinairement remplies d'air , qui entrent dans leur composition , et au moyen desquelles ils peuvent demeurer suspendus dans les eaux. Leur bouche n'est point reconnaissable ; elle est peut-être remplacée par des suçoirs tentaculiformes dont ces Animaux sont pourvus. Les Physalies et les Physsophores appartiennent à cet ordre. *V.* ces mots.

Lamarck a réparti les Acalèphes dans les différentes sections des deux ordres qui forment sa troisième classe des Animaux invertébrés, appelée Radiaires. *V.* ce mot. (LAM..x.)

ACALYPHA , L. bot. phan. Euphorbiacées. Monoécie Monadelphie , L. Ce genre renferme des Herbes, des Arbres et des Arbustes exotiques , qui , quoique d'un port très-différent, s'accordent par les caractères suivans : fleurs mâles et femelles dans le même épi ou dans deux épis distincts du même individu , rarement dioïques. Les fleurs mâles ont un calice à quatre ou cinq divisions , huit ou seize étamines à filets réunis. Le calice des fleurs femelles n'a que trois divisions , renferme un ovaire à trois styles multifides, et dans la suite une capsule à trois loges monospermes. Les feuilles sont alternes , les pétioles portent à leur base deux stipules. Les épis sont axillaires et terminaux. Les espèces connues appartiennent pour la plupart aux deux Amériques et aux grandes Indes. (x.)

Acalypha, dans Dioscoride paraît désigner l'Ortie dioïque. *V.* Ortie. (B.)

5*

ACAMACA ou **ACAMACU**. ois. Nom d'un Oiseau brésilien indéterminé que Séba avait mal à propos appliqué à un Oiseau de l'ancien continent qui a été décrit ou mentionné sous plusieurs noms, par Brisson, par Gmelin et par Buffon. C'est le *Muscicapa paradisi* de Latham, qui doit entrer dans le genre Platyrhynque de Desmarest. *V.* ce mot.   (B.)

* **ACAMARCHIS**. polyp. Genre de l'ordre des Cellariées dans la division des Polypiers flexibles. Il avait été placé par Pallas, entre les Cellulaires, et par Bruguière parmi les Cellaires d'Ellis ; Gmelin les a réunis aux Sertulaires. Les Acamarchis se distinguent des autres Cellariées par leurs ramifications constamment dichotomes, et par la forme de leurs cellules : celles-ci sont unies entre elles, alternes, terminées par une ou deux pointes latérales avec un corps vésiculaire en forme de casque, situé à l'ouverture même de la cellule, rarement sur le côté; nous regardons ce corps comme un ovaire. Ellis le considérait comme une petite coquille produite par un petit Animal qui de Polype se transformait en Mollusque quand il était assez fort pour chercher et pourvoir lui-même à sa subsistance. (Ellis, Essai sur les Corallines, p. 49. et suiv.) Nous ne partageons point l'opinion d'Ellis. — La substance des Acamarchis est plutôt cornée que crétacée; leur couleur est un vert sombre et grisâtre ; leur grandeur ne dépasse jamais un décimètre; ces Animaux s'attachent aux rochers par des fibres nombreuses, et vivent dans les mers équatoriales et tempérées des deux mondes : on ne les a pas encore trouvés au-delà du 42° degré de latitude, soit boréale, soit australe. Il n'en existe que deux espèces :

L'Acamarchis néritine. *Acamarchis neritina*, Lamx. Hist. des Polyp. 135. Ell. coral. 10. pl. 19. f. a, A, B, c. Elle offre des cellules à bord entier avec une épine latérale.

L'Acamarchis dentée. *Acamarchis dentata*, Lamx. Hist. des Polyp.

135. pl. 5 f. 5 A, B. Cette espèce diffère de la précédente par le bord des cellules constamment denté et par les deux épines qui en sortent. (lam., x.)

ACAME. *Acamas*. moll. fossil. Genre formé par Denys de Montfort (T. I, p. 375) pour une Bélemnite, remarquable par un sommet couronné de huit mamelons ou tubercules perforés et disposés autour d'un sphincter étoilé. Cette espèce est figurée dans Walch, Monum. de Knorr. T. II, sect. 2. p. 241. pl. 1. fig. 1 à 5. Dans l'état de nos connaissances sur les Fossiles, désignés sous le nom de Bélemnites, on ne peut faire un genre particulier de cette espèce. *V.* Bélemnite.   (F.)

ACAMLETL. bot. phan. Nom qu'on donne au Mexique à une espèce d'Agavé, dont on tire une liqueur vineuse.   (B.)

ACANDES. pois. Syn. d'Echénéis. *V.* ce mot.   (B.)

ACANE. *Acana*. bot. phan. *V.* Bejaria.

ACANGA ou **ACANGUE**. ois. et bot. phan. (Flacourt.) Syn. de Peintade, *Numida Meleagris*, L. à Madagascar. On donne aussi ce nom à une Apocynée, dans le même pays. *V.* Voa-Acanga.   (B.)

* **ACANOS**. bot. phan. (Théophraste.) Syn. d'Onoporde. *V.* Onoporde.   (B.)

* **ACANTHA**. bot. phan. (Théophraste.) Plantes épineuses, qu'il est presque impossible de déterminer, et que les érudits ont cru retrouver dans l'*Atractylis gummifera*, L., dans deux espèces d'Euphorbes, dans divers Chardons, dans le *Mimosa horrida*, L., et dans l'*Hedysarum Alhagi*, L. (B.)

ACANTHACÉES. bot. phan. Famille de Plantes Dicotylédones monopétales, ayant la corolle staminifère insérée sous l'ovaire. Les Plantes qui appartiennent à cet ordre naturel présentent un calice monosépale, à quatre ou cinq divisions, tantôt régulier, tantôt irrégulier, toujours persistant.

La corolle est monopétale, irrégulière, ordinairement bilabiée, quelquefois mirlabiée ; elle est staminifère, hypogyne et caduque. Les étamines, au nombre de quatre, dont deux avortent souvent, sont didynames. L'ovaire est libre, biloculaire ; chaque loge renferme deux ou un grand nombre de graines ; il est environné à sa base d'un disque glanduleux, formant une sorte d'anneau ou de bourrelet saillant. Le style est simple, terminé par un stigmate ordinairement bilobé. Le fruit est une capsule à deux loges, quelquefois monospermes par avortement, s'ouvrant avec élasticité en deux valves, qui emportent chacune avec elles la moitié de la cloison. Les graines sont attachées à des podospermes filiformes saillans. L'embryon est épispermique, c'est-à-dire, dépourvu d'endosperme. — Toutes les Plantes qui appartiennent à la famille des Acanthacées, sont herbacées ou sous-frutescentes. Leurs feuilles sont opposées. Les fleurs, ordinairement disposées en épis, sont accompagnées de bractées à leur base. — Presque toutes les Acanthacées sont exotiques, et proviennent des contrées situées entre les tropiques. Les genres qui appartiennent à cette famille peuvent être disposés de la manière suivante :

§ I. DEUX ÉTAMINES. — *Hypoëstes*, Soland. Brown. prodr. *Justicia*, L. *Eranthemum*, L. *Dianthera*, L. *Nelsonia*, Brown.

§ II. QUATRE ÉTAMINES DIDYNAMES. — *Acanthus*, L. *Dilivaria*, Juss. *Crossandra*, Salisb. *Blepharis*, Juss. *Ruellia*, L. *Hygrophila*, Brown. *Elytraria*, Richard. *Aphelandra*, Brown. *Dicliptera*, Juss. Kunth. *Thunbergia*, L. Suppl. *Barleria*, Plum. *Blechum*, Brown. Jam. (A. R.)

* **ACANTHALEUCE.** BOT. PHAN. (Dioscoride.) Ce qui signifie *Epine blanche*. Syn. d'Echinops. (B.)

ACANTHE. *Acanthus*, L. BOT. PHAN. Acanthacées de Jussieu. Didynamie Angiospermie, L. Les espèces de ce genre, remarquables par la beauté de leurs feuilles élégamment sinueuses, ont un calice à quatre divisions inégales, les deux latérales étant internes et plus petites. La corolle est à une seule lèvre. Les étamines sont au nombre de quatre, didynames ; les filets sont terminés par des anthères uniloculaires barbus. La capsule est ovoïde, allongée à deux loges, qui contiennent chacune deux graines arrondies. — Les Acanthes sont herbacées ou sous-frutescentes. Les espèces, au nombre d'environ huit à dix, croissent dans les contrées chaudes du globe. Deux de ces espèces, savoir : l'*Acanthus mollis*, et l'*A. spinosus*, croissent en Italie, en Espagne et même dans le midi de la France. Ce sont les feuilles de l'Acanthe qui ont servi de modèle à Callimachus, pour composer les ornemens du chapiteau des colonnes de l'ordre corinthien. Il existe une espèce de ce genre, dont les Arabes mangent les feuilles en salade, selon Forskahl.   (A. R.)

ACANTHIAS. POIS. Nom d'une espèce de Centronote, et d'une espèce de Squale. *V.* l'un et l'autre mot. (B.)

ACANTHIE. *Acanthia*. INS. Genre d'Insectes hémiptères, établi d'abord par Fabricius, sur plusieurs espèces du grand genre Punaise, *Cimex*, de Linné, réduit ensuite par Latreille, et restreint de nouveau à deux seules espèces, par Fabricius (Syst. Rhyng.), qui créa alors le nom générique de *Salda*, pour s'appliquer aux Acanthies de Latreille. Aucun de ces changemens, non plus que la grande division établie d'abord par Fabricius, ne furent adoptés par Duméril, qui composa son genre Acanthie des seules espèces à corps aplati, vivant sous les écorces des arbres. — Sans chercher à expliquer cette discordance, nous regarderons, avec Latreille, comme appartenant à ce genre, les espèces qui ont le labre dégagé et saillant, le bec droit de trois articles, les yeux très-grands, les antennes filiformes, les pates saltatoires, le premier article des tarses fort court, et les deux suivans allongés presque de même longueur.

À ce genre se rapportent les *Saldes*, *striata*, *zosteræ*, *littoralis*, de Fabricius, et surtout le *Lygæus saltatorius* du même auteur, qui lui sert de type, et qu'on trouve communément en France sur les rivages des fleuves, où il court et saute avec agilité. — Les autres espèces ont toutes des habitudes analogues.   (**AUD.**)

ACANTHINION. **POIS.** Genre de Poissons osseux thoraciques, de la famille des Acanthoptérygiens squammipennes de Cuvier, qui les rapporte à ses *Platax*, et formé par Lacépède de trois espèces de Chætodons de Linné. Ses caractères distinctifs sont, outre ceux du genre dont il a été détaché, de porter en avant d'une dorsale unique et près de l'occiput, de trois à cinq aiguillons dénués de membrane. La largeur de ces Poissons est à peu près égale à leur longueur ; la bouche est petite, le museau plus ou moins avancé, et le corps trèscomprimé, surtout vers la queue. Les Acanthinions sont marins, exotiques, et leur chair est fort bonne à manger.

Le GLAUQUE. *Chætodon glaucus*, L., Bloch. pl. 210. Encyc. Pois. pl. 96, f. 392. Sa couleur est bleue, avec les flancs argentés, et cinq ou six bandes noires, courtes ; il a cinq aiguillons en avant de la dorsale. D 5/10 P. 12. V. 1/6 A. 17. Habite les mers d'Amérique.

L'ORBICULAIRE. *Chætodon orbicularis*, L. Forskahl, qui nous a fait connaître ce Poisson ; le dit d'un pied de longueur, de forme presque circulaire, imitant celle d'un Pleuronecte, de couleur triste, ponctué de noir, et portant en avant de la dorsale et sous la peau les rudimens de trois aiguillons ; en avant de l'anale on trouve deux rudimens pareils. Il se tient sur les rivages pierreux de l'Arabie.

Le RHOMBOÏDAL. *Chætodon rhomboïdalis*, L., Bloch. Pl. 209. Encyc. Pois. 96, f. 593. Beau Poisson dont le dos

est d'un vert foncé, couleur qui se prolonge sur les flancs en trois bandes angulaires ; le ventre est jaune. Cinq aiguillons se voient en avant de la dorsale, et deux précèdent l'anale. Il se trouve dans les parties chaudes de l'Amérique.   (**B.**)

ACANTHIODONTES. **POIS.** (Luid, Lithophyl. Brit. n° 1417.) Dents fossiles qu'on croit celles du Squale Acanthias. *V.* SQUALE.   (**B.**)

ACANTHION. **BOT. PHAN.** et **MAM.** (Dioscoride.) Paraît être syn. d'Artichaut ou de quelqu'autre grande Cynarocéphale. — Klein donne aussi ce nom, comme générique, aux Mammifères épineux, tels que le Hérisson.   (**B.**)

ACANTHIS ou ACANTHILIS. **OIS.** Syn. de Tarin, *Fringilla Spinus*, L. parce qu'on avait cru remarquer que cet Oiseau se plaît dans les Chardons.   (**B.**)

ACANTHOCÉPHALES. **INTEST.** Second ordre des Entozoaires de Rudolphi. Les Animaux qui le composent, offrent un corps un peu allongé et arrondi, utriculaire, élastique, avec une trompe rétractile, garnie de crochets cornés, disposés régulièrement sur plusieurs rangs. Les sexes sont séparés sur des individus différens. — Rudolphi avait composé cette famille des genres Tétrarhynque et Echinorhynque : il a rapporté avec raison le premier à l'ordre des Cestoïdes. Cuvier l'avait placé dans les Tænioïdes.

Le genre Hæruca de Cuvier, Zéder, etc., composé d'une seule espèce, n'a pas été adopté par Rudolphi, qui le place parmi ses Echinorhynques douteuses. La synonymie de ce genre, que plusieurs auteurs placent dans l'ordre des Acanthocéphales, est un peu embrouillée.

Koelreuter avait donné le même nom à un groupe d'Entozoaires, que Rudolphi a réuni au genre Echinorhynque. *V.* ce mot.   (**LAM..X.**)

ACANTHODION. **BOT. PHAN.** Dans le grand ouvrage sur l'Egypte, T. XXXIII. f. 2. Delile fait un genre nouveau dans la famille des Acanthacées, d'une Plante qui a le port et les caractères des Acanthes, mais qui en diffère par une capsule à deux loges, dont chacune renferme une seule graine comprimée, et dont la radicale est placée vers le point d'attache de la graine, tandis que dans le genre *Acanthus*, la radicale est placée vers le point le plus éloigné du hile. Malgré cette différence, nous pensons que le genre Acanthodion devrait être réuni à l'Acanthus. — L'*Acanthodion spicatum*, Del., seule espèce du genre, est presque dépourvue de tige, et partagée, dès sa base, en trois ou quatre épis de fleurs, dont les bractées sont très-épineuses. Elle a été trouvée dans un des ravins de la Plaine-Déserte, près de Soucys. (A. R.)

* ACANTHOIDES. BOT. PHAN. (Fab. Columna.) Syn. de *Carlina lanata*, L. *V*. CARLINE, et syn. d'Acanthacées. *V*. ce mot. (B.)

* ACANTHONOTE. POIS. (Schneider.) Syn. de Notacanthe. *V*. ce mot. (B.)

ACANTHOPE. *Acanthopus*. INS. Genre d'Insectes hyménoptères, extrait par Klüg du grand genre Abeille de Linné; d'abord adopté par Latreille (Génér. Crust. et Insect.), mais réuni aujourd'hui, par cet auteur, au genre *Epicharis*. *V*. ce mot. Il ne s'en distingue que par la disparition complète des palpes maxillaires. (AUD.)

ACANTHOPHIS. REPT. OPH. Genre de Serpens de la division des Venimeux à crochets isolés, selon Cuvier; séparé du genre Boa par Daudin, et dont les caractères consistent : dans l'aiguillon très-pointu qui termine la queue; l'absence de fosses derrière les narines; un renflement très-prononcé sur les côtés de l'occiput que recouvrent des écailles pareilles à celles du dos: de grandes plaques entières sous le ventre et le commencement de la queue, à l'extrémité inférieure de laquelle, seulement, se voient des doubles plaques. L'anus est simple et sans ergots. Ce genre ne se compose que de deux espèces :

Le CÉRASTIN. *Boa palpebrosa*, Shaw. Type du genre, dont la patrie est inconnue, la couleur d'un gris pâle avec des bandes noires transversales sur le dos, et deux rangées de points noirs en dessous. Ce Serpent a 112 grandes plaques sous le ventre, 38 sous la base de la queue, et 13 doubles sous la pointe.

L'ACANTHOPHIS de Brown. *Ac. Brownii*. Leach. Mel. Zool. pl. 3. Originaire de la Nouvelle-Hollande, long de huit à dix pouces, ayant la queue beaucoup moins grosse que le corps, latéralement aplatie, et dont la couleur est noirâtre avec la lèvre inférieure blanche. (B.)

ACANTHOPHORE. *Acanthophora*. BOT. CRYPT. Hydrophyte de l'ordre des Floridées. Les Acanthophores, peu nombreuses en espèces, et toutes originaires des latitudes équatoriales, se distinguent par leurs tubercules épineux, semblables, quand on les considère à l'œil nu, à de petites épines ou à de gros poils rudes, très-rameux, épars sur les tiges et les rameaux, et assez éloignés les uns des autres; principalement vers la partie inférieure de la Plante, qui en est quelquefois entièrement dépourvue. La couleur des individus desséchés est un violet plus ou moins vif, avec une teinte verdâtre ou d'un blanc sale, quelquefois avec une légère nuance de jaune ou de rouge. Les Acanthophores sont annuelles; leur port est élégant; il n'en existe encore que trois espèces décrites :

L'ACANTHOPHORE DE THIERRY. *Fucus acanthophorus*. Lamx. Dissert. p. 61. Tabl. 30 et 31. fig. 1. A tige cylindrique, filiforme, rameuse, élancée, avec des tubercules épars sur presque toute la Plante.

L'ACANTHOPHORE DE DELILE. *Fucus nayadiformis*. Delile. Expédit. d'Egypte. Diffère de la précédente par ses tubercules plus nombreux dans la partie supérieure des rameaux, et par la situation des ramuscules formant une panicule serrée

L'ACANTHOPHORE MILITAIRE. *A-*

canth. militaris, Lamx. Essai. Tabl 4. fig. 4. 5. remarquable par ses tubercules en forme de massues épineuses.   (LAM..X.)

ACANTHOPODE. POIS. Genre de Poissons osseux thoraciques ou de la famille des Acanthoptèrygiens Squammipennes, formé par Lacépède aux dépens des Chætodons de Linné, et auquel on doit, selon Cuvier, réunir le genre *Monodactyle* du même auteur. Les Acanthópodes ont, outre les caractères, qui leur sont communs avec les autres Chætodons, le corps vertical très-comprimé, les dents plus petites et plus minces, et une épine plus ou moins courte remplace chaque nageoire ventrale. Les deux espèces qui composent ce genre sont exotiques :

L'ARGENTÉ. *Acanthopodus argenteus*, Lac. Pois. IV. p. 359. *Chætodon argenteus*, L. Il est beaucoup plus haut que long; a huit aiguillons sur le dos, la queue fourchue, la dorsale échancrée en fer de faux, et les yeux d'un rouge de sang. Il habite les mers de l'Inde selon les uns, et les côtes du Sénégal selon d'autres. B. 6. D. 8/33. P. 14. A. 3/35. C. 16.

Le FALCIFORME. *Monodactylus falciformis*, Lâc. III. p. 132. Ce Poisson que Commerson a fait connaître sous le nom de Psette, *Psettus*, habite l'Océan atlantique intertropical; sa longueur est d'un demi-pied environ, son corps de forme ovale aplatie, ses écailles petites, argentées et brunâtres sur le dos. Les nageoires dorsale et anale sont munies d'un prolongement obtus en forme de croissant, et la queue, qui présente à peu près la même figure, a ses deux lobes aigûs. B. 7. D. 33. P. 17. V. 1. A. 3/30.

Le Poisson rapporté à ce genre par Lacépède sous le nom d'Acanthopode Boddaert, doit rentrer dans les Holacanthes; il est le même que le Duc de cet auteur. *V.* HOLACANTHE.   (B.)

ACANTHOPOMES. POIS. Famille de Poissons osseux Thoraciques, qui rentre dans les Acanthoptèrygiens Percoïdes de Cuvier, *V.* ACANTHO-PTÈRYGIENS, établie par Duméril, et qu'on reconnaît aux branchies complètes, au corps épais et comprimé avec les opercules dentelées ou épineuses. C'est de ce dernier caractère que le nom d'Acanthopome est emprunté. Les genres Holocentre, Persèque, Cingle, Ombrine, Percis, Lonchure, Ancylodon, Tænianote, Bodian, Microptère, Sciène, Lutjan, Centropome et Sandre, composent cette famille. *V.* ces mots.   (B.)

* ACANTHOPS. POIS. Nom spécifique d'un Holocentre de Lacépède. *V.* HOLOCENTRE.   (B.)

ACANTHOPTÈRYGIENS. POIS. VIIe et dernier ordre de la classe des Poissons selon Cuvier, et le Ve entre les Ossiculés ou Poissons proprement dits. Il avait primitivement été établi par Artédi. Près de cent genres, dont la plupart divisés en sous-genres, qui contiennent de nombreuses espèces, le composent. Ces genres forment la totalité des Thoraciques de Linné, moins les Rémores et les Pleuronectes qui ne sont point Acanthoptèrygiens, ou sont tirés des autres ordres linnéens, les Chondroptèrygiens exceptés. On reconnaît les Acanthoptèrygiens qui sont indifféremment Apodes, Jugulaires, Thoraciques ou Abdominaux, et même Branchiostèges, aux épines qui tiennent lieu de premier rayon de la dorsale, ou qui soutiennent seules la première nageoire du dos, lorsqu'il en existe deux. On les reconnaît encore aux épines qui forment également les premiers rayons de l'anale et dont une existe communément à chaque ventrale.

Les Acanthoptèrygiens ont entre eux les rapports les plus multipliés et tels que les dispositions de leurs nageoires ne suffiraient pas pour justifier la dislocation des familles naturelles qu'on a reconnues parmi eux. Ces familles ou divisions sont au nombre de sept:

Les TÆNIOÏDES, dont le corps, extrêmement allongé et aplati, est semblable à un ruban, garni d'une nageoire qui règne tout le long du dos,

Les Gobioïdes, dont les épines dorsales sont grêles et flexibles, les nageoires ventrales généralement fort petites, nulles, ou réunies, et chez lesquels manque la vessie natatoire.

Les Labroïdes, qui ont le corps oblong et écailleux, une seule dorsale soutenue en avant par de fortes épines, les mâchoires couvertes par des lèvres charnues, et une forte vessie natatoire.

Les Percoïdes, qui ont de grands rapports avec les Labroïdes, mais chez lesquels les épines antérieures de la dorsale peuvent se replier et se cacher entre les écailles qui bordent les côtés de leur base.

Les Scombéroïdes, remarquables par la petitesse de leurs écailles, les fausses nageoires qui sont quelquefois disposées à la suite de leur anale et de leurs dorsales, ou par des aiguillons dépourvus de membranes à la place de nageoires, ou enfin par la disposition d'une dorsale unique, régnant le long du dos depuis la crête de leur crâne.

Les Squammipennes, où des écailles recouvrent en partie les nageoires dorsale et anale, et rendent l'insertion de celles-ci peu distincte du reste du corps.

Les Fistulaires ou Bouche-en-flute, que caractérise un long tube formé au devant du crâne, par le prolongement de l'ethmoïde, du vomer, des préopercules, interopercules, ptèrygoïdiens et tympaniques, et au bout duquel se trouve la bouche, composée comme dans la plupart des autres Acanthoptèrygiens, c'est-à-dire des intermaxillaires, maxillaires, palatins, et mandibulaires. *V.* tous les noms de famille. (B.)

* ACANTHORINUS. pois. Sous-genre de Squales, établi par Blainville, dont le *Squalus Acanthias*, L. est le type, et qui contient douze espèces dans son tableau analytique. *V.* Aiguillat. (B.)

* ACANTHURE. rept. oph. Nom qu'avait donné premièrement Daudin au genre d'Ophidiens, qu'il a depuis nommé Acanthophis, parce qu'il existe un genre Acanthure dans les Poissons. *V.* Acanthophis. (B.)

ACANTHURE. pois. Genre de Poissons osseux Thoraciques, ou de la famille des Acanthoptèrygiens Scombéroïdes que Bloch et ensuite Lacépède ont séparés des Chætodons avec lesquels on les avait confondus. Ce dernier y réunit le genre *Theutis* de Linné, *V.* ce mot, et Cuvier y fait rentrer ceux que Lacépède avait appelés *Aspisures* et *Prionures*.—Les caractères des Acanthures se tirent de la compression considérable de leur queue et de leur corps, dont la hauteur est au moins égale à la largeur; des dents disposées sur une seule rangée, tranchantes et dentelées, ce qui les distingue des Nasons, *V.* ce mot, qui les ont simplement coniques et entières; enfin des piquans qui se voient à chaque côté de la queue, et qui leur ont valu le nom par lequel on les désigne. Leur front est à peu près vertical; leur bouche petite, leur museau assez avancé, leurs écailles généralement petites et très-serrées, ce qui rend leur peau si dure, qu'il les faut écorcher lorsqu'on veut les faire cuire. La chair en est fort estimée. Ils n'ont qu'une dorsale. On connaît environ dix espèces d'Acanthures groupées en trois divisions ou sous-genres, toutes exotiques et marines :

† Les Acanthures, proprement dits, qui ne présentent qu'un fort piquant latéral de chaque côté de la queue, et dont les écailles s'étendent un peu sur les nageoires, ce qui les rapproche des Squammipennes.

Le Chirurgien. *Chætodon Chirurgus*, L. Bloch. pl. 208. Encyc. Pois. pl. 97. f. 396. Poisson des Antilles qui tire son nom de la forte épine dont le genre emprunte aussi le sien, et chez lequel cette épine, pareille à une lancette, est tournée vers la partie antérieure. Il est varié de jaune, de noir, et de violet. D. 14/26. P. 16. V. 1/6. A. 3/20. c. 16.

Le Noiraud. *Chætodon nigricans*, L. Bloch. pl. 203. Encyc. Pois. pl. 45. f. 71.

Ce Poisson habite la mer Rouge, et l'examen de ses dents suffit pour le faire reconnaître entre tous les Poissons ; vues à la loupe , ces dents ont au sommet cinq petites divisions, dont une plus marquée, ce qui leur donne l'aspect de petites mains. D. 6/33, 9/38. P. 16. 18. V. 1/6. 6. A. 2/26. 3/29. C. 16. 21. 26.—Le *Chætodon nigrofuscus* de Forskahl n'en est peut-être qu'une variété, et l'on regarde comme telle le *Gahm* des mers d'Arabie qui est tout noir avec la base de la queue violette.

Le PAPOU. *Theutis Hepatus*, L. Enc. Pois. pl. 64. f. 258, d'après Catesby, T. II. t. 1. f.1. Ce Poisson , de la Caroline , était l'une des deux espèces du genre *Theutis* supprimé aujourd'hui, et que Linné avait placé parmi ses Abdominaux après les *Silurus ;* rompant ainsi tous les rapports naturels. Chacune de ses dents a quatre ou cinq dentelures à son sommet ; l'épine latérale des côtés de la queue est mobile ; sa couleur est d'un assez beau bleu brillant , noirâtre sur le dos. D. 9/24. P. 16. V. 1/5. A. 26. 3/26. C. 24.

Le VOILIER. *Acanthurus velifer*, Bloch. pl. 427. 1. On ne connaît point la patrie de ce beau Poisson , dont la couleur est brune, mêlée de rougeâtre, avec des rangées de points longitudinaux bleus sur les nageoires. D. 31. P. 16. V. 6. A. 22. C. 19.

Le ZÈBRE. *Chætodon triostègus*, L. Broussonnet, Déc. 1. t. 4. Encyc. Pois. 45. f. 172. Le fond de la couleur de ce beau Poisson est verdâtre, avec six bandes noires transversales sur le corps ; sa caudale est légèrement échancrée. Il habite l'Amérique. D. 9/32. P. 18. V. 1/5. 1/6. A. 2/22. 3/21. C. 16.

Le RAYÉ. *Chætodon lineatus*, L. Encyc. Pois. pl. 45. f. 172, d'après Séba , et le *Chætodon cæruleus*, de Catesby. T. II. pl. x , sont encore des Acanthures , mais s'écartent des précédens , en ce que leurs écailles sont grandes, ce qui semble les rapprocher des Bogues.

†† Les ASPISURES, dont les piquans latéraux de la queue ont une pointe en avant , et une pointe en arrière , ce qui leur donne l'air de petits boucliers élevés en lames tranchantes; ils sont aussi sqdammipennes.

Le SOHAR. *Aspisurus Sohar*, Forsk. *Chætodon Sohar*, L. Habite les côtes de l'Arabie, où il vit dans la vase : il n'acquiert guère que trois pouces de longueur ; il est ovoïde, brun en dessus, blanc en dessous , et marqué de lignes violettes. D. 8/39. P. 17. V. 1/6. A. 3/32. C. 16.

Le *Chætodon* allongé , de Lacépède , T. IV. pl. 6. f. 2. , rentre aussi dans cette division.

††† Les PRIONURES, qui ont plusieurs épines de chaque côté de la queue, tels que le *Microlépidote* de Lacépède (Ann. des Mus. T. IV. p. 205) apporté de la Nouvelle-Hollande , et dans lequel on compte jusqu'à dix de ces piquans , disposés comme des lames dentées, cinq grandes et cinq petites ; les écailles sont à peine visibles, et de là le nom que porte le Poisson. D. 30. P. 6. A. 24.   (B.)

* ACANTHURE. INTEST. Genre proposé par Acharius pour l'Echinorhynque de l'Eperlan. *V.* ce mot. Bosc, Lamarck, Rudolphi, ni Cuvier ne l'ont adopté.   (LAM. . X.)

ACAPATLI. BOT. PHAN. Syn. d'*Iva frutescens* , L. chez les Mexicains. *V.* IVA.   (B.)

ACARA. POIS. Nom donné par les Brésiliens à des Poissons qui doivent se ressembler et qu'on ne connaît guère que par les descriptions incomplètes que Margrave et autres anciens naturalistes en ont données. Ce qu'on dit de leur forme et de l'éclat de leurs couleurs semble les rapprocher des Dorades. Lacépède spécifie par ce nom le Spare que Bloch avait appelé *Double tache*. Les autres Acaras sont :

ACARA-MUCU ou ACARUMUCU, qu'on a cru tour à tour une Baudroie , un Baliste et même le Narwhal.

ACARA - PEBA ou ACARA - TINGA , qu'on a rapproché des Coryphènes.

ACARA - PINIMA, qui est bien un Spare.

ACARA-PITAMBA ou ACARA-PITAN-

GA, qui, d'après la figure donnée par Margrave, nous paraît le *Sparus chrysurus*.

ACARA-PUEN, qui est fort voisin d'Acara-Pitamba, s'il n'est le même.

ACARA-PUCU, qui est aussi un Spare varié des plus belles teintes d'or et d'argent.

ACARA-UNA ou ACARAUNA, qui est le *Chœtodon bicolor*, L. espèce d'Holacanthe.

Le nom d'Acarauna a aussi été donné à un genre établi dans le XIIIe volume de l'Académie de Pétersbourg d'après un Poisson trop altéré pour qu'on puisse l'adopter comme certain.

(B.)

ACARDE. *Acardo*. MOLL. Sous ce nom, Bruguière trouva, dans les papiers de Commerson, la description d'un nouveau genre de Mollusques bivalves, des mers du cap de Bonne-Espérance, qu'il crut devoir conserver et qu'il caractérisa ainsi : Deux valves horizontales, sans charnières ni ligament (Encyc. mét. Ire partie). Outre l'espèce de Commerson, l'*Acardo crustularius*, Bruguière cite une autre espèce ou variété qu'il eut occasion de voir à l'Ile-de-France, et qui venait aussi du cap de Bonne-Espérance. Il paraît qu'à l'époque où Bruguière ordonna la gravure des planches de coquilles de l'Encyclopédie, le dessin de l'espèce de Commerson, figurée pl. 175. fig. 1, 2, 5, était retrouvé, et qu'il crut devoir ajouter à son genre Acarde les coquilles décrites par Picot de La Peyrouse, sous le nom d'Ostracites, dont il n'avait pu parler en décrivant ce genre.

Tel était le genre Acarde de Bruguière, lorsque Lamarck, en l'adoptant (An. sans vert., prem. édit. p. 130) pour l'espèce de Commerson, y réunit l'*Umbrella chinensis*, de Chemnitz, Conch. 10. p. 341. tab. 169. fig. 1645, 1646, dont il a depuis fait le genre Ombrelle, *Gastroplax* de Blainville : *V.* ces mots; mais il en a séparé les Ostracites de La Peyrouse pour en faire le genre Radiolite.

L'inspection de la figure de Com-

merson, et celle de quelques Acardes répandues dans les collections, firent bientôt soupçonner que ces prétendues coquilles n'étaient que les doubles épiphyses de vertèbres de quelques Cétacés. Aussi Mühlfeld et Ocken citent-ils la seule *Umbrella chinensis* pour type du genre, et Cuvier le réduit-il aux Ostracites de La Peyrouse. *V.* pour celles-ci le mot RADIOLITE, et pour les Acardes de Mühlfeld et d'Ocken, le mot OMBRELLE.   (F.)

ACARIA. POIS. Poisson indéterminé du Brésil.   (B.)

*ACARICOBA. BOT. PHAN. Syn. de l'Hydrocotyle ombellée, *Hydrocotyle ombellata*, L. au Brésil.   (B.)

ACARIDES. *Acarides*. ARACHN. Tribu d'Animaux de la famille des Holètres, ordre des Arachnides trachéennes, ainsi désignée du genre *Acarus* de Linné. Elle renferme cette multitude d'espèces d'Arachnides que l'on nomme vulgairement *Mites*, *Cirons*, *Tiques*; et dont plusieurs sont si petites qu'elles se dérobent presque à nos regards. Les unes sont vagabondes, terrestres ou aquatiques; les autres se fixent sur divers Animaux, dont elles sucent le sang ou les humeurs, s'introduisent même jusque dans leur chair, et quelques-unes d'entre elles, en s'y multipliant excessivement, épuisent les Animaux et peuvent, avec le temps, les faire périr. On attribue à quelques espèces l'origine de la gale, tant celle de l'Homme que celle de divers Mammifères domestiques. Toujours nous paraît-il certain qu'ils peuvent l'accroître et la propager.

On distingue cette tribu aux caractères suivans : les uns ayant une bouche dont les parties sont discernables, tantôt offrant des mandibules (Chelifères), soit en pince, soit en griffe, mais cachées dans une saillie du sternum, en forme de lèvre; tantôt composée de pièces formant un suçoir ou un siphon; les autres ne présentant qu'une simple cavité orale.

Nous divisons les Acarides en quatre sections :

1°. Les TROMBIDITES. *Trombidites.* Huit pieds , uniquement propres à la course, des mandibules. — Les genres Trombidion , Erythrée , Gamase, Cheylète , Oribate, Uropode, Acarus.

2°. Les TIQUES. *Ricinites.* Huit pieds , uniquement propres à la course ; bouche en forme de siphon. — Les genres Bdelle, Smaride, Ixode , Argas.

3°. Les HYDRACHNELLES. *Hydrachnellæ.* Huit pieds, propres à la natation. — Les genres Eylaïs, Hydrachne , Limnochare.

4°. Les MICROPHTHIRES. *Microphthira.* Six pieds. — Les genres Caris , Lepte , Achlysie, Atome , Ocypète.

J'aurais pu établir dans les Acarides octopodes, ou à huit pieds ; une division plus naturelle , en la fondant sur une analyse plus détaillée des organes masticateurs (*V.* HYDRACHNELLES); mais cette méthode eût été , pour le plus grand nombre des personnes qui se livrent à l'étude de l'histoire naturelle, impraticable.

(LAT.)

ACARIDIES. *Acaridiæ.* ARACHN. Famille d'Animaux de l'ordre des Acères établie par Latreille. (Génér. Crust. Inst., ainsi que dans ses Considérations générales.) Elle répond à cette tribu du Règne Animal (Edit. 1817) qu'il nomme Acarides. *V.* ce mot. Plusieurs familles établies antérieurement par Latreille ont été souvent converties en tribus dans ce dernier ouvrage.

(AUD.)

ACARIMA. MAM. (Barrère.) Syn. de la Rosalie, *Simia Rosalia*, à la Guyane française. *V.* SAPAJOU. (B.)

ACARNA. BOT. PHAN. (Théophraste.) Paraît syn. du Cnicus, auquel ce nom a été donné comme spécifique, par Linné. —Allioni a établi sous le même nom un genre de la Syngénésie, appelé Cirselle par Gœrtner *V.* CIRSELLE. (B.)

ACARNE. POIS. Syn. du Pagel, *Sparus Erythrinus*, L. sur certains rivages de la Méditerranée. (P.)

ACARUS. ARACHN. Genre d'Insectes aptères de Linné , placé aujourd'hui dans la classe des Arachnides et subdivisé en un grand nombre de genres. *V.* MITTE. Latreille (Règne Animal , édit. 1817) réunit sous le nom générique d'Acarus, toutes les espèces qui ont des palpes très-courts ou cachés , le corps mou ou sans croûte écailleuse et une pelotte vésiculeuse à l'extrémité de chaque tarse ; de ce nombre, sont entre autres espèces :

1°. Le CIRON DE LA GALE (Géoffroy). *Acarus scabiei* de Fabricius. Cet Animal microscopique habite la peau de l'Homme dans une phlegmasie cutanée connue sous le nom de Gale ; on le croit généralement la cause de cette maladie , quoique plusieurs auteurs pensent le contraire et prétendent ne l'avoir jamais rencontré ; mais ces observations négatives ne sauraient infirmer celles faites par Bonanni (Observations , chap. 67.), par le docteur Gallée (Thèse inaugurale), et par plusieurs auteurs modernes. Ils ont démontré que l'Animal existe, qu'on le rencontre à l'intérieur des petites vésicules élevées sur la peau , qu'il se propage avec elles, et que, s'il ne produit pas la gale , il paraît du moins l'accompagner. Les descriptions et les figures qu'ils ont données rendent ces faits incontestables.

2°. L'ACARUS DOMESTIQUE. *Acarus domesticus*, Degéer , qui se trouve ordinairement dans les Collections d'Insectes ou d'Oiseaux.

3°. L'ACARUS DU MOINEAU, *Acarus passerinus* de Fabricius , qui servait de type au genre Sarcopte de Latreille (Consid. Génér.), et que nous réunissons avec lui au genre Acarus. Cette espèce a été décrite et figurée par Degéer (Ins. VII. 109. n°7. Tab. 6 , fig. 12.) et par Géoffroy.(Ins. II), qui l'appelait la Tique de la Chauve-Souris. (AUD.)

*ACASTE. *Agasta.* MOLL. Les Acastes sont des Mollusques cirrhipodes (*V.* ce mot) très-rapprochés des Balanes dont elles se distinguent par des caractères assez peu tranchés, mais qui cependant suffisent pour autoriser leur séparation en genre différent. C'est au docteur Leach qu'on en doit l'établissement; formé d'abord pour le *Balanus spongiosus* de Montagu, Lamarck, en l'adoptant, y ajouta deux nouvelles espèces. On n'a point encore observé les Animaux des Acastes; mais ce qui les distingue particulièrement, c'est qu'elles vivent dans des éponges, et ne sont point fixées sur des corps solides, comme les Balanes. — *Caractères génériques.* Coquille sessile, ovale subconique, composée de pièces séparables; cône formé de six valves latérales, inégales, réunies, ayant pour fond une lame orbiculaire, concave au côté interne et ressemblant à une patelle; opercule quadrivalve (Lamarck, An. sans vert. 2ᵉ édit. T. v. p. 397.)—On voit, d'après ces caractères, que les Acastes diffèrent surtout des Balanes, outre leur genre de vie, par la forme de leur valve inférieure que quelques naturalistes ont prise pour une patelle, dont elle a en effet la figure. Les principales espèces connues sont:

1. ACASTE DE MONTAGU. *A. Montagui*, Leach. Lamarck, Sp. n° 1. *Balanus spongiosus*, Montagu Test.-Brit. suppl. 2. tab. 17. f. 4 à 6. *Lepas spongiosa*, Wood, Conch. p. 47. *Lepas spongiosus*, Dilwyn, Des. cat. p. 27. Elle habite dans les éponges sur les côtes de Weymouth en Angleterre.

2. ACASTE GLAND. *A. Glans*, Lamk. Sp. n° 2. Elle habite la Nouvelle-Hollande, à l'île King.

3. ACASTE SILLONNÉE. *A. sulcata*, Lamk. Sp. n° 3., qui habite la baie des Chiens marins, à la Nouvelle-Hollande.

4. ACASTE SPONGITE. Lamk. Poli, Test. 1. p. 25. tab. 6 f. 5. etc. (F.)

* ACATALIS ou ACATERA. BOT. PHAN. (Dioscoride.) Syn. de *Juniperus communis*, L. *V*. GENEVRIER. (B.)

ACATÉCHICHITLI. ois. (Hernandez.) *V*. ACATÉCHILI.

ACATÉCHILI. ois. Nom que Mont-

béliard a formé par contraction d'*Acatechichitli*, qui est syn. de *Fringilla mexicana* dans le pays natal de cet Oiseau. L'Acatéchili a beaucoup de rapport, si toutefois ce n'est pas le même Oiseau, avec le Chardonneret jaune, *Fringilla tristis*. (B.)

ACATSIA-VALLI. BOT. PHAN. (Rhède.) Syn. de Cassytha, L. *V*. ce mot. (B.)

* ACAVE. *Acavus*. MOLL. Genre de Montfort(T. II. p. 255), formé, comme tant d'autres de cet auteur, sans motifs, pour l'*Helix hœmastoma* de Muller; *Helix (Helicogena) hœmastoma*, de Férussac. *V*. HÉLICE. (F.)

ACAWERIA. BOT. PHAN. Syn. à Ceylan de l'*Ophioxylon serpentinum*, L. (B.)

ACCAVIAC ou ASCAVIAS-VAKE. ois. Oiseau indéterminé de Nigritie, dont on a comparé la taille à celle de la Cigogne ou du Paon. (B.)

* ACCENTEUR. ois. Genre de la classe des Insectivores de la méthode de Temminck. Ses caractères consistent dans le bec, qui est droit, pointu, avec la mandibule supérieure échancrée vers l'extrémité, et qui est, ainsi que l'inférieure, comprimée sur ses bords. Les narines sont basales, nues, percées dans une large membrane; les pieds robustes, ayant trois doigts, devant et un derrière, dont l'extérieur soudé près de la base à celui du milieu; l'ongle du postérieur est le plus long et le plus arqué. La première rémige est presque nulle; la deuxième est presque égale à la troisième, qui est la plus longue. — On ne connaît que quatre espèces auxquelles la première a servi de type.

La FAUVETTE DES ALPES ou le PÉGOT, Buff. pl. enl. n°. 668, fig. 2. *Motacilla alpina*, L. *Sturnus mauritanicus*, Gmelin. *Sturnus collaris*, Latham. Le plumage de cet Oiseau n'est rien moins qu'éclatant; c'est un mélange de cendré, de brun, de roux et de noir. On observe au cou un plastron formé par de petites écailles noires sur un fond blanchâtre. Sa taille est de 6 pouces 8 lignes. Cet habitant des montagnes ne paraît guère sensible au froid; aussi ne le voit-on pas émigrer dans la saison rigoureuse. Il se contente de descendre dans les plaines et d'y chercher, pour sa nourriture, à défaut d'Insectes, toute espèce de graines. Il affecte un air stupide, et l'approche du voyageur ne paraît lui causer aucune crainte. A moins que dans le temps des ouragans et des tempêtes la frayeur rassemble les Pégots par troupes, on ne les rencontre jamais que deux à deux. En général leur chant n'a rien d'agréable; souvent il se borne à un petit cri aigu.

La FAVETTE D'HIVER ou *Traîne-buisson.* Buff. pl. enl. n° 615, f. 1. Fauvette des bois ou Roussette, Buff. *Motacilla modularis,* Gmel. *Silvia modularis* et *Schœnobenus,* Lath. a été placée par Koch parmi les Accenteurs, et cette translation a été accueillie par Cuvier dans son Règne Animal.

L'Accenteur montagnard, *Accentor montanellus,* Tem. qui habite les parties orientales du midi de l'Europe et quelques contrées de l'Asie, et le *Turdus kamtschatkensis,* Gmel., *Motacilla Calliope,* Pal., sont les autres espèces connues du genre.

Les Accenteurs nichent de très-bonne heure, les uns dans les anfractuosités des rochers, les autres dans les taillis et les forêts; leur ponte consiste en 5 ou 6 œufs.   (DR..z)

ACCIOCA. BOT. PHAN. Plante indéterminée du Chili et du Paraguay où elle est d'usage en infusion théïforme.   (B.)

ACCIPITRES. OIS. Traduction du nom latin donné par Linné au premier ordre de sa méthode, ainsi caractérisé : bec courbe à l'extrémité; mandibule supérieure dilatée de chaque côté ou armée d'une dent; pieds robustes, courts; doigts verruqueux sous les jointures; ongles arqués très-aigus. — Les espèces comprises sous cette dénomination sont voraces et cruelles; elles sont aux Oiseaux ce que les bêtes féroces et les carnivores sont aux Mammifères, vivent de proie ou de cadavres, construisent leurs nids, nommés aires, dans les lieux élevés; ils sont en outre monogames. La femelle, toujours plus grosse que le mâle nommé Tiercelet en termes de fauconnerie, pond ordinairement de trois à quatre œufs. — Vieillot divise les Accipitres en trois tribus : les Diurnes, les Nocturnes et les Accipitrins.   (DR..z)

* ACCIPITRINA. BOT. PHAN. Paraît être, dans Pline, syn. d'Epervière, *Hieracium,* L. *V.* ce mot.   (B.)

ACCIPITRINS. OIS. V. ACCIPITRES.

ACCOLA. POIS. (Sonnini.) Syn. du Thon blanc, *Scomber Alalunga,* L. à Malte.   (B.)

ACCORTE. INS. Nom vulgaire d'une Chenille du Rosier.   (AUD.)

ACCOUCHEUR. REPT. BATR. Espèce de Crapaud, *Bufo obtetricans,* de Laurenti. *V.* CRAPAUD.   (B.)

ACCOUPLEMENT. C'est l'union des sexes dans l'acte générateur : il doit être considéré comme un stimulant nécessaire à la séparation des germes. — Là où il n'y a point de sexe, il n'y a point d'accouplement : tels sont les Polypes. —Là où les sexes sont réunis et peuvent se féconder par eux-mêmes, comme dans les Plantes et certains Mollusques Acéphales, il n'y a point non plus d'accouplement. —Dans certains Poissons, les Grenouilles, et les Mollusques Céphalopodes, où les sexes sont distincts, mais chez qui le mâle féconde seulement les œufs quand ils sont sortis, ou lance sa semence sur la femelle, il n'y a point encore d'accouplement complet. Dans les Grenouilles, cependant, de longs embrassemens précèdent souvent l'acte générateur. —Dans tous les Mammifères, les Oiseaux, les Reptiles Chéloniens, Sauriens et Ophidiens; dans les Poissons vivipares, dans les Insectes, et les Arachnides, l'accouplement est nécessaire à la fécondation : il en est de même pour tous les Crustacés, pour plusieurs Mollusques et pour plusieurs Annelides.—L'accouplement est nommé *simple*, quand il a lieu entre sexes séparés ; *réciproque*, lorsque deux hermaphrodites se fécondent mutuellement ; et *composé*, quand un hermaphrodite est fécondé par un individu et en féconde un autre à son tour. — Sa durée est très-variable : il est instantané chez les Oiseaux, et subsiste après l'éjaculation dans les Chiens.— La conservation de l'espèce étant de la plus haute importance, la nature a fait de l'acte qui la perpétue un besoin impérieux et la source des plus vives jouissances : il est cependant des espèces qui s'accouplent plutôt pour satisfaire le pressant besoin qui les pousse, qu'attirés par l'attrait du plaisir; ainsi, les pointes dont est armée la verge des Chats, des Agoutis, des Gerboises, ne peuvent que causer de vives souffrances à leurs femelles, qui, pressées par le besoin, retenues par la crainte de la douleur, balancent long-temps avant de s'abandonner au mâle, et marquent par des cris perçans les souffrances qu'elles éprouvent. — Parmi les Animaux il en est qui se réunissent par couple, et partagent les soins de l'éducation des petits : c'est ce qu'on voit chez la plupart des Oiseaux, et chez beaucoup d'espèces carnassières de Mammifères ; tandis que celles qui vivent de végétaux, et qui, par conséquent, trouvent une nourriture abondante et facile, abandonnent à la mère le soin de leurs petits. C'est aussi parmi les Oiseaux qui vivent de proie, que se trouvent ceux qui partagent davantage les soins qu'exige leur progéniture. — L'association est annuelle ou dure pendant toute la vie : le premier cas est le plus commun. Les Corneilles, les Aigles et d'autres Oiseaux de proie ne se séparent jamais, ces Animaux offrent un modèle de fidélité conjugale. — Il en est enfin à qui une seule femelle ne suffit pas : ils ont un nombreux sérail qu'ils protègent, qu'ils dirigent, et avec qui ils partagent leur subsistance ; les Phoques, les Coqs sont dans cette habitude. Les Abeil-

les nous offrent une circonstance contraire : une femelle a besoin de plusieurs mâles. — Chez la plupart des Vertébrés, l'époque de l'accouplement est marqué par un surcroît de vie, une augmentation d'activité, et souvent par une excitation spéciale des organes génitaux, surtout chez les femelles. *V.* RUT, GÉNÉRATION.

Les Animaux annoncent le besoin de l'accouplement par des cris, des chants ou d'autres signes propres à chacun d'eux. L'Oiseau sait unir dans ses accens, à la peinture de la vivacité de ses désirs, l'expression de la tendresse la mieux sentie ; tandis que les fureurs des Mammifères ne dénotent souvent qu'un besoin pressant à satisfaire. Mais c'est surtout chez les Insectes que l'industrie amoureuse des mâles et des femelles est vraiment admirable.

Les Animaux sauvages s'accouplent une fois l'an, à une époque fixe : ceux que l'Homme a rendus domestiques, et auxquels il a par conséquent fait partager les avantages de sa société, s'accouplent en toute saison. L'Homme et quelques autres espèces n'ont ni temps fixe, ni état déterminé pour cet acte. —Dans les Quadrupèdes, l'accouplement féconde une seule portée; chez les Oiseaux, il féconde un très-grand nombre d'œufs ; et dans les Insectes, les Pucerons fécondent dans un seul accouplement plusieurs générations, qui toutes alors sont femelles, et produisent sans copulation nouvelle. — Il est des espèces, et c'est surtout parmi les Mammifères, où les femelles, une fois fécondées, refusent les approches du mâle, telles sont la Jument, l'Anesse, etc. : d'autres répètent plusieurs fois de suite l'acte générateur; les Oiseaux s'y livrent passionnément pendant toute la saison des amours. — L'accouplement n'a lieu qu'entre individus de même espèce ou entre espèces voisines ; ce qui donne les *Métis* ou *Mulets.* — Les espèces des climats chauds transportées dans les pays froids, cessent souvent de s'accoupler, ou leur union devient inféconde : il en est de même des Animaux tenus en captivité. Les soins de l'Homme ont au contraire rendu les Animaux domestiques bien plus féconds qu'ils ne le sont dans l'état sauvage. — Dans l'accouplement, il y a introduction de la partie mâle, ou seulement l'Animal lance sa liqueur fécondante dans les organes de la femelle; c'est ce qui arrive aux Salamandres ainsi qu'à tous les Poissons vivipares. — L'ergot des Echidnés et des Ornithorhynques, celui de plusieurs Gallinacées, les pelotes dont sont garnis les pouces de divers Batraciens et les doigts des Geckos sont autant de moyens qui servent au mâle à se fixer sur la femelle. Il paraît en être de même des prolongemens que les Raies et les Squales portent aux côtés de l'anus, et que Géoffroy regarde comme des organes d'excitation.

— Dans les Mammifères. Nous avons pour cette classe peu de choses à ajouter à ce qui vient d'être dit, si ce n'est que dans les espèces sauvages, tout annonce combien le besoin de l'accouplement est pressant. Celles-ci s'abandonnent alors aux plus grands excès : les timides deviennent hardies et même téméraires : on connaît les combats à outrance que se livrent les Taureaux, les Cerfs, les Chevaux et les Phoques. Des deux rivaux, le vaincu se retire et va guérir ses blessures ou chercher une conquête plus facile; cependant le vainqueur reste tranquille possesseur de sa femelle, jusqu'à ce qu'un rival plus puissant le chasse à son tour. — La saison des amours varie singulièrement chez les Mammifères. Les uns, tels que le Loup, s'accouplent pendant l'hiver; les Cerfs s'unissent en automne; le plus grand nombre au printemps et en été : nous avons dit que les Animaux domestiques s'accouplaient à toute époque de l'année. — Dans le plus grand nombre, la femelle reçoit le mâle sur son dos, et se tient debout. La femelle du Chameau s'accroupit. Les Animaux à dos armé, tels que le Porc-Epic et le Hérisson, s'accouplent ventre à ventre. — L'ac-

couplement a lieu entre les variétés d'une même espèce, et c'est un moyen qu'on emploie tous les jours pour obtenir de plus beaux produits. Notre climat ne nous permettant pas toujours de conserver les races désirées dans toute leur pureté, on obtient par l'union d'un mâle de race noble avec les femelles du pays de plus beaux produits que ceux que donneraient un mâle ordinaire ; et l'on a observé qu'à quelques exceptions près, le nouvel Animal prend en grande partie les traits de son père. Ainsi, en unissant la Brebis de notre pays au Belier mérinos, on obtient dès la première génération des métis qui égalent presque le père en beauté. —L'accouplement a encore lieu entre des individus d'espèce différente, mais il faut cependant que les espèces soient très-voisines. La Jument et le Baudet produisent le *Mulet*; le Cheval et l'Anesse donnent le *Bardeau*; le Zèbre produit avec l'Ane et le Cheval; mais pour tromper la femelle qu'on a soumise à l'expérience d'un accouplement contre nature, il a fallu peindre l'étalon qu'on lui présentait, des mêmes couleurs dont est paré son véritable mâle. L'accouplement de la Louve et du Chien a également été fécond; mais ce sont toujours des unions forcées et qui n'ont guère lieu que dans l'état domestique, et quand l'Homme a fait perdre à ces Animaux la plus grande partie de leur naturel : car très-souvent les Animaux sauvages, lorsqu'ils sont privés de la liberté, dévorent ou tuent leurs petits, comme s'ils voulaient les soustraire à l'esclavage, et ceci s'observe également chez les Oiseaux, où cependant les unions mêlées sont plus fréquentes, plus faciles et ont lieu entre des espèces plus éloignées. —On a nommé *Jumar* le prétendu produit du Taureau et de la Jument, mais tout jusqu'à présent a démenti l'existence d'un pareil Animal, qui ne semble être qu'un Bardeau. On a encore prétendu que la Vache et le Cerf produisaient ensemble : ces espèces sont trop éloignées pour admettre une pareille assertion (PR. D.)

—Dans les Oiseaux. L'époque de l'accouplement détermine la plus belle période annuelle de l'existence : les espèces habituellement silencieuses ou criardes savent, pendant que dure l'heureuse saison des amours, rendre plus vives, dans leurs concerts, les expressions du plaisir ; les unes par des sons graves, mais sonores ; d'autres par une mélodie que l'art en vain essaya d'imiter ; d'autres enfin, par un caquetage continuel qui peint la volupté dont tout leur être est animé. Alors leurs momens sont exclusivement consacrés à chanter le bonheur, et leurs jouissances sont si grandes, qu'elles semblent leur faire oublier tout repos : on les entend la nuit comme le jour répéter leurs mélodieux accords, que ne sauraient interrompre, même chez les plus sauvages ou les plus craintifs, l'appréhension du danger ou la présence de l'Homme. C'est à cette même époque qu'on voit les Oiseaux briller de tout leur éclat de parure, et comme se vêtir de leur robe de noces. Des élans amoureux plus ou moins démonstratifs, plus ou moins prolongés selon les espèces, précèdent l'accouplement : chez les unes, la femelle reçoit debout le mâle qui s'élance sur elle en la saisissant du bec et se cramponnant avec les ongles sur son dos ; chez les autres, la femelle plie les jambes et appuie le ventre sur le sol. La durée de l'acte est très-courte ; plusieurs espèces le répètent de suite un grand nombre de fois. Il paraît que les œufs sont fécondés du premier jet ; car des femelles qui n'avaient éprouvé qu'une seule fois l'approche du mâle, ont pondu à plusieurs jours de distance des œufs dont les petits sont sortis au terme de l'incubation.—Il est parmi les Oiseaux un petit nombre d'espèces polygames ; les autres sont monogames, et l'on a observé que quelques-unes d'entre elles sont susceptibles d'un attachement qui ne s'éteint qu'avec la vie de l'un des époux. L'époque de l'accouplement et l'âge où les sexes y sont aptes, varient dans chaque espèce et suivant les climats : la durée

de la chaleur ou du rut est plus ou moins longue, et paraît subordonnée aux soins qu'exige la construction du nid ; soins que les deux sexes se partagent avec une égale ardeur. L'accouplement est simplement annuel chez beaucoup d'espèces ; chez quelques autres, il a lieu deux et même trois fois dans la belle saison ; parmi les domestiques, il est presque continuel. Chez les unes, lorsqu'il est terminé, lorsque l'incubation est accomplie et que les petits peuvent se passer des soins de leurs parens, la famille se sépare et souvent pour ne plus se reconnaître ; chez d'autres, elle reste réunie pendant long-temps encore autour du père et de la mère ; ceux-ci, la plupart du temps, ne se séparent point, et attendent, toujours fidèles, le retour de la saison des plaisirs. V. Génération, Fécondation, Œufs, Incubation. (dr..z.)

— Dans les Reptiles Chéloniens, Sauriens et Ophidiens, nous avons vu que l'accouplement était nécessaire à la reproduction. Il y a introduction du membre viril qui, simple dans les Chéloniens et les Ophidiens, est bifurqué dans les Sauriens. Ce membre est simple dans le Crocodile ; et chez toutes les espèces pourvues de pareils organes mâles, il n'existe, pour conduire la semence, qu'une rainure plus ou moins profonde : dans ces Animaux l'accouplement se fait ventre à ventre.

— Dans les Poissons, il en est de vivipares, tels que les Raies, les Squales et autres ; chez ceux-ci, il y a accouplement en ce sens qu'il y a rapprochement des deux sexes et même introduction d'organes excitateurs, comme nous l'avons dit plus haut ; mais il ne peut y avoir introduction d'une verge, puisque ces Animaux en sont dépourvus, et les conduits testiculaires s'ouvrent dans le cloaque où ils se terminent par une simple papille. — Chez les Poissons purement ovipares, ce n'est que lorsque la femelle a pondu les œufs, ou qu'elle les pond, que le mâle féconde ceux-ci, en les arrosant de sa laite.

—Dans les Insectes. C'est moins le

nombre et la variété dans les formes qui a droit d'exciter notre surprise, que la rare intelligence dont ils sont doués, intelligence à l'aide de laquelle ils trouvent les moyens d'exécuter des travaux qui contrastent singulièrement avec leur faiblesse. S'ils sont ingénieux dans leurs chasses et dans la construction des demeures qu'ils se forment, ils ne sont pas moins admirables dans leurs amours. Les uns, tels que les Vrillettes, frappent rapidement, avec leurs mandibules, l'intérieur des boiseries qu'ils habitent ; ils s'arrêtent un moment, puis recommencent de nouveau, ce qui cause le bruit que chaque jour nous entendons, qui ressemble assez au mouvement d'une montre, et que le peuple nomme l'*horloge de la mort*. D'autres, tels que les Criquets, les Cigales, les Grillons, font entendre le bruit, souvent si fort, que tout le monde connaît. — Les femelles de plusieurs Taupins, et surtout celle du *Cucujo* des Américains, celles des Lampyres, du Fulgore Porte-Lanterne, dont la marche est difficile, et qui sont, pour la plupart, dépourvues d'ailes, ne pouvant suivre leurs mâles, qui sont très-agiles, signalent le point où elles gissent. Pour y réussir, la nature leur a donné un fanal ; elles sont phosphorescentes, et répandent au loin, pendant les nuits, une lumière invocative, vers laquelle les mâles s'empressent d'accourir. De là les noms de Vers-Luisans, de Mouches-Lumineuses, de Mouches-à-Feu, que partout ont reçus ces Animaux. Celle que répand le Taupin est si vive qu'elle permet de lire l'écriture la plus fine. C'est à la lueur de plusieurs de ces Insectes réunis que, dans l'Amérique méridionale, les femmes font leur ouvrage ; elles les placent, dit-on, aussi comme ornement dans leurs cheveux, lors de leurs promenades du soir ; et l'on assure que les Indiens les attachent à leur chaussure pour s'éclairer pendant leurs voyages nocturnes. — La lumière que répandent les femelles paraît redoubler à l'approche du mâle, qui lui-même annonce sa

présence par une légère étincelle lumineuse. L'Animal augmente ou diminue à sa volonté l'éclat de cette lumière, qui cesse, à ce qu'il paraît, lorsque l'accouplement a eu lieu.

L'ouïe et la vue ne sont point les seuls sens dont la nature se soit servie pour appeler les Insectes à l'acte générateur ; il est des faits dont on ne peut se rendre compte qu'en admettant des effluves odorantes, que les mâles savent reconnaître. Si l'on renferme dans une boîte parfaitement close une femelle de Bombyce, et surtout celle du Grand Paon, on ne tarde pas à voir voltiger, autour de cette prison, des mâles que la vue n'a pu instruire d'une telle captivité, mais que leur ont révélée des émanations qu'il ne nous est pas donné d'apprécier.

La disposition de l'organe du mâle est très-favorable au maintien de l'accouplement ; sa verge est renfermée dans un étui corné dont les pièces peuvent s'écarter lorsque l'introduction est faite. Les pates de devant de l'Hydrophile, des Dytiques et autres espèces, sont considérablement élargies, et servent à ces Insectes pour saisir et retenir leur femelle, sur laquelle le mâle est ordinairement reçu. La Puce, la Crevette des ruisseaux font exception. Les organes génitaux du mâle des Libellules sont placés près de la poitrine, tandis que ceux de la femelle sont situés, comme à l'ordinaire, à l'extrémité de l'abdomen, ce qui détermine la position singulière que ces Insectes prennent pendant l'accouplement. Le mâle saisit, avec les crochets qu'il porte à l'extrémité de l'abdomen, sa femelle sur le col ; l'un et l'autre s'élèvent dans les airs, et il faut que la femelle rapproche l'extrémité de son abdomen des organes génitaux du mâle, et aille ainsi les chercher. — L'acte de la génération ne tarde pas à épuiser les Insectes ; le mâle succombe à un petit nombre de copulations, la femelle meurt dès qu'elle a pondu. *V.* COPULATION.

Chez les autres classes d'Animaux, le mode de fécondation offre de grandes variétés.   (PR. D.)

—DANS LES ANNÉLIDES. Tantôt les sexes sont réunis sur un même être comme dans les Sangsues et les Lombrics, qui se tiennent étroitement embrassés pendant l'accouplement qui est réciproque; tantôt les sexes sont séparés, et alors les individus sont ou mâles ou femelles: tels sont les Aphrodites et quelques genres voisins. *V*. GÉNÉRATION.

—DANS LES CRUSTACÉS. Les sexes sont isolés et les organes copulateurs sont doubles. Dans l'accouplement les deux vulves de la femelle reçoivent les deux verges du mâle. Jurine a pu distinguer les sexes et observer l'accouplement dans plusieurs Crustacés Branchiopodes. Il nous a appris que leurs antennes n'étaient pas l'organe essentiel de la génération, qu'ils s'en servaient seulement pour se cramponner à la dernière paire de pates de la femelle, et pour conserver ainsi toute liberté pendant l'accouplement qui a lieu, de même que dans les autres Crustacés, au moyen de deux verges que le mâle introduit dans les vulves correspondantes de la femelle. *V*. GÉNÉRATION.

—DANS LES ARACHNIDES. Les organes sexuels féminins sont situés près de la jonction de l'abdomen avec le thorax. Ceux des mâles ont tantôt une position semblable, et tantôt occupent l'extrémité des palpes. Ce caractère singulier est propre à la première famille des Arachnides pulmonaires; celle des Fileuses. L'accouplement de ces dernières est remarquable par les circonstances qui l'accompagnent. Le mâle est souvent la victime de son penchant amoureux, et c'est toujours au risque de sa vie qu'il s'approche de la femelle. Il n'ignore pas combien l'entreprise est dangereuse, et il commence par tendre un fil non loin du lieu où la scène va se passer. Ce fil est le chemin qu'il suivra s'il doit chercher son salut dans la fuite; cette précaution prise, il met pied sur la toile de la femelle, s'avance vers elle à pas comptés et toujours en hésitant, se hasarde enfin à la toucher avec une de ses pates, et

recule aussitôt de quelques pas. Souvent il n'en faut pas davantage pour que l'Araignée le saisisse et le dévore s'il n'est pas assez leste pour échapper; souvent aussi elle reste immobile, et ce signe favorable rend le mâle plus confiant; il touche de nouveau la femelle qui répond à ses caresses par des attouchemens du même genre. Sa vulve s'entrouvre, le mâle y porte à diverses reprises l'organe sexuel de l'une et de l'autre palpe, et la fécondation s'opère sans aucune jonction. Une fois l'opération achevée, le mâle échappe par la fuite à la fureur de la femelle, que les plaisirs de l'amour n'ont pas rendue moins cruelle. *V*.GÉNÉRATION.   (AUD.)

—DANS LES MOLLUSQUES. Les uns peuvent s'accoupler, comme la plus grande partie des Gastéropodes; les autres se reproduisent sans accouplement, comme tous les Acéphales, dont un grand nombre est privé de locomotion. — Chez ceux qui s'accouplent, on observe plusieurs modes d'accouplement : dans les uns, les sexes sont séparés sur deux individus, dont l'un fait l'office de mâle et l'autre de femelle, comme dans les Pectinibranches; dans d'autres, chez les Limaçons vulgaires par exemple, les deux sexes sont réunis sur le même individu qui a besoin cependant d'un individu de son espèce pour être fécondé, alors ces deux *hermaphrodites* donnent et reçoivent à la fois. Enfin, il en est chez lesquels un individu hermaphrodite reçoit d'un premier, donne à un second, ainsi de suite, de sorte que ces Mollusques forment, dans le moment de leurs amours, une sorte de chaîne ou un chapelet; tels sont les Animaux des coquillages de nos mares, appelés Limnées.   (F.)

—DANS LES ZOOPHITES, la plupart, tels que les Oursins et les Holothuries, sont hermaphrodites et se fécondent eux-mêmes.

Les VERS INTESTINAUX présentent pour la plupart des organes génitaux; mais la difficulté d'observer ces Animaux a rendu difficile à connaître leur mode de fécondation. Cependant Jules Cloquet est parvenu tout récemment à surprendre l'accouplement de l'*Echinorhynchus gigas*, qui même offre une circonstance remarquable. Dans ce Ver, ce n'est pas la verge du mâle qui va porter dans les organes de la femelle le fluide séminal, c'est la queue de la femelle qui s'enfonce dans l'entonnoir qu'offre la verge du mâle lorsqu'il est en état de copulation. Nous devons ces détails à l'infatigable observateur que nous venons de citer.

— DANS LES POLYPES qui se reproduisent par boutures, et peut-être également par le moyen d'œufs, y a-t-il accouplement? — Les Infusoires, sur lesquels Bory de St.-Vincent fait des recherches depuis long-temps, se reproduisent aussi par boutures; mais, ainsi que l'a reconnu ce naturaliste, nul sexe, conséquemment nul accouplement ne s'y remarque.

On voit, d'après ce qui précède, que l'accouplement est une circonstance qui n'est pas de nécessité absolue dans l'acte générateur, tandis que ce dernier a, peut-être constamment, lieu dans la reproduction des individus. Un Polype peut, il est vrai, être partagé en mille morceaux, et former mille nouveaux Polypes; mais ces Animaux se reproduisent également par des œufs, avons-nous dit, et peut-être est-ce le seul mode de reproduction qui ait lieu dans l'état naturel, tandis que l'autre ne serait qu'accidentel, et ne sert peut-être jamais à la reproduction naturelle de ces Animaux.

— DANS CERTAINS VÉGÉTAUX, ou du moins chez des êtres qu'on a jusqu'ici placés dans le règne Végétal, plusieurs ont un véritable mode d'accouplement, qui n'a nul rapport avec ce que l'on considère généralement comme une fécondation pollinaire. C'est Muller qui aperçut le premier ce phénomène, sans néanmoins en tirer aucune conséquence, dans ce qu'il nomme *Conferva jugalis*. A la même époque, Bory, qui l'observait, communiquait à Draparnaud de nouvelles vues sur

ce phénomène. Depuis, Vaucher a publié, sous le nom de *Conjugées*, diverses descriptions de ces Végétaux accouplés, où rien n'indique habituellement de sexe ni de mouvement spontané, et dont cependant les filamens toujours simples se rapprochent à une certaine époque de l'existence, et s'unissent intimement les uns aux autres par des espèces de stigmates comme s'ils venaient alors à s'animer. A l'aide de ces points de communication, il s'établit un épanchement d'un tube dans l'autre. Des corps ronds, ovales ou gemmiformes, s'y développent presque aussitôt dans les cloisons de l'un des tubes, et deviennent ce que Bory, qui a suivi attentivement ces êtres mixtes, appelle des *Zoocarpes*. *V.* ce mot, ainsi que CONFERVES.

(FR. D.)

* ACCRESCENT , TE. BOT. PHAN. Adjectif qui désigne dans les Plantes les parties de la fleur qui prennent de l'accroissement après la floraison. Ainsi le calice de l'Alkekenge et le style de la Clematite sont accrescens.

(B.)

ACCROISSEMENT. *Incrementum.* Ce mot, pris dans son acception la plus étendue, désigne la série successive des phénomènes par lesquels passent les corps bruts et les corps organisés, lorsqu'ils augmentent de masse et d'étendue. Mais ces phénomènes présentent des différences très-notables, suivant qu'on les observe dans les êtres organisés ou dans les êtres inorganiques. Chez les premiers en effet l'accroissement est renfermé dans des limites déterminées, qu'il ne peut dépasser, limites qui varient suivant la durée locale de l'existence de ces êtres. Les corps inorganisés au contraire offrent un accroissement indéterminé, car chez eux la durée n'a point de bornes fixes, elle est entièrement abandonnée aux chances du hasard, ainsi qu'à l'action des agens chimiques et physiques.

Le mode de l'accroissement, dans ces deux grandes divisions des corps de la nature, n'offre pas moins de différence que sa durée. Ce sont, dans les corps bruts, de nouvelles molécules qui s'ajoutent et s'appliquent successivement sur une sorte de noyau primitif, sans éprouver aucune altération; de là le nom de *Juxtaposition* donné à cette espèce d'accroissement. Dans les corps organisés au contraire, l'accroissement a lieu par l'extension en tous sens des molécules déjà existantes, ou par l'addition de nouvelles molécules dont la formation est due à des fluides introduits dans l'intérieur du corps. Il suit de là que dans les corps bruts, l'accroissement se fait seulement à la surface externe, qui varie et change à chaque instant, tandis que dans les êtres doués d'organisation, la cause des phénomènes de l'accroissement est intérieure, et la surface extérieure, la périphérie du corps reste la même à toutes les époques de son développement.

Si maintenant nous voulons examiner comparativement l'accroissement dans les deux classes des êtres organisés, c'est-à-dire dans les Animaux et les Végétaux, nous remarquerons des points de ressemblance et de différence fort importans. Ainsi, dans les uns comme dans les autres, le caractère spécial de l'accroissement consiste dans l'allongement en tous sens des molécules déjà existantes, ou dans la formation de nouvelles molécules apportées par un fluide qui, venant du dehors, circule dans toutes les parties de ces êtres; ce mode de développement a reçu le nom d'*Intus-susception*. Dans les Animaux, l'accroissement est plus rigoureusement limité; la forme, la masse totale de l'être sont moins sujettes à varier. Les circonstances extérieures, la quantité, la qualité des alimens, l'éducation, l'état de domesticité, n'exercent qu'une très-faible influence sur l'étendue de l'accroissement. Il n'en est pas de même dans les Végétaux. Comparez en effet le Végétal sauvage, abandonné à lui-même, avec la même espèce cultivée dans nos jardins, et vous verrez combien l'art peut modifier et changer même entièrement sa

forme, sa taille et la nature de ses productions. (A. R.)

ACCROISSEMENT DANS LES ANIMAUX. Nous nous occuperons d'abord de l'accroissement considéré dans les êtres composant le premier embranchement de l'arbre zoologique. Nous n'en parlerons que d'une manière générale, renvoyant aux mots FŒTUS et TRANSFORMATION, et à chaque organe en particulier, la succession de développement de chacun d'eux, et les diverses révolutions qu'ils éprouvent.

Les systèmes nerveux et circulatoire sont la base de tout développement organique : d'eux naissent, et autour d'eux se groupent les autres organes. Là où ils s'arrêtent, là où ils manquent, les autres parties manquent aussi. L'un fournit les matériaux, l'autre les emploie, les distribue. Lequel des deux préexiste à l'autre? La vue indique le système circulatoire, la raison les fait marcher ensemble.

De l'action de ces deux premiers moteurs naissent les autres phénomènes des corps vivans, qui perdent en développement, en activité, et même cessent d'exister quand l'action de ces deux premiers agens ou cesse ou devient trop faible; ce que prouve la comparaison du développement des Animaux dans les différens âges et dans les différentes classes.

Les organes ne se développent point tous en même temps. La vie est une succession de développemens amenés les uns par les autres; la présence d'un organe nécessitant celle d'un autre, et à mesure que les conditions dans lesquelles se trouve l'Animal changent, les organes se modifiant, ou même de nouveaux venant les remplacer : c'est ce que nous montrent les diverses révolutions qu'éprouvent les Animaux avant d'arriver à l'état parfait. V. CHRYSALIDE, FŒTUS, LARVE. — Ces modifications qu'éprouvent nos organes ne sont point bornées au passage de l'état fœtal à l'état parfait; elles ont également lieu, d'une manière moins sensible il est vrai, mais elles ont lieu chaque fois que changent les modificateurs dont l'Animal se trouve environné.

Le développement, d'abord assez lent dans les premiers temps de la formation du nouvel être, marche bientôt avec rapidité, et va croissant jusqu'au moment où l'Animal sort du sein de sa mère ou brise l'enveloppe qui l'isole du monde extérieur. L'accroissement se ralentit alors, et devient d'autant moins prompt que l'on s'éloigne davantage du moment de la naissance; en même temps aussi diminue l'activité de la circulation et de la respiration. Si le système nerveux, en perdant la mollesse qui le caractérise au jeune âge, gagne comme moyen de sensation; le progrès de cette même consistance le fait bientôt perdre en mobilité et en affectibilité, en même temps qu'il perd comme instrument d'accroissement. A mesure aussi que l'on s'éloigne du moment de la naissance, le tissu osseux se charge davantage de matière calcaire; les tissus cartilagineux acquièrent de la dureté, et souvent s'ossifient; la fibre musculaire, d'abord peu colorée, peu résistante, devient de jour en jour plus ferme et plus puissante; la peau prend de la consistance sans perdre en souplesse et en sensibilité; l'absorption est très-active sur les surfaces extérieure et intérieure, et l'Animal croît et se développe avec rapidité. Il arrive un moment où, suffisamment assuré dans sa propre existence, il se trouve capable d'en communiquer une partie: alors un développement d'un nouvel ordre se montre et réagit sur le reste de l'économie; les organes génitaux, jusqu'alors restés en retard, croissent avec rapidité; avec eux, les poils, les bois, les cornes se développent ou reçoivent un surcroît de vie, et deviennent ainsi les attributs de cet âge. *V.* Bois, Cornes, Poils, Puberté.

L'accroissement en hauteur dépasse peu cette époque; celui en épaisseur continue encore pendant long-temps; en même temps les formes se prononcent davantage, les tissus acquièrent plus de consistance;

et l'Animal atteint tout le degré de puissance vitale que comporte son organisation. Mais, sous l'empire des mêmes agens, au lieu d'augmenter en force, l'Animal perd; au lieu de croître, il décroît. La circulation diminue de vitesse; les vaisseaux perdent en calibre et en élasticité; le système nerveux n'a plus la même impressionabilité; les os ne contiennent presque plus de matière organique; les fibres musculaires acquièrent de la rigidité; la peau perd chaque jour de sa souplesse et de sa faculté d'absorption, de même que les surfaces digestives. La rigidité devient générale, et les tissus s'éloignant de plus en plus des conditions de la vie, il arrive un terme où ils retombent sous l'empire des lois qui commandent à la matière inorganique; et cependant la cause qui maintenant conduit l'Animal à la destruction est la même que celle qui naguère le faisait croître. La loi n'a pas changé, mais les conditions des tissus ne sont plus les mêmes.

Chez tout Animal qui se trouve placé dans une sphère plus rapide d'action et de mouvement, ou dans toute partie et tout organe qui se trouvent, relativement aux autres, dans les conditions de plus grande activité, l'action nerveuse et la circulation augmentent en énergie, et amènent un accroissement proportionnel qui; entretenu par les mêmes circonstances, pendant plusieurs générations, finit par être transmissible des pères aux enfans. Ainsi s'établissent les races, ainsi ont dû se former plusieurs espèces.

Chez les Mammifères, la durée de la vie est en général en rapport inverse avec la rapidité de l'accroissement; Buffon avait indiqué cette loi pour les Animaux en général; nous ne la croyons pas applicable à tous. L'Oiseau vit bien au-delà du temps que semblerait lui assigner la durée de son accroissement. Chez les Poissons, la vie est sans bornes connues pour plusieurs, et l'accroissement, sans être prompt, n'est point proportionnel à leur longévité.

Examiné séparément dans les Mammifères, les Oiseaux, les Reptiles et les Poissons, nous verrons l'accroissement plus rapide chez les Oiseaux, dont la vitesse de la respiration et de la circulation est connue, et chez qui l'activité du système nerveux est décelée par la vivacité des mouvemens et la promptitude des déterminations; nous le verrons, dis-je, plus prompt que chez les Mammifères et surtout que chez les Poissons qui, plongés dans un fluide rare en oxygène, ont une circulation dont le peu d'activité donne la raison de la durée de leur vie.

Les Animaux puisent les moyens de leur entretien et de leur accroissement dans les substances organiques et inorganiques qui les entourent. Ils les puisent dans le fluide au milieu duquel ils sont plongés, et les corps impondérables qui les environnent; dans les substances solides ou liquides qui sont en rapport avec leur surface extérieure, ou qu'ils placent dans leur canal digestif.

On a souvent dit que les Animaux ne pouvaient se nourrir que de ce qui avait, ou avait possédé vie; ce qui même a servi à établir une différence entre les Animaux et les Végétaux, qui au contraire faisaient servir à leur nutrition les matières inorganiques. Il suffit, pour sentir la valeur de cette opinion, de se rappeler que l'air, l'eau, les corps impondérés, et bien d'autres, qui certainement sont loin de jouir des propriétés de la vie, sont cependant indispensables à l'existence de l'Animal.

Les moyens de l'accroissement établis, il devient facile de prévoir que, là où les Animaux les trouveront en abondance, l'accroissement sera plus prompt et plus considérable: on sera à même d'apprécier l'influence de l'état de liberté ou de domesticité, des climats chauds, des régions froides, de l'exercice ou du repos. (P. D.)

—Dans les Animaux articulés. L'accroissement n'est sensible qu'après la fécondation; et quoiqu'on aperçoive souvent, dans les ovaires d'une femelle encore vierge, quelques germes plus développés les uns que les autres, on ne peut pas appeler cela un accroissement; car il se borne aux enveloppes du germe et ne s'étend pas sur le germe lui-même. Celui-ci, après qu'il a été fécondé, et avant d'arriver à l'état adulte, subit divers changemens, qui sont autant de conséquences de son développement. Si l'Animal est vivipare, il naît avec la forme qu'il aura toujours, acquiert tout au plus une paire d'appendice ou un segment nouveau, et chacune de ses parties ne fait qu'accroître. Si au contraire il est ovipare, il subit ordinairement, et dans la seule classe des Insectes hexapodes, des changemens qui constituent trois états distincts: celui de *Larve* ou de *Chenille*, de *Nymphe* ou de *Chrysalide*, et d'*Insecte parfait*. La série de tous ces changemens a reçu le nom de *Métamorphoses*, mot consacré par l'usage, et qu'on peut adopter en le considérant comme synonyme d'Accroissement. *V*. Métamorphoses. (AUD.)

—Dans les Coquilles. Le test est originairement une membrane dans le tissu cellulaire, de laquelle suinte un suc calcaire comme dans les os. Son accroissement se fait en tout sens, en avançant, par des élémens semblables posés en recouvrement, les nouvelles couches sortant de dessous les premières, et placées selon la direction de la longueur du test.

Les muscles d'attache, qui unissent l'Animal à sa coquille, changent de place par une mutation successive et graduée, en avançant dans le sens de l'accroissement et s'oblitérant dans le sens opposé. *V*. le mot Coquille pour les détails intéressans sur cette partie de la Conchiliologie. (F.)

—Dans les Animaux rayonnans. La manière dont a lieu l'accroissement de ces êtres, est pour la plupart un de ces phénomènes que la nature enveloppe encore des voiles du mystère; il paraît immense dans certains genres, tandis que dans les autres groupes, cet accroissement ne peut dépasser des limites fort restreintes. Les Polypes des polypiers, considérés individuellement, parviennent très-promptement au terme de leur croissance; il n'en est pas toujours de même du polypier ou de leur habitation. Dans les Cellulifères de nouvelles cellules se construisent à côté des anciennes sur un plan uniforme et régulier: dans les unes, il n'y a point de communication apparente entre les cellules; dans les autres, cette communication est très-visible, et le polypier ressemble à un Arbre qui se couvre sans cesse de nouveaux bourgeons, de nouveaux rameaux. Dans les Corallinées, l'accroissement a lieu par de nouvelles articulations qui se développent au-dessus des premières ou sur les côtés, en général d'une manière symétrique ou régulière. Dans les Corticifères les moyens d'accroissement sont plus compliqués, et cependant plus faciles à observer; les Polypes se prolongent en une substance mince, membrano-gélatineuse, qui enveloppe l'axe dont elle augmente constamment le diamètre; et qu'ils recouvrent d'une écorce plus ou moins épaisse dans laquelle ils se réservent une petite habitation celluliforme. L'accroissement paraît borné dans tous les polypiers; il est également dans la plupart des polypiers pierreux. Il en existe néanmoins quelques-uns qui semblent échapper à cette loi générale de la nature par la grandeur incommensurable à laquelle ils parviennent. Les Animaux cependant ne varient point; les Polypes du Madrépore, qui forme un recif d'une hauteur immense mais inconnue sur plus de cent lieues d'étendue, ne sont pas plus grands que ceux des Madrépores de nos collections. Ne pourrait-on pas considérer le premier comme des réunions de plusieurs polypiers? Les Animaux de ces productions singulières semblent communiquer entre eux par une expansion presque gélatineuse, qui embrasse toutes les ramifications du polypier, depuis la base jusqu'au sommet; elle pénètre dans les sillons, dans les pores, entre

les lamelles, et paraît destinée à sécréter la partie solide de cette sorte de Zoophytes. — Dans les polypiers sarcoïdes, la masse entière est animée, l'accroissement s'opère par un développement général de toutes les parties, comme dans les autres Animaux; il en est de même dans les Acalèphes, dans les Entozoaires ou Vers-intestins, ainsi que dans les Echinodermes; ils ne changent point de forme, et ceux qui ont une enveloppe crétacée, comme les Oursins, ne la perdent jamais. (LAM...X.)

Dans les Infusoires, l'accroissement est également un fait mystérieux; le mycroscope ne montre parmi leurs tribus nombreuses que des individus de même taille pour chaque espèce, et cette taille plus ou moins mycroscopique est presque un caractère. Il est bien probable que les Infusoires croissent et ne sont pas, à toutes les époques de leur existence, de la même étendue. Cependant lorsqu'une Paramœcie, par exemple, se dédouble, qu'une Kérone, ou qu'un Trichode se sépare en deux, les parties séparées sont de taille égale, et l'on ne voit point comment l'être entier était plus grand que ses divisions qui, à leur tour, sont bientôt susceptibles de reproduction, c'est-à-dire, de partage; mais les Volvox, les Pectoralins ou les Uvelles, qui se dispersent en particules animées, semblables à des Monades, doivent, de très-petites qu'elles sont d'abord dans l'état de disjonction, acquérir la grosseur de l'être dont elles sont une fraction, avant de pouvoir se diviser à leur tour; cependant, soit que cet accroissement se fasse avec une grande lenteur, soit qu'il n'ait lieu que dans des circonstances qui nous ont encore échappé, on ne peut rien établir de positif à cet égard. (B.)

ACCROISSEMENT DANS LES VÉGÉTAUX. — La durée de l'accroissement dans les Végétaux est extrêmement variable; elle est, généralement, en rapport avec celle de la vie des différens Végétaux, qui, sous ce point de vue, présentent les différences les plus notables. Ainsi, le Blé, l'Orge; l'Aveine, les Melons, etc., développent toutes leurs parties, épanouissent leurs fleurs, mûrissent leurs fruits, et parviennent ainsi à leur dernier degré d'accroissement dans un espace de temps moins long qu'une année; la Carotte, l'Onagre, etc., demandent deux ans pour arriver au même but, tandis qu'il faut des siècles pour que le Chêne, l'Orme, le Cèdre du Liban acquièrent tout le développement dont leurs différentes parties sont susceptibles. La rapidité avec laquelle les Végétaux s'accroissent, n'offre pas moins de différence : il en est qui, dans l'espace de quelques jours, s'allongent de vingt à trente pieds, comme l'*Agave americana*, les Potirons, le *Cobœa*, etc.; d'autres, au contraire, s'accroissent avec une si grande lenteur, qu'il est difficile d'apercevoir et de suivre les progrès de leur développement. Il faut noter qu'en général, les Végétaux d'un tissu mol., lâche et très-abreuvé de sucs, se développent plus rapidement, et parviennent plutôt à leur dernier degré d'accroissement que ceux dont l'organisation est plus dense, plus serrée, plus sèche. Qu'ainsi, les Arbres à bois blanc, tels que les Peupliers, les Tilleuls, les Sapins, les Saules, etc., poussent plus vite que les Chênes, les Ormes, les Cormiers, etc., dont le grain est plus serré, plus compact et plus coloré; qu'enfin, les Végétaux qui croissent sur le bord des rivières, dans les prairies et les lieux humides, se développent avec plus de rapidité, acquièrent des dimensions plus considérables que les mêmes espèces végétant sur le penchant des collines sèches et découvertes, ou dans un terrain élevé et rocailleux. Ces différentes observations doivent être prises en considération par l'agriculteur, le propriétaire et le forestier. — Lorsque l'on suit le développement d'un Végétal dans toutes ses périodes, on voit qu'il s'accroît en deux sens, c'est-à-dire, que son diamètre augmente à mesure que sa hauteur devient plus considérable. Pour bien connaître le mécanisme de l'accroissement dans ces deux sens, il

faut l'étudier successivement dans ces deux directions, et séparer ainsi en deux temps des phénomènes qui ont lieu simultanément. C'est surtout dans le tronc des Arbres ligneux, qu'il est plus facile de suivre tous les degrés de l'accroissement, soit en diamètre, soit en hauteur. Aussi, est-ce dans cette classe de Végétaux que nous choisirons nos exemples? Mais comme les Plantes Monocotylédonées diffèrent essentiellement des Dicotylédonées par leur mode d'accroissement, nous en étudierons séparément les phénomènes.

EN DIAMÈTRE DES ARBRES DICOTYLÉDONS. — Lorsque l'on examine le tronc d'un Arbre Dicotylédoné coupé en travers[1], il présente les objets suivans : 1°. Au centre, le canal médullaire, composé de l'*étui médullaire* ou parois du canal et de la *moelle*, qui n'est que du tissu cellulaire lâche, dans son état de régularité et de pureté primitive; 2° tout-à-fait à l'extérieur, on trouve l'écorce, qui se compose de dehors en dedans, l'épiderme de l'enveloppe herbacée, et des couches corticales, dont les plus intérieures constituent le Liber; 3° l'espace compris entre l'écorce d'une part et le canal médullaire de l'autre, est occupé par le corps ligneux, formé de couches concentriques emboîtées les unes dans les autres, et dont les diamètres vont en augmentant, à mesure qu'on les observe plus en-dehors; ces couches circulaires sont coupées à angle droit par des lignes divergeant du centre vers la circonférence, que l'on a comparées aux lignes tracées sur un cadran horaire, et qui portent le nom de Rayons ou Insertions médullaires. Elles servent à établir la communication entre la moelle renfermée dans le canal médullaire et l'enveloppe herbacée, dont la structure est entièrement analogue à la moelle. Les couches ligneuses les plus intérieures, qui sont ordinairement plus colorées, d'une texture plus ferme et plus compacte, portent spécialement le nom de *Bois* ou de *Cœur du bois*; les plus extérieures, ordinairement d'une teinte plus pâle, d'un tissu plus mol, forment l'*Aubier* ou *Faux Bois*. *V*. ORGANISATION DE LA TIGE. — Les physiologistes sont généralement d'accord sur la disposition des différentes parties que nous venons d'énumérer, mais ils sont loin d'avoir la même opinion sur la manière dont ces différentes parties se sont successivement formées. Il existe, à cet égard, plusieurs théories fort différentes les unes des autres; dont nous allons exposer les principes, en nous bornant à jouer le rôle d'historien, c'est-à-dire, à rapporter l'opinion des auteurs sans discuter tous les points qui nous paraîtraient litigieux : une semblable discussion nous entraînerait trop loin et sortirait du plan que nous nous sommes tracé.

§ I. *Le Liber, en s'endurcissant, forme chaque année une nouvelle couche d'Aubier, lequel deviendra l'année suivante une couche de bois; par conséquent, les couches ligneuses, ou l'accroissement en diamètre, est formé par l'endurcissement du Liber.*

Cette opinion est la plus généralement répandue; c'est elle qui est presque la seule exposée, en France du moins, dans les livres élémentaires et les leçons publiques des professeurs. On l'attribue en général à Duhamel, qui, dans sa Physique des Arbres, rapporte une foule d'expériences très-ingénieuses par lesquelles il en a démontré la vérité. Lorsqu'au printemps on enlève, dit Duhamel, une plaque d'écorce sur un Arbre, et que l'on garantit la plaie du contact de l'air, en la recouvrant avec une lame de verre, voici ce que l'on observe : On voit petit à petit sortir de la couche du bois dénudé et des bords tranchés de l'écorce, de petites gouttelettes d'un fluide visqueux qui s'étendent et forment, sur toute la surface dénudée, une couche mince et uniforme. Ce fluide est d'abord limpide, transparent, et sans trace d'organisation. Mais bientôt on voit de petites lignes s'y dessiner, des vaisseaux se former, et, à la place d'une matière liquide et inorganisée, on trouve un tissu composé de fibres, de mailles

disposées en réseau; en un mot, un nouveau Liber s'est formé et a remplacé celui que l'on avait enlevé. Duhamel a donné le nom de *Cambium* au fluide qui s'épanche de la plaie faite à l'écorce d'une branche. C'est par le moyen de ce fluide qu'il explique la formation successive des couches ligneuses du tronc des Arbres Dicotylédons. Tous les ans il se forme, selon cet habile physicien, entre l'écorce et le bois, une couche de *Cambium* qui, en s'organisant, reproduit le Liber qui s'est converti en Aubier. Mais pour donner une juste idée de la théorie de Duhamel, il est important de remonter à l'époque du premier développement de la tige. Dès le moment où les différentes parties d'une graine germante commencent à se développer et à se distinguer les unes des autres, l'observateur peut suivre les progrès de la formation et de l'organisation de la tige. D'abord uniquement composée d'une masse homogène de tissu cellulaire, on voit insensiblement des tubes ou vaisseaux s'y montrer et former, en se réunissant au centre de la tige, les parois du canal médullaire. Ces vaisseaux, qui se montrent les premiers dans l'intérieur de la tige, sont des trachées, des fausses trachées et des tubes poreux. (*Voyez* ANATOMIE VÉGÉTALE.) Le tissu cellulaire, renfermé dans l'intérieur des parois du canal médullaire, constitue la moelle qui, dans cet état, est verte et abreuvée d'une grande quantité de sucs aqueux. En dehors du canal médullaire, au-dessous de l'épiderme, on trouve une couche mince de tissu cellulaire presque fluide; c'est le premier *Cambium* qui, en s'organisant, va se convertir en *Liber*. A une époque un peu plus avancée de la saison, c'est-à-dire, lorsque la jeune tige a pris un certain accroissement en hauteur, ce Liber qui provenait du Cambium se durcit, devient plus dense, plus compacte, et se change en *Aubier* ou faux bois. Mais, à mesure que le Liber est devenu faux bois, il s'est formé une nouvelle couche de Cambium qui a remplacé le premier Liber. Tels sont les phénomènes qui ont lieu pendant la première époque de l'accroissement de la tige. L'hiver arrive, et, le froid suspendant la végétation, l'accroissement de la tige reste stationnaire.

Mais au retour de la belle saison, la végétation reprend son cours accoutumé. La seconde couche de Liber, formée à la fin de la saison précédente, éprouve les mêmes changemens que la première, et constitue une autre couche ligneuse. Pendant le temps qu'un nouveau Cambium se montre et s'organise, pour remplir la place du second Liber, transformé en Aubier, la première couche d'Aubier se dessèche, devient d'un tissu plus dur, plus serré, et forme, autour de l'étui médullaire, la première couche ligneuse, ou le bois proprement dit. Ainsi donc à la fin de la seconde année du développement d'une jeune tige d'un Arbre ligneux, on la trouve composée, 1° du canal médullaire; 2° d'une couche de bois; 3° d'une couche d'Aubier; 4° du Liber et de l'écorce. Ces phénomènes se reproduisant chaque année de la même manière, l'accroissement en diamètre va sans cesse en augmentant; et comme il s'ajoute tous les ans une nouvelle couche ligneuse, à celles qui existaient déjà, on peut reconnaître le nombre des années d'un Arbre au nombre des couches concentriques de bois et d'Aubier, que l'on compte sur la coupe transversale de son tronc. — Pour rendre cette théorie plus palpable, Duhamel cite quelques expériences propres à la constater. Ainsi, cet auteur rapporte qu'ayant fait passer un fil d'argent dans la couche de Liber, en ayant ramené les deux bouts au-dehors, et les ayant noués fortement ensemble, il a, l'année suivante, trouvé son fil engagé dans la couche d'Aubier, et un nouveau Liber formé en-dehors. Il passa de la même manière dans l'Aubier un autre fil d'argent, qu'il retrouva, au bout de quelques années, engagé dans les couches du bois. C'est principalement sur ces expériences de Duhamel, et sur la ré-

génération du Liber au moyen du Cambium, que s'appuient les auteurs qui ont adopté cette théorie. — Quoiqu'elle réunisse en sa faveur un grand nombre de probabilités, cependant nous pensons qu'un des faits principaux, une des bases de cette théorie, est loin d'être rigoureusement démontré; savoir, la transformation du Liber en Aubier. Plusieurs auteurs, et entre autres Aubert Du Petit-Thouars, la nient formellement, et assurent, en s'appuyant sur de nouvelles expériences, que le Liber, une fois formé, ne change plus de nature, reste Liber, et ne devient point Aubier, comme Duhamel l'a avancé, et qu'ainsi nécessairement les couches ligneuses n'ont point leur origine dans la transformation du Liber, mais qu'elles proviennent d'une toute autre source. Le point litigieux est précisément de déterminer l'origine de chacune de ces couches ligneuses. Nous allons exposer la théorie ingénieuse de Du Petit-Thouars, quant à la formation des couches ligneuses.

§ II. *L'accroissement en diamètre ou la formation des couches ligneuses, est dû au développement des bourgeons ou embryons fixes.*

On doit cette théorie fort ingénieuse à Aubert Du Petit Thouars, qui l'a successivement développée dans ses Essais sur la Végétation. Selon cet habile botaniste, tous les phénomènes de la végétation sont dus au développement des bourgeons, qu'il compare, pour leur structure et leurs usages, à l'embryon renfermé dans la graine. Il les désigne sous le nom d'*Embryons fixes* ou adhérens, par opposition à celui d'*Embryons libres* ou embryons graines. Voici en abrégé les bases de cette nouvelle manière d'envisager la végétation, et en particulier l'accroissement en diamètre de la tige ou la formation des couches ligneuses.

1° Le bourgeon est le premier mobile apparent de la végétation; il en existe un à l'aisselle de toutes les feuilles. En effet, c'est toujours par l'apparition, le gonflement, et par suite l'évolution des bourgeons, que s'annoncent les phénomènes de la végétation au retour du printemps. Ces bourgeons sont apparens dans les Plantes Dicotylédonées et dans les Graminées, mais ils sont latens et non visibles au dehors dans les autres Plantes Monocotylédonées.

2°. Ces bourgeons puisent les premiers matériaux de leur développement, dans les sucs que contiennent les utricules du parenchyme intérieur; et c'est par suite de l'absorption de ces fluides par les bourgeons, que ce parenchyme, d'abord vert et succulent, passe à l'état de moelle. De là la comparaison établie par Du Petit-Thouars entre le parenchyme intérieur relativement aux bourgeons, et les cotylédons relativement à la gemmule de l'embryon.

3°. Dès l'instant où ces bourgeons se manifestent, ils obéissent à deux mouvemens généraux et opposés, l'un montant ou aérien, l'autre descendant ou terrestre. Du premier résulte l'élongation du bourgeon et de la jeune branche; du second au contraire la formation de nouvelles fibres ligneuses et corticales, c'est-à-dire qu'à mesure que le scion ou la jeune branche s'allonge, il part de la base du bourgeon des fibres ligneuses et intérieures, que Du Petit-Thouars compare aux radicules de l'embryon, et qui, glissant entre l'écorce et le bois, dans la couche humide de Cambium déjà existante, descendent des parties les plus supérieures du Végétal, jusque dans le tronc où elles se réunissent, se serrent, se rapprochent les unes contre les autres, et forment ainsi une nouvelle couche ligneuse.

Telle est, en abrégé, la théorie de Du Petit-Thouars. Elle consiste, comme on le voit, à regarder l'accroissement en diamètre, ou la formation successive des couches ligneuses, comme produite par le développement, l'évolution des bourgeons, c'est-à-dire par des fibres ligneuses qui, ayant leur origine et leur point de départ à la base de chaque bourgeon, descendent entre le bois et l'écorce, et recouvrent, chaque année,

les couches déjà formées d'une nouvelle enveloppe, et augmentent ainsi le diamètre du tronc.

A l'appui de cette théorie nouvelle, Du Petit-Thouars cite la non-transformation du Liber en Aubier, la formation d'un bourrelet au-dessus d'une ligature circulaire faite à une branche ou au tronc d'un Arbre Dicotylédoné. En effet tout le monde connaît ce phénomène, que Du Petit-Thouars explique de la manière suivante : Lorsqu'on fait une forte ligature à une tige, les fibres ligneuses qui descendent de la base des bourgeons entre le bois et l'écorce, rencontrant un obstacle qu'elles ne peuvent franchir, s'arrêtent, s'accumulent au-dessus de cet obstacle, et forment un bourrelet saillant et circulaire. Il suit nécessairement de là que les fibres ligneuses ne pouvant descendre au-dessous de la ligature, toute la partie du tronc située au-dessous d'elle cesse de s'accroître en diamètre ; c'est en effet ce qui a lieu.

Nous avons annoncé, au commencement de cet article, que nous bornant au rôle d'historien, nous exposerions simplement les opinions des auteurs, sans chercher à les réfuter. Aussi ne rapporterons-nous point ici les objections que plusieurs auteurs ont faites contre la théorie de Du Petit-Thouars. De semblables développemens seraient ici trop déplacés.

EN DIAMÈTRE DES ARBRES MONOCOTYLÉDONS. Le stipe des Palmiers et des autres Monocotylédons à tige ligneuse présente une organisation tout-à-fait différente de celle du tronc d'un Chêne ou d'un Peuplier. Aussi son accroissement n'a-t-il point lieu de la même manière. Dans une tige de Palmier, coupée transversalement, on n'observe point cette disposition régulière des différentes parties intérieures de la tige. Il n'y a plus ni canal médullaire, ni bois, ni Aubier, ni Liber disposés par couches emboîtées les unes dans les autres. L'intérieur de la tige est rempli d'un tissu cellulaire lâche et spongieux, qui constitue la moelle, et les fibres ligneuses forment des faisceaux minces, épars sans ordre, dans le tissu spongieux de la tige. Voyons comment se forment ces différentes parties. Si l'on examine une graine de Palmier germante, on voit les feuilles, d'abord emboîtées les unes dans les autres, se déployer et former au-dessus de la racine une espèce de bouquet ou de touffe circulaire; mais il ne se développe point de tigelle, et par conséquent point de tige. La seconde année, il part, du centre de ce faisceau de feuilles, un autre faisceau entièrement semblable au premier, qui, rejetant en dehors celles de l'année précédente, s'élève au-dessus d'elles. Chaque année le même phénomène se répète; c'est-à-dire que, du centre du dernier faisceau, il en sort toujours un nouveau qui le rejette en dehors et s'élève au-dessus de lui. A mesure que de nouveaux bourgeons centraux se développent, les feuilles les plus inférieures des premiers faisceaux se fanent, se dessèchent et tombent; leur base seule reste. C'est cette partie inférieure des feuilles qui, en s'épaississant, se soudant ensemble, forme successivement autant d'anneaux superposés, lesquels constituent le stipe des Arbres Monocotylédons. Aussi observe-t-on toujours sur le stipe des espèces d'écailles inégales, qui ne sont autre chose que les bases des feuilles qui ont persisté, se sont soudées et ont pris de la solidité et de la dureté.

D'après ce mode de développement, on voit que le tronc des Arbres Monocotylédons, au lieu d'être formé, comme celui des Dicotylédons, de couches concentriques emboîtées les unes dans les autres, se compose d'anneaux superposés. Chacun de ces anneaux, une fois solidifié, ne s'accroît plus en diamètre; c'est pour cette raison que des Palmiers d'une taille gigantesque ont souvent un tronc qui offre à peine huit ou dix pouces de diamètre.

En hauteur des Arbres Dicotylédons et Monocotylédons. 1°. A la fin de la première année, la tige d'un jeune Arbre Dicotylédon forme une espèce de cône très-allongé, terminé par un bourgeon. Cette tige se compose d'une couche d'Aubier et d'une couche d'écorce, et entre ces deux parties, d'un Liber nouvellement organisé. Ces parties proviennent du développement de la gemmule renfermée entre les deux cotylédons. Quand, l'année suivante, la végétation recommence, le bourgeon qui termine la tige à son sommet, se développe, s'allonge, donne naissance à un nouveau scion, qui éprouve dans son développement les mêmes phénomènes que la première pousse. Au sommet de ce nouveau scion se forme un bourgeon terminal, destiné à se développer l'année suivante. Dans les Arbres Dicotylédons, le tronc se trouve donc formé par une suite de cônes très-allongés, emboîtés les uns dans les autres, et dont la pointe est en haut. Le sommet du cône le plus intérieur, c'est-à-dire, du premier qui a été formé, s'arrête à la base du second, et ainsi successivement chacun de ces cônes forme une couche ligneuse. On conçoit que ce n'est qu'à la base du tronc que le nombre des couches ligneuses correspond exactement au nombre des années de l'Arbre; en sorte qu'une tige de dix ans, coupée à sa base, offrira dix couches ligneuses; elle n'en présentera que neuf, si on la coupe à la hauteur de la seconde pousse, que huit à la hauteur de la troisième, etc. Ce mode d'accroissement en hauteur explique pourquoi, dans les Arbres Dicotylédons, le tronc va en s'amincissant vers son sommet, et offre presque toujours la forme d'un cône allongé.

Ainsi donc dans les Arbres Dicotylédonés, l'accroissement en hauteur est dû à l'élongation aérienne du bourgeon terminal.

2°. Quant au stipe des Monocotylédons, nous avons dit précédemment, en parlant de leur développement en diamètre, que l'accroissement en hauteur résultait de la superposition d'anneaux ligneux, formés par la base persistante des feuilles, qui chaque année se détachent de la Plante.

(A. R.)

—Accroissement dans les Hydrophytes ou Plantes marines. Cet accroissement n'a point lieu de la même manière que dans les autres Plantes ; plongés dans un milieu très-dense, dont tous les élémens servent à les nourrir, les Hydrophytes n'ont pas besoin d'un appareil de circulation aussi compliqué, ils puisent, par tous les points de leur surface, l'aliment qui leur est nécessaire. Leur organisation cependant est loin d'être aussi simple que l'on a avancé quelques naturalistes, elle varie dans ces Végétaux comme dans les Plantes terrestres. Certains Hydrophytes se développent dans tous les sens comme les Acotylédonées ; les autres, dont les tiges sont formées de parties analogues à celles des Phanérogames, croissent de la même manière ; leur longueur dépasse quelquefois 500 mètres, tandis qu'à leur base il en existe qui ne sont visibles qu'avec le secours du microscope ; certains ressemblent à des fils de soie par leur ténuité, et s'attachent souvent sur des Hydrophytes de plus d'un mètre de circonférence : entre ces extrêmes se trouvent des intermédiaires sans nombre. C'est dans les mers australes que l'on doit chercher les géants du règne Végétal marin : en Europe les plus grandes Plantes marines dépassent rarement quinze mètres de longueur, sur un très-petit diamètre.

(LAM. X.)

Accroissement dans les Minéraux. Dans les Minéraux, l'accroissement a lieu par juxta-position et non par intus-susception, comme dans les Animaux et les Végétaux. La masse d'un Minéral s'accroît par l'addition de nouvelles couches qui viennent s'appliquer à sa surface, suivant des lois déterminées quand il est susceptible de cristallisations, ou simplement par dépôt également superficiel, comme cela a lieu pour un grand nombre d'entre eux. Dans le premier cas les molécules qui composent le corps se sont réunies en vertu de l'affinité ou attraction chimique, dans le liquide où elles étaient dissoutes ; et dans le second elles se sont simplement précipitées de celui qui les tenait en suspension. De là deux grandes classes de *Roches* ou masses de montagnes, selon qu'elles appartiennent, comme le disent les Allemands, à la précipitation chimique ou à la précipitation mécanique. La limite entre ces classes n'est pourtant pas très-facile à établir. *V.* Roches. L'accroissement des Minéraux diffère de leur structure, qui peut être considérée en quelque sorte comme leur organisation. *V.* Structure. La belle théorie de la structure des cristaux dont nous sommes redevables au génie du célèbre Haüy, sera exposé en détail au mot Cristallographie.

(LUC.)

ACÉE ou ASSÉE. ois. Syn. de la Bécasse, *Scolopax rusticola*, L. dans quelques parties de la France occidentale. (B.)

ACENA. bot. phan. *V.* Acæna.

* ACÉPHALE. mamm. Ce terme signifie, dans sa valeur rigoureuse, *qui n'a pas de tête;* dans le langage ordinaire, on l'a restreint aux conformations défectueuses du crâne, et étendu aux fœtus qui manquent d'une plus ou moins grande partie du tronc.

On a nommé Incomplets ceux dont la déformation est bornée au crâne, et chez qui l'on retrouve la face, les sens et leurs nerfs. On a appelé Complets ceux qui sont privés de toute la tête, ou de la tête et d'une partie du tronc.

Le mot Monstre, dans l'acception que lui donnent nombre de personnes, suppose des êtres extraordinaires, de forme bizarre et qui se trouvent hors la règle ; ce qui est vrai, en ce sens qu'ils n'ont ni les formes, ni le degré d'organisation qu'ils devraient avoir s'ils avaient suivi un développement complet et régulier ; mais, pour être hors la règle de forme habituelle, ils n'ont pas pour cela suivi une loi différente de celles qui président aux mêmes corps régulièrement organisés. Les lois de la matière vivante ne sont point capricieuses, n'étant que le résultat de propriétés que revêt la matière placée dans telle ou telle circonstance, et ne pouvant se montrer que dans ces mêmes conditions, qui, pour le dire en passant, sont tout le secret de la vie; hors d'elles elles n'existent plus et il n'y a plus de corps organisés.

Les Acéphales sont donc dans la même règle que les autres Animaux. Ce sont des fœtus dont le développement ne s'est point effectué ou dont quelques organes se sont développés au détriment des autres, et non des êtres dont le cerveau et la moelle épinière, ayant été détruits par une hydropisie ou toute autre maladie, les autres organes se seraient consécutivement atrophiés et détruits. Ce sont, pour le plus grand nombre, des fœtus arrêtés à différentes époques de leur développement.

Tous les Animaux élevés dans l'échelle des êtres, et dont on a été à même d'observer souvent les produits, ont offert de semblables monstruosités; et, sans doute, tous ceux dont l'organisation est compliquée, tous ceux qui, avant d'arriver à l'état parfait, éprouvent diverses révolutions, doivent présenter de pareilles existences. L'Homme, sujet habituel et favori des recherches des naturalistes, est également celui sur lequel les observations de ce genre ont été surtout multipliées; et ce que nous dirons dans cet article repose en grande partie sur les faits qu'il a fournis. Mais on sent que la similitude des lois qui président à la formation de tous les Animaux, lui rend communes avec eux les considérations que font naître les observations dont il est le sujet.

Les systèmes circulatoire et nerveux étant de formation première et la base de toute existence organique, il n'est aucun Acéphale qui s'en trouve complètement privé. Si les organes de ces êtres restent incomplets ou manquent entièrement, c'est que ces deux parties premières n'ont également obtenu qu'une formation incomplète, et nous verrons ces mêmes organes ou

manquer ou paraître en même temps que ces deux systèmes.

Nous avons dit que les Acéphales étaient des fœtus qui s'étaient arrêtés dans leur formation, à diverses périodes d'âge fœtal, et, sous ce point de vue, ils serviront sans doute un jour à l'histoire du développement de l'Animal plus fructueusement que les êtres régulièrement organisés; et c'est aussi sous ce rapport qu'ils doivent surtout nous intéresser. Pour faire sentir la valeur de cette opinion émise et développée par Meckel, Tiedemann et Géoffroy St.-Hilaire, il conviendrait de joindre ici l'histoire du développement de l'embryon; mais, pour ne pas nous répéter, nous renvoyons aux mots EMBRYON et FŒTUS.

Nous marcherons dans l'étude des Acéphales, de l'organisation la plus incomplète à celle qui l'est le moins, et nous verrons, dans les observations que l'on a faites sur ce genre de monstruosité, que chez les plus incomplets, la seule veine ombilicale distribuant le sang à un petit nombre d'organes, forme le seul système circulatoire de ces êtres; disposition dans laquelle nous ne devons voir qu'un être resté dans les conditions de premier âge fœtal, et que montrent les premiers momens de l'existence des embryons des Mammifères, des Oiseaux et des Reptiles. Chez d'autres, moins incomplets sans doute, se joint une et ordinairement les deux artères ombilicales, qui ramènent au placenta le sang distribué par la veine ombilicale : alors il y a un système complet de circulation qui ne pouvait avoir lieu quand il n'existait que la veine ombilicale. A ces premiers élémens formateurs s'ajoutent un plus ou moins grand nombre de ganglions du nerf grand-sympathique, et un commencement de cordon rachidien dont l'étendue varie selon le moment où s'est arrêté le développement de l'Animal. Avec lui se montre son étui osseux; car ce dernier système et le système nerveux sont inséparables dans leur existence, comme l'a si bien établi Géoffroy Saint-Hilaire dans le Mémoire qu'il a lu le 20 octobre 1820, à la classe des Sciences de l'Institut, et qui se trouve inséré dans le 7ᵉ vol. des Mémoires du Muséum. Avec les systèmes osseux et nerveux, se montrent aussi des faisceaux de fibre musculaire toute formée, ou une matière celluleuse plus ou moins fluente, qui plus tard serait devenue fibre musculaire, ainsi que le montre le développement régulier du fœtus.

Chez les plus incomplets, on trouve la portion ombilicale de l'intestin ; chez ceux qui présentent un bassin et des membres pelviens, on retrouve toute la partie inférieure de ce canal ; portion que Oken nomme *Intestin anal* : on y trouve ordinairement l'appareil urinaire, en tout ou en partie, ainsi que l'appareil génital. Les membres abdominaux y sont plus ou moins rudimentaires, quelquefois seulement ébauchés, d'autres fois presque entièrement développés.

Dans les Acéphales moins incomplets, le système circulatoire devient plus régulier : on voit un vaisseau aortique et souvent une veine cave ; on trouve la portion supérieure du canal intestinal et l'estomac, partie que Oken appelle *Intestin supérieur*, en opposition avec la partie inférieure ; le développement de ces deux portions se faisant séparément et n'étant pas simultané. Le foie et le pancréas existent aussi quelquefois ; la rate, dont le développement est plus tardif chez les Animaux, se rencontre aussi plus rarement chez les Acéphales aussi éloignés de la formation complète.

Chez d'autres encore moins complets, non-seulement l'on retrouve presque tous les organes de l'abdomen, mais le cordon rachidien et la colonne épinière se montrent presque en totalité ; et avec eux et en proportion de leur étendue, apparaissent les os de la poitrine et leurs muscles ou un tissu équivalent. Le développement de ces parties suit l'ordre accoutumé dans lequel ils se montrent dans les fœtus de l'état normal. Ainsi, les côtes s'avancent de la colonne vertébrale vers le sternum, paraissent

avant ce dernier, qui souvent n'existe pas encore ou dont les pièces sont séparées, et laissent au-devant de la poitrine une large fente : tous états que l'on observe dans les fœtus ordinaires.

Mais les membres supérieurs n'existent point encore chez les Acéphales que nous avons examinés jusqu'ici ; ce n'est qu'avec la présence de la portion cervicale de la moelle épinière, que nous les verrons paraître. Ils ne se montrent que sous forme de moignons plus ou moins difformes, et répondant au développement habituellement incomplet de cette partie du cordon rachidien. Quoique imparfaits, ces membres contiennent, à n'en pas douter, tous les élémens des membres complets ; prévision à laquelle nous sommes conduits par les travaux de Géoffroy Saint-Hilaire, qui a montré dans le crâne difforme des Acéphales toutes les pièces osseuses qui composent le crâne à l'état parfait (Mémoire déjà cité) ; travaux qui confirment merveilleusement la belle loi de l'unité de composition chez les Vertébrés, et que le même auteur a développée dans son Anatomie philosophique.

Dans les fœtus de la condition normale, le développement des membres thoraciques précède celui des membres abdominaux ; chez les Acéphales, au contraire, très-souvent ils manquent ou sont rudimentaires ; tandis que les abdominaux s'y trouvent constamment, ce qui semblerait indiquer qu'ils n'ont pas suivi la même loi de formation. L'existence constante de l'extrémité de la moelle épinière, opposée à la présence précaire de sa partie supérieure, nous donne l'explication du fait et nous le montre rentrant dans la loi ordinaire ; car là où les élémens formateurs n'existent pas, on ne peut demander les organes ; et cette apparition des membres thoraciques, avant les abdominaux, n'est qu'une question de priorité et non de présence ou d'absence.

A force de développemens successifs, nous avons obtenu des Acéphales bien moins incomplets, puisqu'ils possèdent une colonne vertébrale complète, quoique réduite dans ses parties, une cavité pectorale, rudimentaire, il est vrai, et privée le plus souvent de cœur, de poumon et de thymus, et que déjà l'on voit des membres thorachiques dont le développement suit celui de la moelle épinière. La colonne vertébrale des Acéphales arrivés à ce degré de formation, supporte un amas de pièces osseuses contractées, ramassées sur elles-mêmes, mais destinées à former plus tard la face et la boîte cranienne.

Le développement continue-t-il? ce ne sera plus un simple amas de pièces osseuses qui, quoique rangées dans le même ordre, et en nombre égal à celles qui composent la tête bien conformée de l'Animal, sont cependant informes et rudimentaires; nous y trouverons, non-seulement ces pièces plus complètes et mieux finies, mais un cerveau de développement variable; la face et ses sens s'y montreront en partie ou en totalité, et nous conduiront ainsi de conditions de moins en moins imparfaites jusqu'aux formes de l'état normal.

Nous croyons inutile de dire que chez les Acéphales parvenus à ce degré d'organisation, le système circulatoire est devenu régulier. Un cœur, l'aorte et ses branches transportent le sang dans les organes dont le développement suit celui des rameaux chargés de verser les matériaux de leur formation. Ainsi, des deux carotides, si l'externe se trouve dans les conditions ordinaires, lorsque l'interne n'est que peu développée, la face et tous ses sens se montreront à l'état normal, quand le cerveau sera à peine ébauché; et même, ce que la carotide interne aura perdu, l'externe le gagnera, et les organes, qu'elle donne n'en acquerront que plus de puissance, principe applicable à tous les organes, d'où naissent les différences des espèces entre elles, et que Géoffroy a signalé et développé le premier dans sa Philosophie anatomique.

Nous sommes loin d'avoir donné toutes les conformations que présentent les Acéphales, et l'on ne pourrait même les faire connaître qu'en indiquant tous les sujets qui naissent dans la condition d'acéphalie. Aussi, faut-il se contenter d'indiquer un certain nombre de formes autour desquelles les autres viennent se grouper: c'est ce que nous ferons à la fin de cet article.

Il est deux faits d'une haute importance qui se rapportent à la moelle épinière et au cerveau, et qu'il convient d'établir ici. Dans l'un, les lames de toutes ou d'une partie des vertèbres sont restées écartées et présentent un large Spina bifida: les membranes du cordon rachidien ont suivi les conditions des vertèbres: elles ont cessé de faire tuyau, et se sont étendues de manière à ce que celle qui, dans l'ordre accoutumé, doit être intérieure, l'arachnode, se trouve extérieure, et la duremère intérieure d'extérieure qu'elle est ordinairement, ce qui devait avoir lieu d'après le nouvel état de la colonne épinière. C'est à Géoffroy que nous devons ces précieux éclaircissemens qu'il se propose de développer dans le deuxième volume de sa Philosophie anatomique.

Le crâne éprouve de son côté de nombreuses modifications, de même que le développement et le lieu où se trouve placé le cerveau, ce que j'indiquerai plus particulièrement en parlant de la classification des Acéphales. Le point sur lequel nous désirons fixer l'attention de nos lecteurs, est d'une grande importance en anatomie philosophique, et avant Géoffroy Saint-Hilaire on ne l'avait point indiqué, ou l'on s'était mépris sur sa nature. Je veux parler d'une poche membraneuse placée tantôt au sommet du crâne, tantôt pendante derrière le cou, d'autres fois située dans le dos; poche que, quelquefois, l'on rencontre encore dans son entier, et dont le plus souvent on ne trouve que les débris. On la voit remplie d'une matière liquide que l'on avait regardée comme le produit d'une hydropisie destructrice du système nerveux, et qui n'est autre que le fluide exhalé par les extrémités des vaisseaux, fluide qui plus tard doit constituer la matière cérébrale. Le plus ordinairement ce liquide s'est écoulé au-dehors par la rupture de ses membranes, comme les élémens de la moelle épinière se sont répandus faute de rapprochement des vertèbres et des membranes du cordon rachidien. Si les matériaux n'ont pas été recueillis, ils n'en ont pas été moins fournis; et pour me servir de l'expression de Géoffroy Saint-Hilaire, la dette des vaisseaux sanguins a été acquittée. Cette poche ou ses débris, qui paraissaient une forte preuve d'une maladie destructrice, a repris ainsi, entre les mains de l'anatomie philosophique, son véritable caractère, c'est-à-dire, une condition du premier âge fœtal; car on sait que dans l'embryon le cerveau commence par être une poche remplie d'un fluide transparent qui n'acquiert qu'avec l'âge la consistance que nous lui connaissons.

De l'Acéphale le plus incomplet, nous nous sommes élevés, par une suite d'accroissemens, presque jusqu'aux fœtus de l'état normal. Cependant de grandes différences existent encore entre eux, et l'absence ordinaire du cœur, des poumons, du diaphragme et du foie, les placent toujours à une distance marquée les uns des autres.

Les généralités suivantes naissent du rapprochement des diverses observations que nous possédons sur les Acéphales.

1°. Fréquemment le cordon ombilical a été trouvé court et très-grêle.

2°. Dans la presque totalité des cas, les Acéphales sont nés avec des fœtus bien conformés; ils étaient ou jumeaux, ou trijumeaux, ou quadrijumeaux.

3°. Les mères ont presque toujours été des femmes très-fécondes.

4°. Les Acéphales n'existent plus quand ils paraissent à la lumière, ou ils ne vivent que peu de temps, selon le degré de développement auquel ils sont parvenus.

5°. Chez tous il existe un commencement de moelle épinière et quelques ganglions du nerf grand-sympathique.

6°. Chez tous aussi il existe un appareil vasculaire de développement variable.

7°. La présence du cœur dépend du degré de développement de l'Animal. Il manque presque toujours chez ceux qui sont bornés à la présence de l'abdomen et de la poitrine, et se montre avec la tête et le cerveau. Serait-il lié à l'existence de la huitième paire de nerfs? La présence des poumons est indépendante de celle du cœur.

8°. Avec le cœur manque constamment le foie.

9°. De l'étendue du cordon rachidien et du développement du système vasculaire, dépend celui de l'Acéphale. Ce n'est point par rang d'utilité que les organes se développent, mais à mesure qu'apparaissent les nerfs et les vaisseaux sanguins qui président à leur formation. Ainsi le développement de la moelle épinière se faisant de bas en haut, l'apparition des organes suit le même ordre; et le bassin, les membres abdominaux, le canal intestinal, l'appareil génital et urinaire, organes peu nécessaires alors au nouvel être, se voient avant le cœur et le cerveau, dont l'utilité est bien plus marquée.

10°. Chez tous on trouve une portion plus ou moins étendue du canal intestinal.

11°. Avec les nerfs et les os se rencontrent toujours les muscles ou une substance celluleuse qui en est l'équivalent.

12°. Enfin, l'observation des Acéphales prouve que l'existence de la moelle épinière est indépendante de celle du cerveau : elle montre les nerfs de la face et des organes des sens dans le même cas, et offre le cerveau comme la réunion et l'épanouissement de toutes ces parties.

L'existence des vaisseaux sanguins est également indépendante de celle du cœur.

Causes de l'acéphalie. D'après ce qui précède, il ne serait peut-être pas nécessaire de traiter ce sujet, si nous ne voulions indiquer rapidement les diverses opinions qu'on a émises à cet égard. On a regardé les Acéphales comme des êtres frappés par la colère divine : nous ne sommes plus dans un siècle à faire intervenir le caprice des dieux dans les phénomènes des corps vivans ; les faits incroyables, comme le prestige des miracles, sont disparus : en vain essayerait-on de les ramener sur la scène du monde ; le ridicule les y attend. Cherchons donc des causes physiques aux faits physiques de l'acéphalie. Quoiqu'il ne soit pas impossible que l'imagination, en altérant la santé de la mère, puisse troubler consécutivement celle du fœtus, les faits que présentent les Acéphales n'étant pas des phénomènes de maladie ni de destruction, nous ne devons pas nous occuper d'une semblable cause.

Cette monstruosité est-elle, ainsi que le pensent Lemery, Lecat, Sandifort, Swammerdam, et parmi les modernes, Chaussier et Béclard, le produit de la destruction du système nerveux par une cause accidentelle et surtout par l'hydropisie, et qui par suite se serait opposée au développement ou aurait amené la destruction des autres organes ? ou est-elle donnée par une organisation primitivement défectueuse, comme le croient Winslow, Gall et Spurzeim ? ou, en précisant davantage la question, représente-t-elle, comme le pensent Meckel, Tiedemann et Géoffroy Saint-Hilaire, un des âges d'un fœtus qui s'est arrêté dans son développement et a gardé les traits de cette époque ?

Il serait trop long de discuter la valeur de chacune de ces opinions ; mais d'après les développemens dans lesquels nous sommes entrés dans le courant de cet article, nous croyons pouvoir dire que la dernière nous semble celle qui satisfait le mieux, par cela même qu'elle est la plus simple et qu'elle tend à donner plus d'uni-

formité à la science de la vie : tout en avouant cependant que, dans un grand nombre d'Acéphales, outre cet état imparfait dans lequel sont restés les fœtus, certains organes ont acquis leur développement normal, ou l'ont même dépassé lorsque d'autres sont restés en retard.

L'opinion qui fait regarder les Acéphales comme des fœtus dont la destruction du système nerveux a amené l'atrophie et la disparition des autres organes, ou les a arrêtés dans leur développement, ne peut, ce semble, être admise, parce que,

1°. Comme Gall et Spurzeim l'observent, la masse cérébrale que présentent les Acéphales ne montre point de traces d'érosion et de déchiremens, les bords en sont arrondis et lisses ;

2°. Chez ceux qui n'ont qu'une portion de cordon rachidien, l'extrémité supérieure de ce cordon est arrondie, tuberculeuse et non déchiquetée, comme elle le serait par suite d'une destruction ;

3°. Il est impossible que les Acéphales qui sont privés de tête, de membres, de thorax et d'une portion de l'abdomen, aient perdu ces parties à la suite d'une hydropisie de poitrine, qui nécessairement laisserait des cicatrices que l'on n'observe presque jamais ;

4°. La présence du rachis et du cerveau, dans leur intégrité, joints à une face atrophiée, de même que les organes des sens, dont on ne trouve que les rudimens (*V.* plus bas l'espèce HÉMIENCÉPHALE), sont incompatibles avec une pareille cause.

5°. Enfin, la présence du même nombre d'os dans les crânes des Acéphales que dans les têtes de l'état normal, comme Géoffroy l'a démontré dans le Mémoire déjà cité, est une preuve évidente de la non-destruction de ces parties, qui seulement sont restées à l'état rudimentaire.

Classification des Acéphales. Quoiqu'il ne soit pas possible de poser entre les Acéphales des bornes que jamais ils ne dépassent, et malgré que nous sachions que nombre d'individus ne pourront être rigoureusement placés dans les sections que nous allons établir, cependant, comme l'esprit aime à se reposer, nous noterons les différences principales qu'offrent ces monstres, et autour desquelles les autres viennent se grouper. Nous adopterons la division suivante, empruntant à Breschet, sans y attacher absolument le même sens que lui, l'expression d'*Acéphalogastre* pour désigner les monstres dont le développement est borné aux organes de l'abdomen; et celle d'*Acéphalothore*, pour nommer ceux qui possèdent et un abdomen et un thorax en tout ou en partie. Nous réservons le nom d'*Acéphales* à ceux qui joignent à l'abdomen et au thorax une tête de forme, de développement et de disposition variables.

Cette dernière section, plus nombreuse que les deux autres, et qui nous intéresse davantage par la variété de formes qu'elle revêt, a plus que les autres aussi attiré l'attention des naturalistes, et alimenté la crédulité du peuple toujours avide de faits bizarres et extraordinaires; de-là, ces histoires dont les recueils pullulent ou dont le peuple conserve la tradition, d'enfans nés avec une tête de Veau, de Mouton ou de tout autre Animal.

Nous présentons ici la classification que Géoffroy Saint-Hilaire a donnée de ces monstres. Il l'a proposée moins comme complète que comme provisoire et représentant les anomalies qu'il a été à portée d'observer ou de vérifier. Il classe les Acéphales sous treize chefs, auxquels il a imposé des noms tirés de la forme de la tête, de la présence ou de l'absence du cerveau, du lieu où il se trouve placé, de sa forme, etc. — Nous ne pouvons mieux faire, pour indiquer les caractères de ces Acéphales, que de nous servir des expressions mêmes de l'auteur. Il les nomme :

COCCYCÉPHALE. (*Tête sous la forme d'un coccyx.*) « Tronc sans tête et sans extrémités antérieures : les os du crâne et du cou dans une contraction et d'une petitesse extrêmes : les postérieurs appuyés sur les vertèbres dorsales : ceux de la sommité sous forme d'un coccyx. »

CRYPTOCÉPHALE. (*Tête invisible extérieurement.*) « Tête avec extrémités antérieures : tête réduite à un assemblage de parties osseuses, portée sur une colonne cervicale droite, très-petite et non apparente au dehors. »

ANENCÉPHALE. (*Tête sans cerveau.*) « Point de cerveau ni de moelle épinière; la face et tous les organes des sens dans l'état normal; la boîte ouverte vers la ligne médiane, et composée de deux moitiés renversées et écartées de chaque côté en aile de Pigeon. »

Les lames des vertèbres ne se réunissant pas pour faire tube et contenir la moelle épinière, les os du crâne restant également écartés, les matériaux fournis par les vaisseaux pour former le cordon rachidien n'ont pu être recueillis, et se sont écoulés au dehors dans cette espèce de monstruosité.

CYSTENCÉPHALE. (*Tête avec un cerveau vésiculeux.*) « Cerveau restreint dans son développement; hémisphère sous forme d'une vessie mamelonnée; les organes des sens et leurs chambres comme dans le précédent. »

DERENCÉPHALE. (*Tête avec un cerveau dans le col.*) « Cerveau très-petit, posé tant sur les occipitaux que sur les vertèbres cervicales; celles-ci ouvertes postérieurement, élargies en outre par un Spina bifida, et formant coquille; les organes des sens et les parties du crâne comme dans les Cystencéphales. »

PODENCÉPHALE. (*Tête avec cerveau sur tige.*) « Cerveau de volume ordinaire, mais hors du crâne, porté sur un pédicule qui s'élève et traverse le sommet de la boîte cérébrale; les organes des sens et leurs enveloppes dans l'état normal; la boîte cérébrale composée de pièces affaissées les unes sur les autres, épaisses, dures et comme éburnées. »

NOTENCÉPHALE. (*Téte avec cerveau dans le dos.*) «Cerveau de volume ordinaire, mais hors du crâne pour une partie faisant hernie à travers les occipitaux supérieurs , et , quant à sa plus grande portion , prenant appui sur les vertèbres dorsales ouvertes postérieurement ; crâne à pariétaux larges et surbaissés d'une configuration à rappeler le crâne dans les Loutres ; crâne enfin composé de pièces minces et friables. »

HÉMIENCÉPHALE. (*Tête avec moitié de ses matériaux.*) « Tous les organes des sens anéantis , et leurs rudimens apparens à la face par des traces sans profondeur ; cependant la boîte cérébrale et son cerveau presque dans l'état normal. »

RHINENCÉPHALE. (*Tête à trompe ou à narines extraordinaires.*) Fœtus à trompe ; cyclopes ; fœtus monospes.

Une seule chambre oculaire ; un seul œil à deux cristallins ; point de système nerveux olfactif ; les os de l'appareil olfactif ont délaissé les maxillaires , sont groupés et saillans sur le milieu du front ; de cette racine les tégumens se prolongent en trompe.

STOMENCÉPHALE. (*Tête à bouche fermée.*) Cyclope comme dans le précédent ; une trompe labiale formée par la lèvre ramassée , prolongée en une caroncule filiforme.

TRIENCÉPHALE. (*Tête privée de trois organes des sens.*) Tête sphéroïdale ; face nulle par la privation de trois organes des sens : des organes de l'odorat, de l'ouie et de la vue ; les oreilles réunies en dessous ; un seul trou auriculaire au centre ; une seule caisse.

SPHÉNENCÉPHALE. (*Tête remarquable par une partie de son sphénoïde.*) « Crâne ployé à sa partie palatine de façon que les dents de chaque côté se rencontrent et se touchent sur la ligne médiane ; oreilles soudées ensemble ; un seul trou auriculaire et une seule caisse ; le sphénoïde postérieur ayant ses deux ptérigoïdaux (apophyses ptérigoïdes externes) soudés dans les neuf dixièmes de leur longueur. »

Ces trois derniers Acéphales ne se trouvent pas dans le Mémoire cité : nous en devons la communication à Géoffroy St.-Hilaire. Ils seront développés dans le deuxième volume de sa Philosophie anatomique.

DIODONCÉPHALE. (*Tête avec une double rangée dentaire.*) Treizième et dernière espèce.

Il resterait encore beaucoup de choses à dire sur ce genre de monstruosité; mais nous avons dû nous renfermer dans les bornes qu'impose un dictionnaire d'histoire naturelle. C'est dans les ouvrages de Chaussier , Béclard , F. Meckel , Tiedeman et Géoffroy St.-Hilaire , que l'on trouvera des détails plus étendus et plus précis. Ce sont les travaux de ce dernier, surtout , qui nous ont guidés dans la rédaction de cet article. Si , entre les mains de Géoffroy , les monstres ont perdu une partie du merveilleux qui les entourait , ils ont en revanche répandu un grand jour sur la science de l'organisation, et promettent d'importans résultats à ceux qui voudront se livrer à leur étude.   (P. D.)

* ACÉPHALE. BOT. PHAN. (Mirbel.) Ovaires qui ne portent point de styles. La Bourrache en fournit un exemple.   (B.)

ACÉPHALES. *Acephala.* ARACHN. Nom proposé par Latreille pour désigner un groupe d'Insectes dont Lamarck a fait depuis l'ordre des Arachnides palpistes. Cette division répond aujourd'hui à la classe des Arachnides. *V.* ce mot.   (AUD.)

ACÉPHALES. MOLL. Lamarck a employé dès la 1re édition de son Système des Animaux sans vertèbres , cette dénomination , pour caractériser tous les Mollusques *sans tête distincte* qui formaient alors un second ordre dans la classe de ces Animaux. Depuis il en a successivement séparé, d'abord les Cirrhipèdes qui composent une classe à part dans l'Extrait de son Cours de Zoologie, et ensuite les Acéphales nus qui, sous le nom de Tuniciers , forment une classe distincte éloignée des autres Acéphales, et rapprochée des

Polypes et des Radiaires, dans la 2ᵉ édit. de ses Animaux sans vertèbres. Il ne conserve point dans cette édition la dénomination d'Acéphales; il donne aux Animaux restant de l'ordre primitif, ainsi dénommé, le nom de Conchifères, et en forme sa XIᵉ classe. — Dans la Zoologie analytique de Duméril, les Acéphales forment le IVᵉ ordre des Mollusques, et ne comprennent point les Brachiopodes, séparés en un ordre distinct, que Lamarck continue à comprendre parmi ses Conchifères. Dans le Règne Animal de Cuvier, les Acéphales composent la IVᵉ classe des Animaux Mollusques; les Tuniciers de Lamarck n'y constituent qu'un ordre à part, tandis que les Brachiopodes forment, dans cet ouvrage, une classe distincte, ainsi que les Cirrhopodes, (les *Cirrhipèdes* de Lamarck). — Blainville suit une autre marche; il appelle Acéphalophores les Acéphales (*Conchifères* et *Tuniciers*, Lam.) et les Brachiopodes de Cuvier; réunis, ils forment sa IIᵉ classe du sous-type des Mollusques ou Malacozoaires, tandis que les Cirrhopodes forment, avec les Oscabrions, le sous-type des Subentomozoaires.

Tel est l'ensemble des changemens d'ordonnance et de rapports qu'ont subis les Mollusques dépourvus de tête distincte, et appelés primitivement Acéphales par Lamarck.

Nous avons adopté dans cette variation de méthode un terme moyen qui nous a paru convenable; sans vouloir décider sur la place naturelle des Tuniciers, nous les laissons en classe distincte, comme Lamarck et d'après Savigny, dans la division des Mollusques de Cuvier. Les Brachiopodes et les Cirrhopodes forment chacun une autre classe qui, avec les Acéphales sans coquilles de Cuvier, composent pour nous la 2ᵉ section des Animaux Mollusques, à laquelle nous conservons la dénomination d'Acéphalés, l'autre section portant celle de Céphalés. Toutes deux caractérisent très-bien les diverses classes de Mollusques qu'elles comprennent, et réunissent des Animaux dont les rap-

ports généraux sont très-naturels. Ils nous paraissent du moins plus déterminés qu'avec aucune autre classe des Animaux invertébrés; car si quelques-uns d'entre eux, tels que les Tuniciers et les Cirrhopodes, se rapprochent aussi, soit des Polypes, soit des Animaux articulés, on ne saurait disconvenir que la diversité d'opinions à ce sujet, entre les plus célèbres naturalistes, ne laisse une grande latitude pour le choix. — La section des Acéphalés comprend donc pour nous tous les Mollusques dépourvus de tête distincte, munis d'un test consistant en une enveloppe cartilagineuse, ou renfermés dans une coquille bivalve ou plurivalve. Ils comprennent les quatre classes des Lamellibranches, des Tuniciers, des Brachiopodes et des Cirrhopodes. *V.* ces mots et l'article Mollusques, pour la classification générale. (F.)

*ACÉPHALOCYSTES. INT. Ce sont des vésicules hydatiformes que l'on trouve assez souvent dans différentes parties du corps de l'Homme. Laennec les regarde comme de véritables Entozoaires. Rudolphi n'adopte point cette opinion, et les considère comme de simples corps vésiculaires. La majeure partie des naturalistes pensent comme Rudolphi. (LAM. X.)

* ACÉPHALOPHORES. MOLL. Dénomination employée par Blainville pour caractériser la IIᵉ classe de son sous-type des Mollusques ou Malacozoaires. Elle comprend trois ordres : les Palliobranches, les Lamellibranches et les Salpyngobranches, *V.* ces mots, et réunit les Acéphales et les Brachiopodes de Cuvier, ou les Tuniciers et les Conchifères de Lamarck. *V.* ACÉPHALES. (F.)

* ACER. BOT. PHAN. *V.* ERABLE.

ACERAS. BOT. PHAN. Genre de la famille naturelle des Orchidées, de la Gynandrie Monandrie, L. établi par Robert Brown. C'est le même genre que Richard père a appelé *Loroglossum*. *V.* ce mot. (A. R.)

* ACÉRATES. BOT. PHAN. Famille

des Asclépiadées, Browne. Pentandrie Digynie, L. Ce genre vient d'être proposé par Elliot dans ses Essais de la Botanique de la Caroline et de la Géorgie; il y range l'*Asclepias longifolia* de Michaux avec l'*Asclepias incarnata* de Wather. Ce genre se distingue particulièrement de l'Asclepias par l'absence des appendices en forme de corne, qui existent dans les cornets.   (A. R.)

* ACERBE. Saveur désagréable, âpre et astringente, propre à diverses substances végétales, dont l'enveloppe de la Grenade, le brou de Noix, ou la substance de certains fruits verts, donnent l'idée la plus exacte. Elle n'indique pas toujours un Végétal vénéneux.   (B.)

*ACÉRÉ, E, adjectif employé pour désigner des parties qui, dans les Animaux et les Plantes, présentent plus ou moins la forme d'épingles, et qui conséquemment sont plus ou moins cylindriques, acuminées et piquantes. Les rayons des nageoires de quelques Poissons sont acérés. Les feuilles des Genévriers, et de la plupart des Pins, sont acérées.   (B.)

ACÈRES. *Acera.* ARACHN. Latreille (*Gener. Crust. et Insect.*) appela ainsi une grande division des Insectes comprenant les genres *Scorpio*, *Aranea*, *Phalangium*, et *Acarus* de Linné, pour laquelle il avait antérieurement proposé le nom d'Acéphales. *V.* ce mot. Depuis il appliqua le nom d'Acères, dans ses Considérations générales, à l'ordre sixième de la classe des Arachnides; mais ayant (dans le Règne Animal, édit. de 1817) érigé cet ordre en classe, il remplaça le nom d'Acères par celui d'Arachnides. *V.* ce mot.   (AUD.)

ACÈRES. *Akera.* MOLL. Muller a le premier employé le mot *Akera*, qui signifie *privé de tentacules*, comme qualification générique, dans le Prodrome de sa Zoologie danoise, pour une petite espèce de genre Bulle, la *Bulla Akera* de Gmelin, ou *Bulla norwegica* de Bruguière. Il la nommait

Akera bullata. (Elle est figurée, *Zool. Dan. icon* 1. Tab. 71, f. 1 à 5.) *Voy.* BULLE. Cuvier a étendu la dénomination d'Acères à tous les Gastéropodes tectibranches analogues à l'Akera de Muller; il n'en fait qu'un seul genre dans son Règne Animal (T. II, p. 40), divisé en trois sous-genres: les BULLÉES de Lamarck, chez lesquelles la coquille est cachée dans l'épaisseur du manteau; les BULLES du même auteur, où la coquille est extérieure; et les ACÈRES proprement dites, qui sont dépourvues de test: celles-ci composent le genre *Doridium* de Meckel.— Ces Mollusques, réunis par des caractères communs, forment pour nous une coupe bien tranchée, dans l'ordre des Tectibranches, *V.* ce mot, divisé en deux familles naturelles; celles des DICÈRES et des ACÈRES. Nous subdivisons celle-ci en quatre genres, de la manière suivante:

ACÈRES sans test. — Genre 1: DORIDE, *Doridium*, Meckel; *Acères propres*, Cuvier.

ACÈRES pourvues d'un test calcaire; caché dans l'épaisseur du manteau. Genre II: BULLÉE, *Bullœa*, Lamarck; *Lobaria*, Muller et Gmelin; *Phyline*, Ascanius.

ACÈRES pourvues d'un test extérieur, visible.

α Coquille spirale engaînante. Genre III: BULLE, *Bulla*, Lamarck; *Gondole*, Adanson.

β Coquille non spirale, postérieure et recouvrante. Genre IV: SORMET, *Sormetus*, Férussac; *Gondole*, Adanson.

Assez disparates entre eux, au premier coup-d'œil, ces Gastéropodes sont cependant réunis par des caractères d'ensemble très-frappans, et par une organisation analogue. Outre les caractères communs à tout l'ordre des Tectibranches, ils se distinguent des Pleurobranches, des Aplysies, des Dolabelles, avec lesquels ils ont beaucoup de rapports, par la forme générale de leur corps, et par l'absence de tentacules. Le corps paraît généralement divisé en dessus en quatre parties: l'une postérieure, qui contient la coquille, ou en est enveloppée lorsqu'elle existe; l'autre antérieure, formant une sorte de bouclier charnu que Cuvier considère comme étant formé par le raccourciss.ment et l'élargissement des quatre tentacules, en quelque façon dénaturés et qu'il appelle pour cette raison *disque tentaculaire;* et enfin de.deux appendices latéraux qui, des bords du pied, recouvrent les côtés entre le disque tentaculaire et la partie postérieure, ou s'élargissent un peu, comme dans les Aplysies, en forme de nageoires. Cette figure particulière fit donner par Ascanius, à la *Bulla aperta,* le nom de *Phyline quadripartita,* et par Muller, à la même espèce, le nom générique de *Lobaria.* Le pied situé en dessous est plus ou moins épais ou élargi, et ferme, dans les espèces testacées, l'ouverture de la coquille; quoique privés de tentacules, les lobes ou mamelons de la partie antérieure du disque tentaculaire,.chez la *Bullœa aperta,* semblent en être, plus particulièrement, les rudimens, mais dans la *Bulla Hydatis,* et vraisemblablement dans toutes les Bulles, ce disque est rectangulaire.

Nous avons vu que les Dorides n'ont pas de test, et que les autres genres de cette famille en sont pourvus. Ce test prend toutes les figures, depuis celle d'une simple écaille, n'ayant pas même, en quelque sorte, l'empreinte volutatoire, comme dans le Sormet, quelquefois un peu mal comme dans la Bulle ouverte, jusqu'à celle d'une coquille complétement volutée, comme dans les Bulles à spire visible, et se rapprochant alors, ou des coquilles des Ovules et des Porcelaines, ou de celles des Tornatelles. — Dans toutes les Acères testacées, à ce qu'il paraît, l'estomac est très-remarquable par les pièces osseuses qui le composent et qui ont une forme différente suivant les espèces. Ce sont ces pièces osseuses qui ont donné lieu à Gioëni d'établir une famille, à laquelle il a donné son nom, dont la description montre évidemment une supercherie; ces pièces osseuses ont été

adoptées en genre par Retzius, sous le nom de *Tricla,* et par Bruguière, sous celui de CHAN, tous deux trompés par Gioëni.—*V.* BULLE, BULLÉE, DORIDE et SORMET, pour les genres de cette famille et leurs principales espèces.   (F.)

ACÉRINE. POIS. Espèce de Perche, *Perca Acerina,* Guldenstedt. Actes de la société de Péters., T. XIX, p. 455. *V.* PERCHE.   (B.)

* ACÉRINÉES. BOT. PHAN. Juss. Famille de Plantes Dicotylédones polypétales, ayant les étamines hypogyniques. Cette famille, composée du seul genre Erable *Acer,* et peut-être de l'Hippocastane *Æsculus* qui a beaucoup de rapports avec les Malphigiacées, offre les caractères suivans : calice monosépale, divisé; corolle composée de cinq à neuf pétales qui avortent quelquefois; étamines au nombre de sept à douze, insérées sous l'ovaire, à un disque hypogyne; ovaire à deux ou trois loges (*Æsculus*), dont chacune renferme une, deux ou plusieurs graines. Le fruit est une samare à deux ailes membraneuses, à deux loges, ou une capsule triloculaire, trivalve.—Les Acérinées sont des Arbres ligneux, à feuilles opposées, simples ou composées, ayant des fleurs hermaphrodites ou polygames, disposées en grappes ou en corymbe.   (A. R.)

ACÉTABULAIRE. POLYP. Genre de l'ordre auquel il donne son nom, de la division des Polypes flexibles; il est fort distinct par sa forme élégante, imitant celle d'un petit parapluie ouvert. Les espèces qui le composent offrent une tige simple, grêle, fistuleuse, terminée par une ombrelle striée, radiée, plane ou presque infundibuliforme; elles croissent sur les roches et les autres corps solides, qu'elles couvrent de touffes épaisses, d'un vert éclatant qui se fane et se détruit promptement par l'action de l'air. On n'a pas encore bien observé les Animaux de ces Zoophytes; plusieurs naturalistes modernes doutent de leur existence, et regardent ces productions marines comme des Plantes. C'était l'opinion de Tournefort et des botanistes anciens. Ce sont néanmoins de véritables polypiers. Leurs Polypes sont placés dans les tubes rayonnans de l'ombrelle; ils ont une vie commune au moyen de la tige à laquelle vient aboutir l'extrémité inférieure de chaque animalcule. Linné a classé les Acétabulaires parmi les Madrépores; Pallas avec les Corallines, et Gmelin parmi les Tubulaires. Bertoloni en a fait un genre sous le nom d'Olivie, et Lamarck, sous le nom d'Acétabule. Nous l'avions établi, avant ces naturalistes, sous le nom d'Acétabulaire, dans un Mémoire lu en 1810 à la première classe de l'Institut. On ne connaît encore que deux espèces d'Acétabulaires.

L'ACÉTABULAIRE A BORDS ENTIERS, *Acetabularia integra*, Lamx. Polyp., 249. *Madrepora Acetabulum*, L. Tournefort, Inst., R. H., pl. 338. *Acetabulum mediterraneum*, Encyc. Moll., p. 478. f. 3, où ses bords paraissent crénelés, encore que le caractère de l'espèce est de les avoir entiers. On la voit dans les collections du Muséum sous le nom d'*Acetabulum Tournefortii*. Elle se trouve abondamment dans la Méditerranée.

L'ACÉTABULAIRE A BORDS CRÉNELÉS, *Acetabularia crenata*, Lamx. Hist. Polyp., pl. 8. f. 1. Brown, Histoire de la Jamaïque, pl. 40. f. A, dont les bords sont crénelés, et qui habite les mers des Antilles. Gmelin n'en avait fait qu'une variété de la précédente.   (LAM..X.)

* ACÉTABULARIÉES. POLYP. Sixième ordre des Calcifères, deuxième section de la division des Polypes flexibles. Les Acétabulariées forment un groupe bien distinct dans la classe des Polypiers; ils ont toujours une tige simple, grêle, fistuleuse, terminée par un appendice en forme d'ombrelle ou de petit parapluie, et composé de tubes réunis par les côtés (les Acétabulaires, *V.* ce mot), ou bien cette tige supporte un groupe de petits

corps pyriformes et polypeux (les Polyphyses. *V.* ce mot).   (LAM.X.)

ACÉTABULE. POLYP. Syn. d'Acétabulaire et de Madrépore Gobelet. *V.* ACÉTABULAIRE et MADRÉPORE.
                (LAM..X.)

*ACÉTATES ou ACÉTITES. Noms que l'on donnait aux combinaisons de l'Acide acéteux avec les bases salifiables, lorsque l'on pensait que ce prétendu Acide acéteux était autre que de l'Acide acétique étendu d'une plus ou moins grande quantité d'eau. (DR.)

*ACEYTUNA. BOT. PHAN. Syn. d'Olive, en espagnol, d'où *Aceyte* qui signifie huile. De ces mots, sont dérivés plusieurs noms de Plantes américaines, rapportés par des voyageurs, mais dont nous négligerons la plupart, parce que, outre leur impropriété, ils appartiennent entièrement à une langue étrangère.   (B.)

*ACEYTUNILLA. BOT. PHAN., c'est-à-dire, *petite Olive*. *V.* ÆXTOXICON.
                       (B.)

ACHACANA. BOT. PHAN. C'est le nom que porte au Pérou une espèce indéterminée du genre Cactus, qui paraît voisine du *Cactus mamillaris*, L. On mange ses fruits, qui sont vendus dans les marchés de la province du Potosi, où elle a été observée par Joseph de Jussieu.   (A. R.)

*ACHAGUAL ou ACHANAL. POIS. Syn. de Chimère antarctique, *Chimœra Callorhynchus*, L. sur les côtes du Chili.   (B.)

ACHALALACTLI ou ALATLI. OIS. (Hernandez.) Syn. du Martin-Pêcheur du Mexique. *Alcedo torquata*, L. *V.* MARTIN-PÊCHEUR.
                     (DR..Z.)

ACHAL-GAGILA. OIS. Syn. de l'Aigle impérial. *Falco Chrysaëtos*, en Arabie. *V.* AIGLE.   (DR..Z)

ACHAMARCHIS. POLYP. *V.* ACAMARCHIS.

ACHANACA. BOT. PHAN. Plante indéterminée de l'Inde, dont certains voyageurs disent qu'on mange le-

fruit comme un excellent remède dans les maladies vénériennes.   (B.).

*ACHANAL. pois. *V.* Achaoual.

ACHANDE ou ACHAUDES. pois. Anciens noms du Rémora.   (B.)

ACHANIE. *Achania.* bot. phan. (Aïton.). *V.* Malvaviscus. (a. b.)

* ACHAOVAN. bot. phan. Mal à propos écrit *Achovan* par Valmont de Bomare. Plante d'Egypte indéterminée qui ressemble à la Camomille, selon Prosper Alpin. (b.)

ACHAOVAN-ABIAT. bot. Syn. de la Cinéraire maritime, *Cineraria maritima,* L. en Egypte. (B.).

* ACHAR, d'*Aichar* ou *Attchar,* mots indiens dont les Espagnols ont fait *Atschi.* Il désigne des fruits d'espèces diverses, des bourgeons de Palmiste et de Bambou, des Choux, des Légumes, de l'Ail ou autres racines fortement assaisonnés de moutarde et de piment; et mis en infusion dans le jus de Citron et le vinaigre le plus fort, comme on y met en Europe les Câpres et les Cornichons. Les Achars de Batavia, de Maurice et de Mascareigne ou Bourbon, sont renommés. L'usage s'en est introduit en Angleterre et en France, où on en sert sur les tables recherchées; c'est avec raison que Du Petit-Thouars dit, en parlant de ce mets nouveau pour l'Europe: « Les auteurs » moralistes, qui attribuent à notre dé- » pravation les recherches de notre cui- » sine, seraient étonnés de voir com- » bien les peuples, réputés bien plus » près que nous de l'état de simplicité, » mettent de variétés dans leurs assai- » sonnemens. Sans entrer dans des » discussions qui seraient déplacées » ici, il suffit d'observer qu'ils ne s'é- » cartent pas pour cela des bornes in- » diquées par la nature; car ces peu- » ples, faisant leur principale nourri- » ture de riz, éprouvent le besoin de » toniques pour aider à la digestion de » cet aliment naturellement froid. » *V.* Alimens.   (B.)

ACHARIA. bot. phan. Genre de la Monoécie Triandrie de Linné; mais qui n'a pu jusqu'ici être rapporté à aucune famille naturelle. Thunberg, qui l'a établi dans son Prodrome, lui donne pour caractères : un calice à deux folioles, et une corolle monopétale à trois lobes, velue (corolle qui n'est probablement qu'un calice monosépale accompagné de deux bractées à sa base); dans les fleurs mâles, qui sont placées le plus haut sur la tige, trois étamines insérées sous les lobes de la corolle; dans les femelles, un ovaire libre, à un seul style, terminé par trois stigmates. Il devient plus tard une capsule à une seule loge, qui s'ouvre en trois valves, et renferme une seule graine globuleuse, inégale à sa surface.

L'Acharia à trois lobes, *A. Tragodes* de Thunberg, seule espèce connue de ce genre, et figurée Tab. 755 de l'Illustration des Genres de Lamarck, est une herbe à feuilles alternes, à pédoncules uniflores et axillaires, qui croît au cap de Bonne-Espérance.   (J.)

*ACHATE. ins. Espèce de Papillon. *V.* ce mot.

* ACHATES des anciens. min. C'est l'Agate, et plus vraisemblablement la variété de cette pierre, qu'ils nommaient aussi *Calcédoine.* (D. L.)

*ACHAU. ois. Syn. de Poule domestique au Chili.   (B.)

ACHBOBBA ou AKBOBAS. ois. (Shaw,), ce qui signifie *Père blanc.* Syn. de Catharte Percnoptère, *Vultus Percnopterus,* L. en Egypte. *V.* Cathate.   (B)

*ACHDAR. ois. Syn. de Canard sauvage, *Anas Boschas,* chez les Arabes.   (B.)

ACHE. *Apium.* bot. phan. Ombellifères de Jussieu, Pentandrie Digynie, L. Le limbe du calice est entier ; les cinq pétales égaux entre eux, ovales, ayant la pointe recourbée en-dessus; les cinq étamines sont saillantes, à peu près de la même longueur que les pétales. Le fruit est ovoïde, un peu comprimé, marqué de trois stries longitudinales, sur chacune de ses faces. Les fleurs sont d'un blanc jaunâtre, disposées en ombelles régulières, ordinairement sans involucres ni involucelles.

Ce genre se compose de quatre à cinq espèces, dont deux surtout méritent d'être mentionnées ici; ce sont:

1°. Le PERSIL, *Apium Petroselinum*, L., Plante bisannuelle, dont la tige, haute d'un à deux pieds, est anguleuse, rameuse; les feuilles décomposées, à folioles ovales subcunéiformes incisées; les feuilles supérieures sont entières lancéolées; les ombellules sont accompagnées de petites folioles linéaires. Les feuilles de cette Plante sont journellement employées comme assaisonnement.

2°. L'ACHE, proprement dite, *Apium graveolens*, L. Cette espèce est plus grande dans toutes ses parties, ses folioles sont cunéiformes dentées; les ombellules dépourvues d'involucelles. L'espèce sauvage porte le nom d'Ache. Sa racine est employée comme diurétique et apéritive. Cultivée, elle porte le nom de *Céleri*, alors ses feuilles et ses racines sont usitées comme aliment. Il y a une variété de Céleri fort remarquable; c'est celle qu'on désigne sous le nom de *Céleri-rave*. Sa racine est grosse comme le poing, charnue et fort bonne à manger.

L'on appelle aussi vulgairement ACHE D'EAU, la Berle, *Sium Sisarum*, L. et ACHE DE MONTAGNE, la Livéche, *Ligusticum Levisticum*, L. (A. R.)

ACHÉE. ANNÉL. Nom vulgaire des Lombrics, dans quelques cantons de la France, d'où les pêcheurs ont appelé *Achées* ou *Aches* les Vermisseaux, Larves, Insectes ou autres petits Animaux dont ils font des appâts pour prendre le Poisson, soit en les fixant à leurs hameçons, soit en les jetant par poignées au milieu des eaux où ils tendent leurs filets. (B.)

ACHÉLOITE. *Achelois*. MOLL. Genre de Montfort, (T. I, p. 359), adopté par Ocken, formé pour une pétrification qu'on voit assez fréquemment dans les marbres anciens, d'Altdorff en Suisse, et qui atteint jusqu'à deux pieds de longueur. Elle se trouve aussi dans la Vallée d'Os, dans les Pyrénées; c'est l'Achéloïte pyramidal, *Ach. pyramidans*, de Montfort. (*V.* Knorc. t. 2, pl. II. A. f. 8. et suppl. tab. 4. f. 1.) On ne peut, dans l'état de nos connaissances sur les fossiles analogues, séparer l'Achéloïte des Bélemnites. *V.* ce mot. (F.)

*ACHÈNE. BOT. PHAN. *V.* AKÈNE.

ACHÈTE. *Acheta.* INS. Nous exclurons, avec Latreille, du langage entomologique le mot d'Achète, et nous le remplacerons par celui de *Tétrix. V.* ce mot. Cette substitution est nécessaire pour remédier à la confusion qui résulte de l'emploi très-différent qu'on a fait de ce nom. Linné l'appliqua d'abord à une division de son genre *Gryllus.* Géoffroy érigea cette division en genre, et fit usage du mot *Gryllon* pour la dénommer. Fabricius remplaça sans nécessité ce dernier nom par celui d'Achète, et Latreille, ainsi que plusieurs auteurs modernes, employèrent le même mot dans un autre sens. (AUD.)

ACHIAS. *Achias.* INS. Genre d'Insectes de l'ordre des Diptères, établi par Fabricius, et placé par Latreille (Règne Animal, édit. de 1817,) dans le grand genre Mouche de Linné. Les yeux sont pédonculés, c'est-à-dire supportés sur un prolongement de la tête. Ce caractère singulier lui est commun avec le genre Diopsis, dont il se distingue par l'insertion des antennes sur le front.

L'espèce unique servant de type à ce genre est l'Achias oculé, *Achias oculatus*, Fabr. Elle est originaire de Java, et se trouve dans la collection de Bosc. Latreille, ayant récemment examiné cet individu, nous a dit s'être assuré qu'il n'appartenait pas au grand genre Mouche; mais qu'il devait être rangé dorénavant dans celui des Syrphes. *V.* ce mot. (AUD.)

*ACHILLE. INS. Espèce de Papillon. *V.* ce mot.

ACHILLÉE ou ACHILLIERE. BOT. PHAN. *V.* MILLE-FEUILLE.

* ACHILLÉES. BOT. PHAN. Nom donné par Jussieu à l'un des groupes de la famille des Corymbifères. (R.)

* ACHIMARAN. BOT. PHAN. Syn. de *Limonia trifoliata*, L. sur la côte de Coromandel. *V.* TRIPHASIA. (B.)

ACHIME. *V.* ACHYME.

ACHIMENES. BOT. PHAN. Genre établi par Browne. Il appartient à la famille des Scrophulaires de Jussieu, à la Didynamie Angiospermie de Linné. Voici les caractères que cet auteur lui assigne : le calice est monosépale, renflé à sa base, resserré à son ouverture, à cinq divisions; il est velu. La corolle est monopétale personnée, tubuleuse et ventrue, inférieurement velue; son limbe est à cinq divisions inégales. Les étamines, au nombre de quatre, sont presque didynames; le stigmate est bilobé.

Ce genre, désigné par l'Héritier sous le nom de *Cyrilla*, que Scopoli a réuni au *Buchnera* et Lamarck au *Columnea*, ne renferme qu'une seule espèce, *Achimenes minor* de Browne, Jam. 271. l. 38. f. 1. Plante fort remarquable par la belle couleur de feu de ses fleurs. On la cultive dans nos serres où elle brille de tout son éclat pendant l'automne. (A. R.)

ACHIOTL BOT. Syn. de Rocou, *Bixa Orellana*, L. au Mexique. (B.)

ACHIRA. BOT. PHAN. Syn. de Baliser, *Canna*, L. au Pérou. (B.)

* ACHIRA-MOUROU. BOT. PHAN. (Aublet.) Syn. de *Cordia Callococca*, à la Guyane. (B.)

ACHIRE. POIS. Genre formé par Lacépède aux dépens des Pleuronectes, et adopté comme sous-genre dans ce genre nombreux par Cuvier qui dit des Poissons dont il se compose : «Ce sont des Soles absolument dépourvues de pectorales.» Cette privation caractérise donc les Achires qui, d'ailleurs, ont les deux yeux disposés du même côté de la tête; elle influe sur leurs habitudes. Le *Pleuronectes Achirus* de

Linné a servi de type à ce genre qui compte aujourd'hui de sept à huit espèces, toutes marines et exotiques. On le divise en deux sections :

†. Les ACHIRES, proprement dits, qui ont les deux yeux situés à droite, avec la nageoire caudale échancrée en croissant ou arrondie, distincte de la dorsale et de l'anale.

Le BARBU, *Achirus barbatus*, Géoffroy. Ann. des Mus. 1. pl. 11. très-bonne figure. C'est, selon Cuvier, le *Pleuronectes Achirus* de Linné qui ne serait pas celui auquel Lacépède rapporte ce synonyme. Cependant le Poisson de Linné habite l'Amérique septentrionale, et le Barbu se trouve dans la mer Rouge, particulièrement aux environs de Suez, où il doit être rare, puisque les pêcheurs ne lui donnent aucun nom propre; il habite aussi Amboine. Sa forme est ovale elliptique; de sept pouces et demi environ dans son grand diamètre, sur près de quatre dans le petit; sa couleur est brune sur le côté droit avec des points gris, remarquables par le point noir qui en désigne le centre; le côté gauche est d'un blanc sale uniforme. D. 65. P. o. V. 5. A. 53. C. 18.

Le FASCÉ, *Pleuronectes lineatus* de Gmelin qui y rapporte aussi l'*Achirus* de Linné, a les écailles ciliées, la queue ronde, et sept lignes transversales noires sur un fond brunâtre; il habite les côtes de la Nouvelle-Angleterre. D. 53. 60. P. o. V. 4. 5. A. 45. 48. C. 16.

Le Marbré, de Lacépède, T. III. pl. 12. f. 3. et le Pavonien, du même naturaliste, sont aussi des Achires proprement dits. Le premier, découvert à l'Ile-de-France par Commerson, rejette une liqueur laiteuse par des pores disposés à la base des rayons de l'anale et de la dorsale; le second fait partie des riches collections du Muséum, et l'on ignore sa patrie.

††. Les PLAGUSIES, *Plagusia* de Browne, qui ont les deux yeux à gauche et la caudale pointue, confondue avec la dorsale et l'anale.

La DOUBLE LIGNE, *Pleuronectes*

bilineatus, Bloch. pl. 188. Encyc. Pois. pl. 91. f. 377, a son corps allongé, d'un brun jaunâtre en-dessus, blanc rougeâtre en-dessous, et marqué de deux lignes latérales plus foncées de chaque côté. Sa tête est plus grosse proportionnellement que celle de ses congénères. La dorsale, la caudale, et l'anale réunies comptent cent soixante - quatorze rayons. Ce Poisson habite en abondance les mers de la Chine et des Archipels indiens.

L'Orné, *Achirus ornatus*, Lac. IV. 653. et le *Pleuronectes Arel*, de Schneider, sont aussi des Plagusies; mais il n'est pas certain qu'on doive rapporter à ce sous-genre le *Pleuronectes Plagusia*, L. de la Caroline, encore que ce Poisson ait la caudale confondue avec la dorsale et l'anale, puisqu'il a ses yeux à droite, et qu'il n'est pas dit qu'il manque de pectorales.

ACHIRITE ou ASCHIRITE. MIN. *V.* CUIVRE-DIOPTASE.   (LUC.)

ACHIROPHORE ou ACHYROPHORE. BOT. PHAN. Genre, de Vaillant adopté par Adanson, qui rentre dans Hypochæris, *V.* ce mot, et que Gœrtner (T. II. p. 370. t. 159. f. 6.) a maintenu pour l'*Hypochæris radicata*, L.   (B.)

ACHIT. BOT. PHAN. *V.* CISSUS.

* **AGHITONIUM.** BOT. CRYPT. (*Urédinées.*) Ce genre a été établi par Nées (Journal de botanique de Ratisbonne, 1819). Il appartient aux Champignons les plus simples, n'étant composé que de sporules nues, libres, réunies en groupe. Nées lui donne pour caractère : sporules globuleuses, transparentes, réunies en groupes nus. Ce genre est très-voisin des Fusidium et des Stilbospores. La seule espèce qu'il indique pousse sur les feuilles du pin sauvage. (AD. B.)

* **ACHLADAS.** BOT. PHAN. (Belon.) Syn. de Poires sauvages, dans l'île de Crète. *V.* ce mot.   (B.)

ACHLIS. MAM. C'était l'Élan chez les anciens.   (B.)

* **ACHLYS.** BOT. PHAN. Ce nom mythologique est celui de la déesse de l'obscurité. De Candolle l'a donné à un nouveau genre, encore fort obscur, qu'il a rapporté à la famille des Podophyllées, à cause de son affinité avec le genre Jeffersonia; mais il paraît avoir aussi quelque rapport avec l'Actæa. Ce genre ne contient encore qu'une seule espèce, appelée par De Candolle *Achlys triphylla*. C'est le *Leontice triphylla*, décrit par Smith dans l'Encyclopédie de Rées. (A.R.)

* **ACHLYSIE.** *Achlysia.* ARACHN. Genre de la famille des Holètres, tribu des Acarides, établi par V. Audouin. Il peut être placé à côté des Leptes, et a pour caractères distinctifs: six pates de cinq articles uniformément développés, situées, ainsi que le siphon, dans une échancrure profonde du corps, et partant de six pièces quadrilatères constituant une plaque sternale. Le mot Achlysie, appliqué à cet Animal privé d'yeux, est dérivé, ainsi que celui du genre précédent, du nom d'*Achlys*, déesse de l'obscurité et des ténèbres.

La seule espèce qui compose ce genre a reçu le nom d'Achlysie du Dytique, *Achlysia Dytisci.* (*V.* la Ire livraison des planches de ce Dictionnaire.) Elle a été rencontrée, une seule fois, sur un Dytique mâle, *Dytiscus marginalis*, L., pêché dans une des mares de la forêt de Fontainebleau, au mois de juin 1819.

Deux individus de cette espèce furent trouvés sur l'abdomen du Dytique et au-dessous des élytres et des secondes ailes; l'un adhérait à l'intervalle membraneux qui existe entre le métathorax et l'arceau supérieur du premier segment de l'abdomen; l'autre était fixé à l'espace de même nature qui unit le troisième anneau de l'abdomen au quatrième. Ces Animaux en outre étaient couchés sur le côté, position assez rare chez un Animal articulé, et qui trouvera son explication dans le courant de cet article.

La longueur totale de cette espèce

est de six millimètres, et sa plus grande largeur de trois et demi. Considérée d'une manière générale, elle est ovoïde, et figure assez bien une cornue dont la panse serait allongée, et dont le cou très-court, fermé et arrondi, serait abruptement recourbé sur cette panse, de manière à laisser entre elle et lui un intervalle ou une sorte d'échancrure étroite et profonde. La couleur dominante est le jaune orange, disposé par zones irrégulières et transversales sur la région du dos, s'étendant sur celle du ventre et confondu sur les côtés avec une couleur jaune citron qui se prolonge supérieurement entre les bandes orangées dont je viens de parler. Ces couleurs très-vives donnent à l'Animal un aspect gracieux en même temps que sa forme lui prête quelque chose de bizarre. Si à ces caractères on ajoute qu'il n'existe ni tête, ni yeux, ni antennes, ni thorax, ni division du corps en anneaux, ni anus, ni ouvertures pour la respiration; qu'il y a bien, il est vrai, un suçoir et des pates, mais que leur ténuité est telle qu'il faut un microscope pour les apercevoir; si, dis-je, on ajoute ces caractères aux précédens, on aura déjà une idée assez exacte de cet Animal parasite. La peau qui l'enveloppe est épidermique, c'est-à-dire, parfaitement transparente et se roule sur elle-même, lorsqu'on vient à la détacher. Elle adhère peu aux parties qu'elle recouvre, ne présente aucune ouverture et se continue avec le suçoir et le plastron sternal. Ce suçoir et ce plastron, situés l'un et l'autre dans le fond de l'échancrure que nous avons fait connaître, échappent autant par cette position que par leur petitesse à un premier coup-d'œil, et réclament pour être aperçus des recherches très-minutieuses.

Le suçoir, placé en avant et à une très-petite distance du sternum, est de forme conique, denté à sa partie postérieure et de consistance cornée. Sa ténuité excessive et son opacité n'ont pas permis de déterminer s'il était simple ou composé. Son sommet

est aigu, libre, et s'introduit dans le corps du Dytique. Sa base se continue avec la peau et se détache avec elle. Derrière le suçoir on aperçoit, avec une très-forte loupe et mieux au microscope, le plastron formé par trois sternums placés à la suite les uns des autres, et composés chacun de deux pièces écartées l'une de l'autre sur la ligne moyenne, de manière à laisser entre elles un intervalle d'autant plus large qu'il est plus postérieur, lequel est complété par la peau. Ces pièces, au nombre de six, sont planes, quadrilatères, un peu plus consistantes que la peau; l'angle externe et antérieur de chacune d'elles donne attache à une pate composée de cinq articles uniformément articulés, à peu près également développés et munis intérieurement et en dedans d'un poil, à l'exception du dernier qui porte à son côté externe une petite épine. D'après ce qui vient d'être dit, on reconnaîtra, dans cet être singulier, un organe de succion et un appareil locomoteur bien caractérisés, sans lesquels il serait, pour ainsi dire, réduit au premier degré de l'animalité.

L'Achlysie présente en outre ce fait très-remarquable : elle est fixée au Dytique au moyen de son suçoir; mais ce suçoir, situé dans l'échancrure que nous avons décrite, est d'une petitesse excessive, et ne saurait dépasser les bords inférieurs de cette échancrure qui est très-profonde. Il résulte de cette disposition que si l'Animal était posé de champ, c'est-à-dire, sur le ventre, à la manière de presque tous les Insectes, son bec ne pourrait rester adhérent au Dytique. Il est obligé, pour obvier à cette disposition défavorable, de se placer sur l'un ou l'autre flanc; ceux-ci étant très-comprimés permettent au suçoir de les dépasser soit à droite, soit à gauche, et d'atteindre, par son extrémité libre et aiguë, l'abdomen du Dytique, auquel il adhère très-fortement, afin d'y puiser des sucs nourriciers indispensables à son existence.

Une manière d'être aussi singulière devait naturellement inspirer le désir d'ajouter à cette connaissance de nouveaux faits fournis par l'anatomie des parties internes. Je disséquai en conséquence, avec tout le soin possible, les deux seuls individus que je possédais ; mais je ne rencontrai que quelques tissus parenchymateux. J'ai cependant exposé dans un Mémoire la texture différente de chacun de ces tissus, et je me suis convaincu qu'ils enveloppaient un canal rempli d'une matière blanche comme farineuse, terminé postérieurement par un cul-de-sac vésiculeux. Si ce conduit est l'intestin, c'est un intestin n'ayant d'autre orifice que celui de la bouche. Je n'ai découvert en effet aucun canal ou partant de la vésicule, ou y aboutissant. Ce fait, très-curieux et le plus positif de ceux que j'ai observés, s'accorde parfaitement avec l'absence de toute ouverture à la peau, celle du suçoir exceptée.

Nous avons insisté sur ce nouveau genre et sur l'espèce unique qui le constitue, parce que, l'étude des Animaux de la classe à laquelle il appartient étant très-retardée, il importe, jusqu'à ce qu'on ait réuni un certain nombre d'observations, de faire connaître, dans tous leurs détails, les faits que le hasard peut fournir.

Nous passons à l'explication de la planche. — Fig. 1. Dytique dont on a découvert l'abdomen, afin de montrer la position des deux Achlysies. — aa. Ces deux Animaux de grandeur naturelle, posés sur le flanc et adhérant, au moyen de leur suçoir, à l'intervalle membraneux des anneaux. L'élytre et l'aile du côté droit sont étendues et coupées, les mêmes parties du côté gauche ont été enlevées. — Les autres parties que l'on distingue, appartiennent à l'article Aile. V. ce mot. — Fig. 2. Une des Achlysies, très-grossie, vue de profil et du côté droit. On voit la distribution de ses couleurs. — b. Echancrure au fond de laquelle sont situés le bec et les sternums, qui, à cause de leur petitesse, ne sont pas encore visibles. — Fig. 3.

Siphon et plaques sternales vus en dessous et avec la lentille n° 1 d'un excellent microscope de Dellebarre. — c. Siphon corné, renversé et vu par sa face postérieure qui est denticulée. Son extrémité aiguë est enfoncée dans la peau du Dytique ; sa base se continue avec la plaque sternale au moyen d'une membrane cutanée. — dd. Plaque sternale composée de six sternums, donnant chacun attache, par leur angle antérieur et externe, à une pate eeeeee, composée de cinq articles Ces six pièces sont séparées les unes des autres, sur la ligne moyenne, par un espace triangulaire f, complété par la peau. — Fig. 4. Achlysie excessivement grossie et vue de trois quarts ; afin de faire sentir le développement relatif des pates et du bec qui, si l'Animal atteignait ce volume démesuré, n'auraient encore que cette petite dimension. — c. Le bec. — d. Les sternums. — On voit par cette figure que les pates et le bec ne sauraient atteindre les bords inférieurs de l'échancrure, et qu'ils ne peuvent se mettre en rapport avec les objets extérieurs qu'en se déjetant, à droite ou à gauche, afin de dépasser les flancs qui sont comprimés. (AUD.)

ACHMÉE. Du Dict. de Déterville. BOT. PHAN. V. ÆCHMÉE. (A. D. J.)

* **ACHNANTHE.** Achnanthes. ZOOL.? BOT.? (Arthrodiées, section des Fragillaires.) Genre microscopique dont les expansions, qu'on peut considérer comme des filamens rudimentaires, se composent de segmens linéaires parallèlement unis par deux, trois et même cinq. Lyngbye (Tent. Hydroph., p. 210. pl. 70. B.) en a confondu les trois espèces, sous le nom d'Echinella stipitata. L'une, A. adnata, N. (V. planches de ce Dictionnaire, Arthrodiées, fig. 1), est fixée, aux Hydrophytes marins, par un petit pied qui part de l'un des angles du petit carré qu'elle forme ; ses segmens sont marqués de deux taches rondes brunâtres. L'autre, A. Bacillarioides, N., est libre, et ses segmens sont marqués de deux taches ovales, oblongues, très-foncées. La troisième, *A. dubia*, N., est errante; ses segmens, qui sont quelquefois isolés, ou réunis jusqu'à six ensemble, ne sont marqués d'aucune tache, et paraissent transparens dans toute leur étendue. Ces trois Achnanthes sont marines. **(B.)**

ACHNATHERUM. BOT. PHAN. Genre de la famille des Graminées, établi par Palisot de Beauvois, dans son Agrostographie; il est très-voisin du genre Calamagrostis, dont il se distingue par la valve externe de la lépicène terminée par une arête tordue; par sa paillette inférieure simplement échancrée et sans aucune soie. Les fleurs sont en panicule. Ce genre renferme certaines espèces des genres Agrostis, Calamagrostis et Arundo, entre autres l'*Agrostis Calamagrostis*, *Agrostis miliacea*; *Arundo lanceolata* de Kœler, etc. **(A. R.)**

ACHNERIA. BOT. PHAN. Dans son Agrostographie, Palisot de Beauvois a proposé ce genre dans la famille des Graminées, et il y a placé toutes les espèces du genre Eriachne de R. Brown, qui ne sont point aristées, et qui ont les paillettes couvertes de longs poils lanugineux. Ce genre nous paraît devoir être réuni à l'Eriachne. *V.* ce mot. **(A. R.)**

ACHNODONTON. BOT. PHAN. Genre de la famille des Graminées, que Palisot de Beauvois a formé avec le *Phleum Bellardii*, L., et le *Phalaris ténuis*, de Host. Il a la plus grande analogie avec ces deux genres; il se distingue des Phalaris par les paillettes de la glume dentées et incisées au sommet; des Phleum par les valves de la lépicène, qui sont mutiques et obtuses. **(A. R.)**

* ACHOAI. OIS. Syn. du Plongeon Imbrim, *Colymbus glacialis*, L. au Kamtschatka. *V.* PLONGEON. **(DR..Z.)**

* ACHOCHILLAS. BOT. PHAN. (Jussieu.) Syn. de la Tourrétie, *Tourretia lappacea*. Flor. Péruv. au Pérou. **(B.)**

ACHOCON. BOT. PHAN. Syn. de Léonie, au Pérou. *V.* LÉONIE. **(A. D.)**

* ACHOMANES. BOT. CRYPT. (Necker.) Syn. de Trichomanes. *V.* ce mot. **(B.)**

* ACHONACHIA. BOT. PHAN. (Belon.) Plante indéterminée qui pourrait bien être celle que les anciens nommaient *Acanos*. *V.* ce mot. **(B.)**

ACHOU, ACHOUROU ou ACOUROU. BOT. PHAN. Syn. de Myrte, chez les Caraïbes. **(A. R.)**

ACHOVAN. BOT. *V.* ACHAOVAN.

* ACHRAS. BOT. PHAN. *V.* SAPOTILLER. C'était l'ancien nom grec du Poirier. **(B.)**

* ACHUPALLA. BOT. PHAN. C'est le nom vulgaire de pays du *Pourretia pyramidata*, de Ruiz et Pavon. Les détails suivans, que nous avons tirés des manuscrits de Bonpland, ne nous paraissent pas sans intérêt. « Nous avons trouvé, dit ce botaniste, en grande abondance dans le paramo près Almouguer (province de la Nouvelle-Grenade), une plante qui a tout le port des Bromelias. Cette Plante, connue sous le nom d'Achupaya ou Achupalla, a donné ce nom au paramo. Sa tige, qui s'élève à trois à quatre pieds, contient intérieurement, mais surtout vers la naissance des feuilles, une substance blanche très-aqueuse et comme spongieuse, semblable à celle que renferme le *Cactus Melocactus*. Cette substance est recherchée par les voyageurs qui manquent d'eau ou qui sont pressés par la faim. Les enfans en sucent l'eau, qui a un goût insipide, mais qui par sa limpidité ressemble à l'eau la plus pure. Les indigènes mangent les Achupayas dans le temps de la disette; et les Ours des environs en font leur nourriture principale. Dans les métairies qui sont entourées de ces Plantes on ne craint pas ces Animaux féroces, quoiqu'ils s'approchent de très-près du bétail, au lieu que dans les habitations éloignées des paramos, on est obligé de leur faire continuellement la chasse.» **(K.)**

*ACHYME. *Achymus.* BOT. PHAN. (Vahl.) Genre de Plantes dont les caractères et la place dans l'ordre des familles naturelles ne sont point encore bien connus. C'est le même que le Streblus de Loureïro. Il a quelque affinité avec le genre Trophis de la famille des Urticées, mais s'en distingue par son fruit à deux loges, qui contiennent chacune deux graines, caractères qui l'éloignent de la famille des Urticées. (A. R.)

ACHYOULOU. BOT. Syn. de Malpighie, *Malpighia*, chez les Caraïbes. (B.)

ACHYRANTHE. *Achyranthes*, L. BOT. PHAN. Famille des Amaranthacées ; Pentandrie Monogynie, L. Calice régulier à cinq, rarement à quatre divisions, accompagné à sa base de trois bractées simples et épineuses au sommet. Cinq étamines, dont les filets sont un peu soudés par la base et alternent avec cinq petites écailles festonnées : le style est simple, terminé par un stigmate globuleux ; le fruit est un akène.

Les espèces de ce genre, assez nombreuses, sont herbacées ou sous-frutescentes ; leurs fleurs sont disposées en épis ; leurs feuilles opposées. Presque toutes sont originaires de l'Inde. R. Brown en a rapporté deux de la Nouvelle-Hollande. (A. R.)

*ACHYRITES. MIN. (Forster.) Syn. de Calcaire Oolitique. *V.* ce mot. (B.)

ACHYRONIE. *Achyronia.* BOT. PHAN. (Wendland.) Ce genre appartient à la famille des Légumineuses, Diadelphie Décandrie, L. Il est très-voisin du Borbonia, dont il diffère par son calice non épineux, ayant la dent inférieure beaucoup plus longue, par sa gousse comprimée et polysperme. Il renferme une seule espèce, l'*Achyronia villosa*, Willd.; Arbrisseau originaire de la Nouvelle-Hollande, ayant les feuilles simples, pétiolées, lancéolées, glabres, ciliées ; les fleurs jaunes, solitaires, axillaires et pédonculées. (A.R.)

TOME I.

* ACHYROPAPPUS. BOT. PHAN. Famille des Synanthérées. (Kunth dans Humb. et Bonpl. 4. p. 257.) La Plante qui a servi à former ce genre, a été trouvée dans le royaume de la Nouvelle-Espagne, près du village de Isla-Huaca, à la hauteur de 1380 toises au-dessus du niveau de la mer. C'est une herbe à feuilles opposées, très-découpées, à fleurs en corymbe et radiées. Quoique très-voisine du genre Urborgia et Unxia, elle diffère du premier par le réceptacle nu, de l'autre par les fleurs centrales hermaphrodites. On ne peut pas la confondre avec les Schkuhrias à cause de son port, de l'absence des écailles à la base de l'involucre et du nombre, cinq, des fleurs du rayon. Son caractère générique consiste en un involucre de cinq folioles égales ; un réceptacle plane et nu ; des fleurs centrales nombreuses, tubuleuses et hermaphrodites ; cinq fleurs marginales en languette et femelles ; des fruits triangulaires, munis d'une couronne de petites écailles. (K.)

ACHYROPHORE. *V.* ACHIROPHORE.

ACHYRY. BOT. PHAN. Nom d'une Liane chez les Caraïbes, que les Créoles des Antilles appellent *Corde à violon*, à cause de la ténuité de ses rameaux étendus sur le sol. C'est un *Periploca. V.* ce mot. (B.)

ACIA. BOT. PHAN. *V.* COUPI.

ACIANTHE. *Acianthus.* BOT. PHAN. Genre de la famille des Orchidées, de la Gynandrie Monandrie, L. établi par Rob. Brown; il comprend trois ou quatre espèces originaires de la Nouvelle-Hollande, et qui ont pour caractères génériques un calice pétaloïde à six divisions inégales, rapprochées, les trois externes étant terminées en pointe et les intérieures plus petites : le labelle est plus petit, entier, étendu, offrant deux callosités à sa base, mais sans appendice foliacé ; le gymostème est plane antérieurement, terminé par une anthère persistante, dont les deux loges sont rapprochées ; chaque loge ren-

6

ferme quatre massettes de pollen pulvérulent, ou deux seulement qui sont bipartites.

Les trois espèces qui appartiennent à ce genre, sont de petites Plantes glabres, ayant les bulbes entiers, la tige à une seule feuille, et les fleurs rougeâtres, solitaires ou en épi. (A.R.)

ACICARPHA. BOT. PHAN. Ce genre établi par Jussieu, et qu'il a rapporté à la famille des Cynarocéphales, appartient à la nouvelle famille des Calycérées de R. Brown, ou Boopidées de Cassini qui a adopté le nom de *Acicarpha* dans le 1er vol. du Dictionnaire de Levrault, et le change en celui de *Cryptocarpha* dans le 12e vol. du même recueil. Voici les caractères de ce genre : fleurs disposées en capitules opposés aux feuilles, involucre à quatre ou cinq divisions soudées avec les ovaires les plus extérieurs ; les fleurs inférieures ou externes sont fertiles, les supérieures beaucoup plus nombreuses sont stériles ; les ovaires sont tous soudés en un seul corps. Dans les fleurs fertiles, le limbe du calice est terminé par cinq arêtes épineuses, épaisses ; la corolle tubuleuse, grêle, est infundibuliforme ; les cinq étamines sont monadelphes et synanthères ; le style est terminé par un stigmate capitulé.

Ce genre renferme trois espèces, *A. tribuloides* ; *A. spatulata* ; *A. lanata* ; toutes trois originaires du continent de l'Amérique méridionale.
(A. R.)

* ACICULAIRES ou ACICULES. POLYP. et ECHIN. Noms donnés à des Polypiers, à des Bélemnites et à des pointes d'Oursin fossiles. (LAM..X.)

*ACICULES. ANNÉL. Savigny donne ce nom à des soies plus grosses que les autres, très-aiguës, contenues dans une sorte de fourreau, et qu'on observe, au nombre de deux, sur les rames des pieds ou mamelons setifères qui occupent les côtés du corps de plusieurs Annélides. (AUD.)

ACIDES. MIN. BOT. et ZOOL. Les Acides jouent un grand rôle dans la nature. On les retrouve dans les Minéraux, dans les Animaux, dans les Plantes; il n'est pas un ouvrage sur l'Histoire naturelle ou sur les arts, où il n'en soit question. Il est donc indispensable de donner dans ce Dictionnaire une idée de leurs principales propriétés et des caractères auxquels on peut reconnaître les espèces constatées jusqu'à ce jour. —Dans l'état actuel de nos connaissances, il est assez difficile de donner une définition exacte du mot Acide ; peut-être même vaudrait-il mieux n'en point donner. En effet, tant de théories diverses sur la constitution des Acides se sont succédées avec tant de rapidité depuis l'établissement de la nouvelle doctrine chimique, que l'opinion n'est rien moins que bien établie sur la nature intime de ces corps et sur leurs différens états. En mettant de côté toute théorie, ou système sur la production naturelle des Acides, on peut les considérer, d'après leurs principales propriétés, comme doués généralement d'une saveur aigre particulière, plus ou moins fortement prononcée ; aptes à se combiner avec le calorique ou l'Eau en des proportions différentes, et d'exister conséquemment sous les formes gazeuse, solide ou liquide ; et capables de s'unir à une grande quantité d'autres corps pour former avec eux des composés que l'on nomme Sels. Le Vinaigre, les Groseilles, le Citron, et quelques autres fruits peu mûrs, donnent l'idée de la saveur acide.

On reconnaît dans les Acides : 1° *le principe acidifiant* qui, jusqu'à présent, est ou l'Oxigène ou l'Hydrogène ; 2° *le principe acidifiable* ou *le radical* qui peut être ou simple ou composé de deux et même de trois bases.

Un grand nombre d'Acides formés par la nature se rencontrent fréquemment à l'état de combinaison ; on n'en a encore trouvé que huit ou dix à l'état de pureté ou de simple solution dans le calorique ou dans l'Eau. Ceux que l'on a retirés jusqu'ici des Minéraux, sont au nombre de treize, savoir : l'*Acide Borique*, — *Fluorique*,—*Hydro-chlorique* ou *Muriatique*, — *Sulfurique*, — *Phosphorique*, —

Carbonique, — Nitrique, — Arsénique, — Molybdique, — Schéelique ou Tungstique, — Chromique, — Succinique, — Mellitique. Une partie d'entre eux existent à l'état de liberté ; les autres n'ont encore été observés que combinés, soit avec des Terres, soit avec des Alkalis, ou des Oxides métalliques.

Les Acides libres ou natifs sont au nombre de cinq : savoir l'Acide Borique, — Hydro-chlorique, — Sulfurique, — Sulfureux et Carbonique. On y peut joindre l'Hydrogène sulfuré qui, dans certains cas, remplit la fonction d'Acide.

ACIDE ACÉTEUX. On avait cru reconnaître dans l'Acide acéteux des propriétés différentes de celles qui caractérisent l'Acide·acétique ; depuis on a reconnu que le premier était le second plus de l'Eau de solution.

ACIDE ACÉTIQUE ; c'est un des plus abondamment répandus : il peut être obtenu soit en prolongeant la fermentation et en en concentrant les produits, soit en distillant à grand feu le tissu ligneux des Végétaux, soit enfin en lui enlevant les bases avec lesquelles il pourrait être combiné. Il est sous forme de cristaux limpides, sans couleur ; son odeur est vive et piquante, sa saveur très-prononcée, et agréable lorsque l'Acide est suffisamment étendu d'Eau. Sa pesanteur spécifique à la température de 16° est de 1,063. Il est très-soluble dans l'Eau, et se volatilise au feu sans se décomposer. Son analyse a donné pour principes, Carbone 50, 2 ; Hydrogène 5, 6 ; Oxigène 44, 2. Ses usages dans les arts, comme dans l'économie domestique, sont très-multipliés. Voyez VINAIGRE.

ACIDE AÉRIEN. V. ACIDE CARBONIQUE.

ACIDE AMNIOTIQUE ou AMNIQUE, découvert par Buniva et Vauquelin dans l'Eau de l'amnios de la Vache ; il est en cristaux aciculaires, blancs, brillans, sans odeur ; il n'a qu'une faible saveur ; il est peu soluble dans l'Eau et dans l'Alcohol ; il se décompose au feu en Hydrogène, Azote, Carbone et Oxigène.

ACIDE ARSÉNIEUX. On avait considéré comme tel le Deutoxide d'Arsenic.

ACIDE ARSÉNIQUE. Il existe dans la nature combiné avec quelques Oxides métalliques ; on l'obtient en traitant par l'Acide nitrique le Deutoxide d'Arsenic. Il est solide, blanc, très-caustique, très déliquescent ; exposé au feu il se décompose, et le Deutoxide se volatilise sous forme de fumée blanche, fétide ; il donne à l'analyse 53 d'Oxigène et 47 d'Arsenic. C'est un poison très-violent.

ACIDE BÉZOARDIQUE. Guyton-Morveau avait d'abord donné ce nom à l'Acide urique. V. ce mot.

ACIDE BENZOÏQUE. On le retire de la résine benjoin que l'on fait fondre à un feu·modéré sous un cône de carton percé à l'extrémité ; l'Acide se volatilise et s'attache aux parois du cône sous forme de lames nacrées, brillantes ; il est inodore, légèrement acerbe, très-peu soluble dans l'Eau froide. Exposé au feu il se volatilise d'abord en une vapeur acre qui excite la toux, et bientôt il se décompose en 74, 7 de Carbone, 20 d'Oxigène et 5, 3 d'Hydrogène.

ACIDE BOMBIQUE, n'est que de l'Acide acétique impur que contiennent le Bombyce à soie et vraisemblablement beaucoup d'autres Lépidoptères, dans leurs divers états. (DR..Z.)

ACIDE BORACIQUE OU BORIQUE. Anciennement nommé Sel Sédatif de Homberg ; Sassolin de Karsten.

C'est le seul parmi les Acides fluatifs qui se trouve à l'état solide, tantôt sous la forme de paillettes blanches ou grises, ayant l'éclat nacré, et tantôt sous celle de croûtes à tissu fibreux. Il est très-léger, peu soluble dans l'Eau, et faiblement aigrelet. Au chalumeau il se fond en un globule vitreux transparent, auquel Haüy a reconnu la propriété d'acquérir l'électricité résineuse, par le frottement, sans avoir besoin d'être isolé auparavant. Il est composé d'environ deux parties de Bore et d'une d'Oxigène. C'est Hoefer et Mascagni qui nous

5.

ont fait connaître, en 1776, l'Acide borique des lacs du territoire de Sienne, et depuis on l'a observé parmi les produits volcaniques des îles de Lipari. (Soc. géologique de Londres, T. 1.)

Nous avons eu la satisfaction de l'observer en place dans l'intérieur du cratère de Vulcano, avec l'abbé Maraschini, lors du voyage que nous avons fait ensemble aux îles Eoliennes, en 1819. Il forme des croûtes de deux à trois centimètres d'épaisseur, d'une belle couleur blanche et à tissu fibreux et écailleux, sur le sol du cratère, et dans le voisinage de nombreuses fissures d'où se dégagent des vapeurs acido-sulfureuses très-abondantes. La partie inférieure de ces croûtes qui occupent quelquefois une assez grande surface est ordinairement colorée en beau jaune par un peu de Soufre. — L'Acide borique de la Toscane est répandu actuellement en assez grande quantité dans le commerce pour que l'on en fabrique du Borax, en l'unissant à la Soude. *V.* Bore et Soude boratée. — On trouve cet Acide naturellement combiné à la Soude, à la Magnésie, et, à la fois, à la Chaux et à la Silice. *V.* Soude boratée, Magnésie boratée et Chaux boratée siliceuse. (luc.)

ACIDE BUTIRIQUE. La découverte en est due à Chevreul. Selon ce chimiste, cet Acide serait le principe odorant du beurre dans lequel il se trouve combiné avec de la Stéarine, de l'Elaïne et de la matière colorante ; il est soluble dans l'Eau et dans l'Alcohol, et paraît composé d'Hydrogène, de Carbone et d'Oxigène.

ACIDE CAMPHORIQUE, obtenu du Camphre traité par l'Acide nitrique au moyen de cohobations. Il est en cristaux plumeux, blancs, opaques, d'une saveur légèrement amère, d'une odeur safranée ; il est peu soluble dans l'Eau et se dissout mieux dans l'Alcohol ; au feu il se fond d'abord, se volatilise ensuite et enfin se décompose en Carbone, en Hydrogène et en Oxigène. *V.* Camphre. (dr..z.)

ACIDE CARBONIQUE, *Spiritus litha-*

lis des anciens, *Air fixe, Acide méphitique, aérien, crayeux,* etc. connu bien long-temps avant que l'on en eût constaté la nature ; abondamment répandu sous la forme gazeuse qui est son état naturel, ou dissous dans les Eaux de certaines sources, de différens lacs, ou enfin combiné avec différens Acides. Sous la forme gazeuse il est transparent, invisible, doué d'une odeur particulière assez forte, d'une saveur aigrelette ; il tue sur-le-champ les Animaux que l'on plonge dans son atmosphère ; il éteint les corps enflammés sur lesquels on le verse ; il se dissout assez facilement dans l'Eau, mais il s'en sépare à la moindre élévation de température ; il est très-difficilement décomposable même à la plus forte chaleur ; sa pesanteur spécifique est de 1, 596. Il a une très-grande affinité pour les bases salifiables, mais en revanche il est chassé de ses combinaisons par presque tous les Acides. Il se trouve en combinaison avec d'autres corps, et particulièrement avec des Oxides. Les Pierres calcaires et les Marbres qui composent une portion si considérable de la masse du globe, les Minéraux désignés communément sous les noms de Natron, de Fer spathique, de Malachite, de bleu et de vert, de Montagne, de Plomb blanc, etc., sont autant de Carbonates. — Les premières notions sur ce fluide pernicieux sont attribuées à Vanhelmont ; mais Lavoisier le premier en publia, en 1776, la véritable composition qui est 27, 4 de Carbone et 73, 6 d'Oxigène. Ce gaz forme l'atmosphère de la plupart des grottes et des cavités souterraines où les courans d'air ne sont pas assez vifs pour l'en expulser ; sa pesanteur plus grande que celle de l'Air atmosphérique fait qu'il est susceptible d'y séjourner pendant des siècles ; de là vient le danger de pénétrer dans les excavations. La Grotte du Chien, que l'on ne peut se dispenser de citer lorsqu'on parle d'Acide carbonique, a constamment son sol couvert d'une couche d'Acide carbonique qui asphixie presque tous les Quadrupèdes quand ils y pénètrent.

Cependant, Breislak et Spallanzani ont trouvé que la mouffette qui occupe la partie inférieure de cette grotte, n'est pas de l'Acide carbonique pur, c'est un mélange de dix parties d'Oxigène, 50 d'Azote, et seulement 40 de l'Acide dont il est question. — Dissous dans l'Eau de certaines sources, il en constitue les principales propriétés salutaires; telles sont les Eaux minérales de Seltz, de Spa, etc., si recherchées comme anti-septiques; il produit aussi sur-le-champ des limonades pétillantes très-agréables. Cet Acide se dégage en très-grande abondance pendant la fermentation dont il est un des produits ; si on en suspend le dégagement, que l'on ne peut plus éviter lorsque la fermentation est établie, on le voit s'échapper de tous les points du liquide et le rendre mousseux dès qu'on le met en liberté. — On le rencontre aussi en France, au Boulidou de Perols, à une lieue de Montpellier, près d'Aubenas, à l'Estouffi, près Clermont-Ferrant, et sur les bords de l'ancienne abbaye du Lac, dans le monticule de Lancelot. —Les Eaux minérales qui contiennent de l'Acide carbonique en dissolution, abondent en beaucoup de pays. Dans le voyage que nous fîmes en 1819, nous remarquâmes qu'il n'est pas de lieu où cet Acide soit en plus grande quantité que dans les Eaux de Paterno, en Sicile, au pied de l'Etna, et à Recoaro, dans le Vicentin.   (LUC.)

ACIDE CHLORIQUE. Il n'existe point dans la nature, mais se forme aussitôt que l'on met en contact le Chlore avec une dissolution de Potasse, de Soude, de Baryte, etc. Il est toujours sous forme liquide, inodore, sans couleur et d'une saveur très-forte; on l'a trouvé composé de 47, 25 de Chlore et de 62, 75 d'Oxigène.

ACIDE CHLOROXI-CARBONIQUE. Il résulte de la décomposition de l'Oxide de Carbone par le Chlore; gazeux, sans couleur, d'une odeur suffoquante; sa pesanteur spécifique est de 3, 3894.

ACIDE CHLORO-CYANIQUE; découvert depuis peu par Berthollet; on 'obtient en faisant passer un courant de Chlore dans une dissolution d'Acide hydro-cyanique ; il est gazeux, sans couleur, odorant, composé d'un volume de vapeur de Carbone, un demi-volume d'Azote et un demi-volume de Chlore.

ACIDE CHOLESTERIQUE. En traitant la Cholesterine par l'Acide nitrique, on obtient des aiguilles blanches d'une saveur légèrement styptique, d'une odeur butireuse, très-peu soluble dans l'Eau, soluble dans l'Alcohol, fusible et décomposable au feu en Carbone, en Hydrogène et en Oxigène. V. CHOLESTERINE.

ACIDE CHRÔMIQUE. Il existe dans le Plomb chrômaté dont on l'extrait à l'aide du Nitrate de Potasse; il se forme du Chrômate de cette dernière base qu'on lui enlève par un autre Acide; il est en petits cristaux, d'un rouge orangé foncé, d'une saveur acerbe, dissoluble dans l'Eau, décomposable au feu en Oxide de Chrôme et en Oxigène.

ACIDE CITRIQUE. Il existe en dissolution dans le suc de la plupart des fruits, et surtout dans celui des Citrons dont on le retire en le combinant, avec la Chaux, en cristaux prismatiques, rhomboïdaux, transparens, inodores, d'une saveur agréable lorsqu'il est étendu d'Eau. Il est très-soluble dans l'Eau, moins dans l'Alcohol; au feu il se décompose en Carbone 33, 8, Hydrogène 6, 3, Oxigène 59, 9. Il fait, dans l'économie domestique, la base des limonades et de certains assaisonnemens ; dans la teinture il sert à aviver les couleurs.

ACIDE COLOMBIQUE. Il a été retiré du Tantalithe par Hatchett; il est blanc, pulvérulent, inodore, presque infusible et insoluble dans l'Eau.

ACIDE CRAYEUX. V. ACIDE CARBONIQUE.

ACIDE DELPHINIQUE. Il existe dans l'huile du *Delphinus globiceps* de Cuvier, et probablement dans les autres Cétacés et dans tous les Poissons; on l'obtient en traitant leur huile par la Potasse, en lavant la masse savoneuse, et versant de l'Acide tartarique dans l'Eau des lavages ; on sépare du Tartrate de Potasse, par la distillation. L'Acide delphinique est volatil, odorant et assez semblable à une huile essentielle ; il est peu soluble dans l'Eau, et l'est beaucoup plus dans l'Alcohol, etc. Chevreul, à qui est due la connaissance de cet Acide, n'en donne point la composition.

ACIDE ELLAGIQUE. Il a été reconnu par Braconnot, et précédemment découvert par Chevreul, dans la noix de galle. Il est insipide, pulvérulent, d'un fauve très-clair, peu soluble dans l'Eau.

ACIDE FLUO-BORIQUE. Il est produit par la distillation d'une partie d'Acide borique vitreux et de deux parties de fluate de Chaux avec douze d'Acide sulfurique. Gazeux, sans couleur, d'une odeur piquante, suffoquante, très-soluble dans l'Eau, sans action sur le Verre, inaltérable à une température même très-élevée ; il est composé de Bore et de Fluor combiné à l'Oxigène. Sa pesanteur spécifique est de 2, 371.

ACIDE FLUORIQUE. Découvert par Schéele en 1771, qui l'a obtenu en traitant le Spath fluor par l'Acide sulfurique, il est ordinairement liquide, limpide, d'une odeur très-vive et très-forte, d'une saveur des plus âcres ; son action désorganisatrice sur les substances animales, est très-prompte et très-douloureuse ; il est tellement avide de Silice qu'il l'enlève au Verre avec lequel on le met en contact, aussi doit-on se servir de vases de Plomb, d'Argent ou de Platine pour le préparer et le conserver. On a mis à profit l'action de l'Acide fluorique sur le Verre, pour graver sur cette substance dont on a garanti, avec de la cire, les endroits qui ne doivent pas être entamés ; on applique la pièce au contact de la vapeur acide.

ACIDE FORMIQUE. En saturant le suc exprimé des Fourmis avec le Carbonate de Potasse, puis en distillant, avec de l'Acide sulfurique, on obtient un Acide liquide, sans couleur, d'une odeur forte, d'une saveur aigre, très-piquante, qui ne se décompose qu'à une température assez élevée.

ACID FUNGIQUE. Il existe dans les Bolets, l'e ou combiné avec la Po-

tasse ; dans son état de pureté il est sans couleur, très-sapide et déliquescent.

ACIDE GALACTIQUE. V. ACIDE LACTIQUE.

ACIDE GALLIQUE. Il est uni au Tannin, dans un grand nombre de Végétaux ; pour l'obtenir on clarifie l'infusion de noix de galle, par de la solution de blanc d'œufs ; on évapore et on fait cristalliser. Ses cristaux sont aciculaires, blancs, légers ; ils ont une saveur acide très-astringente et sont solubles dans l'Eau. Exposés au feu, ils se volatilisent en partie et se décomposent en Carbone, Hydrogène et Oxigène.

ACIDE GASTRIQUE. On avait donné ce nom au suc gastrique que l'on croyait participer aux propriétés communes des Acides.

ACIDE HONIGSTIQUE. Nom donné par Klaproth à l'Acide du Mellite. V. ACIDE MELLITIQUE.

ACIDE HYDRIODIQUE. La découverte en est due à Gay-Lussac ; il est naturellement à l'état gazeux, sans couleur, d'une odeur forte, d'une saveur piquante ; il s'unit à l'humidité atmosphérique qu'il rend nuageuse ; il n'est point favorable à la combustion ; sa pesanteur spécifique est de 4, 4288. Il est très-soluble dans l'Eau ; il est décomposé par une forte chaleur, par les Acides sulfurique et nitrique ; il existe combiné avec la Potasse, dans les Varecs ou Fucus. (DR..Z.)

ACIDE HYDRO-CHLORIQUE. *Acide du Sel marin* ou *Muriatique.* On le trouve, comme l'Acide carbonique, sous la forme de Gaz, et en dissolution dans les Eaux ; il précipite l'Argent de ses dissolutions ; son odeur est forte, piquante et acide, sa saveur très-aigre. Les vapeurs qui s'exhalent du cratère du Vésuve, ou des fentes par lesquelles s'écoule la lave, le contiennent en abondance. C'est à lui qu'est due l'action énergique qu'elles exercent sur les yeux et sur la poitrine de ceux qui les respirent de trop près, comme nous l'avons reconnu, à nos dépens, en 1819. Dissous dans l'Eau, il lui communique assez ordinairement une couleur légèrement jaune verdâtre, et une odeur qui a du rapport avec celle de la Pomme de reinette.—Les sources chaudes qui se trouvent depuis le lac de Cusco jusqu'à Valladolid, dans la Nouvelle-Espagne, sur une étendue de quarante lieues carrées environ, ne contiennent généralement que de l'Acide muriatique, sans vestiges de Sels terreux ou de Sels métalliques selon Humboldt. On l'a observé également en Pologne, dans les fameuses mines de Sel de Wieliczka. (LUC.)

ACIDE HYDRO–CHLORO–NITRIQUE. Combinaison particulière du Chlore et de l'Oxigène, résultant du mélange des deux Acides nitrique et hydro-chlorique; liquide, jaune, odorant, attaquant l'Or et le Platine qu'il dissout.

ACIDE HYDRO-CYANIQUE. Liquide, transparent, odorant, très-volatil, susceptible de cristalliser par un grand abaissement de température, il est combustible par l'approche d'un corps en ignition; décomposable par une forte chaleur, peu soluble dans l'Eau où il surnage; plus facilement dissous par l'Alcohol. Il est composé de 44, 59 de Carbone, 51, 71. d'Azote et 5, 90 d'Hydrogène. Il existe en très-petite quantité dans les feuilles de Pêcher, de Laurier-cerise, dans les amandes amères et dans le Prunier mahaleb; mais il se forme abondamment, dans la calcination des matières azotées avec la Potasse, et c'est de la distillation de ce produit, avec un Acide, qu'on l'obtient. Cet Acide est le poison le plus violent que l'on connaisse : une seule goutte introduite dans la jugulaire d'un Cheval a suffi pour le faire tomber roide mort.

ACIDE HYDRO-SULFURIQUE. Découvert par Schèele, et nommé d'abord par lui Gaz hydrogène sulfuré; gazeux, incolore, d'une odeur fétide insupportable; d'une saveur semblable à celle des œufs pourris; pesanteur spécifique 1, 1912; il est des moins favorables à la combustion et à la respiration même lorsqu'il n'entre que pour 1/1500 dans le volume de l'atmosphère; dans ce mélange un Moineau périt sur-le-champ; dissoluble dans l'Eau; composé de 93; 855 de

Soufre et de 6, 145 d'Hydrogène; on le trouve dans la nature combiné en très-petite quantité avec la Soude dans quelques Eaux minérales, telles que celles d'Aix-la-Chapelle, Plombières, etc.; il se dégage de la vase des marais, des fosses d'aisance, etc.

ACIDE HYDROTHIONIQUE. Tromsdorff rangeait sous ce nom le Gaz hydrogène sulfuré que de nouvelles recherches ont fait considérer comme Acide hydro-sulfurique. V. ce mot.

ACIDE HYPO-PHOSPHOREUX. Liquide, non susceptible de cristalliser, blanc, d'une saveur très-forte, miscible à l'Eau en toutes proportions; découvert par Dulong qui l'a obtenu en délayant un Phosphure alcalin dans l'Eau qui le décompose et donne naissance au nouveau corps; décomposable par la chaleur en Gaz hydrogène phosphoré, en Phosphore et en Acide phosphorique; formé de 72, 78 de Phosphore et de 27, 22 d'Oxigène. C'est le premier degré d'acidification du Phosphore.

ACIDE HYPO-SULFUREUX. Résultat de la combinaison du Soufre avec l'Acide sulfureux; présumé exister dans les sulfites Sulfurés.

ACIDE IODIQUE. Résultat de la décomposition du Gaz oxide de Chlore sur l'Iode; il est en masses blanches, translucides; inodore; d'une saveur forte, astringente; il est très-soluble, sa dissolution s'épaissit au feu, et la masse qui en résulte se fond bientôt après, et se décompose en vapeur d'Iode et en Gaz oxigène; chauffé avec les corps combustibles, il occasione des détonations plus ou moins violentes; il contient près de 76 d'Iode et de 24 d'Oxigène. Sa découverte est due à Gay-Lussac.

ACIDE KARABIQUE. V. ACIDE SUCCINIQUE.

ACIDE KINIQUE. Découvert par Vauquelin dans le Quinquina où il se trouve combiné à la Chaux; il cristallise difficilement en lames blanchâtres, d'une saveur assez forte; très-soluble dans l'Eau, fusible au feu et décomposable, partie en Carbone, Hydrogène et Oxigène, partie en Acide pyro-kinique.

ACIDE LACCIQUE. Obtenu par John de la résine laque, en cristaux sapides, d'un jaune de vin blanc , solubles dans l'Eau , l'Alcohol et l'Éther.

ACIDE LACTIQUE. Découvert par Schèele dans le petit-lait aigri , sous forme syrupeuse; il est incristallisable, peu sapide, très-soluble dans l'Eau et l'Alcohol ; exposé au feu , il se boursouffle et se décompose en Carbone , Hydrogène et Oxigène.

ACIDE LITHIQUE ou ALITHIASIQUE. V. ACIDE URIQUE.

ACIDE MALIQUE. Il existe combiné dans presque toutes les parties des Végétaux, et à l'état de liberté dans les sucs des fruits , et surtout dans les Pommes , où Schèele l'a reconnu le premier en 1785, sous forme extractive, brunâtre, incristallisable , médiocrement sapide; soluble dans l'Eau en toutes proportions ; décomposable au feu en Carbone , Hydrogène et Oxigène ; conversible en Acide oxalique par l'Acide nitrique. Les fruits contiennent d'autant plus d'Acide malique qu'ils sont plus éloignés du terme de leur maturation.

ACIDE MARGARIQUE. Il existe tout formé dans le gras des cadavres ; on l'obtient en traitant, par l'Acide hydrochlorique, le résidu des Eaux de lavage d'un savon préparé avec la graisse de Porc. Il est solide, blanc-nacré, presque insipide , peu odorant, d'une consistance céreuse , moins pesant que l'Eau dans laquelle il ne se dissout pas ; très-soluble dans l'Alcohol ; se volatilisant au feu , et s'y décomposant en Hydrogène , Azote, Carbone et Oxigène ; sa découverte est due à Chevreul.

ACIDE MARIN. V. ACIDE HYDRO-CHLORIQUE.

ACIDE MÉCONIQUE. Découvert par Sertuerner, dans l'Opium dont on le sépare au moyen de la Magnésie ; dans son état de pureté, il est blanc, cristallin , soluble dans l'Eau et l'Alcohol; fusible au feu, se sublimant ensuite et se décomposant enfin en Carbone , Hydrogène et Oxigène.

ACIDE MELLITIQUE. Trouvé par Klaproth , combiné avec l'Alumine dans le Mellite ou Pierre de miel, et dont il forme les o, 46 ; en cristaux prismatiques; sapide , peu soluble , facilement décomposable au feu en Carbone , Hydrogène et Oxigène.

ACIDE MÉPHITIQUE. V. ACIDE CARBONIQUE.

ACIDE MOLYBDIQUE. Blanchâtre , cristallin , inodore , peu sapide , peu soluble , se volatilisant au feu sans s'y altérer sensiblement ; composé de 66, 7 de Molybdène et de 33, 4 d'Oxigène. Obtenu par Schèele en analysant le Molybdène sulfuré.

ACIDE MORIQUE. Découvert par Klaproth à la surface de l'écorce du Mûrier blanc où il se trouve combiné avec la Chaux ; en cristaux aciculaires, très-fins, blanchâtres ; très-sapide, très-soluble dans l'Eau et l'Alcohol ; décomposable au feu , en produisant du Carbone , de l'Hydrogène et de l'Oxigène.

ACIDE MUCIQUE. C'est encore à Schèele que l'on doit la connaissance de cet Acide , qui , l'ayant obtenu d'abord du lait , lui donna le nom d'Acide saccholactique : depuis on l'a retiré également de la Manne , de la Gomme et en général de tous les corps muqueux-végétaux que l'on traite par l'Acide nitrique ; blanc , pulvérulent, peu sapide, peu soluble dans l'Eau et point dans l'Alcohol ; noircissant au feu , s'y boursoufflant et se décomposant en 33, 5 de Carbone, 62, 5 d'Oxigène et 4 d'Hydrogène.

ACIDE MURIATIQUE. V. ACIDE HYDRO-CHLORIQUE.

ACIDE MURIATIQUE OXIGÉNÉ. V. CHLORE.

ACIDE MURIATIQUE SUR-OXIGÉNÉ , Oxide de Chlore. V. CHLORE.

ACIDE MURIATIQUE HYPER-OXIGÉNÉ. V. ACIDE CHLORIQUE.

ACIDE NANCÉIQUE. Obtenu par Braconnot des matières végétales qui passent à la fermentation acide, où il est uni au Vinaigre syrupeux ; sans couleur , incristallisable, se décomposant au feu en Carbone , Hydrogène et Oxigène.

ACIDE NITREUX. Liquide, transparent ou coloré en jaune et orangé , suivant son degré de température ;

saveur âcre très-caustique, odeur très-pénétrante; il se réduit très-facilement en vapeurs rutilantes qui colorent tous les Gaz; en contact avec l'Oxigène humide, il se résout en Acide nitrique; uni avec une petite quantité d'Eau il prend une couleur verte foncée. On le produit en décomposant le nitrate de Plomb par la chaleur; il est formé de 50, 5 d'Azote et de 69, 5 d'Oxigène.

ACIDE NITRIQUE. Il se forme constamment dans la nature, et se combine immédiatement à de la Chaux, de la Magnésie ou de la Potasse, dont on le dégage à l'aide de l'Acide sulfurique; liquide, transparent, blanc, odorant, d'une saveur très-forte; exposé à l'action de la chaleur comme à celle d'une vive lumière, il se dilate et se décompose en Acide nitreux et en Oxigène; il attaque vivement les matières animales et les désorganise entièrement; il est formé de 26 d'Azote et de 74 d'Oxigène; on l'emploie dans quelques arts.

ACIDE NITRO-MURIATIQUE. V. ACIDE HYDRO-CHLORO-NITRIQUE.

ACIDE OLÉIQUE. Il accompagne presque toujours l'Acide margarique; en aiguilles blanches, fusibles à 12°; odeur et saveur rancea; peu dissoluble dans l'Eau, fortement dans l'Alcohol.

ACIDE OXALIQUE. On le rencontre assez fréquemment dans beaucoup de substances végétales uni à la Potasse et à la Chaux; on se le procure ordinairement par la décomposition du sel d'Oseille ou par l'acidification du sucre au moyen de l'Acide nitrique, en cristaux prismatiques, sans couleur; très-sapide, très-soluble; exposé au feu, il se fond, se boursouffle et se décompose en 26, 57 de Carbone, 70, 69 d'Oxigène et 5, 74 d'Hydrogène. Découvert par Bergman, en 1776.

ACIDE PHOSPHATIQUE; Dulong a nommé ainsi le troisième degré d'acidification du Phosphore; il est liquide, visqueux, sans couleur, légèrement odorant, très-sapide; on l'obtient par la combustion lente du Phosphore, à la simple exposition de ce corps, au contact de l'air humide; exposé au feu, il passe à l'état d'Acide phosphorique aux dépens de l'Oxigène de l'Eau, dont l'Hydrogène réagit à son tour sur une petite portion d'Acide phosphatique à laquelle il enlève le Phosphore, pour se transformer en Hydrogène phosphoré; ce dernier, dans les vaisseaux ouverts, vient s'enflammer au contact de l'Air atmosphérique. Il est composé de 47, 53 de Phosphore et de 52, 47 d'Oxigène.

ACIDE PHOSPHOREUX. Deuxième degré d'acidification du Phosphore, résultat de la décomposition de l'Eau par le Proto-chlorure de Phosphore; en petits cristaux, sans couleur, très-sapide, inodore, très-soluble; exposé au feu, il se décompose avec production de Gaz hydrogène phosphoré dont la base est due à l'Eau qu'il contient, de Phosphore et d'Acide phosphorique; ses principes sont 57 de Phosphore et 43 d'Oxigène.

ACIDE PHOSPHORIQUE. Découvert par Margraff, et déterminé par Lavoisier qui l'a obtenu de la combinaison directe du Phosphore avec le Gaz Oxigène; on se le procure d'une manière moins dangereuse en traitant le Phosphore par l'Acide nitrique qui lui cède une partie de son Oxigène en se transformant en Acide nitreux; solide, sans couleur, inodore, très-sapide, fort pesant, miscible à l'Eau en toutes proportions; exposé au feu, il se fond et se vitrifie sans éprouver d'altération; décomposable par la pile voltaïque; contenant 44, 46 de Phosphore et 55, 54 d'Oxigène.

ACIDE PRUSSIQUE. V. ACIDE HYDRO-CYANIQUE.

ACIDE PRUSSIQUE OXIGÉNÉ. V. ACIDE CHLORO-CYANIQUE.

ACIDE PURPURIQUE. Découvert par le docteur Prout; résulte du traitement de l'Acide urique par l'Iode ou le Chlore; pulvérulent, d'un jaune purpurin; peu sapide; insoluble dans l'Eau et dans l'Alcohol, formant des sels purpurins avec les bases salifiables; décomposable par la chaleur en 51, 81 d'Azote, 27, 27 de Carbone, 4, 54 d'Hydrogène et 56, 56 d'Oxigène.

ACIDE PYRO-KINIQUE. Résultant de la décomposition de l'Acide kinique par la chaleur; il est cristallisable, sans couleur, inodore, sapide; extrêmement sensible à la présence du Fer qu'il précipite en vert; composé des mêmes élémens que l'Acide kinique, plus un peu d'Oxigène.

ACIDE PYRO-MUCIQUE. Il est formé, pendant la calcination de l'Acide mucique, en cristaux blancs; sapide, inodore, soluble dans l'Eau et dans l'Alcohol, fusible et volatil par la chaleur, puis décomposable en Carbone 52, Hydrogène 2, Oxigène 46.

ACIDE PYRO-URIQUE; obtenu par Chevalier et Lassaigne, en sublimant de l'Acide urique; en petites aiguilles blanches; peu soluble dans l'Eau et l'Alcohol; peu sapide; inaltérable par l'Acide nitrique; décomposable par une haute température en Carbone 28, 4; Azote 16, 9, Hydrogène 10, 1 et Oxigène 44, 6.

ACIDE PYRO-TARTARIQUE. Produit par la distillation de l'Acide tartarique ou même de la crème de tartre; il est en petits cristaux lamelleux, blancs; très-sapide, très-soluble, décomposable par la chaleur en Carbone, Hydrogène et Oxigène.

ACIDE RHÉIQUE. Obtenu par Henderson en exprimant le suc des tiges de la Rhubarbe, en le saturant de Chaux, puis en décomposant le sel par l'Acide sulfurique; cristallisable en aiguilles blanches; sapide, très-soluble; soupçonné de n'être qu'une modification de l'Acide oxalique.

ACIDE ROSACIQUE. Découvert, en 1802, par Prout, dans le sédiment rougeâtre que laissent les urines que l'on nomme vulgairement ardentes; solide, d'un rouge de cinabre très-vif; inodore, peu sapide; se décompose au feu et paraît ne contenir que peu d'Azote; a beaucoup d'analogie avec l'Acide purpurique du docteur Prout.

ACIDE SACCHARIN. V. ACIDE OXALIQUE.

ACIDE SACCHO-LACTIQUE. V. ACIDE MUCIQUE.

ACIDE SÉBACIQUE. Produit par la distillation des graisses et du suif; en petits cristaux aciculaires, blancs; inodore, peu sapide; soluble dans l'Eau et dans l'Alcohol; l'action de la chaleur le fait fondre et le volatilise; il est soupçonné ne contenir que du Carbone, de l'Hydrogène et de l'Oxigène, sans Azote.

ACIDE SORBIQUE. Découvert par Donavan en 1815 dans plusieurs fruits, et particulièrement dans ceux du Sorbier; pour l'obtenir on traite le suc par l'Acétate de Plomb qui se décompose, puis on verse de l'Acide sulfurique sur le Sorbate de Plomb formé en cristaux limpides; inodore, très-sapide, très-soluble; transformé en Acide oxalique par l'Acide nitrique; composé de 28, 3 de Carbone, 16, 8 d'Hydrogène et 54, 9 d'Oxigène. Houton-Labillardière a démontré l'identité des Acides sorbique et malique.

ACIDE SPATHIQUE. V. ACIDE FLUORIQUE.

ACIDE SUBÉRIQUE. Il est produit en traitant au feu 1 p. de Liége rapé avec 6 p. d'Acide nitrique; sous forme de flocons blanchâtres; inodore, peu sapide, peu soluble dans l'Eau, plus dans l'Alcohol, fusible au feu, à la manière des graisses, et cristallisable, par le refroidissement, en longues aiguilles; décomposable ensuite en exhalant une odeur analogue à celle du suif.

ACIDE SUCCINIQUE. Obtenu par la distillation du Succin, sous forme de cristaux prismatiques; blanc, transparent; saveur acre, inodore; assez soluble dans l'Eau et dans l'Alcohol; fusible, se volatilisant et se décomposant ensuite en 47, 6 de Carbone, 4, 5 d'Hydrogène et 47, 9 d'Oxigène. (DR...z.)

ACIDE SULFUREUX. Gazeux, invisible, d'une odeur vive, piquante et irritante; d'une saveur forte et désagréable; on l'obtient par la combustion du Soufre sous une cloche fermée par une couche d'Eau, ou par la décomposition de l'Acide sulfurique par un corps combustible; soluble dans l'Eau, passant très-promptement à l'état d'Acide sulfurique, composé de

50, 7 de Soufre et 49, 3 d'Oxigène; pesanteur spécifique 2, 234; employé pour blanchir la soie, enlever les taches de fruits, muter les vins et les sirops, guérir les maladies de la peau, etc. Il existe en grande abondance dans la plupart des volcans, en activité, notamment à l'Etna et au pic du Ténérif, à l'Hécla, au Chimboraço, dans le cratère de Vulcano, etc. Les solfatares de Pouzzoles, auprès de Naples et de la Guadeloupe, les fissures du cratère Dolomieu, à Mascareigne où Bory l'a reconnu, le présentent également. Il agit puissamment sur les laves soumises à son action, les décolore, les fait passer à l'état terreux ou les convertit en Sulfate d'Alumine; enfin, on le trouve encore dans certaines grottes, comme à Santa-Fiora, en Toscane, et dans l'île de Milo.

ACIDE SULFURIQUE. *Acide vitriolique natif*, ou *Huile de vitriol naturelle* des anciens minéralogistes. Liquide, blanc, épais, inodore, très-sapide, susceptible de se concréter et de cristalliser par le refroidissement, à 10 ou 12°; miscible à l'Eau dont il élève sur-le-champ la température jusqu'au degré de l'ébullition, et même au-delà, suivant les proportions; se vaporisant par une chaleur ordinaire, éprouvant une décomposition prompte lorsqu'on l'expose à toute l'action du calorique. On le prépare en grand par la combustion du Soufre dans de vastes appartemens revêtus de parois de Plomb, et dont le sol est couvert d'Eau dans laquelle les vapeurs acides viennent se condenser. On accélère cette combustion par le mélange d'un 8° de Nitrate de Potasse : l'Acide de ce sel se décompose très-facilement, et cède une portion de son Oxigène au Soufre. On concentre ensuite les liqueurs du sol en les faisant évaporer dans des bassines de Platine. Il est composé de 41 de Soufre et de 59 d'Oxigène. De tous les Acides c'est le plus employé dans les arts et dans les laboratoires. Il existe abondamment dans la nature, à l'état de combinaison avec un grand nombre de bases salifiables; mais il est rare à l'état de pureté; le plus souvent

il est combiné avec des Terres ou des Oxides métalliques; les principales de ses combinaisons sont le Gypse, ou Pierre à plâtre, l'Alun, le Spath pesant, les différens Vitriols de Fer, de Cuivre, de Zinc, etc. — Baldassari, professeur de physique à Sienne, est le premier qui l'ait observé, sous forme concrète, en 1776, dans une grotte, au-dessus des bains de Saint-Philippe, sur le mont Amiata; il s'y trouvait en aiguilles déliées sur des concrétions de Chaux sulfatée. Le plus communément, l'Acide sulfurique est en dissolution dans les Eaux thermales des terrains volcaniques, comme dans le Popayan et dans plusieurs des îles de la Sonde, et notamment au mont Idienne, dans l'île de Java, d'après l'observation de Leschenault de la Tour. — Il distille en abondance de la voûte de certaines cavités creusées dans les flancs du cratère de Vulcano, qui sont tapissées de concrétions de Chaux sulfatée et d'Alumine sulfatée, et qui renferment en même temps du Soufre en combustion. Peu d'heures nous ont suffi pour en remplir plusieurs bouteilles. Bory l'a également observé au volcan de Mascareigne. — L'Acide sulfurique obtenu par la combustion du Soufre, dans les chambres de Plomb, est employé, dans une foule d'arts, et principalement par les teinturiers et les tanneurs. (LUC.)

ACIDE SULFURIQUE GLACIAL; Acide de Nordhausen, résultat de la distillation du Proto-sulfate de Fer; c'est de l'Acide sulfurique très-concentré, pénétré d'Acide sulfureux.

ACIDE SULFURO-BORIQUE. Obtenu par le mélange de l'Acide sulfurique avec une dissolution de Borax; il se précipite sous forme de larges écailles, brillantes, nacrées; peu sapide, peu soluble dans l'Eau et l'Alcohol, se boursouflant au feu et laissant dégager des vapeurs épaisses d'Acide sulfurique.

ACIDE TARTAREUX, ACIDE TARTARIQUE. Il existe dans beaucoup de parties des Végétaux, et particulièrement dans le suc des fruits où il est combiné avec la Potasse et la Chaux dont on l'extrait, en le saturant complétement avec la Chaux, et en le dégageant de cette combinaison par l'Acide sulfurique; en cristaux limpides, inodores, sapides; très-dissoluble dans l'Eau, moins dans l'Alcohol; se convertissant en Acide oxalique par l'Acide nitrique, La chaleur le décompose en partie et donne lieu à la production d'Acide pyro-tartarique. Ses principes constituans sont : Carbone 24, 05, Hydrogène 6, 65; Oxigène 69, 32. Il est employé en médecine comme antiseptique et rafraîchissant.

ACIDE TUNGSTIQUE. Solide, jaune, inodore, insipide, insoluble dans l'Eau et dans l'Alcohol, inaltérable au feu; composé de 79 de Tungstène et 21 d'Oxigène; nommé aussi Acide Schéelique du nom de Schèele qui l'a découvert dans le Wolfram.

ACIDE URIQUE. C'est encore à Schèele qu'est due la découverte de cet Acide qu'il nomma d'abord Acide lithique, parce qu'il l'avait obtenu en analysant des calculs humains triturés avec la Potasse et décomposés ensuite par l'Acide hydro-chlorique; l'Acide urique se précipite en paillettes brillantes d'un blanc jaunâtre, inodores, insipides; très-peu soluble dans l'Eau, insoluble dans l'Alcohol; il est décomposable par l'Acide nitrique et par le Chlore gazeux; par l'action de la chaleur il se décompose en partie, et produit de l'Acide pyro-urique. Ses principes constituans sont : Azote 59, 16; Carbone 33, 61; Hydrogène 8, 54; Oxigène 18, 89. On ne l'a encore trouvé que dans les calculs et dans l'urine de l'Homme et des Oiseaux.

ACIDE VITRIOLIQUE. Nom que portait l'Acide sulfurique lorsqu'on l'obtenait de la dissolution du Vitriol résultant de la décomposition des Pyrites martiales.

ACIDE ZOONIQUE. Nom donné par Berthollet à l'Acide acétique impur obtenu dans la distillation des matières animales. (DR..Z.)

ACIDIFÈRES (*Substances*). MIN. Composés dans lesquels il entre un Acide. Haüy s'est servi de cette épithète pour qualifier la grande di-

vision dans laquelle il a placé toutes les substances minérales qui admettent, dans leur composition, une Terre ou un Alcali, et quelquefois tous les deux unis à un Acide. *V.* MINÉRALOGIE.   (DR..Z.)

ACIDIFIABLES (*Bases*). MIN. C'est ainsi que l'on nomme les substances qui, par leur combinaison avec tel ou tel principe, acquièrent les propriétés qui caractérisent cette grande série de composés appelés Acides. Le principe qui s'unit alors à ses bases se nomme par la même raison *Acidifiant.* (DR..Z.)

ACIDIFIANTS *Principes*). *Voy.* ACIDIFIABLES.   (DR..Z.)

* ACIDITÉ. Saveur acide. *Voy.* ACIDE.

ACIDOTON. BOT. PHAN. Genre établi par Browne dans son Histoire naturelle de la Jamaïque (p. 355), et réuni plus tard au genre Adelia de Linné. *V.* ADÉLIE.   (A. R.)

*ACIDULE. Nom donné à quelques Sels qui existent naturellement à l'état de combinaison avec un excès d'Acide.   (DR..Z.)

ACIER. MIN. *Proto-carbure de Fer.* (Thénard.) Modification particulière du Fer, ou plutôt sa combinaison avec le Carbone dans des proportions variables entre un et vingt millièmes.

On distingue deux espèces d'Aciers factices : l'Acier de fonte et l'Acier de cémentation. Le premier s'obtient par la fusion à une température extrêmement élevée, d'un mélange de copeaux de Fer doux avec le Carbonate de Chaux et l'Argile cuite. La conversion du Fer en Acier par la cémentation consiste à placer des barreaux de Fer doux, de quelques lignes de carré, dans des creusets remplis de poussière de charbon, de manière que les barreaux en soient enveloppés. On porte les creusets au fourneau où l'on entretient la chaleur rouge pendant douze à quinze heures. Par ces opérations, des molécules de Carbone pénètrent les molécules de Fer, et il en résulte une espèce de Proto-carbure de Fer ou Acier, dont les propriétés diffèrent de celles du Fer. Il a plus de dureté, de ductilité et de fusibilité ; son grain est plus fin , plus serré, et sa densité comme sa dureté peuvent être encore augmentées au moyen de la trempe , qui n'est que la brusque immersion de l'Acier rougi dans l'Eau froide , et le resserrement des molécules par le passage subit d'une température à une autre très-opposée.

L'art de fabriquer l'Acier remonte à l'époque la plus reculée , car c'est à l'Acier que l'on fut redevable du ciseau par lequel furent enfantés les chefs-d'œuvre merveilleux qui ont résisté aux atteintes du temps , en échappant aux ravages de la barbarie et des révolutions. C'est avec l'Acier que l'on prépare les instrumens destinés à entamer les corps les plus durs, à recevoir le tranchant le plus acéré , à obéir à la plus grande force d'élasticité, etc. L'Acier est susceptible d'un poli qui le fait employer dans les objets de luxe les plus délicats.

La nature a montré quelques mines d'un Acier qui surpasse même en propriétés celui que les hommes façonnent. Dans le nombre de ces Aciers natifs on distingue celui récemment découvert à Bombay , et qui a reçu le nom de Wootz ; rien n'égale la dureté de ce Minéral, dans lequel Faraduy a trouvé sur 460 grains 0,00065 de Silice et 0,0013 d'Alumine. Il est à présumer que dans l'alliage ces deux substances sont à l'état métallique. L'Acier natif de la Bouiche en Auvergne, quoique trouvé en assez grandes masses (il y en avait du poids de plus de seize livres) par Cocq et Monier, n'a point été employé comme celui de Bombay à la fabrication d'instrumens divers.   (DR..Z.)

ACIER NATIF. (*Pseudo-Volcanique.*) MIN. *V*. FER PROTO-CARBURÉ NATIF.   (LUC.)

* **ACILLACAS.** BOT. PHAN. (Belon.) Syn. de Chêne , dans l'île de Crète.   (B.)

ACINACÉE. *Acinacea.* POIS. Genre de la division des Thoraciques de Linné qui rentre dans l'ordre des Acantoptèrygiens , famille des Scombéroïdes de Cuvier, et que nous avons établi dans la relation d'un voyage aux quatre îles des mers d'Afrique. Ses caractères consistent dans la forme oblongue et comprimée latéralement d'un corps dont la peau est dépourvue d'écailles; dans un sillon longitudinal régnant sur le vertex qui est applati ; dans l'inégalité des mâchoires dont l'inférieure est la plus longue , dans l'insertion, à la partie antérieure du palais, de cinq dents fort différentes de celles qui garnissent les mâchoires sur un rang, enfin, dans les fausses nageoires disposées en dessus et en dessous , sur les espaces qui demeurent entre la dorsale , l'anale et la caudale. Une seule espèce d'Acinacée a été observée jusqu'à ce jour, elle a été omise dans les ouvrages d'Histoire naturelle publiés depuis que nous la fîmes connaître.

ACINACÉE BATARDE , *Acinacea notha,* Bory. *V*. T. 1. pl. 4. f. 2. Nous en reproduisons ici la figure (*V*. les livraisons de planches de ce Dictionnaire).Sa forme rappelle celle de l'*Esox Bellone*, L. *V*. ORPHIE. Elle acquiert plus de deux pieds de longueur. Sa couleur est triste et noirâtre, avec des teintes bleues vers le dessus du dos ; les côtés du corps et de la tête sont grisâtres ; quelquefois on y voit des taches argentées. Les opercules sont épineux ; des arêtes intérieures , situées sous la peau, y produisent des sillons peu sensibles inclinés sur la ligne latérale. B. 7. D. 29/11. P... V. 4. A. 11. C.... bifurquée. L'Acinacée bâtarde habite la haute mer Atlantique entre les Tropiques ; elle a des traits de ressemblance avec les Orphies et les Scombres. C'est un Poisson fort vorace.   (B.)

* **ACINACIFORME.** BOT. PHAN. C'est-à-dire *en forme de sabre.* Les feuilles de certaines Crassules et les légumes de certains Dolichos sont Acinaciformes. *V*. FEUILLES.   (B.)

* **ACINAIRE.** *Acinaria.* BOT. CRYPT. (*Hydrophytes?*) Genre établi par Raffinesque, qu'il est nécessaire de mieux examiner , et dont les caractères consistent , selon ce naturaliste , en un thallus creux et articulé, polymorphe, divisé en lanières étroites, planes, et dont les nervures sont longitudinales. La fructification est disposée au-dessous des lanières, sur deux ou trois rangs longitudinaux, et formée de grains mous, arrondis, rouges, semblables à de petites gales. Il en existe quatre espèces qui toutes croissent dans les eaux de diverses rivières de l'Amérique septentrionale. Ces espèces sont :

ACINAIRE FLEXUEUSE. *A. flexuosa.* A lanières linéaires, aiguës, flexueuses, ondulées, éparses.

ACINAIRE COCCIFÈRE. *A. coccifera.* A lanières linéaires, lancéolées, éparses, obtuses, planes.

ACINAIRE A LARGES FEUILLES. *A. latifolia.* A souche dichotome; lanières terminales, étroites; grains conglobés, brun-rougeâtre.

ACINAIRE A FEUILLE DE SAULE. *A. salicifolia.* A lanières linéaires, aiguës, planes; grains terminaux spiciformes.

Raffinesque regarde ce genre comme appartenant à la famille des Fucoïdes ou Fucacées. Un nouvel examen de ses espèces semble nécessaire; car les caractères de la dernière et même de la troisième paraissent en contradiction avec les caractères génériques par rapport à la disposition de la fructification.

Les noms d'ACINAIRE, ACINARIA et ACINARIUS ont aussi été donnés par d'anciens botanistes, et par Roussel (Flor. du Calvad.) à de véritables Fucacées du genre Sargasse, démembrement des Fucus de Linné. *V.* SARGASSE. (B.)

ACINIER. BOT. PHAN. Syn. d'Aubépine, *Cratægus Oxyacantha,* L. dans quelques parties de la France.
(B.)

* ACINODENDRUM. BOT. PHAN. (Pluknet.) Syn. de Mélastome. (B.)

* ACINOPE. *Acinopus.* INS. Genre d'Insectes de l'ordre des Coléoptères. Etabli récemment par Ziégler, aux dépens des Harpales de Bonelli : il comprend quelques espèces, parmi lesquelles nous citerons, 1° l'*Acinopus megacephalus,* d'Illiger, qui est le même que le *ténébrioïdes,* de Dufts-

chmid, ou le *pasticus,* de Germar; il se trouve dans le midi de la France. Le général Dejean (Catal. des Coléoptères, 1821) est le premier, parmi les Entomologistes français, qui ait adopté ce genre, dont nous ne connaissons pas encore les caractères, et que nous citons ici pour qu'on ne fasse pas un double emploi du nom qu'il a reçu. (AUD.)

ACINOPHORE. *Acinophora.* BOT. CRYPT. (*Lycoperdacées.*) Ce genre a été décrit par Raffinesque dans le Journal de Botanique, vol. 4. p. 275. Il lui donne le caractère suivant : peridium stipité, d'abord globuleux, ensuite multifide, s'ouvrant en plusieurs valves et contenant des gongyles moux aciniformes. Il n'est pas probable que ce que Raffinesque indique comme des gongyles soient réellement les graines de ce Champignon, les graines de ces Plantes étant toujours d'une extrême ténuité. Il est plus probable que ce sont des péridium secondaires analogues à ceux du genre Polysaccum avec lequel le genre Acinophora paraît avoir beaucoup de rapport, mais dont il diffère cependant par son mode de déhiscence.

La seule espèce, décrite par Raffinesque, *Acin. aurantiaca,* habite les bois de la Pensylvanie; elle est de couleur orangée; son stipe est cylindrique. Le péridium s'ouvre en six valves; les gongyles sont arrondis et rouges. (AD. B.)

ACINOS. BOT. PHAN. *V.* ACYNOS. On a aussi donné ce nom au Clinopode vulgaire, *Clinopodium vulgare.* (B.)

* ACINOTUM. BOT. PHAN. Quatrième section du genre Mathiola de De Candolle. *V.* MATHIOLA. (B.)

ACINTLI. ORN. *V.* YACACINTLI.

ACIONE ou ACIONA. MOLL. Nom donné par le docteur Leach (*Zool. Miscel.* T. II. p. 80.) au genre Scalaire de Lamarck. *V.* SCALAIRE. (F.)

ACIPAQUITLI. POIS. (Hernandez.) Syn. de la Scie, *Squalus Pristis,* L. sur les côtes du Mexique. (B.)

ACIPE ou ACIPENSÈRE. POIS. Syn. d'Esturgeon. *V.* ce mot. (B.)

ACISANTHERE. *Acisanthera.* BOT. PHAN. Sous ce nom, Browne a décrit dans son Histoire de la Jamaïque, et figuré t. 22, une Plante de ce pays que Linné rapporta au genre Rhexia. Depuis elle en a été séparée et même reportée dans une autre famille, celle des Salicaires, où elle constitue un genre caractérisé par un calice ventru, cinq pétales, dix étamines sagittées et vacillantes, une capsule recouverte et couronnée par le calice, arrondie, à deux loges polyspermes.

La seule espèce de ce genre, *Acisanthera quadrata* (*Rhexia acisanthera*), est une herbe élevée au plus de quatorze à seize pouces; de sa tige ferme et carrée partent, vers le sommet, des rameaux nombreux à feuilles ovales, crenelées, trinervées, opposées par paires, à l'aisselle desquelles sort une fleur solitaire. (A. D. J.)

ACITLI. OIS. (Hernandez) c'est-à-dire, *Lièvre d'eau.* Syn. de Grèbe cornu, *Colymbus cornutus*, Gmel. chez les Mexicains. *V.* GRÈBE. (B.)

ACKERMAUS. MAM. Syn. de Campagnol. *V.* ce mot. (B.)

*****ACKSOUM.** BOT. PHAN. (Horneman.) Syn. de Fenouil dans le nord de l'Afrique. (B.)

*****ACLADIUM.** BOT. CRYPT. (*Mucédinées.*) Ce genre a été établi par Link; il lui donne le caractère suivant: filamens cloisonnés, droits, simples ou à rameaux fastigiés, réunis en touffes serrées; sporules ovales rassemblées au sommet des rameaux.

Ce sont de très-petites espèces de Champignons qui croissent sur les bois morts où ils forment des taches d'un aspect pulvérulent. Link en a décrit quatre espèces; il y rapporte le *Dematium herbarum*, Pers. Ce genre ne diffère des Virgaria de Nées, qu'en ce que ces derniers sont plus rameux, et ont leurs sporules éparses sur les sommets des rameaux, et non réunies en groupes serrés et distincts comme dans les Acladium. (AD. B.)

ACLADODE. *Acladodea.* Ruiz

et Pavon ont décrit et figuré sous ce nom (Prodr. Flor. Pérv. t. 29) une Plante de la famille des Sapindées qui paraît congénère du Talisia d'Aublet. *V.* TALISIA. (AD. B.)

ACLEIDIENS. MAM. Nom proposé pour la seconde famille des Rongeurs, composée d'Animaux qui n'ont que des rudimens de clavicule ou qui en manquent entièrement. *V.* RONGEURS. (B.)

ACMELLE. *Acmella.* BOT. PHAN. Famille des Synanthérées de Richard, Corymbifères de Jussieu, Syngénésie Polygamie superflue, L. Ce genre, établi par Richard père, renferme quelques espèces de Spilanthes qui diffèrent de ce genre par des caractères fort tranchés: leur involucre commun est simple, évasé, formé d'une seule rangée de folioles allongées; le phorante est conique très-allongé, garni d'écailles, dont une accompagne la base de chaque fleur: celles-ci sont radiées; les demi-fleurons de la circonférence sont femelles et fertiles; le disque, qui est très-saillant, est garni de petits fleurons hermaphrodites et fertiles. Le fruit est ovoïde tronqué et nu à son sommet. — Ce genre se compose d'environ six espèces, la plupart originaires d'Amérique. Ce sont de petites Plantes herbacées, ordinairement annuelles, portant des feuilles opposées et des calathides jaunes solitaires soutenus par des pédoncules axillaires très-longs. (A. R.)

ACNIDE. *Acnida.* BOT. PHAN. Genre de la famille des Atriplicées, Dioécie Pentandrie, L., dont les deux espèces connues, toutes deux herbacées et à fleurs disposées en grappes axillaires, habitent ensemble les marais salés de la Virginie. Voisines de l'Epinard, les Acnides sont comme lui dioïque. Leurs fleurs mâles ont un calice à cinq divisions profondes, du fond duquel s'élèvent les cinq étamines: celui des fleurs femelles est divisé en deux parties seulement, et de plus entouré d'un involucre à plusieurs folioles; l'ovaire, surmonté de trois, quelquefois de quatre ou cinq stigmates sessiles, devient un akène anguleux que recouvre le calice charnu et persistant. (A. D. J.)

*ACO. POIS. Syn. de Sardine dans quelques parties de l'Italie septentrionale. (B.)

* ACOALT. REPT. OPH. Serpent peu connu, habitant les marais des régions tempérées de l'Inde. Il n'est pas vénimeux. Ses couleurs sont le bleu et le noir avec un peu de jaune vers la tête. (B.)

*ACOCOLIN. OIS. Nom sous lequel Lachesnaye des Bois a confondu deux Oiseaux du Mexique, dont le premier est certainement un Pic, et le second peut-être une autre espèce du même genre, encore que Klein en ait fait un Lanier. (B.)

ACOHO. OIS. Dénomination de la volaille à Madagascar, selon Flacourt. On y nomme le Coq *Acoho-lahé* et la Poule *Acoho-vaue*. Ces Coqs et ces Poules sont de races fort variées, dont les unes comparables à celles qui sont le plus communes en France, et les autres si petites que leurs œufs ne sont pas plus gros que ceux de nos Pigeons. (B.)

*ACOHO–LAHÉ–HALE. OIS. Espèce de Faisan de Madagascar, que Flacourt dit ressembler absolument à celui d'Europe; mais il dit ailleurs qu'il a le bec long et crochu. (B.)

ACOLALAU. INS. (Flacourt.)Écrit, par quelques-uns, *Acolalen, Acolalon* ou *Acolalaan*. Syn. de Blatte, à Madagascar, et même de l'espèce que Linné a nommée *Americana*, qui s'est naturalisée dans tous les pays chauds où les Européens ont pénétré par mer avec des denrées d'Amérique. *Voy.* BLATTE. (B.)

ACOLCHI. OIS. Nom formé par contraction ou plutôt par corruption d'*Acolchichi*. *V.* ce mot. (B.)

ACOLCHICHI. OIS. Nom de deux Oiseaux du Mexique, dont l'un, mentionné par Hernandez, est le Commandeur, *Oriolus phœniceus*, L., et l'au-

tre un Troupiale, *Icterus mexicanus* de Brisson. (B.)

ACOLI. OIS. Nom donné par Le Vaillant (Ois. d'Afrique, n° 31) à une Soubuse, *Falco Acoli* de Latham. (B.)

ACOLIN. OIS. Appelé aussi *Caille aquatique* par Hernandez, est une espèce peu connue de Râle, qui paraît propre au grand lac de Mexico. (B.)

*ACOLIUM. BOT. CRYPT. (*Lichens.*) Nom donné par Achar à une section du genre Calicium, qui renferme les espèces à scutelles sessiles. *V.* CALICIUM. (AD. B.)

* ACOLLE. L'un des alimens des Brésiliens, au temps de Pison. Il consistait dans de la farine de Maïs mêlée de chocolat. *V.* GOFIO.

ACOMAT. BOT. PHAN. *V.* HOMALIUM. On a donné vulgairement le même nom à divers autres Arbres.

ACOMAT A CLOCHES est l'Heister, à la Martinique.

ACOMAT BLANC est le Syplochos, dans les Antilles.

ACOMAT VIOLET est l'Elastaphyllum, à St.-Domingue. *V.* ces mots.(B.)

ACONA ou BOIS CAMBOYE. BOT. PHAN. Noms donnés aux Antilles par les Caraïbes ou par les Créoles au *Myrthus Gregii*, Swartz. (B.)

*ACONDRE. BOT. PHAN. Variété de Bananier qui croît à Madagascar, et dont, selon Flacourt, le fruit est extrêmement petit. (B.)

ACONIT. *Aconitum*, L. BOT. PHAN. Renonculacées de Jussieu, Polyandrie Trigynie, L. Le genre Aconit offre un calice pétaloïde formé de cinq sépales irréguliers; le sépale supérieur est plus grand, convexe, creux, ayant tantôt la forme d'un casque, tantôt celle d'un capuchon; les deux inférieurs sont les plus petits; ils sont planes, ainsi que les deux moyens. La corolle se compose de deux pétales irréguliers, dressés et renfermés sous le sépale supérieur; ils sont longuement onguiculés et canaliculés à leur base, formant supérieurement une sorte de petit capuchon à sommet obtus, recourbé, contenant une grosse glande dans son intérieur; l'ouverture de ce capuchon se prolonge antérieurement en une languette allongée, obtuse, légèrement émarginée. Les étamines, dont le nombre varie de trente à quarante, ont les filamens planes et élargis à la partie inférieure. On trouve au centre de la fleur trois ou cinq pistils fusiformes, terminés en pointe à leur sommet; ils se changent en autant de capsules allongées, libres, cylindriques, un peu divergentes, terminées en pointe oblique, à une seule loge qui renferme un assez grand nombre de graines disposées sur deux rangs longitudinaux du côté interne : ces capsules s'ouvrent par toute la longueur d'une suture longitudinale qui règne sur leur côté interne. — Les Aconits sont des Plantes herbacées, à racines vivaces, ordinairement tubéreuses et fasciculées; leurs feuilles sont alternes, découpées en lobes digités; leurs fleurs sont bleues ou jaunes, disposées en panicule. — Sur les vingt-huit à trente espèces de ce genre que l'on connaît, environ onze croissent en Europe, onze en Sibérie, une au Japon, une dans l'Amérique du nord, une est commune à la Sibérie et à l'Amérique septentrionale; l'habitation des autres est moins certaine.

On a réparti les espèces du genre Aconit en quatre sections :

I. ANTHORA. Fleurs jaunes, sépale supérieur en casque convexe, feuilles divisées en lobes linéaires, capsules au nombre de cinq.

II. LYCOCTONUM. Fleurs jaunes très-rarement bleues, sépale supérieur en capuchon conique obtus, feuilles en lobes cunéiformes, capsules au nombre de trois.

III. NAPELLUS. Fleurs bleues ou blanches, sépale supérieur en casque convexe, feuilles en lobes linéaires, capsules au nombre de trois.

IV. CAMMARUM. Fleurs bleues ou blanches, sépale supérieur en forme de capuchon obtus, feuilles découpées en lobes cunéiformes, capsules au nombre de cinq.

Les Aconits sont en général des Végétaux très-vénéneux, qui doivent être rangés au nombre des poisons âcres. Leurs propriétés délétères existent surtout dans la racine et les feuilles des espèces qui appartiennent à la section des Napels, et particulièrement dans l'Aconit Napel, *Aconitum Napellus*, L. Cependant plusieurs auteurs ont recommandé l'emploi de l'extrait de Napel, comme un remède très-efficace dans certaines affections chroniques, telles que le rhumatisme, la goutte, les maladies de la peau, la syphilis, etc. Le professeur Fouquier, qui a soumis ce médicament à un grand nombre d'essais, ne lui a reconnu pour effet constant que l'action qu'il exerce sur l'appareil urinaire, dont il active les fonctions. Il est donc simplement diurétique; et, sous ce rapport, son emploi a souvent été très-utile dans les hydropisies anciennes et rebelles. La dose de l'extrait d'Aconit est d'un à vingt grains donnés graduellement.   (A. R.)

ACONTAONIA. BOT. PHAN. Syn. d'Agati, *Æschynomene*, chez les Caraïbes.   (B.)

*ACONTIA. BOT. CRYPT. (*Champignons.*) Hill (*Hist. of Plant.*) a donné ce nom à un genre renfermant les espèces stipitées, du genre *Hydnum*, de Linné. Adanson avait déjà distingué ce genre, sous le nom de *Bidona. V.* HYDNUM.   (AD. B.)

ACONTIAS. REPT. OPH. Genre établi par Cuvier, aux dépens du genre Orvet, *V.* ce mot, et que composent de petites espèces de Serpens entièrement dépourvus de sternum, de vestiges d'épaules et de bassin; leurs côtes antérieures se réunissent l'une à l'autre sous le tronc, par des prolongemens cartilagineux; ils n'ont qu'un poumon médiocre et un très-petit, leurs dents sont faibles et coniques; on les reconnaît aisément à leur museau, comme enfermé dans une sorte de masque. Les espèces les mieux connues de ce genre sont au nombre de deux.

L'AVEUGLE, *Acontias cæcus*, de Cuvier, qui est un petit Serpent de l'Orient, entièrement privé de la vue.

La PEINTADE, *Aconthias Meleagris*, Cuvier. *Anguis Meleagris*, L. Encyc. Serp. pl. 30. f. 1. d'après Séba. Serpent de la Guyane, que quelques auteurs disent aussi se trouver dans l'Inde. Il a cent soixante-cinq rangs d'écailles sous le corps, et trente-deux sous la queue; sa couleur est verdâtre en dessus, avec huit rangées longitudinales de points noirs et bruns. — Daudin a fait mal à propos un Erix de ce Serpent, puisque ses écailles inférieures ne sont pas plus grandes que les autres.

Le nom d'ACONTIAS avait été donné par les Grecs à un Serpent fabuleux, qu'on supposait s'élancer comme un trait contre les passans. Daudin l'a aussi appliqué à une espèce de Vipère. *V.* ce mot.   (B.)

*ACOPA. BOT. PHAN. Nom ancien du *Menianthes trifoliata*, L. *V.* MÉNIANTHE.   (B.)

ACOPIS ou ACOPOS. MIN. Pierre précieuse qui, selon Pline, était transparente comme du verre, avec des taches couleur d'or, et des trous comme la pierre ponce; on lui attribuait des vertus médicales; nous ne pouvons la rapporter à aucune substance connue.   (B.)

*ACOPON. BOT. PHAN. (Dioscoride.) Syn. d'Anagyris.   (B.)

*ACOPUS. BOT. CRYPT. (*Champignons.*) Nom donné par Fries à une section du genre Polypore, caractérisée par l'absence de stipe. *V.* POLYPORE.   (AD. B.)

ACORE. *Acorus*; L. BOT. PHAN. Aroïdées de Jussieu, Hexandrie Monogynie, L. Ce genre, que plusieurs auteurs ont rapporté à la famille des Joncs, nous paraît devoir être définitivement rangé dans celle des Aroïdées, soit à cause de son port, soit à cause de ses caractères : son calice est globuleux; à six divisions profondes et persistantes; les étamines sont au nombre de six, à peu près de

la longueur du calice, opposées à ses divisions; l'ovaire est globuleux, à trois loges, renfermant plusieurs graines; le stigmate est sessile; le fruit est une capsule triangulaire ou globuleuse, entourée et recouverte en partie par le calice. — Ses fleurs sont hermaphrodites, disposées en une sorte d'épi serré, qui naît du milieu de la tige.

Ce genre ne renferme que deux espèces, l'*Acorus Calamus*, L. beaucoup plus grand dans toutes ses parties, dont la tige est plane, foliacée et très-longue au-dessus de l'épi de fleurs. Il croît en Normandie, en Bretagne, en Alsace, en Belgique, en Prusse, dans l'Inde, au Japon, etc. C'est sa racine que l'on trouve maintenant répandue dans le commerce, sous le nom de *Calamus aromaticus*. Elle est odorante et stimulante; on la mêle à l'eau-de-vie de grain, connue sous le nom d'eau-de-vie de Dantzick, c'est elle qui donne à celle-ci le goût aromatique qui la distingue; elle se mange aussi confite, et l'Ondatra s'en nourrit, dans le nord de l'Amérique.

L'autre espèce est l'*Acorus gramineus*, dont les feuilles sont très-étroites, la tige et l'épi plus petits. Il est originaire de la Chine. Son fruit est globuleux et légèrement charnu. (A. R.)

ACORE FAUX, nom donné à une espèce d'Iris, *Iris Pseudo-Acorus*, L. *V.* IRIS.   (A. R.)

AÇORES. Nom portugais de l'Epervier que, sur la foi du compilateur Prevost, dans son Histoire générale des Voyages, on croit avoir existé en si grand nombre dans les îles Açores, quand on en fit la découverte, que celles-ci en retinrent le nom. Nous trouvons que ces îles s'appelèrent, dans l'origine et pendant long-temps, *îles Flamandes*. Le nom d'Açores, dont on a fait Açores, est postérieur; il est probablement venu des côtes Acores, c'est-à-dire, en terme de mer, coupées à pic, qui circonscrivent la plupart des îles de cet archipel, où nous n'avons pas vu plus d'Eperviers que partout ailleurs.   (B.)

*ACORYNE. *Acorynus.* INS. Genre de l'ordre des Coléoptères et de la section des Tétramères, établi par Dejean (Catalog. de Coléoptères. 1821). Il avoisine les genres Calandre et Cosson de Fabricius. Du reste, nous ne connaissons pas encore les caractères qu'il lui assigne. L'auteur en possède deux espèces : l'une, qu'il nomme *Acorynus striatus*, se trouve à Cayenne; l'autre, l'*Acorynus morbillosus*, est originaire du Brésil. (AUD.)

ACOSTA. BOT. PHAN. Ce genre, établi par Ruiz et Pavon et figuré, t. 6. de la Fl. Péruv. et T. I. du Prodrome, paraîtrait devoir être rapporté au Moutabea d'Aublet, *Voy.* ce mot, auquel il ressemble par le port, l'insertion des parties et la plupart des caractères. Il en diffère cependant par le tube de sa corolle fendu jusqu'à la base, par sa baie qui, au lieu de trois loges et trois graines, en présente cinq, et enfin par son filet (nectaire de Ruiz et Pavon), dont le bord porte une anthère unique à huit ondulations, tandis que celui du Moutabea, pétaloïde de même, et inséré sur le tube de la corolle, présente sur son bord cinq dents, et à l'extrémité de chacune d'elles une anthère. Ce filet est-il un connectif, et l'anthère unique dans les deux fleurs est-elle à huit loges dans la première, à cinq dans la seconde? Quoi qu'il en soit, la place de ces deux genres, soit unis, soit séparés, reste encore incertaine. Loureiro a nommé aussi *Acosta* un Arbrisseau de la Cochinchine qui semble congénère du Vaccinium, dont il ne diffère que par une cinquième partie ajoutée à sa fructification, et par ses feuilles opposées.

Sous le nom d'*Acosta*, enfin, Adanson, et après lui Scopoli, font, du *Centaurea spinosa* de Linné, un genre dont le caractère est l'absence d'aigrette. (A. D. J.)

*ACOTOTLOQUICHITL. OIS. (Hernandez.) Espèce de petit Oiseau du Mexique, qui habite les roseaux, à un chant désagréable, des couleurs tristes, la taille du Moineau, et le bec noir; il est impossible de déterminer sur de tels renseignemens à quel genre il appartient. (B.)

ACOTYLÉDONES. BOT. On donne actuellement ce nom, dans la méthode naturelle, à l'une des trois grandes divisions du règne végétal qui renferme les Plantes dont l'embryon est dépourvu de cotylédons. — On sait que c'est à Jussieu qu'est due cette première division des Végétaux fondée sur l'absence, la présence et le nombre des cotylédons; mais autant la distinction des Monocotylédones et des Dicotylédones est en général tranchée, autant la limite, entre les Monocotylédones et les Acotylédones, est difficile à déterminer; ainsi, sans parler de la famille des Nayades que Jussieu avait d'abord rangée parmi les Acotylédones, et dont presque tous les genres ont été réunis depuis, soit par Jussieu lui-même, soit par d'autres botanistes, à des familles Monocotylédones ou Dicotylédones, il reste encore plusieurs familles très-naturelles sur la position desquelles les botanistes, qui se sont le plus occupés des familles naturelles, ne sont pas d'accord; telles sont les Fougères, les Lycopodiacées, les Marsiléacées, les Equisetacées et les Characées que Jussieu et Richard laissent parmi les Acotylédones, tandis que De Candolle et Brown les placent parmi les Monocotylédones, en en faisant une classe à part sous le nom de *Monocotylédones Cryptogames.* Ces Plantes réunissent en effet quelques-uns des caractères des vraies Acotylédones à plusieurs de ceux des Monocotylédones, et leur germination, difficile à observer, est trop différente de celle de tous les autres Végétaux, pour qu'on puisse les rapporter avec certitude à l'une ou à l'autre de ces divisions; ainsi, les organes qu'on a considérés comme des cotylédons, dans les Fougères, les Lycopodes et les Marsiléacées, les seules Plantes de cette classe dont on ait observé la germination, paraissent différer es-

7*

sentiellement des vrais cotylédons, en ce qu'ils semblent ne pas préexister à la germination, mais se développer seulement pendant qu'elle a lieu : cette observation s'applique surtout à la germination des Fougères, car celle du Salvinia, décrite par Vaucher, et surtout celle de la Pilulaire, offrent une analogie beaucoup plus marquée avec celle des Plantes Monocotylédones ; tandis que celle des Lycopodes, figurée par Salisbury, ressemble davantage à celle des Dicotylédones. — La petitesse de ces graines ne permettant pas d'observer la structure de l'embryon avant son développement, on ne peut pas encore résoudre la question, et savoir si ce sont de vrais cotylédons ; ce n'est que par des observations nombreuses sur les genres les plus différens de ces familles qu'on pourra parvenir à éclaircir ce point embarrassant de physiologie végétale. — De Candolle et Robert Brown, fondant également les trois grandes divisions du règne végétal sur la structure interne des Plantes et sur le mode de développement de l'embryon, ont placé ces familles parmi les Monocotylédones, parce que leurs tiges sont pourvues de vaisseaux comme toutes les Plantes cotylédonées, tandis qu'ils n'ont regardé comme Acotylédones que les Plantes composées uniquement de tissu cellulaire sans vaisseaux. — Quelques auteurs ont même cru retrouver, dans ces dernières Plantes, des cotylédons ; ainsi, on a indiqué les filamens rameux et articulés qui se voient à la base des mousses, au moment de leur germination, comme analogues aux cotylédons ; mais on doit convenir que la structure, la position et le développement de ces filamens sont trop différens de ceux des cotylédons, pour qu'on puisse les comparer à ces organes. Enfin, quelques auteurs ont prétendu distinguer, jusque dans les Champignons, des cotylédons, une radicule et une plumule ; ainsi, Ehrenberg décrit les graines de ces Végétaux comme des embryons nus, tantôt acotylédons exorrhizes,

tantôt monocotylédons endorrhizes. Il est facile de voir, d'après ses propres figures, combien ces analogies sont fausses, et de s'assurer qu'il n'existe rien dans ces Plantes qu'on puisse comparer à des cotylédons, à une radicule ou à une plumule.

La germination de ces Végétaux, celle des Algues et de quelques-unes des Plantes confondues sous le nom de Conferves, paraît n'être, en effet, qu'un simple allongement des graines ou sporules qui a lieu tantôt sur un seul point, tantôt sur deux points opposés. Les filamens ainsi développés sont quelquefois simples ; le plus souvent ils se ramifient. Dans les Conferves, ils restent libres et distincts ; dans les Champignons, ils s'entrecroisent et forment une sorte de thallus ou de membrane, sur laquelle pousse le Champignon lui-même, et de laquelle naissent en-dessous les racines.

On voit, par cet exposé, combien ce développement diffère de celui des autres Végétaux, et combien il serait difficile de rapporter ce mode de germination à celui des Plantes Monocotylédones ou Dicotylédones ; mais quelle que soit l'opinion qu'on adopte sur ces divers modes de germination, on doit convenir que les caractères qu'ils fournissent permettent de diviser la Cryptogamie de Linné en trois classes très-naturelles, dans lesquelles les caractères, tirés de la structure de la Plante, sont parfaitement d'accord avec les caractères tirés du mode de germination.

Dans la 1re classe, les graines se développent irrégulièrement par un ou plusieurs points de leur surface, sans produire de plumule et de radicule distinctes. — La Plante est entièrement composée de tissu cellulaire ou de filamens tubuleux entrecroisés ; elle ne présente jamais de feuilles : tous ces Végétaux paraissent entièrement dépourvus d'organes sexuels. Cette classe renferme sept familles, dont plusieurs sont probablement encore susceptibles de divisions : les Conferves, les *Algues*, les *Hypoxylées*, les *Urédinées*, les *Mucédinées*, les *Lyco*-

perdacées, les *Champignons* et les *Lichens.*

Dans la 11ᵉ classe, les graines se développent par un ou deux points de leur surface, et produisent toujours une plumule et une ou plusieurs radicules; on n'y distingue pas de cotylédons. La Plante est entièrement composée de tissu cellulaire, et présente des appendices foliacés. Malgré les recherches de plusieurs observateurs célèbres, il reste encore beaucoup de doute sur l'existence et la structure des organes sexuels de ces Végétaux; c'est à cette classe qu'appartiennent les deux familles des *Mousses* et des *Hépatiques.*

Dans la 111ᵉ classe, l'embryon offre dans son développement un appendice latéral qui présente une grande analogie avec un cotylédon; il y a une plumule et une radicule distinctes; la tige est pourvue de vaisseaux et de feuilles. — L'existence des organes mâles et femelles paraît bien prouvée dans quelques-unes des familles qu'elle renferme, et particulièrement dans celle des Marsiléacées. Dans d'autres familles, au contraire, telles que celle des Fougères, on n'a pu rien découvrir d'analogue à ces organes, quoique les rapports intimes, qui unissent ces différens ordres, ne permettent presque pas de douter de leur existence. Les cinq familles, qui appartiennent à cette classe, sont : les *Characées,* les *Equisétacées,* les *Fougères,* les *Lycopodes,* les *Marsiléacées.* *V.* les noms de toutes ces familles.

(AD. B.)

ACOUCHI ou AKOUCHY. MAM. Espèce de Cabiai. *V.* ce mot. (B.)

ACOUCI. BOT. Espèce d'Apocyn. *V.* ce mot. (B.)

ACOUCOUHUE. BOT. PHAN. Syn. de Café occidental, chez les Caraïbes. *V.* CAFÉ. (B.)

ACOULEROU. BOT. PHAN. Syn. de Cacte, chez les Caraïbes? (B.)

ACOULIARANNE. BOT. PHAN. Syn. d'Euphorbe en tête, *Euphorbia capitata* de Lamarck, chez les Arabes. (B.)

ACOUPA. POIS. Espèce de Cheïlodiptère de Lacépède. *V.* CHEILODIPTÈRE. (B.)

ACOURILLI. BOT. PHAN. Syn. de Tamonnée lapulacée, chez les Caraïbes. *V.* TAMONNÉE. (A. R.)

ACOUROA ou ACUROA. BOT. PHAN. Aublet nomme ainsi un Arbre de la Guyane, de 15 pieds environ, à feuilles composées, dont les folioles alternes sont terminées par une impaire, à fleurs disposées en grappes terminales, dont le calice est à cinq dents petites et inégales, la corolle papilionacée avec une carène bipétale, les étamines au nombre de dix et diadelphes, le légume arrondi, convexe et concave en sens opposés, indéhiscent, contenant une seule loge monosperme. Les caractères de ce genre étudiés d'une manière insuffisante, et les rapports marqués qu'il a par son port et son fruit avec les genres voisins Ecastaphyllum et Iterocarpus, font douter qu'il doive être conservé. C'est le Drakenstenia de Necker. — *V.* Aublet, pl. de la Guyane, Fl. 201. (A. R.)

ACOUTI. MAM. *V.* CABIAI.

* ACRE. Saveur cruelle qui, plus violente que la saveur acerbe, semble menacer de destruction l'organe du goût, quand cet organe l'éprouve. La Renoncule appelée âcre par excellence, *Ranunculus acris,* L., la racine d'Arum tacheté, *Arum maculatum,* L., en donnent l'idée, lorsqu'on les mâche. Elle indique toujours des Plantes vénéneuses. (B.)

*ACREDULA. OIS. Nom donné par divers auteurs à des Oiseaux très-dissemblables, tels que le Rossignol, la Foulque et la Chouette. (B.)

ACRÉE. *Acrea.* INS. Genre de Papillons, dans Fabricius. *V.* HÉLICONIEN. (AUD.)

* ACREMONIUM. BOT. CRYPT. (*Champignons.*) Genre établi par Link, qui lui a donné le caractère suivant: filamens cloisonnés, rampans, rameux et entrecroisés; sporules solitaires à l'extrémité des rameaux. — Ces petits Champignons poussent sur les feuilles de Hêtre et de Chêne presque pourries, sur lesquelles ils forment une membrane blanche et mince comme une toile d'Araignée. Link en a décrit deux espèces, qui sont figurées dans la Flore d'Allemagne de Sturm, vol. III, pl. 1. 2. Martius, dans sa *Flora cryptogamica Erlangensis*, en a ajouté une espèce qui est rouge, et qui croît sur le Sphæria deusta.

(AD. B.)

*ACRIDIE. INS. Syn. de Criquet. *V*. ce mot.   (AUD.)

ACRIDIENS. *Acridii*. INS. et non *Acrydiens*. Famille de l'ordre des Orthoptères, établie par Latreille dans ses Considérations générales, pag. 245. Elle comprend les genres Pneumore, Truxale, Criquet, Tétrix.—Les Acridiens réunis aux Locustaires et aux Gryllones forment (Règne Animal) la grande famille des Sauteurs. *V*. ce mot.   (AUD.)

ACRIDOPHAGES. MAM. *V*. HOMME et SAUTERELLE.

*ACRIDOTHÈRES. OIS. Nom donné par Vieillot à un genre formé de diverses espèces d'Oiseaux qu'on appelle aussi Martins, dans les colonies françaises de l'est, et qui se nourrissent de Sauterelles. *V*. MARTIN.

(B.)

* ACRIGONÉE. INS. (Lister.) C'est-à-dire *Mère de Sauterelle*. Syn. de Grande Sauterelle verte, *Locusta viridissima* de Fabricius. *V*. SAUTERELLE.   (B.)

*ACRIS. INS. Nom grec dont on a fait *Acridium*. *V*. CRIQUET. (AUD.)

*ACRIVIOLA. BOT. PHAN. (Boerhaave.) Syn. de Capucine, *Tropeolum*.   (B.)

ACROCÈRE. *Acrocera*. INS. Genre de l'ordre des Diptères, établi par Meigen et placé par Latreille (Règne Animal) dans le grand genre Cyrte qui répond à la famille des Vésiculeux. — La trompe des espèces qui composent ce genre n'est point apparente, ce qui les éloigne des Cyrtes proprement dits et des Panops. Leurs antennes

très-petites, de deux articles avec une soie terminale, empêchent de les confondre avec les individus du genre Astomelle; et leur insertion sur le vertex est un caractère qui les distingue de ceux du genre Ogcode de Latreille. Ces Insectes sont petits, et se rencontrent dans les lieux aquatiques. Meigen en a décrit quatre espèces indigènes, parmi lesquelles nous citerons l'Acrocère globuleuse, *Acrocera Globulus*, Meig., qui est le *Syrphus Globulus* de Panzer (*Fauna Germ.*), et qui sert de type à ce genre. (AUD.)

ACROCHORDE. REPT. OPHID. Genre qui, selon Cuvier, appartient à la division des vrais Serpens non venimeux, et qui se distingue aisément dans la famille dont il fait partie, parce qu'il manque de toute espèce de plaques, lesquelles sont remplacées par des écailles semblables à de petites verrues, d'où lui est venu son nom tiré du grec. Ces écailles verruqueuses sont uniformes sur toutes les parties du corps, de la tête et de la queue qu'elles recouvrent. Encore que les Acrochordes n'ayent point de crochets, on les a supposés très-venimeux, et leur morsure passe pour fort dangereuse. Leur forme avait d'abord fait considérer l'espèce qui fut connue la première comme un Orvet enflé. Shaw en a ajouté deux autres, qui toutes sont des îles de l'Inde.

L'ACROCHORDE DE JAVA, *Acrochordus javanensis*, Lac. 11. p. 22. f. 2. Encyc. Serp. pl. 32. f. 7. Il acquiert jusqu'à huit pieds de longueur, il est fort gros vers l'anus, où sa queue, qui ne compose que la huitième partie de sa longueur et qui n'a pas plus d'un demi-pouce de diamètre, forme, par son insertion, un rétrécissement remarquable. Sa couleur est noirâtre en dessus, blanchâtre en dessous, avec des taches noirâtres sur les côtés. La tête est plate. Les Javanais l'appellent *Oular-Caron*, et trouvent sa chair un manger délicieux.

L'ACROCHORDE DOUTEUX, *A. dubius*, et l'ACROCHORDE A BANDES, *A. fasciatus* de Shaw, sont plus petits, et le premier pourrait bien n'être qu'une variété du précédent. La figure du second, dont la queue comprimée est tranchante, et que décorent d'assez belles nuances, a été élégamment reproduite dans le bel atlas du Dictionnaire des Sciences naturelles. Cette espèce forme, selon Cuvier, un genre distinct qu'il appelle Chersydre. *V.* ce mot.   (B.)

*ACROCINE. *Acrocinus.* INS. Genre de l'ordre de Coléoptères et de la section des Tétramères établi par Illiger, aux dépens du genre Prione de Fabricius, dont il ne diffère peut-être pas essentiellement. Dejean (Catalogue de Coléoptères; 1821) cite comme appartenant à ce genre, le *Prionus longimanus* de Fabricius, et le *Prionus accentifer* d'Olivier. (AUD.)

ACROCORION. BOT. PHAN. Nom donné par Pline à une Plante qu'on croit être le *Leucoium æstivum*, I. *V.* LEUCOIUM.   (B.)

ACROMYE. *Acromya.* INS. (Bonelli.) *V.* HYBOS.   (AUD.)

ACRONICHIE. BOT. (Forster.) Syn. d'Henné. *V.* ce mot.   (B.)

*ACROPHTON. BOT. PHAN. (Dioscoride.) Syn. de Tussilage.   (B.)

ACROPORE. *Acropora.* POLYP. FOSS. Nom donné à des polypiers solides et pierreux par Torrubia, Gualtieri et quelques autres auteurs; il n'a pas été conservé.   (LAM. X.)

* ACROSPELTON. BOT. PHAN. (Dioscoride.) Syn. d'Avoine. (B.)

ACROSPERME. *Acrospermum.* BOT. CRYPT. (*Champignons.*) Tode, qui a établi ce genre, lui avait donné pour caractère de porter des graines nues à sa surface supérieure et près de son sommet seulement; mais les espèces qu'il a décrites ne paraissent pas différer essentiellement des Clavaires; aussi ce genre n'a-t-il pas été adopté par la plupart des botanistes modernes, et Persoon, qui dans ses premiers ouvrages l'avait conservé, a ensuite réuni les espèces qu'il y avait placées aux genres Clavaire, Tremelle et Helotium. *V.* ces mots. (AD. B.)

*ACROSPORE. *Acrosporium* BOT. CRYPT. (*Mucédinées.*) Filamens droits, simples, divisés en articles moniliformes, dont les inférieurs sont longs et grêles, les supérieurs plus courts et renflés; ces derniers finissent par se détacher, et paraissent former les sporules. Nées, qui a établi ce genre, n'en décrit qu'une espèce qui croît sur les feuilles des Graminées renfermées dans les serres, sur lesquelles elle forme des touffes de filamens serrés et courts.   (AD. B.)

ACROSTIC. *Acrostichum.* BOT. CRYPT. (*Fougères.*) Ce genre appartient à la tribu des Polypodiacées ou Fougères à capsules entourées d'un anneau élastique. Son caractère consiste à n'avoir jamais ses capsules réunies en groupes réguliers, mais, répandues irrégulièrement sur toute la surface inférieure de la fronde, sans être recouvertes par aucun tégument. Linné, qui n'avait donné pour caractère à ce genre que d'avoir la face inférieure des feuilles entièrement couverte par les capsules, mais qui n'avait fait attention, ni à la structure de ces capsules, ni à leur disposition avant la maturité, y avait réuni un grand nombre d'espèces qui ont depuis été placées dans des genres très-différens. — Ainsi, on en a séparé les genres *Schizea, Todea* et *Gleichenia*, qui ont les capsules sans anneau élastique. — Les espèces, dont les capsules sont entourées d'un anneau élastique, réunies en groupes réguliers, et souvent recouvertes d'un tégument avant leur développement complet, ont été placées depuis dans les genres *Polypodium, Hemionitis, Grammitis, Ceterach, Notholæna, Lomaria, Pteris, Woodwardia, Davallia, Asplenium, Doræa,* etc. — Cette liste des genres, renfermés dans le genre *Acrostichum* de Linné, suffit pour montrer combien celui-ci était peu naturel; maintenant, quoique son caractère soit beaucoup mieux établi, et n'embrasse qu'un nombre beaucoup moins considérable de Plantes, il est encore un des plus nombreux de ceux de la famille des Fougères. — Sa structure et son port varient beaucoup ; cependant on remarque que les nervures y sont plus souvent anastomosées irrégulièrement que dans aucun autre genre de cette famille, si on en excepte le genre *Hemionitis* ; mais cette disposition des nervures n'est pas générale, et, dans beaucoup d'espèces, elles sont simples ou régulièrement dichotomes. La fronde est très-souvent simple et plus ou moins lancéolée ; c'est à ces espèces et à celles des autres genres qui présentent la même forme que les anciens botanistes avaient donné le nom de *Lingua cervina*. Quelques espèces ont leur fronde irrégulièrement lobée à son extrémité, tel est l'*Acrostichum Alcicorne*, une des Plantes les plus remarquables de cette famille, en ce qu'elle fait exception à la forme généralement symétrique des Fougères ; enfin, un grand nombre ont la fronde pinnatifide ou bipinnatifide. Toutes les espèces de ce genre, au nombre d'environ soixante-dix, habitent les parties les plus chaudes des deux continens ; mais, comme toutes les Fougères en général, elles sont beaucoup plus abondantes en Amérique que sur l'ancien continent. Quatre à cinq espèces seulement croissent au-delà des Tropiques, dans l'Amérique septentrionale, au cap de Bonne-Espérance et à la Nouvelle-Hollande ; aucune ne se trouve en Europe, car on doit placer dans le genre *Notholœna*, les *Acrostichum Marantæ* et *velleum*, les seuls qui en habitent les parties méridionales.   (AD. B.)

* ACROTAMNIUM. BOT. CRYPT. (*Mucédinées.*) Ce genre a été établi par Nées de Esenbeck dans son système des Champignons. Il appartient à la tribu des Byssoïdes ou des Mucédinées sans sporules distinctes, en quoi il diffère essentiellement du genre *Sporotrichum*, auquel Link l'avait réuni. Nées l'a caractérisé ainsi : filamens décumbens, rameux, continus, opaques, entrecroisés ; extrémités des rameaux transparentes et articulées.

Il paraît que, par la sécheresse, ces articulations se détachent et forment les sporules comme dans les Monilies et quelques autres genres de la même tribu. La seule espèce connue de ce genre, est le *Sporotrichum muscorum* de Link, qui croît sur les tiges et les racines des Mousses ; elle est d'une couleur violette, et a été décrite par Nées sous le nom d'*Acrotamnium violaceum*.   (AD. B.)

ACROTRICHE. *Acrotriche.* **BOT. PHAN.** R. Brown a désigné sous ce nom un nouveau genre de la famille des Epacridées, qui offre pour caractères : un calice accompagné de deux bractées, une corolle infundibuliforme, dont les divisions du limbe présentent un bouquet de poils réfléchis ; le fruit est une drupe charnue à cinq loges celluleuses. — Les espèces de ce genre, au nombre de huit, sont de petits Arbustes très-rameux, tous originaires de la Nouvelle-Hollande ; les fleurs sont en épis courts, axillaires ou latéraux. Le disque qui environne l'ovaire, en forme de coupe, a plusieurs lobes. Les fruits sont petits, globuleux, un peu déprimés. (A. R.)

ACRYDIENS, du Dictionnaire de Déterville, et pour les autres dérivés d'un mot grec qui signifie Sauterelle. *V.* ACRIDIENS, etc.   (B.)

ACSIN. BOT. PHAN. Syn. de Liseron des champs, chez les Arabes. (B.)

*ACTÆON. *Actœon.* **MOLL.** Genre institué par Ocken (*Lehrbuch der zool*, T. II. p. 305) pour la *Laplysia viridis* décrite par Montagu, dans le T. VIII des Transactions Linnéennes. Ocken, paraissant soupçonner qu'il appartient aux Pulmonés, le place entre l'Onchidie de Buchannan et le genre Limace. Malgré les rapports extérieurs de l'espèce de Montagu avec celles de ce dernier genre, nous attendrons des observations plus précises pour imiter cet exemple, et nous croyons devoir la laisser dans l'ordre des Tectibranches et dans la famille des Dicères, *V.* ces mots, près des Aplysies dont elle ne paraît différer que par la situation des yeux, la forme des tentacules, et la privation ou le raccourcissement des lèvres ou tentacules buccaux : différences qui justifient pleinement la séparation effectuée par Ocken. — Notre opinion sur la place de ce genre se trouve appuyée par la réunion que nous croyons naturelle de l'espèce décrite par Bosc, sous le nom de Laplysie verte ; dans celle-ci, les tentacules et la position des yeux sont semblables à ce qu'on observe dans l'espèce de Montagu ; mais à en juger par la figure de Bosc, la membrane latérale, et la forme de la tête la rapprochent bien davantage des vraies Aplysies. Les caractères génériques des Actæons sont : corps allongé, acuminé postérieurement; tête plus ou moins courte, membrane latérale comme dans les Aplysies; deux tentacules cylindriques, obtus, assez gros, yeux à leur base et derrière, point de rudiment testacé interne.

Ce genre ne renferme encore que les deux espèces suivantes :

Actæon aplysiforme. *A. Aplysiformis*, N. *Laplysia viridis*, Bosc, vers. 1. p. 64. pl. 9. f. 4. *Aplysia viridis* de Roissy, Buffon. T. v. p. 173. Le corps de cette espèce est vert, plus pâle sur les bords, et finement ponctué de rouge. La membrane latérale paraît s'élever des bords du pied depuis l'extrémité postérieure et recouvrir presque tout le corps. La tête a un cou court, sa partie antérieure s'élargit en entonnoir, par la réunion et l'élargissement des lèvres buccales. Elle a été découverte par Bosc dans la baie de Charleston, sur les côtes de l'Amérique septentrionale.

Actæon verte. *A. viridis*, Ocken Loc. cit. p. 307. *Laplysia viridis*, Montagu, Linn. Trans. VII. p. 76. T. 7. f. 1. Cette jolie espèce ressemble beaucoup à une limace; elle est toute verte; ses flancs, vers le pied, sont jaunâtres; sa tête est courte; son corps est acuminé et élevé postérieurement en forme de carène; sa partie médiane est convexe, couverte d'une membrane élargie en forme d'ailes ou de nageoires, et s'étendant en arrière en diminuant de largeur, et bordant la carène. Elle produit une liqueur purpurine comme les Aplysies; elle a été découverte sur les côtes du Devonshire en Angleterre.   (F.)

*ACTÉ. bot. phan. (Dioscoride.) Syn. de Sureau.   (B.)

ACTÉE. *Actœa*. bot. phan. Famille de Renonculacées; Polyandrie Monogynie. Nous ne pouvons partager l'opinion de De Candolle qui, dans son *Systema vegetabilium*, réunit au genre *Actœa* de Linné le genre *Cimicifuga* du même auteur. Ces deux genres nous paraissent avoir des caractères suffisans pour rester séparés. Voici ceux que nous avons reconnus à l'*Actœa*, en y réunissant le *Christophoriana* de Tournefort, et en en retirant l'*Actœa racemosa*, L., que nous reportons, à l'exemple de Pursh, au genre *Cimicifuga* : calice formé de quatre sépales caducs et réguliers, corolle tétrapétale régulière, étamines nombreuses, ayant les anthères introrses, pistil simple et unique, offrant une seule loge qui contient plusieurs graines insérées sur une ligne longitudinale. Le fruit est une baie charnue et indéhiscente.

Ce genre ne renferme que deux espèces, l'*Actœa spicata*, L., et l'*Actœa americana* de Pursh. Ce sont deux Plantes herbacées vivaces, ayant des feuilles décomposées, des fleurs blanches disposées en épis, de petites baies ovoïdes, rougeâtres ou presque noires. La première croît en Europe, au Caucase, en Sibérie. La seconde a été trouvée dans l'Amérique septentrionale; elle diffère peu de la précédente. Ces Plantes passent pour suspectes.   (A. R.)

*ACTÉON. *Acteon*. moll. Genre formé par Montfort, T. 11, p. 315, du *Voluta tornatilis* de Linné, et des espèces analogues, dont Lamarck a fait depuis son genre Tornatelle. *V.* ce mot.   (F.)

*ACTIDIUM. bot. crypt. (*Hypoxylons.*) Genre établi par Fries, qui lui a donné le caractère suivant : réceptacle nul, péridium dur et ligneux, s'ouvrant par plusieurs fentes rayonnantes, et renfermant des graines nues sans mélange de matière gélatineuse. Il contient deux espèces qui croissent sur le bois mort où elles forment de très-petits tubercules noirs, différant à peine, au premier aspect, des Sphæria. Aussi l'une de ces espèces avait été placée auparavant parmi les Sphæria, et l'autre parmi les Hysterium. (AD. B.)

ACTIF. CRUST. (Dicquemare.) Petit Crustacé européen très-agile, indéterminé, et qui appartient probablement aux Ptérygybranches de Latreille. (B.)

ACTIGEA. BOT. CRYPT. (Lycoperdacées.) Genre intermédiaire entre les Lycoperdons et les Geastrum, décrit par Raffinesque dans sa Somiologie, et inséré dans le Journal de Botanique, vol. IV. Son péridium est simple, sessile, déprimé, divisé en étoile au sommet; les graines sont pulvérulentes, situées dans son centre et à sa partie supérieure. Il en indique deux espèces. L'une habite les Etats-Unis, l'autre la Sicile. (AD. B.)

ACTINE. Actina. INS. Genre de l'ordre des Diptères, établi par Meigen dans son premier ouvrage, mais qu'il paraît avoir réuni (dans son Système des Diptères d'Europe, 1818 et 1820.) au genre Béris, formé antérieurement par Latreille. V. BÉRIS. (AUD.)

*ACTINE. BOT. PHAN. (Dioscoride.) Syn. de Bunium Bulbocastanum, L. V. BUNIUM. (B.)

ACTINÉE. Actinea. BOT. PHAN. V. ACTINELLE.

ACTINELLE Actinella. BOT. PHAN. Ce genre, désigné par Jussieu sous le nom d'Actinea, appartient à la famille naturelle des Synanthérées corymbifères, à la Syngénésie Polygamie superflue. H. Cassini le rapporte à sa tribu des Hélianthées, et le place à côté du genre Helenium, tandis que Jussieu le rapproche des genres Ageratum et Hymenopappus, près des Eupatoires. Voici ses caractères: les capitules sont radiées; les fleurons du centre sont réguliers, hermaphrodites

et fertiles; les demi-fleurons de la circonférence sont femelles et à trois dents; l'involucre est simple, composé d'une seule rangée de folioles; le phoranthe est nu; le fruit est couronné d'une aigrette composée de plusieurs arêtes élargies à la base. — Une seule espèce formait ce genre, c'est l'Actinella heterophylla, Pers., petite Plante originaire des bords de la Plata; sa tige est uniflore, nue supérieurement; ses feuilles sont dissemblables: les unes entières lancéolées, les autres dentées profondément ou sinueuses. Kunth (in Humb. et Bonp.) en a publié deux autres espèces, dont une a un port particulier. (A. R.)

*ACTINIAIRES. POLYP. Vingtième ordre de la troisième division des Polypes appelés Sarcoïdes. Les Polypiers Actiniaires ont beaucoup de rapports avec les Actinies par leur forme, et semblent lier les Polypiers Sarcoïdes aux Acalèphes fixes de Cuvier. Ils sont composés de deux parties; l'inférieure est membraneuse, ridée transversalement, susceptible de contraction et de dilatation; la supérieure présente une surface souvent poreuse, quelquefois avec un oscule ou un trou polymorphe au centre. Dans d'autres genres, cette partie est cellulifère, ou lamelleuse, ou tentaculifère, mais toujours distincte de l'inférieure d'une manière bien tranchée; cette dernière ne paraît pas pouvoir s'étendre de manière à enfermer entièrement la supérieure, comme dans les Actinies. — Presque tous les Polypiers Actiniaires sont fossiles; le genre Isaure, V. ce mot, est le seul que l'on connaisse vivant. Savigny, auquel nous en devons la connaissance, l'a trouvé sur les côtes de l'Egypte, dans la mer Rouge. Cet ordre renferme encore les genres Chenendopore, Hippalium, Lymnorée, Pélage, Montlivaltie et Iérée. V. ces mots, ainsi que ACTINOMORPHES. (LAM. X.)

ACTINIE. Actinia. ACAL. Genre de Zoophytes de la classe des Acalèphes de Cuvier, V. ce mot, et qui appartient aux Radiaires Echinodermes de la section des Fistulides de Lamarck;

V. ces mots. Les Animaux qui le composent se distinguent des autres Zoophytes par la forme de leur corps, qui est simple, cylindracée, d'une substance molle et charnue, susceptible de contraction et de dilatation. La bouche leur sert également d'anus; elle est terminale et bordée d'un ou de plusieurs rangs de tentacules que l'Actinie peut cacher sous son enveloppe extérieure, en les repliant sur sa bouche. — Lorsqu'elle les étend, l'Actinie ressemble à une fleur nuancée des plus vives couleurs, ce qui lui a fait donner le nom d'Anémone de mer. Le docteur Spix, naturaliste bavarois, est encore le seul qui ait observé l'organisation intérieure de ces Animaux; il a trouvé dans les Actinies un sac alimentaire terminé par une seule ouverture, très-ample dans la partie inférieure, tellement contractile qu'il peut sortir en entier de l'intérieur du corps en se renversant au dehors. Ce sac est entouré de muscles aplatis, longitudinaux et parallèles. Des nodules ou ganglions nerveux sont placés dans la partie inférieure et élargie du corps; ils communiquent ensemble, et se distribuent dans les principaux organes par des filets plus ou moins apparens. — Des ovaires remplis de petits œufs, et composés de trois ou quatre tuyaux cylindriques et cohérens, forment, par leur réunion, une sorte d'oviducte, qui s'ouvre dans l'estomac; ils ont leur base dans les tentacules; ainsi les œufs peuvent sortir par la bouche et par l'extrémité des filamens tentaculaires. Cette description présente des faits intéressans; cependant ils ont besoin d'être vérifiés avant d'être adoptés définitivement par les naturalistes. — L'abbé Dicquemare a étudié les Actinies avec une sagacité digne des plus grands éloges; il les a observées dans tous les états; il a multiplié ses expériences, et ne nous a rien laissé de nouveau à découvrir; ainsi l'on ne doit pas être étonné que la plupart des auteurs aient parlé d'après lui. — La forme des Actinies varie suivant leur contraction ou leur épanouissement, et présente des

différences sans nombre. Cet épanouissement, est un indicateur du beau temps, plus certain souvent que le baromètre; malheureusement les marins ne peuvent en faire usage que pendant l'été et sur les côtes. L'hiver chasse les Actinies du rivage; elles vont chercher un abri dans des eaux profondes où règne une température et plus douce et plus égale. Pour changer d'habitation, les unes se laissent emporter au gré des flots, les autres rampent sur leur base, ou bien elles se renversent et se servent de leurs tentacules en guise de pieds. Lorsqu'elles trouvent une place convenable, elles s'y fixent, elles s'y attachent avec tant de force, qu'on les déchire souvent en voulant les en arracher. Dicquemare et plusieurs naturalistes pensent que cette adhérence, persistant après la mort de l'Animal, ne peut s'opérer qu'au moyen d'une humeur visqueuse qu'il sécrète à volonté; d'autres croient, avec Bosc, que c'est par succion et en faisant le vide, que cette adhérence a lieu; nous partagerons cette dernière opinion, plus conforme que la première aux observations que l'on a faites. — Une lumière trop forte incommode les Actinies, le bruit les effarouche, les odeurs les affectent, l'eau douce les fait mourir; ces sensations dépendent de leur extrême irritabilité, qui semble augmenter lorsqu'elles souffrent. Elles peuvent supporter une température de 12° au—dessous, jusqu'à 49° au-dessus de 0; au-delà de ces deux termes elles périssent. Elles restent souvent exposées à l'air, à l'époque des grandes marées pendant les syzygies; mais alors elles se contractent entièrement, et demeurent remplies d'eau, qu'elles lancent avec force lorsqu'on les irrite.

Ces êtres singuliers ont une puissance de reproduction, égale à celle des Polypes; on peut les couper transversalement ou verticalement, et chaque tronçon donne naissance à un nouvel Animal. Quelquefois de petites Actinies sortent toutes formées par la bouche; d'autres fois leur base est déchirée ; un fragment reste sur le rocher, il continue de vivre, son volume augmente, sa forme s'arrondit, sa bouche, son estomac, ses tentacules se développent, et une Actinie complète s'offre aux regards surpris de l'observateur. Enfin, des parties latérales de cette base sortent des globules ; ils se détachent, se fixent sur les roches voisines, croissent et produisent une nouvelle colonie d'Anémones de mer ; ainsi les Actinies sont tout à la fois des Animaux gemmipares, ovipares et vivipares. — Elles se nourrissent de Méduses, de Crustacés, de Mollusques et de petits Poissons qu'elles saisissent avec leurs tentacules ; elles rejettent ce qu'elles ne peuvent digérer. — Elles se trouvent dans toutes les mers ; les unes se suspendent aux voûtes sous-marines des récifs, les autres couvrent les rochers, plusieurs en tapissent les côtés ; en général, chaque espèce choisit un *habitat* particulier. — Elles ne partagent point avec les Méduses la faculté de causer une piqûre brûlante, quand on les touche, à l'exception de l'Actinie verte de Forskahl.—On en mange plusieurs espèces, principalement dans les pays chauds, où ces Animaux sont beaucoup plus nombreux que dans les pays froids. — Une monographie de ce genre serait fort nécessaire, vu la confusion qui règne dans la nomenclature des espèces ; il n'y en a que vingt-cinq qui soient connues, et encore le sont-elles la plupart d'une manière imparfaite.

Actinie rousse, *Actinia rufa*, Lamk., *Act. Equina*, L. C'est l'espèce la plus commune de nos mers : sa peau est douce, finement striée ; ses tentacules, au nombre de plus de cent, sont minces et grêles ; leur couleur varie à l'infini. Lorsque la marée se retire, et qu'il ne reste que quelques pouces d'eau sur les rochers, ceux-ci paraissent souvent émaillés d'Anémones doubles, colorées de rose, de bleu, de pourpre, de jaune, de violet, comme une riche prairie le serait des plus brillantes fleurs.

Actinie œillet de mer, *Actinia*

judaïca, L. Elle est cylindrique, évasée au sommet, même dans l'état de contraction ; son corps est parfaitement lisse, et lorsque ses nombreux tentacules d'un rouge foncé sont épanouis, ils lui donnent l'apparence d'un Œillet double de la plus vive nuance. Les habitans des côtes de la Méditerranée la recherchent comme un mets des plus délicats, principalement les Italiens.

Les *Actinia crassicornis, plumosa, viduata, rubra, effœta, coccinea, senilis, undata, sulcata, pedunculata* et *pentapetala*, se trouvent dans les mers d'Europe. Combien doit être considérable le nombre des espèces qui nous sont inconnues, puisque nos mers renferment plus de la moitié de celles qui sont décrites, et que les Actinies sont plus nombreuses dans les pays chauds que dans les zônes froides ou tempérées.   (LAM..X.)

*ACTINOBOLE. *Actinobolus*. MOL. c'est-à-dire, *qui jette des rayons*. Genre de Klein (Ostrac. g. 375), le second de sa classe des *Diconcha umbilicata*, auquel il donne pour caractères des *stries rayonnantes*. Il y comprend des Tellines et des Peignes. Ce genre n'a point été adopté.   (F.)

ACTINOCARPUS. BOT. PHAN. (R. Brown.) Syn. de *Damasonium*. *V.* ce mot.   (B.)

ACTINOCHLOÉ. BOT. PHAN. Genre de Graminées établi par Willdenow. *V.* Chondrosion.   (A. R.)

* ACTINOCLADIUM. BOT. CRYPT. (*Mucédinées*.) Ce genre a été établi par Ehrenberg dans les Annales de Botanique de Berlin, de 1819; il lui donne le caractère suivant : filamens adhérens droits, roides, cylindriques, transparens, cloisonnés, divisés en ombelle au sommet ; sporules transparentes, éparses. — Ce petit Champignon forme, sur les écorces de Charme, de grandes taches roses. Ses filamens sont noirs, transparens, cloisonnés, divisés au sommet en trois rameaux ; les sporules sont assez grosses, sphériques, roses ; —Ehrenberg ne les a jamais vu adhérer aux filamens, mais seulement répandues entre eux et sur eux en grande quantité.   (AD. B.)

*ACTINODERMIUM. BOT. CRYPT. (*Lycoperdacées.*) Ce genre fut d'abord établi par Link, sous le nom de Sterbeckia ; mais comme il existe déjà en botanique un genre Sterbeckia, Nées a cru devoir changer ce nom pour éviter la confusion ; il est très-voisin des Geastrum; sa forme est globuleuse, son péridium double, l'extérieur, d'abord charnu, devient dur et se rompt en plusieurs valves ; l'intérieur est ligneux et se divise profondément en plusieurs lobes; les sporules sont entremêlées de filamens. — La seule espèce connue est jaune extérieurement; sa poussière est brune ; elle croît dans les lieux sableux en Italie, en Espagne et en Portugal.
                                         (AD. B.)

* ACTINOLITE. MIN. (Kirwan.) *V.* ACTINOTE et ÉPIDOTE.

* ACTINOMORPHES. ANNÉL. et **MOLL.** Nom donné par Blainville à son deuxième sous-règne qui contient les Animaux rayonnés, qu'il divise en deux sous-types.

Les SUBARTICULÉS (douteux) qui constituent la XVIII° classe du système de l'auteur, appelée des Annulaires. (Les Sipuncules, etc.)

Les ARTICULÉS (vrais) qui contiennent les XIX, XX, XXI, XXII et XXIII° classes, c'est-à-dire, les Echinodermaires, les Arachnodermaires, les Actinaires, les Polypiaires et les Zoophytaires. *V.* ces mots.   (B.)

ACTINOPHORE. INS. (Sturm.) *V.* ATEUCHUS.

ACTINOPHYLLE. *Actinophyllum.* **BOT. PHAN.** Famille des Araliacées. Ruiz et Pavon, (Flor. Péruv. t. 3) ont fait mieux connaître sous ce nom le genre Sciodaphyllum de Browne, encore qu'ils n'eussent point acquis par-là le droit de changer un nom plus ancien. Divers botanistes ont choisi, de préférence, le nom nouvellement imposé, et nous l'adopterons pour éviter de nouveaux chan-

gemens. Toutes les espèces, appartenant à ce genre, sont originaires de l'Amérique équinoxiale Ce sont des Arbres ou Arbustes gommeux, à feuilles digitées. Leurs fleurs réunies en tête, et disposées en grappes terminales, ont un ovaire infère, couronné par un calice peu sensible et entier, une corolle de cinq à sept pétales, réunis en calotte et tombant aussitôt que les étamines commencent à se développer ; cinq à sept étamines épigynes et autant de styles. Le fruit est une réunion de plusieurs fruits, dont chacun présente cinq à sept loges monospermes. (*Kunth in Humb. et Bonp. Nov. Gen.* 5. p. 9.)   (K.)

ACTINOTE. *Actinotus.* **BOT. PHAN.** C'est le nom d'un nouveau genre de la famille des Ombellifères, proposé par La Billardière, pour une Plante tout-à-fait singulière qu'il a trouvée à la Nouvelle-Hollande, et qu'il a nommée *Actinotus Helianthi* (*Specim. Nov. Holl.* T. 92) Elle est herbacée et tomenteuse; ses feuilles sont pinnatifides; ses fleurs, réunies et rapprochées les unes contre les autres, sont disposées comme celles d'une Plante radiée, c'est-à-dire qu'elles sont polygames, réunies sur un réceptacle commun, et environnées d'un involucre formé de bractées blanchâtres très-longues ; les fleurs hermaphrodites ont un ovaire infère, couronné par les cinq dents du calice, à cinq étamines avec un seul style bifide, dont chaque branche est terminée par un stigmate claviforme, velu, accompagné d'une longue soie ; le fruit est uniloculaire, monosperme. Les fleurs mâles manquent de pistil et ont le calice supère.

Ce genre est le même que l'*Eriocalia* de Smith.   (A. R.)

ACTINOTE. (*Rayonnante* de *Saussure.*) **MIN.** Ses différentes variétés sont actuellement réunies à l'Amphibole. *V.* ce mot.   (LUC.)

* ACTINOZOAIRES. Syn. de Radiaires, selon Blainville. *V.* RADIAIRES.   (B.)

ACTION, du Dictionnaire de Déterville. *V.* ACTÉON.   (F.)

* ACTITIS. ois. Genre formé aux dépens du genre Tringa par Illiger, lequel a séparé les Barges, les Chevaliers et les Combattans des véritables Vanneaux. *V*. TRINGA. (B.)

ACUA ou KUA. BOT. PHAN. Syn. d'Anona chez les Indous. (B.)

ACUDIA. INS. Si ce mot a été employé par Herrera dans son Histoire générale des Indes, pour désigner un Insecte lumineux, il est probable que cet Insecte était un Taupin phosphorescent; mais s'il a été mal interprété par quelque traducteur, et qu'il ne soit autre chose que la troisième personne du singulier de l'imparfait du verbe espagnol *Acudir* qui signifie *Arriver*, il est clair que l'auteur n'a pas prétendu donner un nom à l'Insecte, mais qu'il a voulu dire seulement qu'il *arrivait*, qu'il *venait*. Dans ce cas, le mot *Acudia* devra être exclu de la liste des noms vulgaires usités en Entomologie. (AUD.)

ACUICUITZCATL. ois. (Hernandez.) Mouette indéterminée qui habite les rives du lac de Mexico. (B.)

* ACUILCATIULIA. REPT. OPH. Syn. de Boa, aux Indes. (B.)

ACULEA. MOLL. *V*. AIGUILLE.

ACULEATA. MAM. et INS. c'est-à-dire, *Epineux* ou *Porte-Aiguillon*. Nom, imposé par Illiger à sa treizième famille des Mammifères, qui contient les Animaux de cette classe hérissés de piquans, et appelés Hystriciens par Desmarest. *V*. HYSTRICIENS.—Latreille applique ce nom à la seconde section des Hyménoptères, *V*. ce mot ainsi que PORTE-AIGUILLON. (B.)

* ACULEATUS. POIS. (Willughby et Ray.) Syn. d'Epinoche et de Perche. *V*. ces mots. (B.)

ACULLIAME. MAM. Cerf du Mexique, qui n'a point été suffisamment observé, et que Hernandez dit être entièrement semblable à celui d'Europe; il en diffère certainement

et semble être le même que l'Animal appelé *Mazame*. *V*. ce mot. (B.)

ACUNNA. BOT. PHAN. (Ruiz et Pavon.) *V*. BEFARIA.

* ACURNIER. BOT. PHAN. Syn. de Cornouille, dans quelques parties du midi de la France. (B.)

ACUROA. BOT. PHAN. *V*. ACOUROA.

ACUSHÉ. ois. Syn. de l'Ara militaire. *Psittacus militaris*, L. à la Guyane. *V*. ARA. (DR..Z.)

ACUTI. MAM. *V*. CABIAI.

ACYNOS ou ACINOS. BOT. PHAN. Mœnch a fait des *Thymus Acynos*, L. *alpinus*, L. etc., un genre qu'il a distingué des Thyms; mais les caractères qu'il lui a donnés nous paraissent trop peu importans pour adopter cette séparation. *V*. THYM. (A. R.)

ACYPHYLLA. BOT. PHAN. Sous ce nom, Forster avait fait un genre d'une Plante ombellifère de la Nouvelle-Zélande, que Linné fils a réuni aux Lasers. *V*. ce mot. Cependant quelques différences semblent résulter des cinq dents de son calice persistant, du nombre des côtes de son fruit porté à dix, par une ligne saillante sur le dos de chacun des deux akènes accollés, de ses ombellules, dont quelques-unes sont plus courtes et quelques-unes mâles; de ses involucres et ses involucelles à trois ou cinq folioles rejetées sur le côté, et enfin de ses feuilles mucronées. (A. D. J.)

ADACA-MANJEN ou ADAKA-MANGE. BOT. PHAN. Syn. de Sphœranthe, chez les Indous. (B.)

ADA-KODIEN. BOT. PHAN. Apocinée indéterminée que l'on emploie dans l'Inde contre les maladies des yeux. (B.)

ADALY. BOT. PHAN. Syn. de Zapanie nodiflore, *Verbena nodiflora*, L. chez les Indous. *V*. ZAPANIE. (B.)

* ADAMANTA ou ADAMENON. BOT. PHAN. (Dioscoride.) Syn. de Jusquiame. (B.)

ADAMANTIN. (Feldspath). MIN.
V. FELDSPATH.

ADAMARAM. BOT. PHAN (et non
Adamasan ou Adamaran). Syn.
de Terminalia, à la côte de Malabar,
et adopté comme nom générique, par
Adanson. V. BADAMIER.   (B.)

* ADAMAS. MIN. Nom du Dia-
mant chez les anciens.   (O. DEL.)

ADAMBE ou ADAMBOÉ. Adam-
bea. BOT. PHAN. Arbrisseaux de l'Inde mentionnés par Rhéede (Hort.
malab. T. IV. p. 45. 47. pl. 20. 21.)
dont Lamarck a formé, dans l'Encyclopédie, un genre qui n'a point été
adopté et qui rentre dans celui des La-
gerstroemia. V. ce mot. — Le même
nom a été donné à une espèce d'Inapoi
mée, Impomea campanulata, à la côte
de Malabar.   (B.)

ADAMENON. BOT. PHAN.
ADAMANTA.   V. ?

ADAMSIE. Adamsia. BOT. PHAN.
Famille des Liliacées, Hexandrie Monogynie, L. Genre établi près des
Scilles par Willdenow (Mém. des curieux de la nat. de Berlin), dont les
caractères consistent dans une corolle
campanulée à six divisions; un nectaire campanulé, plus court que la corolle, portant six dents staminifères ;
l'ovaire infère, surmonté d'un stigmate trifide, et une capsule à trois
loges. Une seule Plante, de l'aspect le
plus agréable, compose ce genre. (B.)

ADANE, ADANO ou ADENO.
POIS. Syn. d'Esturgeon, en Italie.
                                  (B.)

ADANSONIA. BOT. PHAN. V. BAO-
BAB.

*ADAR. OIS. Syn. de l'Eider, Anas
mollissima, L. V. CANARD. (DR...Z.)

*ADARCES. POLYP. (Dioscoride.)
Syn. d'Eschares ou Flustres, selon
Pallas. V. ces mots.   (B.)

ADATHODE. Adathoda. BOT.
PHAN. Espèce de Justicia qu'on avait
proposé d'ériger en un genre qui n'a
pas été adopté. V. JUSTICIA.   (B.)

* ADDA. REPT. SAUR. Syn. de Scinque officinal, Lacerta Scincus, L,
V. SCINQUE.   (B.)

* ADDAD. BOT. PHAN. Plante qu'il
est impossible de reconnaître sur ce
que nous en apprend l'Encyclopédie
ancienne; on la dit originaire de Numidie, très-amère, et tellement vénéneuse, qu'une quarantaine de gouttes de son suc suffisent pour donner la
mort.   (B.)

ADDARANA. OIS. Nom qu'on
donne en Sicile à une espèce de Courlis, Numenius aterrimus de Rafinesque.   (DR...Z.)

ADDAX. MAM. (Pline.) Syn. de
Strepsiceros. V. ce mot.

ADDER. REPT. OPH. Syn. de Vipère commune, en Anglaterre. (B.)

* ADDER'STONGUE. BOT. CRYPT.
langue de Serpent. Syn. anglais d'O-
phioglosse. V. ce mot.   (B.)

ADDIBO. MAM. Syn. de Chacal.
V. CHIEN.   (A. D. N.)

*ADÉLAÏDE. INS. Nom imposé,
comme spécifique, par Geoffroy, à une
de ses Libellules, qui est aujourd'hui
une Agrion. V. ce mot.   (B.)

ADÈLE. Adela. INS. Genre
de l'ordre des Lépidoptères, établi
par Latreille et rangé par lui (Règne Animal), dans la septième
tribu des Lépidoptères diurnes,
celle des Tinéites. Il a pour caractères : antennes excessivement longues, fort rapprochées à leur base ;
yeux grands, presque contigus dans
les mâles ; ailes couchées presqu'en
toit, longues, et élargies postérieurement. Leur tête est petite, à peu près
pyramidale ; leur trompe est allongée
et munie de deux palpes cylindriques
et velues. Elles ont le port des Friganes.

Ce genre est un de ceux dont il
faut indiquer en peu de mots l'histoire, afin d'éclaircir sa synonymie,
que quelques auteurs ont fort embrouillée.—Le genre Alucite, créé par
Fabricius, formait un groupe assez
incohérent ; Latreille, tout en le con-

servant, voulut le restreindre, et, pour y réussir, il en retira plusieurs espèces dont il composa le genre Adèle, que Hoffmansegg avait aussi distinguées sous le nom de Nemophora; mais Fabricius (Suppl. Entomol.) ne tint compte ni des travaux des autres, ni de ceux qu'il avait faits lui-même; il transporta la dénomination d'Alucite aux Adèles de Latreille, et imagina celle d'Ypsolophe, pour l'appliquer aux individus auxquels ce savant avait religieusement conservé le nom d'A-lucite. — Ces Lépidoptères, tous très-petits et ornés de couleurs fort brillantes, souvent métalliques, se rencontrent au printemps dans les bois. Leurs chenilles se forment une sorte d'enveloppe avec des fragmens de feuilles, et la transportent avec elles, comme le font les Teignes. Plusieurs de ces espèces ont été décrites par Fabricius et figurées par Hübner (Lépidoptères d'Europe). Nous citerons 1° la Coquille d'Or de Geoffroy, qui est l'Alucita Degeerella de Fabricius, et l'Adèle Degeerelle de Latreille; 2° l'Adèle Reaumurelle, Adela Reaumurella de Latreille, qui est la Teigne noire bronzée de Geoffroy, ou l'Alucite Reaumurelle de Fabricius. Laquelle sert de type au genre Adèle. (XIV.)

ADELHIORT. MAM. Syn. d'Elan, en Danemarck. (B.)

ADÉLIE. Adelia. BOT. PHAN. Linné a ainsi nommé un genre de la famille des Euphorbiacées, de la Diœcie Monadelphie, désigné par Houston et Browne sous le nom de Bernardia. Il renferme des Arbrisseaux dioïques dont les fleurs sont extrêmement petites. Le calice est à trois ou cinq divisions dans les fleurs mâles, il porte une trentaine d'étamines dont les filets sont soudés en tube cylindrique; dans les fleurs femelles, on trouve un ovaire surmonté de trois stigmates, quelquefois portés sur des styles courts. Le fruit est globuleux tricoque; chaque coque est monosperme.

Ce genre renferme quatre espèces, dont trois sont originaires de l'Amérique méridionale, et une de l'Amérique septentrionale. C'est à ce genre que l'on doit rapporter l'Acidoton de Swartz. (A. R.)

ADELLO. POIS. L'un des noms de l'Esturgeon, sur les bords du Pô. (B.)

ADELOBRANCHES. Adelobranchia. MOLL. C'est-à-dire, dont les branchies ne sont point apparentes. Dénomination créée par Duméril (Zool. anal.) pour caractériser les Mollusques gastéropodes, dont effectivement les branchies ne sont point visibles; lesquels, dans la classification de cet auteur, forment la 3e famille de l'ordre des Gastéropodes, et comprennent, outre les Tectibranches et les Pulmonés, avec ou sans opercule, les Pectinibranches Pomastomes, le genre Sigaret et les Haliotides de l'ordre des Scutibranches. V. ces mots. Blainville paraît avoir adopté cette dénomination en la restreignant aux seuls Pulmonés sans opercule. Depuis l'ouvrage de Duméril, la famille des Adélobranches a dû, par suite des nouvelles observations, se subdiviser beaucoup; elle a fourni plusieurs ordres dans lesquels le système respiratoire est notablement différent, quoique dans tous les branchies ne soient pas visibles, ce qui a empêché de conserver cette dénomination. (P.)

ADEL-ODAGAM. BOT. PHAN. (Rhéede.) Syn. de Carmantine bivalve, Justicia bivalvis, L., au Malabar. (B.)

ADELPHIE. BOT. PHAN. On désigne, par ce mot, la réunion des étamines par leurs filets, considérée d'une manière générale. V. DIADELPHIE, MONADELPHIE et POLYADELPHIE.
(A. R.)

ADEN. Adenia. BOT. PHAN. (Forskahl.) Petit Arbrisseau de l'Hexandrie Monogynie, trop imparfaitement observé pour qu'on puisse déterminer à quelle famille il appartient. Ses feuilles sont alternes et palmées; ses fleurs, fasciculées sur des épis terminaux, ont leur calice tubulé. A six divisions, portant à son sommet six pétales blancs. Le style est échancré. L'Aden se trouve en Arabie où il passe pour un violent poison, contre lequel on emploie, comme antidote, le suc du Caprier épineux.   (B.)

* ADENANDRA. BOT. PHAN. Genre de la famille des Diosmées, établi par Wendland, et qui a pour type le *Diosma uniflora ;* voici ses caractères : calice monosépale à cinq divisions profondes ; corolle de cinq pétales insérés autour d'un disque périgyne à cinq lobes ; dix étamines, dont cinq seulement sont fertiles, ayant les anthères glanduleuses au sommet ; le fruit est une capsule ovoïde à cinq loges, contenant chacune deux graines arillées ; elle s'ouvre en cinq valves.

Les espèces de ce genre sont peu nombreuses et la plupart originaires du cap de Bonne-Espérance ; telles sont l'*Adenandra uniflora* et l'*Ad. umbellata*, qui faisaient partie du genre Diosma de Linné. *V.* DIOSMA. (A. R.)

ADENANTHERA. BOT. PHAN. Ce genre appartient à la famille des Légumineuses et à la Décandrie Monogynie, L. Il offre un calice court et à cinq dents ; une corolle formée de cinq pétales réguliers ; dix étamines libres et égales, dont les anthères sont terminées par une petite glande ; le fruit est une gousse très-allongée, comprimée, bosselée, contenant plusieurs graines arrondies, renfermées dans des espèces de cavités membraneuses.

Les trois ou quatre espèces qui composent ce genre sont des Arbres à feuilles bipinnées, ayant les fleurs assez petites et en grappes ; ils sont originaires des îles Moluques ou de l'Inde. L'Adenanthère à graines rouges, *Adenanthera pavonina*, L. est un grand et bel Arbre, dont les graines arrondies, luisantes, d'un rouge éclatant, servent d'aliment dans quelques contrées de l'Inde. On en fait aussi des colliers et d'autres ornemens. On désigne souvent ce genre sous le nom de Condori.   (A. R.)

ADENANTHOS. BOT. PHAN. Ce genre de la famille des Protéacées, renferme plusieurs Arbrisseaux de la Nouvelle-Hollande, à feuilles éparses, planes et simples dans les uns, filiformes et composées dans les autres ; à fleurs, tantôt axillaires, solitaires et rouges, tantôt terminales, rassemblées en petit nombre et jaunâtres. Chacune de ces fleurs est ceinte d'un involucre à quatre ou huit folioles imbriquées et écailleuses. Elles offrent un calice tubuleux, à quatre divisions supérieures, dont chacune soutient une anthère sessile, fendu latéralement pour le passage d'un long style, et se séparant plus tard par une fissure circulaire en deux portions, dont l'inférieure persiste autour du fruit ; celui-ci est situé sur un support qu'entourent, à sa base, quatre glandes sous forme de petites écailles allongées ; c'est une noix ventrue, remplie par une graine unique.

On n'en connaît jusqu'ici que quatre espèces, dont trois sont figurées par Labillardière 'Tab. 36, 37 et 38 des Pl. de la Nouv. Hol.).   (A. D. J.)

ADENOCARPE. *Adenocarpus.* BOT. PHAN. De Candolle, dans le supplément de la Flore française, a détaché plusieurs espèces du genre Cytise, pour en faire un nouveau genre qu'il a nommé *Adenocarpus*, à cause des glandes nombreuses dont le fruit est recouvert. Il appartient à la famille des Légumineuses, à la Diadelphie Décandrie, L. Ses caractères sont un calice bilabié ; la lèvre supérieure est bifide, l'inférieure trilobée ; la corolle est papillonacée, ayant la carène droite : les dix étamines sont monadelphes. La gousse est comprimée, oblongue ; ses valves sont planes et recouvertes de petites glandes pédicellées.

Les espèces rapportées à ce genre par De Candolle sont : les *Cytisus parvifolius, telonensis, complicatus, foliosus et hispanicus*. Les deux premières croissent en France. Toutes ces espèces sont des sous-Arbrisseaux rameux, à feuilles trifoliolées ; leurs fleurs sont jaunes et en grappes. (A. R.)

ADENODE. *Adenodus.* BOT. PHAN. Genre établi par Loureiro pour un Arbuste de la Cochinchine qui paraît être le même que l'Eleocarpus. *V.* ce mot. (B.)

* ADENOPHORE. BOT. CRYPT. Genre de la famille des Hydrophytes, proposé par Beauvois, et non adopté par les botanistes. (LAM..X.)

ADENOPHYLLE. *Adenophyllum.* BOT. PHAN. Ce genre de la famille des Corymbifères, de la Syngénésie Polygamie superflue, L. a été établi par Persoon (*Syn. plant.*). C'est le même que Cavanilles avait nommé *Willdenovia*, et Willdenow *Schlechtendalia*. Il a des rapports marqués avec le genre Tagetes. H. Cassini le place dans sa tribu des Hélianthées. Ses capitules sont radiés ; son réceptacle paléacé ; son involucre double ; l'extérieur plus court est formé de folioles étalées et glanduleuses à leur base; l'extérieur se compose de folioles dressées, linéaires ; il est également glanduleux à sa base; ses fleurons sont hermaphrodites, fertiles, à six ou huit lobes; les demi-fleurons, au nombre de huit, sont femelles : le fruit est couronné par cinq arètes.

L'espèce unique, qui forme ce genre, *Adenophyllum coccineum*, est une Plante herbacée et vivace, originaire du Mexique. (A. R.)

ADENOS. *V.* COTON.

ADENOSMA. BOT. PHAN. R. Brown (*Prodr. Nov. Holl.*) a nommé ainsi un nouveau genre de Plantes, qui comprend une seule espèce trouvée dans la Nouvelle-Hollande. Ce genre a été placé, par ce savant botaniste, dans la famille des Scrophulariées. Voici ses caractères : calice à cinq divisions, dont la supérieure est plus grande; corolle bilabiée, à lèvre supérieure entière; l'inférieure à trois lobes égaux ; quatre étamines didynames, dont les anthères sont rapprochées; stigmate élargi; capsule ovoïde, bivalve, terminée en pointe crochue à son sommet.

Ce genre a quelque analogie avec les Acanthacées. L'*Adenosma cœrulea* de Brown est une Plante annuelle, velue, glanduleuse, terminée par un épi de fleurs bleues. (A. R.)

ADENOSTEMMA. BOT. PHAN. Genre appartenant à la famille des Corymbifères et à la section que caractérisent un phorante et un akène nus avec des fleurs toutes flosculeuses ; c'est le même que le Lavenia de Swartz. L'involucre est hémisphérique, à plusieurs folioles égales, légèrement imbriquées ; les corolles très-petites, velues en-dedans ; les stigmates longs; l'akène sans aigrette, mais avec trois glandes pédicellées à son sommet. C'est Forster qui a établi ce genre d'après une espèce, *Adenostemma viscosa* (*Verbesina Lavenia*, L.), trouvée dans les îles de la mer du Sud. Une autre est originaire de la Jamaïque ; c'est le *Cotula Verbesina* de Linné. (A. D. J.)

* ADENOSTYLE. BOT. PHAN. Sous ce nom, Cassini fait un nouveau genre de plusieurs espèces de Cacalies, dont le style présente la structure décrite à l'article des Adenostytées. *V.* ce mot. Le capitule est uniquement composé de fleurons hermaphrodites ; l'involucre formé de bractées égales, disposées sur un seul rang ; le phorante nu; l'aigrette, qui surmonte l'akène, simple. Ce genre appartient à la famille des Corymbifères, et à la Syngénésie Polygamie égale de Linné. (A. D. J.)

* ADENOSTYLÉES. BOT. PHAN. Henri Cassini nomme ainsi l'une des tribus qu'il a établies dans la grande classe des Synanthérées. Ses caractères sont tirés des deux divisions supérieures du style, qui, demi-cylindriques et arquées en dehors à l'époque de la floraison, présentent chacune une surface extérieure convexe, hérissée de papilles glandiformes, et une intérieure creusée au milieu d'une rainure linéaire, glabre, séparant deux bourrelets stigmatiques ponctués. (*V.*, dans les planches du Dictionnaire des Sciences naturelles, les détails anatomiques de la famille des Synanthérées, 3° tribu.) Cassini range

maintenant parmi les Adénostylées ses genres Adénostyle, Paleolaria et Homogyne; il annonce que plusieurs autres viendront sans doute y prendre place. (A. D. J.)

ADEONE. *Adeona.* POLYP. Genre de l'ordre des Polypiers à réseau ou Escharées, *V.* ce mot, dans la seconde division des Polypiers entièrement pierreux.—Les Adéones ont une tige articulée comme l'axe des Isidées, qui est surmontée d'une expansion pierreuse, frondescente ou flabelliforme, parsemée de cellules très-petites éparses sur les deux surfaces, et percée d'oscules ronds ou ovales. Ainsi les Adéones ont de légers rapports avec les Isis, et se rapprochent des Eschares et des Rétépores par la forme des expansions et par les cellules qui en couvrent les deux surfaces. Ces Polypiers ne sont jamais encroûtés; nous présumons cependant qu'une substance gélatineuse et animalisée les enveloppe en entier, et lie entre eux les nombreux habitans de leurs élégantes frondescences. La couleur des Adéones est blanchâtre ou d'un gris de fer quelquefois très-foncé. Elles s'élèvent à deux ou trois décimètres de hauteur.—On n'en connaît encore que trois espèces originaires des terres australes.

ADÉONE GRISE, *Adeona grisea.* Lamx. Hist. Polyp. 481. pl. fig. 2. Sa tige est courte; l'expansion qu'elle supporte est presque orbiculaire ou flabellée, percée d'oscules et d'une couleur gris de fer foncé.

ADÉONE ALLONGÉE, *Adeona elongata.* Lamx. Hist. Polyp. 481. Elle diffère de la précédente par sa tige longue et tortueuse, quelquefois rameuse, et par la forme ovale de son expansion.

ADÉONE FOLIACÉE, *Adeona foliacea.* Lamx. Hist. Polyp. 482. Sa tige est longue, rameuse et couverte de groupes épars, d'expansions foliacées, découpées à peu près comme les feuilles du *Cratægus Azarolus*, L. (LAM..X.)

ADEPELLUS. OIS. Syn. du Jaseur de Bohème, *Ampelis Garrulus*, L. (DR..Z)

* ADEPHAGES. INS. Nom créé par Clairville et que Latreille applique à la première famille des Coléoptères Pentamères qu'il désigne aussi, avec Cuvier, sous le nom de *Carnassiers. V.* ce mot. (AUD.)

* ADESME. *Adesmus.* INS. Genre de l'ordre des Coléoptères et de la section des Tétramères, établi par le général Dejean (Catalog. des Coléoptères. 1821). Il est très-voisin du genre Lamie de Fabricius, et nous l'y rapportons jusqu'à ce que ses caractères nous soient connus. Dejean n'en possède d'ailleurs qu'une seule espèce, qu'il nomme *Adesmus luctuosus;* elle est originaire du Brésil. (AUD.)

ADGAO. BOT. PHAN. *V.* ALAGAO.

ADHAR. BOT. PHAN. Syn. de Schænanthe. *V.* ANDROPOGON. (B.)

ADIANTHE. *Adianthum.* BOT. CRYPT. (*Fougères.*) Genre de la tribu des Polypodiacées ou Fougères à capsules entourées d'un anneau élastique. Son caractère consiste dans ses capsules réunies en groupes linéaires ou arrondis à l'extrémité des feuilles ou des pinnules, et recouvertes par un tégument formé par le bord replié de la feuille elle-même, et s'ouvrant, par conséquent, en dedans. C'est à la face inférieure de ce tégument et sur les nervures qui s'y continuent jusqu'à quelque distance de son bord libre, que sont insérées les capsules.

Linné avait confondu dans le genre *Adianthum* les quatre genres, *Adianthum, Cheilanthes, Lindsea* et *Davallia.* Les deux derniers diffèrent essentiellement des Adianthes par leur tégument qui, au lieu d'être formé par le bord replié de la feuille et de s'ouvrir en dedans, naît de l'extrémité des nervures, à quelque distance du bord de la feuille, et s'ouvre en dehors. — Le genre *Cheilanthes* ne diffère des vrais *Adianthum* que par l'insertion des capsules au fond du sinus qui unit le tégument à la feuille, et non pas sur la face interne du

8*

tégument lui-même. — Les feuilles ou pinnules de ces Fougères ne sont presque jamais traversées par une nervure moyenne; les nervures partent ordinairement en rayonnant de la base même de la feuille ou de la pinnule, et se divisent ensuite plusieurs fois sans jamais s'anastomoser. Ce mode de division donne aux pinnules de ces Plantes une forme généralement cunéiforme, rhomboïdale ou lunulée et fort élégante.

Les feuilles des Adianthes sont presque toujours minces, délicates et translucides; leur tige est grêle, lisse et luisante; leur fronde est souvent très-divisée, et l'ensemble de ces caractères leur a fait donner le nom vulgaire de Capillaires.—Presque toutes les espèces de ce genre habitent les régions les plus chaudes du globe; sur environ soixante espèces connues, deux seulement font exception, et atteignent des latitudes assez élevées : l'une est l'*Adianthum Capillus-Veneris*, qui est très-commun dans le midi de l'Europe, et qui croît même jusqu'en Écosse. On le retrouve dans une grande partie de l'ancien et du nouveau continent, à Ténériffe, au cap de Bonne-Espérance, à l'île Mascareigne, aux Antilles, etc. C'est une de ces Plantes qui, en petit nombre, paraissent pouvoir supporter des températures très-différentes. L'autre est l'*Adianthum pedatum* qui croît au Canada.

Les espèces qui habitent les parties les plus chaudes des deux continens y sont très-inégalement réparties; ainsi les deux tiers, à peu près, habitent les Antilles et la partie équinoxiale du continent de l'Amérique, tandis que l'autre tiers est réparti entre l'Inde, son archipel, la Nouvelle-Hollande, le cap de Bonne-Espérance, les îles africaines, etc. Les deux espèces que nous avons citées comme s'élevant dans la zône tempérée, méritent aussi d'être remarquées, à cause de leurs usages en médecine : la première, connue sous le nom vulgaire de *Capillaire de Montpellier*, croît communé-ment dans le midi de la France, en Italie, en Espagne; la seconde est appelée *Capillaire de Canada*, à cause des lieux qu'elle habite. Ces deux Plantes sont également employées pour faire le sirop de capillaire, mais celle de Canada est plus estimée à cause de son odeur plus aromatique; l'une et l'autre ne paraissent donner à l'eau, dans laquelle on les fait infuser; qu'un peu de matière gommeuse ou mucilagineuse, et un parfum agréable.   (AD. B.)

* **ADIANTHITE**. BOT. CRYPT. FOSSIL. Empreintes de Fougères qui se trouvent dans des schistes de Silésie; et que Scheuchzer (*Herb. Dilw.* T. 1. f. 7) a prises pour celles de l'*Adianthum Capillus-Veneris*, L. *V.* FILICITES.   (B.)

* **ADIANTON**. BOT. CRYPT. Vieux nom de l'Adianthe. *V.* ce mot.   (B.)

* **ADIKÉ**. BOT. PHAN. Syn. d'Ortie, chez les Grecs modernes qui ont conservé ce nom de l'ancien grec.   (B.)

ADIL. MAM. (Belon.) Syn. de Chacal. *V.* CHIEN.   (B.)

ADIMA. BOT. PHAN. Espèce de Sauvagesie. *V.* ce mot.   (B.)

ADIMAIN, **ADIM-MAYN** ou **ADIM-NAIM**. MAM. *V.* BREBIS.

ADIMONIE. *Adimonia*. INS. Dénomination générique employée par Schrank pour désigner les Galéruques. *V.* ce mot.   (AUD.)

* **ADIPEUX**, EUSE. Qualification donnée à toute substance qui participe de la nature de la graisse, ou en admet dans sa composition.

Quelques Poissons, tels que les Scombres, *V.* ce mot, portent, dans le voisinage de la queue, certaines nageoires appelées *adipeuses*, remplies d'une substance graisseuse et que ne supporte aucun rayon.   (B.)

* **ADIPOCIRE**. Espèce de Savon animal que présentent des cadavres enfouis depuis un temps assez long; c'est une combinaison naturelle d'une petite quantité d'Ammoniaque, de Potasse, de Chaux, de graisse fluide colorée et odorante; avec beaucoup de Marga-

rine. On a cru d'abord , et ç'était l'o-
pinion de Fourcroy, que la matière
musculaire , par un long séjour dans
la terre humide, éprouvait une décomposition particulière, une réac-
tion dans ses divers principes, et se
convertissait enfin totalement en Adipocire. Des observations plus exactes,
appuyées sur des expériences relatives
à l'action prolongée de l'Eau , ont fait
penser à Chevreul que cette conversion
des cadavres en Adipocire, n'était
qu'une véritable saponification de la
graisse seule, mise à nu par la décomposition complète des muscles , et
transformée en Margarine et en huile
fluide. Les muscles et autres matières
azotées, en se décomposant, produisent
eux-mêmes l'Ammoniaque nécessaire
à la saponification , tandis que la Potasse et la Chaux sont fournies par la
décomposition de quelques substances
salino-terreuses qui constituent le gisement. L'Adipocire, ou plutôt le gras
des cadavres , recouvre la charpente
osseuse, et conserve quelque chose de
la forme de l'Animal; il est solide, d'un
blanc jaunâtre, fusible à 50° environ,
se figeant ensuite en une masse composée de lamelles cristallines, brillantes. . . . .　　(DR; Z.)

* ADIPSON. BOT. PHAN. (Dioscio-
ride.) Syn. de Réglisse. ·　　(B.)

ADIRE ou ADIVE. MAM. Espèce
du genre Chien. V. ce mot. (A. D. NS.)

ADJERAN-UTAN. BOT. PHAN.
Syn. de Bident velu ; Bidens pilosa,
L. à Java.　　　　　　　(B.)

ADLEN. BOT. PHAN. Syn. de Pastel, Isatis tinctoria , L. chez les Arabes.　　　　　　　　　　(B.)

*ADLUMIE. Adlumia. BOT. PHAN.
Genre de la famille des Fumariacées,
de la Diadelphie Hexandrie, L. établi
par Raffinesque, et adopté par De
Candolle (Syst. veg. 2). Il a pour
type le Fumaria fungosa, Aiton. Ses
quatre pétales sont soudés , et forment
une corolle monopétale, persistante ,
à quatre divisions , offrant deux bosses à sa base. Les étamines diadelphes
sont insérées à la base de la corolle

et persistent avec elle. Le fruit est allongé., siliquiforme, bivalve, polysperme, enveloppé par la corolle.
　　La seule espèce dont ce genre soit
encore formé , Adlumia cirrhosa , D.
C. , est une Plante grêle , grimpante,
munie de vrilles , portant des fleurs
blanches ou légèrement rosées ; elle
croît dans l'Amérique septentrionale.
　　　　　　　　　(A. R.)

* ADMOS. POIS. Espèce de Poisson,
aujourd'hui inconnue, citée par le seul
Oppien.　　　　　　　(B.)

*ADNÉ, NÉE. BOT. PHAN. Adjectif
qui signifie attaché à ou attaché le
long de. Les stipules des Roses sont
Adnées aux pétioles.　　(B.)

*ADO. BOT. PHAN. Arbrisseau de la
province de Cumana dans l'Amérique
méridionale , qui paraît un Combretum. V. ce mot.　　　(B.)

ADOLE ou ADOLI. Adolia. BOT.
PHAN. Genre formé par Lamarck
(Encyc. dic.) sur les figures assez
bonnes et les descriptions fort incomplètes qu'a données Rhéede (Hort.
Malab. T. V. p. 59 et 61. pl.
30 et 31) de deux Arbrisseaux de la
côte de Malabar , qui présentent de
grands rapports avec les Nerpruns.
On ne connaît pas même le nombre
des étamines des Adoles , dont l'une
a les fleurs blanches et l'autre les a
rouges.　　　　　　　(B.)

ADONIDE. Adonis. BOT. PHAN.
Famille des Renonculacées de Jussieu, Polyandrie Polygynie, L. Ce
genre, assez voisin des Anémones,
s'en distingue par les caractères suivans : le calice est formé de cinq sépales planes et réguliers ; la corolle se
compose de cinq à quinze pétales également planes et réguliers , sans appendice à leur base ; les étamines sont
fort nombreuses , ainsi que les pistils
qui forment un capitule qui s'allonge
de plus en plus au centre de chaque
fleur ; les fruits sont des akènes, terminés par une sorte de petit crochet
à leur sommet.
　　Toutes les Adonides sont des Plantes herbacées d'un aspect générale-

ment élégant, à feuilles profondément et finement découpées. Leurs fleurs, ordinairement solitaires, sont jaunes ou rouges. De Candolle en décrit onze espèces, que l'on peut partager en deux sections, suivant qu'elles sont annuelles ou vivaces. — On cultive dans les jardins l'*Adonis autumnalis*, L., que l'on y désigne sous le nom vulgaire de *Goutte de sang*, à cause de la couleur intense de ses fleurs, que les poëtes ont dit avoir été teintes par le sang d'Adonis.   (A. R.)

ADONIS. POIS. et INS. Nom donné, comme spécifique, à la Blennie galérite, à l'Exocet ou au Muge volant, ainsi qu'à un petit Papillon du genre Hespérie.   (B.)

ADORIE. *Adorium*. INS. Genre de l'ordre des Coléoptères, nommé ainsi par Fabricius, mais qui précédemment avait été établi par Weber sous la dénomination d'Oïdes. Latreille (Considér. génér.) le place dans la famille des Chrysomélines. Dans le Règne Animal il est regardé, par le même auteur, comme sous-genre des Galéruques de Géoffroy. *V.* ce mot. Ses caractères sont: pénultième article des palpes, surtout des maxillaires, dilaté; le dernier, court, presque cylindrique tronqué. —Ces Insectes avoisinent les Galéruques propres et les Lupères, dont ils ne diffèrent que par la dilatation du pénultième article de leurs palpes. — Ils se distinguent facilement des Altises par leurs pates postérieures, qui sont impropres pour sauter. — Leur corps est presque orbiculaire ou ovoïde. Leurs élytres sont grandes et convexes; leurs antennes sont filiformes, insérées entre les yeux. Les espèces qui composent jusqu'à présent ce genre sont peu nombreuses et toutes exotiques; elles se trouvent dans les Indes orientales, en Guinée, etc.

L'*Adorium bipunctatum* de Fabricius sert de type au genre. Elle est roussâtre, et a, vers le tiers postérieur des élytres, une tache noirâtre; elle habite le Bengale. Latreille l'a figurée (*Gener. Crust. et Ins.* Tom. II. t. 11.

fig. 9). *V.*, pour les autres espèces, Weber.(*Observ. Entom.*), Fabricius (*Syst. Eleut.*), Olivier (*Coléopt.*), Schœnherr (*Syn. Insect.*), et Dejean (*Catalogue des Coléoptères*, 1821).   (AUD.)

* ADORION. BOT. PHAN. (Dioscoride.) Syn. de Carotte.   (B.)

ADOULATTI. BOT. PHAN. Nom indou d'une Plante qui pourrait bien être un Erythrosperme, et que les Malabares appellent, Wadouka, selon Rhéede.   (B.)

ADOXE. *Adoxa.* BOT. PHAN. *V.* MOSCHATELLINE.

ADRACHNÉ ou ANDRACHNÉ. BOT. PHAN. Nom donné par les anciens à un Arbre dont l'écorce était fort polie, ce qui l'a fait appliquer, comme spécifique, par les modernes, à un Arbousier. *V.* ce mot.   (B.)

ADRAGANT. Vulgairement Gomme Adragant. C'est effectivement une sorte de Gomme, de couleur blanchâtre tirant sur le jaune pâle, légère, disposée en petites larmes; provenant d'une espèce d'Astragale à peu près inconnue des botanistes, et qui croît abondamment dans la Perse. L'*Astragalus Gummifer* de Labillardière (Journ. de Phys. Janv. 1790, p. 46. tab. 1) en produit également; mais l'*Astragalus Tragacantha*, L., qu'on avait cru la fournir au commerce, n'en donne pas du tout. La gomme Adragant nous vient du Levant principalement, par Marseille. L'office et la pharmacie en tirent un grand secours pour la composition des dragées, pâtes, crêmes, etc., auxquelles jamais elle ne communique le moindre goût, tout en liant les substances sucrées ou colorantes qu'on y fait entrer. Les arts l'utilisent aussi, soit dans l'apprêt des gazes, soit dans la teinture en soie, soit enfin pour lustrer le vélin des peintres en miniatures. Prise intérieurement, elle passe pour adoucissante.   (B.)

* ADRASTÉE. *Adrastæa.* BOT. PHAN. De Candolle (*Systema vegetabil.*

T. 1) appelle ainsi un nouveau genre de la famille des Dilléniacées, de la Décandrie Digynie, L., qui a le port des *Hibberties*, et s'en distingue par les caractères suivans : calice persistant, pentasépale ; corolle de cinq pétales, plus courts que le calice; dix étamines dont les filets sont planes, les anthères allongées, à deux loges; ovaires, au nombre de deux, globuleux, terminés chacun par un style droit, subulé; fruits membraneux et monospermes.

Ce genre ne renferme qu'une seule espèce, l'*Adrastœa salicifolia*, sous-Arbrisseau qui croît dans les marais de la Nouvelle-Hollande, et qui porte des feuilles semblables à celles de l'Olivier ou du Saule blanc; ses fleurs sont petites, terminales ou axillaires.
(A. R.)

* **ADRIJNUS.** REPT. OPH. (Belon.) Très-grand Serpent indéterminé, appelé aussi *Dendroguilla* par les Grecs modernes. (B.)

*ADSAI, ADSIKI ou ANSAI. BOT. PHAN. (Kæmpfer.) Syn. de *Viburnum*, au Japon. (B.)

* ADSARIA-PALA BOT. PHAN. Nom vulgaire d'une sorte de Pois de Ceylan qui pourrait bien être le Dolichos brûlant, *Dolichos pruriens*, L. (B.)

* ADSIA. BOT. PHAN. (Thunberg.) Syn. de Catalpa, au Japon. (B.)

* ADSI-MAME. BOT. PHAN. (Thunberg.) Syn. de Fève de marais, au Japon. (B.)

ADULAIRE. MIN. Variété de Feld-Spath, de couleur blanchâtre, remarquable par son éclat nacré, et qui est employée par les lapidaires pour faire des bagues et des épingles. On lui donne alors les noms de *Pierre de lune* et d'*Œil de poisson*. Les plus estimés viennent de l'île de Ceylan. On en trouve aussi au mont Saint-Gothard en Suisse, qu'on nommait anciennement *Adula*, d'où est venu le nom d'Adulaire que lui a imposé le père Pini de Milan. *V*. FELD-SPATH. (LUCAS)

ADULASSO. BOT. PHAN. Syn. de Carmantine bivalve, *Justicia bivalvis*, L. dans l'Inde. On l'emploie dans ce pays contre la goutte. (B.)

ADULPLA. BOT. PHAN. Syn. de Marisque. *V*. ce mot. (B.)

ADURION. BOT. PHAN. Syn. de Sumac, *Rhus Coriaria*, L. chez les Arabes. Ce nom s'est conservé en quelques parties de l'Espagne. (B.)

* **ADUSETON** ou **AKKUSETON**. BOT. PHAN. Paraît avoir été, chez les Grecs, syn. de Clypéole ou de Drave. *V*. ces mots. (B.)

* **ADY.** BOT. PHAN. Espèce de Palmier de l'île Saint-Thomas dans les Antilles, dont le fruit est appelé *Abanga* par les Nègres, selon Jean Bauhin, et *Abariga* dans le *Pinax* de son frère Gaspard Bauhin. On en retire, au moyen d'entailles, un suc qui acquiert, par la fermentation, toutes les qualités de la liqueur connue, en Afrique et dans les Indes, sous le nom de vin de Palmier. (B.)

ADYSETON. BOT. PHAN. Genre formé par Adanson ainsi que par Scopoli, et adopté comme sous-genre, par DeCandolle; ces auteurs lui ont appliqué un nom par lequel les Grecs désignaient une crucifère. *V*. ADUSETON. Il se compose des espèces d'Alyssons, dont les corolles sont jaunes avec deux filamens et des étamines dentées à leur base. *V*. ALYSSON. (B.)

* **ÆBAD.** BOT. PHAN. (Forskahl.) Syn. de Panic glauque, chez les Arabes. (B.)

*ÆCHMÉE. *Æchmea*. Ruiz et Pavon sont les auteurs de ce genre (*Prodr. Flor. Per.* I. tab. 8). Suivant ces botanistes, ses caractères sont : la présence d'une spathe courte (qu'ils nomment calice extérieur), à trois lobes, dont deux obtus et le troisième mucroné; un calice supère divisé très-profondément en six parties, dont trois extérieures (calice intérieur de Ruiz et Pavon), courtes, ovales, et trois intérieures colorées (pétales des mêmes auteurs), trois fois plus longues, conniventes, présentant en—dedans à leur base deux petits appendices ou écailles ; six étamines insérées au bas des divisions du calice , dont elles égalent les intérieures en longueur ; anthères linéaires attachées par leur milieu ; un stigmate trifide surmontant un style unique ; filiforme , un peu renflé inférieurement ; une capsule adhérente, à trois loges , s'ouvrant en trois valves , et logeant dans une pulpe molle des graines nombreuses , allongées.

La seule espèce connue , *Æchmea paniculata*, croît dans les Andes du Pérou. C'est une herbe à feuilles radicales , à fleurs disposées , sur l'extrémité d'une hampe , en panicules lâches , et entourées chacune d'une spathe.

Ses caractères , s'ils sont bien exacts, doivent assigner à ce genre sa place parmi les Broméliacées à ovaire inférieur. Dans le système sexuel , il appartient à l'Hexandrie Monogynie.

(A. D. J.)

ÆCIDIE. *Æcidium*, BOT. CRYPT. (*Uredinées*.) Genre de petits Champignons, qui croissent sur les feuilles vivantes, et dont les capsules, globuleuses ou ovales, uniloculaires, libres ou adhérentes entre elles , sont réunies en groupes sous l'épiderme des feuilles qu'elles soulèvent, et qui , en s'épaississant, forme autour d'elles une sorte de cupule ou de faux péridium charnu, ou membraneux , d'une couleur différente de celle de la feuille. On reconnaît facilement , dans ce péridium , la structure de la feuille ; structure très-différente de celle des vrais péridium des Lycoperdacées, et qui ne permet pas de placer les Æcidies dans cette famille. —Link ne regarde ce genre que comme une subdivision du genre auquel il a donné d'abord le nom de *Cœoma*, et ensuite celui de *Hypodermium*, et qui renferme les *Æcidium* et les *Uredo* des autres auteurs. —Le caractère des Æcidies , quoique peu naturel , paraît pourtant assez tranché pour que nous conservions ce genre. On peut, comme Link l'a fait, y distinguer trois sous-genres.

1°. Les ÆCIDIES , *Æcidium* (proprement dites), dans lesquelles l'épiderme ne forme, autour des groupes de capsules, qu'un léger rebord en forme de cupule. Ce sous-genre renferme le plus grand nombre des espèces.—Nous citerons , pour exemple, celles qui croissent sur les Euphorbes, le Tussilage et la Renoncule des bois.

2°. Les RÆSTELIES , *Ræstelia*, dans lesquelles l'épiderme se prolonge en un long péridium tubuleux; telle est l'Æcidie de l'Amélanchier, celle de l'Epinevinette, etc.—Link a placé dans ce sous-genre l'*Æcidium cancellatum* qui couvre souvent les feuilles des Poiriers; mais il paraîtrait pouvoir former un sous-genre distinct , à cause de la manière dont le péridium s'ouvre latéralement.

3°. Les PÉRIDERMIES , *Peridermium*. Link a donné ce nom à quelques espèces d'Æcidies , dont le péridium se rompt transversalement à sa base. Une des espèces qu'il rapporte à ce genre , l'*Æcidium pini*, est fort remarquable , parce qu'il atteint jusqu'à trois à quatre lignes de grandeur, et qu'il croît , non sur les feuilles, mais sur l'écorce des Pins.

—Toutes les autres Æcidies vivent sur les feuilles vivantes , tantôt sur la face inférieure , et tantôt sur la supérieure. On en a déjà décrit un grand nombre d'espèces, mais dont les différences sont peut-être dues plutôt à la structure particulière des feuilles sur lesquelles elles croissent, qu'à l'organisation propre du Champignon.

(AD. B.)

*ÆDDER. ois. D'où Eider, vieux nom de cet Oiseau dans le Nord. (B.)

*ÆDE. *Ædes.* INS. Genre de Diptères, établi par Hoffmannsegg et adopté par Meigen (Description systématique des Diptères d'Europe, 1er vol. 1818), qui lui assigne pour caractère: antennes étendues , filiformes , de quatorze articles , plumeuses chez les mâles , poilues chez les femelles, trompe étendue de la longueur du thorax; palpes très-courts , ailes écailleuses et couchées l'une sur l'autre.

Ce genre se distingue des Cousins et des Corèthres par la petitesse des palpes, toujours beaucoup plus courts que la trompe. Il appartient à la grande famille des Némocères de Latreille (Règne Animal), et ne renferme que l'espèce nouvelle qui lui sert de type. Hoffmannsegg l'a nommé *Ædes cinereus.*   (AUD.)

ÆDELITE. MIN. *Zéolite siliceuse.* (Bergman.) Cette substance se présente sous la forme de petites masses tuberculeuses à tissu fibreux; ses couleurs varient entre le gris, le jaunâtre, le verdâtre et le rouge pâle. Elle fait feu sous le briquet, et est fusible au chalumeau avec boursouflement en un verre bulleux. Pesanteur spéc. 2,515, après l'imbibition. Bergman en a retiré : Silice, 62 à 59 ; Alumine, 18 à 20; Chaux, 8 à 26; Eau, 3 à 4; perte, 9 à 1.

On trouve l'Ædelite en Suède, à Ædelfors et à Messersberg dans les fentes d'une Roche Trappéenne, où elle sert de support à la Mésotype épointée, que Haüy vient de ranger parmi les Apophyllites. *V.* ce mot.   (LUC.)

ÆDON. OIS. Nom spécifique emprunté du grec, et donné par Gmelin à un Gobe-mouche. *V.* ce mot. (AD.)

*ÆDYCIE. *Ædycia.* BOT. CRYPT. (*Champignons.*) Ce genre, d'après la description peu détaillée qu'en a donnée Rafinesque (*Medical repository,* et Journal de Botaniq. vol. 1), paraît se rapprocher des Phallus, dont il diffère surtout par l'absence de volva; voici le caractère que Rafinesque donne à ce genre : Champignon sans volva, tubuleux, troué au sommet, gélatineux, composé d'utricules contenant les graines. — Il en indique deux espèces sous les noms d'*Ædycia rubra* et. d'*Æ. alba*; toutes deux croissent aux environs de Philadelphie, et répandent une odeur fétide analogue à celle du Phallus. (AD. B.)

ÆG. REPT. OPH. Syn. de Céraste. *Coluber Cerastes,* L. en Egypte. (B.)

ÆGA. CRUST. Genre de l'ordre des Isopodes, établi par Leach (*Linn.*

Soc. trans. T. XI), et que Latreille réunit aux Cymothoës. *V.* ce mot.   (AUD.)

ÆGAGRE. MAM. Espèce de chèvre sauvage, *Capra Ægagrus,* Gmel. *V.* CHÈVRE.   (B.)

ÆGAGROPILE. *V.* ÉGAGROPILE.

ÆGERIE. *Ægeria.* INS. Genre de l'ordre des Lépidoptères, établi par Fabricius (*Syst. gloss.*) aux dépens de son genre Sésie. Nous suivrons l'exemple de Latreille en n'adoptant pas ce genre assez mal caractérisé, et qu'on pourrait aisément confondre avec le mot Ægérie employé pour désigner une espèce de Papillon; on le distinguerait aussi avec difficulté, et par l'orthographe seulement, des Egéries de Leach, qui sont des Crustacés décapodes. *V.* SÉSIE et SPHINX.   (AUD.)

ÆGÉRITE. *Ægerita.* BOT. CRYPT. (*Mucédinées.*) Les Champignons de ce genre croissent sur les bois morts et humides, à la surface desquels ils forment des tubercules globuleux ou hémisphériques, composés d'une infinité de petites sporules globuleuses qui leur donnent un aspect pulvérulent ou granuleux. Leur place est encore assez incertaine; Persoon les a intercalés parmi les vrais Champignons après les Stilbum, avec lesquels ils ne nous paraissent avoir que peu de rapports. De Candolle les avait rapprochés des Mucédinées; mais ils diffèrent des vraies Mucédinées, par l'absence de filamens fructifères. Link les a placés à côté des Sclerotium; enfin Nées les met dans sa tribu des *Sphæromyci* avec quelques autres petits genres. Cette dernière opinion nous paraît la plus naturelle. (AD. B.)

Le nom d'*Ægérites* avait déjà été donné, par d'anciens botanistes, à des Champignons bons à manger qui doivent appartenir au genre Agaric, et qui croissent, en Italie ou dans le midi de la France, sur les racines des Peupliers. Matthiole et Tarentinus rapportent que, de leur temps, on cultivait ces Champignons, ou plutôt qu'on parvenait à les obtenir, au bout de quatre jours, des souches de divers Peupliers, en arrosant celles-ci avec du vin étendu d'eau chaude. Micheli confirme ce fait en le mentionnant. On assure que cette pratique s'est conservée en diverses parties du Languedoc et de la Provence, où les Champignons, d'un goût très-agréable, qui en résultent, sont appelés *Piboulado.* (B.)

ÆGIALIE. *Ægialia.* INS. Genre de l'ordre des Coléoptères, démembré par Latreille de celui des Aphodies, dont il s'éloigne par ses mandibules entièrement cornées, par son labre coriace et saillant, bien que très-court, par ses mâchoires armées intérieurement d'un crochet corné bifide, et par la forme du chaperon; il se distingue des Géotrupes par le nombre des articles aux antennes, qui est de neuf au lieu de onze. — Latreille (Considér. génér.) place ce genre dans la famille des Scarabéides; et il fait partie (Règne Animal) de la tribu du même nom, famille des Lamellicornes.

Une seule espèce, jusqu'à présent, compose ce genre et lui sert de type; c'est l'Ægialie globuleuse, *Aphodius globosus* d'Illiger; elle a été figurée par Panzer (*Faun. ger.* XXXVII. 2.) On la trouve en Europe dans le sable des bords de la mer. (AUD.)

* **ÆGIALITES.** OIS. Famille d'Échassiers, qui comprend les genres Ædicnème, Échasse, Huitrier, Érolie, Courvite, Pluvian, Sanderling et Pluvier, de la méthode de Vieillot.
(DR..Z.)

ÆGICÈRE, *Ægiceras,* BOT. PHAN. Genre de la famille des Myrsinées de Brown et de la Pentandrie Digynie, L. C'est le *Rhizophora corniculata,* L. dont Gærtner a fait un genre nouveau (*Carp.* tab. 46). Son calice est campanulé, à cinq divisions coriaces; sa corolle hypocratériforme; ses étamines sont au nombre de cinq. L'ovaire est polysperme, libre, et surmonté d'un seul style. La capsule est allongée, falciforme, uniloculaire,

s'ouvrant du côté convexe; elle renferme une seule graine.—L'*Ægiceras majus* de Gærtner ou *Rhizophora corniculata,* L. est un Arbrisseau à feuilles alternes, dont les fleurs sont blanches, en faisceaux axillaires. Il croît au delà des tropiques, parmi les Mangliers, et s'étend jusqu'au 34° de latitude australe. Gærtner rapporte également à ce genre, sous le nom d'*Ægiceras minus,* l'*Umbraculum maris,* figuré par Rumph (*Amb.* 3, T. 82).
(A. R.)

ÆGICON. BOT. PHAN. (Dioscoride.) Syn. d'*Ægilops ovata,* L. *V.* ÆGILOPS.
(B.)

ÆGILOPS. *Ægilops.* BOT. PHAN. Genre de la famille des Graminées très-voisin du *Triticum* dont il ne diffère essentiellement que par le nombre des soies qui terminent les valves de la lépicène et de la glume; en effet, les véritables Ægilops ont les valves de la lépicène terminées supérieurement par trois, par deux ou quatre soies subulées; la paillette inférieure de la glume offre également deux ou trois soies; la supérieure est simplement échancrée; les fleurs sont disposées en épis simples; les épillets sont sessiles sur chaque dent de l'axe, ils contiennent trois fleurs, deux inférieures hermaphrodites fertiles, une supérieure neutre.

Les espèces de ce genre sont toutes herbacées et annuelles. Elles habitent particulièrement les contrées méridionales de l'Europe. On en trouve trois en France, *Ægilops ovata,* L. Æ. *Triuncialis* et Æ. *squarrosa;* celle-ci fait aujourd'hui partie du genre *Triticum.* Plusieurs autres, telles que l'*Ægilops incurvata,* ont été rapportées au genre *Rottboella. V.* ce mot. (A. R.)

On a pensé que l'*Ægilops ovata* qui couvre certains champs de la Sicile était la Graminée d'où provient le Blé; qu'à force d'en semer la graine, celle-ci a fini par se changer en Céréale, et que la tradition mythologique, qui fait de la vallée d'Enna et de l'antique Trinacrie le berceau de l'agriculture ou l'empire de Cérès, eut la métamorphose de l'Ægilops pour fondement. Nous avons traité avec légèreté cette opinion dans nos Essais sur les Iles Fortunées; cependant le professeur Latapie de Bordeaux, qui la soutient, et qui, voyageant autrefois en Sicile, crut y trouver des motifs pour l'adopter, encore que d'abord elle paraisse étrange, nous a assuré de nouveau et depuis la publication de notre ouvrage, qu'il avait cultivé soigneusement lui-même graine à graine, et dans des pots qu'on ne perdait jamais de vue, la Plante dont il est question; qu'ayant eu soin de resemer les graines qui provenaient de ces semis plusieurs fois de suite, il n'avait pas tardé à voir la Plante s'allonger, changer de *facies* et même de caractères génériques. Un tel fait, attesté par un savant respecté de tous ceux qui l'ont connu, mérite un examen sérieux, et nous engageons les amateurs d'Agriculture, de Physiologie végétale et de Botanique à répéter les expériences du professeur Latapie.   (B.)

ÆGINETIE. *Æginetia.* BOT. PHAN. Ce genre, établi d'abord par Linné pour une Plante du Malabar appelée *Tsiem-Cumulu* par Rhéede, avait été réuni par lui au genre Orobranche. Mais Roxburg, dans son ouvrage sur les Plantes de Coromandel, et plus tard Willdenow, dans son *Species*, l'ont rétabli. Il diffère des Orobranches par son calice monosépale, en forme de spathe, fendu latéralement, et recouvrant la fleur; par sa corolle qui est évasée, à deux lèvres, arquée et de couleur purpurine; par sa capsule qui est multivalve.

La seule espèce qui appartienne à ce genre est l'*Æginetia indica* de Roxburg, ou *Orobranche Æginetia*, L., Plante sans feuilles, dont les tiges sont simples, roides, cylindriques, uniflores, et qui croît sur les collines du Malabar. Roxburg l'a figurée, planche 91 de ses Plantes de la côte de Coromandel.   (A. R.)

ÆGIPHILE. *Ægiphila.* BOT. PHAN.

Genre de la famille des Verbenacées et de la Tétrandrie Monogynie, auquel on rapporte le *Mahuba* d'Aublet et le *Knoxia scandens* de Browne. Son calice est à quatre dents; le tube de la corolle, plus long que le calice, et terminé par un limbe à quatre divisions ouvertes, porte quatre étamines égales et saillantes; le style est profondément bifide; le fruit que ceint le calice persistant, est une baie à quatre loges monospermes, ou à deux loges seulement, contenant chacune deux graines; on n'en trouve quelquefois qu'une ou deux par avortement.

Les espèces de ce genre sont des Arbres ou des Arbrisseaux à feuilles simples et opposées, à fleurs disposées en corymbes dichotomes, axillaires et terminaux. On en connaît actuellement quinze environ, originaires de la Guyane, du Pérou, de la Jamaïque, de la Martinique. On les nomme vulgairement *Bois cabril* et *Bois de fer*. Quelques-unes se trouvent figurées dans Aublet (Guy. tab. 23, 24 et 25), Browne (*Jam. tab.* 3), Ruiz et Pavon (*Fl. peruv. tab.* 76), Humboldt et Kunth (*Fl. æq. tab.* 150 et 151).   (A. P. T.)

* ÆGIROS ou ÆGIRUS. BOT. PHAN. (Théophraste.) Syn. de Peuplier noir, d'où peut-être *Égérite*. V. ce mot. Champignons qui croissent sur les Peupliers.   (B.)

ÆGITHALES. ois. Famille qui comprend les genres Mésange, Mégistine, Tyran, Néau, Pardalotte et Manakin, de la méthode de Vieillot.   (DR. Z.)

* ÆGITHALOS. ois. Genre proposé par Hermann (*Observ. zool.* p. 214), et, selon ce naturaliste, très-voisin des Manakins par le bec, mais s'en écartant par les doigts dont l'extérieur n'est réuni à celui du milieu que jusqu'à la première phalange. L'Oiseau sur lequel ce genre serait établi n'est, selon Desmarest, qu'une Mésange à gros bec. V. MÉSANGE. (B.)

ÆGITHE. ois. Nom donné par

les Grecs à un petit Oiseau qu'il est impossible de reconnaître, malgré ce que raconte gravement Aristote des effets de son inimitié pour l'Ane qui, se mettant à braire, lui fait casser ses œufs.   (B.)

ÆGITHE. *Ægithus.* INS. Genre de l'ordre des Coléoptères, démembré par Fabricius de celui des Érotyles, mais qui n'est pas, jusqu'à présent, établi sur des caractères assez importans, pour qu'on doive l'en séparer. *V.* ÉROTYLE. — L'espèce qu'il nomme *Ægithus marginatus* appartient au genre Nilion. *V.* ce mot.
(AUD.)

ÆGITHINE. OIS. Genre formé par Vieillot, pour y placer deux espèces de becs-fins ; l'un d'Afrique, et l'autre de Ceylan.   (DR..Z.)

*ÆGITIS. BOT. PHAN. Syn. d'Anagallis. *V.* ce mot.   (B.)

ÆGLÉ. BOT. PHAN. *V.* ÉGLÉ.

*ÆGLE. MOLL. (Oeken.) *V.* ÉGLÉE.

ÆGLEFIN ou AIGREFIN. POIS. Espèce de Gade. *V.* ce mot.   (B.)

*ÆGOCÉPHALE. OIS. (Belon.) C'est-à-dire *Tête de chèvre.* Nom par lequel Aristote désignait un Oiseau qu'il est impossible de déterminer, et qu'on a pris pour une Barge, *Scolopax ægocephala,* L. Grande Bécasse rousse, Buff. pl. enl. 505. *V.* BARGE.
(DR..Z.)

*ÆGOCÉRATOS. BOT. PHAN. (Ru.) Syn. d'Hugonia, L. *V.* ce mot.
(B.)

ÆGOCÈRE. *Ægocera.* INS. Genre de l'ordre des Lépidoptères, établi par Latreille et rangé par lui (Consid. génér.) dans la famille des Zygénides. Le même auteur (Règne Animal) réunit ce genre à celui des Zygènes, *V.* ce mot.   (AUD.)

ÆGOLETHRON. BOT. PHAN. Plante mentionnée par Pline qui la dit commune dans le Pont, et dont les fleurs communiquent au miel une qualité vénéneuse. Cette particularité a fait croire à Tournefort (Voyage

dans le Levant) que l'*Azalea pontica,* L. était l'Ægolethron des anciens, parce que le miel qu'en retirent les Abeilles étourdit ceux qui en mangent, et leur cause des nausées. Gesner rapportait l'Ægolethron à la Clandestine écailleuse, *Lathræa squamaria,* L. ; et Gaspard Bauhin paraît croire que c'est la Renoncule petite douve, *Ranunculus flammula,* L. (B.)

ÆGOLIENS. OIS. Famille que Vieillot a composée de tous les Accipitres nocturnes.   (DR..Z.)

*ÆGONUCHON. BOT. PHAN. (Daléchamp.) Syn. de *Lithospermum. V.* ce mot.   (B.)

ÆGO-PITHÈQUE. *Ægo-Pithecos.* Animal fabuleux, mi-partie du Singe et de la Chèvre, selon Nicéphore qui l'a mentionné.   (B.)

ÆGOPODIUM. BOT. PHAN. *V.* PODAGRAIRE.

ÆGOPOGON. BOT. PHAN. (Humboldt et Bonpland.) Genre de Graminées, renfermant deux espèces de l'Amérique méridionale et présentant les caractères suivans : épillets uniflores, disposés en épis et rapprochés par deux ou par trois, un hermaphrodite, les autres mâles ; deux glumes bifides et aristées ; deux paillettes bifides ; l'inférieure terminée par trois, la supérieure par deux arêtes ; trois étamines ; deux stigmates en forme de pinceau. Nous plaçons ce genre dans notre groupe des Agrostidées, à côté des genres Polypogon et Calamagrostis (*Nov. gen. et Sp. pl.* 1).
(K.)

ÆGOPRICON. BOT. PHAN. *V.* MAPROUNIER.

ÆGOTHELAS. OIS. Syn. de l'Engoulevent, *Caprimulgus europæus,* L. en Grèce.   (DR..Z.)

ÆGREFIN. POIS. *V.* ÆGLEFIN.

ÆGUILLAC. POIS. *V.* AIGUILLAT.

ÆGYLOPS. Du Dictionn. de Détarville. *V.* ÉGILOPS.   (A. R.)

ÆGYRIUS. OIS. Nom d'un Oiseau

dont il est question dans Homère et dans Aristote, que les uns ont pris pour l'Emérillon, et d'autres pour un Vautour. (B.)

ÆHAL, ÆHALAGUAS ou ÆTTÆ-LAGHAS. bot. phan. Syn. de Casse des boutiques, *Cassia fistula*, L., dans quelques îles de l'Inde, particulièrement à Ceylan. (B.)

A-EI-A. mam. Syn. d'Antilope, Rit-Bock, *Antilope arundinacea*, Shaw; chez les Hottentots. (B.)

* ÆICURSON. bot. phan. (Dioscoride.) Syn. de Sédum. (B.)

ÆLG ou ÆLK. mam. Syn. d'Élan, en Suède et en Norwége. (B.)

ÆLHIN. bot. phan. Souchet indéterminé, *Cyperus*, qui in ique aux habitans de Ceylan les terrains propres à la culture du Riz. (B.)

ÆLIE. *Ælia*. ins. Genre de l'ordre des Hémiptères, formé par Fabricius, et qui ne diffère pas essentiellement des Pentatomes auxquelles Latreille le rapporte. *V.* ce mot. (AUD.)

* ÆLISPHACOS. bot. phan. (Dalechamp.) Syn. de Sauge commune, *Salvia officinalis*, L. chez les Arabes. (B.)

ÆLURUS. mam. (Hernandez.) Nom de la Civette, à la Nouvelle Espagne, où cet Animal n'est pas indigène, mais a été introduit par les Espagnols venant des îles Philippines. (B.)

ÆLY. mam. L'un des syn. d'Élan en Norwége. (B.)

ÆMBARELLA. bot. phan. Arbre de Ceylan qu'on croit être un Noyer. (B.)

ÆMBILLA. bot. phan. Syn. de Céanothe asiatique; à Ceylan. (B.)

ÆMBULLA-ACBILYA ou ÆMBULLÆBILYA. bot. phan. On appelle ainsi à Ceylan une Oxalide indéterminée. (B.)

ÆNEAS. mam. Syn. de Cayopollin, espèce de Didelphe. *V.* ce mot. (B.)

ÆPALA. bot. phan. Syn. d'une

Triumfette, *Triumfetta Bartramia*, L., à Ceylan. (B.)

* ÆRA. bot. phan. (Théophraste.) Syn. d'Ivraie. *V.* ce mot. (B.)

ÆREFUGI ou ÆREFUGL. ois. *V.* Aarfugl.

AÉRIDES. bot. phan. Ce genre de la famille des Orchidées, de la Gynandrie Monandrie, L. établi par Loureiro, a ensuite été adopté par Swartz dans son Traité des Orchidées. Il est intermédiaire entre les Épidendres et les Cymbidions. Il a pour caractères: un calice à six divisions profondes, dont les cinq supérieures sont égales et étalées, l'inférieure ou le labelle est plus petite, concave, en forme de capuchon, redressée sur les organes sexuels; le gynostème est un peu arqué, libre; le stigmate est antérieur et l'anthère est terminale.

Les espèces qui appartiennent à ce genre sont parasites; leurs feuilles sont épaisses et coriaces; leurs fleurs assez grandes, forment des bouquets élégans. Elles croissent toutes au-delà des tropiques. (A. R.)

* AÉRIFORME. État fluide que prennent les corps, et dans lequel ils présentent l'apparence de l'air. On désigne souvent les Gaz par le nom de fluides Aériformes, et l'on dit des liquides réduits en vapeurs qu'ils sont portés à l'état Aériforme. (B.)

AÉROLITHES, Bolides, Météorolithes, Uranolithes, Pierres tombées du ciel, etc. min. et géol. Noms donnés par les observateurs à ces masses minérales qui tombent de l'atmosphère dans certaines circonstances, comme cela est bien constaté aujourd'hui, et dont la chute est quelquefois précédée de l'apparition d'un globe de feu et accompagnée de détonations plus ou moins fortes. La théorie de leur formation et l'examen de leurs principes composans, ont beaucoup occupé les physiciens et les chimistes dans ces derniers temps. La plupart des minéralogistes les placent dans le genre (Ken, son?) la désignation de Fer météorique. Nous renvoyons à cet article l'histoire des corps dont il s'agit, ainsi que l'exposition de leurs caractères et l'indication de leurs chutes les plus remarquables.   (LUC.)

ÆROPHONES. ois. Famille d'Echassiers, dans laquelle Vieillot a fait entrer les genres Grue et Anthropoïde. V. ces mots.   (DR..Z.)

ÆRUA. BOT. PHAN. Ce genre, établi par Forskåhl, appartient à la famille des Amaranthacées et se range parmi celles qui présentent des feuilles alternes, dépourvues de stipules. Le calice est à cinq sépales, muni extérieurement de deux ou trois écailles. Les étamines, au nombre de cinq, se réunissent à leur base en un tube qui présente, dans leurs intervalles, des dentelures stériles. Il y a un seul style, deux ou trois stigmates, une capsule monosperme. Les fleurs sont disposées en têtes serrées aux aisselles des feuilles et à l'extrémité des tiges.

Le petit nombre d'espèces, originaire des Indes ou de l'île de Mascareigne, a été réuni, par divers auteurs, à l'Illecebrum, ainsi qu'à l'Achyranthes.   (A. D. I.)

ÆS, ALAS ou AS. BOT. PHAN. (Daléchamp.) Syn. du Myrte commun. Myrtus communis, L. chez les Arabes.   (B.)

ÆSALE. Æsalus. ins. Genre de l'ordre des Coléoptères, établi par Fabricius, dans le grand genre Lucanus de Linné. Ses caractères sont : un labre apparent; une languette entière et très-petite; la tête reçue dans une échancrure du corselet. — Les antennes sont courtes; le premier article est long et courbe, ce qui le distingue du genre Lamprime; elles forment, à leur extrémité, une massue denticulée; les mandibules sont avancées et diffèrent dans les deux sexes. Les mâchoires présentent à leur extrémité libre, un lobe court, arrondi et velu; le menton est grand et carré, le prothorax a plus de largeur que de longueur et ses bords sont relevés; le corps est ovoïde, et les élytres sont très-convexes : ce qui l'éloigne des

genres Platycère et Lucane, qui les ont déprimées. — Latreille (Considér. génér.) place ce genre dans la famille des Lucanides. Le même auteur (Règne Animal) le range dans la tribu du même nom, famille de Lamellicornes.

La seule espèce qui compose ce genre est l'Æsalus scarabeoïdes, Fabr. figurée par Panzer (Faun. germ. XXVI. 15. le mâle; 16. la femelle). Cet Insecte, à cause de sa forme bombée, a le facies des Trox; il est long de trois lignes, d'un brun marron; ses élytres sont pointillées. On le trouve en Allemagne.   (AUD.)

*ÆSALON. ois. (Frich.) Syn. de Hobereau, Falco Subbuteo, L. V. FAUCON.   (DR..Z.)

ÆSCHYNOMÈNE ou AGATI. BOT. PHAN. Famille des Légumineuses, Diadelphie Décandrie, L. Ce genre a une telle analogie, d'une part, avec les Sainfoins, Hedysarum; d'autre part, avec les Galega, que Gærtner pense que les espèces qui le composent devraient être réparties dans ces deux genres. Voici les caractères qui le distinguent : son calice est campanulé, à deux lèvres dont la supérieure est bifide, et l'inférieure tridentée : la corolle est papilionacée; la carène est courte; les étamines sont diadelphes; la gousse est allongée, comprimée, articulée. — Les Agatis ou Æschynomènes sont des Plantes herbacées ou des Arbrisseaux, dont les feuilles sont imparipinnées; les fleurs forment des bouquets axillaires ou terminaux. Toutes les espèces connues, au nombre d'environ quinze, croissent dans les contrées chaudes de l'Inde et de l'Amérique.

Persoon a formé un genre particulier des espèces d'Æschynomènes dont la gousse est cylindrique et bivalve, telles que l'Æ. glandiflore, l'Æ. Sesban, etc. V. SESBANIE.   (A. R.)

ÆSCULE ou MARRONNIER DES INDES. BOT. PHAN. V. HIPPOCASTANE.   (A. R.)

ÆSHNE. Æshna. ins. Genre de

l'ordre des Névroptères, établi par Fabricius aux dépens des Libellules de Linné et de Géoffroy ; il est rangé par Latreille (Considér. génér.) dans la famille des Libellulines, et le même auteur (Règne Animal) le place dans celle des Subulicornes.

Les Æshnes, que l'on nomme aussi vulgairement Demoiselles, sont voisines des genres Libellule et Agrion dont elles diffèrent par plusieurs caractères assez tranchés ; leur tête est grosse et hémisphérique et leurs ailes sont toujours horizontales, ce qui les éloigne des Agrions et les rapproche des Libellules proprement dites ; elles se distinguent de celles - ci par l'absence d'une vésicule au sommet postérieur de la tête , par les yeux lisses placés sur une ligne transverse, et par la forme de l'abdomen qui est presque cylindrique. Si les Æshnes offrent, dans leur organisation, des caractères assez importans pour constituer un genre distinct , elles ont , sous le rapport de leurs mœurs , la plus grande analogie avec les Agrions et les Libellules, et nous renvoyons à ces dernières pour faire connaître , avec quelques détails , l'histoire curieuse de leurs habitudes.—Leurs larves sont aquatiques ; on les rencontre en abondance dans les étangs ; elles ne diffèrent de celles des Libellules que parce que leur abdomen est plus long, leurs yeux plus grands et leur masque muni de deux serres étroites.—Le vol des Æshnes est rapide, surtout lorsque le soleil brille et que la température est élevée; alors il faut beaucoup d'agilité pour les attraper au filet; mais s'il survient une forte pluie, on peut, lorsqu'elle a cessé, les prendre à la main sur les tiges des Plantes et sur les feuilles des Arbres où elles restent immobiles afin de se sécher. Plusieurs espèces se trouvent en France et aux environs de Paris.

La plus remarquable est l'Æshne grande, *Æshna grandis* de Fabricius , ou la *Julie* de Géoffroy , de couleur fauve avec trois lignes vertes obliques de chaque côté du thorax, et l'abdomen tacheté de jaune verdâtre et de bleu.

Les autres espèces sont : l'Æshne tenaille, *Æshna forcipata* de Fabricius ou la *Caroline* de Géoffroy, très-commune aux environs de Paris, et qui sert de type au genre ; l'Æshne annelée, *Æshna annulata* de Latreille , qui vit dans le midi de la France.   (AUD.)

ÆSPING. REPT. OPH. Syn. de Chersée , *Coluber Chersea* , L. en Suède.
         (B.)

ÆSTE. MAM. Syn. d'Ours brun femelle , chez les Lapons.   (B.)

*ÆSTUARIA. BOT. PHAN. Syn. de Diosma , selon Adanson.   (B.)

AÉTÉE. *Aetea.* POLYP. Genre de l'ordre des Cellaires, V. ce mot, dans la première division des Polypes flexibles. Il avait été nommé Anguinaire par Lamarck , et classé parmi les Cellulaires de Pallas et de Bruguière , les Cellaires d'Ellis, et les Sertulaires de Gmelin, Il semble lier les Cellariées aux Sertulariées , quoique différant des unes et des autres ; ce qui nous a fait dire , dès long-temps, que ces productions animales, dont nous avons observé souvent les mouvemens , pourraient bien appartenir à une autre classe que celle des Polypiers; en attendant de nouvelles recherches, nous croyons devoir les considérer comme telles. — Les Aétées ont une tige rampante et rameuse, renflée de distance en distance , et couverte de cellules ou de corps celluliformes , solitaires , opaques , arqués , tubuleux , en forme de massue ; leur situation et leur direction varient à l'infini. L'on voit une ouverture ovale ou elliptique au-dessous du sommet et latéralement ; elle est ordinairement fermée par une membrane plus ou moins tendue.—Ce genre n'est encore composé que d'une seule espèce.

L'AÉTÉE SERPENT , *Aetea anguina*, Lam. Gen. Polyp. p. 9. tab. 65. fig. 15 , qui s'attache indifféremment sur toutes les Plantes marines, qu'elle embellit de ses filamens brillans et nacrés; elle serpente autour de leurs tiges et sur la surface de leurs feuilles. Nous croyons que des individus que nous avons observés sur des Thalassiophytes de la Méditerranée, de l'Amérique septentrionale et de l'Orénoque, ne présentent pas des caractères assez tranchés pour en faire des espèces particulières.   (LAM..X.)

ÆTHAKALA ou ÆTHACOLA. BOT. PHAN. Espèce de Dolichos indéterminée de Ceylan.   (B.)

* ÆTHALIUM. BOT. CRYPT. (Champignons.) V. FULIGO.

* ÆTHÉOGAMIE, BOT. CRYPT. Ce mot, dont les racines sont grecques et qui signifie *noces insolites*, a été créé, en 1783, par Palisot de Beauvois, pour caractériser, d'une manière, selon lui, plus convenable, les Plantes rangées par Linné dans la Cryptogamie, et dans la plupart desquelles la présence des sexes est certaine, quoique le mystère n'en soit pas encore parfaitement connu. V. CRYPTOGAMES.   (T. D. B.)

* ÆTHIA. OIS. Syn. du petit Pingouin huppé, *Alca cristatella*, L. V. STARIQUE.   (DR..Z.)

ÆTHIONÈME. *Æthionema*. BOT. PHAN. R. Brown (*Hort. Kew.* édit. 2. Vol. 4) appelle de ce nom un genre nouveau, qu'il établit dans la famille des Crucifères, et dans lequel il a réuni les espèces de Thlaspi qui ont les cotylédons incombans, les grandes étamines souvent soudées par les filets, qui sont dentés, les sépales du calice inégaux, la silicule échancrée, formée de deux valves carénées, à deux loges qui contiennent plusieurs, deux ou une seule graine.

Des espèces rapportées aujourd'hui à ce genre, et dont De Candolle fait monter le nombre à neuf, cinq étaient des Thlaspi, entre autres les *Thlaspi saxatile*, L., *Th. peregrinum*, Scop., *Th. Buxbaumii*, etc.; les quatre autres sont tout-à-fait nouvelles. (A. R.)

ÆTHIOPS. MAM. Nom spécifique imposé par Linné à une espèce de Singe appelé vulgairement Mangabey. V. SINGE.   (B.)

ÆTHUSE. *Æthusa*. BOT. PHAN. Ombellifères, Pentandrie Digynie, L. Ce genre a des rapports intimes avec les genres *Cicuta* et *Conium*. Ses ombelles sont dépourvues d'involucre; les involucelles se composent de trois à cinq folioles unilatérales et pendantes; les fleurs sont blanches; les pétales sont un peu inégaux, cordiformes; le fruit est ovoïde, relevé de cinq côtes simples sur chacune de ses faces, caractère qui le distingue spécialement des Conium, dont les côtes sont crénelées.

La PETITE CIGUE, *Æthusa Cynapium*, L. Bull. Herb. t. 91, est une Plante annuelle très-vénéneuse, d'autant plus importante à bien connaître, qu'ayant beaucoup de ressemblance avec le Persil, et croissant fort souvent mélangée avec lui, il est assez facile de les confondre. Mais on évitera cette méprise en observant que dans le Persil les fleurs sont jaunâtres, tandis qu'elles sont blanches dans l'Æthuse, que sa tige est verte canelée, tandis que celle de l'Æthuse est très-glauque, presque lisse, ou dans cette dernière les feuilles sont très-luisantes, découpées en lobes très-aigus, tandis que dans le Persil les lobes sont plus larges, moins luisans.   (A. R.)

* ÆTI. OIS. Nom tiré du grec *Aetos*, Aigle, et donné par Savigny à la première des divisions qu'il a formées dans la famille des Accipitres, et qui comprend les Aigles proprement dits avec les autres grandes espèces. (B.)

* ÆTIA. BOT. PHAN. (Adanson.) Syn. de Combretum.   (B.)

ÆTITE ou PIERRE D'AIGLE. MIN. L'on a donné ce nom à une variété géodique de Fer oxidé ayant un noyau mobile, à laquelle on attribuait autrefois beaucoup de vertus, et en particulier celles de faciliter l'accouchement et d'aider à découvrir les voleurs. Il est vrai que pour que ces géodes jouissent de ces propriétés, il fallait qu'elles eussent été trouvées dans le nid d'un Aigle, et l'on ne s'avise guère d'en aller chercher là. On en trouve assez abondamment en France, près de Trévoux, et aux environs d'Alais) *V.* FER OXIDÉ CÉDDIQUE. (LUC.)

* ÆTOBATE. POIS. Sous-genre de Raies, établi par Blainville, dont le *Raia Aquila*, L. est le type, sous le nom d'*Aetobatus vulgaris*, et qui contient onze espèces dans son Tableau analytique. *V.* RAIE. (H.)

* ÆTSAETHYA. BOT. PHAN. Syn. d'Héliotrope des Indes, *Heliotropium indicum*, L. qui croît dans les rues des villes d'entre les tropiques. (B.)

ÆTTÆLAGHAS. BOT. PHAN. *V.* ÆHAL. (B.)

ÆTUNDUPYALY. BOT. PHAN. Nom qu'on donne, à Ceylan, à une espèce d'Hedysarum, *Hedysarum heterocarpon*, L. (B.)

ÆXTOXICUM. BOT. PHAN. Genre établi par Ruiz et Pavon, et constitué par un bel Arbre du Pérou, qui, placé dans la Diœcie Pentandrie de Linné, n'a pu l'être jusqu'ici dans la série des familles. L'*Æxtoxicum punctatum* qui a ses feuilles alternes, toujours vertes, et ponctuées, est la seule espèce connue jusqu'ici dans ce genre, et lui a servi de type. Ses fleurs sont munies d'un double calice : l'extérieur est formé d'un seul sépale qui, enveloppant la fleur entière avant qu'elle soit éclose, présente l'apparence d'un petit globe parsemé de points, puis s'ouvre latéralement et tombe. Le calice intérieur est à cinq sépales, et tombe plus tard. La corolle est composée de cinq pétales, étalés en spatule, dont le limbe est crénelé et l'onglet parcouru par une nervure médiane assez saillante. On trouve encore plus intérieurement cinq petites écailles (Nectaire de Ruiz et Pavon), échancrées, disposées en rayons autour du réceptacle. Elles sont les parties communes aux fleurs mâles et femelles. Les premières ont de plus cinq étamines à filets courts, à anthères arrondies, s'ouvrant vers le sommet par deux points. On retrouve dans les femelles les rudimens des cinq étamines. L'ovaire est libre avec un style court, latéral, terminé

pan un stigmate bifide, le fruit est une drupe à une seule graine, obtuse au sommet. C'est de la propriété rénéneuse de ce fruit qui tue les chèvres, que les auteurs ont tiré le nom du genre. Les fleurs sont figurées tab. 294, in *Prodr. Flora Peruv.* Le fruit est appelé vulgairement *Aceytunilla*. (B.)

* AFARKA. BOT. PHAN. (Théophraste.) Syn. d'Alaterne. *V.* NERPRUN. (B.)

AFATONIER. BOT. PHAN. Nom vulgaire d'un Prunelier dans quelques parties de la France. (B.)

AFATRAHE ou AFATARACHE. BOT. PHAN. Arbuste indéterminé de Madagascar, dont l'écorce est odorante. (B.)

AFE. BOT. CRYPT. Fougère indéterminée de l'Inde, dont on mange la racine, et qui paraît être un Polypode. Ce nom est aussi donné à une espèce de Manglier, *Rizophora*, à Madagascar. (B.)

* AFELOFO. BOT. PHAN. Syn. de Mercuriale en Égypte. (B.)

AFFINAGE. MIN. Opération par laquelle on purifie les Métaux, et qui sera mentionnée à chacun des articles respectifs où ceux-ci seront traités. (LUC.)

AFFINITÉ. On nomme ainsi la force qui s'exerce sur les molécules des corps et les tient unies entre elles. Cette force varie dans chaque espèce de molécules, et c'est sur ce principe que sont fondés tous les phénomènes, tous les changemens spontanés ou accidentels, auxquels les corps sont assujettis. La première théorie satisfaisante sur l'affinité est due à Bergman; mais à mesure que la science a fait plus de progrès, cette théorie a reçu un grand nombre de modifications qui successivement en ont changé les lois. On paraît maintenant assez généralement d'accord sur plusieurs points de la théorie de l'affinité que l'on considère comme dépendans; ainsi de la quantité relative des corps entre lesquels la combinaison peut avoir lieu; car, en effet, plus il y aura de molécules d'une même nature unies à une autre molécule d'une nature différente, plus la force d'affinité sera partagée, et moins il faudra d'efforts pour la rompre, jusqu'à ce qu'elle se rapproche davantage de l'équilibre de molécule à molécule ; 2° *des combinaisons dans lesquelles les corps peuvent être engagés.* Une molécule dont l'affinité s'exerce déjà sur une autre molécule, agit moins vivement sur une troisième, que si elle était libre; 3° *de la cohésion* qui met un obstacle au contact, conséquemment à la combinaison ; 4° *du calorique* qui agit d'une manière inverse à la cohésion, en s'interposant entre les molécules et en les tenant à une plus grande distance les unes des autres. La présence du calorique ne favorise l'affinité que jusqu'à un certain point; car lorsqu'il se trouve en excès entre les molécules, il les écarte tellement qu'il les dissipe et détruit par-là toute affinité. Cette nouvelle force ou plutôt cet état de sur-saturation de calorique se nomme répulsion ; 5° *de la quantité respective d'électricité* dont l'influence sur l'affinité est mieux connue qu'expliquée ; 6° *de la pesanteur spécifique* qui suffit pour opérer complétement la séparation de plusieurs corps , surtout lorsque la différence de pesanteur des molécules est grande, et que l'affinité est faible; 7° *de la pression,* lorsque l'un des corps est à l'état de fluide élastique.

On est parvenu à appliquer les lois de l'affinité aux diverses modifications dont la matière est susceptible, ainsi qu'aux phénomènes de la vie organique.   (D..Z.)

*On entend encore par AFFINITÉS les rapports organiques qui existent entre les êtres, et dont l'intimité ou le nombre déterminent les familles et groupes plus ou moins naturels, dans lesquels ces êtres sont réunis par les naturalistes pour former une méthode. (B.)

AFFOUCHE ou AFOUGE. BOT. PHAN. *V.* AFOUTH.

* AFFURT IL DSJENNA. OIS. Syn. d'Oiseau de paradis, chez les Arabes.   (DR..Z.)

* AFIAC. BOT. PHAN. (Commerson.) Syn. de Vitex à trois feuilles, chez les Malegaches.   (B.)

AFIOUME. BOT. PHAN. Syn. de Lin, dans le Levant.   (B.)

AFOU-RANOUNOU. BOT.- PHAN. Espèce indéterminée d'Euphorbe arborescente de Madagascar dont le suc laiteux est fort âcre, ce que désigne son nom qui signifie *lait de feu.* (B.)

* AFOURMILION. OIS. (Salerne.) Syn. du Grimpereau, *Certhia familiaris*, L. en plusieurs provinces de la France. *V.* GRIMPEREAU. (DR..Z.)

AFOUTH. BOT. PHAN. Dont par corruption on a fait *Fouge* et non *Affouche*, aux îles de France et de Mascareigne. Arbre laiteux de Madagascar et des îles voisines , décrit et figuré dans notre Voyage en quatre îles d'Afrique, comme le *Ficus pertusa* de Linné F., mais qui n'est pas lui ; ce qui a déterminé Willdenow à l'appeler *Ficus terebrata.* Flacourt mentionne à tort comme la même chose qu'*Afouth,* l'*Ampoufoutchi,* qu'il confond avec le Mahaut d'Amérique, et que Du Petit-Thouars regarde comme l'*Andrèze,* *V.* ce mot, espèce de Celtis. L'Ampoufoutchi peut bien être ce dernier Arbre; mais très-certainement l'Afouth ou Afouge est un Figuier si commun sur l'un des plateaux de Mascareigne et sur un piton de l'île de France, que ces lieux en ont retenu le nom. Le liber de l'Afouth est propre à former des cordes; son bois pourri , lorsqu'il est bien sec , est léger et d'une consistance presque pareille à celle de la moelle de Sureau : la moindre étincelle l'embrase , aussi les créoles s'en servent comme d'amadou.   (B.)

AFRICAIN. POIS. Espèce d'Holocentre. *V.* ce mot.

AFRICAINE. INS. (Mouffet.) Espèce de Truxale. *V.* ce mot.   (B.)

* AFRODILLE. BOT. PHAN. Vieux nom de l'Asphodèle et du Narthécium. *V.* ces mots.   (B.)

* AFROSELINO. MIN. (Ferbers.) Gypse à stries très-fines, de consis-

tance farineuse, quoique assez ferme, chez les Italiens.   (LUC.)

AFROUSA. BOT. PHAN. ·Syn. de Fraisier, dans quelques cantons des Alpes.   (B.)

AFTON. BOT. PHAN. (Dioscoride.) Syn. de Ciguë.   (B.)

AFZÉLIE. *Afzelia.* BOT. PHAN. Walther, dans la Flore de la Caroline, a désigné sous ce nom, et comme formant un genre nouveau, une espèce du genre *Gerardia*, qui paraît très-voisine du *Gerardia delphinifolia*, L. Ce genre a été supprimé et réuni au Gerardia par Michaux, sous le nom de *Gerardia Afzelia*. Depuis lors, Smith a fait un autre genre sous le même nom. Ce genre de Smith appartient à la famille des Légumineuses et à la Décandrie Monogynie. Il offre un calice tubuleux à quatre divisions, une corolle de quatre pétales dont le supérieur est plus grand; dix étamines distinctes, dont deux supérieures stériles. Le fruit est une gousse multiloculaire ligneuse, dont les graines sont enveloppées d'une sorte d'arille rouge.

Ce genre, fort voisin de la Casse, se compose d'Arbres originaires d'Afrique, portant des feuilles paripinnées et des fleurs en grappes, d'une couleur rouge éclatante.   (A. R.)

AFZELIA. BOT. CRYPT. (*Mousses.*) Nom donné par Ehrhart à quelques espèces du genre Weissia d'Hedwig, mais qui ne peut être adopté puisqu'il appartient déjà à un genre de la Phanérogamie. V. WEISSIA. (AD. B.)

AGA. BOT. PHAN. Syn. de Chardon, dans quelques îles de l'Archipel et dans le Levant.   (B.)

AGABE. *Agabus.* INS. Genre établi par Leach (*Zoological Miscellany*, vol. III, p. 69 et 72) dans la famille des Hydrocanthares de Latreille. Il a pour type le *Dytiscus serricornis* de Paykull (*Fn. Sv.* 3 443.)   (AUD.)

AGACE, AGACHE, AGASSE ou **AJACE.** OIS. Syn. de Pie, dans quelques parties de la France méridionale.   (B.)

AGADEC. POIS. Espèce de Spare. V. ce mot.   (B.)

AGAHR. MAM. (Erxleben.) Nom d'une variété de Chiens d'Islande. (B.)

AGAJA. POIS. Syn. de Lépisostée Caïman, dans les parties de l'Amérique espagnole où se trouve ce singulier Poisson. V. LÉPISOSTÉE.   (B.)

AGALANCÉE ou **AGALANCIÉ.** BOT. PHAN. Syn. d'Églantier, *Rosa Æglanteria*, L. dans quelques parties de la France méridionale.   (B.)

AGALLOCHE. BOT. PHAN. V. EXCŒCARIA.

* AGALLOCHITE. BOT. PHAN. FOSS. Bois pétrifié qu'on a cru être du bois d'Aloës.   (B.)

AGALMATHOLITHE. MIN. C'est-à-dire *Pierre d'ornement.* Nom donné par Klaproth à des variétés de la *Pierre de Lard* de la Chine, employées dans ce pays pour faire ces figures grotesques appelées *Magots*, et dans lesquelles il n'a pas trouvé de magnésie, comme dans les autres talcs dont elles présentent pourtant la plupart des caractères. V. TALC GLAPHIQUE.   (LUC.)

AGALOUSSÉS. BOT. PHAN. Syn. de Houx, *Ilex aquifolium*, L. et d'Ononide épineuse, dans quelques parties du midi de la France où cette dénomination s'étend à divers petits buissons épineux.   (B.)

AGALUGEN ou **AGALUGIN.** Syn. de bois d'Aloës, chez les Arabes. V. EXCŒCARIA.   (B.)

AGAME. REPT. SAUR. Espèce de Lézard de Linné, *Lacerta Agama*, devenu type du genre Agame. V. ce mot.   (B.)

AGAME. *Agama.* REPT. SAUR. Genre établi par Daudin et adopté depuis, avec de légères modifications dans ses divisions, par Cuvier. Ses caractères consistent en de petites écailles rhomboïdales, crénelées et, la plupart du temps, réticulées entre elles, couvrant non - seulement un corps oblong et plus ou moins épais, mais encore la queue, ordinairement fort longue, cylindrique ou comprimée ; dans un goître que l'Animal forme à volonté en renflant sa gorge ; dans une langue épaisse, courte, obtuse et très-peu ou point fendue à son extrémité ; dans la grosseur de la tête, calleuse et dilatée vers l'occiput où elle est presque toujours épineuse ; enfin dans les doigts qui sont fort longs, amincis, onguiculés et au nombre de cinq, excepté dans la dernière espèce (l'Agame à queue prenante) qui n'en a que quatre aux pieds de derrière. La physionomie générale des Agames les rapproche encore plus les uns des autres que les caractères que nous venons d'indiquer. — Jusqu'à ce que Daudin, dans le Buffon de Sonnini, les eût distingués, ils avaient été confondus avec les Stélions et les Iguanes, mais la conformation de leur langue les en sépare absolument. La forme bizarre de leur tête établit un passage aux Caméléons, avec lesquels ils ont souvent de commun la faculté de changer de couleur. Ils paraissent être tous exotiques, et c'est par erreur qu'on avait cru que deux ou trois espèces d'Agames se retrouvaient en Espagne.—En groupant autour du *Lacerta Agama*, L., devenu type du genre, les vingt-cinq espèces qu'il décrivit, Daudin forma de celles-ci cinq sections dont la première rentre parmi les Lophyres de Duméril, et la quatrième, les *Lézardets*, a été détachée des Agames par Cuvier, pour en former le genre Marbré, *Polychrus*. *V*. MARBRÉ.

On peut disposer les Agames dans l'ordre suivant :

†Les LOPHYRES (Duméril), dont les écailles du milieu du dos sont relevées et comprimées en une forte crête qui, se prolongeant sur la queue, imprime à celle-ci une compression caractéristique ; le dessus de la tête est revêtu de petites écailles.

Le SOURCILLEUX. *Agama superciliosa*, Daud. ; *Lacerta*, L. Encyc. Rept. pl. 4 fig. 1. d'après Séba. Cet Animal, qui se trouve dans l'Archipel de l'Inde, acquiert un pied de longueur, sa couleur est noirâtre ; encore que la figure citée n'indique pas bien clairement la prolongation de la crête dorsale sur la queue, cette crête n'en existe pas moins. Une variété a des teintes brunâtres avec des taches transversales plus foncées. Séba rapporte que ce Lézard jette un petit cri auquel les individus de son espèce se rallient.

La TÊTE FOURCHUE. *Agama scutata*, Daud. ; *Lacerta*, L. ; *Iguana clamosa*, Laurenti. Encyc. Rept. pl. 4. fig. 2. d'après Séba qui l'appelle une Salamandre extraordinaire d'Amboine, remarquable par les deux saillies pointues et prolongées de l'occiput, qui donnent à sa tête l'aspect le plus étrange. Son corps est d'un jaune pâle, nuancé d'un bleu clair avec des boutons blancs dispersés en grand nombre et en forme de perles çà et là. Comme le Sourcilleux, l'Agame à tête fourchue jette des cris de ralliement, que ses pareils répètent en manière d'écho, et qui les réunissent.

Le SOMBRE. *Agama atra*, Daudin. fig. 1 de la pl. LXXXIII, dans le Buffon, de Sonnini. Son occiput est très - épineux, le dessus du corps brunâtre, sombre et poli ; la gorge et le ventre sont bleuâtres, et une bande jaune longitudinale règne sur le dos. La queue de cette espèce est moins comprimée que dans les autres Lophyres, mais elle l'est ; ce qui ne permet point de la rapporter avec Cuvier aux Agames propres.

L'AGAME À BANDES. *Agama fasciata*, Daud. ; *Iguane à bandes*, Brongniart, Bulletin de la soc. phil. n° 36. fig. 1. C'est à Riche, qui l'avait rapporté de Sumatra, que l'on doit la connaissance de ce beau Lézard. Sa couleur est bleue, avec le ventre et quatre larges bandes transversales sur le dos plus pâles ; des taches de la même couleur se voient sous le cou ; la queue est trois fois aussi longue que le corps.

†† Les AGAMES proprement dits, dont toute la peau est couverte de petites écailles, sans apparence de verrues. Le corps qui est aminci est terminé

par une queue cylindrique, dépourvue de la continuation d'une crête dorsale. La gorge est plissée quand l'Animal ne la renfle pas.

L'AGAME DES COLONS, Daud. *Lacerta Agama*, L. Encyc. Rept. pl. 5. fig. 3, d'après Séba. Cet Animal a l'ouverture de la gueule large, la tête hérissée de petits piquans, le gosier pendant en fanon, les yeux grands et noirâtres, protégés en dessus par des sourcils cartilagineux très-saillans; son corps est peint d'un vert jaunâtre cendré. Il se plaît dans les savanes inondées et les lieux humides. Comme plusieurs autres Lézards d'espèces voisines, il change de couleur, selon les passions qui l'agitent, ce qui lui a mérité, chez les colons européens, le nom de Caméléon. Il habite les Grandes-Antilles, et probablement les autres parties chaudes du nouveau continent. Son nom d'Agame paraît être celui par lequel le désignaient les naturels du pays, et ne vient point, conséquemment, d'un mot grec, comme quelques-uns l'ont pensé.

L'UMBRE. *Agama Umbra*, Daud. *Lacerta*, L. Seb. T. 1. p. 53. f. 5 et T. II. pl. 75. f. 5. Cette espèce, assez rare à la Guyane et à Surinam, et que Linné ainsi que Daubenton disent, mal à propos, se trouver dans le midi de l'Europe, acquiert un pied ou un peu plus de longueur; son corps est trapu avec cinq raies longitudinales plus saillantes sur le dos; sa queue une fois et demie aussi longue que le reste de la longueur totale. Un des doigts extérieurs est attaché sur le côté, un peu au-dessous des quatre autres; sa couleur générale est d'un marron plus ou moins rembruni en dessus, pâle cendrée en dessous, avec une tache noire sur la gorge; il y a quelques taches ou barres plus brunâtres sur la queue, les membres et le dessus de la tête. — Daudin cite pour variétés de cette espèce, des Lézards, donnés par Séba, comme de Caroline, et par Azzara, comme du Paraguay. Ces variétés pourraient bien être des espèces.

L'ONDULÉ. *Agama undulata*, Dau-

din. Petit Lézard de six pouces environ, rapporté par Bosc de la Caroline, où il habite les bois, sur les vieux Arbres abattus. Cendré en dessus avec des bandes ou ondulations transversales, irrégulières et brunes; bleuâtre en dessous, et marqué d'une grande croix blanche.

Les Agames hexagone, *Agama angulata*; hérissé de la Nouvelle-Hollande, *A. muriata*; à gorge safranée, *A. flavigularis*; Rose-queue, *A. rosacauda*; rude, *A. aspera*; étoilé, *A. stellaris*; et plusieurs autres espèces, non décrites par les naturalistes, font partie de cette section.

†††. Les GALÉOTES. *Calotes*, Cuvier. Diffèrent des Agames propres parce qu'elles sont régulièrement couvertes d'écailles disposées comme des tuiles, libres et tranchantes sur les bords; celles du milieu du dos sont relevées, comprimées en épine, et forment une crête plus ou moins étendue qui n'opère point la compression de la queue: celle-ci est très-longue; les Galéotes n'ont point de fanon ni de pores visibles aux cuisses.

La GALÉOTE. *Agama Calotes*, Daudin. Pl. 43. *Lacerta*, L. Encyc. Rept. pl. 6. f. 1. copiée de Lacépède. Ce Lézard est d'un bleu d'azur clair, et d'une forme assez élégante; il varie par les couleurs, qui toujours l'embellissent, et l'ont fait comparer à du marbre. Habitant des pays chauds de l'ancien continent, on le trouve depuis les îles de l'Inde et l'Arabie jusqu'en Mauritanie, mais point en Espagne. Il se tient souvent dans les maisons, sur les toits, où il fait la guerre aux Insectes et même aux petits Rats qu'on le voit, dit-on, attaquer courageusement. Il se défend contre les Serpens, et dans ses accès de colère ou de frayeur seulement, il gonfle sa gorge de manière à se rendre affreux. Nous ne croyons pas que l'on puisse regarder comme synonymes de la Galéote des espèces données, par les auteurs, pour brésiliennes.

L'ARLEQUINÉ. *Agama versicolor*, Daudin. pl. 44. Originaire du Brésil; dont la queue est deux fois aussi longue que le corps , lequel est élégamment marqué de bandes transversales brunes et d'un bleu clair ; une ligne longitudinale blanche régnant de chaque côté du dos.

On trouve, dans les ouvrages de divers naturalistes , un certain nombre de Lézards qui , mieux examinés , feront probablement partie de cette division, outre plusieurs espèces, qui , selon Cuvier, n'ont point encore été décrites.

†††. Les TAPAYES ou ORBICULAIRES. Les Agames de cette division ont un corps trapu, arrondi, dont ils peuvent, à volonté, renfler la peau comme le fait un Crapaud ; leur queue est cylindrique , plus courte que dans les espèces de la division précédente ; ils ont un ou deux plis transversaux sous le cou. Ces Lézards ont surtout la faculté de changer de couleur.

Le TAPAYE , proprement dit. *Agama Tapaya*, Daudin , Encyc. Rept. pl. 9. f. 3 ; *Lacerta orbicularis* , L. est un Animal hideux, de six à sept pouces environ de longueur, en y comprenant la queue qui en est le tiers ; hérissé d'écailles rudes au toucher, teint de nuances sombres avec les parties inférieures safranées ; il habite, dans les parties chaudes du Nouveau-Monde, les lieux obscurs où il semble cacher sa difformité.

L'AGAME à PIERRERIES. *Agama gemmata*, Daudin. Ayant six rangées longitudinales d'écailles pointues tétraèdres ; avec des bandes brunâtres transversales et anguleuses sur le dos ; il n'a guère que trois pouces de longueur , et sa patrie est incertaine.

L'AGAME à OREILLES. *Agama aurita*, Daudin. Pl. xLV. fig. 2. T. III, de la partie Erpétologique du Buffon de Sonnini. *Lacerta aurita*, Gmelin. Animal des déserts sabloneux de Sibérie dont on prétend qu'une variété existe jusqu'en Pologne. Sa bouche est munie à chaque coin en dehors , d'une crête demi-orbiculaire , molle , rude et dentée ; sa couleur est nuancée de jaunâtre et de brunâtre en dessus, blanchâtre en dessous, avec une ligne noirâtre longitudinale qui règne de

la poitrine à la queue ; de petits points bruns très-rapprochés sont dispersés sur le dos. Cuvier regarde cette espèce comme devant faire partie de la section des Agames , proprement dits. Son aspect hideux lui donne aussi quelques rapports avec un Gecko.

Les Agames plissés, *Agama plicata ;* du Paraguay, *A. Paraguensis ;* Hélioscope , *A. Hélioscopa ;* de l'Oural , *A. uralensis ;* et à gouttelettes , *A. guttata ;* font partie de cette section , la seule où l'on ait trouvé jusqu'ici des espèces de l'Asie centrale , et d'un climat analogue au nôtre.

††††. Les CHANGEANS, *Trapelus*. Division formée par Cuvier , pour une seule petite espèce décrite par Géoffroy , entre les Reptiles d'Egypte , pl. v. fig. 3 et 4 , et mentionnée dans le nouveau Dictionnaire d'Histoire naturelle, sous le nom d'*Agame variable ;* son corps est lisse , dénué d'épines, et ses dents sont pareilles à celles des Stellions , parmi lesquels on doit peut-être la placer. Elle jouit de la faculté de changer de couleur à un degré plus éminent encore que le Caméléon.

†††††. Les AGAMES A QUEUE PRENANTE. Une seule espèce, l'*Agama prehensilis* de Daudin , forme cette division qui peut-être devrait constituer un genre, rapproché du Caméléon par la queue, qui n'est pas plus longue que le corps , mais qui semble propre à faciliter la marche de l'Animal en l'accrochant, et par le nombre des doigts dont les pieds de derrière ne présentent que quatre.

L'Agame à queue prenante, originaire du Paraguay, s'engourdit facilement pour peu que la température ne soit pas très-élevée ; il vit sur les Arbres. Azzara l'a fait connaître et dit ses couleurs difficiles à décrire ; on distingue dans leur confusion quatre bandes noires sur chaque flanc, trois autres sur les joues, et des taches noires et blanches sur le ventre , dont le fond est brun.   (B.)

* AGAMEMNON. INS. Nom appliqué à une belle espèce de Papillon exotique de la division des Chevaliers de Linné. *V.* PAPILLON. (B.)

* AGAMES. BOT. CRYPT. Quelques auteurs ont désigné par ce nom les Plantes que Linné nommait Cryptogames, pensant qu'il n'existe dans ces Végétaux aucun organe sexuel, point de fécondation par conséquent, et que les corps reproducteurs de ces Plantes ne sont pas de vraies graines, mais des gongyles, sortes de bourgeons ou de bulbes analogues à ceux qui se développent sur la tige de quelques Plantes Phanérogames, et qui peuvent se former sans fécondation. Mais cette supposition, qu'un grand nombre d'observations paraît prouver pour quelques familles, ne peut pas s'appliquer également à tous les Végétaux Cryptogames de Linné. Ainsi, on doit convenir en effet, que dans les Algues, les Champignons et les Lichens, on n'a jamais pu observer aucun organe analogue aux étamines, et propre à en remplir les fonctions. Mais déjà, dans les Hépatiques et les Mousses, l'existence de ces organes devient plus probable; et dans les familles d'un ordre plus élevé, telle par exemple que celle des Marsiléacées, on ne peut plus révoquer en doute la présence d'organes mâles et femelles distincts. — Les seules Plantes dans lesquelles l'absence des sexes nous paraisse très-probable, sont les Conferves, les Algues, les Hypoxylées, les Mucédinées, les Lycoperdacées, les Champignons et les Lichens. Peut-être même existe-t-il dans ces Plantes un mode particulier de fécondation, dont l'union des Conferves conjuguées peut nous donner un exemple, et qui, malgré la grande différence qu'on observe entre ce mode et la fécondation ordinaire des autres Plantes, doit être assimilé à cette fonction, puisque, comme toute fécondation, elle consiste dans l'influence d'un individu sur un autre ou sur une partie différente du même individu, propre à y déterminer la formation d'un corps reproductif. Mais il ne nous est permis, jusqu'à présent, que de soupçonner un mode

semblable de fécondation dans les autres Plantes des familles que nous venons de citer, et il est probable que, si cette fécondation existe, la petitesse des organes entre lesquels elle a lieu, la dérobera encore pendant longtemps à nos yeux. (AD. B.)

AGAMI. OIS. *Psophia*, L. Premier genre des Alectorides de Temminck. Il est ainsi caractérisé : bec court, voûté, conique, courbé, très-fléchi à la pointe, et plus long que la mandibule inférieure, comprimé, avec une arête distincte à sa base; fosse nasale très-étendue; narines grandes, placées diagonalement vers le milieu du bec, ouvertes en devant, fermées en arrière par une membrane nue; pieds longs, grêles; doigt du milieu uni à l'externe, l'interne divisé; pouce articulé intérieurement, de niveau avec les autres doigts; ailes courtes, concaves; les trois premières rémiges étagées, les quatrième, cinquième et sixième les plus longues; queue très-courte.

La seule espèce jusqu'à présent bien connue de ce genre, *Psophia crepitans*, L. Lath. Buff. pl. enlum. n° 169, est de la grosseur du Faisan; portée sur des jambes assez élevées, elle a de dix-huit à vingt pouces de hauteur. La couleur générale du plumage est le noir, nuancé sous le cou des plus vifs reflets de l'Iris; les plumes y ressemblent à de la pluche soyeuse; elles sont effilées sur toutes les autres parties du corps. Les ailes sont composées de vingt rémiges noires extérieurement, dégénérant en gris vers le dos, où cette couleur est celle des tectrices inférieures; la séparation du noir d'avec le gris est indiquée par une bande rousse. La queue est noire et les jambes sont d'un jaune verdâtre.

Quoique l'Agami habite les forêts épaisses de l'Amérique méridionale, il n'y contracte point le caractère sauvage que l'on remarque dans la plupart des Animaux de ces retraites inaccessibles; il semble rechercher la société de ses congénères, aussi le voit-on souvent former des troupes assez nombreuses; il ne craint pas l'approche de l'Homme, et se soumet assez facilement au joug de la domesticité. Bientôt il montre dans ce nouvel état un instinct, une intelligence qui lui donnent quelque supériorité sur tous les habitans de la basse-cour et le rendent l'égal du Chien. Comme ce dernier, il témoigne au maître beaucoup d'attachement, de docilité à ses ordres, et même de la reconnaissance lorsqu'il en a reçu de bons traitemens. Il s'attache à ses pas, et l'on assure que, comme le Chien, il peut devenir très-soigneux à la garde d'un troupeau que l'on conduit au pâturage, qu'il le défend avec courage contre un ennemi supérieur à ses propres forces. Le soir, de retour à la basse-cour, il y maintient l'ordre, assure la rentrée de tous les autres domestiques, et ne se retire que le dernier. — L'Agami, que l'élévation de ses jambes ferait croire destiné à habiter les savanes et les terres marécageuses, n'y paraît jamais. Il fait sa nourriture de petits Insectes, de graines et de brins d'herbe. Il ne niche point: un trou creusé au pied d'un Arbre reçoit ses douze à quinze œufs presque sphériques, d'un vert clair, un peu plus gros que ceux de la Poule, et que la femelle y dépose à peu de jours de distance; cette ponte a lieu trois fois dans l'année. C'est ordinairement au vingt-huitième jour de l'incubation que les œufs éclosent; les petits qui naissent sont entièrement couverts d'un duvet grisâtre, qu'ils conservent long-temps, et ce n'est qu'à la seconde mue que la couleur du plumage se fixe. L'Agami est connu à Cayenne sous le nom d'*Oiseau de Trompette*, que lui a sans doute valu le cri particulier et assez aigu, quoique interne, qu'il répète souvent; ce cri, que plusieurs anatomistes prétendent dépendre d'une conformation particulière de la trachée-artère et du poumon, se retrouve avec quelques modifications dans d'autres espèces. Le vol de l'Agami est bas et embarrassé; il est souvent remplacé par une course prompte et légère. (DB..Z.)

Gmelin (*Syst. nat.* 1. p. 721) mentionne, d'après Jacquin (*Beytr.* p. 24. n° 18. t. 9), une autre espèce d'Agami, sous le nom de *Psophia undulata*, et que ces auteurs disent africaine; un examen plus approfondi de ses caractères pourra seul nous apprendre si cet Oiseau appartient véritablement à ce genre. S'il lui appartenait réellement, il existerait une espèce d'Agami pour chaque continent. (B.)

AGANIDE ou AGANILITHE. *Aganides.* MOLL. FOS. Montfort a proposé l'un de ces deux noms (Conchyl. T. I, p. 31) pour un nouveau genre de Céphalopodes fossiles, qu'il a établi sur une seule espèce, l'Aganide encapuchonnée, décrite et figurée antérieurement par lui (Buffon de Sonnini. T. IV, p. 223, pl. 48, f. 1), comme appartenant au genre Nautile. — Ce Fossile est remarquable par le caractère qu'offrent ses cloisons, qui sont découpées ou lobées en zig-zag, en quelque sorte comme dans les Ammonites et les Orbulites; il se rapproche plus particulièrement de ce dernier genre, par sa spire enveloppante, mais son siphon est central comme dans les Nautiles, parmi lesquels Cuvier et Ocken l'ont placé. Ne connaissant point ce Fossile découvert par Montfort dans le calcaire noir et fétide des environs de Namur, nous ne déciderons pas affirmativement la question, mais il nous paraît probable qu'il appartient à la famille des Ammonées. *V.* ORBULITE. (F.)

AGANON. MOLL. Rondelet (*de Testaceis.* lib. 1, cap. 18) et d'après lui Gesner (*de Aquat.* p. 644 et 654) disent, sans citer aucune autorité, que les Grecs nommaient ainsi la grande Coquille bivalve, vulgairement appelée la Tuilée ou le Bénitier, *Chama gigas*, L. désignée, dit encore Rondelet, sous le nom de Tridacne, par les cénobites de l'Arabie; cette dernière dénomination a été conservée par les Naturalistes modernes qui ont fait, avec la *Chama gigas*, L., le genre Tridacne. *V.* ce mot. (F.)

AGAPANTHE. *Agapanthus.* BOT. PHAN. Famille des Hémerocallidées de R. Brown, de l'Hexandrie Monogynie, L. Ce genre a été proposé par L'Héritier (*Sertum. angl.* t. 18), pour le *Crinum africanum*, L., qui en effet est très-différent des véritables espèces de ce genre. Son ovaire est libre; son calice pétaloïde, tubuleux à sa base, est infundibuliforme, à six divisions un peu inégales; ses étamines sont déclinées.

L'*Agapanthus umbellatus* de L'Héritier ou *Crinum africanum*, L. est une belle Plante originaire d'Afrique, remarquable par des fleurs d'un beau bleu d'azur disposées en une ombelle simple, au sommet d'une hampe nue, haute de deux à trois pieds, qui part d'une touffe de feuilles allongées, glabres, obtuses. Cette Plante se multiplie facilement, en séparant les vieux pieds en plusieurs. Elle veut être rentrée dans l'orangerie, pendant l'hiver, sous le parallèle de Paris.   (A. R.)

* **AGARDHIE.** *Agardhia.* BOT. CRYPT. Genre de Plantes marines proposé par Cabrera et dédié à Agardh, savant algologue suédois. C'est le même que le *Codium* de Stackhouse, le *Lamarckia* d'Olivi, et le *Spongodium* de Lamouroux. *V.* SPONGODIUM.

                   (LAM..X.)

AGARIC. BOT. CRYPT. (*Champignons.*) Le nom d'Agaric a été appliqué successivement à des Plantes de la famille des Champignons, très-différentes les unes des autres, et les botanistes modernes ne sont même pas parfaitement d'accord sur l'extension plus ou moins grande qu'on doit lui donner : ces différences d'opinion nous obligent, avant de faire connaître le caractère du genre Agaric tel que nous pensons devoir le limiter, d'indiquer les diverses significations qu'on a données à ce mot.

Tournefort, Micheli, Battara, tous les anciens auteurs, et même, à ce qu'on croit, les Grecs et les Latins, désignaient, par le nom d'*Agaricus*, les Champignons charnus ou subéreux, à chapeau sessile demi-circulaire, qui croissent sur les troncs d'Arbres, quelle que soit leur organisation; aussi comprenaient-ils dans ce genre des espèces placées depuis dans les genres Bolet, Hydne, Dœdalea, Théléphore et Agaric. Linné réserva le nom d'Agaric à tous les Champignons dont la surface inférieure présente des lames rayonnantes, simples ou rameuses; il n'y plaça par conséquent qu'une petite partie du genre Agaric des anciens botanistes; mais il y réunit la plupart des Champignons que ces mêmes auteurs désignaient sous le nom de *Fungus*, et qui ne différaient de leurs Agarics que par leur pédicule central.

Par ce changement, il rendit le caractère du genre plus naturel; mais on peut lui reprocher d'avoir appliqué le nom d'Agaric à un groupe de Plantes qui ne renfermait plus le véritable Agaric des pharmacies, qu'il plaça parmi les Bolets.

Aussi, même postérieurement à cette réforme du genre Agaric, plusieurs auteurs ont employé ce nom d'une manière différente. Ainsi, Haller a désigné sous ce nom les Champignons sessiles et à surface inférieure lisse, dont la plupart sont rangés actuellement dans le genre Théléphore; il paraît aussi y avoir joint quelques Bolets, dont les tubes sont peu apparens dans la jeunesse de la Plante, tel que *Boletus ungulatus.* Il a, en outre, donné les noms de *Agarico-polyporus*, *Agarico-suillus*, *Echin-Agaricus*, *Agarico-merulius* et *Agarico-fungus*, aux genres qui, offrant les mêmes caractères dans leur organisation que ceux qu'il nommait *Polyporus*, *Suillus*, *Erinaceus*, *Merulius* et *Fungus*, n'en diffèrent que par l'absence du pédicule. —Jussieu, dans son *Genera Plantarum*, conservant à ce nom sa signification primitive, a formé le genre Agaric des espèces du genre Bolet de Linné, dont le chapeau est demi-circulaire et sessile sur le tronc des Arbres; et plus tard, Palisot de Beauvois a donné le nom d'Agaric à tous les Bolets de Linné. Au milieu de ces variations, l'autorité de Linné a prévalu, et le nom d'Agaric est généralement réservé maintenant par les botanistes, si ce n'est-à tout le genre auquel il le donnait, du moins, à une grande partie. En effet, le nombre considérable d'espèces que ce genre renferme actuellement et les différences importantes que présentent quelques-unes d'entre elles ont engagé les botanistes à en séparer les genres *Merulius*, *Cantharellus* et *Dædalea*. — Fries a également formé de l'*Agaricus alneus* de Linné un genre particulier qu'il nomme *Schizophyllum*. Les caractères qu'il présente sont si différens de ceux des autres Agarics, qu'il paraît devoir être conservé. Enfin Persoon a cru devoir former un genre à part, sous le nom d'*Amanita*, des espèces qui présentent un volva ; et, quoique cette distinction n'ait été adoptée ni par De Candolle, ni par Fries dans son *Systema mycologicum*, nous pensons cependant qu'elle est fondée sur un caractère assez important pour mériter qu'on la conserve.

On peut donner au genre Agaric, ainsi limité, le caractère suivant :

Champignon sans volva, chapeau distinct, de forme variable, sessile ou pédiculé, garni inférieurement de lames simples ou toutes d'égale longueur, ou entremêlées vers la circonférence de lamelles plus courtes.

Tous ces Champignons ont un chapeau distinct plus ou moins épais, quelquefois membraneux, le plus souvent composé d'une chair tantôt sèche et cassante, tantôt spongieuse et d'une consistance réellement fongueuse, très-rarement ligneuse ou subéreuse. Ce chapeau est ou sessile et demi-circulaire, ou circulaire, soutenu par un pédicule central ou quelquefois latéral. —Le pédicule est nu dans beaucoup d'espèces ; dans d'autres il présente, à sa partie moyenne, un anneau membraneux ou filamenteux, provenant des débris d'une membrane qui couvrait toute la face inférieure du chapeau et s'insérait à sa circonférence, ou même qui l'enfermait en-

tièrement avant son développement complet. Ce pédicule peut être plein ou fistuleux, renflé en tubercule à sa base, ou se terminant par une racine pivotante ; mais ce dernier cas est rare, et le plus souvent, à peu de profondeur en terre, il finit en s'arrondissant et en donnant naissance à quelques fibrilles capillaires. — Le chapeau offre à sa face inférieure des lames ou feuillets rayonnans, tous d'égale longueur dans les Russula, entremêlés dans toutes les autres sections de lamelles plus courtes placées vers la circonférence ; ces lamelles sont formées par une membrane repliée sur elle-même, et portent des conceptacles ou capsules que les botanistes désignent sous le nom de *Asci* ou *Thecæ*, et qui sont d'une forme oblongue ou cylindrique, rapprochées les unes des autres et ne contenant qu'un seul rang de sporules dans la plupart des espèces, éloignées et renfermant quatre séries de sporules dans les espèces de la section des Coprins. Lorsque le Champignon a atteint son entier développement, les sporules s'échappent de leurs capsules et couvrent la surface des feuillets d'une poussière de couleur variée, blanche, rose, jaune, brune ou noire ; cette poussière très-abondante se dépose sur les corps environnans, et des expériences ont prouvé depuis long-temps qu'elle donnait naissance à d'autres Champignons semblables à celui dont elle provenait, et que ces sporules étaient par conséquent les vraies graines des Agarics.

Dans les Coprins, les sporules, au lieu de se répandre sous forme de poussière, sont entraînées dans une eau noire, semblable à de l'encre, produite par la décomposition rapide des feuillets.

Les Agarics subsistent en général peu de temps après la dispersion des sporules. Quelques espèces coriaces se dessèchent et ne se détruisent que lentement, mais la plupart des espèces, charnues et spongieuses, se décomposent en répandant une odeur fétide analogue à celle des matières animales, et finissent par se détruire entièrement. C'est à cette époque qu'elles servent de nourriture à une quantité considérable de larves d'Insectes et surtout de Diptères, qui trouvent dans ces substances un aliment analogue à celui que les matières animales fournissent à beaucoup d'autres espèces. L'analyse chimique a prouvé, en effet, que ces Plantes contiennent, ainsi que nous le dirons avec plus de détails, à l'article CHAMPIGNON, des substances analogues ou même entièrement semblables à celles qu'on trouve dans les matières animales ; et donnent lieu, par cette raison, dans leur décomposition, aux mêmes produits.

Les Agarics croissent dans presque tous les lieux, excepté dans les endroits secs et pierreux ; on les trouve surtout dans les bois humides et ombragés, dans les prairies, sur les fumiers, les troncs des Arbres et les bois pourris ; quelques espèces se plaisent dans les mines et les caves où la lumière ne pénètre jamais. Fries pense, et probablement avec raison, que ce ne sont que des espèces ordinaires modifiées par la position où elles se sont développées. Ces diverses localités n'appartiennent cependant pas également à toutes les tribus de ce genre. Ainsi les Coprins habitent généralement sur les fumiers ou dans les jardins ; les Pleuropes et les Mycènes croissent plus souvent sur les bois morts ou vivans, tandis que les autres espèces sont presque toutes terrestres. La durée de ces Champignons varie aussi beaucoup, quelques espèces, surtout parmi les Coprins, ayant parcouru en moins d'un jour toutes les diverses périodes de leur vie, tandis que d'autres mettent un mois et davantage à atteindre leur développement parfait ; le plus grand nombre pourtant dure dix à douze jours.

Le genre Agaric, ainsi limité, ne contient qu'une petite partie des espèces employées qui ont porté ce nom ; ainsi l'*Agaric de boutiques* et l'*Agaric de Mélèse* sont des espèces de Bolets ;

les Agarics oronge et fausse oronge de Bulliard appartiennent au genre *Amanita*.

Les vrais Agarics ne peuvent servir que d'aliment, encore un petit nombre seulement peut être employé sans danger, car ce genre renferme en même temps des espèces dont l'action vénéneuse passe pour être extrêmement active, et d'autres qui en diffèrent à peine, et peuvent pourtant fournir un aliment très-sain ; on doit par cette raison mettre la plus grande circonspection dans leur choix ; aussi dans le nord de la France, l'usage en est très-peu étendu, et quelques espèces seulement sont employées comme nourriture. Ce sont les Agarics comestible, ou de couches, le Mousseron et le faux Mousseron de Bulliard. — Dans le midi de la France et surtout aux environs de Montpellier, il paraît que le nombre des espèces apportées dans les marchés est beaucoup plus considérable. Celles-ci étaient peu connues jusqu'à présent, et c'est à De Candolle qu'on en doit la description ; mais c'est en Italie surtout qu'on est étonné de la quantité d'espèces qui servent d'aliment, et de l'abondance avec laquelle on les emploie ; Micheli et Batarra, auxquels nous devons les connaissances les plus exactes sur les espèces de ce pays, en ont décrit et figuré, comme comestibles, une quantité considérable ; mais depuis ces auteurs, l'étude de cette partie de la botanique ayant été très-négligée en Italie, il est difficile de déterminer si toutes sont des espèces, ou si beaucoup ne sont que de légères variétés. — Il paraît que les Agarics font aussi une des parties importantes de la nourriture des paysans russes, surtout en automne, saison où ces Plantes sont le plus abondantes. On a avancé qu'ils mangent indifféremment toutes les espèces de ce genre, et Bory de Saint-Vincent a remarqué qu'on applique, en divers lieux, les noms de Champignons mangeables à des espèces réputées vénéneuses, ce qui fait que, sous une dénomination différente, ces Champignons, si redoutés ailleurs, font une excellente nourriture ; ce naturaliste a donc essayé de presque toutes les espèces de Champignons sensées malfaisantes ; il les a préparées lui-même et mangées, sans qu'il en ait été nullement incommodé. Il pense que la plupart des Champignons suspects ne sont pas vénéneux par leur nature même, et que ceux qui nuisent ne le font que mécaniquement, ou servent de passeport à quelque poison réel criminellement administré. Un fait rapporté par Schwaegrichen, vient à l'appui de cette opinion ; ce savant a vu en Saxe les paysans manger indifféremment toutes les espèces de Champignons, non-seulement cuits mais crus ; il finit par s'en nourrir lui-même dans ses herborisations, et n'en éprouva nul inconvénient. La médecine légale doit désormais porter son attention sur ce point ; cependant, si plusieurs espèces d'Agaric peuvent fournir un aliment sain et abondant, on doit être fort circonspect dans l'usage de ceux qui, étant considérés comme très-vénéneux, ne sont distingués des espèces comestibles que par des caractères fort légers. En attendant que Bory de Saint-Vincent ou Schwaegrichen publient leurs observations à cet égard, les personnes qui n'ont pas fait une étude particulière de cette partie de la botanique, doivent s'abstenir entièrement de manger les Champignons qu'elles rencontrent dans les bois. Les accidens produits par cette imprudence, quelle qu'en soit la cause, ne sont malheureusement que trop fréquens. Les meilleurs remèdes à employer, lorsqu'on éprouve quelques-uns des symptômes de cet empoisonnement, sont les vomitifs pris le plus promptement possible.

Le genre Agaric, tel que nous venons de le circonscrire, quoique renfermé dans des limites beaucoup plus étroites que celles qu'avaient tracées Linné, Schæffer, Bulliard, Sowerby, etc., contient néanmoins plus d'espèces qu'aucun autre genre de Plantes. Fries, dans son *Systema mycologicum*, en décrit 750, et en indique environ 150, qui ne sont connues qu'imparfaitement. Si l'on observe que dans ce nombre on ne trouve que très-peu d'espèces étrangères à l'Europe, et que l'on sait pourtant que la Russie, la Sibérie, l'Amérique septentrionale, en présentent un grand nombre, et que les autres parties du monde, quoiqu'en offrant peut-être une moins grande quantité, doivent aussi en renfermer beaucoup d'espèces inconnues, on conviendra que ce genre contient probablement près de douze cents espèces ; aussi plusieurs auteurs ont cherché à le subdiviser pour en faciliter l'étude, mais on doit avouer qu'aucun n'a encore atteint complétement ce but, et que ce genre, comme tous les genres très-naturels, semble presque se refuser à des subdivisions. — Ainsi la méthode de Persoon présente, il est vrai, plusieurs sections ou sous-genres très-naturels ; mais plusieurs autres renferment des espèces très-différentes et nécessitent des coupures plus nombreuses. Cette méthode avait cependant été généralement adoptée jusqu'à ce jour, et paraîtrait, avec quelques légères modifications, pouvoir être conservée. Néanmoins, Fries, dans son *Systema mycologicum*, vient de l'abandonner pour lui en substituer une autre fondée sur des caractères très-différens, et qui lui ont fourni un nombre beaucoup plus considérable de subdivisions. — La différence de ces deux systèmes, l'importance des caractères sur lesquels ils sont fondés, nous obligent de les faire connaître séparément et tels que ces auteurs les ont publiés ; nous indiquerons pourtant quelques modifications qu'on peut y apporter, en nous réservant de donner plus de détails sur les caractères naturels, les propriétés, les usages et les subdivisions des divers sous-genres, au nom de chacun d'eux.

Division du genre Agaric, par Persoon.

† *Pédicule central.*

1. LEPIOTA. Lames se séchant sans noircir, recouvertes par une

membrane, qui, en se déchirant, laisse un anneau autour du pédicule.

2. CORTINARIA. Chapeau charnu, lames non-adhérentes au pédicule, recouvertes par une membrane mince qui se rompt irrégulièrement, et forme à leur surface comme une toile d'Araignée adhérente au pédicule.

3. GYMNOPUS. Chapeau charnu entier, convexe, lames se desséchant sans changer de couleur, pédicule nu. —Cette section est la plus nombreuse du genre Agaric, elle renferme des espèces très-différentes pour la forme et la couleur. Persoon l'a subdivisé d'après ce dernier caractère, mais on pourrait obtenir des sections plus naturelles, en les fondant sur la forme du pédicule, et des lames libres ou décurrentes, etc.

4. MYCENA. Chapeau membraneux souvent presque transparent, strié, convexe, non déprimé au centre, se desséchant sans changer de couleur; pédicule nu, souvent fistuleux. — Toutes les espèces de ce sous-genre sont petites, et beaucoup croissent sur les bois morts, les feuilles, etc.

5. COPRINUS. Chapeau membraneux se détruisant promptement; les lamelles se fondant en une eau noire comme de l'encre qui entraîne les sporules, et leur a fait donner le nom vulgaire d'encriers; le pédicule est presque toujours fistuleux, nu ou souvent entouré d'un anneau; les capsules sont éloignées les unes des autres et renferment quatre rangs de sporules; ces différens caractères font de ce groupe l'un des plus naturels, et permettraient presque de le séparer des autres Agarics. —C'est à ce genre qu'appartiennent la plupart des espèces qui croissent si rapidement après les pluies et souvent en groupes nombreux sur la terre, le fumier, ou même dans les appartemens humides.

6. PRATELLA. Chapeau charnu, lisse, persistant; lames noircissant sans se ramollir. —Le Champignon de touche appartient à ce sous-genre. V. pour sa description et sa culture, l'article Champignon.

7. GALORRHEUS, Fries; Lactifluus,

Persoon. Chapeau charnu, le plus souvent déprimé au centre; lamelles répandant, lorsqu'on les rompt, un suc laiteux. — La plupart des espèces de cette section passent pour très-vénéneuses, leur suc est âcre d'un goût poivré, et brûlant à la langue. On mange cependant plusieurs d'entre elles en quantité dans le département de la Gironde, sous le nom de Catalans.

8. RUSSULA. Chapeau charnu, ordinairement déprimé; lames toutes de même longueur et s'étendant depuis le pédicule jusqu'à la circonférence du chapeau. Ce sous-genre a été considéré par Link comme un genre distinct des autres Agarics. Mais ses caractères ne nous paraissent pas assez importans pour autoriser cette séparation.

9. OMPHALIA. Chapeau entier charnu ou membraneux, déprimé au centre ou infundibuliforme; lamelles de longueurs inégales, non lactescentes, souvent décurrentes; pédicule nu et central. Ce sous-genre peu naturel, tel qu'il est établi par Persoon, paraît pouvoir être divisé en plusieurs sections, suivant la forme du chapeau et des lamelles, et la structure du pédicule. — De Candolle en a déjà distingué comme un sous-genre distinct, et, nous pensons, avec raison, l'*Agaricus Rotula*, dont les feuillets sont simples et se réunissent, avant d'atteindre le pédicule, en un tube qui l'entoure.

†† *Pédicule latéral ou nul.*

10. PLEUROPUS. Chapeau charnu, déprimé, oblique ou demi-circulaire; pédicule latéral ou nul. — Ces Champignons croissent presque tous sur les Arbres. Ils varient beaucoup par leur consistance charnue, subéreuse ou même presque ligneuse, par la forme de leur chapeau qui est pédiculé ou sessile, quelquefois presque résupiné; enfin par la disposition de leurs lamelles, qui sont tantôt décurrentes, tantôt non décurrentes. Ces diverses modifications peuvent fournir de bons caractères pour subdiviser cette section. — Persoon avait

laissé dans ce sous-genre l'*Agaricus alneus* de Linné. Fries en a fait un genre particulier sous le nom de *Schizophyllum*; il diffère essentiellement des Agarics par ses feuillets dichotomes sillonnés à leur partie moyenne, et par la position des sporules. *V*. ce mot.

Division du genre Agaric par Fries.

Le système de Fries est fondé sur des caractères très-différens. Ainsi il regarde comme caractère de première importance la nature des lamelles, la présence ou l'absence de la membrane qui recouvre les feuillets, qu'il nomme *velum* et que nous désignerons par le mot de *tégument*, et la couleur des sporules. Il ne donne au contraire qu'une importance secondaire à la forme du chapeau, et même à la présence du volva; aussi laisse-t-il parmi les Agarics les *Amanita* de Persoon, qu'il divise en deux sections, Amanita et Volvaria, qui se trouvent très-éloignées l'une de l'autre, dans son système. Nous allons donner l'indication de la méthode qu'il a suivie. Les caractères détaillés de ces différens sous-genres se trouveront chacun à leur nom. Nous ferons aussi remarquer que les noms, qui sont les mêmes que ceux de Persoon, ne correspondent en général qu'à une partie des genres établis par ce dernier.

† LEUCOSPORUS. Tégument variable ou nul; lamelles ne changeant pas de couleur; sporules blanches.

a. Pédicule central entouré par les débris du tégument..

1. AMANITA. Tégument double; l'un (Volva) partant de la base du pédicule, et enveloppant tout le Champignon; l'autre couvrant seulement le dessous des lames.

2. LEPIOTA. Tégument simple partant du sommet du pédicule, enveloppant tout le chapeau, et persistant, sous forme d'anneau, autour du pédicule.

3. ARMILLARIA. Tégument simple, ne couvrant que la partie inférieure du chapeau et persistant autour du pédicule.

4. LIMACIUM. Tégument disparaissant promptement, visqueux, enveloppant tout le chapeau dans sa jeunesse; lamelles décurrentes.

5. TRICHOLOMA. Tégument ne persistant que peu de temps, couvrant la face inférieure seule du chapeau, et adhérant à sa circonférence; lamelles émarginées ou arrondies à leur base.

β. *Pédicule central nu.*

6. RUSSULA. Chapeau charnu, se déprimant au centre; lamelles toutes égales, ne renfermant pas de suc laiteux; sporules quelquefois jaunes.

7. GALORRHEUS. Chapeau charnu, se déprimant au centre en vieillissant; lamelles inégales, lactescentes.

8. CLITOCYBE. Chapeau charnu, convexe dans sa jeunesse; lamelles inégales, non lactescentes.

Ce sous-genre est très-nombreux en espèces; il correspond en grande partie au *Gymnopus* de Persoon. Fries l'a subdivisé en neuf sections, d'après la nature du chapeau, la forme des lamelles et du pédicule.

9. COLLYBIA. Chapeau charnu, mince, presque plat.

10. MYCENA. Chapeau membraneux, en cloche.

11. OMPHALIA. Chapeau membraneux ou un peu charnu, déprimé dans son centre dès sa jeunesse. — Fries a établi dans ce genre trois sections fondées sur la décurrence ou la non décurrence des lamelles et sur l'épaisseur plus ou moins grande du chapeau.

γ *Pédicule latéral.*

12. PLEUROTUS. Chapeau excentrique ou latéral.

†† HYPORHODIUS. Tégument nul; lamelles changeant de couleur; sporules roses; pédicelle central.

13. MOUCERON. Chapeau charnu, déprimé au centre lorsqu'il vieillit; lamelles longues et décurrentes.

14. CLITOPILUS. Chapeau charnu, convexe.

15. LEPTONIA. Chapeau assez mince, légèrement convexe.

16. NOLANA. Chapeau membraneux en cloche, pédicule creux. — Ce nom est déjà donné à un autre genre.

17. ECCILIA. Chapeau ombiliqué ; lamelles adhérentes.

††† CORTINARIA. Tégument mince comme une toile d'Araignée; lamelles changeant de couleur et se séchant en vieillissant; sporules jaunes; pédicule central.

18. TELAMONIA. Tégument en anneau persistant; lamelles éloignées.

19. INOLOMA. Tégument fugace ; lamelles émarginées ; pédicule bulbeux.

20. PHLEGMACIUM. Tégument fugace , visqueux; lamelles décurrentes.

21. DERMOCYBE. Tégument fugace; lamelles rapprochées; pédicule cylindrique.

††† DERMINUS. Tégument membraneux ; lamelles changeant de couleur, persistantes, sporules couleur de rouille.

a Tégument distinct.

22. PHOLIOTA. Tégument sec persistant , sous forme d'anneau autour du pédicule.

23. MYXACIUM. Tégument visqueux, se détruisant facilement ; lamelles adhérentes au pédicule.

24. HEBELOMA. Tégument adhérent au bord du chapeau , se détruisant promptement ; lamelles émarginées à la base.

b Tégument se détruisant très-promptement.

25. FLAMMULA. Chapeau charnu, convexe, glabre, légèrement visqueux.

26. INOCYBE. Chapeau charnu ; tégument formé par les fibres longitudinales du chapeau ; lamelles blanchâtres.

27. NAUCORIA. Chapeau charnu , mince , presque plat, écailleux ; lamelles fauves.

28. GALERA. Chapeau membraneux en cloche.

29. TAPINIA. Chapeau ombiliqué, velu à sa circonférence.

30. CREPIDOTUS. Chapeau excentrique ou sessile.

†††† PRATELLA. Tégument membraneux; lamelles devenant brunes et se ramollissant en vieillissant ; sporules d'un brun foncé ; pédicule central.

31. VOLVARIA. Tégument (Volva) naissant de la base du pédicule , et enveloppant tout le Champignon dans sa jeunesse.

32. PAALLIOTA. Tégument restant sous forme d'anneau autour du pédicule.

33. HYPHOLOMA. Tégument marginal se détruisant promptement ; lamelles émarginées.

34. PSILOCYBE. Tégument très-fugace , chapeau charnu, solide , ainsi que le pédicule.

35. PSATYRA. Chapeau presque membraneux , très-fragile.

36. COPRINARIUS. Lamelles se résolvant presque en eau ; tégument ne couvrant que la partie inférieure du chapeau.

†††††. COPRINUS. Capsules éloignées à quatre rangs de sporules; lamelles se résolvant en une eau noire; tégument enveloppant tout le chapeau dans sa jeunesse; sporules noires.

††††††. GOMPHUS. Lamelles très-décurrentes , rameuses ; chapeau turbiné, charnu ; sporules noires.

Fries place ces deux dernières tribus hors de la série générale des sous-genres du genre Agaric , parce que les caractères importans , sur lesquels ils sont fondés permettraient presque de les regarder comme des genres particuliers. (AD. B.)

*AGARIC DES PHARMACIES.

BOT. CRYPT. On distingue , dans les pharmacies , deux sortes d'Agaric, l'un connu sous le nom d'*Agaric de Chêne* ou *Agaric proprement dit* , l'autre sous celui d'*Agaric blanc* ou *Agaric de Mélèse;* tous deux appartiennent au genre Bolet. Le premier est le *Boletus Fomentarius,* L. ou *Ungulatus* de Bulliard; l'autre est le *Boletus Laricis* , L.

L'AGARIC DE CHÊNE croît également sur le Hêtre , le Tilleul , le Bouleau et sur beaucoup d'autres Arbres. Il est commun dans toutes les forêts de l'Europe , et ses usages sont nombreux. C'est avec lui qu'on prépare l'amadou; il suffit pour cela d'enlever toute l'écorce extérieure et de faire bouillir la partie intérieure , qui est molle et fibreuse, avec une lessive de cendre. On la fait sécher, on la réduit en plaque en la battant avec un marteau, et on la fait bouillir de nouveau dans une solution de nitre. On l'emploie également en chirurgie sous le nom d'Agaric, pour arrêter les hémorrhagies. Son usage remonte à une époque très-reculée ; mais il est beaucoup diminué depuis que le perfectionnement de cet art a donné d'autres moyens plus sûrs d'arrêter les hémorrhagies.

L'Agaric blanc paraît être l'Agaric des anciens auteurs grecs et latins. Il était autrefois employé comme vomitif ; mais son usage a tout-à-fait cessé, ou du moins on ne s'en sert plus que dans la médecine vétérinaire. —Cette espèce ne croît que sur les Mélèses dans les Alpes du Dauphiné, de la Savoie, de la Carinthie, etc. Il est entièrement blanc, et varie beaucoup de forme, suivant son âge et la partie de l'Arbre sur laquelle il croît.

(AD. B.)

AGARIC-MINÉRAL. MIN. *Farine fossile*, *Guhr-calcaire*, *Lait de lune*, *Lait de montagne* ou *Moëlle de Pierre.* Variété de Chaux carbonatée, à tissu lâche et comme spongieux, qui se trouve ordinairement dans les fentes de certaines montagnes calcaires. Elle est le plus souvent humide et molle au sortir de la terre, d'où lui sont venus les noms ci-dessus mentionnés, qu'on lui donne dans les anciennes minéralogies. *V.* Chaux carbonatée spongieuse. (LUC.)

AGARICE. *Agaricia.* POLYP. Genre de l'ordre des Méandrinées, *V.* ce mot, et de la division des Polypiers entièrement pierreux. Il a été extrait des Madrépores de Linné par Lamarck, et s'en distingue par ses expansions subfoliacées, aplaties, ayant une seule surface garnie de sillons ou de rides stellifères. Les lames qui composent les sillons ou collines sont entières et les traversent de chaque côté. Les étoiles sont lamelleuses, sériales, sessiles, souvent imparfaites et peu distinctes. Les Animaux sont in-connus, à l'exception de ceux d'une seule espèce que Lesueur a observés sur les côtes de l'île Saint-Thomas dans les Antilles. Il offre une ouverture allongée, plissée intérieurement et sans tentacules apparens ; elle est bordée d'un cercle jaune environné de huit points de la même nuance, d'où naissent des lignes d'un jaune plus pâle ; le fond de sa couleur est un beau pourpre, qui devient roussâtre vers les bords. Lesueur n'a point fait l'anatomie de ces Polypes. Le nombre des Agarices est peu considérable ; il n'y en a encore que huit espèces qui soient décrites d'une manière satisfaisante.

L'Agarice ondée. *Agaricia undata*, Lamx. Gen. Polyp. p. 54. tab. 40. *Madrepora undata*, L. C'est un Polypier large, un peu comprimé, dont la surface est couverte de sillons épais, arrondis, légèrement flexueux, avec des étoiles placées sur le bord externe des lignes.

L'Agarice pourpre. *Agaricia purpurea*, Lesueur. Mém. du mus. d'Hist. naturelle, 3e année, 4e cah. pag. 276. pl. 15. fig. 3. a. b. c. Polypier foliacé, à expansions ondulées, tranchantes sur les bords, recouvrant tous les corps qu'il rencontre. La surface supérieure présente un réseau très-irrégulier de collines lamelleuses. et de vallons peu profonds remplis de cellules sériales. Les belles couleurs des Animaux, lorsqu'ils sont développés, donnent à ce Polypier un aspect aussi agréable que celui de nos plus jolies fleurs.

Lamarck a décrit dans son ouvrage les *Agaricia cucullata*, — *rugosa*, — *ampliata*, — *papillosa*, — *lima*, — *explanulata.* Aucune d'elles n'est fossile, et toutes sont originaires des pays chauds. (LAM..X.)

* **AGARICITE** ou **AGARIC FOSSILE.** POLYP. POS. Knorr et quelques autres auteurs ont donné ce nom à des Polypiers fossiles de l'ordre des Méandrinées. *V.* ce mot. (LAM..X.)

* **AGARICOIDES.** BOT. CRYPT. (*Champignons.*) Section établie dans la famille des Champignons et dans la tribu des Hyménothèques par Persoon. Elle est caractérisée par sa membrane fructifère, disposée en lames ou en veines, à la surface inférieure du chapeau, ou à la surface du Champignon entier, lorsqu'il n'y a pas de chapeau distinct. — Cette section renferme les trois genres *Amanita*, *Agaricus* et *Merulius*, qui tous trois faisaient autrefois partie du genre Agaric de Linné. *V.* AMANITE, AGARIC et MÉRULE.   (AD. B.)

* AGARIKON. BOT. CRYPT. (*Champignons.*) Nom par lequel les anciens désignaient un Champignon qui, par les usages auxquels il était employé, ne put être que l'un de nos Bolets, dont la consistance rappelle celle du Liège. *V.* AGARIC DES PHARMACIES.   (B.)

AGARISTE. INS. Genre de l'ordre des Lépidoptères, établi par Leach (*Zool. miscell.* XV), et rangé par Latreille (Règne Animal) auprès des Uranies. *V.* ce mot. (AUD.)

AGARON. MOL. (Adanson. Séneg. p. 64. tab. 4. f. 7.) Olive voisine des Anciles, et qui paraît être l'Olive Hyatule de Lamarck, *Voluta hiatula* de Gmelin. *V.* OLIVE.   (F.)

* AGARUM. BOT. CRYPT. (*Hydrophytes.*) Genre proposé par Link, et dont le *Fucus rubens*, L. est le type. Ses caractères consistent dans des conceptacles situés sur les plus petits rameaux, presque globuleux et garnis à leur circonférence de cellules qui contiennent des séminules. Il rentre dans la seconde section des Délesseries de Lamouroux. *V.* ce mot.   (B.)

AGAS. BOT. PHAN. L'un des noms vulgaires de l'Erable champêtre, *Acer campestris*, L. dans quelques cantons de la France méridionale.   (B.)

AGASSE. OIS. *V.* AGACE.

AGASSE-CRUELLE ou AGASSE-GRAOUILLASSE. OIS. (Salerne.) Syn. de Pie-Grièche grise, *Lanius Excubitor*, L. dans quelques parties de la France septentrionale. On la nomme aussi Ajace boisselière et Ageasse. *V.* PIE-GRIÈCHE.   (B.)

*AGASSYLIS. BOT. PHAN. Nom qui, dans Dioscoride, désignait la Férule, et imposé par Sprengel à l'un de ses genres d'Ombellifères. *V.* ce mot. (B.)

AGASTACHYS. BOT. PHAN. Genre de la famille des Protéacées, formé par R. Brown pour un Arbrisseau originaire du cap Diémen, qui porte des feuilles entières, éparses; de nombreux épis de fleurs terminales, jaunes, qui ont chacune un calice tétrasépale, régulier; quatre étamines insérées au milieu des folioles du calice; point de disque glanduleux sous l'ovaire, lequel est sessile, plus court que les étamines, trigone, monosperme, terminé par un stigmate unilatéral.   (A. R.)

* AGASTO. BOT. PHAN. Syn. d'Æschinomène, chez les Indous.   (B.)

* AGASTRAIRES. INFUS. Blainville donne ce nom aux Infusoires qui n'ont point de canal intestinal proprement dit, et qui, conséquemment, exhalent et absorbent par la surface entière de leur corps. — Il regarde les Éponges comme des Animaux de cette classe; nous les considérons comme de véritables Polypiers, très-voisins des Antipathes. (LAM..X.)

* AGASTROZOAIRES. INF. (Blainville.) *V.* HÉTÉROMORPHES.

AGATHE ou AGATE. MOLL. Nom vulgaire appliqué à plusieurs Coquilles de genres divers, que les dictionnaires perpétuent, l'on ne sait pourquoi, et sans désignation exacte ou scientifique; il n'est cependant reçu ni par les marchands, ni par les amateurs. C'est tantôt les *Cyprœa amethytea* de Gmelin, *mauritania, arabica,* ou *Mus,* etc.; ou bien l'Olive de Panama, l'*Oliva Porphyria,* la *Bulla Ampulla;* divers cônes, la *Venus maculata* de Linné, etc. — L'Agathe brûlée est la *Cyprœa Onyx.* — L'Agathe bossue est la *Voluta gibbosa,* de Born.   (F.)

AGATHE ou AGATE. MIN. On désigne communément sous ce nom, dans les anciennes minéralogies et dans le commerce, certaines variétés du

Quarz-Agathe de Haüy, de couleurs grisâtres ou blondes, à teintes uniformes ou nuagées, louches, ou distribuées par taches et par bandes, soit concentriques, soit irrégulières ou stratifiées; mais qui n'ont jamais le blanc de lait de la *Calcédoine*, le beau rouge de la *Cornaline*, et le fauve de la *Sardoine*.

Quelques-unes d'entre elles présentent des dispositions de taches et des accidens qui les faisaient beaucoup rechercher autrefois. L'Agathe orientale, par exemple, est d'une couleur uniforme, et, par transparence, paraît mamelonnée dans son intérieur; il y en a aussi d'*arborisées* et de *mousseuses*. Les premières doivent cette apparence à des dendrites de Manganèse oxidé qui se ramifient dans leur intérieur; elles sont ordinairement noires ou roussâtres. Les Mousseuses sont plus communément vertes ou jaunâtres, et quelques-unes ressemblent si bien à des Conferves et autres Plantes aquatiques, que des naturalistes très-habiles ont cru en reconnaître les espèces.

Les Agathes-Onyces à plusieurs couches sont encore assez recherchées, surtout quand elles sont un peu étendues et de couleur nettement tranchée. Ce sont celles qu'emploient les graveurs en *Camées*. Quand les couches sont plissées, et à angles rentrans et saillans, c'est l'Agathe en zigzag ou à fortifications.

Une variété fort intéressante est celle que l'on nomme l'Arc-en-Ciel ou l'Agathe irisée, d'après les beaux reflets de couleur d'Iris qu'elle présente, quand on la fait mouvoir à une vive lumière; elle est blanchâtre, et à couches concentriques de Calcédoine laiteuse et d'Agathe demi-transparente.

On a distingué long-temps les Agathes en *orientales* ou *occidentales*, d'après la persuasion où l'on était que les plus belles ne se trouvaient que dans l'Inde; mais actuellement ces épithètes ne servent qu'à désigner les plus belles d'entre elles, soit qu'elles viennent en effet de Moka ou de l'Egypte, soit qu'on les tire de la Sicile, ou même d'Oberstein, sur les bords du Rhin, où elles ont fait long-temps l'objet d'un commerce considérable. Les cabinets publics et particuliers renferment une grande quantité de plaques et de vases faits avec diverses variétés d'Agathes. — A l'état naturel, elles se présentent ordinairement sous la forme de masses globuleuses plus ou moins considérables, tantôt solides et tantôt creuses ou géodiques, et renfermant alors des cristaux qui sont communément de Quarz, de Chaux carbonatée, ou de Chabasie, etc. Elles sont assez souvent encroûtées d'une terre verte. — Les roches, qui les renferment le plus fréquemment, sont regardées par beaucoup de minéralogistes comme d'anciens produits volcaniques, dans les soufflures desquels elles se seraient déposées par infiltration. On en trouve, cependant, aussi dans des roches qui ne sont pas volcaniques, telles que le Gneiss, le Calcaire compacte du Jura et le Grès. Elles y forment des veines, des couches et des rognons. *V.* QUARZ-AGATHE. (LUC.)

AGATHE D'ISLANDE. MIN. Syn. d'Obsidienne. *V.* ce mot. (B.)

AGATHE NOIRE. MIN. (Anderson.) Syn. de Jayet. *V.* ce mot. (B.)

AGATHÉE. *Agathœa.* BOT. PHAN. Sous ce nom, H. Cassini a fait un genre nouveau du *Cineraria Amelloides* de Linné. Il appartient à la famille des Corymbifères, à la Syngénésie Polygamie superflue, L. Ce genre est, selon la remarque de Jussieu, beaucoup plus rapproché des *Aster* que des Cinéraires; voici les caractères qui le distinguent : l'involucre est formé d'une seule rangée de folioles aiguës; le phoranthe est alvéolé; les fleurons du centre sont hermaphrodites; les demi-fleurons sont femelles : les fruits sont comprimés, couronnés par une aigrette sessile, formée de poils roides et légèrement barbus.

L'*Agathœa cœlestis*, H. Cassini, seule espèce de ce genre, est une petite Plante vivace, originaire du cap de Bonne-Espérance; portant des fleurs longuement pédonculées, dont les rayons sont d'un bleu céleste, et les fleurons du centre d'un jaune doré. On la cultive dans les jardins d'agrément. Elle doit, dans le climat de Paris, être abritée l'hiver dans l'orangerie. (A. R.)

AGATHIDIE. *Agathidium.* INS. Genre de l'ordre des Coléoptères, établi par Illiger sur quelques espèces rapportées d'abord par Fabricius aux Sphéridies, et réunies ensuite par lui aux Anisotomes. Ce genre est rangé par Latreille (Consid. génér.) dans la famille des Erotylènes. Le même auteur (Règne Animal) le place avec quelques restrictions dans celle des Xylophages. Les Agathidies ont les articles des tarses entiers, ce qui les distingue des Languries et des Phalacres. Ils s'éloignent des Erotyles et des Tritomes par leurs palpes filiformes, et dans tous les cas, quelque place qu'on leur assigne, on ne peut les confondre avec aucun autre genre, à cause de la figure presque globuleuse de leur corps qui jouit de la propriété de se contracter.—Les antennes, composées de onze articles distincts, sont courtes et terminées par une masse perfoliée de trois articles. Les mâchoires sont bifides, et la division interne a la forme d'une dent. Enfin les articles des tarses sont au nombre de quatre à toutes les pates, ce qui les place à une très-grande distance des Sphéridies qui en ont cinq, et les éloigne beaucoup des Anisotomes dans lesquels on en compte cinq aux quatre premiers tarses, et quatre seulement aux deux derniers. Le démembrement opéré par Illiger était donc très-fondé. Ces Insectes si remarquables par leur organisation ne le sont pas moins par leurs habitudes. On les rencontre dans les bois, sous les écorces des Arbres, dans les Champignons. Au moindre danger ils se roulent en courbant leur abdomen vers leur poitrine, et feignent d'être morts en conservant une immobilité parfaite.

L'AGATHIDIE A ÉLYTRES NOIRES, *Agathidium nigripenne*, sert de type à ce genre; c'est l'*Anisotoma nigripennis* de Fabricius. Il est rougeâtre, ses antennes sont brunes, et son abdomen est noir ainsi que ses élytres. Il vient de Styrie. *V.* une figure dans Panzer (*Faun. Ins. germ.* XXXIX. 3). Les autres espèces connues, au nombre de quatorze et plus, se trouvent dans le nord de l'Europe. Nous citerons, parmi quelques-unes des environs de Paris, l'Agathidie globuleux ou l'*Anisotoma seminulum* de Fabricius. Il est noir avec les bords du corselet, les élytres, les pieds et l'abdomen fauves. *V.* pour les autres espèces et pour celle-ci en particulier, Sturm (*Faun. germ.* XI. tab. 26). (AUD.)

AGATHINE. *Achatina.* MOLL. Genre de Limaçons terrestres établi par Lamarck (Prodrome d'une nouvelle classification des Coquilles, inséré dans les actes de la Soc. d'Hist. natur. de Paris, publiés en l'an VII) pour les *Bulla achatina, Zebra, virginea, fasciata* de Linné, et autres Coquilles analogues placées par Muller dans son genre *Buccinum,* et par Bruguière parmi ses Bulimes. Le genre Agathine de Lamarck, conservé par cet illustre savant dans ses divers ouvrages méthodiques(*V.* An. s. vert. p. 90), a été subdivisé par Montfort. Il a laissé le nom générique d'Agathine, *Achatinus,* aux *Bulla achatina, Zebra,* etc.(Conchyl. T. II. p. 419), et formé avec les *Bulla virginea, fasciata,* etc., le genre Ruban. *V.* ce mot. — Perry (*Conchol.* pl. 50) appelle Bulimes, les Agathines de Montfort. Ocken confond celles de Lamarck avec les Bulimes dans son genre Pythya. Toutes ces Agathines ne sont distinguées de la plupart des autres Limaçons à spire allongée que par la troncature de leur columelle. Nous avons montré (Tabl. syst. de la famille des Limaçons, observ. gén. p. 15) que ce caractère n'était point, comme chez beaucoup de Coquilles marines, en harmonie avec l'organi-

sation de l'Animal. Celui des Agathines ne diffère en rien d'essentiel de
celui des autres Hélices ; d'ailleurs,
cette troncature se trouve plus marquée encore chez les Polyphèmes de
Montfort, chez le *Bulimus Columna* de
Bruguière placé dans les Limnées par
Lamarck, chez l'Aiguillette de Géoffroy, etc. ; Coquilles qui sont, d'ailleurs, bien distinctes des Agathines,
et qu'on ne peut également distinguer des Hélices, leurs Animaux
étant semblables. — D'après les principes d'une méthode naturelle qui
font réunir les Animaux analogues,
on ne peut donc séparer ces divers
genres de celui de l'Hélice; et par
suite de l'examen que nous avons fait
de toutes les espèces de ce dernier,
les Agathines de Lamarck ne forment
que deux groupes de notre sous-
genre Cochlitome. *V.* ce mot. Le premier, celui des Rubans, *Liguuœ* de
Montfort; le second, celui des Agathines, *Achatinœ*. Parmi nos Agathines se trouvent les plus gros Limaçons terrestres. Elles habitent exclusivement, à ce qu'il paraît, les contrées
rapprochées de la ligne, en Afrique,
ou dans les îles de ce continent. Au
contraire, les Rubans, qu'on peut
considérer comme étant les Agathines
du nouveau monde, paraissent n'habiter que la zône torride de l'Amérique.

Les Agathines, comme les Rubans,
sont des Coquilles brillantes, ornées
des plus vives couleurs, et recherchées des amateurs dont elles décorent
les cabinets : plusieurs sont chères et
rares.

Nous avons montré, les premiers,
que c'est à une Agathine que se rapportent les passages curieux de Varron et
de Pline sur les Limaçons de Solite
qui pouvaient contenir quatre-
vingts quadrans (*de Re Rust. lib.*
3. *cap.* 14. Pline. 9. *cap.* 56), passages qui ont tant exercé l'imagination
et la sagacité des commentateurs,
dont quelques-uns n'ont pas hésité à
prendre, dans cette occasion, le quadrant comme une mesure de capacité
pour les liquides ; en sorte que les Li-

maçons de Solite pouvaient, d'après
leurs calculs, contenir environ sept
pintes et demie d'eau, absurdité adoptée sans examen par plusieurs auteurs ;
mais nous croyons avoir prouvé que
Varron a voulu parler du quadrant,
quart de l'as, qui, de son temps, égalait à peine notre pièce d'un sou , ce
qui rentre dans le naturel à l'égard
des Agathines. *V.* notre Hist. natur.
des Moll. terr. et fluv. p. 106 et suiv.
et p. 121. *V.* pour les espèces et les
autres détails sur les Agathines , Hæ-
lice , Cochlitome et Ruban.   (P.)

AGATHIS. *Agathis.* ins. Genre de
l'ordre des Hyménoptères, établi par
Latreille et rangé par lui (Règne
Animal) dans la tribu des Ichneumonides, qui répond à la famille du même nom de ses précédens ouvrages. On pourrait le réunir
aux Bracons, *V.* ce mot, dont il ne
diffère que par la seconde cellule
sous-marginale, très-petite. Du reste
la forme de la bouche est semblable;
c'est-à-dire que les parties qui la composent forment, en avant de la tête,
une sorte de museau ou de bec.
L'Ichneumon panzeri de Jurine
(Classif. des Hymén. pl. 8) sert de
type à ce genre. Cette espèce est la
même que l'Agathis des Malvacées,
Agathis Malvacearum de Latreille
(*Gener. Crust. et Ins.* 1. tab. 12. f. 2).
Il est noir, avec une bande transversale jaune vers le milieu de l'abdomen, et les pates sont de même couleur. Sa longueur est de deux lignes
environ. Cet Insecte se rencontre, à
la fin de l'été, sur les fleurs de la
Mauve rose, *Alcea rosea.* Latreille
rapporte aussi à ce genre le *Bracon
purgator* de Fabricius.   (AUD.)

AGATHIS. bot. phan. Salisbury
désigne sous ce nom le *Dammara alba*
de Rumph, ou *Pinus Dammara* de
Lambert. Ce genre, dont le nom, s'il
était adopté, serait un double emploi,
appartient à la famille des Conifères.
V. Dammara.   (A. R.)

AGATHOMERIS. bot. phan. Syn.
de Calomeria. *V.* ce mot.   (B.)

*AGATHOSMA. bot. phan. Willdenow, en divisant les *Diosma* en plusieurs genres, en a proposé un sous ce nom dans lequel il a réuni les espèces dont le calice est à cinq divisions profondes ; la corolle formée de dix pétales, dont cinq alternes plus grands ; le disque périgyne à cinq lobes ; la capsule à trois ou cinq loges, à autant de valves ; chaque loge renfermant une seule graine arillée.

Ce genre a été désigné par Wendland sous le nom de Bucca. Willdenow y rapporte quatre espèces, provenant du cap de Bonne-Espérance, savoir: *Diosma villosum, D. pubescens, D. imbricatum* et *D. acuminatum*. (A. R.)

AGATI ou AGATY. bot. phan. Syn. d'Æschinomène Sesban, L. dans les colonies françaises. *V.* Æschinomène. On donne aussi ce nom à une espèce de Robinier. (B.)

* AGATIDES. bot. phan. Syn. de Marjolaine. *V.* Origan. (B.)

AGATIRSE. *Agathirses.* annel. Genre établi, sans motif, par Montfort (Conchyl. T. 1. p. 399) pour une espèce du genre Siliquaire de Bruguière, qu'il appelle Agatirse furcelle, et dont on doit la première connaissance à Faujas, qui l'a décrite sous le nom de Siliquaire de Grignon (Essai de géol. T. 1. p. 87. pl. 3. f. 67); c'est la *Siliquaria spinosa*, Lamarck (An. sans vert. T. v. p. 338). Par inadvertance, sans doute, Montfort a donné pour synonyme à son Agatirse, la *Serpula polythalamia* de Gmelin, proposée pour un genre à établir dans la classe des Mollusques, sous le nom de Furcelle (*V.* ce mot), par Lamarck (1re édition des Anim. s. vert. p. 104), genre définitivement érigé dans la seconde édition de cet ouvrage (T. 5. p. 437) sous le nom de Cloisonnaire. *V.* ce mot. Lamarck ayant ainsi perdu de vue le premier nom qu'il lui avait imposé, et qui déjà avait été adopté par Ocken, la confusion, introduite par Montfort a été suivie et augmentée par quelques naturalistes qui ont copié Montfort sans examen. *V.* Siliquaire. (F.)

AGATOPHYLLE. *Agatophyllum.* bot. phan. *V.* Ravensara. (B.)

AGAVE. *Agavus.* Du Dictionnaire de Déterville. moll. *V.* Acave. (F.)

AGAVE. bot. phan. Famille des Broméliacées de Jussieu, Hexandrie Monogynie, L. Le calice est coloré, pétaloïde, tubuleux et infundibuliforme, à six divisions égales, soudé par sa base avec l'ovaire qui est infère. Les étamines, au nombre de six, sont insérées au calice qu'elles dépassent. Le fruit est une capsule allongée, trigone, à trois loges qui renferment un grand nombre de graines disposées sur deux rangs longitudinaux. Ce genre comprend six à sept espèces, toutes originaires des contrées chaudes d'Amérique. Ce sont des Plantes grasses dont les feuilles, extrêmement épaisses, sont tantôt étalées en rosette, à la base de la hampe, et tantôt élevées sur une espèce de stipe ou de tronc cylindrique et écailleux.

On fait, avec les fibres renfermées dans les feuilles des Agaves et particulièrement avec celles de la vraie *Pitte* ou *Pite*, *Agave americana*, L., des cordages et des toiles grossières, mais fort solides. Cette dernière Plante s'est tellement multiplié dans le midi de l'Europe, qu'elle y semble naturelle. En Espagne, dans l'Andalousie particulièrement et aux revers de la Sierra-Morena, on en forme des haies qui défendent parfaitement les propriétés autour desquelles on les a plantées, à cause de la solidité de leurs feuilles et des piquans dont elles sont armées. La rapidité avec laquelle s'élève leur tige, au temps de la floraison, est prodigieuse et a donné lieu à plusieurs fables. Ces tiges ont d'abord l'air d'Asperges gigantesques, et parviennent, en moins de huit jours, à vingt ou vingt-cinq pieds de hauteur. Chaque pied ne fleurit qu'une fois.

(A. R.)

* AGAVON ou AGON. bot. phan. Syn. d'Ononide, dans quelques cantons du midi de la France. *V.* Ononide. (B.)

*AGDESTIS. bot. phan. Ce nom a été donné par De Candolle (*Syst. veg.* vol. 1) à un nouveau genre, encore peu connu, de la famille des Ménispermes. Voici ses caractères : les fleurs sont hermaphrodites ; le calice composé de quatre sépales ; point de corolle ; les étamines, au nombre de vingt-quatre, ayant les filets filiformes, les anthères bifides à leurs deux extrémités. Le fruit est une capsule à quatre côtes et à quatre loges.

L'*Agdestis clematidea*, qui est la seule espèce de ce genre, est une sorte de liane originaire de la Nouvelle-Espagne, où elle a été découverte par Mocino et Sessé.   (A. R.)

AGEASSE. ois. *Voy.* Agasse-cruelle.

*AGELAIUS. ois. *V.* Troupiale.

AGÉLÈNE. *Agelena*. arachn. Genre démembré par Walckenaer (Tableau des Aracnéides) des Araignées de Linné, et réuni par Latreille (Règne Animal) aux Araignées proprement dites.

L'Araignée labyrinthique, *Aranea labyrinthica* de Linné, de Fabricius, etc. paraît servir de type à ce genre; elle a été figurée par Schœffer (*Icon. Ins.* pl. 19. fig. 8); par Albin (pl. 17. fig. 83.; par Clerck (pl. 2. tab. 8); et par Lister (tit. 18. fig. 18). *V.* Araignée.   (AUD.)

AGEM-LILAC. bot. phan. Syn. de Syringa lacinié, *Syringa persica*, L., en Perse. *V.* Syringa.   (R.)

AGÉNÉIOSE. pois. Genre formé par Lacépède aux dépens des Silures de Linné, et conservé par Cuvier, parmi les Siluroïdes, à la suite des Pimelodes dont il a tous les caractères, excepté que les espèces dont il se compose manquent de barbillons proprement dits. Ses autres caractères consistent dans la dépression de la tête, qui est couverte de lames grandes et dures, avec une peau visqueuse; dans la muscosité abondante qui enduit la queue et le gros corps de l'Animal, et dans la situation de sa bouche qui, dépouillée

de barbillons, se trouve à l'extrémité du museau. Les Agénéioses ont deux nageoires dorsales, dont la seconde est adipeuse; ils habitent les eaux douces de la Guyane, à Surinam, où leur chair est méprisée et passe pour avoir un mauvais goût. On en connaît deux espèces seulement.

L'Agénéiose armé. Lac. *Silurus militaris*, L. Bloch. pl. 362. Assez gros-Poisson qui n'habite point l'Asie ainsi que le dit Bonnaterre, induit en erreur par Gmelin. Son nom vient de la corne presque droite, hérissée de pointes, qu'il porte entre les narines, et qui est un prolongement de l'os maxillaire. Sa couleur est d'un vert foncé. B. 9. D. 1/7. P. 11. 17. V. 7. 8. A. 20. 35. C. 18. 24.

L'Agénéiose désarmé. Lac. *Silurus inermis*, L. Bloch. pl. 361. Dans celui-ci, l'os maxillaire ne fait aucune saillie, et demeure caché sous la peau; mais la tête forme en arrière une prolongation arrondie. B. 10. D. 7. P. 14. 17. V. 7. A. 38. 40. C. 26.   (B.)

*AGÉOMORON. bot. phan. (Dioscoride.) Syn. de Ciguë.   (B.)

AGÉRATE. *Ageratum*. bot. phan. Famille des Corymbifères de Jussieu, SyngénésiePolygamie égale, L. Dans ce genre, les capitules sont flosculeux, l'involucre est hémisphérique, composé de plusieurs folioles égales; le phoranthe nu. Tous les fleurons sont hermaphrodites, tubuleux, à quatre ou cinq dents, les anthères incluses; le stigmate seul est saillant, les fruits sont quadrangulaires, couronnés de petites écailles subulées.

Les espèces de ce genre, au nombre de six à huit, sont des Herbes ou des Arbustes, peu remarquables, originaires des parties chaudes de l'Amérique et de l'Inde, à feuilles opposées, dont les fleurs, de couleur blanche ou violette, sont disposées en corymbe. La plus commune est l'*Ageratum Conyzoides*, L.   (A. R.)

AGERATON. bot. phan. Nom donné par les anciens à une Plante qui, d'après Dioscoride et son commentateur Mathiole, doit être l'Eupatoire à feuilles de Chanvre , *Eupatorium cannabinum* , L. Tournefort l'a rapporté à un autre Végétal qui est devenu la Millefeuille , appelée par Linné, *Achillea Ageratum. V.* Eupatoire et Millefeuille.   (b.)

* AGER-HONE ou AKERRINE. ois. Syn. de Râle de terre , *Rallus Crex*, L. chez les Norwégiens. (b.)

AGERIA. bot. phan. Genre d'Adanson dans lequel ce botaniste réunissait les genres Myrsine et Prinos de Linné. *V.* ces mots.   (b.)

AGERITE du Dictionnaire de Déterville. *V.* Ægérite.   (ad. b.)

AGERU. bot. phan. Syn. d'Héliotrope de l'Inde , *Heliotropium indicum* , L. chez les Brames.   (b.)

* AGGLOMÉRATS. min et géol. *V.* Conglomérats.

* AGHEU. pois. Nom donné par les Pêcheurs du golfe de Gênes à une espèce de Saumon , *Salmo Saurus* , L.   (b.)

* AGHIRINE. pois. v⁰ ordre de la division des Jugulaires dans l'Ichthyologie sicilienne de Raffinesque, et qui renferme son genre Symphurus , formé de deux Achires de Lacépède. *V.* Symphurus.   (b.)

AGIHALID ou AGRAHALID. bot. phan. Prosper Alpin signale, sous ce nom , un Arbrisseau d'Égypte , épineux , blanchâtre , que Linné a rapporté au genre *Ximenia* de la famille des Orangers , mais qui, suivant Jussieu , méritera probablement de former un genre nouveau , quand on connaîtra mieux ses caractères.   (a. r.)

* AGILE. rept. Syn. de Lézard gris, *V.* Lézard , et nom d'une espèce de couleuvre de la sixième section de Daudin.   (b.)

AGILES. *Agilia.* mam. Neuvième famille du iv⁰ ordre des Mammifères dans le système d'Illiger , qui comprend les Sciuriens de Desmarest avec le genre Loir que ce savant et trop mo-

deste naturaliste a rapporté à ses Gliriens. *V.* Sciuriens et Gliriens.   (b.)

* AGILEUX. bot. phan. (Daléchamp.) Syn. de Coudrier , *Corylus,* chez les Arabes.   (b.)

AGINEI du Dictionnaire de Déterville. *V.* Agyneja.   (a. r.)

* AGIOCLIMA. bot. phan. Syn. de Chèvrefeuille, dans plusieurs îles de l'Archipel.   (b.)

* AGION. bot. phan. L'un des syn. d'*Ulex. V.* ce mot.   (b.)

AGITATORIUM. bot. phan. Syn. de *Momordica Elaterium*, L. *V.* Momordique.   (b.)

AGLAÉ. *Aglaea.* bot. phan. Persoon, dans son *Synopsis Plantarum,* a donné ce nom à une des nombreuses sections du genre Glayeul , dans laquelle il place le *Gladiolus gramineus. V.* Glayeul.   (a. r.)

AGLAIA. *Aglaja.* bot. phan. Loureiro nomme ainsi un Arbrisseau qui croît naturellement à la Cochinchine, où on le cultive comme Plante d'ornement , et il en fait un genre (*Fl. Cochin.* p. 216); mais cet Arbrisseau paraît n'être autre que le *Camunium sinense* de Rumph , dont il ne diffère qu'en ce que sa baie , au lieu d'être tétrasperme , offre une seule graine à quatre sillons. Ne s'est-on pas trompé , et n'y a-t-il pas quatre graines? *V.* Camunium.   (a. r.)

Le nom d'Aglaja a aussi été imposé comme spécifique au Papillon vulgairement nommé *Grand nacré.*   (b.)

* AGLAOFOTIS. bot. phan. (Dioscoride.) Syn. de *Pæonia*, L. *V.* Pivoine.   (b.)

AGLAOPE. *Aglaope.* ins. Genre de l'ordre des Lépidoptères , établi par Latreille et rangé par lui (Considér. gén.) dans la famille des Zygénides. Ses caractères sont : palpes très-petits , grêles et presque nus à leur extrémité ; ergots de l'extrémité des jambes postérieures très-petits ; point de brosse à l'anus. — Latreille, dans un ouvrage essentiellement classique (Règne Animal), n'a pas cru, afin de restreindre les genres, devoir le séparer des Glaucopides. *V.* à ce mot les caractères différentiels.

L'Aglaope malheureuse, qui est la *Zygæna infausta* de Fabricius (*Entom. Syst.*) et le *Sphinx des haies* d'Engramelle (Pap. d'Europe, pl. 103. n° 152), sert de type à ce genre. On la rencontre dans le midi de la France. (AUD.)

AGLAOPHÉNIE. *Aglaophenia.* POLYP. Genre de l'ordre des Sertulariées dans la division des Polypes flexibles. Il se distingue, par la situation des cellules, toujours sur le même côté des rameaux et des petits rameaux. Ses petites loges polypeuses sont quelquefois placées entre deux appendices cornés, comme une fleur dans un calice; d'autres fois, l'appendice supérieur manquant, l'inférieur peut alors se comparer à la bractée recourbée et plus ou moins longue d'une fleur axillaire et sessile.

Les Aglaophénies, d'une substance cornée et membraneuse, l'emportent sur toutes les autres Sertulariées par l'élégance de leur port. Les rameaux de ces jolis Polypiers se courbent avec grâce les uns au-dessus des autres; ils se croisent, ils se mêlent sans se confondre : l'on pourrait presque les comparer aux plumes flexibles de l'Autruche par la variété de leurs inflexions; aussi Lamarck avait-il donné le nom de *Plumulaire* à ce genre de Zoophytes que Donati avait indiqué depuis long-temps sous le nom d'*Anisocalyx;* il le regardait comme faisant partie du règne végétal.

Les Aglaophénies se trouvent dans toutes les mers, et à toutes les profondeurs : celles des pays chauds sont beaucoup plus nombreuses, plus belles et plus grandes que celles des pays froids. — Il en existe environ vingt-cinq espèces connues, et presque un aussi grand nombre d'inédites dans les collections.

AGLAOPHÉNIE ARQUÉE. *Aglaophenia arcuata*, Lamx. Hist. polyp. p. 167. tab. 4. fig. 4. a. B. Sa tige est dichotome; ses rameaux, peu nombreux, se courbent en arceaux élevés les uns au-dessus des autres : cette Sertulariée, d'un fauve brillant et foncé, est originaire de la mer des Antilles.

AGLAOPHÉNIE MYRIOPHYLLE. *Aglaophenia myriophyllum*, Lamx. Hist. pol. p. 168. Ell. cor. p. 28. tab. 8. fig. a. A. Sa tige est ordinairement simple; elle supporte des ramuscules arqués, couverts de cellules campanulées, à bord entier; c'est l'*Anisocalyx* de Donati. Elle se trouve dans les mers d'Europe et dans celle de la Chine, d'après Ellis.

AGLAOPHÉNIE PLUME. *Aglaophenia Pluma*, Lamx. Hist. polyp. p. 11. Ellis cor. p. 17. tab. 7. n. 12. fig. b. B. C'est la plus commune de toutes les Aglaophénies; elle couvre de ses nombreux panaches le *fucus natans* des Tropiques et des Thalassiophytes des mers polaires. Elle offre des cellules légèrement gibbeuses, et à ouverture dentée, ainsi que des ovaires annelés spiralement : les anneaux sont dentés en scie.

AGLAOPHÉNIE FAUCILLE. *Aglaophenia falcata*, Lamx. Hist. polyp. p. 174. Ell. cor. p. 26. tab. 7. fig. a. A. tab. 38. fig. 5. 6. Elle se reconnaît à ses ramuscules pinnés et alternes sur une longue tige fortement flexueuse; elle est commune dans les mers d'Europe.

Les *Anglaophenia angulosa, spicata, flexuosa, pennaria, pennatula, elegans, cupressina, crucialis, pelagica, speciosa, glutinosa, gracilis, setacea, pinnata, secundaria, frutescens, hypnoides* et *amathioides*, sont décrites dans notre Histoire générale des Polypiers flexibles.

Les *Plumularia urceolifera, cristata, uncinata, echinulata, bipinnata, angulosa, brachiata, fimbriata, scabra, sulcata, flamentosa*, décrites par Lamarck dans son Histoire naturelle des Animaux sans vertèbres, appartiennent aussi au genre Aglaophénie, et pour la plupart, aux espèces ci-dessus mentionnées.   (LAM..X.'

AGLATIA. bot. phan. Fruit d'un Végétal indéterminé de l'Egypte qui, dans l'écriture symbolique, désignait l'un des mois de l'hiver, temps où on le récoltait. (b.)

* **AGLAURE.** *Aglaura.* acal. Ce genre de la famille des Méduses a été publié par Péron et Lesueur, qui lui ont donné pour caractères : huit organes allongés, cylindroïdes, jaunes, flottant librement dans l'intérieur de la cavité ombrellaire. L'Aglaure hémistome trouvée par ces naturalistes sur les côtes de Nice est la seule espèce qui appartienne encore à ce genre; elle offre une ombrelle transparente, en forme de sphéroïde ; un anneau gélatineux au pourtour intérieur du rebord de l'ombrelle ; dix tentacules et quatre bras très-courts. Cuvier et Lamarck ne parlent point de ce petit Zoophyte, dont le nom fait aujourd'hui double emploi, ét qui est susceptible d'un nouvel examen. (lam..x.)

* **AGLAURE.** *Aglaura.* annel. Genre d'Annelides établi par Savigny, et rangé par Lamarck dans l'ordre des Antennées et dans la division des Eunices. Il a pour caractères : neuf mâchoires, quatre du côté droit et cinq du côté gauche, les inférieures fortement dentées ; trois antennes courtes couvertes, les deux extérieures nulles ; tête cachée sous le premier segment, à front bilobé ; les yeux peu distincts; branchies inconnues.

Les Aglaures se distinguent des Léodices et des Lysidices par le nombre de leurs mâchoires, et leur tête cachée sous le premier segment. On ne les confondra pas non plus avec les OEnones dans lesquelles les antennes ne sont pas en saillie. L'espèce qui peut servir de type à ce genre est l'Aglaure éclatante, *Aglaura fulgida*, décrite et figurée par Savigny (Mss. et Eg. Zool. annel. pl. 5. fig. 2). Son corps est long, arrondi, composé de 253 anneaux; sa couleur est le bleu cendré à reflets opalins. On la rencontre sur les côtes de la mer Rouge. (aud.)

AGLECTOK ou **AGLEKTOR-SEAK.** mam. Syn. de Phoque à croissant, *Phoca groenlandica*, en groenlandais. *V.* Phoque. (b.)

* **AGLEK**, **AGLESK**, **ANGEL-TASCHE.** ou **ANGELTASKE** ois. Syn. de Sarcelle de Féroe, *Anas hyemalis*, L. *V.* Canard. (dr..z.)

AGLIO. bot. phan. Syn. d'Ail, en Italie. (b.)

AGLOSSE. *Aglossa.* ins. Genre de l'ordre des Lépidoptères, établi par Latreille aux dépens des Phalènes de Linné et des Crambes de Fabricius ; il le rapporte, dans ses Considérations générales, à la famille des Crambites, et ailleurs (Règne Animal) il le réunit aux Botys, dont il ne diffère que parce qu'il n'a point de trompe apparente. *V.* Botys. (aud.)

AGNACAT ou **AGNACATE.** bot. phan. (Tussac.) Syn. d'Avocat, fruit du *Laurus Persea*, L. *V.* Laurier. (b.)

* **AGNAKOPON.** bot. phan. (Dioscoride.) Syn. d'Anagyris. (b.)

AGNANTHE. *Agnanthus.* bot. phan. (Vaillant.) Syn. de Cornutia. *V.* ce mot. (b.)

AGNATHES. *Agnatha.* ins. Famille de l'ordre des Névroptères, établie par Cuvier, et adoptée par Duméril ; elle comprend tous les individus de cet ordre qui ont les parties de la bouche à un état rudimentaire, tel qu'on n'en distingue pas les pièces les plus importantes ; ce sont les Friganes et les Ephémères. (aud.)

AGNEAU. mam. Petit du Bélier et de la Brebis. *V.* ces mots. (b.)

AGNEAU-D'ISRAEL. mam. *V.* Daman.

AGNEAU DE SCYTHIE ou **DE TARTARIE.** bot. crypt. Racines laineuses du *Polypodium Barometz*, L., qu'on taille en manière d'Agneau, et dont les charlatans débitent des merveilles en Asie, comme remède contre un grand nombre d'infirmités. (b.)

* **AGNELIN.** zool. Laine des Agneaux tondus pour la première fois. (B.)

AGNIO. pois. Syn. d'Orphie. *V.* ce mot. (B.)

* **AGNOS.** bot. phan. (Théophraste.) Syn. de Vitex. (B.)

*AGNOSTE. (*Trilobites.*)* Genre assez anomal, établi par Brongniart dans son important travail sur les Trilobites; il n'a presque de commun avec les autres genres de cette famille que la division trilobaire de son corps, et ne renferme jusqu'à présent qu'une espèce, l'*Agnoste pisiforme* ou l'*Entomostracites pisiformis* de Wahlenberg. Brongniart, dans son ouvrage, l'a décrit et figuré avec beaucoup d'exactitude. pl. 4. fig. 4. 4a. et 4b. (Histoire naturelle des Trilobites, par Brongniart, et des Crustacés fossiles, par Desmarest; in-4°. chez Levrault. Paris. 1821). Cet Animal, qui offre deux variétés, a la grosseur d'un pois, et représente une ellipse tronquée; il figure assez bien aussi une Casside ou quelques espèces de Chermes; son corps peut être partagé en lobe et en limbe. — Le lobe, situé à la partie moyenne, est demi-cylindrique, et divisé, par un sillon transversal, en deux parties, l'une antérieure et l'autre postérieure: chacune d'elles offre des différences assez tranchées dans les deux variétés. — Le limbe entoure le lobe moyen en arrière et sur les côtés; mais il ne le dépasse pas en avant, et s'arrête aux angles antérieurs de ce lobe; il diffère peu dans chaque variété et présente, sur toute l'étendue de sa circonférence, une sorte de goutière ou de rebord. Si on l'examine avec une forte loupe, il paraît finement chagriné et plus mince que le lobe moyen qui avait probablement beaucoup de consistance.

Ces singuliers Animaux se rencontrent en quantité innombrable dans un calcaire sublamellaire, noirâtre et fétide, venant d'Heltris en Suède; ils varient en grandeur, mais dans la même couche ils sont toujours de même grosseur. (AUD.)

AGNUS-CASTUS. bot. phan. Syn. de Vitex par corruption du nom spécifique *Agnus-castus.* *V.* Vitex.

AGON. bot. phan. *V.* Agavon. C'est aussi la Chicorée dans Dioscoride. (B.)

AGON. pois, (et non *Agone*); en italien *Agano. Cyprinus Agone* , de Scopoli. Espèce particulière de Hareng, si ce n'est la jeune Alose. *V.* Hareng. (B.)

AGONATES. *Agonata.* crust. Nom employé par Fabricius dans les premières éditions de ses ouvrages pour désigner une classe d'Animaux articulés qui comprenait (*Entom. sys. edit.* 1793) les genres Crabe, Pagure, Galathée, Hippe, Scyllare, Ecrevisse, Limule, Monocle, Cymothoé, Squille et Chevrette (*Gammarus*). Depuis (*Entom. syst. sup.*) il a distribué ces Animaux en trois ordres, les *Polygonates*, les *Kleistagnathes* et les *Exochnates*, qui répondent à peu près à la classe des Crustacés *V.* ce mot. (AUD.)

AGONE. *Agonus.* pois. (Schneider.) *V.* Aspidophore.

AGONE. *Agonum.* ins. Genre de l'ordre des Coléoptères établi par Bonelli dans ses observations entomologiques (Mém. de l'Académie des Sciences de Turin), et réuni par Latreille (Règne Animal), à la division des *Féronies.* *V.* ce mot. (AUD.)

* **AGONEN.** pois. On donne ce nom, en quelques parties de la France, à la Vaudoise ou Vandoise, quand elle a acquis tout son développement. *V.* Able. (B.)

* **AGONON.** bot. phan. (Dioscoride.) Syn. de Vitex. (B.)

* **AGOUALALI** ou **AYONALALI.** bot phan. Syn. d'Ochroxylum. *V.* ce mot. (B.)

AGOUARA. mam. (Azzara.) Les habitans du Paraguay désignent collectivement sous ce nom les Animaux dont la forme approche plus ou moins de celle du Renard.

Agouara-chay ou **Agouarachay**,

est le Renard tricolore de Géoffroy. *V.* Chien.

Agouara-couazou ou Agouara-couazou, ce qui signifie grand Renard, est le Crabier *Ursus cancrivorus*, L. *V.* Ours.

Agouara-popé ou Agouarapopé, est le Raton. *Ursus lotor*, L. *V.* Ours. (b.)

AGOUCHI. mam. *V.* Cabiai.

AGOULALALY ou AGOULALY. bot. phan. Syn. Caraïbe de l'Anthoxylum. *V.* ce mot. (b.)

* AGOUPY. ois. Syn. de Rougegorge. *Motacilla Rubecula*, L. *V.* Rouge-gorge. (b.)

AGOURRE ou ANGOURE de lin. bot. phan. (Daléchamp , Chomel.) Syn. de Cuscute. *V.* ce mot. (b.)

* AGOUS. rept. saur. Syn. de Crocodile, en Abyssinie. (b.)

AGOUTI. mam. *V.* Cabiai.

AGRA. bot. phan. Bois odorant provenant d'un Arbre d'espèce indéterminée originaire de Hainan , île chinoise , qu'on vend fort cher à Canton. (b.)

* AGRACARAMBA. bot. phan. Bois odorant provenant d'un Arbre d'espèce indéterminée, que recherchent les Japonais, peut-être le même que l'Agra. *V.* ce mot. (b.)

AGRAHALID. bot. phan. *V.* Agihalid.

AGRAM. bot. phan. Syn. de Chiendent dans quelques cantons du midi de la France. (b.)

AGRASSOL ou AGRASSOU. bot. phan. Syn. de Groseiller à maquereaux, *Ribes Grossularia*, L. dans quelques cantons du midi de la France. (b.)

AGRAULE. *Agraulus.* bot. phan. Ce genre , établi par Palisot de Beauvois (*Agrostogr.* 5), doit être réuni au genre Agrostide, dont il ne diffère aucunement. *V.* Agrostide. (a. r.)

AGRE. *Agra.* ins. Genre de l'ordre des Coléoptères , créé par Fabricius , et ayant pour caractères: corselet allongé,

cylindrique un peu rétréci en avant : jambes antérieures échancrées à leur côté interne; élytres tronquées ; tête ovale longue et rétrécie postérieurement; palpes maxillaires filiformes, les labiaux terminés par un article plus grand , presque en forme de hache. Ce genre, qui est le même que celui des Colliures de Degeer , est rangé par Latreille (Considér. génér.) dans la nombreuse famille des Carabiques, qui répond à la tribu de ce nom , établie par le même auteur, dans le Règne Animal. Il comprend quelques espèces exotiques. Celle qui lui sert de type est l'Agre bronzée , *Agra ænea* de Fabricius, qui est la même que le Carabe de Cayenne, *Carabus cajennensis* d'Olivier (Col iii. 35 pl. 12. fig. 133). A ce genre se rapporte aussi l'Attelabe de Surinam , *Attelabus surinamensis* de Linné , figurée par Degeer (Insect. iv, pl. 17. fig. 16), et peut-être le Carabe tridenté, *Carabus tridentatus* ? d'Olivier (Col. iii. 35. pl 11, 129). (aud.)

AGREFOUS, AGREOU ou AGRIFOUS , bot. phan., et non *Agrevous.* Syn. de Houx, *Ilex aquifolium*, L., dans quelques parties méridionales de la France. Ces dénominations dérivent évidemment d'*Agrifolium* , nom par lequel Dodoens , Lobel et autres anciens botanistes ont désigné le même Arbre. (b.)

AGRÉGATS ou ROCHES AGRÉGÉES. min. géol. Mots employés en géologie lorsque l'on considère les Roches minéralogiquement et d'après leur structure, pour indiquer celles qui ont été formées instantanément et à la même époque, telles que le *Granit*, le *Porphyre* , le *Schiste micacé*, le *Calcaire*, etc. *V.* Roches. L'on nomme Agglomérats ou Conglomérats les Roches qui n'ont pas une origine instantanée , telles que le *Poudingue* , la *Brèche* , le *Grès*, qui sont composées de fragmens de Roches d'une époque antérieure, agglomérés par un ciment quelconque. *V.* Conglomérats. (d. laf.)

AGRENAS. bot. phan. (Garidel.)

Syn. de Prunier sauvage, en Provence; *Agreno* est le nom de son fruit. (B.)

AGRESTE. INS. Nom donné par Engramelle à une espèce de Papillon, *Papilio Semele* de Linné; elle fait partie du genre Satyre. La *Petite agreste* de cet auteur appartient au même genre, et répond au *Papilio Arethusa* de Fabricius. *V*. SATYRE.
(AUD.)

AGRETA. BOT. PHAN. C'est-à-dire, *Aigrelette*. Syn. de *Rumex scutatus*, L. dans le midi. *V*. OSEILLE. (B.)

* AGRIA. BOT. PHAN. Ancien nom du Chêne vert, dans certains pays où il croît avec le Houx, et où l'on a trouvé quelques ressemblances entre les feuilles piquantes de ces deux Arbres.
(B.)

* AGRIELAIA. BOT. PHAN. (Dioscoride.) Syn. d'Olivier sauvage. (B.)

* AGRIOCINARA. BOT. PHAN. (Dioscoride.) Syn. d'Artichaut et d'Echinops, L. (B.)

AGRION. *Agrion*. INS. Genre de l'ordre des Névroptères, établi par Fabricius, aux dépens des Libellules de Linné et de Géoffroy. Latreille (Consid. génér.) le range dans la famille des Libellulines; et le même auteur (Règne Animal) le place dans celle des Subulicornes.

Les Agrions, assez voisins des Libellules et des Æshnes, s'en distinguent aisément par leur tête transverse, manifestement plus large que le thorax, et par la direction de leurs ailes relevées presque verticalement dans le repos. — Les yeux à facettes occupent les parties latérales de la tête, et sont très-écartés l'un de l'autre; l'intervalle qui les sépare offre, vers son milieu, trois petits yeux lisses disposés en triangle; le lobe moyen de la lèvre inférieure est profondément échancré; l'abdomen est cylindrique, grêle, linéaire, toujours très - long. —Enfin le mésothorax et les métathorax sont remarquables par la netteté avec laquelle les flancs se dessinent; il est aisé d'observer qu'ils sont obliques de bas en haut et d'avant en arrière, et on distingue facilement, dans le premier, les deux épisternum

qui, par leur réunion, constituent, sur le dos de l'Insecte, une sorte de voûte intermédiaire au prothorax et à l'insertion des premières ailes.

Les larves et les nymphes de ces Insectes ont le corps beaucoup plus effilé que celui des larves des Libellules et des Æshnes; leur abdomen est terminé par trois lames en nageoires; leur tête est déprimée, et leur bouche présente quelques autres différences. — Les habitudes des Agrions, que l'on nomme aussi vulgairement Demoiselles, sont les mêmes que celles des Libellules: nous les ferons connaître à ce genre.

Les espèces, tant exotiques qu'indigènes, sont assez nombreuses. Celle qui sert de type au genre est l'Agrion vierge, *Agrion Virgo* de Fabricius. Elle varie beaucoup et on peut y rapporter les individus dont Géoffroy faisait autant d'espèces distinctes sous le nom de *la Louise*, *l'Ulrique* et *l'Isabelle*.—*L'Amélie* et *la Dorothée*, du même auteur, appartiennent à une autre espèce, l'Agrion fillette, *Agrion Puella* de Fabricius. (AUD.)

AGRIOSTARI ou AGRIOSTAU. BOT. PHAN. Syn. d'Ivraie, dans l'île de Candie. (B.)

AGRIPAUME. BOT. PHAN. *V*. LÉONURE.

AGRIPENNE. OIS. (Buffon.) Syn. d'*Emberiza oryzivora*, L. *V*. BRUANT.
(B.)

AGRIPHYLLE. *Agriphyllum*. BOT. PHAN. *V*. ROHRIA.

* AGRIRIS. BOT. PHAN. Syn. de Sisymbre. *V*. ce mot. (B.)

AGROLLE. OIS. Syn. de Corneille commune. *Corvus Corone*, L. (B.)

AGROPYRON. BOT. PHAN. Ce genre, proposé par Gærtner et adopté par Beauvois, appartient à la famille des Graminées: Triandrie Digynie, L. Il a été démembré du genre *Triticum* de Linné, qui a le Blé cultivé pour type. Il renferme les espèces de Froment sauvage dont les épillets sont multiflores; les valves de la lépicène entières; la paillette supérieure émarginée ou bifide, et le fruit glabre et non velu.

Ce genre renferme un assez grand nombre d'espèces, telles que les *Triticum caninum, intermedium, junceum, sepium*, etc.　　　(A. R.)

AGROSTEMME. *Agrostemma*. L. BOT. PHAN. Caryophyllées de Jussieu, Décandrie Pentagynie, L. Son calice est tubuleux, un peu renflé, à cinq divisions linéaires très-longues ; cinq pétales onguiculés, munis d'un petit appendice à la réunion du limbe et de l'onglet ; dix étamines ; l'ovaire est surmonté par cinq stigmates ; le fruit est une capsule ovoïde à une seule loge, s'ouvrant par la partie supérieure ; elle renferme un grand nombre de graines attachées à un trophosperme central. — Ce genre, très-rapproché des Lychnis, renferme environ quatre à cinq espèces herbacées, annuelles, originaires d'Europe.

La Nielle des Blés, *Agrostemma Githago*, L., dont on a voulu faire un genre séparé, est très-commune dans nos moissons.

On cultive abondamment, dans les parterres, l'*Agrostemma coronaria* appelée vulgairement *Coquelourde*, espèce originaire d'Italie, remarquable par ses fleurs d'une belle couleur pourpre, ses feuilles et sa tige blanches très-cotonneuses.　　　(A. R.)

* AGROSTICORE. *Agrosticorus*. INS. Genre établi par Brongniart et non adopté par les Entomologistes ; il répond aux Dasytes de Paykull et de Fabricius. *V*. ce mot.　　　(AUD.)

AGROSTIDE. *Agrostis*. BOT. PHAN. Graminées, Triandrie Digynie, L. Ce genre, tel qu'il avait été primitivement établi par Linné, a été, à juste titre, partagé en deux genres fondés sur les deux sections que ce législateur avait fondées : l'Agrostis qui comprend les espèces aristées, et le Villa d'Adanson, dans lequel on a réuni toutes les espèces sans arête. Voici les caractères du genre Agrostis des auteurs modernes : fleurs en panicule ; épillets uniflores, lépicène à deux valves mutiques ; paillettes inférieures de la glume, portant une arête qui part au-dessous de son som-

met ; ovaire surmonté de deux stigmates plumeux. — Ce genre ainsi limité renferme encore un fort grand nombre d'espèces, qui croissent en abondance sous toutes les latitudes. On remarque parmi elles l'*Agrostis Spicaventi*, L. qui abonde dans les moissons, et dont la panicule est fort élégante.　　　(A. R.)

*AGROSTOGRAPHIE. BOT. PHAN. On donne ce nom à la partie de la Botanique fondamentale et descriptive, qui a pour objet les Plantes de la famille des Graminées, et par extension aux ouvrages qui traitent spécialement des Plantes de cette famille. L'histoire des Graminées, malgré les travaux d'un grand nombre de botanistes célèbres, tels que Scheuchzer, Léers, Host, Gaudin, Schreber, Brown, Palisot de Beauvois, Kunth, Trinius, etc., laisse encore beaucoup à désirer, relativement à la valeur respective des caractères tirés des différens organes, et aux limites précises des genres nombreux déjà établis.

On appelle Agrostographes les botanistes qui se sont plus spécialement occupés des Graminées.　　　(A. R.)

AGROUELLES. BOT. PHAN et CRUST. Nom formé par corruption d'Ecrouelles, donné à la Scrophulaire dans quelques cantons de la France, où l'on croit encore aux propriétés antiscrophuleuses de cette Plante. On a aussi appliqué ce nom à la Crevette des ruisseaux que, par une opinion contraire, on s'imagine donner des écrouelles, lorsqu'on l'avale par hasard en buvant.　　　(B.)

AGRUNA. BOT. PHAN. et non *Agruma*; syn. de Prunellier ; c'est-à-dire qui est aigre. *Prunus spinosa*, L. *Agrunella* est son fruit dans le ci-devant Languedoc.　　　(B.)

AGUA. REPT. BATR. Espèce de Crapaud. *V*. ce mot.　　　(B.)

AGUADERO. OIS. et non *Aguatero*; c'est-à-dire *Porteur d'eau*. Nom par lequel les Créoles espagnols ou portugais du Paraguay et du Brésil désignent un Oiseau qui ressemble à la Bécassine, et dont ils disent qu'une certaine manière de voler annonce la pluie.   (B.)

AGUAPÉ. BOT. PHAN. Syn. de Nénuphar au Brésil.   (B.)

AGUAPÉAZO. OIS. *V.* AGUAPÉCACA.

AGUAPÉCACA. OIS. (Margrav.) Oiseau dont les Créoles espagnols et portugais ont fait *Aguapeazo* (*pisando el Aguape*), c'est-à-dire *qui marche sur l'Aguapé.* C'est au Paraguay et au Brésil le Jacana-Péca, *Parra brasiliensis*, L. Ce nom vient de ce que l'Oiseau auquel on l'a donné court avec légèreté sur la surface flottante des feuilles de l'espèce de Nénuphar appelé Aguapé par les naturels.   (B.)

* **AGUA-QUA-QUAN.** REPT. BATR. (Séba.) Syn. d'Agua. *V.* ce mot. (B.)

AGUARA-PONDA. BOT. PHAN. (Margrav.) Espèce indéterminée d'Héliotrope du Brésil.   (B.)

AGUARA-QUIYA. BOT. PHAN. Et non *Aguaraé Guiyta.* Espèce de Solanum qui paraît être la Morelle noire. *Solanum nigrum*, L. au Brésil. (B.)

* **AGUARIMA.** BOT. PHAN. Syn. de Saururus. *V.* ce mot.   (B.)

* **AGUASEM.** REPT. OPH. (Niéremberg.) Serpent peu connu des Philippines, de petite taille, de couleur brune, et qui passe pour tellement venimeux que la mort suit sa morsure de peu de minutes.   (B.)

AGUASSIÈRE. OIS. Nom imposé par Vieillot au genre qu'il a créé pour le Merle d'eau de Buffon, *Turdus Cinclus*, L. *V.* CINCLE.   (DR..Z.)

* **AGUAXIMA.** BOT. PHAN. Syn. de Poivre ombellé. *Piper umbellatum*, L. chez les Brésiliens.   (B.)

AGUILLAT. POIS. *V.* AIGUILLAT.

AGUILLOU et non *Aguillon.* BOT. PHAN. C'est-à-dire Aiguillon. Syn. de Peigne de Vénus. *Scandix Pecten*, L. *V.* CERFEUIL.   (B.)

AGUL. BOT. PHAN. Syn. d'*Hedy-*

sarum Albagi, L. chez les Arabes et les Persans, qui recueillent une sorte de Manne sur toutes ses parties. *V.* SAINFOIN.   (B.)

* **AGUR** ou **HAGUR.** OIS. Syn. d'Hirondelle, chez les Juifs.   (B.)

AGUSTINE. MIN. *V.* AGUSTITE.

AGUSTITE ou **BÉRIL DE SAXE.** MIN. Nom donné par Tromsdorff à une variété de Chaux phosphatée de couleur bleuâtre, trouvée en Saxe, et de l'analyse de laquelle il avait cru retirer une nouvelle Terre qu'il nommait *Agustine.* Vauquelin et Haüy n'ont adopté ni l'Agustine, ni l'Agustite.   (LUC.)

AGUTI-GUEPO-OBI. (Margrav.) BOT. PHAN. Syn. de Thalie géniculée, *Thalia geniculata*, L.   (B.)

✦ **AGUZEO.** POIS. C'est-à-dire *qui porte une aiguille.* Syn. d'Aiguillat, *Squalus Acanthias*, L., sur les côtes provençales et italiennes de la Méditerranée. *V.* AIGUILLAT.   (B.)

* **AGY.** BOT. PHAN. (Frezier.) Syn. de Piment ordinaire, *Capsicum annuum*, L., au Pérou.   (B.)

AGYNÉJA. *Agyneja.* BOT. PHAN. Plante de la famille des Euphorbiacées, Monoécie Monadelphie, Linné. Dans les fleurs mâles, le calice est en roue, à six lobes à peu près égaux, muni intérieurement d'un disque membraniforme, à six divisions opposées à celles du calice; les étamines sont au nombre de trois, et ont leurs filets réunis en une colonne centrale partagée au sommet en trois lobes, à la face extérieure desquels sont adnées autant d'anthères. Dans les fleurs femelles, on trouve un calice à six divisions, dont trois intérieures; un ovaire sessile, ovoïde, creusé à son sommet d'une petite fosse d'où partent trois styles, terminés chacun par deux stigmates. Le fruit est une capsule de la même forme, entourée à sa base du calice persistant, à trois loges qui s'ouvrent en six valves du sommet à la base, et contiennent chacune deux graines. Celles-ci sont munies d'un arille qui, plus tard, se partage en trois parties, une dorsale et caduque, deux persistantes, acollées au réceptacle central qui paraît ainsi flanqué de douze ailes.—On a décrit de ce genre quatre espèces, dont l'une, l'*Agyneia impubes*, est figurée tab. 23 du Jardin de Cels, par Ventenat. Ce sont des herbes rameuses, couchées, à feuilles alternes et stipulées, à fleurs réunies en petit nombre par faisceaux axillaires. La Chine et l'Inde orientale sont leur patrie.   (A. D. J.)

AGYRTE. *Agyrtes*. INS. Genre de l'ordre des Coléoptères, établi par Frœhlich sur une espèce rangée par Fabricius dans son genre Mycétophage, mais qui s'en éloigne par des caractères assez tranchés. Cette espèce appartient à la section des Pentamères, c'est-à-dire qu'elle a cinq articles à tous les tarses, tandis que les Mycétophages n'en ont que quatre à chacun d'eux. Elle diffère des Nitidules, des Scaphidies, des Cholèves et des Mylœques par des mandibules fortes, très-crochues, sans dentelure ou fissure à leur extrémité, de même que dans les Boucliers et les Nécrophores, dont elle se distingue par des palpes maxillaires, ayant l'article terminal proportionnellement plus gros que les autres, et par un corps plus oblong, plus convexe et moins rebordé. —Les Agyrtes ont en outre les antennes terminées en une massue perfoliée, longue et de cinq articles. Leur corselet est en trapèze rebordé; leurs pieds ne sont point contractiles, et leurs jambes sont épineuses. —Latreille (Considér. génér.) place ce genre dans la famille des Nécrophages. Dans le Règne Animal, il le range dans la grande famille des Clavicornes, et le rapporte au grand genre *Silpha* de Linné. — L'espèce qui lui sert de type est l'*Agyrte marron*, *Mycetophagus castaneus* de Fabricius, figurée par Panzer (*Faun. Ins. Germ.* Fasc. XXIV. t. 20). On l'a rencontrée rarement aux environs de Paris; elle paraît plus commune en Allemagne, et a été pendant long-temps la seule espèce de ce genre.

Dejean en possède une autre de notre pays, qu'il nomme *Agyrtes subniger*. *V.* Catalogue des Coléoptères, 1821.   (AUD.)

AHÆTULA. REPT. OPH. Espèce de Couleuvre. *V.* ce mot.   (B.)

* AHAMELLA. BOT. PHAN. Syn. d'Acmelle. *V.* ce mot.   (B.)

AHATA-HORIAC. BOT. PHAN. Du Diction. de Déterville. Probablement la même chose que *Ahé-ta-horiac*. *V.* AHÉ.   (B.)

AHATE, AHTE ou mieux ATTE. BOT. PHAN. *V.* ATTE.   (B.)

* AHDJIRBU. OIS. Syn. du Pélican, *Pelecanus Onocrotalus*, L., en Arabie. *V.* PÉLICAN.   (DR..Z.)

* AHÉ. BOT. PHAN. (Flacourt.) Syn. d'Herbe, chez les habitans de Madagascar, qui joignent ce nom, comme générique, à celui de plusieurs Plantes telles que les suivantes :

AHÉ-BOULE. C'est-à-dire *Herbe de jardins*. Espèce de Chanvre qu'on cultive pour ses feuilles, qui se fument comme celles du Tabac; mais qui sont d'un usage dangereux.

AHÉ-CARACOLE. C'est-à-dire *Herbe Limaçon*, légumineuse, indéterminée, dont la gousse est contournée.

AHÉ-DAVA. C'est-à-dire *Herbe longue*. Espèce de *Polygonum*. *V.* ce mot.

AHÉ-DONGOUTS. Petite espèce d'Utriculaire indéterminée.

AHÉ-GAST. Arbre indéterminé, dont la racine sert pour teindre en rouge. Prévost, dans son Histoire générale des Voyages, cite aussi cet Arbre comme des Grandes-Indes.

AHÉ-MANHGA. Autre nom du Chanvre Ahé-Boule.

AHÉ-PAIKÏ. Espèce de Sauvagesie. *V.* ce mot.

AHÉ-PARQUI. Espèce de Fougère linéaire, qui pend aux branches des vieux Arbres comme une barbe, et qui nous paraît être un *Vittaria*. *V.* ce mot.

AHÉ-TA-HORIAC. C'est-à-dire *Her-*

be des rivières. Plante congénère du Vallisneria, *V.* ce mot, et qui encombre les canaux et les petites rivières.

AHETS paraît être le pluriel de Ahé, et le remplace quelquefois (evant les noms que nous venons de citer.
(B.)

AHIPHI. BOT. PHAN. Syn. d'*Erythrina Corallodendron*, L. *V.* ERYTHRINE. '

AHL. POIS. Syn. d'Anguille commune, en Allemagne.   (B.)

AHONQUE. OIS. Syn. d'Oie sauvage, chez les Hurons.   (DR..Z.)

AHOUAI ou AHOVAI. BOT. PHAN. (Pison.) Syn. de *Thevetia* et de *Cerbera*, au Brésil et à la Guyane. Ces noms signifient Fruit bruyant. *V.* THEVETIA et CERBERA.   (B.)

AHTE. BOT. PHAN. *V.* ATTE.

AHU. MAM. Nom persan d'une Antilope, qui serait le *subgutturosa*, selon Oléarius, et le Pygargue, selon Gmelin et Pallas.   (A. D..NS.)

*AHUATOTOTL. OIS. (Hernandez.) Espèce d'Oiseau, indéterminée et mexicaine de la grosseur d'un Etourneau.   (B.)

AHUGAS. BOT. PHAN. Syn. d'*Anona asiatica*, transporté à Cayenne. *V.* ANONA.   (B.)

AÏ. MAM. *V.* BRADYPE.

AIAIA ou AJAJA. OIS. (Hernandez.) Syn. de Spatule rose, *Platalea Ajaja*, L. *V.* SPATULE.   (DR..Z.)

* AIAIAI. OIS. Syn. de Jabiru, *Mycteria americana*, L., au Paraguay. *V.* JABIRU.   (DR..Z.)

AIARALI. BOT. PHAN. Syn. de Bois jaune, *Ochroxylum*, chez les Caraïbes. *V.* OCHROXYLUM.   (B.)

AIAULT. BOT. PHAN. Syn. de Narcisse dans divers cantons de France.
(B.)

AIBEIG. BOT. CRYPT.(Daléchamp.) Syn. de *Polypodium vulgare. V.* POLYPODE.   (B.)

AICHE. ANNEL. Même chose qu'Achée. *V.* ce mot.   (AUD.)

AIDIE. *Aidia.* BOT. PHAN. Dans sa Flore de la Cochinchine, Loureiro décrit, sous ce nom, un Arbre à bois blanc, dur, compact, très-employé pour les constructions, qui offre des feuilles opposées et entières, des fleurs en grappes. Chaque fleur se compose d'un calice tubuleux, à cinq dents; d'une corolle monopétale, quinquefide, de cinq étamines; d'un ovaire infère que surmonte un style et un stigmate. Le fruit est une petite baie ovoïde, monosperme. De Jussieu rapproche ce genre de la Famille des Loranthées.   (A. R.)

AIDOURANGA. BOT. PHAN. (Poivre.) Syn. d'Indigo, à Madagascar.
(B.)

* AIEREBA ou AJAROBA. POIS. (Margrav.) Espèce de Raie peu connue, des mers du Brésil, voisine des Pastenagues, et dont la queue ronde, en fouet, est armée de deux forts aiguillons dentés.   (B.)

AIERSA. BOT. PHAN. Syn. d'Iris commun, *Iris germanica?* L. chez les Arabes.   (B.)

*AIGITIS. BOT. PHAN. (Dioscoride.) Paraît être le Mouron rouge. *V.* ANAGALLIS.   (B.)

AIGLE. *Aquila.* OIS. Genre que Linné avait compris dans celui des Faucons, et qui en forme encore la seconde division, selon Temminck. Les Aigles ont le bec fort, assez long, ne se courbant point subitement dès sa base; les pieds forts, nerveux; les doigts robustes, armés d'ongles puissans et très-arqués; les ailes longues; les première, deuxième et troisième rémiges progressivement plus courtes; les quatrième et cinquième les plus longues. — Ces Oiseaux, qu'avec raison l'on a de tout temps regardés comme les cruels dominateurs des airs, sont farouches, et doués d'une force extraordinaire; ils se retirent dans les rochers les plus escarpés, où l'énorme quantité de nourriture qu'exige leur vorace appétit, les force à vivre solitaires ; à peine souffrent-ils que leur femelle partage le domaine où ils se sont établis ; ils sont avides de carnage, et généralement ils méprisent une proie timide et trop facile ; ce n'est même que lorsqu'ils sont pressés par le besoin, qu'on en voit chasser de petits Oiseaux ; ils dévorent la chair palpitante, et jamais, à moins de se trouver dans une détresse complète, ils ne se jettent sur les cadavres. Suivant Spallanzani, la capacité de leur jabot serait douze fois plus grande que celle du ventricule, et pourrait servir de réservoir à la nourriture de plusieurs jours. Cette conformation serait dans ce cas la cause de ces jeûnes apparens, si longtemps prolongés, auxquels ils se soumettent lorsqu'on les tient en captivité. Quelques espèces font également usage de Poissons. Leur vol est rapide et semble capable de surmonter tous les obstacles ; on prétend que dans aucun Oiseau il n'est plus élevé ; chez peu d'entre eux encore la vue n'est aussi perçante. Les Aigles aperçoivent du plus haut des airs le Reptile rampant à la surface de la terre, et fondent sur lui comme un trait ; la durée de leur existence est très-longue ; s'il faut en croire Klein, elle s'étendrait au-delà de quatre siècles. Tout le monde est frappé de l'air de noblesse et de l'attitude fière de ces Oiseaux que les poëtes ont consacrés au maître des Dieux, et que, chez les Romains et de nos jours, des hommes que la gloire éblouit adoptèrent comme un symbole révéré de la puissance. — Les ornithologistes ont décrit un grand nombre d'espèces d'Aigles, que leur prééminence sur les autres peuplades de l'air nous a déterminés à mentionner.

AIGLE D'ABYSSINIE. *Falco occipitalis*, Daud. Lath. *Falco senegalensis*, Daud. Levail., Ois. d'Af., pl. 2.

A. D'AMÉRIQUE. Buff., pl. enl. 417. *Falco aquilinus*, Lin. *Falco formosus*, Lath. Rancanca. *Ibicter*, Vieillot, qui pense que cet Animal ne doit pas faire partie des Oiseaux de proie.

A. D'ASTRACAN. *Falco ferox*, Gmel.

A. AUSTRAL. *Falco Harpyia*, Gmel. Il habite la Guyane.

A. BACHA. *Falco Bacha*, Daud. Lath. Il habite l'Afrique méridionale. Levail., Ois. d'Af., pl. 15.

A. BALBUZARD. Buff., pl. enl. 414. *Falco Haliaëtos*, Lin. Lath. *Falco arundinaceus*, Gmel. — Sommet et derrière de la tête garnis de plumes effilées assez longues, brunes, bordées de blanc ; une longue bande brune qui, de chaque côté, descend de l'angle de l'œil, et se confond, en s'élargissant, avec les tectrices supérieures qui sont de la même couleur, et légèrement bordées de blanc ; poitrine blanche avec des taches brunes et fauves, plus nombreuses et plus foncées dans le jeune âge, cuisses et abdomen blancs ; grandes rémiges noirâtres, dépassant la queue de plus de deux pouces ; celle-ci carrée, brune et marquée de lignes transversales plus foncées, terminée par une petite frange blanchâtre dans les jeunes individus ; bec noir, iris jaune, ongles longs et acérés. — Cet Oiseau, dont Vieillot a fait le type d'un genre particulier, est l'un des plus redoutables dévastateurs des étangs ; se nourrissant presque entièrement de Poissons, il est occupé, la plus grande partie de la journée, à guetter sa proie sur laquelle il fond avec beaucoup d'adresse et de vivacité. Il plane dans le voisinage des côtes, au-dessus de l'embouchure des fleuves ; le plus souvent il demeure perché sur les grands Arbres qui bordent les lacs et les rivières. Il paraît appartenir à toutes les régions des deux Continens, n'offrant même que de très-légères variations dans le plumage. Il niche indifféremment sur les Arbres ou dans les fentes de rochers ; sa ponte consiste en trois ou quatre œufs d'un blanc jaunâtre, tachetés et pointillés de rougeâtre. Sa chair, très-désagréable, exhale une odeur fétide de Poisson.

A. BATELEUR. *Falco ecaudatus*, Daud. Lath. Levail., Ois. d'Afriq., pl. 7 et 8.

A. BLAGRE. *Falco Blagrus*, Daud. Lath. Levail., Ois. d'Af., pl. 5.

A. BLANC. *Falco cyaneus*, Lath. *Falco albus*, Gmel. C'est une variété accidentelle et très-rare de l'Aigle royal ; elle est européenne.

A. BOTTÉ. *Falco pennatus*, L. Tem. pl. coloriées. n° 33. Faucon-pattu, Briss. — Front blanchâtre ; joues d'un brun foncé ; nuque d'un roux tacheté de brun ; dos brun ; un bouquet de 8 ou 10 plumes blanches à l'insertion des ailes ; rémiges et tectrices d'un brun noir avec quelques bandes transversales, étroites, d'une teinte plus claire sur ces dernières ; tectrices inférieures blanches, marquées chacune d'un trait longitudinal brun ; de petites bandes transversales, roussâtres sur les cuisses ; jambes emplumées jusqu'à l'origine des doigts ; pieds, cire et iris jaunes ; longueur, 17 à 18 pouces. — Jeune âge. Plus de roux sur la tête et le cou : les parties inférieures de cette couleur avec des raies noires très-marquées le long des baguettes des plumes. — Cette espèce qui, par la forme du bec et le bouquet des ailes, se distingue de la Buse pattue (*Falco lagopus*), avec laquelle il est facile de la confondre d'abord, habite l'Allemagne et la Russie, où elle se nourrit de petits Quadrupèdes, d'Oiseaux et particulièrement d'Insectes. Ses mœurs et ses habitudes n'ont encore été que très-peu observées ; seulement elle s'est fait remarquer par le courage étonnant avec lequel on la voit attaquer des Animaux qui lui sont infiniment supérieurs en force et en taille, et disputer une proie à des adversaires que l'on croirait invincibles pour elle.

A. BLANCHARD. *Falco albescens*, Daud. Lath. Levail., Ois. d'Af., pl. 13. Du cap de Bonne-Espérance.

A. A BEC BLANC. *Aquila albirostris*, Vieillot. De l'Australasie.

A. DU BRÉSIL. Briss. *Falco Urubitinga*, L.

A. BRUN. *V.* A. ROYAL.

A. BRUN-BAI. *Falco spadiceus*, Gmel. *Chocolate Falcon*, Pennant, pl. 9, fig. 2. De la Baie d'Hudson.

A. CAFRE. *Falco vulturinus*, Daud.

Levail., Ois. d'Af., pl. 6. Cet Aigle appartient au genre Gypaëte, de Temm. On le trouve dans la Haute-Afrique.

A. CALQUIN. *Falco Harpyia*, Gmel. De l'Amérique méridionale.

A. CARACARA. Cuv. *Falco brasiliensis*, Gmel.

A. CARACCA. *Falco Harpyia*, Gmel.

A. CHÉELA. *Falco Cheela*, Daud. Lath. Des Indes.

A. CHÉRIWAI. *Falco Cheriwai*, Gmel. *Vultur Cheriwai*, Lath. Cuvier pense que ce pourrait bien n'être qu'une variété d'âge du Caracara. Il vient de l'Amérique méridionale.

A. DE LA CHINE. *Falco sinensis*, Lath.

A. COMMUN. Buff., pl. enl. 489. *Falco fulvus*, Lath. Ce n'est que l'Aigle royal dans son jeune âge selon Temminck.

A. COURONNÉ D'AFRIQUE. *Falco coronatus*, L. Edwards, pl. 224.

A. CRIARD. *Falco nœvius*, Lin. Petit Aigle, Buff. Savigny, Ois. d'Égypte, p. 84, pl. 1. — D'un brun plus ou moins foncé, suivant l'âge et le sexe ; croupion, cuisses et tectrices caudales inférieures d'un brun clair ; queue brune avec l'extrémité rousse ; bec noir ; cire et doigts jaunes. Longueur : mâle, 22 pouces ; femelle, 24. — Les jeunes ont les tectrices alaires marquées, vers le bout, de grandes taches ovales d'un blanc grisâtre ; les caudales, ainsi que les rémiges secondaires, terminées par de semblables taches qui se retrouvent encore en forme de gouttes sur les flancs et les cuisses. L'Aigle tacheté de Cuvier, Règne Animal, p. 314, *Falco maculatus*, Gmel., appartient à cette variété d'âge. — L'Aigle Criard, ainsi nommé parce qu'il s'est affranchi du silence taciturne auquel la nature semble avoir condamné la plupart de ses congénères, habite les forêts montagneuses de l'Allemagne, de la Russie, et surtout de l'Afrique orientale où il est très-commun ; il est le moins hardi, mais aussi le moins féroce des Aigles ; il borne ses attaques aux Lapins, aux Canards, Pigeons, petits Oiseaux, Rats et gros Insectes dont il fait sa nourriture. Il place son nid sur un Arbre très-élevé où la femelle dépose deux œufs blancs marqués de traits rougeâtres.

A. DESTRUCTEUR. Grande Harpie d'Amérique, Cuvier. Grand Aigle de la Guyane, Mauduit. *Vultur Harpyia*, L. *Falco destructor*, Lath. *Falco cristatus*, Temm., pl. color. n° 14.

A. DORÉ de Brisson. C'est le Chrysaëtos. *V*. AIGLE ROYAL.

A. A DOS NOIR. *Falco melanonotus*, Lath. N'est que l'Aigle royal mâle dans son jeune âge.

A. GÉTIÉGERTE. *Falco tigrinus*, Lath. Du nord de l'Europe.

A. A GORGE NUE. *V*. AIGLE D'AMÉRIQUE.

A. DE GOTTINGUE. *Falco glaucopis*, Lath. Paraît être, selon Meyer, le Pygargue dans son jeune âge.

GRAND AIGLE. Buff., pl. enl., n° 410. *Falco fulvus*, L. C'est la femelle de l'Aigle royal. *V*. ce mot.

GRAND AIGLE DE LA GUYANE. *V*. AIGLE DESTRUCTEUR.

A. DES GRANDES-INDES. *Falco pondicerianus*, L. Buff., pl. enl., n° 416.

A. GRIFFARD. *Falco bellicosus*, Daud. Lath. Levail., Ois. d'Afrique, pl. 1.

A. HARPIE. *Falco Harpyia*. *Falco Jacquini*, Gmel. De l'Amérique méridionale.

A. HUPPART. *V*. AIGLE D'ABYSSINIE.

A. IMPÉRIAL. Tem. *Falco Mogilnik*, Gmel. Naumann, fig. 18, nouvelle édition. Sommet de la tête et occiput garnis de plumes acuminées roussâtres, bordées de roux; poitrine noirâtre, abdomen roux; manteau brun avec quelques plumes d'un blanc pur; queue cendrée avec des bandes noires, celle de l'extrémité large et bordée de jaunâtre; ailes de la longueur de la queue qui est cernée; narines obliques, à bord supérieur échancré.—Longueur : mâle, 2 pieds 6 pouces; femelle, 3 pieds. Dans le jeune âge, les parties supérieures sont d'un brun roussâtre, tacheté de roux avec quelques pointes blanches; la queue cendrée, maculée de brun et

terminée de roussâtre; la gorge, les cuisses et l'abdomen couleur isabelle sans taches; bec cendré; iris brun; pieds d'un jaune livide.—Cet Aigle, dont le cri est sonore, quitte rarement les grandes forêts montagneuses de l'est de l'Europe; il est très-commun en Égypte. Il fait la chasse aux Daims, aux Chevreuils et autres Quadrupèdes, dont il porte des lambeaux énormes dans son aire, établi à l'abri de rochers qui deviennent un charnier infect par les restes de ses repas. Ce nid, bâti solidement avec de fortes pièces de bois, est, comme celui de toutes les grandes espèces d'Aigles, large et plat; il reçoit chaque année deux et quelquefois trois œufs, très-arrondis, d'un blanc sale. La femelle les couve trente jours, et lorsque les petits sont assez grands pour pourvoir à leur nourriture, les parens se hâtent de les chasser du canton qui bientôt ne pourrait plus suffire à la consommation de tant d'hôtes si voraces.

A. DU JAPON. *Falco japonicus*, Lath.

A. DE JAVA. *Falco maritimus*, Lath. L'un des plus grands parmi les Aigles; il a 4 pieds 2 pouces de longueur.

A. JEAN-LE-BLANC. Buff., pl. enl. 413. *Falco gallicus*, Gmel. Lath. *Falco brachydactylus*, Wolf. Mayer. *Falco leucopsis*, Bechst. *Aquila leucamphoma*, Borkh.—Sommet de la tête, joues, gorge, poitrine et ventre d'un blanc tacheté de brun clair; une plaque d'un duvet blanc au-dessous des yeux; partie supérieure du dos et tectrices alaires brunes; queue carrée, d'un gris brun, rayée de teintes plus foncées; tectrices caudales inférieures blanches; bec noir, cire bleuâtre; iris jaune; longueur, 2 pieds. La femelle est généralement moins blanche, et les jeunes sont encore plus sombres en couleurs; ils ont en outre le bec bleuâtre et les pieds blanchâtres, au lieu de bleus qu'ils sont chez les adultes. Le Jean-le-Blanc habite les forêts de Sapins du nord de l'Allemagne, où il niche sur les Arbres les plus élevés: sa ponte

les a fait baisser de prix ; ils n'en valent pas moins encore 150 fr. Cette Coquille habite l'Afrique. *V.* Cochlitome. (F.)

.AIGLEDON. Par corruption d'Eider-Don, nom vulgaire donné au duvet de l'Eider, *Anas mollissima*, L. *V.* Canard. (B.)

AIGLON. ois. Petit de l'Aigle.

*AIGRE. Saveur qui tient le milieu entre l'Acide et l'Acerbe ; généralement propre aux substances végétales prêtes à passer à l'état de putréfaction. (B.)

AIGREFIN. pois. *V.* Æglefin.

* AIGRELET, diminutif d'Aigre. *V.* ce mot. Saveur légèrement Acide, et qui n'est pas désagréable ; la Cornouille, fruit du *Cornus mascula*, L., et la Groseille, sont aigrelettes. (B.)

AIGREMOINE. *Agrimonia*, L. bot. phan. Rosacées, Icosandrie Digynie, L. Ce genre présente un calice tubuleux un peu renflé, hérissé supérieurement de petites folioles aiguës un peu roides, très-resserré à son sommet ; une corolle pentapétale régulière ; des étamines dont le nombre varie de quatorze à vingt ; deux pistils renfermés dans l'intérieur du calice et se changeant en deux akènes membraneux, dont la graine est renversée ; les écailles qui hérissent le calice peuvent être considérées comme analogues à l'involucre calicinal des Potentilles et des Fraisiers.

Ce genre renferme quatre à cinq espèces, qui toutes sont herbacées, vivaces, portant des feuilles alternes imparipinnées, et des fleurs jaunes.—Les feuilles et la racine de l'Aigremoine ordinaire, *Agrimonia Eupatoria*, L. sont employées en médecine. On en fait surtout des gargarismes détersifs.

(A. R.)

.AIGRETTE. zool. Ornement donné par la nature à plusieurs Oiseaux, tels que le Paon, etc. Ce nom est devenu celui par lequel on a désigné spécifiquement ensuite des Animaux de toutes les classes et jusqu'à des Plantes, à cause du rapport qu'on a trouvé entre une aigrette et quelques-unes, de leurs parties : ainsi l'on a appelé :

AIGRETTE , une espèce de Singe du genre Cercocebus de Géoffroy, *Simia Aygula*, L. *V.* Singe ;

Plusieurs espèces de Hérons. *V.* ce mot;

Un Sterne , *Sterna media*. *V.* Sterne ;

Un Poisson du genre Coris. *V.* ce mot ; (B.)

Une Coquille, qui est la *Voluta Capitellum* de Linné, placée d'abord parmi les Murex ;

Les marchands et les amateurs de Coquilles ont encore donné ce nom à d'autres espèces de divers genres avec quelque épithète caractéristique; ainsi:

L'Aigrette blanche est la *Voluta Rhinoceros* de Chemnitz.

L'Aigrette a bouche couleur de rose est la *Voluta muricata* de Born; *Voluta Capitellum* de Gmelin.

L'Aigrette brune est le *Murex Hippocastanum* de Linné. Ces espèces appartiennent au genre Turbinelle de Lamarck. *V.* ce mot.

On a appelé aussi Aigrettes les Pinnes marines , en latin *Pinna*, dont Plume ou Aigrette est la traduction. Les uns ont avancé que ces Coquilles avaient été ainsi nommées , à cause de leur ressemblance avec les Panaches qui ornaient les casques des soldats romains, resemblance , à coup sûr, fort peu marquée. Mais *Pinna* n'est lui-même que la traduction du nom donné à ces Coquilles par les Grecs (*V.* Aristote) ; vraisemblablement, comme dit Gesner , du mot *Pinos* (Ordure) ; à cause des ordures dont ces Coquilles sont entourées. Le *Pinna* , Aigrette, des Romains vient évidemment de *Penna*, Plume, Aile ; ainsi en remontant à l'origine du mot *Pinna*, on voit qu'on a eu tort d'appeler Aigrettes, les Pinnes marines. *V.* Pinne. (F.)

On désigne, sous le nom d'Aigrette *Pappus*, en Entomologie , de petites masses de poils plus ou moins touffues , disposées en plumets sur une partie quelconque du corps de l'Animal. — Ces Aigrettes sont distinguées en plumeuses et en simples, suivant que les filets qui partent de la tige commune sont rameux, à la manière des barbes d'une plume, ou ne présentent aucune division. Quelques Insectes, tant à l'état parfait qu'à celui de larve, en offrent des exemples. (AUD.)

AIGRETTE. *Pappus.* BOT. Les botanistes appellent de ce nom les appendices de forme et de structure très-variées, qui couronnent le fruit et les graines de certaines Plantes, et en particulier celui des Plantes de la famille des Synanthèrées ou Plantes à fleurs composées. Les considérations tirées de cet organe sont fort importantes pour la classification des espèces et des genres, et méritent que nous entrions dans quelques détails.

L'Aigrette qui couronne le fruit des Synanthèrées peut être, 1° *membraneuse*, c'est-à-dire, formée par une membrane diversement découpée, 2° *squammeuse*, composée d'écailles dont le nombre et la forme varient à l'infini; 3° *soyeuse*, ou formée de poils ou de soies.

1°. AIGRETTE MEMBRANEUSE. Elle forme une espèce de petit bourrelet circulaire et membraneux au sommet du fruit, et est tantôt entière, comme dans la Tanaisie, tantôt diversement dentée, comme dans la Chicorée.

2°. AIGRETTE SQUAMMEUSE. J'appelle ainsi les Aigrettes composées d'écailles ou de folioles variables par leur forme, leur longueur et leur nombre ; tantôt ces Aigrettes se composent de deux écailles seulement, comme dans le genre *Helianthus*, tantôt de cinq comme dans l'Œillet d'Inde (*Tagetes*), tantôt d'un grand nombre. Ces écailles peuvent être minces et membraneuses, elles peuvent être roides et épineuses au sommet.

3°. AIGRETTE SOYEUSE. C'est celle qui est formée de poils ou de soies. Or ces poils peuvent être simples et non ramifiés, comme dans les Chardons: l'Aigrette porte alors le nom de poilue (*pappus pilosus*); ou bien ces poils peuvent être ramifiés et à peu près semblables à de petites plumes : on dit alors de l'Aigrette qu'elle est plumeuse (*Pap-*

pus plumosus), comme dans les Cirsium, etc.

L'Aigrette poilue ou plumeuse peut être sessile ou stipitée : elle est sessile quand le faisceau de poils part immédiatement du sommet du fruit, comme dans les Chardons ; elle est au contraire stipitée lorsque le faisceau de poils est élevé au-dessus du sommet de l'ovaire par un pédicule particulier que l'on appelle *stipes*, comme dans la Scorzonère, le Pissenlit.

L'Aigrette, quelle que soit sa nature, doit toujours être considérée dans les Synanthèrées, comme le limbe du calice, qui, par sa base, est adhérent avec l'ovaire infère ; cette Aigrette donne à ces fruits la faculté d'être facilement transportés par les vents à des distances et à des hauteurs considérables, et sert ainsi à leur dissémination. — On trouve aussi des Aigrettes dans d'autres familles de Plantes que les Synanthèrées. Ainsi il en existe dans plusieurs genres des Valérianées, sur les graines de beaucoup d'Apocynées, etc. (A. R.)

Quelques voyageurs ou amateurs de Plantes ont appelé AIGRETTE, un Arbre de Madagascar, *Cumbretum coccineum*, Lamk, sans doute à cause de la disposition de ses fleurs.

On a encore donné ce nom, ou plutôt celui d'AGRETTE en quelques cantons, à l'Oseille commune, et même à l'Oxalide acétoselle, mais c'est à cause de la saveur acide de ces Végétaux. (B.)

AIGRON. OIS. Syn. de Cormoran, et de Héron, en diverses parties de la France occidentale. (B.)

AIGUE-MARINE OU BÉRIL. MIN. C'est le nom que portent, dans le commerce de la joaillerie, certaines variétés d'Emeraudes de couleur vert-de-mer ou bleuâtres, qui font un assez joli effet quand elles sont bien taillées. Il en vient beaucoup de Russie; mais les plus recherchées nous sont apportées du Brésil. On en fait des colliers, des bagues, des epingles, des pendans d'oreilles; tous ces objets sont de peu de valeur, puisqu'une Aigue-marine riche en couleur et pesant cent grains, ne vaut guère plus de trente-six à quarante francs. Il s'en trouve fréquemment chez les bijoutiers de fort belles qui pèsent plusieurs onces. L'une des plus remarquables est celle de la couronne du roi d'Angleterre , qui a, dit Bomare , environ deux pouces de diamètre. *V*. ÉMERAUDE.

AIGUE-MARINE ORIENTALE des lapidaires. Variété de *Corindon hyalin* de couleur vert-jaunâtre ou bleu-verdâtre, analogue à celle de l'Aigue-marine ordinaire.   (LUC.)

* AIGUILLAT, ÆGUILLAC ou AGUILLAT. POIS. Espèce de Squale, *Squalus Spinax*, L., dont Cuvier a fait le type du sous-genre auquel le nom d'Aiguillat a été conservé, et dans lequel rentre l'*Acanthias*, L. *V*. SQUALE.   (B.)

AIGUILLE. ZOOL. et BOT. Nom vulgaire imposé à divers Animaux et même à plusieurs Végétaux, tiré de la figure de ces êtres ou de quelques-unes de leurs parties qui, plus ou moins aiguës, rappellent l'idée d'une aiguille. Le vulgaire donne donc souvent aux pistils, dans les fleurs où les extrémités de ces organes ne présentent aucun renflement ou division de stigmates, le nom d'Aiguille ; il le donne également aux :

Colymbus urinator, L. Oiseau dont le bec est fort aigu. *V*. GRÈBE.

Acinacea Notha, Bor. POIS. *V*. ACINACÉE.   (B.)

Aulotoma chinensis, Lac. POIS. *V*. FISTULAIRE.

Esox Bellone, L. POIS. *V*. ORPHIE.

Syngnathus Acus, L. POIS. *V*. SYNGNATHE.

Perry (*Conchol.*, pl. 16) a donné le nom d'AIGUILLE, *Aculea*, au genre que Lamarck avait appelé depuis long-temps Turritelle. *V*. ce mot. Les amateurs et les marchands de Coquilles l'appliquent aux espèces suivantes :

L'AIGUILLE A COUDRE ou la TARIÈRE est la *Bulla Terebellum*, L., *Terebellum subulatum*, Lamk. *V*. TARIÈRE.

L'AIGUILLE A FOND BLANC est la *Turritella replicata*, Lamk, *Turbo replicatus*, L. *V*. TURRITELLE.

L'AIGUILLE BLANCHE A QUEUE, ou BUIRE, ou CHENILLE BLANCHE, est une Cérite. *V*. BUIRE.

L'AIGUILLE D'ACIER est le *Buccinum duplicatum*, L. *V*. VIS.

L'AIGUILLE DENTÉE ou LICORNE de Favart d'Herbigny est une Vis figurée par Rumphius (tab. 30. f. F); mais non reconnue encore.

L'AIGUILLE DE TAMBOUR ou VIS D'ARCHIMÈDE, *V*. ce mot, est une superbe Turritelle.

L'AIGUILLE EN VIS DE TAMBOUR, est le *Turbo Terebra*, L. *V*. TURRITELLE.

L'AIGUILLE GRENUE paraît être une Pourpre, d'après l'indication de Bruguière, répétée par tous les dictionnaires ; mais cet auteur n'ayant pas décrit ce genre, on ne peut connaître l'espèce qu'il désignait ainsi :

L'AIGUILLE GRENUE A QUEUE, ou CHENILLE BLANCHE RÉTICULÉE, ou CHENILLE GRANULEUSE. *V*. CHENILLE. C'est le *Cerithium granulatum* de Bruguière.

L'AIGUILLE TRESSÉE ou A RÉVOLUTIONS ; c'est le *Buccinum strigilatum*, L. *V*. VIS.   (F.)

Enfin, l'on a nommé AIGUILLES divers Agarics dont le chapeau est porté sur un stipe grêle et plus ou moins aminci, ainsi qu'au *Geranium Moschatum*, L. qui est vulgairement appelé Aiguille musquée. *V*. ÉRODIUM.   (B.)

AIGUILLETTE. MOLL. Nom donné par Géoffroy (Traité, etc. p. 59) à une très-petite Coquille commune aux environs de Paris et dans presque toute l'Europe, sous les mousses, à cause de sa forme allongée ; elle est transparente comme du verre. Son Animal, même avec de fortes lentilles, ne laisse pas apercevoir les points oculaires, sans doute à raison de leur défaut de couleur. Cette particularité et la troncature de la columelle nous avaient portés à en faire un genre distinct sous le nom de Cécilioïde ; mais, ayant depuis observé plusieurs espèces analogues, nous avons reconnu qu'elles ne différaient pas des Polyphèmes de Montfort. L'Aiguillette est le *Buccinum Acicula* de Muller, Bulime aiguillette de Bruguière. Elle fait partie de notre sous-genre Cochlicope. *V.* ce mot. (F.)

AIGUILLON. zool. — DANS LES POISSONS. Osselets aigus et d'une seule pièce, qui jouent le rôle de rayons dans les nageoires de certains Poissons. Ces rayons en aiguillons sont ordinairement les premiers; quelquefois ils sont mobiles, et l'Animal les peut cacher dans une fente destinée à les recevoir (dans la Vive); en d'autres circonstances, ils sont dépourvus de membranes (dans les Acanthinions); ailleurs de pareilles armes n'appartiennent point à l'appareil natatoire, et sont disposées sur les parties latérales qui avoisinent la queue (dans les Acanthures), ou répandues sur toute la surface du corps, comme dans plusieurs Raies et Pleuronectes; alors ces Aiguillons sont situés sur un tubercule osseux qu'on appelle vulgairement boucle, et présentent quelque analogie avec les dents. (B.)

—DANS LES INSECTES. Pris dans une acception fort restreinte, l'Aiguillon est une arme offensive et défensive propre à plusieurs Hyménoptères, cachée dans l'intérieur de l'abdomen, n'en sortant qu'à volonté, et ayant pour fonctions d'opérer une piqûre, et de livrer passage à une liqueur vénéneuse qui se répand dans la plaie. Dans une acception plus étendue et beaucoup plus exacte, l'Aiguillon est une dépendance de l'organe générateur femelle, indispensable à la copulation, et servant à la ponte; dans ce sens, il répond aux pièces cornées qui accompagnent les parties femelles de tous les autres Insectes, et il est en particulier l'analogue de ce qu'on nomme quelquefois *Oviductus*, et le plus souvent *Tarière.* Celle-ci présente la même composition que l'Aiguillon, et a, dans plus d'un cas, des usages à peu près semblables; car si l'Aiguillon, à cause du

venin qui coule dans son intérieur, devient redoutable pour l'Homme et pour plusieurs Animaux, la Tarière n'a pas une action moindre sur les Végétaux, dont elle perce l'épiderme. Nous ferons ressortir cette analogie complète au mot Tarière, et nous nous bornerons ici à faire connaître l'Aiguillon des Hyménoptères, que nous distinguons de celui des Scorpions. *V.* ce mot.

L'Aiguillon, avons-nous dit, est une dépendance des organes générateurs femelles; aussi le rencontre-t-on constamment chez les individus de ce sexe, et chez les Neutres ou Ouvrières, qui sont des femelles, en quelque sorte avortées; il n'existe pas chez le Mâle, dont les parties copulatrices n'ont d'autres fonctions que de retenir la Femelle pendant l'accouplement, et de favoriser l'introduction de la verge dans le vagin. Tous les Insectes Hyménoptères ne présentent donc pas ce dard redoutable, et les Mâles des Guèpes, des Bourdons, des Abeilles, etc., peuvent être saisis impunément sans qu'on ait rien à redouter de leur colère. Les anciens qui, s'ils n'observaient pas avec le même soin que nous les faits de détails, étaient souvent très-bien instruits par l'expérience, n'avaient pas manqué de faire cette remarque. Pline s'indignait de ce que les Mâles d'Abeilles n'avaient pas d'Aiguillon, ou bien de ce qu'en étant pourvus, ils dédaignaient d'en faire usage. Aristote admettait son existence, mais il était obligé de convenir qu'ils ne s'en servaient pas. — Cette arme, qui dans l'inaction est entièrement contenue dans l'abdomen, et se trouve en rapport avec le dernier segment, peut en sortir et y rentrer; il jouit par conséquent de deux mouvemens principaux, celui de protraction et celui de rétraction, il est en outre dirigible en tous sens, afin de rencontrer le corps qu'il veut piquer. — A cet effet, il est composé d'un grand nombre de pièces qui constituent un mécanisme fort curieux, qui a été décrit avec assez d'exactitude par Réaumur et Swammerdam ; celui-ci l'a considéré dans l'Abeille mellifique. Ce que nous allons en dire aura aussi rapport à cette espèce.

L'Aiguillon se compose d'une *base*, d'un *étui* et de deux *stylets* constituant un *dard* contenu dans l'intérieur de l'étui.

La base est formée par plusieurs pièces : Swammerdam en compte huit, Réaumur n'en admet que six ; mais , en comparant entre elles les figures qu'ils ont données de ces parties, on ne tarde pas à remarquer que ce dernier observateur a confondu en une, deux pièces que Swammerdam avait distinguées, et on n'est pas peu surpris lorsqu'on confronte quelques-unes de ses figures avec la nature , de reconnaître plusieurs inexactitudes, quant à la forme et à la disposition des pièces , qui feraient penser que les dessins ont été faits d'après l'Aiguillon d'un Bourdon ou d'un Xylocope.

Swammerdam paraît au contraire avoir décrit et figuré l'Aiguillon de l'Abeille mellifique ; mais sa figure, quoique meilleure , n'est pas encore exempte de défauts. Cependant l'une et l'autre donnent une idée suffisante de la base de l'Aiguillon, et de cette arme elle-même lorsqu'on veut bien faire abstraction des détails. — Dumeril a ajouté quelques observations à celles des savans déjà cités : outre les huit pièces qui composent la base suivant Swammerdam, il en admet une neuvième placée sur la ligne moyenne figurant un V, dont les branches, dirigées en avant, s'articuleraient avec l'étui, et auraient peut-être pour fonctions de le ramener en dedans. Les autres pièces au nombre de quatre, de chaque côté, sont réunies entre elles par des membranes très-résistantes, et leur ensemble constitue une sorte d'enveloppe qui , par sa circonférence externe , se trouve en rapport avec le dernier segment de l'abdomen, et lui adhère, tandis que, par sa face interne, elle entoure l'étui de l'Aiguillon. Les pièces qui composent cette enveloppe ont été appelées cartilagineuses par Swammerdam ;

aucune d'elles n'ayant reçu de nom particulier il serait difficile de les décrire sans entrer dans des détails que n'admet pas la nature de cet ouvrage. Réservant pour d'autres circonstances l'exposé des recherches que nous avons faites sur ces parties, il nous suffira d'observer ici que quelques muscles s'insèrent à l'enveloppe formée de plusieurs pièces, et que celles-ci, en s'articulant avec les stylets , leur transmettent la plupart des mouvemens qu'elles reçoivent. On doit encore considérer comme appartenant à ce que nous avons nommé la base de l'Aiguillon, deux corps allongés , blanchâtres, membraneux, creusés chacun en goutière , qui accompagnent l'étui et lui forment, en se réunissant par leur bord interne , une sorte de fourreau incomplet. Réaumur a représenté ces corps dans le tome V de ses Mémoires, pl. 29, fig. 1, 2, 3, 7 et 10, sous la lettre C. Il leur assigne pour usage de garantir les parties molles de l'abdomen du contact de l'étui, et *vice versâ*. Swammerdam, qui parle aussi de ces parties et les représente , croit au contraire qu'elles sont destinées à mouvoir l'étui de dedans en dehors.

La seconde partie de l'Aiguillon ou l'*étui* , est une tige de consistance cornée, offrant à sa base un renflement que Réaumur a nommé *talon*, et diminuant progressivement jusqu'à son sommet qui est assez aigu. Cet étui est incomplet, c'est-à-dire qu'il ne constitue pas un cylindre fermé de toute part. Si on l'examine avec une forte loupe , on remarque qu'il est creusé inférieurement d'une goutière parcourant toute sa longueur, et on s'aperçoit bientôt que cette pièce , déjà très-déliée , n'est autre chose, ainsi que l'indique son nom , qu'un fourreau dans lequel est logé la troisième partie de l'Aiguillon ou le dard.

Le dard lui-même n'est pas simple, mais composé de deux stylets longs et déliés, qui ne remplissent pas à beaucoup près l'intérieur de l'étui, mais qui y sont reçus, suivant la comparaison ingénieuse de Swammerdam, comme le couvercle d'une boîte à coulisse dans les deux rainures où il glisse. Chacun de ces stylets s'adosse l'un à l'autre au moyen de sa face interne qui est plane et parcourue dans toute sa longueur par un léger sillon dont nous indiquerons bientôt l'usage. Leur sommet est très-aigu , et garni en dehors de petites dents dirigées toutes vers la base. Les deux stylets ne sont cependant pas accolés dans toute leur longueur; ils se séparent près du talon , et , à partir de ce point, leur divergence devient d'autant plus sensible qu'on les observe plus près de leur base. Si on les examine au point de terminaison on remarque qu'ils ont décrit, dans tout leur trajet, la moitié ou les deux tiers d'un ovale , et qu'ils finissent en s'articulant avec les pièces cartilagineuses qui constituent la base de l'Aiguillon.

Swammerdam , ainsi que tous les observateurs qui sont venus après, paraissent avoir cru que les stylets, aussitôt après s'être écartés l'un de l'autre , n'étaient plus accompagnés par l'étui , et se trouvaient placés en dehors. Cette opinion était vraisemblable puisqu'ils regardaient l'étui comme un cylindre conique terminé par un renflement ou talon. Ayant examiné avec des instrumens plus parfaits, et peut-être avec plus de soin, les connexions des stylets avec l'étui, nous avons reconnu que celui-ci ne finissait pas au talon, mais qu'il se comportait vers ce point de la même manière que les stylets , c'est-à-dire qu'il fournissait deux branches ayant un trajet semblable à celle du dard et presque la même longueur; il nous a été ensuite très-facile de reconnaître que chacun de ces prolongemens a des fonctions analogues à celles de l'étui ; qu'ils sont creusés l'un et l'autre d'une rainure dans laquelle sont reçus les stylets, et qu'enfin ces parties conservent ici les mêmes rapports que ceux qu'ils ont dans le reste de leur trajet, c'est-à-dire lorsqu'ils sont réunis pour former le fourreau. Les deux branches de l'Ai-

guillon, comparées, par Swammerdam, à l'origine des corps caverneux dans l'Homme, ne sont donc pas simples, mais formées par les tiges des stylets et par les prolongemens de l'étui, qui les reçoivent, et sur lesquels elles glissent et exécutent les mouvemens de protraction et de rétraction.

Maintenant qu'on sait que l'Aiguillon, au lieu d'être simple, est composé de plusieurs parties , savoir : de la base , de l'étui et du dard , formés de l'assemblage d'un plus ou moins grand nombre de pièces , il est assez facile de concevoir l'action de chacune d'elles. Lorsque l'Insecte veut faire usage de son arme, il la porte en dehors de l'abdomen , en contractant à diverses reprises les muscles qui le fixent au dernier anneau de cette cavité. Les fibres charnues de la base entrent alors en action ; l'étui , au moyen de son sommet acéré , pénètre dans le corps qu'il rencontre , et fournit aussitôt un point d'appui à la base; les muscles de cette partie, en agissant, font mouvoir , sur leur coulisse, les stylets, qui eux-mêmes s'introduisent plus profondément dans la peau ou tout autre corps que l'étui a percé , et y adhèrent quelquefois d'une manière si intime, à cause des dentelures qui garnissent leur bord interne , que l'Aiguillon tout entier se sépare du corps de l'Animal en opérant la déchirure de son rectum et de son oviductus. L'Insecte ne tarde pas alors à périr. — Au moyen du jeu de ces différentes parties , cette arme devient vulnérante : mais pourquoi la blessure qu'elle produit ne ressemble-t-elle pas à celle occasionée par une aiguille ou tout autre corps acéré? pourquoi, lorsqu'on a été piqué par une Abeille, en résulte-t-il des accidens graves, tels qu'une inflammation vive accompagnée quelquefois de fièvre? C'est que l'Aiguillon que nous avons décrit n'est autre chose qu'un appareil livrant passage à un liquide vénéneux qui produit tous les accidens ; sans lui la piqûre ne serait suivie d'aucun symptôme fâcheux. Ce liquide est sécrété par deux vaisseaux aveugles qui tiennent lieu de glandes ; ils se réunissent en un seul canal, et aboutissent à une vésicule musculeuse qui est le réservoir du venin; lorsqu'elle se contracte, les deux côtés s'appliquent l'un contre l'autre, et le liquide excrété traverse un nouveau canal, qui en part et se termine, après un court trajet, entre les deux stylets, à l'endroit où ils commencent à s'écarter l'un de l'autre; la liqueur qui en sort coule le long des sillons que nous avons dit exister sur leur face interne, s'échappe ordinairement par l'extrémité du dard, et se répand enfin dans la plaie que l'Aiguillon a produite · la nature de ce liquide est restée jusqu'à présent ignorée ; on sait qu'il se coagule promptement au contact de l'air, qu'il a une saveur styptique, et qu'il ne rougit ni ne verdit les couleurs bleues végétales. Il est beaucoup mieux connu par ses effets, puisqu'il est la cause de la douleur et de l'inflammation. Ce fait est prouvé par un grand nombre d'expériences, et entre autres par celle qui consiste à prendre, avec la pointe d'une aiguille, une petite quantité de venin, et à l'introduire sous la peau; dans l'instant même on remarque des symptômes analogues à ceux qu'on observe dans les piqûres d'une Abeille, et qui ne se seraient pas montrés si on eût opéré avec l'aiguille, non imprégnée de ce liquide. —On a indiqué un grand nombre de remèdes pour apaiser la douleur qui résulte de ces piqûres, mais aucun d'eux ne jouit d'effets bien marqués. On a préconisé l'Ammoniac, l'Huile, l'Eau-de-Vie, la Salive. Un moyen qui réussit assez souvent, consiste à sucer, si cela est possible, l'endroit piqué pendant assez long-temps, un quart d'heure environ. On doit aussi avoir soin, lorsque l'Aiguillon est resté dans la plaie, d'en couper la base avec des ciseaux, ou de l'arracher avec des pinces, en les plaçant le plus près possible de la peau; car si on saisissait la base, on presserait la vésicule, et on favoriserait l'écoulement du venin dans la blessure.　(AUD.)

AIGUILLON. *Aculeus.* BOT. On désigne ainsi en botanique les piquans dont certaines Plantes sont armées, et qui n'ont de connexion qu'avec l'écorce ou même le plus souvent qu'avec l'épiderme seulement. C'est par ce caractère que les Aiguillons se distinguent des épines qui, étant ordinairement des rameaux avortés et terminés en pointe à leur sommet, sont une prolongation du bois.—Assez souvent les Aiguillons sont des espèces d'excroissances de l'épiderme, comme dans les Rosiers, les Ronces, etc.; mais on a, par extension, donné ce nom à certains organes devenus épineux, comme les stipules dans le Vinettier et le Groseiller à Maquereaux. — La forme, la position des Aiguillons présentent beaucoup de variations; ils sont tantôt droits, coniques, tantôt recourbés; ils sont simples ou rameux, etc.　(A. R.)

*AIGZON. OIS. Syn. de Héron commun, *Ardea major*, L., en Pologne.
(B.)

AIL. *Allium*, L. BOT. PHAN. Genre de Plantes Monocotylédones de la famille des Asphodèles de Jussieu, Hexandrie Monogynie, L., qui comprend des Plantes bulbeuses, dont le bulbe simple ou composé est formé de tuniques entières. Les fleurs, qui sont toujours disposées en ombelle simple au sommet d'une hampe nue ou feuillée, offrent un calice coloré hexasépale régulier; six étamines à filamens planes, quelquefois trifurqués au sommet; une capsule triloculaire, trivalve; ces fleurs sont enveloppées dans une spathe avant leur épanouissement. Les feuilles sont tantôt planes, tantôt creuses et cylindriques.

Les espèces de ce genre les plus intéressantes à noter sont:

L'AIL ORDINAIRE. *Allium sativum*, L. Son bulbe est composé, recouvert de membranes blanches ou rosées ; sa hampe est feuillue, ses feuilles sont planes. Il croît naturellement dans le midi de l'Europe.

L'OIGNON. *Allium Cepa*, L. Son

bulbe est simple; ses feuilles et sa hampe sont cylindriques et fistuleuses. On ignore quelle est précisément sa patrie.

Le Poireau. *Allium Porrum* , L. Son bulbe est simple, peu renflé, à peine distinct de la base de la tige qui est pleine et garnie de feuilles planes. Le Poireau croît naturellement dans les parties montueuses de l'Europe.

L'Echalotte. *Allium ascalonicum*, L. Originaire de la Palestine. Sa hampe est nue; ses feuilles sont creuses, cylindriques , terminées en pointe, et ses bulbes composés.

La Civette ou Ciboule. *Allium Schœnoprasum* , L., qui croît dans les provinces méridionales de la France , a le bulbe simple; les feuilles courtes, cylindriques , touffues, et la hampe monophylle.

La Rocambolle. *Allium Scorodoprasum*, L. Offre des bulbes composés, des feuilles planes , une tige d'abord roulée en spirale avant la floraison, et des bulbilles entremêlées à ses fleurs. Elle croît en Europe.

L'Ail magique. *Allium magicum*. Qui croît spontanément dans le midi de l'Europe et jusque dans le bassin de la Garonne. Les anciens l'employaient dans la divination. Ses feuilles sont souvent si considérables, qu'on les prendrait pour celles des plus grandes Liliacées du Cap, si leur odeur n'avertissait de la méprise.

Le genre Ail est très-nombreux en espèces, quelques-unes ont leurs fleurs odorantes. Toutes ont un port et des propriétés qui offrent la plus grande analogie. Aussi nous croyons-nous dispensés d'entrer dans aucun détail sur les usages économiques de l'Ail , de l'Oignon, du Poireau, etc.

On cultive peu d'espèces d'Ail dans les jardins d'ornement, si ce n'est l'Ail doré, *Allium Moly* , L., remarquable par ses fleurs assez grandes et d'un beau jaune, ainsi que par ses feuilles larges et glauques.   (A. R.)

AILE. moll. On a donné le nom d'Aile à la lèvre extérieure de certaines Coquilles , lorsqu'après l'entier accroissement, elle se dilate d'une manière remarquable. Alors ces Coquilles ont été appelées Ailées , *Alatæ*. *V*. Ailées et Lèvre. Par suite, on a donné cette dénomination vulgaire à presque tous les Strombes de Linné, qui présentent ce caractère :

Aile d'Aigle , *Ala Aquilina* de Martini , syn. de *Strombus Gigas*.

Aile d'Angé ou le Tireur d'arme , syn. de *Strombus Gallus*.

Aile de Chauve-Souris ou la Hallebarde, le Rocher Pentadactyle ou Tessarodactyle , la Pate d'Oie ou enfin le Pied de Pélican , syn. de *Strombus Pes-Pelecani* , L. (Genre Ptérocère, Lamk) distingué, par les marchands et les amateurs, en Aile de Chauve-Souris mâle et femelle , d'après une légère différence, dans la saillie des pointes de la lèvre.

Aile déchirée. *V*. Oreille déchirée.

Aile de Faucon , *Ala Accipitrina* de Martini, syn. de *Strombus costatus* de Gmelin.

Aile large , syn. de *Strombus latissimus*. *V*. Strombe et Ptérocère.

On a encore appliqué la dénomination d'Aile à diverses Coquilles , par rapport aux couleurs dont elles sont ornées :

Aile de Papillon, syn. de *Conus genuanus*, *V*. Cône, dont une variété est la *fausse Aile de Papillon* , et de *Venus Ala Papilionis* de Chemnitz ou *papilionacea* de Lamarck. *V*. Vénus.

Enfin , ce nom a été donné à d'autres Coquilles bivalves à cause de leur forme générale :

Aile de Corbeau, *Ala Corvi* de Martini , ou le fourreau de Pistolet, syn. de *Pinna nigrina* de Lamarck. *Pinna rudis* variété, de Linné. *V*. Pinne.

Aile de Corbeau pendante, *Ala Corvi pendula*, syn. de *Mytilus Ala Corvi* de Chemnitz; *Avicula costellata* de Lamarck.

On a en outre ajouté au mot Aile une infinité de dénominations singulières, pour distinguer une très-grande quantité de Coquilles, dont l'énumération sortirait du cadre de cet ouvrage, et qui, d'ailleurs, ne sont pas aussi vulgaires. *V.* la table de Martini et Chemnitz, par Schrœter.

On a appliqué quelquefois cette dénomination aux membranes latérales ou nageoires de quelques Céphalopodes et des Ptèropodes, si remarquables dans les Clios et les Hyales, ce qui a fait nommer une des espèces de ce dernier genre *Papillonacea* par Bory de Saint-Vincent.   (F.)

AILE DE MER ou **AILE-MARINE.** MOLL. Syn. de Pennatule. *V.* ce mot.   (LAM..X.)

AILE DE PIGEON. BOT. CRYPT. (*Champignons.*) Nom vulgaire de l'*Agaricus columbarius* de Bulliard, et d'une autre espèce de Champignon voisin de l'Agaric blanc d'argent, *Agaricus argyraceus* de Sterbeeck (t. 6. f. A). Ces espèces ne sont pas vénéneuses, mais n'en sont pas meilleures à manger.   (B.)

AILE SINGULIÈRE. OIS. (Azzara.) Oiseau assez mal observé de la famille des Bec-fins et originaire de l'Amérique méridionale, dont les pennes nombreuses sont beaucoup plus étroites, grêles et pointues que dans vos autres Oiseaux.   (DR..Z.)

AILÉE (L'). MOLL. Nom marchand du *Mytilus Hirundo*, L. *V.* AVICULE et HIRONDELLE.   (F.)

AILÉES. *Alatæ.* MOLL. Les Coquilles univalves, dont la lèvre extérieure, dans l'âge adulte, est fort dilatée, les bivalves dont la base, vers l'un des côtés des sommets, est très-prolongée, ont été appelées Ailées, *Alatæ.* Caractère qui a donné naissance à beaucoup de noms vulgaires, dont nous avons cité quelques-uns du plus connus au mot AILE. Ce caractère a même servi à plusieurs naturalistes pour former des coupes, en général, assez naturelles.

Rumphius a réuni, dans les pl. 35, 36, 37 de son ouvrage, trente Strombes ou Ptérocères, sous le nom de

Cochleæ alatæ; une seule de ces Coquilles n'appartient pas à ces deux genres. — D'après lui, Klein a appelé *Alata* la quatrième classe de ses *Cochlis composita*, qu'il divise en six genres : Monodactyle, *monodactylus;* Araignée, *Harpago;* Heptadactyle, *Heptadactylus;* Millepieds, *millepes; Lentigo* et *Alata-lata. V.* ces mots. Genres qui ne renferment aussi que des Strombes et des Ptèrocères. Le genre *Alata-lata* comprend plus spécialement les Strombes à aile très-étendue et non digitée, tels que le *latissimus*, le *costatus*, etc. Martini a suivi cet exemple; mais il ne forme de la classe de Klein qu'un seul genre, et lui donne la dénomination générique d'*Alata.* Il divise les *Cochlides alatæ* en *semi-alatæ* et *alatæ perfectæ;* et ceux-ci en *Ala simplici* et *Ala Divisa vel digitati*, qui sont les Ptèrocères de Lamarck. Le genre *Alata* a été adopté par Martyn (*Univ. Conch.*) et par Meuschen (*Mus. Gœversianum*), qui y comprend les Rostellaires de Lamarck. Ce dernier auteur, imitant l'exemple des naturalistes dont nous venons de parler, a réuni les trois genres Strombe, Ptèrocère et Rostellaire, *V.* ces mots, en une famille distincte, celle des Ailées. *V.* Extr. du Cours de Zool. p. 119.   (F.)

AILERON. OIS. *V.* AILES.

AILERONS. INS. Ce sont des lamelles membraneuses, arrondies, concaves sur une de leurs faces, convexes sur l'autre, fixées au mésothorax, et distinguées à tort de l'Aile antérieure dont elles font réellement partie. Il a suffi d'étudier avec soin leur insertion pour prononcer avec certitude sur leur nature; et quelques expériences ont permis d'apprécier leurs usages et leur peu d'importance. En effet, l'Aileron ou le Cuilleron se continue avec l'Aile, au moyen de sa base, et n'en est séparé, dans le reste de son étendue, que par une fissure plus ou moins profonde, disparaissant complètement dans la plupart des Insectes. On a dit qu'il n'existait que dans la classe des Diptères, ce qui n'est pas tout-à-fait exact ; quoi qu'il en soit, l'Aileron varie dans cette classe elle-même, sous le rapport de son développement ; tantôt il est très-étendu, ainsi qu'on l'observe dans les Mouches ; d'autres fois tout-à-fait rudimentaire, comme dans les Tipules, les Cousins ; le plus souvent double, c'est-à-dire, qu'il en existe deux à chaque Aile : ces deux pièces, dont l'une est en général plus développée que l'autre, figurent alors assez bien, dans l'état du repos, une Coquille bivalve, dont les battans seraient fermés ; lorsqu'au contraire l'Aile est étendue et en action, les valves s'ouvrent et se placent sur un même plan. — Latreille et nous, avons reconnu, au-dessous et à la base des élytres des Dytiques et des Hydrophiles, une membrane ayant la même forme, la même structure et la même articulation que l'Aileron ; nous l'avons directement comparé à cette partie qui, dans cette circonstance, serait restée membraneuse, tandis que les autres portions de l'Aile auraient été envahies par la *Chitine*. *V.* ce mot.—L'Aileron, fixé au *scutellum* et au *poscutellum* du mésothorax, ne peut être l'analogue des secondes Ailes qui sont insérées sur le métathorax, et tout ce qu'on a dit pour appuyer cette analogie est inadmissible ; ce qu'on rapporte de ses fonctions est tout aussi invraisemblable ; il paraît bien certain qu'il ne contribue pas à produire le bourdonnement ; et s'il a quelques usages, ils se bornent à faciliter et à modifier le vol. *V.* CUILLERON.

(AUD.)

AILES. ZOOL. Organes de la locomotion dans l'air ; véritables rames que l'être, qui en est muni, plie ou développe selon ses besoins pour trouver un point d'appui suffisant sur le fluide atmosphérique.

—Dans les Mammifères. Les Ailes ne sont pas un attribut de l'Oiseau et des Insectes seulement ; on en retrouve dans quelques Mammifères, les Chauves-Souris, par exemple, auxquelles le développement de membranes interdigitales, et un appareil musculaire approprié, ont donné la faculté précieuse de parcourir les airs. Ici, une véritable main et son bras sont devenus une Aile véritable. Il n'en est pas de même de membranes ou d'extentions cutanées, appelées improprement Ailes, qui se voient dans quelques autres Mammifères, tels que le Galéopithèque-volant, *Lemur volans*, L., les Polatouches, *Pteromys*, Cuv., et trois espèces de Phalangers, *Phalangista*, Illiger. *V.* ces mots. Ces prétendues Ailes, qui facilitent le saut et la rapidité de la course, dans les êtres qui en sont pourvus, n'ouvrent cependant pas à ceux-ci les routes de l'atmosphère, elles ne sont positivement pas propres au vol, n'étant munies d'aucun appareil qui détermine cette puissance ; leur rôle est celui du parachute ou de voiles, bien plus que de rames ou de gouvernail.

(B.)

—Dans les Oiseaux. Ces organes sont composés d'un appareil solide, autour duquel viennent se réunir les tendons, les muscles et les tégumens destinés à fixer et à assembler les plumes qui recouvrent l'Aile, et en forment les principaux matériaux. On distingue dans cet appareil : 1° l'*Humerus* ou l'os du bras, qui est attaché très-fortement à la jonction de l'omoplate avec la clavicule ; à l'autre extrémité de cet os viennent s'attacher le *Radius* et le *Cubitus*, formant l'avant-bras qui porte lui-même le *Carpe* et le *Métacarpe* ou la main. Cette dernière partie est susceptible de s'oblitérer plus ou moins fortement chez diverses espèces, de manière qu'il est quelquefois assez difficile d'y reconnaître les deux ou trois osselets et l'os styloïde qui constituent le carpe, et les trois phalanges formant les deux doigts du métacarpe. Ces os, très-grands relativement au volume total de l'Animal, sont construits de manière à admettre dans leur intérieur beaucoup d'air qui joue un très-grand rôle dans le mouvement du vol.

Les plumes qui garnissent l'Aile

diffèrent, quant à la forme et à la consistance, suivant leur position sur l'organe ; elles portent aussi des noms différens : on appelle *Rémiges* les grandes pennes qui composent l'Aile proprement dite; les dix plus extérieures, dont quatre garnissent le long doigt, sont les rémiges primaires; les rémiges secondaires, dont le nombre dépasse assez souvent dix, ont leur attache le long de l'avant-bras ; toutes sont aiguës et d'autant plus roides qu'elles s'éloignent davantage du corps. On aperçoit, en outre, trois à cinq plumes beaucoup plus petites et plus étroites que les rémiges, insérées au poignet le long du pouce ; elles forment l'*Aileron* ou le *fouet* de l'Aile. Les plumes molles qui, recouvrent les rémiges, sont appelées *Tectrices*; en dessus comme en dessous, elles sont ou *supérieures* ou *inférieures*, *grandes*, *moyennes* ou *petites* selon leur rang. Beaucoup d'Oiseaux ont, entre la véritable Aile et le flanc, un bouquet plus ou moins volumineux de plumes légères qui paraît aider beaucoup l'Animal dans un vol très-élevé ; ce bouquet, qui fait le plus bel ornement des Oiseaux de paradis, pourrait être appelé *Aile supplémentaire*.—L'Aile pliée comme étendue offre une surface convexe et une surface concave; cette forme est favorable à l'Oiseau pour mieux saisir la colonne d'air sur laquelle il appuie; et elle met en contact tous les points de l'Aile fermée contre les parties saillantes du corps. Les muscles, qui font mouvoir les Ailes, sont épais et volumineux ; ils sont attachés de manière à maintenir le mouvement des Ailes dans un seul sens. Une matière cornée, attachée en forme de griffe, dont sont armés l'un et quelquefois les deux doigts du métacarpe, dans quelques espèces, y rappelle assez bien la position des ongles aux doigts de la main. (DR..z.)

— DANS LES REPTILES ET POISSONS. Un genre de Saurien fossile et perdu, pris quelque temps, sur la foi de Blumenbach, pour un Ornitholite, et nommé Ptérodactyle, par Cuvier, qui sut reconnaître la véritable place occupée par cet Animal, entre les anté-diluviens, fut muni d'Ailes dans le genre de celles des Cheïroptères ; aujourd'hui un autre Saurien, le Dragon, voltige à l'aide de fausses Ailes situées horizontalement de chaque côté de l'épine du dos, entre les quatre pates. Ces parties supplémentaires membraneuses, couvertes de fines écailles, remplaçant les plumes ou le poil, soutenues chacune par six fausses côtes allongées en rayons cartilagineux, portent en l'air, durant quelques instans, l'Animal auquel elles ont mérité un nom trop fameux. *V.* PTÉRODACTYLE et DRAGON ; mais elles ont bien plus de rapport avec des nageoires de Poisson ; qu'avec l'attribut de l'Oiseau ou de la Chauve-Souris, et c'est en effet l'une des propriétés des nageoires du Poisson, qu'elles s'allongent aussi quelquefois en sorte d'Ailes ; dans ce cas, l'habitant des eaux, que la nature favorisa d'un développement extraordinaire de nageoires, partage, à certains égards, le privilége accordé par elle aux tribus aériennes. Ainsi, l'on voit des Muges ou des Exocets échapper aux poursuites des carnassiers de l'Océan, en s'élançant hors des vagues pour voltiger à leur surface, où bientôt ils deviennent la p. oie des Oiseaux voraces. — Quant à la figure ainsi qu'à la manière dont l'Animal les agite lorsqu'il nage, les nageoires des Raies pourraient être aussi comparées à de véritables Ailes, et de-là les noms vulgaires d'*Aigle*, d'*Ange* et de *Colombe*, donnés par les pêcheurs de divers pays, à certaines espèces de ces Séla-ciens, sur la classification desquels Blainville a publié de si ingénieux aperçus.   (B.)

—DANS LES INSECTES. On a donné ce nom à des appendices membraneux de formes très-variées, diaphanes ou opaques, nus ou couverts de poils et d'écailles, plus ou moins développés, toujours situés sur les parties latérales et supérieures du thorax, et ayant ordinairement pour fonctions d'exécuter le vol. Les Ailes ne se rencontrent que dans les Insectes hexapodes parfaits ; car l'état de larve n'en offre extérieurement aucune trace, et celui de nymphe en présente tout au plus des vestiges ; on n'en compte jamais plus de deux paires ; très-souvent il n'en existe qu'une seule, et dans plus d'un cas elles sont rudimentaires ou même disparaissent complètement. — On a distingué les Ailes, d'après leur position, en *premières*, *antérieures* ou *supérieures*, et en *secondes*, *postérieures* ou *inférieures*.—Les antérieures, toujours unies au mésothorax, ont, dans certains cas, reçu le nom d'*Elytres ;* les postérieures, attachées au métathorax, ont été appelées, dans leur état rudimentaire, *Balanciers*. — Nous décrirons ici leur composition, et les termes employés pour exprimer les modifications principales qu'elles éprouvent dans leurs développemens et leurs formes. Nous ferons connaître la manière dont elles s'articulent avec le thorax et les principales différences qu'elles offrent dans chaque ordre. Nous dirons enfin quelques mots de leur nature. — L'Aile d'un Insecte nous paraît formée de deux feuillets superposés, ordinairement membraneux, très-minces et transparens, constituant à eux seuls, dans certains cas assez rares, l'Aile tout entière, et occupant le plus souvent des intervalles que laissent entre elles des lignes de consistance cornée, saillantes, auxquelles on a donné le nom de nervures. Ces nervures qui, au premier coup-d'œil, ne paraissent être autre chose que de petits filets colorés, superficiels, dont les plus gros sont dirigés dans le sens de la longueur de l'Aile, sont contenues entre les deux feuillets de sa membrane, et présentent deux faces : l'une, supérieure, souvent arrondie et très-cornée, adhère intimement au feuillet correspondant ; l'autre, inférieure, plane, d'une consistance moindre, peut, avec quelques précautions ; s'isoler de la portion de l'Aile qui la recouvre. —On remarque, en outre, que ces filets sont autant de tubes, dont la coupe transversale est ovale,

et dont le diamètre diminue à mesure qu'ils se rapprochent du sommet de l'Aile : chacun d'eux est parcouru, dans toute son étendue, par un vaisseau que l'on reconnaît être une véritable trachée roulée en spirale, et anastomosée plusieurs fois avec des conduits de même nature. — Ces trachées reçoivent l'air qui vient de l'intérieur du corps, et qui a pour usage, suivant Swammerdam, Jurine et Chabrier, de distendre l'Aile dans l'action du vol. Elles n'éprouvent dans leur trajet aucune dilatation sensible, tandis que le tube corné, qui les contient, offre sous ce rapport des modifications assez curieuses ; il s'épanouit quelquefois tout-à-coup, de manière à présenter, sur une très-petite étendue de son trajet, un diamètre assez considérable. La matière qui le colore, se trouvant alors disséminée sur une plus grande surface, ne paraît plus que comme une légère nuance, et le tube corné, ou en d'autres termes, la nervure paraît interrompue : ces points transparens et accidentels ont été nommés *Bulles d'air* ; ils se rencontrent, le plus souvent, dans les nervures, dites cubitales, de plusieurs Hyménoptères, et semblent avoir, pour principal usage, de faciliter la formation de certains plis qui se forment pendant le repos. —Les plus grosses nervures partent de la base de l'Aile, c'est-à-dire, de son point d'insertion avec le thorax. Un habile observateur, feu Jurine, qui, dans un Mémoire important dont nous avons déjà tiré parti, a décrit avec exactitude l'Aile des Hyménoptères, et qui a fait une application très-heureuse de ses recherches à la classification des Insectes appartenant à cet ordre ; Jurine, dis-je, a imposé des noms particuliers aux principales nervures et aux espaces circonscrits par les rameaux secondaires qui en partent. Nous ferons connaître ici ces différentes dénominations, et nous les accompagnerons de quelques figures extraites de l'ouvrage, afin de rendre familière cette connaissance devenue indispensable aux entomologistes, à cause de l'usage fréquent qu'on en a fait depuis dans la méthode. (*V.* la deuxième livraison des planches de ce Dictionnaire.)

Avant d'aborder cette étude, nous indiquerons les différens noms donnés à l'Aile envisagée d'une manière générale. La *base* de l'Aile est cette partie qui l'articule avec le thorax. fig. 1. *b.* Le *bout*, que l'on nomme aussi *sommet*, *angle interne*, *angle antérieur*, est opposé à la base. fig. 1. *a.* Le *bord externe*, ou *bord antérieur* ou *bord d'en haut*, ou enfin *côte*, s'étend depuis la base jusqu'au bout. fig. 1. *d.* — L'*angle postérieur*, ou *angle interne*, ou *angle anal*, est formé par la réunion du bord postérieur et du bord interne. fig. 1. *c.* — Le *bord interne* s'étend depuis l'angle postérieur jusqu'à la base de l'Aile. fig. 1. *f.* Le *bord postérieur* commence aussi à l'angle postérieur de l'Aile et finit à son bout. fig. 1. *e.* Enfin, le *disque* est toute la partie de l'Aile comprise entre les bords. fig. 1. *g.* Latreille observe que ce disque répond à la surface, et qu'il serait mieux de désigner, par ce terme, le milieu de l'Aile.

Si l'on prend maintenant un Insecte hyménoptère quelconque, et qu'on observe, avec une loupe ou même à la vue simple, la grande Aile, on remarquera que son bord externe présente deux grosses nervures parallèles et rapprochées, tirant leur origine du thorax, et unies l'une à l'autre par une forte expansion de la membrane de l'Aile. La nervure externe a été appelée *Radius.* fig. 2. *a.*; et l'interne *Cubitus.* fig. 2. *b.* Chacune d'elles aboutit au *carpe* ou *point* de l'Aile, ou *stigmate* de quelques auteurs. fig. 2. *c.* Outre ces deux nervures qu'on nomme *primitives*, il en part plusieurs autres du même endroit qui ont reçu le nom commun de *brachiales*: fig. 2. *g.* Toutes ces branches principales, d'abord simples, ne tardent pas à se diviser, ou du moins à fournir un grand nombre de rameaux qui, en s'anastomosant entre eux, conservent des intervalles d'une forme et d'une étendue variables, remplis par la membrane de l'Aile : ces espaces sont les *Cellules*. Plusieurs d'entre elles, à cause de leur disposition constante dans chaque genre d'Insectes hyménoptères, ont attiré l'attention de Jurine qui s'en est servi avec avantage. Une nervure, appelée *radiale.* fig. 4. *a.* naissant ordinairement au milieu du carpe, et atteignant le bout de l'Aile, laisse, entre elle et le bord externe de cette dernière, un espace membraneux que Jurine nomme *Cellule radiale.* fig. 5. *a.* S'il part encore du carpe une petite nervure qui divise l'espace en deux parties, il en résulte deux cellules radiales. Dans ce cas, la grande nervure ne tire plus son origine du milieu du carpe; mais elle naît en arrière. fig. 2. *d.* Enfin, quelquefois il arrive que cette nervure radiale, partant du carpe, rencontre une petite nervure d'intersection qui sort du bord externe de l'Aile; alors on ajoute au nom de cellule radiale celui d'*appendicée.* fig. 3. *a.*

La seconde espèce de cellule a reçu le nom de *cubitale.* fig. 2. *e.* Elle est formée par le bord postérieur de la nervure radiale et par une autre nervure appelée *cubitale*, naissant de l'extrémité du cubitus près du carpe, et se dirigeant aussi vers le bout de l'Aile. fig. 4. *b.* Elle est très-souvent divisée en deux, trois ou quatre petites cellules, par des nervures d'intersection. fig. 5. *e.* Si deux des cellules secondaires, ordinairement la première et la deuxième, sont très-développées, et que la seconde, au contraire, se trouve tellement réduite qu'elle ne puisse plus s'élever jusqu'au bord de la nervure radiale, on remarque dans ce cas une disposition assez remarquable : les deux cellules développées, au lieu d'être séparées l'une de l'autre par tout l'intervalle de la seconde cellule, ne le sont plus dans un certain point que par une nervure, d'autant plus longue que la cellule intermédiaire est moins élevée; celle-ci ne conserve plus alors d'autre rapport avec la cellule radiale que de lui adhérer, au moyen de la nervure qui sépare les deux grands espaces, et qui constitue une sorte de tige en forme de pétiole, ce qui lui a valu le nom de cellule *pétiolée*. fig. 3. *b*. S'il arrive enfin que la nervure cubitale n'atteigne pas le bout de l'Aile, on appellera l'intervalle qu'elle concourt à former, cellule *incomplète*. fig. 4. *b*.

Nous avons dit que, indépendamment du cubitus et du radius, Jurine avait distingué, sous le nom de Brachiales, d'autres nervures, partant également de la base de l'Aile, fig. 2. *g*. Ces nervures en fournissent de secondaires qui remontent vers les cellules cubitales et aboutissent tantôt à la première et à la seconde en même temps, tantôt à la deuxième et à la troisième, d'autres fois à une seule; elles ont reçu le nom de nervures *récurrentes*. fig. 2. *f*. et 5. *b*. En s'anastomosant entre elles et avec le cubitus, les nervures brachiales et leurs rameaux forment plusieurs cellules, que Jurine a nommées *humérales*. fig. 5. *h. h. h. h. h*. Latreille distingue parmi elles les cellules discoïdales situées au centre de l'Aile en arrière du point. fig. 3, *i. i*. Les nervures récurrentes concourent toujours à les former. Dans les Lépidoptères, cette cellule, située aussi au centre de l'Aile, se prolonge sans interruption jusqu'à sa base.

Les différentes dénominations, que nous venons de faire connaître, peuvent être appliquées non-seulement aux Hyménoptères, que nous avons pris pour exemple; mais encore à tous les autres ordres; et on peut les employer avec plus ou moins d'avantage dans la classification.

Les Ailes, dont nous avons fait connaître la structure, s'articulent avec le thorax, au moyen de pièces que nous énumérerons aussi dans les Hyménoptères, d'après l'excellent Mémoire de Jurine. Ce que nous en dirons pourra être appliqué d'une manière générale aux autres ordres qui ont été étudiés, sous ce rapport

avec beaucoup de soin, par notre ami Chabrier, dans son important Essai sur le vol des Insectes (Mémoires du Muséum d'histoire naturelle, troisième année et suivantes).

Si cette étude eût été comparative; c'est-à-dire, si on se fût appliqué à rechercher dans chaque ordre les mêmes pièces articulaires, si on eût donné à celles qui étaient analogues des noms semblables, et qui ne fussent pas la traduction de leurs formes ou l'expression de leurs usages, nous aurions pu présenter ici une nomenclature générale; mais Jurine n'a étudié que les Hyménoptères, et il n'entrait pas dans le plan de Chabrier d'enrichir et de perfectionner le langage entomologique. Le but de ce dernier était d'arriver, par l'étude des Insectes, à la démonstration d'une Théorie sur le vol en général; en suivant cette route il a fourni à la science des matériaux extrêmement précieux et dont l'exactitude ressortira bien davantage lorsqu'on aura coordonné tous les détails, et présenté chaque fait sous son véritable point de vue; nous nous bornerons donc à parler des pièces articulaires qu'on rencontre chez les Hyménoptères, en indiquant les noms employés par Jurine. Ces osselets, auxquels nous appliquons le nom d'*épidème*, sont au nombre de sept pour la grande Aile ou Aile du mésothorax, et de cinq seulement pour la petite Aile qui appartient au métathorax. Les épidèmes articulaires de l'Aile du mésothorax sont: le *petit radial*, le *grand radial*, le *grand cubital*, le *petit cubital*, le *naviculaire*, le *petit huméral*, le *grand huméral*. La figure et la longueur de ces pièces sont très-différentes; unies entre elles par une membrane, elles s'articulent d'une part, avec le mésothorax, et de l'autre avec les principales nervures de l'Aile; elles communiquent à celle-ci plusieurs mouvemens, et sont pourvues, à cet effet, de trois muscles propres: le premier, d'abord divisé en deux portions insérées dans la cavité thoracique, se réunit bientôt en une seule, implantée sur un tendon commun qui s'attache à la pièce nommée petit radial; ce muscle, par ses contractions, abaisse la base de l'Aile, et soulève par conséquent son extrémité. Le second muscle, moins long que le précédent et simple, se fixe aussi, par l'une de ses extrémités, dans la cavité thoracique, tandis que l'autre se termine à l'épidème désigné sous le nom de petit huméral; il fait exécuter à l'Aile des mouvemens de bascule et en abaisse le bord interne. Enfin le troisième muscle s'insère également, d'une part, dans la cavité thoracique, et se fixe, de l'autre, à l'épidème, petit cubital; il agit de concert avec le précédent. — L'articulation de l'Aile, avec les épidèmes, se fait directement au moyen du grand radial, du petit radial, du grand cubital et du petit cubital; les deux premiers s'unissent au radius, le troisième s'insère au cubitus, et le dernier aboutit à la nervure humérale. — Les petites pièces, qui s'articulent avec le thorax, sont le grand huméral, qui est uni aux prolongemens latéraux de l'écusson et qui conserve aussi des rapports avec le grand cubital et le grand radial, au moyen d'un épidème articulaire, nommé petit huméral; enfin, le naviculaire présente deux cavités, dont l'une reçoit l'extrémité de l'os corné (*Poscutellum*), et l'autre la tête de l'humerus qu'on peut considérer comme une autre pièce de l'Aile, munie d'un muscle à son extrémité libre.

Nous avons dit que les osselets de la petite Aile ou Aile du métathorax étaient seulement au nombre de cinq. Ils se nomment l'*Echancré*, le *Scutellaire*, le *Diademal*, le *Fourchu*, la *Massue*. Il nous serait aisé de prouver que ces épidèmes sont les mêmes que ceux de la grande Aile, et qu'on ne doit pas leur assigner des noms différens; mais, pour établir cette vérité et la présenter avec clarté, il faudrait entrer dans de longs développemens que n'admet pas la nature de cet ouvrage: il nous suffira d'observer que ces pièces s'articulent d'une part avec

les nervures de l'Aile, et de l'autre avec le métathorax; qu'elles sont unies ensemble par une membrane commune, et que trois d'entre elles, savoir l'échancré, le diademal et le fourchu, sont pourvues de muscles fixés dans la cavité thoracique.

Aux dénominations que nous avons données de plusieurs parties de l'Aile, nous devons en ajouter quelques-unes, fondées sur leurs proportions et leurs formes. — Tantôt elles sont égales, *æquales*, c'est-à-dire, toutes les quatre de même grandeur; tantôt inégales, *inæquales*, quand deux d'entre elles sont plus grandes que les deux autres; —lancéolées, *lanceolatæ*, lorsqu'elles sont amincies à leur base et à leur sommet;—en forme de faulx, *falcatæ*, lorsque le sommet est courbé comme une faulx;—linéaires, *lineares*, quand elles sont étroites et à bords parallèles; — en massue, *clavatæ*, lorsqu'étant linéaires elles sont un peu plus grosses à leur sommet; —arrondies, *rotundatæ*, lorsqu'elles se rapprochent de la forme d'un cercle; —oblongues, *oblongæ*, lorsqu'elles sont plus longues que larges et figurent une ellipse très-allongée, obtuse aux deux extrémités; — rhomboïdes, *rhomboidales*, quand elles approchent de la forme d'un rhombe, ce qui a lieu lorsqu'elles ont plus de longueur de l'angle postérieur au sommet, que de cet angle à la base; —deltoïdes, *deltoideæ*, en forme d'une lettre grecque nommée *delta*; elles sont alors très-obtuses et comme coupées postérieurement; — découvertes, *exsertæ*, lorsque les Ailes postérieures dépassent les élytres; — couvertes, *tectæ*, lorsqu'elles sont tout-à-fait cachées sous les élytres;— pliées, *plicatæ*, lorsqu'elles sont pliées longitudinalement quelquefois à la manière d'un éventail; — repliées, *replicatæ*, lorsqu'étant pliées longitudinalement elles sont ensuite repliées sur elles-mêmes; — en recouvrement, *incumbentes*, lorsque le bord postérieur de l'une recouvre celui de l'autre; — croisées, *cruciatæ*, quand le sommet de l'une recouvre entièrement le sommet de l'autre; —

étendues, *patentes*, *patulæ*, lorsque dans le repos elles sont ouvertes, et laissent l'abdomen à découvert; — droites, *erectæ*, quand dans le repos elles sont relevées perpendiculairement à la surface du corps; — conniventes, *conniventes*, lorsqu'étant relevées elles se touchent par un sommet ou un point quelconque de leur face supérieure; — penchées, inclinées, *deflexæ*, lorsque le sommet est comme pendant, c'est-à-dire, sur un plan moins élevé que la base; — striées, *striatæ*, lorsqu'il y a des lignes élevées formant de très-petits sillons parallèles et longitudinaux; — réticulées, *reticulatæ*, lorsque ces lignes sont disposées en réseaux, comme de la dentelle; — veinées, *venosæ*, quand elles offrent des nervures longitudinales très-prononcées, se divisant en rameaux plus déliés; — membraneuses, *membranaceæ*, lorsqu'elles sont minces, flexibles, transparentes ou opaques, et ressemblent à une membrane; — écailleuses, *squammatæ*, lorsqu'elles sont recouvertes d'une poussière, dont tous les grains vus à la loupe, représentent autant d'écailles imbriquées; — farineuses, *farinosæ*, quand elles paraissent comme saupoudrées d'une poussière ressemblant à de la farine, et qui s'enlève avec la plus grande facilité; — poilues, *pilosæ*, lorsqu'on voit sur leurs surfaces de petits poils plus ou moins nombreux; — nues, *nudæ*, lorsqu'elles en sont privées; — de même couleur, *concolores*, lorsqu'elles sont de même couleur en dessus et en dessous, et que les deux paires ne diffèrent pas l'une de l'autre sous ce rapport; — vitrées, *fenestratæ*, lorsque les Ailes étant opaques, on remarque des taches tout-à-fait transparentes; — oculées, *oculatæ*, quand elles présentent des taches circulaires de différentes couleurs, figurant assez bien un œil; — à prunelle, *pupillatæ*, lorsqu'étant oculées, il existe au centre du cercle un point coloré; — aveugles, *cæcæ*, quand on ne remarque point d'œil; — à bandes ou fasciées, *fas-*

ciatæ, lorsqu'il y a plusieurs lignes assez larges et colorées; ces bandes sont transverses ou transversales, longitudinales, obliques, lancéolées, linéaires, réniformes, c'est-à-dire en forme de rein ou de graine de Haricot, maculaires, lorsqu'elles résultent de l'addition successive d'un plus ou moins grand nombre de taches; bifides, trifides, lorsque ces bandes sont fendues en deux ou en trois, plus ou moins profondément; — avec des raies, *strigatæ*, lorsque ces lignes sont très-étroites et ne figurent plus des bandes ou rubans.

Les bords des Ailes ont fourni aussi à la méthode plusieurs caractères et quelques dénominations à ajouter aux précédentes: — Les Ailes sont crénelées, *crenatæ*, quand leurs bords présentent alternativement de légères incisions et des dents, et que celles-ci sont obtuses et non dirigées vers le sommet ni vers la base; — dentelées, *dentatæ*, lorsque, les incisions étant plus profondes, les dents sont aiguës; — frangées, *fimbriatæ*, quand elles sont bordées de dents allongées, pointues et très-serrées; — laciniées, *laciniatæ*, lorsqu'elles sont comme déchiquetées, les découpures paraissant alors irrégulières, chacune d'elles ayant à peu près la même étendue; — déchirées, *erosæ*, lorsque les incisions étant irrégulières, elles ne gardent entre elles aucun ordre, n'ont aucune proportion semblable, et paraissent enfin comme déchirées; — fendues, *fissæ*, quand les divisions sont très-profondes; — digitées, *digitatæ*, lorsque les divisions sont profondes, et qu'il en résulte des espèces de lanières figurant les doigts de la main; — échancrées, *emarginatæ*, quand il y a une incision, ordinairement peu profonde, et qui ne divise pas l'Aile, mais paraît lui enlever une petite portion de sa substance; — en queue, *caudatæ*, lorsque le bord postérieur présente un appendice le dépassant plus ou moins; — ciliées, *ciliatæ*, lorsqu'elles sont terminées par des poils très-serrés en forme de cils.

Sous le rapport de leur sommet, les Ailes sont : obtuses, *obtusæ*, lorsqu'elles se terminent par un bord arrondi ; — coupées ou tronquées, *truncatæ*, lorsque le sommet paraît avoir été coupé ; — pointues, *acutæ*, lorsqu'elles finissent en pointe ; — *acuminatæ*, quand cette pointe est aiguë et prolongée.

Nous nous sommes étendus sur plusieurs dénominations appliquées aux Ailes, parce que c'est surtout dans un ouvrage comme celui-ci qu'on doit trouver la définition des termes qui se rencontrent à chaque page dans les ouvrages d'Entomologie. Les Ailes, d'ailleurs, ont fourni à plusieurs auteurs des caractères pour la division des Insectes en plusieurs ordres, désignés sous les noms de *Coléoptères* ou Ailes en étui ; d'*Orthoptères*, ou Ailes droites ; d'*Hémiptères* ou demi-Aile, c'est-à-dire, Ailes demi-coriaces ; de *Névroptères*, ou Ailes à nervure ; d'*Hyménoptères*, ou Ailes en membrane ; de *Lépidoptères*, ou Ailes en écailles ; de *Strépsiptères*, ou Ailes torses ; de *Diptères*, ou deux Ailes. — Le développement des Ailes est toujours en rapport avec le développement de l'arceau supérieur qui les supporte. C'est un fait constant, et sur lequel nous reviendrons au mot Thorax. — Dans les Coléoptères, les Ailes antérieures ont éprouvé une modification très - remarquable : elles sont très-semblables, quant à la consistance, aux différentes pièces qui forment la charpente du corps ; on les nomme *Elytres. V.* ce mot. Latreille et moi avons observé, à la base des élytres des Dytiques, et sur le segment qui les supporte, une petite lame membraneuse assez étendue : nous avons, dans des Mémoires *ad hoc*, apprécié ce fait à sa juste valeur. Déjà Degéer avait aperçu cette membrane au-dessous des élytres du grand Hydrophile. Elle n'est autre chose que la portion la plus reculée de l'Aile, et répond à l'aileron des Diptères. Les élytres recouvrent une seconde paire d'Ailes membraneuses, fixée au métathorax, ordinaire-

ment très-développée, quelquefois, au contraire, réduite à des rudimens presque imperceptibles qui disparaissent tout-à-fait dans certains cas. — Chez plusieurs Hémiptères, les premières Ailes sont des demi-élytres, c'est-à-dire, solides dans une portion de leur étendue, et membraneuses dans l'autre ; la forme et la consistance des Ailes antérieures d'un grand nombre d'Orthoptères, rappellent encore les élytres des Coléoptères ; les premières Ailes des Névroptères ne diffèrent pas essentiellement des secondes ; elles sont réticulées ; celles des Lépidoptères offrent plusieurs particularités fort curieuses. Les nervures qui bornent latéralement la cellule discoïdale présentent, à leur sortie du thorax, chez tous les individus du genre Satyre, deux renflemens que Godart, qui s'occupe avec autant de zèle que de succès de la classe des Papillons, et qui possède un grand nombre de faits relatifs à leur histoire, a eu la bonté de nous faire connaître. — Les Ailes de tous les Lépidoptères sont revêtues d'une poussière dont chaque grain est une petite écaille de forme très-variable, le plus souvent dentée au sommet ; la base de chacune d'elles est un pédicule fixé sur l'Aile membraneuse qui offre des stries transversales plus prononcées auprès des nervures. L'Aile postérieure ou la petite Aile des Lépidoptères crépusculaires et nocturnes présente auprès de sa base, suivant l'observation de Latreille, une sorte d'épine ou de crochet corné, grêle, aigu, roide, un peu arqué, qui la fait adhérer à la grande en le fixant à une petite saillie existant à la face inférieure de celle-ci. Latreille désigne cette épine sous le nom de crochet alaire ou de frein, *frenum*. L'Aile antérieure des Insectes de cet ordre est enveloppée à sa base par une pièce observée la première fois par Degéer, et qui, d'après Latreille, est l'analogue de ce que Kirby a appelé élyt. e dans les Strépsiptères ; cette pièce est, selon nous, l'*hypoptère* devenu libre. *V.* ce mot.

Les Hyménoptères offrent aussi cette même pièce qui a reçu chez eux le nom d'*Epaulette*. (*Cuilleron* , Jurine.) Leurs Ailes présentent des nervures nombreuses que nous avons décrites précédemment. Les inférieures ont, en outre, une portion de leur bord antérieur garnie de petits crochets contournés en S, qui s'accrochent au bord postérieur des Ailes du mésothorax, et unissent ces deux appendices entre eux. Enfin, les Diptères ne présentent plus que la paire d'Ailes antérieures, dont l'Aileron, *V.* ce mot, est une dépendance. Les Ailes postérieures manquent complètement chez les uns, et ne consistent plus chez les autres qu'en une tige grêle et mobile, nommée *Balancier*. *V.* ce mot. Latreille ne regarde pas cet appendice comme l'analogue des Ailes inférieures.

Les Ailes, considérées dans la série des Insectes hexapodes, ont une forme, une consistance, un développement, des usages très-variés. Les différences qui dépendent de la forme, et surtout de la consistance, sont assez graduées, et on n'aperçoit pas, en général, entre des individus d'un même genre, et surtout d'une même espèce, de très-grandes anomalies. Il n'en est pas de même lorsqu'on étudie leur développement et leurs usages : quelles dissemblances n'observe-t-on pas sous ce rapport entre des individus, d'ordres, de familles, de genres, d'espèces, et même de sexes différens! En nous attachant seulement à celles que présentent ces derniers, ne voyons-nous pas une foule d'individus femelles de tous les ordres privés d'Ailes, tandis que les mâles en sont pourvus ; et pour ce qui concerne leurs usages, quelles variétés ne nous offrent-elles pas ! Ici, ce sont des enveloppes coriaces, recouvrant les Ailes inférieures, et agissant de concert dans l'action du vol. Là, les élytres ne jouissent plus de cette faculté, mais protégent l'abdomen, et se soudent entre elles par leur bord postérieur; dans ce cas, les Ailes inférieures disparaissent entièrement; ailleurs, elles ont une fonction très-singulière, elles se convertissent en un organe musical. Souvent enfin, quoique membraneuses, elles ne sont jamais d'aucun usage pour le vol, et, dans certaines circonstances, elles tombent après l'accouplement. Considérée sous ces divers points de vue, l'étude des Ailes devient très-intéressante, et conduit à des résultats qu'on était loin d'entrevoir. On se demande alors ce qu'elles peuvent être : sont-ce des organes accordés aux seuls Insectes? Les rencontre-t-on chez des Animaux inférieurs ou plus élevés dans l'échelle des êtres ? N'auraient-elles pas, enfin, leurs analogues dans quelques autres parties du corps de l'Insecte? Jurine les a trouvées semblables aux Ailes des Oiseaux, sous un double rapport, celui de leurs fonctions et celui de leur composition. De-là, les noms d'*Humerus*, de *Radius*, de *Cubitus*, de *Carpe*, assignés aux différentes pièces, et que nous adoptons en leur donnant une acception autre que celle qu'on leur accorde, dans l'anatomie des Animaux vertébrés. Latreille, dans un Mémoire ayant pour titre *de la formation des Ailes des Insectes*, lu à l'Académie des Sciences dans la séance du 27 décembre 1819, a envisagé la question sous un point de vue moins élevé, et par cela même plus voisin de l'observation. Sa manière de voir est que, malgré la disparate énorme qui paraît exister entre les Ailes des Insectes et leurs membres inférieurs, on peut rapporter les premières à ces derniers ; il trouve que les Ailes ressemblent beaucoup aux pates branchiales de l'abdomen de certains Crustacés, et surtout à celles des Caliges qui ne diffèrent guère des Ailes des Insectes nommés Ptèrophores ; il aperçoit encore une très-grande ressemblance entre les Ailes et les nageoires trachéales des larves d'Éphémères. Se fondant sur ces analogies et sur plusieurs autres de même valeur, l'auteur se demande si les Ailes des Insectes ne seraient pas des pates trachéales ; il explique le sens de sa pensée, en comparant les membranes, comprises entre les nervures, aux trachées contournées en spirale ; et en retrouvant l'analogue de la hanche, de la cuisse et de la jambe dans les épidèmes articulaires de l'Aile. Déjà Blainville avait avancé que les Ailes n'étaient autre chose que des trachées renversées, remplaçant les stigmates des deux segmens alifères ; mais si, dans plusieurs Chenilles, les anneaux, qui correspondent au mésothorax et au métathorax, sont privés d'ouvertures trachéales, ainsi qu'il l'avance à l'appui de son opinion, il est bien certain que ces ouvertures existent dans les Insectes parfaits, indépendamment des Ailes, et que, par conséquent, ces dernières ne peuvent les représenter. Enfin, Latreille a complété toutes ces preuves, en faisant voir l'analogie frappante qui existe entre les pieds nageoires des Gyrins et certaines Ailes.

Le Mémoire de Latreille tendait à inférer que les Ailes étaient de véritables pates ; ce résultat, déduit en partie de l'observation, paraissait si extraordinaire à l'auteur lui-même, qu'il crut devoir y réfléchir de nouveau, et que, dans un second Mémoire aussi curieux que le précédent et accompagné d'un grand nombre de faits, il abandonna en partie son opinion. Cependant, nous avions été frappés de l'analogie qui existe entre la composition des pates et celle des Ailes ; et si nous ne partagions pas, sur l'origine de ces dernières, l'opinion de Latreille, c'est parce que leur position sur le dos et sur un segment pourvu déjà de pates, ne nous permettait pas de les considérer comme les analogues de celles-ci. Le fait de la ressemblance, sous tous les autres rapports, n'en existait pas moins ; il nous sembla même qu'il pouvait très-bien être expliqué, en envisageant la question sous un nouveau point de vue. Cet examen devint le sujet d'un Mémoire offert à l'Académie des Sciences, et dont nous n'exposerons ici que les principaux résultats. Nous y avons établi : 1° qu'un

anneau quelconque du corps d'un Animal articulé n'est pas simple, mais composé de deux demi-arceaux joints, le plus souvent, par les deux points de leur section ;

2°. Que l'arceau supérieur constitue le dos, et l'inférieur la poitrine ; et que chacun d'eux est formé essentiellement d'un même nombre de pièces, trois pour l'arceau inférieur, le *sternum* sur la ligne moyenne, et un *épimère* de chaque côté ; et trois pour l'arceau supérieur, le *tergum* sur la ligne moyenne, et un *épisternum* de chaque côté ;

3°. Que si l'arceau inférieur donne attache entre le sternum et l'épimère à une paire d'appendices appelée pates, l'arceau supérieur fournit de même insertion à une paire d'appendices nommée Ailes, fixée au même point correspondant, c'est-à-dire, entre le sternum et l'épisternum ;

4°. Qu'on ne peut tirer d'autre conclusion de ces faits positifs, si ce n'est que les Ailes sont, à l'arceau supérieur ou au dos, ce que les pates sont à l'arceau inférieur ou à la poitrine ; mais qu'elles ne doivent jamais être confondues en un seul et même organe, car les Ailes ne deviendront jamais des pates, et *vice versâ* ;

5°. Que le dos ayant la même composition que la poitrine, les appendices de ces parties peuvent se ressembler au point de s'y méprendre, ainsi qu'on le remarque dans les filets terminaux de l'abdomen d'un grand nombre d'Insectes, celui des Blattes par exemple, dont deux appartiennent évidemment à l'arceau supérieur, et deux à l'arceau inférieur ; qu'à cette cause, enfin, est due l'analogie de forme, de composition, de structure, etc., etc., que Latreille a dit exister, et qui existe réellement entre les Ailes et les pates ;

6°. Que, de même qu'on voit les appendices inférieurs affecter des formes très-variées, qui souvent les font méconnaître au premier abord, de même les appendices supérieurs peuvent éprouver des modifications très-grandes, suivant qu'ils sont placés sur la tête, le thorax ou l'abdomen de l'Insecte. Dans le premier cas, ils constituent les mandibules et les antennes; dans le second, les Ailes modifiées en élytres, en balanciers ou en ailerons; et dans le dernier, plusieurs filets qui, lorsqu'ils sont réunis, constituent l'étui de la tarière ou de l'aiguillon chez la femelle, et d'autres parties chez le mâle;

7°. Enfin, que si, en ne nous écartant en aucune manière de l'observation, nous avons fait voir que les mandibules, les antennes, les Ailes, plusieurs filets, et autres appendices de l'abdomen, sont des dépendances de l'arceau supérieur, de même que les pates, etc., etc., appartiennent à l'arceau inférieur, nous ne prétendons pas disputer ensuite sur la nature de chacune de ces parties, et dire que les antennes soient des Ailes, ou celles-ci des antennes, car les preuves à l'appui de cette opinion ne pourraient tomber sous les sens, et il nous semble que nous avons simplement exposé les faits fournis par la dissection, et énoncé les conséquences qui en découlent immédiatement.

On voit, par l'exposé de ces résultats, que l'existence des Ailes, qui serait une chose très-anomale si on considérait l'anneau du corps d'un Animal articulé comme un cylindre, n'ayant d'autre appendice que les pates, devient un fait très-intelligible, lorsqu'on sait que chaque segment est composé de deux demi-arceaux ayant une composition analogue; et que les Ailes sont au supérieur ce que les pates sont à l'inférieur, c'est-à-dire, des appendices susceptibles d'être employés, chacun de leur côté, à des usages extrêmement variés, mais semblables jusqu'à un certain point sur un même segment, puisque, tandis que les pates servent à la locomotion terrestre ou aquatique, les appendices de l'arceau supérieur ou les Ailes exécutent la locomotion aërienne. — Il nous resterait encore beaucoup de choses à dire sur les Ailes, envisagées sous tous ces rapports: nous y reviendrons aux mots

ELYTRES, BALANCIERS, THORAX, BOURDONNEMENT, VOL. (AUD.)

AILES. *Alæ*. BOT. On donne ce nom, en botanique, aux appendices minces et membraneux, étendus sous forme d'Ailes, et que l'on observe sur certains organes des Végétaux que l'on dit alors être *Ailés*. Ainsi, la tige est *Ailée* toutes les fois que les feuilles sont décurrentes, comme dans le Bouillon blanc, la Consoude, etc. Les graines des Pins, les fruits de l'Orme, de l'Erable, etc., sont Ailés.

On désigne encore, sous le nom d'Ailes, les deux pétales latéraux dans les corolles polypétales, irrégulières, papilionacées, comme dans le Haricot, le Pois, etc. (A. R.)

AILLAME. BOT. PHAN. Syn. de Sorbier des Oiseaux, *Sorbus Aucuparia*, L. en quelques cantons de la France. (B.)

AILLEFER. BOT. PHAN. Syn. d'*Allium sphærocephalum*, L. et d'*Allicum carinatum*, espèces d'Aulx, dans quelques parties de la France méridionale. (B.)

* AILLERS. BOT. CRYPT. (*Champignons.*) Nom collectif employé par quelques auteurs pour désigner des Agarics remarquables par une odeur d'Ail. (B.)

* AIMAGOGON. BOT. PHAN. (Dioscoride.) Syn. de Pivoine. (B.)

AIMANT ou PIERRE D'AIMANT. MIN. Substance du genre Fer qui jouit de la double propriété d'attirer ce métal, et de lui communiquer la faculté d'attirer d'autre Fer, en même temps que l'une de ses extrémités se dirige vers le nord et l'autre vers le sud. Les anciens connaissaient déjà la première de ces propriétés; quant à la seconde, elle paraît n'avoir été connue qu'à l'époque du douzième siècle. On n'en fit d'abord qu'un simple objet de curiosité; mais son application à la navigation, par suite de l'invention de la boussole, dont plusieurs nations se disputent encore aujourd'hui la gloire, nous offre une nouvelle preuve, dit Haüy, que les objets qui ne semblent devoir conduire qu'à des spéculations curieuses ont un but d'utilité cachée. C'est ce qui est démontré presque chaque jour par les applications que reçoivent dans les ateliers des arts les observations et les recherches faites dans les laboratoires des physiciens et des chimistes. Quant aux caractères de ce Minéral, *V*. FER OXYDULÉ et MAGNÉTISME.　　　　　　(LUC.)

AIMANT DE CEYLAN. C'est un des noms de la *Tourmaline*, que l'on a encore appelée *Aimant de cendres*.
　　　　　　　　　　　　(LUC.)

* AIMIR, AIMIT ou HAGUIMIT. BOT. PHAN. Arbre indéterminé des îles de l'Inde orientale, dont les fruits peuvent se manger, et qui pourrait bien être un Figuier.　　　(B.)

* AIMORRA. BOT. PHAN. (Dioscoride.) Probablement l'*Anthemis tinctoria*, L.　　　　　　　(B.)

* AIMOS. BOT. PHAN. (Dioscoride.) Syn. de Ronce.　　　(B.)

* AIMOSTARIS. BOT. PHAN. (Dioscoride.) Syn de Nérion.　(B.)

AIMOU. OIS. Syn. de grand Tétras, *Tetrao major*, L. à la Guyane. *V*. TÉTRAS.　　　　　(DR..Z.)

AIN-PARITI. BOT. PHAN.(Rhéede.) Ketmie indéterminée, encore qu'elle ait été figurée dans l'*Hortus malabaricus*. VI. tab. 43. Elle est cultivée dans l'Inde comme Plante d'ornement.　　　　　　　　(B.)

* AIOLÉ. POIS. (Daubenton.) Syn. du Scare Kakatoi de Lacépède. *V*. SCARE.　　　　　　　(B.)

* AIOLOS. POIS. (Rondelet.) Espèce de Spare. *V*. ce mot.　(B.)

* AIONION. BOT. PHAN. (Dioscoride.) Syn. de Sedum.　　(B.)

AIOTOCHTLI. MAM.(Hernandez.) Syn. de *Dasypus octocinctus*, L. espèce de Tatou. *V*. DASYPE.　(B.)

*AIOUROUR ou AIOUROUS. OIS. Noms de quelques Perroquets d'Amérique qui paraissent dérivés d'*Aiuru*, *V*. ce mot, et rapportés par divers auteurs qui n'ont pas suffisamment fait connaître les Oiseaux auxquels ils les ont appliqués.　　(B.)

* AIPHANES. BOT. PHAN. Genre de Palmiers de l'Amérique méridio-

nale, établi par Willdenow et caractérisé de la manière suivante : fleurs hermaphrodites ; calice double, l'intérieur et l'extérieur tripartites ; six étamines libres ; style trifide ; drupe sphérique, charnu, monosperme ; feuilles pennées ; spadices rameux ; spathe d'une seule feuille. Ce genre paraît avoir beaucoup d'affinité avec le genre Bactris de Jacq. (Willd. *in Act. soc. Berol.* 1801. Kunth *in Humb. et Bonp. Nov. Gen. et Sp.* 1. p. 303).　　　　　　　(K.)

AIPI. BOT. PHAN. Espèce indéterminée de Cynanque des Antilles. (B.)

* AIPYSURE. *Aipysurus*. REPT. OPH. (Lacépède.) *V*. HYDROPHIS.

AIR. Qualification générale donnée à tout fluide élastique et invisible. On désigne ordinairement par ce seul mot la masse atmosphérique qui enveloppe le globe ; elle est inodore, insipide, pesante, douée d'une extrême mobilité, susceptible de dilatation et de condensation, etc., etc. Les premières expériences qui prouvèrent la pesanteur de l'Air sont dues à Galilée qui, ayant pesé un vase, y introduisit le plus d'Air possible, à l'aide d'une pompe foulante ; il le pesa de nouveau et constata le poids du nouvel Air qu'il y avait introduit. Bientôt après, l'invention de la machine pneumatique permit de constater le même phénomène par l'expérience contraire, c'est-à-dire par la soustraction de l'Air contenu dans un vase semblable. Enfin il était réservé à Toricelli de déterminer exactement cette pesanteur et d'en suivre toutes les variations, à l'aide du baromètre qu'il inventa, et auquel Pascal donna le plus haut degré d'utilité en le faisant concourir à la mesure de la hauteur des lieux sur lesquels une différence de hauteur, dans la colonne d'Air, doit nécessairement produire des pressions différentes. —La vessie à demi pleine d'Air, exposée à l'action de la chaleur, ou placée sous le récipient de la machine pneumatique en activité, se gonfle spontanément, ce qui prouve la dilatabilité et l'élasticité du fluide ; on sait combien aussi il peut être comprimé et condensé dans le réservoir du fusil à vent. — L'Air contient entre ses molécules une grande quantité de calorique qui se condense au point d'occasioner l'ignition, lorsqu'on comprime vivement ces molécules; c'est ce que démontre l'étincelle du briquet ordinaire, l'expérience d'un briquet pneumatique.—L'Air dissout de très-grandes masses d'eau et surtout de vapeurs aqueuses, et c'est cette propriété dissolvante, augmentée ou diminuée par le mouvement accéléré ou ralenti des molécules du fluide et par la présence d'une plus ou moins grande quantité de calorique, qui devient la cause principale des météores aqueux.

L'Air contient, dans un état de modification convenable, le principe essentiel à la vie; long-temps on l'avait regardé comme un corps simple, comme une substance élémentaire; mais les immortels travaux de Lavoisier ont fixé l'opinion, depuis long-temps incertaine, sur les quatre élémens que l'antique école avait admis comme générateurs de toutes choses. Le philosophe français avait observé que, dans le phénomène de la vie comme dans celui de la combustion, les trois quarts environ du fluide étaient refusés et n'y concouraient point. Il pensa d'abord que, dans l'une et l'autre opération, il se formait un ou plusieurs produits nouveaux qui masquaient les véritables propriétés de l'Air; et en effet il constata quelque chose de semblable: mais une longue série d'expériences, toutes plus ingénieuses les unes que les autres, ayant perfectionné tous ses moyens d'analyse, il fut enfin conduit au but glorieux de ses belles recherches. A l'aide de la doctrine pneumatique, dont il fut le fondateur, il prouva qu'à toutes les températures, comme à toutes les hauteurs connues, l'Air atmosphérique, débarrassé de toute humidité qui n'est qu'accidentelle, offre dans sa composition 21 parties de Gaz oxygène et environ 79 de Gaz azote, plus une très-petite quantité de gaz acide carbonique.

On estime de 15 à 16 lieues la puissance de la couche d'Air atmosphérique qui ceint de toutes parts le globe terrestre. *V*. ATMOSPHÈRE, BAROMÈTRE, COMBUSTION, RESPIRATION, VÉGÉTATION, GAZ OXYGÈNE, etc., etc.

AIR DÉPHLOGISTIQUÉ. En admettant, avec les partisans du système de Stahl, que le Phlogistique était un corps qui s'opposait à la combustion, les réformateurs de l'ancien langage chimique, qui avaient reconnu dans le Gaz oxygène des propriétés éminemment comburantes, ont dû le regarder d'abord comme totalement dépouillé de Phlogistique; aussi lui ont-ils donné ce nom que bientôt après Lavoisier fit oublier. *V*. GAZ OXYGÈNE.

AIR FIXE. *V*. ACIDE CARBONIQUE.

AIR INFLAMMABLE. Nom que l'on donna primitivement au Gaz hydrogène; il exprime la propriété qu'a ce fluide de brûler avec flamme, lorsqu'il y a concours d'Oxygène.

AIR MÉPHITIQUE. Ancien nom, devenu vulgaire, de l'Acide carbonique. *V*. ce mot.

AIR PHLOGISTIQUÉ. C'est ainsi que l'on appela le Gaz hydrogène à l'époque de sa découverte, avant qu'une nomenclature philosophique eût entièrement remplacé l'ingénieux système auquel Stahl dut avoir recours dans l'état où, de son temps, se trouvait la chimie dont il prépara la brillante époque. *V*. GAZ AZOTE.

AIR VITAL. C'est le premier nom qui fut imposé au Gaz oxygène, découvert en 1774 par Priestley. Condorcet l'employa dans les Mémoires de l'Académie. *V*. GAZ OXYGÈNE.

(DR..Z.)

AÏRA. BOT. PHAN. *V*. CANCHE.

AIRAIN ou BRONZE. MIN. Alliage de Cuivre et d'Etaim dont les proportions varient suivant les usages. Pour les pièces d'artillerie M. Dussaussoy a prouvé, par de belles expériences faites en grand, que les proportions les plus convenables sont 100 p. de Cuivre et 11 d'Etaim. Les armes et les outils en Bronze, dont se servaient les anciens, contenaient 100 de Cuivre et 14 à 15 d'Etaim ; on leur donnait de la dureté au moyen de l'écrouissage et non par la trempe, qui rend au contraire les Bronzes malléables et fragiles. L'Airain sonore, dont on fabrique les cloches, est un alliage de 75 p. de Cuivre et de 25 d'Etaim.

(DR..Z.)

AIRE. OIS. Nom donné aux nids des grands Oiseaux de proie. L'Aire de l'Aigle, construite sur les rocs les plus élevés, est soutenue par des morceaux de bois qui souvent n'ont pas moins de cinq ou six pieds ; des mousses et des feuilles sèches en tapissent l'intérieur. On prétend y avoir trouvé jusqu'à des ossemens d'enfans, apportés par cet Oiseau pour la nourriture de ses Aiglons. On dit encore que les Aigles qui sont monogames ne changent jamais d'Aire, et que celle que chaque couple édifie, pour ses premières amours, demeure son lit conjugal pendant toute la vie des deux époux. (B.)

AIRELLE. *Vaccinium*, L. BOT. PHAN. Famille des Bruyères de Jussieu, Décandrie Monogynie, L. Dans ce genre l'ovaire est infère, à quatre ou cinq loges polyspermes, couronné par le limbe du calice qui présente quatre ou cinq dents ; la corolle est monopétale, subcampanulée, à quatre ou cinq lobes réfléchis, à huit ou dix étamines incluses, dont les anthères allongées offrent deux loges et sont bifides à leur sommet, tantôt munies, tantôt dépourvues d'appendices en forme de cornes. Le fruit est une petite baie globuleuse, couronnée par le limbe du calice. Elle offre quatre ou cinq loges polyspermes. — Les Airelles sont des Arbustes, très-rarement des Arbrisseaux, à feuilles alternes ou éparses, ordinairement entières, et dont les fleurs sont axillaires ou en épis. — On connaît à peu près une quarantaine d'espèces de ce genre, toutes d'un port élégant ; environ les deux tiers sont originaires des différentes contrées de l'Amérique septentrionale : les autres croissent dans l'Amérique méridio-

nale, le Japon et l'Europe. Aucune espèce n'a encore été trouvée en Afrique.

Le Myrtille, *Vaccinium Myrtillus*, L., est un petit Arbuste rampant, très-commun dans les bois sombres des régions septentrionales de l'Europe. Ses baies sont noires, d'un goût aigrelet assez agréable ; on les mange dans certaines provinces de l'Allemagne ; elles teignent, pour quelques heures, les lèvres et les dents en violet foncé. (A. R.)

AIRES. BOT. PHAN. Syn. de *Vaccinium Myrtillus*, L. dans le midi de la France. *V.* AIRELLE. (B.)

* AIRI ou AYRI. BOT. PHAN. (Pison.) Espèce de Palmier épineux du Brésil, et qui peut être un *Elaïs* ou un *Bactris*. *V.* ces mots. Thévet paraît désigner le même Arbre sous le nom d'Haïri. On dit que ses épines servent de clous aux naturels du pays, et qu'ils en arment leurs flèches. (B.)

AIRIS ou AIRISSOU. MAM. c'est-à-dire, *hérissé*. Syn. de Hérisson, dans le midi de la France. (B.)

AIRON-NIGRO ou plutôt AIROU-NIGROU. OIS. Syn. de l'Ibis fascinelle, *Tantalus fascinellus*, L. Courlis vert, de Buffon. En Italie. *V.* IBIS. (DR..Z.)

AIRONE ou AIROUN. OIS. Syn. de Héron commun, *Ardea major*, L. en Italie. *V.* HÉRON. (DR...Z.)

AIROPSIS. BOT. PHAN. Famille des Graminées, Triandrie Digynie, L. Ce genre, proposé par Desvaux, renferme trois ou quatre espèces de Poa et de Canche, *Aïra*, qui s'éloignent de ces genres par les caractères suivans : la lépicène se compose de deux valves grandes et égales ; la paillette inférieure de la glume est trifide ; la supérieure est entière : le style est biparti. Les fleurs sont en panicule ; les épillets sont biflores.

On doit rapporter entr'autres à ce genre le *Poa agrostidea* (*D. C. Icon. gall. t. j*), l'*Aïra globosa* de Thore, et l'*Aïra involucrata* de Cavanilles. Ces trois Plantes, d'un port élégant, croissent en France. (A. R.)

* AISAMARA. BOT. PHAN. Syn. de Casuarine, dans l'île d'Amboine. (B.)

AISELLE. BOT. PHAN. Variété de la Betterave, qui donne peu de sucre. *V.* BETTERAVE. (B.)

AISSELLE. *Axilla.* BOT. PHAN. On donne ce nom, en Botanique, à l'angle rentrant, formé par la réunion d'un rameau sur la tige ou d'une feuille sur le rameau; de là, l'épithète d'axillaires donnée aux organes situés à l'Aisselle des rameaux ou des feuilles. Ainsi, les fleurs de la Pervenche sont axillaires; tandis que celles des Solanum sont extra-axillaires, parce qu'elles naissent en-dehors de l'Aisselle des feuilles. (A. R.)

AITACUPI. BOT. PHAN. Syn. péruvien de Tafalia. *V.* ce mot. (B.)

AITIOPIS. BOT. PHAN. (Dioscoride.) Syn. de *i* Sauge, et conservé comme spécifique pour le *Salvia Ætiopis,* L. *V.* SAUGE. (B.)

AITONE. *Aitonia.* BOT. PHAN. Genre de la famille des Méliacées; ainsi nommé du botaniste Aïton, auquel Linné fils l'a dédié. Il est caractérisé par un calice monosépale, à quatre divisions profondes, quatre pétales, huit étamines saillantes, dont les filets se réunissent inférieurement en un tube inséré sous l'ovaire; celui-ci, surmonté par un style filiforme que termine un stigmate obtus, devient, suivant Linné fils, une baie membraneuse, quadrangulaire, à une seule loge contenant plusieurs graines attachées à un réceptacle central, cylindrique. Quelquefois on trouve le nombre des divisions du calice ainsi que des pétales porté à cinq, et celui des étamines à dix.

On n'en connaît jusqu'ici qu'une seule espèce, l'*Aitonia capensis,* L. Suppl. Arbrisseau à feuilles rassemblées en faisceaux alternes, à fleurs solitaires, pédonculées et axillaires. On peut le voir figuré tab. 571 des Illustr. de Lamk, ou tab. 159 des Dis-

sert. de Cavanilles sur la Monadelphie. (A. D. J.)

AIURU. OIS. (Margrav.) Syn. de Perroquet, au Brésil, où l'on nomme :
AIURU-APARA, le Crik à tête bleue de Buffon, *Psittacus autumnalis,* L.

AIURU-CATINGA, le Crik de Cayenne, Buff., *Psittacus agilis,* L.

AIURU-CUBAU, l'Aourou-Couraou, de Buffon, *Psittacus æstivus,* L.

AIURU-CURACA, la Perruche à tête bleue, *Psittacus cyanochephalus,* de Brisson. *V.* PERROQUET. (B.)

* AIVENOU. BOT. PHAN.. (Commerson.) Syn. de Lawsonia, sur la côte de Coromandel. *V.* HENNÉ. (B.)

AIZOON. BOT. PHAN. Genre de la famille des Ficoïdes, le même que le *Ficoïdea* de Nissole, et que le *Veslingia* de Keister. Il est caractérisé par un calice monosépale, quinquéparti, persistant; l'absence de corolle, la pluralité des étamines, au nombre de quinze environ, disposées par groupes de trois dans les angles du calice; cinq styles; une capsule pentagone, à cinq loges, et s'ouvrant par autant de valves. On en compte environ dix espèces. Ce sont des Plantes grasses, originaires des pays chauds. L'une d'elles se trouve déjà en Espagne; leurs cendres donnent beaucoup de Potasse, et sont un objet de revenu à Lanzérotte, l'une des Canaries. (A. D. J.)

* AIZOPSIS. BOT. PHAN. Nom donné à la première section formée par De Candolle (Syst. végét. II. p. 352) dans le genre *Draba.* Cette section contient onze espèces, et le *Draba Aizoïdes* en est le type. *V.* DRAVE. (B.)

* AIZZO. MAM. Syn. de Hérisson, en Italie. (B.)

AJACE ou AJACE-BOISSE-LIÈRE. OIS. *V.* AGASSE-CRUELLE.

AJACIS. BOT. PHAN. Espèce de Delphinium, dans la corolle duquel on a cru trouver écrit le nom d'Ajax. *V.* DELPHINELLE. (B.)

* AJAJA. OIS. *V.* AIAIA.

AJAME. bot. phan. Syn. d'*Iris versicolor*, L. au Japon. (b.)

AJAR. moll. Nom donné par Adanson (Hist. natur. du Sénégal. p. 222) à une espèce de Cardite, la Cardite Ajar de Bruguière, *Chama antiquata*, L. *V*. Cardite. (f.)

* AJAROBA. póis. *V*. Aiereba.

AJICUBA. bot. phan. (Prévost, Hist. gén. des Voyages.) Arbre indéterminé du Japon, dont le fruit est mangeable. (b.)

AJOLE. pois. Espèce de Labre, *Labrus cretensis*, L. *V*. Labre. (b.)

AJONC. *Ulex*, L. bot. phan. Légumineuses de Jussieu; Diadelphie Décandrie, L. Ce genre est très-rapproché des Genets; son calice est à deux lèvres, la supérieure bidentée, l'inférieure à trois dents; sa corolle est papillonacée, et sa carène formée de deux pétales distincts; ses étamines sont diadelphes; sa gousse est renflée, courte, à une seule loge, et renferme un petit nombre de graines. Les Ajoncs sont des Arbustes très-rameux, dont les feuilles sont simples, roides, spinescentes, persistantes; les fleurs jaunes, axillaires, et formant des épis allongés à la partie supérieure des rameaux.

L'Ajonc ordinaire, *Ulex europœus*, L., que l'on désigne sous les noms de *Genet épineux*, de *Landier*, de *Joncmarin* ou *Jomarin*, etc., est très-commun dans certaines provinces de la France, par exemple, entre Bordeaux et Bayonne, où il couvre une partie du sol; il y devient très-grand dans les vallons des dunes de sable mobile qu'il peut servir à fixer. Dans les parties septentrionales et occidentales de l'Espagne, en Galice particulièrement où il couvre de vastes espaces de terrain désert, on en fait des espèces de coupes régulières; et son bois, qui s'élève jusqu'à dix pieds, sert pour chauffer les fours. En Bretagne, en Normandie, il croît aussi très-abondamment. Ses jeunes pousses servent de nourriture et même de litière aux bestiaux; on y brûle

aussi son bois qui est jaune et assez dur.

Il en existe une seconde espèce beaucoup plus petite dans toutes ses parties, *Ulex nanus*, Smith. Elle croît dans les bois aux environs de Paris, et se mêle à la précédente dans toutes les landes du sud et de l'ouest de la France. Bory a retrouvé l'espèce du cap, *Ulex capensis*, L. dans l'île de St.-Hélène. (a. r.)

AJOU-HOU-HA. bot. phan. Syn. d'Ocotea. *V*. ce mot. (b.)

AJOUVÉ. *Ajovea*. bot. phan. Aublet a nommé ainsi un Arbre de la Guyane du nom d'*Aïouvé* que lui donnent les Caraïbes. Il le figure t. 120, et le décrit à peu près de la manière suivante : sa hauteur est de quatre à cinq pieds; son diamètre de six à sept pouces; ses feuilles sont alternes, lancéolées, toujours vertes; ses fleurs disposées en panicules, terminales ou axillaires, rougeâtres. En dedans d'un calice turbiné, divisé en six parties à son sommet, s'insèrent six étamines d'une structure assez singulière. Leur filet, muni à sa base de deux corps glanduleux, poilus, s'élargit bientôt en un ovale que terminent supérieurement deux autres petites glandes concaves en dedans, convexes en dehors. Sur la face interne de cet élargissement du filet sont de petites bourses assez nombreuses, s'ouvrant de bas en haut par une valve, et répandant une poussière jaune; sur sa face externe sont deux longues cavités ; le style est surmonté d'un stigmate à six divisions rayonnées. L'ovaire devient une baie noirâtre, ovoïde, contenant une noix fragile, monosperme.—Cette Plante est de la famille des Laurinées; elle serait même congénère du *Laurus*, suivant Swartz, quoiqu'appartenant à l'Hexandrie. Des auteurs varient, au reste, au sujet des étamines. Schreber, qui en fait son genre *Douglassia*, nommant les filets d'Aublet nectaires, et regardant les bourses jaunâtres comme autant d'étamines, les range dans la Polyadelphie Polyandrie. Scopoli change le nom d'*Ajovea* en celui d'*Ehrhardia*, et admet (peut – être par une faute d'impression) dix étamines à anthères uniloculaires.   (A. D. J.)

* AKÆMIBI. BOT. PHAN. Syn. d'Anone réticulée, chez les Caraïbes. *V*. ANONE.   (B.)

AKAIE-AROA. OIS. Espèce du genre Héorotaire de Vieillot (Ois. dorés, pl. 53), *Certhia obscura*, Lath., Gmel. Cet Oiseau habite les îles Sandwich. *V*. HÉGROTAIRE.   (DR..Z.)

* AKAIRON. BOT. PHAN. (Dioscoride.) Syn. grec de Petit-Houx. *V*. FRAGON.   (B.)

AKAKA-PUDA. BOT. PHAN. Syn. de *Drosera indica*, L. *V*. DROSÈRE.
    (B.)

* AKAKIA. BOT. PHAN.(Adanson.) Syn. d'Acacia. *V*. ce mot.   (B.)

AKANNI. BOT. PHAN. Nom qui, au Japon, paraît désigner diverses espèces de Rubiacées : telles que le *Rubia cordifolia* et le *Galium rotundifolium*. *V*. GARANCE et GAILLET. (B.)

* AKANOS. BOT. PHAN. Ancien nom employé par Théophraste, syn. d'*Onoperdum* , L., et qu'Adanson a conservé à ce genre. *V*. ONOPORDE.   (B.)

AKANTICONE , AKANTICONITE ou ARENDALITE. Variété d'Epidote, d'Arendal en Norwège, d'un vert-noirâtre donnant , par la trituration ou la raclure, une poussière d'un jaune-verdâtre, comme le plumage de certains Serins. Akanticone signifie *Pierre de Serin*. *V*. ÉPIDOTE.   (LUC.)

* AKASA. BOT. PHAN. Syn. de Chénopode blanc, *Chenopodium album*, L. au Japon.   (B.)

* AKBAR. OIS. Syn, du Moineau, *Fringilla domestica*, L. en Arabie.
    (DR..Z.)

AK-DSHILAN. REPT. OPH. Syn. de Couleuvre Dione, en Russie. *V*. COULEUVRE.   (B.)

AKECACOUA. BOT. PHAN. Syn. de *Cocoloba uvifera*. L. chez les Caraïbes. *V*. COCOLOBA.   (B.)

AKEESIE. *Akeesia*. BOT. PHAN. Famille des Savoniers , Octandrie Monogynie, L. Genre établi par Tussac dans sa Flore des Antilles, pour un Arbre originaire d'Afrique, cultivé et naturalisé à la Jamaïque, où l'on mange ses fruits, et dont les caractères consistent dans un calice a cinq folioles, une corolle à cinq pétales unguiculés, un ovaire supérieur terminé par trois stigmates, et dans une capsule trigone à trois loges monospermes; les semences sont arillées.   (B.)

AKEIKSEK. OIS. Syn. du *Tetrao Lagopus*, L. au Groënland. *V*. TÉTRAS.   (DR..Z.)

*AKÈNE. *Akenium*. BOT. PHAN. Espèce de fruit, établie par feu Richard, comprenant les fruits secs, monospermes, indéhiscens, dans lesquels le tégument propre de la graine est tout-à-fait distinct de la paroi interne du péricarpe. Cette espèce de fruit se rencontre particulièrement dans les Plantes de la famille des Synanthérées, tels que les Chardons, le grand Soleil, etc. La forme et même la grosseur de l'Akène sont extrêmement variables. Tantôt il est couronné à son sommet par une Aigrette, *V*. ce mot; tantôt il est nud, ou simplement terminé par un petit rebord membraneux. Il nous semble que c'est à cette espèce de fruit que l'on doit rapporter celui de l'Anacarde et de l'Acajou à pommes.   (A. R.)

AKERA. MOLL. *V*. ACÈRES.

AKERLA ou AKERLOE. OIS. Syn. du Pluvier doré en plumage d'été, *Charadrius Apricarius*, L. en Norwège. *V*. PLUVIER.   (DR..Z.)

AKERRINE. OIS. Syn. de la Gallinule de Genet, *Rallus Crex*, L. en Norwège. *V*. GALLINULE.   (DR..Z.)

AKIDE. *Akis*. INS. Genre de l'ordre des Coléoptères , d'abord établi par Herbst aux dépens des Pimélies qui, elles-mêmes, étaient un démembrement du grand genre Ténébrion de Linné, et augmenté depuis d'un grand nombre d'espèces par Fabricius. Ses caractères sont : antennes de onze articles, le troisième plus long que les autres ; les trois derniers plus courts, presque globuleux ; lâbre apparent ; menton cachant la base des mâchoires ; palpes filiformes ; corselet cordiforme, aussi long ou plus long que large, rétréci et tronqué postérieurement, ordinairement échancré en devant ; élytres soudées. — Par ces caractères, ce genre se distingue des Pimélies, des Blaps et surtout des Eurychores, avec lesquels il a les plus grands rapports. Il ne faut pas non plus le confondre, comme l'a fait Fabricius, avec les Tagénies et les Tentyries, dont il diffère réellement.—Duméril n'adopte pas ce genre et regarde toutes les espèces qu'il contient comme des Eurychores et des Pimélies. — Latreille, au contraire, le conserve dans toute son intégrité, et le range (Considér. génér.) dans la famille des Piméliaires. Ailleurs (Règne Animal) il le rapporte au grand genre Ténébrion de Linné, qui est placé dans la première grande famille des Hétéromères, celle des Melasomes.

Le même auteur admet trois divisions dans ce genre :

†. Corselet transversal, aussi large que l'abdomen, profondément échancré en devant ; élytres formant un ovale carré et très-obtus, ou arrondis postérieurement ; telles sont : l'*Akis planata* de Fabricius, et la *Pimélie grosse* d'Olivier, toutes deux étrangères à l'Europe.

††. Mêmes caractères, à l'exception du corselet, qui est aussi long ou presqu'aussi long que large ; élytres terminées en pointes.—Ici, se rangent les *Akis spinosa, acuminata* et *reflexa* de Fabricius, et ainsi que l'Akide plissée de Latreille ou l'*Akis reflexa* d'Herbst (Coléopt. VIII. t. 125 8), qui a nommé *hispida*, le vrai *Akis reflexa* de Fabricius (Coléopt. VIII. t. 126. 9). Ces deux espèces se trouvent fréquemment dans le midi de la France.

†††. Corselet plus étroit que l'abdomen, sans échancrure ; tel est l'Akide collaire, *Akis collaris* de Fabricius, figurée par Herbst (*ibid.* t. 125. 3) ; elle se trouve dans le midi de la France méridionale, et diffère déjà beau-

coup des précédentes, ainsi que l'observe Latreille. — Megerle s'est cru autorisé à en faire un genre nouveau, qu'il nomme *Elenophorus*.

Les habitudes des Akides ressemblent à celles de plusieurs Ténébrions; elles fuient, comme eux, la lumière.
(AUD.)

AKIKI. OIS. Syn. vulgaire du Pipit Farlouse, *Alauda pratensis*, L. *V.* PIPIT.   (DR..Z.)

AKIS. INS. *V.* AKIDE.

* AKKIM-ALBO ou AKOIM. MAM. Syn. de Saïga, espèce d'Antilope. *V.* ce mot.   (B.)

* AKKUSETON. BOT. PHAN. *V.* ADUSETON.

*AKNESTIS ou AKNESTOS. BOT. PHAN. (Dioscoride.) Syn. de Cnéorum. *V.* ce mot.   (B.)

AKOIM. MAM. *V.* AKKIM-ALBO.

* AKOPON. BOT. PHAN. (Dioscoride.) Syn. d'Anagyris.   (B.)

AKOUCHI. MAM. *V.* CABIAI.

* AKPA. OIS. (Othon Fabricius.) Syn. du petit Pingouin, *Alca Pica*, L. chez les Groënlandais. *V.* PINGOUIN.   (DR..Z.)

AKPALIK. OIS. Syn. du Guillemot nain, *Alca Alle*, L. au Groënland. *V.* GUILLEMOT.   (DR..Z.)

* AKULONION. BOT. PHAN. (Dioscoride.) Syn. de Lychnis.   (B.)

* AKURON. BOT. PHAN. (Dioscoride.) Syn. d'Alisma. *V.* ce mot. (B.)

* AKWA. BOT. PHAN. Syn. japonais de Concombre cultivé.   (B.)

* AL. POIS. Syn. d'Anguille commune, en Suède.   (B.)

ALA ou ALER. OIS. Syn. d'*Anas acuta*. *V.* CANARD.   (B.)

ALABANDINE. *Alabandinus*. MIN. (Pline.) Pierre précieuse d'un rouge foncé, et dure, que les anciens tiraient des mines d'Alabanda dans l'Asie mineure. On ne peut déterminer exactement, d'après les vagues descriptions qui nous en sont parvenues, ce que c'était que cette gemme qui nous paraît devoir être une espèce de Grenat ; on l'a aussi appelée Almandine.
(B.)

ALABASTRITE. MIN. Nom donné par les anciens à différentes variétés d'Albâtre, soit calcaire, soit gypseux, dont ils fabriquaient des vases difficiles à saisir, parce qu'ils n'avaient point d'anses. *V.* Albatre gypseux. (luc.)

ALABE. pois. (Athénée.) Syn. de Silure Anguillard. *V.* Silure. (b.)

ALABÈS. pois. Petite espèce anguiforme de l'ordre des Malacoptérygiens apodes ? originaire des mers de l'Inde, et dont Cuvier (Règne Animal, T. ii. p. 235) a formé un genre placé après les Synbranches, avec lesquels il a beaucoup de rapport ; comme ceux-ci, les Alabès n'ont d'organe respiratoire extérieur, qu'un seul trou percé sous la gorge pour les ouvertures des branchies, et communiquant aux deux côtés, mais on leur voit des pectorales bien marquées entre lesquelles est un disque concave. On distingue au travers de la peau un petit opercule à trois rayons ; les dents sont pointues ; les intestins sont comme dans les Synbranches, c'est-à-dire, que l'estomac ne se distingue du canal intestinal, qui est tout droit, que par un peu plus d'ampleur et une valvule au pylore. On ne trouve point de cœcum. (b.)

ALABUGA. pois. Syn. tartare de Diptèrodon. *V.* ce mot. (b.)

ALACALIAOUA ou ALACALY-ONA. bot. phan. Syn. de Corosolier, *Anona*, L. chez les Caraïbes. (b.)

*ALACAMITE du Dictionnaire des Sciences naturelles. *V.* Atacamite.

ALACDAGA, ALAKTAGA ou ALAK-DAAGHA. mam. C'est-à-dire, Poulain varié, chez les Tartares, qui ont étendu ce nom au *Mus Jaculus*, Pall. espèce de Gerboise, à cause des couleurs de son pelage. *V.* Gerboise. (b.)

*ALACHIL ou ASCHIL. bot. phan. Syn. de Scille maritime, *Scilla maritima*, L. chez les Arabes. *V.* Scille. (b.)

ALACOALY. bot. phan. Syn. caraïbe, de Bois Chandelle, qui n'est que la tige d'un Agave. *V.* Bois Chandelle. (b.)

ALACU ou ALCACU. bot. phan.

Syn. caraïbe de *Cassia glandulosa*, L. *V.* Casse. (b.)

ALADER. bot. phan. Syn., en Languedoc, d'Alaterne et de Phillyrea. *V.* ces mots. (b.)

ALADY. bot. phan. Syn. brame du *Curcuma longa*, L. *V.* Curcuma. (b.)

ALAFIA. bot. phan. Un Arbrisseau de Madagascar y reçoit des indigènes ce nom, que lui a conservé Aubert Du Petit-Thouars, qui en a fait un genre nouveau de la famille des Apocynées. Son calice est à cinq lobes ; sa corolle tubulée, ventrue, divisée par le haut en cinq parties ; il y a cinq étamines dont les anthères sont conniventes mais distinctes, et dont les filets courts présentent à leur sommet des appendices filiformes qui vont s'attacher au style sous le stigmate, qui est en tête. On n'est pas d'accord sur la nature de ces appendices, caractère distinctif du genre. Doit-on les comparer au pollen concrété des Asclépiades, et conséquemment en rapprocher l'Alafia ? Ou plutôt, comme le soupçonnait Richard père, ne résultent-ils pas de la couche glutineuse qui couvrait la face interne de la corolle, et que les anthères, en s'éloignant, ont entraînée et comme tirée en fil après elles ? L'Alafia est un Arbrisseau grimpant et laiteux, couvert de fleurs nombreuses d'un rouge éclatant. On ne connaît pas encore son fruit.

(a. d. j.)

ALAGAO, ADGAO, ARAGO ou TANGAY. bot. phan. (Camelli.) Arbustes des Philippines, regardés comme des Sureaux, mais qui paraissent appartenir au genre Premna. *V.* ce mot. (b.)

ALAG-DAAGHA ou ALAK-DAAGHA. mam. *V.* Alacdaga.

* ALAGI. bot. phan. Même chose qu'Agul. *V.* ce mot. (b.)

ALAGUILAN. bot. phan. (Sonnerat.) Syn. d'Uvaria odorant. *V.* Uvaria. (b.)

ALAIPY. ois. Syn. du Bruant de Neige, *Emberiza nivalis*, L., en Laponie. *V.* Bruant. (dr..z.)

ALAIS, ALEPS, ALÈTHES ou ALETTE. ois. Espèce indéterminée

d'Oiseau de proie, qu'on emploie dans l'Inde pour la chasse au vol. (B.)

* ALALATA du Dictionnaire des Sciences naturelles. MOLL. *V.* ALATA LATA. (B.)

ALALITE. MIN. Variété du Pyroxène blanc-verdâtre de la vallée d'Ala en Piémont, prise d'abord pour une nouvelle substance appelée Diopside, par Haüy. (LUC.)

ALALOUATTE ou ALAOUATTE. MAM. *V.* ALOUATE.

ALALUNGA, ALALOUGA ou ALOLONGA. POIS. Noms donnés, dans la Méditerranée, à une espèce de Scombre, du sous-genre Germon, *Scomber Alalunga*, L. *V.* SCOMBRE. (B.)

ALÁMOTOU ou ALAMOUTOU. BOT. PHAN. et non *Alamatou.* (Flacourt.) Arbrisseau de Madagascar qui paraît être un Rhamnier fort voisin du *Jujuba*, ou bien un *Flacurtia* de L'Héritier. Son fruit est mangeable. (B.)

* ALAMOUTOU-ISSAYE. BOT. PHAN. (Flacourt.) Syn. de *Ficus pirifolia*, Lamk., chez les habitans de Madagascar. (B.)

ALAN. MAM. Variété du Dogue. *V.* CHIEN. (A. D..NS.)

ALANGI ou ALANGUI. BOT. PHAN. Syn. d'Alangium, à la côte de Malabar. *V.* ALANGIUM. (B.)

ALANGIUM. BOT. PHAN. Ce genre, placé dans la famille des Myrtées, mais avec doute, à cause de la présence d'un périsperme, renferme de grands Arbres du Malabar, à feuilles alternes, aux aisselles desquelles sont les fleurs au nombre d'une à trois. Ces fleurs présentent un calice à six ou dix dents; autant de pétales linéaires; des étamines au nombre de dix ou douze, de vingt-trois, suivant Wahl. Le fruit est une baie, couronnée par les dents du calice, au-dessous desquelles elle forme, en se rétrécissant, une sorte de pédicule; elle renferme, dans une pulpe succulente, une à trois graines enveloppées d'une coquille osseuse, dont l'embryon à lobes planes, à radicule ascendante, est logé dans un périsperme charnu, comme l'a montré Corréa (Ann. du

Muséum, T. X. p. 161. t. 8. fig. 2).

Ce genre est l'*Angolamia* de Scopoli; c'est à lui que se rapportent l'*Angolam* et le *Kara-Angolam*, ce l'*Hortus Malabaricus*, T. IV. t. 17 et 26, et peut-être aussi le *Catu-Naregam*, du même ouvrage, même tome, t. 13. L'*Angolam* de Rhéede ou *Alangium decapetalum* de Lamarck, n'est autre, suivant Wahl, que le *Grewia salvifolia*, L. Suppl. (A. D. J.)

ALAPA ou ALAPAS. BOT. PHAN. Syn. languedocien d'*Arctium Lappa*, L. *V.* BARDANE. (B.)

ALAPI. OIS. (Buffon, pl. enl. 701. f. 2.) Espèce de Batara de l'Amérique méridionale, *Turdus Alapi*, Lath. (DR.-Z.)

ALAQUECA. MIN. Fer sulfuré, auquel on attribue au Bengale, selon l'ancienne Encyclopédie, la vertu d'arrêter le sang dans les hémorragies. (B.)

* ALARIE. *Alaria.* INTEST. Genre établi par Schrank pour placer une espèce de Douve qui se trouve dans les intestins du Renard et du Loup. Elle se distingue des autres espèces par deux expansions membraneuses qui règnent des deux côtés de son corps. Quelque temps après, ce même auteur a rapporté son *Alaria Vulpis* au genre Festucaire, et l'a nommé *Festucaria alata*, mais à tort, puisque les Animaux du genre *Festucaria*, *Monostoma* de Zeder et de Rudolphi, n'ont qu'un seul pore, et que l'Alarie du Renard en offre deux bien visibles. — Nitzsch a fait un nouveau genre, sous le nom de *Holostomum*, de ce Vers et du *Distoma excavatum.* — Rudolphi n'a adopté aucun de ces deux genres, et a donné le nom de *Distoma alatum* à l'Alarie de Schrank. (LAM..X.)

ALAS. BOT. PHAN. *V.* ÆS.

*ALASMIDES. *Alasmidia.* MOLL. IVᵉ sous-famille des Pédifères, *V.* ce mot, de Rafinesque (Monogr. des Coq. de l'Ohio, dans les Ann. gén. des sc. phys., tom. V, p. 317), à laquelle il donne pour caractères : coquille transverse, une dent primaire antérieure, point de dents lamellaires. — Cette sous-famille ne comprend que le genre Alasmidonte, *V*. ce mot, qui lui-même n'est composé que de trois espèces, intermédiaires entre les Mulettes et les Anodontes, et qu'il nous paraît difficile de séparer nettement des premières. (F.)

* **ALASMIDONTE.** *Alasmidonta.* **moll.** Genre unique de la sous-famille des Alasmides de Raffinesque, *V*. ce mot, institué par Say (Journ. de l'Acad. des sc. nat. de Philadel., vol. i. p. 459) et Nicholson's (Encyc. 3ᵉ édit., art. Conchol), sous le nom d'Alasmodonte. Say avait précédemment décrit une de ses espèces dans les premières éditions de l'Encyclopédie de Nicholson, en la laissant dans les Mulettes, sous le nom d'*Unio undulata*, mais proposant dès-lors d'en faire un nouveau genre, sous le nom de Monodonte, qu'il a abandonné depuis. En publiant définitivement ce nouveau genre, il en a décrit une seconde, l'*Alasmodonta marginata*. Raffinesque vient d'en faire connaître une troisième qui, avec les deux premières, compose jusqu'à présent tout le genre. Ne connaissant aucune de ces Coquilles, nous n'émettrons pas d'opinion positive sur la valeur de ce nouveau genre; nous nous bornerons à observer qu'elles ont les plus grands rapports avec les Mulettes, dont elles ne devront peut-être former qu'un sous-genre. Parmi celles-ci même, il en est qui manquent de dents ou lames latérales, et qu'on ne peut cependant séparer de leurs congénères. De ce nombre sont l'*Unio varicosa* de Lamarck, et l'*Unio margaritifera* de Linné, dont la lame latérale est tellement émoussée, même dans les jeunes individus, qu'elle est comme nulle. — Nous placerons ce nouveau genre, que nous adoptons provisoirement, entre les Mulettes et les Dipsas de Leach, dans la famille des Nayades, *V*. ce mot; et nous nous bornerons à extraire des ouvrages de Say et de Raffinesque la description des espèces qu'il renferme, et ses caractères géné-

riques qui sont: coquille équivalve, inéquilatérale, transverse, ovale ou elliptique; axe extra-médial; trois impressions musculaires; ligament droit, imbriqué; charnière ayant une dent primaire antérieure sur chaque valve et point de dent lamellaire.

Alasmidonte marginée. *Al. marginata*, Say, *lot. cit.* et Raffinesque (dans les Annales Gén. des Sc. Phys. Monogr. T. v. p. 317. sp. 60) Ovale-elliptique, en talus postérieurement, et à rides obliques-obtuses; épiderme brun olivâtre, radié de vert et ridé en zônes; nacre blanche bleuâtre, contours intérieurs blancs; dent simple, comprimée, oblique; long. moitié de la largeur; largeur 2 pouces 6 lignes. Habite les Etats-Unis.

A. ondulée. *A. undulata*, Say, Nicholson's (*Encyclop.*, tabl. 3, f. 3). Mince, convexe, subovale, verdâtre ou olivâtre; des rides obtuses concentriques; radiée de vert; sommets saillans, aigus, rapprochés, dépouillés, avec quatre ou cinq grosses rides obtuses, éloignées; d un blanc bleuâtre à l'intérieur; dent épaisse: celle de la valve gauche crénelée, celle de la droite presque bifide; long. trois cinquièmes de pouce; larg. neuf dixièmes. Cette Coquille se trouve dans la Delaware et le Schuytkill; elle est rare.

A. a côtes. *A. costata*, Raffinesque, (Monogr., *loc. cit.* p. 318. pl. 82. f. 15 et 16). Test mince, elliptique, légèrement bombé, un peu sinueux antérieurement, ondulé et à larges côtes courbées postérieurement; épiderme presque lisse, olivâtre antérieurement, noir postérieurement; nacre blanche, lavée d'incarnat; dent bilobée, comprimée, oblique, crénelée. Sa largeur est de près de cinq pouces; elle habite la rivière de Kentuky. (F.)

***ALASMODONTE.** *Alasmodonta.* **moll.** *V*. **Alasmidonte.**

***ALATA. moll.** Nom latin donné à la quatrième classe des *Cochlis composita*, par Klein (*Ostract.* p. 97), et dixième genre de Martini (*Conchyl. Cabin.* T. iii. p. 91), qui comprend

les Strombes et les Ptérocères.
V. AILÉES.   (F.)

* **ALATA LATA.** MOLL. Genre
sixième de la classe Alata de Klein
(*Ostrac.* p. 100), qui comprend les
Strombes à aile très-étendue et non
digitée. *V.* AILÉES.   (F.)

ALATERNE. BOT. PHAN. Syn. de
Rhamnus Alaternus, L. *V.* NERPRUN.
                      (B.)

ALATIER. BOT. PHAN. Fruit de
Viorne ; dans quelques cantons de la
France.   (B.)

ALATION. *Alatio.* INS. Mot aujourd'hui inusité, et par lequel quelques entomologistes ont désigné les
différentes configurations ou dispositions des Ailes par rapport au corps.
V. AILES.   (AUD.)

* **ALATITES.** *Alatites.* MOLL. FOSS.
Walch (*Die naturgeschichte Verstei-
nerungen*, etc.) a ainsi nommé les
Fossiles appartenant à la classe *Alata*
de Klein ou au genre de ce nom
dans Martini. Schlotheim les appelle
Strombites, *Strombiten* (*die Petre-
facten Kunde*, etc. p. 153). *V.* STROM-
BE et PTÉROCÈRE, pour les espèces
Fossiles de ces deux genres.   (F.)

ALATLI. OIS. (Buffon.) Nom bar-
bare formé par contraction d'Achalalactli, mot mexicain. *V.* ACHALA-
LACTLI.   (DR..Z.)

ALATUNGA. POIS. Même chose
qu'Alalunga. *V.* ce mot.   (B.)

* **ALAUNITES.** MIN. (Lamétherie.)
Schistes qui contiennent de l'Alun ou
desquels on en peut retirer. (B.)

ALAVETTE. OIS. Syn. de l'A-
louette commune, *Alauda arvensis,*
dans le midi de la France. *V.*
ALOUETTE.   (DR..Z.)

ALBACIGA, ALVAQILLA ou
CULON. BOT. PHAN. Syn. au Chili
de *Psoralea glandulosa.* *V.* PSORALEA.
Albaciga dérive de *Vessie.*

ALBACORE ou **ALBICORE.** POIS.
Espèce de Scombre. *V.* ce mot. Les
voyageurs ont appelé ainsi plusieurs
autres Poissons du même genre. (B.)

ALBARA. INS. et BOT. PHAN. Syn.
d'Abeille, chez les Arabes, et de Ba-
lisier, chez les Brésiliens.   (B.)

* **ALBARDEOLA.** OIS. Syn. de
Héron blanc, *Ardea alba,* L., et de
Spatule, *Platalea leucorodia,* L.
                      (B.)

* **ALBARE.** BOT. PHAN. Syn. de
Peuplier, en quelques cantons d'Italie.   (B.)

* **ALBARELLE.** BOT. CRYPT.
(*Champignons.*) Espèce de Bolet qui
paraît être le *Boletus bovinus,* L. et
qu'on mange en Italie. Il croît sur les
troncs du Châtaignier et du Peuplier,
d'où lui vient peut-être le nom vulgaire qu'il porte.   (B.)

ALBATRE CALCAIRE ou proprement dit. MIN. La plupart des ouvrages d'Albâtre, que nous ont laissés les anciens, appartiennent à l'Albâtre calcaire, qui n'est qu'une variété de la *Chaux carbonatée concrétionnée.* *V.* ce mot. Il est rarement
blanc, et le plus souvent de couleur
jaunâtre, ou tirant sur le rouge, et
veiné de blanchâtre. L'expression de
blanc comme neige, pour caractériser
cette substance, s'applique mieux à
l'*Albâtre gypseux* qui est ordinairement de cette couleur.

On distingue différentes sortes d'Albâtre, selon que ses couleurs sont
plus ou moins vives, et qu'il est susceptible d'un plus beau poli ; il y en
a d'oriental, de fleuri, d'Onyx, etc.
Les artistes anciens ont tiré d'Egypte
celui qu'ils employaient ; mais il s'en
trouve également en Espagne, en
Sardaigne et en France. Celui qui a
été trouvé à Montmartre, près de Paris, est d'un beau jaune de miel, tirant au brun. *V.* CHAUX CARBONA-
TÉE CONCRÉTIONNÉE.   (LUC.)

ALBATRE GYPSEUX. MIN. C'est
l'Albâtre que l'on travaille aujourd'hui
le plus communément, l'*Alabastrite*
des anciens. *V.* ce mot. Celui de Volter-
ra, en Toscane, est particulièrement remarquable par la finesse de son grain et
sa belle couleur blanche, jointe à un
certain degré de translucidité. L'on en

fabrique des vases, des figures et même des statues d'une assez grande proportion. Il en existe plusieurs dépôts à Paris, et dans d'autres grandes villes de l'Europe. Il a sur l'Albâtre calcaire l'avantage de ne pas être attaqué par les Acides; mais il n'a pas sa dureté et son vif éclat. *V.* CHAUX SULFATÉE COMPACTE. (LUC.)

ALBATROS. *Diomedea.* OIS. Genre de l'ordre des Palmipèdes; ses caractères sont: un bec très-fort, long, dur, tranchant, comprimé sur les côtés, droit, subitement courbé; la mandibule supérieure paraissant composée de plusieurs pièces articulées, sillonnée sur les côtés, très-crochue à sa pointe; l'inférieure lisse, tronquée; narines latérales, placées en forme de petits rouleaux dans le sillon de la mandibule, ouvertes en devant; des pieds courts; trois doigts très-longs, entièrement palmés; les latéraux bordés par un prolongement de la membrane; ongles obtus, courts; ailes très-longues, très-étroites; rémiges courtes; les secondaires les plus longues.

Les Albatros habitent les mers australes et leurs côtes; quoique d'une corpulence, dont aucun autre Oiseau aquatique n'approche, ils parcourent avec beaucoup de promptitude de très-grandes distances, et effleurent avec beaucoup de légèreté la surface des ondes pour saisir le Poisson qui s'y montre et qu'ils savent apercevoir de très-loin. Ils se nourrissent également de tous les autres Animaux marins, qu'ils avalent avec une extrême gloutonnerie. Lorsqu'ils se sentent fatigués de leurs excursions démesurées, ils se perchent sur les agrès des bâtimens qu'ils rencontrent, ou se reposent sur l'eau où souvent ils s'endorment. Leur voix est forte, criarde et désagréable; ils s'apparient vers la fin de septembre, et s'occupent aussitôt de construire, avec de l'argile, un nid large et élevé de quelques pieds au-dessus de la rive déserte qu'ils ont choisie, et la femelle y pond, en assez grand nombre, des œufs blancs, tachés de noir

vers le gros bout, de quatre pouces et demi dans leur plus grand diamètre. Il est à regretter que la chair de ces Oiseaux, que la taille a fait comparer à un Mouton, soit dure et de mauvais goût; elle eût été une ressource précieuse pour les navigateurs entre les Tropiques où les Albatros sont très-communs.

Parmi les trois espèces bien déterminées d'Albatros, qui sont: l'Albatros de la Chine ou gris brun, *Diomedea fuliginosa*, Lath. Buff. pl. enlum. 963; l'Albatros à bec jaune et noir, *Diomedea chlororhynchos*, Lath.; et l'Albatros commun, *Diomedea exulans*, L. Lath. *Diomedea padicea*, Lath. (variété, jeune âge) Buff. pl. enlum. 237, le dernier est celui que l'on rencontre très-fréquemment dans les parages de l'Afrique méridionale où les marins, à cause de sa grosseur et de sa couleur, l'ont appelé *Mouton du Cap :* nom conservé par la plupart des voyageurs. L'Albatros ordinaire est long de trois à quatre pieds; le sommet de la tête est d'un gris roussâtre; le reste du plumage est blanc, à l'exception de plusieurs hachures transversales noires sur le dos, et les plumes scapulaires des petites tectrices alaires, des rémiges secondaires et de l'extrémité des rectrices qui sont aussi noires. Les pieds et leur membrane sont de couleur de chair foncée; le bec est d'un jaune fort pâle; sa chair est dure et de mauvais goût. (DR.-Z.)

ALBÈLE, ALBÈLEN ou **ALBULEN.** POIS. (Gesner.) Syn. de Lavaret, de Truites et de Saumons dans quelques parties de l'Allemagne. (B.)

* **ALBEN.** MIN. (Petzl, mem. de l'Académie de Munich. T. 1.) Nom donné à un tuf calcaire incrustant et de formation récente, dont on rencontre des couches considérables près d'Erding en Bavière. (LUC.)

ALBÉOGE. MOL. Espèce de Seiche, selon le Dictionnaire de Déterville. Le Dictionnaire des Sciences naturelles écrit *Albioge.* Aucune indication ne faisant connaître l'origine de cette dénomination, nous ne pouvons en dire davantage, assigner la véritable orthographe de ce mot, ni dire à quelle espèce il convient.   (F.)

ALBERAC ou ALBERAS. BOT. PHAN. Syn. arabe de Staphysaigre. *V.* ce mot.   (B.)

ALBERÈSE. GÉOL. Pierre de Florence, ou marbre ruiniforme. *V.* CHAUX CARBONATÉE.   (LUC.)

ALBERGAINE, ALBERGAME ou ALBERGINE. BOT. PHAN. *V.* AUBERGINE.

ALBERGAME DE MER. ZOOPH. Rondelet donne ce nom à un Zoophyte que plusieurs auteurs regardent comme une Vérétille; Bosc en fait une Holothurie; nous croyons devoir le considérer, à cause de sa forme et des étoiles allongées qui le couvrent, comme une Polyclinée de la division des Polypiers sarcoïdes.   (LAM.–X.)

ALBERGE. BOT. PHAN. Variété précoce de Pêcher et d'Abricotier; les fruits de ces Arbres sont fort estimés.   (B.)

* ALBERICOQUE ET ALBRICOQUE. BOT. PHAN. Syn. d'Abricotier, en Espagne et en Portugal.   (B.)

* ALBERINI. BOT. CRYPT. (*Champignons.*) On désigne par ce nom, en Italie, divers Champignons mangeables et qui se vendent dans les marchés de Florence. Ils croissent, dit–on, sur les vieux troncs de Peupliers et ne sont peut-être que ce qu'on appelle aussi Albarelle. *V.* ce mot.   (B.)

* ALBERTINIE. *Albertinia.* BOT. PHAN. Sprengel, dans le second volume de ses nouvelles découvertes en botanique, a proposé ce genre nouveau, qu'il a ainsi nommé en l'honneur de J.–B. de Albertini, profond mycologiste. Ce genre, qui fait partie de la famille des Synanthérées, section des Eupatoriées et de la Syngénésie Polygamie égale, renferme un Arbuste, *Albertinia brasiliensis*, Sprengel, originaire du Brésil, qui offre les caractères suivans : ses rameaux sont cylindriques, étalés, to-

menteux; ses feuilles pétiolées, alternes, oblongues, rudes sur leur face supérieure, hispides inférieurement, amincies en pointe à leurs deux extrémités; les fleurs ou capitules forment un corymbe à la partie supérieure des rameaux; l'involucre est hémisphérique, monophylle, tomenteux, formé d'un double rang d'écailles réfléchies, mais soudées inférieurement, le phoranthe est chargé de poils roux; tous les fleurons sont hermaphrodites, fertiles, à cinq divisions : l'aigrette est rousse et soyeuse.

Le silence de l'auteur, sur la structure des étamines, du style et du stigmate, ne nous permet pas de juger nettement des rapports naturels de ce genre.   (A. R.)

* ALBIN ou ALBINE. MIN. Substance minérale d'une belle couleur blanche, d'où lui est venu son nom, et qui a été trouvée à Marienberg, près d'Eaussig en Bohème, dans les cavités d'une Phonolithe (*Klingstein* des Allemands). Haüy s'est assuré que les cristaux de ce Minéral présentaient les caractères et avaient la même forme que celle de la variété de Mésotype, qu'il a nommée Epointée, et qu'ils doivent être, ainsi que ces derniers, rapportés à l'espèce de l'APOPHYLLITE.

Ce sont des prismes droits à quatre faces, terminés par des pyramides épointées d'un même nombre de côtés, et dont les faces prennent naissance sur les arêtes du prisme. *V.* APOPHYLLITE.   (LUC.)

ALBINOS. MAM. Nom, venu de l'espagnol, donné à des hommes à peau d'un blanc mat, à cheveux, sourcils, cils et autres poils blancs; à pupille rose, et ne pouvant supporter une lumière éclatante; on les nomme aussi Chacrelas, Dondos et Bedos. *V.* HOMME. Cette couleur d'un blanc blafard de la peau et des poils, est une existence maladive de toute l'économie, qui se peint surtout sur le derme et ses dépendances, et qui très-souvent est transmissible de générations en générations; ce qui l'a fait regarder, à tort, comme le caractère d'une race distincte. Certains Mammifères, le plus communément parmi les Souris, les Martes, le Lièvre, le Lapin, ainsi que plusieurs Oiseaux, tels que des Corbeaux, des Merles, des Choucas et une infinité d'autres, offrent cette altération momentanément ou pendant toute leur vie   (PR. D.)

* ALBINUM. BOT. PHAN. Syn. d'Athanase maritime, *Athanasia maritima*, L. chez les Romains.   (B.)

ALBIOGE. MOLL. *V.* ALBÉOGE,

* ALBITE. MIN. Ce minéral, que nous ne connaissons que depuis peu d'années, est de couleur blanche et à tissu lamelleux ou plutôt écailleux et quelquefois fibreux; il y en a aussi d'incarnat; on le trouve en Finlande avec certaines variétés d'Emeraude, le Pyrophysalite, le Mica et l'Orthite; la plupart de ses caractères conviennent au Feldspath; il fond comme lui, mais au lieu de Potasse, il renferme de la Soude, comme Arfwidson, savant élève du célèbre Berzelius, s'en est assuré par l'analyse. Sa pesanteur spécifique est 2, 410. C'est avec le Feldspath qu'il faudra le comparer.   (LUC.)

ALBORO. POIS. Syn. de Pagel, parmi les pêcheurs vénitiens.   (B.)

ALBOTIN. BOT. PHAN. Syn. de Térébinthe, chez les Arabes.   (B.)

ALBOUCOR. BOT. PHAN. (Daléchamp.) Liqueur parfumée, que les Arabes obtiennent par incision de l'Arbre qui produit l'Encens. *V.* ce mot.   (B.)

ALBOUR ou AUBOUR. BOT. PHAN. Syn. de faux Ebénier, *Cytisus Laburnum*, L. *V.* CYTISE.   (B.)

*ALBRAKIM. BOT. PHAN. (Mésué.) Syn. de Genet.   (B.)

ALBRAND, ALEBRENT ou HALEBRAND. OIS. Nom du jeune Canard sauvage.   (DR..Z.)

ALBUCA. L. BOT. PHAN. Asphodelées de Jussieu, Hexandrie Monogynie, L. Ce genre a du rapport avec les Ornithogales et les Scilles; il offre un calice composé de six sépales distincts, dont trois inférieurs sont dressés et connivens, renflés et plus épais au sommet, tandis que les trois extérieurs sont étalés; les étamines, au nombre de six, sont très-rarement toutes fertiles; ordinairement il n'y a que les trois filets opposés aux divisions inférieures, qui portent des anthères. Le style est triangulaire, élargi vers son sommet qui se termine par trois points; la capsule est à trois loges et renferme des graines planes.

Les espèces du genre *Albuca* sont toutes originaires du cap de Bonne-Espérance. Ce sont des Plantes bulbeuses, vivaces, dont les fleurs sont disposées en épi, à la partie supérieure d'une hampe nue.

Plusieurs espèces sont cultivées dans nos serres.   (A. R.)

ALBULE. *Albula*, et *Albulus*. POIS. et MOLL. Nom donné comme spécifique à des Poissons de divers genres, tels que *Salmo Albula* et *Mugil Albula*; au Lavaret par Willughby, à l'Able par Belon, etc. Il paraît venir de la couleur blanche métallique qui particularise ces Animaux. *V.* ABLE, MUGIL et SAUMON. — Ce nom d'*Albule* désigne aussi une petite Coquille du genre *Turbo* qui habite les profondeurs de la mer du Groënland (O. Fabr. *Faun. groënl.* n° 592). (B.)

* ALBUMEN. ZOOL. Nom latin, devenu français, du blanc d'œuf. *V.* ALBUMINE.   (DR..Z.)

* ALBUMEN. BOT. Gaertner appelle ainsi le corps, de nature très-variée, que l'on trouve dans l'intérieur de certaines graines où il accompagne l'embryon. Jussieu l'a nommé Périsperme, feu Richard lui a donné le nom d'Endosperme. *V.* ce mot.   (A. R.)

*ALBUMINE. ZOOL. Substance particulière, presque généralement disséminée dans toutes les parties des Animaux; elle abonde dans toutes les humeurs, dans le sang, la synovie; dissoute dans l'eau et unie à quelques matières salines, elle constitue le blanc d'œuf qui enveloppe la matière jaune destinée à la nourriture de l'embryon, lequel doit provenir du développement du germe, après les circonstances favorables à la fécondation. L'Albumine séparée de l'eau, à laquelle elle était naturellement unie, ne s'y redissout plus; elle est alors sous forme de flocons bleus, insipides, inodores; l'Albumine du blanc d'œuf, exposée à l'action de la chaleur, se durcit, devient opaque et forme plusieurs couches concentriques autour du jaune, lorsque tous deux ont été cuits dans la coquille; exposée à une plus forte chaleur, elle se décompose et donne environ 52, 5 de Carbone, 23, 5 d'Oxygène, 7, 5 d'Hydrogène, 15, 7 d'Azote et 1 de Soufre. L'Albumine est employée dans quelques arts pour donner des vernis légers, pour clarifier des liquides visqueux; et dans l'économie de la nature, on prétend que l'Albumine concourt à la nourriture de l'embryon lorsque le jaune est tout-à-fait épuisé : peut-être aussi ne sert-elle, comme dans toutes les autres parties internes, qu'à lubrifier les organes solides et favoriser leur développement progressif; ce qu'il y a de bien certain, c'est qu'elle est absorbée; mais l'est-elle par évaporation ou par assimilation? c'est encore une question à résoudre.

(DR..Z.)

ALBUNÉE. *Albunea.* CRUST. Genre de Crustacés, de l'ordre des Décapodes, établi par Fabricius, et rangé par lui, avec les Exochnates qui répondent à la famille des Décapodes macroures du Règne Animal. Latreille (Consid. gén.) le place dans la famille des Paguriens. Ses caractères sont : pates antérieures finissant en une serre triangulaire avec un doigt immobile très-court; celles de la seconde paire et les deux suivantes terminées par une lame en forme de faulx; les deux derniers pieds filiformes, repliés; antennes internes beaucoup plus longues que les externes; pédoncules des

yeux squammiformes contigus sur le milieu du front. — La forme du test, qui est ovale, légèrement convexe, tronqué antérieurement, et un peu plus étroit en arrière, n'établit pas une différence bien tranchée, entre les Albunées et les Hippes qui les avoisinent. Le caractère distinctif le plus important est l'existence du doigt qu'on ne rencontre plus à la première paire de pates de ces derniers. — Fabricius avait placé, dans ce genre, plusieurs Crustacés qu'on en a distingués depuis. Ceux qui, suivant Latreille, le composent aujourd'hui, se réduisent à deux seules espèces : L'Albunée Symniste, *Albunea Symnista*, Fabr. (*Suppl.* p. 397), ou le *Cancer Symnista* de Linné. Elle est figurée par Herbst (tab. 22. fig. 2.); on la trouve dans la mer des Indes. — La seconde espèce est l'Albunée écusson, *Albunea scutellata*, Fabr. (*Suppl.*). Sa patrie est inconnue. Les autres espèces du genre Albunea de Fabricius se rapportent aux genres Ranine et Coryste. *V.* ces mots.   (AUD.)

* ALBURE, qui se prononce *Al-boure.* POIS. Syn. espagnol de Vaudoise ou Vandoise, espèce d'Able. *V.* ce mot.   (B.)

ALBURNE. *Alburnus* ou *Alburnum.* POIS. et POLYP. Nom donné, comme spécifique, à deux Poissons de genre différent, *Perca Alburnus*, L. et à l'Able, *Cyprinus Alburnus*, L. Il désigne aussi un Alcyon des mers de l'Inde, que sa blancheur rend remarquable. *V.* CENTROPOME, ABLE et ALCYON.
      (B.)

* ALÇACAS. BOT. PHAN. Syn. de Réglisse, chez les Portugais.   (B.)

ALCACU. BOT. PHAN, *V.* ALACU.

ALCALI. MIN. *V.* ALKALI.

ALCANA ou ALCANNA. BOT. PHAN. Les Arabes désignent sous ce nom plusieurs Végétaux, dont certaines parties sont employées dans la teinture, telles que le Henné, *Lawsonia inermis*, L.; le Filaria, *Phillyrea angustifolia*, L., et l'Orcanette,

Anchusa tinctoria, L. *V.* Henné, Phillyrea et Buglose.   (b.)

* ALCANABIR. ois. Syn. de l'Alouette Cochevis, *Alauda cristata*, L. en Syrie. *V.* Alouette.   (dr..z.)

* ALCAPARRA. bot. phan. Syn. arabe de Câprier ordinaire, demeuré le nom espagnol et portugais du même Végétal.   (b.)

ALCARAD ou ALCHARAD. bot. phan. (Prosper Alpin.) Espèce d'Acacie d'Egypte, qui pourrait bien être le *Mimosa Senegal.*, L. ou le *Mimosa nilotica*, L., que Forskahl désigne sous le nom de Karad qui n'est que le même mot dépouillé du pronom *al*, le.   (b.)

* ALCARDEG. bot. phan. Syn. arabe de Gundélia. *V.* ce mot. (b.)

* ALCARON. arachn. (Dapper.) Syn. de Scorpion africain.   (b.)

* ALCAROVIA. bot. phan. Syn. arabe de Carvi, demeuré le nom espagnol et portugais de cette Ombellifère. *V.* Carum.   (b.)

ALCATRAZ. ois. (Faber.) Syn. du Pélican à bec dentelé, *Pelecanus Thagus*, Gmel. au Mexique. Hernandez donne sous ce nom le Pélican ordinaire; *Pelecanus Onocrotalus*, L., et d'autres auteurs le petit Cormoran, *Pelecanus Graculus*, L. (dr..z.)

*ALCAVIAK. ois. Même chose que Accaviac. *V.* ce mot.   (b.)

ALCE ou ALCES. mam. Vieux noms de l'Elan. *V.* ce mot.   (b.)

ALCÉE. *Alcœa*, L. bot. phan. Genre de Plantes de la famille des Malvacées, Monadelphie Polyandrie, L., que, d'après Cavanilles, Jussieu a réuni avec raison au genre Althæa de Linné. *V.* Guimauve.   (a. r.)

ALCELAPHE. Nom donné par Blainville à son ive sous-genre des Antilopes. *V.* ce mot.   (b.)

ALCHACHENGE. bot. phan. D'où *Alkekenge* des Arabes. Vieux nom du *Cardiospermum Halicacabum*, L., et du *Physalis Alkekengi*, L. *V.* Cardiospermum et Physalis.   (b.)

ALCHAMECH. bot. crypt. Syn. arabe de Truffe.   (b.)

ALCHARAD. bot. phan. *V.* Alcarad.

ALCHAT. bot. phan. L'un des syn. de Pastel, *Isatis tinctoria*, L., chez les Arabes. Ce nom s'est perpétué dans quelques parties de l'Espagne.   (b.)

ALCHATA ou ALFUACHAT. ois. Syn. arabe d'un Oiseau que Buffon rapporte à l'OEnas, *Columba Œnas*, L.   (dr..z.)

ALCHIMELECH. bot. phan. (Prosper Alpin.) Syn. d'une espèce de Fénugrec, *Trigonella hamosa*, L., en Egypte.   (b.)

ALCHIMILLE. *Alchemilla*. bot. phan. Vulgairement *Pied de Lion*. Genre de la famille des Rosacées, de la section des Agrimoniées, Tétrandrie Monogynie, L. Le calice est tubuleux; son limbe ouvert, à huit découpures, dont quatre extérieures, plus petites, alternant avec quatre internes; la corolle manque; les étamines, au nombre de quatre, sont très-courtes; l'ovaire est solitaire, et de sa base part latéralement le style que termine un seul stigmate; le calice persistant le recouvre à la maturité.

On en a décrit six espèces. Deux sont exotiques; quatre croissent dans les terrains montagneux de l'Europe. Ce sont des Herbes, à fleurs verdâtres en général, et disposées en corymbes terminaux et axillaires. Leurs feuilles palmées ou digitées sont très-élégantes, soyeuses et argentées en dessous dans l'*Alchemilla alpina*, qui du sommet des plus hautes montagnes est descendue dans nos jardins de botanique où elle prospère; ces feuilles sont divisées jusqu'au milieu dans l'*A. vulgaris*, très-fréquente dans certains pâturages; et jusqu'au pétiole dans l'*A. pentaphylla*.   (a. d. j.)

ALCHIMINIER. bot. phan. Vieux nom français du Néflier.   (b.)

*ALCHIMISTE. ins. Nom vulgaire, employé par Géoffroy, pour désigner

un Lépidoptère , *Noctua leucomela.*
V. NOCTUELLE. (AUD.)

ALCHORNÉE. *Alchornea.* BOT.
PHAN. On nomme ainsi une Plante dioïque qu'on a placée dans la famille des
Euphorbiacées. Ses fleurs mâles ont
un calice à trois ou cinq divisions et
huit étamines dont les filets sont réunis inférieurement ; les femelles , un
calice à trois ou cinq dents , un ovaire
didyme , un style court , divisé en
deux ou trois parties , autant de stigmates très-longs. La capsule est pisiforme , a deux ou trois coques monospermes , et se sépare en autant de
valves.

On en connaît une seule espèce ,
originaire des hautes montagnes de
la Jamaïque , l'*Alchornea latifolia* de
Swartz. C'est un Arbre de vingt pieds
d'élévation environ ; ses feuilles sont
alternes ; ses fleurs axillaires et terminales , les mâles en plus grande quantité , ramassées en groupes alternes ,
les femelles disposées en grappes. Le
nombre ternaire des diverses parties
de la fructification est celui qui se rencontre le plus rarement. (A. D. J.)

ALCIBIADIUM ou ALCIBION.
BOT. PHAN. Syn. d'*Echium vulgare*,
L. *V*. VIPÉRINE. (B.)

* ALCIDE. INS. Espèce de Géo-
trupe de Fabricius. *V*. ce mot. (AUD.)

ALCINE. *Alcina.* BOT. PHAN. Genre formé par Cavanilles pour une
Plante mexicaine de la famille des
Corymbifères (tab. 15 de ses *Icones*),
et qu'il a nommé *Alcina perfoliata.*
Suivant Willdenow , elle est congénère du Wedelia, *V*. ce mot, quoique
son aigrette ne soit qu'à quatre dents.
(A. D. J.)

ALCION. OIS. *V*. ALCYONS.

ALCK , ALKA ou ALKER. OIS.
Syn. du Pingouin, *Alca Torda*, L.,
en Norwège. *V*. PINGOUIN. (DR..Z)

ALCO. MAM. Nom que donnaient
à une race de Chiens domestiques,
dont la tête était fort petite, les anciens Américains, quand les Espagnols firent la découverte de leur
continent. On ne sait point si cette

race s'est perpétuée, ou si son mélange
avec les races venues d'Europe ne l'a
point fait disparaître. (B.)

ALCOHOL. Produit de la fermentation à laquelle peuvent être soumises toutes les substances végétales qui
contiennent du sucre ou de la matière
sucrée. Les conditions indispensables
pour établir la fermentation alcoho-
lique sont : 1° la présence d'un ferment quelconque ; 2° celle de l'Eau
dans les proportions des quatre cinquièmes environ ; 3° une élévation de
température de 20 à 25 degrés. Cent
parties de sucre , par exemple , mêlées
à douze ou quinze parties de ferment
frais et délayées dans quatre cents parties d'Eau , ne tarderont pas à entrer
en fermentation ; de petites bulles
d'Air se formeront à la surface du
ferment , traverseront la masse du liquide , en entraînant avec elles des
atomes de ce ferment , et viendront
crever au contact de l'Air , en y laissant une écume dont la couche s'é-
paissira insensiblement. La fermentation , très-vive dans les dix ou douze
premières heures, se ralentira ensuite, et sera totalement apaisée au bout
de quelques jours. La liqueur se cla-
rifiera , et en obtiendra par la distillation environ quatre-vingts parties
d'Alcohol. Il est très-probable que
dans cette opération le ferment, qui
est très-avide d'Alcohol, rompt l'équilibre des principes constituans du sucre, s'empare de l'Oxygène, se transforme en Acide carbonique, tandis
que l'Hydrogène et le Carbone, restés plus intimement combinés entre
eux , constituent le corps nouveau qui
est l'Alcohol. — On opère la fabrication en grand de l'Alcohol en soumet-
tant à un mode de fermentation, à peu
près semblable à celui qui vient d'être
décrit, le sucre naturellement contenu
dans certains fruits à l'époque de leur
maturation ; alors le mélange d'Eau
et de ferment est tout fait, l'on n'a
plus besoin que du secours de la chaleur. — On fait aussi concourir à une
opération semblable la fécule amila-
cée des graines céréales ou des raci-

nes tubéreuses, que l'on a précédemment convertie en matière sucrée par une germination forcée ou par la cuisson ; on forme le mélange avec le ferment et l'Eau, dont les proportions doivent être plus élevées que pour le sucre ; on l'abandonne à la fermentation, puis on distille.

L'Alcohol est liquide, transparent, sapide, âcre, odorant, volatil ; il entre en ébullition au cinquante-huitième degré de Réaumur ; il s'enflamme très-facilement, et brûle en produisant de l'Eau par la combinaison de son Hydrogène avec l'Oxygène de l'Air, et de l'Acide carbonique par une autre combinaison de son Carbone avec ce même Oxygène. Il dissout certaines substances acides ou salines, et en respecte rigoureusement d'autres, ce qui en fait un bon réactif en chimie ; il dissout aussi les matières résineuses, les baumes, les essences, etc.

L'Alcohol obtenu du sucre et coupé d'environ moitié de son volume d'Eau porte le nom de *Rhum*; celui obtenu du Raisin, également délayé, s'appelle *Eau-de-vie*; celui que l'on tire du grain, et que l'on aromatise avec la baie de Genièvre, a conservé ce dernier nom; ceux obtenus du Riz, du Lait, etc., se nomment *Rack*, *Koumiss*, etc. A ces liqueurs, dont on fait un grand usage dans l'économie domestique, viennent se joindre les boissons journalières, qui toutes contiennent de l'Alcohol uni à diverses matières extractives et aromatiques, et délayées dans une grande masse d'Eau; tels sont le Vin, le Cidre, la Bière.. *V.* ces mots.   (DR..Z.)

ALCORNOQUE. BOT. PHAN. Nom espagnol du Liège, *Quercus Suber*, L. On a aussi appelé Alcornoque, à cause d'une sorte de ressemblance grossière, l'écorce d'un Arbre de la Guyane encore indéterminé, qui passe pour être d'un excellent usage dans les phthisies pulmonaires, et qu'on croit appartenir à une Apocynée ou à quelque espèce du genre Alchornea de Swartz. *V.* ALCHORNÉE, dans la famille des Euphorbiacées. De telles

affinités indiqueraient bien moins un Arbre salutaire qu'un Végétal malfaisant.   (B.)

＊ ALCUBIGI. OIS. (Gesner.) Syn. de l'Alouette Cochevis, *Alauda cristata*, L. *V.* ALOUETTE.   (DR..Z.)

ALCYON. *Alcyonium.* POLYP. Genre de l'ordre auquel il a donné son nom. *V.* ALCYONÉES, dans la division des Polypiers sarcoïdes. — Pallas est un des premiers naturalistes qui se soit occupé de l'étude des Alcyons; Bruguière a en partie traduit Pallas, et Bosc a copié Bruguière. Ellis, Olivi, Forskahl, Müller, Schlosser, Gærtner, Lamarck, De France, etc., ont fait d'excellentes observations sur ces Animaux ; celles du docteur Spix ne se rapportent en rien à ce que la nature nous présente. Desmarest et Le Sueur ont étudié les Polypes de quelques espèces et les ont classés parmi des Ascidies agrégées. C'est à Savigny que l'on doit ce que nous savons de plus précis sur l'organisation des Alcyons ; il les a considérés comme des Téthyes composées et les a divisés en plusieurs genres adoptés par Cuvier et Lamarck, etc. Ayant observé les Animaux de beaucoup d'autres Polypiers dans différens états, nous croyons devoir les regarder comme très-voisins des Mollusques ; ainsi les Polypes à Polypiers appartiennent tous à cette classe, ou bien ils forment un ordre particulier d'êtres beaucoup plus compliqués dans leur organisation qu'on ne l'a cru jusqu'à ce jour ; en attendant, nous avons réuni les Alcyons de Linné dans une division de la classe des Polypiers, celle des Sarcoïdes. *V.* ce mot. Cette classe est composée de trois ordres ou familles, comprenant les genres établis par Pallas, Gærtner, Savigny, etc. — Le genre Alcyon appartient au premier ; nous y plaçons les Polypiers sarcoïdes, dont les Animaux n'ont pas encore été observés et dont la forme ou l'organisation n'offre point de caractère saillant et tranché. A mesure que les naturalistes étudieront ces Polypiers, ils en décriront les Animaux; ils les placeront dans leurs genres respectifs, ou bien ils en feront de nouveaux. Maintenant le genre Alcyon ne peut être considéré que comme un groupe provisoire d'êtres plus ou moins différens, et peu ou point connus.

Les Alcyons varient dans leur forme encore plus que dans leur grandeur : les auteurs ne font mention d'aucune espèce au-dessus d'un mètre de hauteur, tandis que la figure de ces êtres singuliers présente mille différences souvent impossibles à définir; quelquefois, dans la même espèce, les uns couvrent les productions marines d'une couche gélatineuse, épaisse tout au plus d'un millimètre, tandis que d'autres s'élèvent, se ramifient comme de petits Arbres, ou s'arrondissent en masses polymorphes, pédicellées comme des Champignons ; ils se trouvent rarement dans les lieux que les marées couvrent et découvrent deux fois par vingt-quatre heures; on commence à les voir sur les rochers que les eaux n'abandonnent que pendant quelques instans à l'époque des Syzygies; ils deviennent plus nombreux dans les grandes profondeurs. C'est sous les rochers, à l'abri des courans et du choc des vagues, loin d'une lumière trop vive, que ces petits Animaux se plaisent; ils y établissent leurs nombreuses colonies, ils s'y multiplient à l'infini, et étalent leurs couleurs brillantes et transparentes que l'air ternit et fait disparaître souvent dans quelques minutes.—Les Alcyons sont répandus dans toutes les mers, croissent dans toutes les profondeurs, et sous toutes les latitudes ; nous les croyons beaucoup plus nombreux dans les pays chauds que dans les pays froids. On les trouve fossiles dans divers terrains, depuis ceux de transition, jusqu'à ceux d'attérissement; ils y sont dans tous les états, quelquefois même en si énorme quantité que certains auteurs regardent comme des Alcyons pétrifiés, les couches et les rognons de quartz des formations de craie : cependant le nombre des espèces décrites, soit vivantes, soit fossiles, est déjà très-considérable; il n'y en a pas moins de quatre-vingts, non compris, il est vrai, celles qui appartiennent aux différens genres que Savigny, Lamarck, etc., ont établis à leurs dépens. —Plus de vingt vivantes se trouvent dans les mers d'Europe, quinze environ sont fossiles dans nos terrains, et chaque jour l'on en découvre de nouvelles.

ALCYON ARBORESCENT. *Alcyonium arboreum*, Lamx., Hist. Polyp. p. 335. n. 462. Il offre une tige arborescente, à rameaux obtus, couverts de cellules placées sur de gros mamelons. Plusieurs auteurs indiquent ce Polypier comme originaire des côtes de Norwège; Koelreuter l'a trouvé dans la Méditerranée, et Pallas dit qu'il en a vu de l'Océan indien. Nous doutons que ce soit la même espèce, malgré la ressemblance des descriptions.

ALCYON CRIBLE. *Alcyonium cribrarium*, Lamx., Hist. Polyp. p. 341. n. 474. — Ce Polypier décrit, pour la première fois, par Lamarck qui en ignorait l'habitation, doit former un genre particulier ; il se trouve sur les côtes du Calvados par huit brasses de profondeur et au-delà ; il se présente en masse demi-ovoïde ou grossièrement sphérique enveloppant des Huîtres ou des galets, criblée d'oscules et de cellules, les premières deux ou trois fois plus larges que les secondes : il a quelquefois un pied de diamètre sur cinq à six pouces de hauteur ; quoique peu irritable, ce Polypier est animé dans toute sa masse ; lorsqu'il sort des filets des pêcheurs, sa couleur est un beau jaune citron, qui se change, quelques heures après, en gris-cendré plus ou moins foncé. C'est un des Polypiers les plus rares et les plus singuliers de nos parages; jamais nous n'en avons pu observer les Animaux.

ALCYON ORANGE DE MER. *Alcyonium lyncurium*, Lamx., Hist. Polyp. p. 332. n. 478. — Il est semblable à une petite Orange par la forme, la couleur et par les tubercules dont il est entièrement couvert; lorsqu'on le coupe transversalement, il paraît formé d'une membrane épaisse d'environ une ligne et demie, percée de cellules polypifères. Au centre est un petit globule sur lequel s'appliquent des fibres, roides, simples et rayonnantes, et toute la masse est animée. Nous avons trouvé ce joli Polypier sur les côtes du Calvados. Est-il le même que ceux que les auteurs indiquent dans les mers du Nord, dans la Méditerranée et au cap de Bonne-Espérance? nous en doutons; nous ne pouvons cependant affirmer le contraire, faute de bonnes descriptions d'êtres provenant de localités si différentes les unes des autres.

ALCYON PLEXAURÉE. *Alcyonium plexaureum*, Lamx., Gen. Polyp. p. 68. T. 76. fig. 2, 3, 4. Ce Polypier, semblable à une Plexaure sans axe, présente des rameaux obtus, très-allongés, couverts de cellules arrondies, écartées et profondes, et composés d'une substance qui se divise en petits corps veus et fusiformes ou aciculés. Sa couleur est un violet clair et vif. Il nous a été rapporté de la Havane. Nous regardons cet Alcyon comme très-voisin de la Gorgone Briarée d'Ellis et Solander.

ALCYON CONCOMBRE. *Alcyonium cucumiforme*, Lamx., Gen. Polyp. p. 68. T. 79. fig. 1. Espèce fossile; elle est semblable à un Concombre et couverte de pores épars, peu distincts, et n'est pas rare dans le terrain à Polypiers des environs de Caen.

Les autres espèces les plus remarquables de ce genre sont les *Alcyonium rubrum, Phalloïdes, pyramidale, pulmonarium, alburnum, Manus diaboli, Sceptrum, purpureum, boletus, favosum, Gigas, infundibulum*, etc. — *V*. Lamarck, Hist. des anim. sans vert. T. 2. — De France, Dict. des sciences nat. art. Alcyon. — Lamx, Hist. Polyp., etc. — Dans la longue liste des espèces, que le cadre de notre travail ne permet pas de rapporter, il peut y avoir quelques doubles emplois; il est impossible de les éviter, lorsqu'on ne peut consulter que des ouvrages sans figures et ne contenant que de courtes descrip-

tions, ou qu'on ne peut établir ces espèces que sur des échantillons défigurés par la conservation. (LAM..X.)

* ALCYONÉES. *Alcyonæ*. POLYP. Ordre de la division des Polypiers sarcoïdes qui renferme les genres Alcyon, Lobulaire, Ammothée, Xénie, Anthélie, Palythoé, Alcyonidie, Alcyonelle, Hallirhoé. *V*. ces mots. Les Polypes de ces Polypiers sont peu ou point connus; ils ont huit tentacules ou davantage, souvent pectinés et presque toujours garnis de papilles de deux sortes; leur contractilité varie dans les genres, les espèces et même dans les individus, suivant l'âge, la saison, l'exposition à l'air, etc. Le caractère tiré de cette faculté ne doit être employé que lorsque tous les autres viennent à manquer, et pour des êtres que l'on n'a pu long-temps observer, et dans différens états.

(LAM..X.)

ALCYONELLE. *Alcyonella*. POLYP. Genre de Polypiers, de l'ordre des Alcyonées dans la division des Polypiers sarcoïdes. C'est une masse encroûtante, épaisse, convexe et irrégulière, composée d'une seule sorte de substance, formée par l'aggrégation de tubes verticaux ouverts à leur sommet; elle est couverte de Polypes allongés, cylindriques, offrant à leur extrémité supérieure quinze à vingt tentacules droits, disposés autour de la bouche en un cercle incomplet d'un côté. Ce genre ne renferme encore qu'une seule espèce.

L'ALCYONELLE DES ÉTANGS. *Alcyonella stagnorum*, Lamx., Gen. p. 71, Tab. 76. fig. 5, 6, 7, 8, que Bruguière et Bosc ont trouvée dans les étangs et les fontaines des environs de Paris, principalement à Bagnolet. Fixée sur les Plantes aquatiques, comme plusieurs Alcyons sur les Thalassiophytes, elle ressemble à ceux-ci par tant de rapports, que nous avons cru devoir placer ce singulier Polypier dans l'ordre des Alcyonées, et non à côté des Eponges d'eau douce, ainsi que l'avait fait Lamarck. Nous faisons figurer ce singulier Animal

dans les planches de ce Dictionnaire.
(LAM..X.)

*ALCYONIDIE. *Alcyonidium.* PO-
LYP. Genre de l'ordre des Alcyonées
dans la division des Polypiers sarcoïdes, présentant une masse arrondie, lobée, allongée, encroûtante,
quelquefois pédiculée et rameuse, polypifère sur toute sa surface; les Polypes, armés de douze tentacules
égaux, longs et filiformes, sont transparens, à corps infundibuliforme avec
le bord échancré. Ce genre ne renferme
encore qu'un très-petit nombre d'espèces, classées tantôt entre les Varecs, tantôt entre les Ulves, tantôt enfin entre les
Éponges par les anciens auteurs; Müller en a le premier découvert les Animaux; ils sont très-difficiles à apercevoir, mais leur forme ne laisse aucun
doute sur la classification de ces productions singulières que nous avions
d'abord considérées comme un genre
particulier de la classe des Hydrophytes; il faut maintenant décomposer ce genre, renvoyer aux
Dumonties, *V.* ce mot, les *Alcyonidium vermiculatum, fucicola,* etc.,
et ne conserver dans le genre Alcyonidie que les *Alcyonidium Nostoch,
bullatum* et *diaphanum.*

ALCYONIDIE NOSTOCH. *Alcyonidium
Nostoch,* N. Semblable au Nostoch commun par la forme extérieure, mais
entièrement différent par son organisation; il se trouve sur les rochers des
côtes de Bretagne et de Normandie
qui ne découvrent que dans les grandes
marées.

ALCYONIDIE BULLÉ. *Alcyonidium
bullatum,* N. Diffère du premier en ce
qu'il n'est jamais solide et qu'il est
toujours parasite sur les Plantes marines. Aucune de ces deux espèces n'a
été figurée.

ALCYONIDIE GÉLATINEUSE. *Alcyonidium gelatinosum,* Lamx., Gen.
Polyp. p. 71. Gen. Thal. Tab. 7. fig. 4.
C'est un Polypier irrégulièrement rameux et polymorphe, épais, à ramifications obtuses, se fixant sur les
sables solides et sur les rochers par
un empatement d'où s'élève un pé-

dicule court et cylindrique, de la
grosseur environ d'une plume de Corbeau. Quelquefois ce Polypier forme
une petite masse presque globuleuse;
d'autres fois il s'élève à un pied de hauteur. Cette masse, quoique animée,
ne donne aucun signe d'irritabilité;
les Polypes même n'ont que peu de mouvement, et sont d'une lenteur extrême.
Ce Polypier est phosphorescent à certaines époques de l'année, et ne se
trouve jamais que dans les filets des
pêcheurs.

Les *Alcyonidium diaphanum et flavescens* que Lyngbye regarde à tort
comme deux Hydrophytes, appartiennent à notre Polypier. Nous ne connaissons aucune autre espèce de ce genre
singulier d'Alcyonée, quoiqu'il doive
en exister un plus grand nombre dans
les différentes mers du globe.

(LAM..X.)

ALCYONIDIÉES. *Alcyonidiæ.* BOT.
CRYPT. et POLYP. Cet ordre, de la famille des Thalassiophytes non articulées, n'a pas été conservé; il n'était
composé que d'un seul genre (*Alcyonidion* du Dictionnaire de Déterville).
Une partie des espèces a été reconnue
pour des Dumonties, *V.* ce mot, et
l'autre pour de véritables Polypiers,
dont nous avons fait le genre Alcyonidie. *V.* ce mot.   (LAM..X.)

ALCYONIDION. POLYP. *V.* AL-
CYONIDIÉES.

ALCYONITES. POLYP. FOSSIL. Les
naturalistes ont donné ce nom à beaucoup de Fossiles, principalement à
ceux des différens genres qui composent la division des Polypiers sarcoïdes. Le nombre des Alcyonites décrites et figurées est très-peu considérable, eu égard à celui des espèces que
l'on découvre chaque jour et que l'on
ne sait comment caractériser. *V.* les
mots ALCYON, HALLIRHOÉ, CHENEU-
DOPORE, HYPALIME, LYMNORÉE, PÉ-
LAGIE, etc.   (LAM..X.)

*ALCYONS. *Alcyones.* OIS. Septième
ordre de la Méthode ornithologique de
Temminck. Caractères bec médiocre
ou long, pointu, presque quadrangulaire, peu arqué ou droit; pieds à

tarse très-court ; trois doigts devant réunis, un derrière. Cet ordre comprend les genres Guêpier, Martin-Pêcheur et Martin-Chasseur. *V.* ces mots.

Les Alcyons volent avec une grande rapidité ; leurs mouvemens sont prompts et brusques ; ils ne peuvent ni marcher, ni grimper ; ils saisissent leur nourriture en plein vol, souvent à fleur d'eau, après l'avoir guettée avec une patience extrême. Ils nichent dans des trous pratiqués en terre le long des rives. La mue n'a lieu qu'une fois l'année ; le plumage des sexes et des âges diffère peu.

Le nom d'Alcyon a aussi été donné plus particulièrement au Martin-Pêcheur d'Europe, *Acedo Ispida*, L., à la Frégate, au Paille-en-Queue et à certains Petrels, ou autres Oiseaux de rivage et de la haute mer, que n'épouvantent point les tempêtes, par allusion à la fable qui métamorphose en Oiseau l'épouse infortunée de Ceyx. — On ignore absolument ce qu'était l'Alcyon vocal d'Aristote et des anciens.   (DR..Z.)

ALDEA. BOT. PHAN. Ruiz et Pavon ont nommé ainsi et figuré, tab. 114 de leur Flore Péruvienne, une Plante à laquelle ils assignent pour caractères : un calice infère, à cinq divisions profondes, linéaires, dressées; une corolle monopétale, campanulée, quinquefide, de la longueur du calice; cinq étamines, dont les filets tubulés et velus sont deux fois longs comme la corolle, à la base de laquelle ils s'insèrent; un style filiforme, bifide; une capsule libre, ovoïde, uniloculaire, s'ouvrant en deux valves, contenant deux graines et environnée par le calice persistant.

La seule espèce connue, l'*Aldea pinnata*, est une Herbe qui croît au Pérou et au Chili. Ses feuilles sont simples supérieurement, pinnées plus bas ; ses fleurs disposées en épis, sur un seul côté des pédoncules dichotomes et contournées en crosse. — L'Aldea, placé dans la famille des Borraginées entre les genres *Hydrophyllum* et *Phacelia*, n'est-il pas con-

génère du premier ou du second, comme le pense Robert Brown ?
                              (A. D. J.)

ALDINA. BOT. Adanson a fait sous ce nom un genre de l'*Aspalathus Ebenus*, de Linné, Arbre de la Jamaïque, connu sous celui d'Ebony et figuré par Browne, t. 31. fig. 2. de l'Hist. Jamaïque. Il a été réuni par Swartz à l'*Amerimnon*. *V.* ce mot. Ce nom d'Aldina avait encore été donné par Scopoli au Vadakoki de Rhéede (*Hort. mal.* 9, tab. 42) qu'on a reconnu plus tard pour une espèce de Carmentine. *V.* JUSTICIA.   (A. D. J.)

ALDROVANDE. *Aldrovanda*, J. BOT. PHAN. Genre de la famille des Droséracées de De Candolle, Pentandrie Pentagynie, L., qui a beaucoup d'affinité avec les Rossolis, tant sous le rapport de son *habitus* que par ses caractères essentiels. Une seule espèce le constitue, c'est l'*Aldrovanda vesiculosa*, L.; petite Plante qui nage dans l'eau et se soutient à sa surface au moyen de ses feuilles verticillées, cilicées, renflées et comme vésiculeuses. Ses fleurs sont axillaires, solitaires, très-petites; elles offrent un calice à cinq divisions profondes, une corolle de cinq pétales et autant d'étamines. L'ovaire qui est libre est couronné par cinq styles et cinq stigmates. Le fruit est une capsule uniloculaire, renfermant dix graines attachées à ses parois, et s'ouvrant en cinq valves.

L'Aldrovande croît aux environs d'Arles en Provence, où nous l'avons observée en 1818, dans les étangs près de Montmajour. On la trouve assez fréquemment en Italie ; elle a été retrouvée par Bory de Saint-Vincent, et plus tard par Thore, dans quelques lagunes des Landes aquitaniques.
                              (A. R.)

* ALDURAGI. OIS. Syn. arabe de Lagopède. *Tetrao Lagopus*, L. (DR.Z.)

* ALEA OU ALE. BOT. PHAN, (Rhumph.) Syn. indous de Gingembre. *V.* ce mot.   (B.)

* ALÉANTRIS. POIS. (Athénée.)

Il est impossible de déterminer quel était, chez les anciens, ce Poisson qui se pêchait dans le Nil. (B.)

ALEBRANDE ou ALDEBRANDE. ois. Vieux nom de la Sarcelle. *Anas Querquedula*, L. (DR..Z.)

ALEBRENNE ou ALEBRUNE. REPT. BATR. Syn. de Salamandre, en plusieurs cantons de la France (B.)

ALECTISCAK. MAM. Syn. groënlandais de Phoque à croissant. *V.* PHOQUE. (A. D..NS.)

ALECTO. POLYP. Genre de Polypiers fossiles de l'ordre des Cellariées dans la division des Polypiers flexibles, ayant pour caractères d'être filiforme, rameux, articulé, formé par des cellules situées les unes à la suite des autres, d'un diamètre presque égal dans toute leur longueur, avec une ouverture un peu saillante placée près de l'extrémité de la cellule et sur sa surface supérieure; il est adhérent par toute la surface inférieure. — Nous avons donné à ce genre le nom d'Alecto, parce que celui que le docteur Leach avait établi sous cette dénomination, aux dépens des Astéries, n'a été adopté ni par Lamarck, ni par Cuvier. Il n'est encore composé que d'une seule espèce que l'on trouve sur les Térébratules et sur les Polypiers fossiles des environs de Caen; cette espèce unique est assez rare.

ALECTO DICHOTOME. *Alecto dichotoma*, Lamx., Gen. Polyp. p. 84. tab. 81. fig. 12. 13. 14. Rameaux constamment dichotomes. (LAM..X.)

ALECTOR. ois. Synon. du Coq, *Phasianus Gallus*, L., en Grèce. Gmelin et Latham ont donné ce nom au Hocco de la Guyane, et Cuvier à une subdivision des Gallinacées.
(DR..Z.)

*ALECTORIDES. *Alectorides*. ois. Onzième ordre de la Méthode ornithologique de Temminck. Caractères: bec plus court que la tête ou de la même longueur, robuste, fort, dur; mandibule supérieure courbée, convexe, voûtée, souvent crochue à la

pointe; pieds à tarse long, grêle; trois doigts devant, un derrière; celui-ci articulé plus haut sur le tarse. Cet ordre comprend 1° les genres Agami et Cariama, *V.* ces mots, dont les espèces habitent les déserts, où elles sont continuellement à la poursuite des Lézards et autres Reptiles; 2° les genres Glaréole, Kamichi et Chavaria, *V.* ces mots, composés d'espèces que l'on trouve dans les marécages et sur les bords des rivières, occupées à la recherche de Vers, de Larves, d'Insectes aquatiques et de petits Poissons, dont quelques-unes font une assez grande consommation. Illiger avait aussi donné le même nom à la même famille d'Oiseaux. (DR..Z.)

ALECTORIE. *Alectoria*. BOT. CRYPT. (*Lichens*.) Achar a donné ce nom à un genre qu'il avait d'abord réuni aux Parmelies, et que Hoffman et De Candolle avaient placé parmi les Usnées. — Sa tige est très-rameuse, cylindrique, à divisions souvent presque capillaires, cartilagineuses. Les scutelles sont sessiles, ce qui distingue ce genre des Usnées, des Corniculaires et des Ramalines, arrondies, d'abord creuses, ensuite convexes, placées latéralement sur les rameaux, de même nature qu'eux et sans rebord particulier. — On en connaît environ huit espèces, qui toutes croissent sur les branches des Arbres, d'où leurs tiges longues et flexibles pendent comme des sortes de Stalactites. Une des espèces les plus remarquables et la plus commune est l'*Alectoria jubata*, qui couvre quelquefois presque entierement les branches des vieux Arbres et surtout des Sapins, et leur donne un aspect tout particulier. (AD. B.)

ALECTOROLOPHE. *Alectorolophus*. BOT. PHAN. Genre établi par Haller, aux dépens des Rhinanthes(*Stirpes helveticæ*), adopté par Allioni et par quelques autres botanistes, et dont la Cocriste glabre, *Rhinanthus Crista-Galli*, L. est le type. *V.* RHINANTHE.

Ce nom avait été donné par les anciens à l'Alliaire, *Erysimum Alliaria*,

L., ainsi qu'à la Sauge des prés, *Sal-*
via pratensis, L.   (B.)

ALECTRE. *Alectra*. BOT. PHAN.
C'est un genre établi par Thunberg
dans sa quatrième Dissertation acadé-
mique. Le calice offre deux lèvres ; la
supérieure à deux et l'inférieure à trois
lobes; la corolle est plus longue que le
calice , campanulée; son tube inséré
sous l'ovaire , évasé insensiblement et
terminé supérieurement par cinq divisions ouvertes et obtuses , soutient
quatre étamines presque didynames,
dont les filets sont velus et les anthères didymes. Un seul style filiforme
porte un seul stigmate recourbé et
strié sur les côtés. Le fruit est une
capsule glabre, à deux loges, contenant deux graines, et s'ouvrant en
deux valves. On voit donc que ce
genre doit être placé parmi les Monopétales à insertion hypogyne; mais
on n'a pas déterminé sa famille. La
seule espèce connue, l'*Alectra capen-*
sis, originaire du cap de Bonne-Espérance , est une Plante annuelle, à
feuilles alternes, à fleurs en épis terminaux, offrant, suivant l'auteur, le
port des Orobanches.   (A. D. J.)

ALECTRIDES. OIS. Trentième famille de l'ordre des Sylvains , dans la
Méthode ornithologique de Vieillot,
dont les caractères généraux consistent dans un bec grêle et un peu voûté,
dont la mandibule supérieure couvre
les bords de l'inférieure; dans la nu-
dité des joues et de la gorge, qui quelquefois est caronculée, et dans la
membrane qui réunit à leur base les
doigts antérieurs. Elle est composée
du seul genre Pénélope. *V.* ce mot.
Cuvier a étendu cette dénomination ,
dans son Tableau de la classification
des Oiseaux joint au Tome I de son
Anatomie comparée, aux Gallinacés
dont les ailes sont propres au vol.
                 (DR..Z.)

ALECTRION. *Alectrion*. MOLL.
Genre formé par Montfort (Conchyl.
t. II. p. 567) pour le *Buccinum pa-*
pillosum , L., et qui n'a point été
adopté. Il se rapproche de certaines
Nasses de Lamarck, et beaucoup des

Eburnes du même auteur. Nous en
faisons un sous-genre des Buccins. *V.*
ce mot.   (F.)

ALECTRION. BOT. PHAN. Genre
établi par Gærtner (T. 1. p. 216. tab.
46), dans la famille des Saponacées,
sur une baie dégagée de calice, globuleuse , coriace , garnie supérieurement d'une crête marginale, ne contenant qu'une graine sphérique , entourée de la moitié d'une arille; la radicule de l'embryon dépourvue de
périsperme est recourbée sur les lobes contournés en spirale. On voit par
ces caractères que le genre Alectrion
n'est pas encore irrévocablement
fixé.   (B.)

*ALECTRURUS. OIS. (Vieillot.)
V. GALLITE.

ALENBOCH. OIS. Syn. de la petite
Mouette cendrée, *Larus cinerascens*,
L., en Suisse.   (DR..Z.)

ALÈNE. POIS. et MOLL. L'Alène
de savetier , le Clou , la Vis à caractères , noms marchands du *Bucci-*
num maculatum, L. *Terebra macu-*
lata, Lamk. *V.* Vis et aussi Oxyrhyn-
que au mot RAIE.   (F.)

ALÉOCHARE. *Aleochara*. INS.
Genre de l'ordre des Coléoptères établi par Gravenhorst et placé par Latreille (Règne Animal de Cuvier) dans
la grande famille des Brachélytres. Ses
caractères sont : antennes insérées à
nu entre les yeux , et près de leur
bord intérieur, les trois premiers articles sensiblement plus longs que les
suivans ; ceux-ci perfoliés , le dernier
allongé et conique ; palpes terminés
en alène ; les maxillaires avancés,
avec l'avant-dernier article grand , et
le dernier très-petit ; corselet presque
ovale ou en carré arrondi aux angles. Gravenhorst , dans son premier
travail (*Coleoptera microptera* ,
Brunsvicensia, 1802) avait rangé dans
le genre Aléochare plusieurs espèces
qu'il en a distinguées depuis (*Mono-*
graphia, *Coleopterorum microptero-*
rum, *Gottingæ* , 1806) sous le nom de
Loméchuse. *V.* ce mot. —Latreille ,
en adoptant ces deux genres , n'applique ni à l'un ni à l'autre les mêmes ca-

ractères, il rapporte aux Aléochares les trois premières familles ainsi que la sixième de Gravenhorst; mais la quatrième et la cinquième sont réunies, par lui, aux Loméchuses qu'il caractérise aussi différemment.

Les Aléochares appartiennent à la troisième section de la famille des Brachélytres, celle des Aplatis, c'est-à-dire, qu'elles ont la tête entièrement découverte, le labre entier, les palpes maxillaires · beaucoup plus courts que la tête, avec le quatrième article distinct; le premier de ces caractères empêche de les confondre avec les espèces du genre Loméchuse, qui, suivant Latreille, ont toutes la tête enfoncée postérieurement, jusque près 'es yeux, dans le corselet; les Aléochares se distinguent aussi des Oxytèles, des Omalies, des Proteines et des Lestèves, par l'insertion de leurs antennes.—Ces Insectes sont fort agiles et se rencontrent ordinairement sous les pierres, et dans les bolets plus ou moins putréfiés. Les espèces connues jusqu'à présent, sont assez nombreuses. Gravenhorst, dans sa Monographie, en a décrit soixante-seize. — Gyllenhal, Dalh, Knoch et Dejean en ont augmenté le nombre; ce dernier en possède quatre-vingt-deux. Nous en rencontrons plusieurs en France et aux environs de Paris. Nous citerons l'Aléochare cannelée, *A. canaliculata*, Grav. Elle est figurée par Panzer (*Faun. Insect. Germ. Fasc.* 27. t. 13) et par Olivier (Col. 3. n° 42. T. 3. fig. 31). Le *Staphylinus bipustulatus* de Linné sert de type au genre; on doit y rapporter aussi les espèces suivantes : *Staphylinus impressus*, Olivier (*loc. cit.* T. 5. fig. 41); — *Staphylinus boleti*, Linné, Olivier (*loc. cit.* T. 5. fig 33), ainsi que les *Staphylinus minutus, collaris, socialis*, etc., etc. (AUD.)

ALÉPÉLÉCOU. BOT. PHAN. Syn. caraïbe de Capparis. (A. R.)

ALÉPIDE. *Alepidea*. BOT. PHAN. C'est le nom d'un genre nouveau établi dans la famille des Ombellifères par Delaroche (*Hist. Eryngior.*),

qui comprend l'*Astrantia ciliaris* de Linné fils ou *Jasione capensis* de Bergius. Ce genre très-rapproché du Panicaut, avec lequel on doit le réunir, s'en distingue seulement par ses fleurs nues, c'est-à-dire, non accompagnées d'écailles à leur base. *V.* ERYNGIUM. (A. R.)

ALÉPIDOTE. POIS. C'est-à-dire, *dont la peau est dépourvue d'écailles*. Les Ichthyologistes ont ˙ employé quelquefois ce mot pour désigner des Poissons dont la peau est nue et lisse; il a été donné, comme spécifique, à un Rhombe de Lacépède, *Chetodon alepidotus*, L. (B.)

ALEPS. OIS. *V.* ALAIS.

* ALÉPYRON. *Alepyrum*. BOT. PHAN. Dans son Prodrome de la Nouvelle-Hollande, R. Brown établit sous ce nom un genre nouveau dans la famille des Restiacées, à côté des Eriocaulon, et dont il donne ainsi les caractères : spathe bivalve, renfermant une seule ou quelquefois plusieurs fleurs, qui consistent seulement dans une étamine dont l'anthère est simple; dans plusieurs pistils unilatéraux, attachés à un axe commun, qui se changent en autant de petits fruits s'ouvrant longitudinalement.

Les trois espèces rapportées à ce genre sont originaires de la Nouvelle-Hollande; ce sont de petites Plantes qui ont la plus grande analogie avec le genre Desvauxia établi aussi par cet illustre botaniste, et qui ne s'en distinguent que par des fleurs sans écailles glumacées, et par des spathes souvent uniflores. Ces deux genres nous paraissent devoir être réunis. (A. R.)

ALÉRION. OIS. Syn. du Martinet noir, *Hirundo Apus*, L., en quelques cantons de la France. *V.* MARTINET. (DR. Z.)

* ALÈTES. MIN. (Forster.) Syn. de Trass, sorte de tuf volcanique. *V.* TRASS. (LUC.)

ALÈTHES ou ALÉTTE. OIS. *V.* ALAIS.

ALETRIS. BOT. PHAN. Famille des Asphodélées, Hexandrie Monogynie, L. Les espèces de ce genre, établi par Linné, ont été partagées par les auteurs modernes en quatre genres, qui sont : *Aletris* proprement dit, *Weltheimia*, *Tritoma* et *Sanseviera*. *Voy.* ces trois derniers mots. On n'a laissé dans le genre Aletris que les espèces qui présentent un calice monosépale, coloré, infundibuliforme, ridé ; six étamines attachées à la base des six divisions du limbe calicinal ; un style terminé par un stigmate trifide ; une capsule trigone, à trois loges polyspermes. Deux espèces seulement appartiennent à ce genre, ainsi restreint, savoir, l'*Aletris fragrans*, L. et l'*Aletris farinosa*, L. Ces deux Plantes sont vivaces ; leurs racines sont composées d'un faisceau de fibres simples. Leurs fleurs forment un épi dense, à la partie supérieure de la hampe. La première est originaire d'Afrique, la seconde croît dans l'Amérique septentrionale, et se cultive facilement dans nos orangeries.

(A. R.)

* ALEURIE. *Aleuria*. BOT. CRYPT. (*Champignons*.) Fries a donné ce nom à une section du genre Pézize que Persoon avait désignée sous celui d'*Helvelloideæ*. Toutes les espèces de cette division sont grandes, charnues, très-fragiles, et ont leur surface interne couverte d'une poussière glauque. La plupart croissent sur la terre, dans les bois ; quelques-unes poussent sur les troncs d'Arbres. *V.* PÉZIZE.

(AD. B.)

* ALEURISMA. BOT. CRYPT. (*Mucédinées*). Genre établi par Link (*Magaz. natur. Berlin*. 1809. t. 1, fig. 25) , et auquel il donne le caractère suivant ; thallus composé de filamens rameux, cloisonnés, entrecroisés ; sporules éparses, petites et globuleuses. Ces petits Champignons ressemblent, au premier aspect, à la base encore non développée de quelques Bolets, mais la présence des sporules prouve que ce sont des Champignons parfaits ; le thallus est formé de filamens entrecroisés, assez solides et comme feutrés. Link, dans le Mémoire cité et dans un supplément

publié dans le même Journal, en 1815, en a fait connaître sept espèces qui croissent sur les branches mortes, les autres Champignons, et les fruits qui commencent à se décomposer. Divers auteurs ont depuis ajouté encore quelques espèces à celles de Link.

(AD. B.)

ALEURIT ou ALEURITES. BOT. PHAN. et non *Aleurite*. *V.* BANCOUL.

ALEUTÈRE. POIS. Sous-genre de Balistes, établi par Cuvier. *V.* BALISTE.

(B.)

* ALEVO, ELVO, d'où ALVIES. BOT. PHAN. (Belon) Syn. de *Pinus Cembra*, L. *V.* PIN.

(B.)

ALEYRODE. *Aleyrodes*. INS. Genre de l'ordre des Hémiptères établi par Latreille, et qui, avant que ce savant l'ait formé, se trouvait rangé parmi les Lépidoptères. Il appartient aujourd'hui à la famille des Aphidiens, et se reconnaît aux caractères suivans : bec très-distinct ; tarses terminés par deux crochets ; élytres et ailes en toit, de la même grandeur, et n'étant pas linéaires; antennes courtes, de six articles ; yeux échancrés.

La seule espèce qui compose ce genre est l'Aleyrode de l'Éclaire, *A. Chelidonii*, Latr., ou la *Tinea Prolotella* de Linné et la Phalène culiciforme de l'Éclaire, de Géoffroy (Hist. des Ins. T. II. p. 172.) A peine longue d'une ligne, son corps est d'un rouge jaunâtre, recouvert d'une poussière blanche ; ses ailes sont presque ovales et farineuses. On remarque vers leur milieu une nervure principale formant saillie, et un petit point de couleur cendrée ; les yeux sont noirs et divisés par un trait blanchâtre formé par la même poudre qui recouvre tout le corps. Réaumur regardait cet Insecte comme une Phalène; il nous a fait connaître dans le 7ᵉ Mémoire du T. II de ses Observations, plusieurs particularités assez intéressantes. Latreille, dans un Mémoire faisant partie du Magazin encyclopédique, a beaucoup ajouté à nos connaissances sur cette espèce; il a surtout déterminé, d'une manière très-précise, et en puisant ses preuves dans l'organisation et les mœurs, qu'elle appartenait à l'ordre des Hémiptères, et qu'elle avoisinait les Psylles et les Pucerons. Sa trompe, suivant Réaumur, diffère essentiellement de celle des Papillons, dont elle s'éloigne encore par ses antennes et la poussière de ses ailes. Ses habitudes sont aussi très-singulières. Elle subit toutes ses métamorphoses, s'accouple et se reproduit presque à la même place où elle a pris naissance. A l'état parfait, cet Insecte pompe au moyen de son bec le suc des feuilles de l'Eclaire, *Chelidonium majus*, L. Les mâles recherchent les femelles, et celles-ci pondent, sur les feuilles dont elles se sont nourries, des œufs oblongs, blancs et lisses, disposés circulairement. Réaumur n'en a jamais compté plus de quatorze; mais Latreille porte leur nombre à trente. Après huit jours environ, la larve éclot, et est si petite qu'on n'aperçoit ses pates qu'avec une forte loupe. Elle est aplatie, ovale, transparente, ne grossit pas sensiblement, et paraît toujours immobile. Cependant, huit jours après sa naissance, on remarque quelques changemens; son corps d'ovale qu'il était devient triangulaire; un des bouts s'allonge et se termine en une pointe fine, tandis que l'autre s'arrondit davantage. Quelques jours plus tard, cette forme change encore, et l'Animal en acquiert une semblable à celle qu'il avait d'abord, sauf le volume qui est plus considérable. Sous cette dernière forme, l'Insecte est réellement chrysalide. Latreille, dans un rapport fait à l'Académie des Sciences, séance du 13 août 1821, dit qu'avant de passer à cet état, les larves se renferment dans une coque, dont il serait d'autant plus curieux de bien étudier l'origine, qu'elles semblent dépourvues de filières (Archives de l'Académie). Une liqueur visqueuse la fait alors adhérer à la feuille, et forme une frange à chaque bout de son corps. Réaumur ne parle pas de ce fait; mais il a vu les Nymphes devenir Insectes parfaits, quatre jours après leur transformation. Leur peau, dans cette circons-

tance, se fend sur le dos, comme cela a lieu chez beaucoup d'autres Insectes.—Les Aleyrodes se rencontrent en grande quantité, à toutes les époques de l'année, sur les feuilles de l'Eclaire. On en trouve aussi sur celles des Choux et des Chênes, mais en plus petit nombre. (AUD.)

ALFASAFAT. BOT. PHAN. d'où *Alfasa* des Espagnols. Syn. arabe de Luzerne, *Medicago officinalis*, L. (B.)

ALFEREZ DE JAVA. POIS. (Valentin.) Chétodon cornu de Lacépède. *V*. CHÉTODON. (B.)

ALFESCERA ou ALFESSIRE. BOT. PHAN. Syn. de Bryone blanche; chez les Arabes. (B.)

*ALFONSIA. BOT. PHAN. Ce genre, que nous avons établi dans la famille des Palmiers (dans Humb. et Bonp. *Nov. gen. et spec.* 1. p. 307), a pour caractère essentiel : des fleurs monoïques; un calice à six divisions profondes, presque égales, dont trois intérieures, et trois extérieures; six étamines à filets réunis à la base; un ovaire simple; trois styles; une drupe ovoïde, fibreuse et monosperme.

L'*Alfonsia oleifera*, la seule espèce connue de ce genre, est originaire de l'Amérique méridionale. Humboldt et Bonpland l'ont trouvée sauvage dans la Nouvelle-Grenade sur les bords de Rio-Sinu, où il porte le nom de *Corozo*. C'est un petit Palmier dont le tronc, à peine haut de quatre à six pieds, est couronné d'une touffe de feuilles pennées. Les fleurs mâles et femelles se trouvent sur des spadices distincts du même individu, elles sont sessiles et plongées dans la substance des rameaux du spadice. Les fruits de ce Palmier fournissent le fameux *Manteca del Corozo*, espèce d'huile que l'on brûle dans les églises et les maisons particulières. Il est probable que le Corozo de Carthagène, dont Jacquin (*Stirp. Am.* p. 282) ne donne que des notions très-incomplètes, est la même Plante que l'*Alfonsia oleifera*. Rob. Brown s'est refusé (*Bot. of Congo*, p. 32) d'adopter ce nouveau genre qu'il croit être le même que l'Élaïs de Linné et de Jacquin. Il soupçonne même que l'*Alfonsia oleifera* pourrait être l'*Elais guineensis*. Loin de partager son opinion, nous observerons que le nombre des divisions du calice est de 6 dans l'Alfonsia, de 12 dans l'Elaïs; que l'Alfonsia est indigène de l'Amérique, qu'il y croît sauvage et sans culture, au lieu que l'Elaïs se trouve partout, hors de l'Afrique, seulement cultivé. Du reste, si le Corozo de Jacquin est la même Plante que le Corozo du Rio-Sinu, comme nous aimons à le croire, il en résulterait pour les deux genres une autre différence essentielle, et dont Brown paraît faire grand cas. Jacquin, en décrivant le fruit de son Corozo, dit que les trous se trouvent à la base de la Noix; Brown, au contraire, les a vus terminaux dans l'Elaïs, observation qui mérite la plus grande confiance quoiqu'elle soit en opposition avec la description et la figure de Gærtner (*Fruct. et Sem.* 1. p. 17. T. 6. fig. 2). (K.)

ALFREDIE. *Alfredia.* BOT. PHAN. Sous ce nom, Henri Cassini propose d'établir un genre nouveau avec le *Cnicus cernuus*, L. Cette belle Plante, originaire de la Sibérie, qui appartient à la famille des Carduacées, Syngénésie Polygamie égale, a d'abord été placée dans les *Cnicus* par Linné, et par Gærtner, Mœnch et De Candolle dans le genre *Silybium* de Vaillant. Le genre *Alfredia* diffère des *Cnicus* par ses aigrettes doubles, du *Silybium* par les filets de ses étamines qui sont libres, glabres, et par la forme de la corolle. (A. R.)

ALFUACHAT. OIS. *V.* ALCHATA.

ALGARDAIGNE ou ALGARDAIONE. OIS. Noms vulgaires de l'Hirondelle, en quelques cantons. (DR.Z.)

ALGAROVA ou ALGOROBA. BOT. PHAN. Syn. de Caroubier, *Ceratonia siliqua*, L. chez les Espagnols, qui ont donné ce nom à quelques Acacies du Nouveau-Monde, parce que les gousses de celles-ci sont une nourriture fort saine pour les bestiaux,

comme le sont les fruits du Caroubier. (B.)

ALGATROS. OIS. (Flacourt et Dampier.) Nom corrompu de l'Albatros. *V.* ce mot. (B.)

ALGAZELLE. MAM. (Fréd. Cuvier.) Syn. d'*Antilope Gazella*, Gmel. *V.* ANTILOPE. (A. D.. NS.)

*ALGÉRIENNE ou MOULE D'ALGER. MOLL. Nom marchand du *Mytilus ungulatus*, L. *V.* MOULE. (F.)

ALGIRE. REPT. SAUR. *Lacerta Algira*, L. Espèce de Scinque. *V.* ce mot. (B.)

ALGODAMO ou ALGODONE. BOT. PHAN. et non *Algodano.* Syn. portugais de Bombax, parce que les Bombax ou Fromagers, donnent une sorte de coton. *V.* BOMBAX. (B.)

ALGODON. BOT. PHAN. Syn. de Coton, dans l'acception générique, chez les Espagnols et les Portugais. (B.)

ALGOÏDES. BOT. PHAN. (Vaillant.) Syn. de Zannichellie. *V.* ce mot. (B.)

ALGOROBA. BOT. PHAN. *V.* ALGAROVA.

ALGUE, ALGUES. BOT. CRYPT. Un grand nombre d'êtres sont confondus sous le nom général d'Algue ou d'Algues. Tournefort, le père de la botanique française, est le premier qui ait réuni sous cette dénomination des objets auxquels il trouvait quelque air de ressemblance; il en avait formé une section de sa 17e classe: des Plantes et des Polypiers la composaient. Linné a donné le nom d'Algues au 3e ordre de sa Cryptogamie, après en avoir ôté toutes les productions animales. Jussieu a restreint le nombre des Algues de Linné; mais cet ordre renfermait encore, dans le *Genera* de cet auteur, des Plantes trop différentes les unes des autres, et qui doivent former des familles dans une nouvelle édition de son excellent ouvrage; de sorte que l'on se demande encore à quel groupe de Végétaux on doit proprement conserver le nom d'Algues; maintenant l'on dit la famille des *Hydrophytes* ou *Thalassiophytes*, les *Conferves*, les *Lichens*, les *Hépatiques*, etc. *V.* ces mots. Le mot

Algue doit donc probablement disparaître des ouvrages de botanique, et ne sera plus appliqué qu'à ces débris rejetés par la mer, roulés par les vagues, et dont la bande variable indique la force des tempêtes et la hauteur croissante et décroissante des marées. De pareils débris sont un excellent engrais, qui doit intéresser beaucoup plus l'agriculteur riverain que le botaniste. On les apprécie principalement depuis quelques années pour la culture, et de nos jours l'on ne dirait plus de ces débris ce que l'empereur Julien écrivait à un de ses amis, en le félicitant d'habiter les belles plaines de l'Italie: « Là, vous n'êtes point au milieu de l'Algue et de ces Plantes auxquelles on ne daigne pas même donner de nom, aussi désagréables à l'odorat qu'à la vue, dont la mer couvre ses bords. » (LAM. X.)

* ALGUE DES VITRIERS. BOT. PHAN. *V.* ZOSTÈRE.

ALGUE–LAGUEN. BOT. PHAN. Et non *Laguen.* Arbrisseau indéterminé du Chili, qui paraît voisin des Digitales et que Feuillée (T. IV. p. 4. pl. 1) compare au Sideritis de C. Bauhin. Sa saveur est très-piquante, et son nom signifie, peut-être à cause de cette raison, Herbe du Diable. (B.)

* ALGUES SUBMERGÉES. BOT. CRYPT. Ce nom a été employé par Corréa de Serra et par quelques autres botanistes, pour désigner la famille des Hydrophytes. *V.* ce mot.(LAM. X.)

ALGUETTE. BOT. PHAN. c'est-à-dire, *petite Algue.* Syn. de Zannichellie. *V.* ce mot. (B.)

ALHAGE ou ALHAGI. BOT. PHAN. *V.* AGUL.

ALHARMEL. BOT. PHAN. Et non *Alhamel.* Syn. de *Peganum Harmala,* L. en arabe, et probablement racine d'Harmala. *V.* PEGANUM. (B.)

ALHASSER. BOT. PHAN. Syn d'Apocyn en Syrie. (B.)

ALHAUSAL. OIS. Syn. du Pélican, *Pelecanus Onotrotalus,* L. en Arabie. *V.* PÉLICAN. (DR..Z.)

ALHEDUD ou ALHUDUD. OIS. Syn. de la Huppe, *Upupa Epops,* L. en Arabie. *V.* HUPPE. (DR..Z.)

ALHENNA. BOT. PHAN *V.* HENNÉ.

ALIBOUFIER ou ALIGOUFIER. BOT. PHAN. *V.* STYRAX.

ALICKUYK du Dictionnaire de Déterville. MOLL. *V.* ALYKRUIK. (F.)

ALICORNE. MAM. Syn. de Rhinocéros. *V.* ce mot. (A. D..NS.)

ALIDRE. REPT. OPH. Espèce de Couleuvre, *Coluber Alidras,* L. (B.)

ALIEKRUK. *V.* ALYKRUIK.

ALIMENS. ZOOL. et BOT. Tout ce qui a vie s'accroît, se développe, a besoin d'Alimens. Ce mot désigne une substance qui, introduite dans les corps vivans, peut, en partie, s'identifier avec leurs organes, les nourrir, les accroître, et les réparer.—Les Alimens varient selon les corps organisés qui les consomment et les absorbent. Les Plantes se nourrissent d'air et d'eau. L'air, pour servir à la végétation, doit contenir du gaz acide carbonique; l'eau doit être chargée de débris de corps organisés. Telle est la nourriture ordinaire des Végétaux: mais il est rigoureusement possible d'en faire croître avec de l'eau seule, avec de l'eau parfaitement pure, par l'intervention de l'air et de la chaleur : les expériences de Hallés en sont la preuve.—Ces Végétaux que l'eau seule a nourris, servent à leur tour à nourrir une partie des Animaux, et celle-là fournit des alimens à l'autre. C'est ainsi que tout se lie et s'enchaîne dans la nature. Sans eau point de Plantes ni d'Animaux herbivores; sans herbivores point d'Animaux carnassiers ; sans eau, point de vie.—Ainsi l'on voit les trois règnes se prêter d'utiles et de mutuels secours: l'inorganique fournit les premiers et les plus simples matériaux de la vie; les corps organisés, en revanche, se détruisent et se décomposent; ils agrandissent le règne inorganique qu'ils avaient momentanément abandonné; ils retournent vers leur source; ils redeviennent élémens. Voilà comme la matière se transforme perpétuellement, comme elle revêt la vie pour la quitter, la reprendre et la perdre : voilà le cercle éternel de l'univers. — En étudiant les divers Alimens, on peut s'apercevoir qu'à l'exception de l'air et de l'eau, ils sont tous fournis par des corps organisés, de sorte que les débris de la vie servent de nouveau à l'allumer et à l'entretenir. On observe aussi que les corps organisés les plus simples en alimentent de plus complexes, et qu'il existe une série continue entre les substances alimentaires comme entre les corps qui s'en nourrissent. C'est dans ce sens, et dans ce sens seulement, que pourrait s'entendre le système de Lamarck, lequel fait naître les Animaux les uns des autres, selon l'ordre de leur complication organique.

Ainsi les Alimens commencent à l'air et à l'eau, ils finissent aux Animaux herbivores. Au-delà de ces limites, les corps sont incapables de servir d'Alimens. Les carnassiers (et cette règle générale souffre bien peu d'exceptions), les carnassiers sont les seuls êtres vivans qui soient impropres à en nourrir d'autres. Leurs chairs sont trop putrescibles, leur décomposition est trop rapide. La matière va toujours s'animant et s'organisant depuis les Plantes jusqu'à ces Animaux; arrivée là, il semble qu'elle ne puisse aller plus loin : mais elle passe brusquement d'une extrémité à l'autre; elle se décompose par la putréfaction; elle se dépouille de la vie et redevient simple et brute comme auparavant. C'est ainsi que les extrêmes se touchent et se confondent.

Les Minéraux sont également impropres à servir à la nutrition. Ils fournissent beaucoup de médicamens et de poisons, mais jamais d'Alimens. — Voici quelle est la différence des objets que ces mots désignent : les Alimens sont des substances altérables par l'action des organes qui se les approprient et s'en imprègnent; les médicamens agissent sur les organes dont ils changent ou modifient l'action; les poisons attaquent la vie

elle-même et l'éteignent. Mais, selon chaque espèce d'Animaux et diverses autres circonstances, telle substance alimentaire peut devenir poison, et tel poison un Aliment. Ainsi l'Opium, qui pour nous est un médicament et quelquefois même un poison, est devenu pour quelques Orientaux une substance presque alimentaire. L'Aoës n'est qu'un purgatif pour les Hommes, il est un véritable poison pour plusieurs carnassiers. Pallas assure que les Hérissons mangent abondamment des Cantharides sans qu'ils en paraissent incommodés. Souvent les Abeilles se nourrissent et composent leur miel avec les sucs de Plantes vénéneuses et malfaisantes. La Chenille d'un Sphinx se délecte avec le lait âcre et vénéneux d'une Tithymale, etc. *V.* POISON.

Plus les Animaux sont jeunes, forts et actifs, plus ils s'accroissent et se développent, et plus ils éprouvent le besoin d'Alimens. De plusieurs individus exposés à une abstinence absolue, les plus jeunes périssent les premiers. L'histoire de la navigation et de la guerre en offre de douloureux exemples. On se souvient des détails horribles du siége de Jérusalem par Titus encore jeune, qui alors était la terreur des Juifs, qui depuis devint l'amour du genre humain.

Les Alimens sont toujours appropriés au degré de vie et d'organisation : à la graine placée dans le sein de la terre, il suffit d'un peu d'humidité pour germer et devenir Plante. Le fœtus des Vivipares renfermé dans la matrice, y puise le premier Aliment qui le fait s'accroître; il y trouve du sang tout préparé. Après la naissance, au lieu de sang c'est du lait, espèce de chyle ou d'Aliment pur, qui n'exige que de légères modifications pour se convertir en la substance du nouvel être.

Le besoin d'Alimens se fait moins vivement sentir pendant le sommeil et le repos prolongés. On connaît des Animaux qui emploient six mois d'abstinence et d'assoupissement pour

dépenser un embonpoint, fruit de
six autres mois de travail et d'intem-
pérance. Je veux parler des Animaux
qui hivernent, des Loirs, des Marmottes, des Ours et des Blaireaux. Il
est des Hommes oisifs qui divisent
leurs jours comme les Marmottes
leurs années.

Si les Alimens doivent être appropriés au degré et à l'espèce d'organisation, l'organisation, à son tour,
varie selon les Alimens dont elle est
le produit. On peut, jusqu'à un certain
point, juger de l'organisation par les
Alimens, comme des Alimens par
l'organisation. Cuvier, qui a fait de
ce principe les plus heureuses applications, lui a aussi donné les plus
judicieux développemens. *V.* NUTRI-
TION, CARNASSIERS, ANIMAL, HERBI-
VORES. (ISID. B.)

ALIMOCHE. OIS. Espèce du genre
Catharte. Vautour de Norwège. Buff.
Pl. enl. 449. *Vultur Percnopterus*,
Lath. *V.* CATHARTE. (DR...Z.)

*ALINA. BOT. PHAN. Famille des
Onagres. Genre fort obscur, établi
par Adanson, et auquel il donne pour
caractères: des fleurs disposées en épis
axillaires; un calice disépale; une corolle dipétale; une capsule bivalve,
renfermant une seule graine sphérique: les feuilles sont alternes. (A. R.)

ALIOTOCHTLI. MAM. Syn. mexicain de Cachicame. *V.* TATOU.
(A. D..NS.)

* ALIPATA. BOT. PHAN. (Camelli.) Arbre des Philippines, réputé très-vénéneux qui croît aux bords
de la mer, dont le suc est laiteux, et
qui pourrait bien être l'*Excœcaria*.
V. ce mot. Encore que ce suc et même
la fumée du bois brûlé de l'Alipata,
causent, dit-on, une prompte cécité,
les Abeilles ne laissent pas que de recueillir du miel sur ses petites fleurs
très-odorantes, mais ce miel est
amer. (B.)

ALIPÈDES. MAM. Dénomination
des Chëiroptères dans la Zoologie analytique de Duméril. *V.* CHEIRO-
PTÈRES. (A. D..NS.)

* ALISE ou ALYZE. BOT. PHAN.
Fruit de l'Alisier, que l'on mange
dans quelques cantons de l'Europe.
V. ALISIER. (B.)

ALISIER ou ALIZIER. *Cratœgus.*
BOT. PHAN. Divers Arbres et Arbrisseaux appartenant à la première section de la famille des Rosacées, Pomacées de Richard père, forment ce
genre, dont les limites ne sont pas
jusqu'ici précises; les espèces qui en
font partie, suivant quelques auteurs,
étant portées par d'autres dans les
genres voisins *Mespylus, Sorbus*, etc.,
nous suivrons ici un travail récent et
recommandable, celui de J. Lindley,
qui a publié (vol. XIII des Trans. de
la Soc. Lin.) des observations sur le
groupe des Pomacées, où il a fixé les
limites des genres qui la composent
en en admettant quelques nouveaux.
— Le genre *Cratœgus* de Linné, de
Thunberg et de quelques autres botanistes est séparé en plusieurs, savoir : *Photinia, Chamœmeles, Ra-
phiolepis. V.* ces mots. Le genre
Alisier, qui renferme plusieurs espèces de Mespylus de Smith et de
Willdenow, de Pyrus même et de
Hahnia de Médicus, a pour caractères : un calice à cinq dents, cinq
pétales étalés et arrondis, un ovaire
creusé de deux à cinq loges, des styles
glabres; le fruit est une pomme ou
mélonide, selon Richard, charnue, oblongue, fermée supérieurement par les dents du calice persistant
ou un disque épaissi. Les Alisiers ainsi
caractérisés sont des Arbrisseaux épineux habitant l'Europe, l'Amérique
septentrionale, le nord de l'Afrique
et les régions tempérées de l'Asie.
Leurs fleurs, disposées en cîmes terminales étalées, sont accompagnées
de bractées subulées et caduques. Les
feuilles, toujours vertes et presque
entières dans quelques espèces, sont,
dans les autres, caduques et à contours
anguleux. De-là, deux sections dans
lesquelles on peut distribuer toutes
ces espèces, dont le nombre doit être
porté à vingt-quatre environ. Quelques-unes, indigènes, doivent principalement attirer notre attention.

L'Alisier anti-dyssentérique, *Cratægus torminalis*, L. qui croît dans nos forêts, dont l'écorce astringente était autrefois employée en médecine; le bois l'est encore en menuiserie.

L'Azerolier, *Cratægus Azarolus*, L. qui atteint trente pieds de hauteur, et dont les fruits gros, arrondis, de couleur rouge ou jaunâtre, pulpeux et d'une saveur agréable, connus sous le nom d'*azeroles*, se mangent dans nos provinces méridionales. L'Azerolier est assez généralement cultivé.

L'Aube épine. *Cratægus Oxyacantha*, L. Cet Arbrisseau si connu sous les noms d'*Aube épine*, d'*Epine de Mai*, d'*Epine blanche*, ou simplement de *Mai*, est l'ornement printanier de nos haies, qu'il parfume; ses rameaux sont nombreux, diffus, armés de fortes épines; ses feuilles alternes, lisses, vertes des deux côtés, à lobes profonds, un peu pointus et divergens, et dont les fleurs blanches, roses dans une variété, exhalent une odeur suave.

Le Buisson ardent, *Mespylus Pyracantha*, L. ainsi nommé à cause de la couleur écarlate de ses fruits, qui sont petits, ovoïdes et en nombre considérable, doit être rapporté à la première section des *Cratægus*, quoiqu'en différant à quelques égards. (A. D. J.)

ALISMA. bot. phan. Les caractères de ce genre qui forme le type de la nouvelle famille des Alismacées, et que Linné a rangé dans l'Hexandrie Polygynie, sont les suivans : calice à six divisions profondes, trois intérieures pétaloïdes, trois extérieures vertes et caliciformes; ordinairement six étamines, rarement plus; pistils très-nombreux, réunis en tête au centre de la fleur, se changeant en autant de petites capsules uniloculaires renfermant une ou deux graines. Ce genre se compose d'une dixaine d'espèces dont cinq habitent la France ou les différentes contrées de l'Europe; deux croissent dans l'Amérique septentrionale, une dans l'Amérique

méridionale, et une autre en Guinée.

Le Plantin d'eau, *Alisma Plantago*, L., vulgairement appelé Fluteau, est une belle Plante qui croît abondamment sur les bords des étangs, des ruisseaux et dans les fossés. On a récemment proposé sa racine, réduite en poudre, comme un remède infaillible contre la rage; mais ce remède, tiré d'un Végétal sans odeur et sans saveur, ne paraît pas aussi efficace qu'on l'avait d'abord prétendu.

L'*Alisma Damasonium*, L. forme aujourd'hui le genre Damasonium. *V.* ce mot. (A. R.)

D'anciens botanistes, tels que Mathiole et Jean Bauhin, avaient appliqué le nom d'Alisma à des Plantes fort différentes de celles qui le portent aujourd'hui, telles que l'*Arnica montana*, L. et le *Senecio Doria*, L. (B.)

* ALISMACÉES. bot. phan. Dans son *Genera Plantarum*, Jussieu avait réuni, dans sa famille des Joncs, un grand nombre de genres de Plantes Monocotylédones, fort différens les uns des autres; plusieurs sont devenus les types de diverses familles distinctes. Richard père en a formé d'abord une nouvelle sous le nom d'*Alismacées*, dans laquelle demeurent les genres *Alisma*, *Damasonium* et *Sagittaria*. *V.* ces mots. Voici les caractères de cette famille : le calice est à six divisions profondes, dont trois intérieures pétaloïdes et caduques; les étamines, au nombre de six, ou quelquefois plus, sont insérées au calice: le nombre des pistils varie de six à trente; ils sont uniloculaires, et renferment un ou deux ovules dressés et pariétaux; les fruits sont autant de petites capsules indéhiscentes; les graines renferment un embryon dépourvu d'endosperme, souvent recourbé en forme de fer à cheval.—Les Alismacées sont des Plantes herbacées, vivaces, qui se plaisent sur le bord des ruisseaux et des étangs; leurs feuilles sont simples. (A. R.)

ALISMOIDES. bot. phan. Famille de Plantes établie par Ventenat dans son Tableau du Règne Végétal (T. II.

p. 157), et dans laquelle il a placé, d'après les observations de Gœrtner, tous les genres de la famille des Joncs de Jussieu, dépourvus d'endosperme. Depuis, Richard père a de nouveau partagé la famille des Alismoïdes de Ventenat en trois familles, les ALIS-MACÉES, les BUTOMÉES et les JUNCA-GINÉES. *V*. ces mots. (A. R.)

ALISMORKIS. BOT. PHAN. Genre d'Orchidées, formé par Du Petit-Thouars, dans le travail important qu'il promet sur cette famille, et dont les caractères n'ont pas encore été publiés. (B.)

ALISSE. BOT. PHAN. *V*. ALYSSON.

ALIUMEIZ, OU MUMEIZ. BOT. PHAN. Syn. de Sycomore, chez les Arabes, peut-être parce que le bois de cet Arbre était, au rapport d'Héro-dote, celui dont on formait ordinaire-ment les cercueils des Momies ou Mumies. *V*. FIGUIER. (B.)

ALK. OIS. *V*. ALCK.

*ALKALESCENCE. ZOOL. et BOT. Passage d'une substance animale et vé-gétale à l'état Alkalin, par l'effet d'une altération spontanée ou de la fermen-tation. *V*. ALKALI. (DR..Z.)

ALKALI. Nom donné, en chimie, à une série de corps jouissant de la propriété de verdir les couleurs bleues végé ales, de s'unir aux Acides, et de former, avec eux, des sels ; de se com-biner avec les huiles pour former des composés mixtes appelés Savons ; de dissoudre et désorganiser les matières animales, etc., etc. Ils ont, en géné-ral, une saveur urineuse, âcre, brû-lante, caustique ; ils sont plus ou moins solubles dans l'Eau, dans l'Al-cohol, etc.

Les anciens chimistes n'admettaient que trois Alkalis : la Soude, la Po-tasse et l'Ammoniaque ; on leur a suc-cessivement adjoint la Chaux, la Strontiane et la Baryte qui, pendant long-temps, avaient été regardées comme des Terres. Les belles décou-vertes de Davy et de Gay-Lussac ont prouvé que la Soude, la Potasse, la Chaux, la Strontiane et la Baryte, *V*. ces mots, n'étaient que des états

particuliers d'autant de bases métal-liques, et Berthollet avait démontré précédemment que l'Ammoniaque était un composé d'Hydrogène et d'A-zote. Conséquemment de ces six subs-tances, considérées autrefois comme bases Alkalines élémentaires, cinq ont dû prendre un rang nouveau dans la classification méthodique des corps; en revanche elles ont été remplacées par un assez grand nombre de subs-tances nouvelles que, jusqu'à présent, tout fait présumer être de véritables Alkalis ; elles sont presque toutes ex-traites des matières végétales ; et mê-me, à mesure que quelqu'une d'entre elles, jouissant d'une propriété parti-culière bien tranchante, est soumise à l'analyse, on est certain d'y décou-vrir un principe Alkalin particulier. C'est ainsi que des chimistes, d'une grande réputation, ont fait successi-vement connaître la Morphine, la Strychnine, la Brucine, l'Atropine, la Daturine, la Vératrine, la Delphi-nine, l'Hyoscyamine, la Pipérine, l'E-métine, la Cinchonine, la Quinine, etc. Toutes ces bases sont-elles desti-nées à grossir la liste déjà trop nom-breuse des corps particuliers résultant des découvertes récentes, ou bien ne sont-elles que des modifications d'un principe unique? C'est un problème dont les travaux de nos chimistes pourront donner vraisemblablement bientôt la solution. (DR..Z.)

ALKALI VÉGÉTAL. Syn. de Po-tasse qui, de tous les Alkalis, est le plus abondant dans les Végétaux. *V*. POTASSE. (DR..Z.)

ALKALI VOLATIL. Syn. d'Am-moniaque. *V*. ce mot. (DR..Z.)

* ALKANA. BOT. PHAN. L'un des noms arabes du Henné. *V*. ce mot. (B.)

ALKANET. BOT. PHAN. Syn. d'Or-canette, *Anchusa tinctoria*, L. *V*. BUGLOSSE. (B.)

ALKAST. OIS. Espèce indétermi-née et presque inconnue d'Oiseau, que, sur le rapport des anciens voya-geurs, on dit être deux fois plus grosse que la Poule, et se trouver aux pays d'Angole et de Congo. (B.)

ALKEKENGE des Arabes, ou **ALKEKENGÈRE** en français. BOT. PHAN. Syn. de Physalis. *V*. ce mot. (B.)

ALKER. OIS. *V*. ALCK.

ALKERMÈS. INS. *V*. KERMÈS.

* **ALKIBIADION.** BOT. PHAN. (Dioscoride.) Syn. de Buglosse. *V*. ce mot. (B.)

* **ALKIBIAS.** BOT. PHAN. (Dioscoride.) Syn. de Stœchas. *V*. GNAPHALIUM. (B.)

ALKITRAN ou **KITRAN.** Résine tirée du Cèdre par incision ou par l'enlèvement de l'écorce, chez les Arabes. C'est le *Cedria* de Pline. (B.)

ALKOOL. Mot arabe qui signifie *subtil*, appliqué, par les alchimistes, aux poudres impalpables. — Alkool est aussi l'*Esprit-ardent* par excellence. *V*. ALCOHOL. (DR..Z.)

* **ALLAGOPTÈRE.** *Allagoptera.* BOT. PHAN. C'est le nom d'un nouveau genre de la famille des Palmiers, Monœcie Monadelphie, L. qui vient d'être récemment proposé par Nees d'Essenbeck, dans une notice sur les Plantes rapportées par le prince de Neuwied, et insérée dans le Journal de Botanique, de Ratisbonne, cahier de mai 1821. Voici les caractères assignés à ce genre : les fleurs sont monoïques; les mâles ont un calice trisépale, une corolle tripétale; les étamines, au nombre de quatorze, ont les filamens soudés, et les anthères libres; dans les fleurs femelles, les enveloppes florales sont plus grandes; l'ovaire est surmonté d'un stigmate cunéiforme trifide; le fruit est une drupe monosperme.

La seule espèce connue de ce genre porte le nom de *Allagoptera pumila*. Dans la relation du prince de Neuwied, Vol. I., p. 667, on la désigne sous le nom de Cocos de Guriri; ses feuilles sont pinnées, avec leurs folioles rapprochées. (A. R.)

ALLAHONDA. BOT. PHAN. Végétal grimpant de Ceylan que, d'après

l'examen de ses graines, Gærtner soupçonne être une Grenadille ou Passionnaire. On sait que, excepté le *Passiflora mauritiana*, on ne connaissait encore aucune Plante de ce genre dans l'ancien monde, et que les *Modecca* de Rhéede (*Hort. Malabar*), également indiennes, pouvaient seules convenir en Asie à la nouvelle famille des Passiflorées. *V*. ce mot. (B.)

ALLAITEMENT. Les Mammifères naissant, de même que l'Oiseau qui sort de sa coque, ne sont ni assez forts ni assez développés pour pouvoir se passer des soins de leur mère : les uns et les autres ont besoin d'être réchauffés et nourris ; et soit que la mère leur présente la mamelle, leur apporte la béquée ou les mène à la curée, ils ne peuvent se passer de ses soins. Les Mammifères seuls pourvus de mamelles, seuls aussi allaitent leurs petits. La Femme et les Singes, qui portent leurs mamelles sur la poitrine, sont obligées de saisir leur nourrisson et de l'élever jusqu'à leur sein. Chez les autres Mammifères, les petits vont eux-mêmes chercher l'organe nourricier.

Quelque temps avant l'accouchement, la nature se prépare à fournir à l'entretien du nouvel être. Les mamelles de la mère se gonflent; les fluides y affluent, et déjà souvent il se fait un commencement de sécrétion, d'abord limpide et séreuse, puis totalement lactescente, et qui dure encore quelque temps après l'accouchement. Il existe, sur cette première sécrétion, un préjugé dont on a peine encore à s'affranchir. Plusieurs personnes croient que ce premier lait, connu sous le nom de *Colostrum*, est nuisible au jeune Animal, qu'on se garde, en conséquence, de laisser approcher de sa mère tant que dure cette sécrétion : méthode qui ne peut être que nuisible à la mère et à l'enfant, en déterminant souvent l'engorgement des mamelles dans la première, et en retardant la sortie du *Meconium* dans le second.

La durée de l'Allaitement varie selon chaque espèce; elle est, en général, en raison de la lenteur de l'accroissement, comme de la durée de la vie et de la gestation ; et, sous ce triple rapport, celle de la Femme est une des plus longues. Tant que dure l'allaitement, la Femme, à quelques exceptions près, ne voit pas ses menstrues, et les Animaux n'entrent ni en chaleur ni en rut ; si, durant cette sécrétion, ils sont fécondés, leur lait diminue de quantité, s'altère et devient souvent nuisible au nourrisson : ce qui fait un devoir, et devient de l'intérêt et de la mère et de sa progéniture, de ne pas permettre l'approche du mâle à celles qui allaitent encore. Les travaux forcés comme les peines morales suppriment, diminuent ou altèrent la sécrétion laiteuse ; tandis qu'une nourriture saine et abondante, la tranquillité d'ame et la gaieté la rendent abondante et placent la mère et le nourrisson dans les conditions les plus favorables.

Les Sarigues, les Kanguroos nous offrent une particularité bien remarquable. Peu de temps après la conception, le produit de l'accouplement sort du sein de sa mère sous la forme d'un corps à peine visible, passe dans la bourse que cette mère porte sous le ventre, s'unit à un des mamelons que renferme cette bourse, y croît et se développe, embrassant, avec sa langue, le mamelon qu'il n'abandonne que lorsqu'il est assez fort pour sortir de cette bourse hospitalière, où il se réfugie au moindre danger, et où il trouve, pendant long-temps encore, la seule nourriture qui convienne à sa faiblesse.

L'Allaitement étant commun à tous les Mammifères, est un caractère par lequel Linné fut averti que les Cétacés étaient déplacés parmi les Poissons, où leur figure extérieure les avait fait comprendre par l'antiquité superficielle ; il replaça à leur rang, dans l'ordre de la nature, ces Mammifères aquatiques, où le vulgaire, entraîné par une vieille autorité, voit encore des Poissons. Les Cétacés, qui sont munis de mains en forme de nageoires pectorales, allaitent leurs petits au milieu des mers, en les portant et les tenant embrassés contre leur sein.   (PR. D.)

ALLAMANDE. *Allamanda.* BOT. PHAN. Genre de la famille des Apocynées proprement dites, très-voisin du genre Echites dont il diffère par les caractères suivans : calice quinquépartite ; corolle en entonnoir, à cinq divisions régulières ; cinq anthères sagittées presque sessiles et saillantes ; un seul ovaire supère, entouré d'un disque ; un style ; stigmate adhérent aux anthères ; fruit rond, comprimé, couvert d'épines membraneuses, renfermant un grand nombre de graines lenticulaires et entourées d'une membrane. La seule espèce connue, originaire de l'Amérique méridionale, est un Arbuste volubile, lactescent, à feuilles verticillées. Ses grandes fleurs jaunes sont portées par des pédoncules qui naissent entre les pétioles et à l'extrémité des rameaux. Ce genre porte, chez Aublet, le nom d'Orelia.   (K.)

* ALLAN. BOT. PHAN. (Leschenault.) Nom javanais d'une Graminée fort élevée, appartenant au genre *Saccharum*, et encore non décrite, qui croît dans le canton aride et volcanique de l'île de Java, appelée Banguia-Vangui.   (B.)

*ALLANITE. MIN. (Thomson.) Cérin d'Hisinger. Minéral d'un noir brunâtre et d'un éclat vitreux, que l'on a trouvé dans le Feldspath, au Groënland, et à Ridharryttan, en Westermanie. Il a d'abord été pris pour une variété de la Gadolinite, à laquelle il ressemble beaucoup par son aspect. Mais il diffère de cette dernière substance, en ce que sa poussière, mise dans l'Acide nitrique légèrement chauffé, n'y perd pas sa couleur et ne s'y résout pas en gelée, soit qu'on emploie l'Acide pur ou étendu d'eau. D'après le résultat de son analyse faite par Thomson, on le regarde aujourd'hui comme une espèce particulière appartenant au genre Cerium. L'Orthite et le Pyrorthite de Berzélius n'en sont que de simples variétés provenant du mélange de quelques principes accidentels. Le nom d'*Allanite* est un hommage rendu par le chimiste anglais au savant qui lui avait fait présent des morceaux soumis à l'expérience. *V*. CERIUM OXYDÉ NOIR. (G. DEL.)

ALLANTE. *Allantus*. INS. Genre de l'ordre des Hyménoptères, établi par Jurine et réuni par Latreille(Règne Animal de Cuvier)au genre Tenthrède. *V*. ce mot. Jurine (Nouvelle méthode de classer les Hyménoptères) assigne à ce genre les caractères suivans : abdomen sessile ; deux cellules radiales égales ; quatre cellules cubitales inégales, la première petite et arrondie ; la deuxième et la troisième recevant les deux nervures récurrentes, la quatrième atteignant le bout de l'aile ; mandibules à quatre ou à deux dents ; antennes un peu filiformes, composées ordinairement de neuf anneaux, rarement de onze. — Au moyen de leurs antennes, les Allantes peuvent être distingués des genres Tenthrède et Crypte. On ne les confondra pas non plus avec les Dolères, les Némates, et autres genres voisins qui ne présentent plus le même nombre de cellules. Le genre Allante, établi sur l'inspection de quatre-vingt-huit femelles et de quarante mâles, renferme un grand nombre des Tenthrèdes de Fabricius, et plusieurs de ses Hylotomes. (AUD.)

* ALLANTODIE. *Allantodia*. BOT. CRYPT. (*Fougères*.) Ce genre a été établi par Robert Brown, dans le prodrome de la Flore de la Nouvelle-Hollande. Il appartient à la tribu des Polypodiacés ou Fougères à capsules entourées d'un anneau élastique, et se distingue par le caractère suivant : groupes de capsules allongés, placés le long d'une nervure secondaire ; tégument enveloppant les capsules de toute part, s'insérant, par ses deux bords, à la même nervure, et s'ouvrant vers son milieu par une fente parallèle à cette nervure. — Les Allantodies se rapprochent par leur port des genres *Nephrodium* et *Diplazium* ; par leurs caractères, elles sont plus voisines des *Athyrium*, et

surtout des *Cyathea* ; on n'en connaît que trois espèces, l'une est le *Polypodium umbrosum*, de l'*Hortus Kewensis* : les deux autres sont décrites par Robert Brown dans l'ouvrage cité ci-dessus et habitent la Nouvelle-Hollande. (AD. B.)

* ALLANTOÏDE. ZOOL. Poche faisant partie des dépendances du fœtus et qui existe dans la plupart des Mammifères. Elle communique avec la vessie par un canal appelé ouraque et semble destinée à recevoir l'urine de l'Animal qui se prépare. L'existence de l'Allantoïde n'est pas démontrée dans l'espèce humaine, où se voit seulement l'ouraque, mais imperforé. *V*. ARRIÈREFAIX. (PR. D.)

ALLASIE. *Allasia*. BOT. PHAN. Genre de la Tétrandrie Monogynie, L. formé par Loureiro d'un Arbre que ce botaniste observa sur la côte de Mozambique. On ne sait d'après ce qu'il en dit à quelle famille le rapporter ; les caractères qu'il lui assigne sont : un calice tubulé, divisé en quatre lobes, inférieurement caliculé ; la calicule, courte à cinq divisions ; les étamines ont leur filet épaissi, à anthères bilobées, attachées au sommet du tube du calice intérieur qui fait corps avec un ovaire surmonté d'un style et d'un stigmate ; baie charnue, allongée, uniloculaire, remplie de graines répandues dans son pulpe. — La seule espèce d'Allasie mentionnée est *Allasia Payos*, dont les baies sont pendantes et d'un rouge tirant sur le brun ; les rameaux étalés, les feuilles opposées, digitées et velues, avec les fleurs terminales dont plusieurs sont réunies sur un seul pédoncule. (B.)

ALLÉCULE. *Allecula*. INS. Genre de l'ordre des Coléoptères, établi par Fabricius et synonyme de Cistèle. *V*. ce mot. (AUD.)

ALLÉLUIA. BOT. PHAN. Syn. d'*Oxalis acetosella*, L. *V*. OXALIDE. (B.)

* ALLÉLO. BOT. PHAN. Syn. de Morelle, *Solanum nigrum*, L. en Egypte. (B.)

* ALLÉMARON. BOT. PHAN. (Sonnerat.) Syn. indou de *Ficus religiosa*. L. *V*. FIGUIER. (B.)

*ALLIAGE. MIN. C'est ainsi que l'on nomme le résultat de l'union de deux Métaux au plus. Conformément à cette loi générale, *que les composés acquièrent des propriétés différentes des composans*, rarement les Alliages offrent quelques points de ressemblance avec l'un ou l'autre Métal qui a servi à les former. Le Cuivre et le Zinc, par exemple, donnent un Alliage de couleur jaune ; l'Or et l'Etain un Alliage très-fragile et aucunement ductile ; le Plomb et l'Antimoine un Alliage spécifiquement plus pesant que chacun des deux Métaux, etc. (DR..Z.)

ALLIAIRE. MAM. *Mus alliarius*, Pall. Espèce de Hamster. *V.* ce mot. (B.)

*ALLIAIRE. *Alliaria.* **BOT. PHAN.** Adanson dans ses familles des Plantes a formé un genre sous ce nom, de l'*Erysimum Alliaria*, L. genre de la famille des Crucifères, Tétradynamie siliqueuse, L. qui a été récemment adopté par De Candolle dans le second volume de son *Systema vegetabilium*. Il ne diffère guère, selon nous, des Vélars, *Erysimum*. Ses fleurs sont constamment blanches, son calice est ouvert et non tubuleux, et sa silique, à peine tétraèdre, est très-allongée.

De Candolle rapporte à ce genre deux espèces : l'*Alliaria vulgaris*, C. D. (*Erysimum*, L. *Hesperis*, Lamk.), très-commune en Europe, remarquable par l'odeur alliacée de ses feuilles ; et l'*Alliaria brachycarpa*, originaire de l'Ibérie asiatique, qui est le *Raphanus rotundifolius* de la Flore du Caucase. (A. R.)

ALLIGATOR. REPT. SAUR. Espèce de Crocodile. — Cuvier (Ann. du Mus. T. x, et Règne Animal, T. II. p. 21) a généralisé ce nom en l'appliquant à une division américaine du genre devenu assez nombreux des Crocodiles. *V.* ce mot. (B.)

ALLIKE. OIS. Syn. du Choucas, *Corvus monedula*, Lin. en Norwège. *V.* CORBEAU. (DR..Z.)

ALLIONIE *Allionia.* **BOT. PHAN.** (*Nyctaginées.*) Linné, et d'après lui presque tous les botanistes, ont réuni les genres *Allionia* et *Wedelia* de Lœfling dans un seul genre auquel ils ont conservé le premier de ces noms. Il est pourtant probable que, dans la suite, quand ces deux Plantes seront mieux connues, on trouvera des caractères propres à les distinguer comme genres distincts. Les Allionies sont des Herbes à feuilles opposées. Des fleurs, entourées d'un involucre et portées par un pédoncule commun, naissent par trois dans les aisselles et aux extrémités des rameaux. L'involucre est monophylle, en cloche et à cinq dents dans l'*Allionia violacea* ; il est au contraire composé de trois feuilles dans l'*Allionia incarnata* qui est le Wedelia de Lœfling. Chaque fleur présente un calice coloré à quatre divisions irrégulières, quatre étamines et un seul style. Le fruit est un akène entouré de la base persistante et endurcie du calice. Ce genre paraît propre à la zone torride de l'Amérique, car nous doutons que les espèces mentionnées par Michaux et Pursh, pour l'Amérique septentrionale, soient de véritables Allonies. (*V.* pour les détails de ce genre, Lamk. Illust. pl. 58.) (K.)

ALLIOUINE. OIS. Syn. de Mésange bleue, *Parus cœruleus*, L. en Espagne. *V.* MÉSANGE. (DR..Z.)

ALLO-CAMELUS. MAM. (Scaliger.) Syn. de Lama. *V.* CHAMEAU. (B.)

* ALLOCARPE. *Allocarpus.* **BOT. PHAN.** (Kunth dans Humb. et Bonpl. *Nov. gen. et spec.* 4. p. 291.) Genre de composées très-voisin du *Baillieria* et du *Calea*, et dont le caractère est d'avoir un involucre hémisphérique composé d'écailles imbriquées ; un réceptacle garni de paillettes ; les fleurs du disque sont tubuleuses et hermaphrodites, celles du bord en languette et femelles ; les fruits du centre sont couronnés de petites paillettes, ceux du bord comprimés et nus. La seule espèce connue de ce genre, a été trouvée près de Caracas. C'est une Herbe à feuilles opposées et entières, à fleurs jaunes, disposées en corymbe aux extrémités et dans les aisselles des rameaux. (K.)

ALLOCHROITE. min. Variété de Grenat compacte, d'un blanc verdâtre ou tirant sur le rougeâtre et la couleur de paille, à texture feuilletée, à cassure imparfaitement conchoïde, opaque, à peine translucide sur les bords, dure, faisant feu au briquet mais ne rayant pas le verre; infusible sans addition; découverte par d'Andrada dans une mine de fer, à Virums près Drammen en Norwège. Sa composition est à peu près la même que celle de la Mélanite. *V*. ce mot. (B.)

* **ALLOCOPASHY.** bot. crypt. (Pluknet.) Conferve du pays de Malabar, qui paraît être voisine de *Conferva rivularis*, L. *V*. Tirésias. (B.)

* **ALLOISPERME.** *Alloispermum.* bot. phan. Nom donné par Willdenow à un genre de Plantes découvert par Humboldt et Bonpland et caractérisé de la manière suivante: fleurs radiées ; demi‑fleurons peu nombreux; involucre hémisphérique, imbriqué; réceptacle garni de paillettes ; fruit central surmonté d'une aigrette composée de filets sétacés ; fruit marginal dépourvu d'aigrette. Nous avons placé ce genre (*Nov. gen. et sp. pl.* T. IV) parmi ceux que nous n'avons pu retrouver ou reconnaître dans l'Herbier de Humboldt et Bonpland. (K.)

* **ALLONGÉ.** pois. Nom spécifique donné par Lacépède à une espèce d'Acanthure. *V*. ce mot. (B.)

* **ALLOPHANE.** min. Variété d'Alumine hydratée, considérée par Stromeyer comme espèce à part. *V*. Alumine hydratée silicifère. (B.)

ALLOPHYLE. *Allophylus.* bot. phan. Genre établi par Linné, et placé d'abord par Jussieu à la fin de la famille des Guttifères et détruit depuis (Ann. du Mus. T. 11. p. 235). En effet, l'*Allophylus zeylanicus*, seule espèce décrite par Linné, appartient à un genre de la famille des Sapindacées, l'Ornitrophe. *V*. ce mot. Kunth (*in Humb. et Bonp. Nov. gen.*) pense aussi qu'il est le même que Schmiedelia. *V*. ce mot. (A. D. J.)

* **ALLOPTÈRES.** ou **CATOPODES.** pois. Nom donné par Duméril (Zool. analypt. p. 98) aux nageoires abdominales des Poissons. (B.)

ALLOSORUS. bot. crypt. (*Fougères.*) Bernhardi. Syn. de Cheilanthes. *V*. ce mot. (B.)

ALLOUATA. mam. *V*. Alouate.

ALLOUCHIER. bot. phan. Syn. d'Alisier. *V*. ce mot. (A. R.)

ALLOUIA. bot. phan. Nom caraïbe de la Pomme‑de‑Terre, *Solanum tuberosum*, et d'une Plante mentionnée par Plumier, qui paraît appartenir au genre Maranta. (B.)

ALLUF ou **ALLUS.** bot. phan. Syn. arabe d'*Arum Dracunculus*, L. *V*. Arum. (B.)

ALLUGAS. bot. phan. Nom indien d'une Plante de la famille des Amomées, adopté comme spécifique pour une espèce d'Hélénie. *V*. ce mot. (B.)

ALLUVION. géol. Produit de l'accumulation de parties solides, d'abord transportées et roulées par des fleuves ou d'autres cours d'eau, puis déposées dans des lieux où la marche de ces eaux s'en ralentit. — Les terrains d'Alluvion font partie des terrains de transport. Sous le premier titre, on comprend particulièrement et les sols modernes dus visiblement aux atterrissemens formés à l'embouchure ou sur les rives des cours d'eau actuels, et ceux plus anciens auxquels l'analogie de nature porte seule à attribuer une cause semblable. — Les géologues ont distingué les Alluvions en anciens et en modernes, en Alluvions de montagne et de plaine, etc. *V*. Atterrissement, Terrains. (C. P.)

ALMA DO MAESTRO. ois. Ce qui signifie en portugais *Ame du maître.* Nom donné, dans quelques anciennes relations de voyages, à de petits Oiseaux pélagiens que Buffon a regardés comme le Pétrel Damier. Sonnini pense que ce nom est commun à tous les Pétrels, et Dumont suppose qu'il est synonyme d'Oiseau de Tempête, *Procellaria pelagica*, L. (B.)

ALMACHARAN. BOT. PHAN. (Dalechamp.) Syn. arabe de *Chelidonium Glaucium*, L. *V*. GLAUCIÉNÉ. (B.)

ALMACIGO. BOT. PHAN. Syn. de *Bursera gummifera*, L. à Saint-Domingue et à Cuba. *V*. BURSÈRE. (B.)

ALMAGRA ou ALMAGRO. MIN. Sorte d'Argile rougeâtre, ocreuse, qui se réduit en poudre impalpable, d'usage dans l'Inde et dans l'Orient en guise de fard. Les Arabes ont enseigné aux Espagnols l'usage de l'Almagra, dont ceux-ci ont conservé jusqu'au nom. On en trouve d'une qualité supérieure par son homogènéité au lieu nommé Almazarron dans le royaume de Murcie. C'est de là qu'on transporte cette poudre rouge dans toute la péninsule ibérique, où l'on s'en sert pour polir les glaces et l'Acier, donner au Tabac pulvérisé, appelé Tabac d'Espagne, cette couleur qui le caractérise, nettoyer l'argenterie et les ustensiles de cuisine, former la base de certaines couleurs à l'huile, et même épaissir et teindre la sauce de certains mets, concurremment avec du Piment réduit comme cette substance en poudre impalpable, et mêlé par moitié avec l'Almagra ou Almagro. (B.)

ALMANDINE. MIN. *V*. ALABANDINE.

* ALMEIA. MOLL. Syn. portugais de Patelles, suivant le Dictionnaire des Sciences naturelles. Ce mot n'est peut-être qu'un double emploi du mot suivant. (F.)

* ALMEJA. MOLL. Nom vulgaire espagnol des Coquilles bivalves, particulièrement de la Moule commune, *Mytilus edulis*. (F.)

* ALMENDRAL. BOT. PHAN. d'où *Almendra*, Amande. Syn. d'Amandier, en Espagne. (B.)

* ALMENDRON. BOT. PHAN. *V*. ATTALEA.

ALMERLEM. BOT. PHAN. et non *Almerlun*. Syn. de *Cachrys sicula*, L.

en Arabie, où cette Plante croît aussi. *V*. CACHRYDE. (B.)

ALMEZERION. BOT. PHAN. (Dalechamp.) Syn. arabe de Camelée. *V*. ce mot. (B.)

ALMIZECILLO. BOT. PHAN. Et non *Almizclillo*. Même chose que Moscaria, *V*. ce mot. et syn. péruvien de *Datura arborea*, L. (B.)

* ALMIZQUENA ou MORADILLA. BOT. PHAN. Syn. espagnols du Triquera de Cavanilles. (B.)

* ALNOM. OIS. Syn. de l'Autruche, *Struthio Camelus*, L. en Arabie. *V*. AUTRUCHE. (DR..Z.)

ALO. OIS. Syn. de l'Ara rouge, *Psittacus Macao*, L. au Mexique. *V*. ARA. (DR..Z.)

ALOCAIOUA. BOT. PHAN. (Surian.) Syn. caraïbe de Casse velue, *Cassia hirsuta*, L. (B.)

ALOCHAVELLO. OIS. Syn. de la Chouette-Hibou Scops, *Strix Scops*, L. en Italie. *V*. CHOUETTE. (DR..Z.)

ALOCHO. OIS. Syn. de la Chouette Hulotte, *Strix Aluco*, L. en Italie. *V*. CHOUETTE. (DR..Z.)

ALOES. *Aloë*. BOT. PHAN. Famille des Asphodèles, Hexandrie Monogynie, L. Le calice est monosépale, tubuleux, presque cylindrique, à six divisions peu profondes; les six étamines sont insérées à la base du calice; le stigmate est trilobé; le fruit est une capsule trigone, triloculaire; chaque loge renferme plusieurs graines membraneuses sur les bords. — Les Aloës se rapprochent beaucoup des Agaves par leur port. Leurs feuilles sont épaisses, charnues, réunies à la base de la tige ou de la hampe, qui se termine par un épi de fleurs allongées. — Les espèces sont très-nombreuses et croissent toutes dans les régions chaudes du globe, particulièrement au cap de Bonne-Espérance et dans l'Inde. La singularité de leur port, la beauté des fleurs de quelques-unes, les font cultiver dans nos serres, où se sont développées une grande quantité de variétés qui rendent l'étude de ce genre fort difficile.

On retire de certains Aloës un suc concret extracto-résineux de couleur brune foncée, d'une amertume très-prononcée, employée en médecine sous les noms d'Aloës Sucotrin, Aloës Hépatique et Aloës Caballin. La première sorte, qui est la plus pure, se retire de l'*Aloë succotrina* et de l'*Al. spicata;* la seconde, moins pure, provient de plusieurs espèces et en particulier de l'*Al. vulgaris.* Quant à l'Aloës Caballin, ainsi nommé parce qu'il n'est employé que par les vétérinaires, c'est le résidu, le marc qui reste dans les chaudières, quand on a préparé les deux autres qualités d'Aloës.

Le bois communément connu sous le nom de *Bois d'Aloës* ou de *Bois d'Aigle*, n'a rien de commun avec les Plantes grasses dont il vient d'être question. Voyez, sur ce bois, AGALLOCHE et AQUILAIRE.

Trompées par la ressemblance du *facies*, quelques personnes ont appelé *Aloës Pite* l'*Agave americana*, L. Ce nom impropre doit être rejeté. *V.* AGAVE.   (A. R.)

ALOEXILE. BOT. PHAN. Nom donné par Loureiro à un Arbre de la Cochinchine, qu'il croit fournir le vrai bois d'Aloës et qui cependant ne paraît pas être l'Agalloche de Rumph. *V.* AQUILAIRE.   (B.)

*ALOIDE. *Aloïdis.* MOLL. Megerle de Mühlfeld a institué ce nouveau genre pour une coquille bivalve décrite et figurée par Chemnitz (*Conchyl. Cab.* T. X, p. 358, tab. 172, f. 1670 — 1671). Cette espèce nous est inconnue et paraît assez rare, puisque Chemnitz n'en a vu que des exemplaires d'une même valve, et que personne depuis n'en a parlé que Mühlfeld, qui, sans doute, a été plus heureux, puisqu'il croit pouvoir en faire un genre nouveau (*Neuen Syst. des Schalth*, etc.) inséré dans le Magasin de la Société des amis de la nature (an 1811, p. 38, G. 44). Cet auteur donne pour caractère à ce genre, d'avoir des valves inégales, inéquilatérales et triangulaires, avec une forte dent à chaque valve; il nomme la seule espèce connue, figurée par Chemnitz, *Aloïdis guineensis*, et dit

qu'il en connaît quatre autres qui se rapportent également à ce genre. L'inspection de la figure de Chemnitz, et ce qu'en dit Megerle, nous font présumer que la coquille que représente cette figure appartient au genre Corbule, ou s'en rapproche infiniment; ce qui serait décidé, si les auteurs cités eussent parlé du ligament; nous la laisserons, en attendant, dans le genre Corbule. *V.* ce mot.   (F.)

ALOIDES. BOT. PHAN. Syn. de Stratiote, et nom spécifique d'une espèce de ce genre.   (B.)

*ALOITIS. BOT. PHAN.(Dioscoride.) Syn. de Gentiane.   (B.)

ALOLONGA. POIS. *V.* ALALONGA.

* ALOMATIUM. BOT. PHAN. Première section établie par De Candolle dans le genre Arabis pour les espèces dont les semences ne sont pas entourées d'une membrane ou petite aile marginale. L'*Hesperis verna*, L., les *A. rabis alpina, Thaliana* et *Turrita*, L., le *Sisymbrium arenosum*, L. et le *Turritis hirsuta*, L., sont les principales espèces de ce nombreux sous-genre qui, comme on le voit, s'est enrichi aux dépens de plusieurs genres de Linné.   (B.)

* ALOMIE. *Alomia.* BOT. PHAN. Famille des Composées. Genre établi par nous (dans Humb. et Bonpl. *nov. gen.* 4. p. 151) pour une Plante de la Nouvelle-Espagne, qui a tout le port des Agerates, et n'en diffère que par l'absence de l'aigrette.   (K.)

ALOMYE. *Alomya.* INS. Genre de l'ordre des Hyménoptères, formé par Panzer aux dépens du genre Ichneumon. *V.* ce mot.   (AUD.)

* ALONGERESSE. INS. (Goedart.) Chenille qui vit sur le Sureau, et qui devient le *Phalena sambucaria*, L. (B.)

ALONZOA. BOT. PHAN. Ce genre, de la famille des Scrophulariées, Didynamie Angiospermie, L. a été créé par Ruiz et Pavon dans leur Flore du Chili et du Pérou; il présente les caractères suivans : son calice est monosépale, persistant, à cinq divisions profondes, aiguës et étalées ; la corolle est monopétale irrégulière, renversée, presque rotacée ; son limbe est étalé ; ses deux divisions supérieures sont courtes et réfléchies ; les deux latérales, trois plus grandes, sont planes, et enfin, l'inférieure, beaucoup plus grande que toutes les autres, est dressée ; les étamines sont didynames, déclinées, de la longueur des divisions latérales de la corolle ; les anthères sont cordiformes, rapprochées latéralement ; elles s'ouvrent en deux loges par leur partie supérieure ; l'ovaire est surmonté d'un style plus long que les étamines, au sommet duquel est un stigmate bifide ; la capsule est ovoïde, comprimée, toruleuse, biloculaire, bivalve, loculiscide ; les graines sont petites, anguleuses.

Ruiz et Pavon rapportent cinq espèces à ce genre, qu'ils rapprochent du genre Scrophulaire. Ce sont des Plantes herbacées ou sous-frutescentes, ayant la tige anguleuse, ramifiée ; les feuilles opposées, pétiolées ; les fleurs en longs épis terminaux. (A. R.)

* **ALOPIAS.** pois. Genre formé par Raffinesque aux dépens des Squales, duquel le caractère consiste en deux nageoires dorsales, comme dans la Squatine, mais dont la postérieure est adipeuse ainsi que l'anale, avec cinq ouvertures branchiales de chaque côté, et la queue inégale fort longue. L'*Alopias macrourus* est la seule espèce qu'y rapporte son auteur ; elle a la queue aussi étendue que le corps, et habite les mers de Sicile. *V*. SQUALE et SQUATINE. (B.)

ALOPYRUM du Diction. de Déterville. BOT. PHAN. *V*. ALEPYRUM.

ALOSE. pois. Espèce de Clupée du sous-genre Hareng. *V*. CLUPÉE. (B.)
ALOTIBA et non ALOUTIBA. BOT. PHAN. (Surian). Syn. d'Acacie à larges feuilles, *Mimosa latifolia*, L. chez les Caraïbes. (B.)

ALOTTE. BOT. PHAN. L'un des

noms du Rocou, *Bixia Orellana*, chez les Mexicains. (B.)

ALOUATE, ALAOUATTE ou **ALALOUATTE.** MAM. *Simia Seniculus*, L. *Simia Stentor* de Géoffroy. Singe de la division des Sapajous. *V*. ce mot. (A. D..NS.)

* **ALOUCALOUA.** BOT. PHAN. Syn. de Melastome, chez les Caraïbes. (A. R.)

ALOUCHE. BOT. PHAN. Fruit du *Cratægus Aria*, L. dans quelques parties orientales et septentrionales de la France. *V*. SORBIER. (B.)

ALLOUCHI. BOT. PHAN. Résine fort odoriférante qu'on obtient dans l'Inde du *Laurus Cassia*, L. (B.)

ALOUE. ois. Vieux nom vulgaire de l'Alouette des champs, *Alauda arvensis*, L. en France. *V*. ALOUETTE. (DR..Z.)

ALOUETTE. *Alauda.* ois. Genre de l'ordre des Granivores dont les caractères sont : bec conique, assez droit et court ; mandibule supérieure voûtée, entière, ne dépassant pas l'inférieure ; narines placées à la base du bec, ovoïdes, couvertes par de petites plumes dirigées en avant ; trois doigts devant et un derrière, entièrement divisés ; ongles peu courbés, le postérieur beaucoup plus long que le doigt ; première rémige nulle ou presque nulle, deuxième un peu plus courte que la troisième qui est la plus longue ; plumes de la nuque assez effilées et susceptibles de se redresser en huppe.

Les Alouettes habitent toutes les parties du globe, et partout elles se font remarquer par leur vigilance et le plaisir qu'elles témoignent à célébrer, dans leurs chants presque continuels, le bonheur de leur existence. Ce n'est pas sans quelques émotions d'un plaisir réel que l'on voit, dans les campagnes, ces Oiseaux s'élever d'un vol perpendiculaire et, pour ainsi dire, cadencé par la mesure accélérée d'agréables accords qui frappent l'oreille, long-temps encore après que l'œil ne distingue plus le chétif Animal qui les fait entendre. Après être restée pendant quelque temps stationnaire, à une certaine hauteur, tout-à-coup l'Alouette se laisse entraîner rapidement, et retombe près d'une famille qu'elle a laissée à terre, posée mollement sous l'ombrage de céréales dorées ou de l'herbe des prairies. Son nid, ordinairement placé dans un sillon entre quelques mottes, est formé de menus brins de paille qu'entourent des feuilles sèches ; il renferme quatre à six œufs en général, fort petits, relativement au volume de l'Oiseau. La ponte se renouvelle une et même deux fois l'année ; ce qui fait que, malgré les dévastations que les grosses pluies occasionent dans les couvées, les troupes d'Alouettes sont toujours si nombreuses. Ces Oiseaux se tiennent presque toujours à terre, la conformation de leurs ongles ne permettant qu'à quelques espèces de se percher sur les arbres ou les buissons ; ils se nourrissent des graines d'herbes tendres et d'Insectes. La délicatesse de leur chair les fait rechercher comme petit gibier, et les piéges qu'on leur tend font souvent l'objet d'une tactique savante. Il est des pays où on en prend des quantités surprenantes et d'où on les expédie au loin, pour alimenter les marchés des grandes villes. Les petits Oiseaux de proie en font une destruction d'autant plus grande, que les imprudens chanteurs semblent appeler l'ennemi par leurs mélodieux accens.

ALOUETTE D'AFRIQUE. *V.* A. SIRLI.

A. FARLOUSE. *V.* PIPIT FARLOUSE.

A. BATELEUSE. *Alauda apiata*, Vieill. Levaill., Ois. d'Afriq. pl. 194. Dessus du corps brun marron, varié de noir sur le bord des plumes blanc; gorge blanche; poitrine blanche, variée de fauve; ventre orangé.

A. A BEC CROISÉ. Variété accidentelle de l'A. commune.

A. BLANCHE. Variété de l'A. commune.

A. DES BOIS. *V.* A. LULU.

A. DE BRUYÈRES. *V.* A. CALANDRE.

A. CALANDRE. *Alauda Calandra*, Gmel. Buff. pl. enlum. 363. fig. 2. Parties supérieures d'un cendré roussâtre tacheté de brun; gorge, ventre et abdomen d'un blanc pur: une grande tache noire de chaque côté du cou; flancs jaunâtres avec des taches lancéolées, brunes, sur la poitrine; rémiges bordées et terminées de blanc; tectrices moyennes terminées par un grand espace blanc; rectrice latérale presque entièrement blanche, les autres terminées par un peu de blanc, à l'exception de celle du milieu; longueur 7 pouces. Cette Alouette ne quitte point les provinces méridionales de l'Europe. On la rencontre voltigeant presque toujours isolément dans le midi de la France, en Italie, en Espagne et dans quelques autres provinces dont elle n'émigre que pour très-peu de temps, dans la saison la plus rigoureuse.

A. CALANDRELLE, Bonelli. *Alauda brachydactyla*, Tem. *Alauda arenaria*, Vieill. Tête, cou et dos de couleur isabelle, plus cendrée sur la nuque; gorge et bande au-dessus des yeux blanches; deux ou trois petits points bruns sur les côtés du cou; poitrine et flancs d'un roux clair; ventre d'un brun roussâtre; rectrices extérieures presque blanches; les secondes d'un blanc roussâtre sur la barbe extérieure, les autres noires, bordées de roux foncé ou de roux clair; longueur cinq pouces six lignes. Elle habite le midi de la France et de l'Europe, et les côtes septentrionales de l'Afrique où elle émigre; se nourrit de graines et d'Insectes; pond quatre à cinq œufs de couleur isabelle.

A. DES CHAMPS. *Alauda arvensis*, Linn. Gmel. Lath. Alouette ordinaire, Buff. pl. enlum. 363. fig. 1. Tête, cou et dos gris roussâtre avec le milieu de chaque plume noir; une bande blanchâtre au-dessus des yeux: joues d'un gris brun; gorge blanche, dessous du cou, poitrine et flancs roussâtres avec une tache alongée brune sur chaque plume; tectrices alaires secondaires échancrées et terminées de blanc: rectrices latérales

15*

brunes ; une longue tache blanche sur l'extérieure et la suivante qui a même le côté presque blanc ; longueur six pouces dix lignes. Le plumage varié quelquefois jusqu'au blanc ou tire sur des teintes noirâtres. Elle habite l'Europe, l'Asie et le nord de l'Afrique ; se nourrit dans les champs de graines et d'Insectes, y pond à terre quatre ou cinq œufs gris tachetés de brun.

A. CHANGEANTE. *A. mutabilis*, Lath. Gmel. *V.* A. NÈGRE.

A. DU CAP, Lath. *V.* A. A CRAVATE JAUNE.

A. A CALOTTE ROUSSE, Levail. Oiseaux d'Afrique, planche 198. Tête rousse avec des traits noirs ; parties supérieures grises avec des lignes transversales noirâtres ; gorge, poitrine et ventre d'un gris jaunâtre ; queue grise avec les rectrices latérales blanchâtres.

A. COCHEVIS. *A. cristata*, Gmel. Lath. Buff. pl. enlum. 503 fig. 1. — Parties supérieures grises, cendrées avec des taches longitudinales brunes ; une petite huppe de plumes effilées grises, avec un trait noir ; gorge blanchâtre ; poitrine grisâtre avec des traits noirs ; abdomen blanchâtre avec les flancs gris ; rémiges noires, bordées de roussâtre ainsi que leurs tectrices ; rectrices noirâtres, fauves extérieurement ; longueur six pouces six lignes. Elle habite les chemins et la lisière des champs dans toute l'Europe méridionale ; sa ponte consiste en cinq œufs cendrés, tachetés de brun.

A. CHII. *V.* PIPIT CHII.

A. COMMUNE. *V.* A. DES CHAMPS.

A. COQUILLADE. *A. undata*, Lath. Buff. pl. enl. 662. — Tout porte à croire que cette Alouette dont Buffon a fait une espèce n'est qu'une variété de l'Alouette des champs dont la taille serait un peu plus forte et qui aurait les teintes générales du plumage passant un peu plus au roux. *V.* A. DES CHAMPS.

A. CRÊTÉE, Lath. *V.* A. COCHEVIS.

A. CORRENDERA, Azzar. *V.* PIPIT CORRENDERA.

A. A CRAVATE JAUNE. *A. capensis*,

Lath. Buff. pl. enlum. 504. fig. 2. — Parties supérieures brunes, variées de gris ; une plaque orangée, liserée de noir sur la gorge et le haut du cou ; abdomen d'un roux orange ; longueur sept pouces et demi. Elle est commune au cap de Bonne-Espérance.

A. A DOIGTS COURTS, Tem. *V.* A. CALANDRELLE.

A. A DOS FAUVE. *A. fulva*, Lath. *V.* PIPIT A DOS FAUVE.

A. A DOS ROUGE, Azzar. *V.* PIPIT A DOS ROUGE.

A. DE GINGI. *A. gingica*, Lath. — Parties supérieures d'un gris bleuâtre ; parties inférieures noires ; un trait noir sur les côtés de la tête ; longueur quatre pouces six lignes. Des Indes.

A. CENDRILLE. *A. cinerea*, Lath. Parties supérieures cendrées ; une calotte bordée de blanc depuis la base du bec jusqu'au-delà des yeux ; une tache rousse de chaque côté du cou ; parties inférieures blanches ; grandes tectrices alaires noires ; rectrices noires ; une tache blanche près de l'extrémité des extérieures.

A. DE GORÉE. *A. gorensis*, Lat. Sparm. fasc. 4. pl. 99. — Parties supérieures noirâtres ; croupion brun ainsi que les parties inférieures qui sont rayées de noir ; abdomen blanchâtre ; rectrices noirâtres bordées de blanc avec une tache triangulaire à l'extrémité des extérieures.

A. GRISETTE. *V.* A. DU SÉNÉGAL.

A. A GROS BEC, Levaill. Ois. d'Afr. pl. 193. Du cap de Bonne-Espérance.

A. GROSSE. *V.* A. CALANDRE.

A. A HAUSSE-COL NOIR. *A. alpestris*, Gmel. Lath. *A. flava*, Gmel. Alouette de Sibérie ou Ceinture de prêtre, Buff. pl. enlum. 650. — Parties supérieures roussâtres avec des taches longitudinales noires ; moustaches noires ; un petit trait au-dessus des yeux, et un large hausse-col de cette couleur ; front et gorge d'un fauve clair ; abdomen blanchâtre lavé de jaune sur les flancs ; rémiges noirâtres ; rectrices noires, l'extérieure blanche en dehors ; longueur six pouces six lignes. Elle habite les plaines humides du nord des deux continens.

A. HUPPÉE. V. A. COCHEVIS.

A. HUPPÉE DU SÉNÉGAL. V. A. DU SÉNÉGAL.

A. D'ITALIE. *A. itálica*, Gmel. Briss. Lath. La Girole, Buff.; soupçonnée n'être qu'une variété de l'Alouette commune, dont la teinte générale serait le brun marron.

A. JAUNE. *A. crocea*, Vieill.—Parties supérieures brunes, bordées de jaune roussâtre; tectrices jaunâtres; un hausse-col noir sur le fond jaune de la gorge et des parties inférieures; rectrices intérieures brunes, les extérieures blanches et jaunes. De l'île de Java.

A. KOUGOU-AROURE. V. A. DE LA NOUVELLE-ZÉLANDE.

A. LULU. *A. cristatella*, Lath. *A. arborea*, Lin. Gmel. *A. nemorosa*, Gmel. Le Lulu, l'Alouette des bois, Buff. pl. enlum. 503. fig. 2.—Parties supérieures roussâtres, tachées de brun, tête couronnée d'une petite huppe, une bande blanchâtre au-dessus des yeux; une autre triangulaire sur les joues qui sont brunes; parties inférieures jaunâtres avec des taches sur la poitrine; rectrices intérieures noirâtres, terminées de blanc, l'extérieure grisâtre, bordée de blanc; longueur six pouces. Elle habite l'Europe où elle se nourrit d'Insectes et de graines oléagineuses; elle quitte ordinairement les champs pour aller nicher dans les bruyères; sa ponte est de cinq œufs gris tachés de brun.

A. A LONGS PIEDS. *A. longipes*, Lath. Ne diffère de l'Alouette des champs que par la longueur des pieds et par quelques-unes de ses habitudes. On la trouve en Russie et en Tartarie.

A. DE LA LOUISIANE, Lath. V. PIPIT SPIONCELLE.

A. DE MALABAR. *A. malabarica*, Lath. Parties supérieures brunes, tachetées de blanc; une petite huppe de même couleur; une bande longitudinale noire sur le cou, parties inférieures d'un blanc roussâtre; rémiges et rectrices brunes, terminées de roussâtre; longueur cinq pouces neuf lignes.

A. DES MARAIS, Buff. V. PIPIT ROUSSELIN.

A. MINEUSE. *A. ouniculario*, Azzar. Parties supérieures brunes; un trait blanc au-dessus des yeux; tectrices alaires rousses; parties inférieures d'un blanc roussâtre; rectrices intérieures noires, les extérieures rousses; longueur six pouces. Elle habite l'Amérique méridionale où elle se creuse un nid à plus de deux pieds de profondeur, dans les ravins.

A. MONGOLE. *A. mongolica*, Lath. Pall. Parties supérieures ochracées; une teinte noirâtre sur le sommet de la tête qui est entourée d'une bande circulaire blanche; deux taches noires isolées sur la gorge. Des frontières de la Chine.

A. NÈGRE. *A. tartarica*, Pall. Gmel. *A. mutabilis*, Gmel. *Tanagra sibirica*, Sparm. Gmel. Alouette de Tartarie, Sonn. Parties supérieures et inférieures noires, avec les plumes du bas du cou, du croupion et des flancs, bordées et terminées de blanchâtre. La femelle a le front grisâtre et le plumage moins noir; longueur sept pouces six lignes. Elle habite l'Asie et se répand, en automne, dans une partie de la Russie européenne.

A. NOIRE DE LA ENCENADA, Buff. V. PIPIT A DOS FAUVE.

A. DE LA NOUVELLE-ZÉLANDE. *A. Novæ Zelandiæ*, Lath. Partie des plumes supérieures noirâtres, bordées de cendré; une bande blanche entourant l'œil; parties inférieures blanches avec une teinte cendrée sur le cou et le bas-ventre.

A. OBSCURE OU DES ROCHERS, Lath. Gmel. V. PIPIT SPIONCELLE.

A. ONDÉE, Lath. V. A. COQUILLADE.

A. PINSONNIÈRE, Herm. est une variété de l'Alouette Calandrelle.

A. PIPI, Buff. V. PIPIT DES BUISSONS.

A. DE PORTUGAL, Lath. C'est l'Alouette Calandrelle après la mue.

A. DES PRÉS, Lath. V. PIPIT FARLOUSE.

A. ROUSSE, Lath. Buff. V. PIPIT VARIOLE.

A. DU SÉNÉGAL OU GRISETTE. *A. senegalensis*, Lath. Cochevis du Séné-

gal, Buff. pl. enlum. 504. fig. 1.
Alouette huppée du Sénégal, Briss.—
Parties supérieures mélangées de gris
et de brun; quelques plumes effilées
sur la tête ; parties inférieures blanchâtres, marquées de taches brunes
sur la gorge; rectrices intermédiaires
grises, les autres bordées de roux qui
s'étend latéralement sur les extérieures; longueur six pouces six lignes.
Elle n'est peut-être qu'une variété de
l'Alouette Cochevis.

A. SENTINELLE, Levail. C'est l'A-
louette à cravatte jaune.

A. DE SIBÉRIE. *A. sibirica*, Gmel.
Lath. Parties supérieures grises mêlées
de roussâtre ; parties inférieures blanchâtres, tachetées de brun; tectrices
moyennes des ailes variées de blanc.
Cette Alouette se rapproche beaucoup de la Calandre, si toutefois les
deux espèces ne doivent pas être confondues.

A. SIRLI. *A. africana*, Lath. Le
Sirli, Buff. pl. enlum. 712. Cette espèce s'éloigne de ses congénères par
la longueur et la courbure de son
bec. — Parties supérieures variées de
brun et de blanc sur un fond roussâtre ; parties inférieures blanchâtres
avec des taches longitudinales brunes;
longueur huit pouces. Elle est répandue dans toute l'Afrique.

A. DE TARTARIE, Gmel. *V.* A. NÈ-
GRE.

A. VARIOLE, Lath. *V.* PIPIT VA-
RIOLE.

A. D'YPLTON. Lath. C'est l'Alouette
Nègre.   (DR..Z.)

ALOUETTE-DE-MER. ZOOL. Buffon a donné ce nom à deux Oiseaux
des genres Bécasseau et Chevalier. —
Alouette-de-mer, pl. enl. 850. *Scolopax africana*, Gmel. *Tringa subar-
quata*, Tem. — Petite Alouette-de-
mer, pl. enl. 851. *Tringa hypoleucos*,
Gmel. *Totanus hypoleucos*, Tem. *V.*
BÉCASSEAU et CHEVALIER. (DR..Z.)

Rondelet et Gesner ont également
appelé Alouette-de-mer, deux espèces
de Blennies. *V.* ce mot.   (B.)

ALOUETTINE. OIS Syn. de Pipit
Farlouse, *Alauda pratensis*, L. dans

plusieurs cantons de la France. *V.* PI-
PIT.   (DR..Z.)

ALOUGOULI ou ALOUGOULIE.
BOT. PHAN. Syn. de Clématite dioïque,
chez les Caraïbes.   (B.)

*ALOYSIE. *Aloysia*. BOT. PHAN.
Genre établi par Ortega, dédié à une
Infante Louise, et qui ne comprenait
qu'une seule espèce, *Verbena triphylla* de Lhéritier, *Aloysia citriodo-
ra*, Pers. Arbuste remarquable par
son odeur de Citron. Ce genre rentre
dans le Zapania de Lamarck. *V.* ZA-
PANIA.   (A. R.)

ALP. REPT. OPH. Syn. de Céraste,
chez les Égyptiens.   (B.)

ALPAC, ALPACA, ALPACO,
ALPAGNÉ ou ALPAQUE. MAM.
Noms de pays donnés pour synonymes
de Vigogne et de Lama, mais qui
appartiennent à une espèce certainement distincte. *V.* CHAMEAU. (B.)

ALPAM ou ALPAN. BOT. PHAN.
V. APAMA.

* ALPE. OIS. Syn. du Bruant de
neige, *Emberiza nivalis*, en Laponie.
V. BRUANT.   (DR..Z.)

ALPÉE. *Alpæus*. INS. Genre de
l'ordre des Coléoptères, établi par Bonelli (Observations entomologiques)
dans la grande tribu des Carabiques.
Les espèces qu'il composent sont toutes Aptères. Nous citerons parmi elles
le *Carabus Helwigii*, décrit et figuré
par Panzer (*Faun. Germ.* LXXXIX.
IV). Latreille réunit ce genre à celui
des Nébries. *V.* ce mot.   (AUD.)

* ALPES. GÉOL. *V.* MONTAGNES.

* ALPESTRES. BOT. C'est ainsi
qu'on désigne les Végétaux qui croissent sur les flancs des montagnes, et
qui occupent les régions intermédiaires entre les Agrestes ou Plantes
des plaines et celles des sommets élevés, appelées Alpines.   (B.)

ALPHANETTE ou ALPHANESSE.
OIS. Espèce de Faucon de Barbarie
que l'on présume être le Faucon pé-
lerin, *Falco Peregrinus*, L. ou une de
ses variétés, un peu plus petite de
taille. On emploie ces Oiseaux pour
la chasse ou au vol, au rapport de

Belon qui l'appelle aussi *Faucon tunisien* ou *punicien*.   (DR..Z.)

ALPHÉE. *Alphæus.* CRUST. Genre de l'ordre des Décapodes, ainsi nommé par Fabricius et placé par Latreille (Règne An. de Cuv.) dans la grande famille des Macroures. Le même auteur (Considér. génér.) l'avait rapporté à celle des Homardiens. Il a pour caractères : pieds formés d'une série unique d'articulations, les deux premières paires didactyles ; antennes latérales ou extérieures situées au-dessous des mitoyennes, ayant leur pédoncule recouvert par une grande écaille annexée à sa base.

Les Alphées ont le test prolongé en avant en forme de bec, et les antennes du milieu toujours plus petites que les externes ; elles diffèrent des Écrevisses et des Thalassines par l'insertion des deux paires d'antennes ; elles se distinguent des Penées par la forme du corselet et par les deux premières paires de pates qui sont didactyles, et des Palémons ainsi que des Crangons par les antennes intérieures terminées par deux filets.

Les mœurs de ces Animaux sont tranquilles ; ils ne quittent guère la région qu'ils ont choisie pour demeure que lorsque plusieurs Animaux marins et surtout des troupes de Poissons viennent pour les dévorer. La fin du printemps et le milieu de l'été sont les époques de leurs amours. L'espèce qui peut être considérée comme type générique est l'Alphée avare, *Alphæus avarus* de Fabricius. Cet auteur avait d'abord établi ce genre sur quatre espèces venant toutes des mers des Indes ; mais on en a depuis découvert plusieurs dans nos mers. Risso en a décrit quatre autres trouvées dans la mer Méditerranée, aux environs de Nice. Nous citerons l'Alphée Caramote, *A. Caramote*, qui est le Crustacé décrit sous ce nom spécifique par Rondelet, et rapporté par Latreille au genre Penée ; il vit dans les fonds vaseux, entre des rochers. On lui a attribué quelque efficacité dans la phthisie pulmonaire. L'Alphée pélagique,

A. pelagicus, qui se tient à des profondeurs très-considérables. Risso l'a figurée (Crust. des environs de Nice, pl. 2. fig. 7). On doit en outre rapporter à ce genre, suivant Latreille, le *Cancer candidus* d'Olivier ou l'*Astacus tyrenus* de Petagna ; — Le *Crangon monopodium*, de Bosc (Crust. T. II. pl. 13. fig. 2), les *Palœmon diversimanus*, *villosus*, *marmoratus*, *flavescens* d'Olivier (Encycl. méthod.), et le genre *Hippolyte* de Leach, trouvent aussi place ici.   (AUD.)

ALPHESTAS ou **ALPHESTES.** POIS. Nom d'un Poisson dans Aristote et dans Athénée, rapporté par les ichthyologistes modernes à l'espèce de Labre appelé Canude, *Labrus Cynœdus* de Lacépède. *V.* LABRE.   (B.)

* **ALPHESTES.** POIS. (Schneider.) Genre formé pour deux espèces de Poissons, *Lutjanus Sambra* et *Serranus afer* ; il n'a point été adopté par Cuvier. *V.* LUTJAN et SERRAN.   (B.)

***ALPHITOMORPHA.** BOT. CRYPT. Wallroth a donné ce nom au genre *Erysiphe* de De Candolle, ou *Erysibe* de Ehrenberg. Ce dernier auteur propose de le réserver à quelques espèces qui, ayant la même structure interne que les Erysiphés, n'ont pas de filamens rayonnans autour des peridium. *V.* ERYSIPHÉ.   (AD. B.)

* **ALPIN.** GÉOL. *V.* CALCAIRE ALPIN.

* **ALPINES.** BOT. Nom collectif donné aux Plantes qui croissent sur les sommets des hautes montagnes ; elles sont en général des diminutifs de leurs genres, des espèces en miniature, dont l'aspect est élégant et les fleurs beaucoup plus grandes en proportion du reste de leurs parties, que dans leurs congénères des régions inférieures.   (B.)

ALPINIE. *Alpinia.* BOT. PHAN. Famille des Amomées de Richard, Monandrie Monogynie, L. Ce genre renferme des Plantes à racines épaisses, tubéreuses, charnues, très-aromatiques, ayant des Fleurs disposées en épi terminal, dont chacune offre un calice double ; l'extérieur court et tridenté ; l'intérieur à quatre divisions dont trois supérieures égales , l'inférieure trilobée ; le filet de l'étamine est pétaloïde ; il porte à son sommet une anthère à deux loges distinctes ; le stigmate est trigone, porté sur un style de la longueur de l'étamine. Le fruit est une capsule légèrement charnue à trois loges polyspermes.

Ce genre renferme une dixaine d'espèces encore assez mal déterminées qui croissent dans l'Inde et dans l'Amérique méridionale. (A. R.)

ALPISTE. BOT. PHAN. V. PHALARIS.

ALQUE. OIS. Nom donné, par Linné, à un genre qui renfermait les Pingouins et les Macareux. Ces deux tribus ayant été séparées par les ornithologistes qui ont écrit depuis Linné, les uns ont appliqué ce nom aux Pingouins et d'autres aux Macareux. V. PINGOUIN.   (DR..Z.)

ALQUIFOUX. MIN. Nom donné par les potiers de terre et les faïenciers, au Plomb sulfuré ou Galène réduit en poudre qu'ils emploient pour la couverte des poteries grossières.
(LUC.)

ALSADAR. BOT. PHAN. Syn. de Celtis australis, chez les Arabes. V. CELTIS.   (B.)

ALSEBRAN ou ALSKEBRA. BOT. PHAN. Syn. arabe de l'Euphorbia Cyparissias, L. et de Sempervivum tectorum, L. V. EUPHORBE et JOUBARBE.
(A. R.)

* ALSEGIEN. BOT. PHAN. Syn. de Turneps, chez les Arabes. V. CHOUX.
(B.)

* ALSEN. POIS. Syn. d'Alose, en quelques parties de l'Allemagne. (B.)

ALSINE. Alsine. BOT. PHAN. V. MORGELINE.   (A. R.)

ALSINÉES. Alsineæ. BOT. PHAN. C'est le nom d'une des sections établies par De Candolle dans la famille des Caryophyllées. Elle renferme les genres qui ont le calice formé de

quatre ou cinq sépales distincts, ou partagé jusque près de sa base en quatre ou cinq segmens. Les genres principaux qui se rapportent à cette section sont les suivans : Ortegia, Polycarpum, Buffonia, Sagina, Alsine, Mœringia? Elatine, Spergula, Cerastium , Cherleria , Arenaria , Gouffeia, Stellaria. V. ces mots. (A. R.)

ALSODÉE. Alsodeia. BOT. PHAN. Du Petit-Thouars a fait connaître, sous ce nom , un genre nouveau, très-voisin des Violettes , et qui, par conséquent, doit faire partie de la nouvelle famille des Violariées, et qui se distingue par les caractères suivans : calice à cinq divisions profondes ; corolle régulière de cinq pétales réunis à leur base ; cinq étamines, dont les filets soudés forment un tube qui porte les cinq anthères rapprochées et contiguës ; l'ovaire est libre, uniloculaire, polysperme ; le style est simple : la capsule est à une seule loge qui renferme un petit nombre de graines ; elle s'ouvre en trois valves.

Du Petit-Thouars, dans son Histoire des Végétaux des îles d'Afrique (T. XVII et XVIII), fait connaître cinq espèces de ce genre. Ce sont toutes des Arbres ou des Arbrisseaux de Madagascar, portant des feuilles alternes et entières, munies de stipules caduques, des fleurs axillaires ou terminales disposées en panicule. (A. R.)

*ALSOPHILA. BOT. CRYPT. (Fougères.) Ce genre a été séparé par Robert Brown (Prodromus Floræ Novæ-Hollandiæ) du genre Cyathea de Smith. Comme dans les Cyathea , les capsules sont réunies en groupes arrondis , et insérées sur un tubercule saillant placé à l'aisselle de deux nervures secondaires. Ces capsules sont renfermées dans un involucre globuleux, fermé de toute part, et s'insérant au-dessous du groupe de capsules ; mais cet involucre , au lieu de s'ouvrir transversalement par une sorte d'opercule, comme dans les vrais Cyathea , se fend irrégulièrement au sommet. On doit rapporter aux Alsophila, outre l'Alsophila australis de Rob.

Brown, les *Cyathea aspera* de Smith, et *extensa* de Swartz.

Ce genre comprend plusieurs espèces de Fougères, à tronc arborescent, à fronde plusieurs fois subdivisée, généralement épaisse et coriace, qui habitent l'Amérique équinoxiale, l'île de Mascareigne ou de Bourbon, les îles de la mer Pacifique, et dont quelques espèces croissent même hors des Tropiques, à la terre de Van Diemen et à l'île Norfolk.

(AD. B.)

ALSTONIE. *Alstonia.* BOT. PHAN. Genre formé par Mutis, et qui a été réuni au *Symplocos*, dont effectivement il ne diffère point.   (K.)

ALSTROEMÉRIE. *Alstroemeria.* BOT. PHAN. Genre de la famille des Amaryllidées, très-nombreux en espèces, et propre à la partie équinoxiale du Nouveau-Monde. Les Alstroeméries ont tous une tige herbacée, garnie de feuilles alternes et entières. Plusieurs espèces sont grimpantes ou volubiles. Leurs fleurs, disposées en ombelle, présentent la structure suivante : calice coloré, à six folioles inégales, dont deux inférieures creusées en gouttière vers leur base; six étamines insérées à la base de la corolle et réfléchies en dehors; un ovaire infère; un style; un stigmate trifide ; le fruit est une capsule trilocu-laire, polysperme.

Toutes les espèces sont remarquables par l'élégance de leurs fleurs. Dans nos serres, on en cultive seulement deux ou trois, au nombre desquelles se trouve une des plus belles, l'*Alstroemeria Pelegrina*, L. D'après le témoignage de Tussac, on mange à St.-Domingue les bulbes d'une espèce qu'il appelle *A. edulis*, et qui nous paraît être la même que l'*Alstroemeria salsilla* de Linné.   (K.)

ALTAMISA. BOT. PHAN. Espèce indéterminée de Bident ou Coreopside du Pérou.   (B.)

* **ALTARIC.** POIS. (Gesner.) Petit Poisson indéterminé qu'on pêche en Perse, où on le sale comme les Sar-dines, et qu'on transporte au loin comme elles pour s'en nourrir. (B.)

ALTAVELLE. POIS. Syn. de Pastenague. *V.* RAIE.   (B.)

* **ALTENSTEINIA.** BOT. PHAN. Genre de la famille des Orchidées, que nous avons établi (dans Humb. et Bonpl. *nov. gen.* T. 1. p. 332) pour deux Plantes de l'Amérique méridionale, qui sont des herbes terrestres, à racine tubéreuse, à tige simple, garnie de feuilles, et terminée par un épi de fleurs. Elles présentent pour caractère générique : un calice à six folioles, dont cinq réfléchies, la sixième ou le labellum, plus grande, dressée et dépourvue d'éperon ; les deux loges de l'anthère séparées et attachées le long de la colonne; le pollen, d'une substance granuleuse, est disposé en deux paquets pédicellés. Les fleurs, d'une belle couleur incarnate dans l'*Altensteinia pilifera*, sont d'un blanc verdâtre dans l'*A. fimbriata*.   (K.)

* **ALTERCANGENUM** ou **ALTERCUM.** BOT. PHAN. Syn. arabe de Jusquiame.   (B.)

ALTERNANTHÈRE. *Alternanthera.* BOT. PHAN. Genre formé par Forskahl d'une espèce d'Illecebrum, *Illecebrum sessile*, L. lequel avait déjà été distrait de ce dernier genre pour être rapporté à l'*Achiranthes*. Les botanistes ne l'ont point adopté.   (B.)

* **ALTERNARIA.** BOT. CRYPT. (*Mucédinées.*) Ce genre appartient à la tribu des Mucédinées byssoïdes. Il a été fondé par Nées (Système des Champignons), qui lui a donné le caractère suivant : filamens droits, épars, opaques, simples, moniliformes, formés d'articles ovales, séparés par des espaces filiformes. — La seule espèce qu'il rapporte à ce genre, qu'il nomme *Alternaria tenuis*, et dont il a donné une figure (tab. 5, fig. 68 de l'ouvrage cité ci-dessus), croît sur les branches mortes. — Ce genre est voisin des Torula et des Monilia de Link. *V.* ces mots.   (AD. B.)

* **ALTERNE, ALTERNATIF.** BOT. Terme par lequel on désigne la disposition des parties d'un Végétal, et plus particulièrement celles des feuilles et des rameaux, quand ces parties sont placées d'un et d'autre côté d'un axe, mais sur le même plan, et qu'elles ne sont ni opposées, ni verticillées. Il est essentiel de distinguer Alterne de distique, de bifarié et d'épars. *V*. ces mots. Les feuilles du Tilleul et les rameaux de l'Orme sont Alternes.

Quant à l'insertion, certains organes peuvent être Alternes dans une disposition circulaire ; ainsi les étamines sont Alternes dans les Borraginées, par exemple, où elles sont en nombre égal des divisions de la corolle et leur répondent ; et le pétale est Alternatif avec les parties, du calice, quand il est inséré à l'un des points qui séparent les lobes de ce calice.

(B.)

ALTHÆA. BOT. PHAN. Nom latin devenu le nom vulgaire français de l'*Hibiscus syriacus*, L., *V*. KETMIE, et nom générique donné par Linné à la Guimauve. *V*. ce mot.   (B.)

ALTHÉRIE. *Altheria*. BOT. PHAN. Ce genre a été établi par Du Petit-Thouars, qui l'a placé dans la famille des Tiliacées, tout près des Waltheria, dont il se distingue surtout par ses capsules monospermes, au nombre de cinq. Il ne renferme qu'une seule espèce originaire de Madagascar.   (A. R.)

* **ALTINGIA.** BOT. PHAN. *Lignum papuanum*, Rumph. Grand Arbre originaire de l'Inde, que l'on rapporte à la famille des Conifères. Ce genre est encore fort mal connu.

(A. R.)

* **ALTIOKON.** BOT. PHAN. (Dioscoride.) Même chose qu'Acthæa. *V*. ce mot.   (B.)

ALTIQUE. *Alticus*. POIS. Genre proposé par Commerson, dont la Blennie sauteuse eût été le type, mais qui n'a pas été adopté par Lacépède. *V*. BLENNIE.   (B.)

ALTISE. *Altica*. INS. Genre de l'ordre des Coléoptères, section des Tétramères, extrait par Géoffroy, du

grand genre *Chrysomela* de Linné. Latreille (Considér. génér.) le range dans la famille des Chrysomélines, et le place ailleurs Règne Animal de Cuvier) dans celle des Cycliques. Ses caractères sont : antennes insérées entre les yeux, très-rapprochées à leur base ; pates postérieures propres pour sauter. — L'usage des membres postérieurs, dont les cuisses sont renflées, distingue ces Insectes des Criocères, des Lupères et surtout des Galéruques, qui ont avec eux beaucoup de rapports. — Les antennes sont filiformes, plus longues que le prothorax ; celui-ci reçoit la tête qui est petite ; les mandibules sont bidentées et les palpes maxillaires apparens. La forme générale de leur corps est hémisphérique ou ovale. Ces Insectes sont en général très-petits, et ceux des pays exotiques atteignent à peine trois lignes. Leurs élytres sont lisses, luisantes et ordinairement ornées de couleurs métalliques brillantes ; les Altises se rencontrent en grande quantité au printemps dans les lieux frais et humides, sur les Végétaux et principalement sur les Plantes potagères, dont elles rongent et criblent les feuilles. Leurs larves prennent la même nourriture et font aussi de grands dégâts ; elles ont beaucoup d'analogie avec celles des Chrysomèles et celles des Criocères : quelques-unes font sortir du sommet de plusieurs petits tubercules, placés sur le dos, une liqueur odorante et acide. Les Nymphes ressemblent beaucoup à celles des Coccinelles, et restent quinze à vingt jours dans cet état, avant de se métamorphoser en Insectes parfaits. — Les espèces de ce genre sont très-nombreuses, on les désigne vulgairement sous les noms de Sauteurs de Terre, Puces des jardins. Le général Dejean en possède cent quarante-neuf dans sa collection, dont un tiers au moins est étranger à l'Europe. — Nous trouvons très-communément en France et aux environs de Paris, l'Altise potagère, ou l'Altise bleue de Géoffroy, *A. oleracea*, L. Elle sert de type au genre, et était rangée, par Linné, avec les Chrysomèles, et par Fabricius avec les Galeruques; son prothorax offre en arrière une impression transversale; son corps est brillant, d'un vert bleuâtre métallique; les antennes sont noires; elle a été figurée par Olivier et Panzer. *V.* pour les autres espèces, Géoffroy (Insectes des environs de Paris).   (AUD.)

*ALTORA. BOT. PHAN. (Adanson.) Syn. de Clutia. *V.* ce mot.   (B.)

ALTY-ALU. BOT. PHAN. (Rhéede.) Syn. de *Ficus racemosa*, L. *V.* FI-GUIER.   (B.)

ALU, ALUGAHA ou ALUGHAS. BOT. PHAN. Nom d'une espèce d'*Heritiera* de Retzius, devenue l'*Hellenia* de Willdenow. *V.* ce mot.   (B.)

ALUCITE. *Alucita.* INS. Genre de l'ordre des Lépidoptères créé par Fabricius, et tellement désorganisé par lui-même qu'il n'est guère possible de le conserver tel qu'il l'a établi; nous adopterons les changemens opérés par Latreille. Les espèces auxquelles ce savant conserve le nom d'Alucite ont pour caractères: ailes supérieures longues, étroites, très-inclinées, relevées en queue de Coq à leur extrémité postérieure; langue distincte; palpes inférieurs ou labiaux avancés, avec un faisceau d'écailles allongées sur le second article; d'autres écailles sur le dessus de la tête, formant une espèce de toupet.—Le genre Alucite est rangé par Latreille (Considér. génér.) dans la famille des Crambites et (Règne Animal de Cuvier) dans la tribu des Tinéites. L'Alucite de la Julienne d'Olivier, *Alucita julianella*, peut être considérée comme type du genre. Elle est petite, grise; les ailes antérieures sont de même couleur, et ont vers leur milieu une bande longitudinale brune et flexueuse. La chenille a seize pates; elle est verte avec des points noirs et de petits tubercules du centre desquels s'élèvent quelques poils. Elle vit sur la Julienne, et enroule les feuilles de cette Plante pour s'en faire une enveloppe. Elle se métamorphose en Nymphe vers le milieu du printemps, après

s'être fait une petite coque soyeuse. Cette espèce, décrite et figurée par Degeer (Mém. sur les Ins. T. I. pl. 26. fig. 1. 2. 3. 15. 16., et T. II. p. 454), est peut-être la même que l'*Ypsolophus vittatus* de Fabricius.—Le genre Alucite de Latreille répond au genre Ypsolophe de Fabricius, et comprend les espèces que ce dernier nomme *nemorum, unguiculatus, xylostei*, etc.— Les Alucites *Degeerella, Calthella, Reaumurella*, de Fabricius, et quelques autres, forment le genre Adèle de Latreille. *V.* ce mot. L'Alucite céréalelle, *A. cerealella*, d'Olivier (Encyc. méth.) ou la Teigne des Blés, décrite par Duhamel et Tillet, appartient au genre OEcophore. *V.* ce mot. L'Alucite granelle, *A. granella*, de Fabricius, ou fausse Teigne des Blés, qu'il ne faut pas confondre avec la précédente, fait partie du genre Teigne. *V.* ce mot.   (AUD.)

ALUCO. OIS. Ancien nom de l'Effraie, *Strix flammea*, L. et de la Hullote, *Strix Aluco*, L. *V.* STRIX. (B.)

ALUINE ou ALUYNE. BOT. PHAN. Vieux nom de l'Absinthe.   (B.)

* ALULE. INS. *V.* AILE.

ALUMINE. MIN. (Oxyde d'Aluminium des Chimistes.). Quoique la Chimie n'ait pas pu, jusqu'ici, réduire le Métal de l'Alumine, néanmoins on la considère comme un Oxyde; et, d'après sa capacité de saturation, on a déterminé qu'elle devait contenir: Aluminium, 53,274; Oxygène, 46, 726.

L'Alumine pure est blanche, douce, onctueuse au toucher, insipide; elle happe à la langue, et forme pâte avec l'eau; elle est infusible sans addition, exhale l'odeur argileuse par la vapeur de l'haleine. Mêlée de Silice, elle forme les Argiles, dont la plupart sont extrêmement utiles dans les arts. *V.* ARGILE. Le Rubis, le Saphir et la Topaze d'Orient, qui sont, après le Diamant, les substances les plus dures, en sont presque entièrement formés. *V.* CORINDON. Combinée avec l'Eau, elle produit l'Alumine hydratée silicifère, l'Allophane et le Diaspore. *V.* ces mots. Avec l'Acide sulfurique. et la Potasse ou l'Ammoniaque, on en obtient l'Alun. *V.* ALUMINE SULFATÉE ALKALINE. Avec l'Acide fluorique et la Soude, elle forme la Cryolite. *V.* ALUMINE FLUATÉE ALKALINE. — Elle entre aussi, en grande quantité, dans la composition de plusieurs substances, telles que le Spinelle, le Feld-spath, la Tourmaline, la Staurotide, la Néphéline, la Pinite, le Mellite, etc.

On a supposé Alumine pure, une substance friable découverte à Hall, en Saxe; mais l'analyse a fait connaître qu'on devait la considérer comme une Alumine sous-sulfatée. *V.* ce mot.

ALUMINE FLUATÉE ALKALINE. *V.* CRYOLITE d'Abildgaard, KRYOLITH. W. Abildgaard de Copenhague a reçu ce Minéral il y a environ vingt ans du Groënland occidental. On ne l'a pas encore trouvée cristallisée régulièrement; elle se présente sous la forme de masses concrétionnées, translucides, à cassure laminaire. La division mécanique paraît donner, pour forme primitive, un parallellipipède rectangulaire; sa couleur est blanche ordinairement, quelquefois brune et rougeâtre; elle est fusible à la simple flamme d'une bougie. Plus dure que la Chaux sulfatée, elle l'est moins que la Chaux fluatée; elle est translucide; et si on la plonge dans l'eau, elle devient transparente, et présente l'aspect d'une gelée. Sa pesanteur spécifique est 2,949. Analyse, selon Vauquelin : Alumine, 21; Soude, 32; Acide fluorique et Eau, 47: selon Klaproth : 24; 36; 40. Cette substance est associée au Fer oxydé, au Fer spathique, au Cuivre pyriteux, au Plomb sulfuré et au Quartz. On l'a trouvée à Arksut, près de Juliana-Hope, en Groënland, dans le Gneiss suivant Jameson.

ALUMINE HYDRATÉE SILICIFÈRE, Lelièvre. Substance ordinairement blanche, rarement jaunâtre, mamelonnée, granuleuse, très-friable,

opaque. Dans quelques morceaux, on aperçoit de petites lames, tantôt faiblement, tantôt tout-à-fait translucides, qui donnent souvent des indices de cristallisation; elle happe à la langue, et raye à peine la Chaux carbonatée. Quelquefois elle est au centre de couleur vert-de-pomme, d'aspect résinoï e, et alors elle est hydrophane. — Ce Minéral fait gelée avec les Acides, d'où il suit que la Silice y est combinée avec l'Eau, et est à l'état de véritable Hydrate. On pourrait, d'après les caractères extérieurs, confondre l'Alumine hydratée avec le Zinc carbonaté mamelonné de Carinthie décrit par Deborn; mais traitée seule au chalumeau, elle ne donne point une lueur phosphorique verdâtre, ni ne couvre les branches de la pince qui retient le fragment, lorsqu'on l'essaie au chalumeau, d'une poussière blanche, comme le fait cette dernière substance.

Lelièvre et Gillet-Laumont ont trouvé l'Alumine hydratée[1], silicifère dans une mine de Plomb sur la montagne d'Esquerre, dans les Pyrénées. On en a trouvé aussi près de Schemnitz, en Hongrie. Voici l'analyse de celle d'Esquerre, selon Berthier : Alumine, 44,5; Eau, 40, 5; Silice, 15; total 100; de celle de Schemnitz, selon Klaproth, 45; 42; 14; total 101. C'est parmi les variétés de cette substance qu'on peut placer l'Allophane de Stromeyer. —Sa couleur est d'un bleu céladon passant au vert-de-gris. Sa cassure est conchoïde, d'un éclat vitreux passant à l'éclat de la cire; elle est transparente, faiblement dure; sa pesanteur spécifique est 1,852 — 1,889. On la trouve soit disséminée, soit en concrétions, soit en petites masses, dans une roche marno-ferrugineuse de transition.—Stromeyer en a donné l'analyse : Alumine, 32,20; Eau, 41, 30; Silice, 21,92; Cuivre carbonaté, 3,06; Chaux, 0,73; Chaux sulfatée, 0,52; Fer hydraté, 0,27; total 100. Ce Minéral fait gelée avec les Acides; et Haüy y a observé la division mécanique parallèle aux plans d'un prisme rhomboïdal.

On n'a encore trouvé jusqu'ici cette substance qu'à Grafenthal, dans le Salfeld en Saxe, où elle a été découverte par Rienmann et Raquat. C'est aussi à l'Alumine hydratée silicifère qu'on peut rapporter une substance argileuse, blanc-jaunâtre, découverte par Ménard de la Groye, dans les carrières de la Tribqulière, près de Neuville-sur-Sarthe.

Vauquelin en a retiré par l'analyse : Silice, 47 ; Alumine, 21 ; Eau, 50 ; Chaux, 2,3. Tondi donne le nom d'Alumine hydratée au Diaspore. *V.* ce mot.

Alumine mellatée. *V.* Mellite.

Alumine native. On n'en a pas trouvé jusqu'ici. *V.* Alumine sous-sulfatée.

Alumine pure. *V.* Alumine sous-sulfatée.

Alumine sous-sulfatée, Alumine pure. *Aluminit, Reine thonerde,* W. En masses réniformes et globulaires, lisses, ou légèrement mamelonnées, d'une couleur blanchâtre, douces au toucher, à fracture terreuse, tendres, opaques, happant faiblement à la langue, friables. Sa gravité spécifique est 1,669, suivant Schreiber.

Son analyse a donné à Stromeyer : Alumine, 30 ; Acide sulfurique, 24 ; Eau, 45 ; elle a été trouvée d'abord dans un jardin à Halle, en Saxe ; ensuite on en a observé à Newhaven, dans le comté de Sussex, en Angleterre, parmi les fissures de la Craie.

C'est cette substance qu'on avait supposé être de l'Alumine pure.

Alumine sulfatée alkaline. *Alaun,* W. Vulgairement l'Alun. Cette substance minérale ne s'est jusqu'ici présentée dans la nature qu'en efflorescences, ou en petites masses fibreuses et concrétionnées, sur des roches alunifères, telles que le Schiste et la Terre alumineuse, la Pierre d'Alun, la Houille, l'Argile schistoïde alunifère et le Schiste bitumineux ; elle encroûte aussi quelquefois les laves.

On ne peut en obtenir de Cristaux qu'à l'aide de la Chimie. C'est, d'après ces Cristaux, que Haüy en a déterminé la forme primitive, qui est l'Octaèdre régulier.

La couleur de l'Alun est blanche ; sa saveur douceâtre et astringente. Il rougit la teinture de Tournesol ; il est plus soluble dans l'Eau froide que dans l'Eau chaude ; sa réfraction est simple.

On trouve ce Sel en petites masses, composées de longs filamens soyeux, d'un blanc éclatant, dans l'île de Milo, d'où il a été rapporté par Tournefort ; à la surface de certains Schistes alumineux dans plusieurs localités, et sur la Houille à Gottwig, en Autriche. On le rencontre aussi dans des lieux évidemment volcaniques, tels qu'à la Solfatare de Pouzzoles, et dans le cratère de Vulcano, dans les îles Eoliennes. A la Tolfa et à Montiéri, en Toscane, on l'extrait de l'Alunite.

Nous ne donnerons point ici de détails sur la manière dont on prépare l'Alun, ce qui est du ressort de la Chimie appliquée aux arts, et sort du cadre que nous nous sommes tracé. Les usages de cette substance sont nombreux et généralement connus. Haüy place comme appendice à l'Alumine sulfatée alkaline, le Schiste alumineux noir. *V.* ce mot. — Nous croyons devoir aussi y placer le Beurre de Montagne qui n'est autre chose que l'Alun même, souillé de Fer oxydé. — Cette dernière substance est blanche, grise ou jaune. On la trouve en petites concrétions. Sa cassure a un éclat résinoïde. Sa fracture est imparfaitement lamelleuse ; elle est translucide sur les bords, d'aspect gras. On la trouve parmi les roches alunifères, dans l'île de Bornholm, dans la Baltique ; à Muskem, et près de Saalfeld, en Allemagne, et aux rivages du Jenisey, en Sibérie. (G. DEL.)

Aluminite. min. *V.* Alumine sous-sulfatée.

Alun. min. *V.* Alumine sulfatée alkaline.

ALUN d'ANGLETERRE , de FABRI-QUE , du LEVANT, de PLUME, de RO-CHE , de ROME , NATIF , SCAJOLE. *V.* ALUMINE SULFATÉE ALKALINE.

*ALUNITE. MIN.(Cordier.)*Alauns-tein* , W. Pierre de la Tolfa. C'est à Cordier que nous sommes redevables d'avoir fixé nos idées sur cette subs-tance que Haüy a nouvellement placée parmi les espèces minérales à la suite de l'Alumine sulfatée alcaline.

L'Alunite a pour forme primitive un rhomboïde très-obtus, qu'on se-rait tenté de confondre avec le cube. Les angles, que les faces font entre elles, sont d'environ 89 et 91 degrés. Le rhomboïde est divisible dans le sens d'un plan perpendiculaire à l'axe.

On ne connaît jusqu'ici que deux variétés de Cristaux : la primitive et la basée.

Les Cristaux sont quelquefois dia-phanes et transparens, souvent demi-transparens et colorés en blanc jau-nâtre, ou grisâtres, ou roses; quelque-fois ils sont recouverts superficielle-ment d'une pellicule ferrugineuse. L'é-clat de l'Alunite est très-vif: sa cassure très-nettement laminaire dans le sens perpendiculaire à l'axe; dans les autres sens, on aperçoit à une vive lumière les indices de la division mécanique. Sa dureté est médiocre ; elle raye la Chaux carbonatée, et est rayée par la Chaux fluatée ; elle est aigre et facile à casser; ses fragmens sont réguliers ; sa réfraction est double, d'après les expériences de Biot; sa gravité spéci-fique est 2,754. Par une calcination modérée, elle donne d'abord une odeur sulfureuse, et ensuite une sa-veur alumineuse.

On la trouve ordinairement en formes indéterminables ; elle est mê-me compacte, semblable au silex, blanchâtre et opaque, scintillant avec le briquet, tantôt compacte, à cas-sure un peu terreuse, colorée légère-ment de rose, et tantôt tout-à-fait ter-reuse. Maraschini et Lucas l'ont rencontrée, dans une veine à la car-rière, dite Cava-Ballotta, sous for-

me bacilaire, alabastriforme. Les va-riétés compactes sont plus ou moins silicifères.

On trouve cette substance à la Tolfa, à quinze mille mètres de Civita-Vecchia, à Montione (Descotils), à la Solfatare, près de Naples, dans l'île d'Ischia (Breislak), et dans l'île de Lipari, d'après nos propres obser-vations, et à Vulcano, en Italie. Cordier l'a trouvée en Auvergne, et notamment au Mont-d'Or, en France. Celle d'Hongrie, sur laquelle Beu-dant vient de publier des Observa-tions très-importantes, est connue dès long-temps. L'Alunite de la Tolfa, qui est la plus anciennement connue, a son gisement dans un trachite à Cristaux volumineux de Feldspath. Les terrains sont volcaniques aussi dans les autres localités. Voici l'ana-lyse par Cordier de l'Alunite cristal-lisée de la Tolfa : Acide sulfurique, 35,495 ; Alumine, 39,634 ; Potasse, 10,021 ; Eau, 14,830 ; Fer oxydé et Silice, Traces.   (G. DEL.)

ALURNE. *Alurnus.* INS. Genre de l'ordre des Coléoptères, section des Tétramères, établi par Fabricius, sur quelques espèces étrangères, et réuni par Latreille (Règne Animal de Cu-vier), au genre Hispe. *V.* ce mot.
(AUD.)

ALURUS. MAM. Nom grec du Chat, appliqué par Hernandez à la Civette. *V.* ce mot.   (B.)

ALUTÈRE. *Aluterus.* Et non *Aleu-tère.* POIS. Sous-genre établi par Cu-vier, pour quelques espèces de Ba-listes, qui ont une seule épine à la nageoire dorsale, et le bassin entière-ment caché sous la peau. *V.* BALISTE.
(B.)

*ALUYNE. BOT. PHAN. *V.* ALUINE.

ALVAQUILLA. BOT. PHAN. *V.* ALBACIGA.

ALVARDE. BOT. PHAN. *V.* LY-GEUM.

ALVÉOLE. ZOOL. On nomme pro-prement ainsi des cavités qui reçoi-vent les racines des dents. Elles sont creusées dans les os des mâchoires.

—Tous les vertébrés, à l'exception des Fourmiliers, des Pangolins, des Baleines et dès Oiseaux, ont les racines de leurs dents implantées dans des Alvéoles. Chez ceux-ci, le système dentaire, que représente la substance cornée qui revêt le bec analogue des mâchoires, est extérieur et ne s'implante point dans les maxillaires. *V.* Dent, article où sera développée la manière dont Géoffroy envisage la dent.

—Dans le jeune âge il n'y a point d'Alvéoles ; c'est un sillon dans lequel sont rangés les germes dentaires ; les cloisons se font plus tard, et l'Alvéole se trouve ainsi complète : dans les dents d'apparition tardive, les dernières molaires, par exemple, la jeune dent se forme et se creuse une Alvéole, en écartant les lames osseuses du maxillaire à mesure qu'elle croît.

Les dents de remplacement détruisent la cloison qui les séparait de la dent de première dentition, et en occupent ainsi l'Alvéole.

Les dents incisives et canines ne sont formées que par un seul germe dentaire, et par suite n'ont qu'une Alvéole. Les molaires, qui sont composées de deux ou d'un plus grand nombre de germes, ont un nombre proportionné de loges alvéolaires. — L'Alvéole privée de sa dent se resserre et s'efface.

On donne aussi le nom d'Alvéoles aux cellules que se construisent les Guêpes et les Abeilles pour y renfermer leurs provisions et élever leurs larves. *V.* Abeille et Guêpe.

(PR. D.)

* On a encore donné ce nom à des corps fossiles, pierreux, concaves d'un côté, convexes de l'autre, souvent isolés, quelquefois réunis lorsqu'ils n'ont pas éprouvé d'accidens, et s'enchâssant les uns dans les autres, comme des Godets un peu inégaux, de manière à produire par leur réunion un cône rarement entier, parce que ses parties supérieures manquent, ou qu'il s'est moulé dans une cavité, dont le creux était en cône tronqué. On a imaginé plusieurs suppositions singulières, sur l'origine de ces corps. On sait aujourd'hui qu'ils se sont formés dans la cavité des Bélemnites, *V.* ce mot, et qu'ils ont fait partie constituante de ces dépouilles anciennes de Mollusques. Selon l'opinion de Cuvier, les genres Ammone, Callirrhoë et Chrysaore de Montfort, *V.* ces mots, ne sont que des réunions ou piles d'Alvéoles. Ocken a suivi la même idée à l'égard du dernier de ces genres ; mais il adopte le second et réunit le premier aux genres Paclite et Thalamule de Montfort, sans doute à cause de leur forme arquée, étant d'ailleurs fort distincts.

Quelques auteurs ont aussi donné le nom d'Alvéoles cylindriques aux Orthocératites. *V.* ce mot.   (F.)

ALVÉOLITE. polyp. foss. Genre de l'ordre des Milléporées dans la division des Polypiers entièrement pierreux, établi par Lamarck. Les Alvéolites se présentent en masses encroûtantes ou libres, formées de couches nombreuses, concentriques, se recouvrant les unes les autres ; chaque couche est composée d'une réunion de cellules tubuleuses, alvéolaires, presque prismatiques, un peu courtes, contiguës, parallèles, et offrant un réseau à l'extérieur. La plupart de ces Polypiers ne sont connus que dans l'état fossile. Ce genre a été nommé *Alveolitis* par de Blainville, pour le distinguer, peut-être, de celui auquel de France a conservé le nom d'Alvéolites, donné par Bosc à des Mollusques qui entrent dans le genre Discolithe, regardé à tort comme faisant partie des Polypiers. Les espèces de ces genres diffèrent de celles qui ont servi à Lamarck pour établir son genre Alvéolites. Nous l'avons adopté tel qu'il a été exposé par cet auteur dans son Histoire naturelle des Animaux sans vertèbres ; et nous citerons les espèces suivantes :

Alvéolite madréporacée. *Alvéolites madreporacea*, Lamx. Gen. Polyp. p. 46. tab. 71. fig. 6. 7. 8. Ce Polypier fossile, commun aux environs de Dax, a l'aspect d'un Madrépore allongé, roulé, à cellules non saillantes, tubuleuses, rondes, pentagones ou hexagones, et par couches superposées les unes au-dessus des autres.

ALVÉOLITE ENCROUTANTE. *Alveolites inscrustans*, Lamk. Anim. sans vert. T II. p. 187. Elle enveloppe et encroûte des corps marins d'une seule couche de tubes serrés, présentant une surface à réseau assez fin, de mailles petites, inégales, pentagones ou hexagones : son habitation est inconnue.

Les *Alvéolites escharoïdes* et *suborbicularis*, décrites par Lamarck, ont été trouvées fossiles aux environs de Dusseldorf.   (LAM..X.)

* ALVEOLITIS. POLYP. FOSS. (Blainville.) *V.* ALVÉOLITE.

ALVIES. BOT. PHAN. L'un des noms vulgaires du *Pinus Cembra*, L. *V.* PIN.   (B.)

ALVIN. POIS. Jeunes Poissons qu'on emploie pour peupler les étangs d'eau douce. —On appelle Alvinage l'introduction de ces sortes de colonies; l'Alvinage a ses règles et ses époques, d'où dépend sa réussite.   (B.)

* ALVOLON. BOT PHAN. Vieux nom du Pouillot, *Mentha Pulegium*, L. *V.* MENTHE.   (B.)

* ALWARGRIM. OIS. Syn. de *Charadrius apicarius*, L.   (DR..Z.)

ALYDE. *Alydus*. INS. Genre de l'ordre des Hémiptères, établi par Fabricius (*Syst. Rhyng.*) d'après quelques espèces exotiques. Latreille le réunit au genre Corée. *V.* ce mot.   (AUD.)

* ALYKRUIK ou ALIEKRUK. MOLL. et non *Alickuyk*, *Alic-kruyk* ou *Aly-kruick*, comme l'écrivent quelques Dictionnaires. C'est le nom vulgaire batave de notre Vignau ou Bigourneau, *Turbo littoreus*, L. Cette dénomination a été ensuite étendue à d'autres espèces plus ou moins rapprochées de celle-là, au *Turbo muricatus*, par exemple, qui en est fort voisin, au *Turbo olearius*, à la *Nerita radula*, etc.; mais jamais, à ce qu'il paraît, aux Limaçons terrestres.

Rumph a nommé *Alykruyken*,

les Limaçons à bouche ronde. (F.)

* ALYOYATLI. BOT. PHAN. (Hernandez.) Syn. de *Mirabilis longiflora*, L. *V.* MIRABILIS.   (B.)

ALYPON. BOT. PHAN. Plante indéterminée, malgré les figures qu'en ont données Mathiolle et Daléchamp, à laquelle les anciens botanistes ont attribué une vertu purgative, et qui pourrait bien ne pas être l'espèce de Globulaire que les botanistes modernes désignent sous le nom de *Globularia Alypum*, L. *V.* GLOBULAIRE.   (B.)

ALYSELMINTHE. *Alyselminthus*. INTEST. Zéder a proposé ce nom pour remplacer celui de *Tenia*, dans le supplément qu'il a donné en 1800, à l'ouvrage de Goëze, plusieurs années après la mort de ce dernier. Dans un autre ouvrage publié en 1803, il a fait usage du mot *Halysis*, à la place de celui d'Alyselminthe. Aucun de ces noms n'a été adopté, ni par les médecins, ni par les naturalistes.   (LAM..X.)

ALYSICARPE. *Alysicarpus*. BOT. PHAN. Ce genre, de la famille des Légumineuses, Diadelphie Décandrie, L., a été proposé par Desvaux pour distinguer les *Hedysarum* (Sainfoins) dont la gousse est articulée, cylindrique; le calice campanulé, à cinq découpures régulières ; tels sont : l'*Hedysarum buplevrifolium*, *Hedysarum salicifolium*, etc.; ce genre avait d'abord été désigné par Jaumes St.-Hilaire, sous le nom de *Hallia*, déjà donné par Thunberg à des Plantes tout-à-fait différentes.   (A. R.)

* ALYSIDIE. *Alysidium*. BOT. CRYPT. (*Mucédinées.*) Genre fondé par Kunze (*Mykol. hefste*), et auquel il donne le caractère suivant : filamens réunis en groupes, droits, simples, pellucides, articulés; articles ovales se séparant et formant les sporules. — On voit par ce caractère que ce genre diffère à peine des Monilies, des Torula, et surtout du genre Hormiscium, décrit par Kunze dans le même ouvrage.   (AD. B.)

ALYSIE. *Alysia*. INS. Genre de l'ordre des Hyménoptères, fondé par Latreille, et rangé par lui (Consid. gén.) dans la famille des Ichneumonides, et ailleurs (Règne Animal de Cuvier) dans une tribu de même nom. Il lui assigne pour caractères : mandibules en carré irrégulier, grandes et écartées, tridentées à leur extrémité. Les palpes maxillaires, allongés et filiformes, offrent six articles, et les labiaux n'en ont que quatre; la lèvre et les mâchoires sont membraneuses, la tête est transverse, large; les antennes sont allongées, presque grenues, et formées d'un grand nombre d'articles; l'abdomen, vu en dessus, paraît inarticulé, ou formé au plus de trois segmens; la disposition des nervures de l'aile antérieure est à peu près la même que dans le genre Bracon; enfin la tarière est assez saillante. Ces caractères, dont les plus tranchés sont la forme et le nombre de dentelures des mandibules, permettent de reconnaître les individus appartenant à ce genre. Ils ne constituent guère qu'une espèce : l'Alysie stercoraire, *A. stercoraria* de Latreille, ou l'*Ichneumon manducator* de Panzer (*Faun. germ. Fasc. 72. tab. 4*), qui est le même que le *Cryptus manducator* de Fabricius. Ses antennes sont un peu velues, son corps est noir, et ses pieds sont fauves. On la rencontre en France et en Allemagne, le plus souvent sur les excrémens humains, où la femelle dépose ses œufs, suivant l'observation de Latreille. Elle n'est pas rare aux environs de Paris. Illiger avait établi ce genre sous le nom de *Cechenus*.

(AUD.)

ALYSON. *Alyson.* INS. Genre de l'ordre des Hyménoptères, établi par Jurine (Classif. des Hymén.), qui lui assigne les caractères suivans : une cellule radiale ovale, trois cellules cubitales; la première grande; la deuxième plus petite, pétiolée, recevant près de son origine la première nervure récurrente; la troisième presque pentagone, très-éloignée du bout de l'aile, et recevant la seconde; mandibules larges, tridentées; antennes filiformes roulées vers le bout, composées de

douze anneaux chez les femelles et de treize chez les mâles.

Les Alysons ressemblent aux Mellines par le nombre des cellules cubitales, mais en diffèrent par le pétiole de l'une d'elles. Ils s'en distinguent aussi par l'abdomen non rétréci à la base en un pédicule allongé, et par la petitesse de la pelote terminale des tarses. L'allongement de la partie antérieure du thorax, et les antennes roulées en spirale les rapprochent des Pompiles, tandis que le prolongement de cette partie en arrière, et la forme de l'écusson du métathorax leur donnent quelque ressemblance avec les Arpactes ou les Gorytes de Latreille. Ils avoisinent aussi les Nyssons par la seconde cellule cubitale pétiolée; mais ils en diffèrent par d'autres caractères assez tranchés pour autoriser leur séparation en un genre distinct, que Latreille (Considér. génér.) range dans la famille des Crabronites, et qu'il réunit ailleurs (Règne Animal de Cuvier) aux Mellines placées dans la grande famille des Fouisseurs.

Les Insectes de ce genre se trouvent sur les feuilles et les fleurs. Fabricius en avait réuni deux espèces au genre Pompile, sous les noms d'*unicornis* et de *fuscatus*.   (AUD.)

*ALYSSINEES. BOT. PHAN. Seconde tribu du premier sous-ordre des Crucifères dans la Méthode naturelle de De Candolle (*System. veget.*, II. p. 147), dont les caractères consistent dans une silicule qui se fend longitudinalement, à valves planes ou convexes, avec leurs graines comprimées et le plus souvent marginées. Les genres que renferme cette tribu sont: Lunaire, Savignye, Ricotie, Farsetie, Berteroe, Aubrietie, Vesicaire, Schiwereckie, Alysson, Meniocus, Clypeole, Peltarie, Petrocallide, Drave, Erophile et Cochlearia. *V.* ces mots.   (B.)

*ALYSSOIDE. BOT. PHAN. Seconde section formée par De Candolle dans le genre *Vesicaria*, et pour laquelle il a restauré le nom que Tournefort avait donné à des Crucifères, que Linné réunit à son genre Alyssum, dont Vesicaria n'est lui-même qu'un démembrement, aussi appelé *Alyssoïdes* par Medicus (*Nov. gen.* T. 1. f. 17), et par Mœnch (*Méth.* 264). L'*Alyssum creticum*, L. (*Vesicaria cretica*, D. C.) est le type de ce sous-genre.

Ventenat avait étendu le nom d'Alyssoïdes à la section entière des Crucifères à fruit siliqueux.   (B.)

ALYSSON. *Alyssum.* BOT. PHAN. Famille des Crucifères, Tétradynamie Siliculeuse, L. On a retiré de ce genre plusieurs espèces qui ont servi de types pour former plusieurs genres nouveaux, tels que *Berteroa*, *Vesicaria*, etc. Voici les caractères du genre *Alyssum*, tels que De Candolle les a donnés dans le second volume de son *Systema*. Le calice se compose de quatre sépales égaux entre eux ; les pétales sont onguiculés ; les filets des étamines offrent quelquefois une petite dent latérale ; la silicule est orbiculaire comprimée, ovoïde, terminée par une petite pointe formée par le style ; les deux valves sont planes ou convexes ; la cloison est très-étroite ; chaque loge contient une ou deux graines comprimées, quelquefois même membraneuses ; les deux cotylédons sont accombans.

Les espèces rapportées à ce genre sont au nombre d'à peu près cinquante. Ce sont des herbes ou de petits Arbustes, dont les feuilles sont entières et les fleurs en épis opposés aux feuilles. De Candolle les a partagées en quatre sections ou sous-genres, qu'il a nommées et caractérisées ainsi :

1°. ADYSETON. Fleurs jaunes ; filets des étamines dentés ;

2°. ANODONTEA. Fleurs jaunes ; filets des étamines sans dent ;

3°. LOBULARIA. Fleurs blanches ; filets sans dent ;

4°. ODONTOSTEMON. Fleurs blanches ; filets dentés. *V.* ces mots. (A. R.)

* ALYTOSPORIUM. BOT. CRYPT. (*Mucédinées.*) Link a donné ce nom à une section du genre *Sporatrichum*. *V.* ce mot.   (AD. B.)

ALYXIA. BOT. PHAN. (Forster.)

Même chose que Gymnopogon. *V.* ce mot.   (B.)

* ALYXORINA. BOT. CRYPT. (*Lichens.*) Achar a donné ce nom à une section des Opégraphes qu'il caractérise ainsi dans son *Synopsis Lichenum* : lirelles à disque concave, canaliculé ou plan non recouvert par leur bord. Toutes les espèces appartenant à cette section croissent sur l'écorce des Arbres. *V.* OPÉGRAPHE. (AD. B.)

ALZARAZIR. OIS. Syn. de l'Etourneau, *Sturnus vulgaris*, L. en Arabie. *V.* ETOURNEAU.   (DR..Z.)

ALZAROR ou ALZARUR. BOT. PHAN. D'où probablement *Azarole* et *Azerolier.* Syn. arabe de *Cratægus Azarolus*, L. *V.* ALISIER.   (B.)

ALZATÉE. *Alzatea.* BOT. PHAN. Ruiz et Pavon ont donné ce nom à un Arbre du Pérou, qu'ils ont figuré (*Flor. peruv.*, tab. 341). D'après leur description, ses fleurs, dépourvues de corolle, présentent un calice coloré, supère et persistant, à cinq divisions ovales, et auquel s'insèrent cinq étamines alternes avec ces divisions ; un seul style surmonte un ovaire obcordiforme Il devient une capsule de forme semblable, à deux loges et s'ouvrant en deux valves, dont chacune porte dans son milieu la moitié de la cloison, sur le bord de laquelle sont attachées, les unes au-dessus des autres, des graines nombreuses, un peu membraneuses dans leur contour. Le port de cet Arbre à feuilles opposées, à fleurs en corymbes, semble ainsi que ses caractères devoir le placer dans la famille des Rhamnées auprès du Celastrus, et peut-être même dans ce genre.   (A. D. J.)

* ALZIR. BOT. PHAN. (Daléchamp.) Nom collectif de toutes les espèces de racines bulbeuses, chez les Arabes.   (B.)

AMACASA. BOT. PHAN. Syn. péruvien de *Solanum Lycioides*, L.   (B.)

AMACOZQUE ou AMALAZOSQUE. OIS. (Hernandez.) Nom vulgaire d'un Pluvier du Mexique qui paraît être le Kildir, *Charadrius voci-ferus*, L. *V*. PLUVIER.   (DR..Z.)

AMADAVA, AMANDAVA ou AMADAVAD. OIS. Syn. de Bengali piqueté. Buff., pl. enlum. 115. fig. 3. *Fringilla Amandava*, aux Indes orientales, à l'Ile-de-France, etc. *V*. GROS-BEC.   (DR..Z.)

*AMADEA. BOT. PHAN. (Adanson.) Syn. d'Androsace. *V*. ce mot.   (B.)

AMADIS ou L'AMIRAL AMADIS. MOLL. Coquille du genre Cône, *Conus Amadis*, Brug. *V*. CÔNE.   (F.)

*AMADOU. *V*. AGARIC DES PHARMACIENS.

AMADOUVIER. BOT. CRYPT. (*Champignons*.) *V*. AGARIC DES PHARMACIENS et BOLET.

*AMAGA. BOT. PHAN. Arbre indéterminé des Philippines, dont le bois, selon Camelli, est noir comme celui de l'Ebène.   (B.)

AMAIOUA du Dictionnaire de Déterville. *V*. AMAJOVA.

AMAJOVA. BOT. PHAN. Genre établi par Aublet, mais qu'il a décrit très-imparfaitement (*Plant. guyan. suppl*. t. 375). Nous devons une connaissance plus exacte à Desfontaines qui en a publié récemment, dans les Mémoires du Muséum d'histoire naturelle, une petite monographie. Le genre Amajova se compose maintenant de trois espèces, toutes originaires de la partie équinoxiale de l'Amérique, et qui présentent la structure suivante : calice supère, d'une seule pièce, à six dents, caduque; corolle à tube renflé, à limbe profondément divisé en six lobes égaux et étalés; six étamines très-courtes, attachées et renfermées dans le tube de la corolle; ovaire infère; un style; un stigmate renflé; le fruit est une baie à deux loges polyspermes. Arbres ou Arbustes à feuilles très-entières, opposées ou ternées; fleurs terminales en corymbe ou en capitule. D'après ces caractères, l'Amajova doit être classé dans la famille des Rubiacées, à côté

des genres Genipa, Gardenia et Randia.   (K.)

C'est à tort, selon nous, que Lamarck a réuni, dans l'Encyclopédie, le genre Amajoïa au genre Hamelia. Il s'en distingue par son fruit à deux et non à cinq loges, ainsi que par ses six étamines.   (A. R.)

AMALAGO ou AMOLAGO. BOT. PHAN. (Rhéede, *Hort. Mal*. T. VII. t. 16.) Syn. de *Piper Malamiri*, L. espèce de Poivre.   (A. R.)

AMALAZOSQUE. OIS. *V*. AMACUZQUE.

AMALGAME. MIN. C'est ainsi que l'on nomme vulgairement les alliages dans lesquels le Mercure entre comme composant principal. On appelle Amalgame native la combinaison naturelle du Mercure avec l'Argent. *V*. MERCURE ARGENTAL.   (DR..Z.)

AMALI. BOT. PHAN. (Rhéede, *Hort. Mal*. 10. T. XL.) Syn. indou, de *Verbesina biflora*. *V*. VERBÉSINE.   (A. R.)

* AMALIKSAK. OIS. Petits de l'Eider, au Groënland. *V*. CANARD. (B.)

AMALOUASSE. OIS. Syn. vulgaire de la Pie-Grièche grise, *Lanius excubitor*, L. *V*. PIE-GRIÈCHE. (DR..Z.)

AMALOUASSE-GARE. OIS. Syn. vulgaire du Gros-Bec, *Fringilla Coccothraustes*, L. dans quelques cantons de la France. *V*. GROS-BEC. (DR..Z.)

AMALTÉ. *Amaltheus*. MOLL. FOSS. Genre établi par Montfort (Conchyl. t. 1. p. 90), pour un Nautile qui se rapporte au genre Planulite ou Discorbe de Lamarck, et qu'il appelle Amalté perlé, *A. margaritatus*. Ce Fossile se trouve aux environs d'Anvers. Ocken réunit cette espèce aux Ammonites, mais ses caractères ne permettent pas de la séparer des Discorbes. *V*. DISCORBE.   (F.)

AMALTHÉE. BOT. PHAN. Espèce de Fruit proposée par Desvaux, qui n'a point été adoptée, et dont l'Aigremoine offre le type.   (A. R.)

* AMAMOU ou AMAMOUR. BOT. PHAN. Nom vulgaire donné par quel-

16*

ques jardiniers au *Solanum pseudoca-pricum*, L. qu'on appelle aussi quelquefois impropiement *Amomon*. (B.)

AMANDAVA. ois. *V*. AMADAVA.

AMANDE. MOLL. Nom vulgaire d'un Mollusque et de trois Coquilles bivalves des genres Arche et Cythérée.

L'AMANDE ou CAME-FEUILLE est la *Venus pectinata*, L. *Cytherea pectinata*, Lamk. *V*. CYTHÉRÉE.

L'AMANDE A CILS est l'*Arca lacerata* de Linné. *V*. ARCHE.

L'AMANDE ROTIE est l'*Arca fusca* de Brug. *V*. ARCHE.

Enfin Planeus a donné le nom d'A-MANDE DE MER, *Amygdala marina*, à l'Animal de la *Bullæa aperta*. *V*. BULLÉE.   (F.)

AMANDE. BOT. PHAN. Les botanistes n'attachent point à ce mot le même sens qu'on lui attribue dans le langage ordinaire. L'Amande est, pour les gens du monde, la graine renfermée dans l'intérieur des noyaux, tandis qu'en botanique, on réserve ce nom à la partie de la graine renfermée dans l'intérieur du tégument propre ou de l'épisperme. Or, l'Amande peut être formée par l'embryon seul, comme dans le Haricot, la Fève, ou par l'embryon et un autre corps qui l'accompagne, et porte le nom d'Endosperme, comme dans le Ricin, le Blé, le Maïs, etc. *V*. EMBRYON, ENDOSPERME.   (A. R.)

AMANDE D'ANDOS. BOT. PHAN. (Bomare.) Semences des *Lecythis olearia* et *Zabucajo*, dont les fruits sont vulgairement nommés, dans le pays, *Marmite de Singe*. *V*. LÉCYTHIS. (B.)

AMANDE DE TERRE. BOT. PHAN. Nom vulgaire des graines d'*Arachys hypogea*, L. et des Bulbes du *Cyperus œsculentus*, L. *V*. ARACHIDE et CYPERUS.   (B.)

AMANDIER. *Amygdalus*. BOT. PHAN. Section des Drupacées de la famille des Rosacées, Icosandrie Monogynie, L. Ce genre renferme des Arbres ou des Arbrisseaux, à feuilles étroites, lancéolées, accompagnées de deux stipules subulées; leurs fleurs, qui s'épanouissent de très-bonne heure, paraissent avant les feuilles; leur calice est campanulé, à cinq lobes obtus; leur corolle offre cinq pétales égaux; il y a une trentaine d'étamines. Le fruit est une drupe charnue, globuleuse ou allongée, marquée d'un sillon longitudinal, renfermant un noyau, dont la surface est creusée de sillons irréguliers et profonds. Ce genre ne diffère de l'Abricotier que par son noyau rugeux et sillonné. Il renferme deux espèces principales.

L'AMANDIER, *Amygdalus communis*, L., est originaire des contrées méridionales de l'Europe; c'est un Arbre qui peut acquérir une hauteur de vingt-cinq à trente pieds. Ses fleurs s'épanouissent à Paris dès la fin de février ou au commencement de mars; ses fruits sont ovoïdes, allongés, un peu comprimés, tomenteux et verts; leur chair est coriace et peu épaisse; on en distingue deux variétés principales: celui dont les Amandes sont douces, et celui qui produit des Amandes amères. La première variété présente encore deux sous-variétés, suivant que la coque osseuse qui environne l'Amande est très-épaisse et très-dure, ou suivant, au contraire, qu'elle est mince, tendre, et se casse facilement. — Les Amandes douces sont d'un goût fort agréable, surtout lorsqu'elles sont encore vertes et fraîches; elles sont fort nourrissantes. Lorsqu'elles sont sèches, on prépare avec elles différentes boissons, tels que l'émulsion, le sirop d'orgeat, etc.; elles renferment presque la moitié de leur poids d'une huile douce très-limpide, qui se conserve long-temps sans se rancir, et qui est fort employée dans l'usage médical. On fait aussi, avec les Amandes, des Dragées, des Gâteaux et d'autres friandises.

Le PÊCHER, *Amygdalus persica*, L., offre à peu près le même port que le précédent, et est originaire de la Perse et naturalisé aujourd'hui en Europe. Il diffère de l'Amandier particulièrement par son fruit presque globuleux, dont la chair est épaisse et succulente. Cet

Arbre, que l'on cultive abondamment dans les jardins, à cause de l'excellence de ses fruits, fleuritdans les mois de mars et d'avril. Il présente une multitude de variétés, relatives à la grosseur, à la forme, à la saveur, etc. de son fruit. Il n'entre point, dans le plan de ce livre d'énumérer ici ces nombreuses variétés; nous nous contenterons de dire qu'elles se rapportent à quatre sections principales : —Première section, peau velue, chair fondante, se détachant facilement du noyau, telles sont la *grosse Mignonne*, la *Pêche de Malte*, la *Belle de Vitry*, l'*Alberge jaune*, le *Téton de Vénus*, etc.;—Deuxième section, peau velue, chair adhérente au noyau : on désigne, en général, les variétés de cette section sous le nom de *Pavies*; ce sont les *Persecs* de la France méridionale;—Troisième section, peau lisse, chair se détachant du noyau;—Quatrième section, peau lisse, chair adhérente: cette section renferme les *Brugnons*.

Les Pêchers se cultivent de deux manières principales, savoir: en plein vent ou en espalier; cette dernière méthode est la plus généralement employée. Pour obtenir des sujets, on se sert de deux procédés, ou bien on plante les noyaux de Pêche dans l'année où ils ont été récoltés, ou bien on greffe les variétés que l'on désire obtenir sur les jeunes Amandiers. *V.* pour de plus grands détails sur ce sujet, les différens traités d'agriculture, le Traité des Arbres de Duhamel et l'Almanach du bon Jardinier de 1821.   (A. R.)

Les voyageurs ont donné le nom d'Amandier à quelques Arbres exotiques dont les fruits ont plus ou moins de rapport avec nos Amandes; ainsi l'on a appelé :

AMANDIER DES BOIS, à St.-Domingue, l'*Hypocratea Cemesafu.*

A. DE BUENAVISTA, au Pérou, le *Pourouma* d'Aublet.

A. D'INDE, à l'île Maurice, le *Terminalia Catalpa*, L.   (B.)

AMANGOUA. OIS. Syn. de l'Ani des Palétuviers, *Crotophaga major*, L. à St.-Domingue. *V.* ANI.   (DR..Z.)

AMANIER. *Amanea.* BOT. PHAN. Aublet sous ce nom a décrit et figuré (*Plant. guyan.* tab. 101) un grand Arbre qui croît dans les forêts de la Guyane. D'après sa description, les feuilles sont alternes, munies à leur base de deux stipules caduques; les fleurs petites, verdâtres, disposées à l'extrémité flexueuse des rameaux en fascicules alternes et sessiles qu'accompagne une bractée. Il n'y a pas de corolle. Le calice, fort petit, se partage profondément en cinq parties égales; cinq anthères alternes avec ces parties, larges, presque sessiles, s'insèrent au-dessous de l'ovaire qui, relevé de trois angles, se couronne d'un stigmate triangulaire et concave. Il est placé dans la famille des Euphorbiacées.   (A. D. J.)

AMANITE. *Amanita.* BOT. CRYPT. (*Champignons.*) Dillen avait donné ce nom aux espèces de Champignons que les auteurs contemporains ou un peu postérieurs, tels que Micheli, Tournefort, Vaillant, Haller, etc., désignaient sous le nom de *Fungus*, et qui correspondent aux Agarics stipités de Linné.

Haller, qui dans ses premiers ouvrages avait adopté le nom de *Fungus*, s'est servi dans son Histoire des Plantes de la Suisse de celui d'*Amanita* pour indiquer les Agarics à pédicule central. Jussieu et Lamarck ont employé ce mot dans le même sens; mais le nom d'Agaric donné par Linné a prévalu, et le nom d'*Amanita* a été réservé par Persoon à un genre démembré des Agarics, et caractérisé par une volva qui enveloppe plus ou moins complètement le Champignon dans sa jeunesse, et qui persiste entièrement ou en partie à sa base. — Ces Champignons ont, comme les Agarics, un chapeau distinct, soutenu par un pédicule central et garni en dessous de lames ou feuillets de longueur inégale qui supportent de petites capsules (*thecæ*) renfermant six à huit graines ou sporules. Presque toutes les espèces croissent sur la terre, dans les bois. — Fries réunit ce genre aux

Prunus Mahaleb, dans quelques cantons du midi de la France (B.)

*ÁMARELLA. BOT. PHAN. (Gesner.) Syn. de Polygale officinal et nom spécifique d'une Gentiane. (B.)

AMARGOSCEIRA ou AMARGOSCIRA. BOT. PHAN. Syn. de Mélia, chez les Portugais de l'Inde. (B.)

AMARINE ou AUMARINO. Syn. de Saule–Osier, *Salix Vitellina*, L. dans quelques cantons de la France méridionale. (B.)

AMAROU ou AMAROUN. BOT. PHAN. C'est-à-dire *Amer*. Nom donné, dans quelques parties du midi de la France, à diverses Plantes des champs, dont les semences, mêlées aux grains des récoltes de Céréales, communiquent au pain un goût désagréable. Les *Ornithopus Scorpioides*, L. *Lathyrus Aphaca*, L. et l'*Agrostemma Githago*, sont confondues sous cette dénomination. (B.)

*AMARYLLIDÉES. BOT. PHAN. Robert Brown, dans son Prodrome, a formé une famille sous ce nom, dans laquelle il a réuni tous les genres de la famille des Narcisses de Jussieu qui ont l'ovaire infère, tandis qu'il a formé la famille des Hémérocallidées des genres de la famille des Narcisses de Jussieu, dont l'ovaire est supère.

Voici les caractères distinctifs de la famille des Amaryllidées : l'ovaire est infère ; le calice est monosépale, tubuleux, à six divisions ; les étamines, au nombre de six, ont les filets libres ou soudés ; l'ovaire est à trois loges polyspermes ; le style est simple, et le stigmate est trilobé : le fruit est une capsule loculicide, trivalve, polysperme, ou une baie qui ne renferme qu'une à trois graines.

Les genres de cette famille ont la racine bulbifère ou fibreuse, des fleurs disposées en ombelle, ordinairement grandes et éclatantes, ce qui rend ces Plantes l'ornement de nos serres et de nos parterres. Voici l'énumération des genres qui appartiennent à cette famille :

†. RACINE BULBIFÈRE. *Crinum*, L.

Calostemma, R. Brown. *Pancratium*, L. *Amaryllis*, L. *Narcissus*, L. *Leucoium*, L. *Galanthus*, L.

††. RACINE FIBREUSE. *Alstrœmeria*, L. *Doryanthes*, Correa. (A. R.)

AMARYLLIS. INS. Nom donné par Géoffroy à une espèce de Papillon qui appartient maintenant au genre Satyre. *V.* ce mot. (AUD.)

AMARYLLIS. BOT. PHAN. Ce genre a servi de type à la famille des Amaryllidées ; son calice est monosépale, infundibuliforme, coloré ; son limbe est ouvert, à six divisions, souvent inégales ; ses six étamines sont libres et déclinées vers la partie inférieure de la fleur ; son style est terminé par un stigmate trifide ; sa capsule est triloculaire, polysperme. Toutes les espèces ont la racine bulbifère ; la hampe terminée par une ou plusieurs fleurs, ordinairement très-grandes, qui sortent d'une spathe monophylle.

Ce genre renferme environ une soixantaine d'espèces, pour la plupart originaires de l'Inde, de l'Amérique méridionale ou du cap de Bonne–Espérance. On en cultive plusieurs dans les jardins : telles sont le Lys de Saint-Jacques, *Amaryllis formosissima*, L., dont les fleurs irrégulières, très-grandes, sont d'un beau rouge ponceau ; le Lys de Guernesey, *Amaryllis sarniensis*, L. l'Amaryllis belladone ; l'Amaryllis reginal. L'Amaryllis jaune est le seul qui croisse naturellement dans les provinces méridionales de la France. (A. R.)

*AMAS. GÉOL. On désigne généralement sous ce nom des masses informes, plus ou moins volumineuses, de substances minérales qui, ne constituant pas à elles seules des terrains, se trouvent comme enveloppées au milieu de roches dont elles diffèrent par leur nature.

Aucune des dimensions des Amas ne l'emporte considérablement sur les autres, et leurs longueur, largeur et épaisseur ne sont pas dans des proportions relatives constantes. Leurs surfaces, comme les parois des cavités qu'ils occupent, sont irrégulières et ne sont jamais ni planes ni parallèles. Ces caractères principaux servent à distinguer les Amas proprement dits des *Couches* ou masses tabulaires dont l'épaisseur est bien moindre que les autres dimensions, et qui s'étendent parallèlement entre d'autres couches; ils empêchent également de les confondre avec les *Filons* qui remplissent de véritables fentes, très-peu larges comparativement à leur étendue et à leur profondeur, et qui traversent dans tous les sens les terrains de diverses sortes.

Malgré les distinctions bien tranchées qui sembleraient avoir été établies entre les *couches*, les *filons* et les *Amas*, le géognoste est souvent embarrassé pour rapporter à l'une plutôt qu'à l'autre de ces dispositions particulières, certaines manières d'être des Minéraux qu'il observe en place dans la nature : plusieurs Amas, reconnus pour tels par les mineurs, pourraient n'être considérés par lui que comme des espèces de Filons; d'autres ont plus ou moins l'apparence de couches interrompues : tels sont, pour le premier cas, plusieurs des Amas qui ont été nommés *transversaux*, et, pour le second, quelques *Amas parallèles*. Souvent même il arrive qu'une substance minérale se rencontre dans le même lieu sous tous les états précédemment désignés.

Les mineurs, dont les travaux doivent varier suivant la disposition relative des minerais avec les terrains qui les renferment, distinguent plusieurs sortes d'Amas qu'ils appellent :

1er, Amas transversaux, *Stehende Stæcke* des Allemands.

2e, Amas parallèles, *Liegende Stæcke*, des mêmes.

3e, Amas entrelacés, *Stock Werke*, des mêmes.

4e, Amas irréguliers, *Butzenwerke*, des mêmes.

Afin d'éviter les répétitions, nous définirons, au mot *Gite*, les diverses manières d'être des Minéraux dans le sein de la terre, qui ont reçu un nom particulier. Nous citerons alors des exemples de chacune d'elles, et nous indiquerons les théories de leur formation. *V.* les mots GITE, COUCHE, FILON. (C. P.)

* AMASE. *Amasis*. INS. Genre de l'ordre des Hyménoptères, établi par Leach (*Zoological miscellany*, Vol. III. p. 114) aux dépens du genre Cimbex; l'auteur en cite deux espèces : l'*Amasis obscura* de Fabricius ou le *Cimbex obscura* des auteurs; l'*Amasis lœta* de Fabricius, ou le *Cimbex lœta* des auteurs. Nous ne croyons pas qu'il soit nécessaire de distinguer ce genre de celui des Cimbex. *V.* ce mot. (AUD.)

AMASONIE. *Amasonia*. BOT. PHAN. *V.* TALIGALEA.

AMASPERME. *Amasperma*. ZOOL.? BOT.? (*Arthrodiées?*) Genre formé par Raffinesque (*Somiol. sicil. 1814*), et auquel il attribue les caractères suivans : filamens articulés, noueux, à nœuds ou articles renflés, séminiformes ou séminifères, et se séparant par dissolution. Trois espèces marines, confondues jusqu'ici avec les *Ceramium*, composent le genre dont il est question.

AMASPERME TORULEUSE, *Amasperma torulosa*. A filamens rameux; nœuds globulaires, obscurs, beaucoup plus petits que les articles.

A. FLOCULEUSE, *A. floculosa*. A filamens simples, en forme de pinceau, roussâtres; nœuds jaunes, équivalant à la moitié des articles.

A. EN COLLIER, *A. monilia*. A filamens simples, entrelacés, hyalins; nœuds oblongs, verts, plus longs que les articles intermédiaires.

Le genre Amasperme doit être examiné de nouveau; il n'est point suffisamment caractérisé. Des filamens articulés conviennent à toutes les Arthrodiées sans exception; les Plantes qui ne sont pas articulées, et qu'on a jusqu'ici rapportées à cette famille confondue avec les Conferves, n'y peuvent convenir, et vont, ainsi qu'on le verra par la suite, aux Uvacées; des nœuds ou articles renflés conviennent encore à nos Lémanes et à nos Céramiaires, *V.* ces mots ; et, quant à la séparation des articles par dissolution, ce caractère n'en saurait être un. Il nous paraît d'ailleurs que le genre Amasperme contient des espèces entièrement disparates. Nos propres observations nous ont démontré que jamais les Arthrodiées qui ont leurs filamens essentiellement simples, ne peuvent être rapprochées des Conferves rameuses. Des filamens simples et des filamens rameux sont toujours le résultat d'une organisation tellement différente, qu'ils nous mettront dans la nécessité de former deux familles tranchées entre des êtres qu'on regarda longtemps comme ne formant qu'un genre de peu d'importance dans la Cryptogamie aquatique, mais qui doivent acquérir beaucoup d'importance aux yeux des physiologistes. *V.* ARTHRODIÉES et CONFERVES. (B.)

AMASSI ou BOA-MASSI. BOT. PHAN. (Rumph. *Herb. d'Amb. Suppl.* p. 5. t. 3.) Arbre indéterminé qui porte des noix bonnes à manger, soit qu'on les fasse bouillir, soit qu'on les fasse griller, et dont le bois très-dur sert pour les charpentes. (B.)

* AMASTOZOAIRES. ZOOL. Nom donné par Blainville à son second sous-type de son premier sous-règne, et qui se divise en quatre classes, toutes formées d'Animaux ovipares.

Les PENNIFÈRES (Oiseaux), pourvus de plumes.

Les SQUAMMIFÈRES (Reptiles), pourvus d'écailles.

Les NUDIPELLIFÈRES (Amphibiens), couverts d'une peau nue.

Les BRANCHIFÈRES (Poissons), munis de branchies. (B.)

AMATE. *Amata.* INS. Genre de l'ordre des Lépidoptères, établi par Fabricius, et syn. du genre Syntomide d'Illiger. *V.* ce mot. (AUD.)

AMATHIE. *Amathia.* POLYP. Genre de l'ordre des Sertulariées, dans la première section des Polypiers flexibles, comprenant les Sertulariées phytoïdes, rameuses, à cellules cylindriques, allongées, réunies en plusieurs groupes, épars sur la tige et les ra-

meaux, et plus ou moins distans, ou ne prenant qu'une seule lame, en spirale non interrompue, depuis la base du Polypier jusqu'aux extrémités. Les Amathies sont d'une substance cornée, presque point crétacée ; leur couleur est un fauve brun plus ou moins foncé ; leur grandeur varie d'un à trois pouces. On les trouve souvent parasites sur les Hydrophytes des eaux profondes ; quelquefois elles adhèrent aux rochers et aux productions marines par des fibres courtes et nombreuses. Elles sont plus communes dans les mers équatoriales et tempérées que dans celles du nord.

AMATHIE LENDIGÈRE, *Amathia lendigera*, Lamx., Gen. Polyp., p. 10. Cette Amathie, très-commune dans nos mers, se distingue par ses groupes de cellules, semblables à la flûte de Pan, à tuyaux cylindriques, variant en longueur. Les groupes sont placés à des distances inégales, quelquefois très-grandes.

AMATHIE ALTERNE, *Amathia alternata*, Lamx., Gen. Polyp., p. 10. tab. 65. fig. 18. 19. Les groupes de cellules sont très-longs, très-rapprochés et alternes sur les rameaux ; les cellules sont presque égales entre elles. Elle se trouve dans les Antilles.

AMATHIE SPIRALE, *Amathia spiralis*, Lamx., Gen. Polyp., p. 10. tab. 65. fig. 16. 17. Dans cette espèce, originaire des côtes de la Nouvelle-Hollande, les cellules ne forment qu'un seul groupe contourné en spirale autour d'un axe ; elles y adhèrent par toute leur face interne.

Les auteurs font encore mention des *Amathia cornuta, convoluta, crispa* et *unilateralis*, presque toutes des mers équatoriales. Nous avons fait figurer la dernière de ces espèces, dont le port est élégant, dans les planches de ce Dictionnaire.

Le genre Sérialaire de Lamarck est le même que notre genre Amathie.
(LAM..X.)

AMATHOLES. ANNEL. Même chose qu'Amphitrite. *V.* ce mot. (B.)

AMATHUSIE. *Amathusia.* INS. Genre de l'ordre des Lépidoptères, créé par Fabricius (*Syst. Gloss.*), et réuni par Latreille au genre Nymphale. *V.* ce mot. (AUD.)

* AMATOKORO. BOT. PHAN. (Thunberg.) Syn. de Sceau de Salomon, au Japon. *V.* POLYGONATUM. (B.)

* AMAULIK. OIS. Syn. groenlandais d'Eider. *Anas mollissima*, L. (B.)

* AMAUROSIS. BOT. PHAN. (Dioscoride.) Syn. de Ciguë. (B.)

* AMAXITIS. BOT. PHAN. (Théophraste.) Syn. de *Dactylis glomerata*, L. *V.* DACTYLIS. (B.)

AMAXOCOTOTOLT. OIS. (Hernandez.) Petit Oiseau indéterminé du Mexique, dont le plumage est triste, mais le chant fort agréable. (B.)

AMAZONE. OIS. Espèce du genre Bruant; *Emberiza Amazona*, L. *V.* BRUANT. C'est aussi le nom donné par Buffon aux Perroquets qui ont le fouet de l'aile garni de plumes rouges; ils se distinguent en général par plus d'éclat dans les couleurs. *V.* PERROQUET. (DR..Z.)

AMBA. BOT. PHAN. Syn. de Manguier, et ancien nom de son fruit. (B.)

*AMBADO. BOT. PHAN. *V.* AMBALAM.

AMBAIBA. BOT. PHAN. Adanson, après Margrave, a donné ce nom à un Arbre de l'Amérique, dont Linné a fait son genre *Cœcropia. V.* ce mot. Les botanistes sont portés à croire que l'*Ambaitinga* des Brésiliens en est une autre espèce. (A. D. J.)

AMBAITINGA. BOT. PHAN. *V.* AMBAIBA.

AMBAJO. MAM. Espèce de Chat indéterminée qu'on trouve en Afrique à la Côte-d'Or. (B.)

AMBALAM. BOT. PHAN. (Rhéede, *Hort. Mal.* 1. tab. 15.) Arbre de l'Inde qui paraît appartenir au genre *Spondias.* Son fruit est bon à manger, et divisé intérieurement en cinq loges. On le nomme en indou *Ambado.* (B.)

AMBA-PAIA. BOT. PHAN. Syn. de Papaye, fruit du Papayer, *Carica*, L. au Malabar. (B.)

AMBARE. BOT. PHAN. Grand Arbre de l'Inde, encore indéterminé, quoique mentionné dès le temps des Bauhins, et dont on mange les fruits préparés à la manière des Achards. *V.* ce mot. (B.)

*AMBARODENDRON. BOT. PHAN. Syn. de Liquidambar. *V.* ce mot. (B.)

AMBARVALE. BOT. PHAN. Nom donné, selon les Dictionnaires d'hist. nat., à une espèce de Polygale, et qui paraît un dérivé du mot malegache Ambarvasti, lequel désigne le *Cytisus Cajan*, L. (B.)

AMBARVATE, AMBARVASTI ou VOTERAVATE. BOT. PHAN. Même chose qu'Ambrevale. *V.* ce mot. Flacourt, dans son Histoire de Madagascar, dit que les feuilles de l'Ambarvasti nourrissent une espèce de ver à soie, et qu'on l'appelle aussi *Barnastes.* (B.)

AMBASSE DU GOL. POIS. (Commerson.) Espèce de Centropome, *V.* ce mot, de l'île de Mascareigne. (B.)

AMBAVILLE. BOT. PHAN. Nom collectif que l'on donne à Mascareigne à la plupart des gros Arbustes, particulièrement à ceux dont nous avons formé le genre *Hubertia* (Voyage en quatre îles d'Afrique), et qui composent, dans les hautes régions de l'île, des bocages d'un aspect particulier.—On appelle particulièrement AMBAVILLE A FLEURS JAUNES, une espèce de Millepertuis qui habite les mêmes lieux et donne une résine odorante, *Hypericum Penticosia* de Commerson.—On fait, avec toutes ces Plantes, un sirop appelé sirop d'Ambaville, qu'on dit être vulnéraire et pectoral.

Il est plus que douteux que le mot créole *Ambaville* dérive du mot malegache *Ancza-vidi*, qui est le nom d'une Bruyère. *V.* ANCZA-VIDI. (B.)

AMBEL. BOT. PHAN. (Rhéede, *Malab.* T. XI. t. 26.) Syn. de *Nymphœa Lotus*, L. dans l'Inde. (B.)

AMBELA. BOT. PHAN. Syn. de *Cicca disticha*, L. en Perse et chez les Turcs. *V.* CICCA. (B.)

AMBELANIER. *Ambelania.* BOT. PHAN. Aublet appelle ainsi un Arbre de la Guyane, du nom d'Ambelani que lui donnent les Galibis, Arbre qui appartient à la famille des Apocynées. Il dit qu'il s'élève de sept à huit pieds, sur autant de pouces de diamètre environ; que ses feuilles glabres, entières et ondulées sur les bords, à pétioles courts et demi-embrassans, sont opposées; que ses fleurs naissent aux aisselles des feuilles au nombre de trois ou quatre, portées sur un pédoncule commun, qui est garni à sa base d'une écaille, de même que le pédoncule particulier de chaque fleur. Le calice est court, à cinq divisions; la corolle monopétale, tubuleuse, cylindrique, et son limbe se partage en cinq lobes obliques, ondulés, aigus; les étamines, à anthères sagittées et biloculaires, à filets très-courts, s'insèrent, au nombre de cinq, sur le tube qui les cache; le pistil est composé d'un ovaire ovoïde, et d'un style quadrangulaire portant un plateau sur lequel est placé un stigmate ovoïde, cannelé en spirale, atténué au sommet, et terminé par deux petites pointes. Le fruit, qui est laiteux, visqueux, d'une saveur en même temps acide et agréable, et bon à manger, est une capsule ovoïde, allongée, verruqueuse à sa surface, à deux loges que sépare une cloison grêle, à laquelle s'attachent des graines nombreuses, larges, aplaties, chagrinées; cette double loge est ce qui distingue ce genre du genre voisin *Pacouria*, qui n'en a qu'une, et qui néanmoins doit sans doute lui être réuni, comme il l'a été par Schreber, sous le nom de *Willughbeia*. Scopoli rapporte l'*Ambelania* d'Aublet au *Benteka* d'Adanson; mais il suffit de jeter un regard sur la tab. 104 des pl. de la Guy. où le premier est figuré, et sur la tab. 30 du tom. IV de l'*Hort. Mal.* qui représente le second, pour voir qu'ils n'ont pas de ressemblance. (A. D. J.)

AMBERBOA ou **AMBERBOI.** BOT. PHAN. Noms vulgaires par lesquels on désigne quelques espèces du genre Centaurée et particulièrement le Bluet. *V.* CENTAURÉE. (A. R.)

* **AMBERIC.** BOT. PHAN. Syn. de *Phaseolus Max.* à l'Île de France. (B.)

AMBETTI. BOT. PHAN. Syn. indou de divers Végétaux acides, dont plusieurs parties sont employées comme comestibles; ce sont les *Begonia malabarica*, Lamk. *Hibiscus suratensis*, L. et *Sonneratia acida*, L. (B.)

* **AMBI.** BOT. PHAN. Syn. de Jaquier. *V.* ce mot. (B.)

AMBIA. MIN. (Lémeri.) Bitume liquide jaunâtre, qui coule d'une fontaine dans les Indes, et qui n'a pas encore été suffisamment observé pour pouvoir être rapporté à quelque espèce connue. (B.)

* **AMBIGÈNE.** BOT. (Mirbel.) C'est-à-dire *deux natures*. Sorte de calice dont la partie extérieure a la consistance et l'aspect d'un calice ordinaire, tandis que l'intérieur tient de la nature de la corolle; le calice est ambigène, dans le genre Grewia et dans la plupart des Passiflores. (B.)

AMBINUX. BOT. PHAN. (Commerson.) Syn. d'Aleurites, ou du *Croton mollucanum*, L. dont le fruit est la Noix de Bancoul. *V.* BANCOUL. (B.)

AMBIR. POIS. (Forskahl.) Syn. de *Mullus vittatus*, L. sur les côtes d'Arabie. *V.* MULLE. (B.)

* **AMBIZI OMATARE.** MOLL. Dans le Voyage au Congo et pays voisins, de Lopez, composé d'après ses Mémoires par Philippe Pigafetta, on trouve la mention suivante d'un Coquillage que les Nègres de l'île Loanda appellent *Ambizi Omatare*, c'est-à-dire *Poisson de rocher*. L'auteur de l'*Histoire générale des Voyages* croit, avec vraisemblance, que c'est une espèce d'Huître. Après la marée, on trouve au pied des Arbres, dit Lopez, sur la côte de l'île, en face du continent, un Coquillage large comme la main et fort bon à manger. On fait d'excellentes chaux de ses coquilles en les brûlant. Elles servent aussi à tanner les peaux de bœuf, dont les habitans font leurs semelles de souliers. (*Hist. génér. des Voy.* in 4° t. v p. 91.) *V.* les Dictionn. de Brisson et de Favart d'Herbigny.

(F.)

* AMBJEGUA ou plutôt ABJE-GUA. BOT. PHAN. Liqueur huileuse, odorante, à laquelle les naturels du Brésil attribuent de grandes qualités, qu'ils recueillent dans des coquilles, et qu'on croit provenir de l'Arbre nommé Ambatinga. *V.* ce mot. (B.)

*AMBLÊME. *Amblema.* MOLL. Huitième genre de la famille des Pédifères de Raffinesque, le troisième de la sousfamille des Amblémides. *V.* ces mots. (*Monogr. des Bivalves de l'Ohio,* dans les Ann.-gen. des Sc. phys. septembre 1820.) Il lui donne pour caractères : coquille ovale, elliptique ou équarrie, très-inéquilatérale ; axe latéral postérieur ; sommet latéral oblique, presque supérieur ; ligament droit ; dent lamellaire verticale ; dent bilobée ridée, latérale au sommet ; trois impressions musculaires ; mollusque semblable au *Pleurobema.* Nous renvoyons aux articles PÉDIFÈRES et MULETTE pour les raisons qui nous ont empêchés d'adopter tous les nouveaux genres proposés par Raffinesque dans sa famille des Pédifères, qui comprend les Mulettes et les Anodontes de Bruguière et de Lamarck. Nous observerons seulement ici que, d'après Raffinesque lui-même, l'Animal du genre Amblême, n'étant pas différent de celui du genre *Pleurobema,* et le Mollusque de celui-ci étant semblable à celui des *Unio,* il n'y a pas de raison pour les séparer ; car l'infériorité de l'anus et des syphons des Pleurobèmes tenant uniquement à leur relation avec l'axe de la coquille, ne peut être considérée comme une différence organique. — Quant aux Coquilles de tous les genres des deux sous-familles *Uniodia* et *Amblemidia,* elles ont entre elles les plus grands rapports pour tous les caractères essentiels de la charnière. Les différences remarquables qu'elles présentent, quant à leur forme, à leur contour, à la position relative des sommets, ne peuvent servir qu'à caractériser des sous-genres.

Les espèces que Raffinesque rapporte au genre Amblême sont nouvelles et au nombre de six. Ce sont les Amblema *olivaria, rubra, torulosa, gibbosa, costata* et *antrosa. V.,* pour leurs descriptions, le genre Mulette. Toutes les six sont de l'Ohio ou du Kentucky. (F.)

*AMBLEMIDES. *Amblemidiæ.* MOLL. Deuxième sous-famille des Pédifères de Raffinesque (*Monogr. des Bivalves de l'Ohio*), qui a pour caractères : coquille longitudinale ; dent bilobée, inférieure ; dent lamellaire inférieure, verticale ; axe terminal ; rides zonales. Elle comprend les genres *Obovaire, Pleurobème* et *Amblême. V.* ces mots. Cette sous-famille forme pour nous un sous-genre du genre Mulette. *V.* ce mot. (F.)

* AMBLODON. POIS. Genre établi par Raffinesque pour un Poisson de l'ordre des Abdominaux, qui diffère de son genre Calostemus par la mâchoire inférieure, pavée de dents osseuses, serrées, arrondies, et dont la couronne est inégale et plate. (B.)

AMBLOTIS. Genre de Marsupiaux formé par Illiger, d'après un Animal décrit par Bass, extérieurement semblable au Phascolome, mais qui aurait six incisives, deux canines et seize molaires à chaque mâchoire ; ce serait un sous-genre voisin des Péramèles. *V.* ce mot et PHASCOLOME.

(A. D..NS.)

* AMBLYGONITE. MIN. Ce Minéral, découvert par Breithaupt dans un granite de Penig en Saxe, y est associé à la Topaze verte et à la Tourmaline. Il s'est présenté sous des formes prismatiques, et a une pesanteur spécifique de 3,00 à 3,04 (Manuel de Minéralogie de Jameson, p. 316).

(LUC.)

AMBLYODE. *Amblyodon.* BOT. CRYPT. (*Mousses.*) Palisot de Beauvois (Prodrome de l'Æthéogamie) a donné ce nom au genre Méesia d'Hedwig. *V.* MÉESIA. (AD. B.)

AMBLYRAMPHE. ois. Genre établi par Leach pour y placer une nouvelle espèce d'Oiseau, l'*Amblyramphus bicolor*, que nous considérons comme un Etourneau. *V*. ce mot.   (DR..Z.)

AMBLYS. *Amblys*. INS. Genre de l'ordre des Hyménoptères, établi par Klug, et réuni par Latreille aux Osmies. *V*. ce mot.   (AUD.)

AMBO. BOT. PHAN. Syn. indou, de Manguier, *Rizophora*.   (B.)

*AMBOLAZA. BOT. PHAN. (Flacourt.) Arbre indéterminé de Madagascar employé pour les maladies du cœur, et qu'il ne faut pas confondre avec Ambora-Zaha. *V*. ce mot. (B.)

AMBON. BOT. PHAN. (Prévost. Hist. Gén. des Voyag.) Arbre des Indes orientales, dont le fruit est agréable, mais l'amande vénéneuse, et qu'il est impossible de rapporter à aucun genre connu, encore qu'on ait cru y reconnaître le Mombin. C'est peut-être un Strychnos.   (B.)

*AMBORA-ZAHA. BOT. PHAN. Arbre indéterminé de Madagascar, qui paraît voisin des *Volkameria*, mais qui n'a aucune ressemblance avec le suivant.   (B.)

AMBORE. *Ambora*. BOT. PHAN. Famille des Monimiées de Jussieu. Ce savant, dans son *Genera*, a conservé son nom malegache au genre que Commerson avait désigné sous le nom de *Mithridatea*. Ce genre, qu'il avait d'abord réuni à la famille des Urticées, en a été depuis séparé par cet illustre botaniste, pour former, avec le *Monimia* de Du Petit-Thouars, le type de la famille des Monimiées. Ses caractères consistent en des fleurs unisexuées, monoïques; les fleurs mâles ont un grand nombre d'étamines, réunies dans l'intérieur d'un involucre pyriforme, pédicellé, qui s'ouvre en quatre valves réunies par la base; les fleurs femelles sont également renfermées dans un involucre charnu, ovoïde, offrant quatre dents supérieurement; les ovaires sont renfermés dans la pulpe de l'involucre; ils sont uniloculaires,

monospermes. A leur sommet, on trouve un stigmate subconoïde., très-allongé et à surface inégale : cet involucre grossit considérablement; son ouverture supérieure s'élargit, et le fruit, parvenu à sa maturité, est irrégulièrement concave, et contient les graines renfermées dans l'intérieur de ses parois.

La seule espèce de ce genre qui soit décrite dans les auteurs, *Ambora Tambourissa*, Pers., est un Arbre qui croît dans les îles de France, de Mascareigne et de Madagascar. Nous en possédons plusieurs espèces nouvelles que nous ferons bientôt connaître dans un travail général entrepris sur la famille des Monimiées. Les Créoles des îles de France et de Mascareigne appellent l'*Ambora* bois de Bombarde ou bois de Ruches, parce qu'on recueille le miel des Abeilles dans son tronc creusé.

L'*Ambora tomentosa*, figuré dans la relation de Bory de Saint-Vincent, ne fait point partie de ce genre. C'est une espèce de Monimia. *V*. ce mot.   (A. R.)

AMBOTAY. BOT. PHAN. Espèce d'Anona, à laquelle Aublet (*Guyan.* 616. t. 249) a conservé son nom de pays.   (B.)

AMBOUTON. BOT PHAN. (Flacourt.) Plante indéterminée de Madagascar qu'on mâche pour se parfumer l'haleine, et qui n'est peut-être que le Bétel. *V*. POIVRE.   (B.)

AMBRA. OIS. Syn. de Bruant jaune, *Emberiza citrinella*, L. en Piémont. *V*. BRUANT.   (DR..Z.)

*AMBRARIA. BOT. PHAN. *V*. ANTHOSPERMA.

AMBREADE. Nom marchand du Succin, sur la côte du Sénégal. (B.)

AMBRE-BLANC. Vieux nom du blanc de Baleine. *V*. ADIPOCIRE. (B.)

AMBRE-GRIS. Substance grasse, céreuse, concrète, susceptible de se ramollir par une faible chaleur, se fondant ensuite, très-odorante, d'un gris tirant sur le brun, plus ou moins soluble dans l'Huile et dans l'Alcohol, selon qu'elle est plus ou moins pure. Il est peu de substances dont l'origine ait donné lieu à plus d'opinions différentes, et même à plus d'absurdités, et cela provient de ce que l'Ambre n'ayant encore été trouvé que sur les bords de certaines mers où il avait été déposé par les vagues sur lesquelles il flottait, on n'a pu encore saisir, pour ainsi dire, la nature sur le fait de sa production. L'opinion la plus admissible pourrait faire regarder cette substance comme un produit bitumineux, élaboré au fond des mers; cependant, le docteur Swediaur, qui s'est occupé de recherches particulières sur l'Ambre, pense, d'après les renseignemens qu'il s'est procurés de différens voyageurs, et surtout des navigateurs à la pêche de la Baleine, que cette substance se forme dans le canal alimentaire de l'espèce de Cachalot nommée *Physeter macrocephalus*, et qu'elle est rejetée avec les excrémens de ce Cétacé; il invoque, à l'appui de son opinion, la production du Musc chez le Chevrotain et la Civette; la sécrétion d'une matière analogue à l'Ambre dans les excrémens du Bœuf, du Porc, etc. Pelletier et Caventou, auxquels on doit un beau travail analytique sur l'Ambre, conduits par l'analogie, sont portés à croire que cette substance pourrait bien être un produit de la matière biliaire qui constituerait les calculs chez certains Cétacés.

L'Analyse chimique de l'Ambre l'a fait considérer comme composé de résine, d'adipocire, de charbon et d'un principe particulier nommé *Ambreine. V*. ce mot.

L'Ambre est d'un grand usage, comme comestique, dans l'art du parfumeur; on l'emploie aussi quelquefois, en médecine, comme antispasmodique.   (DR..Z.)

On prétend que les Renards sont très-friands d'Ambre, qu'ils le viennent chercher sur les côtes, le mangent et le rendent à peu près tel qu'ils l'ont avalé quant à son parfum, mais un peu altéré dans sa couleur. C'est au résultat de ce goût qu'on attribue l'existence de quelques morceaux d'Ambre blanchâtre, qu'on trouve, à une certaine distance de la mer, dans les landes aquitaniques, et que les habitans du pays appellent AMBRE RENARDÉ.   (B.)

AMBRE-JAUNE. Même chose que le Succin. *V*. ce mot.

AMBRE-NOIR. Variété de l'Ambre-gris. *V*. ce mot. On a quelquefois donné ce nom au Jayet. *V*. ce mot.
(B.)

* **AMBRÉE (l')** ou l'**AMPHIBIE.** MOLL. nom donné par Géoffroy (Traité des Coq. p. 60) à l'*Helix putris, Helix succinea* de Muller. Coquille fragile, transparente comme du verre, variant beaucoup dans sa forme et sa grandeur, et remarquable par sa couleur ambrée qui varie dans ses nuances, comme celle du Succin. Elle habite dans toute l'Europe, même dans le Nord. Elle se trouve aussi dans l'Amérique septentrionale, au Tranquebar, et jusque dans les îles Mariannes, en sorte qu'elle est commune aux deux hémisphères, à tous les climats, à toutes les zones; phénomène très-remarquable, et qui se reproduit pour une autre espèce qui en est fort voisine, la *Succinœa oblonga* de Draparnaud. — L'Ambrée aime les endroits humides, le bord des eaux, où elle tombe souvent, ce qui la fait croire amphibie. Cette espèce doit rester dans le genre Hélice, et fait partie de notre sous-genre Cochlohydre. *V*. ce mot.   (F.)

*** AMBREINE.** Nom donné, par Pelletier et Caventou, au principe particulier que ces chimistes ont découvert dans l'Ambre; il consiste en cristaux blancs, odorans, insolubles dans l'eau, très-solubles dans l'Ether et l'Alcohol, fusibles au 50e degré centigrade, volatils à une chaleur plus élevée, et enfin décomposables. Traités par l'Acide nitrique, ils se convertissent en un Acide qu'ils ont appelé Ambreïque, et qui a la propriété de former des Sels particuliers avec les bases salifiables.   (DR..Z.)

*AMBRETTE. *Succinœa*. MOLL. Draparnaud (Hist. nat. des Moll. de la France, p. 58) a établi ce genre pour l'Amphibie ou l'Ambrée de Géoffroy, et pour une autre espèce qui en est fort rapprochée, la *Succ. oblonga* découverte par Studer. Les caractères qu'il assigne aux Animaux de ce genre sont : tentacules courts, les inférieurs très-grêles et à peine visibles, les supérieurs conoïdes, renflés à leur base; quant aux coquilles, il les différencie ainsi : coquille ovale oblongue; ouverture grande, oblique; columelle évasée, formant dans l'intérieur une rampe en spirale; plan de l'ouverture très-incliné par rapport à l'axe de la coquille. Ces caractères ne nous ont point paru suffisans pour conserver ce genre. La forme des tentacules, remarquable chez l'Animal de l'Ambrée, n'est point la même chez les autres Mollusques de ce groupe, et ne peut, dans tous les cas, les distinguer suffisamment des Hélices. Quant à la forme de leurs coquilles, elle se dénature et se rapproche de celle des Hélices ordinaires, dans plusieurs espèces exotiques que nous avons fait figurer dans notre Hist. nat. des Moll. terr. et fluv. Lamarck, en créant son genre Amphibulime, *V.* ce mot, y a rapporté avec raison les Ambrettes de Draparnaud; mais le type de ce genre doit les suivre dans le genre Hélice.—Ocken a fait des Ambrettes son genre *Lucène*, et Studer son genre *Tapade*, *V.* ces mots, de sorte que voilà quatre noms génériques différens pour des Mollusques dont nous n'avons pu faire qu'un sous-genre des Hélices, le sous-genre Cochlohydre. *V.* ce mot.   (F.)

AMBRETTE (Graine d'). BOT. PHAN. *V.* ABEL-MOSCH.

AMBREVADES ou AMBREVALES. BOT. PHAN. Syn. de *Cytisus Cajan*, L. dans les colonies françaises, où l'on mange sa graine en guise de Haricots, sous le nom de *Pois de Guinée*. *V.* CYTISE.   (B.)

AMBROME. BOT. PHAN. Même chose qu'Abroma. *V.* ce mot.   (B.)

*AMBROSIACÉES. BOT. PHAN. Cette famille, établie par Richard père, se compose des genres *Ambrosia*, *Xanthium*, *Franseria* et *Iva*. Ces genres avaient été placés par Tournefort, Vaillant, Linné, dans les Plantes à fleurs composées. De Jussieu, dans son *Genera*, est le premier qui ait élevé des doutes sur les affinités de ces genres avec les Plantes de la famille des Corymbifères. Richard, après les avoir soumis à un examen plus approfondi, a cru devoir en former une famille distincte, mais voisine de Synanthérées. Cependant, Henri Cassini, dans ses Mémoires sur les Synanthérées, replace les genres ci-dessus mentionnés dans les Synanthérées, et en fait une section ou tribu qu'il nomme Ambrosiacées, et qu'il met entre les Hélianthées et les Anthémidées, mais plus près de ces dernières.

Voici les caractères par lesquels ce groupe se distingue : les fleurs sont unisexuées; les fleurs mâles forment des épis terminaux, tandis que les femelles sont situées aux aisselles des feuilles : chaque fleur femelle est renfermée dans un involucre monophylle caliciforme; la corolle manque ordinairement ou est très-courte; le style est court, terminé par deux longs stigmates planes et glanduleux. Le fruit est un akène nu, c'est-à-dire, dépourvu d'aigrette, dont on trouve cependant quelques rudimens irréguliers dans le *Xanthium strumarium*, mais non dans le *X. spinosum*. Ce fruit est enveloppé dans l'involucre qui le recouvre exactement. Dans les fleurs mâles, on observe un calice infundibuliforme donnant attache à cinq étamines, dont les anthères sont libres et distinctes.   (A. R.)

AMBROSIE. *Ambrosia*. BOT. PHAN. Famille des Composées. Ce genre, quoique présentant plusieurs anomalies dans la structure de ses fleurs et de ses fruits, partage le plus grand nombre des caractères avec les Composées, dont il ne peut pas être éloigné. Les fleurs sont monoïques; les mâles, disposés en épis terminaux, ont un involucre monophylle qui renferme un grand nombre de petites fleurs à corolle en entonnoir. Les fleurs femelles au contraire, solitaires ou rapprochées par deux ou plusieurs dans les aisselles des feuilles, et entourées de plusieurs bractées, offrent des corolles très-courtes et produisent dans la suite des fruits entièrement couverts d'une bractée épineuse à son extrémité; Arbustes ou Herbes à feuilles opposées, rarement alternes, souvent découpées. Les espèces de ce genre, à l'exception d'une seule, sont originaires de l'Amérique, principalement des parties septentrionales. Nous avons, dans notre Méthode, placé l'Ambrosia entre le Xanthium et l'Iva. *V.* ces mots.   (K.)

*AMBROSIE DU MEXIQUE. BOT. PHAN. Syn. de *Chenopodium Ambrosioides*, L. qu'on croit originaire du Mexique, mais qui se rencontre naturellement dans les parties méridionales et occidentales de la France, de l'Espagne et du Portugal, où nous l'avons fréquemment observé. (B.)

*AMBROSIES. BOT. PHAN. Section formée, par Adanson, dans sa grande famille des Composées, placée entre celle des Immortelles et celle des Tanaisies, et renfermant les genres Ambrosie, comme type, et Xanthium. *V.* ce mot.   (B.)

AMBROSINIE. *Ambrosinia.* BOT. PHAN. Ce genre fait partie de la famille des Aroïdées, de la Polyandrie Monogynie, L. Il a été créé en 1763 par Bassi, directeur du jardin botanique de Bologne, pour une Plante qui croît en Sicile et sur les côtes de la Barbarie. L'*Ambrosia Bassii*, L. est une Herbe à racine tubéreuse et charnue; ses feuilles sont radicales, pétiolées, ovales, luisantes; ses fleurs sont renfermées dans une spathe roulée en cornet et portée sur une hampe d'environ deux pouces de hauteur; le spadice est plane et partage l'intérieur de la spathe en deux cavités; dans l'antérieure on trouve un ovaire uniloculaire, surmonté d'un style et d'un

TOME I.

stigmate simples; dans la postérieure se trouve appliqué sur le spadice un grand nombre d'anthères sessiles; le fruit est une capsule uniloculaire et polysperme.   (A. R.)

AMBROUN. OIS. Syn. de Bruant.   (DR..Z.)

* AMBUBEIA. BOT. PHAN. Syn. de *Chondrilla juncea*, L. chez les Romains.   (B.)

* AMBUGIA ou AMBUGIS. BOT. PHAN. Syn. de Chicorée, en Italie. (B.)

* AMBULATORES. OIS. (Illiger.) C'est-à-dire, Promeneurs. *V.* ce mot.   (B.)

AMBULIE. *Ambulia.* BOT. PHAN. Genre de la Tétrandrie Monogynie, L. formé par Lamarck, dans l'Encyclopédie méthodique, pour une Plante aquatique, appelée *Manganari*, dans l'Inde (Rhéed. *Malab.* 10. p. 11. t. 6.) Ses fleurs ont un calice monophylle, campanulé, à cinq divisions; la corolle est monopétale, tubulée, une fois plus longue que le calice, extérieurement velue, à limbe quadrifide, avec quatre étamines attachées à la base du tube, et non saillantes en dehors; l'ovaire est supérieur, et surmonté d'un style simple dont le stigmate est en tête aplatie; la capsule est ovale, légèrement pentagone, marquée de cinq sillons, uniloculaire et polysperme. — Une seule espèce compose le genre dont il est question; ses racines sont fibreuses; ses tiges fistuleuses, simples, hautes d'un pied; ses feuilles sont sessiles, lancéolées, opposées ou ternées, dentées en scie, glabres, un peu charnues; ses fleurs axillaires et purpurines.   (B.)

AMBULON. BOT. PHAN. (C. Bauhin. *Pin.* 459.) Graine qui provient d'un Arbre de l'île d'Aruchit, et qui, par ce qu'en disent d'anciens auteurs, peut se rapporter au Cirier, *Myrica cerifera*, L. *V.* MYRICA.   (B.)

* AMBULONG. BOT. PHAN. (Ray.) Arbre indéterminé, dont le fruit est comparé à un cône, et qui paraît être

17

un Palmier ou quelque Vaquoi. *V.* PANDANUS. (B.)

*AMBUXON. BOT. PHAN. Syn. de *Clematis Vitalba. V.* CLÉMALITE. (B.)

AMBUYA - EMBO. BOT. PHAN. (Pison.) Nom brésilien d'une espèce d'Aristoloche, remarquable par la beauté et le volume de ses fleurs, et qui passe, dans le pays, pour médicinale. (B.)

AMBYSE. MAM. (Nieremberg.) Espèce indéterminée de Phoque. (B.)

AME. ZOOL. *V.* SENSIBILITÉ.

AME DAMNÉE. OIS. (Olivier.) Nom donné par les Européens établis dans le Levant à une petite espèce de Pétrel qui vole continuellement à la surface des flots, où elle semble condamnée à ne jamais prendre de repos. (B.)

*AMEDANUS. BOT. PHAN. Syn. de Bouleau. (B.)

AMEIVA. REPT. SAUR. Écrit par quelques-uns *Ameira.* Nom d'une espèce de Lézard, *Lacerta Ameiva,* L. type de la première section des Lézards de Daudin. *V.* LÉZARD.

AMELANCHIER. BOT. PHAN. Espèce d'Alisier. *V.* ce mot. Nul Arbre n'a plus erré de genres en genres que celui-ci. On en a fait tour à tour un *Cratægus,* un *Mespilus,* un *Sorbus,* un *Pyrus.* (B.)

AMELI. BOT PHAN. Nom donné dans l'ancienne Encyclopédie, et reproduit depuis dans tous les Dictionnaires, au Karetta - Amelpodi de Rhéede. *V.* ce mot. (B.)

AMELIE. INS. Nom spécifique employé par Géoffroy pour désigner un Insecte de l'ordre des Névroptères, l'Agrion fillette, *A. Puella* de Fabricius. *V.* AGRION. (AUD.)

*AMELLAOU. BOT. PHAN. Nom d'une variété d'Olivier dans le midi de la France. (B.)

AMELLE. *Amellus.* BOT. PHAN. Genre de la famille des Corymbifères, de la Syngénésie superflue, L. nommé par Adanson *Liabum.* L'involucre est hémisphérique, imbriqué; le réceptacle paléacé; les fleurs sont radiées; les demi-fleurons très-légèrement dentés, femelles; leurs graines surmontées de quelques paillettes courtes et acuminées, tandis que celles du disque, dont les fleurons sont androgyns, présentent une aigrette de cinq soies ciliées sur leur bord. On en a décrit trois espèces. La plus connue est l'*Amellus Lychnitis* (figuré tab. 173. d. Gærtner, et tab. 682. fig. 1. des Ill. de Lam.) Joli Arbuste du cap de Bonne-Espérance, à feuilles opposées, entières, obtuses et blanchâtres, et dont les fleurs, jaunes au centre et bleues à la circonférence, imitent celles d'un Aster. (A. D. J.)

L'AMELLE A OMBELLES. Joli Arbrisseau, originaire des Antilles, a la page inférieure de ses feuilles d'un blanc argenté: on peut enlever la pellicule qui leur donne cette couleur, et écrire dessus avec un crayon, comme sur du papier. (B.)

AMELLIÉ. BOT. PHAN. Syn. d'Amandier, dans le ci-devant Languedoc. (B.)

AMELPO ou AMELPODI. BOT. (Rhéed. *Mal.* v. p. 101. t. 51.) Arbre des lieux montueux, de la côte du Malabar, que la description et la figure incomplète données par Rhéede ne font pas suffisamment connaître pour pouvoir assigner la famille dans laquelle il doit être placé. (B.)

*AMELXINE. BOT. PHAN. (Dioscoride.) Syn. de Pariétaire. (B.)

* AMENDOEIRA ou plutôt ALMENDOEIRA. BOT. PHAN. (Vandelli.) Syn. d'Amandier, en Portugal. (A. R.)

* AMENDOULO. POIS. Syn. de Spare Mendole, sur les côtes de Nice. (B.)

AMENTACÉES. BOT. Cette famille de Plantes qui, au premier abord, paraît très-naturelle, était composée de tous les genres dont les fleurs sont disposées en chaton. Mais un examen plus approfondi de ces différens genres, en faisant mieux connaître l'organisation de chacun d'eux, a engagé les botanistes modernes à les grouper en plusieurs familles : ainsi les genres *Ulmus* et *Celtis* forment la famille des Ulmacées ; le *Salix* et le *Populus*, celle des Salicinées ; le *Myrica*, celle des Myricées ; le *Betula*, l'*Alnus*, les Bétulinées ; le *Quercus*, le *Fagus* et le *Castanea*, la famille des Cupulifères, etc. *V*. ces différens mots. (A. R.)

AMERA. BOT. PHAN. (Commerson.) Nom d'une espèce de Spondias. *V*. ce mot. (B.)

* AMÈRE. *Ameris*. INS. Genre de l'ordre des Coléoptères et de la section des Tétramères, établi par Schoenherr, et adopté par Dejean qui en possède deux espèces exotiques. Ne connaissant pas les caractères de ce nouveau genre qui appartient à la famille des Rhynhophores, nous ne prononcerons pas sur leur valeur. (AUD.)

* AMÈRE. Saveur désagréable qui, selon quelques – uns, proviendrait d'une matière particulière, qu'ils proposent de nommer, par excellence ; *Amère*. Chez les Animaux, la bile est essentiellement amère, plusieurs Sels sont fort amers ; entre les Végétaux, l'écorce du Kina, et les feuilles du *Centaurea Calcitrapa*, L. sont remarquables par leur amertume. Cette saveur dénote souvent des qualités fébrifuges. (B.)

AMERI. BOT. PHAN. (Rhéede.) Syn. d'Indigo teinturier. (B.)

* AMÉRICAIN, AMÉRICAINE. MAM. et POIS. Espèce du genre Homme. *V*. ce mot. (FL.) Nom donné comme spécifique à un certain nombre de Poissons de divers genres, entre lesquels se distinguent un Baliste, un Cyprin, un Ésoce, une Perseque, une Scorpène, etc. *V*. ces mots. (B.)

* AMÉRICIMA. REPT. SAUR. Syn. de *Lacerta fasciata*, L. selon le Dict. des Sciences naturelles. (B.)

AMÉRIMNON. *Amerimnum*. BOT. PHAN. Genre de la famille des Légumineuses, caractérisé par un calice à deux lèvres, dont la supérieure à deux dents et l'inférieure

trifide ; une corolle papilionnacée, dont la carène, formée de deux pétales, est plus courte que les ailes et l'étendard ; dix étamines monadelphes ; une gousse stipitée, membraneuse, comprimée, oblongue, rétrécie aux deux extrémités, s'ouvrant en deux valves, et renfermant de une à trois graines uniformes, comprimées. — Plusieurs Arbres et Arbrisseaux de la Jamaïque, d'Hispaniola, de la province de Vénézuela, forment ce genre, auquel Swartz rapporte, mais avec doute, l'*Aspalathus Ebenus* de Linné, *Aldina* d'Adanson, *Brya* de Browne, qui doit peut-être en être séparée, en raison de sa gousse courte, remplie par deux graines, droite du côté de la suture, courbe et sinuée dans son milieu, du côté opposé, tout-à-fait différente en un mot de celle de l'Amérimnon. (A. D. J.)

* AMÉRINA. BOT. PHAN. Vieux nom de l'*Eleagnus augustifolius*, L. qu'on prenait alors pour un Saule, *V*. ÉLÉAGNIER, parce que dans Pline *Amérina* désigne un Saule. Gaza appelait aussi Amérina l'*Agnus castus*. *V*. VITEX. (B.)

AMÉRINGA. OIS. Vieux nom du Proyer, *Emberiza Miliaria*, L. employé par Albert le Grand. *V*. BRUANT. (DR..Z.)

* AMERSULAC. POIS. *V*. LIPARIS.

* AMÉTAMORPHOSES. ZOOL. C'est-à-dire sans *métamorphose*. On a désigné quelquefois, sous ce nom, plusieurs Animaux articulés qui ne subissent, depuis leur naissance jusqu'à l'âge adulte, aucun changement de forme très-appréciable ; tels sont les Arachnides, les Insectes myriapodes, etc., etc. (AUD.)

AMÉTHYSTE. ZOOL. Espèce du genre Oiseau-Mouche, *Trochilus amethystinus*, L. Buff. pl. enl. 672. fig. 1. *V*. OISEAU-MOUCHE. (DR..Z.) On a également donné ce nom à un Serpent qui rentre dans le genre Python de Daudin. *V*. PYTHON. (B.)

AMÉTHYSTE. MIN. Ce mot, dans la langue grecque, signifie un être *qui n'est pas ivre*. Suivant Pline, on

17*

donnait ce nom à certaines Pierres, dans lesquelles le rouge du vin était tempéré par un mélange de violet. Dans le langage vulgaire, il désigne aujourd'hui la variété violette de Quarz-Hyalin. *V.* Quarz-Hyalin violet. Les Améthystes d'une belle couleur sont assez estimées dans le commerce; mais rarement la teinte violette s'étend uniformément dans la Pierre. Elle est plus foncée à certains endroits, plus faible dans d'autres, et il y a des parties où elle disparaît. Si l'on plonge la Pierre dans l'eau, la couleur semble fuir les bords et se retirer vers le centre. L'Améthyste proprement dite se distingue aisément de l'Améthyste orientale, qui est un Corindon violet, par sa dureté et sa pesanteur spécifique, qui sont comparativement beaucoup plus faibles.

(G. DEL.)

AMÉTHYSTÉE. *Amethystea.* BOT. PHAN. C'est un genre de la famille des Labiées, Diandrie Monogynie, L. qui ne renferme qu'une seule espèce. L'*Amethystea cœrulea*, L. petite Plante vivace, originaire de la Sibérie, porte des feuilles opposées, des fleurs petites et violettes, disposées en corymbe. Chaque fleur offre pour caractères : un calice court, subcampanulé, à cinq dents; une corolle tubuleuse, subbilabiée, à cinq lobes, dont l'inférieur plus grand est concave; deux étamines à peu près de la longueur de la corolle; un style recourbé, terminé par un stigmate profondément biparti.

(A. R.)

* AMETRON. BOT. PHAN. (Dioscoride.) Syn. de *Rubus. V.* Ronce.

(B.)

AMIANTHE. MIN. Variété de l'Asbeste, en filamens flexibles et soyeux. *V.* Asbeste.

(G. DEL.)

*AMIANTHINITE. MIN. (Kirwan.) Même chose qu'Actinote aciculaire d'Haüy. *V.* Actinote.

(LUC.)

AMIANTHOÏDE. MIN. Substance minérale dont la classification est encore incertaine. Saussure, qui l'a découverte près du glacier de Broglia au Mont-Blanc, lui a donné le nom de *Byssolite.* Ce Minéral est en filamens déliés d'un vert olivâtre, et quelquefois d'une couleur brune; il ne diffère de l'Asbeste flexible que par la roideur et l'élasticité de ses fibres, qui pourraient bien provenir d'un mélange de Manganèse, dont l'Amianthoïde contient jusqu'à 10 parties sur 100. On en trouve au pays d'Oisans, dans le département de l'Isère, sur le même Diorite qui sert de gangue à l'Asbeste flexible, à l'Épidote, à la Prehnite, etc. Cordier a présumé que l'Amianthoïde, ainsi que l'Asbeste, n'était qu'une variété capillaire de l'Amphibole. La substance dont il s'agit a été désignée par quelques minéralogistes sous le nom d'*Asbestoïde.* Vauquelin, qui l'a analysée, y a trouvé 40 parties de Silice, 11, 3 de Chaux, 7, 3 de Magnésie, 20 d'Oxyde de fer, et 10 de Manganèse; total, 100, moins 4,4 de perte. (G. DEL.)

*AMIATITE. MIN. *V.* Quarz concrétionné.

* AMIBE. *Amiba.* INFUS. (*V.* les planches de ce Dictionnaire.) Du grec, qui signifie *changer*, parce que les Animaux auxquels nous avons cru devoir imposer ce nom ne paraissent avoir point de formes qui leur soient propres, et changent à chaque instant d'aspect sous l'œil de l'observateur émerveillé. — Le genre Amibe appartient à notre division des Infusoires les plus simples, nus, dépourvus de tout appendice, cils ou organes rotatoires, ainsi que de ces orifices et bulles constitutives que nous retrouverons dans le corps de plusieurs genres voisins, où ces parties remplissent peut-être les fonctions de vessies natatoires. Les caractères du genre Amibe consistent dans un corps homogène, formé de molécules hyalines, aplati, transparent, et n'ayant de forme que celle qu'il plaît à l'Animal de se donner pour quelques instans. Ce corps est toujours plus foncé vers le centre ou dans les endroits qui se contractent, par la réunion d'un plus grand nombre de molécules; les

bords en sont au contraire tellement diaphanes, qu'on a souvent peine à distinguer leurs limites, et que les molécules n'y sont plus visibles. — Les Amibes sont d'une telle petitesse, qu'une lentille d'une ligne et demie de foyer commence à peine à les rendre perceptibles. Le nombre de leurs espèces est assez considérable; celles qui avaient été observées jusqu'ici étaient réparties dans plusieurs genres composés d'êtres incohérens, desquels nous avons été forcés de les retirer pour les ajouter aux espèces que nous avons découvertes. — Le type du genre est le Protée de Müller, que ce savant forma d'un Animalcule découvert par Roèsel. Ce nom de Protée ne peut être admis, encore que tous les copistes de l'historien des Infusoires l'aient reproduit; il jetterait trop de confusion dans une science, où non-seulement un genre si remarquable de Plantes le porte, en marchant à la tête d'une famille naturelle; mais dans laquelle encore un Reptile fort singulier est connu depuis long-temps sous le même nom. Les autres Amibes étaient des Enchélis et des Vibrions. Quelques Kolpodes, et peut-être deux ou trois Leucophres des auteurs, pourront également rentrer dans le genre dont il est question, quand ces Animaux auront été mieux observés.

Le compilateur Gmelin avait (*Syst. Nat. 1. pars IV.* 3899) placé le *Proteus* de Müller parmi les Vibrions, en y rapportant comme synonyme un Brachion de Pallas, dont le caractère est d'avoir un tentacule très-long et rétractile, avec une bouche ciliée. On voit par là combien le travail de cet auteur, surtout pour la partie des Infusoires, était ordonné avec peu de discernement, puisqu'il y confondait dans un même genre des êtres sans organes apparens, avec d'autres êtres munis de tentacules et de cils fort visibles.

Les espèces d'Amibes les plus remarquables sont:

Amibe divergente, *Amiba divergens,* N. *Proteus diffluens,* Müll., *Loc. cit.* T. II. fig. 1. 12. Encyc. Vers. pl. 1.

fig. 1. copiée de Müller. Roës. *Inf.,* T. 101. fig. A-T. Ce singulier Animal est fort rare; il habite des eaux douces et pures, parmi diverses Conferves, et rarement les infusions, où il meurt pour peu qu'il y ait corruption dans ce qu'on y tient inondé. On dirait une légère goutte d'Huile surnageant et prenant les formes les plus baroques, en allongeant dans tous les sens sa propre substance; on le voit d'un état presque elliptique étendre trois ou quatre prolongemens qui lui donnent plus ou moins la figure d'un V, d'un Y ou d'un X; d'autres fois il affecte une forme qui rappelle celle d'un Squale Marteau ou d'une Planaire avec des tentacules de Limace. De nombreuses figures pourraient seules donner une idée exacte de tant de métamorphoses subites et successives.

Amibe raphanelle, *Amiba raphanella,* N. *Proteus tenax.* Müll., *Loc. cit.* p. 10. planch. 11. fig. 13-18. Encyclop. Vers. T. 1. f. 2. copiée de Müller. Cette Amibe, non moins que la précédente, étrange par les formes qu'elle affecte, habite l'eau des rivières tranquilles, parmi les Conferves qui croissent aux lieux où la faiblesse du courant permet le développement de ces Plantes. Müller prétend l'avoir retrouvée jusque dans les eaux de la mer, où nous ne l'avons jamais rencontrée. Elle ne diverge jamais en rayons, mais s'allonge en massue, ou gonflant quelquefois le milieu de son corps mobile, affecte la forme d'une petite bouteille ou d'une Rave. Tantôt on lui croirait une queue assez pointue, tantôt elle se renfle et s'arrondit par les deux extrémités, en présentant un étranglement vers le centre.

Amibe de Gleichen, *Amiba Gleichenii,* N. *Proteus.* Gleichen. Inf. t. 28. f. 18. Cette espèce est la moins bien observée. Müller avait deviné, mais avec doute, qu'elle devait rentrer dans le genre qu'il avait formé pour son Protée.

Amibe index, *Amiba Index,* N. *Enchelis Index.* Müll. Vers. p. 38. T. v. f. 9-14. Encyc. Inf. T. pl. 2. f. 21.

· 26. d'après Müller. Habite les eaux douces, parmi les Lenticules.

AMIBE CANARD, *Amiba Anas*, N. *Vibrio Anas.* Müll. Vers. p. 72. T. x. f. 35. Encyc. Inf. pl. v. f. 35. d'après Müller. Habite l'eau de mer. Sa forme ordinaire est fort allongée et pointue aux deux extrémités.

AMIBE ANSERINE, *Amiba Anser.* N. *Vibrio Anser.* Müll. Inf. p. 73. T. x. f. 7-11. Encyc. Vers. pl. v. f. 7-11. Habite parmi les Lenticules. Dans ses divers changemens de forme, elle affecte le plus souvent une figure qui rappelle assez bien celle d'une Oie avec son long cou.

AMIBE AU LONG COU, *Amiba Olor.* N. *Vibrio Olor.* Müll. Vers. p. 75. pl. x. f. 12-15. Encyc. Inf. pl. v. f. 12-15. copiée de Müller. Habite les eaux stagnantes, parmi les Lenticules. Son corps est ovoïde, acuminé, et se prolonge par un côté à une longueur souvent sextuple.   (B.)

* AMICTOMIAION. BOT. PHAN. (Dioscoride.) Syn. de Vitex.   (B.)

* AMIDÉNA. BOT. PHAN. (Adanson.) Syn. d'Orontium. *V.* ce mot.
                (B.)

AMIDON. Produit végétal blanc, pulvérulent, insipide, inodore, insoluble dans l'Eau froide, formant un mucilage épais et collant, avec l'Eau bouillante. L'Amidon existe en plus ou moins grande abondance dans presque toutes les parties des Végétaux, et s'en sépare plus ou moins facilement par la macération dans l'Eau. C'est ordinairement avec des graines céréales altérées, ou avec leurs débris qu'on le fabrique en grand dans les arts. L'amidonier délaie d'abord du levain dans l'Eau, et le laisse aigrir pour en former son ferment, qu'il appelle *Eau pure.* Il fait tremper dans cette Eau les graines altérées et moulues, ou leurs débris; le mélange entre bientôt en fermentation, l'Amidon se sépare et se précipite au fond des baquets; on le lave à plusieurs reprises, en séparant les matières corticales et les Eaux grasses de décantation, chargées de gluten, que l'on fait concourir à la nourriture

des Bestiaux. Lorsque l'Amidon est amené à son degré de pureté, on le laisse essuyer sur des toiles, dans des claies d'osier, puis on le divise par pains cubiques de 10, 12 à 15 livres, et on l'expose à un vif courant d'air; on le porte à l'étuve pour le faire sécher.— L'Amidon est le principe nutritif par excellence; il est facilement réductible en poudre impalpable et légère; il servait autrefois à couvrir les cheveux d'une poussière blanche, dont la mode faisait surmonter toutes les incommodités; son mucilage donne aux étoffes un apprêt sain et agréable, que l'on nomme Empois. Traité par l'Acide sulfurique, étendu d'Eau, et au moyen de contacts réitérés, il se convertit en une espèce de sucre, dont la découverte est due à Kirchoff.

L'Amidon le plus agréable dans l'usage de la table, et le plus facilement obtenu, est celui que fournit la Pomme-de-Terre; on en obtient encore assez abondamment un pareil de la racine de Bryone, de celles de la Filipendule, de divers Iris, du pied de Veau et autres Arums, du fruit du Marronier d'Inde, etc.   (DR..z.)

AMIE. *Amia.* POIS. Genre de l'ordre des Abdominaux de Linné (Gmelin, *Syst. nat.* XIII. T. I. 1352), et que Cuvier a placé (Règne Animal, T. II. p. 179) parmi les Malacoptèrygiens abdominaux, dans la famille des Clupés, encore qu'il offre assez de grands rapports avec les Siluroïdes. Les caractères de ce genre consistent dans un corps écailleux allongé, avec la tête couverte de grandes pièces osseuses dures, comme écorchées. Entre les branches de la mâchoire inférieure est une sorte de bouclier osseux; derrière leurs dents coniques on en voit d'autres, disposées en petits pavés; une seule nageoire dorsale, assez longue, règne jusqu'à la caudale; deux appendices tubuleux, en manière de barbillons, s'observent sur le nez, et la vessie natatoire offre cette particularité qu'elle est celluleuse et présente l'aspect et la consistance d'un poumon de Reptile. Une seule espèce d'Amie a été décrite jusqu'ici.

AMIE CHAUVE, *Amia calva*. Gmel. *Loc. cit.* Encycl. Pois. pl. 99. f. 408. Lacépède. T. v. p. 43. Ce savant rapporte à tort comme synonyme de ce Poisson l'Amie de Daubenton dans le Dictionnaire de l'Encyclopédie. Daubenton a bien, au tableau du genre, entendu citer l'Amie tête nue; mais la synonymie et la description qu'il donne conviennent entièrement au *Scomber Amia* de Linné, qui n'a nul rapport avec le Poisson dont il s'agit. Bonaterre avait soupçonné ce contresens (p. 143). L'Amie chauve ou tête-nue habite les eaux douces de la Caroline, où elle se nourrit d'Ecrevisses. On la nomme dans le pays *Mudfish*, c'est-à-dire Poisson de vase, et sa chair est peu estimée; l'Amie parvient à une assez grande taille. B. 12. D. 42. P. 15. V. 7. A. 10. C. 20.

Artédi avait donné le nom d'Amie comme spécifique à un Scombre qui l'a conservé, et dont Lacépède a fait un Caranx. *V.* ce mot. Salvien appelait ainsi un Poisson devenu le *Gasterosteus Lysan*, Gmel., que Bonaterre a figuré mal à propos (Encycl. Pois. pl. 59. f. 231) comme le *Scomber Amia*, et dont Lacépède a fait un Centronote. *V.* ce mot. (B.)

*AMIEIRO. BOT. PHAN. Syn. de Peuplier en Portugal. (B.)

*AMIGDALITES. MIN. Même chose qu'Amygdaloïde. *V.* ce mot. (B.)

AMIMONE. *Amimonus*. MOLL. FOSS. Genre établi par Montfort (Conchyl. T. I. p. 327), pour un corps fossile analogue aux Bélemnites, figuré dans Knorr (*Suppl.* pl. IV. f. 2.), et qu'il appelle Amimone éléphantin; *Amimonius elephantinus.*— L'opinion de Cuvier, qui regarde ce corps (Règn. An., t. 2. p. 372, note) comme une pile d'alvéoles de Bélemnites, détachée de son étui, nous paraît extrêmement fondée. Sa forme arquée indique seulement une espèce particulière dans ce genre, rare ou qu'on n'a point encore rencontrée complète.—Schlotheim(*Die Petrefact.* p. 50) rapporte l'Amimone à sa *Belemnites ungulatus* qui vient du Cal-

caire ancien des montagnes d'Anspach.—Ocken la confond, ainsi que le genre Thalamule de Montfort, dans son genre *Paclites* emprunté à ce dernier auteur. Cette réunion ne nous paraît pas motivée. — L'Amimone atteint plus de six pouces de longueur et se trouve dans les Calcaires anciens à Bœtstein et à Altdorff en Suisse, selon Knorr et Montfort. *V.* BÉLEMNITE. (F.)

*AMINEA. BOT. PHAN. (Sérapion.) Même chose que Gomme animée. *V.* ce mot. (B.)

AMINIIU. BOT. PHAN. (Pison.) Syn. de *Gossypium herbaceum*, L. au Brésil. *V.* COTON. (B.)

AMIRAL. INS. Nom d'un Papillon appelé plus communément Vulcain; c'est le *Papilio Ammiralis* (Linn. Faun. succ.) et le *Papilio Atalanta* du même (*Syst. nat.*). Cette espèce appartient aujourd'hui au genre Vanesse. *V.* ce mot. (AUD.)

AMIRAL. MOLL. Nom du *Conus Ammiralis*, L. l'une des plus belles espèces du genre Cône, dont les nombreuses variétés ont reçu des épithètes vulgaires, usitées entre les marchands et les amateurs. Telles sont l'Amiral ordinaire, le grand Amiral, l'extra-Amiral ou Amiral par excellence, le double Amiral, le contre-Amiral ou le vice-Amiral, l'Amiral grenu ou chagriné, le vice-Amiral grenu, l'Amiral masqué ou l'Amiral sans bandes, l'Amiral à deux ou à plusieurs bandes, l'Amiral à réseau, etc.

—*D'autres espèces du genre Cône ont aussi reçu le nom d'Amiral; Ainsi l'Amiral Cédonulli, l'Amiral de Curaçao, l'Amiral de la Trinité, l'Amiral de la Martinique, l'Amiral de la Dominique, l'Amiral de Surinam, l'Amiral de la Grenade, sont des variétés du *Conus Cedonulli*; l'Amiral espagnol est le *Conus maldivus*, Var. A. de Bruguière.—L'Amiral portugais est le *Conus malacanus*, Brug; Le faux Amiral est le *Conus Miles*. L. L'Amiral chinois le *Conus siamensis*, Brug. —L'Amiral de Guinée l' *Co-*

nus genuanus, Var. α., L. — L'Ami-
ral de Rumphius, le vice-Amiral de
Rumphius, etc. sont des variétés du
Conus acuminatus, Brug. — L'Amiral
Amadis ou l'Amadis, *Conus Amadis*,
Brug., — l'Amiral pierreux ou l'E-
tourneau est le *Conus litoglyphus*,
Brug. — Le faux Amiral de Guinée
est le *Conus guinaicus*, Brug. — L'A-
miral d'Oma le *Conus omaicus*, Brug.
— L'Amiral d'Angleterre le *Conus
granulatus*, L. — L'Amiral d'Orange
le *Conus arausiacus*, L. — Le faux
Amiral d'Orange le *Conus Terebra*,
Born. — L'Amiral de Hollande et le
vice-Amiral de Hollande sont des variétés du *Conus Dux*, Brug. *V.* CÔNE.
                                    (F.)

*AMIRBARIS. BOT. PHAN. (Avi-
cenne.) Syn. d'Épine-vinette.*V.* BER-
BERIS.   (B.)
* AMIRI OU AYMIRI. BOT. PHAN.
Syn. de *Hernandia sonora*, L. dans
l'île Bouro. *V.* HERNANDIA.   (B.)
AMIROLE. *Amirola*. BOT. PHAN.
Ce genre, établi par Persoon (*Synops.
Plant.*) fait partie de la famille des Sapindacées ; il est le même que celui
que Ruiz et Pavon avaient établi antérieurement sous le nom de *Laguna*.
V. ce mot.   (A. R.)
* AMIRON. BOT. PHAN. (Daléchamp.) Syn. de *Chondrilla juncea*,
L. chez les Arabes.   (B.)
AMISKOHO. OIS. Syn. du Hibou
criard, *Strix nævia*, Gmel. dans l'A-
mérique septentrionale.*V.*CHOUETTE.
                               (DR..Z.)
AMITE OU AMMITE. MIN. On
a donné ce nom à des concrétions calcaires, globuleuses, et formées de couches concentriques,
que Haüy réunit aujourd'hui sous
la dénomination commune de *Chaux
carbonatée globuliforme testacée.* Les
naturalistes les ont appelées *Oolithes,
Pisolithes* , *Méconites* , *Orobites*, etc.,
suivant la grosseur des globules, qu'ils
comparaient à des œufs, des pois, des
graines de Pavot ou d'Orobe, etc.
                               (G..DEL.)
AMIUDUTUS. REPT. OPH. Syn. de
Coluber Ammodytes, L. *V.* COU-
LEUVRE.   (B.)

*AMMACO. BOT. PHAN. Nom por-
tugais donné dans l'Inde à l'Arbre
appelé, par Rhéede, Madagar. *V.* ce
mot.   (B.)
AMMACO-MACHO. BOT. PHAN.
C'est-à-dire, *Ammaco mâle*. Syn. portugais dans les Indes, du *Scævola
Kœnigii* de Vahl. *Bela Modagar*, de
Rhéede. *V.* SCÆVOLA.   (B.)
AMMANIE. *Ammania*. BOT. PHAN.
(Houston.) Famille des Salicariées,
Tétrandrie Monogynie , L. Le calice
est petit, campanulé, strié longitudinalement, à huit dents ; la corolle
est formée de quatre pétales qui, dans
quelques espèces, avortent complètement : les étamines, au nombre de
quatre, ayant les anthères globuleuses et presque didymes, sont insérées
au calice qui est persistant et embrasse la capsule qui offre quatre loges polyspermes.
Les espèces de ce genre, au nombre d'environ dix, sont des Plantes
herbacées, ayant des feuilles opposées, des fleurs ordinairement petites
et axillaires, qui croissent dans les
lieux humides de l'Inde et de l'Amérique septentrionale. Une seule espèce
croît en Europe, c'est l'*Ammania
verticillata*.   (A. R.)
* AMMER. OIS. Syn. de Bruant,
Emberiza, en Allemagne. (DR..Z.)
AMMI. BOT. Genre de la famille des
Ombellifères, de la Pentandrie Digynie, qui a des rapports marqués avec
le genre *Daucus*, dont il ne diffère essentiellement que par ses fruits non hérissés de pointes épineuses ; en effet il offre
cinq pétales inégaux et cordiformes ; deux
styles divergens ; un involucre et des
involucelles composés de folioles pinnatifides ; les fruits sont ovoïdes, marqués sur chaque face de cinq côtes
saillantes. — Ce genre comprend cinq
ou six espèces qui ont à peu près le
même port que les Carottes ; les fruits
ou semences de l'*Ammi majus*, L.
sont employés comme carminatifs :
cette espèce croît dans les blés en Europe. — Lamarck a rapporté à ce
genre le *Daucus Visnaga*, L. et Sprengel le *Bunium acaule* de la Flore du
Caucase   (A. R.)

AMMITES. MIN. *V.* AMITE.

AMMOBATE. REPT. OPH. Serpent peu connu, de la Guinée, qu'on dit atteindre une assez grande taille, et fort venimeux. (B.)

AMMOBATE. *Ammobates.* INS. Genre de l'ordre des Hyménoptères, établi par Latreille qui lui assigne les caractères suivans : premier article des tarses postérieurs point dilaté à l'angle extérieur de son extrémité inférieure; milieu de cette extrémité donnant naissance à l'article suivant; palpes inégaux; les labiaux sétiformes, les maxillaires de six articles. Latreille (Consid. gén.) place ce genre dans la famille des Apiaires; il le réunit ailleurs (Règ. Anim. de Cuv.) au genre Nomade, dont il ne diffère que par un labre notamment plus long que large, incliné perpendiculairement sous les mandibules , et par le nombre des cellules cubitales qui n'est que de deux. *V.* NOMADE.

L'AMMOBATE VENTRE-FAUVE, *A. rufiventris*, originaire de Portugal, et jusqu'à présent la seule espèce connue, est noire avec l'abdomen fauve. C'est peut-être l'*Anthophora rufiventris* d'Illiger. (AUD.)

* **AMMOCÈTE.** *Ammocœtes.* POIS. genre formé par Duméril dans la famille qu'il avait nommée des Cyclostomes, et adopté par Cuvier (Règne An., T. II. p. 119) qui le place dans la classe des Chondroptèrygiens, à branchies fixes, ordre des suceurs. Les espèces qui le composent ont été distraites du genre *Petromyzon* (Lamproies). Ses caractères consistent dans sept paires de branchies qui sont réunies dans une même cavité, et ont des trous extérieurs distincts pour chacune d'elles; dans une bouche seulement demicirculaire, concave, allongée, dépourvue de dents, comme fendue ; et à deux lèvres en arrière. Le front est percé d'un trou qu'on a pris pour un évent, mais qui n'est que l'issue des narines. Les parties, qui devraient constituer le squelette des Ammocètes, sont tellement molles et membraneuses, qu'on peut les considérer à peu près comme nulles, et il en résulte des habitudes si voisines de celles des Vers, qu'à peine on peut en distinguer ces Animaux, et qu'on pourrait presque les considérer comme des Invertébrés. Leur taille est petite ; ils vivent dans la bourbe des ruisseaux et des rivières vaseuses, ont la vie trèsdure, et fournissent aux pêcheurs d'excellens appâts; ils sont à peu près privés de la vue, ce qui les fait quelquefois appeler *Aveugles ;* tandis qu'ailleurs on les appelle *Sept-œils*, à cause des trous extérieurs des branchies. Leur chair est assez bonne à manger; mais, en général, leur aspect de Vers les a fait proscrire des tables recherchées : deux espèces constituent ce genre.

AMMOCÈTE ROUGE. *Petromyzon ruber*, Lacépède. T. II. pl. 1. f. 2. Sa couleur est celle du sang, plus foncée sur le dos ; sa taille est d'environ six à sept pouces. Noël qui, le premier, a signalé cette espèce aux naturalistes, la découvrit à Rouen, et elle paraît assez commune dans l'embouchure de la Seine.

AMMOCÈTE LAMPRILLON. *Petromyzon branchialis*, L. Lamproyon. Lac. T. I. p. 26. pl. 2. f. 1. Ses yeux sont entièrement voilés par une membrane, et ne lui peuvent par conséquent servir. Sa grosseur est celle d'un fort tuyau de plume; sa longueur de six à sept pouces; sa couleur verdâtre sur le dos et blanche sous le ventre. C'est cette espèce qu'on nomme plus communément Sept-œils, et qu'on mange à l'embouchure de la Seine; elle s'enfonce dans le sable, et y respire, par un mécanisme particulier, à l'aide duquel l'eau pénètre jusqu'à elle. (B.)

AMMOCHRYSE. MIN. C'est-à-dire, *Sable d'or.* Nom donné par quelques minéralogistes anciens au Mica pulvérulent de couleur d'or; et par d'autres naturalistes au Fer sulfuré d'un jaune d'or, modelé en Ammonites. (LUC.)

AMMODYTE. REPT. OPH. Nom donné, comme spécifique, à une Couleuvre, ainsi qu'à un Scytale. *V.* ces mots. (B.)

AMMODYTE. POIS. *V.* EQUILLE.

*AMMOIDES. BOT. PHAN. Syn. de
Séséli. *V*. ce mot.   (B.)

AMMON. MAM. Nom donné comme spécifique au Mouflon, et étendu
à tout le genre Mouton, par Blainville. *V*. MOUTON.   (A. D..NS.)

* AMMONÉES (Les). MOLL. FOSS.
Distinguées de toutes les autres familles de l'ordre des Nautiles, *V*. ce
mot, par la découpure, souvent bizarre et profonde, des bords de leurs
cloisons, les Ammonées forment une famille composée de corps fossiles,
multiloculaires, aussi curieux et aussi multipliés dans la nature, qu'ils sont
peu connus et qu'ils méritent d'être étudiés. On ne saurait douter, depuis
la découverte de l'animal de la Spirule, que ces corps intéressans n'aient
appartenu à des Mollusques céphalopodes, premiers habitans des mers,
alors que celles-ci couvraient encore les roches primitives. Les innombrables dépouilles de ces Mollusques,
souvent aussi leur taille gigantesque, attestent leur domination aux premiers âges de la vie. Les plus anciennes couches secondaires en sont remplies. Elles les caractérisent; et leur
histoire, qui se lie si étroitement à celle de la terre, constitue une des
premières bases de la théorie du globe.

Pendant long-temps, les cornes d'Ammon, à spire horizontale ou enroulée sur le même plan, furent seules connues. Dans le cours du dernier
-siècle, Scheuchzer, Langius, Klein, Knorr, Walch, etc. parlèrent, sous
divers noms, des cornes d'Ammon droites et sans spire. Plus tard, on en
fit mieux connaître d'autres, dont la spire est allongée ou enroulée autour
d'un axe. Enfin, dans ces derniers temps, on en a découvert, où le cône
spiral offre seulement l'empreinte volutatoire, soit à l'une de ses extrémités,
soit à toutes les deux à la fois. Ces diverses modifications de la spire, et
quelques autres moins importantes, ont servi à caractériser les différens
genres qui constituent, par leur réunion, la famille des Ammonées, dont

on doit le premier établissement à Lamarck (*Extr*. du Cours de Zool.
p. 123.), et qu'il a ainsi nommés du genre Ammonite, le plus considérable de cette famille qui comprend les
cornes d'Ammon, *V*. ce mot, origine commune de ces deux dénominations.
— Voici les caractères que Lamarck assigne à cette famille.

Coquille multiloculaire, à cloisons découpées sur les bords; cloisons sinueuses et lobées dans leurs contours,
se réunissant contre la paroi interne du test, et s'y articulant en sutures découpées comme des feuilles de Persil.
Lamarck y rapporte les genres Ammonite, Orbulite, Turrilite, Ammonocératite et Baculite. *V*. ces mots.
Depuis les travaux de cet illustre savant, deux nouveaux genres ont été
établis. En voici l'ensemble disposé d'après les caractères qui les distinguent; mais nous observerons que le genre Ammonocératite de Lamarck
n'étant connu que de nom, nous ne pouvons en donner une idée, ni assigner sa place dans cette famille,
puisqu'on est dans l'ignorance des ʃ ies que Lamarck a voulu distinguer sous ce nom. Ocken (*Lehrbuch
der Zool*.p. 333) a établi une famille d'Ammonites, *Ammoniten*, qui correspond en partie à celle de Lamarck,
mais où il admet plusieurs genres ou espèces qui ne sont point du tout des
Ammonées. *V*. AMMONITES. Voici le tableau de la famille des Ammonées:

α. Test sans spire.

1. En cône droit.

I. BACULITE, *Baculites*, Lamk., Montf. A ce genre se rapportent vraisemblablement aussi les Tiranites de
Montfort.

2. En cône arqué vers son sommet.

II. HAMITE, *Hamites*, Sowerby.

3. Les deux extrémités ayant l'empreinte volutatoire en sens opposés.

III. SCAPHITE. *Scaphites*, Sowerby.

β. Test spiral.

1. Spire enroulée dans un plan horizontal.

†. Tous les tours visibles.

IV. AMMONITE. *Ammonites*, Lamarck. Genre Simplegade , Montfort.

††. Spire enveloppante.

V. ORBULITE. *Orbulites*, Lamarck. Genre Planorbite, Lamk. (Act. soc. nat. Paris.) A ce genre se rapportent les Pélaguses et les Aganides de Montfort.

2. Spire Turriculée.

VI. TURRILITE. *Turrilites*, Montf. Lamk.

Nous ferons observer, au sujet du genre Orbulite , qu'il devra vraisemblablement être réuni aux Ammonites , les caractères qui le distinguent n'étant d'aucune importance réelle et souvent équivoques.

Après avoir donné, par le tableau précédent, une idée de l'ensemble de la famille des Ammonées, nous allons la considérer sommairement, sous les rapports zoologiques et géologiques. —La première chose que nous observerons, c'est l'analogie des formes du test et des accidens de la spire, avec ce qu'on remarque, à cet égard, dans les diverses familles du premier sous-ordre des Nautiles. *V*. ce mot.

La famille des Nautiles, proprement dits, offre, comme les Orbulites, des coquilles dont la spire enveloppante en cache toutes les évolutions : celle des Discorbes, au contraire, est composée, comme le genre Ammonite , de coquilles dont tous les tours de spire sont visibles.

La famille des Lituites ou Lituolées de Lamarck semble offrir la répétition des Hamites, surtout le genre Lituole. Enfin , celle des Orthocères répond au genre Baculite.

Dans l'un et l'autre de ces sousordres, l'emplacement de ce qu'on appelle le siphon varie : il est latéral ou marginal dans les Baculites, les Ammonites et la plupart des Orbulites, et central, à ce qu'il paraît, chez les Turrilites et les Aganides de Montfort. Les mêmes variations s'observent chez les Nautiles , dont les Ammonées ne diffèrent réellement, surtout les Planulites de Lamarck, que par la découpure des bords de leurs cloisons ,

simples chez les Nautiles. Ce siphon tubuleux paraît destiné à loger un filet tendineux propre à soutenir la coquille en traversant toutes les cloisons; il est encore parfaitement conservé sur plusieurs Ammonites de notre collection.

Nous sommes réduits à des conjectures sur les Animaux des Ammonées ; du moins , quant aux modifications organiques qui doivent les distinguer des Nautiles, le Mollusque des Spirules pouvant nous autoriser à penser qu'ils se rapprochent tous, plus ou moins, des Poulpes. Nous renvoyons aux mots CÉPHALOPODES, NAUTILES et MULTILOCULAIRES, pour tout ce qui tient aux généralités communes aux Mollusques qui habitent des coquilles cloisonnées, ou mieux dont ces coquilles paraissent être plus ou moins généralement une sorte d'accessoire. — On peut cependant conclure de la forme particulière des cloisons des Ammonées, que la partie postérieure de leur corps, où se logeait la coquille , était organisée de manière à pouvoir transuder ces sinuosités si singulières des bords des loges, que l'on a comparées aux découpures des feuilles de Persil, lesquelles paraissent être les extrémités, bizarrement, mais symétriquement feuilletées de ramifications très-fortes, partant du centre de la loge comme d'un tronc commun , et se rendant , en divergeant, à l'intérieur des côtés externes de la spire. Il semble que ces ramifications et ces empreintes profondes , qui séparent les rameaux les uns des autres , ne soient que la traduction, en relief et en creux , des attaches musculaires de l'Animal, et des ramifications des divers troncs de muscles qui constituaient ces attaches. Cette idée, dont on ne peut se défendre, en examinant certaines Ammonites et les Baculites, a été parfaitement développée au sujet de ce dernier genre , par Desmarest (Mém. sur deux genres de Coq. foss. Journ. de Phys. juillet 1817). Selon l'opinion de ce savant naturaliste , ces productions rameuses paraissent avoir été destinées à retenir l'Animal dans sa demeure solide, en s'appliquant contre ses parois internes. Il pense que la coquille, sécrétée par des organes particuliers, renfermait un muscle intérieur qui changeait de place à certaines époques relatives à la croissance de l'Animal, et que dans chacune de ses stations, ce muscle laissait transuder une matière qui devenait solide, et qui était analogue à la substance de la coquille même. Desmarest est porté, en outre, à croire que cette matière, en prenant exactement toutes les formes du muscle, établissait ainsi les cloisons, qui divisent l'intérieur de la coquille, en un assez grand nombre de chambres. Nous n'hésitons pas à rapporter ici cette opinion comme étant très-satisfaisante pour l'explication des singulières ramifications qui distinguent seules les Ammonées des Nautiles. — Si l'on juge de la taille que devaient avoir certains Mollusques, auxquels ont appartenu ces Ammonites gigantesques, dont quelques-unes ont plus de six pieds de diamètre, et ces Baculites, dont les fragmens indiquent une longueur considérable, par les proportions relatives de la coquille de la Spirule et de son Animal, on ne taxera pas de fabuleux, mais seulement d'exagérés les récits que font certains écrivains de l'antiquité, reproduits par Montfort, de ces terribles Polypes, dont les vastes bras entouraient les vaisseaux qui, sans doute, alors n'étaient pas du volume de nos vaisseaux de guerre. D'un autre côté, quelques Ammonites ne sont guère plus grosses qu'une Lentille; et entre ces deux extrêmes, on en trouve de toutes les tailles.

On peut conjecturer, par l'examen des parties du test, conservées chez certaines espèces d'Ammonites, qu'il était fort mince. Une coquille épaisse de la taille de quelques-unes de celles qu'on trouve fossiles, dans les genres Ammonites et Baculites, aurait été fort incommode. Cependant l'Animal, paraissant ne tenir qu'à la dernière cloison, avait besoin de muscles d'attache aussi forts que ceux dont on trouve les traces.

Des différens Mollusques qui composaient la famille des Ammonées, ceux qui ont appartenu aux Ammonites, paraissent évidemment avoir été les plus nombreux, les plus généralement répandus dans toutes les mers, et en même temps les plus anciens. Ceux des Orbulites paraissent avoir été beaucoup plus rares. Les Baculites, quoique très-communes dans certaines localités, sont moins répandues, à ce qu'il paraît, et d'une époque postérieure à l'apparition des Ammonites.

Les test fossiles des Mollusques de cette famille nous révèlent seuls leur antique existence. Jusqu'à présent, aucune de ses espèces n'a été trouvée vivante; il est né de cette curieuse circonstance deux opinions différentes : les uns ont soutenu que ces espèces anéanties, comme tant d'autres Mollusques d'une apparition bien postérieure, et tant de Végétaux et d'Animaux terrestres, dont on ne trouve que les débris, n'existaient plus dans nos mers actuelles. D'autres ont avancé que l'état et les productions du fond de ces mers, étant encore inconnus, les espèces qu'ils ont appelées Pélagiennes, par opposition aux Littorales, dont nous avons pu avoir connaissance, ne s'étaient point encore offertes à notre observation, et que rien ne prouvait que les cornes d'Ammon vivantes, les grands Nautiles, les Animaux des Baculites, des Bélemnites et des Orthocères, ne vécussent pas dans le fond de nos mers. Bruguière, qui a le plus habilement soutenu cette opinion, donne, à son appui, la découverte des *Isis Trochites et Astérites*. On peut aujourd'hui ajouter celle d'une Gryphée vivante, mais non analogue à celles qui accompagnent les Ammonites fossiles. Cette importante question ne saurait être traitée ici avec les développemens nécessaires. Nous nous bornerons à observer que la première des deux opinions que nous venons de rapporter, est fondée sur des analogies frappantes et multipliées, par l'anéantissement incontestable de beaucoup de races d'Animaux, et d'espèces de Plantes, effet qui paraît dépendre d'une cause générale, uniforme et graduée, qui a étendu son influence dans les mers comme sur les parties sèches, tandis que la seconde de ces opinions est entièrement hypothétique. Le raisonnement que fait Bruguière n'équivaut pas à des faits aussi concluans, et jusqu'à ce qu'on ait répondu par des faits contraires et positifs, on est en droit de douter que le fond des mers soit encore habité par les mêmes Céphalopodes, qui semblent n'avoir laissé leurs dépouilles que pour faire connaître qu'ils ont existé. Il faut cependant se garder d'en conclure qu'il n'existe plus de Céphalopodes de la famille des Ammonées. Il peut en exister encore, comme on trouve des Nautiles vivans; peut-être même ceux qui existent sont-ils plus ou moins des espèces Pélagiennes; mais on peut croire, avec quelque fondement, que la plupart, et vraisemblablement tous ceux auxquels ont appartenu les antiques dépouilles aujourd'hui seules connues, sont anéantis et ont subi la loi commune, qui a fait du monde actuel, sous ce rapport, un monde différent de l'ancien. On ne saurait opposer à cette assertion, que l'on trouve dans d'autres mers les analogues vivans de certains Fossiles des couches de nos contrées, car cet exemple n'est vrai qu'à l'égard de ceux des terrains tertiaires.

Voyez les différens genres de cette famille pour les détails particuliers à chacun d'eux.   (F.)

AMMONIAC (Sel.) *V.* Ammoniaque muriatée et Ammoniaque (Gomme).

* **AMMONIACUM.** bot. phan. (Pline.) Syn. de Férule. *V.* ce mot. (b.)

AMMONIAQUE. Substance alkaline, gazeuse, invisible, âcre, caustique, d'une odeur vive et irritante, verdissant les teintures bleues végétales, attaquant et dissolvant les matières animales, soluble dans l'eau, s'unissant aux huiles et aux graisses qu'elle saponifie, se combinant avec les Acides, formant avec eux des Sels, etc., etc. Cette substance, regardée pendant long-temps comme simple, sous le nom d'*Alcali Volatil fluor*, a été analysée, en 1785, par Berthollet, qui l'a trouvée composée en volume d'environ trois parties du gaz azote, et d'une d'hydrogène, ce qui revient en poids à quatre parties d'azote et une d'hydrogène.—L'Ammoniaque, quoique se formant spontanément dans la nature par la décomposition des matières animales, ne s'y rencontre jamais à l'état de pureté; il est toujours combiné avec les Acides carbonique, sulfurique, muriatique, phosphorique, acétique, etc., etc.; il tire son nom de l'Ammonie, province de la Lybie, où l'on préparait autrefois le Sel ammoniac qui fournissait tout l'Alkali volatil employé dans les arts ou dans la médecine. Le gaz ammoniacal n'est point propre à entretenir la vie des Animaux; il éteint aussi les bougies allumées qu'on y plonge, après cependant en avoir augmenté la flamme; ce qui est dû à une légère décomposition du fluide. On attribue sa découverte à Basile Valentin, vers la fin du quinzième siècle. (dr..z.)

Ammoniaque muriatée. Sel ammoniac. *Salmiak*, W. Ce Sel n'est pas commun dans la nature. Il se présente quelquefois cristallisé. Breislak en a trouvé, parmi les produits de l'éruption du Vésuve de 1794, qui était en cristaux bien nets, et à la Solfatare de Naples, où il est plus rare, en masses granulées, à grains souvent cristallisés en cubes. À Vulcano, nous en avons recueilli qui était en concrétions stalactitiques, à cassure lamellaire. Mais plus ordinairement, il est en croûtes plus ou moins épaisses, tantôt fibreuses, tantôt cristallisées en aiguilles. Quelquefois aussi, d'après Karsten, il se présente en fragmens anguleux, à surface unie et à fracture conchoïdale. Les cristaux étant très-rares et très-petits, Haüy a déterminé leur forme primitive d'après les cristaux obtenus par

les procédés de la Chimie. Ses variétés sont l'octaèdre, le cube et le dodécaèdre à vingt-quatre faces trapézoïdales.
—On reconnaît aisément cette substance, à l'odeur urineuse qu'elle répand en la triturant avec de la Chaux, propriété qui lui est commune avec l'Ammoniaque sulfatée, dont elle se distingue par l'odeur d'Acide muriatique qu'elle répand, lorsqu'on la chauffe avec l'Acide sulfurique. Elle est dissoluble dans l'eau. Ses couleurs sont le blanc grisâtre et le jaunâtre, quelquefois le jaune et le noir brunâtre. Sa pesanteur spécifique, d'après Hassenfratz, est 1,5442.

Le Sel ammoniac du Vésuve, analysé par Klaproth, a donné : Ammoniaque muriatée, 99.5; Soude muriatée, 00.5.

La variété conchoïde avait donné au même chimiste : Ammoniaque muriatée, 97.50; Ammoniaque sulfatée, 2.50.

On trouve ce Minéral dans presque tous les volcans. Nous avons indiqué que Breislak l'a vu lors de l'éruption du Vésuve de 1794. De Humboldt, Gay-Lussac et Thomson ont observé que, dans l'éruption du 1805, les laves en étaient recouvertes.

A la Solfatare de Naples, où l'Ammoniaque muriatée se sublime perpétuellement dans les fumeroles du cratère, Breislak avait imaginé un procédé très-simple, pour la recueillir en adaptant aux fumeroles des tuyaux de terre où elle se condensait.

On en trouve aussi le cratère de l'Etna; et c'est dans celui de Vulcano, que nous avons observé la variété lamellaire. Spallanzani en a rencontré dans une caverne de l'île de Lipari, dont elle tapissait les parois. On en cite aussi qui est dissoute dans les Eaux des Lagonis, des environs de Sienne, et dans quelques fontaines de l'Allemagne. Jameson rapporte qu'en Angleterre elle existe dans le voisinage de certaines Houillères. Elle se trouve également en Tartarie, dans le pays des Kalmuks; en Perse, au Thibet, dans l'île de Bourbon, en Bucharie, d'où vient particulièrement

la variété conchoïdale; en Sibérie, dans le territoire d'Orenbourg, et dans les volcans d'Amérique. On l'emploie dans la purification des Métaux, dans l'art de la teinture et en médecine. La plus grande partie de l'Ammoniaque muriatée du commerce est un produit de l'art. C'est principalement en Egypte, d'où on la retire dès la plus haute antiquité, qu'on l'obtient en faisant sublimer la suie provenant de la combustion des excrémens des Animaux qui ont mangé des Plantes salines. Aujourd'hui, on prépare le Sel ammoniac; dans la Belgique, en Allemagne et en France, par plusieurs procédés différens.

AMMONIAQUE SULFATÉE. *Mascagnin*, K. Plus rare que l'Ammoniaque muriatée, cette substance l'accompagne quelquefois dans certaines localités. Sa couleur est le gris jaune, et le jaune roussâtre. On la trouve, en dissolution, dans quelques eaux, et en croûtes ou en Stalactites; sa cassure est terreuse; elle est demi-transparente, et plus souvent opaque; soluble dans deux fois son poids d'eau froide, et dans environ son poids d'eau bouillante. Thénard l'a obtenue cristallisée en prismes à six pans, terminés par des pyramides à six faces. Sa saveur est piquante et un peu acide.

Mascagni a observé le premier l'Ammoniaque sulfatée naturelle en dissolution dans l'eau des Lagonis du pays de Sienne, en Toscane. On l'a trouvée depuis dans une source thermale, dans le département de l'Isère, et sous la forme de concrétions, sur les laves au Vésuve, et dans les fumeroles de l'Etna, du Vésuve et de la Solfatare.

Kirwan a obtenu de l'Ammoniaque sulfatée : Ammoniaque, 40; Acide sulfurique, 42; Eau, 18.

Dolomieu a observé que ce Sel, mêlé au Sel ammoniac, le rendait plus susceptible d'attirer l'humidité de l'air.   (LUC.)

AMMONIAQUE (Gomme). Suc gommo-résineux, qu'on croit la production d'une Ombellifère des déserts Lybiques, ou d'une Férule de la Perse septentrionale, et qui était autrefois fort employé en médecine, comme fondant et résolutif.   (B.)

AMMONIE. *Ammonia, Ammonites.* MOLL. Cette dénomination a d'abord été employée par Breyn (*de Polythalamiis*, cap. IV, p. 20) pour désigner les cornes d'Ammon à spire visible, c'est-à-dire, les Ammonites de Lamarck, appelant de ce dernier nom les Noyaux ou Moules fossiles des Ammonies, qu'il caractérise ainsi : *Ammonia est Polythalamium in spiram externè utrinque apparentem, in plano horisontali convolutum.* Gualtiery, qui a suivi les divisions de Breyn pour les Polythalames, a adopté cette dénomination, et, comme lui, place dans le genre Ammonie (*Index test.* tab. 19) la spirule et le *Nautilus Beccarii*, les considérant l'un et l'autre comme des cornes d'Ammon vivantes. — Dans ces derniers temps, Denys de Montfort (Conchyl. T. I. p. 74) a fait, sous le même nom Ammonie, *Ammonites*, un genre distinct de celui de Breyn, pour la coquille appelée, par les amateurs, grand Nautile ombiliqué (*Nautilus pompilius*, β. Gmelin ; *Nautilus scrobiculatus*, Dillwyn), à laquelle il donne le nom d'Ammonie flambée, *Ammonites virgatus*. — Montfort n'a établi ce genre que sur la seule considération de l'ombilic de cette coquille, la spire étant entièrement cachée dans les Nautiles, tandis qu'elle est visible dans l'Ammonie flambée. A cela près, il est impossible d'avoir plus de rapports avec la grande espèce du premier de ces genres, le *Nautilus pompilius ;* et l'on ne peut qu'être surpris de voir Montfort regarder son Ammonie comme une véritable Ammonite vivante, et en faire le type du genre des cornes d'Ammon, à cloisons unies, qui n'existent pas, puisque les Planulites de Lamarck, qu'on pourrait ainsi désigner, sont conservées, par lui, en genre distinct. Il est vrai que Montfort dit avoir possédé un analogue fossile de

son Ammonie, d'un pied de diamètre, ce qui suffit pour démentir cette analogie, et qui avait été trouvé aux Vaches noires, en Normandie ; mais tout cela ne prouve point que l'Ammonie ne soit pas un véritable Nautile. Aussi doit-on croire que c'est par inadvertance que Ocken a réuni ce genre de Montfort aux véritables Ammonites. — L'Ammonie flambée ou mieux le *Nautilus scrobiculatus* est une des coquilles les plus rares dans les collections, et, par cela même, des plus précieuses. Elle habite les côtes de la Nouvelle-Guinée, selon Humphrey, et les mers de la Chine, selon Montfort. Cette belle espèce est connue depuis long-temps, car Lister en donne une bonne figure (t. 552. f. 4). *V.* NAUTILE.   (F.)

AMMONITE. *Ammonites.* MOLL. FOSS. Genre de la famille des Ammonées, *V.* ce mot, établi par Bruguière (*Encycl. méth.* Vers. T. 1) pour les corps fossiles connus vulgairement sous le nom de *cornes d'Ammon*, *cornes de Bélier, Serpens pétrifiés*, etc. *V.* ces mots. C'est de la première de ces dénominations vulgaires qu'est dérivé le nom d'Ammonite, *Ammonites*, déjà employé par Allioni, avant Bruguière, pour les véritables cornes d'Ammon, et celui d'Ammonie, *Ammonia*, sous lequel Breyn a désigné la Spirule et le *Nautilus Beccarii.* Lamarck (*An. sans vert.* 1re édit.) a séparé des Ammonites de Bruguière les cornes d'Ammon à spire enveloppante, sous le nom générique d'Orbulite, genre que nous adoptons malgré que l'exemple de l'Ammonie de Montfort puisse prouver combien ce caractère est peu important, d'autant mieux qu'en observant les espèces de ces deux genres, on voit un passage presque insensible des cornes d'Ammon à spire visible à celles où la spire est cachée. On peut s'assurer de cette observation en examinant les *Amm. heterophyllus, Loscombi, constrictus, Gervillii, Brongniartii, striatus, sphæricus* et *minutus* de Sowerby (*Min. Conchol.*). Aussi cet auteur, ainsi que Bruguière, n'a-t-il point séparé les Orbulites des

Ammonites, comme on peut s'en convaincre par son *Amm. Discus*, qui est une véritable Orbulite. — Montfort, qui avait appliqué la dénomination d'Ammonie à une autre coquille, a appelé les Ammonites Simplégades, *Simplegades* (*Conchyl.* T. 1. p. 82). Ocken (*Lehrbuch der Zool.* p. 333) comprend dans son genre Ammonite l'un de ceux de sa famille des *Ammonites* (*V.* ce mot), outre les Simplégades de Montfort, seul genre des Ammonées, les Planulites, les Ellipsolites et les Amaltées du même auteur, qui sont des Nautiles du genre Discorbe, *V.* ce mot; tandis qu'il place les Pélaguses de Montfort, véritables Orbulites, avec les genres Océanie et Antenor de ce dernier écrivain, qui sont de vrais Nautiles, pour en faire un genre distinct des Ammonites, sous le nom d'Antenor emprunté à Montfort. — Dans Schweiger (*Handbuch.* p. 752), les Ammonites, la famille entière des Ammonées, tout l'ordre même des Nautiles font partie du genre Argonaute; mais on doit à cet auteur la justice d'ajouter que des coupes distinctes, dans ce grand genre, différencient en général très-bien les genres établis par Lamarck et Montfort. — Goldfuss (*Handbuch.* p. 678) n'étend pas à beaucoup près autant le genre Ammonite; il le restreint à la famille des Ammonées, sauf les genres Hamite et Scaphite de Sowerby qu'il ne connaissait pas, sans doute.

Schlotheim, dans son nouvel ouvrage (*die Petrefactenkunde*), paraît laisser, avec les Ammonites, les Planulites de Lamarck et les Amaltées de Montfort, qui sont des Discorbes.

On sait que les naturalistes furent pendant quelque temps induits en erreur par la découverte prétendue de Janus Plancus qui crut avoir retrouvé les cornes d'Ammon vivantes, dans les petits Nautiles microscopiques, qu'il a décrits et figurés dans l'ouvrage intitulé *de Conchis minus notis*, etc. — D'Argenville, étendant cette idée beaucoup plus loin, prétendit que les petits Planorbes de la rivière des Go-

belins étaient aussi des cornes d'Ammon.

Les Ammonites ont été connues des anciens qui leur ont attribué des vertus merveilleuses. Les Indiens les ont encore de nos jours en grande vénération, et les désignent sous le nom de *Salagraman*. Ils leur rendent même un culte, selon certains voyageurs, et leur attribuent des propriétés étonnantes. Aussi ils les conservent précieusement, et payent extrêmement cher celles qu'on ramasse sur le bord du Gange. Bosc nous apprend qu'il a vu un moule d'Ammonite, rapporté par Sonnerat, qui avait long-temps servi au culte de Brama, et qui était dans un schiste. Dans nos contrées, on les a pris, dans les temps d'ignorance, pour des Serpens pétrifiés; et cette idée, il faut en convenir, avait quelque motif aux yeux du vulgaire. Aussi, dans certaines provinces, le peuple l'admet-il encore. C'est de là que sont venues les épithètes diverses qui ont été données aux Ammonites, de *Serpens lapideus*, *Ceratoides*, *Ophioides*, etc.

Nous avons dit, *V.* Ammonées, que l'on n'avait aucune connaissance de l'habitant des Ammonites. Bourguet (*Lettres philos.* p. 61) s'est efforcé de deviner son organisation par l'observation de sa coquille; mais n'étant point aidé par les idées d'analogie qu'a procurées la découverte de la Spirule, il n'a rien pu établir de satisfaisant à ce sujet. Tout fait présumer que c'est un Poulpe, et que sa coquille, comme celle de l'Animal de la Spirule, est enchassée plus ou moins complétement dans la partie postérieure du corps de cet Animal.

Le siphon des Ammonites et des Nautiles forme un tube non interrompu, qui traverse toutes les loges sans établir aucune communication entre ces loges et l'Animal. Le test semble n'être qu'un corps protecteur pour l'organe qui remplit le siphon. Cependant quelques auteurs ont cru pouvoir avancer que ce siphon servait à l'Animal pour remplir sa coquille d'eau, augmenter sa pesanteur, et par-là pouvoir se couler à fond. D'autres naturalistes ont pensé que les Animaux des Ammonites, n'ayant d'autres moyens de se transporter d'un lieu à un autre que par la natation, pouvaient retenir, dans leurs loges, de l'air qu'ils pouvaient comprimer ou dilater, selon le besoin qu'ils avaient de s'élever ou de s'abaisser dans les eaux, et que cette coquille cloisonnée remplaçait la vessie natatoire des Poissons. Cette opinion, très-ingénieuse, est de Defrance (Diction. des Scienc. natur.): elle a l'avantage d'expliquer l'usage des coquilles Multiloculaires, dont on ne conçoit pas l'utilité, à cause de leur forme et de leur position présumée. Cependant il faut convenir que, les cloisons ne se communiquant pas, puisque le siphon est continu, la compression ou la dilatation de l'air qu'elles pourraient contenir ne se comprennent pas et exigeraient des moyens d'action inconnus. Bruguière pense, avec raison sans doute, que le siphon tubuleux est destiné à loger un ligament qui sert à l'Animal pour régir et gouverner sa coquille, et pour conserver son équilibre, s'il est obligé de se déplacer; opinion qu'il appuie par l'exemple de la figure que Rumphius a donnée de l'Animal du *Nautilus Pompilius*, laquelle présente à la partie postérieure du corps de cet Animal un appendice filiforme qui paraît être le ligament tendineux dont nous parlons. Mais il est à croire que, si l'Animal des grands Nautiles est plus ou moins contenu dans la dernière cloison de sa coquille, il n'en est point de même de celui des Ammonites; car la proportion de la dernière cloison ne permet pas cette supposition. On peut calculer les accroissemens de cet Animal par le nombre de ses cloisons, qui varie beaucoup. Nous possédons, dans notre collection, des Ammonites qui paraissent n'en avoir que trois ou quatre par tour de spire, tandis que le plus grand nombre en offre une bien plus grande quantité. Nous en avons compté plus de soixante-dix sur certaines espèces. Bourguet dit en avoir vu qui

en avaient jusqu'à cent cinquante; mais il est évident que cela dépend beaucoup de l'âge où elles sont parvenues, quoiqu'il y ait aussi à ce sujet des différences spécifiques. La grandeur relative de ces cloisons est en général dans une progression d'accroissement uniforme; cependant nous croyons qu'il existe des espèces où la dernière de ces cloisons est infiniment plus grande que celles qui précèdent.

Les Ammonites dont le test est conservé en entier sont extrêmement rares. L'abbé Pesari en cite aux environs de Pesare; Bruguière, dans des couches calcaires des environs de St.-Paul-trois-Châteaux en Dauphiné, et d'autres rapportés de Russie par Macquart. Defrance en a observé de semblables, des deux dernières localités et confirme que leur test est extrêmement mince, surtout celui des cloisons. Généralement on ne rencontre que le moule intérieur de ces coquilles, et c'est dans ce cas seulement qu'on aperçoit les découpures des cloisons; car les parties conservées du test ne les reproduisent pas. Comme nous l'avons déjà dit, elles ont, selon les espèces, depuis quelques lignes jusqu'à plus de six pieds de diamètre (Amm. *Colubratus*, Schloth.); mais celles-ci sont fort rares. Leur épaisseur, au-dessus du plan de leur spire, varie depuis un extrême aplatissement jusqu'à la forme sphérique. Tantôt le dos de la spire offre une carène simple, double ou triple; tantôt il est arrondi ou muni d'un sillon à l'emplacement du siphon. La spire est lisse ou chargée de deux ou plusieurs rangées de tubercules, de stries transverses, souvent bifurquées, et de sillons longitudinaux. Enfin la dernière loge se reproduit intacte, ce qui est extrêmement rare; ou l'on n'en voit qu'une partie, ou bien elle est détruite, et l'on ne trouve que la dernière cloison. Defrance cite un moule complet qui prouve le rétrécissement de l'ouverture, en se terminant. Quelquefois, mais rarement, la dernière loge s'élance et s'élargit considérablement:

on en peut voir un exemple dans l'*Amm. Loscombi* de Sowerby.

Les Ammonites varient extrêmement par rapport à la nature de leur moule ou à la transmutation de leur test. Souvent elles sont à l'état pyriteux, et irisées des plus brillantes couleurs métalliques ; d'autres fois elles sont ferrugineuses ou quarzeuses. La plupart du temps leurs cellules sont absolument remplies par la matière lapidifique ; mais souvent elles existent encore et sont tapissées de cristaux. Leurs couleurs et leur nature dépendent aussi de la couche qui les renfermait. Dans les terrains oolithiques, les oolithes paraissent s'être introduites dans le test, avant sa décomposition, avec la matière dans laquelle elles surnageaient, et le moule en est farci.

Généralement le suc lapidifique n'a formé qu'un seul corps de toute la coquille, par la destruction des cloisons ; mais quelquefois ces cloisons n'ayant été détruites qu'après la solidification de la matière lapidifique, les parties qui remplissaient les cloisons n'ont point d'adhérence entre elles, et l'on peut ainsi, en quelque sorte, dérouler la spire. Elles ressemblent alors à ce qu'on voit communément dans les Baculites. Nous avons reçu des moules d'Ammonites dans cet état, des environs de La Rochelle, qui nous ont été communiqués par d'Orbigny. — Ainsi, l'on trouve les Ammonites dans plusieurs états ; ou bien le test a été détruit, et le moule solide représente ce test, soit que les articulations adhèrent entre elles ou non ; ou bien le test est conservé et pétrifié, rempli en tout ou en partie par la matière pierreuse ; ou bien enfin, il est simplement à l'état fossile, ce qui est extrêmement rare.

Bruguière a observé que les Ammonites qui ont un pied ou dix-huit pouces de diamètre, se rencontrent plus souvent dans les couches calcaires grises, et que pour quelques-unes que l'on verra dans l'intérieur même des lits calcaires, on en trouvera cent dans les interstices. Elles sont ordinairement adhérentes sur une de leurs

faces à la couche inférieure, tandis que la face de dessus est seulement moulée sur le bas de la couche supérieure, et s'en détache facilement. Il en conclut que les Ammonites vivent sur la surface des couches limoneuses du fond de la mer, et que ces couches sont formées par des intervalles périodiques, les unes sur les autres, puisque c'est dans leurs interstices que l'on trouve le plus souvent les grosses espèces, au lieu qu'on les rencontrerait, ainsi que les petites, dans l'intérieur même des lits, si elles y étaient déposées pendant leur formation, comme celles-ci, dont le peu de pesanteur donne plus de prise à l'action des courans, à qui on doit attribuer le transport de la matière des couches qui se forment à une grande profondeur dans la mer, et à une distance considérable des côtes. Bruguière applique ce raisonnement aux autres Fossiles anciens. (*V*. Encycl. méth. art. AMMONITE.) Schlotheim a observé que dans quelques localités elles semblent en effet disposées, jusqu'à un certain point, suivant l'ordre des pesanteurs spécifiques, les plus grosses se trouvant dans les couches inférieures.

Les Ammonites se trouvent dans les plus anciennes couches secondaires, et jusque dans les premières ou plus anciennes couches de Craie ; mais elles sont fort rares dans cette dernière formation qu'elles ne dépassent pas ordinairement ; ainsi l'on peut croire que leurs Animaux n'existaient plus dans nos mers, lors du dépôt des couches supérieures à la Craie. Les naturalistes anglais citent cependant quelques espèces d'Ammonites dans l'Argile de Londres, ou dans d'autres terrains situés au-dessus de la Craie ; mais nous croyons que ces exemples demandent à être encore observés, du moins à l'égard de l'Argile de Londres ; car pour le Falun et le terrain d'Alluvion où l'on en cite aussi, cela ne prouve rien, puisque ce sont évidemment des terrains transportés, formés de débris d'autres formations.

Les Ammonites sont au nombre des premiers vestiges de l'organisation Animale qu'on rencontre au-dessus des terrains primitifs. Nous allons présenter, d'après Schlotheim, la suite des espèces qui caractérisent chaque formation (*Beitrage zur naturgesch. der Versteiner. im. Leonhard Taschemb.* 1813).

Terrains intermédiaires ou de transitions. Les Ammonites sont rares dans les Psammites ou Traumates (*Grauwacke* des Allemands) qui appartiennent à ces terrains. Elles s'y trouvent avec des Madrépores, comme elles, peu déterminables, et paraissent être les mêmes espèces que celles qu'on rencontre dans les Schistes argileux des mêmes terrains, et aussi dans les Phyllades intermédiaires. On rencontre, avec ces Ammonites, de grosses Orthocératites et quelques Coquilles bivalves. Avec celles des Schistes argileux, qui y sont très-fréquentes, se trouvent des Trilobites, particulièrement le *Trilobites Paradoxus.* — Enfin, dans le *Phyllade intermédiaire* ou *Schiste traumatique* (*Grauwacken Schiefer*), surtout près des couches calcaires, on trouve encore des Ammonites, des Orthocératites, et plus rarement l'*Orthoceratites gracilis* de Blumenbach, qui appartient au genre Nodosaire.

Dans le *Calcaire intermédiaire* ou de *transition* (*Uebergang's Kalkstein*), si rempli de Madrépores, que Schlotheim est tenté de le regarder comme l'ouvrage de ces Animaux, on trouve, avec des Batolites de Monfort, des Orthocératites, des Lituites, des Bélemnites, des Nautiles, des Térébratules, quelques autres Bivalves et même des Coquilles turbinées, on trouve, disons-nous, les espèces suivantes d'Ammonites, parmi lesquelles l'*A. annulatus* paraît caractéristique. (Il est absolument essentiel, avant de faire usage de ces citations d'espèces, de lire la notice sur les principales Ammonites, qui termine cet article.)

Amm. bifrons, Bruguière, Lister (*An. angl.* t. 6. f. 2); *serpentinus*, Schloth. (*Petrefact.* p. 64. n° 6); *A. Walcotti*, «Sowerby.— *annulatus*, Schloth, Knorr (p. 2. t. 1. f. 6). — *bifurcatus*, Schloth. (*Petrefact.* p. 75. n° 21).—*serpentinus*, Schloth., Lister (*An. angl.* t. 6. f. 5). — *annulatus*, Schloth. (*Petrefact.* p. 61. n° 2). — *britannicus*, Schloth., Lister. (*Id.* t. 6. f. 1).— *regius*, Schloth., Lister (*Id.* t. 6. f. 72).

Terrains secondaires. Dans les terrains secondaires *proprement dit*, les Ammonites sont beaucoup plus fréquentes. Elles caractérisent plus particulièrement, avec les Nummulites, le Calcaire alpin. Voici les espèces que Schlotheim y indique : *A. colubratus*, Montf. (*G. simplégade.* p. 83). —*reniformis*, Brug., Bourguet (t. 48. f. 306).— *lævis*, Brug., Bourguet (t. 48. f. 310, 311). —*bisulcatus*, Brug., Bourguet (t. 41. f. 270).—*Capricornus*, Schloth. (*Petrefact.* p. 71. n° 18).— *collinarius*, Schloth., Knorr (p. 2. t. 1. a. f. 12). — *hircinus*, Schloth. (*Petrefact.* p. 72. n° 19). — *bifidus*, Brug., Bourguet (t. 42. f. 276). — *regularis*, Brug., Bourguet (t. 42. f. 275).

Ces Coquilles sont accompagnées dans ce Calcaire d'un très-grand nombre d'autres Mollusques fossiles, de Nautiles, de Bélemnites, de Nummulites, surtout de Térébratules, de Gryphées et d'Huîtres, mais constituant assez peu d'espèces.

Les Ammonites abondent aussi dans le Calcaire dit *du Jura*, et s'y trouvent avec des Orthocératites, des Bélemnites, des Nummulites, des Nautiles, des Térébratules, des Huîtres, d'autres bivalves, plusieurs Coquilles turbinées, et beaucoup d'Oursins. Celles qu'on y a observé, sont : *A. granulatus*, Brug., Bourguet (t. 39. f. 264). — *bipunctatus*, Schloth. (*Petrefact.* p. 74. n° 22). —*dorsigerans*, Schloth., Bajerus (*Ory. nor.* t. 5. f. 10).—*Anus*, Schloth., Bajerus. (*Oryct. nor.* t. 2. f. 18 et t. 5. f. 2),—*macrocephalus*, Schloth., Bajerus (*Oryct. nor. suppl.* t. 12. f. 8). —*coronatus*, Schloth., Knorr (p. 2. t. 1. t. a. v. f. 1).—*depressus*, Brug., Bourguet (t. 48. f. 312).—*carinatus*, Brug.

Bourguet. (t. 39. f. 264).—*crenatus*, Brug., Bourguet. (t. 39. f. 258, 259). — *radiatus*, Brug., Bourguet. (t. 40); *Arietis*, Schloth. (*Petrefact.* p. 62. n° 4).

On en cite également dans le Calcaire compacte de la Turinge (*Zechstein*), où les pétrifications sont assez rares, avec plusieurs espèces de Térébratules, etc. Le Calcaire coquiller de Werner (*Muschelkalk* ou *Muschelfiozkalk*), si étendu en Thuringe au-dessus du Calcaire compacte dont il est séparé par le Grès bigarré, est spécialement caractérisé, selon Schlotheim, par les *A. nodosus* et *franconicus*, et renferme une innombrable quantité de Coquilles de tous genres. Voici les Ammonites qu'il y cite : *A. nodosus*, Brug. (*Mus. Tessin*, L. t. 4. f. 3).—*franconicus*, Schloth., Bajerus. (*Oryct. Nor.* t. 3. f. 4); *costatus*, Schloth. (*Petrefact.* p. 68. n° 12).— *margaritatus*, (Discorbite) Montf. (t. 1. p. 90).—*Amaltheus*, Schloth, (Discorbe?)Kpor.(p. 2. 1. t. *a.* 11. f. 3)— *Planulites*, Schloth. (*Planulites undulatus*, Montf.)—*dubius*, Schloth., Bourguet. (t. 39. f. 163).—*Spathosus*, Schloth., Lister. (*An. angl.* t. 6. f. 3); *capricornus*, Schloth. (*Petrefact.* p. 71. n° 18).— *pusillus*, Schloth. —*papyraceus*, Schloth. (*Petrefact.* p. 79. n° 35). —*œneus*, Schloth., Bourguet (t. 40. f. 266)— *lineatus*, Schloth. (*Petrefact.* p. 75. n° 24).

Nous avons dit que dans la formation crayeuse qui surmonte ces divers Calcaires, les Ammonites étaient fort rares. Schlotheim y cite l'*A. mammillatus* (fig. dans le *Naturf.* 1. st. t. 2. f. 3) trouvée en Champagne, et une Ellipsolite, l'*Ellips. funatus* de Montfort qui appartient aux Nautiles. On peut citer aussi le beau fragment, dessiné dans l'ouvrage de Faujas sur la montagne de St.-Pierre, près Maëstricht, trouvé dans cette montagne qu'on rapporte au *Tuffau* ou Craie grossière. Il paraît, qu'en général les Ammonites ne dépassent pas les couches inférieures de la formation crayeuse.

. Nous terminerons cet aperçu rapide, que l'état de la science ne permet pas de rendre plus parfait, par le tableau des diverses espèces d'Ammonites propres aux différens terrains de l'Angleterre : tableau extrait du *Min. Conch.* de Sowerby, et qui peut être très-utile par la citation que nous faisons des figures de cet ouvrage, en servant à constater l'analogie des espèces qui peuvent se rencontrer dans les formations correspondantes. Nous commencerons, comme Schlotheim, par les couches les plus anciennes.

Terrains secondaires.

1. Mountain limestone du Derbyshire rapporté au Calcaire alpin : *A. Walcotii.* ε (t. 106).

2. Calcaire des terrains houillers : *A. sphæricus* (t. 53. f. 2); *striatus* (t. 53. f. 1).

3. Argiles schisteuses de ces mêmes terrains : *A.Walcotii* δ (t. 106); *Listeri* (t. 455).

4. Calcaire *Lias*, bleu, dans lequel on trouve les Crocodiles et les Ichthyosaures : *A. Brooki* (t. 190); *Buklandi* (t. 130); *Conybeari* (t. 131); *fimbriatus* (t. 164); *Greenoughi* (t. 132); *Henleyi* (t. 172); *Loscombi* (t. 183); *obtusus* (t. 167), avec des Nautiles, des Plagiostomes, des Térébratules, des Gryphites, un *Trochus*, etc.

5. Marbre de Melbury : *A. planicosta* (t. 73).

6. Marne bleue, *Marlstone*, ou Argile supérieure à la formation du *Lias* : *A. ellipticus* (t. 92. f. 4); *planicosta* (t. 73); *stellaris* (t. 93); *Walcotii α* (t. 106), avec la *Scaphites œqualis* et deux espèces de Térébratules.

7. Calcaire oolithique inférieur · *A. Banksii* (t. 200); *Blagdeni* (t. 201); *Braikenridgii*(t.184); *Brocchi*(t.202); *Brongnartii* (t. ▲. f. 2. T. 11. p. 190); *Gervillii* (t. ▲. f. 3); *Herveyi* (t. 195); *Stokesi* (t. 191); *Walcottii γ* (t. 106), avec une grande quantité de Coquilles de genres divers.

8. Calcaire oolithique supérieur ou pierre à bâtir de Bath : *A. concavus*

(t. 94 *l.*); *elegans* (t. 94 *u.*); *jugosus* (t. 92 *l.*)

9. Calcaire de Bedford, oolithique, *cornbrash : A.* (Orbulite) *discus* (t. 12); *Herveyi α* (t. 195), avec beaucoup de Térébratules.

10. Pierre de Kelloway : *A. sublævis* (t. 94); *calloviensis α* (t. 104).

11. Argile alumineuse de Whitby (*Alum shale*) : *A. angulatus* (t. 107. f. 1.); *communis α* (t. 107. f. 2, 3); *Walcottii β* (an *Am. bifrons,* Brug.? (t. 106) ; *armatus* (t. 95).

12. Argile bleue, *Clunch clay* : *A. Duncani* (t. 157).

13. Oolithe terreuse avec coraux, *Calcaire à Polypiers* (*Coral Rag.*) *A. splendens β* (t. 103. f. 3.), *depressus,* Brug. ?

14. Argile bleue d'Oxford : *A. nodosus* (t. 92. f. 5).

15. Pierre de Purbeck; d'Aylesbury, de Portland, etc.., calcaire oolithique supérieur : *A. cordatus* (t. 17. f. 2 et 4); *triplicatus* (t. 92. f. 2); *excavatus* (t. 105); *giganteus α* (t. 126); *plicatilis* (t. 166); *vertebralis* (t. 165), avec quelques Coquilles de divers genres.

16. Sable vert, chloriteux, quelquefois micacé, contenant la terre à Foulon, *Green sand* : *A. auritus* (t. 134); *inflatus* (t. 178); *monile* (t. 117); *Nutfieldensis α* (t. 108), avec une grande quantité de Coquilles de genres très-divers.

17. Marne calcaire, *Chalk marl* : *A. Mantelli* (t. 55.); *minutus* (t. 53. f. 3) ; *planiscosta* (73) ; *rostratus* (t. 173); *splendens α* (t. 103. f. 1, 2). *depressus,* Brug?— *varians* (t. 176), avec beaucoup d'Hamites, des Nautiles, des Turrulites et quelques Coquilles de genres divers.

18. Craie inférieure, dure, sans Silex pyromaque : *A. rusticus* (t. 177).

Terrains tertiaires.

19. Marne falunière, *Crag marle,* ou sorte de Calcaire incohérent, composé de débris de Coquilles comme nos Faluns : *A. binus* (t. 92. f. 3); *serratus* (t. 24), avec toutes sortes de Coquilles.

20. Argile de Londres , partie supérieure bleue : *A. acutus* (t. 17. f. 1), avec des Coquilles de divers genres *Murex, Natica, Dentalium, Nautilus, Turritella,* etc.

21. Gravier, Argile d'Alluvion, Sable, etc. : *A. quadratus* (t. 17. f. 4).

Nous ferons remarquer que, malgré toute la confiance que mérite le travail dont nous venons de donner un extrait, il est à croire que plusieurs faits ont besoin d'être encore observés pour acquérir toute la certitude désirable. Par exemple , on cite, dans des couches oolithiques, le *Planorbis euomphalus;* dans le Sable vert, l'*Helix Gentii ;* des *Unio* dans le *Lias* et même au-dessous , ce qui fait présumer que ces espèces n'ont pas été bien déterminées ou les localités bien constatées.

D'après tous les faits que nous avons rapportés , on peut voir que les Ammonites , d'abord rares dans les terrains de transition, deviennent très-communes à une époque intermédiaire, celle des terrains secondaires, au-delà de laquelle elles ne se montrent en quelque sorte que par accident dans les terrains tertiaires.

Les Ammonites sont, dès-lors, plus ou moins abondantes dans les diverses contrées de l'Europe où dominent les terrains secondaires. La Suisse, l'Italie, l'Allemagne, la Russie, l'Angleterre, la France en offrent une grande variété d'espèces. Sowerby, dans son *Min. Conchol.* de la Grande-Bretagne, en fait connaître plus de soixante-dix espèces, la plupart nouvelles.

En France, presque tous les départemens en présentent une grande quantité; et il serait trop long d'énumérer toutes les localités connues où on en trouve.

On assure qu'elles sont, en quelque sorte, groupées par espèces dans les diverses couches où elles se rencontrent; qu'un même canton ne présente qu'une seule espèce, laquelle est différente dans un autre canton.

Le tableau que nous venons de donner, montre du moins que le même terrain renferme des espèces très-variées, et le travail d'où il est extrait, ainsi que les descriptions de Bruguière, prouvent que les mêmes localités offrent plusieurs espèces : reste à s'assurer si, en effet, elles sont, dans une même localité, distribuées par places distinctes. — Il manque à la science une bonne monographie des Ammonites, travail très-important pour la géologie et fort difficile à bien faire. Cette difficulté tient d'une part à ce que ces Coquilles ne se caractérisent pas aisément; qu'on n'a, le plus souvent, que leur moule, et qu'on en est rarement certain qu'un individu soit complet. D'un autre côté, presque toutes les figures qu'en ont données les divers naturalistes, sont incorrectes et souvent méconnaissables, ou bien leur synonymie est nulle ou fautive. Dans ce dernier cas, et en l'absence d'une bonne figure, il est matériellement impossible de reconnaître les espèces décrites et d'établir une synonymie exacte entre les divers auteurs. Bruguière ayant commencé à débrouiller ce chaos et offrant en général des descriptions détaillées et exactes, il eût été à désirer que les naturalistes, qui sont venus après lui, eussent établi, avec ses espèces, une concordance nécessaire : mais chacun d'eux a donné des noms de son côté. Ainsi Reineck n'adopte pas les noms de Bruguière; Schlotheim ne suit pas les noms de Reineck; et Sowerby, dans les deux ou trois espèces qui étaient évidemment connues, n'a consulté ni Bruguière, ni Schlotheim, ni Reineck.

Nous ne décrirons aucune espèce d'Ammonites, ne pouvant point présenter ici un travail d'ensemble; il faut, quant à présent, étudier les Ammonites dans les auteurs que nous venons de citer, ou consulter les figures de Langius, Knorr, Bourguet, Bajerus, Walch, Scheuchzer, etc. Nous nous bornerons par notes suivantes, sur quelques-unes des espèces citées dans les terrains, parce qu'il nous a

paru indispensable de présenter quelques observations à leur sujet.
1. *A. bifrons*, Brug. (Encyc. méth. sp. 15), Lister (*An. angl.* t. 6. n° 2); *bifrons*, Schloth. (*Naturg. verstein.* p. 25); *serpentinus*, Schloth. (*Petrefact.* p. 64. n° 6). Il faut faire attention que Schlotheim rapporte le *bifrons* de Bruguière, dénomination qu'il avait d'abord adoptée, au *serpentinus* de son *Petrefact.*, lequel n'est pas le *serpentinus* cité dans le *Naturg. verstein.* Lister citant cette espèce dans l'Argile alumineuse de Whitby, on peut croire que c'est l'*A. Walcottii* β de Sowerby, citée dans cette même couche, les figures ayant d'ailleurs beaucoup de rapports, et la description de Bruguière convenant à celle de Sowerby.

2. *A. annulatus*, Schloth. (*Naturg. verstein.* p. 35. Knorr, p 2. t. 1. f. 6); *bifurcatus*, Schloth. (*Petrefact.* p. 73. n° 41). Il paraît que l'*annulatus* du *Petrefact.* n'est pas la même espèce citée d'abord sous ce nom dans le *Nat. verst.*; celle-ci, dont on ne peut juger que par le synonyme de Knorr, est l'*A. bifurcatus* du *Petrefact*, puisque ce synonyme y est rapporté, et que l'*annulatus* de ce dernier ouvrage est l'espèce suivante.

3. *A. serpentinus*, Schlot. (*Naturg. verst.* p. 35). Lister (*An. angl.* t. 6. f. 5) ne paraît pas être le *serpentinus* du *Petrefact.*, puisque le synonyme de Lister ne s'y retrouve pas, et qu'au contraire Schlotheim rapporte à celui-ci l'*A. bifrons* de Bruguière. — Il paraît assez probable que la figure 5 citée de Lister, se rapporte à l'*A. angulatus* du *Min. Conchol.* qui est de l'Argile alumineuse de Whitby, ainsi que l'espèce figurée par Lister. Il est fâcheux que Sowerby ne se soit pas attaché d'abord à constater les espèces figurées par Lister, et qu'il ne l'ait même pas cité aux espèces qui paraissent se rapporter à celles de cet auteur.

4. *A. colubratus*, (Montf. T. 1. p. 83. Genre de Simplégade), Schloth. (*Naturg. verst.* p. 51); id. (*Petrefact.* p. 76. n° 28). On doit croire que l'es-

pèce, qu'a voulu indiquer Schlotheim, est bien la *Simpl. colubratus* de Monfort, puisqu'il conserve cette citation dans son dernier ouvrage ; mais alors, bien certainement, Sowerby s'est trompé, en rapportant ce dernier synonyme à son *A. giganteus*, qui est bien l'espèce figurée par Lister (*Synops.* pl. 1046), mais qui n'est pas la Simplégade de Montfort.

5. *A. bisulcatus*, Brug. (Encycl. méth. sp. 13), Bourguet (t. 41. f. 270), Lister (*An. angl.* t. 6. f. 5). Cette espèce, rapportée avec le même synonyme que Bruguière, celui de Bourguet, dans le *Naturg. verst.*, devient dans le *Petrefact.* L'*A. Capricornus*, p. 71 , n° 18, puisque Schlotheim y rapporte le synonyme de Brug. et celui de Lister, cité par ce dernier ; mais il cite au lieu de la fig. 270, la fig. 271 de Bourguet, sans doute par erreur.

6. *A. collinarius*, Schlot. (*Naturg. verst.* p. 51.) Knorr. P. 11. 1. A. f. 12. Celle-ci devient, dans le *Petrefact.*, l'*A. hircinus.*

7. *A. bifidus*, Brug. (Encyc. méth. sp. 20). Bourguet (t. 42. f. 276). Le synonyme de Bourguet est rapporté, par Sowerby, à son *A. communis*, qui paraît cependant différer du *Bifidus* de Brug. ; mais ce qui augmente la confusion, c'est que Schlotheim, après l'avoir rapporté à cette dernière Coquille, dans le *Naturg. verst.*, le rapporte, dans le *Petrefact.*, à son *A. annulatus*, p. 61, n° 2. D'après cela, quelle est l'espèce de Schlotheim qui caractérise le Calcaire alpin ? puisque l'*annulatus* du *Petrefact.* est le *serpentinus* du *Naturg. verst.* qui caractérise le Calcaire de transition.

8. *A. regularis*, Brug. (Encyc. méth. sp. 19). Schlotheim (*Naturg. verst.* p. 51). Le synonyme de Bourguet, adopté par Schlotheim dans le *Naturg. verst.*, se trouve appliqué dans le *Petrefact.* à l'*A. angulatus*, p. 70 , n° 16, à laquelle il rapporte cependant, pour synonyme, l'*A. spinatus* de Brug. ; mais sans rappeler l'*A. regularis.* D'après cela, comme Schlotheim ne donne pas de description, est-ce l'*angulatus* ou le *regu-*

laris qui caractérise le Calcaire alpin?

9. *A. spathosus* , Schlot. (*Naturg. verst.* p. 101). Lister (*An. angl.* t. 6. f. 3). L'*A. spathosus* du *Naturg. verst.* est l'*A. Capricornus* du *Petrefact.*; par conséquent, comme c'est aussi le *bisulcatus* de Brug., on doit considérer que le *Capricornus* qui réunit ces deux espèces, caractérise et le Calcaire alpin et le calcaire Coquillier.

Nous n'étendrons pas davantage ces observations, qui sont absolument nécessaires à l'intelligence des espèces citées par Schlotheim , dans son important Mémoire sur les pétrifications qui caractérisent chaque terrain ; car les noms qui sont employés dans le *Petrefact.* n'étant pas toujours synonymes avec ceux en usage dans le premier de ces deux ouvrages, il pourrait en résulter des erreurs graves, puisque d'ailleurs les espèces citées dans l'un et l'autre, ne peuvent se juger que par les synonymes cités , ces espèces n'étant pas décrites dans le *Naturg. verstein.*   (F.)

* AMMONITES. MOLL. Ocken (*Lehrbuch der Zool.* p. 533) établit une famille de ce nom, *Ammoniten ;* mais qui diffère essentiellement, à ce qu'il paraît, de notre famille des Ammonées, *V.* ce mot. Il y comprend quatre genres : le premier a pour type la Spirule de la famille des Lituites ; il y réunit les genres *Jésite, Charibde, Oréade* de Montfort, Coquilles microscopiques , sur lesquelles on n'est nullement éclairé, mais qui, dans tous les cas, paraissent être des Nautiles vivans, fixés sur les Coraux ou les Algues, et qui n'appartiennent pas aux Ammonées. — Le second, sous le nom d'*Ammonite*, renferme l'*Ammonie* de Montfort, *V.* ce mot, véritable Nautile, les *Simplégades*, les *Ellipsolites* et les *Amaltées* de Montfort, dont les deux derniers genres appartiennent aussi aux Coquilles à cloisons simples. — Le troisième comprend les genres *Anténore, Pélaguse* (seul genre des Ammonées), *Océanie* et *Eolide* de Montfort, qui tous, à l'exception du second, appartiennent à d'autres familles. Enfin, le quatrième comprend les genres *Mélonis*, *Mélonie* de Montfort, et *Florilie*, du même auteur; deux Nautiles microscopiques qui ne peuvent se confondre dans la famille des Ammonées. Les caractères qu'Ocken assigne à cette famille, nous semblent aussi fort hypothétiques. Nous ne parlons pas de ceux de la Coquille, qui conviennent à beaucoup d'autres, mais il assigne à l'Animal dix bras autour de la bouche. Or, rien ne peut faire présumer que les Animaux des Ammonites, ni ceux des Nautiles qu'il y rapporte, soient ainsi organisés; car personne ne les a vus, et ils peuvent fort bien ne pas ressembler aussi complétement à celui de la Spirule. (F.)

* AMMONITI. BOT. CRYPT. Évidemment, par corruption d'*Amanita*, nom par lequel on désigne, en Italie, diverses espèces de Champignons mangeables. (B.)

* AMMONIURES. MIN. Combinaisons de l'Ammoniaque avec les bases salifiables. (DH..Z.)

* AMMONOCÉRATITE. MOLL. FOSS. Genre indiqué par Lamarck (Ext. du cours de Zool. p. 123), dans la famille des Ammonées. Comme ce genre n'est pas décrit, et que les Fossiles qu'il doit comprendre nous sont inconnus, nous ne pouvons donner aucun éclaircissement à son égard.(F.)

* AMMONON. BOT. PHAN. (Dioscoride.) Syn. de *Plantago Coronopus*, L. *V.* PLANTAIN. (B.)

. AMMOPHILE. *Ammophila*. INS. genre de l'ordre des Hyménoptères, établi par Kirby (*Linn. Soc. trans.* T. IV) aux dépens du genre Sphex, et ayant pour caractères : antennes insérées vers le milieu de la face de la tête ; mâchoires et lèvres formant une trompe, beaucoup plus longue que la tête, fléchie dans le milieu de sa longueur; palpes très-grêles, à articles cylindriques. La longueur des mâchoires, celle de la lèvre inférieure, la flexion de ces parties, les palpes filiformes et deux nervures récurrentes, aboutissant à la seconde cellule cubitale, servent à distinguer les Ammophiles des Sphex.

Le *facies* et les habitudes de ces deux genres d'Insectes sont à peu près les mêmes ; ils se nourrissent à l'état parfait du suc des Fleurs. Les femelles, peu de temps après la copulation, déposent leurs œufs dans une terre sèche et sablonneuse ; à cet effet, elles pratiquent, au moyen de leurs pates et de leurs mandibules, de petits trous ou galeries dirigés obliquement à la surface du sol. Cette opération achevée, elles vont à la recherche d'une Chenille, qu'elles introduisent dans la cavité déjà creusée, après l'avoir blessée avec leur aiguillon ; elles bouchent enfin ce trou avec des grains de sable, et y reviennent suivant quelques observateurs pour opérer de nouvelles pontes. Le but de cette singulière manœuvre est facile à concevoir ; il naîtra de l'œuf une très-petite larve qui se nourrira de la Chenille, pendant son premier état ; elle se métamorphosera ensuite en Nymphe, et l'Insecte parfait sortira de cette demeure souterraine pour reproduire son espèce, et agir de la même manière, s'il appartient au sexe féminin.

Le genre Ammophile, rangé par Latreille (Considér. génér.) dans la famille des Sphégimes, et réuni ailleurs (Règn. Anim. de Cuv.) au genre Sphex, a pour type le *Sphex sabulosa* de Linné, et comprend les *Sphex* et quelques *Pepsis* de Fabricius. Il renferme aussi une partie des *Sphex* de Jurine et la première section ou famille de son genre Misque.—Latreille comprend, sous deux divisions principales, toutes les espèces du genre Ammophile. Les unes ont l'abdomen une fois plus long que le thorax, avec un pédicule, formé insensiblement, allongé, et de deux articles ; telles sont : 1° L'Ammophile des sables, dont les deux sexes ont été placés dans des genres différens. La femelle est le *Sphex sabulosa* de Fabricius ; et le mâle le *Pepsis lutaria* du même auteur, ou l'Ichneumon noir, à ventre fauve en devant et à long pédicule, de Géoffroy (Ins. T. ii. p. 549). 2°. Les Sphex *binodis*, *holosericea* et *Clavus* de Fabricius. La troisième cellule cubitale de tous ces Insectes est presque carrée et non-pédiculée. 3°. L'Ammophile chámpêtre, *A. campestris* de Latreille, ou l'*A. argentea* de Kirby. Cette espèce, ainsi que toutes celles de la première famille du genre Misque de Jurine, a la troisième cellule cubitale, triangulaire et pédiculée à son sommet. — Les autres ont l'abdomen de la longueur du thorax, ou à peine plus long, et fixé par un pédicule court, formé abruptement, et d'un seul anneau, tel est l'Ammophile des chemins, *A. viatica* ou le *Pepsis arenaria* de Fabricius. La femelle a été figurée, par Panzer (*Faun. Ins. Fasc.* 65. T. XIII). (AUD.)

AMMOTHÉE. *Ammothea.* ARACHN. Genre de l'ordre des Trachéennes, famille des Pycnogonides, établi par le docteur Leach. (*the Zoological miscellany*, etc., etc. *Trans. Lin. Societ.* (T. XI), et voisin du genre Nymphon, dont il diffère surtout par les mandibules beaucoup plus courtes que le siphon , par les palpes composés de neuf articles , et par les crochets des tarses qui sont doubles et inégaux. On n'en connaît qu'une espèce, l'Ammothée de la Caroline, *A. carolinensis* , décrite et figurée dans les Mélanges de Zoologie, faisant suite à l'ouvrage du docteur Shaw. Elle habite les côtes de la Caroline méridionale. (AUD.)

AMMOTHÉE. *Ammothea.* POLYP. Genre de l'ordre des Alcyonées, dans la division des Polypiers sarcoïdes , établi par Savigny, et adopté par Lamarck. Les Polypiers de ce genre se divisent en plusieurs tiges courtes et rameuses ; les derniers rameaux sont ramassés , ovales , conoïdes , en forme de chatons , et couverts de polypes non rétractiles, à corps un peu courts, avec huit tentacules pectinés sur les côtés. — Ce genre se rapproche de la Lobulaire digitée, *Alcyonium digitatum*, de Solander et d'Ellis. Savigny

n'a décrit qu'une seule espèce d'Ammothée.

AMMOTHÉE VERDATRE , *Ammothea virescens*, Lamx. (Gen. Polyp. p. 69). Ses tiges sont blanches et rameuses ; les Polypes ont une couleur verdâtre foncée. Savigny l'a rapporté des côtes de la Mer-Rouge.

Lamarck ajoute à ce genre l'*Alcyonium spongiosum* d'Esper. *Suppl.* 2. t. 3°, sous le nom d'*Ammothea phalloides* ; ce savant croit qu'on peut y rapporter plusieurs autres Polypiers confondus parmi les Alcyons.

(LAM..X.)

AMMYRSINE. *Ammyrsine.* BOT. PHAN. C'est le nom que Pursh (*Flor. am. Sept.* 280) donne à un nouveau genre de la famille des Rosages de Jussieu, que cet auteur propose de former pour le *Ledum buxifolium* de Willdenow. Il diffère du *Ledum* par son calice à cinq divisions profondes, par sa corolle presque pentapétale, ses étamines saillantes et sa capsule qui s'ouvre par le sommet , au lieu de s'ouvrir par la base. (A. R.)

* **AMNIOS.** ZOOL. L'une des membranes qui entourent le fœtus. *V.* ARRIÈREFAIX. (PR. D.)

* **AMNIOTATES.** Sels résultans de la combinaison de l'Acide Amniotique avec les bases (DR..Z.)

AMOLAGO. BOT. PHAN. *V.* AMALAGO.

AMOME. *Amomum.* BOT. PHAN. Famille des Amomées, Monandrie Monogynie , L. Dans ce genre le calice est double ; l'extérieur mince et trifide au sommet; l'intérieur coloré, pétaloïde , profondément partagé en quatre lanières , dont l'inférieure est plus grande, et constitue ce que Linné appelait Nectaire; le filet de l'étamine est plane , se prolonge au-dessus de l'anthère, où il est trilobé à son sommet, et offre deux appendices latéraux à sa base ; le style est filiforme. — On a séparé de ce genre les espèces qui , comme le Gingembre , *Amomum Zinziber*, L., ont le filet de l'étamine subulé au sommet et non trilobé , pour

en former le genre *Zingiber*. *V.* GIN-
GEMBRE.

Les espèces du genre Amome sont
des Plantes herbacées et vivaces; leurs
racines, épaisses et charnues, sont
très-aromatiques; les feuilles sont lancéolées, entières; les fleurs forment
des épis ou des panicules au sommet
de la tige. On en connaît à peu près
douze espèces, toutes originaires de
l'Inde, de l'Afrique ou de l'Amérique
méridionale.   (A. R.)

AMOMÉES. *Amomeæ*. BOT. PHAN.
Balisiers de Jussieu, Scitaminées et
Cannées de Brown, Drymyrrhizées de
Vent. Famille de Plantes monocotylédones, à étamines épigynes, dont les caractères consistent dans un calice double, adhérent par sa base avec l'ovaire
infère; l'extérieur plus court, tubuleux, trilobé; l'intérieur ayant son limbe partagé en divisions disposées sur
deux rangs, dont trois externes sont
égales entre elles, et forment ce que
dans les Plantes de la famille dont il
est ici question, Linné nommait *Corolle*; une plus interne, trilobée,
constitue ce que cet auteur appelait
Nectaire. L'étamine est attachée au
sommet du tube du calice; elle
offre un filet plane, coloré et pétaloïde, qui se prolonge souvent au-
dessus de l'anthère. L'anthère est
attachée à la face antérieure du filet;
ses deux loges, qui s'ouvrent longitudinalement, sont écartées et distinctes. On trouve souvent deux étamines
rudimentaires et avortées. L'ovaire
est infère, triloculaire; chaque loge
renferme plusieurs ovules disposés
sur deux rangs à l'angle interne; le
style est filiforme, terminé par un stigmate concave. Le fruit est une capsule, rarement une baie triloculaire,
trivalve. Les graines, quelquefois recouvertes d'un arille, contiennent
un embryon monocotylédon, le plus
souvent renfermé dans un endosperme farineux. — Les Amomées sont
des Végétaux herbacés, vivaces, ayant
des racines tubéreuses, épaisses, charnues, extrêmement aromatiques; des
feuilles simples, entières, engaînantes; des fleurs ordinairement grandes,

éclatantes, disposées en épi ou en panicule, accompagnées de bractées.
Rob. Brown (*Prodrom. Fl. Nov.
Holl.*) a séparé des Amomées plusieurs
genres, tels que *Canna*, *Maranta*,
Thalia, *Phrynium* et *Myrosma*, dont
il a fait une petite famille des Cannées, distinguée par son anthère simple et ses graines dépourvues d'endosperme; nous formerons de ces genres
une section des Amomées, que nous
diviserons ainsi qu'il suit:

§ I. CANNÉES. *Canna*, L. *Maranta*,
L. *Thalia*, L. *Phrynium*. *Myrosma*,
L. Supl. *Peronia*, D. C. Lil.

§ II. ZINGIBERACÉES. *Hedychium*.
Roscoea, Smith. *Alpinia*, L. *Eletta-
ria*, Maton. *Hellenia*. *Zingiber*,
Gærtn. *Costus*, L. *Kœmpferia*, L.
Amomum, L. *Curcuma*, L. *Globba*, L.
Cerasanthera, Hornem. *Hornstedtia*,
Retz.   (A. R.)

AMOMIE. BOT. PHAN. Syn. de Mûrier blanc. *V.* MÛRIER.   (B.)

* AMOMON. BOT. PHAN. *V.* AMA-
MOU.

AMONGEABA. BOT. PHAN. (Pison.) Espèce de Graminée brésilienne
qui paraît être une espèce de Houque.
V. ce mot.   (B.)

* AMONIE. *Amonia*. BOT. PHAN.
Ce genre, établi par Nestler dans sa
Monographie des Potentilles pour l'*A-
grimonia Agrimonioides* de Linné,
avait été précédemment nommé *Aremonia* par Necker, et, à peu près à la
même époque que Nestler, Pollini
(*Plant. rar. Véron.*) en avait fait son
genre *Spallanzania*. Le nom de Necker, étant le premier en date, doit être
conservé. *V.* ARÉMONIE.   (A. R.)

* AMONIKEN. OIS. Poule de Guinée, selon le Dict. des Sciences naturelles.   (DR..Z.)

* AMOR ou AMORE. POIS. (Pi-
son et Ray.) Nom brésilien et collectif qui s'applique à divers Poissons
bons à manger, particularisés par
quelques épithètes. Ainsi l'on appelle:
AMOR-GUACU, un Poisson que nous
ne pouvons rapporter à aucune espèce
connue.

AMOR-PIXUMA, le Gobiomoroïde. *V*. ce mot.

AMOR-TUIGA, une espèce indéterminée d'Holocentre.   (B.)

* AMORAVEN. BOT. PHAN. Arbre indéterminé des Philippines. (A. R.)

*AMORGINE. BOT. PHAN. (Dioscoride.) Syn. de Pariétaire.   (B.)

AMORPHA. BOT. PHAN. Genre de la famille des Légumineuses, dont Necker a fait son *Bonafidia*. Le calice est à cinq dents ; la corolle, dont la forme insolite a donné au genre son nom, est dépourvue de carène et d'ailes, et présente seulement un étendard ovale et concave. Les étamines, au nombre de dix, sont unies lâchement par la base de leurs filets. Le Légume est très-petit, ovale, tuberculeux, contenant une ou deux graines. — On a décrit deux espèces de ce genre, toutes deux originaires de la Caroline. L'une est un Arbrisseau humble, à folioles sessiles ; l'autre arborescente, à folioles pétiolées, est cultivée en France, dans tous les jardins, où elle brave les hivers et porte le nom vulgaire d'Indigo bâtard. On peut la voir figurée dans les Illustrations des genres de Lamarck. (Encycl. Bot. tab. 621.)   (A. D. J.)

* AMOTES ou CAMOTES. BOT. PHAN. Syn. de *Convolvulus Batatas*, L. en quelques provinces espagnoles d'outre-mer.   (B.)

* AMOTTA. BOT. PHAN. Syn. de Rocou, *Bixa Orellana*.   (B.)

AMOUR. ZOOL. *V*. RUT.

AMOURETTE. INS. Nom donné par Géoffroy (Ins. T. I. p. 115) à une espèce d'Anthrène, appelée depuis, par Fabricius, *Anthrenus Musæorum*. *V*. ANTHRÈNE,   (AUD.)

AMOURETTE. BOT. PHAN. Nom vulgaire imposé par les jardiniers ou par les gens de la campagne à divers Végétaux des champs, et d'un port gracieux ; ainsi on appelle :

AMOURETTE TREMBLANTE, le *Briza media*, L.

AMOURETTE GRANDE, le *Briza maxima*, L.

AMOURETTE PETITE, *Poa Eragrostis*, L.

AMOURETTE DES PRÉS, le *Lychnis Flos Cuculi*, L.

AMOURETTE MOUSSUE, le *Saxifraga hypnoides*, L.

Dans les colonies françaises des Antilles, ce nom d'Amourette a été appliqué à des Arbustes accrochans, par comparaison peut-être avec les mœurs des femmes qu'on y déportait ou qui y suivirent les flibustiers par lesquels ces pays ont été peuplés ; de là,

AMOURETTE DE SAINT-CHRISTOPHE, aux Antilles, le *Volkameria aculeata*, L.

BOIS D'AMOURETTE, le *Mimosa tenuifolia*, L.

AMOURETTE BATARDE, un *Solanum* fort épineux ; et par opposition,

AMOURETTE FRANCHE, une autre Morelle entièrement dépourvue de piquans.

AMOURETTE JAUNE à Cayenne, le *Medicago arborea*, L. dont les gousses sont recourbées en crochet.   (B.)

AMOURIE. BOT. PHAN. Nom vulgaire donné dans quelques cantons de la France méridionale aux Végétaux qui portent des Mures ; il est commun aux Ronces ainsi qu'à l'Arbre qui nourrit le vers à soie.   (B.)

AMOUROCHE. BOT. PHAN. Syn. d'*Anthemis Cotula*, L. dans quelques parties de la France.   (B)

* AMPA ou AMPÉ. BOT. PHAN. Nom collectif par lequel les habitans de Madagascar désignent des Végétaux ordinairement arborescens, dont les feuilles sont plus ou moins rudes ; ainsi ils appellent :

AMPA ou AMPÉ, un Figuier très-hérissé de poils fermes, qu'on retrouve à Mascareigne, et un Tragia très-piquant.

AMPALI, une Plante à feuilles rondes, qui, selon Rochon, polit le Fer, et qui, loin d'être un Arbre, comme on l'a dit, ou un Murier, nous paraît devoir être une Prêle.

AMPALI (qui n'est pas la même chose qu'Ampali), une Ortie arborescente, plus rude que piquante, et qui se retrouve à Mascareigne.

AMPALIS, AMPELOS ou AMPELAS, un Murier qu'on cultive aussi à l'île de France, où ses fruits, assez agréables, mais verts, et en forme de Chenille, le font remarquer.

AMPA-THROUT, un Arbre appartenant à un genre non décrit, et une espèce de Grewia. (B.)

AMPAC. *Ampacus.* BOT. PHAN. Rumph appelle ainsi, et figure (*Hort. Amb.* t. 61 et 62) deux Arbres des Indes orientales, à feuilles longuement pétiolées, opposées et ternées, plus étroites dans l'un des deux, d'où cet auteur tire les noms de *latifolius* et d'*angustifolius*, par lesquels il les spécifie. Le premier est l'*Ampac* des Malais. Ses fleurs, disposées en panicules axillaires, présentent une corolle à quatre pétales, plusieurs étamines, un ovaire à un seul style, qui se change en deux capsules accolées, monospermes, s'ouvrant en quatre valves long-temps persistantes. Telle est la description incomplète de l'auteur, qui ne permet pas d'assigner, avec certitude, la place de ces Plantes, que Bory de Saint-Vincent pense devoir faire partie du genre qu'il a dédié à Aubert Du Petit-Thouars. *V.* AUBERTIA. (A. D. J.)

AMPALATANGHVARI. BOT. PHAN. (Flacourt.) Grand Arbre de Madagascar. Ce nom veut dire pied de Singe; ce qui indique que sa feuille, qu'on dit astringente, doit être à peu près palmée. On l'appelle aussi *Fitouraven*, ce qui signifie feuille de foi, et non *sept feuilles*. (B.)

AMPAN. MOLL. *V.* APAN.

AMPANA. BOT. PHAN. Syn. de *Borassus flabelliformis*, L. au Malabar. *V.* LONTARUS. (B.)

*AMPÈBE. BOT. PHAN. Espèce de grand Mil que, selon Flacourt, cultivent les naturels de Madagascar, et qui paraît être la grande Houque, *Holcus Sorghum*, L. (B.)

AMPELANG-THI-FOUHÉ. BOT. PHAN. (Rochon.) Plante indétermi-

née, à fleurs violettes, qu'on présume être voisine des *Chironia*, et qui croît à Madagascar. (B.)

AMPELIS. OIS. (Aldrovande.) Syn. du Jaseur, *Ampelis Garrulus*, L. Depuis, ce nom a été appliqué aux Cotingas. V. JASEUR. (DR..Z.)

AMPÉLITE ou TERRE A VIGNE. MIN. Les anciens connaissaient sous ce nom une Argile schistoïde noire, abondante en pyrite, qu'ils croyaient propre à servir d'engrais pour la Vigne, et à faire périr les Insectes qui rongent cet Arbuste. (G. DEL.)

* AMPELOCARPON. BOT. PHAN. (Dioscoride.) Syn. de Garance. (B.)

* AMPELOLEUCE. BOT. PHAN. (Dioscoride.) C'est-à-dire, *Vigne blanche.* Syn. de Bryone. *V.* ce mot. (B.)

AMPELOPRASE. BOT. PHAN. C'est-à-dire, *Ail de Vigne.* Espèce d'Ail du Levant, *Allium Ampeloprasum*, L., mais non celui auquel on a appliqué la dénomination de *vineale.* —Dioscoride paraît désigner, par Ampeloprason, notre Poireau, *Allium Porrum*, L. (B.)

AMPELOPSIDE. *Ampelopsis.* BOT. PHAN. Genre établi par Richard père, dans la Flore de l'Amérique septentrionale de Michaux; il appartient à la famille des Viniférées, à la Pentandrie Monogynie, L. Ce genre tient le milieu entre le genre *Vitis* et le genre *Cissus.* Il se distingue du premier par ses pétales non soudés en coiffe, mais libres, réfléchis et caducs; par ses fleurs hermaphrodites, tandis que toutes les vignes de l'Amérique boréale sont dioïques et plus rapprochées du *Cissus.* Il en diffère surtout par ses étamines au nombre de cinq.

Il faut rapporter à ce genre l'*Hedera quinquefolia* et le *Vitis arborea* de Linné. (A. R.)

*AMPELOS. BOT. PHAN. Nom grec de la Vigne. (B.)

* AMPELOS-IDAIA. BOT. PHAN.

(Théophraste.) C'est-à-dire, *Vigne de l'Ida.* Syn. de *Vaccinium Vitis idœa*, L. (B.)

*AMPELUKKIA. BOT. PHAN. (Dioscoride.) Syn. d'*Atriplex Halimus*, L. *V.* AROCHE. (B.)

* AMPENDA. OIS. Ce qui signifie Diable, au Congo, où l'on donne ce nom aux Oiseaux regardés comme de mauvais augure, tels que les Pies, les Corbeaux et les Hibous. (B.)

* AMPETOKOS. BOT. PHAN. (Dioscoride.) Paraît être l'*Athanasia maritima*, L., ou quelque *Gnaphalium* à fleurs blanches. (B.)

AMPEUTRE. BOT. PHAN. Syn. d'Epautre. *V.* BLÉ. (B.)

*AMPHACANTHUS. POIS.(Schneider.) *V.* SIDJAN.

*AMPHEREPHIS. BOT. PHAN.Genre de la famille de Composées établi par Kunth (in Humb. et Bonpl. *Nov. Gen. et Spec.* 4. p. 3), et voisin des genres Veronia et Pacourina. Il se distingue par les caractères suivans : involucre hémisphérique, composé d'écailles imbriquées, et entouré d'un second involucre de feuilles ; réceptacle plane et nu ; fleurs tubuleuses, très-nombreuses, hermaphrodites ; fruits cylindriques, sillonnés, couronnés d'un grand nombre de poils comprimés ou d'écailles linéaires qui tombent à la maturité du fruit.

Les deux espèces décrites par Kunth sont de petits Arbustes à feuilles alternes, dentées, à capitules terminales, solitaires, pourpres. Ils sont originaires de l'Amérique équinoxiale. Le Centratherum de Cassini est une troisième espèce de ce genre ; une quatrième est cultivée au jardin botanique de Berlin. (K.)

AMPHIAM. (Pomet.) L'un des noms turcs de l'Opium. (B.)

* AMPHI-ARTHROSE. ZOOL. *V.* ARTICULATION.

AMPHIBIE. ZOOLOG. On a donné plusieurs acceptions à ce mot. Il exprime, selon les uns, la propriété qu'ont certains Animaux de vivre alternativement dans l'air et dans l'eau. Il s'applique, selon d'autres, à la faculté de respirer ces deux fluides tour à tour et sans danger. Dans ce dernier sens, aucun Animal ne mérite rigoureusement le nom d'Amphibie ; mais il désignerait, dans l'autre, des êtres trop nombreux et trop disparates.

Gesner, qui ne considérait que le lieu de l'habitation, nommait Amphibies les Castors, les Loutres, les Grenouilles, et beaucoup d'autres Animaux qui vivent indifféremment sur la terre ou près des eaux. Linné appliqua ce nom, qui signifie proprement *double vie*, à l'une de ses classes, formée d'abord des Reptiles et des Poissons Condroptèrygiens, mais depuis réduite aux Reptiles seuls qui ont le sang rouge et froid, et la circulation simple. Cette dénomination était fondée sur cette judicieuse remarque, que, si ces Animaux ne respirent pas dans l'Eau, comme les Poissons ou les Mollusques, ils peuvent du moins y séjourner long-temps sans respirer d'air. —Cuvier, qui connut mieux que ses devanciers l'essence même de l'organisation, n'a pas jugé à propos d'appliquer ses grandes vues à la nomenclature des Animaux, comme il les avait appliquées à leur classification, et il a nommé Amphibies, des Mammifères que leurs organes moteurs rendent citoyens des deux élémens.—Les Amphibies de ce savant, placés entre les Chats et les Didelphes, forment la troisième et dernière tribu de la classe des Carnassiers. Cette tribu se compose d'Animaux dont les pieds sont si courts et tellement enveloppés de peau, qu'ils ne peuvent servir qu'à ramper sur la terre, lorsqu'ils n'en usent point pour la natation. Ces Animaux passent la plus grande partie de leur existence dans la mer, et ne viennent à terre que pour s'y réchauffer au soleil ou pour y allaiter leurs petits ; leur corps est allongé, leur bassin fort étroit ; et leur poil ras très-serré contre la peau. Deux genres seulement composent la tribu des Amphibies, dont ne font plus partie les Lamantins et les Dugons ; ce sont les Phoques et les Morses. *V.* ces mots.

Les Animaux Amphibies de Linné et de Cuvier ont un caractère commun : leurs deux circulations se réunissent pour n'en faire qu'une ; leurs deux espèces de sang se mêlent et se confondent. Tous n'ont, ou qu'une seule oreillette, ou deux oreillettes qui communiquent ensemble à l'aide du trou de Botal conservé. C'est à cette disposition du cœur qu'on attribue la faculté qu'ont ces Animaux de séjourner long-temps dans l'eau sans respirer d'air. C'est là ce qu'on a considéré comme le caractère essentiel des Amphibies ; à ce sujet, on s'est étrangement mépris. — Outre cela, les Phoques et les Morses ont leur veine cave inférieure élargie en sinus à l'endroit où elle traverse le foie. Si la disposition précédente favorise les efforts pour nager et pour plonger, celle-ci paraît résulter des mêmes efforts. Tel était du moins le sentiment de Haller et celui de Meckel, lesquels observèrent ce fait, mentionné par Fontenelle dans l'Histoire de l'Académie des sciences.

On a comparé à des Amphibies les fœtus de tous les Mammifères, parce qu'ils vivent au milieu des eaux de l'amnios, parce qu'ils conservent long-temps leur trou de Botal, parce qu'ils ont réellement une circulation de Phoques ou de Reptiles. Buffon s'est assuré qu'on pouvait, sans les priver de la vie, submerger dans de l'eau ou dans du lait de petits Mammifères nouveau-nés. Les jeunes Animaux résistent d'autant mieux à cette épreuve qu'ils sont plus rapprochés du moment de la naissance. Ces expériences de Buffon sur la submersion, sont parfaitement d'accord avec celles de Legallois sur la section de la moelle épinière.

De ce fait reconnu et constaté par Buffon, ce grand écrivain et son prudent conseiller Daubenton inférèrent la possibilité de rendre des Animaux artificiellement Amphibies. Pour y parvenir, selon eux, il suffirait de plonger de jeunes Mammifères, à diverses reprises, dans un fluide dont ils pussent se nourrir. Mais Buffon et Daubenton négligèrent d'observer :

1°. Que le fœtus encore entouré des eaux de l'amnios, reçoit de sa mère un sang tout respiré, tandis qu'après la naissance, tout Mammifère doit respirer lui-même et sans interruption notable, sous peine de la vie.

2°. Que le trou de Botal n'existe d'ordinaire, au moment de la naissance, que chez les Animaux où il doit toujours persister ; d'où il suit qu'on doit accorder quelque importance à la disposition primitive des organes.

3°. Que d'ailleurs cette communication des oreillettes ne dispense nullement de la nécessité de respirer, nécessité à laquelle obéissent tous les Animaux dont le sang circule.

4°. Que le trou de Botal n'a qu'un usage, qui est de fournir au sang un moyen d'éviter les poumons, un moyen de soustraire la circulation à la compression des vaisseaux pulmonaires, et de la rendre, par cela même, indépendante des efforts.

5°. Qu'enfin, ce qui arrive chez les Veaux marins et les Reptiles ne doit pas nécessairement arriver chez tous les Mammifères, ni surtout chez l'Homme.

On doit donc conclure des faits que nous venons d'énoncer, que la conservation du trou de Botal ne donne aux Animaux sur lesquels on l'observe, ni la précieuse faculté de respirer tour à tour dans l'air et dans l'eau, ni le pouvoir non moins précieux de rester long-temps sans respirer d'air.

Le nom d'Amphibie a été étendu jusqu'à la botanique, et se donne aux Plantes qui végètent dans l'eau comme sur la terre ; le nombre en est assez considérable, particulièrement dans les pays chauds. En Europe, une Renouée a mérité le nom de *Polygonum amphibium.* (IS. B.)

AMPHIBIE. MOLL. (Géoffroy.) *V.* AMBRÉE et AMBRETTE.

*AMPHIBIENS. REPT. (Blainville.) *V.* NUDIPELLIFÈRE. (B.)

AMPHIBIOLITES. ZOOL. FOSSIL. On a quelquefois appelé ainsi des débris fossiles d'Animaux Amphibies ou censés Amphibies. (B.)

AMPHIBOLE. MIN. (Haüy.) Espèce minérale de la classe des Substances terreuses, et l'une des plus remarquables par le grand nombre et par la diversité de ses modifications. Sous ce nom d'*Amphibole* viennent s'identifier aujourd'hui des corps, que les minéralogistes ont d'abord rapprochés dans une même famille, celle des Schorls, d'après des rapports vagues et insignifians, et qu'ils ont ensuite, sur la foi de caractères aussi peu décisifs, séparés en trois espèces distinctes : la *Hornblende*, le *Strahlstein* (ou l'Actinote des Français) et la *Trémolite* (ou Grammatite). Leur nouvelle réunion, opérée par la Cristallographie, a pour fondement ce qu'il y a de plus précis et de plus invariable dans les caractères qui tiennent de près à l'essence des Minéraux, savoir: l'uniformité de structure et l'unité de molécule intégrante.

L'Amphibole est distingué des autres substances connues par sa forme primitive, qui est celle d'un prisme rhomboïdal oblique, dans lequel les pans les plus inclinés, font entre eux l'angle de 124°.34; l'incidence de la base, sur l'arête de jonction des mêmes pans, est de 104°.57. La hauteur du prisme est déterminée par une condition géométrique, à laquelle satisfont généralement toutes les formes primitives de ce genre, et qui consiste en ce que le point le plus bas de la base supérieure, et le point le plus élevé de la base inférieure, sont de niveau, lorsque l'axe du prisme est situé verticalement. Ce prisme est divisible, suivant des plans menés par les diagonales des bases.

Tels sont, d'après Haüy, les caractères spécifiques de l'Amphibole, les seuls qui ne soient point sujets à varier par la présence des principes étrangers au Minéral. Quant aux autres propriétés, elles sont, comme on le verra plus bas, plus ou moins influencées par les altérations que produisent les mélanges accidentels, et d'où résultent toutes ces modifications d'aspect qui ont trompé les partisans des caractères extérieurs. Voici d'abord, en peu de mots, le signalement des prétendues espèces, ci-dessus dénommées, et que Haüy a réunies en une seule. —Les cristaux noirs ou d'un noir brunâtre appartiennent à la Hornblende. —Les cristaux translucides, d'un vert plus ou moins foncé, et quelquefois d'un blanc-verdâtre, se rapportent au Strahlstein ou à l'Actinote : ils sont, en général, d'une forme plus allongée que ceux de Hornblende. —La Trémolite ou Grammatite comprend les cristaux blancs, blanc-jaunâtres ou d'un gris-cendré, ayant souvent une teinte de verdâtre et un éclat qui tire sur le nacré.

La pesanteur spécifique de ces divers cristaux varie depuis 3 jusqu'à 3.3. Le tissu de l'Amphibole est ordinairement très-lamelleux et très-éclatant. Ce Minéral raye le verre; il donne difficilement des étincelles par le choc du briquet; il est fusible au chalumeau en verre noir, en émail grisâtre, ou en émail blanc et bulleux, suivant que le fragment éprouvé provient d'une Hornblende, d'un Actinote ou d'une Trémolite. Les variétés, d'une couleur noire, agissent sur l'aiguille aimantée.

Nous offrirons ici le rapprochement des analyses de l'Amphibole du cap de Gates, de l'Actinote du Zillerthal et de la Grammatite blanche du S.-Gothard, par Laugier; la première a donné : Silice, 42; Chaux, 9.8; Magnésie, 10.9; Alumine, 7.69; Oxyde de Fer, 22.69; Oxyde de manganèse, 1.15; Eau, 1.92; Perte, 3.85; total 100. La seconde : Silice, 50; Chaux, 9.75; Magnésie, 19.25; Alumine, 0.75;

Oxyde de Fer, 11.00; Oxyde de Chrome, 5.0; Eau, 3,0; Perte, 1.25; total 100. La troisième : Silice, 41; Chaux 15; Magnésie, 15.25; Eau et Acide Carbonique, 23; Perte, 5.75; total 100.

† *Formes déterminables.*

Le nombre des formes secondaires d'Amphibole, observées jusqu'à présent, est assez considérable. Nous nous bornerons à en citer quelques-unes des plus simples, parmi celles qui portent plus visiblement l'empreinte de leur type primitif.

A. DITÉTRAÈDRE. Prisme à quatre pans, terminé par des sommets dièdres. Les faces de chaque sommet, qui résultent d'un décroissement par une simple rangée de Molécules sur les angles aigus de la base, se réunissent sur une arête inclinée à l'axe, ce qui suffirait seul pour prouver l'obliquité de cette base.

A. BISUNITAIRE, La variété précédente, dont le prisme est devenu hexaèdre par l'addition de deux pans, à l'endroit des arêtes contiguës aux angles aigus de la base.

A. DIHEXAÈDRE. La variété ditétraèdre dans laquelle le prisme est devenu hexaèdre par le remplacement des deux autres arêtes longitudinales, tandis que les sommets ont acquis une nouvelle face parallèle à la base.

A. DODÉCAÈDRE. Le prisme de la variété bisunitaire, avec d'autres sommets trièdres, dont une des faces est également parallèle à la base.

††. *Formes indéterminables.*

A. RHOMBOÏDAL. Le prisme de la variété primitive avec des sommets irréguliers, comme s'ils avaient été fracturés. C'est la forme la plus ordinaire des Trémolites engagées dans la Dolomie du St.-Gothard. Souvent le prisme est comprimé, en même temps que ses pans ont subi des arrondissemens.

A. LAMINAIRE, en masses composées de lames continues. On trouve, en Carinthie, dans la roche appelée *Eclogite,* un Amphibole laminaire d'un vert-noirâtre que l'on a confondu en Allemagne avec le pyroxène sous le nom de Blüttriger-Augit.

A. LAMELLAIRE, composé de petites lames qui sont comme entrelacées les unes dans les autres. Les deux variétés précédentes sont faciles à reconnaître, en ce qu'elles montrent visiblement les deux joints naturels, également éclatans, qui font entre eux l'angle de 124°.

A. GRANULIFORME, en petits grains, d'une couleur verte, engagés dans une Chaux carbonatée, blanche, lamellaire, de Pargas en Finlande. On l'a désigné, en Allemagne, sous les noms de *Coccolithe* de Finlande et de *Pargasite.* La véritable Coccolithe est un Pyroxène granuliforme.

A. ACICULAIRE-RADIÉ, en prismes qui divergent en tous sens, à partir d'un centre commun; ils sont quelquefois composés de fibres déliées qui présentent un aspect soyeux; telle est la Grammatite fibreuse du Saint-Gothard.

A. GLOBULIFORME RADIÉ, en globules noirs engagés dans un Feldspath subgranulaire. Les Allemands ont donné à cette substance le nom de *Tigererz* (mine tigrée), parce qu'ils ont cru que les globules renfermaient de l'argent.

En parcourant la série des variétés précédentes, on observe une grande variation dans les caractères purement extérieurs, et qu'Haüy désigne si justement par le nom d'*accidens de lumière.* Tantôt la substance est tout-à-fait blanche, et tantôt noire et opaque. Entre ces deux extrêmes, il existe beaucoup d'intermédiaires, tels que différentes teintes de gris, de violet et surtout de vert plus ou moins foncé. Certaines variétés d'un vert-clair passent par succession de temps au vert obscur : on en a fait une espèce particulière, à laquelle on a donné le nom de *Calamite.* La Hornblende, elle-même, est susceptible d'une altération qui lui donne un aspect terreux, avec une couleur brunâtre, comme on l'a remarqué sur des cristaux provenant de Theysing, en Bohême.

Ces espèces de contrastes, que fait naître la comparaison des caractères extérieurs dans deux variétés que l'on isole de la série, disparaissent lorsqu'on suit la gradation des intermédiaires qu'elles laissent entre elles. Par exemple, la blancheur, qui est pure dans plusieurs Trémolites, admet dans d'autres Cristaux prismatiques des nuances de grisâtre et de verdâtre. Le vert, qui domine dans le Strahlstein, passe à l'olivâtre, et quelquefois au vert-noirâtre. Enfin, le noir-verdâtre de l'Amphibole arrive, dans certaines variétés, à une teinte voisine du noir parfait. On observe une pareille gradation dans les différences qui se rapportent à l'éclat, et à l'aspect des formes considérées en général. Ainsi s'évanouissent les prétendues lignes de séparation que l'on avait tracées d'après un examen peu réfléchi, entre les diverses modifications de l'Amphibole.

Dans l'ancienne minéralogie, la Hornblende était le *Schorl* par excellence. Ce dernier nom ayant été donné à la Tourmaline, par les minéralogistes allemands, Haüy n'a pas cru devoir le conserver à l'espèce qui nous occupe. Il lui a substitué celui d'*Amphibole*, qui signifie *douteux*, *équivoque*, comme pour avertir l'observateur de se défendre de l'illusion qui a fait confondre ce Minéral avec tant d'autres.

L'Amphibole est une des substances qui constituent à elles seules des roches : il abonde dans les terrains primitifs, où il forme des masses considérables, comme au Taberg en Suède. Il entre comme principe essentiel dans la composition de plusieurs roches, telles que la Syénite, le Diorite ou Grünstein des Allemands, et l'Aphanite ou le Trapp. *V.* ROCHES *amphiboliques.* On le trouve comme composant accidentel dans le Gneiss, le Mica-Schistoïde, le Porphyre, la Dolomie et l'Eclogite. On le rencontre aussi dans le Basalte, et dans les déjections volcaniques, comme au cap de Gates, dans le royaume de Grenade.

(G. DEL.)

* AMPHIBOLI. ois. Nom latin donné, par Illiger, à la troisième famille du premier ordre de sa Méthode ornithologique ; elle renferme les Barbus, les Anis, les Coucous, etc. (B.)

* AMPHIBOLIQUE. GÉOL. Roche Amphibolique ; terme générique qui désigne plusieurs espèces dans lesquelles l'Amphibole cristallisé entre comme partie constituante, telles que les Syénites, les Diabases. (C. P.)

* AMPHIBOLITE. GÉOL. Ce nom est réservé à celles des Roches amphiboliques ou à base d'Amphibole hornblende, dans lesquelles cette substance, cristallisée soit confusément, soit en lamelles, petits prismes ou aiguilles, empâte différens Minéraux également cristallisés, mais qui y sont comme parties accessoires, telles que le Feldspath, le Mica, le Grenat, la Diallage (Alex. Brongniart, Classi. minéral. des Roches; Journal des Mines n° 199).

L'Amphibolite contient encore accidentellement des Pyrites, du Titane nigrine, de l'Epidote ; sa couleur dominante est le noir ou le vert foncé ; elle a beaucoup de ténacité et est par conséquent très-difficile à casser ; sa cassure est droite, unie ou raboteuse. Quoique très-dure, cette Roche ne prend jamais un poli très-brillant ; L'Amphibolite se désagrège et se décompose facilement à l'air ; elle ne forme pas des masses continues considérables, et se trouve ordinairement en couches dans les terrains primitifs. On cite cependant des Roches qui paraissent devoir être rapportées à cette espèce, et qui recouvrent des couches dans lesquelles on voit des débris de corps organisés. *V.* GÉOLOGIE, FORMATIONS.

Suivant la structure de la pâte et l'espèce des Minéraux accessoires qui y sont disséminés, on distingue plusieurs variétés d'Amphibolites, qui prennent les noms d'Amph. granitoïde, Amph. ophioline, Amph. diallagique, Amph. actinotite, Amph. micacée, Amph. schistoïde.

L'Amphibolite passe par des nuances insensibles à la Besanite, au Trappite, à la Diallage. *V.* ces mots et ROCHE. (O. P.)

*AMPHIBOLOIDE. GÉOL. Nom proposé par Godon (Obs. Minér. sur les environs de Boston. Ann. du Mus. T. XV. p. 455) pour désigner une roche composée essentiellement d'Amphibole et de Feldspath, mais dans laquelle la première de ces substances domine. C'est ou une roche Amphibolique ou une Amphibolite de Brongniart. *V.* ce mot. (O. P.)

AMPHIBULIME. *Amphibulima.* MOLL. Genre établi par Lamarck (Ann. du Mus. T. VI. p. 303, et figuré pl. 55. f. 1. a. b. c.) pour une Hélice fort rare, et d'une forme singulière, qu'il a nommée A. capuchonnée, *A. cucullata.* Lamarck y a rapporté les Ambrettes de Draparnaud, *V.* ce mot, genre déjà établi par ce dernier (Tableau des Moll. de la France), pour l'Amphibie ou l'Ambrée de Géoffroy. — Ce genre Amphibulime a été adopté par Montfort (*Conchyl.* T. II. p. 91), qui dit que l'A. capuchonnée vit dans la Louisiane, et qui décrit son Animal, dont il n'avait aucune connaissance.

L'*A. cucullata* habite la Guadeloupe, d'où nous l'avons reçue de Krauss, naturaliste très-distingué de cette île. Son Animal n'est pas connu, mais il n'y a aucun doute qu'il ne ressemble entièrement à celui de l'Amphibie, et qu'il n'ait les mêmes habitudes.

Les Ambrettes ou Amphibulimes forment, pour nous comme pour Cuvier, un sous-genre des Hélices, que nous appelons Cochlostyle. *V.* ce mot. (F.)

*AMPHICARPA. BOT. PHAN. Nouveau genre de la famille des Légumineuses, Diadelphie Décandrie, L. établi par Elliot, et publié par Nuttal (*Genera of North. Americ. Plants.* 2. p. 113), voisin des *Dolichos* et des *Glycine*, et auquel ces auteurs attribuent les caractères suivans: calice campanulé, quadridenté, arrondi et nu à sa base; pétales oblongs; étendard plus grand, sessile et non redressé; anthères arrondies; stigmate capitulé; ovaire cylindrique et renflé inférieurement; gousse stipitée, applatie, renfermant deux à quatre graines.

Ce genre renferme deux espèces originaires de l'Amérique septentrionale, dont les feuilles sont bifoliolées; les stipules petites et caulinaires; et les fleurs, qui sont quelquefois à pétales, disposées en épis axillaires.
(A. R.)

AMPHICOME. *Amphicoma.* INS. Genre de l'ordre des Coléoptères, établi par Latreille aux dépens du genre *Melolontha* de Fabricius, et rangé par lui (Considér. génér.) dans la famille des Scarabéides, et ailleurs (Règn. Anim. de Cuv.) dans la tribu du même nom, famille des Lamellicornes; il a pour caractères: palpes filiformes, terminés par un article cylindrique; languette bifide, prolongée en avant du menton; extrémité des mâchoires, membraneuse, allongée, presque linéaire; labre saillant; mandibules coriaces, sans dents, arrondies à leur extrémité.

Les Amphicomes ont plusieurs rapports avec les Hannetons, les Hoplies et autres genres analogues; mais ils s'en distinguent par les caractères précédens. — Leurs élytres sont béantes, c'est-à-dire, écartées à leur extrémité postérieure du côté de la suture; ils se distinguent des Glaphyres par l'absence des dents à leurs mandibules, et des Anisonyx par leur labre découvert, et leurs mandibules de consistance cornée dans toute leur étendue. — Ces Insectes vivent sur les fleurs, et sont tous étrangers à la France: on les rencontre en Orient, en Egypte, dans la Russie méridionale, en Italie.

L'Amphicome abdominal, qui est le *Melolontha abdominalis* de Fabricius ou le *Melolontha alpina* d'Olivier (Col. T. I. n° 5. pl. 10. fig. 112), et le *Devota* de Rossi, sert de type à ce genre qui comprend en outre les Hannetons: *hirta, cyanipennis, Melis, Bombylius., vittata, Vulpes* de Fabricius. Ces deux dernières espèces paraissent n'en constituer qu'une

seule, et ne différer que par le sexe.
L'*hirta* est la femelle du *Vulpes*,
suivant Dejean.   (AUD.)

* **AMPHICTÈNE.** *Amphictene.*
ANNEL. Genre établi par Savigny
(Syst. des Annel.) aux dépens du
genre Amphitrite de Bruguière. Ses
caractères propres sont très-étendus,
puisqu'ils comprennent l'ensemble
des modifications extérieures de chaque organe. Nous nous bornerons à
faire connaître les signes distinctifs, ceux au moyen desquels on
pourra reconnaître ce genre parmi
tous les autres. Il appartient à l'ordre
des Annelides serpulées, et à la famille des Amphitrites. Les rames ventrales sont d'une seule sorte, portant
toutes des soies à crochets ; il existe
de longs tentacules. Par là les Am-
phictènes se trouvent classés dans la
troisième section de la famille (les AM-
PHITRITES TÉRÉBELLIENNES) et s'éloignent de tous les autres genres, tandis qu'elles se rapprochent des Térébelles, dont elles diffèrent, cependant, par les caractères suivans : bouche exactement inférieure ; tentacules
recouverts à leur base par un voile
membraneux denté ; quatre branchies incomplétement libres, inférieures, pectiniformes, à divisions
minces et simples ; premier segment
pourvu de soies rangées comme les
dents d'un peigne, et sur une surface plane et operculaire. Savigny
place les espèces de ce genre dans
deux tribus. La première tribu (*Am-
phictenæ cistenæ*) a le voile oral non
distingué du segment operculaire par
un étranglement ; elle comprend
l'Amphictène dorée, *A. auricoma* ou
l'*Amphitrite auricoma belgica* de Cuvier (Règne Animal) ; elle habite
nos côtes. — La deuxième tribu (*Am-
phictenæ simplices*) a le voile oral
distingué du segment operculaire par
un profond étranglement et par deux
papilles. Elle renferme deux espèces :
1° l'Amphictène du Cap, *A. capensis*,
sis, ou l'*Amphitrite auricoma capensis* de Cuvier (Règne Animal),
qui est la même que la *Pectinaria*

capensis de Lamarck (Anim. sans
vert. T. v. p. 350). Cette espèce habite la mer du Sud. De même que la
précédente, elle se construit des
tuyaux conoïdes et fort légers. 2°.
L'Amphictène égyptienne, *A. œgyp-
tia*. Cette espèce nouvelle, originaire
des côtes de la mer Rouge, a son
tube membraneux, assez épais et recouvert de grains de sable gros et régulièrement disposés.   (AUD.)

* **AMPHIDESME.** *Amphidesma.*
MOLL. Genre de Conchyfères Dimyaires Ténuipèdes, de la famille des
Mactracées de Lamarck (An. sans
Vert. 2ᵉ édit. T. v. p. 489), qu'il
avait d'abord établi sous le nom de
Donacille (Extr. du cours de Zool.
p. 107). —Déjà Montagu (*Test. Bri-
tan.* suppl. p. 22) avait institué ce
genre sous le nom de *Ligula* que nous
lui conservons, à cause de l'antério-
rité ; mais nous restreignons un peu
les espèces du genre Amphidesme de
Lamarck, sur lequel voici quelques
observations. — Nous voyons parmi
ces espèces la *Mactra cornea* (*A. Do-
nacilla*) et la *Tellina lactea* (*A. lactea*) de Poli, deux coquilles de genres très-distincts dont les Mollusques
diffèrent essentiellement par le nombre
des siphons et l'organisation du pied.
La dernière de ces espèces est d'ailleurs rapportée à la *Lucina lactea*,
p. 542, qui offre à son tour tous les
synonymes de l'*Amph. lucinalis*, et
celui de l'*Amph. lactea*. Il est évident,
d'après cela, que les *A. lactea* et
lucinalis sont ici par inadvertance,
et doivent se reporter aux Lucines,
ou mieux, au genre *Loripes* de Poli,
dont la *Tellina lactea* est le type. —
Nous trouvons également, dans le
genre Amphidesme, l'indication synonymique de deux genres de Leach,
qui, n'ayant point été décrits, ne sont
pas caractérisés : ce sont les genres
Abra et *Thyasira*; le premier, auquel
Leach paraît avoir rapporté le *Mactra
tenuis* de Maton, et la *Ligula prismatica* de Montagu ; le second, dans lequel il range la *Tellina flexuosa* de
Maton, qui paraît être une Lucine. —

19*

Nous croyons, quant au premier de ces deux genres, que Leach eût aussi bien fait d'adopter le nom déjà donné par Montagu, celui de Ligule.

Le genre Amphidesme est réuni par Schweigers au genre Mactra, avec les Lavignons de Cuvier. *V.* pour les caractères et les espèces du genre Amphidesme, le mot LIGULE. (F.)

*AMPHIDIUM. BOT. CRYPT. (*Mousses.*) Nées a établi ce genre dans le Journal de Botanique de Ratisbonne, pour 1818. p. 526. Il a été en même temps fondé par Hooker (dans sa *Muscologia Britannica*), sous le nom de *Zygodon;* et par Raddi, dans les Opuscules de Bologne, T. II, sous celui de *Gagea;* tous trois paraissent avoir pour type la même espèce, le *Bryum conoideum* de Dickson. *V.* ZYGODON. (AD. B.)

AMPHIGÈNE. MIN. *Leuzit* Werner. C'est uniquement dans les laves actuelles du Vésuve et dans quelques roches des volcans eu... de l'Italie méridionale, qu'on a trouvé jusqu'ici ce Minéral. Ni l'Etna, ni les autres volcans brûlans, ni les volcans éteints d'Auvergne, n'en ont donné.—L'Amphigène est d'une couleur blanche, grisâtre et gris rougeâtre: on le trouve ordinairement cristallisé en cristaux trapézoïdaux, à vingt-quatre facettes; quelquefois en concrétions granulaires, et quelquefois aussi massif. Sa forme primitive est le cube; sa cassure est éclatante, vitreuse; sa réfraction simple; tantôt il est translucide, tantôt transparent; il est peu dur et raye à peine le verre. Sa pesanteur spécifique varie, suivant Klaproth, de 2,445 à 2,490.

L'Amphigène est infusible au chalumeau sans addition, ce qui le distingue du Grenat et de l'Analcime, avec lesquels on pourrait le confondre. — Quelquefois on le trouve altéré, terreux et friable, ce qui provient, suivant Haüy, de l'action des feux volcaniques; il conserve néanmoins, malgré son altération, sa forme cristalline. Les laves actuelles du Vésuve ne contiennent point d'autres cristaux

que du Pyroxène et de l'Amphigène; tandis qu'à l'Etna et à Stromboli, cette dernière substance est remplacée par le Feldspath. — L'ancien volcan, dont on voit les débris dans la Somma, contenait aussi des Amphigènes, comme on peut le voir dans les fragmens de laves anciennes qui sont enveloppées parmi les tufs de cette montagne. Lors de l'éjection des roches primordiales, qui a eu lieu peut-être dans la première éruption, ont été rejetées aussi des Pierres Amphigéniques.

On trouve aussi ce Minéral dans presque tous les volcans éteints des Etats romains : comme à Borghetto, Albano, Frascati, Tivoli, Caprarola, Viterbe, Acquapendente, Civita-Castellana, et non-seulement dans les laves, mais aussi dans les pouzzolanes et parmi les tufs.

Vauquelin et Klaproth ayant analysé ce Minéral, en ont obtenu : Vauquelin: Silice, 55; Alumine, 21; Chaux, 2; Potasse, 20. Par Klaproth: Silice, 56; Alumine, 20; Chaux, 2; Potasse, 20. Par Klaproth, suivant Jameson : Silice, 54; Alumine, 24; Chaux, 1; Potasse, 21.

On avait nommé cette Pierre *Grenat blanc*, en la supposant un Grenat blanchi par le feu; et Leucite, d'après sa couleur blanche. C'est d'après le résultat de sa division mécanique, qui a lieu parallèlement aux faces d'un cube, et en même temps à celles d'un dodécaèdre rhomboïdal, que Haüy l'a nommé Amphigène, c'est-à-dire, Minéral qui a une double origine.

Dans les Pierres rejetées par le Vésuve, l'Amphigène est associé avec le Mica, la Mélanite, le Grenat jaune, la Néphéline, le Pyroxène, la Chaux carbonatée et l'Amphibole. — Spallanzani rapporte qu'il existe aussi de l'Amphigène à Lipari près des étuves; mais nous n'avons pas pu en trouver dans cette localité.—Brongniart, dans le Dictionnaire des Sciences naturelles, dit qu'on en a aussi observé dans l'Islande, et même sur les bords du Rhin. On a également annoncé l'existence de ce Minéral, dans les terrains primitifs, en Norwége, et dans une roche granitique des Pyrénées, et dans une guangue de mine d'Or, au Mexique; mais néanmoins, cela paraît très-douteux.—L'origine des Amphigènes a été l'objet d'intéressantes discussions parmi les minéralogistes : quelques-uns prétendent, et Dolomieu est de ce nombre, qu'ils étaient déjà formés lors de l'éruption, et qu'ils ont été enveloppés dans la lave; d'autres disent, avec Debuch, qu'ils se sont formés lorsque la Pierre était en fusion. Nous n'entreprendrons pas de décider entre ces hommes célèbres, et nous nous contenterons de faire remarquer que l'observation que l'on a faite, relativement aux fragmens de lave qui sont enchâssés souvent parmi les cristaux, donne beaucoup de vraisemblance à l'opinion, qui attribue leur formation au feu. (LUC.)

*AMPHILOME. *Amphiloma*. BOT. CRYPT. (*Lichens*.) Achar avait nommé ainsi, dans sa Lichenographie universelle, une section du genre *Urceolaria*, à laquelle il donnait pour caractère d'avoir les scutelles entourées par un rebord saillant, formé par le disque même de la scutelle et par le bord du thallus. Dans son *Synopsis Lichenum*, il n'a pas conservé cette division, qui passait en effet par des nuances insensibles à la première section. *V.* URCEOLARIA et ASPISTERIA. (AD. B.)

AMPHILOPHIUM. BOT. PHAN. (*Bignoniacées.*) Le *Bignonia paniculata* de Linné, et deux autres espèces de l'Amérique méridionale, présentent une différence bien remarquable dans la forme de la corolle et du calice. Kunth (dans *Humb. et Bompl. Nov. Gen. et Sp.* 3. p. 148) s'en est servi pour établir son genre Amphilophium, qu'il caractérise de la manière suivante : calice en cloche, à limbe double; limbe intérieur bilabié; l'extérieur membraneux, crispé et étalé; corolle coriace, bilabiée; tube court; gueule grande, ventrue, sillonnée et comprimée; lèvre supérieure large, en casque, échancrée; inférieure étroite, à trois dents; quatre étamines didynames, avec le rudiment du cinquième;

stigmate divisé en deux lamelles; capsule ovale, ligneuse, biloculaire, bivalve; graines imbriquées, entourées d'un bord membraneux. — Les trois espèces connues qui forment ce genre sont des Arbustes grimpans, munis de vrilles. Ils ont des feuilles opposées et composées de deux feuilles partielles, des fleurs disposées en panicule, etc. (K.)

AMPHINOME. *Amphinoma*. *V.* AMPHINOMES.

*AMPHINOMES. *Amphinomœ*. ANNEL. Quatrième et dernière famille de l'ordre des Néreidées dans le système des Annelides de Savigny. Bruguière a le premier employé ce nom, en l'appliquant à un genre établi aux dépens des Aphrodites de Linné, et adopté depuis par les naturalistes. Cuvier (Règne Animal) le range dans la deuxième famille des Annelides dorsibranches. Savigny convertit ce genre en une famille, qui comprend les genres Chloé, Pléione et Euphrosine. Lamk. (Hist. natur. des Anim. sans vert. T. V. p. 327) se conforme aux nombreux changemens apportés par Savigny. Nous adopterons aussi comme préférable à toute autre la classification de ce savant observateur.—La famille des Amphinomes se distingue de celles des Aphrodites, des Néréides et des Eunices, par des branchies en forme de feuilles très-compliquées, ou de houppes, ou d'arbuscules très-rameux, toujours grandes et très-apparentes, et surtout par l'absence des acicules; elle a, en outre, pour caractères : branchies et cirrhes supérieurs existant sans interruption à tous les pieds; point de mâchoires. La tête supporte deux ou quatre yeux; elle est garnie aussi d'antennes, souvent en nombre complet, c'est-à-dire de cinq. L'antenne impaire ne manque jamais; les quatre autres, distinguées en mitoyennes et en extérieures, n'existent pas toujours. La bouche consiste en une ouverture longitudinale située à l'extrémité d'une trompe courte, privée de mâchoires, de plis saillans et de tentacules; le corps est plus large et moins allongé que dans les Nérér-

des et les Eunices; il diffère moins par
la forme de celui des Aphrodites,
mais s'en distingue suffisamment par
ses branchies composées; il est muni
de pieds à rames grandes et séparées,
sans acicules, mais ayant chacune un
faisceau unique de soies, derrière lequel on aperçoit les cirrhes subulés,
très-apparens, insérés à l'orifice des
gaines. — L'anatomie a fait voir qu'il
existe un canal intestinal, ordinairement droit, ayant cependant quelquefois des circonvolutions très-marquées; on lui distingue l'estomac, qui
dans ce dernier cas est grand et membraneux; l'intestin est dépourvu de
cæcums. On sait que tous les individus de cette famille se rencontrent
dans la mer, et se nourrissent d'Animaux marins. Leurs mœurs ne sont
pas autrement connues.

Nous avons dit que le genre Amphinome avait été converti par Savigny en une famille divisée en trois
genres; nous ferons connaître à chacun d'eux leurs caractères, et les
principales espèces qu'ils renferment,
et nous nous bornerons à indiquer
ici ceux auxquels se rapportent les
Annelides décrites par les auteurs,
sous le nom générique d'Amphinome.
L'Amphinome *capillata* de Bruguière,
appartient au genre Chloë. Les espèces qu'il nomme *tetraedra*, *carunculata*, *complanata* font partie du
genre Pléïone; le genre *Euphrosine*
renferme des espèces nouvelles. (AUD.)

* AMPHIODON. POIS. Genre établi par Raffinesque, dans l'ordre des
Abdominaux, qui diffère de ses Glos-
sodons par ses mâchoires dentées,
ainsi que sa langue; la nageoire dorsale est située précisément au-dessus
de l'anus, et les pectorales sont ap-
pendiculées; ce genre paraît rentrer
dans la famille des Clupés.   (B.)

AMPHIPODES. *Amphipoda.*
CRUST. Latreille (Règne Animal de
Cuv.) désigne, sous ce nom, l'ordre troisième de la classe des Crustacés. Les Animaux qui le composent
étaient, dans un précédent ouvrage
(Considér. génér.), rapportés pour la

plupart à la famille des Crevettines,
ordre des Malacostracés. Ils appartiennent au grand genre *Cancer* de
Linné.

Tous les Crustacés Amphipodes
portent, de même que les Décapodes
et les Stomopodes, autres ordres de
Crustacés, un palpe aux mandibules;
mais ils se distinguent des premiers
par leur tête qui est séparée du tronc,
et des seconds, parce qu'elle est formée d'une seule pièce; ils diffèrent
des uns et des autres par l'immobilité des yeux, par la structure des
branchies qui sont vésiculeuses, et
situées à la base intérieure de tous les
pieds, celle de la paire antérieure exceptée. Le corps de ces Animaux est
ordinairement arqué et comprimé sur
les côtés; il se compose extérieurement d'un système solide plutôt membraneux que crustacé. Le thorax est
formé par sept anneaux, portant chacun une paire de pates, dont les quatre premières sont dirigées en avant et
terminées, en général, par une serre
avec une griffe ou un doigt unique.
On remarque inférieurement dans les
femelles de petites lames qui ont pour
usage de retenir les œufs. L'abdomen
est formé de six à sept articles munis
de cinq paires de filets mobiles, divisés chacun en deux branches articulées. Ces appendices, en même temps
qu'ils servent à la natation, sont sans
doute de quelque usage pour la respiration, et répondent aux pates branchiales des Crustacés stomopodes.
L'extrémité de l'abdomen ou la queue
est courbée en-dessous; elle est munie presque toujours de petits styles
articulés et épineux; quelquefois aussi
elle est terminée par de petites lames
en feuillets. La tête, distincte du thorax, supporte des yeux sessiles, et
deux ou quatre antennes ordinairement en forme de soie. La bouche se
compose d'un labre; de deux mandibules, avec un palpe filiforme à découvert et saillant; d'une languette;
de deux paires de mâchoires et de
deux pieds mâchoires, avec deux
palpes, constituant, par leur réunion, une sorte de lèvre inférieure

qui recouvre les autres parties. Le système circulatoire se compose d'un cœur étendu dans la longueur du tronc, et ramifié. La copulation se fait comme dans les Insectes, le mâle est placé sur le dos de la femelle. L'accouplement dure assez long-temps, et la femelle emporte très-souvent le mâle qui se recourbe alors sous son abdomen. Lorsque les œufs sont pondus, elle les porte rassemblés sous la poitrine; et dans cette place, ils sont recouverts par de petites lames écailleuses. Les individus, qui en naissent, restent eux-mêmes attachés pendant un certain temps après le corps de leur mère. Plusieurs espèces d'Amphipodes habitent les eaux douces des ruisseaux et des fontaines; d'autres se rencontrent dans les eaux salées; ils sont toujours couchés sur le côté; et dans cette position, ils nagent et sautent avec beaucoup d'agilité.

Cet ordre de Crustacés renferme, dans la méthode de Latreille (Règne Animal de Cuvier), les genres Phronime, Chevrette ou Crevrette, Talitre, Corophie. Ces genres en comprennent plusieurs autres, tels que Leucothoë, Dexamine, Mélite, Mæra, Phéruse, Amphithoé, Atyle, Orchestie, Podocère, Jasse de Leach, Typhis de Risso, etc., etc. V. ces mots. (AUD.)

AMPHIPOGON. BOT. PHAN. Famille des Graminées, Triandrie Digynie, L. Ce genre, proposé par Rob. Brown, offre les caractères suivans: lépicène uniflore à deux valves égales; glume bivalve, l'extérieure trifide, l'intérieure bifide, chaque dent terminée par une arête; fleurs disposées en épi allongé ou globuleux. — Il renferme cinq espèces qui ont toutes été recueillies à la Nouvelle-Hollande par Brown, et nous paraît devoir être réuni à l'Ægopogon, comme l'a déjà proposé Beauvois. (A. R.)

AMPHIPRION. Amphiprionum. POIS. Genre formé, par Schneider, dans la famille des Percoïdes à dents en crochets, mais qui n'a pas été

adopté par Cuvier, et dont les espèces doivent être réparties entre les Lutjans, les Diagrammes et les Polyprions de cet auteur. V. ces mots. (B.)

AMPHIROÉ. Amphiroa. POLYP. Genre de l'ordre des Corallinées, dans la division des Polypiers flexibles, établi pour les espèces dont les rameaux sont épars, dichotomes, trichotomes ou verticillés, et dont les articulations, constamment séparées les unes des autres par une substance nue et cornée, ne présentent jamais l'uniformité que l'on observe dans les autres Corallinées. Les auteurs avaient confondu les Amphiroés avec les Corallines; l'organisation est la même, la couleur offre des nuances aussi variées et aussi brillantes, la grandeur est égale. Ces deux genres diffèrent cependant par la présence et la nature des disques de matière cornée et cassante, qui donnent à ces Polypiers une rigidité et une fragilité remarquables. Ils offrent, sous ce rapport, quelque ressemblance avec les Isis dépouillées de leur écorce polypifère. — Les articulations des Amphiroés varient beaucoup; elles sont quelquefois cylindriques dans la tige, comprimées dans les rameaux, et planes ou spatulées aux extrémités. Leur ramification varie également, et ne peut se comparer ni à la dichotomie constante des Janies, ni à la trichotomie des Corallines.

Les Amphiroés semblent particulières aux régions équatoriales; elles sont rares dans les zones tempérées, et ne se trouvent jamais dans les mers polaires. Les principales espèces de ce genre sont:

AMPHIROÉ DE GAILLON, Amphiroa Gaillonii, Lamx. Hist. Polyp. p. 298. t. 11. fig. 3. Les articulations de cette espèce, à laquelle nous avons imposé le nom de Gaillon, naturaliste habile de Dieppe, et qui se trouve représentée dans les planches de ce dictionnaire, sont longues, cylindriques, un peu renflées à leur extrémité; celles du sommet sont légèrement comprimées. Elle a été trouvée sur les côtes de la Nouvelle-Hollande.

Amphiroé chausse-trappe, *Amphiroa Tribulus*. Lamx. Gen. Polyp. p. 26. t. 21. fig. *e*. Elle est très-rameuse, subpentachotome, presque pierreuse, à rameaux diffus, divergens ou étoilés; les articulations sont cylindriques, comprimées ou ancipitées; c'est la plus fragile de toutes les Amphiroés, et elle semble lier ces Polypiers aux Nullipores, par la nature de sa substance. Elle n'est pas rare dans la mer des Antilles.

Les *Amphiroa rigida*, *lucida*, *fusoides*, *fragilissima*, *dilatata*, *Beauvoisii*, *cuspidata*, *verrucosa*, *interrupta*, *jubata* et *charoïdes*, complètent ce genre, encore peu connu des naturalistes.
(LAM..X.)

*AMPHIRRHINUM. BOT. CRYPT. Ce nom donné par Green au genre *Pohlia* d'Hedwig, n'a pas été publié; il est seulement cité par Bridel (*Methodus nova Muscorum*, p. 115).
(AD. B.)

AMPHISARQUE. BOT. PHAN. *V*. FRUIT.

AMPHISBENE. REPT. OPH. C'était, chez les anciens, un Serpent dont on racontait des choses merveilleuses; il avait une tête à chaque extrémité d'un corps cylindrique; sa morsure était mortelle; il marchait indifféremment dans tous les sens, et ses morceaux se recollant avec une facilité prodigieuse, on pouvait le mettre en pièces sans qu'il en mourût. Quelques traits de ressemblance entre ce Serpent fabuleux et les Ophidiens auxquels les naturalistes donnent aujourd'hui ce nom, ont fait penser à certains auteurs que ces Animaux étaient identiques; mais les anciens n'ont pu connaître nos Amphisbènes qui sont propres au Nouveau-Monde, qui n'ont pas deux têtes, dont les tronçons ne se récoltent point, et qui ne sont pas venimeux.

Les véritables Amphisbènes forment le premier genre de la famille des vrais Serpens et de la tribu que Cuvier appelle *doubles Marcheurs*;

leurs caractères consistent dans la forme de leur corps et de leur queue, l'un et l'autre entièrement cylindriques, entourés d'anneaux nombreux, à compartimens écailleux avec l'anus simple et sans ergot, muni d'une rangée de pores; la langue est courte, épaisse, un peu échancrée, et la bouche non dilatable. La forme de ces Animaux les rend fort remarquables; on dirait des Lombrics gigantesques. Au premier coup-d'œil à peine distingue-t-on la tête de la queue, tant est semblable la forme de ces parties; les yeux sont très-petits. — Les Amphisbènes sont ovipares, aiment la chaleur, vivent d'Insectes et de Fourmis, se creusent des trous dans la terre, peuvent au besoin ramper sur le dos, sur le côté et en arrière, et ne sont ni malfaisans ni dangereux; cependant, la singularité de leur forme prêtant au merveilleux, on leur a appliqué les fables débitées par les anciens sur l'Amphisbène fabuleux, et l'on a dit qu'ils blessaient également par la queue et par la tête. Ils sont propres à la Guyane et au Brésil. C'est par erreur qu'on les a dits se trouver à Lemnos, à Ceylan et dans quelques autres parties de l'Ancien-Monde. Il en existe plusieurs espèces dont deux seulement sont bien connues.

Le Blanchet, *Amphisbœna alba*, L. Lacépède, Serp. pl. 21. f. 1, très-bonne; Encyc. Serp. pl. 33. f. 2, médiocre d'après Séba. Ce Serpent, assez commun au Brésil, est d'un blanc mat uniforme; il est épais, acquiert quinze à dix-huit pouces de longueur; sa queue forme au plus la douzième partie; on compte de 200 à 234 anneaux circulaires sur son corps, et 16 à 18 sur sa queue.

L'Enfumé, *Amphisbœna fuliginosa*, L. Encyc. Serp. pl. 33. fig. 1, fort bonne; parvient quelquefois, mais rarement, à deux pieds de longueur totale; sa queue n'en forme guère qu'un seizième, on y compte de 25 à 30 anneaux; on en observe de 200 à 228 sur le corps qui est varié de blanc et de brunâtre; cette dernière teinte qui domine est très-foncée dans quelques individus. On trouve ce Serpent à Cayenne et au Brésil.

Les espèces moins connues sont l'Amphisbène rose de Schaw, ainsi que les *Amphisbæna flava, magnifica* et *varia* de Laurenti et de Linné, qui ont été établies sur des figures de Séba, et ne sont peut-être que des variétés. (B.)

AMPHISILE. pois. Sous-genre de Centrisque. *V.* ce mot. (B.)

* AMPHISPORIUM. BOT. CRYPT. (*Lycoperdacées.*) Genre de la division des Champignons angiocarpes de Persoon, établi par Link dans le Magasin des naturalistes de Berlin (*an.* 1815). Il est caractérisé par son peridium sessile, renfermant des sporules de deux formes, les unes fusiformes, pellucides, placées près des parois du peridium; les autres globuleuses, opaques, réunies au centre. La seule espèce connue, qu'il nomme *Amphisporium versicolor*, est d'abord blanche, ensuite jaune, et devient grise en vieillissant; elle est presque globuleuse et croît sur les bulbes de Jacinthe et d'autres Plantes qu'on fait croître l'hiver dans l'eau. (AD. B.)

AMPHISTOME. *Amphistoma.* INTEST. Ce genre d'Entozoaires de l'ordre des Trématodes de Rudolphi a été établi sous le nom de *Strigea* par Abilgaard, ensuite nommé *Holostomum* par Nitzsch, confondu avec les Fascioles par Gmelin, Bosc, etc., et avec les Planaires par Goëze; il porte définitivement le nom d'Amphistome (bouche des deux côtés), donné par Rudolphi, qui exprime parfaitement le caractère essentiel du genre, celui d'offrir un seul pore terminal et solitaire à chaque extrémité d'un corps mou, un peu allongé et arrondi. Ces Animaux, long-temps confondus avec les Distomes et les Monostomes, sont en général très-petits et d'une couleur blanchâtre, jaune ou rougeâtre. Ils sont ovipares, à l'exception de l'*Amphistome subclavatum* qui est vivipare : on les regarde comme hermaphrodites ou peut-être androgynes.

On n'a pu découvrir dans les Amphistomes ni nerfs, ni tube digestif; on ne voit qu'un ou deux vaisseaux qui partent du pore antérieur et qui s'étendent et se divisent dans le corps de l'Animal; on n'en connaît point les fonctions. —Presque toutes les espèces de ce genre sont intestinales; Rudolphi les a divisées en deux sections : dans la première la tête est séparée du corps par un retrécissement; dans la seconde la tête se confond avec le corps.

AMPHISTOME GROSSE-TÊTE, *Amphistoma macrocephalum*, Rud. Syn. p. 88. n° 3. Ce Vers, très-commun dans les intestins des Oiseaux de proie diurnes et nocturnes, offre une tête ovale, plus grosse que le corps, mais un peu moins longue.

AMPHISTOME URNIGÈRE, *Amphistoma urnigerum*, Rud. Syn. p. 89. n° 8. La grandeur du pore antérieur de cette espèce que l'on trouve dans les intestins de la Grenouille commune, est si peu en rapport avec celle de la tête qu'elle donne à cette partie la forme d'une cloche, d'une urne ou d'un entonnoir.

AMPHISTOME CONIQUE, *Amphistoma conicum*, Rud. Syn. p. 91. n° 17. Buff. Daubent. t. 4. pl. 16. f. 3. Ses extrémités sont obtuses; le pore antérieur très-petit, et le postérieur très-grand; l'un et l'autre à bords très-entiers. Ce Vers adhère avec tant de force aux villosités de l'estomac, qu'on les arrache souvent en enlevant l'Animal. Il a été trouvé dans l'estomac du Bœuf, du Cerf, du Daim, et dans l'œsophage du Mouton.

Rudolphi décrit encore, dans la 1re section, les *Amphistoma longicolle, Serpens, microstomum, isostomum, gracile, erraticum, Cornu, cornutum, Sphærula, pileatum, denticulatum*, et dans la 2e section les *Amphistoma subclavatum, truncatum, unguiculatum, subtriquetrum*; beaucoup d'autres espèces sont encore peu connues. Parmi les premières trois appartiennent aux Mammifères, douze aux Oiseaux et trois aux Reptiles.

(LAM...X.)

* AMPHITANE ou CHRYSO-COLLE. min. (Pline.) Pierre que les anciens disaient ·se trouver dans les mines d'Or de l'Inde, et être semblable à ce Métal. La forme carrée qu'ils lui attribuaient avec les propriétés de l'Aimant ont fait soupçonner qu'elle était la même chose que les Pyrites magnétiques. *V*. ce mot.   (B.)

AMPHITHOË. *Amphithoë.* crust. Genre de l'ordre des Amphipodes, établi par le docteur Leach (*Linn. soc. Trans.* T. xi) sur une espèce décrite par Montagu dans le même ouvrage (T. ix) sous le nom de *Cancer rubricatus*. Il est très-voisin du genre *Chevrette* ou *Crevette* auquel Latreille le rapporte, et n'en diffère que parce que les antennes supérieures sont dépourvues de soies à la base du quatrième article, et l'abdomen privé inférieurement de faisceau d'épines. — Il avoisine aussi le genre Phéruse et ne s'en distingue que par la forme de ses pinces qui sont ovoïdes. *V*. CHEVRETTE.

       (AUD.)

AMPHITOITE. *Amphitoites.* polyp. Genre que nous avons placé à la suite des Sertulariées ; il a été découvert et décrit par Desmarest, lequel a démontré qu'il ne pouvait appartenir qu'à la classe des Polypiers flexibles. Il est fixé, sans axe calcaire, offrant une tige et des rameaux formés par de nombreuses articulations ou anneaux emboîtés les uns dans les autres. Le bord supérieur de chaque anneau présente une échancrure alternativement opposée, et tout autour de ce même bord une ligne de points enfoncés, de chacun desquels sort un cil. Ce Polypier, dédié par Lamouroux à son ami Desmarest, sous le nom d'*Amp. Desmarestii*, Gen. Polyp. p. 85. tab. 81. fig. 1—5, a été trouvé par lui dans une carrière des environs de Paris , dans un banc de Marne jaunâtre et calcaire qui semble faire le passage de la formation calcaire à la formation gypseuse.

       (LAM..X.)

* AMPHITRICHUM. bot. crypt. (*Mucédinées.*) Ce genre a été décrit par Fréd. Nées dans un Mémoire inséré dans les Actes de l'Académie de Bonn pour 1818. Il est très-voisin du genre *Antennaria* dont il ne diffère que par ses filamens simples et non pas moniliformes. La partie inférieure de ces filamens est de même rampante, entrecroisée , et forme un tallus presque feutré , d'où s'élèvent de petites fibres simples et entières, sur lesquelles on ne distingue pas de sporules. (AD.B.)

AMPHITRITE. annel. Genre des auteurs avant Savigny. *V*. AMPHI-TRITES.   (AUD.)

* AMPHITRITÉES. annel. Lamarck (Hist. des Anim. sans vertèb. T. v. p. 334 et 347) désigne sous ce nom la troisième famille de son ordre des Annelides sédentaires ; elle comprend les genres Pectinaire, Sabellaire, Térébelle et Amphitrite. *V*. ces mots.   (AUD.)

* AMPHITRITES. *Amphitrita.* annel. Première famille de l'ordre des Serpulées dans le système des Annelides de Savigny. Le nom d'Amphitrite avait été appliqué , par Muller, à un groupe générique , auquel il rapportait les genres *Terebella* et *Sabella* de Linné. Bruguière, Lamarck et Cuvier ont adopté ce genre , après avoir perfectionné et modifié ses caractères. L'un d'eux en a de nouveau séparé les genres *Terebella* et *Sabella* ; enfin Savigny (*loco citato*) l'a érigé en famille , et a réparti dans cinq divisions génériques les espèces nouvelles ou déjà décrites qui pouvaient lui appartenir. Ces genres se nomment : Serpule, Sabelle, Hermelle , Térébelle , Amphictène. Nous suivrons ici la méthode de Savigny déjà adoptée par Lamarck (Hist. des Anim. sans vert. T. v. p. 304). La famille des Amphitrites a pour caractères distinctifs : branchies peu nombreuses (une à trois paires), plus ou moins compliquées, situées sur les premiers segmens du corps ; pieds dissemblables. Par-là , elle s'éloigne des Maldanies et des Théléthuses , autres familles du même ordre. La première étant dépourvue de branchies , et la seconde en ayant au contraire de très-nombreuses, éloignées des premiers segmens du corps, avec des pieds d'une seule sorte. Tous les individus de cette famille ont une bouche à deux lèvres extérieures, sans trompe, garnie assez souvent de longs tentacules; la tête n'existe plus, de même que dans les autres familles de cet ordre, et avec elle disparaissent les yeux et les antennes; le corps se divise en plusieurs anneaux : il supporte des branchies et des pieds; les branchies sont grandes, plus ou moins compliquées en petit nombre, une, deux ou trois paires au plus, insérées sur les premier, second ou troisième anneaux du corps, et à la base des pieds, lorsqu'ils existent; les pieds sont de plusieurs sortes : ceux du premier segment, et le plus souvent de deux ou trois autres, sont nuls ou anomaux; ceux des segmens suivans sont ambulatoires et dissemblables. La première paire des pieds ambulatoires est dépourvue de rames ventrales et de soies à crochets : la même chose a quelquefois lieu pour les deux paires suivantes; la peau, qui enveloppe le corps, est mince et transparente; le canal intestinal paraît dépourvu de Cœcums; il offre tantôt deux dilatations, dont la première très-musculeuse, tantôt un seul estomac musculeux ou membraneux. Il ne paraît pas qu'on ait encore reconnu la présence des nerfs; mais on a distingué, dans certaines espèces, un vaisseau longitudinal doué de contraction, et dans l'intérieur duquel circule un fluide sanguin. — Les Amphitrites, rangées par Cuvier dans l'ordre des Tubicoles, habitent des tubes factices, c'est-à-dire formés, par l'assemblage de grains de sables, de fragmens de coquilles et autres débris de divers corps qui sont agglutinés au moyen d'une membrane ou d'une sorte de mucus que transude l'Animal. Elles peuvent sortir de ce tuyau auquel elles ne sont pas fixées; mais on ne croit pas qu'elles s'en dégagent entièrement; elles exécutent dans son intérieur des mou-

vemens très-variés, dont le plus remarquable est le repliement de la partie postérieure de leur corps vers l'orifice du tube pour l'évacuation des excrémens. Ces Animaux habitent la mer, et sont connus vulgairement, ainsi que plusieurs autres Annelides très-différentes, sous les noms de *Pinceaux de mer, Tuyaux de mer*, etc. — On a pu observer, d'après ce que nous avons dit, que le genre Amphitrite de Muller, Bruguière, Cuvier, etc., etc., n'existe rellement plus dans la méthode de Savigny, et que toutes les espèces qu'il renfermait se trouvent réparties dans d'autres genres. L'*Amphitrite alveolata* et *ostrearia* de Cuvier appartient au genre Hermelle. Les Amphitrites *magnifica*, *ventilabrum*, *volutacornis*, *Penicillus* de Lamarck, et probablement celles appelées *Infundibulum* et *vericulosa* par Montagu, font partie du genre Sabelle. Les Amphitrites *auricoma* et *capensis* de Cuvier dépendent du genre Amphictène. Les Amphitrites *circinnata* d'Othon Fabricius, *cristata* et *cirrata* de Muller, *ventricosa* de Bosc, *conchilega* de Bruguière, prennent place dans le genre Térébelle. L'Amp. *plumosa* de Muller appartient à la famille des Amphitrites, mais il constitue un genre particulier, qui n'a pas encore une place déterminée. L'Amphitrite *proboscidea* de Bruguière se rapporte au genre Serpule. *V.* SERPULE, SABELLE, HERMELLE, TÉRÉBELLE, AMPHICTÈNE.

(AUD.)

AMPHORCHIS. BOT. PHAN. Genre formé par Du Petit-Thouars, de deux Plantes des îles de France et de Madagascar, et dont la désinence, adoptée par l'auteur pour désigner les Ochidées, fait connaître que l'Amphorchis, encore non publié, appartient à cette famille.   (B.)

* AMPI-AMPI. BOT. PHAN. (Marsden.) Plante de Sumatra, qu'il est impossible de reconnaître sur les indications imparfaites qu'en ont données ceux qui l'ont mentionnée.   (B.)

* AMPLEXE. *Amplexus.* MOLL. FOS. Genre de Fossiles multiloculaires de la Famille des Orthocères , *V.* ce mot, institué par Sowerby (*Min. Conchol.* T. 1. p. 165), pour une seule espèce figurée dans cet ouvrage, pl. 72. Cette espèce se rapproche beaucoup de l'Orthocératite représentée par Breyn (*Dissert. Phys.* de Polythal. t. 6. f. 3, 4, 5), et décrite par cet auteur, p. 34. Dans l'état actuel de nos connaissances sur les Orthocères Fossiles, il nous paraît difficile de pouvoir admettre des genres distincts pour toutes les modifications de formes qu'affectent ces Fossiles; nous croyons prudent de réunir en un seul genre, quoiqu'en groupes distincts, tous ceux qui ont des analogies marquées ; ainsi, nous laissons l'Amplexe de Sowerby dans les Orthocératites, *V.* ce mot, où nous donnerons les détails nécessaires sur son organisation. (F.)

*AMPLEXICAULE. BOT. C'est-à-dire *qui embrasse la tige.* Ce mot se dit des pétioles, des pédoncules et des feuilles quand les premiers élargis , et les dernières, sessiles , s'élargissent à leur insertion de manière à se prolonger latéralement pour entourer en partie la tige ou le rameau. Les feuilles des Aloës, des Agaves, de l'Uvulaire, et de l'*Ophris bifolia*, L., sont Amplexicaules. (B.)

* AMPLO. POIS. Syn. d'Anchois , sur les côtes de Nice, où, selon l'âge et les divers états de ce Poisson, on le nomme *Amplovin* dans sa jeunesse et quand il est très-petit ; *Amplova* dans l'âge adulte vers la saison où il arrive par bandes , et *Amploetta* quand il a acquis sa plus grande taille. (B.)

*AMPOMBE. BOT. PHAN. Nom malgache appliqué à la plupart des Graminées , et qui est aussi celui de la paille dont ces Plantes produisent une plus ou moins grande quantité. (B.)

* AMPOMELE. BOT. PHAN. (Cæsalpin.) Syn. de Ronce. (B.)

AMPONDRE ou ANPONDRE. BOT. PHAN. Gaines des feuilles et des parties de la fructification de diverses espèces de Palmistes, *Areca*, qui croissent aux îles de Madagascar et de Mascareigne. Ces gaines , dures et même ligneuses , ont la forme de grandes cuvettes , sont oblongues et tronquées du côté qui fut l'attache, amincies du côté opposé, glabres, polies , munies de spinules, ou couvertes d'une sorte de poil ou bourre, selon les espèces qui les produisent, et se détachant de l'Arbre dont elles protégèrent la parure naissante, tombent sur le sol des forêts, comme pour y retenir une Eau pluviale qui se conserve pure et fraîche. Un Ampondre ordinaire contient d'une à deux bouteilles de cette Eau précieuse ; nous en avons rencontré qui en recelait jusqu'à six. Les Animaux sauvages , les Nègres marons, les chasseurs altérés y trouvent un secours qui leur tient lieu de sources. On peut faire chauffer cette Eau dans l'Ampondre même , au moyen de cailloux rougis qu'on y éteint. Nous avons souvent employé cet artifice dans nos voyages. A défaut de poterie de terre , nous faisions cuire notre riz et bouillir le café dans cette vaisselle végétale , dont on peut façonner la plus fraîche en assiettes ou en petites tasses ; il suffit, pour imprimer à ces ustensiles rustiques une forme durable , de les faire sécher sur la braise, après les avoir ployés et modifiés.—On couvre des cases avec les Ampondres en guise de tuiles , et cette manière de couvrir est bonne ; elle nous a plusieurs fois servi pour construire des abris contre les pluies et la froidure des nuits. — Quelques colons transportent des Ampondres au bord de la mer , les remplissent de son Eau, dont par l'évaporation ils obtiennent du sel. — Le mot Ampondre vient de la langue de Madagascar. (B.)

AMPOUFOUTCHI. BOT. *V.* AFOUTH.

AMPOULAOU. BOT. PHAN. Nom d'une variété d'Olivier dans le midi de la France. (B.)

AMPOULE. MOLL. Nom français

de la *Bulla ampulla*, de Linné, appelée aussi vulgairement la *Gondole*, l'*Œuf de Vanneau*, ou la *Muscade*. V. Bulle.   (F.)

* AMPOULES. bot. crypt. On a quelquefois donné ce nom, par comparaison, aux vésicules remplies d'air qui se voient sur divers Varecs, particulièrement sur ceux du genre *Fucus*, tel qu'il est aujourd'hui circonscrit, et qui donnent à ces Hydrophytes la faculté de surnager. Linné avait supposé que les filamens entrelacés qui se trouvent dans ces Ampoules pouvaient être des organes mâles. Ces filamens n'ont aucun rapport avec les sexes, mais méritent une certaine attention ; en les examinant au microscope sur plusieurs espèces, nous leur avons trouvé exactement l'organisation de diverses Conferves ; et s'il n'était facile de se convaincre qu'ils font partie intégrante de l'Hydrophyte qui les renferme, on serait tenté de les regarder comme des êtres indépendans, comme des Plantes intestines, s'il est permis de s'exprimer ainsi. Ils sont transparens, simples ou rameux, cylindriques, articulés par sections approchant plus ou moins de la forme carrée. Diverses figures grossies de conferves gravées par les auteurs, peuvent donner une idée fort exacte de l'aspect que présentent ces filamens soumis à une forte Lentille.   (B.)

AMPOULETA ou POULE GRASSE. bot. phan. Syn. languedocien de la Mache, *Valerianella olitoria*.
(B.)

AMPOULI. bot. phan. (Flacourt.) Herbe aromatique indéterminée de Madagascar.   (B)

AMPULEX. *Ampulex*. ins. Genre de l'ordre des Hyménoptères et de la section des Porte-Aiguillons, fondé par Jurine (Classif. des Hymén.), qui lui assigne les caractères suivans : une cellule radiale allongée, légèrement appendicée ; quatre cellules cubitales : la première grande, recevant la première nervure récurrente ; la deuxième petite et carrée ; la troisième plus grande, recevant la seconde ner-

vure récurrente ; la quatrième atteignant le bout de l'aile ; mandibules grandes, allongées, unidentées dans les femelles et bidentées dans les mâles ; antennes filiformes, roulées à leur extrémité, composées de douze anneaux dans les femelles et de treize dans les mâles. L'espèce servant de type à ce genre est le *Chlorion compressum* de Latreille et de Fabricius. Jurine, pour l'établir, s'est fondé sur la forme singulière du thorax de cet Insecte et sur la disposition des cellules de l'aile. Les antennes sont articulées sur deux prolongemens de la tête entre lesquels il en existe quelquefois un troisième ; les yeux sont grands et saillans ; les petits yeux lisses, situés sur une éminence du vertex, sont presque contigus. Le prothorax a beaucoup d'étendue dans son diamètre antéro-postérieur ; la pièce située en arrière du métathorax est large, tronquée, terminée par deux petites épines et sillonnée supérieurement par trois demi-goutières, constituant par leur réunion un triangle dont le sommet est dirigé en arrière. L'abdomen est remarquable par la grandeur d'un de ses anneaux, qui à lui seul en constitue la moitié ; celui des femelles est assez long, terminé par une pointe de l'extrémité de laquelle sort une portion de l'aiguillon. Le ventre des mâles est beaucoup plus court et arrondi postérieurement. Ces Insectes ont les cuisses renflées à leur milieu ; les jambes au contraire sont grêles et assez longues ; celles du métathorax sont munies à leur face interne, comme celles des Pompiles, d'une brosse. Ce genre a été fondé sur l'inspection de quatre individus, trois femelles et un mâle.

Nous avons cité l'*Ampulex compressa* ou le *Chlorion compressum*, Fabr.; elle est exotique. La seule espèce indigène connue est l'*Ampulex fasciata*, figurée par Jurine (*loc. cit.* planche 14) ; Latreille doute qu'elle appartienne réellement à ce genre.   (AUD.)

AMPULLAIRE. *Ampullaria*.

MOLL. Le genre Ampullaire, l'un des plus beaux et des plus intéressans de l'ordre des Pectinibranches, famille des Toupies ou Trochoïdes, a été établi par Lamarck, dès la publication de sa première classification des Mollusques (Actes de la soc. d'hist. nat. de Paris; an 7. p. 63. genre 42). Ses caractères, un peu trop restreints, ne furent point changés dans la première édition des Animaux sans vertèbres, p. 93. Dans l'Extrait du cours de Zoologie, p. 117, ce genre fait partie d'une famille particulière de Mollusques Trachélipodes; celle des Péristomiens, qui comprend les genres Paludine, Valvée et Ampullaire. Nous verrons, par la description de son Animal, que ses rapports sont plus directs avec les Nérites et les Trochus. Les Ampullaires ont été confondues dans le genre Hélice, par Linné et ses imitateurs, avec les Bulimes, par Bruguière, et parmi les Nérites, par Müller. Klein (*Ostrac.* p. 57) les place dans son genre *Galea*. Montfort a divisé, sans aucun fondement réel, les Ampullaires de Lamarck en deux genres, le genre Laniste, *Lanistes* (T. II. p. 122) formé pour le *Cyclost. carinatus*, d'Olivier, sur la seule considération que cette coquille est sénestre; et le genre Ampullaire, *Ampullarius* (p. 242) qui comprend toutes les Ampullaires dextres de Lamarck. Ocken (*Lehrbuch der Zool.* p. 260), en adoptant le genre Ampullaire, le place dans une famille composée des genres *Cyclostoma*, *Vibex* (*Cerithium*, Brug.), *Melania* et *Ampullaria*, genres qui, pour nous, appartiennent, d'après l'organisation de leurs Animaux, à des familles et même à des ordres distincts. Cuvier (Règne Anim. T. II. p. 426) l'établit bien plus convenablement; mais en n'en faisant qu'un seul genre, sous le nom de Conchylie, avec les Phasianelles, les Janthines et aussi les Mélanies, dont l'Animal, qui n'était pas connu alors, ne diffère pas de celui des Paludines. Perry a fait du genre Ampullaire son genre *Pomacea* (*V.* sa pl. XXXVIII).—Schweigers, *Naturg.*

p. 734, a suivi l'ordonnance du Règne Animal; mais en admettant, avec raison, des genres distincts.

Le premier observateur qui a connu l'Animal d'une Ampullaire, est le père Feuillée (Extr. du Journ. d'Observ., etc. T. I. p. 412), qui le décrit d'une manière assez reconnaissable, et qui l'avait figuré dans un recueil fort considérable de dessins, qui n'ont pas tous été publiés : celui-ci est du nombre. Sa figure, quoique peu correcte, ne laisse aucun doute sur le genre. L'espèce observée par ce voyageur, se trouve en abondance dans la rivière qui passe le long des murs de Lima. Les renseignemens fournis par le père Feuillée n'eussent cependant pas pu nous donner les moyens de caractériser ce genre, dont personne, avant nous, n'a étudié l'Animal, si heureusement Caillaud n'eût eu la bonté de nous adresser plusieurs exemplaires de l'*A. ovata* d'Olivier, avec leurs Animaux dans la liqueur, recueillis par cet habile voyageur, dans l'Oasis de Shiwah. Quoique le genre Ampullaire soit nombreux en espèces vivantes, peu sont décrites; on n'a guère fait mention que des deux ou trois plus marquantes, telles que le Cordon bleu, l'Idole ou le Dieu Manetou, l'Œil d'Ammon ou Œil de Bouc, Coquilles remarquables par leur taille ou leur couleur, et qui ont une assez grande réputation parmi les amateurs et les marchands. Mais souvent on a cru trouver ces Coquilles dans des espèces très-distinctes; aussi leur synonymie est-elle assez embrouillée, et plusieurs espèces se trouvent, à tort, comprises sous les mêmes noms. Les Ampullaires sont toutes exotiques; elles habitent particulièrement les grandes Indes et l'Amérique méridionale; elles sont communes dans les Antilles, au Brésil et à Cayenne; on dit qu'on en trouve aussi dans le Mississipi; enfin, il en existe en Egypte, et c'est la seule partie où l'on en connaisse en Afrique. Nous ferons observer, à ce sujet, que plusieurs Mollusques terrestres et fluviatiles de cette contrée, se retrouvent en Asie , jusque dans la presqu'île en-deçà du Gange , ce qui semblerait , du moins à cet égard, établir plus de rapports avec l'Asie qu'avec le reste de l'Afrique, dont l'Egypte est séparée par les déserts et des montagnes.

Nous avons d'abord pensé que le genre Ampullaire, comme plusieurs autres genres de l'ordre des Pectini-branches, avait des espèces, les unes fluviatiles, c'est-à-dire, vivant dans l'eau douce, et les autres marines. Nous avions été portés à adopter cette opinion, par l'examen de quelques Coquilles, telles, entre autres, que la *Nerita glaucina* de Donovan, confondue avec la véritable espèce de ce nom, dans Linné (*Chemn. Conchyl. Cab.* v. t. 186. f. 1856 à 1859). Ces Coquilles ayant la plus grande analogie avec certaines espèces d'Ampullaires fossiles, et s'élcignant des Natices par la privation de cette colonne ombilicale calleuse qui distingue celles-ci. Mais l'observation de l'Animal de l'espèce que nous venons de citer, la *Nerita glaucina* de Donovan , nous a convaincus que les Coquilles que nous avions considérées comme étant des Ampullaires marines, étaient de véritables Natices analogues à la *Natica canrena.* Nous présumons, par suite, que tout ce que l'on a considéré comme des Ampullaires fossiles, doit se réunir aux Natices, du moins jusqu'à ce que des faits positifs prouvent que cette réunion ne doit point avoir lieu, et nous fondons cette opinion sur l'analogie marquée de certaines Ampullaires avec quelques espèces de Natices, particulièrement sur les rapports frappans de la *Natica glaucina* de Donovan , avec la Natice figurée par Chemnitz (t. 187. f. 1895. a. b.), qu'on a confondue, peut-être à tort, avec la *Natica canrena.* Nous ajouterons que l'analogue Fossile de la *Natica glaucina* de Donovan, nous paraît être la *Nerita helicina* de Brocchi (t. 1. f. 10), qui se trouve fréquemment à l'état fossile, aux environs de Paris, et dont la *Natica lobellata* de Lamarck, pourrait bien n'être

qu'une variété ; observant que ces deux espèces fossiles se lient, par des passages insensibles, à plusieurs Ampullaires fossiles décrites par Lamarck.

Nous avions d'autant plus abondé dans notre première idée, à l'égard des Ampullaires marines, que par là cette quantité d'espèces fossiles des terrains marins, rapportées à ce genre par Lamarck et par d'autres depuis lui, n'offraient rien que de très-naturel. D'ailleurs , l'exemple de l'*A. ovata* d'Olivier, trouvée par ce voyageur dans le lac Maréotis, avec plusieurs autres espèces marines de la Méditerranée, et que nous avons reçue de l'Oasis de Shiwah, par l'obligeance de Caillaud, où elle ne vit que dans l'Eau douce ; cet exemple , disons-nous , pouvait nous fortifier dans l'opinion qu'il existait des Ampullaires marines. — Lamarck ayant d'abord considéré le genre Ampullaire comme étant essentiellement fluviatile, et présumant , dès qu'il fit la description des espèces fossiles de ce genre, que celles-ci pourraient bien constituer un nouveau genre, a réalisé cette idée en créant le genre Ampulline, qui n'est connu que de nom, par le cours de ce célèbre professeur.

D'après les réflexions précédentes , nous renvoyons à l'article Natice pour les Ampullaires fossiles, et nous allons passer à la description du genre Ampullaire tel que nous le limitons , en faisant observer qu'on ne connaît, jusqu'à présent , aucune de ces véritables Ampullaires à l'état fossile. — Le caractère générique des Ampullaires sera ainsi établi : Animal. Pectinibranche de la famille des Trochoïdes à quatre tentacules , les deux intérieurs longs et subulés, les deux latéraux courts , gros , cylindriques , connés à leur base avec les premiers ; mais bien détachés dans leur longueur, portant les yeux à leur extrémité ; tentacules buccaux en forme de filets sétacés , moins longs chez les individus mâles : point de voile sur la tête, ni d'ornemens latéraux. —Test généralement globuleux et ventru , quelquefois presque planiforme , avec ou sans ombilic; celui-ci sans callosité ni colonne interne, quoiqu'il soit quelquefois recouvert; ouverture entière, sans échancrure, généralement plus longue que large; cône spiral incomplet; columelle droite et communément creuse; opercule simple, corné, fermant exactement l'ouverture, mais un peu enfoncé. — La verge n'est point, comme dans les Paludines, contenue dans le tentacule; elle est assez longue et attachée à la partie supérieure du manteau, vers le bord et un peu latéralement; cette verge est, en partie, enveloppée par une sorte de gaine ou appendice membraneux; elle se replie sur elle-même et a une forme sétacée; mais elle est grosse à sa base. L'anus forme un petit tube sous les branchies, qui présentent un beau peigne bien développé; un sillon profond règne tout autour du bord du pied. — Nous citerons ici quelques Ampullaires, en nous étendant sur leur synonymie, à cause de l'embarras où jetterait la différence des noms donnés aux mêmes espèces d'un genre qui n'avait point encore été décrit par les naturalistes. Nous en possédons plusieurs autres, pour lesquelles nous renvoyons à notre Histoire des Mollusques terrestres et fluviatiles.

1. A. CORDON BLEU, *A. ampullacea*, *Helix ampullacea*, L. (*Syst. nat.* XII. p. 1244. n° 676. Gmel. p. 3626. Dillw. p. 917). *Nerita ampullacea*, Müller (*Verm. Hist.* n° 359. Chemn. *Conchyl. cab.* 9. p. 105. t. 128. fig. 1133 à 1335). *Bulimus ampullaceus*, Brug. (Enc. méth. sp. 3). Cette belle espèce, dont les fascies sont rarement bien vives, parvient quelquefois à un assez gros volume; son opercule est plus épais que celui des autres espèces, et organisé d'une manière particulière. Elle n'est point ombiliquée, et sa forme est assez globuleuse; elle habite les Grandes-Indes.

2. A. IDOLE, *A. urceus*, N. *Nerita urceus*, Mül. (*Verm. Hist.* n° 360). *Bulimus urceus*, Brug. (Encycl. méth. sp. 4). *A. rugosa*, Lamarck (Anim. sans vertèb. p. 93). *Helix urceus*, Dillwyn (p. 918). *Helix maxima*, Chemnitz (IX. t. 128. f. 1136). Cette espèce est la plus grosse du genre; elle est couverte d'un épiderme noirâtre et caractérisée par de grosses côtes transversales espacées sur le tour de spire extérieur; elle est rare et chère. On ne connaît point positivement sa patrie; on sait seulement qu'elle est américaine; on la croit généralement du Mississipi.

3. A. ŒIL D'AMMON, *A. effusa*, N. *Helix glauca*, L. (*Syst. nat.* XII. p. 1245. Gmel. p. 3628). *Nerita effusa*, Chemn. (*Conch.* IX. f. 1144, 1145). *Helix oculus communis*, Gmel. (p. 3621). *Bulimus effusus*, Brug. (Encyclop. méth. n° 1). *Helix glauca*, Dillw. (*Descript. cat.* p. 918). Lister, *Synops.* t. 129. f. 29. *Seba.* t. 40. f. 3 à 5). Cette espèce varie beaucoup dans ses dimensions et même un peu dans sa forme, par la saillie plus ou moins grande de la spire. Les figures que nous citons peuvent en donner une idée. Cette belle Coquille habite exclusivement, à ce qu'il paraît, dans les Antilles et à Cayenne; on l'appelle *Burgau* ou *Canclau*, à la Guadeloupe, où elle est fort commune dans tous les canaux.

4. A. VITRÉE, *A. vitrea*, N. *Helix vitrea*. Von Born (Mus. p. 383. t. 15. f. 16, 16). Gmel. (p. 3622). Chemnitz (*Conch.* XI. f. 2072). Dillw. (*Descript. cat.* p. 919). *Bulimus vitreus*, Brug. (p. 282). Personne n'a vu cette espèce si ce n'est Born; elle est caractérisée par la carène des tours supérieurs de la spire; on ignore sa patrie.

5. A. OVALE, *A. ovata*, Oliv. (Vᵉ au Lev. T. II. p. 38. t. 31. f. 1). Cette espèce se trouve, comme nous l'avons dit, dans le lac Maréotis ainsi que dans l'Oasis de Shiwah, où était le temple de Jupiter Ammon. Les habitans de cette Oasis l'appellent *Bozué*, et s'en nourrissent. Elle se trouve aussi à Ceylan, un peu différente par les couleurs; mais à cela près, parfaitement la même.

6. A. DE SINNAMARY, *A. sinnamarina*, Brug. (Journ. d'Hist. nat. T. I. p.

33g. pl. 18. f. 2 , 3). Habite dans la rivière de Sinnamari.

7. A. DE GUINÉE, *A. guineensis* , N. *Hel. lusitanica* , L. (*Syst. nat.* p. 1245). *Hel. guineensis*, Chemn. (*Conchyl.* IX. t. 108. f. 913 , 914). *Hel. varica*, Muller (p. 70). *Hel. crepuscularis*, Gmel. (p. 364o). Vulgairement la Prune de Reine-Claude. On n'est pas certain de sa patrie. Linné semble l'indiquer en Portugal; Chemnitz l'assigne en Guinée. Elle a les plus grands rapports avec la suivante.

8. A. CARINÉE, *A. carinata*, Olivier (V^e au lev. T. II. p. 39. pl. 31 f. 2. a, b). *Hel. boltetiana*, Chemn. (*Conch.* IX. f. 921 et 922). *Hel. hyalina*. Var. Gmel. (p. 364o). Cette curieuse espèce est extrêmement voisine de la précédente ; elle a été trouvée par Olivier dans les canaux d'Egypte. (F.)

*AMPULLINE. *Ampullina.* MOLL. Genre établi par Lamarck, dans son Cours de Zoologie, et déjà cité par quelques auteurs, quoiqu'il ne soit pas encore décrit; il paraît devoir renfermer les espèces fossiles, d'abord rapportées au genre Ampullaire par ce savant. Nous avons donné, à l'article Ampullaire , les raisons qui nous font rapporter les Ampullaires fossiles au genre Natice. *V.* ce mot. (F.)

AMSALEIRA. BOT. PHAN. Syn. de *Cicca disticha*, L. (B.)

* AMSE ou AMSEL. OIS. Syn. de Merle, *Turdus* , en Allemagne.
(DR..Z)

AMSONIE. *Amsonia.* BOT. PHAN. Famille des Apocynées, Pentandrie Digynie, L. Genre établi par Walther dans sa Flore de la Caroline, réuni par Linné au Tabernæmontana, et distingué de nouveau comme genre par Michaux. Voici les caractères donnés par celui-ci : corolle infundibuliforme, à gorge close; follicules au nombre de deux et dressées ; graines cylindriques nues, tronquées obliquement au sommet. Deux espèces originaires de l'Amérique septentrionale composent ce genre; l'une d'elles, encore qu'elle n'ait rien d'élé-

gant, commence à se cultiver en pleine terre, et comme Plante d'ornement dans les jardins de Paris, et même en Belgique. (A. R.)

AMULI. BOT. PHAN. Syn. indou de *Gratiola chamædrifolia* , L. et de *Hottonia indica*, L. qui sont deux Plantes aquatiques. (B.)

* AMUSIUM. MOLL. Dénomination spécifique latine, donnée par Petiver (*Aquat. An. Amb.*) et Rumphius(*Mus. Amb.*) à l'*Ostrea Pleuronectes* de Linné, et qui pour Klein est devenue une dénomination générique (*Ostracol.* p. 134). Le genre *Amusium*, de ce dernier auteur, est le second de la classe des *Diconcha aurita*, et ne comprend que l'*Ostrea Pleuronectes*, *Pecten Pleuronectes*, L. Klein a fait aussi le genre *Pseudo-Amusium*, qui suit immédiatement le genre précédent, pour l'*Ostrea hybrida*, Gmel. *Pecten hybridus* , Lamk.—Chemnitz, sans adopter ces deux genres de Klein, se sert d'Amusium comme dénomination d'espèces. L'*Amusium Rumphii* est l'*Ostrea Pleuronectes ;* l'*Amusium japonicum* est l'*Ostrea japonica* de Gmel., *Pecten japonicus*, Lamk.; l'*Amusium magnum magellanicum* est l'*Ostrea magellanica* , Gmel., *Pecten magellanicus*, Lamk. et son *Pseudo-Amusium*, l'*Ostrea hybrida*. — Dans ces derniers temps, Mégerle de Muhlfeld et Schlotheim ont réveillé le genre Amusium de Klein, le premier de ces auteurs sous le même nom, le second sous celui de *Pleuronectites*. Mégerle(*Neuen. syst. der Schalth.* etc. dans le Magas. des Curieux de la Nature, de Berlin, 1811 , p. 59) en fait son trentième genre, auquel il donne les caractères suivans : coquille bivalve et presque équivalve , équilatérale, orbiculaire, comprimée, auriculée de chaque côté de la charnière; oreilles presque égales; charnière presque médiane, sans dents, et constituée, dans chaque valve, par une fossette. — L'Animal est un Argus.

Mégerle divise ce genre en deux sections ; l'une avec des oreilles égales, l'autre avec des oreilles un peu inégales. A la première, il rapporte, comme Klein, le *Pecten magellanicus*, Lamk., à la seconde le *Pect. obliteratus*, Lam. Schlotheim n'adopte pas le nom d'Amusium, mais celui de Pleuronectite, *Pleuronectites*, *V.* ce mot (*die Petrefact.* p. 217). Il en fait une division de ses Ostracites, et y rapporte plusieurs espèces pétrifiées qui ont plus ou moins de rapports avec le *Pecten Pleuronectes*. Nous renvoyons au genre Peigne pour les espèces d'*Amusium*, de *Pseudo-Amusium*, ou de *Pleuronectites*, qui, loin de pouvoir constituer un genre distinct, ne peuvent former qu'un groupe dans le genre Peigne. *V.* ce mot. (F.)

AMUYONG. BOT. PHAN. Fruit ou plutôt graine des Philippines qui paraît provenir d'une espèce indéterminée de Cardamome. (B.)

* AMUZA. BOT. PHAN. (Sérapion.) Syn. de Musa. *V.* BANANIER. (B.)

AMVALLIS. BOT. PHAN. L'un des noms indous du *Cica disticha*, L. (B.)

AMWAGHAHA. BOT. PHAN. Syn. de Manguier à Ceylan. (B.)

*AMYDES. *Amydæ*. REPT. CHELON. (Oppel *die ordnung*, etc. *der Rept.*) *V.* CHELONIENS. (B.)

*AMYGDALE. *Amygdalum*. MOLL. Genre d'Acéphalés institué par Mégerle (*Syst. der Schalthiere. im Berlin. Mag.* 1811. g. 50), et dont voici les caractères : coquille bivalve, équivalve, en forme d'amande, le plus souvent un peu comprimée et élargie en avant, angulaire en arrière et ordinairement bâillante; charnière à l'extrémité, sans dents, un sillon profond et large. L'Animal est un Callitriche. Mégerle assigne pour type, à ce genre, le *Mytilus arborescens* de Chemnitz (*Conch. Cab.* XI. p. 251. tab. 198. f. 2016, 2017) qui se rapporte au genre Modiole de Lamarck, genre qu'il est évident que Mégerle a voulu instituer sous un autre nom. On peut au moins se plaindre qu'il n'ait pas cité, comme synonyme, le genre Modiole. *V.* ce mot. (F.)

AMYGDALOÏDE. GÉOL. Cette expression a été souvent employée dans les descriptions géognostiques comme nom spécifique et indistinctement avec ceux de *Variolite*, de *Mandelstein* (ou Pierre d'amandes) et quelquefois même de *Poudingue* pour désigner des Roches qui, avec une structure semblable en apparence, diffèrent entièrement par leur composition, leur origine et leur gisement. Ainsi on a donné ce nom à celles des masses minérales qui paraissent essentiellement composées d'une pâte quelconque, au milieu de laquelle se voient des espèces de noyaux plus ou moins arrondis et en forme d'Amandes ; et cependant, ou bien les noyaux sont de la même substance que la pâte qui les renferme et ont été formés simultanément par voie de cristallisation, ou bien ils sont très-différens de la pâte; et dans ce dernier cas, ils remplissent des cavités qui préexistaient dans la Roche et dans lesquelles leur substance a pénétré par infiltration, ou encore ils peuvent n'être que des corps roulés qui ont été enveloppés long-temps après leur formation par un ciment quelconque.

Pour faire cesser la confusion qui naturellement a résulté de l'application du même nom à des Roches différentes, comme de l'emploi de plusieurs noms pour désigner la même Roche, les géologues ont voulu attacher définitivement un sens fixe à chacun des mots précédemment cités, et qui ont été pris pour synonymes. Dans cette intention, l'un des plus célèbres a proposé de n'appeler Amygdaloïde, que les Roches formées de petrosilex compact, renfermant des noyaux contemporains de la même substance, mais en différant seulement par la couleur. La Roche qui se trouve en morceaux roulés dans le lit de la Durance et qui est connue sous le nom de Variolite de la Durance, servirait de type à l'espèce *Amygdaloïde* ainsi caractérisée (Brongniart, Journ. des mines, n° 199); d'autres savans, se fondant sur ce que le nom de *Mandelstein* ou pierre d'Amandes, n'a pas été donné par les Allemands à la Roche de la Durance et à celles qui lui ressemblent par leur nature et leur origine, mais à des Roches caverneuses dont les cavités ont été remplies après coup comme celles d'*Oberstein*, du *Derbyshire*, etc., réservent le nom d'Amygdaloïde, au contraire, à ces dernières, ou ils proposent de leur conserver le nom de *Spillite* qui leur avait été précédemment donné (Bonnard , Nouv. Diction. d'hist. nat.).

Pensant qu'il sera plus facile d'atteindre le but que l'on s'était proposé, en ne considérant plus le nom d'Amygdaloïde que comme caractéristique pour désigner une structure commune à plusieurs Roches , nous donnerons les caractères de chacune de ces Roches et nous ferons l'histoire de leur formation et de leur gisement, aux mots *Poudingue* , *Variolite*, *Spillite*. *V*. ces mots. (C. P.)

AMYMONE. *Amymona*. CRUST. Genre établi, à tort, par Muller, sur l'inspection de jeunes individus du genre Cyclope. *V*. ce mot. (AUD.)

AMYRIS. BOT. PHAN. *V*. BAUMIER.

* AMYRON. BOT PHAN. (Théophraste.) Syn. de *Carthamus lanatus*. *V*. CARTHAME. (B.)

* AMYTIS. *Amytis*. ANNEL. Genre de la famille des Néréides, ordre des Néréidées, proposé par Savigny (Syst. des Annel.). Ce genre aurait pour type la *Nereis prismatica* d'Oth. Fabricius (*Fauna groenl.* n° 285) et de Müller (*Prodr.* n° 2637). N'ayant pu observer par lui-même ses caractères, l'auteur l'établit avec doute, et c'est avec une réserve semblable que nous transcrivons ici son nom. (AUD.)

* ANABAINE. *Anabaina*. BOT. CRYPT.? ou ZOOL. ? (*Arthrodiées.*) Genre qui paraît fort voisin de la sous-famille des Oscillariées dans laquelle nous n'osons cependant l'inscrire définitivement, parce que la forme de ses articulations l'en éloigne pour le rapprocher des Trémellaires. *V*. OSCILLARIÉES et TRÉMELLAIRES. Comme les premières, les Anabaïnes sont composées de filamens libres, du

moins extérieurement, croissant, s'agitant même , hors de la mucosité ou de la membrane, dont ces filamens finissent par être les artisans en se superposant les uns aux autres; mais ces filamens sont formés d'articles plus ou moins arrondis , plus ou moins oblongs , et non de segmens parallèles et transversaux , ce qui, dans divers états, leur donne tout-à-fait l'aspect de ces filamens moniliformes et caractéristiques qu'on trouve captifs dans la substance des Nostocs , *V*. ce mot, ou de ces séries de globules dont souvent quelques espèces d'Infusoires , particulièrement le *Monas Lens* , affectent la disposition. *V*. MONADE. — Les caractères du genre qui nous occupe consistent dans le double tube de leurs filamens libres et simples, dont l'extérieur, qui paraît être cylindrique et inarticulé, a échappé aux observateurs, tandis que l'intérieur, qui seul a été aperçu, est composé d'articles ovoïdes ou obronds, disposés comme les Perles d'un collier , dont certains , placés de distance en distance, sont plus gros que les autres. Des filamens épars de ces Arthrodiées , introduits parmi ceux de quelques Oscillaires et de Nostocs en déliquescence, ont donné lieu à d'étranges méprises. Ce sont eux qui ont paru, au savant algologue Agardh , une métamorphose animale , et dont il a donné les figures (*Icon. Alg. Ined.* T. XII , f. 3 et 4) comme divers états de son *Oscillatoria flexuosa*. Nous expliquerons aux mots Arthrodies , Tirésias , Zooearpes et Lèda, ce que nous pensons du changement de Plantes en Animaux, et d'Animaux en Plantes ; en attendant, nous mentionnerons les diverses espèces d'Anabaines que nous avons observées. Ces êtres sont muqueux au tact , lorsque la réunion d'un assez grand nombre de filamens les y rend perceptibles ; nous ne leur avons reconnu aucun mouvement d'oscillation, mais un mouvement de progression très-sensible qui tient un peu de la manière dont rampent les Lombrics. Ce mouvement progressif et les courbures qu'il détermine sont d'une excessive lenteur; c'est à l'aide de cette faculté que l'on voit, surtout les espèces aquatiques, s'élever à la surface des eaux, le long des Conferves ou de débris Végétaux, ramper sur les Roseaux, se mêler parmi les Oscillaires en les surmontant, ce qui leur a mérité le nom par lequel nous les désignerons.

† *Espèces d'eau douce.*

ANABAINE FAUSSE - OSCILLAIRE, *Anabaina pseudo-oscillatoria*, N. (*V.* les planches de ce Dictionnaire. f. 8. *a, b, c*) *Oscillatoria flexuosa*, Agardh (*loc. cit.* Le filament à droite de la figure 3, ou une articulation plus grosse que les autres, est fort bien exprimé). Cette espèce d'un vert-noir a ses filamens un peu plus gros que ceux de ses congénères, encore qu'ils soient à peine visibles; ils forment un tissu très-serré sur les extrémités des rameaux de Conferves, et sur les feuilles des Renoncules inondées, ou autres Plantes de ce genre qui habitent les eaux pures, presque stagnantes; elle s'élève du fond à la superficie en expansions semblables à des brins de ficelle qui atteignent d'un à dix pouces de hauteur, englobant des bulles d'air, et dont l'extrémité s'étend en petites rosettes, comme si les filamens oscillaient, dès qu'ils parviennent à la superficie ou ligne de flotaison, fig. *a*. Vus au microscope, ces filamens sont clairement formés d'un tube inarticulé, dans l'intérieur duquel est renfermé le tube articulaire, composé d'articles à peu près carrés, arrondis par les angles fig. *b*, et prenant bientôt la figure ovoïde; c'est à peu près de dix en dix qu'on en trouve un, dont le volume est double ou triple de celui des précédens et des suivans. fig. *c*.

ANABAINE MEMBRANINE, *A. membranina*, N. (*V.* les planches de ce Dictionnaire, fig. 8. *d*, où les filamens sont vus à une lentille d'une ligne de foyer) *Oscillatoria flexuosa*, Agardh. *loc. cit.* fig. 4. Les filamens plus fins que ceux de la précédente, d'un vert foncé plus beau, rampent sur les ex-

pansions de diverses Conferves des fossés tranquilles, et finissent par former autour de celles qu'ils peuvent captiver de petites membranes d'un vert-bleu, papyriformes, à peine transparentes, semblables à une Ulve, et nous avons lieu de croire qu'en cet état, ces membranes présentent les *Ulva bullosa*, *linza*, etc. de plusieurs flores. Vus au microscope; ces filamens, où l'on distingue à peine le tube extérieur, sont parfaitement moniliformes, composés de petites sphères transparentes, avec des articles deux ou quatre fois plus gros, de dix en dix, de douze en douze, souvent bien plus éloignés et quelquefois terminaux; c'est dans cette Anabaine que les mouvemens de courbure et de progression rampante sont le plus sensibles.

ANABAINE THERMALE. *A. thermalis*, N. *Tremella thermalis*, Thore, Chlor. land. 448. *Fucus thermalis* de Secondat, *Ulva labyrinthiformis* de quelques-uns. Cette étrange production des Eaux thermales les plus chaudes avait, dès 1750, attiré l'attention du fils de notre grand Montesquieu, et jusqu'ici les naturalistes qui avaient été à portée de la voir, n'avaient su à quel genre la rapporter. Thore lui assignait les caractères spécifiques suivans qui peignent assez bien son aspect : « Substance polymorphe, gélatineuse, vésiculeuse, feuilletée, verte, lisse dans sa jeunesse, jaunâtre, hérissée, dans un âge avancé, de crêtes disposées en rézeau, ce qui leur donne de la ressemblance avec la tunique intérieure du second estomac des Ruminans. » Elle tapisse, en certains temps de l'année, le grand bassin de la place publique à Dax, où la chaleur de l'Eau est de 49 à 50 degrés au thermomètre de Réaumur; il paraît que Sulh l'avait aussi observée dès 1748, à Bath en Angleterre. Beaucoup des crêtes de sa surface s'élevant en cordes de quelques pieds de hauteur, et plusieurs des plaques de sa substance finissant par surnager, elle encombre bientôt les lieux qui l'ont vu naître, et contraint à nettoyer ceux-ci. Les filamens constituans, vus au microscope, sont simples, fort entremêlés, du plus beau vert tendre, et tellement fins que la lentille d'une demi-ligne de foyer peut à peine faire reconnaître leur organisation; encore n'est-elle perceptible que dans les parties les plus fraîches, les plus jeunes et les plus vertes de cette étrange Arthrodiée, dont le mouvement de reptation n'a pas encore été bien constaté.

ANABAINE IMPALPABLE. *A. impalpabilis*. N. Ses filamens sont tellement fins que leur organisation échappe presque à la lentille d'une ligne de foyer. A peine y distingue-t-on leur forme carrée, arrondie par les angles, et les globules plus gros qui se voient de distance en distance dans ses congénères. C'est elle qui teint souvent d'une couleur vert d'airain brillant, ou vert-pomme foncé, la surface de la vase dans certains marais, ou bien la base des tiges et des feuilles de Carex qui se décomposent dans les eaux stagnantes. C'est le *Conferva imperceptibilis* du Mémoire que nous publiâmes sur les Conferves d'eau douce des environs de Bordeaux, avant qu'on ne se soit fût encore occupé en France de Conferves, Mémoire dont on a reproduit depuis plusieurs observations sans en citer la source.

Le *Byssus flos-aquæ* de Linné, que plusieurs ont cru retrouver dans des Oscillaires, et avec lequel on a également confondu des Enchélides, nous paraît être une Anabaine; n'ayant observé les filamens de cette espèce flottante que d'après des échantillons desséchés sur le Talc, nous n'essayerons pas d'en décrire l'organisation.

†+. *Espèces terrestres.*

ANABAINE LICHÉNIFORME, *A. licheniformis*, N. Cette espèce a certainement été confondue avec des Nostocs décomposés en état de déliquescence, ce qui fait dire à Vaucher qu'il avait cru remarquer, dans les filamens moniliformes de certaines espèces, des

globules plus gros que d'autres, particulièrement ceux des extrémités. — L'espèce, dont il est question, croît vers la fin de l'automne, quand la température en est chaude et humide, sur la terre grasse des jardins ombragés, dans les allées des potagers et dans les endroits nus des pelouses; elle y forme des taches d'un noir-verdâtre triste, muqueuses et luisantes, encroûtant souvent les Mousses ou de jeunes Herbes qui en percent la substance, plus minces vers les bords où l'aspect de ces taches rappelle celui des rosettes de divers Colléma. Si l'on examine au microscope la substance de ces expansions ou taches gluantes, on la trouve composée de filamens simples, d'un vert-jaunâtre, un peu plus gros, plus courts, mais en tout pareils à ceux de l'Anabaine membranine. Les premières gelées font disparaître cette Arthrodiée qui se dissout en mucilage dans l'eau où elle est mise en expérience, sans que ses filamens y oscillent ou s'étendent en rosette. Le *Conferva Wormskioldii* de la Flore danoise (tab. 1547) pourrait bien n'être qu'une très-grande espèce d'Anabaine.   (B.)

ANABAS. POIS. Genre de l'ordre des Acanthoptèrygiens et de la famille des Squammipennes, établi par Cuvier, qui l'a distingué des Amphiprions, et que caractérisent des dentelures aiguës au sous-orbiculaire, à l'opercule, au sous-opercule et à l'inter-opercule, dentelures dont le préopercule est entièrement démuni. Le museau des Anabas est court et mousse; leur corps et leur tête sont entièrement garnis de larges écailles, leurs deux mâchoires de dents en râpes, et le pharynx de dents fortes et coniques. Un appareil particulier de lames compliquées, accompagnant les branchies et propre à y retenir de l'eau, donne à ces Poissons la faculté de vivre plus long-temps que d'autres hors de l'élément qui les nourrit; c'est propablement cette particularité qui a fait dire que le Seimal, type de ce genre, *Anthias testudineus*, Bloch. pl. 322, Poisson qui se trouve dans les mers de l'Inde, abandonnait ces mers pour ramper sur le rivage, grimper sur le tronc des Arbres, et s'aller rafraîchir dans l'eau de pluie retenue par la concavité des ampondres de Palmiers. Il nous paraît difficile d'adopter un pareil fait, tant qu'il n'aura pas été attesté par quelque voyageur physicien digne de foi, d'autant que la conformation d'un Poisson qu'on avait pu rapprocher des Perches ne nous paraît guère propre à la reptation.   (B.)

ANABASE. *Anabasis.* BOT. PHAN. Genre de la famille des Chénopodées, Pentandrie digynie, L., que l'on reconnaît aux caractères suivans : les fleurs sont terminales ou axillaires; chacune d'elles est accompagnée à sa base de trois bractées, et offre un calice à cinq divisions profondes, cinq étamines, un ovaire surmonté de deux styles, et pour fruit un akène enveloppé par le calice persistant devenu charnu à sa base, tandis que son limbe est sec, scarieux et étalé. Ce genre, très-voisin des Soudes, *Salsola*, L., s'en distingue par son calice charnu, par son embryon dressé, roulé en spirale, tandis que dans la Soude il est horizontal. Les quatre ou cinq espèces, dont il se compose, sont des Arbrisseaux d'un port triste, qui croissent sur le bord de la mer ou dans les lieux salins, en Italie, en Espagne, en Égypte, en Sibérie, etc.

Le nom d'Anabasis était donné, par les anciens, à ce que nous appelons aujourd'hui Ephédra. *V.* ce mot.
                                (A. R.)

* **ANABATES.** BOT. PHAN. Cinquième section formée par De Candolle (*Syst. veget.* t. 1. 377) dans le genre Aconit, pour les espèces à fleurs bleues ou blanches, à sépale supérieur en casque convexe, disposées en grappe lâche, et à tige grimpante volubile. Les cinq Aconits de la division des Anabates paraissent exotiques, mais propres à l'hémisphère boréal.   (B.)

ANABLEPE. *Anableps.* POIS. Genre de l'ordre des Malacoptèrygiens abdominaux, placé par Cuvier dans la famille des Cyprins, et mal à propos confondu par Linné dans le genre Cobitis, d'où Bloch le retira. Une seule espèce, très-remarquable, le constitue, c'est l'*Anableps tetrophthalmus*, Bloch. (361). *Cobitis Anableps*, L. (Encyc. Pois. pl. 61. f. 240). *Anableps surinam.* (POIS. Lac. *V.* p. 26). *Anableps*, Seba (T. XXXIV. f. 7). Un fait unique parmi les Animaux invertébrés le caractérise : « Son œil, dit Lacépède, est placé dans un orbite, dont le bord supérieur est très-relevé, mais il est très-gros et très-saillant. Si l'on regarde la cornée avec attention, on voit qu'elle est divisée en deux parties très-distinctes, à peu près égales en surface, faisant partie chacune d'une sphère particulière, placées l'une en haut et l'autre en bas, et réunies par une petite bande étroite, membraneuse, peu transparente, et qui est à peu près dans un plan horizontal, lorsque le Poisson est dans sa position naturelle. Si l'on considère ensuite la cornée inférieure, on apercevra aisément au travers un iris et une prunelle assez grande, au-delà de laquelle on voit très-facilement le cristallin : cet iris est incliné de dedans en dehors, et il va s'attacher à la bande courbe et horizontale qui réunit les deux cornées. Les deux iris se touchent dans plusieurs points derrière cette bandelette; ils sont les deux plans qui soutiennent les deux petites calottes formées par les deux cornées, et sont inclinés l'un sur l'autre, de manière à produire un angle très-ouvert. Cette complication, dans la composition des yeux, a causé le volume de ces organes qui, s'élevant beaucoup au-dessus de la tête de l'Animal, lui ont mérité le nom de *Gros œil*, sous lequel il est connu à la Guyane, dont il habite l'embouchure des rivières et les rivages. Sa chair y est estimée; il atteint environ six à huit pouces de longueur; sa tête et la partie antérieure de son corps sont aplaties en-dessus, mais ce corps devient

cylindrique vers la queue ; deux barbillons, presque comparables à des
tentacules, se voient aux deux côtés
de la bouche. B. 5. 6. D. 7. P. 22. V.
7. A. (dans la femelle) 9. (dans le
mâle) 5, avec un tube particulier qui
semble jouer le rôle d'organe générateur, ou du moins de conducteur
de la semence dans un accouplement
réel. o. 19.

L'Anableps n'est pas seulement remarquable par la grosseur, la situation et l'étrange conformation de ses
yeux, il l'est encore par son organisation anatomique, et parce que c'est
un Poisson vivipare. L'ovaire dans
les femelles consiste en deux sacs inégaux, assez grands et membraneux,
dans lesquels éclosent les petits, et
d'où ils sortent tout vivans par suite
d'un accouplement beaucoup plus
complet que celui des Sélaciens, de
certaines Blennies et de quelques Silures ; aussi la laite, double dans le
mâle, est bien plus petite à proportion
que dans les Poissons qui vont fécon-
dant des œufs abandonnés sur le ri-
rivage. Une grande quantité de liqueur prolifique est moins nécessaire
ici, et cette liqueur ne sort pas seule
par le canal que nous avons remarqué
dans la nageoire anale du mâle, l'u-
rine de l'Anableps s'échappe aussi
par ce conduit, ce qui fait une véritable verge. Cinq bandes longitudinales noirâtres règnent sur les flancs du
Poisson, dont la couleur est brunâtre,
surtout dans les parties supérieures.

·(B.)

ANACA. ARACH. Très-petite Per-
riche du Brésil. *Psittacus Anaca*,
Lat. *V.* PERROQUET. (DR..Z.)

* ANACALIPHE. INS. Animal
muni d'un grand nombre de pates,
que l'on rencontre dans l'écorce des
Arbres pourris de Madagascar, et
que Flacourt dit fort vénimeux : ce
doit être une Scolopendre. (B.)

* ANACALYPTA. BOT. CRYPT.
(*Mousses.*) Rœhling, dans son Histoire des Mousses d'Allemagne, avait
séparé sous ce nom des Encalypta,

l'*Encalypta lanceolata* d'Hedwig, qui
diffère, en effet, des autres espèces
de ce genre par sa coiffe fendue latéralement ; mais depuis, Hooker a
rapporté cette Plante au genre Weissia, et le genre Anacalypta a été
abandonné. (AD. B.)

ANACAMPSEROS. BOT. PHAN.
Espèce de Sédum. *V.* ce mot. (B.)

*ANACAMPTIS. BOT. PHAN. Genre
nouveau établi par Richard père,
dans son Mémoire sur les Orchidées
d'Europe. Il fait partie de la famille
des Orchidées, Gynandrie Monandrie, L. Il offre un calice, dont les
divisions sont rapprochées en casque;
un labelle étalé, offrant à sa base deux
feuillets saillans et longitudinaux ;
un éperon conique ; le gynostème est
très-court ; l'anthère est dressée, à
deux loges ; les deux masses polliniques terminées en pointe à leur base,
sont réunies sur un seul rétinacle
renfermé dans une petite bourse
simple.

Ce genre, qui a pour type, et jusqu'à
présent pour seule espèce, l'*Orchis
pyramidalis* de Linné, se distingue
parfaitement des véritables Orchis
par les deux lamelles de son labelle,
et surtout par un seul rétinacle pour
ses deux masses polliniques. (A. R.)

* ANACAMPTODON. BOT. CRYPT.
(*Mousses.*) Ce genre, établi par Bridel
(*Methodus nova Muscorum*, p. 158),
ne nous paraît pas différer essentiellement de son genre Cryphea. Tous
deux font partie du genre *Daltonia* de
Hooker. Ces trois genres ont un péristome double, composé de seize
dents, et d'autant de cils qui alternent avec elles ; leur coiffe est conique. Bridel ne distingue le genre
Anacamptodon du *Cryphea*, qu'en ce
que les dents du péristome externe
du premier, se réfléchissent en dehors,
tandis qu'elles restent droites dans
le second. Ce caractère nous paraît
trop peu important pour adopter cette
division, et nous renverrons l'un et
l'autre au genre *Daltonia*, qui a été
établi plus anciennement. (AD. B.)

ANACANDAIA ou ANACANDIA. REPT. OPH. Syn. de *Boa Scytale*, L. *Boa Anaconda*, Daud. *V.* BOA. (B.)

ANACANDEF. REPT. OPH. (Flacourt.) Serpent probablement fabuleux, qu'on prétend se trouver à Madagascar, n'être pas plus gros qu'un tuyau de plume, s'introduire dans le corps de l'Homme par l'anus, et causer la mort. (B.)

*ANACARDE DES BOUTIQUES. BOT. PHAN. Fruit de l'*Anacardium longifolium.* *V.* ANACARDIER. (B.)

ANACARDIER. *Anacardium.* BOT. PHAN. Famille des Thérébintacées, Pentandrie Trigynie, L. Ce genre, très-voisin de l'Acajou, *Cassuvium*, avec lequel on l'a souvent confondu, se distingue par son calice subcampanulé, quinquefide; sa corolle pentapétale; ses étamines seulement au nombre de cinq; son ovaire surmonté de trois styles et de trois stigmates; et son fruit, qui au lieu d'avoir la forme d'un rein, offre celle d'un cœur, appuyé sur un réceptacle charnu, un peu plus gros que le fruit, mais jamais aussi développé que dans la Pomme d'Acajou. L'Anacardier, auquel Linné fils avait donné le nom de *Semecarpus*, renferme deux espèces: l'Anacardier à longues feuilles, *Anacardium longifolium*, Lamk. dont les fruits portent le nom d'Anacarde des Boutiques, et dont on mange, dans l'Inde, les amandes qui sont renfermées dans l'intérieur du péricarpe; et l'Anacarde à feuilles larges, *Anacardium latifolium*, Lamk. Ce sont deux grands Arbres originaires de l'Inde, dont les fleurs sont petites et disposées en grappes paniculées et terminales. (A. R.)

ANACAU ou ANACO. BOT. PHAN. (Flacourt.) Arbre maritime de Madagascar, qui paraît être un *Casuarina. V.* ce mot. (B.)

ANACHARIS. BOT. PHAN. Famille des Hydrocharidées. Dans son Mémoire sur les Plantes de la famille des Hydrocharidées, publié dans les Mémoires de l'Institut, pour 1811, feu

Richard a fait un genre nouveau d'une petite Plante qu'il figure pl. 2, recueillie par l'infatigable Commerson, aux environs de Montevideo; voici quels sont les caractères de ce genre, de la Dioécie Monadelphie, dont on ne connaît encore que l'individu mâle: la spathe est sessile, tubuleuse, élargie et bifide à sa partie supérieure; elle renferme une seule fleur mâle portée sur un pédoncule deux fois plus long qu'elle; le calice est à six divisions réfléchies, les extérieures un peu plus courtes et plus larges que les intérieures; les étamines, au nombre de neuf, se composent d'anthères sessiles, oblongues, attachées à une sorte d'axe ou de columelle centrale. La seule espèce d'après laquelle ce genre a été établi, porte le nom d'*Anacharis callitrichoïdes*, Rich.; c'est une petite Herbe aquatique, ayant le port d'un Callitriche, portant des feuilles opposées, sessiles, linéaires, et des spathes solitaires et axillaires. (A. R.)

* ANACHARSIS. POIS. Espèce de Poisson qu'il est impossible de déterminer sur ce qu'en a dit Gesner (*de Aquat.* p. 40). (B.)

* ANACHITES ou ANACHYTIS. MIN. (Reuss et Bertrand.) *V.* ANANCHITE.

* ANACHOVADI. BOT. PHAN. (Rhéede.) (*Hort. mal.* x. t. 7). Syn. d'*Elephantopus scaber*, à la côte du Malabar. *V.* ELÉPHANTOPE. (B.)

ANACO. BOT. PHAN. *V.* ANACAU.

ANACOCK. BOT. PHAN. (J. Bauhin.) Graine exotique d'une légumineuse, rouge et noire, qui peut être celle de quelque Dolic, d'un Robinier, d'un Erythrina, ou de quelque autre Plante voisine, mais indéterminée. (B.)

ANACOLUPPA. BOT. PHAN. (Rhéed. *Hort. mal.* x. t. 47). Syn. de *Zapania nodiflora*, Lamk. *Verbena nodiflora*, L. *V.* ZAPANIE. (B.)

ANACOMPTIS. BOT. PHAN. (Flacourt.) Arbre indéterminé de Mada-

gascar; dont la feuille ressemble à
celle du Poivrier, et dont le fruit laiteux et doux sert à faire cailler le
lait.   (B.)

ANACONDIA ou **ANACONDO.**
REPT. SAUR. (Ray.) Probablement la
même chose qu'Anacandaia ou Anacandia. *V.* ces mots.   (B.)

*****ANACTIRION.** BOT. PHAN. (Dios-
coride.) Syn. d'Armoise.   (B.)

ANACYCLE. *Anacyclus.* BOT.
PHAN. Genre de la famille des Corymbifères, voisin des Camomilles, dont
il présente le port, et ne diffère que
par l'absence de demi-fleurons. L'involucre est hémisphérique, composé
de folioles imbriquées et inégales; les
akènes membraneux sur les bords,
crénelés ou échancrés au sommet,
sont placés sur un réceptacle conique, garni de paillettes. Les fleurons
du disque sont hermaphrodites; ceux
de la circonférence femelles fertiles
et à limbe entier. Suivant Necker, ces
derniers seraient neutres, et les folioles de l'involucre aiguës, dans quelques espèces auxquelles il conserve
le nom d'*Anacyclus,* tandis que dans
d'autres, dont il fait son genre *Hior-
thia,* ces folioles seraient scarieuses,
et les fleurons de la circonférence femelles. — Sept à huit Plantes herbacées et annuelles composent ce genre;
elles croissent dans le Levant, l'E-
gypte, la Barbarie. Deux sont indigènes; l'une entièrement glabre, et
dont l'involucre se dore en se desséchant, c'est l'*A. aureus;* l'autre légèrement velue; c'est l'*A. valentinus :*
leur feuillage est finement découpé;
leurs fleurs sont jaunes.   (A. D. J.)

ANADARA. MOLL. (Adanson. Séneg. p. 248). Syn. d'*Arca antiquata,*
L. *V.* ARCHE.   (F.)

***** ANADENDROMALACHE.** BOT.
PHAN. (Galien.) Selon C. Bauhin,
syn. de la Plante appelée depuis
Alcea rosea par Linné. *V.* ALCÉE.
                      (B.)

ANADÉNIE. *Anadenia.* BOT. PHAN.
Famille des Protéacées, Tétrandrie

Monogynie, L. Ce genre, très-voisin
du *Grevillea,* renferme trois Arbrisseaux originaires de la Nouvelle-
Hollande, où ils ont été observés par
R. Brown : ils ont des feuilles cunéiformes, pinnatifides, des fleurs géminées, disposées en épis; un calice
composé de quatre sépales concaves
au sommet, où sont insérées les étamines; point de disque sous l'ovaire
qui renferme deux graines; le stigmate est conique. Le fruit est uniloculaire, monosperme par avortement;
la graine n'est point ailée.   (A. R.)

***** ANADROMOS.** POIS. Nom que
les Grecs donnaient aux Poissons de
mer qui remontent les fleuves et les
rivières, et dont une espèce, inconnue
aujourd'hui, passait pour un spécifique contre l'épilepsie.   (B.)

ANADYOMÈNE. *Anadyomena.*
POLYP. Genre de l'ordre des Gorgoniées, dans les Polypiers flexibles,
ayant pour caractères d'être flabelliforme, sillonné de nervures symétriques et articulées semblables à une
riche broderie où aux figures régulières de certaines dentelles; la régularité extraordinaire de ce réseau, la
forme de cette production, la substance gélatineuse qui en recouvre
toutes les parties dans l'état frais, sa
base fibreuse, l'absence totale de tout
ce qui pourrait donner l'idée d'une
fructification, m'ont décidé à classer
parmi les Polypiers la seule espèce
qui constitue ce genre. Je l'ai nommée *Anadyomena flabellata.* Gen.
Polyp. p. 3i. tab. 69. fig. i5, i6. Sa
couleur est un vert un peu terne dans
l'état sec; elle dépasse rarement un
pouce de hauteur, et se trouve dans
la Mousse de Corse des pharmacies,
ainsi que sur les côtes de France.
Je l'ai reçue de Marseille et de
Nice; elle est toujours rare, ou en
très-petite quantité.   (LAM..X.)

*****ANÆTHETUS.** OIS. (Brown.)
Grand et petit. Syn. du Fou commun,
Pelecanus Sula, L., et *Sterna stolida,*
L. *V.* FOU et STERNE.   (DR..Z.)

***** ANAFALIS.** BOT. PHAN. *V.* ANA-

PHALIS. Peut-être syn. de *Grapho-
lium. V.* ce mot. (B.)

* ANAFUSTOS. BOT. PHAN. (Dioscoride.) Syn. de *Veratrum. V.* VÉ-
RATRE. (B.)

ANAGALLIDE. *Anagallis.* BOT.
PHAN. Ce genre, qui fait partie de la
famille des Primulacées ou Lysima-
chiées de Jussieu, de la Pentandrie
Monogynie, se distingue par les caractères suivans : son calice est à cinq
lobes profonds ; sa corolle est monopétale, rotacée, à cinq lobes obtus ;
ses étamines, au nombre de cinq,
ont les filets velus. Le fruit est une
pyxide, c'est-à-dire, une petite capsule s'ouvrant circulairement en deux
valves superposées à la manière des
boîtes à savonnette, ce que Linné désignait par le nom de *Capsula circum-
scissa.* — Les espèces de ce genre, au
nombre d'environ une douzaine, sont
toutes de petites herbes grêles, d'un
port assez élégant, ayant la tige ordinairement carrée, les feuilles opposées, et les fleurs axillaires, de couleur vive et brillante. Elles croissent
dans les parties méridionales de l'Europe, et dans l'Amérique méridionale.

L'*Anagallis arvensis*, désigné vulgairement sous le nom de *Mouron des
champs*, est extrêmement commun
dans les moissons aux environs de
Paris. Il offre deux variétés très-remarquables, et dont quelques auteurs
ont même fait deux espèces distinctes;
dans l'une, les fleurs sont d'un rouge
écarla'e ; dans l'autre, elles sont
d'un beau bleu d'azur. Quelques auteurs ont prétendu que cette Plante
était utile contre la rage; mais nous
sommes loin de croire à une pareille
assertion. (A. R.)

* ANAGALLIDIASTRUM. BOT.
PHAN. (Micheli.) Syn. de *Centunculus*,
L. *V.* ce mot. (B.)

N ANAGÉNITE. GÉOL. (Haüy.) C'est-
à-dire, *régénérée, reformée après
coup.* Même chose que Brèche ancienne. *V.* ROCHE. (LUC.)

ANAGYRE. *Anagyris.* BOT. PHAN.

Famille des Légumineuses, Décandrie. Monogynie, L. Ce genre n'est
formé que d'une seule espèce, l'*Anagyris fœtida*, L. Arbrisseau de trois
à quatre pieds de hauteur, dont les
feuilles sont trifoliées, blanchâtres et
cotonneuses; les fleurs jaunes en faisceaux, ayant un calice persistant,
court, à cinq dents, une corolle papilionacée, dont l'étendard est ob-
cordé, les deux ailes plus courtes que
la carène, qui est formée de deux pétales distincts; dix étamines distinctes,
non soudées par les filets ; la gousse
est longue, un peu courbée, épaisse,
et renferme plusieurs graines bleuâtres et réniformes. Cet Arbrisseau a
reçu le nom de *Bois puant*, parce
que ses feuilles et son écorce exhalent
une odeur désagréable, quand on les
froisse entre les doigts. Il croît dans
les lieux montueux, au milieu des
rochers, dans les provinces méridionales de la France, et en Espagne. Il
fleurit dès le mois de janvier ou de
février. (A. R.)

ANAHAMEN. BOT. PHAN. Syn.
d'Anémone, chez les Arabes, et peut-
être racine de ce mot. (B.)

* ANAKTORION. BOT. PHAN.
(Dioscoride.) Syn. de *Gladiolus communis*, L. *V.* GLAYEUL. (B.)

ANAKUEY. BOT. PHAN. (Rochon.)
Nom d'une Mimeuse voisine de la
Sensitive, à Madagascar. (B.)

ANALCIME. MIN. C'est-à-dire,
corps faible, sans vigueur; Cubizit,
Werner. Variété du *Würfel Zeolith*
de Reuss. Haüy a donné ce nom à
un Minéral de la classe des substances
terreuses, qui même lorsqu'il est transparent et dans son état de perfection,
n'acquiert, à l'aide du frottement,
qu'une faible vertu électrique. On l'a
réuni pendant long-temps sous le
nom de *Zéolithe*, avec plusieurs autres substances entre lesquelles la cristallographie est parvenue à établir
une distinction nette et précise. L'A-
nalcime était la Zéolithe dure de Dolomieu. — Le caractère spécifique de
ce Minéral est tiré de sa forme pri-

mitive, qui est le cube, jointe à l'indication de sa pesanteur spécifique, qui est de 2 à peu près. On ne peut confondre l'Analcime ni avec la Magnésie boratée, ni avec la Soude muriatée, qui ont aussi le cube pour forme primitive, mais que leurs propriétés physiques et chimiques distinguent si fortement. Il diffère de l'Amphigène, en ce que dans cette dernière espèce le cube se sous-divise parallèlement à ses arêtes. Il n'est donc besoin que d'indiquer un caractère auxiliaire, qui le sépare des substances métalliques dont le noyau est aussi un cube. Haüy a choisi la pesanteur spécifique, que l'on peut déterminer avec une précision suffisante, et qui est sensiblement plus petite dans l'Analcime que dans ces substances. — L'Analcime raye légèrement le verre; sa cassure est ondulée dans les morceaux transparens, et compacte, à grain fin, dans ceux qui sont opaques. Il est fusible au chalumeau en verre transparent. Voici l'analyse de l'Analcime du Vicentin, par Vauquelin :

Silice 0,58; Alumine 0,18; Chaux 0,02; Soude 0,10; Eau 0,09; perte 0,03.

On connaît trois variétés de formes secondaires; dont la première est l'Analcime *cubo-octaèdre*, qui offre le passage de la forme primitive à celle de l'octaèdre régulier : tel est celui que l'on trouve à la Somma, et que Thomson a décrit sous le nom de *Sarcolithe*, à cause de sa couleur d'un *rouge de chair*. La seconde variété est l'*Analcime trépointé* : celle-ci offre le passage du cube au solide trapézoïdal, lequel a lieu par un décroissement de deux rangées autour de chaque angle. La troisième variété est l'*Analcime trapézoïdal*, dont la surface est composée de vingt-quatre trapézoïdes égaux; c'est la variété précédente, dans laquelle le décroissement est parvenu à sa limite. Le meilleur caractère pour distinguer l'Analcime trapézoïdal de l'Amphigène, qui présente aussi la même forme, est celui qui se tire de l'action du chalumeau, l'Analcime étant facile à fondre, tan-dis que l'Amphigène résiste à la fusion. —La seule variété qui soit indéterminable par les procédés cristallographiques, est l'Analcime *globuliforme*, que l'on trouve dans les cavités des roches amygdalaires du Vicentin. On peut voir dans le Traité comparatif de Haüy (p. 199) les raisons qu'il a données à l'appui du rapprochement entre la Sarcolithe de Thomson et l'Analcime. Nous nous bornerons ici à faire remarquer que la Sarcolithe a la plus grande analogie avec de petites masses d'un rouge incarnat, engagées dans les roches dont nous venons de parler, et accompagnées de cristaux d'Analcime, auxquels on les voit passer graduellement.

On trouve l'Analcime dans les basaltes des îles Cyclopes, dans les laves de l'Etna et dans les xérasites ou Roches Amygdalaires du Vicentin, dont les cavités renferment en même temps de la Strontiane sulfatée laminaire bleuâtre, et de petits Cristaux de Chaux carbonatée. La même substance se rencontre aussi à Dumbarton, près de Glascow, en Ecosse, où ses Cristaux ont quelquefois un pouce et demi d'épaisseur. Dans d'autres localités, la Roche environnante est une Wacke, comme au Vésuve, et à Fassa, dans le Tyrol. Mais dans ce dernier endroit, l'Analcime a pour gangue immédiate l'Apophyllite laminaire, et il adhère aussi à la Chaux carbonatée en Cristaux de la variété cuboïde. Il existe dans le duché de Bade des Cristaux de Quarz primé blanchâtre, dont les interstices sont garnis d'Analcime, et qui reposent sur un Psammite à grain fin (Grauwacke des Allem.). Enfin ce Minéral s'associe à la formation accidentelle des filons métalliques; on le rencontre dans le filon d'argent natif de Neskiel, près d'Arendal, en Norwége. Les plus gros Cristaux d'Analcime sont ceux d'Ecosse et de la vallée de Fassa : ils sont opaques, blanchâtres ou colorés en rouge incarnat. Les Analcimes transparens viennent de Sicile et du Vicentin.   (G. DEL.)

* ANALE. POIS. Nageoire inférieure qui, dans les Poissons, est la plus rapprochée de la caudale, et qui, voisine de l'anus, a pris le nom qu'elle porte de cette situation. Elle peut être simple ou double sur une même ligne, mais, ainsi qué la dorsale, jamais elle n'est par paires; elle est l'une de celles dont le nombre des rayons est ordinairement le plus constant; elle offre, dans l'Anablepe, une étrange particularité, et devient dans ce Poisson une véritable verge. *V.* ANABLEPE. (B.)

*ANALOGUES. ZOOL. *V.* ANATOMIE.

* ANALOGUES. GÉOL. Tels corps trouvés fossiles ont, ou n'ont pas, leurs *Analogues* vivans. Ils sont, ou ne sont pas, les Analogues des êtres du monde actuel. Il existe des Analogues d'espèces, des Analogues de genre, des Analogues de famille, etc. — Des géologues veulent qu'il n'y ait pas de véritables Analogues; d'autres pensent que nous ne connaissons pas assez tous les points du globe et tous les êtres qui l'habitent pour prononcer sur cette question. En général, parmi les terrains zootiques, les couches les plus récemment formées, sont celles qui renferment aussi le plus d'Analogues incontestables des corps organisés, vivans, connus. *V.* FOSSILES. (C. P.)

ANAMÉNIE. *Anamenia.* BOT. PHAN. Ce genre, de la famille des Renonculacées, établi par Ventenat en 1803, l'avait été déjà par Salisbury en 1796, sous le nom de *Knowltonia*, nom que DeCandolle a adopté dans le 1er volume de son *Systema.* *V.* KNOWLTONIE. (A. R.)

* ANAMOE. OIS. (Stedmann.) Espèce de Perdrix de Surinam imparfaitement observée, aussi remarquable, dit-on, par la beauté de son plumage que par la délicatesse de sa chair.(B.)

ANANACHICARIRI. BOT. PHAN. (Pison. *Brasil.* p. 130.) Palmier brésilien indéterminé, dont les tiges sont épineuses et les feuilles disposées en éventail, ce qui a déterminé de Jussieu à le rapprocher du genre Lontarus dans le Dictionnaire des sciences naturelles. (B.)

* ANANAPALA OU ANAPALA. BOT. PHAN. (Camelli.) Noms donnés par les indigènes des Philippines à un Arbre peu connu qui, d'après la figure que l'on en possède, paraît se rapprocher des Acacias, encore qu'il ait été pris pour un *Rhus.* (B.)

ANANAS. BOT. PHAN. Fruit du *Bromelia Ananas*, L. *V.* BROMÉLIE. (A. R.)

ANANAS DES BOIS. BOT. PHAN. (Jacquin.) Syn. de *Tillandsia ligulata*, à la Martinique. (Aublet.) Syn. de *Bromelia pinguis.* (B.)

* ANANAS FOSSILE. Davila figure sous ce nom, dans son Catalogue, un Fossile très-singulier, qui pourrait appartenir à une tête d'Encrine, selon Desmarest. (C. F.)

ANANAS DE MER. POLYP. Nom vulgaire de l'Astrée Ananas, *Madrepora Ananas*, L. *V.* ASTRÉE. (LAM. X.)

ANANAS PITE. BOT. PHAN. (Plumier.) Espèce de Bromélies sans aiguillons ni épines. (B.)

ANANCHITE. *Ananchytes.* ÉCHINON. Genre indiqué par Klein et par Leske sous le nom d'Echinocorytes, établi et restreint dans ses véritables limites par Lamarck, et adopté seulement comme sous-genre par Cuvier, (Règne Animal) qui le place parmi ses Échinodermes pédicellés. Il offre pour caractères : corps irrégulier, ovale ou conoïde, garni de tubercules spinifères dans l'état vivant; ambulacres partant d'un sommet simple ou double, et s'étendant sans interruption, soit jusqu'aux bords, soit jusqu'à la bouche : cette dernière, toujours inférieure, n'est jamais centrale; elle est presque marginale, labiée, et transverse; l'anus est latéral, opposé à la bouche. — Les Ananchites diffèrent des Spatangues par les ambulacres, complets dans les premiers, imitant presque des courroies qui sanglent un corps, tandis que, dans les derniers, ils représentent une sorte de fleur à cinq pétales : toutes les Ananchites sont fossiles.

ANANCHITE OVALE. *Ananchytes ovata.* Encyc. tab. 184 fig. 13. Il est presque conoïde; ses ambulacres sont peu marqués; l'anus est ovale. On le trouve assez abondamment à Meudon, à Bougival et à Mantes.

ANANCHITE CORDÉE. *Ananchytes cordata.* Encyc. pl. 157. fig. 9. 10. Cette espèce est remarquable par l'échancrure de sa partie antérieure qui lui donne la forme d'un cœur, lorsqu'on la regarde en-dessous. Elle a le dos élevé et presque conique.

Lamarck a encore fait connaître les *Ananchytes striata, Semiglobus* et *Pillula,* trouvés en Picardie, les *Ananchytes pustulosa, bicordata, carinata* et *elliptica* du Maine, l'*Ananchytes gibba* de Normandie, ainsi que l'*Ananchytes Spatangus* et *Cor avium* qu'on observe dans toute la France. Il en existe beaucoup d'espèces, non décrites, dans les collections.

(LAM..X.)

* ANANCHITE. MIN. (Pline.) Pierre précieuse qui, chez les anciens,. était employée dans la divination, et nom qu'on donnait également au Diamant, auquel on attribuait aussi des vertus médicales et magiques. (B.)

* ANANDRIA. BOT. PHAN. Espèce de Tussilage de Sibérie, *Tussilago Anandria.* V. TUSSILAGE. (B.)

* ANANGELOS. BOT. PHAN. (Dioscoride.) Syn. de Fragon, *Ruscus,* L. (B.)

ANANTALY-MARAVARA. BOT. PHAN, (Rhéede. *Hort. Malab.* T. XII t. 7.) Syn. d'*Epidendrum ovatum,* L. V. EPIDENDRE. (B.)

* ANANTHÉRIX. BOT. PHAN. Genre nouveau de la famille des Apocinées, section des Asclépiadées, proposé par Nuttal dans ses genres de l'Amérique septentrionale. Il est voisin par son port de l'*Asclepias,* et par ses caractères du genre *Calotropis* de Brown. Il se distingue surtout de l'Asclepias par ses cornets dépourvus d'appendices en forme de cornes. — Nuttal y rapporte l'*Asclepias viridis* de Walter. Cette espèce croît dans l'Amérique septentrionale. (A. R.)

* ANANTHOCYCLUS. BOT. PHAN. (Vaillant.) Syn. de Cotula, L. V. ce mot. (B.)

* ANAPALA. BOT. PHAN. V. ANANAPALA.

ANA-PARUA. BOT. PHAN. (Rhéede. *Flor. mal.* VII. t. 40.) Syn. de *Pothos scandens,* à la côte du Malabar. V. POTHOS. (B.)

* ANAPHA. OIS. Oiseau de proie, chez les anciens Juifs, aujourd'hui inconnu. Syn. d'Outarde, chez les Juifs modernes, et de Huppe, *Upupa Epops,* L., selon Gesner. (B.)

* ANAPHALIS. BOT. PHAN. (Dioscoride.) Syn. de *Diotis candidissima,* Deff. V. DIOTIS. (B.)

* ANAPHIE. *Anaphia.* ARACHN. Genre de la famille des Holètres, ordre des Arachnides trachéennes, établi par Say (Journal de l'Acad. des Sc. de Philadelphie. Vol. II. p. 59.). Le corps des Anaphies est très-étroit, composé de quatre anneaux portant des pieds, et d'un petit appendice caudal presque ovale. Leur tête saillante, très-peu rétrécie en arrière, consiste en un prolongement du segment antérieur du corps. Elles ont quatre yeux insérés sur un tubercule commun partant du sommet de la tête. Leurs mandibules sont fortes, didactyles, plus longues que le bec, insérées à l'extrémité de la tête, dirigées en avant, parallèles, et de deux articles; le premier allongé, atteignant l'extrémité du bec; le second brusquement recourbé sur le bec. Celui-ci est porté en avant, cylindrique, tronqué au sommet, plus court que le corps, et inséré au-dessous du premier segment. Les palpes sont nuls, et ce caractère est indiqué par le nom d'*Anaphia,* c'est-à-dire sans toucher. Les pieds, au nombre de huit, sont filiformes, allongés, étroits. Les hanches ont trois articles, celui du milieu est le plus long. Les tarses sont de deux articles, le premier très-court; leur crochet est unique, arqué, et peut être fléchi en-dessous. Ces Animaux dont les pates

longues forment un contraste singulier avec l'étroitesse du corps, ressemblent beaucoup aux genres de la famille des Pycnogonides; ils se rapprochent des Phoxichiles de Latreille par
l'absence des palpes, mais en diffèrent par leurs mandibules didactyles
et les crochets simples de leurs tarses.
Par la forme de leurs mandibules ils
ressemblent aux Nymphons de Fabricius et aux Ammothées de Leach;
mais le manque de palpes les en distingue; enfin, tout bien considéré,
c'est avec le genre Phoxichile qu'ils
le plus de rapports.

L'espèce qui sert de type à ce nouveau genre est l'Anaphie pâle, *Anaphia pallida* de Say. Elle a été trouvée
dans la mer qui baigne les côtes de la
Caroline du sud, sur les branches du
Gorgonia virgulata. L'auteur figure
cette espèce. Il regarde comme une
seconde espèce du même genre, le
Phalangium aculeatum de Montagu
(*Trans. Linn. Societ.* T. IX. tab. 5),
bien que Leach, dans l'article Crustacés de l'encyclopédie de Brewster,
rapporte cette espèce au genre Nymphon.   (AUD.)

* ANAPODOPHYLLUM.   BOT.
PHAN. (Tournefort et Catesby.) Syn.
de Podophyllum. *V.* ce mot.   (B.)

ANAPURA.   OIS. (Laët.) Espèce
indéterminée de Perroquet, dont le
plumage paraît devoir être très-beau;
d'après la description, cependant incomplète, qu'on en a donnée, il
paraît s'apprivoiser au point de produire dans l'état de captivité.   (B.)

ANARAK ET ANARANGOAK.
OIS. Syn. de la Linotte, *Fringilla
Linaria*, L. au Groënland. (DR...Z.)

ANARDLOK ou ANGUSEDLOK.
POIS. (Bloch.) Syn. groënlandais d'A-
narhique Loup et de Cycloptère
Lump.   (B.)

ANARGASI. BOT. PHAN. (Camelli.)
Arbre indéterminé des Philippines,
dont les feuilles alternes lancéolées, trinervées, sont cotonneuses en-dessous.
Son écorce produit une excellente fi-

lasse propre à remplacer celle que
donne le Chanvre ou le Lin.   (B.) ·

ANARHIQUE. *Anarichas.* POIS.
Genre de l'ordre des Apodes de
Linné et de la famille des Gobioïdes
dans l'ordre des Acanthoptérygiens
de Cuvier, qui dit les Anarhiques
des Blennies sans ventrales. Ces
deux genres, placés par ce dernier à
la suite l'un de l'autre, offrent des
rapports naturels. — Les Anarhiques
sont des Poissons voraces et féroces
fort redoutables aux autres habitans
des mers du nord, dont ils fréquentent les plus grandes profondeurs,
n'approchant des rivages qu'au temps
du frai. On dit qu'alors ils grimpent
sur les rochers à l'aide de leur queue
et de leurs nageoires; mais ce fait
n'est guère plus avéré que les promenades que fait l'Anabas, *V.* ce mot,
sur la cime des Palmiers littoraux. La
ressemblance des Anarhiques avec
les Blennies qui, plus petites, grimpent véritablement contre les récifs,
mais à une petite hauteur, aura probablement donné lieu à cette tradition, dont aucun ichthiologiste digne
de foi n'a encore attesté l'exactitude.
—Le corps des Anarhiques est lisse et
muqueux, d'autant plus arrondi qu'il
s'étend vers la queue, ce qui rend
leur manière de nager assez grave, et
semblable à celle des Poissons anguilliformes. Leur dorsale est composée de rayons simples, mais sans
roideur, et s'étend tout le long du dos,
depuis la nuque jusqu'à la caudale,
qui est arrondie ainsi que les pectorales. L'appareil dentaire est chez
eux d'une grande puissance; il est
composé de gros tubercules osseux
tapissant tout l'intérieur de la bouche et portant, à leur sommet, de
petites dents recouvertes d'émail;
des dents antérieures plus longues,
coniques, également émaillées, garnissent les mâchoires, dont la force
est telle qu'on assure que l'Anarhique
Loup peut imprimer sa morsure sur
le Fer même. Quatre espèces, plus ou
moins constatées, forment ce genre
remarquable; toutes sont de couleur sombre sur le dos, et d'un blanc

plus ou moins pur sous le ventre.

ANARHIQUE LOUP. *Anarichas Lupus*, L. Bloch, pl. 74. Lacép., 11. pl. 9. Crapaudine. Encyc. Pois. pl. 26. f. 87. Cette espèce, la plus connue et la plus puissante, acquiert sept pieds, selon les uns, et jusqu'à quinze, selon les autres. Habitante des mers du nord, on prétend l'avoir retrouvée sur les côtes de la Nouvelle-Hollande. Elle varie pour la couleur ; on en voit des individus mouchetés, d'autres munis de bandes transversales plus foncées que le reste de la couleur générale, qui est noire en-dessus, passant au blanc sous le ventre, avec des reflets d'acier sur les côtes. On assure que ce Poisson est si vorace, que tout lâche qu'il est, on l'a vu, pressé par la faim, essayer d'escalader des bateaux pêcheurs pour attaquer les matelots. B. 6. D. 74. P. 20. V. 0. A. 45-46. 0. 16. 18.

ANARHIQUE PETIT. *Anarichas minor*, L. Olafsen, Voy. en Isl. t. 50. Le Karrak, Encyc. Pois. p. 38. Cette espèce des mers glaciales atteint rarement un mètre de longueur; les taches de sa peau sont très-marquées et constantes. D. 70. P. 20. V. 0. A. 44. C. 21.

L'*Anarichas strigosus*, L., qui n'est peut-être qu'une variété, et l'*Anarichas pantherinus*, dont la couleur tire un peu sur le fauve, sont les deux autres espèces dont le genre se compose.

La chair des Anarhiques a beaucoup de rapport avec celle de l'Anguille; elle est estimée.   (B.)

ANARNAK. *Anarnacus*. MAM. CÉT. Genre formé par Lacépède dans son second ordre des Cétacés, d'une seule espèce mentionnée pour la première fois par Otho Fabricius (*Faun. Groenl.* 31), qui l'avait placée provisoirement à la suite du Narwal, où Bonnaterre (Encyc. Cet. p. 11) l'avait laissée. Cuvier n'a pas même fait un sous-genre de l'Anarnak, et n'en a dit qu'un mot en forme de note (Règne Anim. 1. p. 281). Illiger en avait fait un Ancylodon. Quoi qu'il en soit, le genre dont il est question nous paraît devoir être conservé et demeurer intermédiaire entre les Narwals et les Cachalots. Ses caractères consistent en une ou deux dents petites et recourbées en défenses à la mâchoire supérieure ; l'inférieure en est totalement dégarnie. Une nageoire sur le dos le distingue du Narwal qui en est privé.

La seule espèce d'Anarnak connue, *Anarnaeus groenlandicus*, Lac. Cet. 164; *Monodon spurius*, Ot. Fab. et Bonaterre, *loc. cit.*, est l'un des Cétacés les moins considérables par la taille ; il n'a point encore été figuré. Son corps est allongé, arrondi, et de couleur noire. Sa chair et son huile passent pour violemment purgatives chez les Groenlandais, dont il habite les mers, assez loin des côtes.   (B.)

ANARRHINE. *Anarrhinum*. BOT. PHAN. Ce genre établi par Desfontaines et placé dans la famille des Personées, près des Antirrhinum, dont plusieurs espèces lui ont été rapportées, a pour caractères. un calice persistant, quinqueparti ; une corolle tubuleuse, munie ou plus rarement dépourvue d'un éperon à sa base, à deux lèvres, dont la supérieure bilobée, dressée, obtuse, et dont l'inférieure trilobée ne forme pas un palais qui ferme la gorge, comme dans l'Antirrhinum ; quatre étamines didynames, non saillantes ; un seul style ; un stigmate simple ; une capsule arrondie, à plusieurs valves, s'ouvrant par deux trous au sommet, et à deux loges polyspermes.

Une espèce, l'*Anarrhinum bellidifolium*, croît abondamment dans le midi, et même assez près du rayon de la flore parisienne. Desfontaines en a rencontré en Afrique deux, qu'il a nommées *A. pedatum* et *A. fruticosum*, et figurées tab. 141 et 142 de sa Flore atlantique. Ces deux espèces ont été retrouvées par Bory Saint-Vincent dans le midi de l'Espagne. On doit encore rapporter à ce genre deux *Antirrhinum* représentés tab. 144 et 180 des *Icones* de Cavahilles, le *tenellum* et le *crassifolium*, qui croissent dans le royaume de Valence et dans toute l'Audalousie ; et enfin l'*A. aquaticum* de Loureiro. (A. D. J.)

ANARTHRIE. *Anarthria.* BOT. PHAN. Genre de la famille des Restiacées, établi, dans son Prodrume de la Nouvelle-Hollande, par Robert Brown qui lui assigne pour caractères : des fleurs dioïques, dont le calice présente six divisions à peu près égales ; dans les mâles, trois étamines distinctes, à anthères didymes et bifides aux deux extrémités ; dans les femelles, trois styles, une capsule à trois loges et à trois lobes, des graines solitaires. Il en décrit cinq espèces, observées toutes sur les côtes méridionales de la Nouvelle-Hollande. Ce sont des Herbes à racine vivace. Leur tige est simple, sans nœuds et sans gaines, portant des feuilles distiques, équitantes, et dirigées verticalement, excepté dans une espèce, l'*Anarthria prolifera*, qui offre des tiges très-ramifiées. Les fleurs sont, ou disposées en épis tantôt composés et accompagnés d'une bractée caduque en forme de spathe, tantôt simples, ou bien solitaires. La capsule dans quelques-unes est à peine déhiscente.

La structure de la fleur et du fruit rapproche de l'*Elegia* ce genre, qu'en éloignent d'un autre côté le défaut de gaines à la tige et la disposition des feuilles équitantes et verticales. Il ressemble au *Liginia* par ses anthères didymes, mais en diffère totalement par son port. (A. D. J.)

*ANAS. MOLL. Nom latin d'un genre de Klein (*Ostrac.* p. 52.), le VIIIᵉ de sa classe des *Cono-Cochlis* ou *Cochlis conica*, établi pour une figure de Buonanni (Cl. 3ᵉ. fig. 81), qui représente une Coquille méconnaissable, peut-être du genre Cérithe. Il lui donne pour caractère : *Anati natanti sua figura aliquo modo comparanda*. (F.)

* **ANASA-TAMARÉI.** (Burman.) BOT. PHAN. Syn. de *Pistia Stratiotes*, L. à la côte de Coromandel. *V.* PISTIA. (B.)

ANA – SCHUNDA. BOT. PHAN.

(Rhéede. *Hort. Malab.* t. 35.) Syn. de *Solanum ferox*, L. à la côte du Malabar, et non d'une Plante du Pérou, comme il est dit dans le Dictionnaire de Déterville. (A. R.)

*ANASECACHU. BOT. PHAN. Syn. de *Salvia punctata*, Ruiz et Pavon, au Pérou. (B.)

* **ANASFORON.** BOT. CRYPT. Syn. de *Polypodium Filix-fœmina*, L. chez les anciens. *V.* ASPIDIUM. (B.)

ANASPE. *Anaspis.* INS. Genre de l'ordre des Coléoptères, section des Hétéromères, fondé par Géoffroy (Hist. des Ins. T. I. p. 515), qui lui assigne pour caractères : antennes filiformes, qui vont en grossissant vers le bout ; écusson imperceptible ; corselet plat ; uni et sans rebords. Latreille (Consid. génér) le place dans la famille des Mordellones, et ailleurs (Règne Animal de Cuvier), dans celle des Trachélides.

Les Anaspes ne se distinguent des Mordelles, auxquelles Olivier et Fabricius les ont réunies, par aucun caractère tiré de leur port, de leurs habitudes, ou de l'organisation de leur bouche ; ils en différent seulement par le pénultième article des quatre tarses antérieurs bilobé, par les antennes simples ou point en scie, et par l'écusson invisible ou du moins très-petit.

On ignore les mœurs de ces petits Insectes ; ils se trouvent sur les Fleurs.

Les espèces sont assez nombreuses. Dejean en possède une quinzaine, dont plusieurs sont originaires de la Dalmatie, de l'Espagne, et des environs de Paris. Parmi celles de ce dernier lieu, nous citerons l'Anaspe humerale ou l'Anaspe à taches jaunes de Géoffr. (*loc. cit.* n° 2.); *Mordella humeralis*, Fabr., et Oliv. (Coléopt. T. III. pl. 1. fig. 7.). Cette espèce paraît servir de type au genre.

Les Mordelles *frontalis*, *flava*, *nigra*, *bicolor*, *ruficollis*, *thoracica* et *lateralis* d'Olivier et de Fabricius doivent être rapportées au genre Anaspe. (AUD.)

* ANASSA. BOT. PHAN. Syn. d'Ananas en quelques endroits de l'Inde. (B.)

ANASSER. *Anassera.* BOT. PHAN. Une Plante de l'île Mascareigne, trouvée sans nom dans l'Herbier de Commerson, a fourni à Jussieu le type de ce genre de la famille des Apocynées, et il l'a ainsi appelée à cause de l'analogie qu'il a remarquée entre elle et un Arbre des Moluques, décrit dans Rumph sous le nom d'Anasser. Ses caractères sont : un calice petit, quinquefide ; une corolle plus longue, urcéolée, à cinq lobes intérieurement velus ; cinq étamines alternes avec ces lobes ; un seul style terminé par un stigmate didyme ; une capsule séparée en deux loges par une cloison que forment en partie deux valves réfléchies, et en partie deux trophospermes centraux où s'attachent des graines nombreuses.

L'Anasser de Mascareigne est un Arbrisseau bas et d'un aspect triste, à feuilles opposées, dont les aisselles contiennent des fleurs disposées en corymbe, et à fruits allongés. Il croît aux limites inférieures des bosquets d'Ambavilles, qui forment les forêts en miniature des plateaux montueux du pays ; mais il ne s'élève point dans les hautes régions. L'Anasser des Moluques, figuré tom. 7. tab. 7 de l'Herb. amboineuse de Rumph, présente des feuilles plus aiguës, des fleurs presque constamment terminales, et des fruits pyriformes. (A. D. J.)

* ANASTATICA. BOT. PHAN. Ce genre, de la famille des Crucifères, de la Tétradynamie siliculeuse, L. est très-voisin des Vella et des Camélines ; il s'en distingue par les caractères suivans : ses sépales sont dressés ; ses pétales sont obovales entiers ; les filamens de ses étamines sont dépourvus de dentelures ; sa silicule est globuleuse, renflée, à deux loges déhiscentes, surmontée d'un style filiforme terminé en crochet à sa partie supérieure ; les deux valves sont concaves, offrant en dedans une sorte de diaphragme incomplet qui partage cha-

que loge en deux compartimens, dont chacun contient une graine ; en sorte que le fruit entier en renferme quatre. La cloison est large ; les graines sont arrondies, légèrement comprimées. — Le genre Anastatica ne renferme qu'une seule espèce assez célèbre, l'*Anastatica hierochuntina*, petite Plante annuelle, à tige rameuse dès sa base, portant des feuilles entières oblongues, et terminée par de petits épis de fleurs blanches et sessiles ; elle croît dans les lieux sablonneux et arides, en Égypte, en Syrie, en Palestine et en Barbarie. Après la floraison, lorsque les graines approchent de leur maturité, cette Plante se dessèche ; ses feuilles tombent ; ses rameaux, qui sont roides et spinescens, se rapprochent, se resserrent, leur extrémité supérieure se replie en dedans, et ils forment une sorte de pelotte arrondie, à peu près de la grosseur du poing. Les vents ne tardent pas à la déraciner et à la rouler à travers les déserts jusque vers les fleuves ou le rivage de la mer. C'est dans cet état que l'on apporte en Europe l'*Anastatica*, qui est désignée alors sous les noms de *Rose de Jéricho*, ou *Jérose hygrométrique.* — Les charlatans se sont plu à répandre sur cette Plante les fables les plus ridicules, à une époque où la superstition les accueillait avec avidité. Ce qu'il y a de certain et de surprenant, c'est que la Rose de Jéricho ouvre et étend ses rameaux, lorsqu'on la plonge dans l'Eau, ou que l'atmosphère est très-humide ; et qu'elle reprend bientôt son premier état, lorsqu'elle est exposée au vent ou à la chaleur. (A. R.)

ANASTOME. OIS. *V.* BEC OUVERT.

* ANASTOMOSE. ZOOL. et BOT. C'est-à-dire, *jonction de bouches ;* réunion des branches d'artères, de veines ou de nerfs, qui se sont séparées d'un tronc commun. Ces réunions sont très-fréquentes dans le corps des Animaux, où lorsqu'un vaisseau se trouve coupé au-dessus d'une Anostomose, son office n'est point toujours interrompu. Les vais-

seaux dans les Plantes offrent aussi de tels exemples, et un genre de Conferves *Hydrodictyon* est particularisé par la manière dont ses filamens s'anostomosent pour former une sorte de réseau.   (B.)

* ANATAIRE. ois. Espèce d'Aigle qu'on dit attaquer les Canards, de préférence à toute autre proie.... (B.)

ANATASE. min. *V*. Titane anatase.

ANATE ou ATTOLE. bot. phan. Syn. de Rocou, *Bixa Orellana*, L. dans le commerce, selon Sonnini, dans le Dictionnaire de Déterville, et d'*Anona asiatica*, selon Jussieu, dans celui des Sciences naturelles. (B.)

* ANATETAMENON. bot. phan. (Dioscoride.) Syn. de Pariétaire. *V*. ce mot.   (B.)

ANATHÈRE. *Anatherum*. bot. phan. (Beauvois.) *V*. Andropogon.

ANATIFE. *Anatifa*. moll. Genre et famille de la classe des Cirrhopodes. *V*. ce mot. Bruguière (Enc. méth.) paraît être le premier qui ait introduit cette dénomination pour éloigner la fausse idée que présentait celle d'Anatifère ou Conque Anatifère, *V*. ce mot, sous laquelle les Mollusques, dont il s'agit, étaient connus depuis plusieurs siècles. Bellon, Rondelet, Gesner, Langius, etc., tout en comprenant les Anatifes parmi les Balanes d'Aristote, les distinguèrent plus particulièrement sous le nom vulgaire de Pouce-Pied (*Pollicipes*), *V*. ce mot, qui paraît avoir été en usage, depuis très long-temps, sur nos côtes; mais Aldrovande appelle déjà l'espèce commune *Concha anatifera*.

La plupart des anciens auteurs méthodistes ont séparé les Anatifes des Balanes. Ils composent, avec les Pholades et quelquefois les Oursins, les Testacés multivalves des premiers conchyliologistes. Lister, d'Argenville, Klein, Gualtieri en font des genres ou des familles distinctes. Le second de ces auteurs forme, avec les Anatifes, sa famille des Pouce-Pieds; Klein le

genre unique de ses *Polyconchæ*, sous le nom de *Concha anatifera*. Ce naturaliste fait, avec les Balanes, une classe particulière de ses *Niduli testacei*, dans lesquels il place cependant un véritable Anatife de Bruguière, qui forme, à lui seul, une classe à part, celle qu'il appelle *Capitulum*, trompé apparemment par la briéveté du pédicule de cette espèce (*An. mitella*, Brug.) *V*. Klein (*Ostrac.*, p. 174 et suiv.) — Gualtieri (*Test.* tab. 106.) fait, avec les Anatifes, le second genre de ses *Polythomæ conchoides*, sous le nom de *Tellina cancellifera*, Telline porte-Crabes, ce qui désigne bien l'analogie qu'il reconnaissait avec les Crustacés, ainsi que les conchyliologistes du même pays, les Anatifes répondant aux *Tellina pedata* de Buonanni, *Telline pedate* ou *Concha pedata* d'Imperato. — Linné, qui vint après tous ces auteurs, ne parut cependant pas frappé des différences qui distinguent les Anatifes des Balanes; car il les réunit dans son Syst. nat. en un seul genre; celui du *Lepas* formant, avec les Oscabrions et les Pholades, ses *Testacea multivalvia*, et appliquant ainsi à ces Mollusques un nom déjà consacré par les anciens pour les Patelles. Cet illustre savant, trompé apparemment par les observations de Leeuwenhoek et d'un autre naturaliste qui n'avaient vu, sans doute, que l'Animal d'un Anatife arraché de sa Coquille, en fit le genre Triton, dont l'existence ne s'est pas confirmée, et qui paraît avoir été consacré par Bruguière. *V*. Encyc. méth. pl. 85. f. 6. Presque tous les auteurs, qui, jusqu'à présent, ont suivi le système de Linné, ont adopté cette réunion des genres Balane et Anatife, réunion que Bruguière, à l'exemple de Lister, d'Argenville, Klein et Gualtieri, a enfin fait cesser, en établissant plus positivement les différences de ces Mollusques, nommant ceux qui nous occupent, Anatifes, et déterminant ainsi leurs caractères ; « Coquille fixée, formée de plusieurs » valves articulées, réunies par des » membranes, et soutenues par un

» pédicule tendineux, cylindrique et » flexible; une ouverture longitudi- » nale. » Il divise les espèces qu'il y rapporte, et qui sont au nombre de sept seulement, en deux sections : celles dont la Coquille n'a que cinq valves, et celles où ce nombre est plus grand. Il est digne de remarque que Favart d'Herbigny (Dict. au mot Conque anatifère) dit qu'on doit la considérer comme le passage qui conduit aux Crustacés. — Lamarck (An. sans vert., 1re édition) a suivi la marche de Bruguière et adopté le nom d'Anatife. Ce genre et les Balanes sont encore, dans cet ouvrage, placés parmi les Mollusques acéphalés; mais déjà l'anatomie de ces Animaux, par Poli, avait éveillé l'attention des naturalistes, et Duméril en fit deux genres distincts, de l'ordre des Brachiopodes, dans sa Zoologie analytique. Megerle suivit à leur sujet les idées de Bruguière. Dans l'extrait de son cours de Zoologie, Lamarck forma, pour ces Mollusques, une classe à part, celle des *Cirrhipèdes*, dans laquelle le genre Anatife de Bruguière resta tel qu'il l'avait établi. En 1814, Blainville adopta cette classe, sous le nom de Cirrhipodes, mais en la comprenant dans le type des Mollusques. En 1815, Ocken fut le premier qui divisa en plusieurs genres les Anatifes de Bruguière et de Lamarck, et qui en forma une famille sous le nom de *Lepaden*, dans laquelle il place un genre de Crustacés, les Phronymes de Latreille, confondant dans la même classe les Brachiopodes, les Crustacés et les Cirrhopodes. Les trois genres *Branta*, *Mitella*, *Pollicipes*, formés par Ocken dans la famille des *Lepaden*, ne furent point adoptés par Cuvier dans le Règne Animal; mais on les voit établis postérieurement, sous d'autres noms, dans la 2e édit. des Anim. sans vert. T. v. p. 401. Le genre *Branta* est le genre Otion de Leach, adopté par Lamarck et décrit par Blainville, sous le nom d'*Aurifera*, dans le Dictionnaire des Sciences naturelles. Le genre *Mitella* est le genre *Pollicipes*

de Lamarck, formé des genres *Pollicipes* et *Scapellum* de Leach. Enfin, le genre *Lepas* d'Ocken revient au genre Anatife de Lamarck, appelé *Pentalasmis* par Leach. On peut observer à ce sujet qu'il est fâcheux que les noms d'Ocken, donnés en 1815, n'aient pas été adoptés en 1818 par Leach et Lamarck, puisqu'il en résulte une pluralité de noms toujours très-nuisible, d'autant que le travail de Leach étant resté manuscrit, rien n'empêchait d'adopter les noms d'Ocken. Lamarck a fait connaître, dans cette nouvelle édition, un nouveau genre d'Anatife, établi par Leach pour le *Lepas coriacea* de Poli, sous le nom de *Cineras*. — Schweiger, bien que postérieur à tous les travaux que nous venons de citer, ne suit pas les mêmes idées. Il n'admet que deux genres dans les Cirrhopodes, et confond les quatre genres de Lamarck dans le genre Anatife de Bruguière. Goldfuss adopte les trois genres d'Ocken.

Tel est l'ensemble des variations systématiques que les Anatifes ont éprouvées dans leur classement. Il résulte que, réunis ou séparés d'avec les Balanes par les premiers conchyliologistes, ils ont formé des genres distincts depuis Bruguière, et que que les seuls Anatifes forment actuellement quatre genres. Nous renvoyons au mot CIRRHOPODES pour toutes les généralités sur l'organisation de ces Animaux singuliers, dont Cuvier a donné une anatomie qui complète celle de Poli. Nous nous bornerons à dire, qu'adoptant les divisions proposées par Ocken et subséquemment par Leach et Lamarck, dans les Anatifes de Bruguière, les quatre genres de Lamarck composent pour nous une famille unique dans l'ordre des Cirrhopodes, celle des Anatifes ou Pouce-Pieds, à laquelle conviennent, par conséquent, les caractères donnés par Bruguière à son genre Anatife, et ceux de l'ordre des Cirrhopodes pédonculés. *V.* CIRRHOPODES. Le petit nombre d'espèces connues dans cette famille, et la grande analogie qu'elles ont entre elles, auraient pu dispenser d'en faire plusieurs genres. Cependant, comme ils peuvent s'appuyer sur des caractères assez distincts, nous allons suivre l'exemple des naturalistes cités ci-dessus.

† *Test cunéiforme composé de pièces contiguës, renfermant l'Animal, et lui laissant une issue libre lorsqu'il s'ouvre. Pédicule quelquefois très-court.*

α Quatre à cinq valves ou lames testacées; les inférieures des côtés plus grandes.

1. ANATIFE. *Anatifa*, Lamk.; *Lepas*, Ocken; *Pentalasmis*, Leach.

β Treize valves et plus; les inférieures des côtés étant les plus petites.

2. POUCE-PIED, *Pollicipes*, Lamk.; g. *Mitella*, Ocken; g. *Pollicipes* et *Scapellum*, Leach.

††. *Tunique membraneuse enveloppant le corps et offrant une ouverture antérieure; des valves ou lames testacées non contiguës, adhérentes sur la tunique.*

α Cinq lames ou valves.

3. CINÉRAS, *Cineras*, Lam., Leach.

β Deux lames ou valves.

4. BRANTE, *Branta*, Ocken; g. *Otion*, Leach, Lam.; g. *Aurifera*, Blainville.

Tous les Mollusques de cette famille vivent dans la mer; ils s'attachent aux rochers, aux pieux, aux quilles des vaisseaux, ce qui fait que dans nos ports, on peut journellement en observer d'exotiques. Les uns paraissent toujours groupés ou vivre en société, attachés même les uns sur les autres, et former ainsi comme des bouquets, tandis que les autres paraissent vivre isolément.

Le pédicule de certaines espèces est fort court; ordinairement il est long, quelquefois même il a près d'un pied de longueur; il est tendineux, flexible, susceptible de s'allonger et de se contracter pendant la vie de l'Animal, ce qui le met à portée de se procurer les alimens convenables; en un mot, il est organisé, musculeux intérieurement, et reçoit, dit Lamarck, les

œufs qui s'y développent et que l'Animal fait ensuite remonter pour leur évacuation, ce qui n'est pas d'accord avec l'opinion de Cuvier qui assure que les œufs restent assez long-temps en paquets entre le corps et le manteau.

Bruguière a remarqué que les Anatifes se plaisent dans les lieux exposés au mouvement alternatif des marées, et que les espèces qui s'attachent sur les vaisseaux, se placent de préférence à quelques pouces de la ligne d'eau, et surtout près du gouvernail. où son agitation est plus considérable.

On mange quelques Anatifes, surtout l'Anatife lisse qui est la plus grosse et la plus commune. On leur attribue des vertus aphrodisiaques.

Le genre Anatife, réduit d'après les caractères que nous venons d'indiquer, tel qu'Ocken, Leach et Lamarck l'ont limité, comprend tous les Anatifes de Bruguière, dont la coquille est composée de quatre à cinq valves seulement. Cette coquille est aplatie sur les côtés, cunéiforme, testacée, ou simplement membraneuse, et ordinairement composée de cinq valves, dont deux de chaque côté, et la cinquième linéaire, souvent carénée, placée sur le bord dorsal ou liant entre elles les valves latérales qu'on peut comparer, avec Cuvier, aux valves des Lamellibranches, divisées chacune en deux parties. Ces valves sont réunies les unes aux autres par la membrane ou tunique, sous l'épiderme de laquelle elles se forment; membrane souvent visible entre les deux grandes valves de chacun des côtés et la valve dorsale impaire. Leur accroissement s'opère par la transsudation de la membrane interne, mais en partant de divers centres pour chaque valve. Pour les valves latérales, les lames d'accroissement sont disposées sur les bords qui sont contigus. Pour la cinquième valve, l'accroissement a lieu tout autour, mais surtout aux extrémités.

Les espèces connues, qui se rapportent à ce genre, sont :

1. *Anatifa quadrivalvis*, Cuvier (Mém. Mus. T. 11. tab. 5. f. 14), Schweiger (Handb. p. 611). On ignore le lieu qu'elle habite : espèce solitaire. — 2. *A. villosa*, Brug. (Encyc. méth. sp. 1. pl. 166. f. 2)? Méditerranée, France : espèce solitaire. — 3. *A. dorsalis*, Ellis et Solander (Zooph. tab. 15. f. 5. Encyc. méth. tab. 166. f. 5); Dillwyn (Descrip. cat. p. 33). Côtes des Mosquites dans l'Amérique septentrionale : espèce solitaire. — 4. *A. lœvis*, Brug. (sp. 2); *Lepas anatifera*, Linné; *Concha anatifera* des anciens Conchyl.; Wood. (Gen. Conch. p. 65. tab. 11). Vulgairement Brenache, Bernache, Barnacle ou Bernacle et Sapinette : espèce groupée qui se trouve dans toutes les mers. (Var. Chemnitz, Conchyl. tab. 100. f. 854. 855.) — 5. *A. dentata*, Brug. (sp. 3. Encyc. méth. pl. 166. f. 6.) Anatife muriqué, Bosc (Dict. d'Hist. natur.). Espèce groupée de la Méditerranée. — 6. *A. striata*, Brug. (sp. 4); *Lepas anserifera*, L.; Wood (Gen. Conchol. tab. 10. f. 5. Encyc. pl. 166. f. 5). Espèce groupée, de l'Océan américain, indien , ainsi que des côtes de France et d'Angleterre. — 7. *A. sulcata*, Montagu (Test. Brit. p. 17. t. 1. f. 6. *Lepas sulcata*; id. , Dillwyn (Descrip. cat. p. 31). Espèce groupée; pédicule fort court. Des côtes de France et d'Angleterre; très-rapprochée, mais distincte de la précédente. — 8. *A. fascicularis*, Ellis et Solander (Zooph. p. 167. t. 15. f. 6); *Lepas fascicularis*, Dillwyn; *Lepas dilatata*, Donovan. T. v. t. 164; *Anatifa vitrea*, Lam. (Anim. s. vert. V. p. 4o5); *Lepas fascicularis*, Wood (Gen. Conch. t. 10. f. 4). Espèce groupée, membraneuse; des côtes de France et d'Angleterre, etc.

Nous signalerons aux observateurs une espèce qui nous paraît n'avoir point été reconnue jusqu'ici, dont personne, excepté Klein, n'a fait mention, et qui mérite d'être étudiée. Elle est décrite et figurée par Barrelier (*Icones Plant.*, etc. tab. 1296. n° 11). Selon ce naturaliste , son test est simplement membraneux ou cartila-gineux, mou et flexible. Il n'est point divisé en cinq valves comme l'*A. lœvis* qu'il décrit avant cette espèce, et auquel il ressemble pour la forme et la taille. Ce qui est très-remarquable, outre la non-division, si elle existe, c'est que cinq ou six individus paraissent réunis par leur pédicule particulier, qui est cartilagineux et annelé sur un pédicule commun, creux et de même nature que les supports individuels. Cette circonstance n'est vraisemblablement qu'une réunion accidentelle, analogue à ce qu'on observe dans les autres espèces ; mais la non-division du test n'est pas impossible. Ce n'est point l'*A. fascicularis*.

Divers auteurs ont fait mention d'Anatifes fossiles. Scheuchzer , Ferrante Imperati et J. Gesner citent des valves pétrifiées ou fossiles qu'ils rapportent à la *Concha anatifera* vulgaire, *Anatifa lœvis ;* mais sans nous arrêter à ces indications que nous n'avons pu constater , nous nous bornerons à dire que ces Coquilles fossiles sont fort rares, et à rapporter les espèces qui paraissent bien reconnues. Schlotheim appelle Lépadites, *Lepadites*, du nom de *Lepas* donné par Linné , toutes les Anatifes et les Balanes fossiles. — 1. *A. lœvis*, Brug. *Lepadites anatiferæformis*, Schlotheim (*Petrefact.* p. 169); citée par Bruguière dans les couches de Caumelles aux environs de Montpellier , et par Schlotheim dans le calcaire d'Altdorff, en Suisse, avec des Coquilles fossiles et pétrifiées — 2. *striata*, citée par Linné , en Suède. Les valves qu'on y trouve, dit-il, sont beaucoup plus grandes que celles des individus des mers voisines, Blumenbach (*Abbild.* tab. 1. f. 2. *a*, *b*) donne des valves latérales d'une espèce très-rapprochée des deux précédentes, et qui se trouve dans la Craie près de Gehrden , non loin de Hanovre. Quant au *Lepadites avirostris* de Schlotheim (sp. n° 2. T. xxix. f. 10), il est impossible de décider si c'est ou non une Anatife.   (F.)

* ANATIFÈRE ou CONQUE ANA-

TIFÈRE. *Concha anatifera.* **MOLL.** Nom donné aux Anatifes, et en particulier à l'*An. lœvis*, par les premiers conchyliologistes, et qui vient de deux mots latins, *Anas*, Canard, et *ferre*, porter, c'est-à-dire, *Coquille qui porte un Canard*, dénomination qui a pris son origine dans une opinion vulgaire des habitans des côtes de l'Ecosse, qui croyaient que les Oies et les Canards naissaient de ces Coquilles. Cette opinion, publiée par des savans qui ont écrit de longs Mémoires pour la soutenir, s'est encore conservée chez les pêcheurs de certains pays. On disait que l'Anatife était un fruit qui croissait au bord de la mer, lequel parvenu à sa maturité, tombait dans l'Eau, et s'ouvrait ensuite pour laisser sortir de sa coque, selon les uns, l'espèce d'Oie nommée Bernache ou Barnacle en Ecosse, *Anas Bernicla*, ou, selon les autres, la Macreuse, *Anas nigra*. Albert-le-Grand réfuta cette absurdité dans le treizième siècle, ainsi que d'autres savans dans les siècles suivans; et cependant, dit Cuvier, il s'est trouvé jusque dans le dix-septième, des gens assez hardis pour la soutenir. *V.* Sibbaldi, *Philos. Trans.* vol. 2. p. 84; Moray, *A relation concerning Barnacles*, *Philos. Trans.* v. 13; Moinichen, *Concha Anat. vindicata*, etc. Hafn. 1697. Stalpart, Grew, etc. C'est à cette fable qu'est dû le nom vulgaire de Bernacle, Bernache, Barnacle, qu'on donne à l'Anatife lisse, dans quelques pays, entre autres en Bretagne; on l'a aussi appelée Sapinette dans quelques ports de France. *V.* ANATIFE. (F.)

* ANATIFES. *Anatifæ.* Famille de l'ordre des Cirrhopodes pédonculés. *V.* ANATIFE. (F.)

ANATINE. *Anatina.* **MOLL.** Genre de la famille des Myaires de la classe des Lamellibranches, *V.* ces mots, indiqué par Lamarck (Extr. du Cours de Zool. p. 107), et définitivement établi et décrit par ce savant, dans la seconde édition des Animaux sans vertèbres (T. v. p. 462). Ce genre, dont le type est le *Solen Anatinus* de Linné, comprend aussi plusieurs *Mya* de Chemnitz et de Gmelin. Megerle (*Syst. der Schalt. in Berlin mag.* 1811. p. 46) avait établi ce genre sous le nom d'*Auriscalpium*. Ocken, Schweiger et Goldfuss laissent les espèces qu'il comprend dans le genre *Mya*. C'est aussi ce que fait Cuvier; mais en en formant un sous-genre des Myes. Nous suivrons l'exemple de Lamarck et l'opinion de Cuvier, en réunissant le genre Rupicole de Fleuriau de Bellevue au genre Anatine. — Les Anatines, quoique très-rapprochées des Myes, s'en distinguent assez facilement, parce qu'elles ont une dent en cuilleron, plus ou moins marquée, sur chaque valve, tandis que les Myes n'en ont qu'une en tout. Dans quelques espèces, ce cuilleron est soutenu par une lame ou par une côte interne, obliquement prolongée dans la coquille. Le ligament est intérieur. Il s'attache dans le creux de chaque cuilleron; mais il paraît souvent au-dehors, de manière à faire croire à l'existence de deux ligamens, l'un interne et l'autre externe.

Les caractères du genre Anatine consistent dans une coquille transverse, subéquivalve, bâillante aux deux côtés ou d'un seul; une dent cardinale nue, élargie, en cuilleron, plus ou moins saillante intérieurement, insérée sur chaque valve, et recevant le ligament; quelquefois une lame ou une côte en faulx, adnée sous les dents cardinales, et s'étendant obliquement dans chaque valve.

Les espèces de ce genre sont : 1. *Anatina Lanterna*, Lam. sp. 1. *Mya anserifera*, Spengler Cat. Rais. t. 1. f. 8 et 9. *Solen Spengleri*, Gmelin. p. 3228. *Solen Anatinus*, Dillwyn Descript. cat., p. 65. Des Grandes-Indes; vulgairement la Lanterne. — 2. *A. subrostrata*, Lam. sp. 3. *Solen Anatinus*, Linné. Wood, *Conchyl.* p. 128. t. 30. f. 2 à 4. *Auriscalpium magnum*, Megerle. Grandes-Indes, Nouvelle-Hollande. — 3. *A. truncata*, Lam. sp. 2. La Manche, près de Vannes. —4. *A. longirostris*, Lam. sp. 4. *Mya rostrata*, Chemn. *Conch.* XI. p. 195.

Vign. at. p. 189. f c. d. *Tellina cuspidata*, Olivi. *Zool. adriat.* p. 101. t. 4. f. 3? Les mers de Norwège; l'Adriatique? — 5. *A. globulosa*, Lam. sp. 5. *Mya Anatina*, Chemn. vi. p. 28. T. 2. f. 13 à 16. Le Tugon. Adanson, Sénég. t. 19. f. 2? Côtes d'Afrique. Emb. des fleuves. — 6. *A. globosa*, Wood. *Conchol.* p. 95. t. 24. f. 4 à 8. *Mya globosa?* id. Dillwyn, *Descript. cat.* p. 44. Hab. ? — 7. *A. trapezoides*, Lam. sp. n° 6. Corbula, *Encycl.* pl. 230. f. 6. *a b.* Habit ? — 8. *A. rugosa*, Lam. sp. n° 7. St.-Domingue. — 9. *A. imperfecta*, Lam. sp. n° 8. Nouvelle Hollande. — 10. *A. myalis*, Lam. sp. n° 9. *Mya declivis*, Pennant, Donovan; Wood, *Conch.* t. 18. f. 2. 3; *Mya pubescens*, Pulteney; *Ligula pubescens*, Montagu, *Suppl;* p. 23; *Tellina fragilis*, Pennant. *Zool.* iv. t. 47. f. 26? Les côtes d'Angleterre. — 11. *A. prœtenuis*, Dorset, *Cat.* p. 28. t. 4. f. 7; *Mya.* id. Montagu, Dillwyn; Wood, *Conch.* t. 24. f. 7 à 9. Les côtes de France et d'Angleterre. — 12. *A. distorta*, Montagu, *Test. Brit.* p. 42. t. 1. f. 1. et suppl. p. 23; *Ligula distorta*. Côtes d'Angleterre. — 13. *A. nicobarica*, Chemn. *Conch.* vi. p. 29. t. 3. f. 17 et 18. *Mya.* Les îles Nicobar. — 14. *A. rupicola*, Lam. sp. n° 10. Genre Rupicole. Fleuriau de Bellevue, Journ. de Phys. an x. (F.)

* **ANATITE.** bot. phan. foss. Pétrification dans laquelle Davila avait cru reconnaître un Ananas agatisé, mais qui paraît être le cône de quelque Pin antédiluvien. (B.)

ANATOME. *Anatomus.* moll. Genre établi par Montfort (Conchyl. t. ii, p. 278) pour un corps testacé microscopique qu'il appelle Anatome indien, *Anatomus indicus*, et auquel il donne pour caractères : coquille libre ou adhérente, univalve, à spire en disque aplati, ombiliquée sur un des flancs ; bouche arrondie, fendue dans une partie de la longueur de la spire, sans canal ; lèvres tranchantes et désunies. — Il dit avoir trouvé cette Coquille vers le tropique du cancer, attachée en grande quantité sur le *Fucus natans.* La coquille, dit-il, est libre, mais le Mollusque est adhérent aux tiges et aux feuilles de ce Varec, par une espèce de muscle, en partie corné, qui sort de la fente ou sinus de la bouche. Sa tête, ajoute-t-il, est munie de deux tentacules pointus ; mais il n'a pu découvrir les yeux. Sa coquille est finement striée, transparente, vitrée et nacrée. Cette Nacre tire sur le vert avec des reflets aurores. La citation qu'il fait de Soldani n'y convient point, si la description de Montfort est exacte. La figure citée de cet auteur paraît appartenir à une espèce de Spirorbe, et il ne serait pas impossible qu'il en fût de même à l'égard de l'Anatome de Montfort, fort sujet à caution dans ces sortes de découvertes ; car nous avons examiné nombre de Varecs de la même espèce pris dans les mêmes parages, et qui tous ne nous ont offert que de petits Spirorbes qui quelquefois sont fendus accidentellement comme son Anatome. Il en est peut-être de même à l'égard de son genre Charibde, *Conchyl.* t. 1, p. 106, et alors ces deux genres seraient restitués aux Annelides. (F.)

* **ANATOMIE.** zool. Partie de la zoologie qui a pour objet la détermination de la nature, du nombre et des relations des organes et des tissus des Animaux.

Nous ne parlerons point ici de l'histoire de l'Anatomie ; voici pourquoi. L'histoire naturelle est l'exposition de ce qui est. Ce qui est existe indépendamment des opinions que l'on s'en peut faire. Les idées que l'on a eues des corps et des phénomènes naturels dans les différens siècles, en tant qu'elles ne sont pas l'exacte représentation de ce qui est réellement, sont donc au moins inutiles à qui veut savoir ce qui est. D'ailleurs l'histoire de ces idées ne peut intéresser que ceux qui connaissent l'état réel du sujet de ces idées. Or, l'Anatomie est une science neuve, non encore achevée, et peu répandue ; nous ne nous occuperons donc point de son histoire.

Fixons d'abord quelques idées rendues très-vagues par les mots de forces, de propriétés vitales, etc., qu'employaient ou emploient encore les naturalistes, d'après des médecins à peu près étrangers à l'Anatomie. Tant que ces mots et l'idée qui s'y rapportait ont été pris pour quelque chose, et surtout pour les agens essentiels des phénomènes de l'animalité, on dut se dispenser de l'étude des organes. Car il était bien plus commode de disserter sur les propriétés d'une *idée*, que de rechercher toutes les conditions d'existence des nombreux élémens de l'organisation, à travers la multiplicité de ses formes et de ses degrés.

Il existe aujourd'hui deux manières de considérer les phénomènes naturels. Dans l'une on conçoit des forces existantes indépendamment des corps matériels qu'elles animent; dans l'autre ces forces sont considérées comme effets de l'action de ces corps. Dans cette dernière hypothèse, il n'y a pas de forces sans matière; dans l'autre, on suppose le contraire, bien que néanmoins ces forces ne se manifestent qu'après des changemens survenus dans l'état matériel des corps. Cette impossibilité de leur manifestation séparément de la matière est une grande présomption que ces forces résident et sont confondues dans la matière.

Si l'on se restreint à la considération des phénomènes organiques, cette confusion paraît encore bien plus probable; car il n'est plus possible ici d'extraire les forces hors des organes qui les produisent, comme on transporte les forces électriques et magnétiques d'un excitateur ou d'un conducteur à un autre. Des changemens moléculaires dans les organes précèdent constamment l'apparition des forces; et quand les forces en exercice viennent à varier, leur variation est encore précédée d'altérations moléculaires correspondantes. Ce rapport entre la composition matérielle des organes et les forces dont ils sont doués, l'apparition de ces forces, subséquente à l'incorporation des molé-

cules aux organes, impliquent nécessairement que ces forces sont un résultat de cette composition matérielle. (*V*. notre Mémoire sur les modifications de l'organisation, Annales générales des S^{c} physiq. T. VI.)

La vie, dans chaque Animal, n'est, en définitif, autre chose que la somme des actions produites par l'assemblage d'organes qui le constituent. Il est donc évident que l'on ne peut se faire d'idée un peu exacte de la nature d'un Animal, que par la détermination du nombre, des relations et de la nature de ses organes. Cette détermination, pour tous les Animaux, est donc ce que l'on doit appeler Anatomie. — Cet énoncé montre combien l'on se tromperait en restreignant l'Anatomie à la connaissance des organes d'une seule espèce, cette espèce fût-elle l'Homme. Car, si l'on ne connaît qu'une seule espèce, on ne peut déterminer ses rapports. Il faut se résoudre à ignorer ce qu'elle a de commun ou d'exclusif relativement aux autres Animaux. Et à ne considérer cette Anatomie spéciale que sous le point de vue médical, on se prive des moyens de reconnaître partout ailleurs où, soit certains organes, soit certains tissus, arrivent à leur maximum de développement, la vraie structure de ces mêmes organes et tissus perpétuellement rudimentaires dans l'Homme, excepté peut-être quelques cas pathologiques, et par là même accidentels. Et ces cas pathologiques eux-mêmes, ou ces anomalies de structure et de position dans les organes d'une même espèce rentrant sous la condition d'états normaux perpétuels ou périodiques dans d'autres espèces, ne peuvent encore être ramenés à des lois fixes qu'en cherchant dans ces derniers états l'explication des autres. C'est ce que nous avons montré dans notre deuxième Mémoire sur le système nerveux (Journal de Physiq. févr. 1821). Un autre désavantage de cette Anatomie spéciale, c'est de ne pouvoir déterminer la part d'action de chaque organe, d'une manière un peu exacte. Car il faudrait pour cela le voir agir seul, ou bien encore évaluer sa part, en voyant ce qui reste d'action quand il serait retranché ; mais ni l'une ni l'autre de ces opérations n'est possible. Comme a dit Cuvier, les machines qui font l'objet de nos recherches, ne peuvent être démontées sans être détruites. Néanmoins, ces expériences sont pour ainsi dire toutes préparées dans les divers degrés de combinaison d'organes qu'offre la série des Animaux. Il n'en est peut-être pas un dont elle n'ait pourvu ou privé quelque classe ou quelque genre, et il suffit de bien examiner et les effets de ces réunions et les effets de ces privations, pour en conclure l'usage de chaque organe et de chaque forme d'organe.

De même que l'on évalue l'action d'un organe par l'absence de certains effets là où cet organe n'existe pas, l'on détermine aussi de la même manière les effets de chacune de ses parties. Car ce n'est pas brusquement que disparaît un organe à mesure que les combinaisons animales deviennent plus simples. Bien davantage, ce n'est pas toujours dans les combinaisons les plus compliquées qu'un même organe est lui-même plus composé. Si cela était comme on l'a cru long-temps, et comme le suppose faussement cette expression d'Animaux plus parfaits, appliquée à certains êtres comparativement à d'autres, si cela était, dis-je, l'Homme offrirait le modèle du complet de chaque organe. Or, cette proposition n'est vraie qu'à l'égard de son cerveau : tous ses autres organes, sans exception, existent plus complets, ou ce qui est la même chose, à un plus haut degré de composition, ailleurs que chez lui. Ainsi, pour ne citer qu'un exemple, dans les Céphalopodes, l'organe d'impulsion de la circulation au lieu d'être simplement double comme dans l'Homme, où encore ses deux parties sont soudées l'une à l'autre, est triple ; il y a deux cœurs respiratoires ou branchiaux et un cœur aortique, et tous trois sont isolés. L'on conçoit que la force d'action croît avec ce développement de l'organe. On conçoit encore que pour connaître mieux tout à la fois et la structure et le mécanisme ou la fonction d'un organe, il faut l'étudier là où il est à son plus grand développement. Les Anatomistes spéciaux ne se seraient pas sans doute attendu à trouver le maximum de développement d'un organe aussi important que le cœur, dans un de ces Animaux qu'ils appellent imparfaits parce qu'ils ne les connaissent qu'imparfaitement ou point du tout.

En examinant ainsi un même organe dans tous les êtres qui l'ont reçu, on trouve des parties constantes, et d'autres accidentelles. Il est facile de voir alors quelle est la fonction d'une partie d'organe, par le défaut de cette fonction là où manque cette partie.

Pour en revenir à la Zoologie, objet principal des études anatomiques, il est clair, d'après ce qui précède, qu'elle ne peut avoir d'autre fondement que l'Anatomie ; car, malgré la diversité des formes extérieures, les organes principaux ou supérieurs des Animaux étant bien souvent semblables, et réciproquement malgré la ressemblance de ces formes extérieures ces organes principaux étant quelquefois hétérogènes, il suit que la considération de ces apparences extérieures ne pourrait fournir que des analogies trompeuses, d'où résulteraient des rapprochemens absurdes par leurs disconvenances. Tels étaient, à quelques exceptions près, la plupart des travaux de classifications, avant Cuvier. Ce n'est pas que le mal soit précisément dans la transposition systématique d'un Animal ; mais c'est que d'après les principes mêmes des classifications, la place qu'y occupe un être est l'expression de sa nature. Il faut donc pénétrer sous l'enveloppe des Animaux et distinguer par le nombre, le mode d'assemblage, la proportion de développement, et la figure de leurs organes, non-seulement leur place zoologique, mais ce qui est plus important, leur véritable nature.

La seule inspection d'un catalogue du Règne Animal suffit pour juger de l'immensité de cette étude et de la nécessité d'y être guidé par des principes fixes et peu nombreux. Avant de déduire ces principes il fallait préalablement comparer les organes analogues dans les diverses combinaisons où ils se retrouvent ; ce qui suppose la détermination antérieure de l'identité entre des organes présumés similaires. Il a fallu nécessairement beaucoup d'essais manqués avant de trouver un procédé qui décidât sûrement de cette identité. Et encore il n'est pas démontré que la même méthode de détermination soit applicable à tous les systèmes d'organes ; du moins, on n'a jusqu'ici appliqué qu'au seul système osseux le procédé de déterminer les parties analogues, par leur relation de position à l'exclusion des considérations de fonctions, de volume et de figure. Et dans le fait, à moins de contradiction, on ne peut guère appliquer ce procédé et le principe qui s'en déduit aux parties des autres systèmes, puisque le fondement sur lequel repose ce principe, c'est que le même nombre limité de matériaux se retrouve partout dans le même ordre. Or, il est bien évident que ni les systèmes nerveux, ni le musculaire, ni le vasculaire, ni le glandulaire, n'ont chacun aucune fixité dans le nombre ou la position relative de leurs parties; ou du moins s'il y a quelque fixité à cet égard, elle ne s'étend qu'à un petit nombre de groupes, et non pas à leur ensemble. Néanmoins, le principe des connexions s'applique encore bien, malgré la disparition de plusieurs systèmes d'organes, aux relations mutuelles des systèmes d'organes entre eux. Ainsi, dans les Animaux articulés, le rapport de position de l'appareil vasculaire avec l'organe digestif, et de celui-ci avec le système nerveux, sert à faire reconnaître ce système dans ces Animaux, pour être l'analogue du genre Sympathique des vertébrés.

§ 1. Pour parvenir à poser ce *principe des connexions* dans le système osseux, il a fallu se défendre d'une illusion dont on avait été dupe auparavant. En examinant, dans l'âge adulte, di-

verses espèces d'Animaux vertébrés, Géoffroi vit les différentes régions correspondantes de leur squelette et surtout la tête résulter d'un nombre fort inégal d'os distincts. Dans des espèces de genres très-voisins, la différence est d'une et quelquefois de plusieurs paires d'os. Et ce surplus ou ce défaut de parties contredisait, même pour une seule classe, toute idée d'analogie et d'unité de composition. Mais en observant qu'à ses différens âges une même espèce n'offrait pas le même nombre de pièces osseuses, et que ce nombre, pour toutes les régions du squelette, diminuait progressivement, depuis les premières époques fœtales jusqu'à la vieillesse ; que, par l'effet de ces réunions, des os pairs devenaient des os symétriques ; que ces réunions ne confondaient pas seulement des os situés contre la ligne médiane, mais aussi des os collatéraux à droite ou à gauche de cette ligne; que cette confusion de plusieurs os en un se faisait par un progrès d'ossification qui soudait ensemble un ou plusieurs bords voisins ; dès lors il pensa que les variations dans le nombre des pièces osseuses du crâne ou des diverses autres régions du squelette, chez les différens Vertébrés adultes, dépendaient du degré d'ossification propre à chacun, et que, selon l'extension de ce degré, un plus grand nombre de pièces se réunissaient, et partant un plus petit nombre en restait définitivement isolé. Il vérifia qu'effectivement, en remontant pour tous les Vertébrés le plus près possible de la formation de l'être, quel que fût le nombre définitif de pièces dont se compose le crâne de l'adulte, ce nombre est identique pour tous dans les premiers temps de la vie : à ces considérations j'ajoute que l'état de division de ces pièces reste d'autant plus permanent que les Animaux ont une force de respiration ou une température moindre; que chez les Oiseaux où cette fonction est plus énergique, les os se soudent bien plutôt que chez les Mammifères, et chez ceux-ci que chez les Poissons et les Reptiles; que les pièces osseuses, dans leur état de plus grande division au moment de leur formation, n'ont pas de figure arrêtée; qu'elles n'offrent enfin d'autre condition absolue que leur position; que dès lors cette disparité de figure, dans l'âge adulte, ne doit plus être prise pour une négation d'identité.

§ II. Cette considération de l'état fœtal eut un autre résultat important. Elle démontra que tous les fœtus de Vertébrés sont pourvus de certaines parties étrangères pour la plupart à l'état normal définitif de leur espèce. Ainsi par exemple, tous les fœtus de Vertébrés ont également une queue pourvue d'un prolongement du faisceau rachidien; sa persistance ou sa disparition dépend des lois du développement, de même que l'état de division ou de réunion plus ou moins complète des os de la tête. Comme si le plan des Vertébrés se composait d'un même nombre primitif de pièces osseuses, également capable de produire et toutes les formes, et toutes les grandeurs et toutes les proportions, suivant que le développement s'applique à une région ou à une autre, et dans chaque région à telle ou telle partie. La diversité des modèles ou types d'organisation dépend donc de la destruction, de l'avortement et du développement proportionnel des parties. De ce que certaines parties se détruisent totalement ou du moins restent avortées, et sans aucune fonction, il suit une objection péremptoire contre la théorie des causes finales, suivant laquelle rien n'est inutile. Or, l'inutilité de ces parties qui, si elles subsistaient, rendraient l'Animal ou difforme ou incapable d'exister, est évidente. Pourquoi donc ont-elles commencé d'exister pour ne pas persister?

D'un autre côté, les fœtus anomaux d'une même espèce montrent tantôt défaut de formation et tantôt défaut de développement d'un plus ou moins grand nombre de parties. Ordinairement dans le dernier cas, à côté des parties restées rudimentaires, il s'en trouve d'excessivement développées,

de sorte que ces anomalies, dans une espèce, répètent les variations offertes dans d'autres espèces par de pareilles réciprocités d'avortemens et de développemens normaux. De cette triple considération, 1° de la disparition dans certaines espèces d'organes fœtaux persistans chez d'autres; 2° de ces avortemens et développemens anomaux dans les fœtus d'une même espèce, et 3° de cette inégalité du progrès de l'ossification et du développement des mêmes régions dans les diverses formes d'organisation, se déduit un autre principe bien important pour la zoologie, celui du *balancement des organes.*

§ III. Or, en examinant plus attentivement les groupes d'êtres formés sur un même modèle, on trouve dans les diverses parties de l'ensemble de chacun une nécessité de rapports telle que, quand un organe ou une partie d'organe est développé dans une certaine proportion, tel autre organe ou telle partie de cet organe est nécessairement limité dans une proportion également déterminée. Et cette nécessité ne règle pas seulement les rapports de grandeur, elle règle aussi les rapports de figure : de telle sorte que certaine forme dans un organe en exclut certaines autres dans un ou plusieurs autres organes, où réciproquement elles en appellent d'également déterminées. D'où il suit qu'une partie d'organe, à plus forte raison un organe entier, et même le fragment d'une partie d'organe étant connu, l'on peut conclure, par une déduction de formes dont les rapports ont été empiriquement donnés par l'observation, l'on peut conclure, dis-je, l'ensemble de l'Animal dont ces organes ou ces fragmens d'organes proviennent. Ce principe est celui de la *corrélation des formes;* bien qu'empiriquement conclu de l'universalité des faits de l'ostéologie, il s'applique avec la même déduction que les procédés rationnels des mathématiques. Les preuves en ont été publiées presqu'à l'infini par l'emploi qu'a fait de ce principe son illustre auteur, dans l'histoire des ossemens fossiles.

§ IV. Des trois principes précédens le premier s'applique principalement au système osseux : les deux derniers s'appliquent aussi fort exactement aux appareils des organes respiratoires, digestifs et circulatoires; mais aucun de ces principes n'indique rien sur le degré d'importance des différens organes ou appareils d'organes. Or, quand il faut comparer des Animaux formés de la combinaison d'un même nombre d'appareils organiques, mais dans lesquels un ou plusieurs de ces appareils ont des développemens inégaux, quel rang donner à chacun de ces groupes d'Animaux? Car il peut arriver que les nombreuses dépendances d'un organe, tout en donnant à tel Animal une quantité absolument plus grande de parties, le laissent cependant dans un degré d'Animalité inférieure à un Animal d'une combinaison réellement moins nombreuse, mais dont les élémens ont une plus grande valeur: tels sont par exemple les Crustacés et les Insectes comparés aux Mollusques, et les Cétacés comparés aux Oiseaux.

En considérant, comme nous le ferons tout à l'heure, soit l'ordre successif de la formation des organes dans les Animaux de la combinaison la plus complète, soit l'ordre de leur groupement dans les divers embranchemens du Règne Animal, on voit que le degré de l'animalité ou, ce qui est la même chose, la plus grande capacité d'exercer des relations plus nombreuses et plus étendues avec leur milieu d'existence, dépend, pour les Animaux, soit des appareils derniers formés, soit de ceux qui n'apparaissent que dans les embranchemens supérieurs, ou du moins qui n'existent perfectionnés, ou à leur maximum de composition, que dans les premiers ordres de cet embranchement. Ainsi le système nerveux cérébro-spinal qui ne se trouve que dans le premier embranchement ou les Vertébrés, et qui est l'organe de ces relations de l'Animal avec son milieu d'existence, occupe le pre-

mier rang. On voit donc que la raison de sa principalité n'est pas son universalité ou sa constance. C'est au contraire le système d'organes dont le plan est le moins uniforme, et dont l'ensemble se dégrade plus rapidement par le retranchement successif d'un plus grand nombre de parties importantes. Bien que dans son ensemble le système osseux soit en rapport de coexistence avec ce système, néanmoins, comme je l'ai fait voir en exposant le principe des connexions, les pièces osseuses ne s'anéantissent pas simultanément avec les parties correspondantes du cerveau : elles restent rudimentaires ou passent à de nouveaux emplois. Il y a aussi un rapport de coexistence entre le système nerveux cérébro-spinal et les appareils de la circulation et de la respiration. Car le système nerveux, l'agent des relations, soit sensitives, soit locomotives de l'Animal, reçoit son excitation du sang; plus le sang sera capable de l'exciter, et plus le système nerveux, toutes choses égales, d'ailleurs du côté de son degré de composition, sera capable d'agir. Or, ces qualités du sang dépendent de la quantité de respiration, résultante elle-même de deux facteurs : le premier est la quantité de sang qui se présente pour respirer dans un temps donné, le second est la proportion d'oxygène du fluide ambiant. La quantité du sang qui respire dépend de la disposition des organes de la respiration et de ceux de la circulation. C'est donc du degré de composition de ces deux appareils d'organes que se déduira l'ordre de subordination parmi les Animaux doués du système cérébro-spinal, ou, ce qui est la même chose, les Vertébrés. Maintenant, parmi ceux qui sont au même degré du côté de ces deux appareils, l'ordre d'importance se déduira de considérations secondaires dans le système osseux, savoir le degré de composition des appendices du squelette ou des membres. Et ici *le principe de la corrélation des formes*, et celui du *balancement des organes* deviennent auxiliaires du principe de *la subordination des organes*, en montrant de nouveaux rapports entre l'état de développement des extrémités des membres, celui des organes des sens, celui des organes digestifs, etc.

En voilà assez pour donner une idée du principe de *la subordination des organes*. On voit par là que le degré de constance ou d'universalité d'existence d'un organe le rabaisse à un rang d'importance de plus en plus inférieur. L'ordre de nécessité des organes, pour que l'Animal existe, est précisément inverse, comme je le ferai voir plus loin.

§ v. Nous avons dit que dans les fœtus anomaux il y avait défaut de formation ou de développement de certaines parties. Ces anomalies sont assujetties à des règles. En effet, jamais une partie ne manque sans que les parties ultérieures ne manquent aussi, et réciproquement jamais une partie ne vient s'intercaller, en rétrogradant ou en anticipant, entre des pièces ou des organes avec lesquels elle n'est pas régulièrement connexe. D'où suit qu'aucun organe ne se forme qu'après la formation préalable de celui qui le précède du côté de l'insertion ombilicale. Ainsi, quand la face manque, le crâne ne peut exister; quand la colonne cervicale manque, la face ne peut naître, etc. Toutes les parties supérieures, et le tronc et les membres inférieurs peuvent manquer; mais l'on trouve toujours alors une portion plus ou moins étendue du canal intestinal. On voit donc que l'ordre successif de formation des parties dépend de leur distance à l'insertion du cordon ombilical. Voilà pourquoi le canal intestinal, au moins dans sa partie ombilicale, ne manque jamais, puisque cette partie est le point d'insertion du cordon, et qu'elle se forme dans son calibre même où elle continue de rester, quelquefois jusqu'à la naissance. Alors cette cavité intestinale n'offre qu'un sac sans ouverture: la preuve de cette imperforation primitive de l'intestin se retrouve dans la persistance accidentelle de cet état

chez certains fœtus à terme. L'on a aussi reconnu que dans tous les fœtus réguliers de l'espèce humaine, l'ouverture de l'anus ne se forme qu'à la sixième ou septième semaine.

D'autre part, la manifestation du sexe mâle dans les fœtus humains ne devance jamais une certaine époque, avant laquelle on ne trouve que des sexes femelles. Et pour peu qu'on remonte encore plus près de la formation, il n'y a aucune apparence extérieure de sexe. De sorte que, selon que les productions et les développemens continuent de se faire simultanément avec la persistance de l'un de ces trois états de la région où se trouvent les organes génitaux, il en résulte le sexe mâle pour la troisième époque ou la plus avancée, le sexe femelle pour l'intermédiaire, et l'absence de sexe pour la plus reculée ou pour la première. Ajoutons que dans cette période, la plus rapprochée de la formation, il n'y a qu'une seule grande cavité ou cloaque, dont les parois, en se repliant et en adossant leurs replis, forment par cet adossement les cloisons des cavités urinaires, génitales et intestinales. *V.* pour l'exposition de ces faits, G. Breschet, art. *Acéphale*, Diction. de Médecine, T. I.

Or, à considérer les Animaux dans l'ordre de leur composition croissante, on dirait que ce sont des fœtus développés aux divers degrés de leur formation. Chez les Polypes nus, les Méduses, d'autres Radiaires encore, on voit un sac, dans l'épaisseur des parois duquel, selon le degré de composition de ces êtres, se forment successivement des vaisseaux, quelques renflemens et filamens nerveux, et même des corps glanduleux. De même les embryons, bornés à la formation du bassin et à l'ébauche de ses organes, offrent aussi une cavité unique, à cause de la confusion en une seule poche ou cloaque de ce qui formerait plus tard les sinus urinaire et génital. La permanence d'un état de formation plus avancé, celui de l'époque intermédiaire dans le développement des parties génitales, ne montre dans ces embryons incomplets que le sexe femelle, le seul que l'on observe aussi dans les premiers des Radiaires, les Échinodermes, par exemple, et les derniers des Mollusques, les Acéphales testacés. Chez ces deux ordres on ne trouve que des ovaires. Les fœtus de ce degré de formation n'ont, le plus ordinairement, qu'un seul ordre de vaisseaux, les divisions de la veine qui vient de la mère ou du placenta. Mais, avec le second ordre de vaisseaux ou les artères, un plus grand nombre d'organes se forment. Et le nombre est d'autant plus grand que les vaisseaux se divisent et se prolongent davantage. Quel que soit le déficit de la tête ou des appendices du tronc, il y a dès-lors un système nerveux du grand sympathique, quelquefois absence de cœur, mais jamais de sexe; c'est comme pour les Mollusques. Cette classe est toutefois invariablement pourvue de cœur. Enfin, le progrès ultérieur des formations donne une suite de modèles jusqu'au type régulier de l'espèce. Et ces modèles anomaux rentrent presque toujours dans la règle d'une autre espèce. L'ordre suivant lequel ces formations se succèdent, de telle sorte qu'un organe ne peut se former qu'après un autre dans un fœtus, ni coexister qu'avec certains autres par des associations de plus en plus nombreuses dans la série de chaque embranchement, peut s'exprimer par une loi que nous proposons d'appeler celle de l'*engendrement végétatif des organes.*

§. VI. Nous avons négligé ce qui regarde les organes symétriques dans ce que nous venons de dire, et parce qu'ils sont le plus fréquemment frappés d'anomalie, et parce que leur formation est réellement postérieure à celle des viscères. Ils sont d'ailleurs, aussi bien que les autres, formés dans un ordre dépendant de leur distance à l'insertion ombilicale. Et, quoique leur absence totale et même celle de la colonne vertébrale prouvent bien la priorité absolue de la formation de

l'intestin, néanmoins, l'intervalle de ces deux formations est très-court; de sorte qu'une fois groupés, ils continuent simultanément leur développement. Mais les organes symétriques offrent dans ce développement des faits assujettis à une loi différente. Ainsi, en considérant le squelette dans son ensemble, l'ossification y marche des parties latérales vers l'axe. Dans le tronc, par exemple, les côtes s'ossifient avant les vertèbres, les apophyses latérales des vertèbres avant leur corps. Ce corps lui-même, comme tous les autres organes médians, résulte de deux parties paires bientôt réunies. Il y a donc deux demi-crânes, deux demi-rachis, deux demi-bassins, deux demi-sternum, etc. Mais le système osseux n'est pas le seul formé d'après cette affinité symétrique. Le système nerveux-cérébro-spinal, qui a pour satellite nécessaire le système osseux, se compose d'abord de deux séries parallèles de parties paires : 1° la moelle épinière consiste d'abord en deux cordons réunis seulement en avant, de manière à être séparés en arrière, par une fente longitudinale; 2° les deux cordons ne communiquent pas d'abord avec les séries correspondantes de ganglions intervertébraux. Cet état reste encore manifeste chez les Poissons adultes où la communication ne se fait que par insertion, soit sessile, soit pédicellée du névrilemme adhérent à la piemère, mais sans continuité de substance du nerf avec la moelle. (Voir mon Mémoire sur le système nerveux dans les Poissons). Dans les deux dernières classes des Vertébrés, il n'y a aucun entrecroisement des fibres de la moelle épinière, et les divers lobes de leur encéphale sont seulement juxta-posés; ils communiquent pourtant encore entre eux par des commissures dont le nombre varie d'une famille et même d'un genre à l'autre. Mais ce qui prouve bien que quelque petite différence qu'il y ait entre les temps de formation de la moelle épinière d'une part, et les ganglions intervertébraux et leurs nerfs d'autre part, ces derniers ont la priorité, c'est que dans des acéphales où la moelle épinière manque, ces ganglions ne manquent pas. Une autre preuve de cette séparation primitive des deux moitiés de l'axe vertébral, c'est la persistance de cet état chez les sujets rachitiques d'origine. On sait que le rachitisme est le défaut de solidification des os. C'est une perpétuité de l'état fœtal de ce système. Tel est le principe ou la loi de symétrie établie par Serres.

Les autres enchaînemens de faits, appelés par lui principes de conjugaison et de perforation, n'en diffèrent pas réellement. Seulement les faits ne se passent pas sur la ligne médiane ou immédiatement à côté. Mais la distance à cet axe ne change rien à la loi. Je pense donc que ces trois principes doivent être ramenés à l'unité, sous le titre de *loi de conjugaison*, puisque le mécanisme est le même pour tous les faits qui s'y rapportent. Je vais le prouver tout à l'heure. Car, de même que la moelle épinière est d'abord formée de deux cordons sécrétés à droite et à gauche du cylindre vasculaire qui en forme l'axe, de même les divisions de l'aorte, véritable axe vasculaire général, divergeant latéralement, déposent chacune parallèlement et symétriquement leurs produits par exhalation. Cette tendance des parties similaires, à se confondre, est telle que l'absence ou le défaut de formation de quelques pièces intermédiaires amène le rapprochement forcé des parties immédiatement extérieures. Et alors, selon leur tissu, ou elles se souderont, ou seulement elles s'appliqueront par leurs bords sans se confondre. Tel est pour le premier cas l'exemple de l'œil unique, dans les Anencéphales cyclopes. L'on y trouve un seul nerf, deux cristallins et deux iris : preuve, pour le dire en passant, que le nerf n'a pas influé sur la formation de l'organe où il aboutit. L'ethmoïde absent n'a plus équilibré la pression des organes extérieurs aux globes oculaires; et ceux-ci ont été rapprochés par cette pres-

sion, dont la cause initiale réside dans l'élasticité de l'enveloppe cutanée. De même lorsque, par une modification de la loi des connexions, des parties, formant axe dans certains types, se déplacent en avant ou en arrière, les pièces collatérales, qui les flanquaient ailleurs, se rencontrent et s'appliquent en se soudant l'une contre l'autre. Telles sont les clavicules furculaires des Poissons, telles sont celles des Oiseaux, tels sont encore les ischions de certains Sauriens. Bien plus, comme s'il y avait une affinité qui agît à distance, indépendamment de ces pressions convergentes, quand une pièce dépareillée se trouve près d'un fœtus complet, cette pièce, quelle que soit d'ailleurs la cause de son isolement, se porte vers ses analogues. Ainsi, un membre postérieur dépareillé va prendre place sur le bassin du fœtus normal, et non sur une autre région. Au moins ne trouve-t-on pas une jambe située sur la poitrine, et réciproquement. Ces greffes, car ce nom seul convient au fait, ces greffes ne prennent insertion qu'entre des parties congénères.

Pour en revenir aux lois de conjugaison et de perforation, il faut remonter, par la pensée, à l'époque où pour chaque type de Vertébrés, chaque région de pièces similaires est formée d'un nombre déterminé d'élémens primitifs. Ces élémens primitifs reçoivent, à des périodes fixes pour chaque type, des accélérations d'accroissement. Selon leur rapport de distance, le sens dans lequel l'accroissement se dirige, et la durée de cet accroissement dans chacun, ils se réunissent plus tôt ou plus tard en groupes définitifs de pièces plus ou moins nombreuses. C'est ainsi que se formerent les différens os. Or, pour un certain nombre de ces groupes d'os dans chaque espèce, et pour chacun de tous ces groupes, peut-être, dans la série des espèces, avant la juxta-position et le rapprochement des élémens primitifs, soit pour s'articuler et rester distincts, soit pour se souder, il existait, entre plusieurs de ces élémens, soit des vaisseaux, soit des nerfs, soit des muscles. Dans le trajet que parcourent, à travers la sphère d'ossification, ces vaisseaux et ces nerfs, leurs calibres, doués également d'un mouvement d'expansion, forment obstacle à la projection rectiligne des rayons osseux. Ces rayons s'y arrêtent ou se dévient; et, quand même les rayons d'ossification ne se dévieraient pas, les rayons plus extérieurs, dont la direction n'est que tangentielle à la circonférence des cylindres vasculaires ou nerveux, continuent leur projection jusqu'à la rencontre des bords ou des faces des centres primitifs correspondans. De sorte que dans tous les cas, il en résulte toujours la formation d'arcs de cercle plus ou moins étendus. Dès lors, qu'il y ait seulement articulation ou soudure, leur conjugaison forme des canaux, des trous, des fentes ou des gorges, suivant que cette conjugaison se fera tout autour de l'organe interposé ou par un seul de ses côtés. L'on voit donc que la figure cylindrique ou toute autre dépend toujours de la forme de l'organe sur lequel l'ossification s'est moulée. La figure est l'effet d'une loi mécanique; c'est la résistance du vaisseau ou du nerf, résistance prouvée par l'agrandissement des diamètres de ces anneaux osseux lors de l'accroissement des organes qu'ils embrassent, et par leur réduction et même leur effacement lors du décroissement ou de la destruction des organes inscrits. Et encore une fois, la cause de la confusion en un seul corps définitif, solide ou perforé, de plusieurs élémens primitifs, ou de leur assemblage en pièces simplement juxta-posées, avec ou sans écartement, se confond avec celles du développement. Les différens types ne diffèrent entre eux que par ces conditions.

L'on conçoit maintenant comment les variations du nombre des élémens primitifs d'un appareil, et l'excès de développement de telle ou telle région de leur série, nécessitent des changemens correspondans dans d'autres

appareils. Ainsi, dans quelques Serpens, plusieurs centaines de vertèbres, et même de côtes, compensent, si même elles ne nécessitent l'absence de toute espèce de membres.

§ VII. Nous avons considéré jusqu'ici les organes ou les systèmes d'organes tout formés. Mais le même organe ou le même appareil d'organes n'est pas au même degré de composition dans tous les Animaux. Y a-t-il une règle pour ce degré de composition, et quelle est-elle?

Le premier tissu qu'organise la matière sécrétée par le vaisseau maternel ou de l'ovaire, c'est le tissu muqueux. Mais le tissu muqueux est continu au tissu de la peau. L'existence et la formation de ces deux tissus sont donc simultanées. Effectivement, soit que l'on considère la formation de l'embryon, soit la composition progressive des Animaux, c'est dans l'écartement de ces deux replis que se produisent tous les autres tissus. Les Polypes nus, les Méduses, etc., ne sont qu'une bourse de peau, avec duplicature, analogue à la bulle intestinale, première ébauche de l'embryon. Quand des vaisseaux deviennent distincts dans l'épaisseur des replis de cette peau ou de cette membrane mucoso-dermoïde, ce sont des veines ou vaisseaux dont le calibre va croissant vers les parois de la cavité intestinale. L'identité de nature des replis intérieur et extérieur de cette membrane, est bien prouvée par le retournement et le déretournement des Polypes qui digèrent aussi bien par une de ces faces que par l'autre. Avec les Veines paraissent des renflemens et filamens nerveux. Néanmoins, l'existence des veines, et à plus forte raison des artères, n'est pas indispensable à celle des nerfs et même des organes des sens; car, les Insectes n'ont aucun de ces vaisseaux, et leurs organes des sens sont quelquefois plus compliqués que dans les Mammifères même. Mais si les Insectes ne sont pas pénétrés en tous sens par des vaisseaux de transport du fluide nutritif ou sang, ils le sont par des canaux conducteurs de l'air, ce qui, pour l'effet, revient au même; la quantité de respiration dépendant du degré de l'action de l'air sur le fluide, et non de la manière dont se fait cette action. Tout ce que l'on peut dire, c'est qu'il y a deux mécanismes de cette fonction, ou le sang va chercher l'air, ou l'air va chercher le sang. Or, nous avons montré, dans l'exposition du *principe de la subordination des organes*, l'influence, sur l'activité nerveuse, de la quantité de la respiration. Les Insectes seront donc, parmi les Animaux articulés, ceux dont l'intensité de vie sera plus grande, par la même raison que sous ce rapport, les Oiseaux sont au premier rang parmi les Vertébrés. Mais quel est le système nerveux facteur de cette grande énergie, et sujet de cette influence si puissante de la respiration, dans les Insectes? Le principe des connexions l'indique : c'est probablement le système nerveux du grand sympathique; il est inférieur au canal intestinal, comme celui-ci l'est au réservoir du fluide nutritif.

Dans les fœtus incomplets, et dans les Vertébrés normaux, les cylindres de l'intestin, et la face interne du derme, sont munis de fibres musculaires. Dans les Mollusques, les Annelides, c'est aussi à la peau que s'insèrent les muscles. Les muscles existent donc indépendamment du système cérébro-spinal et des os. L'existence des os ne peut donc se conclure de celle des muscles. Le durcissement de la peau des Insectes et des Crustacés, surtout chez les derniers, où les couches les plus extérieures sont caduques comme chez les Reptiles, malgré la régularité de sa division par segmens, dont sinon le nombre, au moins les relations sont constantes, ne me paraît pas infirmer la nature dermoïde de leur enveloppe. Cette modification de la peau me semble au contraire l'effet nécessaire de l'absence du système osseux. Chez ces Animaux, le durcissement du derme n'est qu'un effet composé et des lois du développement intérieur de l'Animal, et de

l'influence de son milieu d'existence. Ce fracturement de la peau, en un nombre donné de segmens solides, se retrouve d'ailleurs chez plusieurs Vertébrés, parmi les Edentés. C'est un autre résultat de la loi du balancement des organes. Dans tous les Animaux, par l'effet même des élaborations que subit la matière nutritive, les résidus de ces élaborations tendent à se concréter, à se cristalliser. La chimie vivante ou les expulse ou les dépose dans certains tissus où ils peuvent même remplir des offices, bien qu'à la fin leur accumulation y détruise la vie. Tantôt ces résidus se portent sur un point d'un tissu, tantôt sur un autre. Quelquefois ils se portent sur plusieurs tissus à la fois; d'autres fois sur tel ou tel tissu. De sorte que tous les tissus, excepté peut-être le tissu nerveux, peuvent en devenir la gangue. Ainsi, c'est chez les Edentés que se trouvent les développemens cornés de la peau dans les Vertébrés; les dents les plus dures se trouvent dans les Chondroptèrigiens. La présence des cornes exclut un certain ordre de dents, etc. C'est du système osseux au système dermoïde que se font, dans les Vertébrés, ces balancemens dans les dépôts proportionnels de ces résidus. Là où le système osseux n'existe plus, c'est au système dermoïde que ce dépôt sera nécessairement porté, si d'autres voies ne lui sont pas ouvertes. Aussi voit-on ces transports, dont la cause est toujours normale dans les divers groupes d'êtres, y produire des modifications régulières du tissu qu'ils affectent. De là les valves calcaires des Conchyfères, les tets des échinodermes, des Astéries. — Les variations de l'insertion des dents, tantôt sur les replis intérieurs, tantôt sur la face extérieure du tissu mucoso-dermoïde, en démontrent l'origine sur ce tissu. Les poils en sont aussi des productions, dont les retours se font à de grandes distances dans des embranchemens différens; mais, par l'effet de la loi des balancemens dont nous avons parlé, on voit qu'on ne les retrouvera que là où la peau ne sera pas endurcie. Ainsi, ils existent dans le *tissus* de quelques Mollusques acéphales et dans les soies des Néréidées et autres Annelides. Enfin le système nerveux cérébro-spinal et le système osseux, satellites l'un de l'autre, sont produits. A ne considérer que les parties centrales ou l'axe de ces deux systèmes, on voit que le nombre des élémens du système osseux est plus constant que celui des élémens du système nerveux (*V*. notre Mémoire cité plus haut sur le système nerveux dans les Poissons) ; c'est ce qui fait, malgré l'unité de composition osseuse de l'axe de tout cet embranchement, la grande différence de degré dans l'animalité de ses classes. Mais, quelle que soit la réduction de l'encéphale, ses masses correspondantes aux nerfs des sens subsistent toujours, et c'est dans cet état d'absence de tout ce qui n'est pas elles que l'on trouve la relation des pièces osseuses avec les parties encéphaliques qui les régissent. Ainsi il ne reste au crâne des Poissons que les pièces annexées aux masses de leur encéphale. Or, l'encéphale des Poissons n'a d'autres parties que les masses conjuguées aux nerfs des sens. Quand d'autres pièces interviennent à la formation du crâne, c'est en cessant de faire partie des cavités ou loges des organes sensitifs, et cette intervention se fait au fur et à mesure que de nouvelles parties s'ajoutent à l'encéphale. Effectivement, il y a un rapport inverse entre le degré de composition des organes des sens, et celui de l'encéphale : ce qui prouve évidemment que les uns ne procèdent pas de l'autre ; mais que, séparément formés, ils se mettent ultérieurement en communication. Il y a donc un ordre nécessaire dans la production des tissus, comme dans celle des organes. Un tissu ne peut se combiner qu'avec un autre tissu ; et les variations de cette combinaison déterminent le degré de la composition des organes, comme les variations de la combinaison des organes déterminent le degré de l'animalité. L'ordre de cette *association progressive des tissus* devient donc le sujet d'une dernière loi.

Les moyens de déterminer l'individualité, la texture et en général l'état matériel des organes et des tissus sont connus de tout le monde. On y parvient par la dissection, l'injection, la macération, etc. Qu'il nous soit permis de rappeler que nous avons., le premier, employé la détermination du rapport entre le poids et le volume des masses encéphaliques par la balance hydrostatique (1er Mémoire sur le système nerveux. Journ. de Phys. juin 1820.). Cette détermination de la masse réelle du système nerveux est importante, puisque, comme Cuvier l'avait déjà démontré, l'énergie des actions nerveuses est proportionnelle à la quantité de matière nerveuse, toutes choses égales d'ailleurs du côté de l'excitation du sang. (A. D..NS.)

Nous rattachons ici l'article ANALOGUES de feu Presle-Duplessis.

*On appelle ANALOGUES, en Anatomie comparée, les organes ou parties d'organes entre lesquelles existent des rapports d'identité.

Le but vers lequel tendirent les naturalistes, dès les premiers pas dans l'étude de l'anatomie, base véritable de la Zoologie, fut de ramener l'organisation des Animaux à un seul et même type, de rapprocher entre eux leurs divers organes, pour indiquer leurs dissemblances et par suite leurs analogies. Si le but proposé était beau à atteindre, les moyens employés pouvaient-ils y conduire ? L'Homme, sujet habituel des recherches des naturalistes et objet naturel de ses rapprochemens, fut toujours aussi le point de départ et de comparaison. De son organisation, on marchait à celle des autres créatures, et on faisait ressortir, moins leurs rapports que leurs dissemblances, pour en déduire des caractères de classes, de genres et d'espèces. Cette marche ne pouvait, que très-imparfaitement, conduire à établir les analogies qui existent entre les organes, et même donnait plutôt un résultat tout opposé. Voulait-on faire des rapproche-mens ? La forme et les fonctions des organes étaient seuls écoutés. La pre-mière, cependant, n'était que secon-daire, et son peu de constance était trop frappant pour qu'elle pût être d'une grande considération. La se-conde, bien plus physiologique et séduisante au premier coup-d'œil, pouvait bien être utile dans un nom-bre de cas, mais aussi elle était quel-quefois infidèle, et ne pouvait servir à établir le principe désiré. Nous vou-lons dire l'*unité de composition dans les Vertébrés ;* car, dans les Animaux à transformation, les fonctions des or-ganes changent avec l'âge, de même que leur forme et leur grandeur. La forme et les usages des organes étant sujets à de pareilles variations, on n'a donc pu s'en servir pour établir, en organisation, l'analogie entre deux parties. Géoffroy St.-Hilaire est par-venu à poser, du moins nous le croyons, les véritables bases de la marche à suivre en anatomie : parti de cette idée première qu'il y a unité de composition dans les Animaux vertébrés, il dut en conclure la cons-tance dans les rapports des matériaux entre eux, et l'unité de composition lui fournit ainsi la véritable base de l'analogie qui existe entre les diverses parties des Animaux, en même temps que cette dernière est devenue un des plus puissans moyens de justification pour la loi première, l'unité de com-position dans les Vertébrés. Ainsi donc, sont analogues dans les diver-ses espèces, toutes parties dont les rapports sont identiques ; et, par exemple, sera fémur tout os placé entre le tibia et le bassin ; seront la-rinx, toutes pièces osseuses ou cartila-gineuses soutenues par l'os hyoïde, et soutenant à leur tour la trachée-artère ou autres parties analogues, quels que soient d'ailleurs leur forme, leur grandeur et même leurs usages.

Tels sont les fondemens de la doc-trine des Analogues que Géoffroy a posés et développés dans le 1er volu-me de sa philosophie anatomique : théorie à laquelle nous devons l'éta-blissement d'une méthode claire et simple pour la détermination des or-ganes, qui permet de ramener à des parties déjà connues des organes que la grande dissemblance de formes et d'usages avait forcé de classer sous des noms totalement différens ; c'est à l'aide de cette théorie que Géoffroy a pu établir l'identité des pièces os-seuses du squelette des Poissons avec celles qui composent la charpente des autres Vertébrés, ce que jusqu'à lui on avait en vain essayé de faire. Les monstres eux-mêmes sont ren-trés dans la règle commune, et ont montré leurs pièces osseuses rangées dans le même ordre que celles de l'é-tat normal, et variant seulement dans leur développement, selon l'âge du fœtus, et selon l'état de ses nerfs et de ses artères. Les Oiseaux, les Echidnés, les Pangolins et autres Vertébrés que l'on croyait dépour-vus de dents, étudiés dans l'esprit de cette doctrine, ont montré au même auteur un système dentaire complet de forme différente, il est vrai, de celui des autres Animaux, mais identique quant à la position et à l'origine des matériaux. Ainsi, la substance cornée, qui entoure le bec des Oiseaux, les mâchoires des Tor-tues et des Mammifères édentés, re-présente le système dentaire comme substance d'origine commune, c'est-à-dire, fournie par les mêmes vais-seaux et les mêmes nerfs ; sa structure est différente, il est vrai, de celle des dents, communément réputées telles : la dissemblance n'est cependant point aussi grande qu'on pourrait le croire au premier coup-d'œil, car les dents de l'état fœtal présentent elles-mêmes l'état corné que conserve, pendant toute la vie, la substance qui revêt le bec de l'Oiseau. Nous nous bornerons à ce peu d'exemples de l'influence que cette doctrine a déjà eue sur les progrès de la science de l'organisation; il nous serait facile de les multiplier.

Il nous semble que l'emploi de cette marche, dans l'étude de l'anatomie comparée, donnera les véritables bases d'une physiologie positive, complétera les connaissances qui nous manquent dans cette science, en rectifiera plusieurs ; et, en montrant le même plan d'organisation dans tous les Vertébrés, peut-être même dans tous les Animaux, en y retrouvant les matériaux rangés dans le même ordre et selon la même loi, nous donnera la solution d'un des plus intéressans problèmes de l'organisation animale.   (PR. D.)

* ANATOMIE VÉGÉTALE. BOT.

L'organisation, la structure anatomique des parties élémentaires qui composent les Végétaux, nous offre une simplicité et une uniformité que l'on n'observe point dans les Animaux. Un seul tissu élémentaire, composé de lamelles fines et délicates, diversement entremêlées, forme la base de tous les organes des Plantes. Ce tissu, que nous appellerons *lamelleux* ou *primitif*, est formé de petites lamelles transparentes, entrecroisées dans tous les sens, de manière à constituer des aréoles ou cellules communiquant toutes ensemble, soit par la continuité de leurs cavités internes, soit par des pores ou fentes qu'on observe sur leurs parois.

Ce tissu primitif, nous le répétons, est la base de tous les organes des Végétaux. On le voit presque à l'état de pureté dans la moelle d'un grand nombre d'Arbres ligneux ; ailleurs, il offre des modifications qui, sans changer sa nature, le rendent propre aux différens usages qu'il doit remplir. Le tissu lamelleux présente deux formes principales qui constituent deux tissus secondaires ; savoir, le tissu *cellulaire* ou *aréolaire*, et le tissu *vasculaire* ou *tubulaire*. Nous allons étudier ces deux modifications :

§. 1ᵉʳ. *Du tissu cellulaire ou aréolaire.* Il se compose de petites cellules contiguës les unes aux autres, et dont la forme dépend en général des résistances qu'elles éprouvent. On l'a comparé à cette mousse légère qui se forme à la surface de l'eau de savon, par l'agitation de ce liquide. Dans leur

état primitif, ces cellules sont à peu près hexagonales, et présentent une ressemblance assez marquée avec les alvéoles des Abeilles ; ces cellules, dont les parois sont très-minces, diaphanes, communiquent toutes ensemble, soit que leurs cavités intérieures s'abouchent les unes dans les autres, soit par le moyen des pores que Leuwenhoek, Hill et Mirbel ont découverts sur leurs parois.—Mais les aréoles de ce tissu ne se présentent pas toujours avec cette forme régulière et en quelque sorte géométrique ; elles s'allongent, se raccourcissent, suivant les pressions auxquelles elles sont soumises. Dans le tissu ligneux elles sont en général fort allongées, et forment des espèces de petits tubes parallèles entre eux.

La ténuité extrême des lamelles qui composent le tissu cellulaire le rend très-facile à se déchirer. Aussi observe-t-on souvent dans certains Végétaux des espaces vides, occasionés par la rupture des parois de plusieurs cellules ; on leur a donné le nom de *Lacunes*.

§ II. *Du tissu vasculaire ou tubulaire.* Un grand nombre d'auteurs considèrent les vaisseaux comme un tissu élémentaire et primitif. Nous ne saurions partager cette opinion, et nous regardons le tissu vasculaire comme une simple modification du tissu lamelleux. C'est avec raison, selon nous, que Mirbel préfère le nom de *tubes*, pour désigner les canaux dans lesquels les fluides des Plantes circulent ; en effet l'idée de vaisseaux entraîne toujours avec elle celle de canaux décroissant de volume, à mesure qu'ils se ramifient, ce qui n'a pas lieu pour les tubes des Végétaux, qui conservent à peu près le même diamètre dans toute leur longueur.

Les tubes ou vaisseaux dans les Végétaux sont des lames de tissu lamelleux, roulées sur elles-mêmes de manière à former des canaux. Ils ne constituent point un tissu primitif ; car on les voit successivement se former au milieu du tissu lamineux, dont la plantule est exclᵗ ivement composée, lors de son premier développement. Ces tubes doivent être considérés, non comme des canaux cylindriques et parfaitement réguliers ; mais seulement comme des séries de cellules superposées, dont les diaphragmes ou cloisons ont disparu en partie.

On distingue six espèces de tubes ou vaisseaux, différens par leur forme, leur structure et même les usages qu'ils remplissent.

1°. *Vaisseaux moniliformes* ou en chapelet. Ce sont des tubes poreux, resserrés de distance en distance, et coupés par des diaphragmes criblés de petits trous. Ce ne sont, à proprement parler, que des cellules de tissu aréolaire, superposées.

2°. *Vaisseaux poreux*. Ils représentent des tubes continus, criblés de pores disposés régulièrement par lignes transversales.

3°. *Fausses trachées*. Tubes coupés de lignes ou fentes transversales.

4°. *Trachées*. Ainsi nommées à cause de la ressemblance que Malpighi avait cru leur trouver avec l'organe respiratoire des Insectes. Ce sont des vaisseaux formés par une lame mince et transparente, roulée sur elle-même en spirale, et dont les bords se touchent de manière à ne laisser aucun espace entre eux, sans cependant contracter d'adhérence. Ils ont la plus grande ressemblance avec ces fils élastiques de laiton que l'on met dans les bretelles.

5°. *Vaisseaux mixtes*. Ils ont été observés pour la première fois par Mirbel ; ils sont alternativement et irrégulièrement poreux, fendus ou roulés en spirale, dans différens points de leur étendue.

6°. Enfin on appelle *Vaisseaux propres* des tubes non poreux, contenant un suc propre, particulier à chaque Végétal, comme la résine dans les Pins, un suc blanc et laiteux dans les Euphorbes, etc.

Telles sont les différentes formes que l'on observe dans les vaisseaux des Plantes. Ce sont ces vaisseaux qui en se groupant ; se soudant ensemble par faisceaux, constituent les *fibres*

végétales ; tandis que le tissu cellulaire forme le parenchyme. C'est en s'unissant et se combinant de diverses manières, que les tissus parenchymateux et fibreux constituent la masse des différens organes des Plantes ; car dans tous l'analyse ne nous fait découvrir que ces deux modifications principales du tissu primitif. *V.* pour de plus grands détails les mots Aubier, Bois, Ecorce, Epiderme, Tige, etc.   (A. R.)

ANATRON. MIN. Carbonate de Soude natif. *V.* Natrum et Soude.
                             (LUC.)

ANAULACE. *Anaulax*. MOLL. Dénomination donnée au genre Ancille de Lamarck par Félix de Roissy (Moll. T. v. p. 430), à cause de la ressemblance de ce nom avec celui d'Ancyle, appliqué par Géoffroy aux Patelles fluviatiles. Lamarck a changé Ancille en Ancillaire. *V.* ce mot. (F.)

ANAVINGA. BOT. PHAN. (Rhéede, *Hort. Malab.* IV. T. 49.) *V.* Casearia.   (B.)

ANAXETON. BOT. PHAN. Genre établi par Gaertner, et syn. de Gnaphalium, dans Dioscoride. *V.* Gnaphalium.   (B.)

ANAZÉ. BOT. PHAN. Très-grand Arbre de forme pyramidale, dont Flacourt donne une description incomplète, et qui est loin de suffire, pour qu'on le puisse confondre avec l'*Adansonia*, dont il convient cependant de le rapprocher. *V.* Baobab. (B.)

ANAZE. Du Dictionnaire de Déterville. BOT. PHAN. Grand Arbre conique de l'Inde, qui n'est peut-être qu'un double emploi du précédent.
                            (A. R.)

* ANAZUE ou NANACHUE. BOT. PHAN. Syn. d'*Ammi perenne*, L., chez les Arabes.   (B.)

ANBLATUM. BOT. PHAN. (Tournefort. *Corol.* 48.) Plante du Levant, réunie au genre *Lathræa*, par Linné, qui lui a conservé, comme trivial, le nom donné par Tournefort. Elle a été omise dans le Synopsis de Persoon.   (B.)

* ANCÉE. *Anceus*. CRUST. Genre

établi par Risso (Hist. nat. des Crust. des environs de Nice, p. 51), qui lui assigne pour caractères d'avoir le corselet carré ; les mandibules très-longues , falciformes , dentelées , et la queue munie de trois lames natatoires. — Latreille (Règne Animal de Cuvier) place ce genre dans la section des Phytibranches , ordre des Isopodes. — Les Ancées se distinguent des Typhis , des Pranizes , des Appseudes , par leurs pieds , au nombre de dix, non terminés en serre, et insérés par paires sur autant de segmens ; par leurs antennes , au nombre de quatre, et fort distinctes; par l'extrémité de leur queue , munie d'appendices en feuillets , et parce qu'ils ne peuvent se contracter en boule. — L'espèce, servant de type à ce genre, est l'Ancée forficulaire , *A. forficularius* , Risso, tab. 2. fig. 10. Parmi les caractères les plus remarquables qu'elle présente , et qu'on retrouvera sans doute sur les autres espèces qui pourront être rapportées au même genre, nous ferons mention des suivans : les yeux sont presque sessiles et en réseaux ; les antennes intermédiaires sont grosses et poileuses ; les extérieures sont longues , avec le dernier article délié en soie ; la bouche est munie de deux espèces de mandibules falciformes, longues, solides, dentelées à leur côté interne. Latreille dit qu'elles sont propres aux mâles ; les palpes sont poilues , et ont la forme de cuillerons. — Les mœurs de ces singuliers Crustacés ne sont pas encore connues ; Risso dit qu'ils se tiennent cachés entre les Madrépores , dans la région des Coraux. — Latreille rapporte à ce genre le *Cancer maxillaris* de Montagu (*Trans. Linn. sociét.* T. VII. t. 6. fig. 2).

(AUD.)

* ANCETUM. BOT. PHAN. Syn. de *Momordica Elaterium* , L. *V.* MOMORDIQUE.   (B.)

ANCHARIUS ou ANCHIALUS. MAM. Syn. d'Ane. *V.* CHEVAL.

(A. D..NB.)

* ANCHINOPS, BOT. PHAN. (Dios-

coride.) L'un des synonymes d'Yvraie.   (B.)

ANCHOACHA. BOT. PHAN. Mot donné, dans le Dictionnaire de Déterville, comme un synonyme d'Abutilon.   (A. R.)

ANCHOAS. BOT. PHAN. Syn. de Gingembre , *Amomum Zingiber,* au Mexique.   (B.)

ANCHOIS. *Engraulis.* POIS. Sousgenre établi par Cuvier, parmi les Harengs. *V.* ce mot.   (B.)

* ANCHOLIE. BOT. PHAN. Même chose qu'Ancolie. *V.* ce mot.   (B.)

* ANCHOMÈNE. *Anchomenus.* INS. Genre de l'ordre des Coléoptères, section des Pentamères, tribu des Carabiques, établi par Bonelli. Il comprend quelques espèces, dont plusieurs sont étrangères à la France. Dejean en possède huit. Latreille (Règne Animal de Cuvier) réunit les Anchomènes aux Féronies. *V.* ce mot.   (AUD.)

* ANCHONIÉES. BOT. PHAN. Onzième tribu des Crucifères , selon De Candolle (Syst. Vég. 11. 152 et 576) ; qui renferme les genres *Goldbachia, Anchonium* et *Sterigma. V.* ces mots.
(B.)

* ANCHONIUM. BOT. PHAN. Nouveau genre de la famille des Crucifères , de la Tétradynamie siliculeuse, proposé par De Candolle (Syst. Végét. T. II. p. 578), pour une Plante, *Anchonium Billardierii*, recueillie sur le mont Liban, en Syrie, par Labillardière. Elle est vivace ; sa tige haute d'un pied est garnie , surtout à sa partie inférieure, de feuilles obovales, allongées, tomenteuses; ses fleurs sont disposées en épi à la partie supérieure des tiges; elles sont rougeâtres et purpurines ; leur calice est formé de quatre sépales , dont deux latéraux sont bossus à leur base; les pétales sont courts, obtus et entiers ; les quatre étamines les plus grandes sont soudées par paire ; la silicule est ovoïde , oblongue , indéhiscente, terminée par le style qui est persistant

et très-aigu, séparée transversalement par une articulation ; chaque portion est biloculaire, et dans chaque loge il y a une seule graine pendante, dont les cotylédons sont incombans.

Ce genre a de l'affinité avec le genre *Vella*, surtout à cause de la soudure de ses quatre étamines les plus longues, mais il s'en distingue par son fruit indéhiscent et terminé en pointe aiguë. (A. R.)

ANCHORAGO. pois. (Duhamel, Lacépède.) *V.* ANCRE.

ANCHOVI. BOT. PHAN. et non *Anchovy* ou *Anchory*. Arbre de la Jamaïque mentionné par Sloane (2. t. 217. f, 1 et 2), dont on confit le fruit à la manière des Anchois pour l'usage de la table. Il appartient à la famille des Guttifères, et au genre que Linné a nommé *Grias*. *V.* ce mot. (B.)

ANCHOYO. pois. Syn. d'Anchois, sur certaines côtes de la Méditerranée. (B.)

* ANCIEN. ois. (Cook.) Syn. du Pingouin antique, *Alca antiquua*, Lat., Gmel. *V.* PINGOUIN. (DR..z.)

* ANCILIE. *Ancilia*. MOLL. Dénomination générique employée dans le *Museum goversianum*, p. 248, pour une espèce de Calyptrée appelée, dans cet ouvrage, *Ancilia volutata*. C'est le Bouton de chapeau de Favanne (*Conch*. t. 4. f. A. 2). *Patella Trochoides*, Dillwyn (*Descript. Cat.* p. 1018). *V.* CALYPTRÉE. (F.)

ANCILLAIRE. *Ancillaria*. MOLL. Genre de Gastéropodes Pectinibranches, sans opercule, de la famille des Enroulées, *V.* ces mots, d'abord établi sous le nom d'Ancille, *Ancilla*, par Lamarck (An. s. vert. 1re édit. p. 73), et nommé ensuite Anaulace, *V.* ce mot, par Félix de Roissy, afin d'éviter la confusion des noms avec celui d'Ancyle ; motif qui a déterminé Lamarck à changer Ancille en Ancillaire (*Ann. Mus.* XVI. p. 300.). Ce genre, qui contient peu d'espèces vivantes et un assez petit nombre d'espèces fossiles, a été adopté par Montfort, sous le nom d'Ancille, *Ancillus* (T. 2. p. 582). Ocken paraît laisser les espèces qu'on y rapporte dans son genre Volute. Schweiger suit cet exemple. Cuvier n'en fait pas mention dans le Règne Animal. Sowerby a conservé la dénomination primitive de Lamarck. Ce dernier savant a décrit le genre Ancillaire dans les Annales du Muséum ; les espèces fossiles, T. 1. p. 474 ; les vivantes, T. XVI. p. 300.

On ne connaît point encore l'Animal des Ancillaires ; mais on peut présumer qu'il doit être fort analogue à celui des Olives, auxquelles ces coquilles ressemblent tellement, qu'il est souvent difficile d'en distinguer certaines espèces. Ce qui les différencie particulièrement, c'est qu'elles manquent du sillon ou canal sutural qui sépare les tours de spire chez les Olives, d'où Roissy les a appelées *Anaulaces*, c'est-à-dire sans canal. Elles se rapprochent aussi de la forme de quelques Buccins ; mais, outre que ce dernier genre est operculé, les Ancillaires ont un *facies* qui ne permet guère de les confondre, si ce n'est avec les Olives. Leur spire est souvent empâtée par un dépôt testacé, qui peut faire croire à une grande expansion du manteau de l'Animal vers cette partie ; et la columelle a un bourrelet calleux vers sa base, qui ne peut cependant les distinguer des Olives, qui la plupart offrent une circonstance semblable ; en un mot il nous paraît probable que les Ancillaires ne doivent former qu'un sous-genre des Olives.

Les caractères de ce genre consistent dans une coquille oblongue, subcylindrique, à spire courte, non canaliculée ; l'ouverture longitudinale, à peine échancrée à sa base, versante ; avec un bourrelet calleux et oblique, au bas de la columelle ; Lamarck.

Les espèces vivantes sont : 1. *A. cinnamomea*, Lamk. An. Mus. XVI. p. 304. Encycl. méth. pl. 393. f. 8. *Bulla Cyprœa*, Dillw. *Descript. Cat.* p. 490. On ignore quelle est sa patrie—2. *A. ventricosa*, Lam. *loc. cit.* sp. 2. *Bulla ventricosa*, Dillwyn. p. 490. Son habitation est également inconnue.—3. *A. marginata*, Lam. *loc. cit.* sp. 3. En-

cycl. pl. 393. f. 2. Hab. Océan austral.
— 4. *A. candida*, Lam. *loc. cit.* sp.
4. Encycl. pl. 393. f. 6. *Voluta ampla*,
Gmelin. p. 3467. *Bulla ampla*, Dillwyn. p. 490.

Les espèces fossiles sont : 1. *A. glandiformis*, Lam. Ann. Mus. XVI. p.
305. n° 1. Encycl. pl. 393. f. 7. a. b.
Se trouve dans les environs de Bordeaux et de Dax. — 2. *A. buccinoides*,
Lam. Ann. Mus. XVI. p. 305. n° 2.
id. vol. 1. p. 475. n° 1. Encycl. p. 393.
f. 1. a. b. Se trouve à Grignon, Cour-
tagnon, etc. — 3. *A. subulata*, Lam.
Ann. XVI. sp. n° 3. id. vol. 1. p. 475.
n° 2. Encycl. pl. 393. f. 5. a. b. Se
trouve dans les environs de Paris, en
Champagne, à Valognes. — 4. *A. oli-
vula*, Lam. Ann. XVI. p. 306. sp.
n° 4. id. vol. 1. p. 475. n° 3. Encycl.
pl. 393. f. 4. a. b. Hab. les environs
de Paris, en Champagne, etc. —
5. *A. canalifera*, Lam. Ann. XVI. p.
306. sp. n° 5. id. vol. 1. p. 475. n° 4.
Encycl. pl. 393. f. 3. a. b. *An Ancilla
Turritella?* Sowerby, *Min. Conch.*
T. 1. p. 226. tab. 99. *Larger fig.* Hab.
des environs de Paris, de la Champagne, de Valognes, de Dax, d'Angleterre? — 6. *A. obsoleta*, Brocchi.
Conch. T. 2. p. 330. tab. v. f. 6. a. b.
Hab. du Piémont. — 7. *A. aveniformis*,
Sowerby. *Min. Conchol.* T. 1. p. 225.
tab. 99. *Middle fig.* Pourrait bien n'ê-
tre qu'un jeune individu de l'*Anc.
buccinoides* ou *subulata?* Hab. dans
l'argile de Barton.	(F.)

ANCILLE. *Ancilla.* MOLL. Genre
de Lamarck, nommé depuis Ancillaire. *V.* ce mot. — Perry (*Conch.*
pl. 31) a institué, sous ce même nom,
un genre déjà établi par Lamarck, le
genre Eburne. *V.* ce mot.	(F.)

* **ANCIPITÉ,** E. *Anceps.* BOT. Cé
qui signifie comprimé et ayant les
deux bords plus ou moins tranchans.
Les tiges des *Sisyrinchium* ou Bermu-
diennes, de l'*Hypericum Ascyrum*,
etc. sont ancipitées.	(B.)

ANCISTRE. *Ancistrum.* BOT. PHAN.
V. ACÆNA.

* **ANCISTROCARPE.** *Ancistrocar-*

pus. BOT. PHAN. Famille des Chénopodées (dans Humb. et Bonpl. *Nov.
Gen.* 2. p. 186). Genre de Plantes
établi par nous ; très-voisin du Mi-
crotea de Swartz, dont il ne diffère
que par le nombre des étamines et des
styles, et par des fruits hérissés de
poils en crochet. La seule espèce
connue, originaire de l'Orénoque, est
une petite Herbe à épis simples. (K.)

ANCOLIE. *Aquilegia.* BOT. PHAN.
Famille des Renonculacées ; Polyandrie Pentagynie. Les Ancolies ont un
calice caduc, composé de cinq sépales
étalés, pétaloïdes ; une corolle de cinq
pétales dressés, concaves, bilabiés,
terminés inférieurement en un éperon qui pend entre les sépales ; les
étamines sont très-nombreuses ; les
plus intérieures sont stériles, et ont
les filamens planes ; les pistils sont
au nombre de cinq, et se changent
en autant de capsules dressées, acuminées, uniloculaires, polyspermes.

Les espèces de ce genre sont toutes
herbacées vivaces ; leurs feuilles sont
pétiolées, composées ou triternées ;
leurs fleurs sont bleues, blanches ou
pourpres, et terminent les rameaux.
De treize espèces décrites aujourd'hui
on en trouve sept en Sibérie, quatre
en Europe, et une dans l'Amérique
septentrionale. On cultive dans les
jardins l'Ancolie vulgaire, *Aquilegia
vulgaris*, L. qui offre des fleurs tantôt bleues tantôt blanches, roses ou
purpurines, quelquefois simples,
d'autres fois doubles. Cette Plante est
originaire de nos bois. L'Ancolie du
Canada (*Aquilegia canadensis*, L.),
remarquable par ses fleurs rouges,
variées de jaune ; est également cul-
tivée.	(A. R.)

ANCRE. *Anchorago.* POIS. Nom
donné comme spécifique à une espèce
de Saumon, ainsi qu'à un Spare. (B.)

* **ANCYLANTHE.** *Ancylanthos.*
BOT. PHAN. Nouveau genre de la famille des Rubiacées, Pentandrie Monogynie, L. établi par Desfontaines,
et dont cet illustre botaniste vient de
publier une description et une figure

excellentes dans les Mémoires du Muséum. Il offre pour caractères : un calice, dont le limbe est quinquéfide, et à divisions aiguës ; une corolle tubuleuse, velue, dont le tube est arqué, élargi insensiblement ; le limbe est irrégulier, subbilabié, à cinq divisions subulées, dont deux supérieures plus longues. Les étamines, au nombre de cinq, sont sessiles et insérées à la partie supérieure de la corolle ; le style est filiforme, de la longueur de la corolle, terminé par un stigmate arrondi et épais. Le fruit, que l'on ne connaît pas encore à son état de maturité, est à cinq loges monospermes. — Ce genre a de l'affinité avec le *Nonatelia*, dont il se distingue par sa corolle arquée, son limbe irrégulier, ses anthères sessiles, incluses, etc. — Il ne renferme encore qu'une seule espèce, *Ancylanthos rubiginosa* (Desf. Mém. Mus. 4. t. 2), Arbrisseau rameux, à feuilles opposées, elliptiques, obtuses, entières, à fleurs réunies en faisceaux axillaires. Il croît spontanément dans les environs d'Angola, sur les côtes d'Afrique.   (A. R.)

ANCYLE. *Ancylus.* MOLL. Genre de Gastéropodes de l'ordre des Pulmonés et de la famille des Limnéens, *V.* ces mots, établi par Géoffroy (Traité, p. 122), adopté par Müller (*Verm. Hist.* p. 199), et décrit par nous avec plus de détail (Essai d'une Méth. conchyl., p. 59). — Linné et tous les naturalistes qui, jusqu'à présent, ont suivi à la lettre le *Systema Naturæ*, tels que les naturalistes anglais et la plupart des Allemands, ont laissé les Ancyles parmi les Patelles dont leurs coquilles ont toute la figure, mais qui en diffèrent essentiellement sous le rapport des Animaux. — Bruguière paraît avoir aussi confondu les Ancyles dans les Patelles, erreur qu'a évitée Félix de Roissy (Moll. t. v p. 223). Montfort les place dans son genre Helicon (Conchyl. t. 2 p. 64) formé aux dépens des Patelles. Lamarck n'en a pas fait mention dans la 1re édition des

Animaux sans vertèbres, ni dans l'extrait de son Cours de zoologie ; mais dans la 2e édition du premier de ces ouvrages (t. 6, 1re partie, p. 298 à la note), ce savant annonce qu'il croit devoir les rapprocher provisoirement de la famille des Calyptraciens, c'est-à-dire des Cabochons, des Fissurelles, des Calyptrées, etc., genres dont les Ancyles nous paraissent très-éloignées, puisque nous les plaçons parmi les Pulmonés. Draparnaud, Brard, Millet ont décrit les deux seules espèces distinguées jusqu'à présent. Les conchyliologistes allemands qui ont suivi la nouvelle méthode, ont, comme eux, distingué les Ancyles ; tels sont Studer, Sturm, Pfeiffer ; mais parmi les auteurs de cette nation qui ont fait des systèmes généraux, l'un d'eux, Ocken, les confond dans son genre *Bullinus* avec les Physes (*Lehrb der Zool.* p. 303). Les autres, Schweiger et Goldfuss, les ont oubliées. Pfeiffer, que nous venons de citer, place les Ancyles dans les Scutibranches ; mais ce naturaliste ne donne malheureusement pas les raisons qui l'ont porté à les séparer des Pulmonés. — Lister paraît être le premier qui ait observé et fait connaître une espèce de ce genre (*An. angl.* p. 151) l'*Ancyclus fluviatilis* de Müller. Nous ne devons pas omettre de citer l'intéressante note publiée par Desmarest sur les Ancyles (Nouv. Bullet. des Sc. 1814, p. 18).

Les Ancyles vivent exclusivement dans l'eau douce, attachées sur les Pierres ou aux tiges des Roseaux et des autres Plantes aquatiques. Elles sont presque amphibies ; l'été, lorsque les petits courans ont été desséchés, elles attendent dans la vase humide le retour des pluies. La petitesse des deux espèces communes n'a pas permis, jusqu'ici, de les observer complètement, c'est-à-dire d'en faire l'anatomie, ce qui aurait décidé sur leur véritable place, la figure de leurs coquilles rendant indécis plusieurs naturalistes qui ne peuvent se décider à les éloigner des Patelles avec lesquelles ces coquilles ont tant d'analogie. Nous avons eu souvent occasion d'observer ces petits Mollusques ; leur genre de vie et ce que nous avons remarqué de leur organisation ne nous laissent guère de doute qu'ils n'appartiennent aux Pulmonés. Nous avons dessiné les Animaux des deux espèces les plus connues. Nous les avons vus respirer au moyen d'un appendice tubiforme, comme les Limnées. Nous avons même observé leur accouplement, ce qui n'empêche pas que nous ne nous rendions à des preuves plus complètes, si l'on découvre que ce sont des Scutibranches.

Le caractère générique est : Animal tout couvert en-dessus ; pied ovale, moins large que le corps ; deux tentacules latéraux, contractiles et variables, coniques ou triangulaires, plus ou moins tronqués ; les yeux à la base et derrière, mais paraissant en-dessus comme en-dessous ; orifice respiratoire en siphon cylindrique, court, contractile, situé vers l'extrémité postérieure du corps et du côté extérieur. Test : cône oblique et incliné communément, c'est-à-dire penché à droite ou à gauche, complet, à base ovale, souvent fléchi en arrière et du côté opposé au siphon respiratoire, c'est-à-dire en-dedans. Le sens de l'inclinaison du cône et celui de la flexion de son sommet indiquent la direction de la volute vers la droite ou vers la gauche ; ce qui fixe le côté intérieur ou le côté extérieur de la volute ; car il y a dans ce genre des espèces sénestres et des dextres. L'Ancyle de Géoffroy est sénestre. — Ce genre, à ce qu'il paraît, n'a que des espèces très-petites ; elles ne se montrent pas en tout temps. Vers celui de leur reproduction, elles montent à la surface des eaux ou sur les corps et les Plantes qui s'y trouvent. L'Animal est lent et timide. Ils s'accouplent en se posant l'un sur l'autre, et multiplient beaucoup.

Il règne une grande confusion parmi les auteurs, au sujet des espèces de ce genre, parce qu'ils ne les ont pas suffisamment caractérisées, et que chacun, en particulier, a cru trouver l'espèce d'abord connue, et y a rapporté la synonymie de ses devanciers. Voici celles que nous connaissons, accompagnées d'une synonymie indispensable pour remédier à la confusion que nous venons de signaler.

1. *A. fluviatilis*, Müller, *Verm. Hist.* p. 201 ; Lister, *An. angl.* t. 2. f. 52 ; Géoffroy, Traité, l'Ancyle p. 124; *Patella lacustris*, Linné, Donovan, Dillwyn, Poiret, etc. ; *Patella fluviatilis*, Dacosta, Montagu, Gmelin; etc.; *Ancyclus fluviatilis*, Draparn. *Hist.* pl. 2. f. 23, 24; *idem*, Brard, Studer, Pfeiffer, etc.; *Ancyclus riparius*, Desmarest, Note sur les Ancyles, etc., Nouv. Bullet. des Sc. 1814, p. 19. pl. 1. f. 11. Se trouve dans toute l'Europe. Elle varie un peu par la grosseur, le contour de sa base, l'élévation du sommet, la couleur de l'épiderme. — 2. *A. sinuosus*, Brard, *Hist.* p. 201. pl. VII. f. 4; habite une fontaine d'une maison de Pontoise; espèce très-douteuse, sans doute monstruosité de la précédente. — 3. *A. rotundatus*, N.; habite la Silésie; est beaucoup plus petite que les précédentes; à base ronde, sommet moins élevé; noire. — 4. *A. rivularis*, Say, *Journ. acad. nat. sc. of Philadel.* Vol. 1. p. 124; habite les Etats-Unis dans les ruisseaux; très-aplatie; sommet central peu saillant. — 5. *A. costatus*, N.; trouvée à Casa Tejada en Estramadure, dans une mare; petite, garnie de côtes bien distinctes du sommet à sa base. — 6. *A. pileolus*, N.; habite l'île de Scio; petite; sommet dépassant la base. — 7. *A. stagnalis*, m'a été communiquée par Risso qui l'a trouvée aux environs de Nice; intermédiaire, pour la forme, entre les précédentes et les suivantes. — 8. *A. Hermanni*, N.; m'a été communiquée par Hammer qui l'a trouvée en Alsace ? voisine de la suivante. — 9. *A. lacustris*, Müller, *Verm. Hist.* p. 199; Draparn. *Hist.* pl. 2. f. 25 à 27 ; *Patella lacustris*, Gmelin, Montagu, etc.;

Patella oblonga, Donovan, Maton, Dillwyn; *Patella cornea*, Poiret; habite l'Europe. Elle varie un peu, suivant les localités, par la taille et ses proportions respectives. — 10. *A. deperditus*, Desmarest, Nouv. Bullet. des Sc. 1814, p. 19. pl. 1. f. 14; espèce fossile qui se trouve dans un Calcaire gris-jaunâtre à grain très-fin, des environs d'Ulm en Bavière; elle a été découverte par Omalius d'Halloy, et paraît avoir beaucoup de rapport avec notre *A. pileolus*. Schlotheim *der Kalktuff*, etc., *in Leonhard Taschenb.* p. 338, cite parmi les Fossiles du Tuf calcaire de la Thuringe, l'*Ancylus lacustris* de Linné et une nouvelle espèce dont la Coquille est beaucoup plus épaisse que celle des Ancyles connues. Toutes deux ont été trouvées près de Burgtona.

Des valves détachées d'une espèce d'Entomostracé du genre Cypris que nous observâmes les premiers dans les environs de Moissac, ont donné lieu à l'établissement de l'*A. Spina Rosæ*. L'erreur a été depuis reconnue par nous et par d'autres. C'est une espèce à restituer aux Crustacés. (F.)

ANCYLODON. MAM. CET. (Illiger.) *V.* ANARNAK.

ANCYLODON. POIS. Genre de la grande Famille des Percoïdes dans l'ordre des Acanthoptèrygiens de Cuvier, établi par ce savant pour un Poisson de Surinam, que la longueur de sa seconde dorsale et sa caudale aiguë avaient fait associer aux Lonchures par Schneider. Ses caractères consistent dans la compression de la tête qui est armée de dentelures et de piquans; sa queue est fendue, et ses dents, surtout celles d'en-bas, sont faites en longs crochets qui sortent de la bouche quand celle-ci est fermée. L'Ancylodon de Surinam, *Lonchurus Ancylodon* de Schneider, seule espèce de ce genre, a le corps ponctué de noir sur un fond argenté, les écailles lisses et la mâchoire inférieure plus longue que la supérieure. (B.)

ANDA. BOT. PHAN. (Margrave et

Pison.) Arbre maritime du Brésil, fort élevé, imparfaitement observé, qui paraît devoir appartenir à la famille des Euphorbiacées, et voisin du Bancoul. *V.* ce mot. Les graines de l'Anda, au nombre de deux dans chaque Noix, sont employées comme purgatives; l'huile qu'on extrait du brou peut être brûlée dans les lampes, et ce brou, fort astringent, jeté dans les étangs, enivre le Poisson.

               (B.)

*ANDAKOKKA. BOT. PHAN. (Serapion.) Syn. de Mélilot. (B.)

ANDALOUSITE. MIN. *V.* FELDSPATH APYRE.

ANDANAHYRIA. BOT. PHAN. Syn. de *Crotalaria retusa*, L. à Ceylan. *V.* CROTALAIRE. (B.)

ANDARA. BOT. PHAN. Syn. de *Mimosa cinerea*, L. à Ceylan. (B.)

ANDARESE. BOT. PHAN. (Commerson.) Nom malegache d'un Arbuste du genre Premna. *V.* ce mot.

ANDARNA-FIA. MAM. CET. Syn. de Baleinoptère museau pointu, de Lacépède, chez les Islandais. *V.* BALEINE. (B.)

ANDERSONE. *Andersonia.* BOT. PHAN. Nouveau genre de la famille des Epacridées, formé par R. Brown, qui renferme des Arbrisseaux originaires de la Nouvelle-Hollande, dont les feuilles roides, concaves à la base, sont sémi-amplexicaules. Les fleurs sont terminales, solitaires ou réunies en épis; chacune d'elles présente un calice coloré, accompagné de bractées foliacées, imbriquées; une corolle de la longueur du calice, ayant les divisions de son limbe barbues à leur base; les étamines hypogynes; cinq petites écailles à la base de l'ovaire qui sont quelquefois soudées entre elles. Le fruit est une capsule, dont les trophospermes sont attachés à l'axe central : les graines sont peu nombreuses et dressées. (A. R.)

*ANDIAN-BOULOHA. BOT. PHAN. Plante maritime de Madagascar que Flacourt compare à une Cynoglosse, et qui paraît être une espèce de Veloutier *Tournefortia*. *V*. ce mot. (B.)

ANDI-MALLERI. BOT. PHAN. Syn. de Belle-de-Nuit, au Malabar. *V*. NYCTAGE. (B.)

ANDIRA. BOT. PHAN. Syn. d'Angelin, *V*. ce mot et d'*Hirtella triandra* (Swartz) dans les Antilles. Selon Andanson, l'Andira de Margrave et l'Angelin seraient la même chose que le *Laurus borbonia*, L. (B.)

ANDIRA-ACA. MAM. (Margrave.) Petite Chauve-Souris du Brésil, trop imparfaitement observée pour qu'on puisse déterminer à quel genre elle appartient. (B.)

ANDIRA-GUAÇU. MAM. (Margrave.) Autre Chauve-Souris du Brésil qui paraît être le Phyllostome Vampire. (B.)

* ANDIRIAN. BOT. PHAN. (Rhases.) Syn. arabe, de *Zygophyllum Fabago*, L. (B.)

ANDJURI ou CAJUMAS. BOT. PHAN. Grand Arbre des Moluques et du pays de Malac, indéterminé, encore que Rumph en ait donné une assez bonne figure dans son Herbier d'Amboine, sous le nom de *Carbonaria*. L'on obtient de son bois un charbon fort utile aux orfèvres ; on fait de ses rameaux des javelots fort légers et fort durs. Son fruit ressemble à une Olive. (B.)

ANDORINHA. OIS. Syn. de l'Hirondelle Tapère ; *Hirundo Tapera*, L. au Brésil. *V*. HIRONDELLE. (DR..Z.)

ANDOUILLERS. MAM. *V*. BOIS.

ANDRACHAHARA. BOT. PHAN. Syn. de Joubarbe, *Sempervivum tectorum*, L. (B.)

ANDRACHNE. BOT. PHAN. Genre de la famille des Euphorbiacées, de la Monoëcie Pentandrie, établi par Linné. C'est le même que le *Telefioides* de Tournefort. Il est très-rapproché du genre *Clutia* de Boerhaave

par ses caractères, et du genre *Telephium* par son port. Ses fleurs sont monoïques ; leur calice est à dix divisions, dont cinq intérieures, pétaloïdes. Au fond du calice, on trouve dans les fleurs mâles et les fleurs femelles cinq écailles bifides et non glanduleuses ; la capsule est à trois côtes et à trois loges, qui renferment chacune deux graines. Ce genre ne contient que deux espèces, l'une originaire des contrées méridionales de l'Europe, et l'autre de l'Inde. Ce sont des Plantes à feuilles alternes accompagnées de stipules, portant des fleurs axillaires. Le nom d'Andrachne a aussi été donné, comme spécifique, à un Arboisier. *V*. ce mot. (A.R.)

*ANDRAFAXIS. BOT. PHAN. (Théophraste.) Syn. d'Atriplex. *V*. ce mot.

ANDRÉE. *Andræa*. BOT. CRYPT. (*Mousses*.) Les caractères de ce genre consistent dans une capsule à quatre valves réunies au sommet par un petit opercule persistant, soutenue sur un apophyse, et dont la coiffe se rompt irrégulièrement. — Il a été établi par Ehrart, qui lui a donné pour type le *Jungermannia alpina* de Linné ; Hedwig y a ensuite rapporté le *Jungermannia rupestris* du même auteur ; Mohr a ajouté à ces deux espèces l'*Andræa Rothii* ; et nous devons à Hooker la connaissance d'une quatrième espèce, l'*Andræa nivalis*. Ce sont les seules qu'on ait observées jusqu'à présent ; toutes habitent les montagnes et les régions les plus froides de l'Europe, et sont remarquables par la petitesse de toutes leurs parties.

La structure très-curieuse de ces Plantes a été long-temps l'objet de discussions parmi les botanistes, qui l'ont différemment décrite, et ont rangé ce genre, tantôt parmi les Mousses, tantôt parmi les Hépatiques. Linné, se fondant sur la division de la capsule en quatre valves, a laissé les deux espèces qu'il connaissait parmi les Jungermannes ; Ehrart et Mohr, en adoptant le genre *Andræa*, l'ont placé dans la famille des Hépatiques. Hedwig, qui le premier a rangé ce genre parmi les Mousses, a regardé les quatre valves comme un péristome à quatre dents, et l'apophyse comme la véritable capsule; mais c'est à Hooker que nous devons la description la plus exacte et les meilleures observations sur ces Mousses. (*V.* sa Dissertation sur l'*Andræa*, *Trans. linn.*, Vol. x. pag. 381.). Il a montré que les quatre divisions de la capsule ne pouvaient pas être comparées aux dents d'un péristome, dont elles diffèrent par leur structure et par la manière dont elles soutiennent l'opercule; mais il a prouvé que, ce genre, quoiqu'ayant une capsule à quatre valves comme les Jungermannes, devait être placé dans la famille des Mousses, à cause de la présence de l'opercule et de la columelle, et de l'absence des filamens en spirale. Dans cette famille, le genre *Andræa* se rapproche surtout des genres *Sphagnum* et *Phascum*; il ressemble au premier par son pédicule charnu et pellucide, qui, au lieu de se développer dans l'intérieur de la coiffe, est un véritable pédoncule, qui soutient la coiffe et la capsule. Il se rapproche des *Phascum* par son opercule persistant et par la petitesse de sa coiffe; il en diffère par la manière régulière dont la capsule se fend.   (AD. B.)

ANDRÈNE. *Andrena.* INS. Genre de l'ordre des Hyménoptères, section des Porte-aiguillons, établi par Fabricius en grande partie avec le genre Nomade de Scopoli, ou les Pro-Abeilles de Réaumur. Quelques auteurs ont depuis abandonné cette dénomination, tandis que d'autres l'ont adoptée, en lui donnant plus ou moins d'extension. Kirby (*Monogr. Apum Angliæ*) place les Andrènes de Fabricius dans la seconde coupe des Mellites; Jurine (Class. des Hymén.) réunit à son genre Andrène les Collètes, les Sphécodes, les Hylées, les Halictes, les Andrènes de Latreille, ainsi que les Mellites des divisions suivantes, * a, ** a, ** b, ** c, de Kirby. Enfin Latreille restreint le genre qui nous occupe aux Andrènes de Fabricius (*Syst. pies.*) et aux espèces rangées par Kirby dans la troisième division de la seconde coupe des Mellites (** c). Il lui assigne les caractères suivans : division intermédiaire de la languette, lancéolée, repliée en-dessus dans le repos; mâchoires simplement fléchies près de leur extrémité; la pièce qui les termine, à partir de l'insertion des palpes, plus courte qu'eux; toutes les jambes plus longues que le premier article des tarses; trois cellules cubitales, la seconde et la troisième recevant chacune une nervure récurrente dans le plus grand nombre.

Les Andrènes ont les antennes semblables dans les deux sexes, les mandibules bidentées, le labre demi-circulaire, une sorte d'oreillette formée par deux divisions de chaque côté de la languette; le corps oblong et très-poilu chez les femelles, plus étroit et moins velu chez les mâles. Ceux-ci n'ont pas aux pieds postérieurs des brosses et des faisceaux de poils que présentent toujours les premières. Fabricius n'avait pas toujours distingué les deux sexes, et Latreille a fait voir (Hist. nat. des Fourmis) combien il s'était mépris à cet égard. —L'absence des poils chez les mâles indique leur inaptitude à soigner les larves. Ce sont les femelles qui sont chargées de les alimenter et de construire leurs nids. Au moyen des poils qui garnissent leurs pates et leur abdomen, elles récoltent sur les fleurs un pollen qui, mélangé avec du Miel, constitue la nourriture des jeunes individus, et est aussi employé dans certaines circonstances pour la construction des nids. Ils consistent en trous peu profonds, creusés ordinairement dans une terre sèche et battue. La femelle dépose d'abord dans le fond une sorte de bouillie nutritive, puis elle pond auprès un œuf et bouche ensuite l'ouverture de cette habitation; la larve, à la sortie de l'œuf, se nourrit de l'aliment qui lui a été préparé, se métamorphose en Nymphe, et vers les premiers jours du printemps devient insecte parfait.

Latreille (Consid. génér.) place les Andrènes dans la famille des Andrenètes, et les range ailleurs (Règne Animal de Cuvier) dans la tribu de même nom, famille des Mellifères. Le genre Andrène a dans cet ouvrage beaucoup d'étendue, et comprend les Dasypodes, les Sphécodes, les Halictes et les Nomies qui ont un grand nombre de caractères communs, mais peuvent cependant être distingués les uns des autres. — Parmi les Andrènes p opres, nous citerons 1° l'Andrène des murs, *Andrena muraria*, ou l'*A. Flessæ* de Panzer (*Faun. Ins. Germ.* fasc. 85. f. 15), figurée par Réaumur (*Mém. Ins.* T. vi. pl. 9. fig. 2); 2° l'Andrène cendrée, *A. cineraria* de Fabricius, figurée par Schæffer (*Icon. Ins.* Tab 22. f. 5, 6); elle sert de type au genre. On peut aussi y rapporter les Andrènes *vestita, thoracica,* etc. (AUD.)

- ANDRENÈTES. *Andrenetæ.* INS. Famille de l'ordre des Hyménoptères, section des Porte-Aiguillon, établie par Latreille, et qui, dans le Règne Animal de Cuvier, constitue la 1re tribu de la grande famille des Mellifères. Tous les individus qui se classent dans cette subdivision ou tribu ont : la division intermédiaire de la languette (ou sa pièce principale) plus courte que la gaine, repliée en-dessus dans les uns, presque droite ou simplement inclinée et courbe dans les autres, figurant, soit un cœur, soit un fer de lance.

Ces caractères distinguent la tribu des Andrenètes de celle des Apiaires; les suivans leur sont communs : pates postérieures ordinairement pollinifères; premier article des tarses très-grand, fort comprimé, en carré long ou obtrigone. Au moyen de la conformation de leurs pieds, les Insectes de cette famille recueillent sur les Fleurs le Pollen qui servira à la nourriture de leurs larves. Ils vivent en société, à la manière des Abeilles, mais ne présentent que deux sortes d'individus; les femelles et les mâles.

Linné réunissait dans son grand genre *Apis* tous les individus de cette famille. — Réaumur et surtout Degeer ont les premiers établi dans ce genre la coupe des Pro-Abeilles, que Scopoli remplace par la dénomination de Nomades. Fabricius, s'étant ensuite emparé de ce nom, en détourna l'emploi, en l'appliquant à d'autres Insectes hyménoptères, auxquels il réunit cependant quelques Nomades de Scopoli; puis il forma avec les autres espèces le genre Andrène, dont Latreille a fait sa famille des Andrenètes. Elle répond à celle des Mellites de Kirby, et est subdivisée en sept genres, Collète, Hylée, Dasypode, Andrène, Sphécode, Halicte et Nomie. *V.* ces mots. (AUD.)

ANDRÉOLITHE. MIN. Par abréviation d'*Andreasbergolithe.* Nom donné par Lamétherie à la substance en Cristaux croisés qu'on trouve à Andreasberg, au Hartz. *V.* HARMOTOME. (G. DEL.)

ANDREWSIA. BOT. PHAN. Ventenat avait ainsi nommé, en l'honneur d'Henri Andrews, le genre appelé par celui-ci *Pogonia*, nom qui, appartenant déjà à une Plante de la famille des Orchidées, devait être changé. C'est le *Myoporum* de Forster. *V.* ce mot. (A. D. J.)

* ANDREZE. BOT. PHAN. Qu'il ne faut pas confondre avec *Andrèse. V.* ce mot. Nom d'une espèce de Celtis à Madagascar et dans l'île de Mascareigne. *V.* AFOUTH. (B.)

ANDRIALE. BOT. PHAN. *V.* ANDRYALE.

* ANDROCERE. *Androcera.* BOT. PHAN. Ce genre, de la famille des Solanées, Pentandrie Monogynie, L. a été créé par Nuttal dans ses genres de l'Amérique septentrionale pour quelques espèces de *Solanum* qui se distinguent par les caractères suivans : leur calice est ventru, à cinq dents, caduc; la corolle est monopétale, rotacée, à cinq lobes inégaux; les anthères sont déclinées, écartées; l'une d'elles est plus longue et prolongée en

corne. Du reste, ce genre offre tous les autres caractères des *Solanum*. —Nuttal y rapporte le *Solanum hete- randrum* de Pursh (Fl. Am. sept. suppl. T. VII) qu'il nomme *Andro- cera lobata*. Cette Plante croît sur les bords du Missouri. (A. R.)

ANDROCYMBIUM. BOT. PHAN. Genre formé dans l'Hexandrie Trigi- nie, L., par Willdenow (Mag. des curieux de la nature de Berlin. T. 1 pl. 2) aux dépens de *Melanthès* pour les espèces, dont le calice est nul, et la corolle à six pétales pourvus d'un onglet et d'un capuchon. Le *Melan- thes eucomoides*, Plante du Cap, est le type de ce genre. (B.)

* ANDRODAMAS. MIN. (Pline.) Nom d'une Pierre précieuse chez les anciens; elle était comparée, pour l'é- clat, à l'Argent et au Diamant, sa forme était toujours carrée et sembla- ble à celle de petits carreaux; on a cru que c'était une Pyrite blanche, mais il est bien difficile de deviner, sur de pareilles indications, ce que ce pouvait être. (B.)

ANDROGYNE. ZOOL. C'est-à-dire *muni des deux sexes*. Il est des Ani- maux androgynes; les uns, comme les Limaces, s'accouplent deux à deux, et malgré les organes mâles et femel- les, dont la nature doua chaque indi- vidu, ne se pourraient suffire à eux- mêmes dans l'acte de la copulation. D'autres, comme les Moules et les Huîtres, ne sauraient s'unir pour cet acte, et paraissent se féconder eux- mêmes; l'on pourrait réserver aux premiers la désignation d'androgynes, et donner aux seconds celle d'herma- phrodites. *V.* ce mot. (B.)

ANDROGYNETTE. BOT. CRYPT. (Palisot de Beauvois.) Syn. de Sta- chygynandrum. *V.* ce mot. (AD. B.)

ANDROGYNIE. BOT. PHAN. Nom formé de deux mots grecs qui si- gnifient Mâle et Femelle. On désigne ainsi, en botanique, la réunion des sexes sur un même individu; mais cette expression a un sens différent, suivant qu'on l'applique à un Arbre ou une Plante entière, ou seulement à une

seule fleur. Ainsi, lorsqu'on dit qu'un Arbre est androgyne, cela veut dire qu'il porte des fleurs mâles et des fleurs femelles réunies sur le même individu, comme le Noyer, le Noise- tier, etc., tandis qu'une fleur andro- gyne est celle qui renferme les deux sexes dans une même enveloppe flo- rale. Dans le premier cas, andro- gyne est synonyme de monoïque; dans le second cas, il a la même si- gnification qu'hermaphrodite. (A. R.)

* ANDROMACHIA. BOT. PHAN. Genre de la famille des composées, Syngénésie Polygamie superflue, L. établi par Humboldt et Bonpland (Pl. æq. v. 2. p. 104.), très-voisin des Verges d'or. Son caractère générique est d'avoir un involucre hémisphéri- que, composé de nombreuses écailles imbriquées; des fleurs du disque tu- buleuses et hermaphrodites, celles du bord en languette et femelles; un fruit cylindrique, couronné d'un grand nombre de poils simples. Ce genre renferme des Herbes et des Ar- bustes à feuilles opposées, entières, couvertes en dessous d'un duvet épais et cotonneux; à fleurs en corymbe ou en panicule, rarement solitaires, jaunes ou blanchâtres. Kunth a publié (Humb. et Bonpl. *Nov. Gen.* T. IV. p. 97—105) dix espèces d'Androma- chia, toutes originaires des Andes de l'Amérique équinoxiale, qu'il divise en trois sections, d'après l'habitus et d'après le nombre des fleurs dans chaque capitule. La première section comprend des espèces sans tige, à pé- doncule uniflore; la seconde des Herbes à tige rameuse et à fleurs en corymbe; les espèces de la troisième section se distinguent par le petit nombre de fleurs de chaque capi- tule et mériteraient peut-être de for- mer un genre particulier. Ce sont des Arbustes à fleurs en corymbe ou en panicule.

La *Hierba de Santa-Maria* du royaume de Quito, est une espèce d'Andromachia, et appartient à la se- conde section de ce genre. Bonpland qui l'a décrit (Pl. æq. 2. p. 104) dit

(p. 106) au sujet de l'usage que les indigènes font du duvet, qui couvre la surface inférieure des feuilles de cette Plante : « L'*Andromachia igniaria* est remarquable par la propriété dont elle jouit de produire une substance analogue à l'Amadou. Toutes les parties de cette Plante, et surtout les jeunes pousses, sont couvertes de cette substance qui est blanchâtre, quelquefois un peu rousse, et épaisse d'une demi-ligne. Elle est douce au toucher, s'enlève facilement par plaques; et, sans aucune préparation particulière, elle s'allume aussi facilement que le meilleur Amadou, par l'action du briquet. La médecine y trouve aussi un excellent styptique. Nous devons aux naturels du Pérou, la connaissance de cette plante, que les Espagnols emploient fréquemment dans les colonies et qui jusqu'au voyage de Humboldt avait échappé aux recherches des naturalistes.»—D'après l'observation de Cassini, le Starkea de Browne est une onzième espèce du genre Andromachia.   (K.)

ANDROMÈDE. *Andromedes*. ACAL. et MOLL. Genre établi par Montfort (Conchyl. T. 1. p. 38) pour un petit Nautile microscopique vivant, qu'il appelle Andromède gaufrée, figuré par Fichtel et Moll (Test. microsc. p. 49. t. 5. f. *c*, *d*, *e*), sous le nom de *Nautilus strigilatus*, Var.), et qui a été trouvé en abondance à Poville, près de Novi, sur les bords de l'Adriatique. — Lamarck comprend cette espèce dans son genre Vorticiale; c'est sa *Vorticialis depressa* de l'Encyclopédie méthodique. pl. 470. f. 2. *a*, *b*, *c*, copiée de Fichtel et Moll. Il faut faire attention que la *Vorticialis strigilata* de Lamarck est le *Nautilus craticulatus* de Fichtel et Moll, transposition de nom qui peut induire à erreur.
Les Vorticiales de Lamarck forment, pour nous, un groupe de notre genre Lenticuline. *V*. ce mot.   (F.)

Forskahl, dans sa *Fauna arabica*, a donné le nom d'ANDROMÈDE à l'une de ses Méduses, fort belle et très-commune sur les côtes de la Mer-Rouge. C'est une Cassiopée. *V*. ce mot.   (LAM...X.)

ANDROMÈDE. *Andromeda*. BOT. PHAN. Famille des Ericinées, Décandrie Monogynie, L. Genre caractérisé par un calice très-petit, monosépale, étalé, à cinq divisions; une corolle monopétale, campanulée, tubuleuse ou globuleuse; à cinq dents réfléchies; dix étamines insérées à la corolle et incluses, ayant quelquefois les anthères garnies de deux petits appendices; l'ovaire libre, surmonté d'un style et d'un stigmate obtus. La capsule est pentagone, accompagnée du calice; elle offre cinq loges, et s'ouvre en cinq valves par le milieu des loges. Les graines sont très-petites et très-nombreuses. Les Andromèdes sont des Arbrisseaux, des Arbustes ou même des Arbres à feuilles coriaces et éparses, quelquefois opposées, à fleurs solitaires ou en épis. Elles sont en général d'un port agréable et élégant; aussi en cultive-t-on plusieurs dans les jardins.
Les espèces de ce genre se plaisent ordinairement dans les lieux un peu humides. On en connaît plus de trente, dont environ la moitié sont originaires des diverses contrées de l'Amérique septentrionale, huit de l'Amérique méridionale et de la Jamaïque, une du détroit de Magellan, deux ou trois des îles de France et de Mascareigne, une de la Nouvelle-Zélande; les autres croissent dans le nord de l'Europe et de l'Asie, depuis la Laponie jusqu'au Kamtschatka. L'*Andromeda polifolia*, L. est la seule qui se trouve dans quelques landes tourbeuses et plusieurs montagnes de la France; elle est commune aux deux continens, et se cultive comme Plante d'ornement   (A. R.)

ANDROPHILAX. BOT. PHAN. Genre établi par Wendland pour une Plante figurée dans la planche 16 du troisième fascicule de son *Hortus Herrenhusanus*, dont Willdenow a fait son *Wendlandia populifolia*, et réuni dans le genre *Cocculus* par De Candolle (Syst. vég. 1. 524), sous le nom de *C. Carolinus*. (B.)

ANDROPHORE. BOT. PHAN. Mirbel a nommé ainsi le support commun de plusieurs anthères, qui porte le nom de filet lorsqu'il est terminé par un seul de ces organes ; on voit par cette définition que le mot Androphore s'applique spécialement aux Plantes de la Monadelphie, de la Diadelphie et de la Polyadelphie de Linné, caractérisées par la soudure des filets staminaux en un, deux ou plusieurs faisceaux. Ainsi, dans la Mauve, la Rose trémière, l'Androphore est cylindrique et chargé d'anthères à sa partie supérieure ; dans la plupart des Légumineuses il constitue une sorte de gaine fendue, portant neuf anthères à sa partie supérieure ; dans les Millepertuis on remarque trois ou cinq Androphores, divisés supérieurement en une multitude de filets, etc. (A. R.)

ANDROPOGON. BOT. PHAN. Genre de la famille des Graminées, Polygamie Monoëcie, L. A l'exemple de Kunth (*in Humb. Nov. Gen.* 1. p. 184), nous rétablissons le genre *Andropogon*, tel à peu près qu'il avait été défini par Linné, c'est-à-dire que nous y réunissons les genres *Anatherum* de P. Beauvois, *Heteropogon et Sorghum* de Persoon, et enfin le *Colladoa* de Cavanilles. Voici les caractères de notre genre : les épillets sont géminés ou ternés ; celui du centre est sessile, uniflore et hermaphrodite ; les deux latéraux sont pédicellés, mâles ou neutres ; l'épillet hermaphrodite se compose d'une lépicène à deux valves coriaces, d'une glume formée de deux écailles membraneuses, dont l'inférieure est mutique et la supérieure terminée par une arête tordue, roide ; les deux épillets latéraux mâles ou neutres n'offrent point d'arête. — Les fleurs sont disposées en épis ou en panicules rameuses. Ce genre est extrêmement nombreux en espèces : quelques-unes croissent en Europe ; les autres sont réparties entre toutes les latitudes du globe.

Plusieurs espèces sont recherchées pour leurs usages en médecine. Tels sont l'*Andropogon Nardus*, L., dont la racine se compose d'une touffe de fibrilles rougeâtres, fines, déliées et serrées. Elle porte dans le commerce les noms de *Nard indien* ou *Spicanard*. Son odeur est forte et assez agréable ; sa saveur est aromatique, légèrement amère. Cette racine est très-excitante, aphrodisiaque ; les Indiens en font très-fréquemment usage, tandis que chez nous elle est presque entièrement tombée en désuétude.

L'*Andropogon Schœnanthus*, L. qui croît également dans l'Inde, ainsi que dans les îles de France et de Mascareigne, est remarquable par l'odeur de ses feuilles et de ses tiges qui rappelle celle du Citron. C'est une autre espèce (*Andropogon squarrosus*) dont la racine capillaire, jaunâtre, d'une odeur extrêmement agréable, et rappelant celle du bois des crayons, est désignée sous le nom de *Vetiver*. *V.* ce mot. (A. R.)

*ANDROSACE. POLYP. G. Bauhin, Tournefort et beaucoup d'autres naturalistes anciens ont donné ce nom à l'Acétabulaire de la Méditerranée. *V.* ACÉTABULAIRE. (LAM..X.)

ANDROSELLE. *Androsace.* BOT. PHAN. Famille des Primulacées, Pentandrie Monogynie. Le calice est monosépale, persistant, subcampaniforme, à cinq divisions, et comme à cinq angles ; la corolle est monopétale, régulière, hypocratériforme ; le tube est quelquefois très-court ; le limbe offre cinq lobes garnis de petites glandes, jaunâtres à leur base ; les cinq étamines sont incluses ; l'ovaire est globuleux, à une seule loge ; le style est court, terminé par un stigmate capitulé très-petit. Le fruit est une petite capsule globuleuse, uniloculaire, renfermant plusieurs graines attachées à un axe central ; elle s'ouvre en cinq valves par sa partie supérieure.

Les Androselles sont de petites

Plantes herbacées, d'un aspect fort agréable; leurs feuilles sont le plus souvent toutes radicales et réunies en rosette à la base de la tige. Les fleurs sont disposées en ombelle, et garnies d'un involucre, ou solitaires et axillaires. Linné a divisé les espèces fort nombreuses d'Androselles en deux genres, savoir : le genre *Aretia* dans lequel il a réuni toutes les espèces dont les fleurs sont solitaires, axillaires, et n'ont point d'involucre, telles sont l'*And. alpina*, *And. pubescens*, *pyrenaica*, etc., et le genre *Androsace* dans lequel il n'a laissé que les espèces à fleurs en bouquet, environnées d'un involucre commun, comme l'*And. carnea*, *septentrionalis*, *coronopifolia*, etc.

Toutes les espèces de ce genre se plaisent en général sur les montagnes très-élevées, dans les Alpes, les Pyrénées, les monts Altaïs, etc. Une seule a été observée dans l'Amérique septentrionale, et une seconde dans l'Amérique méridionale ; toutes les autres sont originaires d'Europe ou du nord de l'Asie. (A. R.)

ANDROSÈME. *Androsæmum*. BOT. PHAN. Genre formé par Tournefort pour une espèce de Millepertuis, réuni depuis au genre *Hypericum* sous le nom d'*Hypericum Androsemum* par Linné, qui n'a pas regardé des fruits bacciformes non capsulaires comme un caractère de genre suffisant. On pourrait néanmoins y trouver la base d'un sous-genre très-naturel. (B.)

* ANDROTOMES. BOT. PHAN. H. Cassini propose de nommer ainsi les Synanthérées, parce que les filets de leurs étamines semblent divisés par une sorte d'articulation qu'indique rarement un étranglement, plus souvent un changement de forme, presque toujours un changement subit de coloration, caractère qui lui semble devoir obtenir la préférence sur celui de la connexion des anthères, pour donner son nom à ce groupe si nombreux. (A. D. J.)

ANDRYALE. *Andryala*. BOT. PHAN. Famille naturelle des Chi-

coracées, Syngénésie Polygamie égale, L. Ce genre a beaucoup d'affinité avec les Epervières, *Hieracium*. Il offre un involucre cylindrique, formé d'écailles lancéolées, imbriquées : toutes les fleurs sont semi-flosculeuses et hermaphrodites, portées sur un réceptacle velu. Le fruit est surmonté par une aigrette sessile, poilue, qui manque quelquefois dans les fleurs de la circonférence. Les espèces, qui offrent ce caractère, forment le genre Rothia de Schreber.

Les Andryales sont des Plantes herbacées annuelles ou vivaces, tomenteuses ; elles croissent, en général, dans les contrées méditerranéennes de l'Europe. Sur dix espèces, mentionnées par les auteurs, trois croissent dans l'île de Madère, une en Barbarie, une dans l'Archipel, une en Espagne et quatre en France, savoir : *A. integrifolia*, *A. sinuata*, *A. lyrata*, *A. incana*, D. C.

Le nom d'ANDRYALA avait été donné par les anciens au Laitron, *Sonchus oleraceus*, L. *V.* LAITRON. (A. R.)

* ANDRYALOÏDÉES ou FAUSSES-ANDRYALES. BOT. PHAN. Seconde division formée par De Candolle (Syn. p. 258 et Fl. fr. IV. 20) dans le genre Hieracium si nombreux en espèces. *V.* EPERVIÈRE. (B.)

* ANDU. OIS. Syn. de l'Autruche, de Magellan, *Struthia Rhea*, L. au Brésil. *V.* RHEA. (DR.-Z.)

ANE. *Asinus*. MAM. Espèce du genre Cheval. *V.* ce mot.

ANE CORNU. Animal fabuleux que les anciens supposaient exister dans le centre de l'Afrique et de l'Inde. Syn. de Licorne.

ANE RAYÉ. Syn. de Zèbre, autre espèce du genre Cheval. *V.* ce mot.

ANE SAUVAGE. Ce nom a été donné improprement au Zèbre par Kolbe. Il est plus généralement convenable à l'Onagre, qu'on regarde comme la souche de l'Ane domestique. *V.* encore CHEVAL.

ANE VACHE. Nom impropre par

lequel on a quelquefois désigné le Tapir.   (B.)

ANE. POIS. Syn. de *Cottus Gobio*, L. *V.* COTTE.   (B.)

ANE. MOLL. Nom vulgaire donné à plusieurs Coquilles. Le Petit-Ane est le *Cyprœa Asellus*, L. La Peau-d'Ane est le *Cyprœa caurica*, L. *V.* PORCELAINE. — L'Ane rayé ou le Zèbre est une belle espèce du genre Agathine de Lamarck, le *Bulimus Zebra* de Bruguière, qui dépend de notre genre Hélice et du sous-genre Cochlitome. *V.* ce mot. (F.)

On a aussi donné le nom d'ANE MARIN au *Sœpias octopus*, L. *V.* POULPE.   (LAM..X.)

*ANEDE ou ANETTE. OIS. du latin *Anas*; vieux nom du Canard domestique.   (B.)

ANEGEN.BOT.PHAN.Syn. arabe d'*Origanum Dictamnus*, L. *V.*ORIGAN.(B.)

ANEI. MAM. L'un des noms asiatiques de l'Eléphant.   (A.D..NS.)

*ANEI-KALALEI, et par abréviation ANEI. POIS. (Bloch.) Syn. malais du *Johnius Aneus*, devenu le *Labrus Anei* de Lacépède.   (B.)

ANEILEMA. BOT.PHAN. R. Brown a distingué sous ce nom les espèces de Commelines sans involucre.   (K.)

* ANELASTE. *Anelastes*. INS. Genre de l'ordre des Coléoptères, section des Pentamères, établi par Kirby (*Linn. Soc. trans.* T. XII. p. 384), et qui appartient à la famille des Serricornes de Latreille (Règne Animal de Cuvier). Suivant l'auteur, ce genre joint la tribu des Cébrionites à celle des Elatérides, et ressemble beaucoup aux Taupins, dont il diffère cependant par des caractères assez tranchés, fournis principalement par les mandibules et le sternum. Kirby cite, comme type de ce genre, une espèce nouvelle, l'Anelaste de Drury, *A. Drurii*, qu'il figure (*loc. cit.* pl. 21. fig. 2); il représente aussi, sous les lettres, *a*, *b*, *c*, le chaperon, les mandibules et les antennes. On ignore le pays natal de cet Insecte exotique.   (AUD.)

* ANELOPTÈRES. *Aneloptera*. INS. Nom inusité aujourd'hui, mais appliqué par Raï (Hist. Ins.) à tous les Insectes, dont l'aile du mésothorax n'a pas le degré de consistance d'une élytre, et dont les nymphes sont immobiles.   (AUD.)

* ANÉLYTRES. *Anelytra*. INS. Lister (*Syst. ent.*) a employé ce mot pour désigner des Insectes privés d'ailes, de consistance de cornée ou d'élytres.   (AUD.)

*ANÉMAGROSTIS. BOT. PHAN Famille des Graminées, Triandrie Digynie, L. Dans sa nouvelle Agrostographie, Trinius fait un genre de l'*Agrostis Spica venti*, et de l'*Agrostis interrupta*, dont le caractère distinctif est spécialement fondé sur la présence du rudiment d'une seconde fleur qui avorte constamment. Ce genre nous paraît devoir être rejeté.   (A. R.)

ANÉMIE. *Anemia*. BOT. CRYPT. (*Fougères*.) Ce genre, de la tribu des Osmundacées, a été établi par Swarz; on peut le caractériser ainsi : capsules turbinées, sessiles, terminées supérieurement par une calotte à stries rayonnantes, disposées en panicules. Il est très-naturel par son port, et diffère principalement des Osmundes par ses capsules striées au sommet, tandis qu'elles sont lisses ou irrégulièrement veinées sur toutes leur surface dans ces Plantes. Ces stries se terminent toutes à la même distance du sommet, de manière à former une sorte d'opercule, à stries rayonnantes, qui paraît remplacer l'anneau élastique qui entoure les capsules des Fougères, de la tribu des Polypodiacées, et avoir pour but de faciliter la rupture et l'ouverture des capsules. — Les capsules sont réunies en panicules plus ou moins rameuses, et dans lesquelles on reconnaît le mode de division des nervures des feuilles; ces panicules sont tantôt radicales et solitaires, portées sur un long pédoncule nu; tantôt elles sont géminées à la base de la feuille. Dans le premier cas, la feuille entière est changée en une panicule qui porte les capsules; dans le second, les deux rameaux inférieurs de la feuille sont seuls fertiles. Ce caractère, sur lequel on a fondé la division en sections des Anemia, se rencontre quelquefois dans la même espèce.

Toutes les espèces connues de ce genre, au nombre environ de vingt, habitent l'Amérique équinoxiale et sont d'un port très-élégant. (AD. B.)

* ANEMONANTHEA. BOT. PHAN. Quatrième section établie dans le genre Anémone par De Candolle (*Syst. Veg.* t. 196), et qui renferme des espèces très-élégantes, telles que la *coronaria*, la *palmata*, l'*apennina*, la *nemorosa* et la *ranunculoides*.   (B.)

ANÉMONE. *Anemone.* BOT. PHAN. Famille des Renonculacées, Polyandrie Polygynie, L. Le calice est formé de cinq ou d'un grand nombre de sépales réguliers, colorés et pétaloïdes; la corolle manque; les étamines sont fort nombreuses; les akènes réunis en capitule au centre de la fleur sont tantôt nus, tantôt terminés par une longue queue barbue; les fleurs sont accompagnées d'un involucre formé de trois feuilles profondément incisées ou entières.

Nous croyons devoir réunir au genre Anémone les genres *Pulsatilla* de Tournefort et *Hepatica* de Dillen, que des auteurs modernes avaient rétabli, et dont nous ferons seulement des sections de ce genre. Les Anémones sont des Plantes herbacées, vivaces, dont les racines, que l'on doit considérer comme des tiges souterraines, sont souvent horizontales et rampantes; les feuilles, qui sont toutes radicales, sont pétiolées, ordinairement découpées profondément. Les fleurs, toujours accompagnées d'un involucre qui forme le caractère distinctif de ce genre, sont tantôt blanches, tantôt bleues, rouges ou jaunes.

On peut diviser le genre Anémone en trois sous-genres de la manière suivante:

1°. ANÉMONE: fruits sans queues barbues; involucre composé de feuilles découpées, éloignées des fleurs. Cette section renferme environ trente-six espèces.

2°. HEPATICA: fruits sans queues barbues; involucre composé de trois feuilles entières, rapprochées des fleurs auxquelles elles semblent former un calice trisépale. Trois espèces appartiennent à cette seconde section.

3°. PULSATILLA: fruits terminés par une longue queue barbue. On compte environ huit espèces dans cette section.

Des différentes espèces qui rentrent dans les sous-genres que nous venons d'énumérer, 18 croissent en Europe; 11 dans l'Amérique septentrionale; 5 dans l'Amérique méridionale; 2 au cap de Bonne-Espérance; 3 en Orient; 5 en Sibérie; 2 au Nepaul; 1 au Japon; 5 sont communes à l'Europe et à l'Amérique du nord. — Plusieurs espèces d'Anémones font l'ornement de nos parterres. On cultive spécialement l'*Anemone coronaria* de Linné, qui se fait remarquer par l'éclat, la variété des couleurs dont brillent ses fleurs, qui doublent avec la plus grande facilité. Cette espèce, que l'on a crue long-temps exotique et provenant d'Orient, a été trouvée sauvage dans les provinces méridionales de la France.—L'OEil de Paon, *Anemone pavonina* de Lamarck, n'est pas moins remarquable que la précédente; mais elle est moins répandue, encore qu'elle croisse naturellement dans les vignobles de quelques-unes de nos provinces méridionales où elle fleurit dès les premiers jours du printemps. — L'Anémone hépatique se cultive en bordures, où ses fleurs, d'un bleu tendre, ou roses, font un très-joli effet.

Les Anémones se multiplient par la séparation de leurs racines, qui portent le nom de *pates* ou *griffes*. Elles demandent à être plantées dans une terre légère, mais substantielle.

(A.R.)

ANÉMONE DE MER. ACAL. Les

habitans des bords de l'Océan, les voyageurs, et quelques naturalistes ont donné ce nom aux Actinies, principalement à l'Actinie rousse, *Actinia equina*, L., si commune sur nos côtes, où elle se fait remarquer lorsque la mer se retire, et qu'il ne reste qu'un peu d'eau dans les trous des rochers qu'elle habite ; cette Actinie fort commune épanouit ses nombreux tentacules, et ressemble alors aux plus belles Fleurs de nos jardins par l'éclat et la variété des nuances dont la nature l'a ornée.

On a appelé ANÉMONE DE MER A PLUMES un Animal des côtes de Saint-Domingue, voisin des Actinies suivant Bosc, et qui a été décrit par Lefebure-des-Hayes, mais d'une manière trop incomplète pour être réputé suffisamment connu ; nous croyons qu'il se rapproche des Lucernaires plus que des Actinies.

(LAM..X.)

*ANEMONÉES. BOT. PHAN. Seconde tribu des Renonculacées vraies, selon De Candolle (*Syst. Veg.* 1. 129), qui la compose des genres *Thalictrum, Anemone, Hepatica, Hydrastis, Knowltonia, Adonis, Hamadryas, Hecatonia* et *Krapfia.*. (B.)

* ANEMONOSPERMOS. BOT. PHAN. (Adanson, d'après Commelin et Boerhaave.) Syn. d'Arctotis, *V.* ce mot. (Raï.) Syn. de *Gorteria ringens*, *V.* GORTERIA.

De Candolle (*Syst. Veg.* T. I. 209) a donné ce nom à la cinquième section qu'il a établie dans le genre Anémone, et qui contient des espèces dont les fleurs sont en ombelles, telles que les *A. virginiana, A. pensylvanica*, etc. (B.)

* ANEMOSPHORON. BOT. PHAN. (Dioscoride.) Syn. de *Bunium Bulbocastanum*, L. *V.* BUNIUM. (B.)

*ANENCÉPHALE. MAM. Dans un sens restreint, c'est l'un des genres de la famille des Acéphales. Notre estimable collaborateur, Presle-Duplessis, l'a entendu ainsi dans l'article ACÉPHALES, *V.* ce mot ; mais au moyen d'une interprétation plus étendue, Anencéphale est récemment devenu le nom de tout un groupe de monstres, celui de tous les Acéphales incomplets, à quelque titre que ce fût. C'est le sens qu'y ont attaché les dictionnaires de médecine nouvellement publiés. Nous avons cru devoir reprendre l'ancienne nomenclature, ayant trouvé qu'on avait été, en la réformant, malheureusement plus grammairien que physiologiste. — *Acéphale* se disait autrefois des monstres dont la tête était difforme par la privation d'une ou de plusieurs de ses parties. L'*a* privatif dans Acéphale avait ainsi un sens déterminé. En faisant de ceci plus tard une question de grammaire, on a confondu toutes les idées ; car en proposant de partager les monstres en deux classes, les *Acéphales* (sans tête) et les *Anencéphales* (sans cerveau), on a fait une nomenclature qui a précédé les faits, au lieu d'arriver à leur suite. Il est aujourd'hui certain que tous ces prétendus vrais Acéphales ont une tête en miniature, un crâne engagé et caché entre les épaules, et pareillement que tous les Anencéphales, prétendus sans cerveau, ont un cerveau organisé comme celui d'un des premiers âges de la vie utérine. Leur cerveau est simplement retardé dans l'ordre des développemens ; il est enfin normal au fond. Et en effet la monstruosité de ces Anencéphales consiste uniquement dans une réunion bien hétérogène sans doute, et monstrueuse seulement en ce point ; dans une réunion, dis-je, d'organes d'âges et de développemens différens ; dans la combinaison, alors bien simple, d'un fœtus complet à tous autres égards, et défectueux seulement pour avoir à neuf mois le cerveau d'un embryon de quatre à cinq mois.

Le mot Anencéphale, dans un sens restreint, reste le nom de l'un de nos genres, et s'applique à une organisation monstrueuse d'un caractère en effet bien déterminé. La monstruosité commence chez l'Anencéphale, avant que le cerveau et la moelle épinière se soient formées, et persévère de manière à empêcher ces organes d'acquérir de la consistance. Ainsi il est des êtres qui parcourent toutes les périodes de la vie fétale, étant privés du système cérébro-spinal. On peut avec raison s'étonner que la privation d'un si grand système n'occasione pas de trouble dans les autres organes. Car enfin, où se rendent les molécules qui y sont destinées, et que la *tendance à la formation normale* y appelle? Ces molécules iraient-elles dans des bourses étrangères? mais un désordre évident s'en suivrait. L'observation m'a appris qu'elles sont données chez les Anencéphales, comme chez les autres fœtus, par le système sanguin; je me suis de plus assuré qu'elles se rendent dans leur lieu ordinaire, dans les bourses qui leur sont consacrées. Elles se versent dans les méninges; mais elles s'y versent dans l'état d'un fluide aqueux : si elles étaient plus tard ouvragées, elles deviendraient des molécules cérébrales; mais elles n'arrivent point au degré d'organisation nécessaire à cet effet.

L'empêchement vient d'adhérences au placenta; le fœtus y est fixé par le dos et la partie occipitale du crâne. La boîte cérébrale et tout le canal vertébral sont ouverts à leur partie médiane et externe. Au lieu de faire étui, les os du crâne, dont aucun ne manque, et les lames des vertèbres sont rejetés, partie à droite et partie à gauche. L'étui fendu et renversé est étendu, et prend la forme d'une table. Entre cette table osseuse et le placenta sont deux membranes; l'une supérieure et l'autre inférieure, véritables méninges formant la bourse où les molécules de l'*avant-cerveau* se rendent. Ces molécules, sur lesquelles il n'est exercé aucune action, s'accumulent indéfiniment; la bourse grandit en raison de leur nombre, et devient une vessie, une grande poche dorsale, remarquée par Santorini, Alexandre Boni et Morgagni, où n'était que de l'eau jaune, au rapport de ces anatomistes. C'est le cas du Poulet à la sixième journée d'incubation,

chez lequel on trouve qu'à la place du cerveau est une poche très-distendue et toute pleine d'un fluide aqueux.

Les Anencéphales forment donc une monstruosité particulière qui n'est pas rare. Nous avons vu quatre Anencéphales, nés à peu d'intervalle l'un de l'autre; un premier à Dreux, en juillet 1808, il a été décrit par André; un second à Paris, en 1816, le professeur de Montpellier Lallemand en a fait le sujet de sa thèse inaugurale; un troisième à Cornieville, près Commerci, en septembre 1820, le docteur Dumont l'a fait connaître; et un quatrième né à Paris, en mars 1821, nous en donnons une description très-détaillée dans le deuxième volume de notre Philosophie anatomique.

(GEOFF. ST.-H.)

* **ANERPONTES.** OIS. Nom donné par Vieillot à la famille des Grimpereaux. *V.* ce mot.   (B).

ANESSE. MAM. Femelle de l'Ane. *V.* CHEVAL.   (B.)

ANETH. *Anethum:* BOT. PHAN. Famille des Ombellifères; Pentandrie Digynie, L. —Linné, et après lui un grand nombre d'auteurs ont réuni en un seul les deux genres *Anethum* et *Fœniculum* de Tournefort, qui nous paraissent devoir rester distincts. Voici les caractères de l'*Anethum* : fleurs jaunes, disposées en ombelle, sans involucre ni involucelle; pétales entiers, roulés; fruits ovoïdes, comprimés, entourés d'une membrane circulaire, à trois côtes sur chaque face. Sprengel, dans le 6ᵉ vol. du *Systema* de Roemer et Schultes, réunit ce genre au Panais; il renferme une seule espèce, l'Aneth ou Fenouil puant, *Anethum graveolens*, L. Plante annuelle qui croît dans les champs cultivés des provinces méridionales de la France, et dont les fruits aromatiques et stomachiques sont employés en médecine. *V.* FENOUIL.   (A. R.)

* **ANFOS** OU **NERO.** POIS. (Delaroche.) Syn., aux îles Baléares, d'*Holocentrus gigas*, Bloch. *V.* HOLOCENTRE.   (B.)

* **ANFOUNSOU.** POIS. (Risso.) Syn. d'Holocentre Mérou de Lacépède, dans le golfe de Nice.   (B.)

ANG ou **ANGA.** BOT. PHAN. C'est-à-dire *qui se mange*, à Madagascar. On joint ce mot, qui se change dans la composition ou par élision en *Angan* et *Angh* , à celui des Plantes dont on se nourrit. Ainsi :

ANGA-MAFÆTS , *Manger amer*, est une Cariophyllée un peu amère, voisine de *Pharnaceum* et non décrite.

ANGA-MALÈME est un *Ruellia.*

ANGA-MALAO est un *Spilanthus.*

ANGA-BALAZA est l'*Illecebrum sessile.*

ANGAN - RAMBOU est une Conyze indéterminée.

ANGAN-SINGOUT est un Acrostic grimpant dont les premières pousses ont quelque rapport pour le goût avec celles de l'Ortie ou du Houblon, qu'on mange bouillies en certaines parties de l'Europe.

ANGAN-TA-HORIAO est un *Hieracium* indéterminé des lieux aquatiques. *V.* ÉPERVIÈRE.

ANG-HIVE, ou la *petite Anghive* de Flacourt, est un *Solanum* fort voisin du *nigrum* vulgairement Morelle ou Brède-Morelle, aux îles de France et de Mascareigne. *V.* BRÈDES.

ANG-HIVI-BÉ est le *Solanum Anghivi*, Lamk. ou *grande Anghive* de Flacourt.

ANG-SOUTRI est le *Cytisus Cajan*, L.

ANG - SOUTRI - MOUROU et ANG-SOUTRI-MOUROU-VAVE sont deux espèces d'*Hedysarum* indéterminés des lieux marécageux. *V.* SAINFOIN. (B.)

* **ANGARATHI.** BOT. PHAN. (C. Bauhin.) Syn. de Molène. (A. R.)

ANGARI. BOT. PHAN. Syn. malais de *Sida asiatica* , L.   (B.)

ANGE ou **ANGELOT.** POIS. Nom vulgaire de la grande Raie Molubar qui rentre dans la division des Dicérobates de Blainville, et du *Squalus Squatina*, L. dont Duméril a formé un nouveau genre. *V.* RAIE et SQUA-

TINE. Ce nom vient de la figure des nageoires qui, dans les Poissons auxquels on l'a imposé, ont quelque rapport avec des ailes. Il a été adopté dans plusieurs langues, *Angel-Fish*, *Angelo-Pesce*, etc., etc.   (B.)

* **ANGED.** POIS. Syn. de *Mugil Chanos*, Gmel. Chanos arabique de Lacépède. *V.* CHANOS.   (B.)

ANGEIDEN ou **ANDJUDEN.** BOT. PHAN. (Daléchamp.) Syn. de *Laserpitium* chez les Arabes. *V.* LASER. (B.)

ANGEL. OIS. Syn. de Ganga , dans les environs de Montpellier. *V.* GANGA.   (B.)

ANGELI ou **ANSJELI-MARA-VARA.** BOT. PHAN. (Rhéede et Burmann.) C'est-à-dire *Mal d'Arbre*. Nom donné, à la côte du Malabar, à l'*Epidendrum retusum* , L. qui fait périr les Arbres sur lesquels cette Plante est parasite.   (B.)

ANGELIN. *Andira.* BOT. PHAN. C'est un Arbre de la famille des Légumineuses. Sa hauteur est de quarante à cinquante pieds, son diamètre de trois environ. Son bois est dur et d'un rouge noirâtre à l'intérieur ; ses feuilles sont alternes, ailées avec impaire et à folioles opposées ; ses fleurs disposées à l'aisselle des feuilles ou à l'extrémité des rameaux en grappes paniculées ; leur calice est urcéolé, presque entier ou à cinq dents ; la corolle papilionacée présente des ailes et une carène bipétale, à peu près égales, mais plus petites que l'étendard ; il y a dix étamines diadelphes ; la gousse stipitée, charnue, ponctuée, ovoïde, sillonée sur l'un des côtés, contient une graine amère, à enveloppe dure et fibreuse.

L'Angelin a été observé au Brésil par Pison, et aux Antilles par Plumier. Aublet pense que l'Arbre de la Guyane, nommé *Vonacapona* et figuré dans sa tab. 375, est le même ; mais il présente quelques différences.   (A. D. J.)

Leschenault a décrit dans les Annales du Muséum (T. 16. p. 482. pl. 84) une nouvelle espèce d'*An-*

dira qu'il nomme *Harsfrœldii;* qui croît, dans l'île de Java, sur les montagnes Tingar. C'est un Arbuste de trois à quatre pieds de hauteur seulement, qui porte des fruits en gousses sèches, violettes, luisantes, de la forme d'une Olive, et renfermant une graine entourée d'une membrane très-mince. Chacun de ces fruits se vend environ dix sous de notre monnaie, somme considérable pour le pays, tant est grande la confiance qu'on a dans ce contrepoison employé contre l'effet de l'Ipo et de l'Upo. *V.* ces mots. On appelle, à Java, l'Andira dont il est question Prono-Djevo, c'est-à-dire qui *donne de la force à l'ame.* (B.)

* ANGELINA. BOT. PHAN. (C. Bauhin.) Grand Arbre indéterminé, dont, au rapport d'anciens voyageurs, le tronc est si considérable qu'on en fait, au royaume de Cochin, des barques d'une seule pièce, capables de porter vingt à trente tonneaux. A travers une telle exagération, on pourrait peut-être reconnaître un *Casuarina* ou un *Tectona.* On donne le nom d'ECORCE D'ANGELINA, à l'écorce d'un Arbre indéterminé de la Grenade dans les Antilles, laquelle est indiquée dans quelques matières médicales comme un bon vermifuge. (B.)

ANGÉLIQUE. *Angelica.* BOT. PHAN. Famille des Ombellifères, Pentandric Digynie. Les pétales sont allongés, recourbés en-dessus; le fruit est ovoïde, comprimé, relevé de trois côtes saillantes, et membraneux sur le bord; l'involucre est nul ou composé d'une à trois folioles; l'involucelle est polyphylle. Ce genre a été partagé par Hoffmann, dans son Traité des Ombellifères, en quatre genres : 1 *Angelica;* 2 *Archangelica;* 3 *Ostericum;* 4 *Conioselinum;* mais les caractères assignés par cet illustre botaniste qui a fait des Ombellifères une étude approfondie, ne nous paraissent pas assez tranchés, ni assez importans pour les adopter.

Le genre Angélique de Linné se composait de six à sept espèces, auxquelles Lagasca en ajoute trois dans son excellent Traité des Ombellifères, publié à Madrid, en 1821, dont, parmi celles qui sont le plus anciennement connues, une surtout mérite de fixer notre attention, à cause des usages auxquels on l'emploie; c'est l'*Angelica Archangelica,* L. La racine de cette Plante, qui est vivace, blanche, charnue, est employée comme un puissant diurétique. Ses tiges, qui sont cylindriques, creuses, préparées convenablement au sucre, forment des conserves très-agréables. On la trouve croissant naturellement dans les lieux frais de l'Europe, d'où elle a passé dans les jardins. L'Angélique sauvage, qui croît le long des rivières et généralement au bord des eaux, possède les mêmes qualités, mais à un degré très-inférieur.

On a donné improprement le nom d'ANGÉLIQUE ÉPINEUSE à l'*Aralia spinosa,* et de PETITE ANGÉLIQUE à l'*Ægopodium podagraria. V.* ARALIE et PADAGRAIRE. (A. R.)

ANGÉLONIE. '*Angelonia.* BOT. PHAN. Famille des Scrophulariées. Ce genre, créé par Humboldt et Bonpland (*Pl. æq.* 2. p. 92. t. 108), tient le milieu entre le Celsia et l'Hemimeris. Il est caractérisé par un calice à cinq folioles égales; une corolle à tube très-court, à limbe étalé, bilabié; lèvre supérieure bifide; inférieure beaucoup plus grande, trifide et creusée à la base en forme de soulier; quatre étamines didynames; les loges des anthères divergentes; un stigmate simple; une capsule à deux loges, s'ouvrant par deux valves bifides; herbes à feuilles opposées, à fleurs violettes, axillaires et disposées en épi. La patrie de cette Plante est la province de Caracas. (K.)

ANGELOT. POIS. *V.* ANGE.

*ANGEL-SLANG. REPT. OPH.(Valentin.) Serpent probablement fabuleux qu'on dit se trouver dans l'île d'Amboine. Si l'on s'en rapportait à ce qu'on en a raconté, il ressemblerait à l'*Anguis fragilis*, L., aurait environ un pied de long, la mâchoire dépourvue de dents, mais un bec très-pointu, armé d'un crochet qu'il enfoncerait dans la peau des passans, en s'élançant sur eux comme un trait; sa morsure ou plutôt sa piqûre causerait une soif ardente que rien ne pourrait étancher et qui conduirait à la mort.

(B.)

*ANGELTASCHE. OIS. *V.* AGLEK.

ANGHARAKO. BOT. PHAN. Syn. de *Ludwigia oppositifolia*, L. à Ceylan. *V.* LUDWIGE. (B.)

* ANGHÈRE. POIS. (Flacourt.) Nom malegache d'un Poisson indéterminé qui a peu d'arêtes, voisin du Mulet, et dont la chair est fort bonne à manger. (B.)

ANGHIVE ET **ANGHIVI-BÉ.** BOT. PHAN. *V.* ANG.

ANGIANTHE. *Angianthus.* BOT. PHAN. Syngénésie Polygamie agrégée, L. Genre établi par Wendland pour une Plante annuelle, à feuilles spatulées et alternes, qui croît au cap de Bonne-Espérance. Ses caractères consistent dans un calice cylindrique, imbriqué d'écailles colorées; un réceptacle lanugineux, et une aigrette de deux folioles dentées, aristées et plumeuses à leur extrémité. (B.)

ANGIARA. BOT. PHAN. (Daléchamp.) Syn. Arabe de l'*Urtica dioica*, L. *V.* ORTIE. (B.)

* ANGILESTRIQUE. POLYP. Donati a donné ce nom à des Cellariées qu'il regardait comme des Plantes.

(LAM..X.)

* ANGINON. BOT. PHAN. (Dioscoride.) L'un des syn. de Ciguë. (B.)

*ANGIOCARPES. BOT. CRYPT. Persoon avait donné ce nom à une des grandes divisions de la famille des Champignons, renfermant tous les genres dont les graines ou sporules sont contenues dans un péridium. De Candolle, en conservant cette division, en a séparé plusieurs genres dont le péridium est ligneux, et dont les sporules sont plongées dans un fluide gélatineux ; il en a formé la famille des Hypoxylées. Les autres genres de cette division nous paraissent pouvoir former une famille très-distincte des vrais Champignons, et à laquelle nous donnerons le nom de Lycoperdacées. Les genres Æcidium, Uredo, Puccinia, etc., que Persoon et De Candolle avaient laissés dans cette section, nous paraissent différer essentiellement des vraies Lycoperdacées, par l'absence d'un véritable péridium ; ils se rapprochent davantage des Mucédinées, et nous paraissent pouvoir former un petit groupe particulier sous le nom d'Urédinées; ce groupe renferme une partie des genres désignés par Nées sous le nom de *Protomyci. V.* les mots CHAMPIGNONS, LYCOPERDACÉES et URÉDINÉES. (AD. B.)

*ANGIOCARPIENS. BOT. PHAN. Nom collectif donné par Mirbel aux Végétaux, tels que les Conifères, le Hêtre, l'Ananas, le Figuier, etc., dont les fruits sont recouverts par quelqu'organe qui les déguise, ou qui sont réunis entre eux, de façon à ne pas être reconnus sans un certain examen. *V.* FRUIT. (B.)

ANGIOPTÉRIS. BOT. CRYPT. (*Fougères.*) Ce genre, établi par Hoffmann dans les Commentaires de Goëtting, T. XII, 1798, a été depuis adopté par presque tous les auteurs. Cavanilles, quelques années après, en 1802, a établi ce même genre sous le nom de *Clementea.*—Il paraît appartenir à la tribu des Osmundacées, et est caractérisé par ses capsules formant, parallèlement au bord des feuilles, un groupe continu, composé de séries transversales de capsules géminées : ces capsules sont ovales et s'ouvrent par une fente longitudinale. —La seule espèce connue, *Angiopteris evecta*, Hoffm. (*Polypodium evectum*, Forster, Prod. n° 438. *Clementea palmiformis*, Cavan. Prælect. 1802. n° 1164) habite les îles de la Société dans la mer du sud. Selon Willdenow, sa tige est arborescente, et s'élève à plus de cinq pieds; mais Gaudichaud, qui a eu occasion de l'observer aux îles Mariannes, nous a dit que toutes les feuilles partaient d'une souche souterraine, en formant une sorte de Corbeille, et qu'on ne voyait aucune tige s'élever hors de terre. Ces feuilles ont environ dix à douze pieds de long; elles sont bipinnées, à pinnules très-grandes, lancéolées, acuminées, dentelées à l'extrémité, à nervures simples ou bifides; les capsules sont insérées sur deux rangs vers l'extrémité de chacune de ces nervures, et forment un groupe linéaire continu le long du bord des feuilles.

Le nom d'Angioptéris était celui sous lequel Mitchell et Adanson, d'après cet auteur, avaient désigné l'*Onoclea sensibilis*, L. *V.* ONOCLEA. (AD. B.)

* **ANGIOSPERMIE.** BOT. PHAN. Ce nom, composé de deux mots grecs, et qui signifie *graines contenues dans une enveloppe*, a été donné par Linné au second ordre de sa quatorzième classe ou didynamie, lequel renferme toutes les Plantes qui, ayant quatre étamines, dont deux plus courtes, offrent pour fruit une capsule, et non *quatre graines nues* comme dans la gymnospermie ou premier ordre de cette classe. On trouve dans l'Angiospermie les Plantes qui appartiennent aux familles des Rhinantacées, des Scrophulaires, des Orobanches, etc., etc. (A. R.)

ANGLA-DIAN. OIS. Espèce du genre Soui-Manga, *Certhia Lotenia*, Lath. *Cinnyris Lotenius*, Vieill. Ois. dor. pl. 3 et 4. *V.* SOUI-MANGA. (DR..Z.)

* **ANGLE.** *Angulus.* MOLL. Genre de Coquilles bivalves institué par Megerle (*Neues Syst. der Schalth in Berl. Magas.* 1811, p. 47) aux dépens des Tellines de Linné, et auquel il donne pour caractères : coquille inéquivalve, ordinairement comprimée, ovale, arquée par devant; charnière à trois dents cardinales, variables, et souvent aussi trois dents latérales. Il le divise de la manière suivante en plusieurs sections :

† *Avec une dent cardinale à la valve droite et deux à la gauche.*

α Sans dents latérales.

Megerle rapporte à cette section la *Tellina lanceolata* de Chemnitz, T. V. tab. 11. f. 103, sous le nom d'*Angulus lanceolatus;* en remarquant que les *Tellina albicans* et *candidissima* de Gmelin appartiennent à la même Coquille. D'après les caractères de cette section, elle répondrait au genre Psammobie de Lamarck.

Avec une dent latérale tantôt en avant, tantôt en arrière.

A cette section, qui ne paraît dépendre d'aucune des coupes faites par Lamarck, se rapporte la *Tellina oblonga* de Gmelin, Chemnitz (*Conchyl.* VI. t. 10. f. 87), sous le nom d'*Angulus oblongus*.

γ Deux dents latérales à chaque valve.

Cette section est comprise dans les Tellines de Lamarck. Megerle cite comme exemple la *Tellina depressa* de Gmelin et Lamarck, Chemnitz (*Conchyl.* T. VI. tab. 10. f. 96), sous le nom d'*Angulus roseus*.

†† *Deux dents cardinales sur la valve droite, une sur la valve gauche, et deux latérales sur chaque valve.*

Cette section est encore comprise dans le genre Telline de Lamarck. Megerle cite, comme exemple, la *Tellina virgata* de Chemnitz, *Conchyl.* T. VI. tab. 8. f. 66 à 71 et 73, dont on a fait avec raison plusieurs espèces distinctes, les *Tell. marginalis, virgata, interrupta*, Dillwyn. *V.* pour ces espèces PSAMMOBIE et TELLINE. (F.)

ANGLE-MAGER. OIS. Syn. d'*Alca impennis*, L. chez les Norwégiens. *V.* PINGOUIN. (B.)

ANGLER. POIS. Nom donné par les marins anglais aux Poissons du genre Lophie. *V.* ce mot. (B.)

* **ANGLETASDE** ou **ANGLE-TASKER.** OIS. *V.* ASILEK.

* **ANGMAKSAK.** POIS. Syn. de *Salmo Lodde*, Lacép. au Groënland. (B.)

* **ANGOBERT.** OIS. (Corneille

Bruyn.) Espèce de Canard de Perse, trop imparfaitement décrit ou figuré pour qu'on le puisse rapporter à quelque espèce connue.   (B.)

ANGOLAM, ANGOLAMIA ou ANGOLAN. bot. phan. Syn. d'Alangium. *V.* ce mot.   (B.)

ANGOLI ou CAUNANGOLI. ois. (Buffon.) Espèce de Poule Sultane de l'Asie méridionale. *Gallinula Maderaspatana.* Lath. *V.* Poule Sultane.   (dr..z.)

ANGOPHORE. *Angophora.* bot. phan. Ce genre, établi par Cavanilles, qui en a figuré deux espèces (*Icones.* tab. 538 et 539), doit être rapporté au *Metrosideros,* dont il ne diffère que par ses loges monospermes par avortement et ses graines lentiformes. *V.* Métrosideros.   (a. d. j.)

ANGORA. mam. et non *Angola.* Races de Chats, de Lapins et de Chèvres. *V.* ces mots. Originaires d'Angora dans la Natolie.   (B.)

ANGORKIS. Du Dictionnaire de Déterville. *V.* Angrorchis.

ANGOSTURE. bot. phan. *V.* Angusture.

ANGOUIA. mam. Syn. de Rongeurs au Paraguay, employé comme nom commun de diverses espèces de Rats.   (B.)

ANGOURE DE LIN. bot. phan. Agourre de lin.

ANGOURIE. *Anguria.* bot. phan. Plante monoïque de la famille des Cucurbitacées. Son calice oblong, ventru à la base, se sépare supérieurement en dix découpures, dont cinq intérieures, obtuses, constituent une corolle, selon plusieurs auteurs, et cinq extérieures, ovales, lancéolées, alternent avec les premières. Les fleurs mâles, disposées en grappes, consistent en deux filets courts, opposés, munis d'une anthère à leur extrémité supérieure, et insérés par l'autre sur le calice. Les femelles, qui sont solitaires, présentent deux filets semblables, mais stériles; un style à demi divisé en deux parties que terminent des stigmates bifides; un fruit oblong, à quatre angles peu marqués, et à quatre loges polyspermes. On en a décrit

trois espèces, qui croissent aux Antilles; ce sont des Herbes sarmenteuses et munies de vrilles.   (a. d. j.)

ANGREC. *Angrecum.* bot. phan. Nom tiré de l'indou, imposé par divers auteurs, comme nom français, au genre *Epidendrum,* L. *V.* Épidendre. Nous l'avions proposé (Voyage en quatre îles d'Afrique) pour un genre nouveau formé aux dépens de celui de Linné, et dont nous avons décrit et figuré une belle espèce odorante, sous le nom d'*Angrecum eburneum.* Du Petit-Thouars paraît avoir adopté ce démembrement, du moins croyons-nous que son Angrorchis inédit répond à notre Angrec. *V.* Angrorchis.   (B.)

ANGRORCHIS. bot. phan. (D'*Angrec* et d'*Orchis.*) Genre dont la terminaison indique qu'il appartient à la famille des Orchidées, dans le beau travail que prépare le savant Du Petit-Thouars sur des Végétaux si imparfaitement observés jusqu'à ce jour. Il renfermera vingt-quatre espèces, desquelles l'*Angrecum eburneum,* décrit et figuré dans la relation de notre voyage en quatre îles des mers d'Afrique, fait partie. *V.* Angrec.   (B.)

* ANGSAVA. bot. phan. (Commelin.) Même chose qu'Anxana. *V.* ce mot.   (B.)

*ANGUEL. rept. saur. Syn. éthiopien de Stellion. *V.* ce mot.   (B.)

* ANGUELLA. pois. Syn. d'*Atherina Hepsetus,* L. sur la côte de Venise. *V.* Athérine.   (B.)

* ANGUIFORMES. rept. oph. Première famille des Ophidiens, selon Oppel, caractérisée par le diamètre de la tête plus petit que celui du corps, qui est cylindrique jusqu'à l'anus et plus volumineux dans cette partie; la queue, qui est aussi grosse, est courte et en massue. Elle est composée des genres Tortrix, Amphisbène et Typhlops. *V.* ces mots.   (B.)

* ANGUILLACCI. pois. Nom de l'Anguille commune adulte en quel-

ques contrées de l'Italie où *Anguilla-za* est le nom du même Animal très-jeune. (B.)

ANGUILLAIRE. *Anguillaria.* BOT. PHAN. Il ne faut pas confondre le genre Anguillaire de Brown avec ce-lui auquel Gaertner avait déjà donné ce nom. En effet le genre du carpo-logiste allemand n'existe plus et ren-tre dans l'*Ardisia*, *V.* ARDISIE, tan-dis que celui du botaniste de Londres dont il est ici question doit être con-servé et placé dans la famille des Col-chicacées, tout à côté du genre Me-lanthium, dont il se rapproche beau-coup, surtout pour le port; car Brown a réuni à ce genre le *Melanthium in-dicum* de Linné, qui cependant, com-me l'auteur l'indique lui-même, de-vrait peut-être former un genre à part. Voici les caractères assignés au genre Anguillaire: son calice se com-pose de six sépales onguiculés, glan-duleux à la base, pétaloïdes, égaux, étalés, caducs; les étamines, au nom-bre de six, sont insérées à la base des sépales; l'ovaire est à trois loges po-lyspermes, surmonté de trois styles, que terminent trois stigmates aigus; la capsule est triloculaire, et s'ouvre en trois valves emportant avec elles les cloisons attachées sur le milieu de leur face interne. — Les quatre espè-ces rapportées à ce genre sont origi-naires de la Nouvelle-Hollande, elles ont le port du Melanthium du cap de Bonne-Espérance; leurs racines sont fasciculées; leurs fleurs solitaires ou en épis, sont tantôt hermaphrodites, tantôt dioïques ou polygames.

(A. R.)

ANGUILLARD. REPT. et POIS. Nom donné comme trivial à différens Animaux dont le corps cylindrique rappelle plus ou moins la forme de l'Anguille. On l'a donné au Protée, à un Silure, ainsi qu'à un Gobie. *V.* ces mots. (B.)

ANGUILLE. POIS. Espèce de Mu-rène, *V.* ce mot, et l'un des Poissons le plus connus. On a étendu ce nom en y ajoutant quelques épithètes à d'autres Animaux aquatiques dont les

formes et la manière de nager rap-pellent l'Anguille commune. Ainsi l'on appelle

ANGUILLE AVEUGLE, le *Gastrobran-chus cœcus*, Bloch. *Myxine*, L. *V.* GASTROBRANCHE.

ANGUILLE DE BŒUF ou ÉLECTRI-QUE, le *Gymnotus electricus.* *V.* GYM-NOTE.

ANGUILLE INDIENNE, le *Trichiurus indicus*, L. *V.* TRICHIURE.

ANGUILLE DE MER, les *Murœna He-lena* et *Conger*, L. *V.* MURÈNE.

ANGUILLE DE SABLE, l'*Ammodytes Tobianus*, L. *V.* ÉQUILLE.

ANGUILLE TORPILLE ou TREM-BLEUSE, le *Gymnotus electricus.* *V.* GYMNOTE. (B.)

ANGUILLE DE HAIE. REPT. OPH. Syn. de *Coluber Natrix*, en quelques cantons de la France où l'on mange ce Serpent. *V.* COULEUVRE.

(B.)

*****ANGUILLE DES TUILES.** INFUS. Nom donné par quelques observa-teurs à des Infusoires anguiformes du genre Vibrion. *V.* ce mot (B.)

***** ANGUILLE DU VINAIGRE.** INF. *V.* VIBRION.

ANGUILLER. OIS. Syn. vulgaire du Canard Souchet, *Anas clypeata*, L. *V.* CANARD. (DR.-Z.)

***** ANGUILLIFORMES.** POIS. Cu-vier (Règne Animal. 11. p. 229), considérant les grands rapports qui existent entre tous les Malacoptéry-giens apodes, dit qu'ils ne forment guère qu'une même famille à laquelle il donne le nom d'Anguilliformes. Ces Anguilliformes ont tous le corps allongé, la peau épaisse, qui laisse à peine paraître leurs écailles, peu d'a-rêtes, point de cæcum. Presque tous sont munis de vessies natatoires des formes les plus singulières. Cette fa-mille se compose des genres *Murœna*, *Sphagebranchus*, *Synbranchus*, *Ala-bes*, *Gymnotus*, *Leptocephalus*, *Ophi-dium* et *Ammodytes.* *V.* ces mots. (B.)

ANGUINAIRE. *Anguinaria.* PO-LYP. Lamarck désigne sous ce nom un genre de l'ordre des Cellariées dans la division des Polypiers flexibles. Nous l'avions , dès 1810 , nommé Aétée. *V.* ce mot.   (LAM..X.)

ANGUINE. BOT. PHAN. *V.* TRICHOSANTHE.

ANGUIS. REPT. *V.* ORVET, dont c'est le nom scientifique. On a aussi appelé

ANGUIS CROTALOPHORE ou Portegrelot, les Crotales.

ANGUIS CORNU , le Céraste.

ANGUIS QUADRUPÈDE, un Seps. *V.* ces mots.   (B.)

✶ ANGULEUSE. INS.   Géoffroy nomme ainsi une espèce de Phalène, *Phalæna amataria*, L.   (AUD.)

✝ ANGULIROSTRES. OIS. Nom donné par Illiger aux Oiseaux de sa sixième famille, qui ont le bec d'une longueur égale à celle de la tête , pointu et anguleux. Ils n'ont quelquefois que trois doigts , dont les deux externes sont à leur base réunis par une membrane. Les Alcyons et les Guêpiers composent cette famille.   (B.)

ANGULITHE. *Angulithes.* MOLL. FOSS. Genre établi par Montfort (Conchyl. tom. 1. p. 7) pour un Nautile fossile qu'il appelle *Ang. triangularis*, et qui ne diffère des autres Nautiles que par sa carène. Cette espèce se trouve communément au pied des rochers du Hâvre en Normandie. Les Angulithes réunies à divers autres genres de Montfort forment pour nous un groupe du genre Nautile. *V.* ce mot.   (F.)

ANGULOA. BOT. PHAN. Genre de la famille des Orchidées, établi par Ruiz et Pavon, et ayant pour caractères : une fleur renversée ; cinq folioles du calice, presque égales entre elles, la sixième concave et trilobée ; un gynostème membraneux sur le bord ; une anthère terminale et operculée ; deux masses polliniques pédicellées. — Les Anguloas sont des Herbes parasites , bulbifères, à grandes feuilles membraneuses, à hampes unies ou multiflores. Ils se distinguent par leurs grandes fleurs tachetées , d'une forme plus ou moins singulière. L'*Anguloa superba* porte , dans le pays , le nom de Périquito , à cause d'une légère ressemblance de ses fleurs avec la tête d'un Perroquet. Kunth croit que le Coatzonte Coxoahitl seu Lyncea de Hernandez, pourrait être une espèce d'Anguloa. Toutes les espèces connues de ce genre sont indigènes de l'Amérique équinoxiale.   (K.)

ANGULOSA. Du Dict. de Déterville. BOT. PHAN. Paraît un double emploi d'Anguloa. *V.* ce mot. (B.)

✶ ANGUREK. BOT. PHAN. Syn. de Vanille , au Japon, où l'on appelle *Angurek - warna*, selon Kaempfer (Amæn. 867. t. 869. f. 2), une variété de cette Plante.   (B.)

✶ ANGURI. BOT. PHAN. Syn. de *Sida hirta*, L. au Malabar.   (B.)

✶ ANGURIA. BOT. PHAN. Tournefort , d'après la plupart des anciens botanistes , comprenait sous ce nom la Pastèque et plusieurs autres Cucurbitacées de genres différens. Cette dénomination est maintenant restreinte au genre Angourie. *V.* ce mot. (B.)

✶ ANGUSEDLOK. POIS. *V.* ANARDLOK.

✶ ANGUSICULA. POIS. Syn. d'*Esox Bellone*, L. en quelques cantons de l'Italie.   (B.)

✶ ANGUSTIPENNES. INS. Nom imposé par Duméril à une famille de l'ordre des Coléoptères, comprenant les genres Mordelle , Anaspe , Ripiphore , Nécydale et OEdemère. (AUD.)

ANGUSTURA. BOT. PHAN. Improprement *Angosture*. Fébrifuge que l'on a proposé comme succédanée du Quinquina ; c'est l'écorce d'un Arbre de l'Amérique méridionale ; elle est d'un gris - fauve , recouverte d'un épiderme blanchâtre, raboteux ; ses fibres sont longitudinales , serrées , parsemées de points brillans ; sa saveur est amère, âcre, aromatique, etc., etc. *V.* BONPLANDIE et CUSCAIRE.

On appelle FAUSSE ANGUSTURE, l'écorce de l'Arbrisseau nommé Bru-cée antidyssentérique, dans laquelle Pelletier et Caventou ont découvert la Brucine. *V.* BRUCÉE et BRUCINE.

(DR..Z.)

* ANGYOSTOMA du Dictionnaire des Sciences naturelles. *V.* ANGYS-TOME. (F.)

* ANGYSTOME. *Angystoma.* MOLL. Genre de Klein (*Ostrac.* p. 10), le sixième de la classe des *Cochlis convexa*, et qui est, en grande par-tie, composé de nos Hélicodontes, *V.* ce mot, c'est-à-dire, des Hé-lices, dont l'ouverture étroite est encore rétrécie par une ou plusieurs dents. Klein le divise en trois espèces, mot dont la signification n'est pas celle qu'on y attache communément, mais qui est plutôt, pour cet auteur, une réunion d'espèces limitée d'après ses idées. La première ne comprend que la Janthine commune ; la se-conde est une Hélice non-dentée qui n'a pas été reconnue (Lister, *Synops.* t. 77. f. 77) ; la troisième comprend les Hélix *hirsuta*, *auriculata*, *Ly-chnauchus*, *thyroidus*, *Julia*, *punctata*, *Cepa*, *tridentata*, *sinuata*, *ringens*, réunion qui répond à notre sous-genre Hélicodonte, mélangé des Héli-cogènes *lactea*, *aspera*, des Scara-bus *imbrium* et *plicatus*, ainsi que d'une espèce de *Trochus*. (F.)

ANGZA-VIDI. BOT. PHAN. Espèce de Bruyère, dont nous donnerons la description et la figure, sous le nom d'*Erica Ambavilla*, quand il sera ques-tion du genre où rentre cette espèce. Elle croît aux îles de France, de Mas-careigne et de Madagascar. Du Petit-Thouars (Dictionn. des Sciences nat.) pense qu'Angza-Vidi est la racine du mot AMBAVILLE. *V.* ce mot. (B.)

ANGZA-VIDI-LAHE. BOT. PHAN. c'est-à-dire *Bruyère mâle*, à Madagas-car. *V.* HEMISTEMMA. (B.)

ANHIMA des Dictionnaires de Dé-terville et de Levrault. OIS. *V.* ANHI-MI. (DR..Z.)

ANHIMI. OIS. (Brisson.) Syn. du

Kamichi, *Palamedea cornuta*, L. au Brésil. *V.* KAMICHI. (DR..Z.)

ANHINGA. OIS. *Plotus.* L. Genre de l'ordre des Palmipèdes de Latham et de Temminck, de celle des Syn-dactyles de Vieillot. Caractères : bec long, droit, en fuseau, très-aigu, finement dentelé ; bords de la man-dibule supérieure dilatés à la base, comprimés et fléchis en dedans ; na-rines longitudinales, linéaires, ca-chées dans une rainure peu pro-fonde ; pieds courts, gros, forts ; tarse court ; doigts intermédiaire et externe les plus longs, engagés, ainsi que les deux autres, dans une mem-brane commune ; pouce articulé inté-rieurement au niveau des autres doigts ; ailes longues ; la première ré-mige plus courte que les deuxième, troisième et quatrième ; queue grande et large, composée de douze rectrices. — Les Anhingas sont remarquables par la longueur de leur cou grêle que termine une tête effilée ; ils habitent les régions les plus chaudes des deux con-tinens. On ne les trouve que très-rare-ment par terre, où ils paraissent ne se tenir qu'avec beaucoup de peine ; per-chés sur les Arbres les plus élevés qui bordent les mares et les rivières, c'est souvent de là qu'ils guettent les Pois-sons sur lesquels ils fondent en plon-geant, et qu'ils emportent pour les dépecer avec les ongles, lorsqu'ils ne peuvent les avaler entiers ; nageant avec une extrême vitesse, il ne leur est pas moins facile de poursuivre le petit Poisson qu'ils frappent du bec avec beaucoup d'adresse ; ils sont dé-fians et sauvages ; se tenant presque toujours au-dessous de la surface de l'eau, ils n'en font sortir la tête que pour respirer. C'est encore sur la cime des Arbres qu'ils établissent leur nid, composé de buchettes, de roseaux, et garni d'un duvet épais. — Les An-hingas sont sujets à plusieurs mues, ce qui a donné lieu à quelque confu-sion dans leur description et dans le nombre des espèces qu'il paraît que l'on peut, jusqu'à présent, réduire aux deux suivantes :

L'ANHINGA DU SÉNÉGAL, Buff. pl. enlum. 107. *Plotus Levaillantii*, Temminck, qui est noir, avec la partie antérieure du cou et les tectrices alaires d'un roux doré.

L'ANHINGA DE LA GUYANE, Buff. pl. enl. 959 et 960, dont l'Anhinga du Brésil et celui des îles de la Sonde ne seraient que des variétés que l'on pourrait réunir sous le nom spécifique de *Pl. melanogaster*, Lath. Ce qui nous porte à cette opinion, c'est que, parmi un certain nombre d'Anhingas qui nous ont été envoyés de Java, nous avons retrouvé toutes les modifications qui conviennent aux descriptions des *Pl. Anhinga* et *melanogaster*, et de l'Anhinga noir de Cayenne, figuré par Buffon. Nous pensons que l'Anhinga mélanogastre, dans son état adulte, doit avoir trente pouces de longueur; la tête, la partie antérieure du cou et les épaules couvertes de petites plumes soyeuses, d'un fauve cendré; mélangé de noir; la gorge d'un blanc satiné, tachetée de noir; un trait blanc s'étendant depuis l'angle du bec jusqu'au-delà du tiers de la longueur du cou; la poitrine, l'abdomen et les cuisses d'un noir luisant, ainsi que le dos, les rémiges et les rectrices : les plus extérieures de celles-ci profondément ondulées transversalement; les tectrices alaires variées de blanc et de noir; le blanc, occupant les deux côtés de la tige, et se trouvant enveloppé par le noir, de manière à former une tache qui est beaucoup plus grande et plus allongée sur les grandes tectrices où elle forme une bande de toute la longueur de la plume : elle est large et occupe tout un côté sur les moyennes tectrices; elle est triangulaire sur les petites. Les pieds, les ongles et la membrane sont noirâtres; le bec est d'un vert obscur en-dessus, jaunâtre en-dessous : telle est la description que nous avons pu faire d'après les trois plus vieux individus de notre collection.   (DR..z.)

ANHUIBA. BOT. PHAN. Syn. de Laurier au Brésil, où ce nom s'applique plus particulièrement au *Laurus Sassafras*, L. *V.* LAURIER. (B.)

ANHYDRIT. MIN. Nom donné par Werner à la Chaux anhydro–sulfatée lamellaire. *V.* CHAUX ANHYDRO-SULFATÉE.   (G. DEL.)

ANI. OIS. *Crotophaga*, L. Genre de l'ordre des Zygodactyles. Caractères : bec court, gros, arqué et tranchant à sa partie supérieure, comprimé latéralement, anguleux sur les bords, non échancré; narines ovales, latérales, ouvertes, placées près de la base du bec; pieds longs et forts; tarse un peu plus long que le doigt externe; ailes courtes; les trois premières rémiges étagées, la quatrième et la cinquième les plus longues; queue longue, arrondie, composée de huit larges rectrices. — Les Ánis appartiennent aux contrées équatoriales de l'Amérique, où on les rencontre fréquemment par troupes de quinze, vingt et même plus, toujours unis entre eux et même serrés les uns contre les autres; ils se tiennent de préférence dans les lieux découverts, sur les buissons des Savannes, ou blottis sur quelque motte élevée · quelquefois aussi ils s'abattent sur le dos des Bœufs qu'ils débarrassent des Insectes incommodes, de la vermine qui les rongent; leur nourriture ordinaire est le Maïs, le Riz, les Fruits, les Insectes, les Vers et les petits Reptiles; leur chant, ou plutôt leur cri, est une espèce de frémissement aigu que l'on a comparé au bruit de l'eau en ébullition dans la bouilloire, effet dû à ce que leur cri souvent répété l'est toujours en commun; leur vol, en raison de la brièveté de leurs ailes, est peu élevé, peu soutenu. — Différens du plus grand nombre des autres Oiseaux; les Anis ne perdent point dans la saison des amours leur caractère éminemment social; ils ont en communauté reçu la vie, ils la transmettent de même : un seul et même nid, dont l'étendue est augmentée selon les besoins, reçoit ordinairement toutes les couveuses de la troupe. Ce nid est construit solidement entre de larges bifurcations d'un buisson épais ou d'un Arbre touffu ; il se compose de branches sèches et d'Herbes fines entrelacées ; ses bords sont assez relevés, et son diamètre est quelquefois d'un pied et demi. Les femelles y pondent chacune trois ou quatre œufs ronds , verdâtres. Il arrive presque toujours que, pendant l'incubation, les œufs se mêlent ; alors les couveuses en rassemblent indifféremment sous leur aile vivifiante autant qu'elle peut en couvrir, et dès que ces œufs sont éclos, les parens, hors d'état de reconnaître leur véritable progéniture, donnent, chacun à leur tour, la becquée à tous ceux qui se présentent. La ponte se renouvelle ordinairement deux fois l'année. —Deux seules espèces constituent le genre.

L'ANI DES PALÉTUVIERS, le grand Bout-de-Petun, Buff., pl. enl. 102. fig. 1. *Crotophaga major*, Lath., et

L'ANI DES SAVANNES , petit Bout-de-Petun , Buff., pl. enl. 102. fig. 2. *Crotophaga Ani* , Lath.

La première est de la grosseur du Geai, l'autre est de la taille d'un Merle. Toutes deux ont le plumage entièrement noir, irisé de quelques reflets verts et violets ; leur différence principale existe dans leur grosseur et dans la conformation du bec, qui est plus arrondi dans le petit Ani.

Vieillot a placé parmi les Anis, sous le nom de *C. Pririqua*, autant par analogie de mœurs que par le rapport des caractères génériques, une espèce de Coucou, *Cuculus Guira*, Lath. appelé vulgairement *Guira Coutara* ou *Piririta* au Paraguay , dont le bec est aussi épais que large, et qui a le plumage varié de blanc et de noir, avec une huppe formée par quelques longues plumes de l'occiput. (DB..Z.)

ANIA ET **ANITRA**. OIS. Noms du Canard en quelques parties de l'Italie septentrionale où l'on appelle :

ANIA-FUNDA le Canard sauvage , *Anas Boschas*, L.

ANIA-GRÆCA la petite Sarcelle.

ANIA-MUTA le Canard musqué.

(DB..Z.)

ANIBE. *Aniba*. BOT. PHAN. Arbre de la Guyane décrit et figuré, t. 126, par Aublet, et dont le nom a été changé par Schreber en celui de *Cedrota*. Il présente un calice à six divisions, huit étamines hypogynes et un seul style, des feuilles opposées ou verticillées, des fleurs petites en grappes, et un bois citrin, aromatique, appelé bois de Cèdre par les habitans du comté de Gênes. L'Anibe est rapporté par feu Richard au genre Laurier. *V.* ce mot. (A. D. J.)

ANICILLO. BOT. PHAN. Nom que les habitans de l'Orénoque donnent à une espèce de Poivre, *Piper anisatum*, Kth. (dans Humboldt et Bonpland, p. 58) remarquable par l'odeur d'Anis qu'exhalent ses feuilles et ses fruits. *V.* POIVRE. (K.)

ANICLA et non **ANCILA**. BOT. PHAN. Syn. d'*Agrostemma Githago*, L. dans quelques cantons de la France méridionale. *V.* AGROSTÈME. (B.)

ANICTANGIE. BOT. CRYPT. *V.* ANYCTANGYUM.

ANIGOSANTHE. *Anigosanthos*. BOT. PHAN. Ce genre a été établi par Labillardière dans le voyage à la recherche de La Peyrouse, T. 22). Il appartient à la famille des Hæmodoracées de Brown, à l'Hexandrie Monogynie, L. Il renferme deux Plantes originaires de la Nouvelle-Hollande, qui ont la tige ordinairement simple, des feuilles ensiformes, renversées, un peu engainantes ; des fleurs en épis formant une sorte de corymbe terminal : chaque fleur présente un calice coloré, tubuleux, recouvert de poils rameux ; le limbe est à six divisions égales, ascendantes ainsi que les six étamines qui sont attachées au sommet du tube ; un ovaire libre à trois loges polyspermes ; un style caduc, terminé par un stigmate simple ; une capsule à trois loges, s'ouvrant par la partie supérieure.

Les deux espèces qui composent ce genre , *Anigosanthos rufa* , Labill.

Voy. 1. p. 411. t. 22., et *Anigosan-thos florida*, Redouté, lil. t. 176. sont cultivées et fleurissent dans les serres de Paris.   (A. R.)

* ANIKETON. BOT. PHAN. (Dioscoride.) Syn. de Smilax. *V.* ce mot. (B.)

ANIL et ANIR. BOT. PHAN. Syn. d'*Indigofera tinctoria*, L. aux Antilles. *V.* INDIGO.   (B.)

ANILAO ou ANILO. BOT. PHAN. (Cameli.) Grand Arbre des Philippines à feuilles alternes, larges de sept à huit pouces, lancéolées, pointues ; dentées en scie, ayant les fleurs en panicules, axillaires, de couleur violette, à cinq pétales, munies d'un calice à cinq divisions; le fruit contient cinq graines. Malgré cette description et la figure qu'on en possède, il est impossible de classer ce Végétal.   (B.)

ANILIOS. REPT. OPH. Syn. d'*Anguis lombricalis*, Lac. dans l'île de Chypre. *V.* ORVET.   (B.)

* ANILOCRE. *Anilocra.* CRUST. Genre de l'ordre des Isopodes, section des Ptérygibranches de Latreille (Règne Animal de Cuvier), établi par Leach (Dict. des Sc. nat. T. XII. p. 550), qui le range dans la quatrième race de sa famille des Cymothoadées. Les caractères de cette race sont: corps convexe; abdomen composé de six anneaux distincts, le dernier plus grand que les autres; yeux placés sur les côtés; antennes inférieures n'étant jamais plus longues que la moitié du corps; les ongles des deuxième, troisième et quatrième paires de pates très-arqués; les autres légèrement courbés. Il donne pour caractères du genre: yeux granulés, convexes, écartés; côtés des derniers articles de l'abdomen presque involutes; le dernier article plus étroit à son extrémité. — De petites lames ventrales, postérieures, inégales, allongées ; dont les extérieures sont plus longues, distinguent principalement les Anilocres des Canolires et des Olencires, autres genres très-voisins de la même famille.

Le genre Anilocre n'avait pas encore été fondé par Leach, lors de la publication de sa Méthode, dans les Transactions linnéennes (T. XI). Il comprend trois espèces, qui se rencontrent dans la mer et ont des habitudes semblables à celles des Cymothoés; dont il ne faudrait peut-être pas les distinguer. *V.* ce mot.

Ces espèces sont: 1. l'Anilocre de Cuvier, *A. Cuvieri*, qui se trouve dans la mer de l'île Iviça; 2. l'Anilocre de la Méditerranée, *A. mediterranea*, ou le *Cymothoa albicornis* de Fabricius (Ent. Syst. T. II. p. 509); 3. l'Anilocre du Cap, *A. capensis*, habitant les mers du cap de Bonne-Espérance.   (AUD.)

ANIMAL. ZOOL. Le règne animal commence où finit le règne végétal. Ce qui rend difficile l'établissement de limites plus précises, c'est que des nuances presque insensibles conduisent d'un règne à l'autre, c'est qu'il est des Animaux plus ressemblans à certaines Plantes qu'à des êtres du même ordre qu'eux. Ce ne sont point, comme on pourrait le croire, les plus parfaits des Végétaux qui ont le plus d'analogie avec les Animaux; ce sont au contraire les moins complexes. Des Zoophytes ont été pris pour des Algues ou pour d'autres Cryptogames, mais on n'a jamais confondu des Polypiers avec des Poissons, avec des Labiées ou des Reptiles. Les corps organisés forment donc comme deux pyramides, intimement réunies à leur base, extrêmement divergentes à leur sommet.

Il faut que l'analogie de certains corps vivans de différens règnes soit bien grande, puisque l'illustre Tournefort avait rangé parmi les Plantes des productions qui ont été reconnues pour des Animaux, et que Linné et Pallas ont depuis désignées par la dénomination justement équivoque de Zoophytes. Ces Animaux ambigus ont jeté la confusion sur les deux ordres de corps organisés : sans eux on n'aurait jamais pensé à distinguer le Végétal de l'Animal, tant ces êtres, vus de près ou de loin, cussent paru dissemblables. — Toutefois la plupart des naturalistes pensent avec Linné et Buffon, que sentir est le caractère essentiel de l'Animal : mais les Animaux sont-ils tous et sont-ils les seuls êtres doués de cette faculté précieuse? Si l'on regarde le mouvement comme l'expression fidèle de la sensibilité, ne devrait-on pas accorder cette faculté à celles des Plantes qui ont des mouvemens manifestes? Est-il bien certain que la Sensitive ou l'*Hedysarum gyrans* soient moins sensibles que le Polype des Corallines ou l'Hydre de la Sertulaire? Si les Polypes agitent leurs tentacules, s'ils saisissent ou s'ils attirent leurs alimens, s'ils semblent discerner ce qui leur convient d'avec ce qui peut leur nuire ou leur déplaire; ne voit-on pas aussi des Plantes diriger leurs feuilles vers les lieux les plus lumineux et les plus aérés, étendre leurs vrilles accrochantes vers les Végétaux les plus robustes qu'elles savent se choisir pour appui, envoyer leurs racines déliées dans les endroits les plus humides et les plus riches en engrais favorables?

On a coutume d'admettre pour distinguer ces deux sortes de mouvemens, que l'un est volontaire et l'autre absolument machinal, que l'Animal agit parce qu'il veut et le Végétal parce qu'il est irritable : mais pouvons-nous juger de la volonté d'une Volvoce ou d'un Vibrion, comme nous jugeons de la volonté d'un Mammifère? Si l'on n'admet de sensibilité que là où des nerfs sont évidens, comment supposer une volonté là où les nerfs sont invisibles et la sensibilité au moins douteuse? Peut-on concevoir une volonté sans sensations, non plus que des sensations sans nerfs? —Remarquons d'ailleurs que le mouvement propre à l'Animal, c'est le mouvement de totalité, c'est la locomotion; or le Mollusque et le Polype fixés à leur rocher, sont aussi immobiles que la Plante le plus profondément enracinée. L'Huître qui déplace son ligament à mesure que sa coquille

s'accroît, ne jouit guère de mouvemens plus sensibles que l'*Orchis*, dont la racine renouvelle et déplace un de ses bulbes tous les printemps, et semble ainsi faire un pas chaque année.

Concluons donc des faits précédens que la faculté de sentir est insuffisante pour caractériser l'Animal, puisqu'il est des Végétaux qui paraissent sensibles, ou plutôt puisqu'il est des Animaux qui ne sont qu'irritables. Mais *avoir des nerfs, des muscles et un estomac; sentir, se mouvoir et digérer,* voilà ce qui distingue du reste des corps organisés, les êtres un peu élevés dans l'échelle animale. Si ces grands caractères ne leur sont pas à tous communs, ils sont du moins propres à eux seuls; s'ils ne se rencontrent pas toujours réunis dans le même Animal, il y en a constamment *un* de sensible sur les trois. Ainsi le Polype dont la sensibilité et le mouvement ne sont point manifestes, présente toujours une cavité digestive incontestable; les Animaux infusoires dont on ne connaît bien ni l'estomac ni la sensibilité, offrent du moins des mouvemens de totalité aussi sensibles que ceux des êtres les plus parfaits.

Parcourons ainsi les principales propriétés des Végétaux et des Animaux, nous apprécierons mieux leurs dissemblances et leurs analogies. Commençons par la nutrition; c'est la fonction essentielle, elle est commune à tous, elle suppose la vie, elle atteste l'organisation; elle est pour les corps organisés ce qu'est l'affinité pour les corps bruts et sans vie. Mais elle s'opère bien différemment dans le Végétal et dans l'Animal : dépourvus de sentiment et de mouvement, les Végétaux ne peuvent chercher, goûter ni saisir leurs alimens. Ils n'ont point de racines intérieures comme les Animaux, ils en ont d'extérieures. Ils absorbent sans relâche et sans avoir préalablement digéré; bien différens en cela des Animaux, qui digèrent avant d'absorber, et qui n'absorbent et ne digèrent que par intervalles.

Chez l'Animal, un estomac exige

et nécessite des sens pour apprécier les alimens et des muscles pour les saisir, des vaisseaux pour absorber le fluide nourricier et d'autres vaisseaux pour le distribuer à tous les organes. Sans doute une telle complication de machines et d'effets contraste évidemment avec l'extrême simplicité des Plantes ; mais elle n'est point commune à tous les Animaux sans exception : les Infusoires et les Vers parenchymateux ont une texture tout aussi simple que la plupart des Végétaux.

On dit ordinairement que les Animaux n'ont qu'une bouche, qu'un orifice du canal digestif, tandis que les Végétaux ont des pores innombrables, qui sont leurs véritables bouches ; mais les savans qui ont noté ce caractère, oubliaient les Fascioles qui ont deux bouches, les Tristômes qui en ont trois, et les Rhisostômes de Cuvier qui en ont un grand nombre.

Quant aux caractères chimiques, les Animaux sont principalement composés d'azote, et les Végétaux, à l'exception des Crucifères, le sont de carbone. Les premiers absorbent l'oxygène que les autres dégagent, et ils rejettent du carbone dont les Végétaux s'imprègnent. Il se fait ainsi un échange de principes entre les deux ordres de corps vivans ; mais les Végétaux (et ce fait est digne de remarque) ne font que fixer, qu'organiser le carbone ; tandis que les Animaux semblent transformer en azote, et l'air qu'ils respirent et les alimens dont ils se nourrissent.

On sait qu'aucune partie ne se reproduit dans les Animaux supérieurs, à l'exception des fluides et de tout ce qui participe de l'épiderme : chez eux tout se répare et se renouvelle, rien ne se régénère : mais il n'en est point ainsi de tous les Animaux : on a vu se régénérer des tentacules de Polypes et de Mollusques, des rayons entiers d'Astéries et même des membres de Salamandre. On a vu repousser des têtes entières de Limaces avec leurs tentacules. On voit aussi des Animaux se reproduire par boutures à la manière des Plantes : des Polypes divisés en plusieurs tronçons se régénèrent et se multiplient à vue-d'œil, à peu près comme les poëtes le racontent de l'Hydre fabuleuse du marais de Lerne.

Mais le nombre des Animaux qui se reproduisent par boutures est infiniment limité ; il paraît se borner à ceux dont les sexes sont invisibles. La reproduction sexuelle est bien plus générale ; la faculté d'engendrer est ordinairement inséparable de la faculté de se nourrir.—La graine et le fruit sont à la Plante ce que l'œuf et l'embryon sont à l'Animal. Il y a plus, la graine est un œuf véritable, à cette différence près que le concours des sexes est nécessaire à la formation de l'œuf végétal, tandis que ce concours n'est indispensable qu'à la fécondation de l'œuf animal.

Les Plantes annuelles ne paraissent se développer que pour se reproduire ; pour elles la mort succède à la floraison. C'est en quelque sorte la même chose pour les Insectes ; tous n'engendrent qu'une fois en leur vie. Il en est qui, le jour même de leur naissance, se reproduisent et meurent ; de sorte qu'ils ne peuvent connaître ni ceux dont ils ont reçu, ni ceux à qui ils transmettent une si frêle existence.

Les Végétaux se terminent par des fleurs, les Animaux par des sens : comme si l'unique but des uns était d'engendrer, comme si l'essence des autres était de sentir.

Toujours la même fixité dans le sol qui le nourrit, toujours la même immobilité, voilà le caractère du Végétal : ses racines tendent vers le centre de la terre, tandis que sa tige s'élance dans les airs : partant sa situation est verticale. Or, c'est précisément l'inverse pour les Animaux ; car le sommeil, compagnon inévitable des nerfs et des muscles, ramène tout ce qui sent et se meut à la situation horizontale : d'où il suit que tous les êtres sensibles obéissent, du moins le tiers de leurs jours, à la gravitation universelle. Les Arbres pleureurs d'une part, quelques Oiseaux d'une autre, n'apportent à cette loi générale que des exceptions apparentes.

Les Animaux subissent des révolutions annuelles à peu près comme les Végétaux : le temps de la floraison des uns est la saison des amours pour les autres. Si les Plantes vivaces perdent leurs feuilles chaque année, les Oiseaux renouvellent leurs plumes et lès Quadrupèdes leurs poils et leur épiderme à des intervalles périodiques; et tandis que le Platane quitte et renouvelle sa superficielle écorce, les Serpens et les Ecrevisses se dépouillent de leur enveloppe dure et coriace.

Il résulte de tout ce qui précède que les Animaux n'ont absolument rien de commun, ni organes, ni propriétés, ni fonctions. Il n'y a qu'un tissu général dans les corps vivans; c'est le celluleux; qu'une propriété à tous commune, celle qui donne et qui conserve la chaleur, celle qui résiste à l'influence des lois physiques; qu'une fonction double et fondamentale, celle qui préside à l'accroissement et à la reproduction : en un mot, naître et se nourrir, s'accroître, engendrer et mourir, sont des caractères communs aux deux ordres de corps organisés. Mais les Animaux sont de tous les êtres vivans les seuls qui soient doués d'instinct et de mouvement volontaire, les seuls qui sentent et qui se déplacent, qui digèrent et qui s'accouplent, les seuls qui possèdent des nerfs et des muscles, un tube digestif et du sang.

C'est de ces caractères propres à l'Animal et non communs à tous les Animaux, que nous allons maintenant nous occuper.

La vie des Animaux est beaucoup plus compliquée que celle des Plantes : leurs fonctions sont plus nombreuses, leurs organes plus diversifiés. Quatre tissus, le *cellulaire* et le *musculeux*, le *fibreux* et le *médullaire*, isolés ou réunis, distincts ou confondus, suffisent seuls pour composer la substance de l'Animal le plus parfait.

Le tissu cellulaire, le plus généralement répandu, forme, pour ainsi dire, le canevas de tous les organes et de tous les Animaux. Il est même commun aux Végétaux. Il sert à la fois à composer, à unir, à séparer les organes. Formé de lames entrecroisées dans tous les sens, criblé de petites cavités qui communiquent toutes ensemble, il se présente quelquefois sous la forme de membranes ou de vaisseaux. C'est dans ce tissu qu'il s'accumule de la gélatine pour former des cartilages, qu'il se dépose des sels calcaires pour former des os; c'est dans ses mailles que s'amasse la graisse que se distribuent les petits vaisseaux, et que se développe la chaleur. Il forme la base des organes.

Le tissu musculeux, que la fibrine compose, jouit de la propriété de se raccourcir, de se contracter. C'est lui qui forme les parties charnues du corps. Des faisceaux de ses fibres s'entrecroisent pour composer le cœur, se roulent en minces tuyaux pour former les intestins et l'estomac. Il est l'agent des mouvemens.

Le médullaire ou *le nerveux*, composé de pulpe molle, albumineuse, est protégé par de puissantes membranes. Il jouit de l'admirable faculté de sentir, de comparer et de juger, de se rappeler et de vouloir; il donne aux sens leurs propriétés spéciales, aux muscles leur force motrice, au cerveau la pensée.—Il est deux espèces de nerfs comme deux sortes de muscles : les uns, qui président à la nutrition, ne sont ni symétriques dans leurs formes, ni volontaires dans leur action; les autres, qui pour caractère ont la symétrie, sont alternativement soumis à la volonté et au sommeil.—Sentir est l'attribut des nerfs.

Le tissu fibreux, le plus résistant et le plus impassible de tous, est destiné à lier les os entre eux, et à tenir enchaînés les os et les muscles. Il forme les ligamens, les tendons, beaucoup de vaisseaux, et quelques membranes résistantes employées à protéger les organes les plus importans.

Sa composition le rapproche du tissu cellulaire ; ses propriétés l'en éloignent : la résistance est son caractère.

Chaque tissu a donc sa destination spéciale : le cellulaire organise, le musculeux meut, le nerveux sent, le fibreux attache et résiste. Outre ces propriétés distinctives, tous ont en commun la faculté de se nourrir et celle de conserver leur chaleur. Un seul principe entretient les unes et les autres, c'est le fluide nourricier, si différent dans chaque Animal sous le nom de sang. Rouge, circulant, imprégné de chaleur dans les Animaux d'un ordre supérieur ; moins rouge, moins chaud et moins chargé d'oxygène dans les Poissons et les Reptiles, ce fluide est incolore et encore circulant dans les Mollusques, sans mouvement dans les Insectes, peu appréciable dans certains Vers, nul dans les Zoophytes. Il anime tous les organes, il préside à toutes les fonctions. La nutrition épuise ses principes, la digestion les répare : la respiration l'élabore et le perfectionne ; le cœur le fait circuler. Il est à la fois la source où les organes puisent leurs matériaux, et le réceptacle où se déposent leurs débris. — Tous ces élémens, unis et diversement combinés, composent les différens organes des Animaux, et du jeu harmonique de ces organes résulte la vie. Beaucoup de tissu cellulaire et de vaisseaux, c'en est assez pour composer les poumons. Plus de vaisseaux que de tissu cellulaire, et voilà le foie, la rate et toutes les glandes constituées. Des masses de fibres musculaires entrelacées dans différens sens, des lames minces et celluleuses appliquées en dehors et en dedans : telle est la composition du cœur. — Si tous les organes résultent de la combinaison variée des tissus primordiaux, de son côté le sang est la source ou le réservoir de tous les fluides des corps animés. Il produit le sperme et le lait, qui constituent, l'un le principe, l'autre la première nourriture des Animaux de l'ordre le plus élevé ; il produit l'urine, qui débarrasse le sang de ses impuretés ; la bile et la salive, qui servent à la digestion des alimens ; il produit les larmes, qui donnent à l'œil son brillant éclat, à la sensibilité un de ses moyens d'expression. C'est enfin du sang que proviennent et la chaleur animale et la coloration des chairs.

Il est des Animaux très-simples chez qui l'on ne voit ni tissus sensiblement distincts, ni fluide nourricier manifeste ; mais on juge de la nature des élémens par le caractère des propriétés. L'irritabilité indique des nerfs, les mouvemens supposent des muscles, comme l'entretien de la vie atteste la nutrition. Ainsi les matériaux de la vie, obscurément confondus dans les Zoophytes, s'y décèlent du moins par leurs propriétés.—Ailleurs, les divers élémens combinés en systèmes d'organes, sont aussi évidens par eux-mêmes que par leurs propriétés. Ils sont revêtus et protégés dans chaque Animal, par une membrane ou enveloppe qui les renferme tous ; membrane qui les fortifie, qui ménage leur sensibilité et qui les préserve de l'influence extrême des agens extérieurs ; membrane molle chez les uns, solide et coriace chez d'autres : nue ou couverte de poils, de plumes ou d'écailles, elle est cornée chez quelques-uns. Parvenue sur les limites du corps, elle s'introduit au-dedans, où elle préside aux fonctions principales de la vie. A l'extérieur, elle est l'organe du tact ; à l'intérieur, elle sert à la nutrition et à la génération. Entre ses deux feuillets se trouvent réunis les organes de la sensibilité et des mouvemens, c'est-à-dire, le squelette, les muscles et les nerfs. Presque toute la vie et tout l'Animal est dans cette double enveloppe ; aussi se retrouve-t-elle à peu près la même chez tous : Il n'y a que les organes qu'elle recouvre qui différencient les Animaux.

Ainsi donc c'en est assez de quatre élémens diversement combinés, protégés par une enveloppe générale, imprégnés de chaleur, baignés de sang, doués à des degrés variables de la sensibilité ou de l'irritabilité, pour composer la machine animale la plus compliquée, comme la plus simple ou la plus imparfaite. —Cette simplicité est on ne peut plus grande dans le Polype (Hydre), Animal qu'on présume être uniquement composé d'une poche extensible où se digèrent les alimens, et de petits appendices assez sensibles pour les apprécier et les choisir, assez mobiles pour les saisir et s'en emparer. De plus, il se reproduit à l'aide de bourgeons, et d'autres fois par une portion limitée de lui-même, qui peut s'en détacher sans nuire à l'ensemble. Tel est sans contredit le corps animal réduit à ce qu'il a de moins complexe; car le Polype n'est pour ainsi dire qu'un tube digestif : se mouvoir et se reproduire, voilà son essence et son histoire. — Plus haut dans l'échelle des Êtres, on trouve les Mollusques, Animaux dont les fonctions nutritives sont bien plus compliquées. On y voit un foie qui paraît servir à séparer le chyle ou à modifier le sang; un ou plusieurs cœurs chargés de répartir ce fluide entre tous les organes; des branchies qui l'imprègnent d'oxygène; des nerfs et des muscles destinés à sentir et à produire des mouvemens; des organes sexuels souvent réunis, qui exigent néanmoins un accouplement réciproque : des Êtres, enfin, qui sentent, qui se meuvent, qui se nourrissent, et qui s'accouplent pour engendrer.

L'organisation est infiniment plus compliquée dans les Animaux vertébrés : ici les fonctions sont toutes portées à leur perfection possible. Aussi est-ce principalement chez eux qu'on peut étudier avec fruit l'organisation générale, qu'on peut méditer sur le petit nombre de lois fondamentales qui la régissent, et sur les exceptions presqu'infinies que ces lois éprouvent. Toutes les fonctions chez l'Animal le plus parfait, se réduisent à trois ordres de grands phénomènes : la nutrition, la reproduction et l'exercice de la sensibilité et de la volonté. Chacun de ces phénomènes a ses agens, ses caractères et ses lois.

La nutrition s'opère d'une manière continue, sans l'intervention spéciale du cerveau, des nerfs ni de la volonté. Elle est étrangère au repos et au sommeil; elle est commune à tous les Animaux, essentielle à l'individu comme la génération l'est à l'espèce. Ses instrumens sont irrégulièrement disposés; la symétrie n'est point leur caractère, ni la volonté leur mobile. C'est par elle que la vie commence, c'est par elle qu'elle finit : le cerveau et les nerfs ont déjà cessé leurs fonctions, que le cœur palpite encore, que les intestins se contractent et se resserrent. Apprécier et saisir les alimens, voilà le commencement des fonctions nutritives; nourrir ou accroître les organes, en voilà le terme et le but. Mais entre ces deux extrêmes, il est beaucoup d'organes et d'actions intermédiaires : d'abord la bouche, où les alimens sont reçus, goûtés, divisés, et préparatoirement ramollis; puis l'œsophage, qui les porte à l'estomac; celui-ci, qui les humecte et les digère; les glandes salivaires, le pancréas et le foie, qui les imprègnent des sucs qu'ils sécrètent; les intestins, qui séparent le nutritif de l'excrément; les vaisseaux lymphatiques, qui absorbent le chyle; des poumons ou des branchies, qui, pour l'élaborer, le mêlent à l'air; le cœur, qui le distribue sans partialité à tous les organes, et ces derniers qui le transforment de mille manières pour réparer leurs pertes et s'en nourrir : telle est la nutrition.

Les fonctions qui concernent la sensibilité et le mouvement, ont des caractères fort différens des fonctions précédentes. Ce sont elles qui forment l'essence de l'Animal, et qui le mettent en rapport avec les objets de ses goûts et de ses besoins. Elles sont intermittentes; elles sont soumises à une espèce de repos périodique nommé sommeil; elles arrivent lentement, après que les fonctions digestives sont perfectionnées; elles disparaissent aussi les premières; en sorte que si l'Animal végète avant d'être un Animal parfait, il redevient presque Végétal avant de quitter entièrement la vie.—Toujours symétriques et sous la dépendance du cerveau, les organes des fonctions sensoriales sont assez nombreux, mais peu compliqués. Ils sont de trois sortes, comme les phénomènes qu'ils produisent : des nerfs et des sensations, un cerveau et une volonté, des muscles et des mouvemens, et quelquefois un larynx et la voix, voilà l'ensemble des instrumens et des actions qui composent les fonctions relatives. Les nerfs sentent, le cerveau reçoit et juge les sensations : tel est le premier mode et le premier degré des fonctions de relation : le principe en est aux nerfs et le terme au cerveau. Mais l'ordre est inverse pour les phénomènes du domaine de la volonté relatifs à la voix et aux mouvemens; c'est au cerveau qu'ils commencent, c'est aux muscles qu'ils aboutissent. Le cerveau veut, il commande; cet ordre, ce sont les nerfs qui le transmettent, ce sont les muscles qui l'exécutent.

Les organes des sens sont situés à l'extérieur du corps. Les Animaux les plus élevés en ont cinq : on pourrait en porter le nombre à six, si l'on en croyait Buffon, Cuvier et la nature. Le toucher est le plus général, le plus précis et le plus judicieux de tous les sens. La peau est son organe; il semble l'accompagner à l'intérieur, en s'y modifiant comme elle. A la surface du corps il ne fournissait que des idées et des images, à l'intérieur des organes il annonce et il exprime des besoins. Les autres sens ne semblent être qu'une extension de celui-là ; tous les Animaux le possèdent. La langue et le palais apprécient les saveurs : la pituitaire, qui tapisse les narines, reconnaît et juge les odeurs : l'œil, composé de liqueurs transparentes et de membranes résistantes et sensibles, sert à palper les couleurs : l'oreille réfléchit et apprécie les sons. Reste le sixième sens, qui n'intéresse que la propagation : c'est le sens de l'espèce, les cinq autres sont ceux de l'individu. — Quant aux nerfs, ils enchaînent les sens au cerveau, et sou-

mettent les muscles à la volonté : ce sont les sentinelles et les ministres du cerveau.

La génération, fonction différente selon les sexes, tient à la fois dans les Animaux supérieurs, des deux ordres de fonctions qui précèdent. Ses agens ont la symétrie et l'intermittence des organes des sensations, sans être assujettis comme ces derniers à l'empire de la volonté. La moins essentielle de toutes les fonctions pour l'individu, elle est la seule indispensable à l'espèce. Obscure dans son principe, problématique dans son mécanisme, elle est compliquée dans ses organes. Elle commence par la formation du germe ; elle se termine par la mise au jour d'un être nouveau, semblable à celui qui l'a produit, et capable de se reproduire à son tour. Cette fonction comprend l'ovaire où se forme le germe; le canal qui le porte au dehors prend le nom d'oviductus : si le germe séjourne long-temps dans une cavité, celle-ci se nomme matrice ; l'orifice par où il sort est la vulve ; l'organe qui le tenait attaché à la mère, se nomme placenta ; l'ensemble des produits de la conception prend le nom d'œuf, et le nouvel être celui d'embryon ou de fœtus. Les organes du mâle diffèrent de ceux de la femelle : ici un organe glanduleux appelé testicule, sécrète une liqueur particulière nommée sperme ; des vaisseaux charrient ce liquide, des réservoirs le reçoivent, un appendice nommé pénis le porte sur les germes qu'il anime et qu'il vivifie ; et de tous ces phénomènes qui attestent la souveraine puissance et l'inépuisable fécondité de la nature, résulte l'une des fonctions les plus importantes et les plus mystérieuses de la vie.

Ainsi toutes les fonctions se réduisent à trois chefs : se nourrir, sentir et se reproduire. Toutes sont dirigées par des facultés différentes selon les Animaux. La sensibilité, avons-nous vu, est à peu près commune à tous; elle est placée entre les besoins et les organes; elle exprime les uns, elle avertit et stimule les autres. Elle préside aux rapports des Animaux de l'ordre le plus élevé avec le reste de la nature; mais elle dégénère en irritabilité dans les Animaux les plus inférieurs. Ainsi le Polype ne possède guère plus de sensibilité ni d'instinct, que n'en ont en particulier le cœur et le tube digestif dans les Animaux vertébrés. D'autres Êtres sont évidemment doués d'instinct et de sensibilité; il en est même qui, plus généreusement dotés, unissent l'intelligence à ces facultés précieuses.—L'instinct est inhérent à l'organisation, et encore plus invariable qu'elle: il se communique par voie de génération; il est le même à tous les âges, et dans tous les lieux pour les Animaux de la même espèce. Il n'a besoin que d'organes; l'intelligence veut en outre de l'exercice et de l'expérience; elle peut s'accroître et se perfectionner.

Il semble que l'instinct soit plus développé chez les Animaux dont la vie est la plus frêle et de la plus courte durée. Les Insectes qui ne vivent qu'un jour sont les plus instinctifs de tous les Animaux: ils n'avaient ni le temps ni le pouvoir d'acquérir de l'intelligence, la nature les a doués d'un instinct prodigieux.

Beaucoup d'Animaux ont des idées simples, nées de leurs sensations; ils ont des souvenirs confus, et une habitude d'agir conséquente à ce qu'ils sentent et à ce qu'ils veulent. Ils ont des désirs et des passions avec le pouvoir et la volonté de les satisfaire; sans avoir, ainsi que l'Homme, la raison et la sagesse de leur résister ou de les vaincre. Ils obéissent presque machinalement à leurs désirs, l'Homme seul sait les combattre. Il est le seul qui oppose la vertu aux passions, la volonté ferme et réfléchie à l'instinct machinal.—Les idées de bien et de mal sont jusqu'à un certain point familières aux Animaux: ils aiment et ils haïssent, ils recherchent ou ils évitent; ils désirent, ils craignent, ils se passionnent: mais ils ne connaissent de l'amour que la partie instinctive et purement matérielle; mais ils ne raisonnent, ne réfléchissent, ni ne

coordonnent leurs idées. L'éducation peut perfectionner et surtout corrompre leurs qualités naturelles; car c'est toujours au détriment de l'instinct qu'ils empruntent le masque de l'intelligence humaine. Ceux d'entre eux que l'Homme s'est assujettis, sont accessibles comme lui à l'émulation et à la jalousie. Ils ont aussi une espèce de langage d'eux seuls connu; ils s'habituent même à entendre le langage de l'Homme; mais ils ne comprennent bien que celui des passions: c'est celui de tous les Animaux et de tous les peuples, c'est le langage de la nature. Les Animaux d'un ordre supérieur ressemblent beaucoup à l'Homme encore enfant; mais ils vivent et meurent enfans. Leurs organes se développent, tandis que leurs facultés restent stationnaires.

L'Homme se distingue du reste des Animaux par le juste équilibre de ses sens, par la configuration de sa main et la structure de ses membres, par le mode d'articulation de sa tête et le volume de son cerveau, mais surtout par la profondeur de son intelligence et la sagacité de son esprit. Il jouit de l'inappréciable faculté d'exprimer sa pensée par la parole: il ne se contente point de sentir à la manière des Animaux, il réfléchit sur ses sensations; il raisonne, il abstrait, il généralise: il apprécie les effets et recherche les causes; il distingue le bien du mal, et du vice la vertu: il espère, il se repent, il se rappelle; il imagine et il invente ce qu'il désespère de découvrir: il observe le réel, conçoit le vraisemblable, et doute du surnaturel.

Tel est l'Homme au physique et au moral: il use en souverain de tout l'univers qu'il croit fait pour lui, et n'a de maîtres que ses passions et ses semblables; il commande à tous les Animaux qu'il peut apprivoiser par la ruse ou soumettre par la force; mais il obéit, avec toute la nature, aux décrets éternels qui la gouvernent.

L'Homme va toujours perfectionnant ce que faisaient ses ancêtres; les Animaux conservent exactement les traditions des espèces primitives.

Ils rachètent la défaveur de ne rien perfectionner par le précieux avantage de ne rien détruire. Si l'Abeille de nos jours n'ajoute aucun angle à la cellule que bâtissait la première Abeille, elle sait du moins conserver l'intégrité de sa forme. Toujours les mêmes actions et la même industrie, toujours le même ordre et la même méthode.

Dans cette exposition de l'organisation et des fonctions, nous avons parcouru tous les degrés de l'animalité : nous avons vu le Polype n'avoir qu'un tissu, qu'un sens, qu'une fonction, qu'une obscure faculté, celle d'être un peu irritable : voilà le dernier degré de simplicité dont l'organisation animale soit susceptible. Mais chacune des fonctions et des facultés a aussi son terme de perfection possible. La nutrition peut aller jusqu'à unir un cœur et des organes respiratoires à un estomac. Un cerveau unique, où aboutissent des nerfs et cinq sens différens, forme le plus haut degré de perfection pour les fonctions relatives; comme un placenta et des mamelles pour la génération; comme la réflexion, la raison et la sagesse pour les facultés intellectuelles. Ainsi la nutrition est à son apogée dès les Crustacés et les Mollusques; les sensations dans les Oiseaux, et la génération dans les seuls Vivipares: mais pour trouver le plus haut degré de l'intelligence, il faut remonter jusqu'à l'Homme, chez lequel les autres perfections se trouvent également réunies. Il suit de-là que la génération et l'intelligence se développent long-temps après la nutrition. Il en est de même pour chaque Animal en particulier; les organes génitaux sont les derniers formés des organes. C'est comme les fleurs à l'égard des Plantes: il semble que la nature ne s'occupe de l'espèce qu'après avoir achevé l'individu.

La condition la plus essentielle de l'organisation, c'est que toutes les parties, simples ou compliquées, soient coordonnées de manière à rendre possible l'existence de l'Être total. Sous ce rapport, tout Animal est parfait, l'In-

fusoire aussi bien que l'Homme; car tous ont précisément ce qu'il leur faut d'organes pour jouir de la vie qui leur a été départie. — On a coutume d'accorder aux nerfs une prééminence absolue sur le reste des organes. On convient, il est vrai, que l'on ne sent que parce qu'on se nourrit; mais on ajoute que l'on ne se nourrit que parce que l'on sent, et qu'il existe entre la sensibilité et la nutrition une parfaite réciprocité d'influence. Cependant on voit les Animaux se simplifier jusqu'à n'avoir plus de nerfs, jamais jusqu'à n'avoir plus d'estomac ni de tube digestif; preuve évidente que le rôle de ces derniers est essentiel et indépendant, preuve que le rôle des autres est subalterne et servile. Otez l'intestin et l'estomac, il ne reste plus que des organes inanimés, toute existence devient impossible; retranchez au contraire les nerfs, les muscles et leurs dépendances, il reste encore la base de l'édifice animal, et la vie continue et persiste. A la vérité l'Animal se réduit alors à la simple nutrition, il ne fait plus pour ainsi dire que végéter; mais enfin végéter c'est encore vivre.

Se nourrir est donc la base de la vie; mais sentir est la vie par excellence : si c'est par la nutrition qu'elle s'entretient, c'est par le sentiment et le mouvement qu'elle se décèle.

Tout s'enchaîne, tout concourt, tout conspire dans les fonctions pour former la vie, comme dans les organes pour composer les corps vivans. Un estomac et des sexes séparés, la digestion et l'accouplement, nécessitent des nerfs et des muscles, du sentiment et du mouvement. Se nourrir, engendrer, sentir et se mouvoir, tout cela marche ensemble : la sensibilité est liée à la nutrition par la faim, comme à la génération par l'amour. Il en est ainsi de toutes les fonctions principales; voilà pourquoi chacune d'elles a son sens propre : la digestion a le sens du goût; la vue est celui des mouvemens; le toucher est le sens général, c'est le sens commun, c'est celui de l'existence : l'ouïe est le sens de la voix, comme l'odorat est le sens de la respiration. On ne voit pas d'abord quels rapports il peut y avoir entre le tympan, des nerfs olfactifs et des poumons; cependant ces rapports sont réels. —Il en existe d'analogues entre tous les organes et toutes les fonctions : des agens respiratoires circonscrits nécessitent un cœur qui puisse y verser et y puiser du sang. Avec un cerveau il faut des nerfs qui l'avertissent, des muscles qui lui obéissent. Une matrice suppose des mamelles, un ombilic, un canal artériel; et l'un de ces organes ou de ces caractères suffit pour attester l'existence de tous les autres.

Il est aisé d'apprécier les motifs de ces coexistences; mais il en est d'autres dont le but est beaucoup moins évident. On ignore, par exemple, pourquoi l'on retrouve un foie partout où il existe un cœur; pourquoi les Animaux privés de dents canines sont les seuls Animaux pourvus de cornes; pourquoi les Insectes orthoptères, Animaux herbivores et sauteurs, ont le front couvert d'une large plaque. Au reste peu importe que l'on conçoive l'enchaînement de tous ces faits, l'essentiel est d'en avoir saisi la simultanéité.

On conçoit que les diverses circonstances de la vie doivent solliciter des changemens dans ses agens et ses phénomènes, dans les facultés et les fonctions. Un Animal qui vit et qui respire dans l'eau, ne sent, ne se meut ni ne se reproduit comme l'Animal qui respire de l'air pur. Là où il existe des branchies, on peut assurer qu'il y a génération ovipare, circulation incomplète, absence de la voix, imperfection des organes de l'ouïe et de l'odorat. Mais avec des poumons, tous ces rapports changent. Même remarque à l'égard des alimens : l'Animal carnivore a de la force et du courage, un estomac étroit, des intestins courts, des formes grêles. Les Hérbivores sont d'ordinaire doux et timides, lents à agir, paresseux et inhabiles à se défendre; leurs intestins sont spacieux, leurs formes plus ou moins

massives.—Les rapports harmoniques sont tels entre les divers organes, qu'on peut juger de toute l'organisation par une partie très-limitée du corps. La considération d'un pied, d'une mâchoire, d'une phalange (Duméril), d'une simple apophyse, a quelquefois suffi pour révéler à d'habiles anatomistes la structure entière de l'Animal le moins connu. C'est ainsi que Cuvier a pour ainsi dire rappelé à la vie des Animaux dont la race avait été anéantie, et dont l'existence même était un mystère.

Lorsqu'on a essayé de distribuer les Animaux par tribus et par classes, on a dû, pour rendre ces divisions plus naturelles, faire choix des organes les moins variables, de ceux dont l'influence est la plus manifeste. En botanique on avait donné la préférence aux organes de la fructification; en zoologie on a choisi les nerfs et leurs dépendances, après avoir vainement essayé des formes extérieures. Ces méthodes ou ces systèmes de deux sciences voisines, se ressemblent principalement par leurs défauts; car s'il est des Plantes sans fleurs visibles, il est des Animaux sans nerfs appréciables: de sorte que sans égard pour les préceptes d'Aristote, les principales divisions des corps organisés reposent sur des caractères négatifs.

Quoi qu'il en soit, c'est Lamarck qui le premier distingua les Animaux d'après leurs nerfs et leur squelette, sous les noms de *Vertébrés* et d'*Invertébrés*. Cuvier sentit combien cette division fondamentale, toute ingénieuse qu'elle était, offrait encore d'imperfection, combien les deux séries qu'elle établit se trouvaient discordantes; et il essaya de répartir plus également le règne animal, en le distribuant d'après la considération des nerfs et des fonctions principales, en quatre grands embranchemens que voici :

I. Les ANIMAUX VERTÉBRÉS ont un squelette intérieur, composé d'une série d'os empilés nommés vertèbres, lesquels renferment dans leur canal le tronc principal des nerfs. Cette colonne osseuse se termine en avant

I. VERTÉBRÉS.	1° MAMMIFÈRES.	lumineux à corps calleux. — Sens complets. — en a neuf. — Les plus semblables à l'homme, Cétacés, qui n'en diffèrent guère que par la juration des dents et des pieds.
	2° OISEAUX.	smelles, ni dents, ni corps calleux. — Des ailes, buche cornée ou bec. — Cou long ; voix forte ; - Œuf à coquille calcaire. — Les seuls animaux nt d'après leurs pieds, leur bec et leur sternum.
	3° REPTILES.	ulaire même et l'allure de leurs mouvemens. — t par une classe aussi naturelle que les deux
	4° POISSONS.	Nageoires de plusieurs espèces. — Queue verti- t à l'intérieur comme chez la Vipère et les Pu- parfaits. — Les derniers dans la classe des ver-
II. MOLLUSQUES.	1° LES CÉPHALOPODE	
	2° LES PTÉROPODES.	
	3° LES GASTÉROPODE	Voyez aussi l'ouvrage de Cuvier, à qui est due
	4° LES ACÉPHALES.	bard de Férussac, nous renverrons pour ces
	5° LES BRANCHIOPO	es des animaux, car s'ils sont avant les insectes
	6° LES CIRRHOPODES	ur l'activité même de la vie.
III. ARTICULÉS.	1° ANNELIDES.	dont la disposition varie. — Point de pieds
	2° CRUSTACÉS.	sieurs mâchoires ou mandibules transverses. —
	3° ARACHNIDES.	e. — Point de métamorphose complète. — Ils
	4° INSECTES.	tête supporte les antennes, les yeux et la dont le nombre ne dépasse jamais quatre. — ne fois en leur vie. — Yeux composés. — Ni , des tarses et des antennes.
IV. RAYONNÉS.	1° ECHINODERMES	irculation.
	2° INTESTINAUX.	, leur génération est inconnue.
	3° ACALÈPHES.	
	4° POLYPES.	nnante. — Un sens, le toucher.
	5° INFUSOIRES.	la locomotion. — Tomipares, c'est-à-dire se NFUSOIRES.

CATION

1ARCK.

iimaux les moins élevés dans l'échelle des êtres. V. la
IQUE de ce savant.

RES.

S.

:RS?

RES.

ck ajoute dubitativement, les ENTOZOAIRES, qui selon lui ne sont point
nsectes parfaits, et qui cependant ne sont déjà plus des Vers.

S.

IIDES.

CÈS.

DES.

eÈDES , qui répondent aux Mollusques cirrhopodes de Cuvier.

JQUES.

S.

:S.

X.

FÈRES.

'est aussi occupé de la classification des Animaux : le plus bel ordre règne
leaux synoptiques dont se compose l'important ouvrage qu'il a publié sous
JOLOGIE ANALYTIQUE.

par la tête, réceptacle commun des sens et du cerveau; en arrière par le coccix. Deux cavités, la poitrine et l'abdomen, renferment les principaux organes de la vie. Tous ont le sang rouge, des sexes séparés, des testicules, une rate, un foie, un pancréas, des mâchoires transversales et des canaux demi-circulaires; jamais plus de quatre membres. Leurs vaisseaux sanguins, leurs nerfs et leur squelette présentent une assez parfaite analogie, que Geoffroy de Saint-Hilaire a su faire ressortir : mais cette analogie n'est vraiment bien réelle que pour ces Animaux du premier ordre, encore ne s'étend-elle que jusqu'à certaines limites.

II. Les ANIMAUX MOLLUSQUES manquent de squelette : leurs muscles sont attachés à une peau molle, tantôt nue, tantôt recouverte d'un test calcaire nommé coquille, dont la forme diffère beaucoup. Leur système nerveux reste confondu avec les autres viscères; il n'a point de boîte osseuse : il se compose de plusieurs renflemens, espèces de petits cerveaux que des filets nerveux unissent et dont l'œsophage est recouvert. D'organes des sens, ceux du toucher et du goût sont les seuls constans. Des branchies, un ou plusieurs cœurs, des organes assez compliqués pour la nutrition et la génération : telle est à peu près leur structure.

III. Les ANIMAUX ARTICULÉS ont pour tout système nerveux deux longs cordons régnant le long du corps, interrompus de distance en distance par de petits nœuds ou ganglions, dont le premier, un peu plus gros que les autres, est placé sur l'œsophage. L'enveloppe de leur tronc est divisée par des plis transverses, et comme annelée. Que leur peau soit molle ou coriace, c'est toujours à l'intérieur de ces rides que les muscles du tronc s'attachent. Ceux de ces Animaux qui ont des membres, en ont toujours plus de quatre; et quand ils ont des mâchoires, elles sont toujours latérales.

IV Les ANIMAUX RAYONNÉS ne se distinguent guère des trois divisions précédentes que par des caractères négatifs : seulement le plus grand nombre ont une forme rayonnée et une organisation peu complexe, des organes respiratoires douteux, à peine quelques vestiges de circulation. Ni organe spécial pour les sens, ni système nerveux bien distinct ; un peu d'irritabilité, un sac digestif quelquefois sans issue : plusieurs ont presque l'homogénéité des Plantes.

Ces quatre grands ordres ont été subdivisés en plusieurs classes, dont le tableau ci-joint est destiné à donner une idée générale, en indiquant les articles généraux qu'on doit consulter dans ce Dictionnaire.

Voilà pour les premières divisions. Lorsqu'on descend à des généralités d'un ordre inférieur, on obtient de petits groupes qui constituent des familles et des genres. Quant aux espèces qui les composent, elles sont fondées uniquement sur la génération. Les Animaux qui par leur accouplement produisent des individus féconds, sont réputés de la même espèce. On s'est assuré par diverses expériences, que plusieurs Animaux nés du croisement des espèces les plus voisines, n'étaient qu'imparfaitement ou n'étaient point du tout féconds, qu'eux ou leurs descendans devenaient stériles. On a dit que les seuls Oiseaux échappaient à cette loi générale, que leurs métis étaient tous féconds; et c'est à cette particularité encore douteuse qu'on attribue la grande diversité observée dans cette classe. Il en est peut-être ainsi pour les Chiens parmi les Mammifères.

Les espèces d'Animaux sont incomparablement plus nombreuses que celles des Plantes ; et quoique les Herbivores servent de pâture aux Carnassiers, les premiers sont plus multipliés que les autres.—Les extrèmes de petitesse sont pour le règne animal bien plus que pour le végétal; la découverte du Microscope a acquis plus de richesses à la zoologie qu'à la botanique; elle lui a ouvert l'accès d'un monde nouveau.

C'est la nature qui a formé les espèces, c'est la puissance de l'Homme et l'influence des agens physiques qui a produit les variétés. Les surfaces seules peuvent être modifiées; la base même de l'organisation est invariable, les élémens la respectent. Mille circonstances établissent des variétés parmi les Animaux : la principale est sans aucun doute le climat, et sous ce nom il faut entendre la différence de l'air, des lieux et de la température, la nature du sol et de ses productions. C'est premièrement le climat qui fixe la station des Animaux et qui agit sur eux pour les modifier; c'est ensuite le genre de nourriture, et par conséquent c'est encore le climat. Si les mêmes Animaux accompagnent partout les mêmes Végétaux, c'est que tous exigent de semblables influences et se prêtent de mutuels secours. Tels Animaux sont liés à telles Plantes, comme telles Plantes à tel sol et à tel climat : c'est une des plus belles harmonies de la nature.

Les mêmes espèces d'Animaux ne se retrouvent jamais parfaitement semblables dans des lieux très-éloignés : il existe en Afrique et en Amérique des espèces analogues à celles d'Europe, mais peu qui soient absolument identiques. Il est pour telle latitude, pour tel climat, certaines couleurs et certains caractères particuliers presqu'invariables : l'entomologiste Latreille distingue au premier coup-d'œil quelle est la patrie de l'Insecte qu'on lui soumet : Linné indiquait aussi la physionomie des Végétaux d'après le lieu du monde qui les avait vu naître.

Les Animaux ne sont nulle part plus nombreux ni mieux développés qu'aux lieux tempérés qu'arrosent de grands fleuves et que recouvre, en les embellissant, une végétation riche et variée : mais dans les régions glacées, la végétation se ralentit et les Animaux languissent. La vie est, en quelque sorte, limitée au centre de la terre; elle fuit les pôles. L'Homme seul habite presque indistinctement dans tous les climats, mais il varie dans chacun : il est le seul être véritablement cosmopolite. Il est vrai qu'il traîne à sa suite quelques Animaux et quelques Plantes, que son industrie ou son travail a su acclimater en tous lieux. C'est surtout par ces fidèles compagnons, par ces dociles esclaves de l'Homme, qu'on peut le mieux juger de son irrésistible puissance; de cette puissance qui a produit plus de diversité entre les individus de certaines espèces, que la nature n'en avait mis entre ces espèces et celles qui les touchent le plus immédiatement. Il y a certes plus de différence entre les nombreuses variétés de l'espèce du Chien, qu'entre les espèces primitives du Chien et du Renard.

Le seul mode de progression établit souvent de grandes dissemblances dans l'organisation des Animaux les plus voisins. La faculté de nager, par exemple, réclame un corps léger et des membres applatis : les Loutres, les Castors, les Chélonées, les Portunes et les Hydrophiles en sont la preuve évidente. Les Animaux sauteurs ont les membres postérieurs très-longs: souvent la plus simple faculté amène des différences sensibles dans les caractères extérieurs.

Les mêmes Animaux pris à des âges divers, paraissent quelquefois appartenir à des espèces différentes : ceci est surtout remarquable pour ceux d'entre eux qui subissent des métamorphoses. Rien de moins ressemblant à un Papillon que la Chenille d'où il doit se dégager; rien de si différent d'une Grenouille que le Têtard dans son premier état. Les Mammifères et les Oiseaux encore jeunes diffèrent des mêmes Animaux devenus adultes.

Les uns vivent de Végétaux, d'autres se nourrissent de chairs ou de leurs débris : les Tarets et plusieurs Insectes détruisent le bois; on prétend que les Pholades et les Lithophages se nourrissent des Pierres qu'ils percent en dépit de leur dureté.

On sait que les Mammifères vivent à peu près six à sept fois plus de temps qu'ils n'en ont mis à croître et à se développer. Il est des Oiseaux et des Reptiles beaucoup plus vivaces. Les Polypes se succèdent en quelque sorte perpétuellement, à l'aide de divisions partielles ou de bourgeons. On remarque que les Animaux les plus petits, les plus faibles, ceux dont la vie est de la plus courte durée, sont ordinairement les plus féconds : on en connaît qui n'engendrent qu'une seule fois. Ici la nature semble avoir entièrement sacrifié les individus à l'espèce ; car ces êtres ne sont, pour ainsi dire, que dépositaires de la vie. Au reste, vivre beaucoup n'est pas durer long-temps, et l'Insecte qui n'existe qu'un jour, qui se reproduit et meurt, vit souvent davantage que le Mollusque irrésistiblement fixé au rocher qui le voit naître et mourir. Moins la vie est active et plus elle se prolonge : il semble que chaque être ait reçu en partage la même mesure et le même degré de vie. Vivre peu à la fois est donc le plus sûr moyen de vivre long-temps. (ISID. B.)

Le mot ANIMAL devint quelquefois spécifique en histoire naturelle, quand cette science n'offrait pas de nomenclature certaine, et quand, par une très-fausse idée, on ne regardait, comme le nom essentiellement véritable d'un être quelconque, que le nom presque toujours impropre, que des sauvages ou des barbares lui donnaient aux lieux où quelque voyageur peu instruit l'avait trouvé. Ainsi, l'on rencontre souvent dans de vieilles relations l'ANIMAL DU MUSC, l'ANIMAL DU BÉZOARD, pour désigner les Mammifères, dont on tire le Bézoard ou le Musc, comme on disait l'Arbre à cire, l'Herbe aux perles, etc. On trouve même, dans des ouvrages plus modernes, l'ANIMAL ANONYME, pour désigner le Fenec du genre *Canis*, et l'*Animal* pour désigner l'Ane étalon.

On a aussi désigné sous le nom d'ANIMAL FLEUR, plusieurs Actinies, dont les tentacules rappellent par l'éclatante variété de leurs couleurs, celles des corolles les plus brillantes. Toutes ces dénominations vicieuses, sont aujourd'hui entièrement rejetées. (B.)

ANIMALCULES. INF. C'est-à-dire *diminutifs d'Animaux*. Désignation impropre sous laquelle les premiers observateurs qui employèrent le mycroscope firent connaître les êtres dont se compose le monde nouveau qu'ils venaient de découvrir, et dont nous nous occuperons dans ce Dictionnaire au mot INFUSOIRES. (B.)

* **ANIMALES** (Substances). Qualification générale donnée aux diverses parties des Animaux ou à leurs produits, soit naturels, soit par l'effet de décompositions chimiques et de combinaisons nouvelles de leurs principes, qui se réduisent à quatre : l'Azote, l'Hydrogène, le Carbone et l'Oxygène.

Les chimistes soudivisent les matières Animales en substances acides, en substances grasses, en substances terreuses ou salines, et en composés particuliers.

A la première section appartiennent les Acides amniotique, butirique, chloro-cyanique, cholestérique, delphinique, formique, hydro-cyanique, lactique, margarique, oléique, purpurique, pyro-uvique, rosacique, sébacique et urique. *V*. ACIDES.

Les matières grasses, si abondantes dans presque toutes les parties de l'Animal, prennent différens noms, suivant leur consistance, leur couleur, leur odeur, et les différentes classes d'Animaux dont on les a extraites ; tels sont : le Saindoux, le Suif, le Beurre, l'Huile de pied de Bœuf, l'Huile de Poisson, le Blanc de Baleine et l'Adipocire. Chevreul, dans un travail général sur les graisses, les a toutes ramenées à cinq substances qu'il a nommées : Stéarine, Elaïne, Cêtine, Cholesterine et Butirine, dont les états différens, et quelquefois le mélange, constituent, selon lui, les différentes graisses précédemment connues.

Les substances terreuses ou salines sont les oxydes de Silice, de Fer et de Manganèse ; les sous-phosphates de Chaux, de Magnésie, de Soude, d'Ammoniaque ; les sous-carbonates de Soude, de Potasse, de Chaux, de Magnésie; les sulfates de Potasse et de Soude; les hydrochlorates de Potasse et de Soude; les heucoates de Soude et de Potasse; l'acétate de Potasse; l'oxatate de Chaux; l'urate d'Ammoniaque et le lactate de Soude.

Les substances ni acides, ni grasses, sont la Fibrine, l'Albumine, le Caseum, la Gélatine, le Picromel, le Lait, le Sucre de diabètes, l'Urée, le Sang, le Chyme, le Chyle, la Bile, la Lymphe, la Synovie, la Salive, le Suc pancréatique, les Larmes, la Sueur, le Mucus, le Cérumen, le Sperme, le Suc gastrique, l'Urine, les Calculs et Concrétions diverses, la Matière cérébrale, la Peau, les Muscles, les différens Tissus internes, les Cheveux, les Poils, les Plumes, la Laine, la Soie, les Ongles, la Corne, les Cartilages, les Os, etc. Nous reviendrons, avec plus de détails, sur chacune de ces substances, et à la place qu'elles doivent tenir dans le Dictionnaire, lorsque cela sera nécessaire aux objets dont il traite.

(DR..Z.)

ANIMAUX. zool. Sous cette désignation, nous comprendrons les cinq articles suivans:

* ANIMAUX APATHIQUES. Lamarck donne ce nom aux Zoophytes ou Animaux rayonnés de Cuvier, par opposition à ceux qu'il a nommés Animaux sensibles: il leur attribue pour caractères: de ne point avoir de forme symétrique par des parties paires bisériales, ou seulement sur deux côtés opposés; aucun sens pour la sensation, ni moelle longitudinale, ni cerveau; point de véritable squelette. Il regarde comme impropres les dénominations d'Animaux rayonnés et de Zoophytes généralement adoptées. Celle d'Animaux apathiques, c'est-à-dire, d'*êtres dépourvus de sentiment, n'ayant pas même celui de leur existence, ce sentiment intérieur que des besoins sentis peuvent émouvoir*, etc., nous paraissant désigner des faits encore peu connus et très-hypothétiques, nous continuerons à

faire usage de la dénomination de Zoophytes. *V.* ce mot.   (LAM..X.)

*ANIMAUX DOMESTIQUES. On comprend sous cette dénomination tous les Animaux que l'Homme a su contraindre à vivre avec lui, qu'il emploie pour cultiver la terre, transporter ses denrées, et l'aider dans ses différens travaux, ainsi que ceux qui fournissent habituellement à sa nourriture, à ses vêtemens et aux autres besoins de la société. Les Animaux domestiques appartiennent principalement à trois classes, aux Mammifères, aux Oiseaux et aux Insectes. Partout ils sont les mêmes, chez l'Homme civilisé et chez le sauvage, près du pôle comme sous le tropique, dans l'ancien comme dans le nouveau continent. Les premiers, proprement dits *Animaux de la ferme*, et désignés sous le nom particulier de *Bestiaux*, sont le Cheval, l'Ane, le Mulet, le Bœuf, la Vache, le Buffle, le Porc, le Mouton, la Brebis, la Chèvre, le Lapin, le Chien et le Chat. On y comprend quelquefois aussi le Dromadaire, le Chameau et les espèces qui représentent ce genre dans le nouveau monde, mais l'usage en est limité à un petit nombre de contrées, *V.* chacun de ces mots. Les Volatiles, affectés au domaine spécial de la basse-cour, sont le Coq et la Poule, le Dindon, l'Oie, le Canard et les Pigeons de colombier ou de volière. On entretient aussi dans la basse-cour le Paon, le Cygne, le Faisan, la Grive, la Pintade, l'Ortolan, etc., *V.* chacun de ces mots; mais c'est plutôt comme objet d'agrément et de luxe que d'économie. Les Insectes forment une classe à part. Les seuls qu'on élève dans la maison rurale sont les Abeilles et les Vers-à-soie; on y joint parfois la Cochenille sylvestre, qui mérite une attention toute particulière. Ces trois sortes d'Insectes fournissent à une branche de commerce de la plus haute importance, et assurent de grandes ressources à l'économie domestique.

(A. T. D. B.)

* ANIMAUX A SANG CHAUD. On entend par cette expression les Mammifères et les Oiseaux dont la température est en général plus élevée que celle des autres Animaux. Elle est entre les limites de 35 et de 44° centigrades. Celle des Mammifères est de 35 à 40°, celle des Oiseaux de 40 à 44°. Cette chaleur est commune à tous les Animaux de ces deux classes, tant qu'ils jouissent de toute leur activité. Presque tous conservent cette haute température dans toutes les vicissitudes des saisons, hors les cas d'un froid extrême, incompatible avec la vie. Un petit nombre d'espèces parmi les Mammifères, susceptibles de s'engourdir par une basse température, subissent un refroidissement considérable. *V*. ANIMAUX HIBERNANS. (E.)

* ANIMAUX A SANG FROID. On comprend dans cette dénomination tous les Animaux, hormis les Mammifères et les Oiseaux; parce qu'en général leur température est de beaucoup inférieure à celle des Animaux de ces deux classes. Leur chaleur suit ordinairement les variations de la température extérieure, et n'en diffère que de deux ou trois degrés. Cependant les Abeilles et les Hannetons offrent des exceptions. Il est probable qu'en s'occupant plus spécialement de la température des Animaux sans vertèbres, on en trouverait un plus grand nombre. La température des Abeilles, si l'on en juge par celle des ruches, s'élève en été à 35° centigrades, limite inférieure de la température des Animaux à sang chaud, et monte quelquefois à 40°. *V*. Abeilles. Desmarest, ayant placé un thermomètre dans un boisseau de Hannetons, le vit s'élever à dix degrés au-dessus de la température extérieure. (E.)

* ANIMAUX HIBERNANS. Cette dénomination désigne les Animaux qui passent une partie de l'automne et de l'hiver dans un état d'engourdissement, et qui en sortent à l'entrée du printemps. Il y en a parmi les Animaux à sang chaud et les Animaux à sang froid. Les premiers appartiennent à la classe des Mammifères, et sont le Loir, le Lérot, le Muscardin, le Hérisson, les Chauve-Souris, la Marmotte, le Hamster, le Dipus canadensis, etc. A une époque plus ou moins avancée de l'automne, suivant l'abaissement de la température, ces Animaux cherchent à se mettre à l'abri du froid et du vent, en se retirant dans des trous pratiqués dans la terre, les murs, les arbres ou les buissons. Ils les garnissent d'herbes, de feuilles vertes et de mousses. Ces retraites varient suivant les espèces. Les Chauve-Souris, qui s'en choisissent aussi de pareilles, hivernent encore dans des grottes et des carrières où la température est plus douce qu'à l'air libre. Là elles se suspendent par leurs pates de derrière, et se livrent à leur long sommeil. Les autres Animaux hibernans se contractent en rapprochant leur tête des extrémités inférieures, et présentent ainsi moins de surface à l'action du froid. Lorsqu'on les découvre dans leurs retraites, on les trouve pelotonés, froids au toucher, immobiles, roides, les yeux fermés, la respiration lente, interrompue, à peine perceptible ou nulle; et leur insensibilité est souvent telle qu'on peut les remuer, les agiter, les rouler, sans les tirer de leur torpeur.

Au printemps et en été, lorsque ces Animaux jouissent de toute leur activité; ils ont une chaleur élevée qui varie suivant les espèces et les individus, entre 35 et 37 centigrades, et qui se trouve par conséquent dans les limites de température qui caractérisent les Animaux à sang chaud. En gardant ces Animaux pour juger des changemens qui leur surviennent en automne et en hiver, on a observé que leur température baisse lentement avec le déclin de la saison. Leur respiration se ralentit aussi graduellement, leurs mouvemens deviennent moins vifs, et leur appétit diminue. Ils jouissent cependant de l'usage de leurs sens et de la locomotion. Cet état intermédiaire entre la plénitude de la vie et de la torpeur peut durer un ou deux mois. Le degré de température extérieure auquel ils s'engourdissent, varie suivant les espèces et même les individus. Leur propension à l'engourdissement suit une échelle de température descendante qui correspond en général à l'ordre suivant : les Chauve-Souris, le Hérisson, le Loir, la Marmotte et le Hamster. La comparaison n'a pas été établie entre les autres espèces. Quoiqu'il n'y ait pas de degré précis auquel ces Animaux perdent l'usage du sentiment et du mouvement, on a observé que les Chauve-Souris peuvent s'engourdir entre 10 et 7°; le Hérisson à 7°; le Loir à 5°. On n'a pu engourdir la Marmotte et le Hamster qu'à une température bien au-dessous de zéro, encore a-t-il fallu gêner la respiration en ralentissant ou empêchant le renouvellement de l'air dans les boîtes ou les trous où on les enfermait.

L'engourdissement de ces Animaux n'a lieu que lorsque, à l'abaissement de leur température et au ralentissement de leur respiration, se joint la suspension de l'action des sens et des mouvemens volontaires. Il est susceptible de degrés très-variés, caractérisés par le nombre des inspirations dans un temps donné, ou, ce qui indique le plus haut degré de torpeur, par l'absence de tout mouvement respiratoire. Toutes les espèces ne sont pas susceptibles du même degré d'engourdissement. Les Chauve-Souris sont celles dont la léthargie est la plus légère. La Marmotte, au contraire, peut éprouver l'engourdissement le plus profond. La température de ces Animaux pendant leur sommeil léthargique dépend en grande partie de celle de l'air. Cependant elle est plus élevée au moins de 3 ou 4 degrés. Elle est par conséquent variable. Elle peut descendre à 3° au-dessus de zéro sans faire cesser cet état; mais elle n'est pas susceptible d'être réduite à zéro sans causer le réveil ou la mort. — Il y

a donc un degré de froid extérieur incompatible avec l'engourdissement ou la vie de ces Animaux. Les espèces les plus faciles à engourdir, telles que les Chauve-Souris, le Hérisson, le Loir, le Lérot et le Muscardin, ne sauraient supporter une température de 10° au-dessous de zéro. Une chaleur de 10 à 12 degrés au-dessus de zéro les réveille. — Divers moyens mécaniques, tels que des secousses légères ou fortes suivant le degré d'engourdissement, suffisent pour les en tirer sans aucun changement de la température extérieure. Mais s'ils peuvent ainsi reprendre leur activité, ils ne sauraient la conserver sans le secours d'une douce chaleur.

Il est évident par tout ce qui précède que le sommeil des Mammifères hibernans n'a pas une durée uniforme et constante. Puisqu'il est soumis aux variations de l'atmosphère, il sera continu ou interrompu suivant le cours de la saison, ou les précautions qu'ils auront prises pour se mettre à l'abri des changemens de température, et selon leur susceptibilité individuelle.

D'après ces circonstances, suivant qu'ils sont plus ou moins sujets ou exposés à être réveillés, ils se font des amas de provisions. On a vu, par exemple, le Hérisson se former plusieurs magasins séparés, et y recourir à diverses époques pendant son hibernation. On a même quelquefois reconnu ses traces sur la neige.

Il n'y a pas de caractère extérieur distinctif des Mammifères hibernans. Si quelques espèces appartiennent au même genre, tels que le Loir, le Lérot et le Muscardin, il en est d'autres qui en sont très-différentes, et qui appartiennent à une famille éloignée, telles que les Chauve-Souris. On a cherché en vain dans la structure intérieure de ces Animaux une organisation particulière. Dans l'énumération que nous avons faite des Mammifères hibernans, nous n'avons parlé que des espèces sur lesquelles il n'y avait aucun doute. On prétend que quelques espèces d'Ours et de Blaireaux s'abandonnent aussi au sommeil léthargique ; mais il ne paraît pas que cette opinion soit fondée sur des observations directes. Elle ne mérite cependant pas d'être rejetée, car il est probable que le nombre des Mammifères susceptibles d'engourdissement est plus grand qu'on ne le croit.

Quelques auteurs sont d'avis que l'Hirondelle, dans nos climats, est du nombre des Animaux hibernans; nous renvoyons au mot Hirondelle l'examen de cette opinion.

On dit que le Tanrec, espèce de Hérisson, s'engourdit à Madagascar, pendant quelques mois de l'année. Si cette assertion était bien fondée, ce serait le seul fait connu de l'engourdissement périodique d'un Mammifère dans un climat chaud. *V*. TANREC.

Un grand nombre d'Animaux à sang froid peuvent être regardés comme Animaux hibernans. Il en est ainsi des Reptiles dans les climats froids, de quelques Insectes, Mollusques et Vers; mais, en général, leur engourdissement est moins profond que celui des Mammifères hibernans. Ils passent le temps de leur hibernation sans nourriture ; mais ils ne sont pas toujours privés du sentiment et du mouvement, même à la température de zéro.

Quelques-uns sont susceptibles d'un engourdissement profond, même dans les climats chauds. Humboldt l'a observé dans l'Amérique méridionale chez des Reptiles qui passent une partie de l'année ensevelis dans la terre, et qui ne sortent de leur torpeur que par un temps de pluie, ou lorsqu'on les excite par des moyens violens.

Nous conclurons, par cette observation générale, qu'aucune espèce d'Animal ne paraît condamné par sa nature à s'engourdir. Cet état dépend des circonstances extérieures, et on peut le faire cesser ou le prévenir en réglant les conditions où l'on place ces Animaux.   (R.)

* ANIMAUX RAYONNANS. *V*. ZOOPHYTE OU RAYONNÉS.

ANIMAUX FOSSILES. GÉOL. Animaux qui existaient à la surface du globe à une époque très-reculée, et dont les parties solides ont été enveloppées et conservées dans des sédimens pierreux qui forment maintenant les couches les plus modernes de la terre. *V*. FOSSILE.   (C. P.)

ANIMAUX PERDUS. GÉOL. Parmi les nombreux débris de corps organisés qui se trouvent enveloppés dans l'épaisseur des dernières couches de la terre, les uns ont été reconnus pour avoir appartenu à des êtres semblables à ceux qui vivent encore aujourd'hui à la surface du globe; mais d'autres n'ont pu se rapporter à aucun Animal du monde actuel, et ils ont été regardés, en conséquence, par les anatomistes et les géologues, comme les restes d'Animaux qui ont habité la terre à une époque reculée de la nôtre, et dont les races ont été anéanties; ce sont ces Animaux, dont l'existence antique nous a été révélée par leurs débris fossiles, que quelques naturalistes ont appelés *Animaux perdus*. — On a découvert ainsi un grand nombre d'Animaux perdus, et l'on pourrait même dire, d'une manière générale, que, parmi les fossiles, la plupart sont sans analogues vivans. *V*. ANALOGUES et FOSSILES.

Parmi les êtres de la terre ancienne, les uns diffèrent plus que d'autres de ceux qui existent encore à présent; plusieurs semblent établir des passages entre des classes, le Reptile volant d'Æichstedt, par exemple, *V*. PTÉRODACTYLE ; d'autres constituent des genres distincts tels qu'Anoplotherium et Palœotherium, *V*. ces mots; quelques-uns peuvent être rangés dans les mêmes genres avec des espèces vivantes, tels sont des Éléphans et des Rhinocéros ; enfin, plusieurs ne peuvent être regardés que comme des variétés de ces espèces.

Une observation, bien importante pour l'histoire de la terre, a été fournie par l'examen des débris des *Animaux perdus* ; c'est qu'il semble que plus les couches sont anciennes et plus les corps organisés qu'elles renferment présentent de différence avec ceux de la surface, et moins, par conséquent, elles offrent d'analogues. On a observé également que, parmi ceux des Fossiles qui ont des analogues vivans, ceux-ci habitent des contrées très-éloignées et des climats très-différens de ceux où ces Fossiles se rencontrent. Ce sont ces observations qui ont servi de base à divers systèmes des philosophes modernes sur l'ordre suivi par la nature dans la création des corps organisés, sur les transformations possibles et successives, après un temps plus ou moins long, d'une espèce en une autre espèce, et sur le genre des dernières révolutions éprouvées par la terre. *V.* GÉOLOGIE.

On peut citer, comme les plus remarquables parmi les Animaux perdus, en suivant à peu près l'ordre de leur ancienneté, pour chaque classe; dans les dernières : les Fossiles des Ardoisières auxquels Brongniart a donné les noms de Calymène et d'Ogygie, les Ammonites, beaucoup d'espèces d'Entroques, les Bélemnites des Térébratules, etc., et un nombre si considérable de Coquilles que des bancs d'une grande épaisseur en sont entièrement composés. — Dans les Poissons : ceux des Schistes bitumineux de Mansfeld, dont de Blainville a fait les genres Palæoniscum et Palæothrissum, beaucoup de ceux des Phyllades de Glaris, des Marnes calcaires de Monte-Bolca, de Pappenheim, d'OEningen, etc. — Dans les Reptiles: le squelette d'une espèce de Protée qui, avant les travaux de Cuvier, avait été regardé par Scheuchzer comme un squelette humain ou comme celui d'un Silure par J. Gesner. *V.* ANTHROPOLITHE; les ossemens énormes trouvés dans les carrières de Maëstricht, et rapportés par le même anatomiste à un Reptile voisin du genre Monitor, le fameux Ornithocéphale ou Ptérodactyle,

Reptile volant des Schistes calcaires d'Æichstedt, etc., etc.

On a trouvé très-peu de Fossiles parmi les Oiseaux ; cette classe est tellement naturelle que les dépouilles, épargnées par le temps, ne peuvent être rapportées avec quelque certitude à des espèces perdues. — Dans les Mammifères : les Anoplotherium et les Palœotherium qui sont des genres nouveaux composés de plusieurs espèces, celui tout récemment établi, sous le nom de Lophiodon par Cuvier, qui avait créé les deux précédens, le Mégatherium qui se rapproche des Bradypes ou Paresseux, les Mastodontes, les espèces des genres Éléphant, Hippopotame, Rhinocéros, Tapir, Sarigue, Ours, etc., etc. *V.* tous ces mots ainsi que FOSSILE, GÉOLOGIE et TERRE. (C. P.)

ANIME. BOT. PHAN. Syn. d'*Hymenea*, L. *V.* COURBARIL. (B.)

ANIMÉE. BOT. PHAN. *V.* RÉSINE ANIMÉE.

ANIMELLES. MAM. Testicules du Bélier, recherchés comme un mets délicat, en certains pays, particulièrement en Espagne où ils sont nommés, *Crilladillas.* (B.)

*ANIMUM. BOT. *V.* COPAL.

ANINGA. OIS. *V.* ANHINGA.

ANINGA. BOT. PHAN. (Margrave et Pison.) Nom qui désigne au Brésil des Plantes fort différentes, dont quelques-unes sont spécifiées par diverses épithètes.

ANINGA ; proprement dit, s'applique à diverses espèces du genre *Arum. V.* GOUET.

ANINGA-IBA, à un Arbre indéterminé, dont le fruit donne une substance farineuse, mangeable; sa tige est un bois léger, propre à construire des radeaux, et sa racine un remède contre la goutte.

ANINGA-PERI, à un Mélastome, d'où transsude une sorte de Résine animée. *V.* ce mot. (B.)

ANIRACA-HA. BOT. PHAN. Syn.
de *Mussenda spinosa*, à la Guyane.
V. MUSSENDA.   (B.)

ANIS. *Anisum.* BOT. PHAN. Gaertner a rétabli, dans son Traité carpo-
logique, le genre *Anisum* d'Adanson
pour le *Pimpinella Anisum* de Linné,
différent des Pimpinelles par son fruit
pubescent à trois et non à cinq côtes.
Sprengel (*Umb. in Ræm.* et *Schult.
syst.* 6) place l'Anis dans le genre
Sison.

L'*Anisum vulgare* de Gaertner est
une Plante annuelle provenant d'É-
gypte, et cultivée en grand dans plusieurs provinces de la France. Ses fruits
sont ovoïdes, solides, pubescens, marqués de trois côtes sur chacune de leurs
faces. Leur odeur est aromatique;
leur saveur est également aromatique,
chaude, sucrée. On les emploie, en
médecine, comme stimulans, et l'on
en prépare aussi des dragées et des liqueurs pour l'usage de la table. (A. R.)

Le nom d'ANIS a été étendu aux
semences aromatiques de divers autres
Végétaux; ainsi l'on a appelé improprement:

ANIS AIGRE OU ACRE, le Cumin. *V.*
ce mot.

ANIS ÉTOILÉ ou ANIS DE LA CHINE,
l'*Illicium anisatum.* *V.* BADIANE.

ANIS DE FRANCE ou DE PARIS, la
semence du Fenouil. *V.* ANETH.

ANIS EN ARBRE, *Anis de Arbol*,
dans quelques parties de l'Espagne
méridionale, le *Schinu molle* qui y
croît en pleine terre dans plusieurs
jardins, et donne de petits fruits piquans anisés. *V.* MOLLE.   (B.)

ANISACANTHE. *Anisacantha.*
BOT. PHAN. Genre de la Famille des
Atriplicées, établi par R. Brown d'a-
près une Plante de la Nouvelle-Hollande. Il ne diffère des *Sclerolæna*,
V. ce mot, que par son calice quadrifide et ses épines dorsales. (A. D. J.)

ANISAMÉLES du Dictionnaire des
Sciences naturelles. BOT. PHAN. *V.*
ANISOMÉLES.   (A. D. J.)

* **ANISE.** *Anisus.* INS. Genre de la
section des Coléoptères Tétramères,
fondé par Dejean (*Catal. des Col-*

léopt., 1821) sur l'inspection d'une
seule espèce, originaire du cap de
Bonne-Espérance, et qu'il nommé
A. auriculatus. Il place ce genre après
et non loin des Lipares d'Olivier.
            (AUD.)

* **ANISOCALYX.** POLYP. (Donati.)
V. AGLAOPHÉNIE.

ANISODACTYLES. *Anisodac-
tyli.* OIS. Sixième ordre de la méthode ornithologique de Temminck.
Caractères: le bec plus ou moins arqué, souvent droit, toujours subulé,
effilé et grêle, moins large que le
front; les pieds médiocres; trois
doigts devant et un derrière; l'extérieur soudé vers la base au doigt du
milieu; le postérieur le plus souvent
long: tous pourvus d'ongles assez
longs et courbés.

Cet ordre comprend les genres
Oxyrhinque, Sittelle, Onguiculé, Pi-
cucule, Sittine, Grimpart, Ophie,
Grimpereau, Guit-Guit, Colibri,
Souimanga, Echelet, Tichodrome,
Huppe, Promérops, Héorotaire et
Philédon. *V.* ces mots. Vieillot a fait
de ses Anisodactyles la deuxième
tribu de son ordre des Sylvains.
           (DR..Z.)

ANISODON. POIS. Espèce de
Squale de Lacépède, ou plutôt de
Pristobate de Blainville. *V.* PRISTO-
BATE.   (B.)

ANISOMÉLES. *Anisomeles.* BOT.
PHAN. Genre de la famille des Labiées,
voisin de l'*Ajuga* et de *Teucrium*,
qui présente un calice tubuleux,
marqué de dix stries, quinquefide;
une corolle, dont la lèvre supérieure
est entière et petite, et dont l'inférieure se partage en trois parties, la
moyenne bilobée; les étamines sont
didynames, saillantes et ascendantes;
les anthères des deux étamines les
plus courtes ont deux loges opposées,
celles des plus longues une seule, où
elles sont dissemblables; les graines
sont lisses. Brown décrit trois espèces
de ce genre, dont il est l'auteur, observées sous les Tropiques dans la
Nouvelle-Hollande. Ce sont des Herbes pubescentes, dont les feuilles
sont crénelées, les fleurs verticillées

et accompagnées de bractées petites, les calices glanduleux, la corolle de couleur pourpre. (A. D. J.)

*ANISOMÈRE. *Anisomera*. INS. Genre de l'ordre des Diptères, famille des Némocères (*Tipulariæ*, Latreille), fondé par Hoffmansegg, et qui nous est connu par l'ouvrage de Meigen. Cet observateur exact, dans sa description systématique des Diptères d'Europe (T. I. p. 210), assigne à ce nouveau genre les caractères suivans : antennes étendues, sétacées, à six articles ; le premier cylindrique ; le second en cône renversé ; le troisième très-long ; point d'yeux lisses. Une espèce unique compose ce genre, c'est l'Anisomère obscure, *A. obscura*, Hoffm., figurée par Meigen (*loc. cit.* tab. 7. fig. 5). (AUD.)

* ANISONYX. MAM. Genre de Rongeurs, établi par Raffinesque (*the American montly Magasin*, 1817). (A. D...NS.)

ANISONYX. *Anisonyx*. INS. Genre de l'ordre des Coléoptères, section des Pentamères, établi par Latreille aux dépens du genre Hanneton de Fabricius. Ses caractères sont : premier article des antennes et menton n'étant pas très-grands ; chaperon allongé, rétréci à son extrémité antérieure, palpes très-grêles, longs, terminés par un article cylindrique ; les labiaux insérés à l'extrémité du menton (crochets des tarses inégaux). Le labre non saillant, les mandibules très-minces, en parties membraneuses et sans dents, les mâchoires terminées par une pièce allongée et membraneuse ; le corselet en trapèze rétréci de la base à la pointe, sensiblement plus étroit que l'abdomen : cette dernière partie du corps formant un carré plus large que long, et enfin les tarses des quatre premiers pieds terminés par deux crochets bifides, tandis que ceux de la dernière paire n'en ont qu'un, permettent de distinguer les Anisonyx des genres voisins. Ces Insectes joignent les Hoplies aux Trichies et aux Cétoines. Latreille (Considér. génér.) les classe dans la famille des Scarabéïdes. Ailleurs (Rè-

gne Animal de Cuvier), il les place dans la tribu du même nom, famille des Lamellicornes. Plusieurs espèces ont été rapportées par Olivier au genre Hanneton, telles sont celles nommées *crinita*, *cinerea*, *Ursus*, *proboscidea*, *Lynx*. Ces Insectes, tous exotiques, habitent l'Afrique méridionale, et proviennent la plupart du cap de Bonne-Espérance. (AUD.)

ANISOPE. *Anisopus*. INS. Genre de l'ordre des Diptères, établi par Meigen dans ses premiers ouvrages, et réuni par Latreille aux Mycétophiles. *V.* ce mot. (AUD.)

* ANISOPLIE. *Anisoplia*. INS. Genre de l'ordre des Coléoptères, section des Pentamères, fondé par Megerle aux dépens du genre Hanneton (*Melolontha*), Fabricius. Je ne connais ce genre que par le catalogue de la collection de Dejean. Cet entomologiste en possède quinze espèces, toutes étrangères à la France, à l'exception de celles nommées *arvicola*, *agricola*, *horticola* par Fabricius. Les deux dernières se trouvent aux environs de Paris. *V.* HANNETON. (AUD.)

* ANISOPOGON. OIS. (Illiger.) Plumes dont les barbes sont de largeur inégale. (DR..Z.)

* ANISOPOGON. BOT. PHAN. C'est une Plante de la famille des Graminées, recueillie au port Jackson par R. Brown qui en a fait un nouveau genre, ainsi nommé de l'inégalité des arêtes qui terminent sa glume. La lépicène contient une seule fleur, ou de plus, suivant Beauvois, une seconde avortée et à peine visible ; elle est formée par deux paillettes égales et allongées. La glume est pédicellée et à deux valves, dont l'intérieure dépourvue d'arêtes, tandis que l'extérieure en présente à son sommet trois, deux latérales sétacées, et une moyenne, beaucoup plus longue et tordue sur elle-même. — Les fleurs sont disposées en panicule lâche ; le chaume atteint trois pieds de hauteur, et porte des feuilles engaînantes à languettes ciliées. Le port est celui d'une Avoine, ce qui a fait nommer la seule es-

pèce connue *Anisopogon avenaceus.* Un peut voir les organes de la fructification figurés pl. IX. fig. VIII de l'Agrostographie de Beauvois.

(A. D. J.)

ANISOTOME. *Anisotoma.* INS. Genre de l'ordre des Coléoptères, section des Hétéromères, fondé par Knoch, et employé plus exactement par Illiger, Fabricius, Duméril, etc. Quelques entomologistes, Latreille en particulier, ne l'ont pas adopté. Ce savant a établi le même genre sous le nom de Leïode; il réunit aussi quelques Anisotomes aux Phalacres de Paykull. *V.* ces mots.   (AUD.)

ANISSILO. BOT. PHAN. Plante voisine des Astrantia, nommée vulgairement *Mouchu* au Chili, et qui, mâchée, chasse les ventosités. On ne peut guère, sur ces renseignemens et sur la description qu'en donne Feuillée (Hist. des Plant. méd., p. 5. pl. 9), avec une figure médiocre, déterminer à quel genre appartient cette Ombellifère.   (B.)

ANITRA. OIS. *V.* ANIA.

ANJA-OIDY. BOT. PHAN. (Rochon.) Nom malegache d'une espèce de Bruyère. C'est peut-être la même chose qu'Angza-vidi. *V.* ce mot. (B.)

ANJOUVIN. OIS. Syn. de Linotte, *Fringilla Linaria,* L. dans le midi de la France. *V.* GROS-BEC.   (DR..Z.)

ANJUDEN. BOT. PHAN. *V.* ANGEIDEN.

ANKÆNDA. BOT. PHAN. Syn. de *Calyptranthes caryophyllifolia,* Willd. *V.* CALYPTRANTHE.   (B.)

ANLAC. BOT. PHAN. Ce nom se donne, à l'Ile-de-France, à deux espèces de Dolichos, qui n'ont pas été suffisamment observées par les botanistes, et dont on mange les semences.   (B.)

* ANMIOLYGROMÈTRE. BOT. CRYPT. (Durante.) Syn. de *Funaria hygrometrica. V.* FUNARIA.   (B.)

ANNACHIRI ou ANNATCHIRI.

BOT. PHAN. (Surian.) Nom caraïbe d'une espèce de Costus.   (B.)

ANNAKI. OIS. (Sparmann.) Beau Canard de Surinam, d'espèce indéterminée, et dont la chair est fort estimée.   (B.)

ANNAOUAGUYAN. BOT. PHAN. (Nicolson.) Syn. de *Justicia pectoralis,* L. aux Antilles. *V.* JUSTICIA.

(B.)

ANNCAN. Du Dictionnaire des Sciences naturelles. *V.* ANNEAU, Moll.

ANNEAU. MOLL. Nom vulgaire d'une Porcelaine, le *Cyprea Annulus,* L. *V.* PORCELAINE.   (F.)

ANNEAU. POIS. Espèce d'Holacanthe. *V.* ce mot.   (B.)

* ANNEAU. *Annulus.* BOT. CRYPT. Dans les Plantes cryptogames on a employé ce mot pour désigner trois organes très-différens suivant les familles auxquelles on l'applique. Dans les Champignons, on a désigné par ce nom ou par celui de collier un cercle membraneux qui entoure le pédicule de beaucoup d'Agarics et de quelques Bolets, et qui est produit par les débris d'une membrane qui couvrait toute la face inférieure du chapeau avant son développement complet. Dans les Mousses, quelques auteurs ont donné ce nom à un rebord saillant, et quelquefois crénelé, qui garnit l'orifice de l'urne. Enfin on a nommé Anneau élastique, dans les Fougères, un cercle qui entoure les capsules des Fougères de la tribu des Polypodiacées et des Gleichenées, et qui jouit d'une grande élasticité, de manière à faciliter la rupture des capsules et la dispersion des graines. *V.* CHAMPIGNONS, AGARICS, MOUSSES et FOUGÈRES.   (AD. B.)

ANNEAUX. *Annuli.* ZOOL. (*Anim. articulés.*) Ce nom a reçu des acceptions très-différentes, et n'a encore été défini convenablement par aucun entomologiste. On a employé comme synonyme les mots *segmens, arceaux, articles, incisions, articulations.* Chacun de ces termes aura dorénavant un sens invariable et précis. *V.* ces mots. Les Anneaux sont des *parties* et non des *pièces* du corps, c'est-à-dire qu'ils constituent un ensemble, à la formation duquel concourt un certain nombre de matériaux. Ainsi un Anneau quelconque du corps, celui du mésothorax d'un Insecte hexapode par exemple, n'est pas formé par une pièce simple et unique, contournée de manière à circonscrire à elle seule les bords d'une cavité; mais il résulte de l'assemblage de plusieurs petites pièces qui, en s'abouchant les unes aux autres, constituent un cercle complet. Ces pièces devraient être désignées par un nom collectif qui répondît à celui d'*os* dans les Animaux vertébrés, car elles ont toutes entre elles quelque chose de commun dans la structure, la composition, les usages, et constituent le squelette ou l'enveloppe, ordinairement solide, du corps des Animaux articulés. Elles se groupent d'abord pour former deux portions d'anneaux auxquelles nous appliquons le nom d'*arceaux* et que nous distinguons d'après leur position constante en supérieure et en inférieure.— On ne devra donc pas dorénavant attribuer un même sens aux mots arceaux et Anneaux. Ces derniers forment un tout dont les élémens sont ordinairement invisibles, mais n'en existent pas moins; et si on admet que dans les Animaux vertébrés, la même partie est nécessairement composée d'os semblables; bien que ces matériaux distincts dans un cas soient soudés exactement entre eux dans un autre, on devra, pour être conséquent, se laisser diriger par les mêmes règles dans l'anatomie du système extérieur ou squelette des Animaux articulés. Or, toutes les fois que l'observation est possible, c'est-à-dire lorsque la soudure n'est pas complète, on reconnaît qu'un Anneau est formé de la réunion de deux arceaux joints par les points de leur section, et que l'arceau supérieur et l'arceau inférieur sont eux-mêmes composés de plusieurs pièces.

Le corps résulte donc de l'assemblage des Anneaux; ceux-ci supportent des appendices, tels que les antennes, les pates, la tarrière, les tentacules, etc.

La plupart, et on pourrait dire toutes ces parties, sont creuses, et constituent des cylindres, qui sont bien aussi des espèces d'Anneaux, mais auxquels on applique plus spécialement le nom d'articles. Ainsi nous dirons les Anneaux du corps et les articles des pates, des antennes, etc. Chaque article lui-même paraît simple, ou bien composé. Dans le premier cas, une seule pièce, et dans le second, deux, trois et même quatre concourent à le former par leur réunion; mais alors la soudure est presque toujours complète. C'est, par exemple, ce qui se voit dans la rotule des Lépidoptères, qui résulte de l'assemblage de deux pièces au moins, et qui en général paraît ailleurs formée d'une seule.

Les Anneaux, ainsi définis et distingués des articles, peuvent être étudiés sous le rapport de leur nombre, de leur forme, de leur composition, de leur développement, de leur consistance, de leur articulation entre eux ou avec les appendices qui en partent, de leur connexion avec toutes les parties du corps, etc. On les trouve très-nombreux, arrondis, tous également développés, ou à peu de chose près, dans les Annelides et dans un grand nombre de larves, semblables encore entre eux par leur développement, leur consistance, etc.; dans les Insectes myriapodes, tels que les Jules et les Scolopendres; mais très-différens lorsqu'on les envisage comparativement et sur un même Animal dans les classes des Crustacés, des Arachnides et des Insectes hexapodes; on remarque qu'ils sont réunis en trois groupes distincts, la tête, le thorax et l'abdomen, *V.* ces mots. Chacune de ces parties, très-différente au premier abord, ne résulte cependant que du développement plus ou moins grand et de la soudure plus ou moins complète des pièces qui forment les anneaux. C'est un fait que nous avons démontré dans notre travail sur le thorax. — Quoi qu'il en soit, ces Anneaux sont réunis entre eux, et cette jonction, quelle qu'elle soit, porte le nom d'articulation. *V.* ce mot.   (AUD.)

* **ANNE-CAROLINE.** POIS. Nom donné par Lacépède, en mémoire d'une épouse respectable et chérie, à un Mugilomore de cet auteur, à un Mené ainsi qu'à un Cyprin.   (B.)

* **ANNELIDAIRES.** *Annelidana, Annularia.* ZOOPH. Blainville, dans son Prodrome, forme sous ce nom un petit groupe d'Animaux qu'il regarde comme intermédiaires entre les articulés et les rayonnans, mais ayant plus de rapports avec ces derniers, principalement avec les Holothuries; il se compose des genres Clarate, Thalassème, Sipuncule, Priapule. *V.* ces mots.   (LAM..X.)

ANNELIDES. *Annulosa.* ZOOL. Classe d'Animaux invertébrés et articulés, ayant pour caractères : point de colonne vertébrale; corps articulé; système nerveux formé de deux cordons longitudinaux, inférieurs, réunis et ganglionés par intervalle; des branchies; point de cœur proprement dit; circulation s'opérant au moyen de deux artères longitudinales et de veines; pieds nuls ou très-imparfaits, favorisant simplement la locomotion, et nullement propres au transport de l'Animal; tête ordinairement nulle, très-incomplète dans les autres; yeux, lorsqu'ils sont distincts, rudimentaires et peu propres à la vision; les organes sexuels réunis dans le même individu.

Plusieurs de ces Animaux sont connus depuis long-temps sous les noms de Vers de terre, de Sangsue, de Scolopendre de mer, de Chenille de mer, de Pinceau marin. Linné les dispersa, ainsi que les autres Annelides, dans la classe des Vers. Malgré les travaux de divers autres célèbres naturalistes, parmi lesquels nous citerons surtout Othon-Frédéric Müller et Pallas, cette confusion subsista jusqu'à l'époque où Cuvier publia son Tableau élémentaire de l'histoire naturelle des Animaux, ouvrage qui a opéré en zoologie une importante et salutaire révolution. Il restreignit la classe des Vers aux Annelides et aux Vers intestins, en distinguant cependant ceux-ci par leur mode d'habitation. Des observations anatomiques postérieures le déterminèrent à former une classe particulière des autres Vers, et qu'il désigna par la dénomination de Vers à sang rouge. Celle d'Annelides fut ensuite donnée à la même coupe par de Lamarck et généralement adoptée. La classe des Vers ne comprend plus aujourd'hui que ceux qui sont parasites, tels que les intestinaux et les Lernées de Linné, ou les Épizoaires du naturaliste précédent. Il existe néanmoins entre de Lamarck et Cuvier, à l'égard des limites des deux classes, une légère dissidence; celui-ci, par exemple, place les Gordius avec les Annelides, et celui-là les associe aux Vers. Les parties extérieures des Annelides n'ayant pas encore été observées dans tous leurs détails, ni d'une manière comparative, viennent d'exercer la patience et la sagacité d'un observateur du premier rang, Savigny. Le fruit de ces recherches pénibles et très-délicates a été l'objet d'un Mémoire qu'il a présenté à l'Académie des sciences, le 19 mai 1817. Un mois après, un second Mémoire, dont ce profond naturaliste a pareillement fait hommage à la même compagnie, nous a montré l'utilité de ces travaux par l'heureux emploi qu'il en a fait dans une nouvelle distribution méthodique des Annelides. On pourra d'ailleurs consulter, à cet égard, notre rapport fait avec Cuvier et Lamarck. Blainville s'occupait aussi en même temps, et d'une manière approfondie, des mêmes Animaux qui, les Sangsues exceptées, composent sa classe des Sétipodes. Il a communiqué à la Société philomatique, et positivement à la même époque que Savigny offrait à l'Académie des sciences son second Mémoire sur les Annelides, sa Méthode et les Caractères de plusieurs nouveaux genres. Il a été publié un extrait de son travail dans le Bulletin de cette Société (mai et juin

1818). Nous ne connaissons point les observations d'Ocken sur le même sujet, et qui doivent être antérieures puisqu'elles sont citées par Blainville. Lamarck (Hist. des Animaux sans vertèbres), le docteur Leach et Cuvier, profitant de ces recherches, ont mis la distribution classique des Annelides au niveau des autres parties de la zoologie. Dans un Mémoire sur les Animaux invertébrés articulés, nous avons aussi essayé d'éclaircir le même sujet. Savigny vient de remplir nos derniers vœux par la publication de son travail qu'il a même enrichi de nouvelles observations; telles sont les principales sources où l'on pourra puiser. Les bornes de cet ouvrage nous interdisent d'autres particularités historiques.

Les Annelides sont des Animaux généralement aquatiques, et, pour la plupart, marins. Leur corps est long et étroit ou vermiforme, mol, et partagé transversalement en un grand nombre d'anneaux. Les Néréides de Linné me paraissent être les seules Annelides où le premier de ces segmens mérite le nom de tête, et que l'on puisse regarder comme muni d'organes comparables à des yeux, et à ceux surtout des larves d'Insectes. Ce sont des yeux lisses, très-petits, et qui se présentent sous l'aspect de points noirâtres : leur nombre est de deux à quatre. Savigny en donne huit aux Sangsues; mais nous soupçonnons que ce ne sont que des points colorés et très-différens des yeux des Néréides. La tête semble n'être formée que d'une lame ou plaque, représentant le demi-segment supérieur des anneaux des Insectes, ou mieux la boîte écailleuse de leur tête, mais privée de mandibules et de lèvres. Nous n'ignorons pas que les auteurs qui ont parlé des Néréides, sans en exclure Savigny, leur attribuent des mâchoires ; mais ces parties, quoique semblables aux pièces ainsi désignées, étant adhérentes aux parois internes de la trompe, et cette trompe ne me paraissant être qu'un prolongement de l'œsophage,

je ne puis les considérer comme de véritables mâchoires ou comme des mandibules. Les dents internes du gésier des Crustacés, les pièces du suçoir de certains Vers intestinaux, etc., me semblent être les seules parties susceptibles d'être assimilées aux précédentes; en un mot, les Annelides et les Vers sont des Animaux suceurs, dont la bouche formée sur le même plan général, mais subissant diverses modifications, ne ressemble nullement à celle des autres Articulés; elle est recouverte dans les Annelides sans tête, et qui sont les plus nombreux par cette expansion supérieure, et en forme de voûte ou de capuchon du segment antérieur, répondant au second du corps des Insectes. Dans les Annelides céphalées, comme les Néréides, la tête offre des filets articulés, analogues aux antennes de ces derniers Animaux, désignés de la même manière, et dont le nombre varie, mais ne va jamais au-delà de cinq. S'il est tel, les deux plus latérales seront les *extérieures*, les deux plus voisines les *mitoyennes*, et celle du milieu deviendra l'*impaire*.

On ne peut pas dire d'une manière absolue que les Annelides, à l'exception néanmoins de quelques-unes, soient privées de pieds. Mais leurs appendices locomoteurs, que l'on nomme ainsi, sont beaucoup plus imparfaits sous ce rapport que les parties analogues des Crustacés, des Arachnides et des Insectes. Très-petits, sous la forme de simples mamelons ou de courtes saillies, ordinairement inarticulés, peu susceptibles de mouvemens propres, incapables de soutenir le corps, ces appendices font tout au plus l'office de petites rames, ou ne servent que de points d'appui. La puissance musculaire réside presque entièrement dans le corps, et ne peut produire qu'un mouvement ondulatoire ou une simple reptation. De Lamarck, pour ce motif, désigne ces organes locomoteurs sous la dénomination de fausses pates, *pedes spurii*. Selon Savigny, le pied des Annelides se compose de deux rames, l'une supérieure ou dorsale, et l'autre inférieure ou ventrale, mais quelquefois nulle. Là elles sont séparées ou écartées; ici très-rapprochées ou confondues. On observe à chacune d'elles le cirrhe et les soies. Le cirrhe est un filet tubuleux, subarticulé, communément rétractile; mais il n'est rigoureusement propre qu'aux Néréides; quelques autres Annelides n'en offrent que de rudimentaires. Les soies sont des espèces de poils roides et cornés. Ce naturaliste en distingue de quatre sortes: 1° les soies subulées ou alènes, *festucœ*, rassemblées en faisceau ou rapprochées en une série; elles sortent d'une gaîne commune, traversent avec elle les fibres de la peau, et pénètrent dans la partie de l'intérieur du corps où sont fixés les muscles destinés à les mouvoir; 2° les acicules, *aciculi*; c'est une soie plus grosse, en forme d'aiguillon ou de piquant, contenu dans un fourreau spécial, et qui accompagne les faisceaux soyeux principaux des Annelides les mieux organisées; 3° les soies à crochets, *uncinuli*; de petites lames comprimées latéralement, courbes, peu allongées, découpées sous leur sommet en plusieurs dents aiguës et crochues, en forment le caractère spécial; elles sont propres à certaines Annelides sédentaires et tubicoles (les Serpulées, Savign.), et ordinairement placées sur des mamelons transverses de la rame ventrale; tantôt solitaires, tantôt rassemblées avec les autres soies, ici inférieures et là supérieures, elles peuvent composer, avec leurs supports ou leurs mamelons, jusqu'à trois sortes de pied; 4° les soies à palette, *spatellulœ*, déjà caractérisées par leur dénomination, remplacent dans quelques espèces les soies à crochets, et n'en sont peut-être qu'une modification. Dans les Néréides, la première paire de pieds, et même une ou deux des suivantes, manquent souvent de soies, et ne conservent que leurs cirrhes, qui sont alors plus développés, et reçoivent le nom de *cirrhes tentaculaires*. Souvent ils sont portés sur un segment commun, for-

mé de la réunion des deux ou quatre premiers, la tête non comprise; en sorte que cette partie étant quelquefois peu avancée, on a pris pour elle ce segment commun.

Les branchies du plus grand nombre sont extérieures, et varient beaucoup quant à leur configuration, leur étendue, leur situation et leur nombre. Dans les espèces ordinairement errantes ou sans demeure fixe et nues, elles sont en général dispersées dans la longueur des côtés du corps, une par chaque pied; les vaisseaux sanguins paraissent quelquefois se répandre dans les cirrhes et les convertir en organes respiratoires; quelquefois aussi ils paraissent s'arrêter à la base des pieds. Les branchies des deux extrémités du corps sont moins développées, ou manquent tout-à-fait dans les espèces sédentaires, vivant dans des fourreaux qu'elles se construisent probablement par transsudation, mais auxquels elles n'adhèrent point au moyen de muscles. Ces organes sont antérieurs, et y forment soit des panaches ou des éventails, soit des espèces de peignes. Enfin, d'autres Annelides, établissant leur domicile dans du sable ou dans la terre, ont leurs branchies à la partie moyenne du corps. Celles des Sangsues, observées par feu Thomas, membre de la société royale de médecine de Montpellier, consistent en des vessies internes, au nombre de vingt-deux, onze de chaque côté, et que nous avons comparées aux trachées vésiculeuses des Insectes. Mais plusieurs autres Annelides, munies de pieds et de branchies ordinaires, nous offrent des organes analogues aux précédens, tantôt internes, tantôt extérieurs, et sous la forme alors d'écailles disposées sur deux rangées, soit dures et comparables à des élytres d'Insectes, soit molles et quelquefois dilatables en manière de vessies. L'anus des Annelides est toujours situé à l'extrémité postérieure du corps. Une particularité très-remarquable est que ces Animaux ont le sang rouge, ce dont aucun autre Invertébré ne nous fournit d'exemple. Ils sont tous hermaphrodites, et quelques-uns, selon Cuvier, ont besoin d'un accouplement réciproque. La présence ou l'absence des pieds, la situation des branchies fournissent des caractères si simples et si naturels, que presque tous les zoologistes actuels les ont employés pour le signalement des premières coupes de cette classe. De Lamarck la partage en trois ordres : les Apodes, les Antennées et les Sédentaires. Les Annelides forment pareillement trois ordres dans la Méthode de Cuvier : les Tubicoles, les Dorsibranches et les Abranches. De part et d'autre les Serpules sont à l'extrémité supérieure de la série. Il en est de même dans la distribution de ces Animaux proposée par Blainville, distribution qui, dans ses détails, présente un grand nombre de faits intéressans. Savigny divise cette classe en cinq ordres, dont les quatre premiers sont désignés ainsi : les Néréidées, les Serpulées, les Lombricines et les Hirudinées. Il n'a point encore traité du cinquième; ici les Aphrodites et les Néréides sont en tête. Je pense avec lui que, sous le rapport de l'organisation extérieure, ces dernières Annelides, et les Néréides spécialement, sont les plus avancées dans l'échelle, et les plus voisines des Animaux articulés pourvus de pates. D'après cette idée et les caractères tirés de la position des branchies; on pourrait diviser cette classe en quatre ordres : les Podobranches, les Céphalobranches, les Mésobranches et les Entérobranches. Nous renverrons, pour plus amples détails, à notre Mémoire sur les Animaux articulés; travail dans lequel nous avons encore exposé les rapports naturels qu'ont les Annelides avec les Myriapodes ou Mille-pieds. Nous suivrons ici la méthode de Savigny, exposée ci-dessus. (LAT.)

ANNESLEA. BOT. PHAN. (Andrews et Curtis). *V*. EURIALE.

ANNESLIA. BOT. PHAN. Genre

formé par Salisburi de l'*Acacia Houstonia*, Willd. qu'il avait désigné sous le nom spécifique de *salicifolia*. Il ne paraît pas devoir être adopté. (B.)

ANNO, ANNO-GUAZU ET ANNONON. OIS. Syn. de l'Ani des Palétuviers, *Crotophaga major*, L. au Paraguay. *V*. ANI. (DR..Z.)

ANNON. OIS. (Thevet.) Espèce du genre Tangara. Moineau de Cayenne, Buff., pl. enl. n°. 224. *Tangara Jacarina*, Lath. *V*., TANGARA. (DR..Z.)

ANNON. BOT. PHAN. Syn. de Lin en Égypte. (B.)

ANNONE. BOT. PHAN. Selon Bosc, c'est une variété de Blé rougeâtre, cultivée dans quelques cantons de la France occitanique. (B.)

*ANNUEL, ANNUELLE. *Annuus, annua.* BOT. Se dit en botanique de ce qui, dans un Végétal, ne dure que l'espace d'un an. Les Plantes qui naissent et périssent pendant une révolution de la terre autour du soleil sont annuelles, celles qui persistent après deux sont bisannuelles. Il en est dont la tige seule est annuelle ou bisannuelle, et dont les racines sont vivaces. Les feuilles de la plupart des Arbres qui tombent en automne sont annuelles. (B.)

ANNULAIRE. INS. (Mouffet.) Chenille du *Bombyx neustria*, L. (B.)

* ANNULAIRES. ECHIN. (Blainville.) *V*. ACTINOMORPHES.

ANNUMBI. OIS. Espèce du genre Guêpier dont Vieillot a fait un genre distinct, sous le nom de Fournier de l'Amérique méridionale. *V*. GUÊPIER. (DR..Z.)

ANO. OIS. Syn. du Hocco, *Crax Alector*, L. en Afrique. *V*. Hocco. (DR..Z.)

ANOBIUM. INS. *V*. VRILLETTE.

* ANOCARPUM. BOT. PHAN. Seconde section formée par De Candolle (*Syst. Veget.* 11. p. 630), dans son genre Diplotaxis. *V*. ce mot. (B.)

* **ANOCYSTES.** ECHIN. Nom donné par Klein à un groupe d'Oursins, qui appartiennent en grande partie aux Cidarites de Lamarck. *V.* CIDARITE.   (LAM..X.)

ANODE. *Anoda.* BOT. PHAN. Genre de la famille des Malvacées, placé non loin du genre *Sida*, dont quelques espèces ont servi à l'établir, et dont il diffère par son fruit simple, multiloculaire. Le calice est simple et quinquefide; la corolle a cinq pétales; les étamines, en nombre indéfini sont réunies par leurs filets en un tube, qui par son extrémité inférieure se continue avec les pétales, et porte les anthères vers son sommet seulement; un seul style se termine par plusieurs stigmates; leur nombre varie de dix à vingt-cinq, et la capsule unique renferme autant de loges monospermes.

Cavanilles, auteur de ce genre, en a décrit quatre espèces qu'on peut voir figurées tab. 10. fig. 3 et tab. 11. fig. 1 et 2 de sa Monadelphie, et tab. 431 de ses *Icônes.* Ce sont des Herbes originaires du Mexique, à feuilles alternes, à fleurs solitaires, supportées par un pédoncule axillaire, non articulé. Elles appartiennent au Sida de Linné et des auteurs qui l'ont suivi. Quelques espèces intermédiaires entre les deux genres laissent encore des doutes aux botanistes, par exemple le *Sida triquetra* figuré tab. 134 de Gærtner.   (A. D. J.)

ANODON. REPT. OPH. C'est-à-dire *qui n'a pas de dents.* Genre établi par Klein pour des Serpens qui seraient dépourvus de ces parties, mais dont les naturalistes ne connaissent encore aucune espèce, si ce n'est un Plature, Animal qui appartient à un sous-genre de Reptiles Ophidiens réel et constaté. *V.* VIPÈRE. (B.)

* **ANODON.** MOLL. Dénomination adoptée par Ocken (*Lehrbuch der Zool.* p. 258), au lieu d'*Anodonta*, Anodonte, déjà consacré. *V.* ANODONTE.   (F.)

ANODONTE. *Anodonta.* MOLL. Lamk. *Anodontites*, Brug.; *Ano-*

don, Ocken; *Mytilus*, Linné; *Limnæa*, Poli; sous-famille *Anodontidia*, Raffinesque. Genre de Mollusques fluviatiles de la classe des Lamellibranches, ordre des Mytilacés, famille des Nayades. *V.* ces mots.

— Les Anodontes paraissent avoir été connues des anciens, et les premiers naturalistes des temps modernes en font une mention bien distincte. Bellon les désigne sous le nom de *Mytulos*, vulgairement appelés Moules; Rondelet et Gesner, sous celui de *Musculus aquæ dulcis.* Cette dénomination de *Musculus* est devenue générale chez tous les auteurs qui en ont parlé, jusqu'à Linné qui adopta le nom plus ancien sous lequel les Grecs paraissent avoir connu et les Anodontes et les Moules marines. Lister, Gualtieri, Klein les confondent avec les Mulettes, sous ce nom commun de *Musculus.* Le dernier de ces auteurs établit cependant un genre distinct, sous le nom de *Musculus latus*, le second de la classe des *Musculus*, qui ne comprend que des Anodontes, à l'exception de l'*Unio margaritifera* (*Ostrac.* p. 129); mais il en place, par erreur, deux espèces parmi les *Diconcha sulcata*, qui répondent au genre *Unio*, ou parmi les *Circomphalos*, genre mélangé, ce qui, à la rigueur près, nous montre les deux genres Mulette et Anodonte, établis depuis long-temps. Linné engloba les Anodontes dans son genre *Mytilus*, exemple suivi par Müller et par tous ceux qui ont scrupuleusement respecté le *Systema naturæ*, même par Bruguière qui cherchait à le rectifier, et qui n'a établi le genre Anodonte, sous le nom d'Anodontite, *Anodontites*, que fort tard, en ordonnant les planches de l'Encyclopédie méthodique. C'est Lamarck qui a définitivement imposé à ce genre sa dénomination actuelle; et qui a fixé ses caractères dans les *Actes de la Soc. d'Hist. natur. de Paris*, publiés en 1792. Depuis il a été généralement adopté par tous les naturalistes qui suivent la science; Ocken seul a changé sa terminaison en *Anodon*.

L'analogie des Animaux nous a portés à réunir les Anodontes aux Mulettes (*Essai d'une méthod.* p. 85); mais, pour nous conformer à l'usage, nous suivrons ici l'exemple donné de leur séparation, quoiqu'elle ne soit appuyée sur aucun fondement réel ; d'abord à cause de la ressemblance des Animaux ; en second lieu, parce que le caractère tiré de la charnière est même équivoque, dans bien des cas, par la nuance insensible qu'on remarque entre les deux genres à cet égard, quelques Anodontes offrant déjà des dents ou des lames, tandis que plusieurs Mulettes semblent n'en plus avoir.—Le célèbre Poli est le premier qui ait démontré par de superbes anatomies que les Anodontes et les Mulettes avaient un même habitant, lequel différait de celui des Moules, *Mytilus* et des *Mya*, avec lesquels Linné les confondait. Il a établi, pour ces Animaux réunis, le genre *Limnœa*, *V.* ce mot. (*Test. utriusq. Siciliœ*, vol. 1. p. 31). Déjà Lister, Méry et Poupart avaient donné cette anatomie. Outre leur travail et celui de Poli, on peut consulter les belles observations de Cuvier et celles de Mangili (*Nuove Richerche Zootom*, etc. Milan. 1804).—Si l'on considère aujourd'hui le nombre considérable des espèces, dans les Mulettes et les Anodontes, aux dépends desquelles on a, dans ce dernier temps, établi une grande quantité de genres divers, quoiqu'on ne puisse même en faire deux passablement fondés., on sentira que les différences organiques peuvent bien ne pas être aussi multipliées dans les Lamellibranches, que les auteurs qui ont proposé tant de genres dans cette classe ont dû le croire, et que la charnière, en particulier, est un caractère réellement peu important, comme indication de différences génériques. —Le premier genre établi aux dépends des Anodontes est le genre *Dipsas* de Leach. Lamarck a ensuite institué le genre *Iridine* ; enfin Raffinesque, allant beaucoup plus loin, a formé, avec ces Mollusques, une sous-famille de ses Pédifères de l'Ohio, distincte

de celles établies pour les Mulettes, et qui ne comprend que le genre Anodonte divisé en trois sous-genres, *Anodonta*, *Strophytus* et *Lastena*.

Linné, dans la douzième édition du *Systema naturæ*, ne donnait encore que les deux espèces vulgaires, l'*anatinus* et le *cygneus*. Gmelin augmenta ce nombre par la citation d'une espèce de Lister, celle des *An. stagnalis* et *zellensis* de Schroeter et du *Mutel* d'Adanson. Müller n'en ajouta qu'une à celles de Linné, le *radiatus*, regardé depuis comme une simple variété. Le Catalogue de Dillwyn publié en 1817 en contient une nouvelle, le *fucatus*, décrit sous le nom d'*avonensis* par Montagu. C'était là tout ce qui était publié lorsque, dans la seconde édition des Animaux sans vertèbres, les seules Anodontes se sont élevées à quinze espèces. A la vérité Bruguière, dans les planches de l'Encyclopédie, avait figuré les plus remarquables parmi les nouvelles. Ce nombre s'est encore accru, ainsi que nous le verrons, après avoir tracé les caractères du genre dont il est question, de la manière suivante :

Animal ; *V.* le mot NAYADES, où nous donnons les caractères communs d'organisation. Test : clôture béante à l'issue des syphons, dans le reste exacte ; coquille équivalve, inéquilatérale, transverse, souvent ailée ; le bout antérieur communément déprimé ; deux impressions musculaires écartées, latérales, subgéminées ; ligament presque tout en-dessus des sommets, long et très-fort ; charnière nulle. Bord dorsal lisse, crénelé ou lamelliforme, offrant quelquefois un angle ou sinus distinct à l'extrémité postérieure de la ligne cardinale, dans lequel s'enfonce l'extrémité du ligament.—Les Anodontes sont, en général, des coquilles minces, un peu transparentes et cassantes ; elles habitent exclusivement les eaux douces des mares, des lacs et des rivières vaseuses. Elles s'enterrent dans cette vase pendant l'hiver, et même l'été, lorsque les réservoirs sont à sec. Quelques espèces acquièrent un assez grand volume. Plusieurs produisent des perles, comme les Mulettes. Elles sont, dans certains pays, le sujet d'un petit commerce, servant pour écrémer le lait et prendre le fromage. Leur test est nacré, quelquefois assez épais et orné des plus vives couleurs. Un épiderme persistant, verdâtre ou brun, recouvre les valves, qui sont quelquefois excoriées à leur sommet, comme celles des Mulettes, par un Animal parasite qui n'est pas encore bien connu.

En Europe, les espèces de ce genre sont peu nombreuses. Elles sont plus diversifiées en Amérique, qui paraît être la région des Bivalves d'eau douce ; on en trouve aussi quelques espèces dans l'Inde et en Afrique.

Les Anodontes sont hermaphrodites, et semblent être vivipares ; car on trouve souvent, en hiver, entre leurs filets branchiaux, des milliers de jeunes Animaux vivans, avec leurs petites coquilles déjà formées. Razoumowsky est un des premiers qui ait reconnu ce fait ; Géoffroy les croyait ovipares. On sait que pour marcher elles ont un pied musculeux polymorphite, qui, en s'allongeant hors de la coquille comme une langue, trace dans la vase un sillon profond, à mesure que l'Animal avance. Poupart a prétendu que ces Mollusques nageaient en frappant l'eau avec leurs valves, fait qui est au moins très-douteux. Les gens de la campagne mangent l'Animal dans quelques pays ; mais cet usage est peu répandu, à cause de la fadeur de sa chair.

Lorsque l'on est parvenu à se procurer une suite d'individus de différens âges des Anodontes des différentes contrées de l'Europe, il devient positivement impossible de séparer les espèces que la plupart des auteurs ont indiquées, parce qu'ils n'ont été frappés que de quelques différences locales, qui se fondent les unes dans les autres, dans une suite complète. C'est surtout pour l'*anatinus* et le *cygneus* que cet embarras se fait remarquer, variant extrêmement par la

nature des eaux, et chaque auteur ayant baptisé d'un des deux noms la variété qu'il rencontrait dans ses environs, sans pouvoir se guider sur l'auteur primitif ; car la synonymie de Linné, lui-même, pour l'*anatinus*, appartient à deux espèces différentes, et sa phrase contient des caractères accidentels et variables. Aussi il n'y a pas deux naturalistes qui s'accordent à leur sujet. De bonnes figures pourront seules fixer les idées, lorsqu'elles seront en harmonie avec des descriptions faites comparativement sur toutes les espèces et leurs variétés. Dans le dénuement où l'on est à ce sujet, nous fixerons les espèces par la synonymie, en prévenant qu'il faut faire table rase pour tout ce qui a été donné au sujet de l'*Anatinus* et du *Cygneus.*

† *Bord dorsal des valves lisse.* — 1er sous-genre. Anodonte, *Anodonta*, Lam., Say, Raffinesque ; et sous-genres Strophite et Lastène, Raffinesque.

1. *Anodonta cygnea*, N. *Mytilus cygneus*, L. ; Pennant, *Brit. Zool.* t. 67. f. 78 ; Maton et Rackett *in Linn. Trans.* VIII. t. 3. A. f. 2 ; Pfeiffer tab. VI. f. 4 ; Draparn. pl. XI. f. 6. et pl. XII. f. 1 ; Gualtieri tab. 7. f. F. α *Mytilus stagnalis*, Schroeter, *Flussconch.* t. 1. f. 1. Lam. An. sans ver. sp. n° 1. *Mytilus anatinus*, Maton et Rackett, *loc. cit.* pl. 3. A. f. 1. β *Elongata*, N. Encyclop. méthod. pl. 202. f. 1. *a, b* ; Pennant, *Brit. Zool.* tab. 68. f. 79. *A. anatina*, Lam. An. sans vert. sp. n° 2. ɛ *Anodonta sulcata*, Lam. An. sans vert. 2° édit. sp. n° 5 ?. ζ *Mytilus zellensis*, Schroeter, *Flussconch.* t. 2. f. 1. *Anod. cellensis*, Pfeiffer tab. 6. f. 1. Cette espèce habite l'Europe et l'Amérique, dans les grands réservoirs où l'eau est peu agitée. — 2. *A. palustris*, Dorbigny, Dacosta, *Brit. Zool.* t. 15. f. 2. α *Mytilus avonensis*, Montagu *Test. Brit.* p. 172 ; Maton et Rackett *in Linn. Trans.* VII. t. 3. A. f. 4. *Myt. fucatus*, Dillwin. Habite l'Angleterre, la Bresse, les étangs de Saint-Etienne de Mont-Luc, Loire-Inférieure ; α l'Angleterre, la Seine, la Marne.

— 3. *A. arcuata*, N. pl. . f. . . . Habite les lacs de la Haute-Autriche, avec l'Unio margaritifera ; l'Oder près Stettin. — 4. *A. fragilis*, Lam. *loc. cit.* sp. n° 4. *An Anod. marginata*, Say Encycl. Amer. pl. 3. f. 5 ? Habite l'île Saint-Pierre, côte de Terre-Neuve, les Etats-Unis ? — 5. *A. coarctata*, Say Encycl. Amer. Conchol. pl. 3. f. 4 ; Lam. sp. n° 5. Habite la rivière Hudson aux États-Unis. — 6. *A. pensylvanica*, Lam. sp. 9. Habite la rivière Scuilkill près Philadelphie. — 7. *A. uniopsis*, Lam. sp. 8. On ignore le lieu qu'habite cette espèce qui provient de l'expédition commandée par le capitaine Baudin. — 8. *A. crispata*, Brug. Journ. d'Hist. nat. t. 1. p, 131. pl. 8. f. 6, 7 ; Encycl. méth. pl. 204. f. 3 ; Lam. sp. 7. Habite les rivières de Cayenne. — 9. *A. rubens*, Lam. sp. n° 6 ; Encycl. méthod. pl. 201. f. 1. *a*, *b*. Habite le Sénégal. — 10. *A. fluviatilis*, *Mytilus fluviatilis*, Gmel. p. 3359 ; Lister *Synops.* t. 157. f. 12. Habite les rivières de l'Amérique septentrionale ; espèce douteuse ? — 11. *A. atra*, Raffin. Monog. Ann. des sc. nat. 1820. p. 316. Habite la rivière Hudson, Amérique septentrionale. — 12. *A. cuneata*, Raffin. *loc. cit.* p. 316. Habite la rivière Hudson. — 13. *A. undulata*, Say Encycl. Amer. Conchol. sp. 3. pl. 3. f. 6 ; *Anod.* (*Strophytus*) *undulata*, Raffin. *loc. cit.* p. 316. Habite les Etats-Unis ; peut-être c'est un Unio ? — 14. *A. anatina*, Lister *An. angl. app.* p. 30. t. 1. f. 2 ; *Synops.* tab. 153. f. 8. (citation de Linné ; celle qu'il fait de Gualtieri n'est pas juste. La figure citée est le *Mya pictorum*, L.) Encycl. méthod. pl. 201. f. 2 ; *Mytilus anatinus*, Linné, Chemnitz, Schroter ; *Anod. intermedia*, Lam. sp. n° 10 ; *idem*, Pfeiffer tab. 3. f. 3 ; *α Mytilus radiatus*, Müller. Habite la France, l'Allemagne et l'Angleterre. 15. *Anod.* (*Lastena*) *ohiensis*, Raffin. Monogr. etc., p. 316. Habite l'Ohio. — 16. *A. exotica*, Lam. sp. n° 12. On la croit des rivières de l'Inde ? — 17. *A. trapezialis*, Lam. sp.

11 ; Encycl. méth. pl. 205. f. i. *a*, *b*. On ignore le lieu qu'elle habite. — 18. *A. membranacea*, Maton in Linn. Trans. x. t. 24. f. 11, 12. Habite l'Amérique meridionale, partie est du Rio de la Plata. — 19. *A. glauca*, Lam. sp. 13 ; Humboldt Obs. zool. fasc. pl. . f. . Habite les environs d'Acapulco. — 20. *A. sinuosa*, Lam. sp. 14. Encycl. méth. pl. 203. f. 2. *a*, *b* ; Swainson, *Exot. Conch.* part. 2. pl. . f. . Habite l'Amérique ? — 21. *A. patagonica*, Lam. sp. 15. Encycl. méth. pl. 203. f. 1. *a*, *b*. Habite la rivière de la Plata, celles du pays des Patagons. — 22. *A. dubia ; Mytilus dubius*, Dillwyn ; le Mutel, Adanson, *Sénég.* pl. 254. t. 17. f. 21. Habite l'intérieur du Sénégal. — 23. (*Lastena*) *lata*, Raffin. Monogr. etc., p. 317. pl. 82. f. 17, 18. Habite le Kentuky, etc. — 24. *A. solenoides*, N. Espèce nouvelle, très-rare et fort précieuse qui lie les deux sous-genres, se rapprochant de l'Iridine et imitant un Solen par sa forme allongée ; sommets presque postérieurs. On ignore le lieu qu'elle habite.

†† Bord dorsal des valves irrégulièrement crénelé. — 2e sous-genre, Iridine, *Iridina*, Lam. Animaux sans vertèbres. t. 6. p. 89. — *Anodonta*, Brug., Schweiger ; *An. Genres Barbata ? Mus. Colonn.* p. 59 ? — 25. *A. Iridina*, N. *Iridina exotica ;* Lam. *loc. cit.* Encycl. méthod. pl. 204 bis. f. 1. *a*, *b* ; *Iridina elongata*, Sowerby ; *An. Mytilus plicatus*, Solander ? Habite les rivières de la Chine.

††† Une lame élevée sur chaque valve s'emboîtant l'une dans l'autre. — 3e sous-genre. Dipsas, *Dipsas*, Leach. — 26. *A. plicata*, *Dipsas plicatus*, Leach *Miscell.* t. 1. p. 119. tab. 53. On ignore le lieu qu'habite cette Coquille.

Les Anodontes se rencontrent très-rarement à l'état fossile, dans les couches des terrains d'eau douce ; et celles qu'on a observées ne sont presque jamais bien déterminables. Nous avons remarqué, avec étonnement, cette rareté et ce défaut de conservation, tandis que des Univalves, bien plus fragiles encore, se sont parfaitement conservées et sont très-abondantes. Le comte Razoumowski est le premier qui ait indiqué des Anodontes fossiles ; il cite particulièrement la grande Moule des étangs, de Géoffroy (*Mytilus cygneus*, N.), dans les couches de Lignite de Paudex près de Lausanne (Hist. du Jorat, t. II. p. 57). Brongniart, en visitant Paudex, a rapporté quelques échantillons de cette Anodonte, mais en trop mauvais état pour pouvoir en reconnaître l'espèce. On trouve des Anodontes, à ce qu'il paraît, en grande quantité dans les formations schisteuses d'Œningen, Enfin Schlotheim, dans son Mémoire sur le Tuf calcaire p. 338, cite une nouvelle Anodonte fossile, sous le nom de *Mytilus fontinalis*, ayant au plus trois lignes, et qui paraît être une Coquille encore jeune. Il a découvert cette espèce près de Burgtonna en Thuringe, dans cette grande formation de Tuf, qui renferme, avec beaucoup de Coquilles dont les analogues sont encore existans, quelques espèces perdues.

(F.)

* ANODONTEA. BOT. PHAN. Deuxième section formée par De Candolle (Syst. Végét. T. II. p. 31) dans le genre Alyssum, pour les plantes à corolles jaunes, ayant leurs étamines sans dents, et leur silicule un peu renflée. Cette section ne contient que deux espèces : *A. edentulum*, et *A. dasycarpum*. V. ALYSSUM. (B.)

* ANODONTIDES. *Anodontidia.* Troisième sous-famille des Pédifères. de Raffinesque (Monogr. des Biv. de l'Ohio, dans les Ann. des sc. physiques, T. V. p. 316), qui comprend un seul genre, l'Anodonte, divisé en trois sous-genres : Anodonte, Strophyte et Lastène, V. ces mots; tous trois compris dans le genre Anodonte de Lamarck, dont celui de Raffinesque ne diffère pas. Nous avons dit, en son lieu, qu'il n'y avait aucun motif pour faire une sous-famille d'un seul genre qui diffère à peine de l'Unio.

(F.)

* ANODONTITE. *Anodontites.* MOLL. Dénomination générique donnée par Bruguière (Encycl. méth. pl. 201 à 205), aux Moules fluviatiles de Linné. Il n'a pas fait la description de ce genre dont on ne connaît l'institution que par le titre des planches citées. Depuis, Lamarck lui a donné le nom d'Anodonte. V. ce mot. (F.)

* ANODONTIUM. BOT. CRYPT, (*Mousses.*) Ce genre établi par Bridel dans le premier supplément de sa Muscologie, a été abandonné par cet auteur lui-même dans le dernier ouvrage qu'il a publié (*Methodus nova Muscorum*, p. 19). La seule espèce qu'il y rapportait, le *Gymnostomum prorepens* d'Hedwig, ne différait en effet des autres Gymnostomes que par ses fleurs mâles axillaires; mais l'existence de ces fleurs mâles étant encore l'objet de beaucoup de doutes, les botanistes modernes ont pensé avec raison qu'on ne devait pas fonder les genres de cette famille sur ces caractères. (AD. B.)

ANOEMA. MAM. Nom scientifique donné par Fréd. Cuvier au Cochon d'Inde. V. COBAYE. (A. D. NS.)

* ANOLES. REPT. SAUR. Syn. d'Anolis. V. ce mot. (B.)

ANOLING ou ANULIN. BOT. PHAN. (Camelli.) Grand Arbre des Philippines, qui paraît voisin du genre Ardisia, s'il ne lui appartient, et dont une partie spongieuse de la tige, ou l'écorce selon d'autres, est employée, dans le pays, comme le serait du Savon. (B.)

ANOLIS. REPT. SAUR. Genre formé par Daudin, adopté par Cuvier, et que composent de petits Sauriens dont les formes et les couleurs sont généralement élégantes. Ces Lézards ont des Agames, la langue épaisse et obtuse, quelquefois une crête épineuse sur la queue, et la faculté de renfler leur gorge en manière de goître dans les accès de colère, de crainte, ou d'amour, auxquels ils sont sujets; des Geckos, les stries transversales du dessous des pieds qui leur permettent de se cramponer sur les surfaces les plus unies; des Caméléons et des Marbrés, la faculté de changer de couleur et la disposition des fausses côtes formant des cercles entiers; du reste ils ressemblent beaucoup aux Iguanes et aux Stellions pour l'aspect.; ils paraissent propres au nouveau continent. Naturellement familiers et ignorant le danger, ils fréquentent les habitations de l'homme, dans lesquelles on les voit poursuivre les Insectes dont ils font leur nourriture. L'ardeur du soleil paraît leur être salutaire et accroître leur agilité. Ils ont les doigts munis d'ongles et fortement articulés; on les groupe naturellement en deux divisions.

† A queue comprimée, plus ou moins carénée en scie et munie de crête.

Le GRAND ANOLIS A CRÈTE, Cuvier, Règne Animal, T. IV. pl. v. f. 1. Le plus grand des Lézards de son genre, long d'un pied, portant un fanon qui s'étend jusque sous le ventre, muni sur la queue d'une crête soutenue par douze ou quinze rayons, et d'un bleu-cendré noirâtre. Cette espèce est fort commune à la Jamaïque, et doit se retrouver dans toutes les Antilles. Elle se nourrit de baies que Cuvier a retrouvées dans son estomac. Ce n'est point une simple variété du suivant, comme le soupçonne Daudin.

Le PRINCIPAL, *Lacerta principalis*, L.; le Large-Doigts, Encycl. Rept. pl. 6 *bis*; f. 2. D'après la figure des Aménités académiques. Il habite l'Amérique méridionale; sa peau est très-mince, et sa queue articulée de cinq en cinq vertèbres.

Le BIMACULÉ, *Lacerta bimaculatus*, L. Sparmann, nouveaux Mémoires de l'Académie de Stockholm, T. v. pour 1784, pl. 4. Cette espèce a sa petite crête finement crénelée; sa couleur est verdâtre, piquetée de brun vers le museau et sur les flancs avec deux

taches de couleur variable sur les épaules; il habite l'Amérique septentrionale, particulièrement en Pensylvanie. On l'a observé à Saint-Eustache, l'une des Antilles. Il se tient dans les lieux sombres, dépose ses œufs dans la terre, et fait souvent entendre un petit sifflement.

Les autres espèces d'Anolis à queue comprimée sont le Charbonnier, *Anolis Carbonarius*; le grand Anolis à écharpe de Cuvier, Règne Animal, T. IV. pl. v. f. 2, et l'Anolis rayé de Daudin, pl. 48. fig. 1. Sur cette figure on ne distingue ni la crénelure ni la compression de la queue dont il est parlé dans la description, ce qui a peut-être déterminé Cuvier à placer cet Anolis dans la seconde section. Ces trois dernières espèces habitent les Antilles.

†† A queue cylindrique sans crête ni carène.

Le ROQUET, *Lacerta bullaris*, L. Encycl. Rept., pl. 9. f. 5, d'après Lacépède. Joli petit Lézard fort agile, de couleur verte avec une tache noire sur les tempes. Il habite les parties chaudes de l'Amérique septentrionale et les Antilles, et, pénétrant plus qu'aucun autre dans les habitations, il semble y examiner, dans une attitude attentive qui lui est propre, les divers objets dont il s'y trouve environné. On dit que le nom de Roquet lui vient de son courage et de l'air provoquant qu'il affecte dans le danger. On peut regarder comme synonyme de cette espèce le petit Lézard représenté dans la pl. 45. de Castesby.

Le ROUGE-GORGE de Daubenton et de Lacépède, Encyc. Rept. pl. 9. f. 6, d'après la figure du *Lacerta viridis jamaicensis*, T. II. pl. 46 de Catesby, est regardé par Daudin comme identique avec le précédent. Cependant les figures citées semblent prouver qu'il existe entre eux de notables différences. Celui-ci est un peu plus grand, d'un vert sombre, doré, et le goître qu'il forme en renflant la peau de sa gorge, est d'un rouge si vif qu'on dirait une cerise. Cuvier trouve dans la forme de son museau allongé et aplati un caractère qui le distingue suffisamment, et le nomme Anolis de la Caroline.

Le GOITREUX, *Lacerta strumosa*, L. Encycl. Rept. pl. 10. f. 1, qui pourrait bien n'être que le Rayé dont il a été question dans la section précédente, mais qui a la queue cylindrique, tandis que l'autre l'a certainement comprimée, selon Daudin. C'est l'Anolis des Créoles de Saint-Domingue. On ne sait sur quel fondement Bomare dit ce Lézard un manger tendre et délicat; dans les colonies les Nègres eux-mêmes n'en font point usage. Il est ordinairement la pâture des Chats qui semblent en être friands.

L'ANOLIS A POINTS BLANCS de Daudin, pl. 48. f. 2, qui le dit de l'Amérique méridionale et des Antilles. La figure qu'il en donne semble ne par permettre de le confondre, ainsi que le fait Cuvier, avec son Anolis de la Caroline qui est, comme nous l'avons vu, le Rouge-Gorge.

Le DORÉ, *Anolis auratus*, Daudin; *Lacerta aurata?* L. Enc. Rept. T. IX. f. 2, d'après Lacépède. Espèce allongée, ayant les pates plus courtes que celles de ses congénères, d'une belle couleur dorée sans taches, qui se ternit par la mort de l'Animal, à l'histoire duquel on a rapporté à tort des particularités qui conviennent à une espèce de Scinque sur laquelle les habitans des Antilles débitent beaucoup de fables, et qu'ils ont appelée *Galley-Wasp*. *V.* ce mot.

Daudin mentionne encore une autre espèce d'Anolis qu'il nomme, on ne sait trop pourquoi, goutteux, *podagricus*; mais il faut retirer de ce genre le Sputateur pour le rendre à celui du Gecko. *V.* ce mot.

Moreau de Jonnès, correspondant de l'Académie des Sciences, a lu, dans l'une des séances de ce corps savant, en 1821, une Monographie des Anolis. (B.)

ANOMA ou ANONEK. BOT. PHAN. (Loureiro.) *V.* HYPÉRANTHÈRE. (B.)

* ANOMAL, ANOMALE, ZOOL. et BOT. c'est-à-dire *irrégulier*, *irrégulière*. Mots employés, en histoire naturelle, pour désigner des êtres, qui, semblant se jouer des lois de la nature, s'éloignent, par l'absence ou la présence de parties plus ou moins importantes, ou par le *facies*, d'espèces que leurs rapports généraux placent dans le même ordre, dans la même classe et dans un même genre. Une sorte de bec d'Oiseau, terminant la tête d'un Mammifère, des Mammifères ayant l'aspect de grands Poissons, sont d'étonnantes Anomalies, et sembleraient sortir des règles générales de l'organisation, si ces règles étaient aussi étroites que nous les concevons ordinairement. (B.)

* ANOMALES. BOT. PHAN. Nom donné par Tournefort aux Plantes qui composaient les troisième et onzième classes de sa méthode, lesquelles, soit monopétales, soit polypétales, présentaient des corolles irrégulières, telles que les Balsamines, les Violettes, les Fumeterres, les Résédas, les Ancholies, les Delphinelles, les Dictamnes, les Capucines, etc. (B.)

ANOMALIPÈDES. OIS. Onzième ordre dans la Méthode ornithologique de Schœffer, caractérisé par un doigt postérieur et trois antérieurs, dont l'intermédiaire est uni avec l'extérieur par trois phalanges, et avec l'interne par une seule. Le Coq-de-Roche, les Manakins, les Todiers, les Martins-Pêcheurs, les Guêpiers, les Momots et les Calaos composent cet ordre. (B.)

* ANOMALOCARDE. *Anomalocardia*. MOLL. Genre institué par Klein (*Ostrac.* p. 141), le troisième de sa classe des *Diconcha cordiformis*, qui comprend des Coquilles bivalves de genres très-différens; en général, des Arches et des Bucardes, un Pétoncle et la Galathée de Lamarck, etc. La figure cordiforme, que présentent ces Coquilles vues par le côté antérieur, suffisait à Klein pour les comprendre dans ce genre. (F.)

* ANOMALOECIE. BOT. Nom de

la vingt-quatrième classe qui, dans le système sexuel, réformé par feu Richard, remplace la Polygamie de Linné. *V.* POLYGAMIE.   (R.)

ANOMALON. *Anomalon.* INS. Genre de l'ordre des Hyménoptères, section des Térébrans, famille des Pupivores, établi par Jurine (class. des Hym.), et qui ne diffère de ses Ichneumons que par le nombre des cellules cubitales qui n'est que de deux au lieu de trois. Cette particularité est trop peu importante pour qu'on puisse en tirer un caractère générique de première valeur; et on rencontre, dans d'autres cas, des anomalies semblables. Jurine a établi, dans ce genre, deux divisions qu'il appelle familles. Les caractères de la première sont : une cellule radiale, grande; deux cellules cubitales, grandes; la première recevant la première nervure récurrente; la deuxième la seconde nervure, et atteignant l'extrémité de l'aile; mandibules bidentées; antennes sétacées; composées de plus de vingt anneaux. — La deuxième division a la cellule radiale, les mandibules, les antennes semblables à celles de la famille précédente; mais les deux cellules cubitales ont la première grande, quelquefois ondulée dans la partie inférieure, et recevant les deux nervures récurrentes. Latreille (Règne Animal de Cuvier) place les Anomalons dans la tribu des Ichneumonides. Ses Anomalons comprennent les Ichneumons *Dubitator, Elevator*, etc., etc., les Ophions *circouflexus, obscurus*, etc., etc., et le *Cryptus ruspator* de Fabricius.

(AUD.)

ANOMATHÈQUE. *Anomatheca.* BOT. PHAN. Genre de Plantes monocotylédonées, de la famille des Iridées, établi dans la seconde édition du jardin de Kew par Aiton, pour quelques espèces du genre Glayeul, et en particulier pour le *Gladiolus junceus* et le *Gladiolus polystachyus. V.* GLAYEUL.   (A. R.)

* ANOMAUX. CRUST. Latreille

(Règne Animal de Cuvier) désigne sous ce nom la première section de la famille des Macroures, ordre des Décapodes : elle comprend les genres Albunée, Hippe, Rémipède, Pagure, Porcellane, Galathée, qui ont les pieds simples et non partagés sur leur longueur; les quatre antennes, insérées presque à la même hauteur; le pédoncule des latérales n'étant pas recouvert par une grande écaille annexée à sa base, et les deux ou quatre pieds postérieurs beaucoup plus petits que ceux qui sont situés en avant, de sorte qu'on pourrait croire, au premier coup-d'œil, que ces Crustacés n'ont point cinq paires de pates. Les femelles sont, dans le plus grand nombre, pourvues de fausses pates à l'abdomen.   (AUD.)

ANOME du Dictionnaire de Déterville. REPT. BATR. *V.* ANOURES.

ANOMIDES ou **DIFFORMES.** INS. Famille de l'ordre des Orthoptères, ainsi dénommée par Duméril et établie par Latreille sous le nom de Mantides. *V.* ce mot. Elle répond au grand genre Mante de Linné.

(AUD.)

ANOMIE. *Anomia.* MOLL. Genre de Lamellibranches, de la famille des Ostracés, *V.* ces mots, établi par Linné pour quelques Huîtres des anciens conchyliologistes, et beaucoup restreint, depuis l'auteur du *Systema Naturæ*, par Bruguière et Lamarck qui ont fait, aux dépens de ce genre, savoir : le premier de ces savans, les genres Térébratule, Cranie et Placune; et le second, les genres Calcéole et Hyale. *V.* ces mots. Depuis ces réductions, le genre Anomie est devenu très-naturel et convenablement limité. Il ne comprend plus que des Coquilles fort analogues, et souvent même difficiles à distinguer les unes des autres. On voit, par l'énumération des genres que nous venons de citer, dont l'un appartient aux Ptéropodes, les autres aux Brachiopodes et aux Lamellibranches, que les Anomies de Linné étaient composées d'Animaux fort dissemblables; elles comprenaient encore des Gryphées et une Hystérolithe. — Malgré les anatomies des Térébratules et des Anomies par Poli, et celles des Hyales par Cuvier, les naturalistes, qui suivent le système de Linné, ont continué une association si peu naturelle. Les auteurs, qui ont préféré les nouvelles méthodes, ont adopté les genres établis par Bruguière et Lamarck, quelques-uns en changeant cependant les noms de certains d'entre eux.

Les Anomies s'attachent, comme les Huîtres, sur les corps marins, quelquefois sur des Crustacés, des Polypiers ou des Coquilles de divers genres. Elles n'ont point la faculté, donnée aux Térébratules, de pouvoir se déplacer; elles périssent à l'endroit où elles sont nées. — Leurs valves sont inégales, réunies par un ligament intérieur assez fort, situé près des crochets. La valve, la moins bombée ou la plus plate, est profondément échancrée près des crochets; c'est par cette échancrure que le muscle central de l'Animal, qui unit les deux valves, traverse celle-ci, et, en se dilatant à son extrémité, forme une sorte d'opercule solide, corné ou pierreux, elliptique, qui bouche cette échancrure et attache fortement la Coquille aux corps marins. Cette espèce d'opercule a été pris, mal à propos par plusieurs naturalistes, pour une troisième valve, ce qui fait que Bruguière a placé les Anomies dans la classe des Multivalves.

La valve percée ou operculée qui, par conséquent, adhère aux corps étrangers, a été appelée valve inférieure, au contraire de ce qui a lieu dans les Huîtres où la plus petite des valves, ordinairement plate, est la supérieure.

L'Animal des Anomies, nommé *Echion* par Poli, d'où il appelle sa Coquille *Echonoderma*, a un petit pied, semblable à celui des Peignes, qui se glisse entre l'échancrure et la plaque qui la ferme, et sert peut-être à faire arriver l'eau vers la bouche qui est très-voisine, selon l'observation de Cuvier (Règne Animal,

T. 11, p. 461), au sujet de ce pied qui a échappé à Poli.

Les Anomies sont des Coquilles très-irrégulières, en général minces, transparentes et souvent ornées de couleurs fort vives, ce qui a fait nommer l'espèce la plus commune *pelure d'Oignon*. Elles varient par l'âge et les localités, et plusieurs d'entre elles ne peuvent se caractériser que fort difficilement; il est souvent facile de confondre des valves de certaines Huîtres avec les Anomies, si l'on ne fait pas attention à l'impression musculaire de leurs Coquilles.

On mange quelques espèces d'Anomies sur les côtes de la Méditerranée et de l'Océan, surtout celle que nous venons de citer; et quelques habitans des côtes les préfèrent aux Huîtres.

Voici les caractères assignés à ce genre par Lamarck (An. sans vert. 2° édit. T. vi, p. 225): « Coquille » inéquivalve, irrégulière, operculée, » adhérente par son opercule. Valve » percée, ordinairement aplatie, » ayant un trou ou une échancrure à » son crochet, l'autre un peu plus » grande, concave, entière.

» Opercule petit, elliptique, os- » seux, fixé sur des corps étrangers, » et auquel s'attache le muscle inté- » rieur de l'Animal. »

Voici les espèces vivantes qui se rapportent à ce genre; et, pour fixer les incertitudes, nous rapporterons toutes celles de Gmelin (*Syst. nat.* p. 3340), en indiquant leur classement actuel et leur synonymie. Les espèces contenues dans ce paragraphe sont seules des Anomies. 1. \ *A. pectinata*, Chemn. 8. t. 76. f. 689, 690. *A. bifida*, Dillwyn. Habite la Méditerranée, l'Ile-de-France. Ce n'est pas l'*A. pectinata* de Linné qui est une Cranie. — 2. *A. pectiniformis*, Poli. Test. t. 30. f. 13. Hab. la Méditerranée. — 3. *A. Ephippium* (l'*A. pelure d'Oignon*), Linn., Chemn. 8. t. 76. f. 692, 693. *A. argentina*, Poli. t. 30. f. 9, 10. id. *A. margaritacea*. f. 11. Habite la Méditerranée, l'Océan. — 4. *A.*

Cepa, Lin. ; *A. violacea*, Brug.,
Chemn. 8. t. 76. f. 694, 695;
A. persichina, Poli, t. 3o. f. 1,
2. Habite la Méditerranée, l'O-
céan. — 5. *A. electrica*, Lin.,
Chemn. 8. t. 76. f. 691. Hab. la Méditerranée, l'Afrique, les Moluques.
— 6. *A. squamula*, Lin., Chemn. 8.
t. 77. f. 696. Hab. la Méditerranée,
l'Océan septentrional, la Manche.
(Dillwyn l'a considéré comme une
jeune de l'*Ephippium*). — 7. *A. pa-
telliformis*, Lin., Chemn. 8. t. 77. f.
700; *A. sulcata*, Poli. t. 3o. f. 12.
Hab. la Méditerranée, l'Océan septentrional. — 8. *A. retusa*, Lin. Dill-
vyn. Hab. les côtes de Norwège. —
9. *A. aculeata*, Müller, Chemn. 8. t.
77. f. 702. Hab. la Norwège, l'Angleterre. — 10. *A. muricata*, Chemn.
8. vign. p. 65, f. A , D ; *A. imbricata*,
Brug. Hab. les côtes de Guinée. —
11. *A. Squama*, Chemn. 8. t. 77. f.
697; *A. striatula*, Brug. Habite la
Norwège. — 12. *A. punctata*, Chemn.
8. t. 77. f. 698. Hab. les îles Féroëe.
— 13. *A. undulata*, Müller, Chemn.
8. t. 77. f. 699; *A. striata*, Donovan,
Montagu. Habite la Norwège, l'Angleterre, la Méditerranée. — 14. *A.
flexuosa*, Gmelin, Schrot. *Einleit.*
p. 418. t. 9. f. 11. Hab. la Norwège.
— 15. *A. rugosa?* Gmelin, Schrot.
id. t. 9. f. 12. Hab. la Norwège. —
16. *A. cylindrica*, Gmelin, Schrot.
id. t. 9. f. 13, *A. cymbiformis*, Maton et Rackett. Hab. la Norwège,
l'Angleterre. — 17. *A. avenacea*,
Müller Zool. dan. Prod. 3004. Hab.
l'Océan septentrional. — 18. *A. cucullata*, Brug. sp. n° 2. Hab. les côtes
de Provence. — 19. *A. patellaris*,
Lam. An. s. vert. 6. p. 227. sp. 2.
Hab. ? — 20. *A. pyriformis*, Lam.
id. sp. n° 5. Hab. la Manche. — 21.
A. fornicata, Lam. *id*. sp. n° 6.
Encyc. méth. pl. 170. f. 4, 5. Hab. la
Manche. — 22. *A. membranacea*,
Lam. *id*. sp. n° 7. Encyc. méth. pl.
170. f. 3. Hab. ?—23. *A. Lens*, Lam.
id. sp. n° 9. Hab. l'Océan européen.
Les *A. scobinata*, *aurita*, *Pecten*,
striatula, *truncata*, *reticulata*, *pli-
catella*, *crispa*, *lacunosa*, *pubescens*,

farcta, *Caput serpentis*, *Terebratula*,
angulata, *biloba?* *spondyloides*, *ventricosa*, *capensis*, *detruncata*, *san-
guinolenta*, *vitrea*, *Cranium*, *dorsata*,
psittacea sont des Térébratules. —
A. craniolaris, Lin., est le *Crania
personata*, Lam.— *A. Gryphus* et *A.
gryphoides*, Gryphées, Lam. — *A.
Hysterita*, Hystérolithe.—*A.Placenta*
et *Sella*, Placunes, Lam. — *A. spinosa*, an gen. *Productus*, Sowerby ? —
A. Hyalea, Hyale tridentée, Lam. —
A.Sandalium, Calcéole, Lam. *V*. ces
mots.

ESPÈCES FOSSILES. 24.*A. Ephippium*,
Brocchi, Conch. 2. p. 459. Hab. le Plaisantin, le val d'Andone. — *A. Squamula*, Brocchi. id. 2. p. 461. Hab. le
Plaisantin.—*A. electrica*, Brocchi. id.
p. 461. Hab. le Plaisantin. — 25. *A.
strigosula*, N.; an. *A. Squama*, Brocchi. p. 462. — 26. *A. costata*, Brocchi,
Conch. T. 11. p. 463. t. 10. f. 9; *A.
burdigalensis*, Defrance (Dict. des Sc.
nat.). Hab. le Plaisantin, Bordeaux.—
27. *A. radiata*, Brocchi. id. p. 463. t.
10. f. 10. Hab. le Plaisantin. — 28. *A.
Pellis serpentis*, Brocchi. id. p. 464.
t. 10. f. 11. Hab. id. — 29. *A. striata*,
Brocchi. id. p. 465. t. 10. f. 13. Hab. id.
Celle-ci pourrait bien être une variété
de notre *strigosula*. — *A. patellifor-
mis*, *A. sulcata*, Brocchi, id. p. 465.
t. 10. f. 12. Hab. l'île de Crète Sanesi.
— 3o. *A. orbiculata*, Brocchi. id. p.
466. t. 10. f. 14. Hab. le Plaisantin.
Nous ne partageons point l'opinion
des naturalistes qui rapportent l'espèce d'Anomie qu'on trouve fréquemment Fossile dans le Calcaire grossier
des environs de Paris et de la Champagne, ainsi qu'à Valognes, à l'*Anomia Ephippium* (*V*. Dict. des Sc. nat.).
Nous croyons que, loin d'être l'analogue fossile de celle-ci, elle en est
très-distincte par les fines stries longitudinales et régulières qui ornent
les zones d'accroissement, qui sont
bien marquées et n'offrent point d'ondulations. Cette particularité la rapproche infiniment de l'*A. Squama* de
Chemnitz, *striatula* de Bruguière.
Elle est fort irrégulière ; quelquefois
la valve supérieure est presque plate ;

d'autres fois elle est très-bombée, les sommités étant recourbées comme dans les Gryphites. Nous n'avons jamais vu la valve inférieure. Nous croyons que c'est à cette espèce que se rapporte celle que Brocchi a donnée, avec doute, comme étant l'*A. Squama.*

Le nom d'Anomie, ayant été donné à des espèces de genres très-différens, a été long-temps, comme on l'a vu, synonyme de Térébratule. De là, diverses dénominations vulgaires qui s'appliquent à des Coquilles de ce genre, ainsi :

L'Anomie a bec de Perroquet de Davila est la *Terebratula psittacea*, Lam. *Anomia psittacea*, Linné.

L'Anomie de Mahon unie est la *Terebratula vitrea*, Lam. *A. Terebratula*, Linné.

L'Anomie magellanique striée est la *Terebr. dorsata*, Lam.

L'Anomie striée de la Méditerranée est l'*Anomia aurita* de Linné. *Terebratula Caput serpentis*, Lam.

L'Anomie striée de la Méditerranée a petits oreillons est la *Terebratula scobinata. Anomia scobinata*, Linné. *V.* TÉRÉBRATULE.

D'autres Coquilles ont encore reçu le nom d'Anomie :

L'Anomie Scarabée ou ailée de Mahon est la *Hyalea tridentata*, Lam.

L'Anomie sans stries a tuyaux latéraux est la *Hyalea Chemnitziana*, Lesueur. *V.* HYALE.

Enfin, l'Anomie turbinée, *Anomia turbinata* de Poli et de Bosc est l'*Orbicula turbinata* de Lamarck. *V.* ORBICULE. (F.)

ANOMITES. MOLL. FOSS. Lorsque le genre Anomie comprenait les Térébratules, le nom d'Anomite s'appliquait particulièrement aux Térébratules fossiles, appelées aussi Poulettes. Mais, dans l'état de choses actuel, les Anomites doivent s'entendre des Anomies fossiles ; et l'on doit, avec Schlotheim, appeler les Térébratules fossiles, Térébratulithes, *V.* ce mot. Nous avons indiqué, au mot Anomie, les espèces fossiles de ce genre, lesquelles, jusqu'à présent, n'ont été trouvées que dans le Calcaire grossier des terrains tertiaires.

Schlotheim a employé le mot Anomites, *Anomiten*, dans une autre acception systématique. Il forme, avec les Anomites, une sorte de famille (*Petrefact.* p. 246), divisée en Craniolithes, Hystérolithes et Térébratulithes, *V.* ces mots; mais il ne cite, à ce qu'il paraît, aucune Anomie véritable dans cet ouvrage. (F.)

* ANOMODON. BOT. CRYPT. (*Mousses.*) Genre séparé par Hooker (*Muscologia britannica*, p. 79) des *Neckera* de Hedwig. — Il diffère de ce genre par son péristome interne composé de cils simples et libres, naissant des dents mêmes du péristome externe, et non pas de la membrane interne ; de sorte qu'on pourrait presque regarder ces Mousses comme n'ayant qu'un seul péristome. Hooker caractérise ainsi ce genre : capsule latérale ; péristome double, composé de seize dents et de cils qui naissent de chaque dent ; coiffe se fendant latéralement. — Il y range les *Neckera curtipendula* et *viticulosa* de Hedwig, dont le port diffère beaucoup de celui des vraies *Neckera* ; on ne connaît encore que ces deux espèces. Elles croissent dans presque toute l'Europe, sur les rochers et les troncs d'Arbres.

Bridel a établi postérieurement, sous le nom d'*Antitrichia* (*Methodus nova Muscorum*, p. 136), un genre dont le caractère est presque le même que celui du genre de Hooker, et auquel il rapporte également le *Neckera curtipendula*, tandis qu'il laisse le *Neckera viticulosa* parmi les *Neckera*. Nous croyons par conséquent devoir le regarder comme synonyme de l'Anomodon, en adoptant le nom de Hooker, qui est antérieur. (AD. B.)

ANON. ZOOL. Petit de l'Ane, *V.* CHEVAL. — On a aussi donné ce nom au Merlus et à l'Æiglefin ou Aigrefin, Poissons du genre Gade. *V.* ce mot. (B.)

ANONACÉES ou ANONES. *Anonaceæ.* BOT. PHAN, Famille établie par Jussieu (*Genera Plantarum*), et sur laquelle le docteur Dunal de Montpellier a publié un travail intéressant. Les genres qui y sont réunis présentent un calice persistant, à trois divisions plus ou moins profondes ; une corolle de six pétales coriaces, disposées sur deux rangs ; des étamines très-nombreuses, serrées, ayant les filets très-courts et les anthères presque sessiles. Les pistils sont rarement solitaires ; le plus souvent ils sont réunis et rapprochés, quelquefois même soudés au centre de la fleur ; chaque ovaire est surmonté par un style court : ces pistils se changent en autant de fruits, tantôt secs, tantôt charnus, à une seule loge, renfermant quelquefois une seule graine, mais plus souvent plusieurs, disposées sur deux rangées longitudinales à l'angle rentrant des loges ; les graines contiennent un embryon très-petit, renfermé dans un endosperme charnu, dur, ordinairement marqué d'un sillon longitudinal et de rides qui correspondent à autant de sillons que l'on observe sur la face interne de l'épisperme.

Les Anonacées se composent d'Arbres ou d'Arbrisseaux ayant les feuilles alternes, simples, souvent entières, dépourvues de stipules, caractère qui les distingue surtout des Magnoliacées ; les fleurs sont ordinairement axillaires, quelquefois solitaires.

Cette famille a beaucoup d'affinité d'une part avec les Menispermées ; mais elle s'en distingue par ses étamines indéfinies et la structure de son fruit ; d'une autre part avec les Magnoliacées ; mais l'absence des stipules et la structure de ses fruits forment ses caractères distinctifs. Nous empruntons à De Candolle (Syst. vég. 1. p. 465) la classification des différens genres rapportés aux Anonacées.

§ I. *Plusieurs fruits soudés en un seul.*
Kadsura, Juss. ; *Anona*, Adans., L.
§ II. *Fruits solitaires dans une fleur.*
Monodora, Dunal.
§ III. *Plusieurs fruits non soudés, dans une même fleur.*
Asimina, Adans. ; *Porcelia*, Ruiz et Pavon ; *Uvaria*, L. ; *Xylopia*, L. ;

Unona, L. ; *Gualtheria*, Ruiz et Pavon. *V.* tous ces mots.   (A. R.)

ANONE ou ANNONE. *Anona.*
BOT. PHAN. Adanson a retiré du genre *Anona* de Linné plusieurs espèces, dont il a fait un genre distinct sous le nom d'*Asimina*, lequel diffère de l'*Anona* par ses fruits non soudés et polyspermes. Voici les caractères du genre Anone, tel qu'il est demeuré circonscrit par Adanson, Dunal et De Candolle : le calice est à trois, rarement à quatre divisions, plus ou moins profondes et concaves ; les pétales, au nombre de six, sont disposés sur deux rangées, dont l'intérieure avorte quelquefois ; les étamines ont les anthères anguleuses, dilatées au sommet et presque sessiles, très-rapprochées les unes contre les autres ; les pistils sont très-nombreux, monospermes ; ils se soudent tous ensemble, et forment un fruit charnu, pulpeux, écailleux à l'extérieur.

Les Anones sont arborescentes ou frutescentes ; leurs feuilles sont alternes, entières ; leurs fleurs axillaires. On en connaît vingt-sept espèces qui croissent dans les régions équatoriales du nouveau et de l'ancien monde ; quelques-unes sont déjà cultivées en pleine terre dans des jardins d'Andalousie, particulièrement à Malaga, et leurs fruits y parviennent à l'état de maturité ; plusieurs sont fort intéressantes à cause des usages auxquels on les emploie. Ainsi on cultive l'*Anona squamosa*, L., dont les fruits, connus sous les noms vulgaires d'Atte, d'Ate, Athe, ou Pomme Canelle, sont succulens et d'un goût fort agréable. Il en est de même de ceux de l'*Anona muricata* que l'on appelle *Corossol* ou *Cachiment*. Le Cœur-de-Bœuf, autre fruit des colonies européennes, est encore une Anone. La chair des Anones est blanchâtre, odorante, sucrée, de consistance fondante ; on la mange souvent à la cuiller, après l'avoir séparée du péricarpe extérieur, qui est dur et d'un goût désagréable.

L'écorce de la plupart des Anones est aromatique et amère ; on l'emploie

dans l'Inde et aux Antilles au traitement de la diarrhée. Leurs graines
passent pour vénéneuses.   (A. R.)

ANONEK. BOT PHAN. Même chose
qu'Anoma. *V.* ce mot.   (A. R.)

ANONES. Du Dictionnaire de Déterville. BOT. PHAN. *V.* ANONACÉES.
           (A. R.)

* ANONICA. MOLL. Dénomination
générique adoptée par Ocken (*Lehrb.
der Zool.*), pour remplacer celle d'A-
vicule, donnée long-temps avant par
Lamarck à une partie des Moules de
Linné; le *Mytilus Hirundo*, qui est
le type du genre *Anonica* d'Ocken,
est appelé par ce savant *Anonica Avicula*. *V.* AVICULE.   (F.)

*ANONIS. BOT. PHAN. (Théophras-
te.) Nom que Tournefort avait conservé au genre pour lequel Linné
préféra celui d'Ononis, employé par
Dioscoride. *V.* ONONIDE.   (B.)

ANONYME. ANONYMOS. ZOOL.
et BOT. Nom donné par Buffon, dans
son Supplément, au Fennec de Bruce,
Canis Cerdo, Gmel.

* Azara, dans son Histoire des
Oiseaux du Paraguay, donne ces
noms à un Engoulevent; Eber et
Pencer appellent ainsi la Mésange à
longue queue; et Walter, dans sa Flore de la Caroline, une Linaria. (B.)

ANOPÉE. *Anopaia.* OIS. (Homère.)
Syn. de l'Hirondelle de cheminée,
Hirundo rustica, L. *V.* HIRONDELLE.
           (DR. Z.)

* ANOPHELE. *Anopheles.* INS.
Genre de l'ordre des Diptères, famille des Némocères (*Tipulariæ*, Latr.), établi par Meigen (Descript. syst.
des Dipt. d'Eur. en allemand, T. I.
p. 10), et ayant, selon lui, pour caractères: antennes étendues, filiformes, à quatorze articles; celles du
mâle plumeuses, celles de la femelle
poilues; palpes étendus, à cinq articles, de la longueur de la trompe;
trompe étendue, de la longueur du
thorax; ailes écailleuses en recouvrement.

Ce genre renferme deux espèces;
l'une, l'*An. bifurcatus*, est le *Culex
bifurcatus* de Linné et de Fabricius;

l'autre est nouvelle et a reçu le nom
d'*An. maculipennis* par Hoffmansegg.
Elle est représentée par Meigen, tab. I.
fig. 17.   (AUD.)

* ANOPLE. *Anoplus.* INS. Genre
de l'ordre des Coléoptères, section des
Tétramères, établi par Germar, et qui
peut être rangé dans la famille des
Rhinchophores de Latreille (Règne
Animal de Cuvier). Dejean (Cat. des
Coléopt.) en signale une espèce,
Anoplus plantaris, ainsi nommée par
Gyllenhal; elle se trouve aux environs
de Paris.   (AUD.)

* ANOPLOGNATHE. *Anoplogna-
thus.* INS. Genre de l'ordre des Coléoptères, section des Pentamères,
établi par Leach sur des espèces originaires de la Nouvelle-Hollande et
voisines des Rutèles, *V.* ce mot. Dejean en possède six espèces. (AUD.)

ANOPLOTHÉRIUM. MAM. FOSS.
Genre de Pachydermes, aujourd'hui
perdu, établi par Cuvier qui en a déterminé les caractères dans les débris
d'Animaux fossiles que renferment
les carrières à plâtre des environs de
Paris. Les Anoplotherium avaient,
comme les Ruminans, les pieds terminés par de grands doigts, mais ils
en différaient par la séparation des
os du métatarse et du métacarpe qui
ne sont pas soudés en canon. Le tarse
y est composé comme dans le Chameau. — Ce genre a en outre pour caractères: six incisives, deux canines
et quatorze molaires à chaque mâchoire, dont les séries sont continues
et sans inégalité, ce qui ne se voit
que dans l'Homme. Les quatre molaires postérieures de chaque côté
sont carrées en haut, et à double ou
triple croissant en bas, comme dans
les Rhinocéros, les Daman et les Palæo-
therium. Cuvier en a reconnu cinq espèces. Mais il n'a pu déterminer la
forme générale et les proportions que
des trois suivantes:

ANOPLOTHERIUM COMMUN, *Anoplotherium commune*; grand comme
un Ânon avec la forme basse de la
Loutre et une queue encore plus longue. Elle avait vingt-deux vertèbres,

et égalait, si elle ne surpassait, la longueur du corps. Celle du Kânguroo seul en approche pour la longueur et le volume. Car, par la proportion de ces vertèbres et les empreintes laissées sur la Pierre par les tendons ossifiés qui font juger de la grosseur des muscles, on voit que l'épaisseur de cette queue était proportionnée à sa longueur. Le nombre des côtes est de douze, deux moins que dans le Cochon, celui des Pachydermes qui en a le moins, et une moins que les Ruminans; la figure de ses dents indique son régime. Il était herbivore; sa forme basse et déprimée indique qu'il habitait le bord des eaux. Il mangeait donc les racines et les tiges des Plantes aquatiques; animal nageur et peut-être plongeur, son poil devait être lisse et court, ses oreilles petites comme à la Loutre et à l'Hippopotame, ou sa peau devait être unie comme aux Pachydermes. — Voici les proportions de la longueur rectiligne de ses membres étendus et mesurés depuis les ongles jusqu'aux cavités cotyloïdes et glénoïdes, comparée à la longueur du tronc comprise entre le plan vertical tangent aux tubérosités sciatiques et le plan vertical tangent à la pointe antérieure du sternum. — Membre postérieur, 7/8; membre antérieur, 6/8. — Dans la Loutre ces mêmes proportions sont: membre postérieur, depuis l'extrémité phalangienne du métatarse, 4/7; membre antérieur, depuis l'extrémité correspondante, moins de 3/7. On voit donc que l'Anoplotherium était moins surbaissé que la Loutre.

ANOPLOTHERIUM MOYEN, *Anoplotherium medium*, de la grandeur et de la forme d'une Gazelle: Il devait courir autour des marais où nageait le premier. Sa queue était courte: il avait sans doute de grandes oreilles. Son poil était ras; il devait brouter les sommités des Herbes aromatiques et les jeunes pousses des Arbrisseaux. Sans doute, dit Cuvier, à sa figure, à son poil, à son pied bifurqué, à ses habitudes, ces natura-

listes qui classent tout d'après les caractères extérieurs, l'eussent rangé parmi les Ruminans. Telles étaient ses proportions: membre postérieur, longueur égale à la distance intérischio-sternale, plus 1/20; — membre inférieur, les 8/9 de cette distance. — On ne peut évidemment obtenir les hauteurs absolues de ces Animaux qu'en déduisant par analogie les flexions angulaires des divisions des membres.

PETIT ANOPLOTHERIUM, *Anoplotherium minus*, grand et proportionné à peu près comme le Lièvre, avec deux doigts rudimentaires aux côtés des pieds de derrière.

Dans aucun des genres de Mammifères vivans, il n'y a des espèces aussi différentes entre elles pour les formes et leurs proportions, que le sont ces trois espèces d'Anoplotherium. Or, les mœurs et les habitudes, qui sont l'effet nécessaire du mécanisme des organes, dépendent de ces formes et de leurs relations. De cette si grande diversité des espèces d'un même genre détruit par la dernière révolution du globe, il suit évidemment que ces espèces ne furent pas le produit d'un croisement ou d'une dégénération; car les modèles, d'ailleurs stériles, qui en peuvent naître ne passent pas brusquement d'une forme à l'autre. Les espèces de cette période de création n'étaient donc pas plus que les nôtres des produits d'adultères ou d'abâtardissement, elles étaient primitives.   . (A. D..NS.)

ANOPTÈRE. *Anopterus.* BOT. PHAN. La Billardière a établi ce genre d'après un Arbre élégant de la Nouvelle-Hollande, dont le tronc est grêle, les feuilles éparses, quelquefois opposées et bordées de dentelures glanduleuses; les fleurs disposées en grappes terminales. Leur calice est ouvert et présente six divisions aiguës, d'égale longueur; le tube de la corolle est extrêmement court, et son limbe se partage profondément en six lobes égaux, avec lesquels alternent six étamines insérées au tube; non-saillantes et à anthères ovoïdes; l'ovaire supère, élargi à la base et conique, se rétrécit supérieurement en un style court que termine un stigmate bifide; la capsule, de forme semblable et à la base de laquelle persiste le calice, contient une seule loge, et s'ouvre en deux valves, dont les bords épaissis portent des graines nombreuses, surmontées d'une expansion ou aile membraneuse, d'où l'on a tiré le nom du genre dérivé de deux mots grecs, qui signifient *en haut* et *aile*; l'embryon très-petit et à radicule supérieure, est logé dans un périsperme charnu. L'opinion de La Billardière, qui rapporte l'Anoptère aux Gentianées, n'est pas encore adoptée définitivement; et en effet, son port, sa tige arborescente, ses feuilles alternes semblent l'en éloigner. R. Brown est porté à croire qu'il se rapproche plutôt des Ericinées. La seule espèce décrite, *Anopterus glandulosa*, est figurée tab. 112 des Pl. de la Nouv.-Holl., par La Billardière.   (A. D. J.)

ANOSTOME. POIS. Espèce de Saumon, *Salmo anostomus*, L., devenu type du sous-genre Anostome établi par Cuvier dans le grand genre *Salmo*. *V.* SAUMON.   (B.)

* **ANOSTOME.** *Anostoma.* MOLL. Dénomination générique adoptée par Lamarck dans son Cours de zoologie, et dont on s'est déjà servi dans quelques ouvrages, pour désigner les Hélices dont Montfort avait fait son genre Tomogère. Le motif de cette coupe, sous quelque nom qu'on la désigne, bien qu'il soit fort remarquable quant à la Coquille, n'est appuyé sur aucune différence chez l'Animal qui est encore inconnu, et n'indique même rien à ce sujet. Il consiste en ce que la bouche, par un singulier changement dans la direction d'accroissement du test, s'ouvre du côté du sommet de la spire, de manière à ce qu'un plan tangent à cette bouche couperait perpendiculairement l'axe de la spire. Le type de ce genre est l'*Helix ringens* de Linné, Coquille rare et

fort chère. *V.* HÉLICE, HÉLICODONTE et TOMOGÈRE.   (B.)

* **ANOSTOZOAIRES.** ZOOL. Nom donné par Blainville à son deuxième type de son premier sous-règne, et qui contient une partie des Animaux invertébrés.   (B.)

* **ANOT.** BOT. PHAN. Syn. d'Anacampseros chez les Egyptiens, selon Adanson. *V.* SEDUM.   (B.)

* **ANOTES.** BOT. PHAN. Vieux nom français de l'Aubépine. *V.* ALISIER.   (B.)

* **ANOU.** BOT. PHAN. (Marsden.) Palmier indéterminé de Sumatra, qui donne une excellente qualité de cette liqueur qu'on obtient, sous le nom de vin de Palmier, des entailles qu'on fait au tronc des Arbres de cette famille.   (B.)

ANOUAGOU. BOT. PHAN. Nom générique des Haricots qui croissent naturellement chez les Caraïbes. (B.)

ANOUGE. MAM. Syn. de jeunes Bêtes à laine chez les Provençaux.   (A. D..NS.)

ANOUIL, MAM. Syn. de jeune Bœuf dans quelques cantons de la France méridionale.   (B.)

ANOULY. REPT. SAUR. Même chose qu'Anolis. *V.* ce mot.   (B.)

ANOURES. *Ecaudati.* REPT. BATR. (Duméril.) Première famille des Batraciens, composée des genres Rainette, Grenouille, Pipa et Crapaud, dont le nom seul indique le principal caractère. Les pates antérieures y sont aussi plus courtes que les postérieures, et le corps plus ou moins élargi et épais.   (B.)

ANPONDRE. BOT. PHAN. *V.* AMPONDRE.

ANRAMITACO. BOT. PHAN. Ecrit mal à propos par quelques-uns *Anramatico*, synonyme de Népenthe chez les naturels de Madagascar, qui croient, au rapport de Flacourt, que, lorsqu'on renverse l'eau contenue dans les réservoirs de cette Plante, on provoque la pluie.   (B.)

ANREDERA. BOT. PHAN. Dans son *Genera Plantarum*, Jussieu a fait sous ce nom un genre distinct du *Fagopyrum scandens* de Sloane, qu'il a placé dans la famille des Chenopodées, à côté du genre *Basella*, dont cette Plante a le port. Ses caractères consistent en un calice biparti, dont les lobes sont carénés sur le dos; l'ovaire est surmonté d'un style bifide, qui supporte deux stigmates; le fruit est un akène renfermé dans le calice qui s'est accrû et forme deux ailes membraneuses. Ce genre est encore mal connu.   (A. R.)

ANSAI. BOT. PHAN. *V.* ADSAI.

ANSAR-BRAVO. OIS. Syn. de l'Oie sauvage, *Anas segetum*, L. en Espagne. ANSAR y est l'Oie domestique. Ce mot dérive évidemment du latin *Anser*.   (DR. Z.)

* **ANSATA.** MOLL. Dénomination donnée par Klein (Ostract. p. 117) à la seconde classe de ses *Mono-Concha*, section des Conques, qui, dans le système de cet auteur, renferme toutes les Coquilles univalves sans spire, c'est-à-dire, les Patelles et quelques genres voisins. Cette section est divisée en deux classes: celle des Patelles, *Patella*, et celle des *Ansata* qui nous occupe et qui comprend les Patelles de Linné, dont le sommet est un peu recourbé, de manière à figurer une sorte d'anse, c'est-à-dire, un commencement d'empreinte volutatoire.

La classe *Ansata* est divisée en quatre genres: *Calyptræa*, *Cochlearia*, *Mitra ungarica* et *Cochlolepas*. *V.* ces mots. Le premier de ces genres comprend des Patelles et l'*Ancylus fluviatilis*. Les trois autres renferment des espèces du genre Cabochon.   (F.)

ANSCHUG. OIS. (Avicène.) Syn. de l'Ibis blanc, *Tantalus Ibis*, L. *V.* TANTALE.   (DR. Z.)

ANSEJOLI. BOT. PHAN. (Rhéede, *Hort. Malab.* T. III. t. 32.) Syn. d'*Artocarpus hirsuta*. *V.* ARTOCARPE.
                    (B.)

ANSÈRES. *Anseres*. OIS. Troisième ordre de la classe des Oiseaux dans le *Systema Naturæ* de Linné. Ce législateur y réunissait les genres dont les espèces ont le bec un peu obtus ou légèrement mucroné, revêtu d'un épiderme épaissi en bosses vers sa base, la langue charnue, obtuse; les pieds pennés, disposés pour la natation; les jambes courtes et comprimées. Ces genres, tous aquatiques, se groupaient autour du Canard qui en était le type, et étaient au nombre de douze : *Anas*, *Mergus*, *Porcellaria*, *Diomedea*, *Pelecanus*, *Phaëton*, *Alca*, *Colymbus*, *Larus*, *Sterna* et *Rhyncops*. Linné pensait que les Ansères tenaient, dans la classe où ils sont placés, le rang que ses *Belluæ* occupent parmi les Mammifères. (B.)

ANSERINE. BOT. PHAN. *V.* CHÉNOPODE. — Les anciens botanistes donnaient le nom d'*Anserina* à l'espèce de Potentille, *Potentilla Anserina*, L. vulgairement appelée Argentine. *V.* POTENTILLE.   (B.)

ANSERINETTE. OIS. (Sonnini.) Syn. de petite Oie.   (DR. Z.)

ANSI-MUGER. OIS. Syn. de l'Aigle impérial, *Falco Chrysaëtos*, L. en Perse. *V.* AIGLE.   (DR. Z.)

* **ANSJELI - MARAVARA.** BOT. PHAN. Syn. d'*Epidendrum retusum*, L. à la côte du Malabar.   (A. D. J.)

ANTA, ANTE OU **ENT.** MAM. Syn. de Tapir chez les Espagnols et les Portugais de l'Amérique méridionale.   (B.)

ANTAC. BOT. PHAN. (Flacourt.) Espèces de Phaséoles indéterminées de Madagascar, bonnes à manger, et qui ont été transportées à l'île-de-France où elles sont cultivées. *V.* DOLIC.   (B.)

* **ANTACCRA.** BOT. PHAN. Syn. de *Tournefortia polystachya*, Ruiz et Pav. au Pérou. *V.* PITTONE. (B.)

ANTACÉ. *Antacea*. POIS. Selon Bosc, on a anciennement donné ce nom à des Poissons des genres Squale et Scombre. Rondelet et Aldrovande l'ont appliqué à l'*Acipenser Huso*, L. *V*. Esturgeon.   (B.)

* ANTAFARA. bot. phan. (Rochon.) Nom d'un Arbre indéterminé qui donne un suc laiteux, à Madagascar, et appelé Bois-de-Lait à l'Ile-de-France.   (B.)

ANTALE. annel. *V*. Dentale.

* ANTALION, ANTYLLION. bot. phan. (Pline.) On présume que c'était quelque Galliet ou quelque espèce de Mollugo de Linné.   (B.)

ANTAMBA. mam. Animal carnassier, gros comme un Chien, que, d'après le rapport des Nègres, Flacourt compare au Léopard. Il est rare et habite les lieux des montagnes les moins fréquentés à Madagascar, où il se jette sur le bétail et sur les Hommes même quand il en trouve l'occasion. On ne peut décider, par ce qu'en dit l'auteur que nous citons, s'il est ou non le véritable Léopard, *Felis Leopardus* de Cuvier. *V*. Chat. (B.)

ANTAN, ANTANAIRE, ANTANOIS ou ANTENOIS. zool. Noms donnés, en quelques parties de la France, aux Animaux domestiques qui sont encore dans leur première année. Les deux premiers s'emploient plus particulièrement pour les bêtes à laine, et les deux derniers pour les Veaux. — On donnait aussi le nom d'Antanaire, en fauconerie, aux Oiseaux de proie qui n'avaient pas éprouvé de mue.   (B.)

*ANTANISOPHYLLON. bot. phan. (Vaillant.) Syn. de Boerhaavia. *V*. ce mot.   (B.)

ANTE. mam. *V*. Anta.

ANTEDON ou ANTHEDON. echin. De Freminville a établi sous ce nom un genre d'Echinoderme, composé d'une seule espèce, l'*Antedon Gorgonia*; il n'a pas été adopté par Lamarck, qui le regarde comme la même chose que sa Comatule carénée; il l'avait d'abord rapporté à sa Comatule méditerranéenne. (LAM..X.)

ANTELÉE. *Antelæa*. bot. phan. Genre formé par Gaertner (*Carp*. T. 1.

277. t. 58) d'après un fruit de Java qui provient d'un Arbre inconnu. Ce fruit, de la forme et de la grosseur d'une Olive, consiste en un noyau osseux, à trois loges monospermes, environné d'un brou. Les graines sont ovales; leur embryon est aplati et entouré d'un périsperme peu épais. L'Antelée pourrait bien être voisine de la famille des Rhamnées?   (B.)

*ANTELOS. bot. crypt. (Aldrovande.) Syn. d'Usnée. *V*. ce mot.   (B.)

ANTENALE. ois. (Sonnini.) Syn. présumé de l'Albatros. (DR..Z.)

ANTENNA. bot. phan. Syn. de *Datura Metel*, L. à Ceylan. *V*. Datura.   (B.)

ANTENNAIRE. *Antennaria*. pois. (Commerson.) *V*. Lophie.

ANTENNAIRE. *Antennaria*. bot. phan. Famille des Corymbifères. Gaertner a proposé ce genre nouveau pour les espèces de Gnaphalium qui ont le phoranthe hérissé de petites dents, les fruits couronnés par des aigrettes composées de poils nus à leur partie inférieure et plumeux vers leur sommet, en sorte que ces poils ont de la ressemblance avec les antennes de certains Coléoptères. — Ce carpologiste célèbre rapporte à ce genre les *Gnaphalium dioïcum*, L. ou Pied-de-Chat, *G. alpinum*, *G. muricatum* et quelques autres espèces.   (A. R.)

*ANTENNARIA. bot. crypt.(Urédinées.) Ce genre établi par Link et adopté par G. Nées, a été placé par ce dernier auprès des *Hysterium*. Frédéric Nées (*Radix Plantarum mycetoïdearum*) l'a rangé parmi les Mucédinées auprès du genre Amphitrichum. D'après le caractère que lui a donné G. Nées (*System. der Pilæ und Schwamme*. p. 278. tab. 39. f. 298), il nous paraîtrait se rapprocher davantage des *Uredo*, *Æcidium*, etc., auxquels il ressemble par sa structure et par sa manière de croître sur les feuilles vivantes. Nées le décrit ainsi: Péridium irrégulier sans ouverture, se rompant irrégulièrement et renfermant des capsules libres à plusieurs loges entremêlées de filamens moniliformes.

En faisant abstraction du péridium, ce genre ressemblerait beaucoup aux genres *Oideum*, *Torula*, etc.; mais la présence de ce péridium, son analogie avec celui des *Uredo* et des *Æcidium* nous paraissent le rapprocher davantage des Urédinées. Il est possible que la distinction des filamens moniliformes et des capsules cloisonnées, faite par Nées, ne soit pas exacte; si tous ces corps étaient des capsules à plusieurs articulations, l'analogie de ce genre et des Puccinia serait évidente. On n'en connaît encore que deux espèces : l'une croît sur les feuilles de l'*Erica arborea*, l'autre sur celles du Sapin. (AD. B.)

ANTENNES: POIS. Quelques ichthyologistes, en comparant aux antennes des Insectes les barbillons cylindriques, articulés et disposés dans les parties antérieures de la tête, dont se trouvent munis quelques Poissons, tels qu'un Scorpène et des Siluroïdes, ont affecté le même nom à ces organes qui présentent une sorte de rapport. (B.)

ANTENNES. *Antennæ.* ZOOL. (*Animaux articulés.*) On nomme ainsi des appendices articulés, mobiles, rarement rétractiles, plus ou moins développés, le plus souvent au nombre de deux, quelquefois de quatre, et placés sur la tête. — Latreille, en prenant en considération l'existence et le nombre de ces sortes de cornes, avait divisé la classe des Insectes de Linné en quatre grandes coupes; les *Tétracères* ou à quatre cornes; les *Acères* ou sans cornes, les *Aptéro-dicères* ou sans ailes et à deux cornes, les *Ptéro-dicères* ou avec ailes et à deux cornes.

Considérées anatomiquement, les Antennes sont, de même que les ailes et certains filets abdominaux, des appendices de l'arceau supérieur. Elles sont le plus souvent composées de petits cylindres ou articles ajoutés les

uns à la suite des autres, et enveloppant des filets nerveux, des muscles, des trachées et du tissu cellulaire. La forme, le nombre, la consistance de ces articles sont extrêmement variables. Le développement des Antennes tout entières n'est lui-même assujetti à aucune règle très-générale et bien déterminée. On remarque quelquefois d'une espèce à une autre, et souvent entre les deux sexes, des différences très-notables; enfin l'état de larve offre des anomalies de plus d'un genre.—Au milieu de ces variétés innombrables, les entomologistes ont reconnu des manières d'être propres à certains groupes, et ils s'en sont servi avec beaucoup d'avantage dans les classifications. A cet effet ils ont employé des expressions techniques pour les désigner. Les Antennes ont été considérées par eux, sous les rapports de leur nombre, de leur connexion entre elles ou avec les parties de la tête, de leur direction, de leur proportion, de leur forme, de leur terminaison, et de la configuration de leurs articles. Nous ne reviendrons pas sur le nombre, mais nous les étudierons rapidement sous les autres points de vue.

Leur connexion. Les Antennes sont placées sur le front, *in fronte positæ*; — entre les yeux, *inter oculos*, au-devant, *antè*, derrière, *ponè*; — au-dessous, *infrà*; — au-dessus, *suprà*; — dans les yeux, *in oculis*, quand l'œil entoure une partie de leur base; — distantes, *distantes*, *remotæ*, lorsqu'elles sont écartées à leur origine; — rapprochées, *approximatæ*, lorsqu'elles se touchent vers ce point, ou qu'un court espace les sépare; — jointes, *connatæ*, *coadunatæ*, *cohærentes*, quand elles sont confondues à leur base. — Lorsqu'il existe quatre Antennes, celles qui sont situées en-dehors sont nommées externes ou latérales, et celles qui sont placées en-dedans intérieures, intermédiaires, moyennes ou mitoyennes.

Leur direction. Elles sont roides, *rigidæ*; — droites, *rectæ*; — penchées, *nutantes*; — en spirale, *spiriformes.*

Elles peuvent ensuite être portées habituellement en avant, en arrière et de côté.

Leur proportion. Elle est relative au corps ; et lorsqu'il y en a quatre, elles sont en outre mesurées entre elles. Relativement à elles-mêmes, les unes sont plus longues, les autres plus courtes, ou toutes deux de même grandeur ; relativement au corps, elles sont ou plus longues, ou plus courtes, ou aussi longues que lui. Dans le premier cas, on les appelle longues, *longæ*, ou même très-longues, *longissimæ*, lorsque cette longueur est démesurée ; dans le second, on les nomme courtes, *breves*; dans le troisième enfin, médiocres, *mediocres*. On les compare aussi à une partie du corps quelconque, et le plus souvent à la tête, au prothorax et aux palpes. La longueur et la briéveté des Antennes sont assujetties d'une part au développement de chaque article, et de l'autre au nombre de ces articles. Ainsi une Antenne peut être longue avec trois ou quatre pièces, si ces pièces sont très-développées, et courte avec dix, si chacune d'elles est rudimentaire. Souvent aussi le nombre des articles supplée à leur briéveté, et l'Antenne est longue, parce qu'il entre un nombre considérable de pièces dans sa composition. Les Antennes ont donc un plus ou moins grand nombre d'articles. Lorsqu'elles en ont beaucoup, on les désigne par ces deux mots *multi articulatæ*; quand elles en ont peu, on dit *pauci articulatæ*.

Leur forme. Elles sont régulières, *regulares*, lorsque les articles suivent un ordre progressif dans les modifications qu'ils éprouvent ; — irrégulières, *irregulares*, quand les formes sont tout-à-coup différentes, sans que le changement ait été gradué ; — cylindriques, *cylindricæ*, lorsqu'elles ont la forme d'un cylindre, ayant dans toute sa longueur un diamètre égal ; — filiformes, *filiformes*, quand ces cylindres sont fins comme un fil ou un cheveu ; — sétacées, *setaceæ*, lorsqu'étant allongées, elles vont en di-

minuant insensiblement de la base au sommet ; — subulées ou en alène, *subulatæ*, lorsqu'elles sont minces, courtes, cylindracées inférieurement et terminées en une pointe roide et pointue ; — moniliformes, *moniliformes*, quand chaque article est arrondi comme une perle, et à peu près d'égale grosseur ; — prismatiques, *prismaticæ*, lorsqu'elles approchent de la forme d'un prisme géométrique ; — ensiformes ou en forme d'épée, *ensiformes*, quand elles sont larges à leur base, terminées en pointe et anguleuses ; — fusiformes, *fusiformes*, lorsqu'elles ont la forme d'un fuseau ; — en scie, *serratæ*, quand chaque article se termine latéralement par des dents aiguës et dirigées au sommet ; — pectinées, *pectinatæ*, lorsque ces prolongemens sont étroits, allongés et placés au-dessus les uns des autres, comme les dents d'un peigne ; — rameuses, *ramosæ*, lorsqu'il part du corps de l'Antenne plusieurs rameaux pinnés ; par opposition à ce nom, on les nomme simples, *simplices*, lorsqu'elles ne présentent aucun prolongement ; — perfoliées, *perfoliatæ*, quand les articles sont aplatis du sommet à la base, et paraissent enfilés dans leur milieu ; le plus souvent c'est le sommet de l'Antenne qui présente seul cette disposition ; — imbriquées, *imbricatæ*, quand les articles, étant enfilés par leur milieu, sont concaves à leur sommet, de manière à recouvrir la base de celui qui suit, comme les tuiles d'un toit ; — en massue, *clavatæ*, lorsqu'elles sont renflées et épaisses à leur sommet ; quelquefois elles vont en grossissant progressivement, *extrorsum crassiores*, ou bien la massue se produit tout-à-coup. Cette massue se nomme solide, quand les articles qui la composent sont soudés de manière à ne laisser entre eux aucun intervalle.

Leur terminaison. Les Antennes sont solides, *solidæ*, lorsque le cas précédent se présente ; — lamellées, feuilletées, *lamellatæ*, *fissiles*, quand les articles de la massue sont distincts, et peuvent s'épanouir ou se fermer à la manière des branches d'un éventail ou des feuillets d'un livre; — perfoliées, *perfoliatæ*, lorsqu'ils sont distincts l'un de l'autre, mais enfilés par leur centre; — sécuriformes, *securiformes*, ou en forme de hache, lorsque le dernier article a la forme d'un triangle comprimé, libre par sa base et adhérent par son sommet; — crochues, *uncinatæ*, quand l'extrémité se recourbe abruptement vers la base, de manière à figurer un crochet aigu; — bifides, *fissæ*, lorsqu'elles sont divisées en deux parties; — aiguës, *acutæ*, quand elles sont terminées par un article aigu, roide; — pointues ou en apicule, *apiculatæ*, lorsque la pointe est aiguë, courte et peu roide; — obtuses, *obtusæ*, quand elles finissent par un article arrondi; — tronquées, *truncatæ*, lorsqu'il semble qu'on en a enlevé un morceau; — garnies d'un poil, *aristatæ*, quand le dernier article supporte un poil; tantôt il est simple, lorsqu'il n'en part aucun autre poil, tantôt composé, lorsqu'il est poilu à la manière d'une plume; les noms de *setariæ* et de *plumosæ* expriment ces deux états.

La configuration des articles. — En faisant connaître la forme générale des Antennes, nous avons souvent indiqué celle de chacun des articles qui les composent. Nous ne reviendrons donc pas sur les articles cylindriques, moniliformes ou grenus, en scie, etc. — Les articles sont coniques, *conici*, lorsqu'ils ont la forme d'un cône ou pain de sucre, le côté le plus large répondant à la base de l'Antenne; — en cône renversé, *obconici*, lorsque le sommet est tourné en bas; — ils sont velus, *villosi*, poilus, *pilosi*, cotonneux, *tomentosi*, suivant qu'ils sont revêtus de poils fins et serrés, de poils nombreux, distans, un peu forts, et d'un duvet cotonneux, doux au toucher; — épineux, *spinosi*, quand ils sont munis d'un poil très-roide et aigu. Enfin les articles des Antennes sont tantôt très-distincts, tantôt confondus entre eux. Dans le premier cas, on les appelle

articuli conspicui; dans le second, on les nomme *articuli inconspicui*. Les Antennes et les parties qui les composent ont reçu beaucoup d'autres noms que nous nous abstiendrons d'énumérer, parce qu'il suffit d'avoir acquis la connaissance des principaux termes pour concevoir facilement un grand nombre d'autres dénominations beaucoup moins importantes. Nous renvoyons d'ailleurs à l'atlas de ce Dictionnaire, dans lequel nous avons figuré quelques exemples. Ces variétés innombrables de formes, de connexions, etc., se retrouvent dans la plupart des classes d'Animaux articulés.

Plusieurs Annelides ont des Antennes au nombre de cinq, dont deux extérieures, deux mitoyennes et une impaire; elles ne se rencontrent que dans l'ordre des Néréidées, et c'est à Savigny que nous sommes redevables d'une définition rigoureuse de ces parties. Avant lui elles n'avaient été reconnues que d'une manière très-vague et jamais exactement décrites, quelques auteurs les avaient souvent nommées *tentacules* et *cirrhes*. — Savigny les assimile aux Antennes des autres Animaux articulés; elles sont plus ou moins rétractiles et plus ou moins sensiblement articulées.

Les Crustacés ont la plupart quatre Antennes; dans l'ordre des Décapodes, elles sont tantôt petites, les intermédiaires étant ordinairement cachées dans une petite fossette; tantôt très-longues, les mitoyennes étant presque toujours aussi développées que les latérales. — Dans l'ordre des Stomapodes, les Antennes intermédiaires se terminent par trois filets, tandis que les externes n'en offrent qu'un seul. La base de celles-ci est composée d'un grand nombre d'articles, groupés entre eux, et placés sur des plans très-différens. D'autres Crustacés offrent aussi une disposition semblable, et, sous ce rapport, leur base diffère beaucoup de celle des mêmes parties dans les autres Animaux articulés. — Dans l'ordre des Amphipodes, les Antennes sont presque toujours en forme de soies, et placées par paires les unes au-dessus des autres sur une tête distincte. —Dans celui des Isopodes, elles ont une disposition assez semblable; les latérales sont toujours en forme de soies, et on trouve les intermédiaires réduites quelquefois à une petitesse extrême. — Dans le dernier ordre, celui des Branchiopodes, les Antennes sont tantôt au nombre de quatre, et alors elles sont placées par paires les unes au-devant des autres; tantôt au nombre de deux seulement. Leurs usages sont bien connus; nous les indiquerons bientôt.

La classe entière des Arachnides est privée d'Antennes; celle des Insectes au contraire est pourvue d'une paire de ces appendices. Leur position, leur forme, le nombre des articles qui les composent, etc., varient à l'infini, non-seulement d'une espèce ou d'un sexe à l'autre, mais encore chez le même individu, aux deux autres époques de la vie, c'est-à-dire dans l'état de larve et dans celui de nymphe. Toutes ces modifications sont du ressort de la zoologie et non de l'anatomie générale. Ce qu'il nous importerait de déterminer ici, ce serait les usages de ces organes singuliers; mais l'histoire des Antennes, sous ce rapport, est plus riche en hypothèses qu'en observations décisives. Quelques savans ont pensé qu'elles étaient le siége de l'odorat, d'autres celui de l'ouïe; le plus grand nombre enfin les ont regardées comme des organes de tact. Le fait est qu'il est très-difficile de présenter une opinion admissible dans toutes les circonstances. Dans plusieurs Crustacés branchiopodes, les Antennes, au moyen d'une sorte de ressort, saisissent la femelle et la retiennent pendant l'accouplement. Müller avait cru que les étaient le siége de l'organe mâle; mais Jurine (Histoire des Monocles) a relevé cette erreur. Dans d'autres Crustacés du même ordre, ces Antennes sont les organes principaux de la natation. Dans plusieurs Insectes, elles semblent servir au tact; l'Ani-

mal les dirige en avant, et touche avec leur extrémité tous les corps qu'il rencontre; d'autres espèces au contraire les portent toujours renversées en arrière. Enfin l'amputation de ces parties est suivie de phénomènes extraordinaires (les expériences entreprises par Huber en sont une preuve); chez d'autres au contraire, elle ne produit aucun effet. On doit conclure de tout ceci que, si les usages des Antennes ont été entrevus dans certaines espèces, il y a encore loin de ces observations isolées à la connaissance générale de leur fonction, et qu'il faut un grand nombre d'expériences extrêmement variées et entreprises avec des vues judicieuses, pour arriver, sinon à résoudre, au moins à éclaircir la question. (AUD.)

ANTENNULAIRE. *Antennularia.* POLYP. Lamarck réunit sous ce nom les Polypiers qui nous ont servi à établir le genre Nemertesia. *V.* ce mot.

(LAM..X.)

ANTENNULES. *Tentacula, Palpi.* INS. Quelques entomologistes ont appliqué ce nom à des parties de la bouche, nommées, par d'autres auteurs, Palpes. *V.* ce mot. (AUD.)

ANTÉNOIS. MAM. *V.* ANTAN, etc.

ANTÉNORE. *Antenor.* MOLL. Genre de Céphalopodes, établi par Montfort (*Conch.* T. 1, p. 71), pour un petit Nautile vivant, presque microscopique, qu'il appelle *Antenor diaphaneus*, et qui vient, dit-il, de Bornéo. Ce qui est remarquable, c'est l'assurance avec laquelle il donne la description de son Animal, sans citer aucune autorité, et comme s'il l'eût observé lui-même, ce qui est fort douteux. Le genre Anténore a été adopté par Ocken (*Lehrb. der Zool.* p. 333); il le place, à tort, dans sa famille des Ammonites, *V.* ce mot, en y réunissant les genres Pélaguse, Océanie et Eolide de Montfort, qui appartiennent à des familles diverses. Les Pélaguses seules font partie des Ammonées. L'Océanie est, comme l'Anténore, un véritable Nautile; quant à l'Eolide, c'est un genre incertain qu'on ne peut placer provisoire-

ment que parmi les Rotalies.—L'Anténore de Monfort et les espèces analogues font partie de notre genre
Nautile et du groupe des Angulithes,
avec les Sporulies du même auteur.
V. NAUTILE. (F.)

ANTÉON. *Anteon.* INS. Genre de
l'ordre des Hyménoptères fondé par
Jurine (Classif. des Hymén.), et ayant,
selon lui, pour caractères : une cellule radiale, incomplète; point de
cellules cubitales; mandibules tridentées; antennes filiformes, composées de dix articles, dont le premier
arqué n'est pas beaucoup plus long
que les autres. Latreille rapporte ce
genre à la section des Térébrans,
famille des Pupivores, tribu des
Oxyures. — Les Antéons se distinguent principalement des Omales par
leur cellule radiale plus incomplète.
Ils diffèrent aussi des Céraphrons avec
lesquels ils ont cependant plusieurs
rapports par leur tête plus grosse et
plus ronde, par leurs antennes non
brisées, par leur thorax plus effilé
en arrière, par l'abdomen moins
large que le mésothorax pris à l'articulation des grandes ailes, et principalement par la présence d'une cellule brachiale fermée. Deux individus
mâles ont servi à établir ce nouveau
genre. — Nous citerons l'Actéon de
Jurine, *Act. jurineanum*, Latreille
(Génér. Crust. et Ins. T. IV. p. 35).
On le trouve aux environs de Paris.
(AUD.)

ANTEUPHORBIUM. BOT. PHAN.
(Dodoens.) Espèce de Cacalie. *V.* ce
mot. (B.)

* ANTHACTINIA. BOT. PHAN.
Genre proposé par Bory de St.-Vin-
cent (Annales génér. des Sciences
physiques. T. II, p. 158), dans la
famille des Passiflorées, pour les
espèces munies d'un double calice,
et dont le nectaire ou couronne est si
remarquable par la variété de ses élégantes couleurs. Les *Passiflora longipes* de Jussieu et *quadrangularis*,
L. en sont le type. *V.* PASSIFLORE.
(A. R.)

ANTHÆNANTIE. *Anthœnantia.*
BOT. PHAN. et non *Athoenanta.* Ce
genre, qui a été proposé par Palisot
de Beauvois dans son Agrostographie
(p. 48. pl. 10. f. 7) pour le *Phalaris
villosa* de Michaux, ne diffère du
Panicum auquel il doit être réuni,
que par deux écailles de sa fleur
neutre qui sont situées dans une position opposée et croisée avec celles
de la fleur fertile. *V.* PANIS.
(A. R.)

ANTHÉDON. BOT. PHAN. (Théophraste.) Syn. d'Azerolier. (B.)

ANTHÉLIE. *Anthelia.* POLYP.
Genre de l'ordre des Alcyonées dans
la division des Polypiers sarcoïdes,
établi par Savigny pour des Animaux
étendus en plaques minces, presque
aplatis sur les corps marins, et dont
les Polypes, à huit tentacules pectinés, ne sont point rétractiles, mais
saillans, droits, serrés, couvrant
toute la surface du Polypier. Ce genre
diffère des Lobulaires par la forme
des Animaux placés dans une espèce
de tube immobile et droit : l'extrémité tentaculifère peut seule se contracter. — Savigny connaît cinq espèces d'Anthélies, cependant il n'a
décrit que la suivante :
ANTHÉLIE GLAUQUE, *Anthelia
glauca*, Lamx. Gén. Polyp. p. 70.
Cette espèce, que Savigny a trouvée
sur les côtes de la Mer-Rouge, a des
Polypes d'une couleur verdâtre, un
peu renflés inférieurement : leur bouche, semblable à un point octogone,
s'élève souvent en pyramide.
Lamarck présume que l'*Alcyonium
rubrum* (Müll. Zool. dan. T. III, p. 2.
tab. 82. fig. 1, 4) est une espèce de
ce genre. (LAM..X.)

* ANT-HÉLIX. MAM. Saillie demi-
circulaire qui règne à la partie supérieure de l'oreille externe de l'Homme;
on retrouve des rudimens de cette
partie dans très-peu de Singes. (B.)

ANTHELMIE. *Anthelmia.* BOT.
PHAN. Syn. de Spigelia. *V.* ce mot. (B.)

ANTHÉMIDE. *Anthemis.* BOT.
PHAN. *V.* CAMOMILLE.

* **ANTHÉMIDÉES**. bot. phan. C'est le nom d'une des tribus naturelles établies par H. Cassini dans la vaste famille des Synanthérées. Elle comprend les genres *Anthemis*, *Absinthium*, *Artemisia*, *Achillæa*, *Athanasia*, *Balsamita*, *Chrysanthemum*, *Cotula*, *Pyrethrum*, etc., etc. *V*. Camomille, Absinthe, Armoise, Millefeuille, etc.   (A. R.)

*ANTHEMION. bot. phan. (Théophraste.) Syn. de *Statice Armeria* et de *Statice sinuata*, L., et non, comme le veut Stackhouse, d'*Anthemis*. *V*. Camomille.   (B.)

* **ANTHEMON**. bot. phan. (Dodoens.) Syn. d'*Agrostemma Githago*, L. *V*. Agrostemme.   (B.)

ANTHÉPHORE. *Anthephora*. bot. phan. Schreber a fait, du *Tripsacum hermaphroditum*, un genre de Graminées que Beauvois a adopté et figuré tab. 13. fig. 8 de son Agrostographie. Un involucre, à huit divisions, dont quatre longues, lancéolées et dressées, et quatre très-courtes et réfléchies, alternant avec les premières, contient trois locustes. Chacune de celles-ci renferme, dans une lépicène bipaléacée, deux fleurs; l'inférieure neutre à glumes herbacées; la supérieure hermaphrodite à glumes dures et écailleuses: les involucres sont sessiles sur un rachis flexueux. (A. D. J.)

* **ANTHERA**. bot. phan. Nom de l'*Anemone Hepatica*, L. chez d'anciens botanistes.   (B.)

ANTHÈRE. *Anthera*. bot. On appelle ainsi en botanique cette partie essentielle de l'étamine qui contient la poussière fécondante ou le pollen. Ordinairement l'Anthère est -supportée par un filet plus ou moins long. Quand il est très-court, ou qu'il n'existe point, on dit de l'Anthère qu'elle est sessile, comme dans les *Daphne*. L'Anthère est formée, dans le plus grand nombre des cas, de deux petites poches membraneuses, parfaitement closes avant la fécondation, adossées l'une à l'autre par l'un de leurs côtés, ou réunies par un corps intermédiaire, de nature

différente, qui porte le nom de Connectif. *V*. ce mot. Les deux petites poches membraneuses qui forment l'Anthère, se nomment les loges; elles sont partagées intérieurement en deux parties par une cloison longitudinale, indiquée à l'extérieur par un sillon plus ou moins marqué. Les Anthères sont donc le plus souvent à deux loges ou biloculaires. Quelquefois elles n'en offrent qu'une seule; elles sont uniloculaires, comme dans les Pins, les Epacridées, la plupart des Malvacées, etc. Enfin dans quelques cas infiniment plus rares, elles sont quadriloculaires, comme on l'observe dans le Jonc fleuri, *Butomus umbellatus*, L. — Les Anthères sont ordinairement attachées au sommet du filet par leur base; quelquefois c'est par le milieu de leur face postérieure, ou bien enfin par leur sommet; dans ce dernier cas on dit qu'elles sont pendantes. — La forme des Anthères présente les plus grandes variations. Ainsi elles peuvent être sphéroïdales, ou globuleuses, ovoïdes, allongées, sagittées ou en fer de flèche, cordiformes, réniformes. Leur sommet peut être aigu, obtus, entier, bifide, etc.; leur base entière, bifide ou terminée par des appendices de forme variée, comme on l'observe dans les Bruyères. — Les deux loges qui composent une Anthère biloculaire peuvent être réunies l'une à l'autre de différentes manières. Tantôt elles sont immédiatement accolées, sans qu'aucun autre corps soit interposé entre elles; tantôt c'est la partie supérieure du filet qui leur sert de moyen d'union, comme on le remarque dans la plupart des Renonculacées; enfin il existe quelquefois entre les deux loges un corps à la fois distinct du filet et des loges qui les réunit en même temps qu'il les écarte l'une de l'autre. Ce corps est le Connectif, dont il a déjà été question. Il est très-remarquable dans l'Ephémère de Virginie, dans les Sauges, etc.

Le pollen ou la matière fécondante des Végétaux est, avons-nous dit, renfermé dans l'intérieur des loges de l'Anthère, qui sont parfaitement closes. Pour que la fécondation puisse s'opérer, il faut nécessairement que les Anthères s'ouvrent ou se crèvent, afin que le pollen qu'elles renferment soit mis en contact avec l'air atmosphérique. C'est ce qui a lieu en effet. Les Anthères s'ouvrent ordinairement à l'époque de l'épanouissement des différentes parties de la fleur. Mais cette déhiscence des loges de l'Anthère se fait de plusieurs manières différentes. Le plus souvent c'est par toute la longueur du sillon qui règne sur chaque loge; quelquefois c'est par une partie seulement de ce sillon. Dans le genre Solanum, dans les Bruyères, c'est par un petit trou qui se forme à la partie supérieure de chaque loge; dans la Pyrole ce trou est situé à la partie inférieure des loges; enfin dans les Lauriers, l'Epine-vinette, etc., la déhiscence a lieu au moyen de petites plaques ou valves, qui se roulent ou s'enlèvent de la partie inférieure vers le sommet.

Lorsqu'il y a plusieurs étamines dans une même fleur, les Anthères peuvent être libres et sans adhérence les unes avec les autres, ou bien elles peuvent être réunies et soudées latéralement entre elles et former une sorte de tube. Cette disposition s'observe dans toute une famille de Plantes nommées pour cette raison, par mon père, Synanthérées.

Enfin dans plusieurs familles naturelles de Plantes, l'Anthère est soudée et intimement confondue avec le pistil, comme dans toutes les Plantes de la Gynandrie de Linné.

V. pour de plus grands détails les mots ÉTAMINE, GYNANDRIE, SYNANTHÉRÉE.   (A. R.)

ANTHÉRIC. *Anthericum.* BOT. PHAN. Genre de la famille naturelle des Asphodèlées, Hexandrie Monogynie, L., qui offre un calice hexasépale, ouvert; six étamines à filamens grêles et hérissés de poils; un ovaire surmonté d'un stigmate simple; une capsule renfermant des graines an-

guleuses. Ce genre ainsi circonscrit, ne renferme qu'une partie des Plantes que Linné avait réunies sous le même nom, et dont plusieurs sont européennes. — Les Anthérics sont des Plantes grasses, bulbeuses, vivaces, presque toutes originaires du cap de Bonne-Espérance. Leurs feuilles sont épaisses, charnues, rassemblées en rosette, ou bien cylindriques et fistuleuses; leurs fleurs forment de longs épis simples ou ramifiés à la partie supérieure de la hampe. (A. R.)

*ANTHÉROPHAGE. *Antherophagus.* INS. Genre de l'ordre des Coléoptères, section des Pentamères, fondé par Mégerle et adopté par Dejean (Catal. des Coléopt.), qui en possède deux espèces. L'une, l'*Anth. nigricornis,* est le *Mycetophagus nigricornis* de Fabricius; elle se trouve aux environs de Paris. L'autre, l'*Anth. pallens* ou le *Tenebrio pallens,* de Fabricius, est originaire d'Allemagne. Ce genre, qui unit les Dacnés aux Ips, peut être rapporté aux Nitidules de Fabricius. *V.* ce mot. (AUD.)

ANTHÉRURE. *Antherura.* BOT. PHAN. Genre de la famille des Rubiacées, proposé par Loureiro, dans sa Flore de la Cochinchine, et que Willdenow et Jussieu réunissent au Psychotria. *V.* ce mot. (A. R.)

ANTHÉRYLIE. *Antherylium.* BOT. PHAN. Genre de la famille des Salicaires, Icosandrie Monogynie, L., qui a pour caractères: un calice ouvert, à quatre divisions, dans l'intervalle desquelles s'insèrent quatre pétales ondulés sur leurs bords; douze ou seize étamines, insérées au calice, à filets filiformes, à anthères courtes et recourbées; un ovaire libre; un seul style et un seul stigmate. Le fruit est une capsule, à une seule loge, s'ouvrant en trois, rarement en quatre valves, et contenant plusieurs petites graines attachées à un axe central qui porte le style. Mais, comme Vahl le soupçonne et comme l'indique l'analogie, la capsule n'est-elle pas plutôt tri ou quadriloculaire? On en connaît une seule espèce, qui croît à l'île Saint-Thomas, l'une des Antilles, et que Vahl a nommée *Antherylium Rohrii*, à cause de Rohre qui l'a fait connaître. C'est un Arbrisseau dont les branches et les rameaux sont opposés, ainsi que les feuilles qui sont entières. Au-dessous du point où naît le pétiole, on voit un tubercule armé de deux aiguillons, et il en existe un semblable à l'insertion des rameaux ; les fleurs sont disposées, à l'aisselle de ces tubercules ou des feuilles, par faisceaux de trois à huit, (A. D. J.)

* **ANTHÈSE.** BOT. PHAN. On appelle ainsi l'ensemble des phénomènes que présentent les Fleurs, lorsqu'elles s'ouvrent et s'épanouissent. Cet épanouissement des Fleurs ou de l'Anthèse n'a pas lieu à la même époque pour tous les Végétaux. Elle tient à la nature même de la Plante, à l'influence du calorique et de la lumière, et à la position géographique du Végétal. Les fleurs sont le charme et la parure des Végétaux ; comme leur durée est en général courte et passagère, si elles se fussent épanouies toutes à la même époque, les Plantes fussent restées trop long-temps privées de leur plus bel ornement.

Toutes les saisons de l'année voient éclore des fleurs. Au milieu des neiges et des frimats de l'hiver, les Leucoium, les Galanthus, les Primeverres, les Daphnés, etc., épanouissent les leurs. Le voyageur qui gravit les pentes escarpées des Alpes, parvenu au pied des neiges éternelles, y découvre des Renoncules, la Soldanelle et d'autres Végétaux fleurissant au milieu des glaçons. Mais c'est surtout au printemps, quand la chaleur vivifiante du soleil vient ranimer la nature, que les Végétaux, obéissant à l'impulsion générale communiquée à tous les êtres de la création, se parent du plus grand nombre de Fleurs. Aussi, dans notre climat, les mois de mai et de juin sont-ils ceux qui en voient le plus éclore.

On peut partager les Plantes en quatre classes suivant l'époque de l'année où les fleurs se développent,

1°. Les Plantes printanières, ou celles dont les fleurs se montrent pendant les mois de mars, avril et mai, comme les Violettes, les Jacinthes, les Renoncules, etc.

2°. Les Plantes estivales ; elles fleurissent depuis le mois de juin jusqu'à la fin d'août : ce sont les plus nombreuses.

3°. Les Plantes automnales ; elles développent et épanouissent leurs fleurs depuis le mois de septembre jusqu'en décembre : telles sont le Colchique d'Automne, les Œillets d'Inde, les Asters, etc.

4°. Enfin les Plantes hiémales ou hibernales sont celles qui fleurissent depuis le milieu de décembre environ jusqu'en février ; elles sont en petit nombre.

C'est d'après la considération de l'époque à laquelle les différentes Plantes produisent leurs fleurs, que Linné a établi son Calendrier de Flore. Cet immortel naturaliste avait fait la remarque ingénieuse que plusieurs Végétaux fleurissent à des époques précises et bien déterminées ; il en tira la conséquence que l'on pouvait, d'après leur épanouissement, déterminer le mois de l'année dans lequel on se trouvait. Ainsi, par exemple, sous le climat de Paris, l'Hellébore noir fleurit en janvier ; le Coudrier en février, l'Amandier et le Pêcher en mars ; les Poiriers et les Tulipes en avril ; les Pommiers et les Lilas en mai, etc.

Remarquons encore que non-seulement les Végétaux se couvrent de fleurs à des époques déterminées de l'année, mais qu'il est encore de ces fleurs qui s'ouvrent et se ferment à des heures fixes de la journée ; quelques-unes même ne s'épanouissent que pendant la nuit ; de là on a distingué les Plantes en diurnes et en nocturnes. Linné a encore tiré de cette observation l'heureuse idée de son Horloge de Flore, dans laquelle il a rangé les Végétaux suivant l'heure de la journée ou de la nuit où leurs fleurs sont épanouies. Le seul genre Sida, dans la zone torride, pourrait

former une Horloge de Flore complète. Selon l'observation de Bory de
Saint-Vincent, chaque espèce de ce
genre nombreux s'ouvre à son tour,
depuis la pointe du jour jusqu'au soir,
sans qu'aucune tarde à s'épanouir d'un
seul instant. Le même naturaliste a
publié, dans les Annales générales des
Sciences physiques (T. ii, p. 142),
une observation assez remarquable au
sujet de l'épanouissement artificiel
des fleurs d'Oxalides. Il avait remarqué dans une serre un peu sombre
de la Belgique, où l'on cultivait diverses espèces exotiques de ce genre, que
les corolles de celles-ci, faute d'une
lumière assez vive, ne s'ouvraient jamais pendant la durée d'un automne
brumeux; il réunit la lumière de plusieurs bougies, et, au moyen d'une
lentille, portant l'éclat qui en résultait,
pendant la nuit même, sur les *Oxalis
pulchella* et *versicolor*, il les fit épanouir en quelques minutes. Bory de
St.-Vincent remarque, à ce sujet,
qu'une *Urena*, cultivée dans la même serre, donna des graines mûres,
encore que les corolles n'eussent pas
eu assez de lumière pour s'épanouir;
mais il y avait eu rupture intérieure
des anthères, d'où avait résulté émission du pollen et fécondation complète. La lumière et le soleil ont donc
une influence bien marquée sur l'é-
panouissement de la plupart des
fleurs, et les fleurs d'Oxalides ne sont
pas les seules qui restent closes ou ne
s'ouvrent qu'incomplètement quand
le temps est humide, brumeux, et
que le soleil est dérobé par les nuages; de ce nombre sont en général
presque toutes les Synanthérées ou
Plantes à fleurs composées, tels que
les Chardons, le Pissenlit, etc.

Les différens météores atmosphéri-
ques paraissent avoir également une
influence marquée sur la floraison de
plusieurs Végétaux : ainsi le Laitron
de Sibérie ouvre ses calathides quand
le ciel se couvre de nuages, tandis
que le *Calendula pluvialis* ferme les
siennes aussitôt qu'un orage est prêt
à éclater.

Si nous observons la durée des

fleurs, nous y remarquerons encore
les plus grandes différences. Ainsi il
en est qui se fanent presqu'aussitôt
qu'elles sont épanouies ; on les a appelées fleurs éphémères, telles sont
celles des Cistes et de beaucoup de
Cactus. Ainsi le *Cactus grandiflorus*
épanouit ses superbes fleurs, qui exhalent l'odeur de la Vanille la plus
suave, vers les sept ou huit heures
du soir, et, à onze heures ou mi-
nuit, elles se ferment pour ne plus se
rouvrir. —Enfin il est quelques fleurs
dont la couleur varie aux différentes
époques de leur développement. L'*Hor-
tensia*, par exemple, a d'abord des fleurs
vertes ; elles prennent insensiblement
une belle couleur rose, et finissent par
être d'une teinte bleue plus ou moins
intense. Les fleurs de l'*œnothera te-
traptera*, qui sont d'un beau blanc
pendant l'épanouissement, deviennent pourprées en se fanant, ou quand
on les dessèche pour les conserver
dans l'herbier. —Quelques fleurs sont
inodores durant le jour, tandis que
dans la nuit elles exhalent un parfum
délicieux.   (A. R.)

ANTHIA. *V.* ANTHIE.

ANTHIAS. POIS. C'était, selon les
anciens, un Poisson de mer qui, pris
dans les filets, savait s'en délivrer
à l'aide de la nageoire dorsale. Bloch
donna ce nom à un genre qui n'a été
conservé ni par Lacépède, ni par
Cuvier. Ces naturalistes en ont fait des
Lutjans, des Serrans, des Diagrammes, etc. *V.* ces mots.   (B.)

ANTHICE. *Anthicus.* INS. Mot que
nous excluons avec Latreille du langage entomologique, à cause de l'emploi très-différent qui en a été fait
par plusieurs auteurs. Paykull, dans
sa Faune suédoise, appliqua ce nom
à plusieurs Insectes qui étaient des
Meloës et des Attelabes de Linné.
Fabricius l'adopta, mais il y réunit le genre *Pselaphus* d'Herbst,
ainsi qu'un Insecte appelé par Géoffroy Notoxe, et pour surcroît de confusion, il conserva ce genre Notoxe
pour les espèces nommées *violaceus,
mollis* et *chinensis. V.* NOTOXE. (AUD.)

ANTHIDIE. *Anthidium.* INS.

Genre de l'ordre des Hyménoptères, section des Porte-aiguillons, établi par Fabricius aux dépens du genre *Apis* de Linné, et placé par Latreille (Règne Animal de Cuvier) dans la tribu des Apiaires, famille des Mellifères. Ses caractères essentiels sont : lèvre filiforme, longue, fléchie en dessous; son extrémité entière; tarses postérieurs, à premier article, presque également large, point pollinifère; labre en carré long, incliné verticalement sous les mandibules; palpes maxillaires très-petits, et sans articulations apparentes. — Les Anthidies se distinguent des Stélides, des Osmies, des Mégachiles et autres genres qui les avoisinent par leurs palpes maxillaires composés d'un seul article; elles sont, en outre, remarquables par la forme singulière de leur labre et par les palpes de la lèvre qui ont quatre articles, les deux premiers allongés, très-distincts, fortement comprimés, et regardés, par la plupart des entomologistes, comme une division de la lèvre inférieure. Ces Insectes ont, en outre, les antennes filiformes, brisées, insérées au milieu de la face antérieure de la tête, de treize articles dans les mâles, et de douze dans les femelles; le labre est corné et un peu convexe; les mandibules sont saillantes, terminées par une dent aiguë, et croisées dans le repos; les palpes maxillaires sont velus, obtus et un peu plus gros vers leur base; les oreillettes (*Paraglossa* d'Illiger) ou les deux premiers articles des palpes labiaux se terminent en une petite lame lancéolée, étroite, un peu courbée en dedans; les deux derniers palpes, c'est-à-dire, le troisième et le quatrième sont très-petits; la lèvre elle-même est soyeuse dans certaines parties : tous ces détails d'organisation ont été donnés par Latreille dans un Mémoire très-intéressant sur le genre Anthidie (Ann. du Mus. d'Hist. nat. T. XIII. p. 24). Ce savant a renouvelé l'observation de Kirby sur la matière que les Anthidies emploient à la construction de leurs nids ; il a vu les femelles de ces

Insectes enlever le duvet cotonneux qui tapisse les feuilles du Coignassier (*Pyrus Cydonia*, Linn.), et construire avec cette récolte un nid dans lequel elles déposent leurs œufs, et auprès d'eux une sorte de pâtée pour nourrir les larves. Les Anthidies paraissent, dans nos climats, vers la fin de juin ou le commencement de juillet. Les mâles se distinguent des femelles par un abdomen plus volumineux, terminé par des anneaux de formes différentes suivant les espèces, ce qui a fourni au savant précité des divisions très-commodes pour leur groupement. Le nombre de celles qu'il décrit est de vingt-six. La plupart sont originaires du midi de l'Europe et de l'Afrique. L'Anthidie à cinq crochets, *Anthidium manicatum* de Fabricius, sert de type au genre; elle est commune en France. Latreille, dans son important travail, en a figuré plusieurs autres. Nous ne saurions trop engager à recourir à ce Mémoire.

(AUD.)

ANTHIE. *Anthia.* INS. Genre de l'ordre des Coléoptères, section des Pentamères, fondé par Weber, adopté ensuite par Fabricius et par tous les entomologistes qui sont venus après lui. Il appartient à la famille des Carnassiers et à la tribu des Carabiques. Les caractères assignés par Latreille sont : corselet presque en cœur; tête point rétrécie postérieurement ; point de col apparent; palpes filiformes; lèvre en languette, cornée, ovale et très-saillante; abdomen ovale, convexe. Les Anthies offrent, en outre, plusieurs particularités remarquables ; leur tête est ovale, au moins aussi large que le prothorax, et supporte des antennes filiformes; la bouche présente des mandibules fortes, avancées; un labre saillant, solide, quadrilatère ou arrondi et denté antérieurement, et un menton profondément échancré, recevant la base très-rétrécie de la languette : celle-ci est ovale et dépourvue, suivant Bonelli, de ces pièces membraneuses qui bordent le même organe dans tous les Carabiques, et qui ont reçu le nom de *Paraglosse*. Le mésothorax est rétréci antérieurement et reçu dans l'ouverture postérieure du corselet; les jambes de celui-ci portent une échancrure à leur côté interne; les élytres sont tronquées postérieurement dans quelques espèces; elles ne recouvrent point d'ailes membraneuses et sont presque toujours soudées entre elles. Ces Insectes ont une taille assez grande; ils sont tous exotiques; plusieurs espèces ont été trouvées communément en Afrique; elles vivent dans le sable.— L'*Anthia sex-guttata* sert de type au genre; on y rapporte aussi les espèces nommées *maxillosa*, *thoracica*, *decem-guttata*, *quatuor-guttata*, etc., etc. par Olivier (Coléop. T. III) et par Fabricius. Les espèces, auxquelles ce dernier donne les noms de *variegata*, *trilineata*, *exclamationis*, appartiennent au genre Graphiptère de Latreille. *V.* ce mot. (AUD.)

ANTHILION. BOT. PHAN. (Hernandez.) Syn. d'*Helianthus annuus*, L. *V.* HÉLIANTHE. (B.)

ANTHISTIRE. *Anthistiria.* BOT. PHAN. Genre de Graminées, séparé des Andropogons par Desfontaines (Journal de Physique, vol. XXXX, et *Flora atlantica*), et dont le caractère consiste dans des fleurs polygames réunies en une panicule lâche. Les fleurs mâles, au nombre de quatre, sont sessiles et verticillées; les neutres, au nombre de deux, sont pédicellées, mutiques; l'hermaphrodite est centrale, munie d'une arête contournée, très-longue et dure. Les Anthistires sont des Plantes rigides, dont quelques-unes acquièrent une certaine hauteur, et qui couvrent les terrains arides des pays chauds. Le *glauca* paraît propre à la Barbarie. Le *ciliata*, qui se trouve à la Caroline, à la Jamaïque et probablement dans toutes les Antilles, se rencontre aux îles de France et de Mascareigne, et, tout dur qu'il est, semble y fournir aux Chevaux un aliment assez profitable. Le *gigantea*, décrit par Cavanilles (*Icon.*

T. v. tab. 458), acquiert quelquefois près de deux toises d'élévation, et se trouve aux Philippines. (B.)

ANTHOBOLE. *Anthobolus.* BOT. PHAN. Sous ce nom, Robert Brown établit, dans la famille des Santalacées, un nouveau genre fondé sur les caractères suivans : les fleurs sont dioïques; elles sont dépourvues de corolle, mais présentent un calice à trois sépales, à la base desquelles s'insèrent trois étamines dans les mâles, et qui sont caduques dans les femelles. Celles-ci offrent, d'ailleurs, un stigmate sessile à trois lobes, une drupe à une seule graine, contenant un embryon renversé dans le centre d'un périsperme charnu. Les deux espèces, que l'auteur a observées sous les Tropiques dans la Nouvelle-Hollande, sont des Arbrisseaux semblables par le port à l'*Osyris. V.* ce mot. Leurs branches et leurs rameaux, dont le nombre est très-grand, sont articulés; leurs feuilles éparses, sessiles, sans stipules, articulées avec les rameaux qui les portent, sont étroites au point d'être presque filiformes. Les pédoncules axillaires portent trois ou quatre fleurs petites et jaunâtres.

(A. D. J.)

* ANTHOBRANCHE. *Anthobranchia.* MOLL. C'est-à-dire, branchies en forme de fleur. Dénomination employée par Goldfuss (*Handb. der Zool.* p. 627) pour caractériser la première famille de l'ordre des Gastéropodes, qui comprend les genres Doris, Polycère, Onchidie et Onchidiore. *V.* ces mots. Cette coupe répond, par conséquent, à celle qui a été proposée par Blainville (Bullet. des Sc. 1816. p. 93), sous le nom des Cyclobranches; et, sans doute, Goldfuss n'a changé cette dénomination de Blainville que pour la conserver aux Mollusques déjà nommés Cyclobranches par Cuvier.

Les Anthobranches sont compris, par Schweigger, dans ses *Gymnobranchiata* ou Nudibranches de Cuvier. —Nous avons adopté la dénomination d'Anthobranches pour le premier sous-ordre des Nudibranches, qui ne

comprend que la famille des Doris.
V. ces mots.   (F.)

* ANTHOCÉPHALE. *Anthocéphalus*. INT. Ce nom a été donné par Rudolphi à un genre de Vers intestinaux, découvert par Cuvier et désigné par lui sous le nom de *Floriceps*. Il appartient à la division des Intestinaux parenchymateux. Le mot Anthocéphale n'étant que la Traduction littérale de *Floriceps*, proposé d'abord par le célèbre professeur du Muséum d'Histoire naturelle, nous avons adopté cette dernière dénomination. *V*. FLORICEPS. (LAM..X.)

ANTHOCERCIS. BOT. PHAN. Genre de la famille des Solanées. Son calice est quinquefide ; sa corolle campanulée ; le limbe présente cinq divisions égales, allongées et rayonnées ; le tube, strié intérieurement et rétréci à sa base, porte quatre étamines didynames, non saillantes, et le rudiment d'une cinquième. Il y a un seul style et un seul stigmate. Le fruit est une capsule à deux loges et à deux valves, dont les bords réfléchis s'insèrent à un trophosperme parallèle. Il porte plusieurs graines réticulées à l'extérieur, et présentant intérieurement, au centre d'un périsperme charnu, un embryon cylindrique, légèrement arqué et homotrope. La Billardière en a le premier fait connaître une espèce qui est figurée (tab. 158 de ses pl. de la Nouv.-Holl.), et R. Brown en a décrit une seconde. Ce sont des Arbrisseaux dont les feuilles alternes, épaisses et quelquefois parsemées de points glanduleux, s'insèrent aux rameaux par un pétiole ou par un rétrécissement de leur base. Les fleurs sont axillaires, solitaires, portées sur un pédoncule qu'accompagne une petite bractée, et qui se rompt facilement à son articulation. Leur corolle est belle, de couleur blanche ou jaune, et présente quelquefois six ou huit lobes au lieu de cinq.   (A. D. J.)

ANTHOCEROS. BOT. CRYPT. (*Hépatiques*.) Ce genre appartient à la famille des Hépatiques ; il a été établi par Dillen, et adopté depuis par Linné et par tous les auteurs modernes qui n'y ont fait aucun changement. Les Anthocéros ont une capsule très-longue, subulée, entourée à la base par une sorte de calice ou de gaine ; cette capsule s'ouvre en deux valves jusqu'à sa base, et présente, dans son centre, un axe ou columelle libre sur lequel sont insérées des graines nombreuses, entremêlées de filamens en spirales. Dans sa jeunesse, cette capsule est recouverte par une coiffe qui se détruit promptement. Hedwig a regardé comme les organes mâles des globules oblongs, entourés d'un anneau articulé et remplis de fluide, qui sont épars à la surface de la fronde ; on a distingué quatre espèces de ce genre qui ne sont peut-être que des variétés d'une ou deux espèces. Toutes ont une fronde rayonnante en rosette plus ou moins divisée, de la surface supérieure de laquelle naissent les capsules.

Ces Plantes croissent dans le nord de l'Europe et de l'Amérique sur la terre humide, dans les allées des bois ; il paraît qu'il en existe aussi plusieurs espèces encore peu connues dans l'Amérique équinoxiale et dans les îles d'Afrique. Bory de St.-Vincent en a rapporté deux des îles de France et de Mascareigne.   (AD. B.)

ANTHOCONUM. BOT. CRYPT. (*Hépatiques*.) Palisot de Beauvois a donné ce nom à un genre séparé des *Marchantia*, et renfermant le *Marchantia conica*. C'est le même que Raddi (*Opusculi scientifici di Bologna*) a nommé *Fegatella*. *V*. MARCHANTIA.   (AD. B.)

* ANTHODISQUE. *Anthodiscus*. BOT. PHAN. Ce genre de l'Icosandrie Polygynie, L. vient d'être récemment établi par Mayer dans sa Flore d'Essequebo ; voici les caractères que ce botaniste lui attribue : son calice est arrondi ; son limbe est plane, presque entier ; sa corolle se compose de cinq pétales caducs, oblongs ; les étamines sont extrêmement nombreuses, deux fois aussi longues que la corolle ; l'ovaire est libre, arrondi, un

peu déprimé, strié, couronné d'une vingtaine de styles : le fruit est une baie sèche, arrondie, sillonnée.

Ce genre ne renferme qu'une seule espèce, *Anthodiscus trifoliatus* (Mayer Esseq. 194), qui est un Arbre à feuilles alternes et ternées, dont les fleurs forment des épis de la longueur des feuilles. Il fleurit en août.   (A. R.)

ANTHODON. BOT. PHAN. (Ruiz et Pavon, *Flor. peruv.*, T. I. p. 45. pl. 74. 6.) *V.* HIPPOCRATEA.   (B.)

ANTHOENANTE. Du Diction. de Déterville. BOT. PHAN. *V.* ANTHAENANTIE.   (A. D. J.)

ANTHOLISE. Du Dict. de Déterville. BOT. PHAN. *V.* ANTHOLYZE.   (A. R.)

ANTHOLITHE. BOT. FOSS. Nom proposé, par Brongniart fils, dans un savant Mémoire lu au commencement de 1822 à l'Institut pour désigner les Fleurs fossiles.   (B.)

ANTHOLOMA. BOT. PHAN. La Billardière a nommé ainsi un bel Arbuste qu'il a trouvé sur les hauteurs de la Nouvelle-Calédonie, et figuré pl. 41 de l'Atlas du Voyag. à la recherche de La Peyrouse. Le calice est formé de quatre, plus rarement de deux sépales ; la corolle paraît l'être de plusieurs pétales réunis par leurs bords en une sorte de godet qui a son bord supérieur crénelé, et sa base insérée au pourtour d'un disque charnu, large et hypogyne, dont elle se sépare en se fendant circulairement. Ce même disque porte des étamines très-nombreuses (cent environ), à anthères oblongues, dressées, acuminées, et au milieu un ovaire, surmonté d'un long style qui renferme quatre loges polyspermes. Les fleurs sont grandes ; leurs pédoncules axillaires, épais, disposés comme en ombelle ; les feuilles alternes ou plutôt presque opposées, coriaces, grandes et presque entières. L'Arbuste atteint plus de quinze pieds d'élévation. De Jussieu ne partage pas l'opinion de La Billardière qui rapporte l'Antholoma aux Ébénacées. Il lui paraît avoir plus d'affinité avec le *Mar-*

gravia, dont il diffère par l'ouverture supérieure du godet qui forme la réunion de ses pétales, par l'existence d'un style et par le moindre nombre des loges de son fruit ; et il doit, par conséquent, malgré la disposition alterne de ses feuilles, prendre place dans les Guttifères près de ce genre que les indications de Richard père ont fait ranger dans cette dernière famille.   (A. D. J.)

ANTHOLYZE. *Antholyza.* BOT. PHAN. A l'exemple de Ventenat, nous réunissons ce genre de Linné aux Glayeuls, dont il ne diffère que par ses graines globuleuses et non membraneuses sur les bords. *V.* GLAYEUL.   (A. R.)

ANTHOMISES. *Anthomisi.* OIS. Vingt-deuxième famille de la Méthode ornithologique de Vieillot, dans laquelle il a placé les genres Guit-Guit, Souimanga, Colibri et Héorotaire. *V.* ces mots.   (DR..Z.)

ANTHOMYIE. *Anthomyia.* INS. C'est-à-dire *Mouche fleur.* Genre de l'ordre des Diptères, établi par Meigen aux dépens du genre Mouche de Fabricius. Latreille (Considér. génér.) le range dans la famille des Muscides auprès des Scatophages ; ailleurs (Règne Animal de Cuvier), il ne le distingue pas de ce dernier genre qu'il rapporte à la grande famille des Athéricères. Les caractères, qu'il pense devoir être assignés aux Anthomyies, sont : antennes plus courtes que la tête qui est hémisphérique et transverse ; son vertex incliné en devant ; corps peu allongé relativement à son épaisseur. — L'inclinaison du vertex et le peu d'allongement du corps distinguent seuls ces Insectes des Scatophages. *V.* ce mot. Ils diffèrent, au contraire, des autres genres par la proportion de leurs antennes, et surtout par leurs ailerons petits, leurs balanciers presque entièrement à découvert, leurs yeux toujours sessiles et leurs pates non ravisseuses. La Mouche des pluies, *Musca pluvialis* de Fabricius, sert de type à ce genre ; on y réunit aussi l'espèce nommée *meditabun-da*. La première est très-commune dans notre pays; elle se rassemble en troupes nombreuses après les pluies. (AUD.)

*ANTHONOME. *Anthonomus.* INS. Genre nouveau de l'ordre des Coléoptères, section des Tétramères, fondé par Germar, aux dépens du genre *Pallene* de Megerle, et mentionné dans le catalogue de la collection du général Dejean, qui en possède douze espèces, dont quelques-unes se rencontrent aux environs de Paris.
(AUD.)

ANTHONOTE. *Anthonota.* BOT. PHAN. Palisot de Beauvois, dans le premier volume de sa Flore d'Oware, et de Benin, a établi ce genre qui appartient à la famille des Légumineuses, Décandrie Monogynie, L. Ce genre a des rapports intimes avec les genres *Vouapa* et *Outea* d'Aublet. Il se distingue du *Vouapa* par son ovaire sessile et par ses étamines qui sont libres et au nombre de dix. Trois d'entre elles plus grandes ont, comme le dit Palisot de Beauvois, les anthères plus grosses, et pourraient bien être les seules fertiles; dans l'*Outęa* il n'y a qu'une seule étamine stérile.
Ce genre ne renferme qu'une seule espèce, *Anthonota macrophylla* (Beauv. Ow 1. t. 4ɔ), Arbrisseau qui croît sur les bords des rivières, entre les villes d'Oware et de Buenopozo, et qui offre des feuilles bi ou trijugées, dont le pétiole est renflé à sa base; des folioles très-grandes, ovales, acuminées; des fleurs en panicules axillaires. (A. R.)

ANTHOPHAGE. *Anthophagus.* INS. Nom sous lequel Gravenhorst (Coléop. micropt.) désigne un genre de l'ordre des Coléoptères, section des Pentamères, établi antérieurement par Latreille sous le nom de Lestève. *V.* ce mot. (AUD.)

ANTHOPHILES ou MELLIFÈRES. *Anthophilæ.* INS. Grande famille des Hyménoptères Porte-aiguillons, à laquelle Latreille (Règne Animal de

Cuvier) assigne pour caractères d'avoir les tarses des deux pieds postérieurs, dans les femelles et les neutres, propres à ramasser le pollen des fleurs; le premier article de ces tarses est à cet effet grand, comprimé, en carré long ou en triangle renversé. Les mâchoires et les lèvres sont ordinairement fort longues et composent une sorte de trompe. La languette est en fer de lance ou bien sétacée. Tous les Insectes qui se rangent dans cette division tirent leur nourriture du suc mielleux des Fleurs. Les larves reçoivent le même aliment mêlé au pollen et constituent une sorte de bouillie. Cette famille embrasse le grand genre *Apis* de Linné, qui est lui-même subdivisé en deux familles: les Andrenètes et les Apiaires. *V.* ces mots. Duméril emploie aussi le mot Anthophiles ou Florilèges pour désigner une famille de l'ordre des Hyménoptères; mais il lui donne une acception beaucoup moins étendue, puisqu'elle comprend seulement les genres Philanthe, Scolie, Frelon et Melline. *V.* ces mots. (AUD.)

ANTHOPHORE. *Anthophora.* INS. Genre de l'ordre des Hyménoptères, section des Porte-aiguillons, extrait par Latreille du grand genre Abeille, et ayant, selon lui, pour caractères: premier article des tarses postérieurs des femelles dilaté vers l'angle extérieur de son extrémité; second article inséré près de l'angle interne du précédent; pates postérieures toujours pollinifères; divisions latérales de la lèvre ou *paraglosses* beaucoup plus courtes que les palpes; ces palpes en forme de soies écailleuses; mandibules unidentées au côté interne; palpes maxillaires de six articles.—Les Anthophores ont en outre les antennes sétiformes ou à peine plus grosses vers le bout, ne dépassant pas la naissance des ailes dans les deux sexes; leur corps est court, gros et velu; la tête basse, comprimée, plus étroite que le corselet; l'abdomen conique et les pates postérieures très-fortes. Ce genre est fort

nombreux en espèces, et ce nombre a
été encore augmenté par les entomologistes qui, n'ayant pas su distinguer
les sexes, les ont décrits séparément.
En effet, le mâle diffère beaucoup de
la femelle par la couleur du duvet de
son corps et surtout par celle du labre. Latreille (Annales du Muséum
d'hist. uat. T. III. p. 251) nous a
donné des renseignemens curieux sur
ces Hyménoptères. On sait qu'ils font
leurs nids dans les vieux murs et dans
les terrains à pic exposés au midi.
Ils déposent dans chacun d'eux de
la nourriture et un œuf qui éclot
neuf mois après, c'est-à-dire au
printemps suivant; la larve achève
en peu de temps sa métamorphose,
et l'Insecte parfait, après avoir détruit le couvercle de terre qui fermait
sa demeure, paraît vers le printemps
et jusqu'au solstice d'été, époque à
laquelle on n'en observe plus.

Latreille avait d'abord établi ce
genre sous le nom de Podalirie; il l'a
remplacé par celui d'Anthophore, nom
qui a été aussi employé par Fabricius, mais dans un autre sens. Ce no-
menclateur place dans les Anthophores
les Insectes constituant les genres
Chelostome, Hériade, Stélide, Osmie et Mégachile; il appelle au contraire Mégille les Anthophores de
Latreille, tels qu'ils viennent d'être
décrits. Ces derniers sont compris
sous la dénomination de Lasies dans
l'ouvrage de Jurine.

Les Anthophores sont rangés (Règne Animal de Cuvier) dans la tribu
des Apiaires, famille des Mellifères;
ils avoisinent les genres Eucère, Macrocère, Melliturge, Saropode dont ils
se distinguent par un ou plusieurs
des caractères précités.

L'espèce servant de type à ce genre
est l'Anthophore hérissé, Megilla pi-
lipes de Fabricius; le mâle est figuré
par Panzer (Faun. Ins. Germ. fasc.
55. tab. 6. 8) et par Jurine (Classif.
des Hymén. tab. 11. genre 33). Cette
espèce se trouve aux environs de Paris. On en rencontre aussi plusieurs
autres dans la même localité; la mieux
observée est l'Anthophore des murs,

Megilla parietina de Fabricius, décrite et figurée par Latreille (Ann.
du Mus. d'hist. nat. T. 3. pl. 22.
mâle et femelle).   (AUD.)

ANTHOPHYLAX. BOT. PHAN. Famille des Ménispermées. Ce genre,
établi par Wendland, est le même
que le *Wendlandia* de Willdenow,
qui n'est lui-même qu'une espèce du
genre Ménisperme. *V.* ce mot. (A. R.)

ANTHOPHYLLITE. MIN. Strahl-
ger *Anthophyllit* de Werner et de
Schumacher. Minéral de la classe
des substances terreuses, qui a été découvert à Konsberg en Norwége, et
dont Schumacher a donné la première description. On l'a retrouvé
depuis au Groënland, où il est accompagné d'Amphibole aciculaire. —
Son caractère essentiel est tiré de sa
forme primitive qui, d'après les observations récentes de Haüy, est celle
d'un prisme droit rhomboïdal, de
73 degrés 44 minutes et 106° 16,
divisible dans le sens de chaque dia-
gonale, de manière que le joint qui
répond à la plus grande, a plus d'é-
clat que l'autre. Les divisions parallèles aux pans sont très-nettes; la
base n'est sensible qu'à une vive lumière. Le rapport entre le côté de
cette base et la hauteur du prisme,
est à peu près celui des nombres 9
et 4. — La pesanteur spécifique de
l'Anthophyllite est égale à 3,2. Ce
Minéral raye fortement la Chaux
fluatée, et légèrement le Verre. Sa
couleur est brunâtre; il offre, sous
certains aspects, un éclat demi-métallique. Il est composé, d'après le professeur John, de Silice, 62,66; Alumine, 13,33; Magnésie, 4,00; Chaux,
3,33; Oxyde de Fer, 12,00; Oxyde de
Mangan., 3,25; Eau, 1,43; en tout,
100,00. Haüy en possède une variété
cristallisée, qu'il nomme Anth.
quadrihexagonal, et qui a la forme
d'un prisme à six pans, terminé par
des sommets dièdres. Les autres variétés connues sont l'Anth. laminaire,
et l'Anth. aciculaire.

La Diallage métalloïde fibro-lami-
naire, dont les minéralogistes étran-

gers ont fait d'abord une espèce distincte, sous le nom de *Bronzit*, a un certain rapport avec l'Anthophyllite, surtout par ses reflets d'un brun demi-métallique. Aussi Werner a-t-il cru devoir considérer le Bronzit comme une sous-espèce de l'Anthophyllite, qu'il a appelée *Blættriger Anthophyllit*, Anth. lamelleux. Mais la diversité de structure, cachée sous l'analogie d'aspect, s'oppose au rapprochement des deux substances.

(G. DEL.)

* ANTHOPHYLLUS. BOT. PHAN. Nom par lequel Lobel , et quelques-uns des premiers botanistes qui le connurent, désignèrent le Giroflier. Ses fruits sont encore appelés quelquefois *Anthophylles. V.* ANTOFLES.

(B.)

* ANTHOPHYSE. *Anthophysis.* ZOOL? BOT? (*Arthrŏdiée* de la tribu des *Zoocarpées*). L'un des genres les plus intéressans de cette nombreuse série d'êtres mycroscopiques , dans l'histoire desquels l'observateur attentif découvre à chaque instant de nouvelles singularités. C'est dans l'Anthophyse qu'on trouve l'un des exemples les plus frappans de cette double nature dont nous indiquerons la merveille aux articles Arthrŏdiées, Métamorphoses et Zoocarpes. Pendant une partie de son existence, c'est une simple Plante ; pendant une autre, elle offre des groupes d'êtres mouvans, subordonnés les uns aux autres dans l'exercice de leurs mouvemens ; enfin arrive l'instant d'une émancipation absolue, à laquelle chaque parcelle du groupe animé doit une vie individuelle ; et cette vie s'y conserve jusqu'à ce que , comme des semences de Végétaux, ces parcelles animées retournent à la condition de Plantes. — Les caractères du genre Anthophyse consistent en des filamens simples ou divisés , tubuleux, entrelacés ou parallèles , végétans et articulés d'une manière à peine visible ; à leur extrémité apparaissent , vers une certaine époque, des rosettes composées de corpuscules hyalins,

sphériques , et ressemblant à de petites fleurs animées , dans lesquelles se développe bientôt un mouvement de rotation , souvent assez rapide. Quand ce mouvement est bien établi, ces fleurs vivantes se détachent, errent à l'aventure, comme des Pectoralins ou des Uvelles, *V.* ces mots ; et , dans cet état, l'Anthophyse pourrait entrer indifféremment dans l'un ou l'autre de ces genres d'Infusoires ; mais les molécules qui la composent ne tardent point à se disjoindre , et alors on dirait des individus du genre Monade ; nous n'avons pu surprendre ceux-ci à l'époque où , s'allongeant en filamens, ils doivent perdre la faculté locomotive la plus éminente. Après la séparation des glomérules animés , les filamens confervoïdes qui les produisirent ne paraissent plus qu'un duvet mou, plus ou moins blanchâtre , étendu sur la surface des corps inondés, et , mêlés à ceux de diverses Vorticelles, *V.* ce mot, et de deux ou trois petites Conferves ; on les a confondus avec quelques petites espèces de cette dernière famille. Le *Conferva divergens* de Roth (*Catal.* III. 180), dans sa jeunesse , n'est qu'un débris allongé de notre première espèce d'Anthophyse, considérée dans son entier comme un Volvox par Müller. Ainsi deux naturalistes distingués rapportèrent à deux règnes différens une seule et même production de la nature. Nous n'avons encore suffisamment observé que deux espèces du genre dont il est question.

ANTHOPHYSE DE MULLER, *Anthophysis Mulleri*, N., *Volvox vegetans*, Müll., Inf., 22. tab. III. fig. 22-25., Encyc., Vers., pl. II. f. 16-19 , sociale et formant des duvets étendus presqu'impalpables , à filamens rameux , vagues ou fourchus et pâles. Müller comparait cette espèce à une Sertulaire mycroscopique d'eau douce.

ANTHOPHYSE DICHOTOME, *Anthophysis dichotoma*, N.(*V.* pl. de ce Dict., Arthrŏdiées, fig. 13 , *a* , insertion sur un Salmacis, *bb*, glomérules détachés, Zoocarpes nageant de face, *c*, glomérules nageant de profil, *d*, Zoocarpes nageant individuellement). Moins social que l'*Anth. Mulleri*, à filamens brunâtres, dichotomes par faisceaux. Nous l'avons trouvée durant notre exil dans les rivières de Wesdre et d'Ourthe, non loin de Liége, parasite, sur d'autres Arthrôdiées, ou sur des Conferves, et contre les planches du fond de vieux bateaux remplis d'eau. (B.)

*ANTHOPOGON. BOT. PHAN. Nuttal, dans son *Genera of north American Plants*) fait, sous ce nom, un genre nouveau de l'*Andropogon ambiguus* de Michaux, qu'il appelle *Anthopogon lepturoides*. Mais les caractères qu'il assigne à ce nouveau genre ne nous ont pas paru suffisans pour l'adopter. En effet, le genre Andropogon, composé d'un très-grand nombre d'espèces, qui présentent beaucoup de nuances dans leurs caractères, ne peut être divisé, sans soumettre toutes les espèces à un examen attentif. *V.* ANDROPOGON. (A. R.)

*ANTHOPORA ou ANTHOPORITE. POLYP. FOSS. Nom sous lequel Hofer, dans son Traité *de Polyporitis*, désigne les Encrines fossiles. *V.* ENCRINE. (LAM..X.)

ANTHORE. *Anthora.* BOT. PHAN. *V.* ACONIT.

ANTHOS. OIS. (Aldovrande.) Syn. du Gros-Bec Verdier, *Loxia Chloris*, L. *V.* GROS-BEC. (DR..Z.)

*ANTHOSOME. *Anthosoma.* CRUST. Genre fondé par Leach, et réuni par Latreille aux Caliges. *V.* ce mot. (AUD.)

ANTHOSPERME. *Anthospermum.* BOT. PHAN. Genre de la famille des Rubiacées, Tétrandrie Monogynie, établi par Linné, qui n'en a pas bien connu la véritable structure, puisqu'il le regardait comme apétale et dioïque, tandis qu'il est réellement monopétale et hermaphrodite. — Ce genre offre un calice dont le limbe est très-petit et quadridenté; une corolle, dont le tube est court et le limbe étalé et à quatre divisions; le

fruit est oblong, sec, et se partage en deux coques monospermes. Ce genre renferme trois ou quatre espèces originaires d'Afrique, ayant un peu le port de Spermacoce. Ce sont des Herbes ou des Arbustes à feuilles verticillées, à fleurs très-petites, axillaires et sessiles. — L'*Anthospermum œthiopicum* est le genre *Tournefortia* de Pontédéra, et l'*Ambraria* d'Heister. (A. R.)

ANTHOTIE. *Anthotium.* BOT. PHAN. Famille des Campanulacées, Pentandrie Monogynie, L. Plante herbacée, humble, sans tige, à hampes indivises, à fleurs enlacées et réunies en faisceaux au-dessus de bractées foliacées, qui, recueillie sur les côtes méridionales de la Nouvelle-Hollande, a fourni à R. Brown le type de ce nouveau genre qu'il place dans sa famille des Goodénoviées. Il le fonde sur les caractères suivans: le calice est supère et quinqueparti; le tube de la corolle fendu dans sa longueur sur l'un des côtés, et son limbe a deux lèvres dont la supérieure présente plusieurs divisions auriculées à leur bord interne; les anthères sont réunies et renferment un pollen à grains simples; l'ovaire est biloculaire, polysperme; la membrane cyathiforme entoure le stigmate, en sens contraire des lèvres de la corolle. La capsule n'a pu encore être observée. (A. D. J.)

*ANTHRACE. INS. Mot employé par Lamarck pour traduire le nom grec et latin *Anthrax* qui, ayant été adopté par l'usage dans notre langue, ne doit pas être changé. *V.* ANTHRAX. (AUD.)

ANTHRACIENS. *Anthracii.* INS. Famille de l'ordre des Diptères établie par Latreille (Considér. génér.) qui lui assigne pour caractères: trompe à gaine univalve, presque cylindrique ou conique, à lèvres très-petites ou peu dilatées, ordinairement saillantes'; suçoir de quatre soies, dont deux supportant chacune un palpe; antennes de trois pièces, distantes, terminées en alène; tête de niveau avec le thorax; ailes écartées. Cette famille comprend les genres Némestrine, Muliou, Anthrax. *V.* ces mots. Elle répond au grand genre Anthrax de Fabricius conservé par Latreille dans le Règne Animal, et représentant alors la famille des Anthraciens. Tous les individus qui la composent ont un vol rapide et se nourrissent des sucs qu'ils puisent avec leur trompe.

(AUD.)

ANTHRACITE. MIN. *Glanzkohle*, Werner; *Anthracolithe* de Born. Espèce minérale de la classe des combustibles non métalliques, dont le caractère distinctif est de brûler lentement et avec difficulté, en quoi elle diffère de la Houille dont la combustion est plus ou moins facile et accompagnée d'une odeur bitumineuse. L'Anthracite est susceptible d'être divisé mécaniquement, et le résultat de cette division paraît tendre vers un prisme droit rhomboïdal. Haüy, ayant observé que la Houille conduisait à un prisme analogue, a pensé que la forme dont il s'agit pourrait bien être celle du Charbon naturel dans son état le plus ordinaire, c'est-à-dire, lorsqu'il est privé des qualités physiques qui le distinguent à l'état de Diamant. D'après cette idée, le charbon serait pur dans l'Anthracite; dans la Houille, il serait uni accidentellement au Bitume qui n'aurait aucune influence sur la forme, et communiquerait seulement au Minéral la propriété de brûler plus ou moins facilement. Mais des observations plus récentes du même savant semblent prouver que la forme primitive de l'Anthracite est celle d'un prisme hexaèdre régulier, auquel cas le résultat de division mécanique cité plus haut serait le prisme rhomboïdal de 120° et 60°, et différerait totalement de celui que donne la Houille. — La pesanteur spécifique de l'Anthracite est 1,8. Cette substance est friable: elle acquiert par le frottement, lorsqu'elle est isolée, l'électricité résineuse. Sa couleur est

noire; son éclat tire sur celui de la Plombagine. — Ses principales variétés sont les suivantes :

ANTHRACITE CRISTALLISÉ, en cristaux ébauchés, dont la forme tend vers celle d'un octaèdre aigu. Dans les mines de Houille du pays de Berg, sur la rive droite du Rhin.

ANTHRACITE SCHISTOÏDE, ayant un aspect métalloïde. Aux environs de Philadelphie.

ANTHRACITE STRATIFORME, formé de couches épaisses superposées. Aux Chalances d'Allemont.

ANTHRACITE COMPACTE ou GLOBULEUX, dans la Chaux carbonatée. A Konsberg en Norwège.

ANTHRACITE CAVERNEUX, observé par Ramond dans le Mica-Schistoïde de la vallée de Héas, plateau de Troumose.

On a cru pendant long-temps que l'Anthracite appartenait exclusivement aux terrains primitifs; mais on a reconnu depuis qu'il abonde dans les terrains secondaires où il forme des couches et des amas considérables, et même dans les terrains de transition de la Tarentaise et des Alpes (*V.* le Mémoire de Brochant, Journal des Mines. T. XXIII, p. 357). Bory de St.-Vincent et Dékin en ont observé de fort belles variétés dans la Chaux carbonatée bituminifère des Rochers d'Argenteau, aux bords de la Meuse, près de Visé, entre Liége et Maëstricht, mais sur la rive droite. On le trouve aussi adhérent au Psammite *Grauwacke*, et au Schiste alumineux.

(G. DEL.)

ANTHRACOLITE. MIN. Nom donné par de Born à une variété d'Anthracite trouvée à Schemnitz en Hongrie. *V.* ANTHRACITE. (G. DEL.)

ANTHRAX. *Anthrax.* INS. Genre de l'ordre des Diptères, extrait par Scopoli (*Entom. Carniolica*) des Mouches de Linné et de Géoffroy, adopté ensuite par Fabricius, Duméril, etc., etc., et subdivisé par Latreille en trois sous-genres : les Némestrines, les Mulions et les Anthrax proprement dits. Nous adopterons les changemens opérés par Latreille et nous circonscrirons ce dernier genre dans les limites qu'il lui assigne. Ses caractères distinctifs sont : palpes retirés dans la cavité de la bouche; trompe peu saillante; premier article des antennes sensiblement plus long que le second ; le troisième en poire ou en cône , court, terminé brusquement en une longue alène avec un stylet distinct. Meigen (Descript. Syst. des Dipt. d'Europe. T. II. p. 145) assigne à ce genre des caractères à peu près semblables , et attache quelque importance aux yeux qui sont réniformes. Les Anthrax se distinguent des Némestrines par la brièveté de leurs palpes et de leur trompe, et des Mulions par la longueur relative des deux premiers articles des antennes , par la forme du second et par celle des yeux. Ils ont cependant plusieurs traits de parenté que nous avons énumérés à la famille. Cette famille a reçu le nom d'Anthraciens (Considér. génér.), et répond au grand genre Anthrax de Scopoli , de Fabricius et de Latreille (Règne Animal de Cuvier). Dans cet ouvrage , les Anthrax appartiennent à la grande famille des Tanystomes. Ils volent avec légèreté ; on les trouve en été dans des lieux sablonneux ou exposés au midi ; plusieurs ont les ailes bariolées et d'autres tout-à-fait transparentes : leur larve n'est pas encore connue. Parmi les espèces qui se rencontrent en France et aux environs de Paris, nous citerons l'Anthrax hottentote , *A. hottentota* , ou la *Musca hottentota* de Linné ; elle peut être considérée comme le type du genre, et est la même que l'*Anthrax circumdata* d'Hoffmansegg et de Meigen. Degéer la représente (Ins. T. VI , pl. 2. fig. 7) sous le nom de *Nemotelus hottentotus.* — Schœffer l'a figurée (*Icon.* tab. 12. fig. 10-12. et tab. 76. figure 7); elle se trouve sur les Fleurs. Une autre espèce très-commune est l'Anthrax Morio , *A. Morio* , ou la Mouche à ailes noires bordées de blanc ondé, de Géoffroy, figurée par Degéer sous le nom de *Nemotelus Mô-*

rio (*loc. cit.* fig. 13); elle est la même que l'*Anthrax sinuata* de Meigen. Cet entomologiste décrit cinquante-huit espèces qui se trouvent toutes en Europe.   (AUD.)

ANTHRÈNE. *Anthrenus.* INS. Genre de l'ordre des Coléoptères, section des Pentamères , extrait des grands genres Coccinelle et Byrrhe de Linné par Géoffroy qui lui donnait pour caractères : antennes droites, en masse solide , un peu aplatie. Ceux que lui assigne Latreille sont beaucoup plus précis : antennes droites , en masse presque solide ou composée d'articles très-serrés , étant reçus dans les cavités pratiquées aux angles antérieurs du corselet ; mandibules point saillantes ou petites ; sternum du prothorax dilaté antérieurement pour recevoir la bouche , pates contractiles , et jambes se repliant sur le bord postérieur des cuisses.

Le corps de ces Insectes est ovale, arrondi, recouvert d'une poussière composée d'écailles triangulaires, peu adhérentes , très-faciles à enlever , et qui sont la cause des couleurs de l'Animal ; les antennes sont un peu plus courtes que le corselet ; la bouche offre des mandibules, des mâchoires et quatre palpes filiformes ; la tête est petite , inclinée , reçue dans le prothorax qui la cache en partie ; les pates ont cinq articles très-distincts , presque coniques ; le dernier est terminé par deux crochets.

Le genre Anthrène est rangé par Latreille (Considér. génér.) dans la famille des Byrrhiens. Ailleurs (Règne Animal de Cuv.), il le place dans celle des Clavicornes, après l'avoir considéré comme une division du grand genre Byrrhe. Dans la Méthode de Duméril , il appartient à la famille des Stéroceres ou Globulicornes.

L'histoire des Anthrènes est assez bien connue , surtout à l'état de larve. Degéer (Ins. T. IV) nous a transmis des détails fort exacts et très-curieux. — Les Insectes parfaits se trouvent quelquefois en très-grande quantité sur les Fleurs, dont ils sucent la liqueur mielleuse ; on les rencontre aussi dans nos habitations. — La larve doit nous intéresser sous plusieurs rapports. Elle se nourrit des matières animales desséchées ; attaque les pelleteries, les Oiseaux, les Insectes, et détruit bientôt en entier les collections, si on n'apporte aucun remède à ses dégats. Son corps est composé de douze ou treize anneaux, les trois premiers supportant chacun une paire de pâtes écailleuses, terminées par un crochet courbé, et garnies de petits poils courts ; la peau du reste du corps est elle-même recouverte de poils érectiles, dirigés en arrière, plus nombreux sur les côtés et à la partie postérieure où ils sont groupés en faisceaux. Cette disposition sert à distinguer ces larves de celles des Dermestes, avec lesquelles elles ont plusieurs rapports, mais qui n'offrent pas de houppes. Degéer a fait voir que les poils ne sont pas simples, mais hérissés dans toute leur longueur de petites épines. — La tête est arrondie, dure ; elle supporte des antennes composées de trois articulations, et des mandibules assez fortes, au moyen desquelles l'Animal détruit tout ce qu'il rencontre. C'est à la fin de l'été qu'elle fait les plus grands ravages ; à cette époque elle a acquis son plus grand développement, et a déjà changé plusieurs fois de peau. Elle passe bientôt à l'état de Nymphe ; et cette métamorphose s'opère sans que la larve se dépouille de sa dernière enveloppe, qui constitue un fourreau à la peau de la Chrysalide. L'Insecte parfait éclot vers le printemps.

On a proposé et employé plusieurs moyens pour la destruction de ces Insectes : les vapeurs sulfureuses, les fumigations de plusieurs Plantes, entre autres celles du Tabac ; le Camphre, les préparations d'Arsénic, les dissolutions de Sublimé corrosif dans l'Esprit de Vin, et surtout le soin que l'on prend de clore exactement les objets que l'on veut conserver, sont des préservatifs généralement employés et très-efficaces ; il est bien plus difficile d'arrêter le ravage, lorsqu'il est

commencé, et, dans cette circonstance, tous les moyens échouent complétement, non que l'Animal résiste à toutes ces épreuves, mais parce qu'elles ne l'atteignent pas.

L'espèce la plus commune, celle qui nuit davantage à nos collections, et qu'il nous importe le plus de connaître, est l'Anthrène destructeur, *A. musæorum*, Fabr. Oliv. (Coléopt., T. 11. pl. 1. fig. 1), qui est la même que l'Amourette de Géoffroy (Ins. T. 1. p. 115), et le Dermeste des cabinets de Degéer (*loc. cit.*, p. 203. pl. 8. fig. 11 et 12). — L'Anthrène à bandes, *A. verbasci*, de Fabricius, sert de type au genre. On la trouve en Europe sur les Fleurs. On rencontre quelques autres espèces en France et aux environs de Paris ; le général Dejean en possède neuf dans sa belle collection (Catal. des Coléopt.). Plusieurs parmi elles sont exotiques.
(AUD.)

ANTHRIBE. *Anthribus*. INS. Genre de l'ordre des Coléoptères, section des Tétramères, fondé par Géoffroy (Hist. des Ins., T. 1. p. 306), qui lui assigne pour caractères : antennes en masse composée de trois articles, posées sur la tête ; point de trompe ; corselet large et bordé ; tarses garnis de pelottes. La plupart des entomologistes qui sont venus ensuite ont adopté le nom générique d'Anthribe, mais en lui donnant quelquefois une acception différente. Degéer a établi, sous le nom d'Anthribe, un genre d'Insecte ayant pour type le *Silpha rustica* de Linné et Fabricius. Cette espèce appartient au genre des Erotyles, selon Olivier, et à celui des Triplax, suivant Duméril. Fabricius et Schœffer n'admettent dans leur genre Anthribe que les espèces décrites par Géoffroy, sous les numéros 1, 2 et 3. — Olivier (Encyc. méth.) range dans son genre Anthribe les espèces numérotées 1, 2, 3, 4, 5, 6, 7, c'est-à-dire toutes celles décrites par Géoffroy dans le même genre ; puis, par une contradiction assez singulière avec lui-même, il crée, dans le même ouvrage, un genre Macrocéphale, et y mentionne encore les espèces numéros 1, 2 et 3, oubliant qu'il les avait rapportées précédemment au genre Anthribe. La confusion qui règne dans ce cas nous fait un devoir d'adopter l'opinion d'un savant quelconque, et nous nous arrêterons à celle de Latreille et de Fabricius.—Le genre Anthribe se composera des espèces nᵒˢ 1, 2 et 3 de Géoffroy, et de plusieurs espèces non décrites par cet auteur ; il répondra au genre Macrocéphale d'Olivier, et aura pour caractères : tête prolongée antérieurement en un museau plat; palpes très-distincts, filiformes ; labre apparent ; antennes en massue de trois articles : yeux entiers. Les Anthribes ont quelque analogie avec les Charansons, dont ils diffèrent par leurs palpes distincts et leur labre apparent. Ils ressemblent beaucoup plus aux Bruches, avec lesquels on ne peut toutefois les confondre à cause des Antennes filiformes de ces dernières. — Les Insectes qui nous occupent offrent encore plusieurs autres caractères qui résident dans la forme du corps qui est ovoïde; dans les mandibules qui souvent sont unidentées ou bidentées à leur côté interne ; dans les mâchoires qui offrent deux divisions; l'externe ressemblant à un palpe; enfin, dans le menton profondément échancré et ayant la figure d'un croissant.

Les Anthribes sont rangés par Latreille (Consid. génér.) dans la famille des Bruchèles, et ailleurs (Règne Animal de Cuvier) dans celle des Rhinchophores ou Porte-bec. Parmi les sept espèces que Géoffroy a mentionnées depuis la page 306 jusqu'à la page 309, les trois premières appartiennent, comme nous l'avons dit, au genre Anthribe de Fabricius et Latreille; la quatrième, suivant ce dernier auteur, est du genre Nitidule, et les trois autres doivent être rangées avec les Phalacres de Paykull : ce sont elles qui composent spécialement le genre Anthribe d'Olivier. — Outre ces sept espèces, Géoffroy (loc. cit. Suppl. p. 557) en a ajouté cinq

autres que les auteurs précités semblent avoir négligées, et qui, dans des méthodes modernes, doivent peut-être trouver place ailleurs. Quoi qu'il en soit, les Anthribes sont d'assez petits Insectes, se rencontrant en été sur les troncs et les écorces des Arbres ; leur larve n'est pas connue. — L'Anthribe latirostre, *A. latirostris*, Fabr. ou l'Anthribe noir strié de Géoffroy (loc. cit. pl. 5. fig. 2), figuré par Olivier (Coléop. T. IV. pl. 1. fig. 6), peut être considéré comme le type de ce genre ; il n'est pas rare sur le Chêne au mois de juillet. Le général Dejean possède, dans sa collection, vingt-quatre espèces d'Anthribes. Le plus grand nombre sont étrangères à l'Europe.   (AUD.)

* **ANTHRINE.** INS. Nom donné par Aristote à des Insectes hyménoptères que Duméril suppose être la Guêpe et le Frelon.   (AUD.)

ANTHRISCUS. BOT. PHAN. Genre établi par Gaertner, et dans lequel on a réuni toutes les espèces de *Scandix* et de *Chœrophyllum* de Linné, dont le fruit est hérissé de pointes. Il ne nous paraît pas différer essentiellement des Caucalis. *V*. ce mot.

                    (A. R.)

ANTHROCÈRE. *Anthrocera.* INS. Genre de l'ordre des Lépidoptères établi par Scopoli, et rapporté par Latreille à celui des Zygènes. *V*. ce mot.   (AUD.)

ANTHROPOIDE. OIS. Genre établi par Vieillot dans la famille des Ærophones, pour y placer la Demoiselle de Numidie, *Ardea Virgo*, L. et *Ardea pavonia*, L. *V*. GRUE.
                    (DR..Z.)

ANTHROPOLITHE OU **ANTHROPOLITE.** GÉOL. Ossemens humains ou portions du corps de l'Homme qui auraient été conservés à l'état fossile dans des couches régulières de la terre. Si l'on donne au mot fossile l'acception rigoureuse qui lui convient, il résulte des recherches des anatomistes et des géologues qu'il faut douter de l'existence de véritables Anthropolithes. En effet, d'un côté des ossemens qui avaient été regardés comme ceux de l'Homme, se sont trouvés, après un mur examen de la part des anatomistes, être ceux de divers grands Animaux mammifères ou Reptiles, et d'un autre les substances pierreuses, au milieu désquelles on a découvert des portions de squelette dont l'origine humaine ne pouvait être contestée, ont été considérées par les géologues comme étant des concrétions stalactiformes ou bien des agglomérations arénacées, analogues à celles qui, dans plusieurs localités très-circonscrites, se forment encore de nos jours, et qui, par conséquent, ne présentent aucun des caractères des couches dont la formation ou le dépôt puisse être rapporté à l'une des révolutions qui ont agité la surface de la terre.

Pendant long-temps on a pris pour des os de géans ceux que l'on rencontre, sur presque tous les points du globe, dans les terrains meubles les plus nouveaux; mais on a reconnu que ces énormes fragmens de squelette avaient appartenu à des Mastodontes, des Eléphans, des Rhinocéros; etc., dont les races sont perdues.

On avait considéré comme des os du crâne d'un Homme, des os plats contenus dans une roche calcaire des environs d'Aix; Lamanon et Cuvier ont fait voir qu'ils n'étaient que des portions de carapace de Tortue. Ce dernier savant a également démontré que c'était à une grande espèce de Reptile, voisin du genre *Proteus*, qu'il fallait rapporter le fameux Fossile des Schistes calcaires d'Œningen, que Scheuchzer, dans une dissertation célèbre, qualifia, en 1726, d'Homme témoin du déluge, *Homo diluvii testis* et *Theoskopos*. L'opinion de Scheuchzer avait prévalu dans le monde savant, jusqu'en 1758, époque à laquelle J. Gesner éleva des doutes sur l'origine du squelette d'Œningen, et commit une nouvelle erreur en le considérant comme celui d'un Poisson du genre Silure.

Cuvier pense également que les brèches osseuses qui remplissent quelques fentes des rochers de Gibraltar, de ceux des côtes de Nice, de la Dalmatie et de plusieurs îles de l'Archipel, ne contiennent que des ossemens de Quadrupèdes, contre l'opinion de Spallanzani qui avait cru y voir des os humains.

Tels sont les principaux faits sur lesquels des connaissances imparfaites en anatomie comparée avaient établi l'existence d'Anthropolithes; il nous reste à examiner les faits d'une autre nature qui ont concouru à propager la même opinion.

L'un des plus remarquables et qui a vivement excité l'attention des géologues, est la découverte récente que l'on a faite, sur les côtes de la Grande-Terre à la Guadeloupe, d'ossemens qui ont incontestablement appartenu à des individus de la race humaine, et qui sont enclavés dans une roche calcaire fort dure. Kœnig a donné, dans les Transactions philosophiques de 1814, la description et la figure d'une portion de squelette qui avait été extrait, avec la gangue qui l'enveloppe, par les ordres du général français Ernouf. Les os sont très-friables, ils ont offert à l'analyse chimique tout le phosphate de Chaux et la quantité de Gélatine que donneraient des ossemens peu anciens; la Pierre qui les renferme se trouve au-dessous de la ligne des hautes marées, elle est évidemment composée de petits grains arrondis, de débris de Zoophytes, de Madrépores, etc., réunis par un ciment calcaire souvent très-compacte; elle renferme des coquilles qui ne diffèrent pas des espèces vivantes, et parmi elles on a retrouvé le *Turbo Pica* avec ses couleurs et un *Helix*. Elle contient même des fragmens de Basalte et des instrumens fabriqués par la main des hommes. Des agglomérats de la même nature se forment journellement sur plusieurs points des côtes des îles des Antilles, où les Nègres les désignent même sous le nom particulier de *Maçonne-bon-Dieu*. Depuis long-temps on a signalé, sur plusieurs points des bords de la mer, en Italie, et notamment près Messine, la formation de Roches aré-nacées; Bory de Saint-Vincent a décrit, dans le tome troisième de son Voyage aux quatre îles d'Afrique, une Roche composée mi-partie de débris marins et de fragmens de productions volcaniques, qui se forme et augmente, pour ainsi dire, à vue d'œil, et qui s'est déjà approprié des fours à chaux abandonnés, sur le bord du rivage, par les premiers colons de l'île Mascareigne: nous-mêmes nous avons eu l'occasion d'examiner, sur la côte de Normandie, non loin de l'embouchure de la rivière de Caen, des agglomérats de sable, de cailloux roulés, de fragmens de coquilles non fossiles, telles que des *Mytilus*, des *Cardium*, des *Turbo maritimus*, réunis par un ciment spathique, qui fait du tout une Roche très-dure, et qui cependant ne peut avoir une origine ancienne. L'analogie porte donc à faire attribuer l'existence de la Roche de la Guadeloupe à une formation très-récente, et à faire considérer les squelettes qu'elle renferme, dans une localité particulière, comme ceux de naufragés.

On trouve dans le Journal de Physique, pour le mois de mars 1821, une note d'Hombras Firmas sur des ossemens humains accumulés dans une caverne calcaire de Durfort, département du Gard, appelée dans le pays, *Baoumo des morts*; mais ces os ne sont pas fossiles; ils sont recouverts de Stalactites, et ils paraissent avoir été inhumés dans ce lieu à la suite d'une bataille. Schlotheim a réduit à des doutes l'annonce positive que l'on avait faite de portions solides du corps de l'Homme, trouvées dans des couches de formation ancienne près de Kœstritz. D'après tout ce qui précède, on voit que rien ne constate la découverte de véritables Anthropolithes, et il faut remarquer que la non existence de Fossiles humains n'est pas un fait isolé en géologie; elle se lie à cette observation générale, d'une haute importance, qu'on n'a pas encore trouvé dans cet état fossile

les Animaux dont l'organisation présente le plus de rapports avec celle de l'Homme, comme les Singes, les Chauve-Souris, et que parmi les Fossiles incontestables, les êtres qui s'en éloignent le moins se voient graduellement dans les couches les plus récentes du globe. *V.* Fossiles.

Nous joignons à cet article la figure de l'*Homo diluvii testis* de Scheuchzer; on la trouvera dans les planches de notre Dictionnaire, fig. 1. comparée à celle d'une tête de Salamandre, fig. 2, et la figure au trait du squelette humain de la Guadeloupe conservé au Muséum britannique, fig. 3.   (C. P.)

ANTHROPOMORPHE. MAM. C'est-à-dire *ayant la forme humaine*. Nom donné par quelques anciens naturalistes à des êtres fabuleux qu'on disait être moitié Hommes et moitié Animaux, tels que les Syrènes, Tritons, Satyres, Égypans, Centaures, etc. (B.)

ANTHROPOMORPHES. MAM. Nom que, dans les premières éditions de son *Systema naturæ*, Linné donnait au premier ordre des Mammifères. Dans plusieurs de ses écrits, mais surtout dans son Discours sur les Animaux communs aux deux continens, Buffon a critiqué durement, non-seulement l'emploi, mais encore les principes même des Méthodes où de tels ordres se trouvaient établis; il a surtout ridiculisé le rapprochement fait par Linné de l'Homme et du Lézard écailleux, *Myrmecophaga tetradactyla*, etc. Linné, dans sa dixième édition, corrigea beaucoup d'inconvenances de ses distributions précédentes; une étude plus attentive des caractères extérieurs lui fit deviner avec beaucoup de bonheur, les vrais rapports naturels des quatre divisions de son premier ordre que l'anatomie a sanctionné depuis, malgré toutes les critiques, et qu'il nomma Primates.

Les erreurs de Linné tenaient à l'ignorance où l'on était alors de l'anatomie comparée: telle a aussi été la source du mépris que Buffon faisait des Méthodes. Avec un peu plus de connaissances anatomiques, cet écrivain aurait cependant vu combien il y avait de convenances d'organisation entre des êtres qu'il croyait d'une nature fort disparate. Car, ce mot nature que veut-il dire, sinon les propriétés nécessaires d'un être? et ces propriétés d'où viennent-elles, sinon de la composition matérielle? or, la méthode bien faite, en constatant les différences et les ressemblances d'organisation, peut seule découvrir ce que nous pouvons savoir de la nature des Animaux. Les genres ne sont autre chose que les groupes d'espèces faites sur un modèle commun, et, par conséquent, de mœurs et d'habitudes fort analogues, puisque ces choses sont le résultat mécanique de la figure des organes.

Voici le caractère de ce premier ordre de Linné, tel qu'il fut rectifié depuis sous le nom de Primates : dents antérieures, incisives; les supérieures parallèles au nombre de quatre (excepté dans quelques espèces de Chauve-Souris, où ce nombre est d'un ou de deux seulement); deux mamelles pectorales; les deux pieds sont des mains, et la plupart des ongles ovales et plats; régime frugivore; un petit nombre vit de proie.

Il est clair que, par l'avant-dernier caractère, l'Homme était exclu de cet ordre dont les divisions n'ont de commun que la position des mamelles. Nous dirons plus en détail au titre de ces divisions, d'ailleurs bien naturelles et vérifiées depuis par l'ensemble des caractères anatomiques, les motifs de leur séparation en autant d'ordres différens. Les Primates contenaient l'Homme, les Singes, les Lémuriens et les Vespertilions.

(A. D..NS.)

ANTHROPOMORPHITES. ZOOL. FOSSIL. Nom impropre donné à des Pétrifications où l'on croyait reconnaître quelque ressemblance avec des débris humains, et qui a été rejeté quand on a reconnu que ces Pétrifications étaient des restes de Tortues. *V.* ANTHROPOLITHE. (B.)

* **ANTHROPOMORPHITES. BOT.** D'anciens botanistes, amateurs du merveilleux, appelèrent ainsi quelques Plantes ou parties de Plantes dans lesquelles ils croyaient apercevoir certaines ressemblances avec le corps humain; telles étaient les racines de la Mandragore qu'on appelait mâle et femelle, au gré de l'imagination. Seger et Sterberck ont décrit et figuré des Champignons Anthropomorphes; mais ces merveilles ont disparu de l'Histoire naturelle, depuis qu'elle est philosophiquement étudiée. (B.)

ANTHROPOPHAGES. ZOOL. *V.* HOMME.

ANTHURA. *Anthura.* CRUST, Genre de l'ordre des Isopodes, section des Ptérygibranches, établi par Leach dans son tableau de classification, inséré dans le T. XI des Transactions de la Société Linnéenne; l'espèce qui lui sert de type est l'*Oniscus gracilis* de Montagu (Linn. Sociét. Trans. T. IX. tab. 8. fig. 6). Ce genre, placé par Leach entre les Sténosomes et les Campécopées, appartient à sa sous-classe des Malacostracés et à la section troisième de sa légion des Edriophthalmes; il est intermédiaire entre les Idotées et les Sphéromes.

(AUD.)

ANTHUS. OIS. Syn. de Farlouse, *V.* PIPIT. (DR..Z.)

ANTHYLLIDE. *Anthyllis.* BOT. PHAN. On nomme ainsi un genre appartenant à la famille des Légumineuses, et caractérisé par un calice ventru, terminé par cinq dents inégales, et persistant; une corolle papilionacée, dont l'étendard surpasse en longueur les ailes et la carène; dix étamines monadelphes; une gousse petite, s'ouvrant en deux valves et contenant dans une seule loge de une à douze graines. —Il comprend vingt-quatre espèces environ; les unes herbacées, les autres frutescentes, et parmi lesquelles on doit remarquer les *Anthyllis Vulneraria, Barba-Jovis, erinacea, cretica*, comme types d'autant de genres établis, les trois premiers par Tournefort; le dernier par Linné, sous le nom d'*Ebenus*

28*

L'*Anthyllis Vulneraria*, la seule espèce de ce genre qui croisse aux environs de Paris, est une Plante herbacée haute de huit à dix pouces, dont les feuilles, la plupart radicales, sont composées de folioles très-inégales, et dont les fleurs forment une tête partagée en deux bouquets adossés l'un contre l'autre, et garnis chacun à leur base d'une bractée digitée. Les calices sont velus; les corolles jaunes, ou blanchâtres, ou purpurines, suivant les variétés. — L'*Anthyllis Barba-Jovis*, L., Arbrisseau de quatre à cinq pieds qu'on rencontre sur les côtes maritimes de la Provence; à feuilles composées de quinze à dix-sept folioles, ovales, oblongues et petites; à fleurs jaunes et ramassées en têtes garnies de quelques bractées; se fait remarquer par le duvet court, soyeux et argenté qui couvre ses jeunes rameaux et ses feuilles. L'*Anthyllis erinacea* est un Arbrisseau épineux, à feuilles simples et à fleurs bleues, originaire de l'Espagne et de la Barbarie. L'*Anthyllis cretica*, Lam., *Ebenus cretica*, Lin., présente un calice surmonté de cinq arêtes plumeuses, un peu plus longues que la corolle, des ailes très-petites et une seule graine velue. Sa tige frutescente est garnie de feuilles pinnées, à folioles égales et ternées, accompagnées de bractées ovales et scarieuses; ses fleurs sont disposées en épis. — Les *Anthyllis* habitent les régions méridionales. Les *Anthyllis montana*, *tetraphylla*, *Gerardi*... peuvent encore être comptées parmi celles qui croissent en France.

Ce même nom d'*Anthyllis* a été encore donné par Adanson à un genre de la famille des Caryophyllées, le *Polycarpon* de Linné; et par Rai, au genre *Cressa*, lequel appartient aux Convolvulacées. (A. D. J.)

ANTIARE. *Antiaris*. BOT. PHAN. Genre établi par Leschenault dans les Annales du Muséum d'Histoire naturelle, pour un Arbre très-véneneux de Java, qui produit l'Ipa ou Upas, l'un des poisons végétaux les plus actifs. Ce genre fait partie de la famille des Urticées, dans laquelle il doit être placé entre les genres Brosimum de Swartz et Olmedia de la Flore du Pérou. Voici les caractères qui le distinguent · les fleurs sont unisexuées; les mâles réunies sur un involucre creux, découpé et multiflore, ayant leur calice quadrifide et donnant attache à quatre étamines; dans les fleurs femelles, l'involucre est uniflore, urcéolé à sa base et multifide à son sommet; le calice manque; l'ovaire, en partie soudé avec l'involucre, renferme un seul ovule renversé; le style est biparti; le fruit est une sorte de drupe formée par l'involucre qui s'est accru autour de l'ovaire.

On ne connaît encore que deux espèces de ce genre : l'*Antiaris toxicaria* de Leschenault et l'*Antiaris macrophylla* de Brown. — La première, que l'on désigne plus particulièrement sous les noms d'*Ipo* et d'*Upas Antiar*, est un très-grand Arbre; son tronc s'élève quelquefois à plus de cent pieds de haut, sur environ quinze à vingt pieds de circonférence; ses feuilles sont alternes, pétiolées, caduques, coriaces et onduleuses; ses fleurs sont monoïques. Lorsque l'on fait des entailles à son tronc, il s'en écoule un suc résineux très-abondant, qui est la partie vénéneuse de la Plante. *V.* IPO et UPAS

La seconde espèce a été observée par Robert Brown dans les lieux pierreux, sur les côtes de l'île Company, vers la côte septentrionale de la Nouvelle-Hollande. C'est un petit sous–Arbrisseau remarquable par la grandeur de ses feuilles. Robert Brown en a donné une bonne description et une excellente figure dans ses *General Remarks*. 70. t. 5. (A. R.)

*ANTI-BARILLET. MOLL. Nom donné par Géoffroy, dans son Traité des Coquilles des environs de Paris, à une petite espèce d'Hélice du genre Maillot, *Pupa* de Lamarck. C'est le *Pupa quadridens* de Draparnaud. *V.* HÉLICE et COCHLOGÈNE. (F.)

* ANTICEPHALEA. BOT. PHAN. (Commerson.) Syn. de PREMNA, *V.* ce mot, du nom d'*Arbre à migraine*

que les Créoles de l'Ile-de-France donnent à cet Arbre. (B.)

ANTICHORUS. BOT. PHAN. Genre de la famille des Tiliacées que Scopoli nomme *Caricteria*, et qui a pour caractères : un calice à quatre sépales caduques, quatre pétales, huit étamines à anthères arrondies, un style, un stigmate, une capsule oblongue, en forme de silique, à quatre loges polyspermes, et s'ouvrant en quatre valves. On en connaît une seule espèce, l'*Antichorus depressus*, L. petite Herbe originaire de l'Arabie, à feuilles alternes, munies de stipules, et portées sur d'assez longs pétioles, à fleurs jaunes, axillaires, très-petites ; elle est figurée pl. 295 des Illustrations de Lamarck. (A. D. J)

ANTIDESME. *Antidesma*. BOT. PHAN. Ce genre, établi par Linné dans la Dioëcie Pentandrie, et placé par Jussieu parmi les *Incertæ sedis*, nous paraît devoir être rapporté à la famille naturelle des Térébenthacées. Il se reconnaît à ses fleurs unisexuées ; son calice très-petit, à cinq divisions ; il n'a point de corolle, mais seulement un disque glanduleux qui en tient lieu. Dans les fleurs mâles, les cinq étamines sont insérées sur ce disque ; dans les fleurs femelles, c'est un ovaire à une seule loge et à une seule graine, surmonté d'un style que terminent trois à cinq stigmates : le fruit est une petite drupe ovoïde, pyriforme, dans laquelle se trouve un petit noyau monosperme. Ce genre se compose de huit à dix espèces qui croissent dans les contrées chaudes des deux Indes. Ce sont des Arbres à feuilles simples, alternes, accompagnées de stipules, et dont les fleurs constituent ordinairement des épis axillaires. : (A. R.)

*ANTIFTORA. BOT. PHAN. (Avicène.) Syn. d'Aconit. *V.* ce mot. (B.)

ANTIGONE. OIS. Syn. de Grue à collier des Indes orientales, *Ardea Antigone*, L. *V.* GRUE. (DR..Z.)

*ANTILOCHÈVRE. MAM. *V.* CHÈVRE.

ANTILOPE. MAM. Genre de Ruminans, caractérisé par des cornes creuses, rondes, ayant des anneaux saillans ou des arêtes en spirale, et dont les chevilles osseuses sont solides intérieurement. — Ce caractère extérieur, établi par Géoffroy, dans son Mémoire sur les prolongemens frontaux des Ruminans (*V.* Mém. de la Soc. d'Hist. nat. de Paris, in-4°, an 7) est le seul à peu près positif des Antilopes; il n'est pourtant pas propre à toutes les espèces ; car le Gnou, le Nilgau et le Chamois ont des cornes lisses, dont les chevilles commencent même à être celluleuses dans les deux premiers. On devra encore restreindre ce caractère tiré de la considération des cornes, si les deux Ruminans, découverts récemment vers les sources du Missouri, et décrits et figurés dans les Transactions Linnéennes de 1821, sont réellement reconnus Antilopes, d'après l'ensemble de leur anatomie ; car dans ces deux Animaux les cornes ne sont plus simples, mais bifurquées. Cette bifurcation ne serait peut-être pas d'ailleurs un motif suffisant de séparer ces deux espèces du genre Antilope, car les cornes du Nilgau offrent un passage vers cette disposition ; il existe un rudiment de ramification, qui n'a pas encore été remarqué, à l'angle effilé que forme antérieurement la base de la corne de cet Antilope, base dont la figure triangulaire a déjà été décrite par W. Hunter. Le caractère le plus constant peut-être, et que j'ai vérifié dans des espèces fort différentes entre elles, ce qui fait présumer qu'il ne manque pas dans les plus rapprochées, est pris de l'ostéologie de la tête; la sphénoïde et le pariétal ou ne s'articulent pas, ou ne se rencontrent que par une pointe aiguë dans les Antilopes, tandis que dans les Cerfs et les Chèvres, l'articulation de ces deux os est constante, et se fait par un bord de huit à douze lignes d'étendue. Tous les autres caractères sont encore bien moins constans que celui des cornes; néanmoins, celui du nombre des dents ne varie très-probablement pas, comme on l'avait cru d'après Pallas. Toutes les espèces voisines du Nanguer, sujet de cette prétendue anomalie, montrent bien huit incisives, dont les deux intermédiaires, comme Pallas le dit du Nanguer, ont effectivement un excès de largeur fort remarquable, qui rend plus sensible le décroissement presque linéaire des trois collatérales. —Cette inégalité des incisives, et leur contiguité face à face et non bord à bord, forment une double disposition dont il n'y a pas d'exemple hors des Ruminans. Mais cette disposition, bien que commune à la plupart des Antilopes, ne leur est pas non plus générale; elle n'est pas même constante dans les espèces les plus analogues au type; et comme elle se retrouve dans des espèces d'un autre genre, le *Cervus Muntjac*, par exemple, il suit que l'on en peut faire un caractère encore moins que des brosses aux poignets, des larmiers et des poches inguinales propres à des espèces séparées en différens groupes, par la figure de leurs cornes. —Une autre anomalie plus remarquable s'observe dans une espèce, le Saïga: il n'a que cinq vertèbres lombaires; tous les autres en ont six; mais il n'y a pas plus de raison de séparer pour cela le Saïga des Antilopes, qu'il n'y en aurait de séparer des Bœufs, l'Aurochs, qui a une paire de côtes de plus que ses congénères. De pareilles anomalies d'une espèce à l'autre, quand d'ailleurs celles-ci offrent les plus grandes convenances spécifiques, prouvent péremptoirement une diversité primitive.

Malgré cette absence de caractères positifs qui pourrait jeter quelque doute sur l'unité du genre des Antilopes, ces Animaux ne sont pas moins séparés nettement des Cerfs et des Chèvres, avec qui on a voulu en confondre plusieurs. Cette séparation résulte d'un nombre de caractères négatifs plus que suffisans. A ceux déjà indiqués, il faut ajouter l'extrême petitesse de leurs ongles rudimentaires, la présence d'une vésicule biliaire, qui manque aux Cerfs; enfin, la récurrence des poils surépineux du dos

et du cou dans des espèces appartenant, par les cornes, à des groupes différens.

Le muscle contracteur de la peau est très-fort chez les Antilopes; aussi froncent-ils la peau et secouent-ils les poils, plus roides même que ceux des Cerfs, avec beaucoup de force. Il y a une espèce d'horripilation habituelle chez plusieurs espèces: ce qui ne les préserve pourtant pas toujours de l'avidité des Hippobosques et autres Insectes.

Buffon a été induit en erreur quand il a dit que l'âge était indiqué par le nombre des anneaux aux cornes des Antilopes. Pallas a vérifié sur l'*Antilope Cervicapra*, que, malgré l'augmentation réelle du nombre des anneaux avec l'âge, néanmoins il n'y avait pas de rapport entre ces deux progrès; les cornes croissent aussi d'autant moins que l'Animal est plus âgé. Il est présumable que le résultat de cette observation est commun à tous les Antilopes. Excepté dans l'Antilope Gazelle et ses trois variétés, l'*A. caama*, l'*A. orix* et l'*A. leucophœa*, jamais les femelles ne portent de cornes.

D'après Pallas, qui admet le témoignage unanime de personnes, selon lui irrécusables, le nombre des cornes ne serait pas plus nécessairement constant dans le Saïga, et sans doute ses congénères, que dans les Béliers et les Chèvres; il y en aurait quelquefois trois, quelquefois une seule, alors monstrueusement développée. Steller, qui avait eu aussi connaissance de quelques cas pareils, proposa même, comme des espèces constantes, les individus unicornes. C'est peut-être d'après un accident de ce genre que les anciens auraient fait leur Monocéros. De Blainville a proposé aussi comme sujet d'une espèce distincte, un crâne à quatre cornes. Nous ne croyons pas admissible l'*A. quadricornis*, comme espèce, par la même raison qui fait rejeter à Pallas l'*unicornis* de Steller.

Les Antilopes, comme les autres Ruminans, à cornes persistantes, se trouvent dans l'ancien continent et le nord du nouveau ; mais leurs espèces n'y vivent pas mêlées ; elles restent renfermées dans des limites constantes qu'elles ne paraissent avoir jamais franchies ; cette fixité de leurs habitations prouve bien que la diversité des espèces ne dépend pas de l'altération d'un ou de plusieurs types primitifs, par le climat ; car rien aujourd'hui n'empêcherait plus qu'autrefois ces migrations supposées : or, ainsi que nous le dirons plus loin, il est des Antilopes qui ne quittent pas certaines contrées d'où l'expatriation serait cependant facile et en apparence indifférente. D'ailleurs, ce ne sont pas les espèces les plus distantes par les régions qu'elles habitent, qui diffèrent le plus ; au contraire les dissemblances sont plus grandes et plus nombreuses entre des espèces du même pays : telles sont les nombreux Antilopes de l'Afrique méridionale ; or, l'influence d'un climat commun devrait plutôt effacer que perpétuer les différences spécifiques si, au lieu d'être un fait primitif, elles étaient le produit accidentel d'une diversité antérieure des climats. Mais cette uniformité d'influence, malgré la durée de son action, n'a pu confondre les espèces compatriotes de l'Afrique méridionale et les ramener à l'unité. On ne peut pas dire pourtant que le croisement des races s'est opposé à leur fusion ; car, ainsi que l'observe judicieusement Pallas, les espèces les plus ressemblantes sont celles qui se repoussent quelquefois par une antipathie plus forte. D'ailleurs plusieurs espèces répandues dans le sens des méridiens prouvent que la diversité du climat ne peut pas plus altérer l'unité primitive d'un type, que son uniformité ne peut confondre et faire disparaître les empreintes primitives de types différens. Ainsi le Saïga, partout identique, habite depuis la Hongrie jusqu'au nord des monts Altaï ; aussi Pallas blâme-t-il, avec juste raison, les efforts que fit Buffon pour jeter des doutes sur les différences spécifiques des Antilopes. Une circonstance fort remarquable,

et sur laquelle nous reviendrons ailleurs, c'est que dans la même contrée, les cantonnemens de chaque espèce sont déterminés invariablement. Delalande a constaté que, dans le sud de l'Afrique, celles qui habitent les plaines découvertes n'entrent pas dans les forêts, et que celles des forêts ne vont ni dans les plaines, ni dans les marais, sites qui tous ont leurs espèces propres : on voit donc que, si l'influence du climat ramenait les variations à l'unité, on ne devrait trouver qu'une seule espèce dans l'Afrique australe ; or, sous le même climat, chaque site analogue a, pour ainsi dire, son espèce d'Antilope : comme elles ne sortent pas de ces sites respectifs, on voit que l'existence de la même espèce dans des sites analogues fort distans l'un de l'autre, et séparés par de grandes barrières physiques, ne peut s'expliquer par l'émigration, mais seulement par la création locale. — Voici à peu près la distribution géographique de ces Animaux : communs à l'Europe et à l'Asie, le Chamois et le Saïga ; propres à l'Asie, l'*A. gutturosa*, l'*A. picta*, l'*A. sumatrensis* ; communs à l'Asie et à l'Afrique, l'*A. Pygarga*, *Dorcas*, *Kevella*, *Orix*, *Leucorix* et *Cervicapra* ; propres à l'Amérique du Nord, l'*A. furcifer* et l'*A. palmata* ; toutes les autres espèces sont propres à l'Afrique.

Presque tous les Antilopes sont doux et sociables. En général, excepté plusieurs des petites espèces de l'Afrique méridionale, ils vivent en grandes troupes. La vue, l'ouïe et l'odorat sont chez eux d'une très-grande finesse. Par la proportion du volume de la caisse auditive, qui donne assez bien la mesure de l'énergie de l'ouïe, l'oreille paraît avoir chez les Antilopes une délicatesse supérieure à celle de tous les autres Ruminans ; le Nylgau, le Chamois et le Gnou, qui s'éloignent plus que les autres espèces du type des Gazelles, n'ont pas la caisse auditive proportionnellement plus développée que dans les Bœufs, ce qui confirme le dernier rang où les a mis Cuvier.

Malgré l'apparence grecque de son étymologie, le nom d'Antilope n'était pas employé chez les anciens ; seulement, dit Cuvier, on trouve, dans l'ouvrage des six jours attribué à Eustathius qui vivait sous Constantin, le nom d'Antholopos désignant un Animal à longues cornes dentelées en scie. Plusieurs écrivains du moyen âge ont donné au même Animal les noms d'Analopos, d'Antaplos et d'Aptalos ; Gesner croit que c'est le même dont parle la lettre non authentique d'Alexandre à Aristote, sur les merveilles de l'Inde, et dont les longues cornes pointues et dentelées perçaient les boucliers des Macédoniens. On peut conclure de ces rapprochemens que l'Animal en question était l'Orix ; ce que confirme Bochard en croyant le mot Antholopos dérivé du copte *Panthalops* qui signie *Licorne*. Cette conjecture s'appuie à son tour sur le témoignage des monumens égyptiens où l'on voit des figures d'Orix de profil qui ne montrent qu'une seule corne, l'autre étant comprise dans le même plan ; telle est la cause de la méprise des auteurs qui ont supposé l'existence d'un Animal dont ils ne connaissaient que le dessin; méprise qu'auront pu entretenir quelques observations du genre d'accident dont nous avons parlé plus haut.

La confusion, qui régnait dans l'histoire des Antilopes, a d'abord été débrouillée par Buffon qui en a néanmoins méconnu plusieurs espèces. Allamand, Forster et Pallas en ont fait connaître de nouvelles. Le dernier de ces auteurs, dans le premier et le 12e Mémoires de ses *Spicilegia Zoologica*, en a beaucoup rectifié la synonymie. Cuvier a revisé cette synonymie et fait disparaître plusieurs doubles emplois de Pallas. Nous avons adopté, avec quelques modifications, les subdivisions établies par cet illustre réformateur de la zoologie.

†. Les GAZELLES. *Cornes annelées à double ou triple courbure. Pointes en avant ou en dedans ou en haut.*

1. L'ANTILOPE GAZELLE. *A. Dorcas*, Buff. T. XII. pl. 23. Encyc. Quadr. pl. LIII. f. 2. La Corinne. *A. Corinna*, Buff. T. XII. pl. 27. Encyc. Quadr. pl. LIII. f. 4. Le Kevel. *A. Kevella*, Buff. T. XII. pl. 26. Encyc. Quadr. pl. LIII. f. 3. Le Tscheiran. *A. subgutturosa*. Encyc. Quadr. pl. LII. f. 4. L'examen, fait par Cuvier, des descriptions de ces Animaux ou des individus qu'il a pu observer, ne lui a donné aucun caractère suffisant pour les séparer en espèces distinctes : — La Gazelle a la grâce, la légèreté et la taille du Chevreuil ; ses cornes noirâtres, annelées, se recourbent en arrière, en même temps qu'elles s'écartent en dehors pour ramener enfin leur pointe en avant. Sur chaque flanc, une bande d'un fauve obscur ou d'un brun foncé sépare la belle couleur blanche du ventre du beau fauve clair du dos. Les fesses et la face externe des membres sont blanches ; l'autre face, le cou et la tête sont fauves, excepté le vertex qui est gris-clair. Sur chaque joue, une bande blanchâtre fait le tour de l'œil, et va jusqu'aux narines ; des larmiers, des brosses aux poignets ; les oreilles grandes, noires en dedans avec trois lignes verticales de poils blancs ; la queue courte, noire au bout ; des poches inguinales sécrétoires d'une matière fétide.

Le Kevel ne diffère de la Gazelle que par la base comprimée de ses cornes plus longues, et ses yeux plus grands.

La Corinne ne diffère encore du même Animal que par l'exiguïté de ses cornes presque droites. Il existe des variétés intermédiaires qui ne permettent point de séparer ces Animaux.

Le Tscheiran ou Antilope de Perse ne diffère du Kevel, d'après Guldœnstœdt, que par une petite saillie du larynx qui se retrouve plus ou moins dans toutes les Gazelles.

Dans ces quatre variétés, les femelles ont des cornes, mais plus petites que celles des mâles. Le Tscheiran se trouve depuis la Syrie jusqu'aux monts de Belur ; il continue ainsi la chaîne des pays habités par les Antilopes d'Afrique avec la patrie du Dseren au nord-est de l'Asie.

Répandus depuis l'Arabie jusqu'au Sénégal, en troupes innombrables, ces Animaux sont la pâture ordinaire des Lions et des Panthères. Quoique timides, elles résistent aux attaques, en formant le cercle et présentant les cornes. On les chasse avec le Chien, l'Once ou le Faucon; on les prend aussi vivantes, en lâchant parmi elles une Gazelle apprivoisée qui porte aux cornes des cordes terminées par des nœuds coulans. Les Gazelles sauvages s'embarrassent dans ces nœuds par les pieds et par les cornes, et tombent bientôt. — Les Gazelles maigrissent en hiver; leur chair est assez bonne, et tient un peu de celle du Chevreuil. Elle n a bien décrit les Gazelles sous le nom de Dorcas, antérieurement donné au Chevreuil. Le nom de Gazelle est arabe; elles sont, par leur douceur, leur grâce et leur beauté, un sujet continuel de comparaisons et d'images poétiques chez les Orientaux. En Arabie, pour dire de beaux yeux, on dit des yeux de Gazelle. Ces Animaux, malgré le développement assez considérable de leur larynx, sont presque toujours muets; il y en a eu trois à la ménagerie qui venaient de Barbarie. L'un d'eux, particulièrement observé par Cuvier, poussait seulement un petit cri dans ses accès de gaieté. Cette absence, du moins cette rareté de la voix, est particulière aux Antilopes. La Gazelle est d'une extrême propreté : ses excrémens sont moulés comme ceux des Moutons, mais encore plus petits.

2. ANTILOPE A BOURSE. *A. Euchore*, Spring.—Bokc.Sch. 272. Buff. Sup. 6. pl. 21. D'un tiers plus grande que la Gazelle et un peu plus trapue; elle a des cornes semblables et presque la même distribution de couleur, excepté une ligne blanche qui va en s'élargissant depuis les reins jusqu'à la croupe, et dont les longs poils s'écartent quand l'Animal saute, à cause de leur insertion dans un repli de la peau que le panicule charnu développe en se contractant par l'effort du saut. Les cornes du mâle sont beaucoup plus grosses à proportion que celles de la Gazelle; celles de la femelle sont menues comme dans la Corinne. La tête est presque toute blanche, avec une ligne noire, étendue de l'œil au coin de la bouche, des larmiers, point de brosses; les oreilles presqu'aussi longues que la tête. Dans les temps de sécheresse, des troupes de dix et même de cinquante mille de ces Antilopes arrivent de l'intérieur de l'Afrique dans les environs du Cap, escortées de Lions, d'Hyènes et de Léopards. Elles marchent en colonnes, dont l'avant-garde est en embonpoint, le corps d'armée un peu moins bien nourri, et l'arrière-garde maigre, parce que le pâturage disparaît dès les premiers rangs, et que les derniers sont obligés de déterrer les racines; mais au retour, l'arrière-garde engraisse, parce qu'elle part la première, et l'avant-garde maigrit à son tour. Ainsi rassemblées, rien ne les effraie; elles forment le cercle et présentent les cornes aux assaillans; elles peuvent même parer les coups de pierre avec les cornes; elles semblent présager le mauvais temps par des sauts et des bonds plus fréquens qu'à l'ordinaire. Les Hollandais l'appellent aussi Propk-Bok ou Chèvre-de-Parade, à cause de sa beauté. Vosmaer l'a décrite sous ce nom.

3. L'ANTILOPE DSEREN DES MONGOLS. *A. gutturosa.* Pall. sp. zool. 12. t. 2. Encyc. Quadr. pl. 52. f. 2. Hoang-yang ou Chèvre Jaune des Chinois. Cette espèce se distingue par l'énorme volume du larynx dans le mâle, où il ballotte au milieu du cou, à cause de la longueur et de la laxité des ligamens thiro-hyoïdiens. Cette difformité, bien moindre dans la femelle, y disparaît même avec l'âge. Les cornes du mâle sont proportionnellement plus petites que celles des autres Gazelles. Comme le Moschus, il a au-devant du prépuce un sac sécrétoire d'une sorte de cérumen à odeur de Bouc. La femelle manque

de ce sac et de cornes; elle est aussi beaucoup plus petite; elle n'a que deux mamelons, quoique le mâle en ait quatre en rudimens. Le Dseren a des poches aux aines, de petits larmiers, mais pas de brosses aux poignets. —Plus que les autres Gazelles, le Dseren évite les lieux couverts. Ses troupes, plus nombreuses en automne qu'en été, et qui, en hiver, se mêlent aux troupeaux domestiques, parcourent les grandes plaines sablonneuses de l'Asie centrale; elles ne redoutent les montagnes qu'à cause des forêts; car elles gravissent les précipices de celles qui sont nues et arides. En courant, elles font des sauts énormes, en ramenant sous le ventre les jambes de devant, et étendant les autres en arrière. Buffon a eu tort de dire qu'en courant, les Antilopes s'élançaient par mouvemens toujours égaux: toutes les espèces, vues par Pallas, sautent en courant comme le Dseren. Cet Animal, dans l'état sauvage, craint l'eau, au point de se laisser tuer ou prendre plutôt que de s'y jeter. S'il y tombe par hasard, ou si, du haut d'une berge escarpée et sans l'avoir vue, il s'y précipite en fuyant, il nage pourtant très-bien. L'heureux exemple de ceux qui se sauvent ainsi, n'enhardit pas les autres à entrer dans l'eau. Quand leurs troupes sont acculées à un fleuve dans les grandes chasses des Mongols, ils tentent plutôt de se faire jour à travers le demi-cercle de cavalerie et de Chiens que les a cernés. Si on les pousse dans les bois, étourdis par la peur, ils se heurtent contre les Arbres, et sont bientôt pris. — Il est un peu plus trapu que les autres Gazelles, grand comme un Daim. Sa couleur d'été est gris-fauve dessus, et blanc dessous. En hiver, elle est grisâtre, et paraît blanche de loin. Le Dseren s'apprivoise facilement, suit même son maître à la nage; il est exempt des Œstres sous-cutanés qui sont le fléau des Saïgas; mais il est tourmenté par un Hippobosque particulier, dont Pallas a donné la figure. Ses excrémens sont globuleux : il ne fait presque jamais entendre sa voix.

Il habite toute la zone sablonneuse qui s'étend depuis les monts de Belur jusqu'à la mer de Tartarie, entre les monts Altaï au nord et ceux d'Alak au sud.

4. ANTILOPE SAÏGA. *Colus* de Strabon. Pall. *sp. zool.* 12. Encyc. Quadr. pl. 52. f. 1. A cornes d'un jaune transparent, dirigées comme celles de la Gazelle; plus trapu que celle-ci; grand comme un Daim, fauve sur le dos et les flancs, blanc sous le ventre; des brosses aux genoux et des larmiers, le nez fortement bombé, de larges narines encore dilatables pendant la course, et si proéminentes que l'Animal ne paît qu'en reculant ou en saisissant l'herbe par le côté. Sur le squelette, les ouvertures nasales occupent plus de la moitié de la longueur de la tête; l'intermaxillaire n'occupe pas le quart de cette étendue. Il y a ainsi un long bord osseux pour l'implantation de ses énormes naseaux. Les os du nez, plus petits encore que dans l'Élan, paraissent rester cartilagineux, et sont supportés sur une épine saillante des frontaux. Pour boire, le Saïga plonge le museau dans l'eau, et c'est par les narines qu'il en aspire la plus grande partie; mais il ne peut y en garder comme l'a cru Strabon. L'ouverture de la pupille transversale, comme dans tous les Ruminans, est rétrécie à son tiers moyen par quatre languettes floconeuses, dont l'une inférieure, plus grande, rencontre presque les trois supérieures. On ne retrouve de disposition analogue que dans l'œil des Raies pour préserver la rétine d'un excès de lumière; mais s'ils sont ainsi défendus de la réverbération du sol dans les déserts blanchâtres et salés qu'ils parcourent, ils risquent, en plein midi, de venir jusque sous la main du chasseur; car ils ne voient pas loin devant eux, et ils sont, en outre, d'un tempérament si faible que le moindre blessure les tue. Ces inconvéniens sont compensés par un excellent odorat. Ils éventent l'ennemi de plus d'une lieue, sont rarement seuls, posent et relèvent des sentinelles quand ils s'arrêtent pour manger,

reposer ou dormir. Cette habitude ne se perd pas en domesticité. A la fin de novembre, ils sont en rut. Les mâles sentent fortement le musc; alors, ils se battent entre eux à qui restera maître de toutes les femelles de la troupe, que le plus fort défend avec courage contre les Loups et les Renards. Les femelles mettent bas au mois de mai, le plus souvent un seul petit. Les mâles croissent beaucoup plus vite que les femelles; ils ont des vestiges de cornes dès les premiers mois; ils vivent en voyagent en grandes troupes, quelquefois de dix mille, en se portant en automne vers les parties méridionales de la grande zone oblique qui s'étend depuis les monts Crapaks et le Danube au sud-ouest jusqu'à l'Irtistk et la mer Baïkal au nord-est, sans dépasser au midi la mer Caspienne et celle d'Aral, et les monts Altaï au nord. Tout ce terrain, qui paraît avoir été le fond d'une ancienne mer, est aride, découvert et salé; on n'y voit que des Armoises, des Arroches et autres Plantes âcres et salées. Ils recherchent aussi beaucoup le sel et les sources salées; ils sont sujets à des Hydatides dans les épiploons et à une espèce particulière d'Œstres qui fourmille sous leur peau en été, et empêche qu'alors on ne mange leur chair, déjà désagréable en hiver par la saveur des Végétaux dont ils se nourrissent; mais ce mauvais goût, qui est si fort dans la viande cuite encore chaude qu'elle donne des nausées, disparaît presque par le refroidissement : les Aigles et les Loups sont leurs ennemis les plus dangereux.

5. Antilope Pygargue. *A. pygarga*, Schr. 273. Grand comme un Cerf; les cornes comme à la Gazelle, mais à proportion plus petites, et les anneaux plus saillans; ni brosses, ni larmiers; une large bande blanche sur le chanfrein, rétrécie entre les cornes; le dos d'un brun-bai, glacé de blanchâtre; une large bande brune, comme dans les Gazelles, sépare cette couleur du blanc du ventre, et s'étend sur la face ex-

terne des membres, dont le dedans est blanc ainsi que les fesses jusqu'au dessus de la racine de la queue; de l'Afrique et de l'Asie au sud-est de l'Euphrate. Kœmpfer dit que la femelle manque de cornes.—Près de l'A. Pygargue, se place l'*A. naso-maculata* de Blainville. La tête et la racine des cornes sont d'un rouge vif; une bande blanche transversale sur le chanfrein; les jambes de devant blanches depuis le poignet, et celles de derrière en totalité : l'individu observé existe dans la collection de Bullock.

6. Antilope Cervicapre. *Ant. Cervicapra*, Pall. sp. Zool. 1. Schreb. 168. Encyc. pl. 56. f. 3. Cornes à triple courbure, tordues en spirale, annelées sur une plus grande étendue que les autres; svelte comme la Gazelle; larmiers; brosses aux poignets; même distribution de couleurs : cette espèce a vécu et multiplié en Hollande. La femelle, qui diffère du mâle par l'absence de cornes et par une bande blanche qui lui vient à six ans au-dessus de chaque flanc, porte neuf mois, et ne fait qu'un petit. Comme les autres Antilopes, cette espèce est toujours muette; elle est originaire de l'Afrique et de l'Asie.

7. Antilope du Sénégal. *A. Senegalensis*, Koba de Buff. T. xii. pl. 32. f. 2. et Encyc. Quadr. pl. 53. f. 2.

8. L'Antilope Kob, *A. lerwia*, Kob. Buff. T. xii. pl. 32. f. 1. de l'Afrique équatoriale.

††Les Bubales. *Cornes annelées à double courbure, en sens contraire des précédentes, la pointe en arrière.*

9. Le Bubale. *A. Bubalis*, Lin. Vache de Barbarie, Buff. sup. 6. pl. 14. Il ressemble assez à une petite Vache pour qu'on ait pu lui en donner le nom. La courbure inférieure des cornes est concave en avant, et la supérieure convexe, ce qui fait que sa pointe se termine en arrière; cette espèce et la suivante diffèrent de tous les autres Antilopes, par la figure de leurs cornes; le frontal est relevé en bourrelet saillant au-dessus du pariétal. Ce bourrelet, dirigé dans le prolongement du chanfrein, coiffe la

tête d'une espèce de bonnet, au sommet duquel s'insèrent les cornes; cette circonstance n'est pas indiquée dans les figures. L'on voit, vol. 1. pl. 71. fig. 12 des Antiquités, cette conformation exactement dessinée sur des Bœufs attelés à une charrue. Comme cette conformation ne se retrouve pas dans les autres figures de Bœufs très-nombreuses que présentent les monumens égyptiens, il est difficile de croire que celle-ci est arbitraire. Shaw dit que, pris jeune, le Bubale s'apprivoise aisément et paît avec les Bœufs. Est-il improbable que le Bubale ait été domestique chez les anciens Egyptiens? on le trouve dans le nord de l'Afrique. Son pelage est d'un fauve à peu près uniforme, excepté le bout de la queue qui est noire; la longueur en est médiocre; elle est terminée par un flocon de poils. Buffon, Suppl. 6., le confond avec l'espèce suivante.

10. Le CAAMA. *A. Caama.* Schreb. 278. Buff. Sup. VI. pl. 15. Encyc. Quad. pl. 54. f. 1. Confondue avec la précédente, dont elle diffère par la tête plus longue encore; la courbure plus prononcée des cornes en avant, et surtout en arrière; la couleur fauve-bai, plus brune sur le dos, est grisâtre aux fesses; une grande tache noire entoure l'espèce de bourrelet que supportent les cornes; une bande noire sur les deux tiers inférieurs du chanfrein; une ligne étroite sur le cou, et une bande longitudinale sur le devant de chaque jambe, sont de la même couleur; ainsi que le bout de la queue. Ces différentes marques sont très-distinctes dès le jeune âge. Elles sont plutôt brunes que noires dans la femelle, dont les cornes sont un peu plus petites. Le Caama vit au Cap en grandes troupes dans les plaines de l'Afrique méridionale. Sa vitesse surpasse celle des Chevaux; son cri est une sorte d'éternuement. Les figures de cet animal lui donnent des anneaux au-dessus de la seconde courbure des cornes, c'est à tort. Les incisives, de grandeur presque uniforme, sont dispo-

sées sur un arc de cercle régulier dans ces deux espèces.

††† Les ORIX. *Cornes annelées, droites ou peu courbées.*

11. L'ORIX. *A. Orix.* Pall. Pasan de Buff. Sup. VI. pl. 17. Encyc. Quadr. pl. 54. f. 2. Plus grand qu'un Cerf; ses cornes, qui ont jusqu'à trois pieds de longueur, sont noires, lisses, avec des anneaux à leur tiers inférieur seulement; la femelle en porte aussi, mais moindres que celles du mâle; le poil d'un cendré bleuâtre; la tête blanche avec un dessin bizarre de taches et de lignes brun-noir; aux épaules et aux cuisses une tache marron; tous les poils surépineux, récurrens depuis la croupe jusqu'à la tête. — L'Orix ne vit point en troupes, mais seulement par paires; il est rare aux environs du Cap. Comme il a été très-connu des anciens, il est sans doute commun dans l'intérieur de l'Afrique, où ils avaient pénétré plus que nous. Aristote, d'après ouï-dire, lui donne le pied fourchu et une seule corne. Pline a copié Aristote, et ajoute que l'Orix a le poil à rebours des autres Animaux. L'Orix est bien représenté avec ses cornes droites. (Antiq. d'Égypte. Vol., 1er. pl. 13. f. 4.)

12. L'ALGAZEL. *A. Gazella.* Buff. T. XII. pl. 33. Géoff. et Fred. Cuv. Mammif. Cette espèce, qui a vécu à la Ménagerie, et dont la peau et le squelette existent au Muséum, paraît être distincte de la précédente, à cause de la différence de son pelage qui est d'un fauve-clair sur le dos et les flancs, d'un fauve-foncé sur le cou et au poitrail, et à cause de la courbure de ses cornes annelées dans leur moitié inférieure. Elle a des larmiers, la tête blanche, à peu près barriolée de brun comme l'Orix : elle se rencontre assez rarement au Sénégal où on l'amène du centre de l'Afrique. Ses dents contiguës bord à bord sont rangées sur un arc régulier; elle est évidemment figurée sur les monumens d'Esné. (Antiq. d'Égypte. pl. 49. f. 11 t. 4.)

13. L'ORIX BLANC. *A. Leucoryx,*

Schreb. 256. Pennant. A cornes droites comme celle de l'Orix, mais plus minces, plus pointues, annelées sur une plus grande longueur ; la tête et les oreilles barriolées de fauve éclatant; des bracelets de la même couleur au-dessus des poignets ; tout le corps d'un beau blanc ; de l'Arabie. La distinction du Leucoryx est confirmée par la description et la figure de cet Animal données dans l'*oriental Miscellanys*; les sabots différent pour la forme de ceux de l'Orix ; le cou est plus court, plus épais ; le museau plus large.

†††. Les ACUTICORNES. *Cornes peu ou point annelées à la base, droites ou presque droites ; pointes très-aiguës, verticales ou un peu courbées en avant.*

14. ANTILOPE DELALANDE. *A. Lalandia*; N. est une nouvelle Antilope, rapportée du Cap par Delalande. L'individu est une femelle, grande comme l'Algazel; le mâle seul porte des cornes semblables à celles de l'Antilope laineuse. *V. dans nos planches la figure de cette dernière espèce ;* tout le dos jusqu'au bord du ventre et la face extérieure des membres d'un brun-fauve ; le cou et la tête d'un fauve-roux ; une ligne blanche sur le sourcil ; le ventre et la face interne des membres jusqu'aux canons d'un blanc sale ; les canons tous bruns ; la queue deux fois plus longue que les oreilles, d'un gris blanc dessous et au bout, fauve dessus ; fournie de poils de longueur égale sur toute son étendue, tandis que celle de l'Orix et de l'Algazel est à poils ras, avec un flocon de poils longs à son extrémité ; elle n'a pas de larmiers. Les poils de l'épine ne sont point récurrens comme dans les deux espèces précédentes. Les sabots bien plus courts et plus ramassés que ceux de l'Algazel. Delalande l'a rencontrée dans les montagnes de l'Afrique, où elle vit en petites troupes. Elle ne descend pas dans les plaines.

15. ANTILOPE LAINEUSE. *A. lanata*, N. Cornes parallèles, poils droits, frisés et laineux comme dans les Kangu-

roos ; il ressemble tout-à-fait à celui du Kanguroo (*V*. la tête de cet Animal, figurée dans les planches de ce Dictionnaire), gris sur le dos surtout; il devient grisâtre sous le ventre ; oreilles très-grandes ; le museau fort effilé, terminé par un muffle; bout de la queue blanc; elle est de la longueur des oreilles, et fournie également de poils longs sur toute son étendue. Cette espèce a été rapportée du cap de Bonne-Espérance, par Delalande ; elle n'a ni brosses ni larmiers ; sa taille est celle de l'Euchore. Elle vit en petites troupes de dix à quinze paires dans les montagnes à l'est du Cap.

16. GAZELLE SAUTANTE. *A. Oreotragus*. Forst. ap. Schreb. 259. Klip-Sprenger ou Sauteur des Rochers. Buff. Suppl. VI. pl. 22. Encyc. pl. 54. f. 3. Grand comme une Chèvre à peu près, mais plus haut sur les jambes; tout le corps d'un gris-fauve-verdâtre, excepté le tour des yeux qui est noir; son poil n'est pas couché, mais comme celui du *Moschus Moschiferus*, il est droit, plat et rude, fragile et se rompt quand on le tord; les cornes petites, menues et presque droites ; les oreilles proportionnellement plus courtes que dans tous les autres Antilopes; il court et saute sur les pointes du rocher avec autant d'adresse et de vitesse que le Chamois ; de l'Afrique méridionale ; le museau est terminé par un petit muffle.

17. Le GRIMM. *A. Grimmia*. Pall. sp. *zool*. 1. Buff. supp. T. XI, pl. 14. Encyc. pl. 55, f. 3.

18. Le GUEVEI ou ROI DES CHEVROTAINS, *A. Pygmœa*. Buff. Pall. Là plus petite des espèces connues ; ces deux espèces n'ont pas de larmiers ; mais au-dessous, et un peu en avant de l'œil, elles ont un sillon horizontal très-noir, dépourvu de poils, où se forme une humeur qui se durcit en grumeaux noirs. Ce sillon est la surface excrétoire d'une glande logée dans une dépression de l'os maxillaire; comme la glande du larmier proprement dit est logée dans une fosse plus ou moins profonde de l'os lacrymal. Ces deux espèces ont

un petit mufle et les incisives contiguës face à face. D'après Delalande,
le Guevei n'habite que dans les grandes forêts où il vit isolé. En fuyant,
il pousse un cri qui ressemble à un
éternuement. ..

19. ANTILOPE SALTIENNE. *A. Sal-
tiana.* Madoko des Abyssins, rapportée en Angleterre par Salt. D'après
Blainville, qui l'a vue au Musée britannique, elle a des sabots fort longs,
indice d'habitation dans les montagnes. Si elle n'a pas de larmiers et
manque aussi du sillon que nous venons de mentionner, c'est probablement une espèce distincte.

20. ANTILOPE ACUTICORNE. *A. acu-
ticornis.* Blainv. Bul. des sc. 1816.
Cette espèce n'est pas suffisamment
établie; la conformation observée par
Blainville, sur un crâne unique, peut
être accidentelle.

21. DUIKER-BOCK ou CHÈVRE PLON-
GEANTE DU CAP. *A. mergens.* Poil
d'un fauve roux partout, excepté le
dessous de la queue où ils sont blancs,
les pieds, qui tous quatre sont noirs;
le devant seulement des canons de
derrière est noir; la bande noire des
jambes antérieures se porte en dehors
jusque sur l'épaule, les dents comme
dans les Gazelles; le sillon noir, sous-
orbitaire, décrit à l'*A. Pygmæa,* et
un petit mufle. Elle vit dans les buissons.

22. ANTILOPE A BROSSES. *A. Scoparia.* Schreb. 261. Brosses aux poignets;
une tache blanche sur l'œil; queue
d'un brun-noir, cornes droites dont
la moitié supérieure lisse est un peu
tordue. Elle parcourt en petites troupes les plaines du sud de l'Afrique.

23. NANGUER, *A. Dama.* Buff.T.XII,
pl. 34, Encycl. pl. 51, f. 1.

24. NAGOR, *A. Redunca.* Buff.T.XII,
pl. 46, Encycl. pl. 51 f. 2.

25. STEEN-BOCK. Spar. *A. fulvo-ru-
bescens,* N. Fauve-roux sur le dos et
les flancs; blanc sous le ventre avec
deux grandes taches noires aux aines
et une blanche à la gorge. Il vit en
grandes troupes dans les plaines découvertes de la Cafrerie.

26. Le GRIS-BOCK. *A. rubro-albes-
cens,* N. (*V.* sa figure dans les planches de ce Dictionnaire). Cet Animal
n'avait jamais été gravé, il est d'un
poil roux - fauve, semé de poils
blancs par tout le corps sans aucune
tache; la queue plus courte qu'au
Steen-bock. Cette espèce vit dans les
buissons.

27. Le RIT-BOCK, *A.Oleotragus.* Antilope des roseaux de Shaw, Schreb.
266, Buff. Supp. VI, pl. 23 et 24,
Encycl. pl. 54, f. 4. Delalande ne
l'a jamais rencontré que dans les
joncs qui bordent les rivières et dans
les marais de la Cafrerie.

La chair de toutes ces espèces est
très-bonne à manger. Les Hottentots
et les Colons en font sécher les cuisses qu'ils mangent en tranches minces sur du pain beurré.

††††. Les TSEIRAN. *Cornes à courbure
simple, là pointe en arrière.*

28. ANTILOPE BLEUE, *A . Leucophæa.*
Tseiran. Buff. Sup. VI; pl. 20. Schreb.
278.Penn. Quad. T. 1. p. 92. Grande
comme un Cerf et quelquefois davantage; poil d'un cendré-bleuâtre; les
poils surépineux du dos, depuis la
croupe et la crinière du cou récurrens
vers la tête; les cornes des deux sexes
longues d'un pied et demi, d'une courbure uniforme en arrière; la queue
courte; figurée sur les monumens égyptiens, Ant. d'Egypte, v. III. pl. 66. f. 4.

27. ANTILOPE CHEVALINE, *A.
equina,* Géoff. Cat. du Muséum. Sa
tête, figurée pour la première fois,
pl. f. de notre Dictionnaire. Gris-
roussâtre; tête brune; au devant de
l'œil, un pinceau large et plat de
poils blancs dirigés vers l'angle des
lèvres; une crinière sur le cou dont les
poils sont récurrens vers la tête; ni
brosses ni larmiers dans ces deux
espèces, la première est du Cap.

30. ANTILOPE DE SUMATRA. *A. Su-
matensis.* Marsden, Cambing-outang
des Malais. Entièrement noire, excepté la crinière du cou dont les poils
gris sont droits et un peu récurrens:
cornes courtes annelées dans les deux
tiers de leur longueur; de grands larmiers; dents également grandes, con-

tiguës bord à bord en arcade régulière; queue plus courte que les oreilles , et sans flocon terminal; le museau est terminé par un muffle; grand comme un Daim , envoyé , en 1821 , par Duvaucel.

†††††† Les STREPSICÈRES. *Cornes à arête spirale.*

31. Le CANNA, *A. Oreas.* Pall. Buff. Suppl. VI, pl. 12. Encycl. pl. 55, f. 1. La plus grande des Antilopes; les cornes divergentes , droites, à arête saillante, montant en spirale de la base à la pointe, ont plus d'un pied et demi; le garot s'élève entre les deux épaules; une petite crinière depuis le nez jusqu'à la queue; les poils de la crinière cervicale sont seuls récurrens; un fanon sous le cou garni de longs poils, et qui atteint jusqu'à un pied de long d'après Delalande.

Ils vivent dans les montagnes de l'Afrique australe en troupe de 50 ou 60; les deux sexes se tiennent le plus souvent en troupes séparées; ils sont fort doux, et s'apprivoisent facilement; on en pourrait tirer en domesticité le même parti que des Bœufs.

32. BOSCH-BOCK , *A. Sylvatica.* Pall. Buff. Supp. VI , pl 28, Schreb. 258 B. Encycl. 56. f. 1. Cornes presque droites, on a indiqué à tort quelques anneaux à la base ; les individus rapportés par Delalande sont plus grands que ne l'expriment toutes les descriptions antérieures; elle surpasse l'Euchore, et est un plus trapue; elle vit par paire et habite les forêts; ses incisives disposées comme dans les Gazelles. Elle porte sur l'encolure un collier rasé par le frottement des branches en courant dans les forêts , malgré sa précaution de tenir la tête tout d'une venue avec le corps.

33. Le GUIB , *A. Scripta.* Buff. T. XII, Schreb. 258. Encycl. pl. 55, f. 2. Cornes droites, divergentes, contournées par deux arêtes spirales, les poils du cou récurrens; vit en grandes troupes dans les plaines et les bois des bords du Sénégal; les incisives comme dans les Gazelles.

34. Le CONDOUS , *A. Strepsiceros.* Buff. supp. VI , pl. 13, Schreb 267 ,

Enc. pl. 56, f. 2. (Cette figure est très-mauvaise; le corps et les jambes y sont trop effilés). Incisives petites , formant une arcade régulière ; les deux postérieures fort petites, la seconde moyenne et la première fort large ; cornes au mâle seulement , divergentes, longues de deux à trois pieds ; lisses, à triple courbure. De toute l'Afrique australe; vit isolé; est encore plus agile que les Gazelles; il franchit des obstacles de dix pieds de hauteur ; grand comme un Cerf; une crinière sur le dos et une autre sous le cou; la cheville des cornes du Condous est celluleuse , ce qui le rapproche de la division suivante. Du Cap.

††††††† Les LÉIOCÈRES *à cornes lisses.*

35. Le NYLGAU. *A. picta* , et *Trago – Camelus* , de Pallas qui en a fait un double emploi ; Taureau-Cerf des Indes, Buff. Sup. VI. pl. 10 et 11, Schreb. 263 et 265. B. Encycl. pl. 51, f. 4. Cornes dont la base triangulaire offre, en avant à sa pointe, un tubercule , rudiment de bifurcation. Elles sont moitié moins longues que la tête, courbées en avant , et plus courtes que les oreilles ; des larmiers et un muffle; une barbe sous le milieu du cou dans les deux sexes , médiocre, terminée par un flocon noir; anneaux noirs et blancs sur les doigts; pelage gris-cendré dans le mâle; fauve dans la femelle ; le Nylgau est grand et proportionné comme un Cerf, mais ses jambes sont plus massives ; il court de mauvaise grâce , à cause de la brièveté de ses jambes de derrière ; son nom indien signifie Taureau bleu; il a vécu et multiplié en Angleterre ; il habite le bassin de l'Indus ; les montagnes du Cachemire, et sans doute la chaîne de l'Himalaya.

32. Le GNOU, *A. Gnus.* Buff. Supp. VI , pl. IX et X; Encycl. pl. 50. La plus anomale des Antilopes pour la figure et les proportions. Avec des jambes fines comme celles des Cerfs , grand comme un Ane ; le muffle d'un Bœuf, la forme de son encolure et de sa croupe lui a donné l'air d'un petit Cheval , dont il a

la queue et la crinière; une seconde
crinière sous le fanon, un cercle de
poils autour du mufle et des yeux; ces
derniers poils sont très-longs et roides;
fauve-gris partout, excepté aux endroits précités, dont les poils sont
plus ou moins blancs; c'est le seul
des Antilopes dont les excrémens ne
soient point moulés et globuleux; ils
sont comme ceux du Bœuf; comme
la plupart des Antilopes, il ne fait pas
entendre de voix; seul de ce genre,
il offre la seconde incisive plus large-
ment développée et sur le même rang
que la moyenne; les deux extérieures
plus petites sont en retraite derrière
la seconde. Cet Animal est de l'intérieur de l'Afrique australe.

37. Le CHAMOIS ou ISARD, *A. Rupicapra.* Buff. T. XII, pl. 16, Schreb.
269, Encycl. Quadr. pl. 55, f. 4. Cornes petites, droites, rondes, à pointe
très-aiguë, recourbée en arrière comme
un hameçon; sa fourrure d'hiver est
double, un duvet plus serré près de
la peau, et des poils droits et plus
rares qui la dépassent; sans larmiers
ni brosses, comme toutes les espèces
des deux précédentes sous-divisions;
incisives comme dans la Gazelle; les
deux moyennes plus longues dépassent les autres de deux lignes; habitant des lieux les plus impraticables
de la région boisée des grandes montagnes de l'Europe, il ne s'élève pas
avec le Bouquetin jusqu'à leurs sommets les plus aigus, et ne descend pas
dans les plaines. On le voit, comme le
Klip-springer du Cap, décrire des
sauts paraboliques du haut en bas des
escarpemens, franchir les précipices
en bondissant de rochers en rochers,
s'élancer de dix et douze toises de hauteur sur des pointes où il n'y a que la
place de rassembler ses pieds; cerné par
les chasseurs, il se jette sur eux et les
renverse dans les précipices où ils sont
obligés de le suivre. Ils vivent en
troupes de quinze à vingt et davantage; ils passent, aux approches de
l'hiver, des versans du nord aux
versans méridionaux des montagnes;
ils ne paissent que matin et soir, et
ne se montrent guère dans le courant

du jour. Quoiqu'il ait l'œil très-sub-
tile, il sent et entend le chasseur avant
de le voir. Aussitôt les Chamois se mettent à bondir sur les hauteurs, pour
découvrir au loin, en poussant, par les
narines, un sifflement très – aigu;
c'est leur cri d'alarmes; ils en font
retentir les montagnes jusqu'à ce
qu'ils aient reconnu le danger; alors
ils prennent la fuite. Le rut vient en
automne; les Femelles portent quatre
ou cinq mois un et rarement deux
petits qu'elles mettent bas en mars
ou avril, et qui les suivent jusqu'au
mois d'octobre.

†††††††† Les RAMIFÈRES. *Cornes
bifurquées.*

38. L'ANTILOPE A ANDOUILLERS,
A. furcifer. Hamilt. Smith. Trans.
Lin. T. XIII[re] part. 1827, pl. 2. L'individu sujet de la description existe
dans le Muséum de Péal, à Philadelphie. Sa forme est celle d'un Chamois;
la queue courte; les oreilles moitié
moins longues que le chanfrein; les
cornes se bifurquent vers l'union du
tiers supérieur avec le tiers moyen;
l'andouiller antérieur est le quart du
postérieur, qui est en même temps
supérieur et recourbé en arrière et
en dedans; il y a quelques anneaux
très-superficiels au-dessous de la bifurcation.

39. L'ANTILOPE A EMPAUMURES,
A. palmata. Trans. Lin. T. XIII.
pl. 3. Mazame. Hernandez. lib. 9.
cap. 14. La fig. 3. de Seba. pl. 42.
T. I, donnée à tort sous ce nom,
se rapporte à un autre Animal.
L'empaumure est antérieure, applatie d'avant en arrière, et saillante
de la base de la corne, comme l'andouiller rudimentaire du Nylgau; la
pointe supérieure est recourbée en crochet, comme au Chamois; ses cornes
sont hérissées de petits tubercules:
Hernandez le dit grand comme nos
Cerfs, d'un fauve-clair sur le dos, et
blanc au ventre et aux flancs. Ces
deux espèces sont du Missouri et du
nord du Mexique.

L'ANTILOPE LANIGÈRE, *Rupicapra
americana,* de Blainville, est une
Chèvre. *V.* ce mot.   (A. D. .NS.)

*ANTIMIMON. BOT. PHAN. L'une des Plantes mentionnées par Dioscoride, qui paraît se rapporter à l'*Antirrhinum majus* des modernes. (B.)

*ANTIMION. BOT. PHAN. Syn. de Mandragore. *V.* ce mot. (B.)

ANTIMOINE. MIN. *Spiesglas*, Werner. Substance métallique qui forme la base d'un genre composé de quatre espèces, dont nous allons parcourir successivement les principaux caractères.

ANTIMOINE NATIF, *Gediegen Spiesglas*, Werner. Ce Minéral se distingue surtout par sa structure, l'une des plus compliquées que l'on ait observées jusqu'à présent; elle offre des joints naturels très-sensibles, dans vingt directions différentes, les uns parallèles aux faces d'un octaèdre régulier, et les autres à celles d'un dodécaèdre rhomboïdal. La pesanteur spécifique de l'Antimoine natif est de 6,7. Ce Métal est très-fragile; sa couleur est le blanc d'Étain. Il s'évapore en fumée par l'action du chalumeau, et se dissout dans l'Acide nitrique, en formant un dépôt blanchâtre. On ne l'a encore observé qu'à l'état laminaire ou lamellaire, à Salberg, près de Sala en Suède, dans la Chaux carbonatée; à Allemont en Dauphiné, dans le Quartz: à Andreasberg, au Hartz; et aux environs de Presbourg en Hongrie. L'Antimoine est employé dans la fonte des caractères d'imprimerie, et dans la composition des miroirs métalliques. On le mêle aussi à l'Étain, pour augmenter la dureté de ce dernier Métal. Mais son principal usage est de fournir à l'art de guérir un grand nombre de médicamens, dont l'action sur l'économie animale est plus ou moins énergique.

ANTIMOINE NATIF ARSÉNIFÈRE. Variété de l'espèce précédente, qui renferme accidentellement de l'Arsénic, dans une proportion qui varie depuis 2 jusqu'à 16 pour 100. On la trouve à Allemont, sous la forme de petites lames ou croûtes, dont la surface est légèrement ondulée.

ANTIMOINE OXYDÉ, *Weiss-Spies-*

glaserz, Werner. *Muriate d'Antimoine* de Born. Cette espèce n'a point encore été caractérisée par la géométrie des Cristaux, sa structure lamelleuse n'ayant été observée que dans un sens. On distingue l'Antimoine oxydé par sa couleur, qui est d'un blanc nacré, jointe à la facilité avec laquelle il se fond à la simple flamme d'une bougie. Il est facile à entamer avec le couteau; il décrépite sur un charbon ardent, et s'évapore en fumée par l'action du chalumeau. Son analyse par Vauquelin a donné 86 parties d'oxyde d'Antimoine, 3 parties du même oxyde mêlé d'oxyde de Fer, et 8 parties de Silice, avec 3 de perte.

On en connaît trois variétés, savoir:

α L'*Antimoine oxydé laminaire*, que l'on a découvert à Przibram en Bohême, et à Braunsdorf en Saxe, sur du Plomb sulfuré; et à Malazka en Hongrie, sur une Argile qui renferme aussi de l'Antimoine natif et de l'Antimoine sulfuré.

β. L'*Antimoine oxydé aciculaire*, observé par Mongez le jeune aux chalances d'Allemont. Il y est accompagné d'Antimoine natif.

γ. L'*Antimoine oxydé terreux*, d'une couleur blanche, recouvrant l'Antimoine natif à Allemont.

ANTIMOINE OXYDÉ ÉPIGÈNE. *V.* ANTIMOINE SULFURÉ.

ANTIMOINE OXYDÉ SULFURÉ, *Roth-Spiesglaserz*, Werner. Kermès natif ou Kermès minéral. D'un rouge mordoré. Mis dans l'Acide nitrique, il se couvre d'un enduit blanchâtre. D'après Klaproth, il est formé sur 100 parties de 67,5 d'Antimoine, de 10,8 d'Oxygène, et de 19,7 de Soufre; perte, 2. On le trouve, sous forme d'aiguilles divergentes, à Braunsdorf en Saxe; à Pernek, près de Plassendorf dans le comté de Presbourg; à Felsobanya et à Kapnick en Transylvanie, et en Toscane. Il accompagne souvent l'Antimoine sulfuré. Haüy a émis l'opinion que tous les échantillons d'Antimoine rouge, que l'on a regardés comme des produits immédiats de la cristallisation, pourraient bien n'être que les résultats d'une altération spontanée qu'aurait subie l'Antimoine sulfuré ordinaire, altération qu'il nomme *épigénie*, et par laquelle une partie du Soufre se serait dégagée de la combinaison. Un fait cité par Romé de l'Isle vient à l'appui de cette opinion; ce savant avait remarqué que la surface de l'Antimoine oxydé sulfuré de Toscane était couverte d'une multitude de petits octaèdres de Soufre. Au reste, il est prouvé que dans certains cas la transformation dont il s'agit a eu lieu, puisqu'on peut en observer les différens termes sur une série d'échantillons, qui montrent visiblement le passage de l'Antimoine sulfuré à un état où sa couleur est d'un rouge mordoré. Dans tous les cas de ce genre, où l'origine ne peut être douteuse, les échantillons doivent être placés dans un appendice, à la suite de l'Antimoine sulfuré, sous le nom de

ANTIMOINE OXYDÉ SULFURÉ ÉPIGÈNE. *V.* ANTIMOINE SULFURÉ.

ANTIMOINE SPÉCULAIRE. *V.* ANTIMOINE SULFURÉ.

ANTIMOINE SULFURÉ, *Grau-Spiesglaserz*, Werner. Cette espèce est caractérisée par sa forme primitive, qui est celle d'un octaèdre à triangles scalènes, qui diffère peu de l'octaèdre régulier. Les incidences de l'une quelconque des faces sur les trois adjacentes sont de 109°, 24'; 107°, 56'; et 110°, 58'. Cet octaèdre se soudivise suivant des plans dont les uns sont parallèles aux trois rhombes formés par la réunion des arêtes prises quatre à quatre, et les autres parallèles aux arêtes latérales, et en même temps à l'axe supposé vertical. Telle est la combinaison de joints auxquels conduit cette triple division mécanique, que l'on peut transformer l'octaèdre primitif, soit en un prisme droit rectangulaire, soit en un prisme droit, légèrement rhomboïdal.

La pesanteur spécifique de l'Antimoine sulfuré est de 4,5. Sa couleur tire sur le gris d'acier. Il est très-fragile, tache le papier en noir par le frottement, et fond à la simple flam-

me d'une bougie. D'après Bergman, il est formé de 74 parties d'Antimoine et de 26 parties de Soufre.

Parmi les variétés connues de formes secondaires, nous citerons les suivantes :

— L'*Ant. sulfuré quadrioctonal*, ou l'octaèdre primitif, dont les bords latéraux sont remplacés par des facettes produites par un décroissement d'une simple rangée; — l'*Ant. sulfuré sexoctonal*; la variété précédente, dont le prisme est devenu hexaèdre par l'effet d'un décroissement simple sur deux des angles latéraux seulement; — l'*Ant. sulfuré dioctaèdre*, la même, dans laquelle les quatre angles latéraux sont remplacés, ce qui rend le prisme octaèdre; — l'*Ant. sulfuré octoduodécimal*, qui offre un prisme dodécaèdre, terminé par des sommets à quatre faces, qui se réunissent en pyramide très-aiguë.

Les variétés de formes indéterminables sont les suivantes :

— L'*Ant. sulfuré aciculaire*, formé d'aiguilles, tantôt longues et épaisses, et tantôt déliées et divergentes. Cette variété accompagne souvent la Baryte sulfatée, en Hongrie, et en France dans le département du Puy-de-Dôme; — l'*Ant. sulfuré capillaire*, *Federerz*, Wern., en fibres soyeuses et élastiques, souvent ornées des plus belles couleurs d'iris; se trouve à Freyberg et à Braunsdorf en Saxe, et à Stollberg au Hartz; — l'*Ant. sulfuré compacte*, *Dichtes Grau-Spiesglaserz*, Werner.

A ces variétés se joignent par appendice plusieurs modifications d'Antimoine sulfuré, qui résultent de l'union accidentelle de cette substance avec d'autres principes. Telles sont:

α. L'*Antimoine sulfuré argentifère*, ou l'Antimoine noir, *Schwarz-Spiesglaserz*, Werner. Il diffère de l'Antimoine ordinaire par sa couleur qui est d'un gris métallique obscur. On le trouve à Aranytka, près de Schemnitz en Hongrie, et à Himmelsfurst, près de Freyberg en Saxe, où il est accompagné de Fer spathique et de Fer sulfuré.

β. L'*Antimoine sulfuré nikelifère*, *Nikel-Spiesglaserz*, Werner. Ce Minéral est un mélange d'Antimoine sulfuré et de Nickel arsénical, dans lequel l'Antimoine est en quantité dominante. Sa pesanteur spécifique est de 5,6. On l'a découvert dans une mine près de Freüssburg, au pays de Nassau.

γ. L'*Antimoine sulfuré plombo-cuprifère*, *Bournonite* de Thomson. Triple sulfure d'Antimoine, de Plomb et de Cuivre, Bournon. D'après l'analyse de Hatchett, et la formule représentative qu'en a donnée Berzelius, il est composé de trois sulfures, l'un de Plomb, le second d'Antimoine et le troisième de Cuivre. De Bournon, qui en a décrit le premier les formes cristallines, le regarde comme constituant une espèce particulière, à laquelle il attribue pour forme primitive un prisme droit à base carrée. D'après les recherches récentes de Haüy, ce n'est qu'une réunion accidentelle des trois sulfures précités, à laquelle le sulfure d'Antimoine imprime le caractère de sa propre forme. Cette opinion est fondée sur l'identité du mécanisme compliqué de la structure dans les Cristaux des deux substances, et la coïncidence parfaite des lois de décroissement, et des mesures prises avec le plus grand soin sur des échantillons de forme nettement prononcée. On trouve la Bournonite dans le comté de Cornwal en Angleterre, aux environs de Servoz en Savoie, au Pérou, au Brésil, et près de Freyberg en Saxe.

A la suite des modifications précédentes, nous placerons, dans un second appendice, deux variétés provenant de l'altération spontanée qu'éprouvent certains échantillons d'Antimoine sulfuré, savoir :

L'*Antimoine oxydé épigène*, d'une couleur jaune. C'est l'Antimoine sulfuré qui s'est converti en Oxyde jaune, après s'être dépouillé de son Soufre. L'*Antim. oxydé sulfuré épigène*, rouge, tantôt aciculaire, et tantôt terreux. Ici l'Antimoine a conservé son Soufre, en même temps qu'il s'est oxydé, et a pris une couleur qui approche du rouge de cochenille.

L'Antimoine sulfuré abonde en différens endroits de la Hongrie et de la Transylvanie. Les substances qui l'accompagnent sont l'Or natif, l'Argent natif, le Fer sulfuré, l'Arsénic sulfuré, la Blende et la Galène. Il existe en Sibérie à Nertschink, à Freyberg en Saxe; en France, dans le département de l'Isère, où il adhère à la Baryte sulfatée, au Feldspath, et au Quartz. (G. DEL.)

* ANTIMONIATES ET ANTIMONITES. (Berzelius.) Combinaisons de l'oxyde jaune d'Antimoine et de fleurs d'Antimoine avec les bases salifiables. (DR..Z.)

ANTI - NOMPAREILLE. MOLL. Nom donné par Géoffroy (Traité des Coquilles des environs de Paris), à une petite espèce du genre Maillot, *Pupa*, de Lamarck. C'est le *Pupa cinerea* de Draparnaud. *V.* HÉLICE et COCHLODONTE. (F.)

* ANTIOPE. INS. Nom spécifique donné, par Linné, au Papillon vulgairement appelé *Morio*, lequel appartient aujourd'hui au genre Vanesse. *V.* ce mot. (AUD.)

ANTIPATHE. *Antipathes.* POLYP. Genre de l'ordre des Gorgoniées dans la division des Polypiers flexibles; c'est peut-être le seul qui n'ait subi ni changement, ni retranchement depuis Pallas; il existe encore tel qu'il a été établi par ce naturaliste, et présente les caractères suivans : Polypier dendroïde, simple ou rameux, ayant un axe corné, dur et cassant, quelquefois couvert de poils rudes, hérissé souvent de petites épines, rarement glabre; l'écorce est gélatineuse, fugace ou glissante, et disparaît presqu'en entier par la dessication. L'axe des Antipathes n'offre pas toujours ces appendices épineux, ces poils et ce duvet roides que l'on regarde comme nécessaires pour soutenir leur écorce gélatineuse et gluante , et que d'autres considèrent à tort comme des rameaux avortés; je crois que l'existence de ces appendices est en rapport avec la consistance ou l'épaisseur de l'écorce , et que la nature ne les développe qu'autant qu'elle les croit nécessaires. La présence de ces appendices n'est point un caractère distinctif entre les Antipathes et les Gorgones. Linné, n'ayant aucune connaissance des Polypes , et n'ayant jamais vu d'Antipathes vivans, avait cru devoir réunir ces deux genres qui ne diffèrent que par l'écorce qui enveloppe l'axe. Elle est toujours persistante ou solide dans les Gorgones , tandis que dans les Antipathes, au moment de leur sortie de la mer, cette partie coule le long de l'axe comme de la glaire d'œuf. Dans quelques espèces , elle produit une sensation brûlante, semblable à celle que l'on éprouve par le contact des Orties et de plusieurs Méduses. —Aucun auteur n'a donné des notions exactes sur les Polypes des Antipathes; on les croit beaucoup plus simples que ceux des Gorgones , et surtout n'ayant qu'un très-petit nombre de tentacules. Ce caractère , réuni à celui que présente la nature de l'écorce et celle de l'axe, donne à ces Polypiers la plus grande analogie avec plusieurs éponges, et lie ces deux genres de manière à ne pouvoir être éloignés l'un de l'autre dans une méthode naturelle. — Les Antipathes varient beaucoup dans leur forme , ainsi que dans leur grandeur. Leur couleur, lorsqu'ils jouissent de la vie, ne nous est point connue ; leur axe, seule partie que l'on conserve dans les collections, offre des nuances fauves ou brunes plus ou moins vives, quelquefois presque noires. — Ces Polypiers, rares dans les zones tempérées , commencent à se trouver vers le quarantième degré de latitude; ils sont plus communs dans les mers équinoxiales et n'ont pas encore été découverts au-delà du quarante-deuxième degré dans l'hémisphère boréal. — Rumphius prétend que des nations

indiennes emploient les tiges d'Antipathes à faire des baguettes divinatoires ou des talismans que les enchanteurs ne peuvent détruire. Les sceptres des princes de l'Asie sont faits quelquefois avec ces Polypiers , ainsi que les chapelets dont se sert le Bramine superstitieux pour compter ses prières.

L'on ne connaît point de véritables Antipathes fossiles. Les principales espèces de ce genre sont :

ANTIPATHE GRANDE--PLUME , *Antipathes eupteridea* , N. Cette belle espèce, encore inconnue, et que nous avons reçue de Saint-Amans , habile naturaliste d'Agen , a été trouvée sur les côtes de la Martinique. Sa tige, haute de quatre pieds au moins , est parfaitement simple , presque triangulaire , un peu contournée et garnie sur une seule de ses faces de pinnules simples , alternes , longues et se courbant avec grâce. Ce Polypier, par sa grandeur , l'élégance de son port, la forme des pinnules, ressemble à une belle plume de Paon décolorée et brunâtre.

ANTIPATHE SPIRAL , *Antipathes spiralis* , Lamx. Gen. Polyp. p. 31. tab. 19. fig 1 , 6. Plusieurs espèces, à tiges simples , longues, spirales ou simplement ondulées , sont confondues sous ce nom; pour les distinguer , il faut les observer vivantes ; je doute qu'une d'elles puisse vivre dans les mers de Norwège, quoiqu'elle y soit indiquée par des naturalistes.

ANTIPATHE ÉVENTAIL , *Antipathes Flabellum*. Lamx. Hist. Pol. p 382. n° 539. Sa tige, comprimée et rameuse, se divise en rameaux , en ramuscules presque planes , nombreux , étalés comme un éventail , et formant, par leurs nombreuses anastomoses, un réseau à mailles inégales et serrées. Cette espèce se trouve dans l'Océan indien.

ANTIPATHE DE BOSC, *Antipathes Boscii*, Lamx. Hist. Polyp. p. 374. n° 320. pl. 14. fig. 5. Sa tige flexueuse se divise en rameaux nombreux et divergens , à extrémités sétacées.

Cette jolie espèce a été rapportée des côtes de la Caroline par Bosc.

Les Antipathes *corticata*, *trique-tra*, *dichotoma*, *pyramidata*, *alope-curoides*, *œnea*, *scoparia*, *Larix*, *la-cera*, *Ulex*, *pinnatifida*, *myriophylla*, *seniculacea*, *pennacea*, *subpinnata*, *Cupressus*, *radians*, *pectinata*, *eri-coides*, *ligulata*, *clathrata*, *glaberri-ma* sont décrits dans les auteurs ; il en existe encore beaucoup d'inédits, et que l'on confond avec les espèces que nous venons de citer. (LAM..X.)

* ANTIPE. *Antipus*. INS. Genre de l'ordre des Coléoptères établi par Degéer (Ins. T. VII. p. 659) sur un Insecte rapporté du cap de Bonne-Es-pérance, et figuré par lui pl. 49. f. 10 et 11. Cette espèce qu'il nomme An-tipe roux, doit, suivant Olivier, for-mer un genre distinct voisin de celui des Gribouris. Duméril la rapporte aux Clytres.   (AUD.)

ANTIRHEA. BOT. PHAN. Genre de la famille des Rubiacées, établi par Commerson et Jussieu, et qui ne diffère du *Malanea* d'Aublet que par ses anthères oblongues, sessiles et in-cluses ; caractère qui est loin d'auto-riser leur séparation. *V.* MALANEA.   (A. R.)

ANTIRRHINUM. BOT. PHAN. Vulgairement *Muflier*. Genre de la famille des Scrophulariées, Didy-namie Angiospermie, L. qui renferme des Plantes herbacées, à feuilles al-ternes ou éparses, à fleurs axillaires ou en épis, et dont les caractères sont les suivans : son calice est oblique, à cinq divisions un peu inégales ; sa co-rolle est monopétale, irrégulière, personnée, c'est-à-dire que son limbe forme deux lèvres rapprochées l'une contre l'autre et closes ; à la base de la corolle on trouve un prolongement creux en forme d'éperon, ou simple-ment une bosse plus ou moins renflée. les étamines sont au nombre de qua-tre, dont deux plus grandes et deux plus petites ; l'ovaire est simple, entouré d'un disque jaunâtre et annulaire plus saillant d'un côté ; cet ovaire présente deux loges, et dans chacune d'elles

un grand nombre d'ovules attachés à un trophosperme qui règne longitu-dinalement sur la partie moyenne de la cloison, où il forme une saillie très-convexe. Le style est simple et ter-miné par un stigmate bilobé. La cap-sule est environnée à sa base par le calice qui est persistant ; elle présente deux loges renfermant un grand nom-bre de graines qui s'échappent par deux trous irréguliers qui se ferment à la partie supérieure des deux loges. Tel est le mode de déhiscence le plus général. Mais cependant, quelques espèces offrent une capsule qui se rompt irrégulièrement ; telle est entre autres celle de la Cymbalaire (*Anthir-rinum Cymbalaria*, L.)

Ce genre est fort nombreux en es-pèces ; aussi, dès l'origine, avait-on cherché à le séparer en plusieurs grou-pes qui furent considérés comme des genres distincts. Tournefort en avait fait trois genres qu'il caractérisait ainsi : il appelait *Antirrhinum* celles dont la corolle était seulement bos-sue à sa base, et la capsule allongée ; *Asarina*, celles dont la capsule était globuleuse ; et enfin *Linaria*, celles dont la corolle était éperonnée à la base. Plus tard Linné réunit ces trois genres en un seul, auquel il con-serva le nom d'Antirrhinum. En-fin Jussieu, dans son *Genera*, a sup-primé le genre Asarina qu'il a réuni avec l'Antirrhinum, en conservant le genre Linaria. Il nous semble cependant que ce caractère tiré de la longueur de l'éperon est loin d'être fixé d'une manière rigoureuse, ou d'a-voir une valeur suffisante, puisqu'il est certaines espèces dans lesquelles on ne saurait dire s'il existe déjà un épe-ron, ou simplement une bosse un peu proéminente.

Les Antirrhinum croissent généra-lement sur les rochers, ou dans les terrains secs, légers et sablonneux. Plusieurs espèces sont cultivées dans les parterres d'ornement, à cause de la beauté et souvent de l'éclat de leurs fleurs qui forment de longs épis terminaux, et présentent l'étrange figure d'un mufle d'Animal, ce qui leur a mérité leur nom vulgaire; tel est le grand Muflier, appelé communément Gueule-de-Loup, qui croît jusque sur nos vieilles murailles, dans les fentes desquelles ses racines s'insinuent et trouvent de quoi végéter. La Linaire, *Antirrhinum Linaria*, forme aussi un très-bon effet par ses fleurs d'une jolie couleur jaune et ses feuilles d'un vert tendre. Plusieurs autres espèces sont également cultivées. L'*Antirrh. ornithophorum*, espèce américaine fort élégante et fort rare, a été trouvée naturalisée en Galice et sur des murs, dans les Asturies, par Bory-de-Saint-Vincent.   (A. R.)

* ANTISCORBUTIQUES. *Antiscorbuticæ*. BOT. PHAN. Nom sous lequel, dans ses Fascicules, Evantz a désigné la famille des Crucifères. (B.)

* ANTITESION. BOT. PHAN. L'un des noms par lesquels Dioscoride paraît désigner le Xantium. *V*. ce mot.   (B.)

ANTITRAGUS. BOT. PHAN. Ce genre établi par Gaertner doit être réuni au Crypsis. *V*. ce mot. (A. R.)

*ANTITRICHIA. BOT. CRYPT. (*Mousses.*) Bridel (*Methodus nova Muscorum* p. 136) a établi sous ce nom un genre de Mousse qui nous paraît le même que l'Anomodon de Hooker; il n'y rapporte que le *Neckera curtipendula* de Hedwig. *V*. ANOMODON.   (AD. B.)

ANTLIATES. *Antliata*. INS. Classe onzième de l'entomologie systématique de Fabricius. Elle comprend tous les Animaux articulés, ayant un suçoir non-articulé, et répond en grande partie à l'ordre des Diptères; elle embrasse aussi celui des Parasites et la tribu des Acarides de Latreille. *V*. ces mots.   (AUD.)

ANTOFLES ou ANTOPHYLLES. BOT. PHAN. Fruits du Giroflier; ils sont aromatiques, en forme de petite Olive, noirs et charnus. On en fait des confitures fort agréables, et c'est d'eux qu'on retire l'huile essentielle que l'île de Mascareigne a répandue dans le commerce.   (B.)

* ANTOIRIA. BOT. CRYPT. (*Hepatiques*.) Raddi, dans un ouvrage intitulé *Jungermanniografia etrusca*, a donné ce nom à un genre qu'il a séparé des Jungermannes, et qui est caractérisé par son calice comprimé et à deux lèvres; il n'y place que la *Jungermannia platyphylla*.— Les caractères déduits de la forme du calice ne nous paraissant pas propres à fournir des divisions naturelles et importantes parmi les Jungermannes, nous ne pensons pas que le genre Antoiria doive être adopté. *V*. JUNGERMANNE.   (AD. B.)

ANTOLANG. BOT. PHAN. (Camelli.) Plante ou petit Arbrisseau des Philippines, qu'on cultive dans les jardins en palissade, et qui paraît être un Justicia.   (B.)

*ANTOPHYLLI SAXEI. POLYP. (Rumph.) Syn. de *Madrepora ramea*, L. *V*. CARYOPHYLLIE. (LAM. X.)

ANTRIADES. OIS. Vingt-sixième famille de la méthode de Vieillot, qui ne renferme que le genre Rupicole.   (DR..Z.)

ANTRIBE. INS. *V*. ANTHRIBE.

ANTRON. BOT. PHAN. (Mœnch.) Syn. de Mélonidie, de Richard. *V*. FRUIT.   (B.)

ANTROPOLITHE. GÉOL. *V*. ANTHROPOLITHE.

* ANTSANTSA. POIS. (Flacourt.) Nom donné, à Madagascar, aux grands Squales, ordinairement confondus sous le nom de Requins. (B.)

* ANTSATSASARA. POIS. (Flacourt.) Syn. de Pantouflier, *Squalus Tiburo*, L. à Madagascar.   (B.)

ANTSJAC. BOT. PHAN. Nom javan d'un Figuier peu connu, encore qu'il ait été figuré par Rumph (*Amb*. T. III. tab. 91). Il a quelques rapports avec le *Ficus religiosa*, L. Ses rameaux sont entrelacés; son tronc est fort gros, et ses fruits sont mangeables. (B.)

ANTURE. *Antura*. BOT. PHAN. Genre de la famille des Apocynées, Pentandrie Digynie, L. établi par

Forskahl, et réuni par Jussieu au genre *Carissa* de Linné. *V*. CARISSA.

(A. R.)

* ANTUSE. *Antusa*. BOT. PHAN. Genre de la famille des Légumineuses, établi par Smith d'après un Arbrisseau de la Nouvelle-Hollande, figuré par La Billardière (Pl. de la Nouvelle-Hollande, tab. 132). Il doit être réuni au *Pultenœa*, *V*. ce mot, dont il ne diffère que par son calice simple et dépourvu d'appendices. (A. D. J.)

*ANTYLLION. BOT. PHAN. *V*. ANTALION.

*ANUBIA. BOT. PHAN. Syn. brésilien de *Laurus Sassafras*, L. *V*. LAURIER. (B.)

* ANUBIAS. BOT. PHAN. (Dioscoride.) Syn. de Conyse ou peut-être de Xantium. (B.)

*ANUDRON ou **ANYDRON.** BOT. PHAN. L'une des Plantes de Dioscoride qui peuvent être le *Datura Stramonium* des modernes. *V*. DATURA. (B.)

ANULIN. BOT. PHAN. *V*. ANOLING.

*ANUS. ZOOL. Nom de l'ouverture extérieure du dernier intestin. Il existe dans tous les Animaux, la majeure partie des Zoophytes exceptée, ceux-ci n'ayant qu'une ouverture pour prendre et rejeter les alimens. — Dans les Mammifères, les Oiseaux et les Reptiles des trois premiers ordres, l'Anus se trouve au-delà du bassin et à l'origine de la queue; dans les Serpens, où il n'y a point de bassin, il est placé à l'extrémité de l'abdomen, et également à l'origine de la queue. Chez les Poissons, où le bassin varie en position et n'est point fixé à la colonne épinière, la position de l'Anus varie aussi; elle est indiquée par la nageoire anale. Elle n'a rien de constant dans la classe des Mollusques : dans le Limaçon, l'anus s'ouvre près du trou de la respiration, au côté gauche du corps; dans l'Aplysie, il existe au côté droit; dans l'Halyotis, il communique avec la ca-

vité même de la branchie. Parmi les Zoophytes, les Oursins et les Holothuries ont un Anus.

Dans les Mammifères, l'Anus donne seulement issue aux excrémens solides. L'Echidné et l'Ornithorhynque font exception : l'extrémité inférieure de leur rectum se dilate en une poche dans laquelle sont versés l'urine, la semence du mâle et les produits de la génération.— Dans les Oiseaux, l'extrémité du rectum forme, comme dans l'Echidné, un cloaque qui sert de passage commun aux excrémens solides et liquides, aux œufs, et par où sort la verge du mâle. Il en est de même dans les Chéloniens, les Sauriens et les Ophidiens : chez les Batraciens, qui n'ont point de verge, il donne passage aux œufs, à la semence, ainsi qu'aux excrémens. — Dans les Poissons il varie. L'Anus des Raies et des Squales donne passage aux œufs, à la laite et à l'urine; chez les autres, il donne seulement issue aux excrémens solides : les produits de la génération sortent par une ouverture distincte.— Dans les Mollusques Céphalopodes, l'Anus donne également issue au œufs et à la semence du mâle; dans les Gastéropodes, les organes génitaux s'ouvrent séparément; il en est de même de ceux des Décapodes parmi les Crustacés. — Dans les Annelides, tels que la Sangsue et le Lombric ordinaire, l'Anus est à l'extrémité du corps, tandis que les organes génitaux sont placés au tiers antérieur du corps environ.

On voit, d'après ce qui précède, que les grandes divisions des Animaux ne présentent rien de fixe dans les rapports de l'Anus avec les organes génitaux : au reste, l'ouverture séparée de l'Anus et des organes de la génération, chez quelques Animaux, importe peu en philosophie anatomique, et l'on sentira le peu de valeur du caractère qu'on en voudrait tirer, si on fait attention que dans le jeune âge du fœtus des Mammifères, l'Anus et l'ouverture des organes génitaux forment une seule et même fente.

Des muscles ferment et ouvrent

l'Anus à la volonté de l'Animal, et en forment un sphicter.

La plupart des Carnassiers, plusieurs Rongeurs, tels que le Cabiai, le Paca, le Crocodile, les Raies, les Squales, ont près de l'Anus des vésicules globuleuses, dont l'intérieur verse une humeur variable en consistance, odorante pour l'ordinaire : ce sont elles qui fournissent la civette dans l'Animal de ce nom. *V.* Civette. C'est cette matière qui donne au Putois son odeur infecte. — On en dit les Oiseaux privés. La glande qu'ils portent sur le croupion n'est-elle pas analogue aux glandes anales ?

(pr. d.)

Dans les Animaux articulés. Si on se fût attaché dès l'origine à définir les termes entomologiques, on eût donné au mot Anus une acception unique et précise. Prenant un point de comparaison dans l'anatomie des Animaux vertébrés, on eût dit: l'Anus est une ouverture destinée à livrer passage aux excrémens. Ce sens exact n'est cependant accordé à cette partie que par un petit nombre d'anatomistes. Parmi les zoologistes, les uns comprennent sous ce nom la circonférence de l'ouverture qui contient l'Anus proprement dit et très-souvent les organes génitaux ; les autres, au contraire, nomment Anus l'extrémité postérieure de l'abdomen; ses limites sont, dans ce cas, très-variables; car il peut embrasser un plus ou moins grand nombre d'anneaux; quelquefois il est barbu, laineux, cotonneux, velu, en aigrette. On a aussi exprimé les différentes modifications qu'il présente alors, par les noms de mamelonné, foliacé, lamellé, échancré, denté en scie, etc., etc. Nous appelons *Anus* une ouverture formée par l'extrémité postérieure du rectum, terminant, par conséquent, en arrière le canal intestinal, et se continuant en cet endroit avec l'enveloppe extérieure; nous y reviendrons au mot Rectum. Nous reconnaissons ensuite à l'abdomen une *extrémité postérieure* ou *anale* comprenant les derniers anneaux, désignés impro-

prement sous le nom d'Anus. Nous appelons *bord anal* le pourtour du dernier anneau que l'on trouve quelquefois lamellé, échancré, etc.; il circonscrit une cavité qui est *l'ouverture anale,* ayant pour caractères de contenir toujours l'Anus et de livrer souvent passage aux organes générateurs et à leurs dépendances. *V.* Rectum, Copulation. (aud.)

*Dans les Mollusques, Anus est le nom latin que Linné a donné à une impression ordinairement creuse, qui est placée au-dessus des sommets, dans les Coquilles bivalves, et qu'on a traduit en français par Lunule. *V.* ce mot. (f.)

ANVALI. bot. phan. Syn. de *Phyllanthus Emblica,* L., et de *Cicca disticha,* L. chez les Indous. (b.)

ANVERUS et non ANVFRUS. bot. phan. Syn. de *Maranta arundinacea,* L. aux Antilles sur le vent.
(b.)

ANVOIS ou ANVOYE. rept. oph. Syn. d'Orvet, *Anguis fragilis,* L. dans quelques cantons de la France méridionale. (b.)

* ANXANA. bot. phan. (Rumph.) Syn. de *Pterocarpus,* L. *V.* Ptérocarpe. (b.)

ANYCHIE. *Anychia.* bot. phan. Genre de Pentandrie Monogynie, de la famille des Paronychiées, voisin des Illecebrum, formé par Michaux (*Flor. bor. am.* 1. p. 112), aux dépens du genre *Queria* de Linné, et dont le *Queria canadensis* de cet auteur est le type. Ses caractères consistent dans un calice à cinq divisions, conniventes à leur sommet; dans l'absence de la corolle; dans deux stigmates, et un fruit qui consiste en une capsule environnée du calice persistant, monosperme, membraneuse, ne se fendant point, mais s'ouvrant endessous, pour donner passage à la semence. Les Anychies sont de petites Herbes, munies de stipules, dont les fleurs très-petites et tristes, sont fasciculées; on en compte trois espèces : *Anychia dichotoma* (*Queria canadensis* L.), *Herniarioides* et *Argyrocoma;*

toutes trois originaires des Carolines et du Kentucky. Persoon, en adoptant ce genre (Syn. 1. p. 261), replace l'*Anychia dichotoma* parmi les *Queria*.   (B.)

ANYCTANGIE. *Anyctangium.* BOT. CRYPT. (*Mousses.*) Peu de genres dans la famille des Mousses ont subi autant de changemens dans leurs caractères, et ont renfermé des espèces plus différentes que le genre Anyctangium.—Hedwig donna, dans son *Species Muscorum*, ce nom au même genre qu'il avait désigné dans ses ouvrages précédens sous le nom d'*Hedwigia;* il le distingua des Gymnostomes par la position des fleurs mâles, qui sont terminales, et sur des pieds différens dans les Gymnostomes, tandis qu'elles sont axillaires et sur le même individu que les capsules dans l'Anyctangie. — Plusieurs auteurs, ne regardant pas ces caractères comme assez importans, ou révoquant même en doute l'existence de véritables fleurs mâles, ont réuni ce genre aux Gymnostomes.

Bridel, dans sa *Muscologia recentiorum*, a exactement suivi Hedwig; il a seulement ajouté au caractère donné par cet auteur que la coiffe était en forme de cloche fendue en plusieurs lanières, caractère qui n'existe pas dans l'*Anyctangium aquaticum*, Hedw., et l'a engagé à reporter ensuite (*Methodus nova Muscorum*) cette espèce dans le genre *Gymnostomum.*—Dans ce dernier ouvrage, il a entièrement changé le caractère du genre *Anyctangium*; il n'y a placé que les *Gymnostomum æstivum* et *setosum*, tandis qu'il a donné au véritable genre *Anyctangium* le nouveau nom de *Schistidium.*

Au milieu de tous ces changemens et de ces diverses opinions, nous croyons devoir adopter le caractère donné par Hooker (*Muscologia britannica*) au genre *Anyctangium;* il l'établit ainsi: « Capsule terminale, péristome nul, coiffe en cloche. » Ce caractère est exactement le même que celui du *Schistidium* de Bridel,

qui rapporte pourtant à ce genre quelques espèces que Hooker regarde comme des Gymnostomes; tel est le *Gymnostomum lapponioum.*

Le genre *Hedwigia* de Palisot de Beauvois correspond exactement à l'*Anyctangium* de Hooker, et son *Anyctangium* à l'*Hedwigia* du même auteur.

Enfin le genre *Anyctangium* de Schwœgrichen, fondé sur les mêmes caractères que celui d'Hedwig, renferme l'*Anyctangium* , l'*Hedwigia*, et une partie des *Gymnostomum* de Hooker.

Le genre *Gymnostomum* diffère du genre *Anyctangium*, tel que nous venons d'en fixer les caractères , par sa coiffe fendue latéralement; le genre *Hedwigia* de Hooker s'en distingue par le même caractère, et en outre par sa capsule latérale. — Le type du genre Anyctangium est l'*Anyctangium ciliatum* d'Hedwig (*Species Muscorum*, p. 40). On doit y rapporter aussi l'*Anyctangium imberbe* de Hooker ou *integrifolia* de Palisot de Beauvois , qui n'est peut-être qu'une variété du *ciliatum*, l'*Anyctangium filiforme* de Michaux, l'*Anyctangium cœspititium* de Schwœgrichen, et les *Anyctangium torquatum* et *repens*, figurés par Hooker dans les *Musci exotici.*—Toutes ces espèces ont la capsule presque sessile entre les feuilles du périchætium. La capsule est transparente et mince dans l'*Anyctangium ciliatum*, et ne présente aucune trace de membrane interne; les graines n'en remplissent qu'une très-petite partie, et sont fixées à un rudiment de columelle en forme de tubercule, placé au fond de la capsule; l'opercule est presque plat, et tombe de bonne heure.   (AD. B.)

ANYDRON. BOT. PHAN. *V.* ANUDRON.

AOCACOUA. BOT. PHAN. Nom, chez les Caraïbes, d'une espèce de Phsychotrie indéterminée.   (B.)

AODON. POIS. C'est-à-dire *sans dents*. Genre formé par Lacépède (Hist. des Pois., T. 1. p. 297) de trois espèces de Poissons cartilagineux fort imparfaitement connus, et dont, sur l'autorité de Forskahl (*Faun. arab.* p. 10), deux avaient été regardés comme des Squales. Il est difficile de concevoir des Poissons d'un genre où la férocité semble être le résultat d'un appareil dentaire redoutable, privés de pareils moyens d'attaque et de défense; aussi ne voyons-nous figurer ni le genre Aodon, ni les espèces sur lesquelles il se fonde, dans les travaux de Cuvier ou de Blainville. Quoi qu'il en soit, les Aodons ne différeraient des autres Squales que par l'absence des dents ; ils auraient cinq ouvertures branchiales de chaque côté du corps. Ce sont eux dont le compilateur Gmelin lui-même a écrit *Edentuli, an Squali?*(S\st. nat. XIII. T. I. p. 1504.)

Les espèces du genre Aodon sont: 1° *A. Massasa*, Lac. *Squalus*, Foısk. *loc. cit.*, dont les nageoires pectorales sont fort longues; 2° *A. Kumal*, Lac. *Squalus*, Forsk., *loc. cit.*, dont les pectorales sont courtes, et les nageoires munies de quatre barbillons ; 3° *A. cornutus*, Lac., *Squalus edentulus* de Brunnich. Les deux premières habitent la Mer-Rouge; on présume que la dernière, dont la tête seule a été observée, a été pêchée dans les mers de Marseille.   (B.)

* AONIS. *Aonis.* ANNEL. Genre de l'ordre des Néréidées, famille des Néréides, proposé par Savigny (Système des Annelides, p. 45); il a pour type le *Nereis cæca* d'Othon Fabricius (*Faun. groenl.* n° 287). Savigny, n'ayant pas examiné lui-même cet individu, ne donne pas d'une manière certaine les caractères de ce genre qu'il regarde cependant comme distinct.   (AUD.)

AORTE. ZOOL. Nom de l'artère principale des Animaux vertébrés, mieux nommée *Vaisseau dorsal artériel*, de sa position constante le long du corps des vertèbres. Chez les Mammifères et les Oiseaux, l'Aorte part du ventricule gauche, donne presque aussitôt son origine, et sous le nom d'Aorte antérieure, les troncs qui se portent à la tête et aux membres thorachiques; puis elle se re-

courbe et se porte le long du corps des vertèbres jusqu'au bassin où elle se divise en deux troncs principaux, les artères iliaques, primitives. Chez les Animaux à queue, sa véritable continuation est le vaisseau qui suit cette partie, et que représente, chez l'Homme, l'artère nommée sacrée moyenne. — Dans les Reptiles chéloniens, l'Aorte naît du seul ventricule que possèdent ces Animaux, et qui fournit aussi l'artère pulmonaire; bientôt elle se divise en deux branches, qui, après avoir donné par leur courbure les artères des parties antérieures, se réunissent pour suivre la route ordinaire à l'Aorte et fournir les artères du reste du corps. Au lieu de naître par un seul tronc pour se diviser ensuite en deux branches, deux troncs artériels sortent séparément du ventricule des Reptiles sauriens et se réunissent ensuite en un seul tronc. Dans les Batraciens on ne trouve qu'un seul ventricule comme dans les autres Reptiles ; mais il ne donne plus l'artère pulmonaire, il fournit seulement l'Aorte qui ne tarde pas à se diviser en deux troncs comme dans les Chéloniens, et de chacun de ces troncs, outre les artères des parties antérieures, sort un rameau qui va soumettre, dans le poumon, une partie du sang au contact de l'air atmosphérique. On voit, d'après la disposition que présentent les Reptiles, qu'il n'y a qu'une partie du sang qui soit soumise à l'acte respiratoire. Dans les Poissons, le sang est, comme dans les Mammifères et les Oiseaux, porté tout entier dans les poumons avant d'être reporté aux organes ; mais au lieu d'être rapporté au cœur pour être ensuite lancé dans l'intérieur de l'Aorte, celle-ci est formée par la réunion des vaisseaux qui, au nombre de quatre de chaque côté, ramènent le sang qui a traversé les arcs branchiaux; ainsi l'Aorte ne naît pas du ventricule, mais est formée par la réunion des vaisseaux qui sortent des branchies. Telle est la disposition anatomique de l'Aorte considérée physiologiquement; on y voit le vais-

sœu artériel, compagnon inséparable de la moelle épinière, composant avec cette dernière les deux élémens générateurs de tous les organes,
et donnant, par des variations dont il
ne nous est pas donné d'apprécier les
causes, les formes diverses que nous
offrent les Animaux. —Dans les Mollusques et les Crustacés, où il y a un
système de circulation complet, il
existe aussi un vaisseau principal qui a
reçu le nom d'Aorte. Dans les Insectes, Animaux dont le système circulatoire se réduit à un canal aveugle
par ses deux extrémités, on a nommé ce
canal le vaisseau dorsal; il paraît
réellement tenir lieu de l'Aorte, et le
liquide contenu y est soumis à un *va*
et *vient* très-remarquable.   (PR. D.)

AOTE. *Aotus.* Genre de Singes
américains, formé par Illiger d'après
une espèce décrite par Humboldt,
sous le nom de Singe-de-Nuit. *V.*
SAPAJOUS.   (A. D..NS.)

AOTE. *Aotus.* BOT. PHAN. Genre
de la famille des Légumineuses,
Décandrie Monogynie, L. établi par
Smith (*Decandrous papilionaceous of
New-Holland*, p. 6), et adopté par
Labillardière dans sa Flore de la Nouvelle-Hollande (vol. 1. p. 104). L'*Aotus* est très-voisin des genres *Pulte-
næa* et *Gompholobium*; il se distingue
du premier par son calice dépourvu
d'appendices, et son stigmate obtus,
et du second par son calice simplement à cinq dents, et son fruit qui ne
renferme que deux graines. Voici
quels sont les caractères de ce genre:
son calice est tubuleux, dépourvu
d'appendices et quinquéfide; sa corolle est papilionacée; les deux ailes
sont plus courtes que l'étendard; les
dix étamines sont libres, distinctes et
fertiles; l'ovaire, presque globuleux,
est surmonté d'un style filiforme, que
termine un stigmate entier et obtus;
la gousse est ovoïde, globuleuse, uniloculaire, et renferme deux graines.

Les espèces de ce genre sont des
Arbustes assez petits, tous originaires
de la Nouvelle-Hollande. Leurs feuil-

les sont ordinairement petites, simples, éparses. Quelques espèces ont
des stipules extrêmement petites et
comme piliformes (*Aotus villosa*,
Smith); d'autres en sont tout-à-fait
dépourvues (*Aotus ferruginea*, Labill., Nouv.-Holl., I. p. 104. t. 152).
          (A. R.)

AOUACA. BOT. PHAN. Même chose
qu'Agnacat. *V.* ce mot.   (B.)

AOUARA ou **AVOIRA.** BOT. PHAN.
Syn. d'Elaïs. *V.* ce mot.   (A. R.)

AOUARE. MAM. (Barrère.) Syn.
de Sarigue à la Guyane.   (B.)

AOUAROU ou **AOUROU.** OIS.
Syn. de *Tantalus Loculator*, L. espèce
de Courlis, à la Guyane.   (B.)

AOUBA, AUBE ou **AUBO.** BOT.
PHAN. Syn. de Peuplier blanc, *Populus alba*, L. dans la France occitanique. Ces noms dérivent du latin
albus, blanc.   (B.)

AOUCO, AOUQUA, AOUQUE.
OIS. Selon la prononciation des divers
cantons de la France méridionale,
noms de l'Oie vulgaire en patois gas-
con et languedocien.   (DR..Z.)

***AOURADE** ou **AURADE.** POIS.
C'est-à-dire *dorée.* Syn. de Dorade,
Sparus aurata, L. sur les côtes méri-
dionales de la France jusqu'à Malte,
et sur quelques points de la côte de
Barbarie.   (B.)

AOURAOUCHI. BOT. PHAN. Sorte
de Suif végétal ou d'Huile concrète
qu'on tire à la Guyane des graines
d'un Arbre appelé par les naturels
Voirouchi ou Virola. On fait de fort
bonnes chandelles avec ce suif qu'on
obtient du Virola. *V.* ce mot.   (B.)

***AOURIOLA.** BOT. PHAN. Ou plu-
tôt *Aouriole.* Syn. de *Centaurea Calcitrapa*, L.   (B.)

AOURNIER. BOT. PHAN. Même
chose que Cornouiller. *V.* ce mot. (B.)

AOUROU. OIS. *V.* AOUAROU.

AOUROU-COURAOU. OIS. (Buffon.) Syn. d'Aiuru-Cubau. *V.* AIURU.
          (DR..Z.)

AOUSSEL-BERT. OIS. On

trouve dans quelques Dictionnaires, que c'est le nom du Martin-Pêcheur dans le département des Pyrénées orientales. Ce nom n'est que l'orthographe vicieuse des mots gascons *Oisel berd*, Oiseau verd, par lesquels on désigne indifféremment, dans le midi de la France, le Martin-Pêcheur ou le Pivert. (B.)

AOUTIMOUTA ou ATIMOUTA. BOT. PHAN. Syn. de *Bauhinia*, L. chez les naturels de la Guyane. (B.)

* **APA.** OIS. Syn. de *Colymbus arcticus*, L. au Groënland. (B.)

APACARO. BOT. PHAN. Syn. indou d'*Uvaria Cerastoides* de Roxburg. *V.* UVARIA. (B.)

APACHYCOATL ou APOCHICOALT. REPT. OPH. Syn. de *Coluber patellarius* au Mexique. *V.* COULEUVRE. (B.)

APACTIS. BOT. PHAN. Thunberg nomme ainsi un Arbre du Japon dont il fait un nouveau genre. L'absence de calice, une corolle composée de quatre pétales inégaux, des étamines, au nombre de seize à vingt, et un ovaire libre muni d'un seul style, sont les seuls caractères qu'il lui assigne. Ils doivent le faire placer dans la Dodécandrie Monogynie de Linné, mais sont évidemment insuffisans pour qu'on puisse le classer dans une famille. (A. D. J.)

APAHU ou APAS. Nom de pays d'un Liseron, *Convolvulus*, à Ceylan. (A. R.)

APALACHINE. BOT. PHAN. C'est-à-dire qui croît sur les monts Apalaches. Syn. d'*Ilex vomitoria*, et non de l'*Ilex Cassine.* *V.* HOUX. On avait d'abord cru cet Arbuste qui a des propriétés médicinales un Cennotus et un Prinos. (B.)

APALANCHE. BOT. PHAN. Syn. de Prinos. *V.* ce mot. (A. R.)

APALAT, APALATOA, APALATOU ou OPALAT. BOT. Un calice turbiné, quadrifide; pas de corolle; dix étamines distinctes; un fruit comprimé, orbiculé, bordé d'un large feuillet

membraneux et renflé au centre par la présence d'une ou deux graines; tels sont les caractères de deux Arbres de la Guyane qu'Aublet figure, tab. 146 et 147, et qu'il nomme *Apalatoa* et *Touchiroa*. Dans le premier le calice est muni extérieurement à sa base de deux écailles, et les feuilles sont ailées, à folioles alternes et en nombre impair. Dans le second, ces écailles manquent et les feuilles sont simples. Schreber les a réunis dans un seul genre sous le nom de *Cyclas*, et Willdenow sous celui de *Crudia*. C'est le *Waldschmidtia* de Necker. Il appartient aux Légumineuses à corolle quelquefois nulle, à dix étamines distinctes, à gousse capsulaire, uniloculaire, indéhiscente. (A. D. J.)

APALE. *Apalus.* INS. Genre de l'ordre des Coléoptères, section des Hétéromères, établi par Fabricius (*Entom. Syst.* T. I. pars. 2. p. 50), qui lui assigne pour caractères : palpes égaux, filiformes; mâchoires cornées, unidentées; languette membraneuse, tronquée entière; antennes filiformes. Ce genre, fondé sur une espèce de Méloë de Linné, a été adopté depuis par les entomologistes. Olivier a réuni aux Apales les *Zonitis* de Fabricius. Latreille leur a d'abord associé ses *Sitaris*, mais dans ses derniers ouvrages il a cru devoir les en séparer. Le genre Apale comprend une seule espèce bien distincte, et qui lui sert de type, c'est l'Apale bimaculé, *A. bimaculatus* de Fabricius, ou le *Meloë bimaculatus* de Linné. Elle a été décrite et figurée par Degéer qui la nomme *Pyrochroa bimaculata* (Ins. T. v. p. 25. pl. 1. fig. 18). Cet Insecte est originaire de Suède où il est très-rare. On le trouve aux premiers jours du printemps dans les lieux sablonneux; il répand une odeur très-agréable. Latreille (Consi. génér.) le place dans la famille des Cantharides; ailleurs (Règne Animal de Cuvier) il le range dans celle des Trachelides auprès des Pyrochres. Il se rapproche de ceux-ci par la forme du corselet, et en diffère cependant par les articles des tarses qui sont entiers, et par les antennes simples dans les deux sexes. Fabricius (*loc. cit.*) a décrit sous le nom d'*Apalus quadrimaculatus* une seconde espèce qui appartient au genre Tétraonyx. *V.* ce mot. Le général Dejean possède dans sa magnifique collection deux autres espèces d'Apales sous les noms de *binotatus* et de *bipunctatus*. La première habite l'Italie, la seconde a été envoyée de Styrie. Nous ignorons si ces espèces sont bien distinctes de la précédente, et si elles ont les caractères assignés par Fabricius au genre que nous avons décrit.   (AUD.)

APALIKE. POIS. Syn. de *Clupea cyprinoïdes. V.* CLUPÉ.   (B.)

* APALOSIA ou APLOSIA. MOLL. Dénomination que paraît employer Raffinesque pour désigner la classe entière des Mollusques; c'est, du moins, comme synonyme de Mollusque qu'il l'emploie dans un petit opuscule qu'il a publié sous le titre d'*Annals of nature, or annual Synopsis of new genera and species of Animals*, etc. *discovered in north America*, etc. 1er n°, 1820.   (F)

APALYTRES ou MOLLIPENNES. INS. Famille de l'ordre des Coléoptères et de la section des Pentamères, fondée par Duméril; elle répond à la famille des Malacodermes de Latreille (Considér. génér.) ou aux tribus des Lampyrides et des Mélyrides du même auteur (Règne Animal de Cuv.). Les genres qui y sont compris sont: Téléphore, Cyphon, Malachie, Omalyse, Drile, Lyque, Mélyre, Lampyre. *V.* ces mots.   (AUD.)

APAMA. BOT. PHAN. Arbuste de l'Inde, aussi appelé Alpan ou Alpam à la côte du Malabar (Rhéed. *Malab.* 6. T. 28), dont les caractères paraissent encore trop mal observés pour qu'on en puisse former un genre certain dans la Dodécandrie ou dans la Polyadelphie. Ses fleurs consistent en un calice monophylle, ovale, campanulé, divisé jusqu'à moitié en trois

découpures égales, larges, courtes et pointues, d'un pourpre noirâtre, et garnies extérieurement de poils blancs. Le fruit allongé, charnu, pointu aux deux extrémités, ressemble à une silique, et contient des semences tellement menues, qu'elles sont à peine perceptibles. Le suc de ses feuilles est employé contre la morsure des Serpens.   (B.)

APAMEA. REPT. OPH. (Rai.) Syn. d'Amphisbène. *V.* ce mot.   (B.)

APAN. MOLL. Et non AMPAN ni APON, comme l'écrivent quelques dictionnaires. Nom donné par Adanson (Sénégal, p. 212) à la *Pinna rudis* de Linné. *V.* PINNE.   (F.)

* APANTROPON. BOT. PHAN. (Dioscoride.) Syn. de Staphisaigre. *V.* DELPHINELLE.   (B.)

APANXALOA. BOT. PHAN. Espèce de Salicaire du Mexique, qui passe pour vulnéraire dans le pays.   (B.)

APAR, APARA ou APAU. MAM. Syn. de *Dasypus tricinctus*, au Brésil. *V.* TATOU.   (B.)

APAREA. MAM. *V.* APÉREA.

APARGIA. BOT. PHAN. Les espèces du genre *Leontodon* de Linné qui présentent une aigrette plumeuse, sessile, en ont été séparées par Schreber et Willdenow, pour former un genre nouveau sous le nom d'*Apargia*, donné d'abord par Daléchamp à l'*Hypochœris radicata*, L. Ces espèces sont au nombre de seize environ, la plupart européennes.   (A. D. J.)

APARINE. BOT. PHAN. Genre formé par Tournefort dans les Rubiacées, réuni par Linné aux Gaillets, *Galium*, desquels il ne diffère effectivement pas d'une manière suffisante pour être conservé.—Il paraît que l'Aparine de Théophraste est notre Xantium, et que celui de Pline aurait été une Plante du genre Asperugo. (B.)

APAS. BOT. PHAN. *V.* APAHU.

APATE. *Apate.* INS. Nom générique substitué, sans aucun motif, par Fabricius à celui de Bostriche employé par Géoffroy, et que nous adoptons

comme étant le plus ancien. *V*. Bos-
TRICHE. (AUD.)

APATE. BOT. PHAN. (Daléchamp.)
Syn. de *Lactuca perennis*. *V*. LAI-
TUE. (B.)

APATHIQUES. ZOOL. *V*. Animaux apathiques au mot ANIMAUX.

APATITE. MIN. (Werner.) *V*.
CHAUX PHOSPHATÉE.

APATTA. OIS. Syn. de l'Oie de
Guinée, *Anas Cygnoides*, L. en
Afrique. *V*. CANARD. (DR..Z.)

APATURE. INS. Genre de l'ordre des
Lépidoptères. *V*. NYMPHALE. (AUD.)

APAU ou TATU-APARA. MAM.
V. APAR.

*APECA-APOA. OIS. (Rai.) Syn.
de l'Oie bronzée, *Anas melanotos*, L.
V. CANARD. (DR..Z.)

APEIBA. BOT. Plusieurs espèces
d'Arbres de la Guyane y reçoivent
ce nom qu'Aublet leur a conservé
avec raison, et auquel Gmelin et
plusieurs autres après lui ont substitué celui d'*Aubletia*. Ils forment un
genre appartenant à la famille des Tiliacées, genre auquel il faut rapporter
le *Sloanea* de Linné et de Loëfling,
mais non celui de Plumier. C'est
aussi l'*Oxytandrum* de Necker. Le
calice est à cinq divisions allongées,
qui alternent avec autant de pétales
égaux ou moindres; les étamines sont
en très-grand nombre, à filets courts,
à anthères longues et acuminées au
sommet. L'ovaire hérissé est surmonté d'un style qui va s'épaississant de
bas en haut et se termine en un stigmate en forme d'entonnoir, dentelé
sur son bord. Il se change en une
capsule grande, coriace, de la forme
d'un sphéroïde déprimé, qui en dehors est couverte de poils roides et
serrés, ou rugueuse comme une Lime, et intérieurement présente de
huit à vingt-quatre loges, dans lesquelles sont attachées à un réceptacle
central et charnu des graines nombreuses et petites. On les rencontre
quelquefois en moindre quantité et
d'un volume plus considérable.

On compte quatre espèces d'Apeiba
figurées dans les tab. 213, 214, 215
et 216 des Pl. de la Guyane d'Aublet.
Ce sont des Arbres ou des Arbustes à
feuilles grandes et alternes, à pédoncules solitaires, di ou trichotomes,
accompagnés de deux ou quatre bractées à leurs points de division. Le
fruit rarement déhiscent laisse échapper ses graines par une fente supérieure, ou par un trou situé inférieurement et résultant de la séparation
du pédicelle. (A. D. J.)

* APEMFI. BOT. PHAN. Syn. de
Ciguë en Egypte. (B.)

* APEMON. BOT. PHAN. Syn. de
Mandragore en Egypte. (B.)

APER. MAM. et POIS. Nom latin du
Sanglier, donné par quelques ichthyologistes à deux espèces de Poissons,
un Zeus de Linné et un Baliste. (B.)

APERA. BOT. PHAN. Adanson a
proposé sous ce nom un genre de
Plantes de la famille des Graminées,
qui a été adopté plus tard par Palisot
de Beauvois dans son Agrostographie.
Ce dernier botaniste y plaça toutes
les espèces d'Agrostis dont la valve
inférieure de la glume porte une soie
qui naît un peu au-dessous du sommet, et dont la supérieure est légèrement bifide.

Ce genre, dans lequel Beauvois
range les *Agrostis Spica venti* et *Ag.
interrupta* de Linné, l'*Agrost. purpurea* de Gaudin et l'*Anthoxanthum
crinitum* de Linné, nous paraît avoir
de grands rapports avec le *Vilfa*, auquel il doit être réuni. *V*. AGROSTIS
et VILFA. (A. R.)

APÉREA ou APAREA. MAM. Petite espèce du genre Cabiai, voisine
de celle qu'on appelle vulgairement
Cochon d'Inde. *V*. CABIAI. (B.)

APÉRIANTHACÉES. BOT. PHAN.
Nom donné par Mirbel à une famille
qu'il a formée des Cycas et Zamies,
vulgairement nommés Palmiers Fougères, et qu'il regarde comme l'intermédiaire des Fougères et des Palmiers. (B.)

* APÉRISPERMÉE. BOT. PHAN.
Qui n'a point de périsperme. L'a-

mande est apérispermée dans les graines des Synanthérées et des Légumineuses. *V.* Fruit.   (B.)

* APÉRISTOMÉES. *Aperistomati.* BOT. CRYPT. Bridel avait donné ce nom à la première classe des Mousses dans sa Muscologie. Dans le dernier Supplément de cet ouvrage, ou *Methodus muscorum*, il a changé ce nom en *Astomi* qui est plus exact; il n'y place que le genre Phascum. *V.* Astomes et Mousses.   (AD. B.)

* APERTIROSTRA. ois. (Vanderstegen de Putte.) Syn. de Bec ouvert.   (DR..Z.)

* APÉTALES. *Apetali.* BOT. PHAN. Fleurs apétales. Cette expression s'emploie en général pour désigner les Fleurs qui sont dépourvues de pétales, et, par conséquent, de corolle; telles sont celles des Daphnés, des Joncs, des Lys, etc. Ainsi, toutes les Plantes, dont les fleurs sont monopérianthées, quelles que soient d'ailleurs la forme, la structure, la couleur de ce périanthe unique, sont dites Apétales. Tel est le sens que de Jussieu et en général les botanistes, qui s'occupent de familles naturelles, ont donné à ce mot. Mais autrefois il n'était appliqué qu'aux Fleurs pourvues d'une seule enveloppe florale, verte et n'ayant point l'apparence d'une corolle, ou même à celles qui étaient tout-à-fait privées d'enveloppes florales. C'est dans ce sens, auquel il a encore été donné une extension plus considérable, que Tournefort a formé dans son système trois classes, savoir la quinzième, et la dix-septième, qui comprennent toutes les Plantes herbacées apétales.

De Jussieu, dans sa méthode, a également divisé les Végétaux dicotylédons en trois grandes sections, qui sont les Apétales, les Monopétales et Polypétales. *V.*, pour de plus grands détails, les mots Méthode, Système, etc.   (A. R.)

* APETTE ou AVETTE. ins. Nom

vulgaire et peu usité de l'Abeille mellifique. *V.* Abeille.   (AUD.)

APHACA. (Théophraste et Dioscoride.) On ignore à quelle Plante les anciens donnaient ce nom, qui a été appliqué tour à tour à l'Orobanche, à une Chicoracée, à un Arbrisseau légumineux, et enfin, par Linné, comme spécifique, à un Lathyrus dont Tournefort avait fait un genre.   (B.)

APHANE. *Aphanes.* BOT. PHAN. Ce genre, établi par Linné et adopté par Jussieu dans son *Genera Plantarum*, a été réuni par les auteurs modernes à l'Alchemille, dont il ne doit peut-être pas demeurer séparé: ses fleurs présentent un calice urcéolé, à huit divisions, dont quatre alternes extrêmement courtes; les étamines varient d'une à quatre, et sont insérées à la partie supérieure du calice : on trouve deux pistils au fond du calice; leur ovaire est uniloculaire, uniovulé; le style part d'un des côtés de la base de l'ovaire, il est surmonté par un stigmate capitulé. Le fruit se compose de deux petits akènes recouverts par le calice, qui est persistant.

L'*Aphanes arvensis*, L. (ou *Alchemilla Aphanes*) qui constitue ce genre, est une petite Plante annuelle qui croît dans les champs sablonneux de la France.

Ce genre nous paraît bien peu différent de l'Alchemille.   (A. R.)

* APHANISTIQUE. *Aphanisticus.* INS. Genre de l'ordre des Coléoptères, établi par Latreille aux dépens de celui des Buprestes, dont il se distingue par des antennes en massue. Il s'en rapproche d'ailleurs par les mandibules n'offrant pas d'échancrure à leur extrémité, et par les palpes filiformes ou peu renflés à leur sommet. Ces deux caractères l'éloignent des Mélasis, des Cérophytes et des Taupins. Latreille (Consid. gén.) place ce genre dans la famille des Sternoxes, et ailleurs (Règne animal de Cuv.), il le rapporte à la tribu des Buprestides, qui est la première de la famille des Serricornes. On en connaît quelques espèces, toutes petites, et à corps très-étroit. La plus remarquable, parce qu'elle sert de type au genre, est l'*Aphanisticus emarginatus*, ou le *Buprestis emarginata*, de Fabricius et d'Olivier. Il se trouve aux environs de Paris. (AUD.)

APHANITE. géo. Nom donné par Haüy à une Roche composée d'Amphibole et de Feldspath, dans laquelle l'Amphibole prend un aspect compacte, et le Feldspath est si imperceptiblement disséminé, que le tout présente l'apparence d'une matière uniforme, d'une couleur noirâtre. C'est le Trapp de Dolomieu, et la Cornéenne de plusieurs minéralogistes. On en connaît trois variétés principales : l'Aphanite porphyrique ou le Serpentin (*Grün Porphyr*, W.), l'Aphanite amygdalaire ou la Variolite du Drac, et l'Aphanite variolaire des bords de la Durance. *V.*, pour la description de ces variétés, les mots ROCHES et VARIOLITES.

(G. DEL.)

APHARCE. *Apharca.* BOT. PHAN. (Théophraste.) Syn. d'Alaterne, *Rhamnus Alaternus*, L., selon quelques-uns, et d'*Arbutus Unedo*, selon d'autres. *V.* NERPRUN et ARBOUSIER. (B.)

* APHEDROS. BOT. PHAN. Syn. de *Carthamus lanatus*, L. (B.)

APHELANDRA. BOT. PHAN. (*Acanthacées.*) Genre proposé par Brown (*Prod. Nov. Hol.*), qui a pour type le *Justicia pulcherrima* de Linné. Son principal caractère est d'avoir quatre étamines à anthères uniloculaires. (K.)

APHELIA. BOT. PHAN. Genre de la famille des Restiacées, établi par R. Brown. Ses fleurs hermaphrodites, disposées en épis terminaux et distiques, consistent en une glume univalve, une seule étamine à anthère simple, un ovaire monosperme à un seul style et un seul stigmate. Il devient une capsule, ou, pour se servir du terme de Brown, un utricule qui s'ouvre longitudinalement sur l'un de ses côtés La seule espèce connue, *Aphelia*

cyperoides, originaire de la Nouvelle-Hollande, est une petite Herbe touffue, du port d'un Scirpe ou d'un Souchet, dont la racine est fibreuse ; les feuilles radicales, filiformes, vaginantes à la base; les hampes nues, filiformes, indivises; les glumes hispides, acuminées, quelquefois stériles et plus longues au bas de l'épi.

(A. D. J.)

APHIDE. INS. *V.* PUCERON

APHIDIENS. *Aphidii.* INS. Famille de l'ordre des Hémiptères et de la section des Homoptères, établie par Latreille qui lui assigne pour caractères (Consid. gén.) : tarses à deux articles, mais dont le premier peu distinct, et le dernier terminé par deux crochets, ou sans crochets et vésiculeux; antennes de sept à huit pièces (des individus souvent aptères). Cette famille comprend les genres Thrips, Puceron, Aleyrode. *V.* ces mots.

Latreille, dans un autre ouvrage (Règne Anim. de Cuv.), réunit à la famille des Aphidiens celle des Psyllides, qui ont de dix à onze articles aux antennes. *V.* cette famille.

Les Aphidiens sont des Insectes petits, ordinairement mous, et qui pullulent d'une manière prodigieuse. On les rencontre en très-grande quantité sur les Arbres et les Plantes, depuis le printemps jusqu'à la fin de l'automne. (AUD.)

* APHIDIPHAGES. INS. Ou *mangeurs de Pucerons*. Nom employé par Latreille (Règne Animal de Cuvier) pour désigner la première famille des Coléoptères Trimères. Les individus qui la composent ont tous les antennes plus courtes que le prothorax et terminées par une massue comprimée, en triangle renversé; le dernier article des palpes maxillaires très-grand et en forme de hache; le corps hémisphérique ou en ovale court, avec le prothorax étendu d'avant en arrière, très-large et en forme d'arc. Cette famille comprend le grand genre Coccinelle. *V.* ce mot. (AUD.)

APHIDIVORES. INS. Nom donné, dans le Dictionnaire de Déterville, aux larves de plusieurs Insectes de genres et d'ordres différens, mais qui ont cela de commun qu'elles dévorent les Pucerons. Elles appartiennent tantôt à des Coccinelles, tantôt à des Hémerobes, quelquefois à des Syrphes. *V.* APHIDIPHAGES. (AUD.)

APHIE. POIS. *V.* APHYE.

APHITÉE. BOT. PHAN. *V.* APHYTÉIA.

APHODIE. *Aphodius.* INS. Genre de l'ordre des Coléoptères et de la section des Pentamères, établi par Illiger aux dépens du grand genre Scarabé de Linné, adopté depuis par Fabricius, Duméril, Latreille, etc. Ce dernier lui assigne pour caractères : palpes labiaux presque glabres ou peu velus, filiformes, à articles presque égaux, cylindriques; toutes les pates séparées entre elles par des intervalles égaux, les postérieures distantes de l'anus; longueur de l'abdomen surpassant sa largeur; un écusson distinct. Au moyen de ces caractères on ne confondra pas les Aphodies avec les Ateuchus, les Bousiers, les Onitis et autres genres voisins. Les Aphodies ont un chaperon souvent lisse dans les deux sexes, quelquefois tuberculeux surtout dans les mâles, arrondi par son bord antérieur, qui est libre et recouvrant en entier toutes les parties de la bouche. Celle-ci se compose d'un labre membraneux, de deux mandibules peu consistantes, de deux mâchoires terminées par un lobe mou, transversal, et d'une lèvre à menton échancré, supportant des palpes filiformes. Les yeux sont petits, très-peu visibles supérieurement, et situés dans l'angle rentrant que forme le chaperon avec la partie postérieure de la tête. Les antennes sont insérées au-dessous du chaperon en avant des yeux, et se trouvent composées de neuf articles, les trois derniers formant une petite massue feuilletée. — Le corps, convexe supérieurement, aplati en-dessous, supporte les élytres prolongées jusqu'à l'extrémité anale de l'abdomen et les ailes

membraneuses, cachées au-dessous. Des pates courtes, à cuisses aplaties et à jambes dentelées au côté interne, sont insérées au thorax et séparées entre elles, avons-nous dit, par des intervalles égaux.

Les Aphodies sont rangés par Latreille (Considér. génér.) dans la famille des Coprophages, et ailleurs (Règne Animal de Cuvier) dans la tribu des Scarabéides, famille des Lamellicornes. Ce sont de petits Coléoptères ayant des habitudes analogues à celles des Bousiers, c'est-à-dire se nourrissant de fiente et d'excrémens. Leur démarche est lente, mais ils volent avec assez de facilité et sont les avant-coureurs de la belle saison. On les rencontre en assez grande quantité dans les premiers jours du printemps. Leurs larves ont des formes, une organisation et des mœurs semblables à celles des autres Scarabéides. Les Aphodies constituent un genre très-nombreux en espèces. Plusieurs se trouvent en Europe et aux environs de Paris. Le général Dejean en possède quatre-vingts dont un grand nombre sont exotiques. L'Aphodie Fimétaire, *A. fimetarius* de Fabricius, sert de type au genre. C'est le Scarabée bedeau de Geoffroy (Ins. tom. I. p. 81). Il est figuré par Cuvier (Coléopt. tom. I. pl. 18. fig. 167), et par Panzer (*Faun. Ins. Germ.* fasc. 31. fig. 2). Les autres espèces les plus communes sont *A. Fossor* Oliv. (*loc. cit.* pl. 20. fig. 184), *A. terrestris*, *A. conspurcatus*, etc. Fabr. et Oliv. *V.* la synonymie des Insectes de Schonhérr (tom. I. p. 66). (AUD.)

* APHOTISTUS. BOT. CRYPT. Ce nom a été donné par Humboldt (*Floræ fribergensis Specimen*, p. 118) à un genre de Cryptogames qui n'a depuis été indiqué par aucun auteur; il paraît pourtant difficile de le rapporter à aucun des genres déjà connus. Il se rapproche des Clavaires et des Rhizomorpha, mais il diffère des unes et des autres par sa tige rameuse, cornée, dont les branches sont terminées par une partie char-

nue. — Il croît dans l'intérieur des mines, sur les rochers et les bois de construction.   (AD. B.)

*APHRIDIS. INS. Du Dictionnaire de Levrault, 2ᵉ volume suppl. *V.* APHRITE.   (AUD.)

* APHRIT. MIN. (Karsten.) Même chose que Chaux carbonatée nacrée. *V.* ce mot.   (LUC.)

APHRITE. *Aphritis.* INS. Genre de l'ordre des Diptères, fondé par Latreille, qui lui assigne pour caractères : antennes beaucoup plus longues que la tête, ayant le troisième article en palette conique allongée, avec une soie simple à sa base. La longueur des antennes empêche de confondre ce genre avec les Mérodons et les Milésies, qui ont des appendices beaucoup plus courts que la tête. Ces Insectes n'ont pas de proéminence sur le nez, et se distinguent par là des autres genres de la même famille, dont ils diffèrent encore par quelques caractères tirés de l'insertion des antennes, de la proportion de leurs deux premiers articles, et de la forme du troisième. L'écusson du mésothorax a deux épines. Latreille (Considér. génér.) cla se ce genre dans la famille des Syrphies; ailleurs (Règne Animal de Cuvier), il le réunit aux Céries, qu'il rapporte au grand genre Syrphe, placé lui-même dans la famille des Athéricères. L'Aphrite apiaire, *Aphritis apiarius*, sert de type au genre; c'est la même espèce que le *Mulio apiarius* de Fabricius, ou la Mouche Abeille de Degéer (Mém. Ins., T. VI. pl. 7. fig. 18-20). Le *Mulio mutabilis*, Fabr., le *M. bidens* du même auteur, et plusieurs autres espèces mentionnées par Latreille (*Gener. Crust. et Ins.*), appartiennent peut-être à ce genre.   (AUD.)

APHRIZITE. MIN. Variété de la Tourmaline, dont la forme est une légère modification de celle de l'Isogone (Haüy). D'Andrada a fait une espèce particulière de cette variété, sous le nom d'*Aphrizite* (tiré d'un mot grec qui veut dire *écume*), pour

avoir méconnu sa véritable forme et sa vertu pyroélectrique. Elle se boursouffle au chalumeau, et avec le Borax elle écume fortement et donne un Verre transparent d'un blanc-verdâtre. Elle accompagne le Quartz et le Fer oxydulé, dans l'île de Langoë en Norwège.   (G. DEL.)

* APHROCONIE. MIN. (Forster.) Même chose qu'Aphrit. *V.* ce mot.   (LUC.)

APHRODITE. *Aphrodita.* ANNEL. Genre établi par Linné. *V.* APHRODITES.   (AUD.)

* APHRODITES. *Aphroditæ.* ANNEL. Première famille de l'ord. des Néréidées dans le système des Annelides de Savigny. Ce nom, appliqué par Linné, et, depuis lui, par tous les auteurs, à un genre d'Annelides, fut restreint par Bruguière qui établit, à ses dépens, le genre Amphinome. C'est dans ce sens qu'il se trouve encore décrit par Cuvier (Règ. An., T. II. p. 525) qui le place dans la seconde famille de l'ordre des Dorsibranches. Savigny (Syst. des Annelides, p. 15) a érigé ce genre en famille, et a réparti dans trois divisions génériques les espèces qui, s'y trouvant décrites ou qui étant nouvelles, pouvaient lui appartenir. Ces genres portent les noms de Palmyre, Halithée, Polynoé. Nous y renvoyons, en nous conformant ici aux changemens opérés par Savigny, et déjà adoptés par Lamarck (Anim. sans vert., T. V. p. 304).

La famille des Aphrodites a pour caractères distinctifs : branchies en forme de petites crêtes, ou de petites lames simples, ou de languettes, ou de filets pectinés tout au plus d'un côté, quelquefois ne faisant point saillie, et pouvant passer pour absolument nulles; des acicules. Par là elle s'éloigne de la famille des Amphinomes, et se rapproche au contraire de celles des Néréidées et des Eunices, dont elle diffère cependant par les caractères suivans. branchies et cirrhes supérieurs nuls à la seconde paire de pieds, à la quatrième et à la cinquième, nuls encore à la septième, la neuvième, la onzième, et ainsi de suite jusqu'à la vingt-troisième ou même la vingt-cinquième inclusivement; quatre mâchoires (deux en haut, deux en bas, opposées les unes aux autres par leur tranchant).

Tous les individus de cette famille ont une bouche formée par une trompe cylindrique, fendue transversalement à son extrémité, et munie de quatre mâchoires cartilagineuses ou cornées, se mouvant surtout dans le sens vertical. — Leurs yeux sont tantôt au nombre de deux, tantôt de quatre. — Ils ont ordinairement cinq antennes; les deux extérieures ne manquant jamais, plus longues que les mitoyennes et l'impaire. — Le corps, formé essentiellement de vingt-trois ou vingt-cinq segmens, en général plus court et plus comprimé que dans les autres Annelides, supporte des branchies, des élytres et des pieds. Les branchies sont petites, n'existent pas à toutes les rames de pieds; elles déterminent par leur absence celle des cirrhes supérieurs, et sont remplacées par les élytres, qui ont la forme de plaques membraneuses placées sur le dos; le nombre de celles-ci est de treize paires au plus et de douze au moins. Les pieds ont des lames munies d'acicules; les cirrhes sont très-apparens; les supérieurs sont de beaucoup plus longs que les inférieurs. — L'anatomie de ces Animaux a fait voir que le canal intestinal était droit et garni de nombreux cœcums, tantôt entiers, tantôt divisés et subdivisés en un plus ou moins grand nombre de franges ou ramifications. Les vaisseaux sanguins, quoique petits, ont une existence démontrée; ils sont remplis d'un fluide rouge. Le système nerveux consiste principalement en un cordon médullaire, renflé en autant de ganglions qu'il y a d'anneaux au corps. Quant à l'appareil générateur, on n'a encore reconnu aucun organe extérieur qu'on puisse lui comparer; et, bien qu'on ait découvert une sorte de laite dans le corps des mâles, et plusieurs œufs

dans celui des femelles, on n'a vu, jusqu'à présent, aucune ouverture extérieure pour leur sortie. On pense cependant que les sexes sont séparés, et que ces Animaux sont ovipares.

Les Aphrodites ne sont pas rares dans les mers d'Europe; quelques-unes se nourrissent de Mollusques. Leur corps est garni supérieurement de poils nombreux, quelquefois très-serrés; ces poils soyeux, dont plusieurs touffes naissent au-dessus de chaque pied, brillent de couleurs éclatantes qui sont l'or, l'azur, le violet. L'espèce la plus remarquable sous ce rapport est l'*Aphrodita aculeata* de Pallas. Elle appartient au genre Halithée. Les Aphrodites *squammata*, Pall., Cuv.; *imbricata*, Linn.; *clava*, Montag. (Trans. Linn. Societ., T. IX. p. 114. tab. 8. fig. 3); *punctata*, Müll., *cirrosa*, Pall.; *cirrata*, *scabra*, *longa*, *minuta*, Oth., Fabr., font partie du genre Polynoé. *V.* HALITHÉE, PALMYRE, POLYNOÉ.

Les Aphrodites *complanata* et *carunculata* de Pallas sont des Pléiones; l'Aphrodite *flava*, du même auteur, est une Chloé. *V.* ces mots. (AUD.)

APHRONATRON. MIN. Nom donné à la Soude carbonatée mélangée de Chaux carbonatée, que l'on rencontre souvent tapissant les parois des vieux murs, sous la forme d'une efflorescence, et que l'on a confondue dans cet état avec le Salpêtre de Houssage. *V.* SOUDE CARBONATÉE.

(G. DEL.)

APHYE. POIS. Espèces du genre Gobie et du genre Able, *V.* ces mots; du grec, qui signifie *sans mère*, parce qu'on croyait que les *Aphyes* devaient l'existence au ha ard, et naissaient spontanément de l'écume de la Méditerranée, et dans le Nil que l'un de ces Poissons remonte. (B.)

APHYLLANTHE. *Aphyllanthes.* BOT. PHAN. Genre de la famille des Joncées, de l'Hexandrie Monogynie, L. qui ne comprend qu'une seule espèce originaire des contrées méridionales de la France, et qu'en Languedoc on

désigne sous le nom de *Bragalou*. Ses
caractères génériques sont les suivans : chaque fleur est environnée
à sa base par un involucre double ;
l'extérieur composé de deux écailles
trifides au sommet; l'intérieur monophylle , caliciforme, et à six divisions; le calice est tubuleux à sa base,
composé de six sépales soudés à leur
partie inférieure ; le limbe est ouvert,
un peu oblique, à six divisions oblongues , obtuses : les six étamines sont
insérées à la partie supérieure du tube
du calice; l'ovaire est libre, à trois loges qui contiennent chacune un seul
ovule attaché à son angle interne : le
style est allongé , triangulaire , élargi
à son sommet qui est occupé par un
stigmate à trois angles très-saillans.
Le fruit est une capsule triloculaire.

L'*Aphyllanthes monspeliensis* , L.
Lamk. Illustr. , tab. 253 , est une
Plante vivace qui a le port de l'OEillet
stolonifère. Ses tiges sont grêles,
cylindriques , garnies seulement dans
leur partie inférieure de quelques petites feuilles planes et courtes. (A. R.)

*APHYLLE. *Aphyllus.* BOT. C'est-
à-dire *sans feuilles.* On appelle ainsi
toute Plante dont la tige est nue et dépourvue de feuilles qui sont quelquefois remplacées par des espèces
d'écailles , comme dans les Orobranches et les Lathræa. La Cuscute , le
Casysta, et surtout l'*Aphyteia hydnora*, sont aphylles dans toute l'étendue du mot. (B.)

* APHYLLOCALPA. BOT. CRYPT.
(*Fougères.*) C'est-à-dire , *urnes sans
feuilles.* Genre proposé par Cavanilles
(*Ann. Scienc. natur.* 5. p. 14) et dont
l'*Osmunda regalis* , L., serait le type.
Il paraît correspondre exactement au
genre *Osmunda*, tel que les botanistes,
modernes l'ont limité. C'est l'*Aphyl-
locarpa* de l'Encyclopédie par ordre
de matières. (AD. B.)

*APHYLLOCAULON. BOT. PHAN.
Lagasca nomme ainsi un genre de sa famille des Chénanthophores (*V.* ce
mot), et lui donne pour caractères : un
involucre composé de folioles lâchement imbriquées et lancéolées, qui

ne contient que des fleurons égaux ,
hermaphrodites , bilabiés ; la lèvre
extérieure est à trois dents, l'intérieure bifide dans les fleurons du centre, et dans ceux de la circonférence
à deux lanières allongées en manière
de vrille. Les anthères sont accompagnées de soies courtes à leur base.
L'auteur ajoute, mais avec doute, que
le réceptacle est nu, et il ne parle pas
des akènes. Du milieu des feuilles radicales pinnatifides , part une hampe
munie seulement d'une ou deux écailles , et portant une seule fleur jaune.
H. Cassini fait de ce genre une
espèce de *Gerberia*, et lui donne le
même nom que Lagasca. (A. D. J.)

APHYOSTOMES. POIS. (Duméril,
Zool. Analyt. p. 107.) Famille de
Poissons cartilagineux, dont les branchies sont complètes, les nageoires
ventrales derrière les pectorales, et la
bouche à l'extrémité du museau. Elle
se compose des genres Macrorhin-
que, Solenostome et Centrisque. (B.)

APHYTEIA. BOT. PHAN. C'est une
Plante singulière que Thunberg re-
cueillit le premier au Cap, où elle
croissait parasite sur les racines de
l'*Euphorbia mauritiana* , qu'il prit
d'abord pour un Champignon , et
nomma *Hydnora africana*. Elle fut
ensuite le sujet de deux dissertations,
l'une de E. Acharius, soutenue sous
la présidence de Linné, l'autre de
Hornstedt, sous celle de Thunberg
lui-même, et son fruit fut examiné
par Gaertner. D'après leurs descriptions et leurs figures (*V.* Lin.,
Amœn. VIII, p. 310 , *tab.* 7; Thunb,
Dissert. 1 , p. 23; Gaertn. 1 p. 261 ,
t. 137 ; *V.* aussi la pl. 568 des
Ill. de Lamk.), elle présente les caractères suivans : absence de tiges , de
feuilles ; les organes de la fructification seuls la constituent. Le calice,
grand, infundibuliforme , charnu et
succulent, se divise supérieurement
en trois découpures ciliées à leur
bord, et présentant chacune sur sa
surface interne, qui est concave, une
apparence ou un rudiment de pétale.
Les étamines consistent en trois an-

thères striées, réunies à leur base de manière à former un seul corps à trois lobes connivens, insérées au milieu du tube du calice, et le fermant au moyen de trois filets soudés en un seul, selon Linné. Mais Gaertner ne reconnaît pas l'existence de ces filets, et en conclut que l'*Aphyteia* doit être classé dans la Syngénésie plutôt que dans la Monadelphie.

L'ovaire est infère, le style épais et court, le stigmate trigone. Le fruit est une baie uniloculaire, rétrécie supérieurement en un cou que surmontent les anthères persistantes, presque globuleuse à son milieu, et terminée inférieurement en cône mousse. La surface extérieure en est fendillée et réticulée. Intérieurement, dans une pulpe abondante, sont logées des graines très-petites et très-nombreuses, qui se dessinent en stries irrégulières par la coupe horizontale du fruit. Elles contiennent un périsperme d'une chair granuleuse. Quant à l'embryon, Gaertner l'a cherché vainement, peut-être parce que les graines soumises à son examen n'étaient pas parvenues au degré convenable de maturité. Une seule fois il a trouvé une petite cavité au centre du périsperme. Il remarque, et R. Brown après lui, que ce genre, par la structure des anthères, a quelques rapports avec les Cucurbitacées. On l'a aussi comparé au *Cytinus*, plante parasite, qui appartient aux Aristoloches. Quoi qu'il en soit, sa place est encore incertaine dans la série des familles naturelles.   (A. D. J.)

API. BOT. PHAN. Syn. d'Ache. *V*. ce mot. C'est aussi le nom d'une variété de Pomme.   (B.)

APIABA. BOT. PHAN. Syn. caraïbe d'Hyptis. *V*. ce mot.

APIAIRES. *Apiariæ.* INS. Ordre des Hyménoptères, composant la seconde tribu de la famille des Mellifères, et dont les caractères sont : division intermédiaire de la languette filiforme ou sétacée, aussi longue ou plus longue que son tube inférieur (la pièce répondant au menton), flé-

chie en-dessous, et appliquée sur lui dans le repos ; les deux premiers articles des palpes labiaux ordinairement très-comprimés, fort longs, et imitant une soie écailleuse ou une division de la languette.

Peu d'Insectes peuvent inspirer autant d'intérêt que ceux de cette tribu, puisqu'elle comprend les Abeilles réunies en société, et la plus grande partie de celles que Réaumur nomme solitaires, et dont il nous a si bien fait connaître la manière de vivre. Cette tribu répond exactement au genre *Apis* de Kirby, et se compose de la majeure partie de celui que Linné désigne de la sorte. Telle est l'origine du mot Apiaires, *Apiariæ*. Cette tribu, renfermant aujourd'hui une assez grande quantité de genres, exige des divisions. Celles que je vais exposer s'accordent parfaitement avec les mœurs de ces Insectes; elles sont fondées sur l'examen comparatif de tous leurs organes. Jurine, en restreignant trop sa méthode, a réuni génériquement des espèces de mœurs très-différentes.

†. APIAIRES SOLITAIRES. *Apiariæ solitariæ*. Pieds postérieurs sans corbeille aux jambes, ni brosse au côté interne du premier article des tarses; deux sortes d'individus ordinaires.

1°. Les ANDRENOÏDES. *Andrenoides*. Angle extérieur du bout du premier article des tarses postérieurs des femelles point dilaté, milieu de ce bout donnant naissance à l'article suivant; palpes labiaux à articles grêles, linéaires et presque semblables, pour la forme et les couleurs, aux palpes maxillaires; pieds postérieurs des femelles garnis d'une houppe ou velus ; ventre sans brosse.

Les genres Rophite, Systrophe, Panurge, Xylocope.

2°. Les DASYGASTRES. *Dasygastra*. Angle extérieur du bout du premier article des tarses postérieurs des femelles point dilaté, milieu de ce bout donnant naissance à l'article suivant ; palpes labiaux en forme de soies, très-comprimés, écailleux, avec les bords membraneux ; labre carré , ou en forme de parallélogramme, ordinairement allongé et recouvrant la fausse trompe ; mandibules fortes ; ventre des femelles le plus souvent garni d'un duvet soyeux , formant une brosse servant à récolter le pollen; paraglosses toujours très-courtes, peu saillantes , en forme d'écailles , terminées en une pointe courte un peu prolongée. *Abeilles maçonnes , coupeuses de feuilles.*

Les genres Chélostome, Hériade , Stélide , Anthidie, Osmie, Mégachile , Cœlioxyde.

3°.Les CUCULINES. *Cuculinæ.* Angle extérieur du bout du premier article des tarses postérieurs des femelles point dilaté , milieu de ce bout donnant naissance à l'article suivant; palpes labiaux en forme de soies , très-comprimés, écailleux, avec les bords membraneux ; labre presque demi-circulaire ou triangulaire , ordinairement court et découvert au-dessus des mandibules ; mandibules faibles , étroites (sans dentures au côté interne, ou n'en ayant qu'une) ; corps nu, simplement pubescent , du moins par places ; jamais de brosse sous le ventre. (Paraglosses longues et en forme de soies , dans plusieurs femelles, déposant leurs œufs dans les nids de divers autres Insectes mellifères.)

Les genres Ammobate, Philerème, Pasite , Epéole , Nomade, Oxée , Crocise , Mélecte.

4°. Les PORTE-HOUSSOIR. *Scopipedes.* Angle intérieur du bout du premier article des tarses postérieurs des femelles dilaté ; l'angle opposé paraissant plus rapproché de la naissance de l'article suivant que cet angle extérieur.(Pieds postérieurs des femelles ordinairement très-velus ou garnis d'un duvet épais.)

Les genres Eucère, Macrocère, Melliturge, Anthophore, Saropode, Centris , Epicharis, Acanthope.

††. APIAIRES SOCIALES *Apiariæ sociariæ.*

Pieds postérieurs des femelles et des mâles ayant un enfoncement ou une corbeille au côté extérieur des jambes; face interne du premier article de des tarses des mêmes pieds garnie d'une brosse soyeuse.

Les genres Euglosse , Bourdon, Abeille , Mélipone et Trigone. (LAT.)

APIASTRE , APIATRE ou APOATRE. OIS. Syn. vulgaires du Guêpier, *Merops Apiaster*, L. *V.* GUÊPIER.
(DR..Z.)

APIASTRUM. BOT. PHAN. (Pline.) Syn. de *Melitis Melissophyllum* , L. *V.* MELITIS. (B.)

APICHU. BOT. PHAN. Syn. de *Convolvulus Batatas*, L. *V.* CONVOLVULUS. (B.)

APICRA. BOT. PHAN. Genre formé par Willdenow , aux dépens de l'Aloës. *V.* ce mot. (A. R.)

APIE. *Apius.* INS. Nom employé par Jurine pour désigner un genre de l'ordre des Hyménoptères , qui est le même que celui de Trypoxylon. *V.* ce mot. (AUD.)

APILAIN ou APILIG. BOT. PHAN. Arbre des Philippines qu'on croit être une espèce d'Ebénier. (B.)

APINEL. BOT. PHAN. Syn. d'*Aristolochia anguicida*, au Mexique. (B.)

APION. *Apion.* INS. Genre de l'ordre des Coléoptères, section des Tetramères , établi par Herbst aux dépens des Attelabes de Fabricius. Latreille (Consid. génér.)le rapporte à la famille des Charansonites , et lui assigne pour caractères : antennes terminées en une massue de trois articles, et insérées sur une trompe allongée, cylindrique ou conique, non dilatée à son extrémité; tête reçue postérieurement dans le corselet ; point de cou apparent ; éperons des jambes très-petits ou presque nuls , abdomen très-renflé, presque ovoïde ou presque globuleux. Ces Insectes se distinguent par là des genres Brente , Cylas , Apodère , Attelabe et Rhynchite. Ils diffèrent aussi des autres genres de la même famille par leurs antennes de onze articles, droites ou peu coudées, toujours insérées sur la trompe; par leurs pates postérieures, toujours impropres au saut; et par le pénultième article des tarses bifide. Latreille (Règne Anim. de Cuv.) place ce genre dans la famille des Porte-Bec ou Rhinchophores. Les Apions sont les plus petits Insectes de cette nombreuse famille. On les trouve communément dans les prairies, sur les Fleurs et sur les Arbres fruitiers. L'espèce servant de type au genre est l'Apion rouge, *A. frumentarium*, d'Olivier (Coléopt., T. v. pl. 3. fig. 47): c'est l'*Attelabus frumentarius* de Fabricius. D'autres Apions, tels que *A. æneum*, *A. cyaneum*, etc., ont été décrits et figurés par Olivier (*loc. cit.*), et principalement par Herbst et par Kirby. Ce dernier a donné une monographie des espèces d'Angleterre (Linn. Societ Trans.). Le général Dejean en possède soixante-onze dans sa collection.   (AUD.)

* APIOS. BOT. PHAN. Genre de la famille des Légumineuses, Diadelphie Décandrie, L. proposé par Mœnch, et adopté récemment par Nuttal dans ses *Genera of north american Plants*. Il offre les caractères suivans : calice tronqué, subbilabié; la lèvre inférieure à une seule dent; carène falciforme; ovaire cylindrique, aminci à la base; fruit polysperme. Ce genre ne renferme qu'une seule espèce, *Apios tuberosa*, ainsi nommée à cause de sa racine composée de plusieurs tubercules charnus: sa tige est herbacée; ses feuilles pinnées composées de cinq ou sept paires de folioles; ses fleurs sont disposées en épis axillaires, et répandent l'odeur du Réséda. Cette espèce est originaire de l'Amérique septentrionale. C'est le *Glycine Apios* de Linné.   (A. R.)

Théophraste, Dioscoride et Pline ont désigné sous le nom d'APIOS un Euphorbe dont les racines sont tubéreuses, et ce nom a été donné par d'autres botanistes au *Lathyrus tuberosus*, L., ainsi qu'au *Bunium Bulbocastanum*, L., qui ont des racines pareilles. Linné avait appliqué, comme spécifique, à une espèce du genre Glycine, dont Mœnch a fait le genre *Apios* dont il est parlé ci-dessus. (B.)

* APIOSCORDON. BOT. PHAN. (Burmann.) Syn. américain de *Crateva Tapia*. *V.* CRATEVA.   (A. R.)

*APIOSPORIUM. BOT. CRYPT. Ce genre établi par Kunze (*Mykologische Hefe*, p. 8. tab. 1. fig. 3) nous paraît appartenir à la famille des Hypoxylées. Il est ainsi caractérisé : peridiums presque pyriformes, opaques, pulvérulens en-dehors, agrégés; sporules globuleuses, transparentes, mêlées à un fluide gélatineux. Ces peridiums sont réunis en petits groupes irréguliers, de la grosseur d'une graine de Pavot. Ils sont noirs. Kunze en indique deux espèces; l'une croît sur l'écorce des Saules, l'autre sur celle des Sapins. — Il rapproche ce genre du *Conisporium* de Link; mais il nous paraît en différer beaucoup par ces peridiums (*Sporangia*, Kunze), renfermant plusieurs sporules plongées dans un fluide gélatineux, caractère qui nous semble le rapprocher des petites espèces de *Sphæria*, et par conséquent de la famille des Hypoxylées.
  (AD. B.)

APIRA ou ARARA. OIS. Syn. de Cotinga rouge, *Ampelis carnifex*, L., en langage de la Guyane. *V.* COTINGA.
  (DR..Z.)

APIROPODES. ZOOL. (*Animaux articulés*.) Nom d'une grande division, dans laquelle Savigny place tous les Animaux articulés qui ont plus de six pates: tels sont les Crustacés, les Arachnides et les Insectes myriapodes de Latreille. *V.* ces mots.   (AUD.)

APIUS. Du Diction. de Déterville. INS. *V.* APIE.

* APLEUROTIS. MOLL. FOSS. Nouveau genre signalé par Raffinesque (Journ. de Phys. 1819. p. 417) dans la classe des Brachiopodes, famille des Térébratules. Il diffère, dit cet auteur, des genres Térébratule et Magas par des valves inéquilatérales, obovales ou oblongues (non transversales), striées; la grande valve plus longue à la base; ouverture arrondie, petite; une aile latérale. Il indique deux espèces, *Apl. pectinoides* et *pusilla*, trouvées par lui dans les couches calcaires des chutes de l'Ohio. — On ne peut, sur une description aussi vague, se déterminer à adopter ce nouveau genre qui nous est inconnu, et que nous laissons, jusqu'à de nouveaux renseignemens, parmi les Térébratules. *V.* ce mot.

(F.)

*APLIDE. *Aplidium.* MOLL. Genre institué par Savigny (Mém., seconde partie, p. 181) dans la classe des Ascidies ou Tuniciers de Lamarck, le neuvième de la famille des Téthies et le cinquième des Téthies composées. Lamarck, en adoptant ce genre, a changé sa dénomination française en celle de *Pulmonelle*; Cuvier le réunit, ainsi que beaucoup d'autres, dans son genre *Polyclinum*, exemple que suit Goldfuss, en indiquant cependant, dans ce genre *Polyclinum*, une division pour les Aplides, dans laquelle il confond les genres *Didemum* et *Eucelium* de Savigny. —Schweigger ne distingue aucun genre dans toutes les Ascidies, Téthides de Savigny. Il se contente d'indiquer, par des divisions, ceux faits par cet habile observateur.

Lamouroux, qui réunit aux Polypiers une partie des Tuniciers, a adopté le genre Aplide, qui est compris dans l'ordre des Polyclinées; *V.* la nouvelle édition d'Ellis et Solander que vient de publier ce savant.

Nous croyons devoir adopter ce genre, comme tous ceux établis par Savigny, dont l'ouvrage, d'ailleurs si admirable par la précision et la difficulté de l'observation, est le seul travail d'ensemble exécuté sur ces Animaux.

En voici les caractères génériques: corps commun sessile, gélatineux ou cartilagineux, polymorphe, composé de systèmes très-nombreux, peu saillans, annulaires, subelliptiques, qui n'ont point de cavité centrale, mais qui ont une circonscription visible; Animaux (3 à 25) placés sur un seul rang, à des distances égales de leur centre ou de leur axe commun; ori-

fice branchial divisé en six rayons égaux; l'anal dépourvu de rayons, peu ou point distinct; thorax cylindrique; mailles du tissu respiratoire pourvues de papilles? abdomen inférieur, sessile, de la grandeur du thorax; ovaire unique, sessile, attaché exactement sous le fond de la cavité abdominale, et prolongé perpendiculairement.

La seule espèce de ce genre, connue avant Savigny, était classée parmi les Alcyons de Linné; c'est son *Alcyonium Ficus*. Savigny en fait connaître cinq autres, et les divise ainsi qu'il suit:

†. Animaux simplement oblongs, à ovaire plus court que le corps.

1. A. lobé, *A. lobatum*, Sav., Mém., p. 4 et 182. pl. III. f. 4 et pl. XVI. f. 1; Lamouroux, Polypiers in-4o, p. 74. pl. 77. f. 4., hab. le golfe de Suez, et les côtes d'Égypte sur la Méditerranée. —2. A. Figue de mer, *A. Ficus*; *Alcyonium pulmonaria*, Ellis et Solander; *Alcyon. Ficus*, Linné, *Syst. nat.*, XII; *A. sublobatum*, Lam., Anim. sans vert., T. III. p. 95; *A. Ficus*, Lamouroux, Polypiers in-4o, p. 74, hab. la Manche. — 3. A. tremblant, *A. tremulum*, Sav., p. 184. pl. XVI. f. 2, hab. le golfe de Suez, sur les Madrépores et les Fucus.

††. Animaux filiformes, à ovaire beaucoup plus long que le corps.

4. A. étalé, *A. effusum*, Sav., p. 185. pl. XVI. f. 3, hab. le golfe de Suez, sur les rochers. — 5. A. bosselé, *A. gibbulosum*, Sav., p. 185. pl. XVII. f. 1, hab. la Méditerranée. — 6. A. caliculé, *A. caliculatum*, Sav., p. 186. pl. IV. f. 1 et pl. XVII. f. 2; Lamouroux, Polypiers in-4o, p. 74. t. 77. f. 5. hab. les mers d'Europe.

(F.)

APLITE. GÉOL. Nom donné par les Suédois à une Roche composée de Quartz et de Feldspath, blanchâtre ou rougeâtre, dont ce dernier fait la partie dominante, et qui existe en grandes masses dans la Dalécarlie. *V.* ROCHES. (G. DEL.)

* APLOCENTRUS. pois. Genre formé par Raffinesque, qui ne diffère guère des Spares que par un seul rayon épineux et prolongé, situé antérieurement à une très-longue nageoire dorsale.   (b.)

APLOCÈRES ou SIMPLICORNES. ins. Famille de l'ordre des Diptères établie par Duméril. Elle comprend les genres Bibion, Leptis, Hypoléon, Anthrax, Ogcode, Stratiome, Nemotèle, Sique, Mydas et Cérie. *V.* chacun de ces mots.   (aud.)

* APLODINOTUS. pois. Genre établi par Raffinesque, voisin des Seiènes, dont il se distingue par ses opercules et nageoires écailleuses. Le type en est l'*Aplodinotus grunniens*, beau Poisson de l'Ohio, vulgairement nommé *Ohio Perch* et *Crunting Perch. V.* perche.   (b.)

* APLODON. *Aplodon.* moll. Genre institué par Raffinesque (Jour. de Phys., 1819, p. 417), pour une espèce d'Hélice dont la bouche n'offre qu'une seule dent.

L'Aplodon diffère, dit-il, du genre Hélice par une bouche arrondie, la columelle unidentée et ombiliquée. Des caractères si légers ne permettent pas de conserver ce genre, qui fait partie de notre sous-genre Hélicodonte. *V.* ce mot.

Il cite une seule espèce qui nous est inconnue, l'*Aplodon nodosum*, qui a trois tours de spire bosselés et légèrement ridés concentriquement en-dessous.   (f.)

APLOME. min. C'est-à-dire *simple.* Nom donné par Haüy à une espèce minérale de la classe des substances terreuses, remarquable par la simplicité de sa structure et de ses formes cristallines. On l'a regardée assez généralement comme une variété de Grenat. Elle en diffère non-seulement par sa forme primitive, qui est le cube, mais par son tissu qui a moins d'éclat, et paraît plutôt granulaire que vitreux. En réunissant à l'indication de cette forme celle de la pesanteur spécifique, qui est au moins de 3, 4, on a le véritable caractère distinctif de cette espèce. L'Aplome étincelle par le choc du briquet; il raye fortement le Verre et légèrement le Quartz. Il est fusible au chalumeau en Verre noirâtre. On ne l'a encore trouvé qu'à l'état de Cristaux d'une couleur brune, dont je me bornerai à citer les formes les plus ordinaires.

L'*Aplome dodécaèdre*, en dodécaèdres rhomboïdaux, dont les faces sont sillonnées par des stries parallèles à leurs petites diagonales. Ces stries suffiraient pour indiquer que le cube est la forme primitive de ces Cristaux, et que cette forme passe à celle du dodécaèdre rhomboïdal en vertu d'un décroissement par une rangée sur tous ses bords. \

L'*Aplome cubo-dodécaèdre*, la variété précédente, dont les angles solides tétraèdres sont remplacés par autant de petites faces carrées, parallèles à celles de la forme primitive. On l'a trouvée en Angleterre, en petits Cristaux épars dans un Manganèse oxydé, pulvérulent. Ces Cristaux se divisent très-nettement, suivant des directions parallèles aux faces primitives.

Les Cristaux d'Aplome d'une couleur brune ont été trouvés d'abord en Sibérie, sur les bords du fleuve Léna. On les a retrouvés depuis à Berg-Grün en Bohême, et à Schwarzenberg en Saxe.   (g. del.)

* APLOPÉRISTOMÉES. *Aploperistomati.* bot. crypt. Bridel, dans sa Muscologie, avait désigné sous ce nom une des classes de la famille des Mousses, qui renferme les genres dont le péristome est simple ou composé d'un seul rang de dents. *V.* mousses.   (ad. b.)

* APLOPHYLLON. bot. phan. (Dioscoride.) Syn. d'Alysson. *V.* ce mot.   (b.)

* APLORA. moll. foss. (Raffinesque.) Famille des Tubipores; corps composé de tubes inarticulés, libres ou réunis, communément striés ; bouche terminale crénelée ; centre mamelliforme. (F.)

*APLOSIA. MOLL. V. APALOSIA.

APLUDE. *Apluda.* BOT. PHAN. Ce genre de la famille naturelle de Graminées est très-voisin du genre Andropogon. Il a été établi par Linné et se distingue par les caractères suivans : ses fleurs sont paniculées ; ses épillets sont géminés, enveloppés chacun dans une spathe mucronée à son sommet ; l'un est sessile et l'autre pédicellé. Celui qui est se sile offre une lépicène bivalve, mince et biflore ; l'une des fleurs est neutre, mutique, l'autre est hermaphrodite ; la valve externe de la glume porte une arête qui naît un peu au-dessous de son sommet, lequel est légèrement bifide. L'épillet qui est pédicellé est uniflore, neutre et mutique.

Ce genre qui renferme trois ou quatre espèces, se distingue surtout de l'Andropogon par la sorte d'involucre que l'on remarque à la base de chacun de ses épillets. (A. R.)

APLYSIE. *Aplysia.* MOLL. Par corruption *Laplysie.* Genre de Gastéropodes de l'ordre des Tectibranches, famille des Dicères, V. ces mots, établi par Linné, dans la XII° éd. du *Systema naturæ,* pour un Mollusque marin, connu de toute l'antiquité sous le nom de Lièvre marin ; V. ce mot où nous donnerons l'histoire fabuleuse de cet Animal. Pline, Ælien, Dioscoride et Apulée en ont fait mention et lui ont attribué des vertus extraordinaires et surtout très-pernicieuses, sans doute à cause de l'odeur et de la liqueur que répandent les Lièvres marins dont la forme a pu, jusqu'à un certain point, leur mériter ce nom.

Rondelet a figuré trois espèces de Lièvres marins (*de Piscibus,* p. 520 et 526), dont deux seulement appartiennent au genre Aplysie. Ces figures ont été copiées par Gesner (*de Aquat.* p. 475 et 477), ainsi que par Aldrovande (*de Anim. exs.* p. 81).

Fabius Columna, en décrivant de nouveau l'espèce rapportée à tort aux Lièvres marins par Rondelet, qui est le *Thetys Jimbria* de Linné, en proposa une nouvelle qui n'y convient pas non plus ; c'est un Doris. — Linné, qui paraît n'avoir connu les Lièvres marins que par les figures de Rondelet et de Columna, les rangea d'abord dans le genre *Lernæa,* (*Syst. Nat.* 4° et 6° édit) ; mais, dans la 10° édit. de son ouvrage, il en forma le genre *Thetys.* Les observations de Bohatsch, sur le *Thetys Jimbria* et le Lièvre marin de Rondelet (*de Animalibus marinis,* cap. 1 de *Lernæa*) éclairèrent enfin Linné qui, dans la 12° édition, laissa le premier de ces Mollusques seulement dans le genre Thetys, et forma avec les véritables Lièvres marins, le genre *Laplysia.* Sans doute Linné avait voulu employer *Aplysia* qui signifie *ce qu'on ne peut laver ou nétoyer,* non *Laplysia.* Aussi Gmelin a-t-il ainsi rétabli cette dénomination. Cependant nombre de naturalistes, même de nos jours, ont continué à se servir du mot Laplysie que nous abandonnons avec Cuvier, dont l'intéressant Mémoire sur ces Mollusques (Ann. du Mus. T. II. p. 287. 1803) nous a fourni les renseignemens précédens. — Nous ne rapporterons point ici les détails de l'anatomie de ces Animaux ; nous renvoyons, à ce sujet, au Mémoire de Cuvier, et à l'ouvrage cité de Bohatsch, très-remarquable pour le temps.

Les Aplysies ont généralement un corps ovale, bombé en-dessus, plus ou moins pointu en arrière, et se rétrécissant en avant, pour former une espèce de cou contractile, à l'extrémité duquel est la tête qui dépasse le bord antérieur du pied ; celui-ci est long et étroit ; quelques espèces sont fort minces et très-allongées. Les bords du plan locomoteur très-élargis se redressent à volonté et se rabattent, se croisent même sur le dos de certaines espèces, et prennent enfin, au gré de l'Animal, toutes sortes de figures. Sur le dos, on voit une fente longitudinale ; c'est l'ouverture d'une poche dorsale, dans laquelle sont contenues les branchies. Elles sont couvertes par un appendice charnu, analogue à la cuirasse des Limaces, lequel contient, dans son intérieur, une plaque cornée ou un rudiment de test. Cet appendice, demi-circulaire, est attaché par son côté gauche, et il est mobile, comme un couvercle à charnière; son bord libre est flexible, de manière à pouvoir former à volonté une sorte de gouttière propre à conduire l'eau aux branchies. L'anus est situé à l'extrémité postérieure de cette espèce de cuirasse vers son point d'attache. Le bord antérieur de la tête offre de chaque côté un appendice membraneux, conique, comprimé, extensible, qui forme comme une espèce de tentacule; ce sont les tentacules buccaux de beaucoup d'autres Mollusques. En-dessus, plus en arrière, se trouvent les véritables tentacules coniques, contractiles, pliés en deux longitudinalement à leur extrémité, ce qui les fait ressembler à l'oreille d'un Quadrupède; et au-devant de leur base sont les yeux qui n'offrent que deux points noirs. La bouche est fendue en-dessous de la tête longitudinalement. — Tout cela est commun à toutes les espèce de ce genre. Elles varient par la forme, les proportions des parties, les couleurs, etc.

Les Aplysies rendent très-rarement, par un orifice situé près de l'organe femelle, une liqueur âcre et blanchâtre que l'on a regardée comme un venin. Outre celle-là, elles en répandent une autre bien plus abondante, d'un rouge pourpre très-intense. Une grande Aplysie peut fournir assez de cette liqueur pour rendre un sceau d'eau semblable à du vin pour la couleur. Cette liqueur a son siége dans la cuirasse ou l'appendice qui couvre les branchies tout autour de son bord libre, et sort, à ce qu'il paraît, en transsudant au travers des pores de la peau. L'Animal la répand pour peu qu'il soit contrarié, *V.* dans Roissy, *Moll.*, tom. v, p. 165, les observations de Fleuriau de Bellevue sur la fixité de la belle couleur de ces Animaux. Les Aplysies sont des Mollusques font peu à craindre, et qui ne méritent nullement la réputation que les anciens leur ont faite. Elles se meuvent dans la mer comme nos Limaces sur la terre, et ne vont pas plus vite; elles se tiennent ordinairement tapies sur de grosses pierres, ou dans des creux de rochers ou de sable; elles ne sortent que pour chercher leur nourriture qui consiste en petits coquillages ou en fucus. Elles n'ont aucun moyen défensif que l'émission de la liqueur rouge, qui obscurcit l'eau comme l'encre de la Seiche.

Il faut que les Aplysies soient très-fécondes, dit Cuvier; car elles sont fort abondantes dans certaines saisons, et il y a des journées de printemps où la mer en fourmille. Elles pullulent dès le mois de janvier, et on en trouve en tout temps d'adultes, même au fort de l'hiver. Les pêcheurs, ajoute le savant célèbre à qui l'on doit tous ces renseignemens, ont remarqué qu'elles ne sont pas plus de deux mois à prendre tout leur accroissement. — Ces Animaux répandent une légère odeur vireuse, qui a sans doute donné lieu de leur attribuer des propriétés vénéneuses. On ne connaît point ces propriétés à Marseille. On ne mange pas les Aplysies, cette odeur et leur figure les rendant dégoûtantes. Cuvier n'a même point entendu parler de la dépilation que Linné attribue à la liqueur de son espèce.

Quelques espèces ont un trou à la membrane supérieure de la cuirasse qui contient la lame testacée.

Les Aplysies ont beaucoup de rapport avec les Actæons, *V.* ce mot; mais celles-ci en sont bien distinctes par la position des yeux, la forme des tentacules, etc.

Caractères génériques (*V.* les mots TECTIBRANCHES et DICÈRES) · corps oblong ou allongé, convexe en-dessus, pourvu d'une cuirasse libre sur son bord droit, recouvrant une large poche branchiale, et renfermant intérieurement un rudiment testacé;

bords du plan locomoteur souvent très-élargis, formant une large membrane qui peut se réfléchir sur le dos et l'entourer postérieurement et sur les côtés ; pied étroit et oblong, dépassant quelquefois le bord postérieur du plan locomoteur, dépassé en avant par une sorte de cou terminé par la tête ; deux tentacules coniques, contractiles, placés sur la tête, fendus ou creusés comme les oreilles d'un Quadrupède ; deux tentacules buccaux élargis et aplatis au bord de la lèvre, latéralement ; yeux, situés en avant des vrais tentacules, près de leur base ; anus derrière l'ouverture branchiale ; organes de la génération séparés et distans ; orifice de l'organe femelle en avant des branchies communiquant, par un sillon profond, avec l'orifice de l'organe mâle situé sous le tentacule buccal droit, latéralement ; rudiment testacé mince, transparent, corné ou cartilagineux, plat, élargi, sans empreinte volutatoire.

Les espèces de ce genre sont : — 1. *Aplysia depilans*, Gmel., *Syst. nat.*, p. 3103. Cuvier, Roissy, etc. ; *Lernœa*, Bohatsch, *de Anim. marin.*, tab. I, II, III. *Lepus marinus*, *prima sp.* ; Rondelet, *de Piscib.* Gesner, *aquat.* 475 ; Aldrovande, *Exsang.*, p. 81 ; *Thetys limacina*, L., *Syst. nat.* X. p. 653 ; *Lapl. depilans*, id., éd. XII. id. Turton, Bosc, Pennant, Barbut. ; *Encycl. méth.*, pl. 83 et 84. copies de Bohatsch. Seba, *Thes.* 5. t. 1. fig. 8. 9 ; habite la Méditerranée, l'Océan, sur les côtes de France, vulgairement le *Lièvre marin* des anciens ; le *Chat de mer*, à La Rochelle. Cette espèce a la membrane supérieure de la cuirasse percée d'un trou central. — 2. *Apl. Camelus*, Cuvier, *Ann. Mus.*, T. II. p. 295. pl. 1. f. 1. de Roissy, *Moll.*, T. V. p. 171. n° 2. pl. 52. f. 8. On ne connaît pas la patrie de cette espèce. — 3. *Apl. alba*, Cuvier, *Ann. Mus.*, *loc. cit.* pl. 1 f. 6. de Roissy, p. 171. n° 3. La membrane supérieure de la cuirasse n'est pas percée dans ces deux espèces. — 4. *Apl. punctata*, Cuvier, *loc. cit.*, pl. 1. f. 2 à 5. de Roissy, *Moll.*, etc., p. 172. n° 4. Se trouve

dans la Méditerranée, vers Marseille, et dans l'Océan, près La Rochelle. La membrane supérieure de la cuirasse est percée comme dans l'*A. depilans*. —5. *Apl. fasciata*, Poiret, Voyage en Barbarie, T. II. p. 2, Gmelin, *Syst. nat.*, p. 3603, Turton, *Syst. nat.*, p. 76, de Roissy, *loc. cit.*, p. 173.

Pour les *Apl. viridia*, Bosc, et *viridis*, Montagu, *V.* Actæon. Quant au Lièvre marin de la deuxième espèce de Rondelet, *de Piscib.*, p. 226, il n'a pas encore été reconnu ; ses tentacules sont plus petits et plus pointus que dans le *depilans* ; la membrane supérieure de la cuirasse n'a pas de trou ; la partie postérieure est élargie en forme de nageoire, comme dans les Calmars, et ces appendices ne sont pas repliés.   (F.)

APOA. OIS. *V.* APEÆ-APOA.

APOA. REPT. OPHID. (Rai.) Serpent imparfaitement connu du Brésil, qui paraît devoir être varié des plus belles couleurs.   (B.)

APOATRE. OIS. *V.* APIASTRE.

APOCALBASUM. BOT. PHAN. Gomme-résine tirée d'un Euphorbe peu connu, dont quelques peuplades africaines se servent, dit-on, pour empoisonner leurs armes.   (B.)

APOCAPOUC BOT. PHAN. (Flacourt.) Arbre vénéneux de Madagascar, de l'amande duquel les naturels du pays tirent une huile qui leur sert pour se graisser les cheveux.   (B.)

APOCHINOALT. REPT. OPHID. V. APACHYCOALT.

APOCRYPTE. *Apocryptes.* POIS. (Osbeck.) Genre formé pour quelques espèces de Gobies, mais qui n'a pas été adopté.   (B.)

APOCYN. *Apocynum.* BOT. PHAN. Ce genre de la famille des Apocinées, établi par Tournefort, adopté par Linné et Jussieu, a été caractérisé de la manière suivante, par Robert Brown, qui en a retiré plusieurs espèces, pour les rapporter à d'autres genres : la corolle est campanulée ; son tube offre cinq petites dents incluses, alternant avec les lobes de la corolle ; les étamines sont également incluses ; les anthères sagittées, adhérentes au stigmate par leur partie moyenne; les deux ovaires sont surmontés par un stigmate conoïde, presque sessile. Les cinq écailles staminales pressent la base de l'ovaire; les follicules sont grêles, dressés, renfermant des graines ornées à leur sommet, d'une aigrette soyeuse.

Ce genre renferme un grand nombre d'espèces, qui toutes sont des Plantes vivaces, dressées, quelquefois grimpantes, portant des feuilles minces et opposées, et des fleurs disposées en cyme. Presque toutes sont originaires des contrées méridionales de l'Europe, de l'Amérique septentrionale, ou du cap de Bonne-Espérance; quelques-unes croissent dans l'Inde et l'Amérique méridionale.

On en cultive plusieurs dans nos jardins; tel est entre autre l'Apocyn à feuilles d'Androsæme, *Apocynum androsæmifolium*, L., originaire de l'Amérique septentrionale. Cette Plante a reçu le nom vulgaire d'Attrape-Mouche ou Gobe-Mouche, parce que ces insectes, attirés par le suc mielleux répandu au fond de ses fleurs, y insinuent leur trompe, qui se gonfle et s'y trouve retenue. Les efforts que l'animal fait pour se dégager, excitent les parties de la fleur à se contracter et à se resserrer de plus près.

Les tiges de l'*Apocynum cannabinum*, fournissent, lorsqu'elles ont été convenablement préparées, une très-bonne filasse.   (A. R.)

APOCYNÉES. *Apocyneæ*. BOT. PHAN. Famille de Plantes dicotylédones, monopétalés, à corolle hypogyne, ayant des rapports de structure avec les Gentianées, les Rubiacées et les Sapotillées.

L'ensemble des genres de cette famille, telle qu'elle a été présentée par de Jussieu dans son *Genera Plantarum*, offre les caractères suivans. le calice est monosépale, à cinq divisions profondes et persistantes; la corolle est hypogyne, monopétale, régulière, à cinq lobes; elle donne attache à cinq étamines alternant avec ses lobes; dont la struc-

ture offre des différences très-remarquables; tantôt en effet elles sont libres, distinctes, et leur pollen est pulvérulent; tantôt au contraire elles sont réunies, soudées ensemble, et leur pollen est aggloméré en masses solides, analogues à celles que l'on observe dans les anthères de certains genres de la famille des Orchidées; de la base interne des filets partent des appendices creux, en forme de cornet, de casque, etc. Les pistils sont au nombre de deux, très-rapprochés; quelquefois même il paraît n'en exister qu'un seul, parce qu'ils se sont soudés; dans ce cas, l'ovaire est biloculaire; tandis que, lorsqu'on observe deux pistils, ils n'offrent l'un et l'autre qu'une seule loge renfermant plusieurs ovules : sur chacun de ces ovaires on trouve un style court, couronné par un seul stigmate dilaté et discoïde, à cinq lobes, et soudé avec les anthères. Le fruit qui succède à ces pistils est tantôt un follicule simple ou géminé; tantôt une capsule; plus rarement une drupe ou même une baie. Les graines sont assez nombreuses, renversées et comme imbriquées. Assez souvent elles sont couronnées par une aigrette soyeuse; l'embryon est droit, renfermé dans un endosperme très-mince.

Les Plantes qui appartiennent à cette famille sont des Herbes vivaces; des Arbustes ou même des Arbrisseaux : leurs feuilles sont opposées ou verticillées; très-rarement elles sont alternes. Un assez grand nombre de ces Plantes sont lactescentes. La plupart sont d'un port élégant ou d'un aspect agréable. Cependant elles sont en général très-âcres et très-vénéneuses. On en cultive beaucoup dans les jardins d'agrément; tels sont les Asclépiades, les Lauriers roses, les Pervenches, etc.

Cette famille, ainsi caractérisée, renferme un très-grand nombre de genres, dont la structure et le port ont en général assez d'analogie, mais qui cependant offrent des différences très-remarquables. Aussi R. Brown,

APO

botaniste aussi profond qu'habile observateur, a-t-il, dans les Transactions de la société wernérienne, vol. 1, partagé en deux familles distinctes les genres que Jussieu a réunis dans son gro pe des Apocynées. Ces deux familles que l'on peut ne considérer que comme deux sections d'un même ordre naturel, ont été désignées par l'auteur sous les noms d'Apocynées vraies et d'Asclépiadées. Nous allons faire connaître brièvement leurs caractères distinctifs et indiquer les genres qui entrent dans chacune d'elles.

1° APOCYNÉES VRAIES. R. Brown place dans cette première section, qu'il distingue comme famille, tous les genres dont les anthères sont simples, libres, distinctes, renfermant du pollen pulvérulent, et dont le stigmate, ordinairement simple, est capitulé. A cette famille se rapportent les genres suivans : *Parsonsia*, Brown, Wern. Trans. — *Echites*, Brown, *loc. cit.* — *Thenardia*, Kunth, *in Humb. et Bonpl. nov. gen.* — *Lyonsia*, Brown, *loc. cit.* — *Ichnocarpus*, Brown, *loc. cit.* — *Balfouria*, Brown, *loc. cit.* — *Apocynum*, Brown, *loc. cit.* — *Cryptolepis*, Brown, *loc. cit.* — *Prestonia*, Brown, *loc. cit.* — *Nerium*, Brown, *loc. cit.* — *Vinca*, L. — *Strophantus*, DeCand. *Wrightia*, Brown, *loc. cit.* — *Astonia*, Brown, *loc. cit.* — *Tabernemontana*, L. — *Holarrhæna*, Brown, *loc. cit.* — *Carissa*, L. — *Alyxia*, Banks. — *Isonema*, Brown, *loc. cit.* — *Vallaris*, Burmann, Ind. — *Cerbera*, L. — *Allamanda*, L. — *Plumeria*, L. — *Rauwolfia*, L. — *Vallesia*, Ruiz et Pavon. — *Strychnos*, L. V. tous ces mots.

2°. ASCLÉPIADÉES. Tous les genres dont les étamines sont irrégulières, réunies et soudées; les anthères à deux ou quatre loges, remplies d'un pollen en masses solides, le stigmate pelté et à cinq lobes. appartiennent à cette seconde famille. *V*. ASCLÉPIADÉES. (A. R.)

APODANTHUS. BOT. CRYPT. (*Mous-*

ses.) Ce genre décrit par Delapylais (Journ. de Bot. 2ᵉ sem. de 1814, p. 73) paraît encore très-douteux; aucun botaniste ne l'a revu dep is, et il est pourtant originaire d'un pays ou, depuis quelque temps, l'étude des Plantes cryptogames les plus petites a été l'objet des recherches de beaucoup de savans naturalistes. La description de ce genre est de plus très-incomplète, puisque l'auteur n'a vu ni l'opercule, ni la coiffe, et que, par son péristome, il ne diffère pas du genre Octoblepharum. Toute la plante n'est formée, d'après Delapylaie, que d'une capsule sessile, sans tige ni feuilles; cette capsule est oblongue, ovale, et présente un orifice garni de huit dents entières et droites. Il a observé cette Plante sur des masses de *Splachnum* venant de Suède. Jusqu'à ce que de nouvelles observations aient prouvé l'existence réelle de ce genre, et aient mieux fait connaître sa structure, nous croyons qu'on doit le laisser parmi ces Plantes connues trop imparfaitement pour qu'on puisse les classer définitivement. (AD. B.)

APODA, APODE, APUS. ois. Ce qui signifie sans pied. Nom impropre ment donné quelquefois au Martinet noir, *Hirundo Apus*, L., parce que la brièveté de ses pates fait qu'il en paraît privé, et aux oiseaux de Paradis, qui ont cependant des pieds souvent très-forts, parce qu'on ne rapporte ordinairement en Europe que la partie supérieure et brillante de leurs peaux où manquent les pieds, ce qui a donné lieu aux contes les plus absurdes. (B.)

APODES. ZOOL. Linné donna ce nom au premier ordre de sa classe des Poissons, composé d'espèces ossiculées, dépourvue de nageoires ventrales, et réparties dans les genres *Muræna*, *Gymnotus*, *Trichiurus*, *Anarhichas*, *Ammodytes*, *Ophidium*, *Stromateus*, *Xiphias*, auxquels furent ajoutés par Gmelin, *Sternoptyx* et *Leptocephalus*.—Duméril, considérant comme un caractère secondaire la présence ou l'absence et la disposition des nageoires, a réparti les Apodes, comme sous-ordres, en tête de chacun des huit ordres de sa Méthode analytique. Cuvier a restreint cette désignation au septième ordre de ses Malacoptérygiens, qui renferme les Poissons anguiformes, tels que les Murènes, Sphagebranches, Symbranches, Alabes, Gymnotes, Leptocéphales, Donzelles et Equilles. *V*. ces mots.

* Blainville appelle Apodes nonseulement le troisième ordre de sa seconde tribu des Poissons, *V*. Squammodermes; mais il étend ce nom dans le développement de son tableau de classification des Animaux aux Serpens, et au troisième ordre de ses Lacertoïdes. (B.)

Le même naturaliste l'applique encore à la huitième classe du sous-type des Entomozoaires, caractérisée par l'absence des appendices latéraux aux anneaux du corps. Elle comprend deux sous-classes, les Sangsues et les Entozoaires.—Lamarck (Animaux sans vertebres, T. v, p. 286) restreint le nom d'Apodes aux Annelides de l'ordre premier de cette classe. Ces Annelides apodes comprennent deux familles, les Hirudinées et les Echiurées. *V*. ces mots.—Latr. (Mém. du Mus. d'Hist. Nat., année 1810) dans une nouvelle distribution des Animaux articulés, donne le nom d'Apodes au cinquième type de cette grande division. *V*. Annelides et Entozoaires.

On désigne aussi dans le langage entomologique, par le nom d'Apodes, toutes larves d'Insectes privées de pates; telles sont celles d'un grand nombre d'Hyménoptères et de Diptères. (AUD.)

Goldfuss (*Handbuch der Zool.*, p. 590) a proposé le nom d'Apodes dans les Mollusques, pour la classe des Ascidies de Savigny, ou des Tuniciers de Lamarck. On ne peut s'empêcher d'observer qu'en supposant même que cette dénomination fût meilleure que celle déjà proposée, et indépendamment des convenances qui doivent faire respecter les noms donnés par ceux qui ont étudié et établi des coupes de cette importance, il était bien inutile d'ajouter un nom

à ceux déjà admis, ce qui ne fait qu'augmenter sans nécessité la nomenclature déjà accablante dans toutes les sciences naturelles. (F.)

APODÈME. zool. (Animaux articulés.) Nous avons donné ce nom (Recherch. sur le Thorax) à des parties de consistance cornée, situées à l'intérieur du thorax, ou faisant saillie à l'extérieur. Leur caractère le plus important est de naître de quelques pièces cornées du corps, et de leur adhérer intimement, sans qu'il soit possible de les mouvoir et de les désarticuler. Ces prolongemens se présentent souvent sous forme de lames fixées sur le point de soudure de deux pièces entre elles, ou bien ils semblent naître de deux portions paires de la même pièce réunies sur la ligne moyenne. — Les Apodèmes sont très-visibles dans plusieurs Insectes, ils le deviennent davantage dans les Crustacés décapodes, et constituent de nombreuses cloisons qui partagent en autant de cellules leur cavité thoracique; les Apodèmes, qui tirent leur origine des lignes de soudure des sternums entre eux, et avec l'épisternum, sont ascendans; ceux qui naissent au point de réunion des épimères, sont descendans, et se rencontrent bientôt avec les précédens.

Les Apodèmes sont de deux genres, les uns se nomment *Apodèmes d'insertion;* leur caractère est d'être situés à l'intérieur du thorax et de donner souvent attache à des muscles. Les autres, appelés *Apodèmes d'articulation,* sont des prolongemens de même nature, qui font souvent saillie à l'extérieur du thorax, et servent principalement à l'articulation de quelque appendice du corps, les ailes en particulier. *V*. Episème et Thorax.

(AUD.)

APODÈRE: Apoderus. ins. Genre de l'ordre des Coléoptères, section des Tétramères, démembré par Olivier de celui des Attelabes de Fabricius. Ses caractères sont: antennes terminées en une massue formée de trois articles, et insérées à l'extrémité d'une trompe courte, large, dilatée à l'endroit où elle se termine; tête dégagée, ayant un cou distinct; jambes terminées par un seul et fort éperon. Ces Insectes diffèrent par là des Brentes, des Cyclas, des Attelabes, des Rhynchites et des Apions. Ils se distinguent aussi des autres genres de la famille (Charansonites) par leurs antennes de onze articles en massue ovale, droites ou peu coudées, toujours insérées sur la trompe; par leurs pates jamais propres pour sauter, et par le pénultième article de leurs tarses bifide. Le genre Apodère est rangé ailleurs par Latreille (Règne Animal de Cuvier) dans la famille des Rhinchophores ou Porte-Bec. Il est peu nombreux en espèces; une d'elles lui sert de type, c'est l'*Apoderus Coryli* d'Olivier. On la trouve aux environs de Paris. *V.* pour les autres espèces, Herbst, Olivier et Latreille (*Gener. Crust. et Ins.*)   (AUD.)

APOGON. POIS. Espèce de Mulle, *Mullus imberbis*, L., dont Lacépède avait formé un genre que Cuvier, qui l'a regardé comme un simple sous-genre de *Perca*, n'a point conservé. *V.* PERCHE.   (B.)

APOGONES. *Apogoni.* BOT. CRYPT. Nom donné par Palisot de Beauvois, dans son Prodrome de l'Æthéogamie, à la première section des Mousses, qui renferme les genres dont l'urne est privée de péristome. Elle correspond aux divisions nommées par Bridel *Astomi* et *Gymnostomi.* Palisot de Beauvois y rapporte à tort le genre *Tetraphis*, qui a un péristome à quatre dents, et auquel il attribue un opercule fendu en quatre parties. *V.* MOUSSES.   (AD. B.)

* APOGONIE. *Apogonia.* INS. Genre de l'ordre des Coléoptères, section des Pentamères, et famille des Lamellicornes, établi par Kirby (*Lin. Societ. Trans.*, T. XII. p. 401 et 404), sur une espèce qu'il présume originaire du Brésil, et qu'il nomme *Apogonia gemellata.* Nous renvoyons à la description et à la très-bonne figure qu'il en donne, et notre nous

abstenons de rapporter ici les caractères de ce genre, sur l'admission duquel nous n'osons encore nous prononcer.   (AUD.)

APOLLE. *Appollo.* MOLL. Genre établi par Montfort (Conch., T. II. p. 570) pour quelques *Murex* de Linné, que Lamarck place parmi les Ranelles. Ce sont des Ranelles ombiliquées, que Montfort a séparées de celles qui n'ont pas de fente ombilicale, dont il a fait son genre Crapaud, *Bufo*, dont le nom serait un double emploi.

Le type de ce genre est le *Murex Gyrinus* de Linné, auquel Montfort conserve ce nom. — Perry (Conchol., tab. 4) place les Coquilles analogues, c'est-à-dire, les Apolles et les Crapauds, dans son genre *Biplex*, qui répond aux Ranelles de Lamarck. — Ce genre n'a point été adopté, et ne pouvait l'être. Cuvier, Ocken, Schweigger, etc., laissent les Apolles parmi les Rochers, *Murex* de Linné. *V.* ROCHER et RANELLE.   (F.)

APOLLON. INS. Nom spécifique d'un très-beau Papillon de jour qui se trouve dans les hautes montagnes de l'Europe, principalement dans les Alpes et dans les Cévennes. Bory de Saint-Vincent l'a aussi rencontré près des neiges des montagnes de Grenade en Espagne. Il appartient au genre Parnassien. *V.* ce mot. (AUD.)

* APOMECYNE. *Apomecyna.* INS. Genre de l'ordre des Coléoptères, section des Tétramères, établi par Dejean (Catal. des Coléopt.) qui en possède deux espèces, dont une originaire des Indes orientales et l'autre de l'Ile-de-France. Ce genre fait le passage des Lamies aux Saperdes. Ses caractères ne sont pas publiés.   (AUD.)

* APOMESOSTOMES. *Apomesostomi.* ECHIN. Classe proposée par Klein dans la famille des Oursins: elle n'a pas été adoptée. (LAM..X.)

APON. Du Dictionnaire des sciences naturelles. MOLL. *V.* APAN. (F.)

* APONA. BOT. CRYPT. (*Conferves.*) Nom imposé par Adanson à l'un

de ses genres, trop imparfaitement caractérisé pour être adopté, et qu'il serait difficile de reconnaître dans les familles de Conferves fort nombreuses en espèces, si ce naturaliste n'avait cité les figures 47 et 48 de la tab. 7 de Dillen, qui prouvent que l'Apona est ce que nous avons appelé *Lemanea* et *Batrachosperma*. *V.* ces mots. (B.)

APONAR. ois. (Thevet.) Syn. de Manchot. *V.* ce mot. (DR..Z.)

APONCOITA. Du Dictionnaire de Déterville. BOT. *V.* APOUCOUITA. (B.)

* **APONEVROSE.** ZOOL. *V.* MEMBRANES.

APONOGETON. BOT. PHAN. Ce genre établi par Linné fait partie de la famille naturelle des Saururées, Dodécandrie Trigynie, L. Les quatre espèces dont il se compose sont des Herbes vivaces, aquatiques, qui croissent dans l'Inde et au cap de Bonne-Espérance; leur racine est généralement tuberculeuse et charnue; elle sert d'aliment dans quelques contrées.

Les caractères de ce genre sont les suivans : ses fleurs forment des espèces d'épis écailleux; ces écailles qui sont alternes tiennent lieu de calice et de corolle; en effet il existe une fleur nue et hermaphrodite à l'aisselle de chacune d'elles. Ces fleurs se composent de trois ou quatre pistils sessiles rapprochés, renflés et globuleux inférieurement, terminés en une espèce de pointe recourbée à leur partie supérieure : ils offrent une seule loge dans laquelle on trouve trois ovules attachés au fond de cette loge; le stigmate est à peine distinct du sommet du style sur la face interne duquel il se prolonge en formant un petit sillon glanduleux. Les étamines qui entourent ces pistils sont irrégulièrement disposées; elles sont en nombre variable de sept à quatorze; les filets sont courts; les anthères sont globuleuses et comme didymes. Les pistils se changent en autant de capsules uniloculaires et trispermes.

Les espèces de ce genre ont beau-coup de ressemblance avec les Saururées quant à leurs caractères intérieurs, et avec les *Potamogeton* pour leur port. On peut considérer également ce que nous avons appelé une fleur comme un assemblage de fleurs unisexuées.

L'*Aponogeton distachyon*, L. dont il existe une excellente figure dans les Plantes de la côte de Coromandel par Roxburg, est cultivé et fleurit depuis deux ans au jardin des Plantes; ses fleurs sont blanches et répandent une odeur extrêmement suave.

(A. R.)

APOPHYLLITE. MIN. *Fischaugenstein*, Werner. *Zéolithe d'Hellesta*, Rinnmann. *Ichthyophthalme* de Dandrada. Minéral de la classe des substances terreuses, caractérisé par sa forme primitive, qui est un prisme droit quadrangulaire, symétrique, dans lequel le côté de la base est à la hauteur comme 4 est à 5. Son éclat tire sur le nacré. Sa dureté est médiocre; il raye légèrement la Chaux fluatée. Si l'on passe avec frottement un fragment du Minéral sur un corps dur, en le présentant par le côté, il se délite en feuillets. Il s'exfolie également, lorsqu'on l'expose à la flamme d'une bougie, et fond avec difficulté, en émail blanc, par l'action du chalumeau. Mis dans l'Acide nitrique, il se divise en petits fragmens, qui se convertissent bientôt en une matière floconneuse blanchâtre. Sa poussière y forme une gelée, comme celle de la Mésotype. C'est la grande tendance de ce Minéral à l'exfoliation qui a suggéré à Haüy le nom d'*Apophyllite*, dont le sens est *qui s'exfolie*. Il est composé, d'après Vauquelin, sur 100 parties, de Silice 51, Chaux 28, Eau 17, Potasse 4.

Les variétés de formes cristallines les plus simples sont les suivantes:

L'**APOPHYLLITE PRIMITIF**, observé dans la mine d'Uto en Suède.

L'**APOPHYLLITE DODÉCAÈDRE**, qui offre l'aspect d'un prisme quadrangulaire, terminé par des sommets à quatre faces, lesquelles résultent d'un décroissement par une rangée sur les angles de la forme primitive. Se trouve à Feroë.

L'Apophyllite épointé, ou la variété précédente, dans laquelle le décroissement n'a point atteint sa limite; c'est la forme primitive dont les huit angles sont légèrement tronqués. Haüy a reconnu qu'il fallait rapporter à cette variété les Cristaux qui jusqu'alors avaient été classés dans les méthodes sous le nom de *Mésotype épointée.*

La seule variété de forme indéterminable est l'Apophyllite laminaire, qui est tantôt limpide, et tantôt blanc-grisâtre ou rouge de chair.

L'Apophyllite se trouve dans la mine de Fer d'Uto en Suède, où il a pour gangue, tantôt une Chaux carbonatée lamellaire d'un rouge-violet, qui renferme de l'Amphibole verdâtre, et tantôt l'Amphibole seul; ou bien il adhère immédiatement au Fer oxydulé granulaire. Il existe aussi à Grodenthal, pres de Fassa dans le Tyrol, en Cristaux et en masses laminaires d'un volume considérable, accompagnées de Chaux carbonatée.

(G. DEL.)

* APOPHYSE. BOT. CRYPT. On a donné ce nom à un renflement plus ou moins marqué qu'on observe dans quelques espèces de Mousses à la base de l'urne; tantôt cette Apophyse forme un anneau ou un bourrelet circulaire tout autour de la base de l'urne; comme on le voit dans beaucoup de *Polytrichum* et dans les *Splachnum*; dans quelques espèces de ce dernier genre, elle atteint un développement considérable, et forme au-dessous de la capsule une sorte de vessie beaucoup plus grande que la capsule elle-même; tels sont les *Splachnum luteum* et *rubrum*, etc.; tantôt ce n'est qu'un léger renflement unilatéral, formant au-dessous de la capsule une sorte de dent qu'on a comparé à un goitre : cette espèce d'Apophyse se rencontre dans plusieurs *Dicranum.* (AD. B.)

APORE. *Aporus.* INS. Genre de l'ordre des Hyménoptères, fondé par Spinola et rangé par Latreille (Cons. génér.) dans la famille des Pompiliens. Il se distingue de tous les genres qu'elle contient par le nombre des cellules cubitales, qui est de deux au lieu de trois. L'*Aporus bicolor* de Spinola en est le type. Latreille (Règne Animal de Cuvier) réunit ce genre à celui des Pompiles. *V.* ce mot. (AUD.)

* APOPHYSE. ZOOL. *V.* Os.

APORETICA. BOT. PHAN. Genre de la famille des Sapindacées, établi par Forster; il ne diffère point assez du *Schmidelia* de Linné, pour ne lui point être réuni. *V.* SCHMIDELIA.

(A. R.)

APORRHAIS. MOLL. Aristote (Liv. IV. chap. 4) parle des Aporrhais, de manière à ne laisser aucun doute qu'ils ne soient des Testacés univalves; mais tantôt il nomme ces Coquillages avec les Nérites, et d'autres fois avec les Pourpres, ce qui a fait varier sur le genre auquel on pouvait les rapporter. Belon (*de Piscib.* Liv. II. p. 398) les considère comme étant des Patelles; mais le sentiment de Gaza a prévalu. Il traduit Aporrhais par *Murex.* Rondelet (*de Test.* Liv. II. chap. 11. p. 79), Gesner et les modernes ont adopté cette opinion. Ceux-ci ont même suivi l'idée de Rondelet et d'Aldrovande qui applique, plus particulièrement, cette dénomination à quelques Strombes, compris jadis dans les Murex, et spécialement au *Strombus Lambis* de Linné , *Pterocera Lambis* , Lamk. Il paraît qu'on peut considérer l'Aporrhais comme étant l'Heptadactyle de Pline, vulgairement l'Araignée heptadactyle qui est aussi devenue le *Strombus Lambis* compris dans le genre Heptadactyle de Klein, en sorte que ce genre de Klein contient le véritable Aporrhais, tandis que le genre de ce nom, chez cet auteur, ne paraît pas lui convenir. Le genre Aporrhais de Klein (*Ostrac.* p. 79, genre 13) dépend de la deuxième classe des *Cochlis composita,* celle des *Voluta longa;* il ne comprend que quelques Strombes figurés par Lister, et qu'on rapporte au *Strombus Luhuanus* de

Linné. L'Aporrhais de Jonston est une au're Coquille, c'est la *Voluta Vespertilio* de Linné. Celui de Da Costa (*Brit. Conch.* p. 136) est le *Strombus Pes Pelecani* de Linné. *V.* PTÉROCÈRE.   (F.)

APOSSUME. 'ZOOL. Même chose qu'Opossum. *V.* DIDELPHE.   (B.)

* APOTHÉCIE. *Apothecia.* BOT. CRYPT. (*Lichens.*) Achar a donné ce nom à la partie des Lichens connue aussi sous le nom de Scutelle, et qui renferme les organes de la reproduction de ces Plantes, soit qu'on veuille les regarder comme de vraies graines, ou plutôt comme des sortes de bourgeons connus sous les noms de Sporules ou de Gongyles. Achar a donné des noms très-variés à cet organe, suivant les diverses formes qu'il prend dans les différens genres ; mais cette partie est toujours e sentiellement composée d'un parenchyme homogène au milieu duquel sont renfermées les sporules. Ce parenchyme est en général, embrassé par un rebord saillant de la tige ou fronde du Lichen, ou par un rebord particulier qui dépend des Scutelles. La forme de ces *Apothecia*, la présence ou l'absence de ce rebord, leur position sur la tige ont fourni la plupart des caractères des genres de cette famille. *V.* LICHENS.   (AD. B.)

* APOTOME. *Apotomus.* INS. Genre de l'ordre des Coléoptères, section des Pentamères, établi par Hoffmansegg, et rangé par Latreille (Considér. génér.) dans la famille des Carabiques. Ce savant lui assigne pour caractères : antennes point moniliformes ; mandibules pointues ; palpes maxillaires extérieurs, très-longs, filiformes ; les labiaux beaucoup plus courts, subulés. Il se distingue par là des Scarites, des Clivines, des Monons, des Siagones et autres genres, qui l'avoisinent. Hoffmansegg a fondé son genre Apotome sur une espèce unique trouvée en Italie et en Espagne, et décrite par Rossi (*Fauna etrusca*) sous le nom de. *Scarites rufus. V.* aussi Olivier (Coléopt., T.

III) et Herbst, (Coléopt., CLXXVII , 7). Le général Dejean rapporte à ce genre, sous le nom spécifique de *testaceus*, un Insecte originaire de la Russie méridionale. Latreille (Règne Anim. de Cuv.) place le genre Apotome à la fin des Féronies, tribu des Carabiques, famille des Carnassiers ; mais de nouvelle observations le portent à croire qu'il avoisine plutôt les Scarites, auprès desquels il est décidé à le ranger.   (AUD.)

APOUCOUITA. BOT. PHAN. et non *Apouconita* ou *Aponcoña*. Nom 'de pays d'une Casse regardée, dans le Dictionnaire de Déterville, comme synonyme de *Cassia fistula*, L. ; mais qui paraît appartenir à une espèce différente, *Cassia Apoucouita* d'Aublet. (Guyan. 379. t. 146.)   (B.)

* APOYOMATLI. BOT. PHAN. (Hernandez.) Syn. mexicain de *Cyperus articulatus*, L., parfaitement identique avec celui qu'on retrouve en Égypte, à l'Ile-de-France et dans plusieurs parties de l'Inde.   (B.)

* APPA-APPA-BESAER. BOT. PHAN. (Burmann) Syn. d'*Hedysarum pulchellum*, à Java.   (B.)

* APPARENT. INS. (Géoffroy.) Syn. de Bombice du Saule, *Phalæna salicis*, L. *V.* BOMBICE.   (B.)

APPAT. ZOOL. En terme de chasse et de pêche, on nomme ainsi toute substance alimentaire employée pour tenter l'appétit des Animaux qu'on veut attirer dans le piége. La nature a donné à ces Animaux, que l'Homme trompe avec des Appats, l'instinct d'emploier, dans les mêmes fins, quelques parties d'eux-mêmes. Ainsi les Pics, dont la langue rétractile et gluante tente l'appétit de plusieurs petits Insectes, insinuent cette langue dans les fourmilières ou dans des trous d'Arbres d'ou ils la retirent chargée de proie. Beaucoup de Poissons, entre autres celui qu'on a nommé Pêcheur par excellence, *Lophius piscatorius*, L., se cachent dans la vase où, en agitant des barbillons, voisins de leur bouche et qui ont l'apparence de Vers, ils attirent par ces Appats les Poissons plus petits, dont ils se nourrissent.   (B.)

APPAT DE VASE. pois. *V.* Equille.

APPEL. bot. phan. (Rhéede, *Hort. Mal.* T. i. t. 33.) Syn. de *Premma integrifolia*, L. *V.* Premma. (B.)

APPENDICES. zool. (*Animaux articulés.*) Les classificateurs ont généralement entendu par ce mot des parties qui semblent comme ajoutées à d'autres pièces plus constantes; tels sont, par exemple, les filets terminaux de l'abdomen de certains Insectes, ceux des Perles, des Éphémères, etc., etc. On a nommé aussi Appendice un petit article joint à la hanche, et qui porte plus communément le nom de Trochanter. Le mot Appendice a été pris depuis dans un sens plus général, et se trouve aujourd'hui beaucoup mieux défini. Les Appendices sont des dépendances des anneaux qui constituent le corps; ils se joignent avec eux au moyen d'une articulation diarthrodiale ou synarthrodiale, et sont eux-mêmes souvent articulés, c'est-à-dire, composés de plus d'une pièce : de ce nombre sont les mâchoires, les mandibules, les antennes, les ailes, les pates, les filets qui terminent l'abdomen, l'aiguillon, etc., etc. Telle est, selon nous, l'idée qu'on doit avoir des Appendices. Nous les distinguons, en outre, en ceux de l'arceau inférieur et en ceux de l'arceau supérieur. Les premiers, considérés au thorax, s'articulent entre le sternum et l'épimère, ce sont les pates; les seconds sont fixés entre les pièces du tergum et l'épisternum; on les nomme ailes, élytres ou balanciers. Sous ce point de vue, les ailes sont analogues aux pates, en tant qu'elles sont des Appendices d'un anneau. *V.* l'article Aile. La forme et les usages des Appendices sont variés à l'infini, et les différens changemens qu'ils éprouvent se lient à des modifications très-importantes dans l'organisation. Blainville s'est servi avec avantage de ces parties

pour classer les Animaux articulés; c'est lui et Savigny qui ont attiré principalement l'attention des savans sur elles : le premier, en les prenant pour base de sa méthode; le second, en faisant connaître leur structure. Latreille a aussi entrepris avec succès leur étude comparative, et ses recherches l'ont conduit à des résultats précieux pour l'édifice fondamental de la science.

Outre les pates, les ailes et les mâchoires, etc., etc., qui sont des Appendices d'un même ordre, le corps de certains Animaux articulés en présente d'un autre genre; ce sont les branchies. Les considérations, tirées de leur nombre, de leurs formes, etc., sont très-importantes dans certaines classes, celle des Annelides en particulier. *V.*, pour compléter l'histoire des Appendices, les mots Abdomen, Aiguillon, Ailes, Anneaux, Branchies, Copulation, Corps, Élytres, Lèvre inférieure, Machoires, Mandibules, Tarrière, Tête, Thorax.   (AUD.)

APPENDICES. bot phan. Les botanistes ont donné à ce mot une extension fort grande. En effet, ils appellent Appendice toute partie qui, fixée à un organe quelconque, paraît additionnelle à la structure ordinaire de cet organe. Ainsi, dans la Bourrache, dans la Buglosse et plusieurs autres genres de la famille des Borraginées, la gorge de la corolle est garnie de cinq Appendices saillans, dont les formes variées déterminent, en général, les caractères distinctifs de ces genres.—On nomme Appendices des feuilles, les prolongemens du limbe, qui accompagnent le pétiole jusqu'à son point d'insertion. — On dit de tous les organes qui sont garnis d'Appendices, qu'ils sont *Appendiculés.*   (A. R.)

*APPENDICULES. echin. Ce nom a été donné par quelques naturalistes aux épines des Astéries, ainsi qu'aux branches cartilagineuses qui, partant de la colonne articulée et pierreuse des rayons, soutiennent l'enveloppe extérieure.   (LAM..X.)

* **APRADUS.** BOT. PHAN. (Adanson.) Syn. d'*Arctopus echinatus* , L. (B.)

APROCTOME. *Aproctomus.* ZOOPH. Ce genre , établi par Raffinesque sur une seule espèce, l'*Aproctomus sbrome* des mers de Sicile, ne nous paraît pas assez caractérisé par ce naturaliste pour déterminer à quel ordre il appartient. Un être, aussi singulier et d'un pied de longueur, ne peut être réuni aux Infusoires. Raffinesque lui donne pour caractères : un corps flottant, gélatineux, déprimé, mutique, sans apparence de bouche , mais à canal alimentaire interne ; c'est un Animal transparent, oblong, à extrémités aiguës. (LAM..X.)

APRON. POIS. (Rondelet.) Syn. de *Perca asper*, L., espèce de Perche du sous-genre Cingle. *V.* PERCHE. (B.)

* **APROSIA.** BOT. PHAN. Syn. de Sauge. (B.)

* **APRYNON.** BOT. PHAN. (Dioscoride et Pline.) Syn. de Grenadier. (B.)

* **APSE.** *Apsis.* INS. Genre de l'ordre des Coléoptères , section des Tétramères, fondé par Germar, et mentionné dans le Catalogue des Coléoptères de Dejean qui en possède deux espèces : l'une est originaire de Hongrie : l'autre a été envoyée du cap de Bonne-Espérance. Ce genre est une division du grand genre Charanson de Linné. (AUD.)

APSEUDE. *Apseudes.* CRUST. Genre de l'ordre des Isopodes , et de la section des Phytibranches (Règne Animal de Cuvier), établi par Leach (*Lin. Societ. Trans.* T. XI) qui le rapporte à la division cinquième de sa troisième section des Edriopthalmes, sous-classe des Malacostracés. Il se distingue, selon lui, des autres genres par des yeux sessiles, un corps déprimé , des antennes au nombre de quatre, quatorze pieds et une queue terminée par deux soies. Latreille lui assigne les caractères suivans, à peu près semblables à ceux qui précèdent: quatorze pieds, dont les deux premiers en pince, les deux suivans élargis , comprimés et dentés au bout,

et les quatre derniers natatoires ; quatre antennes ; corps allongé et terminé par deux soies. Le Crustacé, qui sert de type à ce genre, est le *Cancer Talpa* de Montagu (*Lin. Societ. Trans.* T. IX), trouvé sur les côtes d'Angleterre. Latreille rapporte aux Apseudes l'*Eupheus ligioïdes* de Risso. (Hist. nat. des Crust. de Nice. p. 124. pl. 3. fig. 7). Cette espèce reste presque toujours cachée au milieu des Céramiums ; ses mœurs d'ailleurs sont ignorées. (AUD.)

* **APSEUDÉSIE.** *Apseudesia.* POLYP. Genre de l'ordre des Méandrinées, dans la division des Polypiers entièrement pierreux, appartenant aux Madrépores lamellifères de Linné. Ce genre n'est encore composé que d'une seule espèce fossile, l'Apseudésie à crètes, *Apseudesia cristata*, Lam. (Gen. Polyp. p. 82. tab. 80. fig. 12 , 13 , 14). Elle se présente en masse, presque globuleuse ou hémisphérique , couverte de lames saillantes d'une à deux lignes au moins, droites ou un peu inclinées, contournées dans tous les sens , unies ou lisses sur un côté, garnies sur l'autre côté de lamelles presque verticales, variant beaucoup dans leur largeur, leur inclination et leur forme. C'est un des Polypiers les plus singuliers de tous ceux que l'on a trouvés aux environs de Caen. Il y est très-rare, mais en général bien conservé. (LAM..X.)

APTÉNODYTE. OIS. Genre établi par Latham, adopté par Vieillot, pour y placer un Oiseau , figuré par Sonnerat , pl. 116, et que l'on trouve aux îles des Papous. *V.* MANCHOT. (DR..Z.)

APTÈRES. *Aptera.* ZOOL. (*Animaux articulés.*). Ce mot signifie sans ailes, et a reçu un si grand nombre d'acceptions de la part des auteurs, qu'il serait très-long d'exposer ici la manière de voir de chacun d'eux. Aristote comprenait sous ce nom, tous les Insectes privés d'ailes , et en faisait une classe qui a subi depuis lui des changemens très-heureux. Linné, Müller, Degéer , Fabricius, Latreille, Cuvier, Lamarck, Hermann , Duméril et quelques autres savans ont beaucoup contribué à rendre moins incohérent ce groupe dans lequel on avait rejeté la plupart des Insectes qui ne s'accommodaient pas aux classifications admises ; c'est ainsi que, ne se fondant plus uniquement sur l'absence des ailes, on a reconnu que plusieurs Aptères appartenaient à tel ou tel ordre d'Insectes hexapodes, et que d'autres constituaient des groupes plus ou moins naturels que Latreille (Règne Animal de Cuvier) désigne sous les noms de Crustacés, d'Arachnides, d'Insectes Myriapodes, Thysanoures, Parasites et Suceurs. — Dans la Méthode de ce savant, les Aptères ne constituent, par conséquent, plus une classe, un ordre ou une famille, et ce n'est plus qu'un mot adjectif pouvant être employé pour qualifier indistinctement un ou plusieurs individus privés d'ailes ; cependant la plupart des auteurs ne restreignaient pas ainsi le mot Aptères. Plusieurs modernes lui accordent encore un sens très-étendu. Hermann fils (Mém. aptérologique, 1804) adopte la division des Aptères de Linné, et les divise en quatre familles qui comprennent plusieurs genres, répondant aux Crustacés, Arachnides, Insectes Myriapodes, Thysanoures, Parasites et Suceurs de Latreille, ainsi qu'à ses Nyctéribies. V. ces mots. Duméril (Zool. analyt., 1806) applique ce nom à l'ordre huitième des Insectes. — Lamarck (Anim. sans vert. T. III, 1816) nomme Aptères le premier ordre de la classe des Insectes contenant le seul genre Puce. — Blainville (Distrib. Syst. du Règ. Anim.) en fait une troisième sous-classe dans les Insectes hexapodes. Si nous eussions pris le mot Aptères dans la première de ces acceptions, nous aurions eu à esquisser ici l'histoire d'êtres fort singuliers, dont les moins connus appartiennent aux Insectes suceurs et aux Arachnides trachéennes ; nous n'aurions pas manqué d'indiquer combien il reste à faire sous le rapport de la classification, de la connaissance des espèces, de l'anatomie et de la physiolo-

gie. L'organisation, les mœurs, la manière dont se reproduisent ces Animaux, les changemens qu'ils éprouvent pendant la durée de leur existence méritent, en effet, une attention toute spéciale, et doivent fournir un jour des données précieuses à la méthode qui, faute d'observations, pourrait, dans ces groupes nombreux, réunir des êtres différens, éloigner, au contraire, des individus analogues, confondre souvent les sexes, et considérer comme des espèces distinctes le même individu à chaque période de sa vie. Espérons que quelque observateur, faisant une étude spéciale de ces curieux Pygmées, éclaircira ces différens points
(AUD.)

APTERICHTE. *Apterichtus.* POIS. (Duméril.) V. MURÈNE. (B.)

* APTÉRIX. *Apterix.* OIS. Genre de l'ordre des Inertes, dont les caractères consistent en un bec très-long, droit, subulé, mou, sillonné dans toute sa longueur, seulement fléchi et renflé à la pointe ; base garnie de très-longues soies et couverte d'une cire munie de poils ; mandibule inférieure droite, évasée latéralement, subulée à la pointe ; fosse nasale prolongée jusqu'à la pointe du bec ; narines paraissant s'ouvrir à la pointe de la mandibule en deux petites ouvertures ou trous qui semblent terminer deux tubes cachés dans la masse du bec ; pieds courts, emplumés jusqu'aux genoux ; doigt du milieu de la longueur du tarse ; trois doigts devant, entièrement divisés, doigt postérieur court, muni d'un ongle droit, court et gros ; ailes impropres au vol, terminées par un angle courbé ; point de queue.

Ce genre a été établi sur l'examen d'un seul individu existant dans les collections, l'Aptérix austral, *Apterix australis*, que Shaw a figuré pl. 1057 et 1058 de son *Nat. Miscellany*. (DR. Z.)

APTERO-DICÈRES. INS. Nom sous lequel Latreille (*Genera Crust. et Insect.*) avait désigné une sous-classe d'Insectes, correspondant à l'ordre

des Thysanoures, et à celui des Parasites du Règne Animal. (T. ɪɪ́.)
V. Parasites et Thysanoures.

(AUD.)

APTEROGYNE. *Apterogyna.* ɪɴs. Genre de l'ordre des Hyménop ères, section des Porte - Aiguillon, établi par Latreille sur une espèce rapportée d'Arabie par Olivier, et rangé (Considér. génér.) dans la famille des Mutillaires. Ces Insectes se rapprochent des Mutilles par un grand nombre de caractères, et en diffèrent cependant par l'existence d'une seule cellule cubitale aux ailes du mésothorax, au lieu de trois, et par l'étranglement des deux anneaux antérieurs de l'abdomen qui sont noduliformes. Les antennes sont en soies insérées près du milieu de la face de la tête, aussi longues que le corps dans les mâles, un peu plus courtes dans les femelles; les mandibules sont arquées et sans dents à leur côté interne. Le genre Aptérogyne, placé par Latreille (Règne Anim. de Cuv.) dans la famille des Hétérogynes, et rapporté aux Mutilles de Linné, a pour type l'Aptérogyne d'Olivier, *Apterogyna Olivieri* de Latreille (*Gener. Crust. et Ins.*) Ce savant en a découvert une seconde espèce en Europe. Nous donnons la figure de la première, dans les planches de ce Dictionnaire. (AUD.)

APTÉRONOTE. pois. C'est-à-dire, *sans nageoire sur le dos.* Genre formé par Lacépède aux dépens du genre *Gymnotus* dans lequel Cuvier l'a replacé comme simple sous-genre. *V.* Gymnote.

(B.)

*APTERURUS. pois. Raffinesque a formé sous ce nom, dans son Ichthyologie sicilienne, un genre dont la Raie Fabronienne est la seule espèce. *V.* Raie.

(B.)

APTINE. *Aptinus.* ɪɴs. Genre de l'ordre des Coléoptères, section des Pentamères, fondé par Bonelli aux dépens du genre Brachine, dont il se distingue par l'absence d'ailes membraneuses au-dessous des élytres. Ce genre ne renferme que des espèces étrangères à notre patrie. Latreille le

réunit aux Brachines. *V.* ce mot.

(AUD.)

APUA. pois. Vieux nom de l'Aphye. *V.* ce mot, ainsi que Gobie.

(B.)

APULÉGE. *Apuleja.* bot. phan. Gaertner nomme ainsi, et figure, dans sa tab. 171, le genre de la famille des Corymbifères, qui est l'*Agriphyllum* de Jussieu. *V.* ce mot. (A. D. J.)

APUE ou **APUS.** pois. Espèce brasilienne de Bodian. *V.* ce mot. (B.)

APUS. ois. *V.* Apoda.

APUS. *Apus.* crust. Genre de l'ordre des Branchiopodes et de la section des Phyllopes (Règn. Anim. de Cuv.), ayant pour caractères, suivant Latreille, pieds très-nombreux (cinquante à soixante paires environ) en nageoires; les deux antérieurs beaucoup plus grands, en forme de rames, terminés par des soies articulées représentant des antennes; tête confondue avec le tronc; un test d'une seule pièce, corné, très-mince, ovale, échancré et libre postérieurement, portant en-devant trois yeux lisses, très-rapprochés; bouche composée d'un labre, de deux fortes mandibules, sans palpes, d'une languette profondément bifide et de deux paires de mâchoires; abdomen terminé par deux filets.

Le nom d'Apus, employé d'abord spécifiquement par Frisch, a été érigé depuis par Scopoli, Cuvier, Latreille, Bosc, en un genre compris dans les Monocles de Linné et de Fabricius, dans les Binocles de Géoffroy et dans les Limules de Müller et de Lamarck. Les individus qui le composent ont le corps mou, recouvert supérieurement par un test corné, mince, translucide, convexe, ovale, échancré postérieurement, et arrondi en avant, où il présente les yeux lisses au nombre de trois; l'un d'eux, très-petit, arrondi, est placé sur la ligne moyenne, en arrière des deux autres et dans l'écartement qui existe entre eux; ces derniers sont réniformes, brillans à cause d'une sorte d'iris qui paraît à travers leur cornée transparente, et sont placés à une très-petite distance du bord antérieur du test ; ils ont en arrière d'eux une crête plus ou moins saillante qui règne sur toute la longueur de l'enveloppe de l'Animal. Cette enveloppe, ou test ovale, est formée par l'adossement de deux lames cornées qui se continuent dans toute leur circonférence, comme si elles n'en constituaient qu'une seule, repliée vers ce point sur elle-même. Elles aboutissent à la tête, de sorte que cet ensemble peut être considéré comme un sac dont l'ouverture étroite embrasserait la tête, et dont le fond se prolongerait en arrière, de manière à recouvrir une partie du corps de l'Animal. La comparaison que j'emploie est très-juste, car cette enveloppe contient entre les deux lames qui la composent plusieurs parties, et entre autres des vaisseaux très-distincts. Le test de l'Apus n'est donc autre chose qu'un prolongement de la substance cornée qui recouvre supérieurement la tête ; et ceci ne doit pas nous surprendre, quand nous réfléchissons que, dans la classe des Insectes, l'écusson du mésothorax et la partie supérieure du prothorax, dans certaines espèces, se prolongent indéfiniment en arrière, de manière à recouvrir tout le corps. La même chose ne peut-elle pas avoir lieu pour la partie supérieure de la tête de l'Apus, et les cornes de plusieurs Coléoptères, ainsi que la protubérance singulière des Fulgores, ne sont-elles pas des faits dont la différence ne consiste que dans quelques modifications de forme et de volume, très-faciles à admettre ?

La bouche est située inférieurement, et se compose, suivant Savigny, d'un labre, de deux mandibules, de deux premières mâchoires et de deux secondes mâchoires. Le labre ou lèvre supérieure, de forme quadrilatère, adhère antérieurement au test avec lequel il se continue. Les mandibules sont renflées, assez consistantes, fortement dilatées à leur extrémité. Les premières mâchoires (*maxillæ interiores*, Fabr., *maxillæ inferæ*, Latr.), ou les secon-

des mâchoires sans palpes de Cuvier, sont ciliées et dentelées à leur extrémité. Les secondes mâchoires (*maxillæ exteriores*, Fabr.) viennent après ; elles ont été nommées *palpes en forme d'oreille* par Schœffer. Outre ces parties, il existe entre les mandibules et les premières mâchoires une langue bifide, à laquelle on remarque un canal cilié conduisant droit à l'œsophage ; de chaque côté du labre, et en avant des mandibules, est placée une antenne courte. En arrière de la bouche on aperçoit les pates très-nombreuses, diminuant progressivement de grandeur, surtout à partir de la onzième. Elles sont formées, suivant Savigny, d'une hanche comprimée, maxilliforme, et de cinq articulations terminées par le même nombre d'appendices ou de lanières, et sont munies en outre, suivant Schœffer, d'une lame branchiale et d'un sac vésiculeux ; les hanches de chaque pate bornent, suivant l'observation de Savigny, un canal longitudinal aboutissant à l'ouverture de la bouche, et par lequel passent les Animalcules dont l'individu se nourrit ; les deux pates antérieures ne ressemblent guère, au premier aspect, à celles qui suivent, et sont composées cependant des mêmes parties, mais à un degré de développement différent ; elles figurent des lanières ou des rames, et ont été, à cause de cela, comparées à tort par Fabricius aux antennes ou aux palpes d'une lèvre inférieure. Savigny pense qu'elles répondent aux premières mâchoires auxiliaires des Crabes. Le dernier article de ces premières pates, ou celui qui représente le tarse, est très-petit ; mais dans les dix paires qui suivent, il ressemble à un doigt mobile, et a la forme d'une pince de Crabe, ce qui le rapproche beaucoup de celles du Limule. La onzième paire porte les œufs qui sont contenus dans une capsule à deux valves ; les pates diminuent ensuite peu à peu de grandeur, et deviennent enfin imperceptibles. A l'endroit où elles finissent commence l'abdomen, terminé postérieurement par deux filets longs et finement articulés. Telles sont les connaissances acquises sur l'organisation externe de ce genre singulier. L'anatomie des parties internes, et l'étude des fonctions n'ont pas conduit à des résultats aussi satisfaisans, et sous ce rapport il n'y a, pour ainsi dire, rien de fait. Schœffer est encore celui qui jette le plus de jour sur ces deux points; il a reconnu et figuré le canal intestinal, le cœur, les principaux vaisseaux, les œufs dans l'abdomen et les deux oviductus qui les transmettent au dehors; il n'a pu reconnaître les différences sexuelles, et ses travaux nous laissent dans l'ignorance sur le phénomène extrêmement curieux de la fécondation. Cependant il a suivi ces Crustacés dans leur premier âge, et nous a appris qu'ils se distinguaient alors des individus à l'état adulte par un abdomen nul, par des bras poilus au nombre de quatre, et par la présence d'un seul œil. Ce n'est qu'après la huitième mue qu'ils ont atteint leur entier accroissement. Nous renvoyons, pour tous ces détails, aux ouvrages de Schœffer (*In seine Abandlungen von Insecten*, 2 band, p. 65, 200, et Monographie des Apus, en allemand, in-4°, 1756), ainsi qu'aux planches qui en ont été extraites par Latreille (Hist. nat. des Crust. et des Insect., T. iv).

Les Apus vivent dans les mares et dans les eaux tranquilles et boueuses; ils paraissent se nourrir de Têtards et de plusieurs Animalcules. On les voit nager sur le dos avec facilité; leur apparition est souvent aussi instantanée que leur mort; une forte pluie, l'inondation d'une rivière qui, après s'être retirée, forme des mares peu profondes, la saison du printemps, etc., etc., suffisent pour les faire naître en quantité souvent innombrable; dix jours après on n'en rencontre pas un seul. Nous avons été à même, il y a quelques années, de faire cette observation avec Valenciennes. La Seine ayant débordé dans les champs de la plaine d'Yvry, à l'est de Paris, nous nous transportâmes sur les lieux quel-

ques jours après qu'elle se fut retirée, et nous les trouvâmes couverts d'une quantité prodigieuse d'Apus. Nous en recueillîmes un très-grand nombre dans les mares qui n'étaient pas encore à sec. Huit jours après, l'un de nous visita les mêmes lieux, et, bien qu'il y eût encore de l'eau, il ne put découvrir un seul individu vivant. Ces Crustacés, conservés dans des bocaux, ne tardent pas à périr.

Les espèces de ce genre, décrites jusqu'à présent, sont peu nombreuses; les plus remarquables sont :

L'Apus cancriforme. *Apus cancriformis*, ou le Binocle à queue en filets, de Géoffroy (Hist. des Ins., T. ii, p. 660, pl. 21, fig. 4), figuré par Schœffer (Monogr., tab. 1-5) et représenté au trait et avec détails de la bouche, par Savigny (Mém. sur les Anim. sans vertèbres, part. 1. Fasc. 12e Mém., pl. 7).

L'Apus prolongé. *Apus productus*, ou le *Monoculus Apus*, Linn. figuré par Schœffer (*loc. cit.*, tab. 6), et par Bosc (Hist. nat. des Crust., T.2.pl.16.fig. 7).—Ces deux espèces se trouvent aux environs de Paris; c'est la seconde que nous avons observée, avec Valenciennes, dans les plaines d'Yvry.   (AUD.)

*APUS.BOT. CRYPT.(Champignons.) Nées a désigné sous ce nom, dans les genres Agaric, Merule, Bolet, Hydne, Systostrème et Thélephore, les sections qui renferment les espèces à chapeau sessile, sans aucun pédicule; tel est l'*Agaricus coriaceus*, Pers.; le *Merulius muscigenus*, Pers.; le *Boletus versicolor*, Pers.; l'*Hydnum parasiticum*, et la plupart des Systostrèmes et des Théléphores. Cette division, quoique paraissant très-bien caractérisée, est entièrement artificielle; car elle passe, par des nuances insensibles d'un côté, aux espèces à pédicule distinct et latéral, formant les sections nommées *Pleuropus*; et d'un autre côté, aux espèces à chapeau résupiné ou adhérent par toute la surface supérieure au corps qui les porte. Aucune des espèces de cette section ne croît sur la terre; toutes poussent sur les bois morts ou les troncs d'Arbres. (AD. B.)

APUTE-JUBA. ois. Espèce du genre Perroquet. Perruche illinoise Buff., pl. enlum., 528. *Psittacus pertinax*, Lath., de l'Amérique méridionale. *V*. PERROQUET. (DR..Z.)

* APYRES. MIN. Substances inaltérables ou plutôt infusibles par le feu; peu de corps sont Apyres, le Cristal de roche l'est éminemment. (B.)

* AQUAQUA. REPT. BATR. Nom brasilien du Crapaud perlé. *V*. CRAPAUD. (B.)

* AQUARIA. MOLL. Nom donné par Perry (Conchol., pl. 52) au genre Arrosoir de Lamarck. *V*. ce mot. (F.)

AQUARIUS. INS. Nom générique appliqué par Schellenberg à des Insectes de l'ordre des Hémiptères, rangés par Latreille dans le genre Gerris *V*. ce mot. (AUD.)

AQUARTIA. BOT. PHAN. C'est un genre de la famille des Solanées, lequel a pour caractères : un calice à deux grands lobes; une corolle en roue, dont le tube est court, le limbe à quatre divisions linéaires et oblongues; quatre étamines à filets courts, à anthères allongées, et s'ouvrant par deux pores au sommet; un seul stigmate; une baie globuleuse, à une seule loge polysperme. Ce genre contient deux Arbrisseaux de Saint-Domingue (figurés t. 82 des Illustr. de Lamk.) Leur port est celui des *Solanum*, dont ils seraient congénères suivant Swartz; mais dont ils diffèrent par le nombre de leurs étamines. Les feuilles, alternes dans tous les deux, sont grandes dans l'un, très-petites dans l'autre; les rameaux sont le plus souvent épineux; les fleurs extraaxillaires. (A. D. J.)

AQUIFOLIA ou AQUIFOLIUM. BOT. PHAN. Nom sous lequel les anciens botanistes désignaient le Houx, *Ilex Aquifolium*, L., dont Tourne-

fort avait fait un genre que quelques auteurs ont voulu rétablir. (A. R.)

AQUIFOLIACÉES. BOT. PHAN. C'est, selon le Dictionnaire de Déterville, une famille de Plantes dont le genre Houx serait le type; mais il n'y est pas dit ou, ni par qui cette famille a été établie. (A. R.)

AQUILA ou AQUILONE. POIS. C'est-à-dire *Aigle*. Noms conservés ou dérivés du latin, qu'on donne encore en quelques cantons de l'Italie à la Raie appelée *Rya Aquila* par Linné. *V*. RAIE. (B.)

AQUILAIRE. *Aquilaria*. BOT. PHAN. Ce genre était d'abord confondu avec l'Agalloche ou Excæcaria, *V*. ce mot; mais Lamarck et Cavanilles l'en ont séparé, en lui donnant le nom par lequel nous le désignons ici, parce qu'en effet c'est lui qui fournit le véritable Bois d'Aigle. L'*Aquilaria* paraît avoir quelque rapport avec les genres Samyda et Anavinga; il fait partie de la Décandrie Monog,nie, L., et se distingue par les caractères suivans : son calice est monosépale, persistant et turbiné; son limbe est quinqueparti. La corolle manque; elle est en quelque sorte remplacée par un appendice à dix lobes alternant avec les filets des étamines, qui sont fort courts et portent une anthère ovoïde, oblongue; l'ovaire est libre, son sommet est occupé par un stigmate sessile. Le fruit est une capsule dure et coriace, à deux loges renfermant une ou deux graines; elle s'ouvre en deux valves à l'époque de sa maturité.

L'Aquilaire de Malacca ou *Garo de Malacca*, *Aquilaria malaccensis*, Lam. Dict. Illus., tab. 356 ou *Aquilaria ovata* de Cavanilles, Dissert. 7. p. 377. t. 224, est un grand Arbre originaire des Indes orientales. Ses feuilles sont alternes, pétiolées, ovales, lancéolées, entières, légèrement velues; ses fleurs sont petites. C'est le bois de cet Arbre qui porte proprement le nom de *Bois d'Aigle*. Ce Bois est résineux, d'une odeur agréable et aromatique. Il est extrêmement recherché dans l'Inde, où on le paie au poids de l'or. On le brûle dans des cassolettes, et il répand un parfum des plus délicieux.

On doit rapporter au genre *Aquilaria* l'*Ophispermum sinense*, décrit par Loureiro dans sa Flore de la Cochinchine.   (A. ℞.)

*AQUILASTRO. ois. Syn. d'Orfraie, *Falco ossifragus*, L. en Italie. *V.* AIGLE.   (B.)

AQUILICIA. BOT. PHAN. Genre de la famille des Méliacées, Pentandrie Monogynie, L. Le calice est turbiné, à cinq dents; les pétales sont au nombre de cinq, ovales; au-dedans se trouve un tube urcéolé, bordé supérieurement par cinq lobes échancrés, dont les intervalles soutiennent autant d'anthères stipitées. Le style, plus court que ce tube, se termine par un stigmate obtus; le fruit devient une capsule marquée de plusieurs côtes, indices d'autant de loges dont chacune contient une graine. Leur nombre, qui varie de quatre à dix, est de cinq le plus généralement. Un embryon très-petit est logé à la base d'un périsperme beaucoup plus considérable, cartilagineux, divisé par cinq sillons inégalement profonds en cinq lobes inégaux.

L'*Aquilicia sambucina*, Arbre des Indes orientales, à feuilles bipinnées, à fleurs polygames, disposées en corymbes, qui présente l'aspect du Sureau, et porte à l'Ile-de-France le nom de Bois de source, est la seule espèce décrite de ce genre. Cavanilles l'a figurée dans sa Tab. 218. Mais le *Nalugu* de Rhéed (*Hort. Mal.*, 2. tab. 26), le *Lesa aquata* de L., suivant Thunberg, et, suivant Linné, le *Staphylæa indica* de Burman, ou *Sansovina* de Scopoli, paraissent devoir s'y rapporter.   (A. D. J.)

AQUILLE. *Aquillus*. MOLL. Cette dénomination a été donnée par Montfort (*Conchyl.*, T. II. p. 578) à l'un des nombreux démembremens qu'il a faits dans le genre *Murex* de Linné avec aussi peu de fondement les uns que les autres. Le type de ce genre

est le *Murex cutaceus* de Linné, placé par Lamarck dans son genre Triton. *Triton cutaceum*, Encycl. méth., pl. 414. f. 2. a. b. *V.* ROCHER et TRITON.   (F.)

* AQUIPARES. REPT. BATR. Second sous-ordre des Batraciens, tels que les circonscrit Blainville dans son tableau analytique.   (B.)

AQUIQUI. Nom de l'Alouate au Brésil. *V.* SAPAJOU.   (A. D..NB.)

ARA. *Macrocercus*. ois. Nom donné aux grandes espèces de Perroquets de l'Amérique méridionale, que Cuvier a le premier séparées, par une subdivision, des Perroquets proprement dits, et dont Lacépède a fait peu après un genre, en prenant pour caractère distinctif l'espace nu que les Aras ont sur la joue. Ces Oiseaux que la nature a décorés des plus brillantes couleurs, présentent une conformation de tête désagréable; derrière un bec énorme et fortement courbé se laissent à peine apercevoir de très-petits yeux, qui expriment une sorte de stupidité, non démentie par l'allure pesante de ces Perroquets. Le nom d'Ara leur vient des deux syllabes qu'ils prononcent assez distinctement dans leurs cris, d'autant plus fatigans qu'ils sont très-perçans et souvent répétés. La longueur de leurs ailes, et surtout de leur queue, ne leur permet guère de marcher; aussi les voit-on presque toujours perchés sur les Arbres de moyenne élévation. Ils paraissent préférer pour leur nourriture la graine du Caféyer, et les dégats qu'ils occasionent dans les plantations de cet Arbuste font employer beaucoup de moyens pour les en éloigner. Leur ponte consiste en deux œufs blancs, assez arrondis, que les deux sexes couvent alternativement sur le nid qu'ils ont grossièrement préparé dans le creux de quelque vieux tronc d'Arbre.

ARA ARACANGA, *Psittacus Ara*, Lath. l'etit Ara rouge, Buff., pl. enlum. 641.

ARA AZUVERT, Azara, *Macrocercus glaucus*, Vieil.

ARA A BANDEAU ROUGE. C'est une Perruche.

ARA BLEU, *Psittacus Ararauna*, Lath., Buff., pl. enlum. 36. Sommet de la tête, dos, rémiges, rectrices et tectrices d'une belle couleur d'azur, avec des reflets pourprés; la gorge, la poitrine et l'abdomen d'un jaune brillant; quelques plumes de cette couleur à l'épaule; le bec noir; la peau nue des joues d'un blanc lavé de rose, avec quelques traits chevronnés noirs autour des yeux; une bande de cette même couleur au haut de la gorge.

ARA GRIS A TROMPE. C'est un Kakatoës. *V.* ce mot.

ARA HYACINTHE, *Psittacus hyacinthinus*, Lath.

ARA MAKAVOUANA, *Psittacus Makavouana*, Lath. Perriche-Ara, Buff., pl. enlum. 864.

ARA MARACANA, Maracana fardé, Azara; *Macrocercus Maracana*, Vieil.

ARA MILITAIRE, *Psittacus militaris*, Lath., Edwards, pl. 313. Front rouge; occiput, dos, ailes et croupion bleus; poitrine et ventre verts; queue rouge, avec l'extrémité blanche; espace nu des joues couleur de chair, avec des traits noirs; iris jaune.

GRAND ARA MILITAIRE, Levail., Perroq., Pl. 6. Il est de cinq à six pouces plus long que le précédent; il a le bec plus fort, et les mandibules arrondies; les plumes des oreilles et de la gorge sont d'un brun-violet; la poitrine est brune, avec des reflets verdâtres; le reste du corps est vert; les rectrices sont d'un brun-rouge, avec l'extrémité bleue; la mandibule supérieure est brune, et l'inférieure noire.

ARA NOIR A TROMPE. *V.* KAKATOËS.

ARA PAVOUANE. *V.* PERRUCHE.

ARA ROUGE, Buff, pl. enlum. 12, *Psittacus Macao*, Lath. Il a environ trente pouces du bout du bec à l'extrémité de la queue; le sommet de la tête est d'un beau rouge vif, ainsi que la partie supérieure du dos, le cou,

la poitrine, le ventre et les cuisses; les petites tectrices alaires sont encore de cette couleur; les moyennes sont d'un vert doré, et les grandes vertes; la partie supérieure des rémiges est verte, l'inférieure azurée d'un côté, et noire de l'autre; les tectrices sont rouges à la base, vertes, nuancées de bleu à l'extrémité; leurs rectrices sont de ces dernières teintes; la peau nue des joues est blanche, ornée de petites plumes rouges disposées en lignes autour des yeux, dont l'iris est d'un jaune pâle; la mandibule supérieure est blanche, avec un peu de noir à l'angle; l'inférieure est noire.

ARA TRICOLOR, Levail., Perr., pl. 5 *Macrocercus tricolor*, Vieil. Longueur, vingt pouces. La figure que nous donnons de cet Oiseau, dans les planches de ce Dictionnaire, tiendra lieu de sa description.

ARA VERT, *Psittacus Severus*, Lath. Il n'a que seize pouces; il est partout d'un vert foncé éclatant, à l'exception des grandes rémiges et de l'extrémité des rectrices, qui sont d'un bleu azuré; le fouet de l'aile a quelques plumes d'un rouge assez vif, qui est aussi la couleur du front; la peau nue des joues est blanche, avec quelques traits noirs; le bec et les pieds sont noirâtres.   (DR..Z.)

ARA. POIS. (Kœmpfer, *Jap.* I. pl. 11. f. 5). Syn. de *Scomber trachurus*, L. *V.* CARANX.   (B.)

ARABATTA. MAM. (Gumilla, *Orinoc. illustr.*, 1. p. 295). Nom de l'Alouate sur les bords de l'Orénoque. *V.* SAPAJOU.   (A. D..NS.)

ARABETTE. BOT. PHAN. Nom francisé, du genre Arabis, et que la désinence doit faire proscrire. *V.* ARABIDE.   (B.)

ARABI. POIS. (Forskahl.) Syn. de *Mugil crenilabris* sur les bords de la Mer-Rouge. *V.* MUGE.   (B.)

ARABIDE. *Arabis.* BOT. PHAN. Famille des Crucifères, Tétradynamie siliqueuse, L. Ce genre, établi par Linné, a été adopté par presque tous les auteurs modernes. Il offre un calice formé de quatre sépales dressés et connivens ; une corolle dont les pétales sont onguiculés, ayant le limbe obovale et sans échancrure : les six étamines sont libres ; leurs filets ne présentent point de dents. Le fruit est une silique linéaire dont la cloison est très-étroite, les valves planes, et qui est couronnée par le stigmate. Les graines sont ovoïdes, comprimées, tantôt ailées, tantôt dépourvues d'ailes, disposées en une seule série.

Ce genre renferme environ soixante-cinq espèces, qui sont des Herbes annuelles ou vivaces, rameuses, portant des feuilles radicales, étalées en rosette, des feuilles caulinaires, sessiles et amplexicaules, entières ou lobées ; les fleurs sont blanches, rarement roses.

Les Arabides sont très-voisines des Turrettes, *Turrites*, dont elles diffèrent surtout par leurs graines unisériées. —De ces soixante-cinq espèces, trente-six se trouvent dans les différentes contrées de l'Europe, treize en Asie, cinq dans l'Amérique septentrionale, deux dans l'Amérique méridionale, une à Java, une à l'Île-de-France.

De Candolle (*Syst. naturale Veget.* 2. p. 214) a divisé les espèces nombreuses d'Arabides en deux sous-genres : le premier, qu'il nomme *Alomatium*, renferme toutes les espèces dont les graines sont dépourvues d'ailes membraneuses ; le second, qu'il appelle *Lomaspora*, contient celles dont les graines sont ailées.

(A. R.)

* **ARABIQUE** ou **FAUSSE ARLEQUINE. MOLL.** Noms vulgaires d'une espèce de Porcelaine, la *Cyprœa arabica* de Linné. On l'appelle encore Lettres arabiques. L'Arabique bleue est la même espèce dépouillée. (F.)

ARABOUTAN. BOT. PHAN. Syn. de *Cœsalpinia. V.* ce mot. (B.)

ARACA. BOT. PHAN. (Rai.) Nom brasilien du Gouyavier, dont on distingue deux espèces :
Araca-Guacu, qui est le *Psidium pomiferum*, L.

Araca-Miri, qui est plus petit, et dont le fruit a le goût de la Fraise. (B.)

ARACAPUDA. BOT. PHAN. Syn. de *Drosera indica. V.* Drosère.

(A. R.)

* **ARACANGA. OIS.** Par contraction d'*Aracaranga*, variété de l'Ara rouge, *Macrocercus Macao*, que Linné avait regardé comme une espèce, sous le nom de *Psittacus Aracanga. V.* Ara. (DR..Z.)

ARACARI. OIS. *Pteroglossus*, Illiger. Genre de l'ordre des Zygodactyles. Caractères : bec cellulaire, mince, plus long que la tête, de la largeur et de la hauteur du front, déprimé à sa base, voûté, sans arête courbé en faucille, subitement fléchi à la pointe ; bords des mandibules régulièrement dentelés ; narines percées très-près du front, dans deux échancrures orbiculaires, ouvertes ; pieds médiocres ; tarse de la longueur du doigt externe ; les deux doigts antérieurs réunis jusqu'à la seconde articulation ; ailes courtes ; les quatre premières rémiges inégalement étagées, la cinquième ou la sixième la plus longue : queue longue, étagée. — Les Aracaris, que Buffon distinguait déjà des Toucans, appartiennent tous à l'Amérique méridionale où ils vivent en petites bandes de douze à quinze. Ne pouvant soutenir le vol, à cause du peu d'étendue de leurs ailes, ils voltigent d'arbre en arbre, de branche en branche, dans les forêts les plus épaisses, que leur caractère défiant les porte à préférer aux plaines où rarement on les voit paraître. Leur bec énorme, quoique léger, spongieux et formé de cloisons extrêmement minces, leur donne cependant une force assez grande, qui les rend cruels dans la chasse qu'ils font aux Oiseaux inférieurs ; ils aiment surtout à détruire les nids, après en avoir mangé les œufs ou dévoré les petits, qu'ils saisissent avec le bec et lancent à plusieurs reprises au-dessus d'eux, jusqu'à ce qu'ils tombent directement dans leur large gosier ; c'est de la même manière qu'ils avalent toute espèce de fruits dont ils font leur nourriture habituelle, et, si le morceau qu'ils veulent avaler se trouve trop gros, ils l'abandonnent sans chercher à le diviser. Leur propre nid est grossièrement fait; il est placé dans le creux d'un Arbre, et la femelle y pond ordinairement deux œufs d'un blanc verdâtre (du moins le *Ramphastos Aracari*, Lath.).—Le jeune Aracari est susceptible d'éducation; mais son cri désagréable et sa grande appréhension du froid le font négliger.

Les espèces connues se réduisent aux suivantes·

L'ARACARI D'AZARA, *Pteroglossus Azara*, Tem., *Ramphastos Azara*, Vieill., Ois. de Par., etc., pl. A. — Tête d'un noir verdâtre; cou marron; une raie noire et un plastron rouge sur la poitrine; une bande noire au milieu du corps; parties inférieures et jambes d'un jaune rouge; dos, ailes d'un vert noirâtre; croupion rouge; tectrices vertes en-dessus, jaunâtres en-dessous; bec jaunâtre; une bande longitudinale noire près du bord.

L'ARACARI À BEC TACHETÉ, *Pteroglossus maculirostris*, Cuv., Aracari Koulik du Brésil, Levail., Ois. de Par., Touc., n° 15. — Tête, nuque, cou et poitrine d'un noir bleuâtre; une bande de fauve à l'extrémité de l'abdomen, près des cuisses; oreilles et collier supérieur d'un roux doré; dos, ailes et queue supérieure d'un vert-olive foncé; dessous de la queue, extrémité des rémiges et jambes d'un brun violet; croupion rouge cramoisi, bec brun à la pointe; les deux mandibules noires, avec une grande tache médiane blanche; sur cette tache de la mandibule supérieure sont trois raies transversales noires, dentelées d'un côté.

L'ARACARI A DENTELURES NOIRES, *Pteroglossus nigridens*, Illig.

L'ARACARI BAILLON, *Ramphastos Bailloni*, Vieill., Levail., Ois. Par., etc., Touc. n° 18. — Levaillant a consacré dans cette espèce à la reconnaissance des amis de l'histoire naturelle le nom d'un savant ornithologiste de Boulogne.

L'ARACARI GRIGRI, *Ramphastos Aracari*, Lath., Buff. pl. enlum. 166, Levail., Ois. Par., Touc. n° 10. — Sommet de la tête et cou d'un noir luisant; oreilles et gorge d'un noir brun; poitrine et abdomen d'un jaune verdâtre, traversé par une large bande rouge; dos, ailes, queue et jambes d'un vert bronzé; croupion rouge; mandibule supérieure blanche, avec une ligne carinale noire; mandibule inférieure noire; toute la base du bec entourée d'une ligne blanche; seize pouces huit lignes de longueur.

L'ARACARI KOULIK, *Ramphastos piperivorus*, Lath., Buff., pl. enlum. 577, Levail., Ois. Par., Touc. n°s 13 et 14. — Tête, cou et poitrine d'un noir bleuâtre; oreilles et collier jaunes; ventre noir; dos, ailes et queue vertes; première rémige brune; ectrices caudales inférieures rouges; dessous de la queue noir, avec chaque rectrice terminée par une tache d'un rouge sale; cuisses vertes, avec le devant des jambes brun; bec noirâtre, rouge à sa base. La femelle diffère par la couleur des parties inférieures, qui est gris bleuâtre, et celle des ailes, qui est beaucoup plus claire; elle a en outre sur le cou supérieur une large bande brune.

L'ARACARI VERT, *Ramphastos viridis*, Lath., Buff., pl. enlum., n°s 727 et 728, Levail., Ois. Par., Touc., n°s 16 et 17. — La tête et le cou d'un noir luisant; la poitrine et le ventre d'un jaune verdâtre; le dos, les ailes, les jambes et la queue supérieure d'un vert olive; le croupion rouge; la queue inférieure d'un vert grisâtre; la mandibule supérieure jaune, avec une raie noire dans le milieu qui sépare une teinte plus foncée; la mandibule inférieure noire, avec la base d'un jaune rougeâtre. La femelle diffère du mâle par la couleur du cou, qui est brune.

Les *Ramphastodes luteus, glaber,*

cœruleus et *dubius* de Latham ne sont connus que par les descriptions que cet auteur en a données. (DR..z.)

ARACHIDE. *Arachis.* BOT. PHAN. Famille naturelle des Légumineuses, Diadelphie Décandrie, L. Ce genre se distingue par les caractères suivans : son calice est bilabié ; la lèvre supérieure se compose de trois segmens linéaires, aigus, très-profonds ; l'inférieure n'en offre qu'un seul, de même forme que ceux de la lèvre supérieure ; la corolle est papilionacée, renversée ; les étamines sont monadelphes ; neuf sont fertiles, la dixième est plus courte et stérile : le fruit est une gousse cylindroïde, courte, à surface rugueuse, indéhiscente, contenant une ou deux graines.

Le genre *Arachis* ne renferme qu'une seule espèce, qui, à raison de ses usages économiques, mérite que nous entrions dans quelques détails sur son histoire. Cette espèce est connue sous les noms vulgaires de *Pistache de terre*, de *Cacahuète*, de *Manil*, etc. C'est l'*Arachis hypogœa* de Linné. Cette Plante intéressante paraît croître naturellement en Amérique, en Afrique et en Asie, ou plutôt on ignore quelle est originairement sa véritable patrie. Elle est annuelle ; sa racine est composée de fibres grêles, sur lesquelles on remarque un grand nombre de petits tubercules pisiformes ; sa tige est faible, rameuse, à peu près couchée, haute de huit à douze pouces ; elle porte des feuilles alternes, biju-guées, dont les folioles sont obcordiformes, presque sessiles, pubescentes, ainsi que les autres parties de la Plante ; à la base du pétiole commun, qui est long de deux à trois pouces, sont deux stipules lancéolées, étroites. Les fleurs sont solitaires, portées sur de longs pédoncules axillaires ; elles sont jaunes ; l'étendard est veiné de pourpre. La fructification de cette Plante s'opère d'une manière assez singulière. Elle est du petit nombre de celles qui mûrissent leurs fruits sous

terre. Peu de temps après la fécondation, les pédoncules se recourbent vers le sol, y enfoncent l'ovaire, qui ne tarde point à prendre rapidement son accroissement ; et le fruit y parvient à sa maturité.

Les graines de l'Arachide sont de la grosseur d'une petite noisette. Lorsqu'elles sont fraîches et crues, leur goût a de la ressemblance avec celui des Amandes, auquel se joint une saveur légèrement âcre, mais qui n'est pas désagréable dans son climat natal, saveur qui se dissipe entièrement par la cuisson. C'est en général après les avoir fait bouillir, mais surtout griller, que l'on en fait usage comme aliment. Les habitans de différentes contrées du globe, entre autres ceux de la Nouvelle-Espagne, en font leur principale nourriture. Lorsqu'elles sont cuites, leur saveur ressemble imparfaitement à celle des Pistaches. On peut préparer avec les graines d'Arachide différentes friandises, telles que des dragées, des émulsions, etc. Lorsque ces graines ont été convenablement torréfiées, on en forme une pâte à laquelle on ajoute du sucre. Elle a un goût qui, selon quelques auteurs, ressemble beaucoup à celui du Chocolat.

Un des produits les plus intéressans des graines d'Arachide est sans contredit l'Huile grasse qu'on en extrait, et dont elles donnent plus de la moitié de leur poids. Cette Huile, très-limpide et d'un goût agréable, ne le cède en rien à la meilleure Huile d'Olive. On peut l'employer comme assaisonnement dans les différens alimens qui en nécessitent l'usage, et pour le service des lampes. On assure qu'elle ne rancit jamais. On peut également en faire usage pour la fabrication du Savon.

Les différentes nations méridionales de l'Europe ont dû chercher à naturaliser et à cultiver en grand un Végétal dont on pouvait tirer d'aussi grands avantages. Aussi s'est-on beaucoup occupé de la culture de l'Arachis en Espagne, en Italie et en France. Mais dans ce dernier pays elle ne peut prospérer que dans les provinces méridionales, car elle dépérit en pleine terre aux environs de Paris. L'Arachide demande une terre meuble et légère, dans laquelle puissent pénétrer sans peine ses racines fines et déliées, et ses pédoncules fructifères. Elle doit être abritée des vents froids, et semée dans de petits sillons, dont on rehausse les côtés afin que les pédoncules fructifères soient moins éloignés de la terre dans laquelle ils doivent s'enfoncer. C'est dans les départemens des Landes et de l'Hérault que l'on s'est le plus occupé, en France, de la culture de l'Arachide. Malgré les avantages que l'on en a retirés, cette culture est aujourd'hui totalement négligée. (A. R.)

ARACHNÉ. INS. *V.* SATYRE.

ARACHNÉOLITE. CRUST. FOSS. *V.* CRUSTACÉS et FOSSILES.

ARACHNIDES. *Arachnides.* ZOOL. Classe d'Animaux sans vertèbres, division des Articulés Pédigères ou des Condylopes, et ainsi nommée du mot *Arachne,* sous lequel les Grecs désignaient les Araignées, Animaux les plus nombreux de cette classe. Elles ont, ainsi que les Scorpions, les Faucheurs, etc., une telle affinité avec les Crustacés, les Crabes particulièrement, que la plupart des naturalistes modernes ont été contraints de rapprocher ces Animaux, et que les vicissitudes des méthodes ont été communes aux uns et aux autres. C'est ainsi que, Cuvier ayant transporté à la tête de la classe des Insectes (Tabl. élém. de l'hist. nat. des Animaux) les genres *Cancer, Monoculus* et *Oniscus,* que Linné plaçait dans les derniers rangs de cette coupe, les Mille-Pieds, les Araignées, les Scorpions et autres Animaux analogues, sont venus se ranger immédiatement à la suite des précédens. Cette disposition méthodique avait été proposée plus anciennement, puisque Brisson, malgré l'opinion si entraînante de Linné, avait très-bien jugé ces rapports, en formant, avec ces Animaux et tous ceux de la même

division ayant plus de six pieds (*Hyperhexapes*), une classe particulière, celle des Crustacés, et précédant immédiatement celle des Insectes.

La classe des Arachnides, établie par Lamarck, n'est au fond qu'un démembrement de celle des Crustacés de Brisson, augmenté des Insectes hexapodes, ne subissant point de métamorphoses. Une permanence de formes, à partir de la naissance de l'Animal jusqu'à sa mort, des ouvertures latérales sur les côtés du corps pour l'entrée de l'air respiré au moyen de branchies aériennes (*pneumobranchies*) ou de trachées, voilà le signalement rigoureux de la classe des Arachnides, telle que l'a composée ce naturaliste. Il nous a paru qu'on pouvait la simplifier, en la restreignant aux espèces composant son ordre d'Arachnides palpistes. Dans notre Précis des caractères génériques des Insectes, publié en 1795, nous l'avions établi sous le nom d'*Acéphales*; nous lui donnâmes ensuite celui d'*Acères.* Ces Animaux font partie de l'ordre des *Unogates* et de celui des *Antliates,* dans le système de Fabricius, en restreignant la classe des Arachnides à celles que l'on regarde comme privées d'antennes, et qui ont communément huit pieds et deux palpes. Leur organisation, tant extérieure qu'intérieure, nous fournira dès lors des caractères faciles, et qui ne supposent point l'observation de l'Animal dans ses divers âges. Corps toujours aptère ou sans ailes, n'ayant pour organes de la vision que de petits yeux lisses, ordinairement octopode ou à huit pieds, muni de deux antennes analogues aux deux intermédiaires des Crustacés, servant à la préhension ou à la manducation (*chélicères*); organes sexuels annexés au thorax ou à la portion antérieure de l'abdomen qui lui est contigu; tête confondue avec le thorax; des ouvertures en forme de fente, ou des stigmates pour l'entrée de l'air, et uniquement situées vers le milieu du corps ou sur le dessous de l'abdomen; tels sont les caractères extérieurs de

Arachnides. L'anatomie interne nous en présente d'autres, et que nous préciserons de la manière suivante : système respiratoire de deux sortes : l'un consistant en des branchies aériennes, renfermées chacunes dans des cavités abdominales, et communiquant immédiatement avec le fluide respirable, au moyen de fentes extérieures ; l'autre formé de trachées, mais partant d'un tronc unique, rayonné, et recevant l'air par un petit nombre d'ouvertures (deux communément), ou de stigmates, uniquement situés sur l'abdomen ou vers l'extrémité postérieure du thorax.

Considérons maintenant les Arachnides sous un point de vue plus général.

La classe des Crustacés paraît se diviser, vers la fin de l'ordre des Décapodes, en deux branches, dont l'une nous conduit aux Insectes et l'autre aux Arachnides. Celle-ci, qui commence par nos Branchiopodes pœcilopes, est entièrement composée d'Animaux suceurs, d'une organisation généralement plus concentrée, et qui semble tendre vers une disposition radiaire. Le système nerveux n'offre qu'un petit nombre (trois ou quatre dans la plupart) de ganglions ; le corps est le plus souvent ovale ou arrondi et remarquable par la grandeur relative du thorax ; la tête se confond avec lui, et, comparativement à celle des autres Animaux articulés et pédifères, s'est rapetissée aux dépens des côtés ou divisions pariétales (c'est aussi ce que nous voyons dans la famille des Diptères pupipares, qui termine la classe des Insectes) ; l'extrémité antérieure de l'espace intermédiaire ou du frontal est repliée en dessous. Mais, quoique les Arachnides forment un type particulier (V. nos Mémoires sur les Animaux articulés, insérés dans le Recueil de ceux du Muséum d'histoire naturelle, et particulièrement le T. VIIIᵉ), nous ne croyons pas cependant que la nature ait tellement déguisé ses opérations, qu'on ne puisse en découvrir

la source, ou qu'elle soit arrivée à ce plan par une transition brusque, et nous sommes bien éloignés de dire, avec Savigny, dont les recherches délicates ont été d'ailleurs si utiles à la philosophie de la science, qu'il semble que la nature a formé ces Animaux en enlevant à un Crustacé les organes extérieurs de sa tête, c'est-à-dire les antennes, les yeux composés, le labre, les mandibules, les mâchoires proprement dites, et les quatre premières paires de mâchoires auxiliaires. En comparant les antennes mitoyennes des Crustacés, et particulièrement celles de plusieurs Branchiopodes pœcilopes, avec les mandibules de diverses Arachnides, nous avions reconnu l'identité organique de ces parties, et nous en avions tiré cette conséquence que les Animaux de cette dernière classe n'étaient point, comme on l'avait cru jusqu'à présent, privés d'antennes (Mém. sur la format. des ailes des Insectes).Parmi les organes qui étaient censés perdus, en voilà d'abord deux de retrouvés. Les cirrhes cornés et articulés des Galéodes semblent représenter, dans ce genre, les deux autres antennes ou les supérieures. Si maintenant nous observons avec soin la structure, la direction et la situation d'une partie que Savigny a découverte dans les Arachnides, et qu'il nomme *lèvre* ou *langue sternale*, nous y distinguerons aisément, en allant de haut en bas : 1º un labre analogue à celui des Crustacés décapodes, porté de même sur l'épistome (espace situé entre la naissance des antennes intermédiaires et le bord supérieur de la cavité buccale) ou sur-bouche ; 2º une autre pièce, pareillement comprimée et terminée aussi en manière de bec, et qui pourrait être le rudiment de celle que le même savant, en traitant des Crustacés, appelle languette, mais qui ne me paraît pas différer de celle qu'il désigne, dans les Hyménoptères, sous la dénomination d'*épipharynx* ou d'*épiglosse*, et que je retrouve aussi dans les autres Insectes ; 3º une troisième partie (commune aussi aux In‑sectes broyeurs), en forme de carène ou d'arête longitudinale, velue ou ci‑liée, canaliculée ou en gouttière dans son milieu, et que je regarde comme une sorte de conduit pharyn‑gien. Son extrémité supérieure offre en outre, dans les Galéodes, deux pe‑tits articles, terminés chacun par une aigrette ou un petit pinceau. Savigny avait remarqué que la langue sternale de l'Obisie Sésamoïde se partageait en deux parties imitant de petits pal‑pes. Seraient‑elles là, comme ici, les rudimens de ces pièces de la bouche des Crustacés, qu'il nomme premières mâchoires (celles de la seconde paire répondent à la languette des Insec‑tes)? Ces organes maxillaires, au sur‑plus, n'étant formés que de simples feuillets et de peu d'importance dans la mastication, la nature a pu les sup‑primer sans déranger essentielle‑ment le plan de l'organisation géné‑rale des Arachnides. Les antennes in‑termédiaires remplaçant par leur usage les mandibules, elle a pu aussi retrancher ces derniers organes, ou les réduire à de simples rudimens. L'observation nous apprend que, dans la formation du corps des Animaux, elle commence par les extrémités an‑térieures, et que les changemens, re‑latifs au nombre des organes locomo‑teurs et des segmens dont ils dépen‑dent, ont lieu aux extrémités opposées. Lors donc que, pour établir des rap‑prochemens entre des Animaux dis‑parates sous ce rapport, nous sommes forcés d'admettre des retranchemens de parties extérieures, cette règle nous indique la marche à suivre dans nos suppositions, et qu'il faut pro‑céder d'arrière en avant. Les Arach‑nides, ayant le pharynx (double ou formé de deux petits trous, selon Sa‑vigny) situé entre leurs palpes; ayant aussi, comme nous venons de le voir, un labre et quelques autres parties supérieures; ces palpes doivent re‑présenter les premiers pieds‑mâchoi‑res des Crustacés décapodes. D'après la même analogie, nous reconnaîtrons leurs quatre autres pieds‑mâchoires

dans les quatre pates antérieures des Arachnides. Les articles inférieurs des derniers pieds‑mâchoires de ces Crustacés, étant souvent munis, au bord interne, de dentelures ou de cils, font l'office de mâchoires. Tel est aussi, dans les Arachnides, le ca‑ractère distinctif de l'article radical des organes correspondans (*Phalan‑gium*), ou du moins des deux à quatre premiers d'entre eux (*Aranéides*, *Scorpions*). Savigny distingue, par l'épithète de *surnuméraires*, les mâ‑choires (ou plutôt mâchoires *sciati‑ques*) des quatre premières pates.

Les Insectes broyeurs, et particu‑lièrement les Coléoptères carnassiers, nous offrent un exemple analogue; car leurs organes maxillaires sont des pieds‑mâchoires, les mêmes que les deux supérieurs ou les palpes des Arachnides, mais réunis, au côté in‑terne, avec une pièce parfaitement identique avec l'une des mâchoires supérieures des Crustacés maxillaires, et surtout avec celles que Savigny a figurées, dans le premier fascicule de la première partie de ses Mémoires sur les Animaux sans vertèbres, pl. 4. 10 (*V*. pour la composition de ces mâchoires notre Histoire générale des Crust. et des Ins.,T. ii. p. 124).Cette pièce interne est réellement, par ses fonctions, la mâchoire proprement dite.

Dans les Aranéides, les Scorpions, etc., l'espace pectoral, compris entre les premiers pieds, donne naissance à une pièce dirigée en avant, que l'on a désignée sous la dénomination de lèvre inférieure, par allusion à celle des Insectes, mais que j'ai distinguée, dans mes ouvrages, par l'épithète de sternale, attendu qu'elle n'est qu'une simple dilatation ou un appendice de cette portion médiane de la poitrine qu'on appelle sternum. Son origine est tantôt plus haute, tantôt plus basse, ou ne correspond pas toujours avec celle des mêmes pieds, ainsi qu'on le voit dans les Scorpions, les Aranéides, les Faucheurs, etc.; ici même elle sert d'étui aux organes sexuels. Il serait plus convenable de la désigner sous le nom de *fausse‑lèvre*.

Les antennes des Arachnides, ou les pièces que l'on a prises pour les mandibules, et même la lèvre (*ixode*), sont quelquefois transformées en lancettes ou en lames déliées, et composent un suçoir. Elles se terminent très-souvent en manière de pince ou de griffe ; les palpes sont quelquefois dans le même cas. Le nombre des petits yeux lisses ne s'élève jamais au-delà de huit ; le plus souvent il n'est que de deux ; quelques espèces en sont même totalement dépourvues. Dans celles où l'on en voit plusieurs, ils sont rassemblés en petits groupes, dont la combinaison et les situations respectives fournissent de bons caractères. Le nombre des stigmates ou des ouvertures branchiales est renfermé dans les mêmes limites. Les Aranéides sont les seuls Animaux connus de cette classe où les organes copulateurs des mâles soient placés à l'extrémité des palpes ou des premiers pieds-mâchoires ; dans tous les autres ils sont situés, ainsi que ceux des femelles, sur la poitrine ou à la base inférieure de l'abdomen. Les pieds se rapprochent, à l'égard de leur composition, de ceux des Crustacés ; mais les tarses, ainsi que ceux des Scutigères, s'assimilent, à raison de la variété numérique de leurs articulations et des deux ongles qui terminent la dernière, aux tarses des Insectes. Le corps des Arachnides est généralement peu protégé ; le dessus du thorax est seulement un peu plus ferme ; aussi le plus grand nombre de ces Animaux se dérobe-t-il à la vue en se cachant sous divers corps ; ceux qui se montrent à la lumière, évitent le danger, en se tenant élevés au-dessus du sol, et souvent même suspendus en l'air.

La plupart des Arachnides se nourrissent de divers Insectes, soit en les saisissant dans des filets soyeux, qui sont leur ouvrage ; soit en les attrapant à la course, ou bien encore en sautant sur eux, s'ils approchent de leurs retraites. D'autres sucent le sang ou les humeurs de plusieurs Animaux vivans, sur lesquels elles vivent et se multiplient, souvent même en si grand nombre, qu'elles altèrent considérablement leur économie.

Ainsi, quoiqu'étant l'objet d'un mépris universel, ou même de l'antipathie et de l'horreur, les Arachnides sont dignes de l'attention du naturaliste, et lui offrent un vaste champ de découvertes. Plusieurs d'entre elles, telles que les Scorpions, les Aranéides, reproduisent à nos regards les Ophidiens venimeux de la classe des Reptiles.

Ces Animaux naissent sous une forme qui persévère toute leur vie, et ne sont sujets qu'à des mues. Dans quelques-uns, néanmoins, les deux pieds postérieurs ne se développent qu'au bout d'un certain temps ; dans d'autres, comme les Aranéides, les parties sexuelles masculines ne se manifestent extérieurement que vers l'époque de l'état adulte. Quelques espèces (*Scorpionides*) sont ovo-vivipares. Plusieurs de celles dont l'organisation est le plus avancée s'accouplent plusieurs fois, et vivent quelques années.

Nous partageons la classe des Arachnides en deux ordres : les Pulmonaires, ou plutôt les Branchiales, et les Trachéennes.

ARACHNIDES PULMONAIRES, *Arachnides branchiales*. Animaux composant le premier ordre de notre classe des Arachnides, et distingués par les caractères suivans : des pneumo-branchies, ou branchies aériennes, renfermées dans des poches latérales de la cavité abdominale ; six à huit yeux lisses ; organes sexuels doubles.

Quoique les Arachnides respirent l'air en nature, et que les organes propres à cette fonction remplissent, sous ce rapport, l'office de poumons, quoiqu'ils soient même désignés ainsi par Cuvier, je pense néanmoins avec de Lamarck que cette expression ne doit être employée que pour les Animaux des classes supérieures. La forme de ces organes ne diffère point ou presque pas de celle des branchies ; et la classe des Crustacés nous fournit plusieurs exemples du passage insensible de l'un de ces systèmes respiratoires à l'autre.

De toutes les Arachnides, les Pulmonaires sont les plus voisines des Animaux précédens, et particulièrement des Limules et autres Crustacés branchiopodes pœcilopes. Elles ont toutes huit pieds, deux pieds-palpes (pieds-mâchoires supérieurs), souvent même assez grands, avancés en manière de bras ou de serres, et terminés, ainsi que leurs mandibules, ou plutôt leurs chélicères, en griffe ou en pince. Ces dernières parties sont insérées à l'extrémité antérieure du corps, contiguës, parallèles, avancées, et composées de deux ou trois articles, dont le dernier mobile, en forme de doigt ou d'onglet. L'extrémité intérieure de l'article précédent est quelquefois (Scorpions) prolongée, et représente un autre doigt, que l'on désigne sous le nom d'*index ;* l'opposé ou le mobile devient le *pouce.* Dans ce cas, la mandibule finit en une pince à deux branches, ou par une petite main didactyle ; dans l'autre, ou lorsque l'index manque, la mandibule est terminée en griffe. Ces Arachnides ont toutes une lèvre et de deux à six mâchoires. Ces dernières pièces sont formées, lorsqu'elles ne sont qu'au nombre de deux, par l'article radical des pieds-palpes, et en outre, avec celui des deux à quatre pieds suivans, si le nombre de mâchoires est supérieur. De concert avec les mandibules, toutes ces parties servent plus ou moins à comprimer le corps des Insectes et autres petits Animaux dont ces Arachnides font leur proie, à en extraire les sucs, et à les introduire dans l'œsophage. Leur cœur consiste en un gros vaisseau allongé, presque cylindrique, s'étendant plus ou moins le long du dos, jetant des branches ou des veines qui se rendent aux cavités branchiales, et s'y ramifient ; d'autres vaisseaux, comparables à des artères, y reprennent le sang qui a respiré, et le répandent dans les autres parties du corps. Les pneumo-branchies et leurs ouvertures stigmatiformes sont au nombre de deux à huit. On les distingue souvent à l'extérieur par des taches d'un blanc jaunâtre, et disposées, lorsqu'il y en a plusieurs, sur deux séries longitudinales. Les deux premières sont placées immédiatement au-dessous des organes sexuels, ou du moins de ceux des femelles, à peu de distance de l'origine de l'abdomen, et sur leur second anneau, lorsqu'il est segmentaire. Ainsi, comparativement à la situation des branchies et des parties sexuelles féminines des Limules, ce second segment des Arachnides pulmonaires est réellement le premier. On trouve déjà dans ces Animaux des indices des glandes conglomérées, et même dans quelques-uns des traces de vaisseaux chilifères.

Nous renverrons, pour d'autres détails anatomiques, aux belles observations de Cuvier, Marcel de Serres, Tréviranus et Léon Dufour. Les pieds sont constamment au nombre de huit : les deux premiers ont, dans quelques genres, une forme particulière qui peut les faire comparer à des pieds-palpes ou à des pieds antennaires. Une pièce indivise, en forme d'écaille ou d'écusson, et l'analogue du test des Crustacés décapodes, recouvre la tête et le thorax.

La griffe des mandibules des Aranéides, ou le bout du dernier nœud de la queue des Scorpions, forme une sorte de dard, percé d'un ou de deux petits trous, donnant passage à une liqueur venimeuse que sécrètent des glandes particulières. Ce venin étant mortel pour les petits Animaux que ces Arachnides percent de leur aiguillon, ayant même produit quelquefois sur l'Homme des accidens assez graves ou alarmans, l'aversion et les craintes qu'elles inspirent sont bien naturelles ; mais en général les suites de la piqûre sont peu redoutables, surtout dans les climats situés au-delà des tropiques, et à l'égard des espèces de moyenne ou petite taille.

Si on envisage les Aranéides sous le rapport des organes de la génération, de leurs habitudes et de quelques caractères extérieurs, tels que les filières, ces Animaux semblent composer une famille isolée, et que l'on peut mettre en tête de la classe; afin d'arriver ensuite à une série de groupes dont les différences réciproques sont moins prononcées. Telle est la considération qui nous a guidés, relativement à cette classe, dans l'ouvrage sur le Règne Animal de Cuvier. Mais, d'autre part, les Scorpions s'éloignent notablement des autres Arachnides par le nombre plus considérable de pneumo-branchies, par quelques autres différences organiques qui les rapprochent davantage des Crustacés, à raison de leur génération ovo-vivipare, etc. Ainsi, comme nous l'avions déjà fait dans nos Considérations générales sur l'ordre naturel des Crustacés, des Arachnides et des Insectes, comme l'ont encore jugé Marcel de Serres et Léon Dufour, les Scorpions paraissent avoir une prédominance sur les autres Arachnides. S'il en est ainsi, les Pédipalpes doivent venir après eux. Succéderont les Araignées Théraphoses de Walckenaer, qui nous conduisent sans difficulté aux autres Aranéides. L'ordre des Arachnides pulmonaires se composera ainsi des familles suivantes: Scorpionides, Pédipalpes et Aranéides. *V.* ces mots.

L'anatomie ne nous ayant pas encore dévoilé l'organisation intérieure de quelques Arachnides voisines des précédentes, telles que les Galéodes, les Pinces, les Obisies, les Trombidies, etc., il nous est impossible de tracer rigoureusement les limites naturelles de l'ordre des Pulmonaires. Les petits yeux lisses et les organes de la génération nous fournissent cependant des caractères extérieurs qui s'accordent avec les observations qu'on a recueillies jusqu'à ce jour sur les espèces branchiales.

ARACHNIDES TRACHÉENNES, *Arachnides trachearia.* Second ordre de notre classe des Arachnides, ayant pour caractères: des trachées pour la respiration, formant un tronc rayonné ou ramifié; deux à quatre petits

yeux lisses; organes sexuels uniques; (jamais plus de deux stigmates).

Cet ordre formera probablement dans la suite, ainsi que celui des Insectes myriapodes, une classe particulière.

Les Arachnides de cet ordre sont les plus petites de la classe, et beaucoup d'elles sont même presque microscopiques. Plusieurs se rapprochent des Arachnides pulmonaires, sous la considération des organes de la mastication; mais ceux des autres forment une petite trompe ou un suçoir, que j'appellerai siphon. Les *Phalangium* ou Arachnides à longues pates, que le peuple nomme *Faucheurs*, peuvent servir, à quelques modifications près, de type de comparaison pour les Animaux de cet ordre. Nous préviendrons encore que les Mittes, les Tiques, etc., en font aussi partie. Il comprend les familles suivantes: Faux-Scorpions, Pycnogonides et Holètres. *V.* ces mots. L'organisation intérieure des Pycnogonides nous étant absolument inconnue, ces Animaux n'offrant à l'extérieur ni branchies ni stigmates, pas même d'organes copulateurs, la place que nous leur assignons n'est point définitivement arrêtée; peut-être faudra-t-il les mettre à la fin des Branchiopodes, et comme faisant le passage de ces Crustacés aux Arachnides. Leurs branchies seraient alors tout-à-fait intérieures. Celles d'une espèce de Calige, recueillie par Péron, Le Sueur et Godichot, dans leurs voyages aux terres australes, m'ont paru situées dans leurs piods postérieurs. C'est aussi dans des écailles ventrales que sont renfermées celles des Cloportes. Dans des Crustacés plus rapprochés des Arachnides ou des Insectes, ces organes respiratoires pourraient donc avoir leur siége plus intérieurement encore.   (LAT.)

*ARACHNIDES FILEUSES. ZOOL. *V.* ARANÉIDES.

*ARACHNODERMAIRES. ACAL. (Blainville.) Syn. de Méduses. *V.* ACTINOMORPHES.   (B.)

* ARACHNOIDE. zool. *V.* Cerveau et Membrane.

*ARACHNOIDES. echin. et polyp.
Genre établi par Klein aux dépens
des Oursins de Linné ; il n'a pas été
adopté, et rentre dans les Scutelles
de Lamarck. *V.* Scutelle arachnoide.

L'on a également donné le nom
d'*Arachnoides* à un Madrépore fossile du genre Astrée, figuré par Guet-
tard, tab. 49. fig. 2. Lamarck n'en fait
point mention.   (lam..x.)

ARACHUS ou ARACHIS. bot.
phan. Nom donné anciennement à
plusieurs Légumineuses mangeables,
étendu depuis jusqu'à l'*Abrus præca-
torius*, restreint maintenant au genre
Arachide. *V.* ce mot.   (b.)

ARACINAHPIL. bot. phan. (J.
Bauhin.) Espèce indéterminée d'O-
range de l'Inde.   (b.)

ARACK ou RACK. bot. phan.
Noms indiens, devenus de toutes les
langues, des eaux-de-vie qu'on tire du
Riz, du vin de Palmier, de l'Eau de
Cannes à sucre et du Lait de divers
Animaux, particulièrement de Ca-
vale et d'Anesse. On l'aromatise avec
la Badiane ou la Vanille.   (b.)

ARACOUCHINI. bot. phan. Espèce d'Icîquier, *Icica Aracouchini*
d'Aublet, qui donne par incision une
espèce de Baume, employé à la
Guyane pour guérir les blessures. (n.)

ARADA. ois. Espèce du genre Bec-
Fin, division des Troglodytes. Troglodyte Arada, Buff. pl. enl. 706.
f. 2. *Turdus Arada*, Lath. *V.* Bec-
Fin.   (dr..z.)

ARADAVINE. ois. Syn. vulgaire
de Tarin, *Fringilla Spinus*, L. *V.*
Gros-Bec.   (dr..z.)

ARADE. *Aradus*. ins. Genre de
l'ordre des Hémiptères, section des
Hétéroptères, démembré par Fabricius de son genre *Acanthia*,
V. Acanthie, et dont les caractères sont, suivant Latreille : bec
n'ayant que trois articles distincts ;
labre court, non strié ; antennes

cylindriques avec le second article
presque aussi grand que le troisième ou même plus long, pates insérées au milieu de la poitrine avec
deux crochets distincts au bout du
dernier article des tarses ; les deux
articles précédens très-courts ; corps
très-aplati. Par là, ces Insectes se distinguent des autres genres, et principalement de ceux de la famille des
Cimicides, à laquelle Latreille(Consid.
génér.)rapporte les Arades. Le même
auteur (Règne Animal de Cuvier)les
place dans celles des Géocorises ou
Punaises terrestres. — Ces Insectes
se montrent principalement au printemps ; on les trouve sous les écorces
des Chênes, des Bouleaux, etc., etc.

L'Arade du Bouleau, *Acanthia Be-
tulæ* de Fabricius, ou l'*A. corticalis*
de Wolff.(*Cimic. fasc.* 3. t. 9. fig. 81)
sert de type à ce genre ; cette espèce
habite la France.   (aud.)

ARADECH. bot. phan. Syn. de
Vaccinium Myrtillus, en Languedoc.
V. Airelle.   (b.)

* ARADO. rept. saur. Espèce de
Lézard peu connu de St.-Domingue,
qui pourrait bien être le Galonné de
Daubenton.   (b.)

*ARAGNE. zool. D'*Aranea* latin.
Nom de l'Araignée dans divers dialectes du midi de l'Europe, étendu à
quelques Animaux de classes très-
différentes, tels que le Gobe-Mouche gris, *Muscicapa grisola*, L.,
parce que cet Oiseau fait son nid avec
des toiles d'Araignée; certains Crabes,
à cause de la longueur de leurs pates,
et particulièrement la Vive, *Trachinus Draco*, L., parce que la piqûre
que fait ce Poisson avec les premiers
rayons de sa nageoire dorsale, cause
à peu près les mêmes douleurs que la
morsure des grosses Araignées. (b.)

ARAGNO ou ARANO. pois. Manière de prononcer le mot précédent
en Provence, et donné, dans le Dictionnaire de Déterville, comme synonyme propre au *Trachinus Draco*, L.   (b.)

ARAGO. bot. phan. *V.* Alagao.

ARAGUAGUA. POIS. Ce que Margrave dit de ce Poisson du Brésil est tellement incomplet qu'on l'a rapporté au *Squalus Pristis*, L., ainsi qu'au *Diodon Orbis*, L. *V.* PRISTOBATE et DIODON.   (B.)

ARAGUATO MAM. (Humboldt.) Syn. d'Alouate, *Simia ursina*. *V.* SAPAJOU.   (A. D..NS.)

ARAGUIRA. OIS. (Azara.) C'est-à-dire *Oiseau du jour*, du *feu* ou du *ciel* par excellence. Syn. du Gros-Bec Friquet huppé, *Fringilla cristata*, L. (Ois. chant. pl. 28.) *V.* GROS-BEC.   (DR..Z.)

ARAIGNÉE. *Aranea*. ARACHN. Genre de l'ordre des Pulmonaires, famille des Fileuses et section des Tubitèles du Règne Animal de Cuvier.

L'emploi, que l'on fait vulgairement du mot Araignée, répond au sens très-étendu que lui accordaient Linné, Géoffroy, Degéer, etc., etc. Depuis eux, ce grand genre a été érigé, sous le nom d'Aranéide, *V.* ce mot, en une famille naturelle partagée en plusieurs groupes, parmi lesquels on remarque le petit genre des Araignées proprement dites de Latreille. Tous les auteurs ne donnent pas encore à ce mot une acception aussi restreinte ; c'est ainsi que Lamarck l'étend à presque la totalité des Aranéides, et que Walckenaer (Faune parisienne. T. II) en fait une section ou tribu comprenant plusieurs familles, parmi lesquelles on remarque celle des Tapiformes qui renferme quelques espèces, et répond au petit genre Araignée, lequel, d'abord distingué sous le nom de Tégénérie (Nouv. Diction. d'Hist. nat. 1ᵉⁱᵉ édit. T. XXIV. p. 134), fut adopté par Walckenaer qui, plus tard (Tableau des Aranéides, p.49)le restreignit en créant à ses dépens celui des Agelènes. *V.* ce mot.—Le genre Araignée, tel qu'il a été établi par Latreille(*Gener. Crust. et Insect.*), et tel que nous l'adoptons, répond, par conséquent, au genre Tégénérie de Walckenaer ; il embrasse aussi ceux des Agelènes et des Nysses

du même auteur. *V.* ces mots. Ses caractères sont : huit yeux à la partie antérieure du corselet, placés quatre par quatre sur deux lignes transversales, arquées (les latéraux plus rapprochés du bord antérieur du corselet et les quatre du milieu formant un carré plus reculé); mandibules presque droites, ayant sur leur côté interne un sillon dentelé sur les deux bords, lequel reçoit le crochet; mâchoires droites et presque terminées en forme de palettes ; lèvre carrée, tantôt plus haute que large, tantôt aussi large ou presque aussi large que haute, les deux filières supérieures très-saillantes; pates allongées, la première et la dernière paire plus longues.

Le genre Araignée se distingue de plusieurs genres de la même famille par le nombre des yeux et la plus grande longueur des deux filières supérieures. Ce dernier caractère le rapproche des Clothos, dont il diffère cependant par la longueur respective des pieds, la direction des mandibules, la présence d'un sillon à leur côté interne.

Les espèces qui composent ce genre, habitent la plupart nos demeures : ce sont elles qui fabriquent ces toiles suspendues dans les embrasures des fenêtres et les encoignures des murailles et des plafonds. Nous croyons devoir rapporter ici textuellement la description de ce curieux travail par Homberg (Mémoires de l'Académ. des Sc., année 1707. p. 339) :

« Lorsqu'une Araignée fait cet ouvrage dans quelque coin d'une chambre, et qu'elle peut aller aisément en tous les endroits où elle veut attacher ses fils, elle écarte les quatre mamelons dont nous venons de parler ; et, en même temps, il paraît à l'ouverture de la filière une très-petite goutte de cette liqueur gluante qui est la matière de ces fils ; elle presse avec effort cette petite goutte contre le mur, qui s'y attache par son gluten naturel, et l'Araignée ; en s'éloignant de cet endroit, laisse échapper par le trou de sa filière le premier fil de la toile qu'elle veut faire. Étant arrivée à l'endroit du mur où elle veut terminer la grandeur de la toile, elle y presse, avec son anus, l'autre bout de ce fil, qui s'y colle de même comme elle avait attaché le premier bout ; puis elle s'éloigne environ l'espace d'une demi-ligne de ce premier fil tiré ; elle y attache un second fil qu'elle tire parallèlement au premier. Étant arrivée à l'autre bout du premier fil, elle achève d'attacher le second contre le mur, ce qu'elle continue de même pendant toute la largeur qu'elle veut donner à sa toile (l'on pourrait appeler tous ces fils parallèles la *chaîne* de cette toile) : après quoi, elle traverse en croix ces rangs de fils parallèles, attachant de même l'un des deux bouts contre le mur, et l'autre bout perpendiculairement sur le premier fil qu'elle avait tiré, laissant ainsi tout-à-fait ouvert l'un des côtés de sa toile, pour y donner une entrée libre aux Mouches qu'elle y veut attraper (l'on pourrait appeler la *trame* de la toile ces fils qui traversent en croix les premiers fils parallèles que nous avons appelés la chaîne); et comme ces fils, fraîchement filés, se collent contre tout ce qu'ils touchent, ils se collent en croix les uns sur les autres, ce qui fait la fermeté de cette toile, etc. »

Afin que les fils qui se croisent, se collent ensemble avec plus de fermeté, l'Araignée manie avec les quatre mamelons de son anus, et elle comprime, en différens sens, tous les endroits où les fils se croisent à mesure qu'elle les couche les uns sur les autres; elle triple ou quadruple les fils qui bordent sa toile pour les fortifier et les empêcher de se déchirer aisément. Ces pièges ont pour usage, comme on sait, de retenir les Insectes dont l'Araignée se nourrit. A leur conservation se lie, comme on vient de le voir dans le passage cité d'Homberg, l'existence de l'Animal qui ne peut vivre sans toile, et ne saurait en recommencer une nouvelle lorsqu'il a épuisé sa liqueur soyeuse.

L'époque des amours a lieu, pour plusieurs Araignées, vers les mois de novembre, décembre et janvier, suivant Lepelletier; la copulation s'opère à la suite des mêmes préliminaires que dans les autres genres de cette curieuse famille, et la ponte se fait deux mois après.—Les œufs, contenus dans une double enveloppe soyeuse qui semble faire partie de la toile, lui adhèrent, et sont placés à l'entrée d'une cavité cylindrique, sorte de retraite qui existe constamment. (*V.*, pour d'autres observations générales sur l'organisation et les mœurs, les mots ARACHNIDES et ARANÉIDES.)

L'espèce, servant de type au genre, est l'Araignée domestique, *Aranea domestica*, L. ou la Tégénérie domestique de Walckenaer(Tableau des Aranéides, p. 49), figurée par Clerck (*Aran. suec.* p. 76. pl. 2, tab. 9) et par Lister (*Hist. An. Angliæ*, p. 39. tit. 17. fig.17). Degéer a aussi contribué à nous faire mieux connaître cet Animal. (Mém. T. VII. p. 264. n°. 19. pl. 15. fig. 11). Cette espèce, très-commune dans nos maisons,a surtout été observée par Lepelletier(Bullet. de la Société philomatique, avril 1813) qui en a décrit le mode de copulation, et nous a appris la propriété singulière qu'elle partage avec les autres Aranéides, de reproduire les pates après qu'elles ont été enlevées entièrement.

Nous citerons dans ce genre les espèces suivantes :

ARAIGNÉE PRIVÉE, *Aranea civilis*, ou la Tégénérie privée de Walckenaer (Faune paris. T. 11. p. 216), figurée par cet auteur dans son Histoire des Aranéides (Fasc. v. tab. 5).

L'ARAIGNÉE AGRESTE , *Aranea agrestis*, ou la Tégénérie agreste de Walckenaer (Faun. par. T. 11. p. 216, et Tableau des Aran. p. 56) qui est figurée par Albin (pl. 2. fig. 9 et 10).

L'ARAIGNÉE LABIRINTHIQUE, *Aranea labirinthica*, ou l'Agelène labirinthique de Walckenaer (Tableau des Aran. p. 51), décrite et figurée par Clerck (*loc. cit.* p. 79. et pl. 2. tab. 8), par Schœffer (*Icon. Insect.* pl. 19. fig. 8), par Lister (*loc.*

cit. tit. 18. fig. 18) et par Albin (pl. 17. fig. 83). Cette espèce forme le type du genre Agelène. Sa toile, construite sur le même plan que celle de l'Araignée domestique, se rencontre dans les buissons, au pied des haies; elle se nourrit principalement de Fourmis et d'Abeilles.

L'ARAIGNÉE PÉDICOLORE, *Aranea coloripes*, ou la Nysse pédicolore de Walckenaer (Tableau des Aran. p. 52). Cette espèce, rapportée par Péron de la Nouvelle-Hollande, constitue à elle seule le genre Nysse. Walckenaer figure les parties de la bouche et le dessus du corselet.

Enfin, Hentz (Journal de l'Acad. des Sciences nat. de Philadelphie. Vol. 11, février 1821, p. 53 et pl. 5. fig. 1) a fait connaître, sous le nom de Tégénérie médicinale, *Tegeneria medicinalis*, une Aranéide qu'il a rencontrée communément dans les caves des environs de Philadelphie. Sa toile peut être comparée, sous plusieurs rapports, à celle de l'Araignée domestique, et est employée fréquemment en médecine. L'auteur, dans la description qu'il donne de cette espèce, dit positivement qu'elle a les yeux rangés sur deux lignes parallèles et transversales; la postérieure étant un peu plus longue que l'antérieure. Ces caractères sont, en effet, ceux du genre Araignée de Latreille ou des Tégénéries de Walckenaer; mais, dans la figure qu'il donne de ces yeux, on voit qu'ils sont placés sur trois lignes, et ont une disposition absolument semblable à celle des individus du genre Lycose. Il y a, sans doute, erreur dans la figure, et on doit s'en tenir à la description qui assigne, à cette espèce, tous les caractères des Tégénéries ou Araignées proprement dites. (AUD.)

ARAIGNÉE AQUATIQUE. *V.* ARGYRONÈTE.

ARAIGNÉE CALICINE. *V.* THOMISE.

ARAIGNÉE CHEVRONNÉE. *V.* SALTIQUE.

ARAIGNÉE COURONNÉE. *V.* THÉRIDION.

ARAIGNÉE DES CAVES. *V.* SEGESTRIE.

ARAIGNÉE PORTE - CROIX. *Voy.* EPEIRE.

ARAIGNÉE TARENTULE. *V.* LYCOSE.

ARAIGNÉE TUBERCULÉE. *V.* EPEIRE.

ARAIGNÉE, ARAIGNÉE DE MER ou SCORPION. POIS. et MOLL. Noms vulgaires, sur les côtes de la France, de la Vive, *Trachinus Draco*, L. *V.* ARAGNE et VIVE. (B.)

Ces noms ont aussi été donnés, par les amateurs et les marchands de Coquilles, à diverses espèces du genre Ptérocère de Lamarck, dont la lèvre extérieure, plus ou moins élargie, est munie d'appendices digités que l'on a comparés aux pates d'une Araignée, et dans lesquelles on compte aussi leur columelle prolongée en un canal long et de même forme à peu près que les digitations. On a improprement distingué les Araignées en mâles et femelles. La longueur des *pates* finissant en pointe aiguë, caractérisait les premières; dans les secondes, ces pates étaient plus larges, plus courtes, obtuses et creuses. Les unes et les autres ont été ensuite divisées en espèces, d'après le nombre des pates, et ces espèces distinguées par un nom grec qui indique ce nombre. On pense bien qu'aujourd'hui cette classification bizarre est abandonnée à la seule routine des vieux marchands d'histoire naturelle; mais il faut malheureusement la connaître pour comprendre la plupart des ouvrages écrits sur la conchyliologie avant Bruguière et Lamarck.

Voici les principales espèces d'Araignées parmi lesquelles il règne beaucoup de doubles emplois et d'équivoques.

1°. ARAIGNÉES FEMELLES. — SANS PATES, PAPYRACÉES, ou la *Tourterelle*, le *Pigeonneau*, la *Misaine déployée*. C'est le *Strombus Epidromis*, Linné.—

2. TESSARODACTYLE ou à quatre pates, ou la *Chauve-Souris femelle* ou *épineuse*, l'*Aile de Chauve-Souris*, la *Hallebarde*, la *Pate-d'Oie*, le *Pied-*

de-Pélican. C'est le *Str. Pes-Pelecani*,
Var. — 3°. PENTADACTYLE, ou le *Crochet de chaloupe*, la *Griffe de dia-
blesse* de Favart d'Herbigny, le
Crochet femelle, le *Crochet de matelot*, la *Griffe du diable imparfaite* de
Martini; et quelquefois la *racine de
Bryone*. C'est le *Str. Chiragra* de
Linné, auquel on ne comptait que
cinq pates, apparemment dans des ex-
emplaires mutilés ou non achevés. —
4°. HEXADACTYLE ou SCORPION FE-
MELLE, est aussi le *Str. Chiragra*
de Linné. — 5°. HEFTADACTYLE ou
la *Cornue digitale*, l'*Araignée mouche-
tée*, l'*Araignée à sept doigts*. C'est le
Str. Lambis, Linné, Var. — 6°. EN-
DÉCADACTYLE ou la *Millepède*, le
Millepieds. C'est le *Str. Millepeda*,
Linné. — 7°. TRONQUÉE ou la *Racine
de Bryone*. C'est le *Str. truncatus*,
Dillwyn, *Str. Bryona*, Gmelin. —
ARAIGNÉES MALES. — 8. GRANDE ARAI-
GNÉE MALE HEXADACTYLE, ou *Griffe
du diable*, *Crochet de matelot*. C'est le
Str. Chiragra. — 9°. HEFTADACTYLE,
c'est le *Str. Lambis*, Var. C. Dillwyn;
Str. Camelus, Chemnitz. On cite en-
core d'autres dénominations analo-
gues, mais qui sont moins connues.
V. PTÉROCÈRE, AILES, AILÉES et
APORRHAIS.

Le nom d'Araignée, *Aranea*, a été
aussi donné au *Murex tribulus* de
Linné, vulgairement appelé la Bécasse. C'est cette dénomination
vulgaire qui a donné lieu à Perry
(*Conchol.* pl. 45 et 46) d'établir
le genre *Aranea*, qui est exactement
correspondant aux genres Rocher et
Bronte de Montfort (*Conchyl. Syst.*
T. II p. 619 et suiv.), dont nous
avons fait un sous-genre du genre
Rocher, *Murex*, *V.* ROCHER. (F.)

* ARAIS-EL-NIL, BOT. PHAN,
C'est-à-dire, *Epouse du Nil*. (R. De-
lile.) Syn. de *Nymphœa Lotus*, L. en
Egypte. (B.)

ARAK ou RAK. BOT. PHAN. (Fors-
kalh.) Espèce d'Achit chez les Arabes,
V. CISSUS. (B.)

ARALDA. BOT. PHAN. (C. Bauhin.)

Syn. de *Digitalis purpurœa*. L. *V.*
DIGITALE. (A. R.)

ARALIACÉES. *Araliaceœ*. BOT.
PHAN. Famille de Plantes dicotylédones, polypétales, à étamines insérées
sur l'ovaire. Il est impossible de méconnaître l'extrême ressemblance qui
existe entre les Plantes de la famille
des Araliacées et celles que l'on distingue plus particulièrement sous le nom
d'Ombellifères. En effet, ces deux ordres naturels qui doivent rester placés l'un à côté de l'autre, présentent
une foule de caractères qui leur sont
communs. Même inflorescence en ombelle, ovaire infère, corolle polypétale, loges de l'ovaire renfermant
constamment un seul ovule. Malgré
cette analogie, ces deux familles présentent des différences assez grandes
pour demeurer séparées, ainsi qu'il
sera facile d'en juger, quand nous en
aurons exposé les caractères. Dans les
Araliacées, l'ovaire, constamment infère, présente deux, cinq, ou un plus
grand nombre de loges, nombre qui
est toujours en rapport avec celui des
styles qui le couronnent. Le limbe
du calice forme tantôt un rebord entier et sans divisions; tantôt, au
contraire, il est partagé en un nombre de dents, variable comme celui
des loges et des styles, mais jamais
au-dessous de cinq. Les styles sont
filiformes; tantôt on en trouve deux
seulement, comme dans les Ombellifères; tantôt cinq, et enfin dix
ou douze, comme dans le genre
Gastonie: ces styles portent chacun
un petit stigmate à leur sommet. Les
étamines, ordinairement au nombre
de cinq ou de six, rarement de dix ou
de douze, sont situées au sommet de
l'ovaire, en dehors d'un disque épi-
gyne, qui recouvre la partie supérieure de l'ovaire. La corolle se compose de cinq ou six pétales qui sont
caducs. Le fruit est un polakène, quelquefois c'est une baie; rarement il
n'offre que deux loges, comme dans
les genres *Panax* et *Cussonia*, caractère qui les rapproche singulièrement
des Ombellifères, dont ils s'éloignent

par leur fruit charnu : le plus souvent on trouve le fruit composé de cinq ou de dix loges. Les graines présentent un tégument qui recouvre un endosperme charnu, dans la partie supérieure duquel est renfermé un embryon très-petit.

Les Araliacées sont tantôt des Végétaux herbacés à racine vivace, tantôt des Arbrisseaux et même des Arbres assez élevés. Leurs feuilles sont alternes et élargies à leur base; elles sont simples, ou, ce qui est plus fréquent, composées. Les fleurs sont petites et forment des ombelles simples ou composées.

Les genres rapportés à cet ordre sont peu nombreux; ce sont les suivans :

Aralia, L. — *Schefflera*, Forster. — *Maralia*, Du Petit-Thouars. — *Actinophyllum*, Ruiz et Pavon, Kunth *in* Humb.) — *Gastonia*, Commers. — *Polycias*, Forster. — *Gilibertia*, Ruiz et Pavon. — *Cussonia*, Lin. *suppl.*) — *Panax*, L.

Les genres de cette famille ont besoin d'être étudiés de nouveau. Plusieurs d'entre eux seront probablement refondus en un seul, ainsi que l'a déjà fait Kunth pour les genres *Maralia* et *Schefflera*, qu'il a réunis à l'*Aralia*.

La famille des Araliacées offre à peu près les mêmes propriétés médicales et économiques que celles des Ombellifères. Leurs racines, dans les espèces herbacées, sont sucrées et légèrement aromatiques. On les mange dans quelques pays. C'est par une espèce du genre Panax, *Panax quinquefolium*, Lamk., qu'est produite la racine de *Genseng* ou *Genzing*, si renommée en Chine, où on la regarde comme une panacée universelle, propre à la guérison de toutes les maladies.   (A. R.)

ARALIE. *Aralia.* BOT. PHAN. Ce genre forme le type de la famille des Araliacées. Il offre pour caractères un ovaire à cinq loges, couronné par cinq styles et par les cinq dents du calice; la corolle se compose de cinq pétales à base élargie; le fruit est une baie un peu succulente, à cinq loges qui se séparent, à la maturité du fruit, en autant de petits akènes distincts. Il renferme aujourd'hui une trentaine d'espèces, dont près de la moitié a été découverte par de Humboldt et Bonpland, dans le continent de l'Amérique australe; quelques-unes appartiennent à l'Inde et aux autres parties de l'Amérique. La plupart sont des Arbrisseaux dont les feuilles sont entières, lobées ou composées; leurs fleurs sont en grappes formées de petites ombellules.

On cultive quelques Aralies dans nos jardins, où elles se sont assez bien acclimatées; particulièrement l'*Aralia spinosa*, désignée vulgairement par le nom d'Angélique épineuse; cette espèce est originaire de l'Amérique méridionale.   (A. R.)

ARAMACA. POIS. et non *Aramaque.* Syn. de Pleuronecte Argus au Brésil.   (B.)

* **ARAMUS.** OIS. (Vieillot.) Syn. d'*Ardea scolopacea*, L. *V.* COURLIRI.   (DR..Z.)

ARANA-PANNA. BOT. CRYPT. (Rhéed. *Hort. Mal.* XII. T. XXXI.) Paraît être le *Polypodium punctatum* de Poiret, dans l'Encyclopédie. C'est l'*Aspidium splendens* de Willdenow. *V.* APPIDIUM.   (B.)

ARANATA. MAM. Animal très-imparfaitement décrit par quelques voyageurs anciens, et qui paraît être le *Simia Maimon*, L. *V.* MANDRILL.   (A. D..NS.)

* **ARANCI** OU **ARANGI.** BOT. PHAN. D'*Aurantium* latin. Noms de l'Oranger dans quelques dialectes du midi de l'Europe.   (B.)

ARANÉIDES OU **ARACHNIDES FILEUSES.** *Araneides.* ZOOL. Famille d'Animaux, classe des Arachnides, *V.* ce mot, ordre des Pulmonaires, que je caractérise ainsi : quatre ou deux poches branchiales; six à huit yeux lisses, quelquefois quatre, *V.* TESSAROPS; dernier article des chélicères

(mandibules des auteurs) en forme d'onglet écailleux, percé près de son extrémité pour la sortie d'un venin, et replié sur l'article précédent ; abdomen ordinairement mou, sans divisions, avec quatre petits appendices articulés, rapprochés au-dessous de l'anus, percés de petits trous, en manière de crible, à leur extrémité, afin de donner passage à des fils soyeux ; deux petits mamelons intermédiaires, dans la plupart ; pieds-palpes sans pince au bout, terminés au plus par un petit crochet, portant sur leur dernier article les appendices copulateurs des mâles, presque semblables d'ailleurs, à la grandeur près, aux pieds.

Cette nombreuse et intéressante famille d'Animaux, si généralement rebutée ou proscrite, se compose du genre *Aranea* (*Araneus*, Pline, Clerck) de Linné, et, depuis la fin du 17° siècle, a été progressivement illustrée par les observations et les découvertes de Lister, de Clerck, de Degéer, de Walckenaer et de Léon Dufour. Nous croyons avoir nous-mêmes excité l'impulsion que cette étude a reçue dans ces derniers temps, par notre Mémoire sur les Araignées maçonnes, et celui où nous avons jeté les fondemens des premières coupes de la distribution méthodique maintenant en usage.

Aux caractères présentés ci-dessus, nous ajouterons les suivans. Les palpes ont un article de moins que les pieds, c'est-à-dire cinq, au lieu de six ; le dernier, souvent terminé par un petit crochet, est en forme de massue ou de bouton dans le mâle ; le premier est ordinairement dilaté ou prolongé intérieurement pour former la mâchoire. La lèvre, sous la figure d'une petite pièce détachée, entière, plus ou moins carrée ou plus ou moins demi-ovoïde ou demi-circulaire, occupe intérieurement l'entre-deux des mâchoires. Les tarses sont composés de deux articles, avec deux crochets ordinairement pectinés au bout du dernier. Dans plusieurs genres, on en voit en outre un troisième, mais simple et fortement incliné. Savigny,

dans sa distribution méthodique des Aranéides, mais qui n'a pas encore été publiée, a employé la présence ou l'absence de ce crochet, caractère négligé jusqu'à ce jour. Les appendices servant de filières sont rapprochés en faisceau ou en rosette, cylindriques ou coniques, et plus menus vers leur extrémité. Les plus longs sont composés de trois articles, non compris l'éminence qui forme le support, et que j'ai quelquefois considéré comme un premier article.

Cuvier, Marcel de Serres, Tréviranus et Léon Dufour nous ont fait connaître l'anatomie de quelques-uns de ces Animaux. Suivant Marcel de Serres, le cœur est situé dans l'abdomen, s'étend dans toute sa longueur, présente un renflement considérable vers son tiers supérieur, et prend ensuite une forme cylindrique qu'il conserve dans toute son étendue ; il est très-musculeux, et ses battemens sont forts et très-fréquens. Les poches pulmonaires, au nombre de deux dans la plupart, et toujours situées sur le dessous de l'abdomen, près de son origine, sont recouvertes par une peau coriace et ordinairement rougeâtre ; la fente stigmatiforme, particulière à chacune d'elles, est située vers leur base, au côté interne. Les poches sont formées d'une membrane blanche, assez forte, mais souple, et offrent dans leur intérieur des feuillets transversaux, saillans, parallèles, presque demi-circulaires, et qui constituent l'organe respiratoire. Le tube intestinal est ramifié ; il se compose d'un œsophage à deux branches, d'un estomac en offrant deux de plus, d'un duodenum et d'un rectum également ramifiés. L'estomac, situé ainsi que l'œsophage dans la cavité thoracique, est la seule portion du canal intestinal qui soit dilatée ; il a la forme d'un quadrilatère, et ses branches sont latérales ; il se prolonge dans l'abdomen par deux branches qui vont former le duodenum et le rectum. Le foie est propre à l'abdomen, dont il occupe une grande partie, et se compose d'une infinité de petites glandes fixées au canal intestinal, et toujours remplies d'une humeur brune, épaisse et particulière. L'intérieur de l'abdomen contient aussi les vaisseaux soyeux, qui sont au nombre de quatre, cylindriques, longs, repliés sur eux-mêmes, libres et d'un jaune foncé. Ils se rendent dans un canal commun, situé à l'origine des filières. Le système nerveux se compose : 1° d'un ganglion cérébriforme, situé vers le milieu du thorax, tantôt quadrangulaire, tantôt arrondi, jetant des filets nerveux, blanchâtres, et qui se rendent aux organes de la bouche, aux yeux et aux pates; 2" de deux cordons nerveux, partant de ce ganglion, et qui vont en former trois autres (autant que de Serres a pu s'en assurer), depuis leur point de départ jusqu'à l'extrémité de l'abdomen. Ils donnent naissance à d'autres filets nerveux, dont les principaux vont se perdre dans le canal alimentaire et les vaisseaux soyeux. Deux glandes oblongues, blanchâtres, formées d'une membrane assez épaisse, remplies d'une humeur visqueuse et blanchâtre, situées dans le thorax, se terminant dans les mâchoires (ce sont les expressions de Marcel de Serres; mais comme ces observations ne me paraissent s'appliquer qu'aux organes sécrétant du venin, je présume qu'il faut lire mandibules), par un canal presque capillaire, composent l'organe salivaire, ou sécrètent l'humeur que lâchent ces Animaux lorsqu'ils mordent; ces glandes sont très-développées dans la Tarentule. L'organe reproducteur du mâle est formé de deux verges qui s'ouvrent à l'extrémité des palpes, et communiquent chacune avec un testicule en forme de poire, qu'on observe dans le thorax. On voit souvent, à côté ces verges, deux crochets servant au mâle à saisir la femelle. L'organe reproducteur de ces derniers individus est placé dans l'abdomen. Il est composé de deux vulves, situées vers le milieu de a partie inférieure et près de son origine; à leurs deux ouvertures corres-

pondent les oviductus, dont les membranes, en se développant, forment les ovaires. Ces organes ne sont point composés de canaux cylindriques, et ne consistent qu'en une membrane générale, enveloppant tous les œufs, et se divisant seulement vers sa base en deux parties qui se prolongent et constituent les oviductus. On découvre, vers la base des vulves, un organe particulier, analogue à l'oviscapre des femelles des Insectes, coriace, ayant la figure d'un cuilleron, plus large vers son origine qu'à l'extrémité, où il est assez allongé, et jouissant d'une certaine mobilité. Il paraît fournir la matière soyeuse qui recouvre les œufs ou leurs cocons.

Dans les vaisseaux soyeux dont nous avons parlé plus haut s'élaborent ces fils d'une ténuité extrême, avec lesquels les individus des deux sexes ourdissent des toiles d'un tissu plus ou moins serré, variant aussi, d'après les mœurs particulières des espèces, quant à la forme et la situation. Ces toiles, fait unique dans l'histoire des Animaux, et qui nous montre la sage prévoyance de l'auteur de la nature, sont des piéges où se prennent et s'embarrassent les Insectes dont les Aranéides se nourrissent. Comme ils pourraient cependant, par des efforts multipliés ou à raison de leur force et du peu de résistance du filet, se dégager, l'Aranéide, qui se tient tranquille, tantôt au centre de sa toile, tantôt à l'un de ses angles, étant avertie par la commotion imprimée à son habitation, se rend aussitôt auprès de sa proie, la perce de son dard, pour que l'action du venin l'affaiblisse, ou la garotte avec une couche de nouveaux fils; quelquefois aussi elle l'emporte au fond de sa retraite, elle la suce, et rejette ensuite son cadavre. Quelques espèces la laissent sur la toile, et les débris des victimes de leur voracité y sont même disposés en un certain ordre. De simple fils, épars çà et là, suffisent à des espèces ne vivant que de très-petits Insectes. Il est néanmoins des Aranéides, telles que les vagabondes, qui ne construisent pas de toiles. Les unes se tiennent à l'affût, attendent qu'un Insecte, qu'elles sont assurées de vaincre, s'offre à leurs regards, s'approchent tout doucement de lui, et s'en emparent ensuite en sautant brusquement. D'autres vont à la chasse, et c'est souvent la nuit. Les fils qui retiennent la toile sont plus forts que les autres. Lorsque l'Animal veut s'établir au-dessus d'un ruisseau ou d'un espace qu'il ne peut franchir à la course, il se borne à fixer contre un Arbre, ou quelque autre corps, l'un des bouts de ces premiers fils, afin que le vent ou un courant d'air pousse l'autre extrémité de l'un d'eux au-delà de l'obstacle, qu'il puisse être arrêté, au moyen de sa viscosité, à un autre point d'appui, et former ainsi une sorte de pont assez fort pour supporter le corps de l'Aranéide. Divers trajets successifs lui permettront ensuite d'ajouter de nouveaux fils à celui-ci, et de lui donner la solidité convenable. On a essayé de tirer parti de cette soie, et l'on est parvenu, en la filant, à fabriquer des gants et des bas de soie; mais ces essais sont plus curieux qu'utiles.

On a beaucoup varié sur la formation de corps blancs et filamenteux, connus du vulgaire sous le nom de fils de la vierge, qui voltigent dans l'arrière saison, et toujours lorsque la matinée a été brumeuse. Lamarck les regarde comme une production météorique; mais je suis certain que ces fils sont produits par de petites Aranéides du genre Thomise, pour la plupart, assez multipliées et rapprochées alors. L'analyse chimique a constaté l'identité des deux substances.

Nous avons vu que les organes sexuels étaient doublés, et nous en avons donné une description générale. Le mâle introduit alternativement l'organe fécondateur de chacune de ses parties sexuelles dans les fentes des vulves, mais avec tant de légèreté et de promptitude qu'il n'y a qu'un simple contact. La situation respective qu'ont alors les deux individus varie selon les diverses poses de la femelle, et dès lors selon les genres. Le mâle ne s'approche d'elle qu'avec une grande circonspection, et qu'après s'être convaincu que l'amour a banni, pour le moment, sa cruauté naturelle; car ces Animaux n'épargnant pas, pour assouvir leurs besoins, leur propre espèce, il s'exposerait à être dévoré par sa compagne. D'après les observations d'Audebert, la femelle de l'Araignée domestique peut produire plusieurs générations successives, sans avoir eu aucun commerce avec le mâle depuis la première. Il en a aussi conservé quelques individus l'espace de cinq à six ans.

Toutes les femelles, sans en excepter les Aranéides vagabondes, sont pourvues d'un réservoir de matière soyeuse qui doit être employée au cocon renfermant les œufs. Les fils dont il se compose sont souvent différens en épaisseur et en couleur. Ceux de l'intérieur forment une sorte de bourre assez fine, noirâtre, et qui est pour les œufs une espèce d'édredon. Il n'y a fréquemment qu'une ponte par année. Le nombre et la couleur des œufs varient; là ils sont agglutinés et fixés dans leurs cocons; ici ils sont libres. Ils éclosent, dans la belle saison, au bout de quinze jours ou d'un mois, selon que la température est plus ou moins élevée. Mais, parmi ceux qui ont été pondus vers la fin de l'automne, il y en a, tels que ceux de l'Epeïre Diadême, qui ne se développent qu'au printemps de l'année suivante. Les diversités d'âges en entraînent souvent aussi dans les couleurs. Celles des plus jeunes sont moins mélangées.

Des observations de Vincent Amoreux et d'Amédée Lepelletier nous ont prouvé que certaines Aranéides ont la faculté de régénérer leurs pates, caractère commun aux Crustacés.

Des différences dans la disposition des yeux, dans la longueur respective des pates, dans la contexture et la forme des toiles, et les autres habitudes des Aranéides, avaient d'abord servi à diviser le genre Araignée en petites familles, désignées sous les noms suivans : *tendeuses*, *filandières*, *tapissières*, *Loups*, *Phalanges* ou *sauteuses*, *Crabes*, *aquatiques* et *mineuses*. Les bases du système de Fabricius, ou les organes de la manducation, ont depuis augmenté nos ressources; et la combinaison de ces divers caractères nous a conduits à une méthode naturelle, composée d'un grand nombre de coupes très-bien exposées dans le tableau des Aranéides de Walckenaer.

Le partage de cette famille, d'après le nombre des poches branchiales quatre et deux, proposé par Léon Dufour, est, sans contredit, le plus naturel. Toutes les Aranéides théraphoses de Walckenaer formeraient la première section; mais comme les Dysdères, d'une tribu différente, ont néanmoins encore quatre poches branchiales, que les espèces de quelques genres voisins peuvent être dans le même cas, et que nous n'avons que des individus desséchés, il nous est impossible actuellement d'établir rigoureusement les limites de ces deux sections; nous continuerons donc de suivre la méthode que nous avions indiquée dans le troisième volume du Règne Animal de Cuvier.

Section I. Aranéides sédentaires, *Araneides sedentariæ.*

Elles font des toiles, ou jettent au moins des fils pour surprendre leur proie, se tenant immobiles au centre du piége ou près de lui. Yeux au nombre de six ou de huit, et rapprochés dans une direction transversale sur le front; deux ou quatre au milieu, deux ou trois de chaque côté. Cette section se divise en cinq tribus : les *Territèles*, les *Tubitèles*, les *Inæquitèles*, les *Orbitèles* et les *Latérigrades*. *V.* ces mots.

Section II. Aranéides vagabondes, *Araneides erraticæ.*

Elles attrapent les Insectes en courant ou s'élançant sur eux. Toujours huit yeux, s'étendant autant ou plus dans le sens de la longueur du thorax que dans celui de sa largeur, for-

mant, réunis, soit un ovale tronqué ou un triangle curviligne, soit un quadrilatère. Cette section se divise en deux tribus, celle des *Citigrades* et celle des *Saltigrades*. *V.* ces mots. (LAT.)

ARANÉOLE. POIS. C'est-à-dire *petite Araignée.* Nom que les pêcheurs provençaux donnent à la Vive, *Trachinus Draco*, L. quand elle est jeune. *V.* VIVE. (B.)

ARANGI. BOT. PHAN. *V.* ARANCI.

*ARANIA. POIS. (Delaroche.) Syn. de *Trachinus lineatus*, Bloch. aux îles Baléares. *V.* VIVE. (B.)

ARANIOL. POIS. (Delaroche.) Syn. de *Trachinus Draco*, L. aux îles Baléares. *V.* VIVE. — Les mots d'*Aranio*, *Aranio*, *Arano*, etc., qu'on trouve dans divers Dictionnaires, sont plus ou moins mal écrits, et ne sont que la même chose qu'*Araniol.* (B.)

*ARANJAT. BOT. CRYPT. C'est-à-dire *Orangé, couleur d'orange*, syn. d'*Agaricus aurantiacus*, L., dans quelques parties méridionales de l'Europe. (B.)

*ARANTIUM. Nom donné par Imperati et Plancus à l'*Alcyonium bursa* des anciens, que nous avons classé avec les Hydrophytes dans le genre Spongodium. *V.* ce mot. (LAM..X.)

ARAOUAROU. BOT. PHAN. Nom caraïbe d'une variété de Courge. (B.)

ARAOUEBARA. BOT. PHAN. Nom caraïbe d'une espèce d'Euphorbe rampante. (A. R.)

ARAPABACA. BOT. PHAN. (Plumier.) Syn. brésilien de *Spigelia anthelmyntica*, L. *V.* SPIGELIE. (B.)

ARAPÈDE. MOLL. Nom vulgaire des Patelles, sur les côtes de Provence, selon d'Argenville. *V.* PATELLE. (F.)

ARARA. OIS. Syn. du Cotinga rouge, *Ampelis Carnifex*, L. Il l'est aussi de l'Ara rouge, *Psittacus Macao*, L. *V.* APIRA, ARA et COTINGA. (DR..Z.)

ARARACA. OIS. Syn. d'Ara, au Paraguay. *V.* ARA. (DR..Z.)

ARARACANGA, ois. Syn. brésilien d'Ara rouge. *V.* Ara. (DR..Z.)

ARARAUNA. ois. Syn. de l'Ara bleu, *Psittacus Ararauna*, L. *V.* Ara. (DR..Z.)

ARARE. bot. phan. Syn. de Mirobolan citrin, fruit d'une espèce de Terminalia. *V.* ce mot. (B.)

ARARUNA. ois. (Lact.) Syn. de l'Ani des Palétuviers, *Crotophaga major*, L. *V.* Ani. Selon les Dictionnaires d'Histoire naturelle, ce serait le *Psittacus ater*, L. *V.* Ara. (DR..Z.)

ARASSADE. rept. batr. L'un des noms vulgaires des Salamandres. (B.)

ARAT. ois. (Thevet.) Probablement le Flammant rouge, *Phœnicopterus ruber*, L. *V.* Flammant. (DR..Z.)

ARATA-GUACU, ARATARATA ou ARATICA. Noms brésiliens de divers Oiseaux-Mouches. (DR..Z.)

ARATA-GUAM ou ARATICU. bot. phan. Nom d'une espèce d'Anone, au Brésil, probablement l'*Anona muricata*, L. (B.)

ARAU. ois. Syn. du Guillemot à capuchon, *Uria Troile*, L. au Kamtschatka. *V.* Guillemot. (DR..Z.)

ARAUCARIA. bot. phan Dans son *Genera Plantarum*, de Jussieu donne ce nom à un grand Arbre de la famille des Conifères, Dioëcie Monadelphie, L., observé au Chili par Molina et Dombey. Lamarck, dans l'Encyclopédie, l'a appelé *Dombeya chilensis*. Lambert, dans son Histoire des Pins, le figure, planche 39, sous le nom de *Dombeya excelsa*. Nous restituons à ce genre le nom d'*Araucaria* qui lui a été donné par Jussieu, et nous appelons l'espèce, que Dombey a fait connaître, *Araucaria Dombeyi*. C'est un très-bel Arbre fort élevé, d'une forme pyramidale, dont les rameaux sont souvent opposés en croix; son bois est blanc et très-dur; ses feuilles sont squammiformes, épaisses, sessiles, imbriquées; ses fleurs sont dioïques, disposées en chatons dressés, terminant les rameaux. Les chatons mâles sont ovoïdes, à peu près de la grosseur du poing, formés d'écailles imbriquées, très-serrées, terminées à leur sommet en pointe recourbée en dehors; elles sont toutes fixées à un réceptacle central, allongé et cylindrique. Ces écailles, à l'exception des inférieures qui sont stériles, portent les anthères au nombre de dix à douze qui sont linéaires, uniloculaires et toutes soudées ensemble. Les chatons femelles prennent, après leur fécondation, un accroissement beaucoup plus considérable que les mâles; ils sont également formés d'écailles imbriquées, longuement acuminées à leur sommet. A l'aisselle de chacune d'elles, on trouve une fleur femelle renversée, appliquée sur l'écaille et un peu soudée avec elle par sa face inférieure. Les fruits sont olivaires, allongés, terminés en pointe à leur partie inférieure qui doit être considérée comme leur sommet, les fleurs étant renversées. Ils portent à leur partie supérieure une espèce d'appendice en forme d'aile, amincie en une pointe très-longue); le calice est intimement appliqué sur le fruit et soudé avec lui; l'amande est formée d'un endosperme blanc et charnu qui renferme, dans son centre, un embryon allongé, cylindrique, renversé, à deux ou trois cotylédons. — Cet Arbre, dont on mange les amandes, croît dans les forêts du Chili; quelques serres d'Europe en possèdent de fort beaux individus.

Il existe une autre *Araucaria*, originaire du Brésil, qui nous paraît différer de celle du Chili et former une espèce nouvelle à laquelle nous donnons le nom d'*Araucaria brasiliana*. Cet Arbre forme des forêts immenses entre les provinces de Minas Geraes et Sao Paulo, au nord de Rio-Janeiro. Il diffère du précédent par son bois blanc et mou, par ses rameaux verticillés et surtout par ses fruits dépourvus d'appendice aliforme. On mange également ses amandes. En mêlant la résine qui découle de son tronc avec de la cire , ou en forme des chandelles.   (A. R.)

ARAUNA. pois. Espèce de Lutjan. *V.* ce mot.   (B.)

ARAWEREROA. ois. Syn. de Coucou brun varié de noir , *Cuculus tahitius*, Gmel. aux îles des Amis. *V.* Coucou.   (DR..Z.)

ARBALÈTRE ou ARBALÈTRIER. ois. Syn. vulgaire du Martinet noir, *Hirundo Apus*, L. *V.* Martinet.   (DR..Z.)

ARBAVIRKSOAK ou ARBEK. mam. Syn. de *Balæna Mysticetus*, L. *V.* Baleine.   (B.)

ARBENNE. ois. Syn. de Lagopède , *Tetrao Lagopus* , L. en Suisse. *V.* Tétras.   (DR..Z.)

ARBOIS. bot. phan. L'un des noms vulgaires du Cytise dans les Alpes. *V.* Cytise.   (B.)

ARBORISATION ou DENDRITE. min. Nom donné par les minéralogistes à des dessins semblables à de petits Arb. isseaux que présente la surface de certaines pierres , telles que la Chaux carbonatée schistoïle et le Quartz-Agathe , et qui sont produits par l'intermède d'un liquide chargé de molécules de Fer ou de Manganèse , lesquelles ont pénétré entre les feuillets du Minéral ou dans son intérieur , et sont étendues sous la forme de ramifications. Tantôt la Dendrite n'est que superficielle, c'est-à-dire qu'elle s'est formée à l'endroit de la jonction de deux feuillets , en se dessinant sur chacune des deux faces qui adhéraient l'une à l'autre; tantôt la Dendrite est profonde , alors le liquide a pénétré dans l'intérieur de la pierre comme dans un corps spongieux, et il faut la tailler dans un sens convenable , pour que les ramifications s'offrent sous la forme d'Arbrisseaux.   (G. DEL.)

ARBOUSE. bot. phan. Fruit de l'*Arbutus Unedo*, L. *V.* Arbousier.   (B.)

ARBOUSE , ARBOUSSE , ou ARBOUSTE D'ASTRACAN. bot. phan.

L'une des nombreuses variétés de Pastisson, *Cucurbita Melopepo*, L. *V.* Courge.   (B.)

ARBOUSIER. *Arbutus.* bot. phan. Ce genre fait partie de la famille des Éricinées ou Bruyères, Décandrie Monogynie , L. On le reconnaît à son calice libre quinquepirti, à sa corolle en grelot, dont le limbe offre cinq divisions courtes et rabattues , à ses dix étamines plus courtes que la corolle , ayant les anthères à deux loges, s'ouvrant à leur sommet par un petit orifice , et portant deux appendices filiformes et recourbés ; l'ovaire , qui est assis sur un disque hypogyne , dans lequel il paraît comme implanté, offre cinq loges polyspermes ; il est surmonté d'un seul style que termine un stigmate obtus : le fruit est une baie arrondie, dont la surface est plus ou moins tuberculeuse.

Les Arbousiers sont des Arbustes , des Arbrisseaux ou même des Arbres qui portent des feuilles alternes , des fleurs blanches ou roses, disposées en épis terminaux ou en panicules. On en connaît environ une vingtaine d'espèces qui croissent , partie dans les Alpes de l'Europe , partie en Orient, et quelques-unes en Amérique. Nous mentionnerons quelques espèces remarquables de ce genre.

L'Arbousier ordinaire, *Arbutus Unedo*, L. Ce bel Arbrisseau croît naturellement en Provence, en Italie et en Espagne. On le trouve déjà dans les forêts sablonneuses des dunes , sur la côte des landes aquitaniques ; il y forme des buissons toujours verts , porte des fruits rouges de la grosseur d'une cerise , un peu hérissés ou rugueux en dehors ; ce qui lui a valu le nom vulgaire d'*Arbre à fraises*. Ces fruits, appelés Arbouses, sont légèrement aigrelets , et se mangent lorsqu'ils sont bien mûrs, ce qui arrive à l'entrée de l'hiver , tandis que les fleurs devancent le printemps. On cultive à Paris cet Arbousier, ou il est nécessaire de le rentrer dans l'orangerie à l'approche de l'hiver.

L'Arbousier Andrachne, *Arbutus Andrachne*, L. Originaire d'Orient où il forme un Arbre de moyenne taille, remarquable par son bois dont l'écorce est très-fugace, lisse, de couleur de chair, et contraste d'une manière piquante avec son feuillage qui est vert et luisant. Il craint encore plus le froid que le précédent.

L'Arbousier Raisin d'Ours, *Arbutus Uva Ursi*, L., vulgairement désigné sous le nom de *Busserole*, et que Kunth place dans le genre *Arctostaphylos*, *V.* ce mot, croît dans les Alpes. Ses feuilles et ses fruits, qui ont une saveur âpre et astringente, peuvent, ainsi que ceux des autres espèces de ce genre, être avantageusement employés au tannage des cuirs, à cause de la grande quantité de tannin et d'acide gallique qu'ils renferment. On s'en sert également en médecine, etc. Les feuilles surtout sont puissamment diurétiques, et leur usage a souvent été fort utile aux personnes tourmentées par la gravelle. (A. R.)

ARBRE, bot. phan. Le vulgaire, d'anciens auteurs et les voyageurs, qui n'étaient pas botanistes, ont fait de ce mot le nom générique de divers Végétaux arborescens ou sous-arborescens, en y joignant quelqu'épithète propre à les singulariser; ainsi l'on a appelé:

Arbre a l'Ail, plusieurs Arbres, dont l'odeur des feuilles ou du bois est aillacée, particulièrement le *Cordana* de Ruiz et Pavon, *V.* Sebestier, et une espèce de Casse.

Arbre d'Amour (Durante), le Gainier, *Cercis siliquastrum*, L.

Arbre d'Argent, le *Protea argentea*, L. *V.* Protea.

Arbre aveuglant (Rumph), l'Agalloche, *V.* Excæcaria.

Arbre de Baume, plusieurs Arbres qui produisent des Gommes ou des Résines odorantes, tels qu'un *Terminalia*, aux îles de France et de Mascareigne; un *Millepertuis* des hautes montagnes dans cette dernière; le *Bursera gummifera*, L.; l'*Hedwigia resinifera* de Swartz, etc., etc.

Arbre ou Bois de Brésil, ou Brésillet, le *Cæsalpinia echinata*, L. *V.* Césalpinia.

Arbre ou Palmiste a bourre, dans l'île de Mascareigne, notre *Areca crinita*. *V.* Arec.

Arbre de Brésil, encore à Mascareigne, le *Grangeria*. *V.* ce mot.

Arbre a callebasse, le *Crescentia*. *V.* ce mot.

Arbre de Castor, le *Magnolia glauca*, L.

Arbre du ciel ou de Gordon, le *Gengo biloba*. *V.* Gengo.

Arbre a cire, le *Myrica cerifera*, L. *V.* Myrica.

Arbre de corail, quelquefois l'*Arbutus Andrachne*, L., dont le tronc poli est souvent fort rouge, et plus particulièrement l'*Erythrina Corallodendrum*, L. *V.* Arbousier et Erythrine.

Arbre a corde, à l'île de Mascareigne, plusieurs Figuiers dont l'écorce fournit d'excellentes attaches et comme des ficelles fort propres à pêcher à la ligne.

Arbre de Cypre, dans les Antilles; le *Cordia Gerascanthes*. *V.* Sebestier; à la Louisiane, le *Cupressus disticha*; dans le Levant, le *Pinus alepensis*, et même quelques autres espèces du même genre. *V.* Cyprès et Pin.

Arbre de Cythère, à l'île de France, le *Spondias cytherea*, Lamk.

Arbre du diable, le *Hura crepitans*, L. *V.* Hura.

Arbre de Dieu, le *Ficus religiosa*. *V.* Figuier.

Arbre de Dragon, le *Dracæna Draco*. *V.* Dragonnier.

Arbre d'encens, les diverses espèces d'*Amyris*, *V.* Baumier, ainsi qu'un *Terminalia*, aux îles de France et de Mascareigne.

Arbre a enivrer, aux Antilles, le *Piscidia Erythrina*, L., ainsi qu'un *Galega*; à Cayenne, selon Richard père, un *Phyllantus*; à l'Ile-de-France, un Tithymale arborescent et fort laiteux.

Arbre de fer, dans l'Inde, le *Dra-*

cæna ferrea, L.; à l'Ile-de-France, le *Stedmannia* de Lamarck.

ARBRE A FRAISES, l'*Arbutus Unedo*, L. *V.* ARBOUSIER.

ARBRE A FRANGES, le *Chlonanthus virginicus*, L.

ARBRE DE LA FOLIE, l'Arbre encore peu connu qui donne ce qu'on appelle vulgairement Gomme Caragne employée dans les arts.

ARBRE A LA GLU, à la Martinique, l'*Hippomane bigandulosa*, L. Dans quelques parties du midi de la France, le Houx, avec l'écorce duquel on fait d'excellente glu.

ARBRE A LA GOMME, à la Nouvelle-Hollande, l'*Eucalyptus resinifera* de Smith, et le *Metrosideros costata* de Gaertner.

ARBRE A GRIVES, en plusieurs cantons de la France, le Sorbier des Oiseaux, *Sorbus Aucuparia*, L.

ARBRE DE GORDON. *V.* ARBRE DU CIEL.

ARBRE D'HUILE OU A L'HUILE, le *Dryandra cordata* de Thunberg. *V.* ELEOCOCCA.

ARBRE IMMORTEL, l'*Endrachium madagascariense*, Lamk., ainsi que l'*Erythrina Corallodendrum*, L.

ARBRE IMPUDIQUE OU INDÉCENT (Cossigny), dans les îles de France et de Mascareigne, divers Vacois, particulièrement notre *Pandanus utilis*, à cause de la figure qu'affectent souvent les espèces d'arc-boutant ou contre-forts qui s'échappent des parties inférieures de sa tige pour s'allonger en racines extérieures.

ARBRE DE JUDAS ou DE JUDÉE, le *Cercis Siliquastrum*, L., ainsi que le *Kleinhovia Hospita*, L.

ARBRE A LAIT, diverses Euphorbes arborescentes, ainsi que beaucoup d'Apocynées.

ARBRE AUX LIS, le Tulipier *V.* ce mot.

ARBRE DE MAI ou DE ST.-JEAN ; à la Guyane c'est une espèce de Panax.

ARBRE A LA MAIN, le *Cheirostamon* de Bonpland. *V.* ce mot.

ARBRE A LA MATURE, l'*Uvaria longifolia*. *V.* UVARIA.

ARBRE A LA MIGRAINE, à l'Ile-de-France, le *Premna integrifolia* qu'on dit soulager ce mal.

ARBRE DE MILLE ANS, l'*Adansonia digitata*. *V.* BAOBAB.

ARBRE DE MOÏSE, le *Mespilus Pyracantha*, L., vulgairement Buisson ardent. *V.* ce mot.

ARBRE DE NEIGE, le *Chionanthus virginicus*, L., et la variété à fleurs toutes stériles du *Viburnum Opulus*, L.

ARBRE A PAIN, quelquefois l'Arbre qui produit le Sagou, généralement la variété apyrène de l'*Artocarpus incisa*, L. *V.* ARTOCARPE.

ARBRE A PAPIER, le *Broussonetia papyrifera*, vulgairement Mûrier à papier. *V.* BROUSSONETIA.

ARBRE POISON, divers Manceniliers, Rhus et autres Arbres éminemment vénéneux.

ARBRE PUANT, le *Fetidia*, le *Sterculia fœtida*, et autres Arbres dont la fleur répand une odeur des plus désagréables.

ARBRE AU POIVRE, le *Vitex Agnuscastus*, à cause de la forme de ses fruits, et dans le midi de l'Espagne, le *Schinus Molle* qui s'y naturalise, et où ses graines commencent à s'introduire dans l'office.

ARBRE AU RAISIN (Daléchamp), le *Staphylea pinnata* ; L. *V.* STAPHYLIER.

ARBRE SAINT, le *Melia Azedarach*, L., dont les grains sont quelquefois employés à faire des chapelets. — Ce nom d'Arbre saint acquit une certaine célébrité dans le temps de la découverte des îles Canaries et dans les anciens recueils de voyages ; l'on en verra la raison au mot GAROÉ.

ARBRE DE ST.-JEAN. *V.* ARBRE DE MAI. C'est aussi, selon le Dictionnaire des Sciences naturelles, une espèce de Millepertuis.

ARBRE DE ST.-THOMAS, selon le Dict. de Déterville, une espèce de Bauhine, originaire de l'île qu'on appelle ainsi. Selon Zanthoni, ce nom viendrait de l'idée où sont les anciens chrétiens de l'Inde et non des Antilles, que lorsque St. Thomas, leur apôtre, fut martyrisé, les fleurs du

Bauhinia variegata, qui croit au Malabar, se teignirent du sang de ce bienheureux, comme autrefois celles d'une Renonculacée se colorèrent par le sang d'Adonis.

ARBRE A SANG, un Millepertuis arborescent de la Guyane, qui donne, par incision, un suc résineux fort rouge.

ARBRE DE SEL, un Arbre de Madagascar, qui n'est connu que sur la mention vague qu'en font certains voyageurs; ils rapportent que ses feuilles servent pour assaisonner les mets.

ARBRE DE SERINGUE, le *Caoutchouc Evea*, parce que l'on fait à la Guyane, avec la Gomme élastique qui provient de cet Arbre, des vessies dont on peut se servir pour donner des clystères.

ARBRE DE SOIE, plusieurs Arbres, dont les feuilles sont soyeuses, dont les fruits portent une soie plus ou moins longue, ou qui même ne présentent rien qui puisse justifier une épithète qui semblerait les devoir caractériser. C'est le *Periploca græca*, L.; l'*Asclepias syriaca*, L.; un *Bombax*, un *Tournefortia*, mieux nommé Veloutier; le *Muntingia Calabara*, L.; les *Mimosa arborea* et *Julibrizin;* enfin, le *Celtis micranthus*.

ARBRE DE SUIF, le *Croton sebiferum*, L. *V*. SAPIUM.

ARBRE TRISTE, le *Nyctanthus Arbor-tristis*, L., dont les fleurs ne voient jamais l'éclat du jour.

ARBRE AUX TULIPES, le *Liriodendron tulipiferum*, L. *V*. TULIPIER.

ARBRE AU VERMILLON, le *Quercus cocciferus*, L. *V*. CHÊNE.

ARBRE DE LA VACHE, un Arbre de l'Amérique méridionale, qui donne une grande quantité d'un lait qu'on dit nourrissant, et qui paraît appartenir à la famille des Sapotiliers.

ARBRE DU VERNIS, le *Rhus Vernix*, un *Terminalia* et l'*Angia* de Loureiro.

ARBRE DE VIE, les diverses espèces du genre Thuya.   (B.)

†ARBRE. MIN. Nom donné à des préparations cristallines, dont les mo-

lécules prennent un arrangement symétrique en forme de végétation. Des Arbres de ce genre, étant particulièrement conservés dans quelques pharmacies et dans plusieurs collections, méritent qu'on les mentionne.

ARBRE DE DIANE. On étend de dix parties d'eau distillée une dissolution concentrée de nitrate d'argent, et on la verse dans un bocal cylindrique, au fond duquel on place une couche de mercure; l'acide nitrique qui a le plus d'affinité pour le mercure, abandonne insensiblement l'argent qui se précipite régénéré en petits cristaux brillans, à la surface du mercure, qui, à son tour, est dissous par l'acide. Comme les molécules cristallines sont toujours sollicitées par l'attraction à se réunir par quelqu'une de leurs faces, il en résulte que peu à peu les filets, venant à grossir et à s'allonger, donnent au précipité métallique formé au milieu du liquide, l'aspect d'un Arbre ou d'un Buisson.

ARBRE DE SATURNE. Précipitation semblable à celle de l'Arbre de Diane, mais où l'on substitue l'acétate de plomb au nitrate d'argent, et un morceau de Zinc, suspendu dans le bocal, au Mercure déposé sur le fond. Le phénomène de la précipitation est le même.   (DR.. Z.)

ARBRE DE MER. ZOOL. Rochefort a donné ce nom à la *Gorgonia Flabellum* de Linné. *V*. GORGONE.
                                        (LAM..X.)

Rondelet, d'après des pêcheurs ignorans, parle d'un monstre marin qui s'élevait au-dessus des flots comme un grand Arbre, et que l'on disait avoir aperçu dans le détroit de Gibraltar.   (B.)

*ARBRE DE VIE. ZOOL. Figure que présentent, dans la coupe du cervelet de tous les Mammifères et de tous les Oiseaux, les ramifications de la substance médullaire, séparées par d'autres ramifications de substance corticale. *V*. CERVEAU.   (B.)

ARBRES. *Arbores*. BOT. Considéré d'une manière générale et dans son acception la plus grande, le mot Arbre comprend tous les Végétaux à tige ligneuse ; par cette définition , on voit qu'il est opposé au mot *Herbe*, par lequel on désigne tous les Végétaux à tige herbacée. Mais cependant les botanistes et les agriculteurs donnent à ce mot un sens plus précis et moins étendu , et réservent spécialement le nom d'Arbres aux Végétaux ligneux d'une certaine hauteur , qui ont une tige ou un tronc simple à la partie inférieure, ramifiée seulement vers sa partie supérieure , employant les noms d'Arbrisseaux , d'Arbustes et de sous-Arbustes pour les autres Plantes ligneuses à tige ramifiée dès la base. *V*. ARBRISSEAUX, SOUS-ARBRISSEAUX ET ARBUSTES.

Nous n'entreprendrons point, dans cet article, de considérer les Arbres sous le rapport de leurs nombreux usages dans les arts et l'économie domestique, de leur culture en grand , et des différens moyens de multiplication mis en œuvre pour en propager les races. Le plan et le but de cet ouvrage ne nous permettent point d'entrer dans les détails de ce sujet important , pour lequel nous renvoyons aux traités spéciaux d'agriculture et d'aménagement des forêts ; nous nous contenterons de présenter ici quelques considérations générales sur l'organisation intérieure, la grandeur et la durée des Arbres.

Les Arbres, dont la réunion constitue ce qu'on nomme forêts, sont non-seulement un des plus beaux ornemens de la terre , mais ils servent encore à sa fertilité. En effet, le voisinage d'une forêt , surtout sur le penchant d'une colline, entretient dans les plaines qui l'environnent une humidité salutaire qui favorise singulièrement les phénomènes de la végétation. Les cimes élevées des forêts appellent les nuages et les brouillards , les retiennent, et alimentent ainsi les sources et les ruisseaux. C'est surtout dans les pays que l'on défriche, que l'influence salutaire des forêts se fait le plus clairement apercevoir. Tant que l'on conserve celles qui couvrent les lieux élevés, la terre étonne par sa fécon-

dité ; mais si le défrichement envahit les collines , les sources et les ruisseaux se tarissent, la terre devient sèche et aride, et perd pour jamais sa fertilité. Plusieurs des colonies européennes pourraient servir d'exemple à ce que nous venons de dire et en constater la réalité.

Division des Arbres en monocotylédonés et en dicotylédonés.—Les Arbres , ainsi que tous les autres Végétaux pourvus de fleurs , se distinguent en deux classes , suivant que leur jeune embryon ou plantule porte un seul ou bien deux cotylédons, c'est-à-dire une ou deux feuilles séminales. Ces deux grandes classes ou groupes ont reçu les noms de MONOCOTYLÉDONS et de DICOTYLÉDONS. (*V*. ces mots, ainsi que tous les autres indiqués dans le cours de cet article en petites capitales.) Cette différence , dans le nombre des Cotylédons , est loin d'être la seule qui distingue les Arbres de ces deux classes. Il y a dans leurs formes extérieures , leur port , des différences non moins tranchées , et que l'on retrouve également dans leur structure anatomique, l'arrangement et la disposition des différentes parties qui les composent et leur mode d'ACCROISSEMENT. Ainsi, les Arbres dicotylédonés , tels que les Chênes , les Ormes , les Saules , les Tilleuls , en un mot, tous ceux qui croissent spontanément dans les forêts européennes, ont la tige ou le tronc cylindrique , diminuant progressivement de diamètre à mesure qu'on l'examine davantage vers sa partie supérieure , où il se ramifie, d'une manière irrégulière et confuse, en un nombre plus ou moins considérable de branches et de rameaux. Si l'on examine de plus près le tronc d'un Arbre dicotylédoné , on trouvera qu'il est recouvert extérieurement d'une écorce distincte, formée de feuillets qu'il est souvent possible d'isoler les uns des autres. Coupez cette tige transversalement, et vous la verrez composée à son intérieur de couches concentriques, s'emboîtant toutes les unes dans les autres, et allant en décroissant en diamètre de la circonfé-

ARB

rence vers le centre. Ces couches concentriques qui portent le nom de couches ligneuses ou de système central, se composent, 1° de la MOELLE et de l'ETUI MÉDULLAIRE qui la contient, occupant le centre de la tige; 2° du BOIS, c'est-à-dire de toutes les couches circulaires qui entourent immédiatement le canal médullaire; 3° de l'AUBIER ou faux bois, c'est-à-dire des couches ligneuses les plus extérieures, de celles qui ont été les dernières formées, et qui ne se distinguent du bois proprement dit que par une teinte généralement plus pâle, un tissu plus lâche et un grain plus grossier. Sur la surface d'une tige ainsi coupée, on aperçoit des lignes de tissu cellulaire, allant, en divergeant du centre vers la circonférence, de l'étui médullaire jusque dans l'intérieur de l'écorce, et servant ainsi à faire communiquer la moelle avec le parenchyme de l'écorce; on les appelle INSERTIONS ou RAYONS MÉDULLAIRES. Enfin, l'écorce ou système cortical est formé tout-à-fait à l'extérieur de l'ÉPIDERME, membrane mince et sèche qui revêt toutes les parties extérieures des Végétaux; au-dessous de l'épiderme, on trouve une couche de tissu cellulaire, diversement colorée, ordinairement verte et succulente dans les jeunes branches, analogue à la moelle renfermée dans le canal médullaire, et qu'on désigne sous le nom d'ENVELOPPE HERBACÉE ou moelle corticale. Cette partie, quelquefois peu apparente, est, au contraire, très-développée dans certains Végétaux, comme, par exemple, dans le *Quercus Suber*, où elle forme la partie connue et employée sous le nom de Liége. Au-dessous de l'enveloppe herbacée, on voit plusieurs feuillets minces, qui cependant manquent quelquefois; on les nomme COUCHES CORTICALES. Enfin, la partie la plus intérieure de l'écorce, formée ordinairement de lames ou de feuillets appliqués les uns contre les autres, est désignée sous le nom de LIBER.

Telles sont les différentes parties qui entrent dans la formation de la tige d'un Arbre dicotylédoné; telle est la position relative que ces parties offrent constamment entre elles.

La structure du tronc ou stipe d'un Palmier ou de tout autre Arbre monocotylédon, est loin d'être la même que celles dont nous venons d'esquisser les principaux traits. Nous n'y trouvons plus cet assemblage régulier de couches concentriques de Bois et d'Aubier, disposées symétriquement autour d'un canal médullaire central. Ici la moelle, au lieu d'être renfermée dans une sorte d'étui qui n'occupe que le centre du tronc, forme en quelque sorte toute la masse du stipe. Les fibres ligneuses ne sont point rapprochées et disposées en couches qui s'emboîtent les unes dans les autres, mais elles forment simplement des faisceaux isolés les uns des autres, et qui sont en quelque façon épars au milieu du tissu médullaire. Le plus souvent, le stipe des Végétaux monocotylédonés est dépourvu de véritable écorce, ou celle dont il est revêtu est tellement adhérente avec la partie sous-jacente, et offre une structure si différente de celle des Arbres dicotylédonés, qu'il est difficile de la reconnaître. Si à ces caractères anatomiques, nous ajoutons ceux que l'on peut tirer du port et des formes extérieures, nous ferons encore plus ressortir les différences qui existent entre les Arbres monocotylédonés et dicotylédonés. Ainsi, le stipe se présente en général sous la forme d'une colonne cylindrique, ordinairement simple, peu renflé vers sa région moyenne, et couronné à son sommet par un large bouquet de feuilles entremêlées de grappes et de fleurs. Il est extrêmement rare que le stipe soit ramifié; presque toujours il est simple, ce qui n'a jamais lieu dans les Végétaux à deux cotylédons Enfin, si l'on étudie la manière dont les Arbres de ces deux grandes classes s'accroissent et se développent, on complètera le tableau des différences qu'ils offrent et qui les distinguent. *V*. ACCROISSEMENT DES VÉGÉTAUX.

De la hauteur des Arbres. — Tous les Arbres placés dans un même terrain ne parviennent pas à la même hauteur. Ils présentent à cet égard des différences qui tiennent à leur nature même. Cependant la qualité du sol, l'exposition exercent une influence manifeste sur la hauteur à laquelle ils peuvent parvenir. En général, ils sont d'autant plus forts et plus élevés, qu'ils se trouvent placés dans un sol et une situation qui sont plus en rapport avec leur nature. On a remarqué qu'une certaine humidité, jointe à l'action des rayons du soleil, était la circonstance la plus propre à leur développement et à leur accroissement. Aussi les forêts des régions qui présentent ces conditions sont-elles peuplées d'Arbres qui acquièrent en tous sens des dimensions considérables. Il est rare que, dans nos climats, les Végétaux ligneux s'élèvent au-dessus de cent vingt ou de cent trente pieds ; tandis que, dans les régions équatoriales du Nouveau-Monde, des Palmiers et quelques autres Arbres atteignent quelquefois cent cinquante et même deux cents pieds d'élévation.

De la grosseur des Arbres. — La grosseur des Arbres ne varie pas moins que leur hauteur. Elle est ordinairement en rapport avec elle dans les Arbres dicotylédons, tandis que dans les Palmiers, qui souvent élèvent leur cime majestueuse à plus de deux cents pieds, le stipe n'a pas quelquefois plus d'un pied de diamètre. On rapporte une foule d'exemples d'Arbres qui avaient acquis une grosseur extraordinaire. Ainsi, tout le monde connaît le fameux Châtaignier du mont Etna, qui, s'il faut en croire certains auteurs, n'avait pas moins de cent soixante pieds de circonférence. Son tronc était creux, et l'on prétend que pendant les temps d'orage un berger pouvait s'y mettre à couvert avec un nombreux troupeau. Sans recourir à ces exemples, probablement exagérés, on sait que les fameux Baobabs (*Adansonia digitata*), observés par Adanson aux îles du Cap-

Vert, avaient jusqu'à quarante-cinq pieds de diamètre, ce qui donne un développement de cent trente-cinq pieds pour leur circonférence. Il n'est pas rare de voir dans nos climats des Chênes, des Ormes, des Saules, des Ifs et même des Poiriers, acquérir trente-cinq à quarante pieds de circonférence.

De la durée des Arbres. — Lorsque les Arbres sont placés dans une situation et un terrain qui leur sont convenables, ils peuvent vivre pendant plusieurs siècles. Cependant ils n'ont pas tous la même durée ; car l'on a remarqué que, parvenus à une certaine époque, les Arbres cessant de s'accroître, tombent dans une sorte de décrépitude, se couvrent de Mousses et de Lichens, et finissent par périr. En général, l'Olivier peut durer pendant trois cents ans ; tandis que le Chêne végète et s'accroît pendant cinq ou six siècles, lorsqu'il est placé dans un terrain qui lui est bien convenable. Le Cèdres du Liban vivent un si grand nombre d'années qu'on peut les regarder en quelque sorte comme indestructibles. Il paraît que c'est pour ce motif que Salomon ne fit employer que du bois de cet Arbre à la construction du fameux temple de Jérusalem.   (A. R.)

L'art de multiplier les Arbres est une des opérations les plus importantes du propriétaire rural ; elle se fait au moyen de boutures, de drageons ou de rejets. *V.* chacun de ces mots. Celui d'améliorer et de propager les races ou variétés d'Arbres fruitiers, s'appelle la Greffe. *V.* ce mot. (T. D. B.)

ARBRES VERTS. BOT. On appelle ainsi les Végétaux ligneux qui conservent leurs feuilles toujours vertes pendant plusieurs années, en appliquant plus spécialement cette expression aux Arbres de la famille des Conifères, tels que les Pins, les Sapins, les Thuyas, etc. En général, les Arbres verts sont remarquables par leur feuillage dur et coriace, comme les Myrtes, les Orangers, les Lauriers roses, les Alaternes, etc., ou bien par les sucs balsamiques et résineux qu'ils contiennent, comme les Pins et les Sapins. On les emploie très-souvent dans les jardins d'agrément, soit pour varier le paysage dans les différentes saisons, soit pour cacher les murs ou former des haies.   (A. R.)

ARBRISSEAUX. *Arbusculæ.* BOT. Les Arbrisseaux ne diffèrent des Arbres proprement dits que par leur tige ramifiée dès la base. Comme eux, en effet, ils portent des bourgeons à l'aisselle de leurs feuilles, bourgeons qui se montrent une année avant de s'épanouir; c'est par ce caractère seulement que les Arbrisseaux se distinguent des Arbustes. Ainsi, le Lilas, le Noisetier ordinaire, l'Alaterne, sont des Arbrisseaux. (A. R.)

ARBRISSEAUX (SOUS). *Suffrutices.* BOT. On confond, en général, les Sous-Arbrisseaux avec les Arbustes. Cependant, ces deux modifications méritent d'être distinguées. Tous deux ont ce caractère commun, qu'ils manquent de bourgeons à l'aisselle de leurs feuilles; mais les Sous-Arbrisseaux se font reconnaître à leur tige seulement ligneuse à sa base qui est dure et persistante, tandis que ses ramifications sont herbacées, meurent et se renouvellent chaque année; on en a ces exemples dans la Rhue *Ruta graveolens*, le Thym *Thymus vulgaris*, la Sauge *Salvia officinalis*, la Vigne vierge *Ampelopsis quinquefolia*, etc.   (A. R.)

ARBUSTES. *Frutices.* BOT. Les Arbustes diffèrent des Sous-Arbrisseaux par leur tige entièrement ligneuse et non herbacée à ses extrémités; des Arbrisseaux, par leur taille généralement plus petite et l'absence des bourgeons axillaires; tels sont les Bruyères, les Daphnés, etc. (A. R.)

*ARCACÉS ou ARCACÉES. MOLL. Sixième famille de l'ordre des Lamellibranches ostracés. *V.* ces mots. La réunion, sous diverses dénominations, des Coquilles bivalves dont la charnière offre une série droite, arquée ou brisée, de petites dents cardinales nombreuses et s'engrénant les unes entre les

autres, est déjà ancienne.—Chemnitz (*Conchyl. Cab.* T. 7. p. 165 et suiv.) en a fait une seule division qu'il a coupée en trois familles. La première comprend les genres Cuculée, Arche et Nucule de Lamarck; la deuxième, le genre Pétoncle du même auteur; la troisième répond au genre Perne de Bruguière, qui est étranger à la famille des Arches, mais avec lesquelles il était certainement bien excusable de le placer, surtout en ne considérant que la Coquille seulement. Linné n'a fait qu'un seul genre de presque tous les Lamellibranches de cette famille; c'est-à-dire des Cucullées, des Arches, des Pétoncles et des Nucules, sous le nom d'ARCHE, *Arca*, exemple suivi par Bruguière. C'est Lamarck qui, le premier, a établi ces quatre genres, et qui les a limités d'une manière précise; les trois derniers, dès 1792 dans les actes de la Soc. d'Hist. Nat. de Paris, p. 63, en suivant les indications de Bruguière, dont les divisions du genre Arche correspondent à ces trois genres; le premier, le genre Cucullée, n'a paru que dans la première édition des An. s. vert., p. 116; et comme son Animal est encore inconnu, on n'est pas certain s'il diffère réellement de celui des Arches.

Ocken, *Lehrbuch der Zool*, p. 235, fait avec les Arches de Linné une famille distincte d'une tribu à laquelle il donne le nom commun d'*Archen, tribu des Arches*, quoiqu'elle comprenne des Coquilles bien différentes. Cette famille renferme les genres *Axinea* ou Pétoncle de Lamarck, *Arca* et *Trisis*, qui répondent aux véritables Arches de ce dernier savant, le genre Trisis étant formé pour l'*Arca tortuosa* de Linné; et enfin, le genre *Trigonia* de Lamarck. Il n'admet point les genres Cucullée et Nucule. Tel était l'état des choses à l'égard de cette famille, lorsque Lamarck publia la première partie du 6e vol. de la 2e édit. des An. s. vert. Dans cet ouvrage, les genres Cucullée, Arche, Pétoncle et Nucule, forment la famille des *Arcacées* ou *Polyodontes*, comprise dans les *Conchifères Dimyaires lamellipèdes*, et à laquelle il donne les caractères suivans : « Dents car-» dinales petites , nombreuses, in-» trantes et disposées sur l'une et l'au-» tre valve , en ligne, soit droite, soit » arquée, soit brisée.—Cuvier , Règ. Anim., T. II p. 467, n'adopte pas la division des Arches de Linné en plusieurs genres. Les Cucullées restent dans le sous-genre des Arches proprement dites; mais il rapproche provisoirement les Trigonies des Arches, ainsi que l'a fait Ocken.—Schweigger, *Handbuch der Naturg.*, p. 713 , suit l'exemple de Cuvier , mais en conservant le genre Trigonie de Bruguière. — Goldfuss, *Hand. der Zool*, p. 609, adopte la famille des Arcacées de Lamarck, en y comprenant aussi les Trigonies comme un genre distinct, mais il omet les Cucullées.

Nous adoptons aussi cette famille, en rapprochant provisoirement les Trigonies des Arches, ainsi que l'ont fait Cuvier, Ocken et Goldfuss; car le genre Castalie qui forme, avec les Trigonies , une famille particulière dans la nouvelle édition des An. s. vert. , nous paraît peu différent de certaines espèces d'*Unio* , et, bien que les Trigonies s'éloignent assez de toutes les autres Coquilles bivalves, c'est cependant avec les Arches qu'elles ont le plus de rapports, ce qui nous détermine à les comprendre dans cette famille jusqu'à ce que l'on connaisse leurs Animaux, et par là leurs véritables rapports.

C'est à Poli que l'on doit la connaissance des Animaux des Arches et des Pétoncles ; avant lui on ignorait complètement leur organisation. Depuis Aldrovande, qui a donné une mauvaise figure de celui d'une espèce d'Arche, Rumphius a dit que le pied de l'habitant de l'*Arca Anarada* avait la forme d'un bouclier , et Buonanni a annoncé que ceux dont les bords de la Coquille sont bâillans, se fixaient par des fils tendineux.

Voilà tout ce que nous savions , malgré la fréquence de certaines espèces sur nos côtes. Nous ne rappor-

terons point ici les descriptions anatomiques de Poli ; nous y renvoyons ainsi qu'aux superbes planches qui les accompagnent (*Test. utrius. Siciliæ*, T. II , p. 126 , tab. 24 à 26). Les Arches et les Pétoncles, qui sont les deux genres que Poli a examinés, diffèrent particulièrement par la forme du pied , ce qui , dans son mode de classification , les avait fait placer dans deux familles différentes , dont l'une , la cinquième , ne comprend que le genre Pétoncle, sous le nom d'*Axinœoderma* (*Axinœa* pour les Animaux), tandis qu'il a appelé les Arches *Daphnoderma*, et leurs Animaux *Daphne*. — Dans les premiers de ces Animaux , le pied est grand , comprimé, il a la figure d'une hache, et sort par le milieu des valves opposées aux crochets. Son bord postérieur est double et lui sert à ramper. Dans les seconds, ou les Arches , le pied est réduit à un cordon tendineux applati , ou à une plaque de substance cornée , située au devant de l'abdomen , avec lesquels l'animal se fixe et adhère très-fortement aux corps sous-marins, les valves laissant entre leurs bords un bâillement qui permet la sortie de cette espèce de pied. Cette circonstance ne se montrant point dans beaucoup d'espèces d'Arches, dont les bords des valves joignent exactement sur tout leur contour qui offre même un engrénage entre les angles rentrans et les saillans des côtes dont elles sont pourvues , Cuvier a pensé que, sans doute , leur pied devait être conformé comme celui des Pétoncles, puisque ces Coquilles n'offraient point de passage pour le cordon tendineux avec lequel se fixent les autres, et que, par conséquent, elles étaient libres et non fixées, ce qui devrait les faire séparer des Arches ; mais peut-être ont-elles une sorte de byssus? S'il n'en était pas ainsi , ces caractères deviendraient en quelque sorte spécifiques , et la séparation des Pétoncles et des Arches ne serait plus motivée. Du reste, on ne sait point encore si les Arches, quoique habituellement fixées, n'ont pas la faculté de pouvoir se détacher et se transporter d'un lieu à un autre, ce qui nous paraît probable. Des observations nouvelles nous éclaireront à ce sujet. Quant à l'*Arca tortuosa*, la singularité de sa construction ne nous paraît être qu'une différence d'espèce. Nous imiterons Schweigger, en faisant, d'après les indications de Cuvier, deux groupes distincts dans le genre Arche, pour les anomalies dont il s'agit.

Outre les différences que nous venons de signaler en re les Arches et les Pétoncles, dans l'organisation de leurs pieds, différences qui modifient beaucoup leurs habitudes et leur manière de vivre, Poli a reconnu que le cœur est double dans les Arches, tandis qu'il est simple dans les Pétoncles. Dans les Arches qu'a observées cet habile naturaliste, il n'a point reconnu de glande propre à séparer la matière qui forme le byssus, et leur pied n'est point conformé pour filer cette matière; ce qui jette encore plus d'indécision sur la construction du pied dans les Arches dont les valves sont entièrement closes.

Comme dans tous les Lamellibranches ostracés, le manteau des Arches s'ouvre pour laisser passer le pied, mais il n'a point d'autre ouverture ni aucun prolongement en forme de tube; aussi n'aperçoit-on de l'Animal vivant que le pied hors de sa Coquille.

Dans tous les genres de cette famille, les deux valves sont égales, régulières, transverses, orbiculaires, ou d'une forme triangulaire. Communément leurs bords joignent exactement, excepté dans certaines Arches. La charnière est garnie d'un grand nombre de petites dents transverses, parallèles entre elles, de forme variable, qui engrènent dans les intervalles les unes des autres, et qui sont disposées sur une seule ligne, tantôt droite, tantôt arquée ou brisée. Dans les Nucules ces dents sont fort remarquables par leur longueur et leur forme; elles ressemblent à un peigne dont les dents seraient très-pointues.

Dans les Trigonies, des dents cardinales lamelleuses, bien marquées et distinctes du bord dorsal des valves, éloignent ce genre de la construction propre aux Arches; mais ces dents offrent des stries transverses et élevées, qui forment une sorte d'analogie. Les crochets sont souvent très-écartés, les impressions musculaires internes très-visibles et latérales. Le ligament qui unit les valves dans les Arches, les Pétoncles et les Cucullées, est d'une nature et d'une construction toute particulières; ce n'est point une sorte de cordon tendineux, allant d'une fossette à l'autre, comme dans tant d'autres Bivalves, ou s'étendant comme une charnière étroite et longitudinale entre les crochets; ce sont des chevrons cartilagineux, s'emboîtant les uns dans les autres en se recouvrant, et qui vont d'une valve à l'autre en remplissant, dans les Pétoncles, l'intervalle souvent assez grand entre les crochets. Dans l'*Arca Noœ* et les espèces analogues, ces chevrons sont peu nombreux et ne se touchent pas; mais une anomalie remarquable, c'est que, dans le genre Nucule, le ligament est tout-à-fait intérieur, formé par un cordon tendineux qui s'insère de part et d'autre sur une saillie en cuilleron, placée à l'angle de la ligne brisée de la charnière sous les crochets. Il en résulte, si du reste l'organisation de leurs Animaux est la même, que dans les Pétoncles, la nature ou l'emplacement du ligament ne rompt pas des rapports naturels.

Plusieurs espèces d'Arches et de Pétoncles sont remarquables par la construction de l'épiderme qui offre une enveloppe épaisse, écailleuse, formée de petites languettes, souvent assez saillantes et piliformes, posées en recouvrement comme les tuiles d'un toit, du sommet au bord des valves, et remplissant leurs cannelures longitudinales. Dans quelques Pétoncles, cet épiderme forme comme une enveloppe épaisse et feutrée. Dans les Arches, les Cucullées et plusieurs Nucules, la Coquille est généralement transverse; dans les Pétoncles et d'autres Nucules, elle est orbiculaire. Les espèces de cette famille habitent près des rivages, enfoncées dans le sable ou la vase, ou attachées sur les rochers, lorsqu'elles se fixent. On en mange quelques-unes sur les bords de la Méditerranée; mais elles ne paraissent pas être très-recherchées, le peuple seul en fait sa nourriture.

Nous renvoyons au mot *Ostracés* pour le caractère de la famille des Arches, où nous les établissons comparativement avec ceux des autres familles de cet ordre. Nous terminerons cet article par le tableau méthodique des genres qui composent cette famille, dans laquelle on ne connaît jusqu'à présent aucun Mollusque vivant dans l'eau douce.

† *Charnière composée de petites dents ou lames transverses et parallèles, de forme variable, disposées en une série longitudinale sur les bords dorsaux des valves.*

a. Un cordon tendineux ou une plaque cornée servant de pied, ordinairement fixés ; Coquille transverse, ligament extérieur, ligne cardinale droite.

1. Ligne cardinale munie à ses extrémités de lames parallèles entre elles et à la direction de cette ligne.

Genre I. CUCULLÉE, *Cucullœa*, Lamarck, An. s. vert. *Arca*, Martini, Chemnitz, Gmelin, Brug ière, Ocken, Cuvier, Schweigger, Goldfuss.

2. Point de lames à l'extrémité de la ligne cardinale.

Genre II. ARCHE, *Arca*, Lamarck, Goldfuss, formé avec les espèces du genre *Arca* de Linné et de tous les autres conch liologistes. *Daphnoderma* (*Daphne*), Poli; *Arca* et *Trisis*, Ocken. Le genre Ciphoxis de Raffinesque paraît aussi devoir s'y rapporter.

β. Un pied sécuriforme, servant à ramper.

1. Coquilles orbiculaires ; ligament extérieur; ligne cardinale arquée.

Genre III. PÉTONCLE, *Pectunculus*, Lamarck, Goldfuss; *Axinœoderma* (*Axinea*), Poli; *Axinea*, Ocken; *Arca*, Linné, Chemnitz, Bruguière. Cuvier, Schweigger.

2. Coquilles subtriangulaires ou oblongues ; ligament intérieur ; ligne cardinale brisée, munie de dents en forme de peigne.

Genre IV. NUCULE, *Nucula*, Lamarck, Goldfuss; *Daphnoderma*, Poli; *Arca*, Linné, Chemnitz, Bruguière, Ocken, Cuvier, Schweigger.

††. *Charnière composée de dents cardinales lamelleuses, striées transversalement et distinctes des bords dorsaux des valves.*

Genre V. TRIGONIE, *Trigonia*, Bruguière, Lamarck, Ocken, Cuvier, Schweigger, Goldfuss, Sowerby. *V.* CUCULLÉE, ARCHE, PÉTONCLE, NUCULE et TRIGONIE.   (E.)

* ARCACITES. *Arcacites.* MOLL. FOSS. C'est le nom donné aux Arches de Linné qu'on rencontre à l'état pétrifié ou simplement fossile. Mais il résulte de la division du grand genre *Arca* de Linné en plusieurs genres distincts, *V.* ARCACÉS, que l'on ne doit appliquer la dénomination d'Arcacites qu'aux espèces fossiles du genre Arche de Lamarck.

Schlotheim, *die Petrefact.*, p. 201 à 205, mentionne dix Arcacites qui paraissent dépendre des genres Arche et Pétoncle, excepté deux espèces; *Arcacites venericardius*, qui peut-être est une Vénéricarde, et *corbularius*, qui pourrait bien appartenir au genre Corbule, ce qui laisse une grande indécision sur leur genre. Dans ce cas, il vaudrait sans doute mieux n'en pas parler.

Nous renvoyons aux mots Cucullée, Arche, Nucule et Pétoncle, pour les espèces d'Arcacites bien déterminées par les naturalistes qui se sont occupés des Coquilles fossiles.   (F.)

* ARCAM. REPT. OPH. (Herbelot.) Serpent très-peu connu du Turquestan, réputé l'un des plus venimeux.

                    (B.)

ARCANETTE. ois. Syn. vulgaire de la Sarcelle d'été, *Anas Querquedula*, L. en Lorraine. *V.* Canard.

— (dr..z.)

ARCANGEL. bot. phan. (Plukenet.) Syn. d'*Eupatorium. odoratum*, L. *V.* Eupatoire. (b.)

*ARCANIE. *Arcania.*crust. Genre de l'ordre des Décapodes et de la famille des Brachyures, fondé par Leach (Zool. Miscell., T. iii. p. 19 et 24) aux dépens des Leucosies de Fabricius. L'auteur ne cite qu'une espèce, l'Arcanie Hérisson, *Arcania Erinaceus,* qui est la *Leucosia Erinaceus* de Fabricius (Suppl. Ent. Syst. p. 352), ou le *Cancer Erinaceus* de Herbst (1. 158. tab. 20. fig. 3). Elle habite l'Océan Indien, et est rangée par Latreille (Règne Animal de Cuv.) avec les Leucosies. *V.* ce mot. Leach (*loc. cit.*) place ce genre Arcanie dans sa famille des Leucosidées.

(aud.)

ARCANSON. bot. phan. L'un des états de la Résine obtenue par incision du *Pinus maritima*, *V.* Pin. On l'emploie dans la marine, sous le nom de *Brai gras,* après l'avoir fait fondre avec une partie de Suif. (b.)

* ARCARAS. bot. phan. (Dioscoride.) Syn. de Catananche. *V.* ce mot. (b.)

* ARCASSE ou ARCUATO. ois. Syn. du Courlis, *Numenius arquatus,* L. en Italie. *V.* Courlis. (dr..z.)

* ARCEAUX. *Arcus.* zool. (*Animaux articulés.*) Mot employé souvent comme synonyme d'Anneaux. Les Arceaux s'en distinguent en ce qu'ils en sont les parties constituantes ; un anneau complet étant formé essentiellement de deux demi-Arceaux joints par leurs deux extrémités ; ils sont donc composés eux-mêmes de plusieurs pièces distinctes dans certains cas, et intimement soudée dans d'autres. Elles sont ordinairement visibles dans les anneaux du thorax des Insectes, et confondues dans ceux de l'abdomen et de la tête. Nous ferons connaître ces pièces à l'article Thorax, *V.* ce mot. *V.* aussi Anneaux. (aud.)

ARC-EN-CIEL. *V.* Lumière.

ARC-EN-QUEUE. ois. Espèce du genre Troupiale, *Oriolus annulatus,* Lath. *V.* Troupiale. (dr..z.)

ARCESTIDES. bot. phan. (Belon.) Vieux nom des baies du Genévrier, que Desvaux a étendu aux fruits qui présentent la même conformation. *V.* Fruit. (b.)

* ARCEUTOBIUM. bot. phan. Marschall (*Flor. taurico-caucasica,* T. iii) fait, sous cette dénomination, un genre nouveau pour le *Viscum Oxycedri.* Ce genre avait d'abord été établi précédemment et nommé *Razoumowskia,* par Hoffmann, dans son Catalogue du Jardin de Moscou pour l'année 1808. Mais, comme il existait déjà un genre de Plantes dédié au comte Alexis de Razoumowski, Marschall a cru devoir changer le nom donné par Hoffmann. *V.* Gui. (a.r.)

* ARCHAIS. moll. Dénomination générique latine, adoptée par Ocken, (*Lehrbuch der Zool.,* p. 322) à la place d'*Archaias,* donnée par Montfort à son genre Archidie. *V.* ce mot. (f.)

ARCHANGÉLIQUE. bot. phan. Ancien nom vulgaire par lequel on a désigné une Angélique, *Angelica Archangelica,* L., une Campanule, *Campanula Trachelium,* L., ainsi qu'un Lamier, *Lamium album,* L. (b.)

*ARCHARIAS. ins. Genre de l'ordre des Coléoptères, section des Tétramères, établi par Dejean (Cat. des Coléopt., p. 86), qui en possède treize espèces, toutes originaires du Brésil ou de Cayenne. Ce genre appartient à la famille des Rhinchophores, et est une division du grand genre Charanson de Linné. (aud.)

ARCHE. *Arca.* moll. Genre de Lamellibranches marins, de l'ordre des *Ostracés* et de la famille des *Arcacés,* *V.* ces mots, établi par Lamarck (Actes de la Soc. d'Hist. nat. de Paris), aux dépens du grand genre *Arca* de Linné, et pour les espèces de ce genre dont la charnière est composée d'une série rectiligne de petites dents nombreuses, transverses et parallèles entre elles. Ce genre a été depuis confirmé par les belles observations de Poli, dont nous avons parlé à l'art. *Arcacés*. Il a donné le nom de *Daphnoderme* aux Coquilles, et celui de *Daphné* aux Animaux qui les habitent, et il a montré les caractères qui les séparent des Pétoncles. Lamarck n'en distingua pas d'abord les Cucullées, et alors son genre Arche répondait à la première division des Arches de Bruguière. C'est ainsi que Ocken a sans doute envisagé le genre Arche, puisqu'il ne fait pas mention des Cucullées; mais il a fait le genre *Trisis* pour l'*Arca tortuosa* de Linné, qui ne nous paraît fondé que sur un caractère spécifique. Cuvier et Schweigger, en conservant le genre Arca de Linné dans toute sou é endue, indiquent comme sous-genre les Arches de Lamarck. Le premier y réunit même les Cucullées, et indique les Arches à valves exactement closes et l'*Arca tortuosa* comme devant former d'autres sous-genres. Goldfuss a adopté le genre Arche, tel que Lamarck l'a définitivement limité; mais, comme il ne parle pas des Cucullées, on peut croire qu'il les y réunit. *V.*, pour les autres détails, le mot ARCACÉS.

Ce beau genre comprend des Coquilles remarquables par leur forme transverse très-inéquilatérale, presque rhomboïdale, ayant souvent les sommets très-écartés. Les valves isolées présentent un peu la figure d'un navire, lorsqu'on les pose sur leur bord supérieur, ce qui leur a valu le nom qu'elles portent. L'écartement des crochets donne lieu à une facette externe, plane ou creuse, sur laquelle s'applique le ligament. On y voit l'empreinte des chevrons peu nombreux qui soutiennent le ligament qui s'étend sur toute cette facette, et ces empreintes y forment des lozanges, lorsque les valves sont réunies.

Un petit nombre d'espèces de ce genre vit dans les mers d'Europe; la plupart viennent des mers de l'Inde ou de l'Amérique. Plusieurs sont rares et belles.

Les espèces fossiles ou pétrifiées auxquelles on doit réserver le nom d'*Arcacites*, *V.* ce mot, sont nombreuses dans ce genre. On en trouve depuis les Terrains à Cornes d'Ammon, tels que le *Chalkmarle* et le *Green Sand* des Anglais, ainsi que le Calcaire dit du *Jura*, jusque dans les Terrains tertiaires proprement dits, où elles sont très-abondantes en espèces variées. Dans les Terrains plus anciens que ceux-ci, on n'a pu en distinger que très peu d'espèces, encore sont-elles le plus souvent dans un état qui ne permet pas de les décrire.

Caractères génériques. Animal : Lamellibranche ostracé, muni d'une sorte d'appendice abdominal tenant lieu de pied, et formant un gros cordon tendineux, comprimé sur les côtés, élargi à son extrémité en une sorte de plaque cartilagineuse, avec laquelle il se fixe sur les corps sous-marins.—Coquille Transverse, généralement équivalve, inéquilaté ale à crochets écartés, séparés par la facette du ligament; charnière composée d'une série rectiligne de petites dents intrantes, nombreuses, transverses, parallèles entre elles et placées sur les bords dorsaux des valves; ligament extérieur.

Les principales espèces de ce genre sont les suivantes.

†. *Valves bâillantes, inéquivalves et inégalement obliques.*—Genre TRISIS, Ocken.

1. *Arca tortuosa*, Linné, Lamarck, Encyclop. méth., pl. 305. f. 1. a b., vulgairement la Bistournée, le Dévidoir, l'Arche torse; coquille singulière, recherchée des amateurs. Elle habite l'Océan Indien.— 2. *A. semitorta*, Lam. Celle-ci vient de la Nouvelle-Hollande.

††. *Valves régulières, équivalves; bord moyen sinueux et bâillant pour le passage du pied.*

3. *A. Noæ*, Linné, Lam., Encycl. méth., pl. 303 et 305. f. 2. a b., vul-

gairement l'Arche de Noé, à cause de
sa forme singulière. Edule dans l'A-
driatique. Les Arabes, dit-on, la
mangent crue sur les bords de la Mer-
Rouge. En été, lorsqu'elle est remplie
d'œufs, elle prend un goût âcre qui la
rend insupportable. Cette espèce se
trouve aussi dans l'Océan, sur nos
côtes et aux Antilles. — 4. *A. imbricata*, Brug., Donovan, *British Shells*,
v. t. 158. f. 3. 4. Cette espèce habite le
cap de Bonne-Espérance, le Sénégal
et les côtes d'Angleterre. Elle est bien
distincte de l'*A. imbricata* de Poli et
de l'*A. ventricosa* de Lamarck: on
la mange. — 5. *A. barbata*, Linné,
Lam., Encycl. méth., pl. 309. f. 1 ;
Poli, *Test.*, t. 25. f. 6. 7 ; vulgairement l'Arche de Noé velue. Elle habite les côtes de France, celles d'A-
frique, l'Angleterre, le Danemarck,
la Méditerranée. — 6. *A. lacerata*,
Linné, Brug., Encycl. méth., t. 309.
f. 2 ; vulgairement l'Amande à cils.
Cette espèce vit dans la mer des Indes.
—7. *A. fusca*, Brug., Encyc. méth.,
pl. 308. f. 5 ; vulgairement l'Amande
rôtie. Elle habite Madagascar et les
Antilles.

††. *Valves généralement égales, fermant, exactement dans tous leurs
contours, crénelées en dedans.*

8. *A. antiquata*, Linné, Lam., Encyc. méth., pl. 306. f. 2. a. b : *Anadara* d'Adanson. Cette espèce habite
l'Océan Indien, les côtes d'Afrique et
la Méditerranée. — 9. *A. rhombea*,
Encycl. méth., pl. 307. f. 3. a. b. Habite l'Océan Indien.—10. *A. senilis*,
Linné, Lam., Encycl. méth., pl. 308.
f. 1. a. b. Habite l'Océan américain,
les côtes d'Afrique. Vulgairement le
Cœur de la Jamaïque, blanc. Edule.
Les Nègres le mangent au Sénégal.

La Méditerranée produit les *Arca
Noæ*, *tetragona*, Poli ; *barbata*,
Modiolus, L., Poli ; *scabra*, Poli ; *imbricata*, Poli ; celle-ci paraît
très-rapprochée de l'*Arca lactea*, L.;
antiquata, L., *granosa*, L., d'après Bruguière ; *interrupta*, Poli. — On trouve
sur nos côtes de l'Océan, outre l'*Arca Noæ* et *imbricata*, l'*A. lactea*, L.
et le *Cardissa* de Lamarck.

Des ARCACITES ou espèces d'Arches fossiles, qui se trouvent dans les
Terrains inférieurs à la Craie, on
ne connaît guère que les deux
suivantes, *Arca subacuta* et *Arca
carinata*, Sowerby, Min. conch.,
tab. 44. Dans les couches supérieures
on en cite un plus grand nombre,
dont plusieurs ont encore leurs analogues vivantes dans nos mers, *Arca
diluvii*, *biangula*, *barbatula*, *angus-
ta*, *interrupta*, *scapulina*, *quadrila-
tera*, Lamarck, Fossiles des environs
de Paris : *clathrata*, Defrance, à Nice
et près d'Angers ; *lactea*, Linné, Fossile à Nice, vivant dans la Méditerranée et l'Océan. Voici les espèces fossiles citées en Italie par Bocchi, *Conch. subappennina*, T. II. p. 475 :
Arca Noæ, *barbata*, *pectinata*, *antiquata*, *mytiloides*, *nodulosa*, *didyma*.

Nous avons reçu de Faure Bignet,
une espèce très-curieuse, présentant
à chaque valve une fissure interne vers
le bord antérieur, d'où nous l'avons
appelée *Fissurella*. Elle paraît être
une espèce lithophage, ayant été trouvée dans un rocher avec des Pholades
et autres Coquilles qui vivent habituellement dans les pierres. (F.)

ARCHE CHAMBRÉE. C'est la Co-
cullée auriculifère, *Arca Cucullus* de
Gmelin. *V.* CUCULLÉE. (F.)

ARCHE DE NOÉ, ARCHE TOR-
SE. *Arca tortuosa*. MOLL. Espèces
du genre ARCHE. *V.* ce mot.

*ARCHÉE-CÉLESTE. BOT. CRYPT.
L'un des noms anciennement donnés
par les amateurs du merveilleux au
Nostoch. *V.* ce mot. (B.)

ARCHÉNAS. BOT. PHAN. (Daléchamp.) Syn. de *Juniperus communis* ; L. *V.* GENÉVRIER. (B.)

*ARCHENDE. BOT. PHAN. Pou-
dre des feuilles du *Lawsonia inermis*, L., avec laquelle les femmes
égyptiennes se teignent les mains et
les pieds. (B.)

ARCHEP.. *Toxotes*. POIS. Genre
formé par Cuvier (Règ. Anim. II. p.
338) dans l'ordre des Acanthoptérygiens, de la famille des Squammipen-

ues, première tribu, pour un Poisson voisin des Chétodons, et dont les caractères consistent en un corps comprimé, à grandes écailles; dans l'aplatissement horizontal de son museau qui est obtus, avec la bouche fendue, les dents en lime douce, le bord inférieur du préopercule et du sous-orbicule finement dentelé, et la dorsale courte ne commençant que, vis-à-vis l'origine de l'anale. Le *Labrus jaculator* de Shaw (IV, pars II, pl. 68) en est le type. Ce Poisson, de couleur jaunâtre, orné de cinq taches brunes sur le dos, est remarquable par ses mœurs. Habitant les mers de l'Inde, il lance contre les Insectes qui s'approchent du rivage des gouttes d'eau, au moyen desquelles faisant tomber ceux-ci, dans les flots, il en fait sa nourriture. Cuvier n'a trouvé que des Fourmis dans son estomac.   (B.)

* **ARCHES.** MOLL. Chemnitz, (*Conch. Cab.*) a formé, sous le nom d'*Archen*, une grande division qu'il a coupée en trois familles. Les deux premières comprennent une partie des Arches de Linné; la troisième les Pernes de Bruguière. *V.* ARCACÉS. Ocken a fait, sous le même nom, une tribu particulière qu'il divise en quatre familles.

La première comprend les genres *Irus*, *Loripes*, *Psilopus* et *Ethérie*; la deuxième, les genres *Glossus*, *Isocarde*, *Cardissa* et Bucarde; la troisième, les Pétoncles, sous le nom d'*Axinea*, les Arches, le genre *Trisis* formé par une de leurs espèces, et le genre Trigonie. La quatrième comprend les Mulettes, *Unio*, dont il fait deux gen. es, *Lymnium* et *Unio*, les Anodontes, et enfin les Cardites, sous le nom générique d'Arcinelle. *V.* tous ces mots.

Voici les caractères qu'Ocken assigne à cette tribu : « Coquille peu remarquable, tant pour la forme que » pour la couleur; point de siphons, » ou très-courts lorsqu'ils existent; » pied de diverses formes; le manteau tantôt ouvert tantôt fermé;

» les viscères comme à l'ordinaire.» Il est difficile, sur cet énoncé, d'apercevoir le caractère commun qui lie tous ces Mollusques et les distingue des autres tribus.   (F.)

ARCHIDIE. *Archias.* MOLL. Genre formé par Montfort (*Conchyl. Syst.* T. I. p. 191), pour un petit Céphalopode vivant de la famille des CAMÉRINES et du genre ORBICULINE de Lamarck, *V.* ces mots, dont il ne doit pas être séparé. Malgré quelques changemens, on voit que Montfort n'a fait que copier la fig. 6 de la pl. 22 de Fichtel et Moll (*Test. mycroscop.*), qui représente le *Nautilus angulatus* de ces savans, auquel Lamarck, qui a fait également copier cette fig. et celles qui l'accompagnent dans l'*Encyc. méthod.* pl. 468. f. 3, a donné le nom d'*Orbiculina angulata.* Montfort appelle cette espèce *Archias spirans.* Cette dénomination générique a été changée en *Archais* par Ocken (*Lehrbuch der Zool.* p. 523), qui en a fait le second genre de sa famille des Discolites. *V.* ce mot.   (F.)

ARCHIPEL. GÉOL. Réunion d'îles dans un espace de mer, plus ou moins étendu. Les Archipels présentent des sommets de montagnes dont les bases sont encore cachées sous les flots, et loin d'être, au moins pour la plupart, des débris de continens détruits, ils sont comme les charpentes de continens futurs, ou d'additions aux continens actuels. Il suffit de jeter les yeux sur le globe, pour reconnaître dans sa surface entière des traces d'antiques Archipels, qui sont devenus terre ferme par la diminution graduelle des eaux. Quatre cents mètres d'eau, ajoutés à l'Océan ainsi qu'à la Méditerranée, couvriraient l'Europe en un vaste Archipel; la même quantité supprimée dans la Polynésie doublerait la surface du continent très-moderne de l'Australasie. *V.* CHAINE DE MONTAGNES.   (B.)

ARCHONTE. *Archonta.* MOLL. Nouveau genre proposé par Montfort (*Conchyl. Syst.* T. II, p. 61), pour une petite Coquille dont la forme singulière se rapproche infiniment de celle des Hyales et des Cléodores. Nous la rapportons à ce premier genre jusqu'à ce que l'observation nous fasse connaître qu'elle doit se ranger dans le second. Cette Coquille est de la grosseur d'un petit pois, transparente, irisée, verdâtre, pellucide, sans empreinte spirale, en forme de gaîne, conique et déprimée; son sommet un peu recourbé, son ouverture large, transversale, ayant l'un de ses bords très-sinueux.

Montfort a trouvé cette Coquille en très-grande abondance, après un coup de vent de l'équinoxe d'automne, sous le Fort-Blanc, à l'est du port de Dunkerque, où nous engageons les naturalistes à la rechercher et à observer son habitant. Montfort l'appelle *Archonta exploratus*; il en rapproche une espèce de Soldani, Testacéogr. T. 1. pl. 25. s. 132, qui, en effet, a beaucoup de rapport avec sa figure, et peut même faire croire que c'est là l'origine véritable de sa découverte. Il y a apparence que l'espèce de Montfort et celle de Soldani se rapportent à la *Hyalœa inflexa*, décrite par Lesueur, Nouv. Bullet. des sc. de la Soc. Philom., avril 1813, p. 285, et figurée pl. 5. f. 4. *V.* HYALE.   (F.)

* ARCINELLE. *Arcinella.* MOLL. Ce nom donné à une espèce de Chama, par Linné, *Syst. Nat.* XII. p. 1139, a servi à Ocken comme dénomination générique (*Lehrbuch der Zool.* p. 238). Le genre Arcinelle de cet auteur, dans lequel il ne comprend cependant point la *Chama Arcinella*, répond au genre Cardite de Bruguière et de Lamarck. *V.* CARDITE.   (F.)

* ARCOPAGE. *Arcopagus.* INS. Genre de l'ordre des Coléoptères, section des Dimères, établi par Leach (*Zool Miscell.* T. 3 p. 80 et 83) aux dépens du genre Psélaphe d'Herbst. L'auteur cite ces trois espèces : 1° l'*Arcopagus glabricollis*; 2° l'*A. clavicornis*; 3° l'*A. bulbifer*, représentées sous les mêmes noms spécifiques, et rap-

portées au genre Psélaphe par Reich (*Monograph. Psélaph.* T. 1. fig. 6, 7 et 8). Leach (*loc. cit.*) place le genre Arcopage dans la famille des Psélaphides; il appartient évidemment à celui des Psélaphes proprement dits de Latreille. *V.* ce mot.   (AUD.)

ARCTIE. *Arctia.* INS. Genre de l'ordre des Lépidoptères, section des Nocturnes, établi par Schranck aux dépens du genre Phalæna de Linné et Bombyx de Fabricius, distingué par Germar sous le nom d'*Arctornis*. Latreille (Consid. gén.) le place dans la famille des Noctu-Bombycites, et lui assigne pour caractères : langue très-courte et dont les deux filets sont ordinairement disjoints; palpes hérissés; antennes bipectinées dans les mâles au moins. Par là ces Insectes se distinguent des Callimorphes; ils diffèrent des Bombyx par la présence d'une trompe. Selon Germar, les palpes inférieurs ou les labiaux de Savigny, sont cylindriques, couverts de poils et relevés; ceux des Callimorphes, au contraire, sont portés en avant, presque nus et un peu comprimés; ces palpes ont trois articles. Les Arcties sont, pour la plupart, de très-beaux Lépidoptères, portant les ailes en toit; leurs Chenilles ont seize pates. Une des espèces les plus remarquables est l'Arctie Martre, *A. Caja* de Schrank et Latreille, ou le *Bombyx Caja* de Fabricius; elle est figurée par Rœsel (Ins. T. 1. class. 2. tab. 1, fig. 45), et par Vauthier (Figures et Synonymie des Lépidoptères nocturnes de France, 1re livraison, pl. 1, fig. 2). C'est l'écaille martre ou hérissonne de Géoffroy (Ins. T. II. p. 108) et d'Engramelle (Pap. d'Europe, n° 187. pl. 159-142). On doit aussi rapporter à ce genre les *Bombyx chrysorrhœa*, *auriflua*, *Hebe*, *Salicis*, *Morio*, *leporina*. *V.*, pour les autres espèces, Latreille (*Gener. Crust. et Ins.* T. IV. p. 220). Les habitudes de ces Insectes sont celles des Bombyx. *V.* ce mot.   (AUD.)

* ARCTION. BOT. PHAN. (Dioscoride.) Syn. d'*Arctium Lappa*, L. *V.* BARDANNE. (B.)

ARCTIQUE. POIS. Nom d'une espèce de Saumon. *V.* ce mot. (R.)

* ARCTITITE. MIN. *V.* WERNERITE.

ARCTOMYS. MAM. *V.* MARMOTTE.

ARCTOPITHÈQUE. MAM. C'est-à-dire *Ours–Singe*. Troisième division des Singes d'Amérique selon Géoffroy, *Hapales* d'Illiger, *Ouistiti* de Cuvier, *V.* SAPAJOU. Gesner appliquait le nom d'Arctopithèque à l'Aï. *V.* BRADYPE. (B.)

* ARCTOSTAPHYLOS. Famille des Ericées (Adanson, Familles des Plantes, T. II. p. 165); nous avons (*in Humb. et Bonpl. Nov. Gen.* T. III. p. 277) distingué, sous ce nom, les espèces d'Arbousiers qui ont une drupe à cinq loges monospermes, comme l'*Arbutus Uva-Ursi*; l'*Arbutus alpina* et trois espèces du Mexique. *V.* ARBOUSIER. C'est le genre Mairiana de Desvaux dans le Journal de Botanique. (K.)

ARCTOTHECA. BOT. PHAN. Vaillant donnait ce nom au genre de la famille des Corymbifères, qui est l'*Arctotis* de Linné; et on l'a fait revivre pour désigner un nouveau genre qui ne diffère de l'Arctotis que par l'absence d'aigrette. On n'en connaît jusqu'ici qu'une seule espèce, à racine vivace, à tige rampante, d'où lui vient le nom spécifique de *repens*, et à feuilles pinnatifides, qui croît au cap de Bonne-Espérance. *V.* ARCTOTIDE. (A.D.J.)

ARCTOTIDE. *Arctotis*. BOT. PHAN. Genre de la famille des Corymbifères. Linné, qui le plaçait dans sa Polygamie nécessaire, lui donnait pour caractères : un involucre à folioles imbriquées; celles de la rangée intérieure plus grandes et scarieuses au sommet; des fleurs radiées, dont les fleurons sont hermaphrodites; les demi-fleurons de la circonférence femelles. Ils sont ordinairement les seuls fertiles, et présentent une graine velue, couronnée par une aigrette de cinq folioles étalées; le réceptacle est garni de poils ou de paillettes.

Ce genre a été postérieurement divisé par divers botanistes en plusieurs autres mieux caractérisés. Gaertner l'a partagé en deux, à l'un desquels il conserve le nom d'*Arctotis*; il donne à l'autre celui d'*Ursinia*, et les figure tab. 172 et 174. Les caractères, qu'il assigne au premier, sont : un réceptacle creusé d'alvéoles qu'entourent des poils; les fleurons du disque androgyns, stériles ou fertiles; les demi-fleurons femelles ou neutres, stériles ou fertiles, à languettes lancéolées et terminées par trois dents; des graines munies de deux ailes qui se touchent en se réfléchissant, de manière à simuler, par la coupe transversale, un fruit à trois loges, dont deux seraient vides; une aigrette simple de quatre à huit folioles. Son *Ursinia* présente, au contraire, un réceptacle plane et paléacé; des fleurons androgyns, tubuleux, fertiles; des demi-fleurons femelles ou neutres, stériles, à languettes entières; des graines couronnées par une aigrette double, l'extérieure de cinq folioles scarieuses, l'intérieure de cinq soies disposées en rayon. C'est encore à l'*Arctotis* de Linné qu'appartiennent l'*Arctotheca* de Willdenow, dans lequel on trouve un réceptacle creusé d'alvéoles, paléacé, et point d'aigrette, et le *Solandvilla* de Persoon, *Hispidella* de Lamarck, où il y a également défaut d'aigrettes, et où les paillettes courtes, qui garnissent le réceptacle, se terminent en pointe soyeuse.

Nous n'entrerons pas dans le détail des espèces qui sont assez nombreuses, puisque Persoon en décrit quarante-deux, que d'autres sont indiquées par Thunberg dans son *Prodromus*, et par Willdenow, et que les herbiers en contiennent encore plusieurs inédites. Nous nous contenterons de renvoyer aux descriptions de ces auteurs, et, pour ceux qui désireraient les voir figurées, aux pl. rar. de Commelin et surtout à l'*Hortus Schoenbrunensis* de Jacquin qui en a représenté un grand nombre. (A.D.J.)

ARCTOTIDÉES. BOT. PHAN. Ces

sini nomme ainsi sa douzième tribu des Synanthérées. Il lui donne pour caractères : un style composé de deux articles , l'inférieur filiforme et glabre , le supérieur beaucoup plus gros, cylindrique , velouté à sa surface et divisé supérieurement en deux languettes, dont la face intérieure, plane, unie et autrement colorée , constitue les deux stigmates , et qui, à l'époque de la floraison , divergent en formant un arc à concavité inférieure.

(A. D. J.)

ARCUATO. OIS. *V.* ARCASE.

ARCULAIRE BLANC ou **CASQUILLON.** MOLL., Noms vulgaires du *Buccinum Arcularia* de Linné ; c'est la *Nassa Arcularia* de Lamarck. *V.* NASSE. (F.)

ARCYRIE. *Arcyria.* BOT. CRYPT. (*Lycoperdacées.*) Ce genre fut séparé des *Trichia* par Hoffmann dans sa Flore d'Allemagne, et décrit ensuite, avec plus de détail , par Persoon. Il diffère des *Trichia* par son peridium , dont la partie supérieure se détruit entièrement , tandis que sa partie inférieure reste sous la forme d'un petit calice, et soutient une quantité de filamens entrecroisés qui présentent une masse réticulée de la même forme que le peridium, et remplie d'une infinité de graines ou sporules de couleur variable. La couleur de ces sporules et celle du peridium est ordinairement la même , et sert à caractériser les espèces ; elle est rouge dans l'*Arcyria punicea*, Persoon (*Trichia cinnabarina* , Bulliard , tab. 502 , fig. 1) ; jaune dans l'*Arcyria flava*, Persoon (*Trichia autumn*, Bulliard , tab. 502. fig. 3) ; grise dans l'*Arcyria cinerea*, Persoon (*Trichia cinerea*, Bull. tab. 477, fig. 3).

Dans toutes les espèces de ce genre, les peridiums sont allongés, soutenus par des pédicules plus ou moins longs et réunis à leur base par une membrane commune à plusieurs individus. Elles croissent toutes sur les bois morts et pourris.

Ce genre diffère ainsi des *Trichia* par la rupture régulière et transver-

sale de son peridium et la persistance de sa partie inférieure des *Stemonitis*, par l'absence d'un axe central ; des *Physarum* par l'abondance des filamens mêlés aux graines et à la manière dont ils persistent après la dissémination des graines ; des *Diderma* par leur peridium simple , enfin des *Cribraria* qui leur ressemblent beaucoup parce que dans ces derniers les filamens ne sont pas entremêlés avec les sporules , mais forment autour d'elles une sorte de réseau qui les renferme. *V.* TRICHIA, STEMONITIS, PHYSARUM, DIDERMA, CRIBRARIA.

(AD. B.)

ARDA ou **ARDILLA.** MAM. Ne sont point les noms espagnols de l'Ecureuil , mais d'un Animal du Chili, qu'il est difficile de reconnaître sur ce qu'en rapporte Rai , qui le compare au Rat , le dit couvert d'une laine cendrée, grand comme un Chat, de mœurs douces et sociables. (B.)

ARDABAR. BOT. PHAN. (Zannoni,) Nom arabe d'un Arum indéterminé du Levant. *V.* GOUET. (B.)

ARDASSINE. MOLL. Même chose qu'Ablaque. *V.* ce mot. (B.)

ARDÈNE. BOT. PHAN. L'un des noms vulgaires du *Melampyrum*. *V.* MELAMPYRE. (B.)

ARDENET ou **ARDERET**. OIS. Quelquefois *Pinçon d'Ardennes.* Syn. vulgaire du Gros-Bec d'Ardennes, *Fringilla Montifringilla*, L. *V.* GROS-BEC. (B.)

ARDEOLA. OIS. (Marcgrave.) Syn. du Crabier bleu, *Ardea cœrulea*, L. *V.* HÉRON. Belon donnait ce nom à la Spatule. (DR..Z.)

ARDERELLE, ARDEROLLE ou **ARDEZELLE.** OIS. Syn. vulgaire de la Mésange charbonnière, *Parus ater*, L. *V.* MÉSANGE. (DR..Z.)

ARDÈRET. OIS. *V.* ARDENET.

* **ARDI-FRIGI.** BOT. PHAN. (Avicenne.) Syn. arabe de *Zygophyllum Fabago*, L. (B.)

ARDISIACÉES. *Ardisiaceæ.* BOT. PHAN. Famille de Plantes dicotylédones établie par Jussieu , et qui est la même que Brown a désignée sous le nom de Myrsinées. *V.* ce mot.

(A. R.)

ARDISIE. *Ardisia.* BOT. PHAN. Genre de la famille naturelle des Myrsinées ou Ardisiacées , de la Pentandrie Monogynie. Ses Fleurs sont hermaphrodites, et présentent un calice persistant, monosépale , à quatre ou cinq divisions profondes ; une corolle monopétale , également à quatre ou cinq divisions rabattues ; cinq étamines insérées à la base de la corolle , et portant des anthères rapprochées et conniventes. L'ovaire est libre, à une seule loge, renfermant un grand nombre de graines attachées à un trophosperme central. Le stigmate est sessile sur le sommet de l'ovaire. Il est simple. Le fruit est une petite baie pyriforme, peu succulentè, ne renfermant qu'une à trois graines par l'avortement constant de toutes les autres.

Les espèces de ce genre , au nombre d'environ une vingtaine, sont, pour la plupart, originaires des Antilles ou du continent de l'Amérique méridionale. Deux ont été trouvées dans l'Inde. Une vient à Madère. Ce sont toutes des Arbres ou des Arbrisseaux portant des feuilles alternes, le plus souvent très-entières ; des fleurs glanduleuses, blanches, disposées en panicules ou en faisceaux.

Plusieurs auteurs pensent qu'il faut réunir à l'Ardisie les genres *Pyrgus* de Loureiro , *Anguillaria* de Gaertner, *Icacorea* d'Aublet et même le *Badula* de Jussieu. (A. R.)

* **ARDIVIEJA.** BOT. PHAN. Nom d'une espèce de Ciste indéterminé , dont on dit que les Espagnols retirent une sorte de Manne. (B.)

ARDOISE, GÉOL. *V.* SCHISTE.

ARDOURANGA. BOT. PHAN. (Rochon.) Plante de Madagascar, qui paraît être une espèce du genre *Indigofera. V.* INDIGO. (B.)

ARDSAN. OIS. L'un des syn. du Loriot. *V.* ce mot. (DR. Z.)

ARDUINA. BOT. PHAN. *V.* CALAC ou CARISSA.

* **AREALU.** BOT. PHAN. (Rhéed. *Hort. Mal.* I. t. 27.) Nom malabar du *Ficus religiosa*, L. *V.* FIGUIER. (B.)

AREC. *Areca.* BOT. PHAN. Genre de Palmiers. Le régime, c'est ainsi qu'on appelle dans cette famille l'assemblage des fleurs , en contient de sexes différens, renfermées, avant leur développement, dans une spathe bivalve , les mâles situées au sommet, les femelles plus bas. Les unes et les autres présentent un calice à six divisions disposées sur deux rangs , dont l'intérieur a été nommé corolle par les auteurs qui ont suivi Linné. Suivant lui et Gaertner, les mâles ont neuf étamines ; six, suivant Willdenow et Persoon. Les femelles ont un ovaire surmonté de trois stigmates ; c'est plus tard une drupe , entourée à sa base par le calice persistant et contenant , au-dedans d'une enveloppe épaisse, charnue d'abord, puis sèche et filamenteuse, une amande creusée à sa base d'une petite cavité, où est logé un embryon monocotylédoné. Les feuilles sont ailées et très-grandes. C'est entre les bases élargies de leurs pétioles, appelées Ampondres , *V.* ce mot, que naissent les régimes qui se trouvent, après leur chute, à découvert sur le tronc.

L'espèce la plus célèbre est l'Arec Cachou, *Areca Cathecu*, L., Arbre qui croît dans les Indes , aux Moluques, ainsi qu'à Ceylan, haut de quarante pieds ; sur un au plus de diamètre, et dont les feuilles, longues de quinze, présentent des folioles rapprochées , plissées en éventail, les supérieures tronquées et déchirées au sommet. Linné lui avait donné ce nom , parce qu'on croyait faussement , à cette époque, le Cachou fourni par cet Arbre ; mais son amande n'en est pas moins d'un grand usage dans l'Inde ; elle y sert, avec les feuilles du Betel, espèce de Poivre , et de la Chaux, à composer cette substance masticatoire si connue sous le nom de *Betel, V.* POIVRE. L'*Areca Cathecu* est figuré sous le nom d'*A. Fanfet*, par Gaertner ;

(tab. 7), sous celui de *Pinanga*, par Rumph (*Hort. amb.* tab. 4), et sous celui de *Cauaya*, dans l'*Hort. malabaricus.* **tab.** 5. 6. 7 et 8.

L'*Areca humilis*, W.—*A. orizæformis*, Gaert., t. 7. (*Pinanga saxatilis, orizæformis*, Rumph, *Hort. amboin.*, tab. 7), à folioles cunéiformes, dentées au sommet, et à fruits acuminés, ne s'élève qu'à six pieds.

L'*Areca glandiformis*, W. (*Pinanga sylvestris glandiformis*, Rumph, t. 6), habite les Moluques. Il a des feuilles linéaires, aiguës, et des fruits oblongs, dont la forme a été comparée à celle du Gland.

L'*Areca globulifera*, W. (*Pinanga sylvestris orizæformis*, Rumph, t. 5. f. 2), à fruits petits et globuliformes, est employé aux mêmes usages que le *Cathecu*.

Bory de Saint-Vincent, dans son Voyage aux quatre principales îles des mers d'Afrique, a décrit quatre espèces d'Arec, qui font partie des Palmiers vulgairement connus sous le nom de Palmistes, ceux où le bourgeon des feuilles qui couronne la tige fournit, avant son développement, un aliment aussi agréable qu'utile dans ces îles, et qu'on a comparé au Chou. Ce sont:

L'*Areca lutescens* (Bory, Voy., t. 3. p. 296), nommé par les Noirs Palmiste-Poison, à cause de l'amertume de son chou. Les rameaux de ses panicules sont blancs et flexueux; ses fruits légèrement bosselés.

L'*Areca alba*, Palmiste blanc (Bory, *loc. cit.*), dont les folioles sont un peu incisées au sommet, et les fruits oblongs. On le rencontre, dans les îles de France et de Bourbon, fréquemment près des habitations et sur le rivage, peu dans les montagnes élevées.

Dans ces deux dernières espèces, comme dans les trois premières, les troncs, les ampondres, les rameaux des régimes, sont glabres; ils sont épineux dans les deux suivantes:

Areca rubra, Palmiste rouge (Bory, *loc. cit.*), Arbre qu'on remarque dans les forêts des monts de hau-

teur mitoyenne, par sa grande élévation, et dans lequel les feuilles laissent en tombant des vestiges annulaires, larges et d'une teinte briquetée. Les ampondres sont rougeâtres, parsemés de petites épines droites, ainsi que les troncs, les rameaux nombreux et flexueux du régime et même les folioles.

Areca crinita, Palmiste boure (Bory, *loc. cit.*), plus bas que le précédent, avec lequel il a d'ailleurs de grands rapports. Ses épines sont courbées. Une espèce de crin court ou de duvet rude et roussâtre couvre ses pétioles, en si grande quantité souvent, qu'il donne à l'ampondre l'apparence du dos d'un Animal.

Willdenow et Persoon décrivent encore deux espèces d'*Areca*, l'*oleracea* ou Chou-Palmiste proprement dit, et le *spicata*. Ils appartiennent au genre Euterpe de Gaertner, *V.* ce mot, différent par la situation latérale de l'embryon, et aussi par la forme du régime.   (A. D. J.)

ARECA-GOLI. BOT. PHAN. Syn. indou de *Ficus Benjamina*, L. *V.* FIGUIER.   (B.)

* **AREDULA.** OIS. L'un des noms de l'Hirondelle de cheminée, *Hirundo rustica*, L. chez les Romains. (B.)

ARE-GAZZA. OIS. L'un des noms de la Pie, chez les Italiens. (B.)

* **AREGE-NAGOV.** REPT. OPH. Nom indien d'une variété du *Coluber Naja*. *V.* COULEUVRE.   (B.)

* **AREGMA.** BOT. CRYPT. (*Urédinées*.) Fries a distingué sous ce nom (*Observat. mycolog.*, Pars. 1. p. 225) les Puccinées, dont les capsules sont cylindriques et séparées en plusieurs loges par des cloisons transversales. Il en décrit quatre espèces dont les capsules sont à quatre ou cinq loges: deux étaient déjà connues sous les noms de *Puccinia potentillæ* et de *Puccinia mucronata*. Si on adopte ce genre, le nom de Puccinia doit être réservé aux espèces dont les capsules ne sont qu'à deux loges. *V.* PUCCINIA.   (AD. B.)

* **AREIRA.** BOT. PHAN. Espèce de Schinus. *V.* ce mot.   (B.)

AREKEPA. BOT. PHAN. Nom caraïbe, qui, selon Surian cité par Vaillant, appartient à une Plante du genre Cotula.   (B.)

* AREL. POIS. V. ACHIRE.

* AREMONIA. BOT. PHAN. Tournefort, sous le nom d'*Agrimonioïdes*, et Necker, sous celui d'*Aremonia*, séparent du genre Aigremoine quelques espèces qui présentent des feuilles caulinaires ternées; un corymbe terminal de trois ou quatre fleurs; des étamines au nombre de sept à huit; un seul style et un seul stigmate; une capsule monosperme et glabre; un calicule plus grand, campanulé et multifide.   (A. D. J.)

* ARÉNAIRE. *Arenaria.* \MOLL. Genre établi par Megerle de Muhlfeld (*Syst. der Schalthier*, g. 7) pour les Lamellibranches, nommés depuis Lavignons par Cuvier (Règ. Anim. T. II. p. 487) qui paraît en faire un sous-genre des Mactres. Les espèces qu'il y apporte étaient confondues dans les genres *Mya* et *Mactra* de Linné. Lamarck en a fait une section du genre Lutraire (An. sans vert. T. v. p. 469); mais, quoique leur coquille ait, en effet, quelque analogie avec celles de ces Mollusques, leurs animaux n'appartiennent point au même ordre et ne sauraient être réunis; car nous savons par Adanson que ceux des Arénaires ont des tubes séparés aussi longs que leur coquille, et un pied qui se montre au-dehors des valves, ce qui les distingue suffisamment des Lutraires. Nous croyons également qu'ils doivent être séparés des Mactres, dont la charnière est très-différente. Ocken n'en a pas fait mention et ne paraît pas les avoir distingués. Schweigger suit l'exemple de Cuvier, en en faisant une section du genre Mactre; Goldfuss n'en parle point. Mais un habile observateur, dont on a trop négligé les ouvrages en France, avait déjà distingué ces Coquilles; Montagu, *Test. Brit.* T. III. p. 22, les a comprises dans son genre Ligule, dont plusieurs espèces sont placées, par Lamarck, parmi les Amphidesmes. V. ce mot. Nous-mêmes

avons, à tort, séparé les Lavignons des Ligules dans nos tableaux de classification des Mollusques.

Le type du genre Arénaire de Megerle est le *Mya hispanica* de Chemnitz, dont Gmelin a fait à la fois le *Mya gaditana*, les *Mactra piperata* et *Listeri*, et la *Venus dealbata*. Les *Tellina candida* et *Venus gibbula* du même auteur paraissent aussi en être des doubles emplois. V. LIGULE, où nous traiterons des Arénaires, des Lavignons et des Amphidesmes. (F.)

ARÉNAIRE. *Arenaria.* BOT. PHAN. V. SABLINE.

ARENARIA. OIS. (Willugby.) Nom appliqué, par quelques auteurs, au Sanderling, *Charadrius Calidris*, L. Brisson a aussi donné ce nom au Tournepierre, *Tringa Morinella*, L. V. SANDERLING et TOURNEPIERRE.
                                        (DR..Z.)

ARENDALITE. MIN. V. AKANTICONE.

* ARENDOULO. POIS. Syn. d'*Etocetus volitans*, L., sur la côte de Nice. V. EXOCET.   (B.)

* ARENDRANTE (Gomme d'). BOT. PHAN. Substance résineuse que Flacourt compare au Succin, et qu'il dit sortir de l'Arbre qu'il appelle ailleurs *Arindranto*. V. ce mot. Il y en a deux espèces, dont l'une se trouve attenante à l'Arbre même, et l'autre sur les rivages de l'Océan qui la rejette. Les naturels donnent à celle-ci le nom de *Ramentaicque*, c'est-à-dire Gomme qui vient de la mer. Cette Gomme d'*Arendrante* ou d'*Arindranto* paraît être la même que la Gomme animée d'Orient, dont parle Géoffroy dans sa Matière médicale, et qui provient de l'*Elæocarpus copallifera*. V. COPAL et ELÉOCARPE.   (B.)

ARENG. *Arenga.* BOT. PHAN. Genre établi par Labillardière, dans un Mémoire lu à l'Institut, en l'an 9 (V. Bullet. soc. phil. n. 45, p. 61), et non dans son voyage à la recherche pour le Palmier, que Rhumph (*Amb.* I. t. 13) appelait *Gomutus*. Son nom vulgaire est *Sagouer*; on en retire une liqueur abondante et agréable à boire, dont les naturels d'Amboine obtiennent un sucre de couleur de chocolat, appelé *Gaula-itan*, et fort employé, parce qu'il coûte sept ou huit fois moins cher que le sucre de canne. L'Areng est monoïque, les fleurs mâles ont cinquante à soixante étamines, l'ovaire des femelles est terminé par trois styles aigus, les calices ont trois folioles, et les corolles trois pétales, le fruit est une drupe presque sphérique, bacciforme, à trois loges; les semences convexes en dehors, déprimées du côté interne, ont leur embryon latéral et situé dans une cavité particulière.—On ne connaît qu'une espèce de ce genre, l'Areng saccharifère, Arbre à feuilles ailées, de cinquante pieds de hauteur, et voisin des Rondiers. (B.)

ARÉNICOLE. REPT. SAUR. Espèce de Lézard. *V.* ce mot. (B.)

ARÉNICOLE. *Arenicola.* ANNEL. Genre établi par Lamarck aux dépens de celui des *Lumbricus* de Linné, et sur l'espèce qu'il nomme *marinus.* Cuvier (Règn. Anim. T. II) le range dans la deuxième famille de l'ordre des Dorsibranches. Lamarck (Anim. sans vert. T. v. p. 335) le place dans l'ordre des Annelides sédentaires, famille des Dorsalées. Dans la méthode de Savigny que nous adoptons, parce qu'elle est la plus complète et antérieure à celle de Lamarck, qui en est à peu de chose près une copie, le genre Arénicole appartient aux Théléthuses, septième et dernière famille de l'ordre des Annelides serpulées. Les caractères qui le distinguent des autres genres de cet ordre sont, des branchies nombreuses, compliquées, arbusculiformes, éloignées des premiers segmens du corps, disposées sur les segmens intermédiaires, et au nombre de vingt-six; point de disque operculaire; une bouche exactement terminale, hérissée de courts tentacules; des pieds d'une seule sorte, avec des rames ventrales, portant des soies à crochets.

Les Arénicoles ont le corps mou, allongé, cylindrique, un peu plus gros au milieu qu'aux deux extrémi-

tés, composé d'anneaux peu nombreux, mais subdivisés en anneaux secondaires par des sillons transversaux et circulaires. On lui remarque antérieurement la bouche qui est terminale, rétractile, sans mâchoires, pourvue de rangées de tentacules, et postérieurement l'anus, de forme arrondie, et situé à l'extrémité d'une sorte de queue formée par tous les anneaux qui suivent le vingtième. Ce corps supporte des pieds et des branchies; les pieds, nuls au vingt-unième segment et aux suivans, manquent aussi au premier, mais existent depuis le second, jusques et compris le vingtième, la rame dorsale de chacun d'eux est pourvue de faisceaux de soies tubulées dirigées en dehors, presque cylindriques, et leur rame ventrale, en forme de mamelon, est garnie d'un rang de soies à crochets. Les branchies, au nombre de treize de chaque côté, correspondent à la septième paire de pieds et aux suivantes, jusques et compris la dix-neuvième; elles manquent dans tout le reste du corps antérieurement comme postérieurement. Le canal intestinal est droit; l'œsophage, à sa jonction avec l'estomac, offre deux poches musculeuses dont on ignore l'usage; l'estomac, plus épais que le reste de l'intestin, est oblong, dilaté transversalement; un réseau vasculaire se dessine à la surface de sa membrane. Le système vasculaire est aisé à observer, il est le même que dans les autres individus de la classe des Annelides; les organes génitaux consistent en cinq bourses noirâtres, situées à la partie antérieure du corps, et que l'on suppose être des testicules; les œufs sont répandus dans l'intérieur du corps sous la forme de petits grains arrondis, d'une couleur jaunâtre. Les Arénicoles ne construisent pas de tuyaux à la surface des corps marins, comme le font les espèces des autres genres du même ordre, mais ils creusent dans le sable et sur le rivage des cavités cylindriques qu'ils tapissent de fourreaux membraneux.

Ce genre n'était orginairement composé que d'une espèce, l'Arénicole des pêcheurs, *Arenicola piscatorum*, Lamk. *Lumbricus marinus.*, L., décrite et figurée assez incorrectement par Pallas (*Nov. act. Petrop.* T. II. p. 233, tab. 5, fig. 19 et 19 *) sous le nom de *Nereis lumbricoides*, et par Barbut (*Gener. Verm.* p. 11, n° 11, pl. 1, fig. 8), qui a ensuite été copié par Bosc (Hist. Nat. des Vers, T. I. pl. 6 fig. 3). Leach (Encycl. brit. Suppl. T. I. p. 452., n° 2), nomme cette espèce *Arenicola tinctoria* ; elle est commune sur nos côtes sablonneuses ; c'est un appât très-recherché par les pêcheurs, pour les Poissons de mer et principalement les Merlans. On en fait même un objet de commerce ; sa couleur est cendrée, rougeâtre, ou d'un roux ferrugineux ; les soies sont d'un brun doré éclatant, et les branchies prennent une belle couleur rouge lorsque le sang les remplit. Leach (*loc. cit.* n° 1. tab. 26. fig. 4) décrit, sous le nom d'Arénicole noire, *Arenicola carbonaria*, une espèce des côtes d'Angleterre qu'il croit différente de la précédente, elle est d'un noir de charbon.   (AUD.)

ARENNA. ois. Syn. de la Draine, *Turdus viscivorus*, L. dans le Piémont. *V.* MERLE.   (DR. Z.)

* ARÉODE. *Areoda.* ins. Genre de l'ordre des Coléoptères et de la section des Pentamères, établi par Mac-Leay, aux dépens du genre Rutèle de Latreille. Dejean (Catalogue des Coléoptères, 1821) en possède deux espèces originaires du Brésil. L'une est dédiée à Leach et l'autre à Kirby. *V.* RUTÈLE.   (AUD.)

ARÉOLE. REPT. CHEL. Espèce de Tortue terrestre. — On nomme aussi Aréoles les plaques écailleuses qui revêtent la boîte osseuse de la plupart des Animaux du même genre.   (H.)

ARÉQUE. BOT. PHAN. Même chose qu'Arec. *V.* ce mot.   (B.)

ARÉQUIER. BOT. PHAN. Nom vulgaire du Palmier, qui porte ce qu'on

nomme vulgairement Noix d'Arec dans l'Inde, *Areca* des botanistes. *V.* AREC. Les Portugais et les Espagnols le nomment *Arequiero*.   (B.)

ARESOU ou RESOU. BOT. PHAN. Et non *Areson*. Plante de Madagascar, qui est peut-être un Premna. *V.* ce mot.   (B.)

ARÊTE. *Arista.* BOT. PHAN. On désigne communément sous ce nom une pointe plus ou moins roide que l'on aperçoit sur les différens organes de la fleur dans des Végétaux. Mais les botanistes modernes ont réservé spécialement ce nom pour les Plantes de la famille des Graminées. Jusqu'à ces derniers temps, on avait confondu ensemble les mots SOIE (*Seta*) et *Arête*. Beauvois est le premier qui, parmi les modernes, ait fait sentir la nécessité de distinguer l'une de l'autre ces deux parties, qui en effet sont fort différentes, et ne se rencontrent jamais dans un même genre. L'Arête est un prolongement filiforme, roide et coriace, naissant subitement au sommet ou sur le dos d'une des valves de la glume, tandis que la soie est le prolongement manifeste d'une des nervures de la glume. L'Arête diffère donc de la soie par son insertion brusque, par sa substance dure et coriace, parce qu'elle est le plus souvent coudée vers sa partie inférieure où elle est tordue en spirale ; ainsi il existe une Arête dans l'Avoine, le Blé de Seigle, etc.   (A. R.)

ARÊTES. ZOOL. Parties qui, dans le Poisson, représentent le système osseux. *V.* OS.   (B.)

ARÉTHUSE. ACAL. On a donné ce nom à une espèce d'Holothurie. *V.* ce mot.   (LAM. X.)

ARÉTHUSE. *Arethusa.* MOLL. C'est le nom d'un genre établi par Montfort (*Conchyl. Syst.* T. I, p. 303) pour un corps testacé fort singulier qu'il a appelé *A. corymbosa*, et qui avait déjà été figuré par Soldani (*Testacogr.* T. II. tab. 109. var. 239, NN.). Les planches de ce dernier naturaliste montrent un certain nombre de corps analogues, quoique très-diversifiés. Ils semblent former un groupe, et présentent des caractères si remarquables, que, malgré l'ignorance absolue où l'on est sur les Animaux auxquels ces corps appartiennent et sur leurs rapports d'organisation avec leurs habitans, nous avons cru devoir adopter le genre Aréthuse, et le placer dans la famille des Milioles de la classe des Céphalopodes, *V.* ces mots, avec lesquels ils ont une analogie marquée. Soldani, qui est presque le seul qui ait observé ces petits corps microscopiques, les classait parmi les *Orthoceratia*.

Ocken (*Lehrb der Zool.*, p.322) réunit les Aréthuses aux Canthares et aux Misiles de Montfort, et n'en fait qu'un seul genre sous ce dernier nom. Nous pensons cependant que leur construction ne permet pas cette association, et que, dans l'état de l'observation au sujet de ces petits Testacés, les genres Canthare et Misile de Montfort doivent faire partie des Orthocératites. C'est aussi ce qu'a pensé Cuvier (*Règne Anim.*, T. II. p. 370, à la note), et il a laissé les Aréthuses près des Milioles. Schweigger (*Haudb. der naturges.* p. 753) les place près des Pollontes dans son grand genre Argonaute.

Voici les caractères génériques assignés aux Aréthuses par Montfort : Coquille libre, univalve, cloisonnée, formée en grappe; sommet rond; base élargie; concamérations triangulaires; bouche ronde, placée latéralement à la base; cloisons ondulées; siphon inconnu. Selon toutes les apparences, ce siphon n'existe pas; il n'est pas même certain que les loges communiquent entre elles, ce qui n'est cependant pas impossible. Dans leur ensemble, les Aréthuses présentent une réunion de chambres vésiculées, empilées, et adhérentes cependant les unes aux autres. La forme et la disposition de ces loges varient. Dans l'*A. corymbosa*, la dernière, celle qui semble former la base du cône, enveloppe en partie les deux suivantes, et est percée à son sommet d'un petit trou

rond. Cette espèce a un aspect vitreux; elle est translucide, irisée, lavée de rouge, d'orangé, de violet. Chaque chambre, dit Montfort, a pour ainsi dire sa teinte changeante et particulière. Elle est très-fragile, et se trouve sur les plages de l'Adriatique. (F.)

ARÉTHUSE. *Arethusa.* BOT. PHAN. Ce genre fait partie de la famille des Orchidées, Gynandrie Monandrie, L. Il renferme de petites Plantes vivaces, à tige simple, ordinairement uniflore; chaque fleur offre un ovaire infère surmonté d'un calice à six divisions, dont les cinq supérieures sont réunies par la base; la lobelle ou division inférieure est soudée intimement par sa base avec le gynostème ou support commun de l'anthère et du stigmate; il est concave supérieurement, et relevé de petites lamelles saillantes dans sa partie convexe. Le pollen est en grains anguleux. Ce genre, ainsi caractérisé par R. Brown, ne renferme qu'un petit nombre d'espèces, originaires, pour la plupart, de l'Amérique septentrionale. Telle est l'*Arethusa bulbosa* de Linné, remarquable par sa fleur pourpre et très-grande.

De Jussieu a retiré du genre *Arethusa* de Linné plusieurs espèces distinctes par leur labelle fimbrié et quelques autres caractères, et en a formé son genre Pogonia. *V.* ce mot. D'un autre côté, Nuttal, dans son *Genera of north American Plants*, fait un genre *Triphora* avec l'*Arethusa pendula* de Willdenow. *V.* TRIPHORA.

(A. R.)

ARÉTIE. *Aretia.* BOT. PHAN. Quelques auteurs ont fait, sous ce nom, un genre particulier pour les espèces d'Androselles qui ont les fleurs solitaires et non disposées en sertule; mais ce caractère ne doit être employé que pour former un sous-genre ou une section de genre, et non un genre distinct. *V.* ANDROSELLE.

(A. R.)

*ARÉTOPITHIQUE. Du Dictionnaire des Sciences naturelles. MAM.

Probablement la même chose qu'Arctopithèque. *V.* ce mot. (A. D..NE.)

* ARFUR. ois. Nom arabe d'une espèce de Bec-Figue. (DR..Z.)

ARGALA. ois. Espèce de Cigogne de Bengale, *Ardea dubia*, Gmel. ; *Ardea Argala*, Lath. *V.* CIGOGNE. (DR..Z.)

ARGALI. MAM. Syn. de Mouflon, *Ovis Ammon*, L. chez les Mongoles. *V.* MOUTON. (B.)

ARGALOU, ARNAVEAU ou ARNIVES. BOT. PHAN. Noms provençaux de *Rhamnus Paliurus*, L., et de *Lycium europæum*, L. *V.* PALIURE et LICIETS.

* ARGAMULA. BOT. PHAN. Nom espagnol de la Buglosse. (A. R.)

ARGAN. BOT. PHAN. Syn. de *Sideroxylum spinosum*, L. qui n'est plus un Sidéroxylon, mais un *Elæodendrum*, *V.* ce mot ; adopté par Lamarck, qui l'a étendu à tout le genre. *V.* SIDEROXYLUM. (B.)

ARGAO. BOT. PHAN. Même chose qu'Alagao. *V.* ce mot. (B.)

ARGAS. *Argas.* ARACHN. Genre de l'ordre des Trachéennes, famille des Holètres, tribu des Acarides (Règn. Anim. de Cuv.) établi par Latreille, qui, dans ses Considérations générales, le range dans la famille des Tiques, ordre des Acères, et lui assigne pour caractères : palpes libres, coniques, de quatre articles, ne renfermant pas le suçoir qui est inférieur et à découvert. Par là ce genre diffère des Ixodes, dont il est cependant très-voisin. Les Argas se distinguent des Cheylètes, des Smaris, des Bdelles et des Sarcoptes par l'absence des yeux et par un corps très-plat, lorsque l'animal n'a pas pris de nourriture. Ce corps est en outre recouvert en partie d'une peau coriace ou écailleuse ; le siphon et les palpes sont apparens, ce qui empêche de les confondre avec les Uropodes, chez lesquels ces parties ne sont pas visibles. Ce genre, nommé par Hermann *Rhynchoprion*, a pour type l'*Ixodes reflexus* de 'Fabricius.

Latreille le nomme Argas bordé, *Argas marginatus* ; il le décrit et le représente (Génér. Crust. et Ins. T. F. p. 155, pl. 6. fig. 3.) *V.* aussi la figure d'Hermann (*Mem. apter.* pl. 4. fig. 10, 11). Il vit sur les Pigeons dont il suce le sang. (AUD.)

* ARGATILIS. ois. (Pline.) Ce nom paraît devoir être appliqué à quelque petite Mésange. (B.)

ARGATITE. ois. Bélon paraît désigner par ce nom, dérivé des anciens, l'Hirondelle de fenêtres. On l'a aussi appliqué, dans quelques cantons de la France, à l'Hirondelle de rivages, *Hirundo riparia*, L. *V.* HIRONDELLE. (B.)

ARGAULE ou ARGAUTE. ois. Syn. vulgaire de l'Hirondelle de rivage, *Hirundo riparia*, L. *V.* HIRONDELLE. (DR..Z.)

ARGÉ. INS. Genre de l'ordre des Hyménoptères, ainsi nommé par Schrank, et correspondant aux Hylotomes de Latreille. *V.* HYLOTOME. (AUD.)

ARGEMONE. *Argemone.* BOT. PHAN. Ce genre de la famille naturelle des Papavéracées, de la Polyandrie Monogynie, a été établi par Tournefort et adopté par la plupart des auteurs qui sont venus après lui. Cependant il nous paraît différer si peu des véritables Pavots, qu'il devrait, à notre avis, être réuni au genre *Papaver*. Voici les caractères qu'il présente : son calice est formé de deux ou trois sépales concaves, mucronés à leur sommet et hérissés de poils roides ; la corolle se compose de quatre ou six pétales ; les étamines sont fort nombreuses. L'ovaire est ovoïde, surmonté de quatre à sept stigmates distincts, libres et non soudés en disque comme dans le Pavot. Le fruit est une capsule uniloculaire, s'ouvrant supérieurement par l'écartement de ses valves ; ses graines, qui sont fort nombreuses, sont attachées à des trophospermes pariétaux et linéaires.

Ce genre ne renferme qu'une seule

espèce, l'*Argemone mexicana*, L.,
vulgairement l'avot épineux; Plante annuelle, dont la tige et les
feuilles sont épineuses et remplies
d'un suc jaunâtre. Ses feuilles sont
sessiles, semi-amplexicaules, sinueuses, d'un vert glauque, et souvent ma-
culées de blanc; ses fleurs sont d'un jaune clair; quelquefois blanches : elle
est originaire du Mexique. On la
trouve également dans les Antilles et
plusieurs contrées de l'Amérique septentrionale. Bory de Saint-Vincent l'a
retrouvée entièrement naturalisée aux
îles de France, de Mascareigne, où la
décoction de sa racine est employée
comme faisant repousser les cheveux,
quand certaines maladies les ont fait
tomber.　　　　　　　　(A. R.)

ARGENT. MIN. Substance métallique qui est la base d'un genre
composé de six espèces, dont nous
allons offrir successivement les principaux traits caractéristiques, en commençant par celle qui présente le métal libre de toute combinaison.

ARGENT NATIF. *Gediegen Silber*,
Wern. Il est distingué par sa forme
primitive, qui est ou le cube, ou l'un
de ses dérivés géométriques, à laquelle il faut ajouter, comme caractère auxiliaire, la couleur blanche
jointe à la ductilité. Sa pesanteur spécifique, lorsqu'il est pur, est de
10,474. Sa dureté et son élasticité
sont inférieures à celles du Fer, du
Platine et du Cuivre, et supérieures à
celles de l'Or, de l'Étain et du Plomb.
Sa couleur est le blanc éclatant. Il est
soluble à froid par l'acide nitrique.
Les formes régulières sous lesquelles
on l'observe sont le cube, l'octaèdre,
et le solide cubo-octaèdre, mais il est
plus ordinaire de le rencontrer à l'é-
tat lamelliforme ou ramuleux, et imitant, par la disposition de ses rameaux, tantôt des feuilles de fougères
et tantôt des espèces de réseaux ou de
filets plus ou moins déliés. On le
trouve aussi en grains, et en masses
amorphes assez considérables. A la série de ses variétés propres se joint, par
appendice, l'*Argent natif aurifère* :

cette substance est un alliage d'Or et
d'Argent natif, qui se trouve à Schlan-
genberg en Sibérie, et qui, d'après
l'analyse de Klaproth, contient soixan-
te-quatre parties d'Or sur cent, et
trente-six d'Argent. Ce chimiste l'appelait *Electrum*, nom que Pline a
donné à un alliage du même genre,
qui se faisait artificiellement, et dans
lequel il n'entrait qu'un cinquième
d'Argent. La gangue de l'Argent natif aurifère est un Quartz grossier
qu'accompagnent la Baryte sulfatée,
la Blende et la Galène.

Suivant Jameson, l'argent natif
que l'on retire de différentes parties
de l'Allemagne, telles que la Saxe,
la Bohême, la Souabe, ainsi que de
la Norwège, occupe des filons qui
traversent le Granite, le Gneiss, le
Mica schistoïde, la Syénite, etc. A
Wittichen en Souabe, un filon d'Argent natif est renfermé dans le même
Granite où se trouve la Chaux arséniatée, avec la Baryte sulfatée. A Konsberg en Norwège, c'est un amphibole
lamellaire qui sert de gangue immédiate au même Métal. Il est aussi
quelquefois engagé dans des masses
terreuses, comme à Sainte-Marie-aux-
Mines, suivant Monnet. On a observé l'Argent natif aux environs de Freyberg en Saxe, à Andreasberg au
Harz, à Allemont en France, au
Derbyshire en Angleterre, et dans l'A-
mérique du sud.

ARGENT ANTIMONIAL. *Spiesglanz-
Silber*, W. Il est distingué par sa
couleur blanche semblable à celle de
l'Argent, jointe à la propriété d'être
cassant. Ses cristaux, qui ne sont
pour la plupart que de simples ébau-
ches, semblent indiquer que sa forme primitive est un rhomboïde. Sa
pesanteur spécifique est de 9,44; il
est facile à réduire par l'action du
chalumeau. Mis dans l'acide nitrique,
il se couvre d'un enduit blanchâtre,
qui est de l'oxyde d'antimoine. L'Argent antimonial à grain fin de Wolfach, a donné à Klaproth 84 parties
sur cent d'Argent et 16 d'Antimoine.
Les principales variétés sont :

L'*Argent antimonial prismatique* de

Wittichen, le *cylindroïde* de Wenceslas, dans la Chaux carbonatée lamellaire, le *granulaire* du Harz, et l'Argent antimonial *massif*, en petites masses engagées dans la gangue. L'Argent antimonial occupe communément des filons qui traversent tantôt le Granite, et tantôt la Grauwake. Celui de Wolfach, dans le Fürstenberg, a son gissement dans le Granite, et la substance à laquelle il adhère est la Chaux carbonatée. On trouve la même mine à Casalla, près de Guadalcana, en Espagne.

ARGENT ANTIMONIAL ARSÉNIFÈRE. Vulgairement Argent arsénical, *Arsenik Silber*, W. Mélange d'Argent antimonial et d'Arsénic, qui a lieu dans des proportions très-variables, et que l'on trouve à Andreasberg au Harz, où il existe aussi de l'Argent antimonial pur.

ARGENT ANTIMONIÉ SULFURÉ. Vulgairement Argent rouge, *Rothgültigerz*, Werner. Cette espèce, qui résulte de la combinaison des sulfures d'Argent et d'Antimoine, est caractérisée par sa forme primitive, qui est un rhomboïde obtus, dans lequel l'incidence de deux faces prises vers un même sommet est de cent neuf degrés vingt-huit minutes. La pesanteur spécifique de l'Argent rouge est de 5,561. Il est cassant et facile à racler avec le couteau. La couleur de la surface est le rouge vif ou le gris métallique, tirant sur celui du fer; celle de la poussière est rouge comme la masse, mais ce rouge est un peu obscurci par la trituration; il est réductible à la flamme d'une bougie. Il est formé, d'après Thénard, sur 100 parties; de 58 d'Argent, 25,5 d'Antimoine et 16 de Soufre: perte 2,5.

Ses principales variétés de formes cristallines, sont la *prismatique* ou le prisme hexaèdre régulier, dont les pans et les bases résultent de deux décroissemens par une simple rangée; l'*apophane*, qui offre l'aspect d'un dodécaèdre, dont chaque sommet est remplacé par six triangles scalènes; la *disjointe*, en prisme hexaèdre terminé par des sommets à douze faces.

L'Argent rouge se présente presque toujours à l'état de cristallisation proprement dite, à moins qu'il ne soit mêlé à quelque autre substance métallique, comme dans la variété en forme de grappes, nommée *Botryoïde*.

L'Argent rouge se rencontre fréquemment associé à d'autres substances métalliques, telles que le Cobalt, l'Arsénic, le Cuivre gris, le Fer sulfuré et le fer spathique. Ses filons traversent principalement le Gneiss, le Porphyre et la Grauwake (Psammite). Parmi les mines qui en fournissent, on distingue celles d'Andreasberg au Harz, de Freyberg en Saxe, de Joachimsthal en Bohême, de Schemnitz en Hongrie, et de Guadalcanal en Espagne.

ARGENT ANTIMONIÉ SULFURÉ NOIR. Argent noir, *Sprod glaserz*, Werner. Mine d'Argent vitreuse, fragile, de quelques minéralogistes. Cette substance présenté tous les caractères de l'Argent rouge ordinaire, excepté que sa poussière est noire. On la trouve dans la plupart des mines d'Allemagne, qui renferment de l'Argent sulfuré et de l'Argent antimonié sulfuré. Haüy admet un passage de cette dernière substance à l'Argent noir, qu'il lui résult par appendice dans sa Méthode. Les minéralogistes étrangers ont fait une espèce particulière de ce qu'ils appellent *Silberschwarze* (Argent noir). Cette prétendue espèce provient tantôt de l'altération de l'Argent sulfuré, tantôt de celle de l'Argent natif ou même de l'Argent natif. L'Argent, dans cet état, forme des masses noirâtres, ayant un aspect terreux, et qui, soumises à l'action du feu, donnent de l'Argent sous l'aspect qui lui est propre.

ARGENT CARBONATÉ. *Luftsaüres Silber*, Widenmann. Ce Minéral n'a offert jusqu'ici aucun indice de cristallisation. Il est caractérisé par la propriété qu'il a d'être facile à réduire par l'action du chalumeau, et de faire effervescence avec l'acide nitrique. Le couteau l'entame aisément. Sa couleur est le gris cendré tirant au gris de fer. L'éclat de sa surface est faible, mais il devient vif aux endroits nouvellement raclés. Il est formé, d'après Selb, qui en a fait la découverte, de 72,5 d'Argent, 12 d'Acide carbonique, et 15,5 de Carbonate d'Antimoine, mêlé d'un peu d'Oxydule de Cuivre. Il n'a encore été trouvé qu'à l'état amorphe, dans la mine de Wenceslas, près d'Altwolfach; sa gangue est la Baryte sulfatée, qu'accompagnent différentes substances métalliques, telles que l'Argent natif, l'Argent sulfuré, le Plomb sulfuré et le Cuivre gris.

ARGENT MURIATÉ. *Silber Horners*, W. Vulgairement Argent corné. Sa forme primitive paraît être le cube. Il a la propriété d'être réductible par le frottement du Zinc humide. Sa pesanteur spécifique est 4,7 ; il est mou comme la cire dans son état de pureté. Sa couleur ordinaire est le gris de perle, qui passe quelquefois au violet ; il est sujet à brunir ou à noircir lorsqu'il est exposé au contact de l'air. Klaproth en a retiré 67,75 d'Argent, 21 d'Acide muriatique, 6 d'Oxyde de Fer, 1,75 d'Alumine, 0,25 d'Acide sulfurique: perte, 3,25. Ses cristaux sont cubiques ; mais on le rencontre plus ordinairement sous la forme mamelonée ou sous celle de petites lames, et à l'état amorphe. C'est au Pérou et au Mexique qu'on le trouve en plus grande abondance. Il en existe aussi en Sibérie, en Saxe, en Angleterre et dans plusieurs autres pays. Il a pour gangues l'Argent natif, le Quartz, la Baryte sulfatée ou la Chaux carbonatée.

ARGENT SULFURÉ. *Glasers*, W. Argent vitreux. Ses formes cristallines sont susceptibles d'être ramenées au cube. Il est malléable et d'un gris métallique plombé; sa pesanteur spécifique est 6,9. Il cède aisément au couteau qui en détache de petites lames flexibles. Présenté à la flamme d'une bougie, il fond et donne un bouton d'Argent malléable; il est formé, d'après Klaproth, de 85 parties d'Argent et 15 de Soufre. Ses formes les plus ordinaires sont celles du cube,

de l'octaèdre régulier, du dodécaèdre rhomboïdal et du trapézoïdal. On le trouve aussi à l'état de petites lames ou de ramifications et de masses amorphes. L'Argent sulfuré occupe toujours des filons qui traversent le Gneiss, le Mica schistoïde, le Schiste, et plus rarement le Porphyre et le Granite. On le rencontre surtout dans les mines des environs de Freyberg en Saxe, de Joachimsthal en Bohème, et de Schemnitz en Hongrie.

ARGENT CORNÉ. *V.* ARGENT MURIATÉ.

ARGENT GRIS. *V.* CUIVRE GRIS.

ARGENT NOIR. *V.* ARGENT ANTIMONIÉ SULFURÉ.

ARGENT ROUGE. *V.* ARGENT ANTIMONIÉ SULFURÉ.

ARGENT VIF. *V.* MERCURE.

ARGENT VITREUX. *V.* ARGENT SULFURÉ.

(G. DEL.)

ARGENTAIRE. BOT. PHAN. Même chose qu'Argyrège. *V.* ce mot. (B.)

ARGENTÉ. POIS. Nom spécifique donné à plusieurs Poissons, tels qu'un Acanthopode, une Perche, un Trigle, un Polynème, etc. *V.* ces divers mots.

(B.)

ARGENTINE. POIS. Genre de l'ordre des Osseux abdominaux de Linné, Malacoptérygiens abdominaux de Cuvier, dans la méthode duquel il se place naturellement parmi les Salmones. Ses caractères consistent dans six, huit rayons, et même plus à la membrane branchiostège; dans l'absence de dents aux mâchoires, tandis que la langue et le palais en sont pavés, et qu'il en existe très-petites disposées sur une ran transversale en avant du vomer. couleur et la forme générale des gentines les rapprochent en appa des Harengs; leurs mâchoires sont longueur égale, et leurs nageoires nombre de sept. On avait jusqu compté quatre ou cinq espèces d' gentines : Cuvier, après avoir sav ment discuté leur synonymie, réduites à deux, la Sphyrène et la sodonte, en prouvant que l'Argen de Pennant est un Scopèle, et les *Argentina carolina* et *machnata* de Linné sont des Elops, et peut-être l'une et l'autre l'*Elops Saurus*, L.

L'ARGENTINE SPHYRÆNE ou HAUTIN, *Argentina Sphyrœna*, L., Encyc., Pois., pl. 70. f. 31. Ce petit Poisson, qu'in'atteint pas quatre pouces de longueur, a la tête transparente, les yeux grands, le vertex teint de pourpre, le dos gris cendré, les flancs, ainsi que le ventre, fort brillans et comme de l'Argent poli. Cette couleur métallique se retrouve dans la vessie aérienne, et, de même que celle que fournit l'Ablette, sert à la composition de l'Essence d'Orient et des perles fausses, *V.* ces mots. On la pêche en quantité pour cet usage sur les côtes de la Toscane, qu'elle habite. B. 6. D. 10. 13. P. 14. V. 6. 11. A. 9. 10. 24. C. 19.

L'ARGENTINE GLOSSODONTE ou BONUK, *Argentina glossodonta*, L., Forskahl, Arab., p. 68. 99; *Albula Plumerii*, Schneider, pl. 86. f. 1. Ce Poisson, dont Cuvier a débrouillé l'histoire, dans le tome V des Mémoires du Muséum, est l'un de ceux qu'on nomme, dans les Antilles, *Poissons Bananes*, *V.* ce mot, et probablement l'*Elox argenteus* de Forster, l'*Albula Gonorhynchus* de Bloch, le *Butirin Banane* de Commerson et de Lacépède, et la Clupée macrocéphale du même auteur; enfin le Synode Renard de ce dernier pourrait bien encore être rapporté à l'A. glossodonte; et s'il en est différent, comme espèce, du moins on ne pourrait s'empêcher de le réunir dans le même genre. La tête de ce Poisson est dépourvue d'écailles; entre les yeux sont deux arètes saillantes, qui règnent jusqu'au bout du museau, se rapprochant l'une de l'autre. Les écailles sont grandes, bien argentées, disposées avec régularité; on en compte soixante-douze le long de la ligne latérale, qui est assez droite et placée presque au milieu de la hauteur du corps. Le dos est d'une couleur obscure, et des lignes brumâtres règnent longitudinalement sur les flancs. B. 12? 13? 14?

D. 18. P. 18. V. 10. 11. A. 8. C. 4. Cette dernière nageoire est très-fourchue, et, comme toutes les autres, d'une couleur verdâtre. L'Argentine glossodonte habite la Mer-Rouge. (B.)

ARGENTINE. BOT. PHAN. Nom vulgaire du *Potentilla Anserina*, L. *V.* POTENTILLE. (B.)

ARGENTINE. MIN. Nom donné par Kirwan à la Chaux carbonatée nacrée (*Schiefer Spath*) qu'on trouve en Saxe et en Norwège, et qui paraît mélangée d'une matière talqueuse, d'après les expériences de Vauquelin. *V. Chaux carbonatée nacrée.* Les lapidaires donnent aussi le nom d'*Argentine* et de *Pierre de Lune* à une variété de Feldspath, dont le fond est blanchâtre, et dont les reflets, d'un blanc nacré et d'un bleu céleste, semblent flotter dans l'intérieur de la Pierre taillée en cabochon, lorsqu'on la fait mouvoir. *V.* ADULAIRE. (G. DEL.)

ARGEROLA ou ARGEROLE. BOT. PHAN. Syn. d'Azerolier. *V.* ALISIER. (B.)

ARGIELAS ou ARJALAS. BOT. PHAN. Noms vulgaires dans le midi de l'Europe du *Spartium Scorpius*, L. (B.)

ARGILE. MIN. Mélange naturel de différentes Terres dans des proportions très-variées, dont les Allemands ont formé beaucoup d'espèces minéralogiques.—La cassure de l'Argile est donc terreuse et d'aspect homogène. Elle est douce au tact, tendre, happant à la langue, répandant presque toujours, par l'insufflation, une odeur particulière que l'on a nommée argileuse, en supposant qu'elle était propre à cette Terre; mais on a reconnu depuis que c'est à l'oxyde de Fer, mêlé presque toujours avec elle, qu'est due cette odeur.—L'Argile est susceptible de se polir par le frottement avec l'ongle; ses couleurs sont très-variables : les plus ordinaires sont le gris et le bleuâtre. — L'Argile se délite dans l'Eau, et forme avec elle une pâte plus ou moins molle,

onctueuse , ductile, tenace, susceptible ordinairement de prendre et de
conserver toutes les formes qu'on
veut lui donner. Lorsqu'elle a été exposée à l'action du feu, elle perd tout-
à-fait ces caractères , et devient tellement dure qu'elle donne quelquefois
des étincelles par le choc du briquet.
Ce sont ces deux dernières propriétés
qui rendent cette Terre si intéressante,
et d'un emploi très-varié dans les
arts. Nous donnerons une indication
succincte des usages et du gisement
de l'Argile , en traitant de ses différentes variétés.

Il y a des substances qui ont , au
premier aspect , quelque ressemblance avec l'Argile ; mais il est facile
de les' en distinguer par quelques-
unes' des propriétés que nous avons
rapportées ; la Serpentine terreuse,
par exemple, est douce et onctueuse au
toucher, mais elle ne fait aucune pâte
dans l'Eau. La Craie a quelquefois
aussi de la ressemblance avec l'Argile ;
mais elle ne durcit pas au feu.

Quelques variétés d'Argile sont fusibles , telles que la Smectique, la
Figuline, etc. : celles qui sont les plus
pures, composées presque entièrement
d'Alumine et de Silice, sont très-ré-
fractaires au feu. C'est à l'aide de
quelques substances accidentellement
mêlées, 'telles que la Chaux, etc.
qu'elles deviennent , plus ou moins
faciles à fondre.

ARGILE BITUMINEUSE. *Géol.* *V.*
SCHISTE BITUMINIFÈRE.

ARGILE BRULÉE. *V.* THERMANTIDE.

ARGILE CALCARIFÈRE, Haüy,
Marne argileuse, variété du *Mergel*,
W. Nous admettons , avec Kirwan et
Brongniart, deux variétés principales
de Marne , selon que l'Argile ou la
Chaux carbonatée domine dans leur
composition. La première ou la Chaux
carbonatée , argilifère, se délite dans
l'eau sans former de pâte avec elle ,
en quoi elle diffère particulièrement
de la seconde ou Argile calcarifère ,
dont nous allons nous occuper. La
Marne argileuse est friable , quelquefois pulvérulente ; l'Acide nitrique la
dissout en partie avec effervescence ;

elle est fusible au chalumeau, absorbe avec avidité l'Eau dans laquelle
on la plonge , s'y divise et forme une
pâte qui a très-peu de liant : sa cassure est terreuse. Elle est quelquefois
schistoïde , et ressemble alors à l'Argile feuilletée ; mais la dernière substance ne fait point effervescence avec
l'Acide nitrique.

On trouve l'Argile calcarifère dans
tous les pays parmi les terrains tertiaires ; elle abonde aux environs de
Paris , où elle se présente sous différentes couleurs. Celle d'Argenteuil,
qui est blanche, fait la base terreuse
de la porcelaine tendre de Sèvres : il y
en a d'un jaune sale, tirant sur le vert
pâle, à Viroflay ; celle de Montmartre
et de Ménil-Montant est verdâtre , et
très-facilement fusible. Elle entre
dans la composition de la faïence fine
de Paris. Gazeran en a retiré par l'a-
nalyse : Silice, 66 ; Alumine , 19 ;
Chaux, 7 ; Fer oxydé, 6 ; Perte , 2.
En tout 100.

Il existe à Montmartre une autre
variété d'Argile calcarifère , grise,
tachetée de brun, qui est douce au
tact. C'est une Argile marbrée qui est
connue à Paris sous le nom de *pierre
à détacher* ; à raison de l'usage qu'on
en fait pour enlever les taches de
graisse sur les étoffes de laine.

ARGILE CIMOLITE, *Cimolith*, Klaproth. Hawkings a rapporté de l'île
de Cimolis , aujourd'hui l'Argentière,
près de celle de Milo dans l'Archipel,
une Argile que l'on croit être la même
que celle dont ont parlé les anciens.
Théophraste et Pline rapportent qu'on
l'employait à dégraisser les étoffes, ce
qui est encore en usage aujourd'hui
dans le pays , où l'on a reconnu
qu'elle blanchit le linge comme la
meilleure Terre à Foulons.

Sa couleur est le gris de perle , qui
devient rougeâtre par l'action de l'air ;
sa cassure est peu schistoïde et terreuse. Elle est opaque, tendre, happante et infusible au chalumeau ; sa
pesanteur spécifique, d'après Karsten , est de 2,187.

Klaproth en a retiré par l'analyse :
Silice, 54 ; Alumine , 26,30 ; Fer

oxydé, 1,50 ; Potasse, 5,50 ; Eau, 12 ;
perte, 0,50. En tout 100. C'est aussi
de l'île de l'Argentière qu'Olivier a
rapporté une Argile qu'il regardait
comme étant la Terre cimolite ; mais
ses caractères diffèrent de celle de
Hawkings. Elle est douce au toucher,
friable et répand l'odeur argileuse
par la vapeur de l'haleine. Quant à
son origine, elle paraît provenir de
la décomposition d'un Porphyre.
Vauquelin en a retiré : Silice, 79 ;
Alumine, 5 ; Chaux, 4 ; Soude muriatée, 2 ; Eau, 10. En tout 100.

ARGILE COLLYRITE, *Kolsyrit*,
Klapr. On trouve cette variété d'Argile en Hongrie, près de Schemnitz,
où elle est en veines dans un Porphyre, et à Weissenfels en Thuringe
dans un filon de Grès. Elle est blanche, tenace, à cassure terreuse, happante et infusible ; elle absorbe l'Eau
avec sifflement et devient transparente en tout ou en partie. L'Acide
nitrique la dissout ; une portion est
sans effervescence.

On avait cru d'abord que c'était de
l'Alumine pure ; mais, d'après l'analyse de Klaproth, il faut donc la considérer comme un Hydrate d'Alumine silicifère, analogue à celui que
nous avons décrit sous le nom d'AL-
LOPHANE. *V.* ce nom et ALUMINE
HYDRATÉE.

ARGILE COMMUNE, *Gemeiner thon*,
W. ; *Argile glaise*, *Terre à potier*,
Argile figuline. Les auteurs allemands
ont confondu, sous le nom d'Argile
commune, deux espèces tout-à-fait
différentes : l'une, celle qui nous occupe présentement, est fusible, tandis que l'autre ne l'est pas. *V.* AR-
GILE PLASTIQUE. C'est d'après ce
caractère très-saillant, que Brongniart a partagé l'Argile commune en
deux sous-espèces, sous les noms de
Figuline et de Plastique.

L'Argile commune est ordinairement douce et onctueuse au toucher,
et fait avec l'Eau une pâte assez tenace. Sa cassure est raboteuse, inégale et quelquefois imparfaitement
schistoïde. Elle adhère à la langue ;
ordinairement elle est gris-bleuâtre ;

mais il y en a aussi de blanc-grisâtre,
et jaunâtre, de gris-de-perle et de
gris-verdâtre. Ces différentes variétés,
exposées à l'action du fer, y deviennent presque toujours rougeâtres, à
raison du feu qu'elles contiennent :
leur pesanteur spécifique, d'après
Karsten, est de 2,085. On en a retiré
par l'analyse : Alumine, 32 ; Silice,
63 ; Fer, 4 ; Perte, 1. En tout 100.

Quelquefois elle fait effervescence
avec les Acides, et alors il est extrêmement difficile de la distinguer des
Argiles marneuses. C'est de toutes les
variétés de l'Argile celle qui est la
plus abondamment répandue dans la
nature, et que l'on emploie à un plus
grand nombre d'usages. On s'en sert
à la fabrication de la poterie grossière,
des carreaux, des tuiles, des briques,
des fourneaux, etc. Elle est employée
par les sculpteurs pour modeler, et
l'on s'en sert pour glaiser les fonds des
bassins, afin d'y recevoir l'Eau, d'où
lui est venu le nom de Terre glaise.

Lorsqu'on en fait des vases qui
doivent aller au feu, on introduit
dans la pâte une certaine quantité de
Sable qui en empêche de se fendiller par
l'action du retrait, et la rend susceptible d'éprouver un commencement
de vitrification.

ARGILE ENDURCIE, *Wethattezer
thon*. W. On ne doit pas placer ce
Minéral parmi les variétés de l'Argile :
les caractères que nous avons donnés
de cette substance, s'y opposent ; elle
paraît d'ailleurs en différer par sa
nature. Nous en traiterons, d'après
Saussure, à l'article ARGILOLITHE,
V. ce mot.

ARGILE FEUILLETÉE, *Polierschiefer*,
W. ; *Schiste à polir.* C'est mal à propos qu'on a réuni quelquefois, sous le
nom d'Argile feuilletée, le *Polierschiefer*, le *Klebschiefer* et le *Schieferthon* de Werner, qui, par leurs
caractères, en sont tout-à-fait différens. Conservant le nom d'Argile
feuilletée ou Schiste à polir, nous
parlerons des deux autres variétés aux
mots ARGILE HAPPANTE et ARGILE
SCHISTOÏDE.

L'Argile feuilletée est opaque, tendre, massive, à cassure schistoïde, âpre au toucher et fragile; ses couleurs varient entre le blanc et le jaune; elle est légère, de manière que, si on la plonge dans l'Eau, elle surnage un instant, et après elle absorbe l'Eau avec avidité en dégageant de nombreuses bulles d'air; elle ne durcit point au feu, d'où l'on voit que ses caractères n'ont aucun rapport avec ceux de l'Argile, et en ont, au contraire, beaucoup avec ceux du *Tripoli*.

Bucholz a donné l'analyse de trois variétés, dont voici les résultats: commune; Silice, 79; Alumine, 1; Chaux, 1; Fer oxydé, 4; Eau, 14; perte, 1; en tout 100. Terreuse: 83,5; 3; 0,5; 1,5; 9; 1,5; en tout 100. Friable: 87; 0,5; 6,5; 1,5; 10; 2,5; en tout 100.

On la trouve à Krithelbert, près de Kitsklin, dans le voisinage de Bilin, en Bohême, parmi les lits de Marne, quelquefois avec des impressions de feuilles, rarement avec des squelettes de Poissons et de bois pétrifié. Elle existe aussi près de Zwichau en Saxe, et en Auvergne. On regarde assez communément cette substance comme une production pseudo-volcanique. *V.* THERMANTIDE et TRIPOLI.

ARGILE FEUILLETÉE DE MÉNIL-MONTANT. *V.* ARGILE HAPPANTE.

ARGILE FIGULINE. *V.* ARGILE COMMUNE.

ARGILE KAOLIN, *Porcellanerde*, W.; *Feldspath décomposé*, H. Les Chinois et les Japonais donnent le nom de *Kaolin* à l'Argile, dont ils font usage pour la fabrication de leurs porcelaines, qui, malgré la perfection à laquelle les fabriques de l'Europe, et notamment celles de France, sont parvenues, ne continuent pas moins à être recherchées par les amateurs.

L'Argile à porcelaine provient de la décomposition des roches Feldspathiques, et principalement du Granite graphique, du Pegmatite et de l'Eurite. Elle est infusible et durcit au feu.

Il y a des Kaolins qui sont maigres au toucher, et font difficilement pâte avec l'Eau; tels sont ceux de France qu'on emploie à St.-Yrieix-la-Perche près de Limoges; aux environs d'Alençon, à Maupertuis et à Chauvigny; près de Bayonne; à Cherbourg; à St.-Bonnet, département de la Loire; à Niederschaeffolsheim, département du Bas-Rhin, etc., et au Schnéeberg, en Saxe.

Quelques autres sont doux et onctueux au toucher, et font une pâte liante avec l'Eau. Tels sont les Kaolins du Japon, de la Chine et d'Angleterre, ainsi que ceux qu'on exploite, près de Schio, dans les pays vénitiens. Ces derniers proviennent de la décomposition d'Eurite.

L'Argile à porcelaine de Saxe a donné par l'analyse, suivant Rose: Silice, 52; Alumine, 47; Fer, 6,53; perte, 4,67.

ARGILE A FOULON, *Walkerde*, W.; *A. smectique*, Brong. *Terre à Foulon*. Ses couleurs sont le blanc-verdâtre, le gris-verdâtre, le vert-d'olive; quelquefois elle est bigarrée. On en trouve aussi de jaunâtre, de brune, de rouge de chair, de-grise, etc. Elle est massive; sa texture est compacte; sa cassure ordinairement raboteuse et quelquefois conchoïdale, ou un peu schistoïde. Elle est tantôt opaque, tantôt translucide sur les bords; à peine happante à la langue; elle se laisse polir avec l'ongle, est grasse au toucher, et se délite promptement dans l'Eau, en y formant une espèce de bouillie, qui a peu de ductilité: sa pesanteur spécifique est 1,72 d'après Karsten. Elle se fond au chalumeau. On a retiré par l'analyse de la Terre à Foulon de Hampshire, suivant Bergmann: Silice, 51,8; Alumine, 25; Magnésie, 0,7; Chaux, 3,3; Soude muriatique, 0; Potasse, 0; Fer oxydé, 0,7; Eau, 14,5; perte, 3. En tout 100. De Kygate, suivant Klaproth: 53, 10; 1,25; 0,50; 0,10; une trace 9,75; 24; 1,40. En tout 100. Gehlen y a découvert du Chrôme.

Ce sont les Anglais qui possèdent la meilleure Terre à foulon; mais l'exportation en est prohibée sous des peines très-graves. Les plus communes sont celles de Hampshire, Straffordshire, Buckinghamshire, Woburn, Surrey, Kent, etc., où on les trouve en couches, tantôt dessous, tantôt dessus la formation de Chaux carbonatée secondaire. Dans l'île de Skie, en Écosse, elle est située sur des bancs de Grès ou de Sable.

On en trouve aussi à Rosswein dans la Saxe supérieure, au-dessous d'un Grunstein, de la décomposition duquel elle provient selon Werner. Dans le Vicentin en Italie, on la trouve tantôt parmi les Porphyres secondaires, etc'est la meilleure; tantôt parmi les Basaltes. Dans différentes localités de Bavière, d'Autriche et de Moravie, elle est placée immédiatement au-dessous de la Terre végétale. On en exploite aussi à Rittroran en Alsace, à Osmandberg en Suède, à Lemnos dans l'Archipel, etc.

Karsten a donné le nom de Terre à foulon raboteuse (Unebene Walkerde) à une variété dont voici les caractères :

Sa couleur est rouge de brique, tantôt pur, tantôt veiné de blanc et de vert; sa cassure est luisante, d'un éclat résineux; sa fracture est raboteuse, passant à la conchoïdale; elle est translucide sur les bords, tendre et légère.

Analysée par Klaproth, elle a donné : Silice, 48,50; Alumine, 13,50; Magnésie, 1,50; Fer oxydé, 6,50; Manganèse oxydé, 0,50; Eau, 25,50; Soude, une trace; perte, 4. En tout 100.

On la trouve dans les fissures du Basalte qui traverse en filons le Granite de Pringelberg, près de Numptsch en Silésie.

L'Argile à foulon est une substance très-utile dans les manufactures de draps et des autres étoffes de laine qu'elle dégraisse en leur donnant en même temps du lustre et du moelleux. La Morochites de Dioscoride, les Galactites et Melilites des anciens ne sont peut-être pas autre chose : l'Argile cimolite, dont nous avons déjà parlé, était employée au même usage.

L'on place dans de grands mortiers de bois, avec un mélange d'Eau et d'Argile, les draps que l'on veut dégraisser et que l'on foule à cet effet pendant un temps déterminé avec de lourds pilons de bois qui, par leur action répétée, facilitent la combinaison de l'Argile avec la graisse que renferme le tissu du drap. Il faut seulement avoir soin de séparer de la Terre à foulon les grains de sable qu'elle pourrait contenir.

ARGILE GLAISE. V. ARGILE FIGULINE.

ARGILE HAPPANTE, Klebschiefer, W.; Argile feuilletée de Ménil-Montant. On trouve cette variété d'Argile à Montmartre et à Ménil-Montant près de Paris, où elle renferme des rognons de Quartz résinite de la variété qu'on a nommée Ménilite.

Sa couleur est blanc-grisâtre; elle est opaque, tendre, très-happante à la langue; presque infusible; on ne peut la ramollir qu'au feu de porcelaine. Si on la plonge dans l'Acide nitrique, elle y fait une légère effervescence. Sa cassure est schistoïde, mais elle est douce et onctueuse au toucher, ce qui la distingue des Schistes argileux proprement dits. Elle se délite en feuilles, lorsqu'on l'expose alternativement à l'humidité et à la sécheresse; elle se délaie dans l'Eau, et fait une pâte tenace : sa pesanteur spécifique est 2,080 d'après Klaproth. C'est à tort qu'on avait placé cette variété d'Argile parmi les Schistes à polir de Werner. V. ARGILE FEUILLETÉE. La différence en est frappante.

Nous avons deux analyses de cette substance, suivant Klaproth : Silice, 65,50; Alumine, 7; Magnésie, 1,50; Chaux, 2,25; Fer oxydé, 2,50; Manganèse oxydé, 0,25; Eau, 19; perte, 2,25. En tout 100. Suivant Bucholz : 58, 5; 6,50; 2,50; 9; 19,90; 0,10. En tout 100.

Quant au gisement de cette substance, elle est en couches dans la formation gypseuse des environs de Paris.

ARGILE HYDRATÉE. *V.* WAVELLITE.
ARGILE LÉGÈRE. *V.* FARINE FOSSILE DE FABRONI.

ARGILE LITHOMARGE, *Steinmark*, W.; *Moelle de pierre.* On trouve la Lithomarge massive ou disséminée; sa cassure est terreuse, à grain fin, mate, quelquefois faiblement luisante. Il y en a presque de toutes les couleurs. Elle est opaque, happante, tantôt friable, tantôt endurcie; cette dernière variété a la consistance du savon; elle est onctueuse au toucher, et devient luisante sous les doigts. Ce n'est qu'à un très-fort degré de chaleur qu'on peut la fondre, alors elle se boursoufle en un verre spongieux. Il y a des Lithomarges qui sont phosphorescentes par le frottement, telles sont celles que Trébra a trouvées au Hartz.

La *Terre de Sinope* de Théophraste paraît n'être qu'une variété ferrifère de Lithomarge. Analyses. Terre de Sinope, suivant Klaproth : Silice, 32; Alumine, 26,5; Fer oxydé, 21; Soude muriatée, 1,5; Eau, 17; perte, 2. Lithomarge endurcie : 45,25; 36,50; 2,75; 0; 14; 1,50.

On trouve ce Minéral à Ehrenfriedersdorf, Rochlitz, Altenberg, et à Penig en Saxe, en veines parmi les mines d'Etain, dans le Gneiss. A Planitz, il est stratifié parmi les couches de Houille; cette dernière variété est connue sous le nom de *Terre miraculeuse de Saxe*; à Zellerfeld, au Hartz, il est dans les fissures de la Grauwacke; à Walkenried, il accompagne une mine de Manganèse avec du Fer oligiste rouge; à Zoblitz, en Bohême, il traverse la Serpentine; enfin, il entre, comme partie constituante, dans la Roche à Topaze. Il s'en trouve en France et à Massac en Bayière, à Lützchitz en Bohême, en Norwège et en Transilvanie. La Terre de Sinope vient de l'ancien royaume du Pont, aujourd'hui Anatolie.

ARGILE MARBRÉE. *V.* ARGILE CALCARIFÈRE.

ARGILE MARNE. *V.* ARGILE CALCARIFÈRE.

ARGILE MARTIALE VERTE, *Grunerde.* W.; *Talc zographique*, H.; *Terre de Vérone.* Substance terreuse, dont la belle couleur verte est due à une combinaison particulière du Fer dont elle renferme jusqu'à 43 pour 100, d'après une analyse de Vauquelin.

Brignoli de Brunnhoff, professeur à Modène, a publié en 1819 un Mémoire très-intéressant sur la Terre verte de Vérone, dont nous extrayons les indications suivantes; la plupart des minéralogistes paraissent ne pas connaître le gisement de cette substance.—C'est sur la pente orientale du mont Baldo, situé à l'est des frontières véronaises et tyroliennes, et particulièrement dans la vallée de Tredespin, que l'on trouve cette Terre, tantôt en veines et tantôt en rognons, dans une Roche amygdalaire. Celle-ci est dure, quelquefois compacte, basaltiforme, quelquefois en boules; mais le plus souvent, elle est cellulaire, à cellules tantôt vides et tantôt remplies de noyaux de Chaux carbonatée, de Quartz agathe grossier et de Terre verte. On trouve de temps en temps des rognons de cette dernière substance, d'un très-grand volume. Tel est celui qui fut extrait en 1812, et qui pesait environ 500 kilogrames.

La couleur de la Roche est le gris de lin, passant au gris de plomb et au gris verdâtre. Le Calcaire compacte, entremêlé de Quartz agathe pyromaque, la recouvre. On ignore quelle est la Roche qui lui sert de support.

La Terre de Vérone est employée dans la peinture à fresque et à l'huile. Mantegne, Paul Véronèse, Jules-Romain, etc. en ont fait usage; d'où l'on peut conclure que cette substance est connue depuis la fin du quinzième siècle, ou du commencement du seizième.—Haüy la rapporte au Talc. *V.* TALC ZOGRAPHIQUE.

ARGILE MURIATIFÈRE, *Salzthon*, W. Les Allemands donnent ce nom à l'Argile qui accompagne le Gypse dans la formation de la Soude muriatée et dans les sources salées. Elle contient du Sel gemme, et n'est autre chose qu'une Argile mélangée de cette dernière substance.

ARGILE NATIVE. *V.* ARGILE SOUS-SULFATÉE.

ARGILE OCREUSE JAUNE, *Gelberde*, W.; *Terre jaune.* La couleur de cette Argile est le jaune plus ou moins foncé; sa cassure est mate et terreuse. Elle est opaque, tendre, et devient rouge à l'aide de la chaleur; elle est conductrice du fluide électrique aussi bien que la variété suivante, et acquiert, par l'action du feu, le magnétisme polaire, ce qui est dû à la présence du Fer qu'on y trouve dans des proportions très-variées : pesanteur spécifique 2,240, d'après Breithaupt.

On a analysé quelques variétés d'Ocre jaune de France; on en a retiré: Ocre de Bitry, suivant Merat-Guillot: Silice, 92,25; Alumine, 1,91; Chaux, 3,25; Fer oxydé, 2,61; perte, oo. En tout 100. Ocre de St.-Pourrain, 65; 9; 5; 20; 1. En tout 100.

La Terre jaune, dont les Allemands ont fait une espèce minéralogique particulière, vient de Wehraw dans la Lusace supérieure, où elle est associée à l'Argile commune et au Fer argileux. On en trouve à Sienne en Italie, à Strigau et à Liegnitz en Silésie, en Danemarck, en Norwège, en Styrie, en Autriche et au Bengale. Elle est très-abondante en France, à Vierzon dans le Berry; elle y est en couches sous un banc de Grès, et renferme du Fer géodique. La même position géognostique a lieu pour les Ocres rouges de Taunay en Brie, de Bitry, département de la Nièvre, de Maragne près de Bourges; et de Saint-Pourrain près d'Auxerre. Les couches qui accompagnent cette Terre à Bitry, sont, en commençant par l'inférieure : 1° Banc de Sable très-épais; 2° Argile ocreuse jaune; 3° Grès en couches très-minces; 4° Argile figuline rouge; 5° Argile figuline bleuâtre; 6° banc de Sable.

On emploie l'Ocre jaune dans les arts, soit avec sa couleur naturelle, soit après l'avoir calcinée dans des fourneaux de réverbère, où elle acquiert une très-belle couleur rouge. Le rouge d'Angleterre et de Hollande n'est autre chose. Cependant il est bon de noter qu'on applique aussi le nom de *Rouge d'Angleterre* à une autre substance qui sert à donner le dernier poli aux Bijoux d'argent et d'or, et qui est un oxyde de Fer obtenu par la décomposition du Fer sulfaté.

On fait, avec la Terre de Patna, au Bengale, des bouteilles nommées Gargoulettes, qui sont très-estimées dans le pays par leur propriété de communiquer aux liquides une saveur agréable qui plaît beaucoup aux femmes de ce pays.

ARGILE OCREUSE ROUGE, *Roethel*; W.; *Sanguine*, *Crayon rouge.* Cette substance est friable, à cassure terreuse, et tache fortement les doigts et le papier sur lesquels on la passe avec frottement. Elle fait difficilement pâte avec l'Eau, de même que la variété précédente; elle est également magnétique par l'action du feu. Sa couleur est d'un quefois nuancé

une sa-
trouvent

Lemnos,

35*

autrefois très-employés dans la médecine, sont aussi des variétés de cette substance. On les estimait au point qu'on confiait aux prêtres de ces lieux le soin de les recueillir et de les préparer ; ils les marquaient de leur sceau, d'où leur est venu le nom de *Terres sigillées.*C'est avec le sceau du grand-seigneur ou du gouverneur qu'on les débite aujourd'hui.

Le Bol d'Arménie, *Bol*, W. est plus compacte que l'Ocre rouge commune ; sa couleur est le rouge de chair, passant au jaune de crême et au brun jaunâtre; sa cassure est conchoïdale; il est translucide sur les bords; tendre, doux au toucher, happant ; sa pesanteur spécifique est 1,922, d'après Karsten. Il se délite dans l'Eau. Bergmann en a retiré, par l'analyse : Silice, 47 ; Alumine, 19; Magnésie, 6,2; Chaux, 5,4; Fer oxydé, 6,4; Eau, 3,5; perte, 8,5. En tout 100.

La Terre de Lemnos, *Sphragid*, K. est happante, maigre au toucher, à cassure terreuse. Elle se délite dans l'Eau; sa couleur est rouge ; il y en a aussi de blanche et de grisâtre. Voici son analyse : Silice, 66 ; Alumine, 14,5o; Magnésie, 9,25; Chaux, 0,25; Soude, 3,5o; Fer oxydé, 6 ; Eau, 8,5o ; perte, 1. En tout 100, suivant Klaproth.

ARGILE A PIPES. *V.* ARGILE PLASTIQUE.

ARGILE PLASTIQUE, Brongniart, *Topferthon*, W. La texture de l'Argile plastique est compacte; elle est très-onctueuse au toucher. Sa couleur ordinaire est le blanc grisâtre ou le brun noirâtre, et même le brun. Elle se délaye, et prend beaucoup de liant avec l'Eau, et donne une pâte tenace, qui quelquefois est un peu translucide.Elle acquiert une très-grande dureté au feu de porcelaine sans se fondre, ce qui a déterminé Brongniart à la séparer de l'Argile commune ou figuline, qui est fusible. Presque toutes les Argiles plastiques blanchissent à un feu modéré ; quelques-unes rougissent à une chaleur plus forte.

L'Argile à pipes, *Pfeifenthon*, W.,

en est une variété. L'analyse a donné, d'Abondant : Silice, 43,5 ; Alumine, 33,2; Chaux, 3,5 ; Fer , 1 ; Eau, 18; perte, 0,8. En tout 100. De Forges-les-Eaux, 63 ; 16 ; 1 ; 8; 10, 2. En tout 100. Vauquelin.

L'Argile plastique de Montereau-sur-Yonne, est la meilleure que l'on exploite en France; elle est connue à Paris sous le nom de *Terre à pipes*, *Terre anglaise* ou *Terre blanche*. On en fait la faïence fine; on en exploite aussi à Abondant, près de la forêt de Dreux, dans les environs d'Houdan, à Montereau-sur-Yonne, à Tournay, à Saveignies près Beauvais, à Forges-les-Eaux, près de Maubeuge en Flandre, etc. Elle abonde également en Angleterre, dans le Devonshire, le Shropshire, où l'on en fabrique de très-belles poteries.

ARGILE A POLIR. *V.* ARGILE FEUILLETÉE.

ARGILE A PORCELAINE. *V.* ARGILE KAOLIN.

ARGILE PORPHYROÏDE, *Feldspath compact porphyrique décomposé*, H.; On donne ce nom à une sorte d'Argile qui provient de la décomposition de certains Porphyres dont les cristaux feldspathiques ont encore conservé leur forme.

ARGILE RÉFRACTAIRE. *V.* ARGILE PLASTIQUE.

ARGILE SAVONNEUSE, *Argile saponiforme*, Brongn; *Talc savonneux*, H; *Bergseife*, W ; *Savon de montagne*. Sa couleur est le noir brunâtre ; elle est opaque, mate, fragile, très-onctueuse. Si on la racle, elle acquiert de l'éclat, elle happe à la langue, et est *écrivante*,

Le Savon de montagne est extrêmement rare. On en trouve dans la formation trapéenne, de l'île de Skie et dans la mine d'Etain en Cornouailles, à Atkusch en Pologne, à Nassau; dans le Basalte et dans l'Argile à potier en Thuringe.

On avait déjà indiqué son analogie avec la Stéatite. Haüy le place actuellement parmi les Talcs. *V.* TALC.

ARGILE SCHISTOÏDE, *Schieferthon*, W. On rencontre l'Argile schistoïde dans les formations de Houille, où elle passe à l'Argilolite, au Grès et au Schiste bitumineux. Quelquefois elle est impressionnée, et on y trouve des débris de Fougères et de Roseaux inconnus. Ses couleurs varient du noir grisâtre au rouge brunâtre et au gris. On la trouve tantôt pure, tantôt entremêlée de Mica. Sa cassure en grand est schisteuse, tandis qu'en petit elle est terreuse. Ses fragmens sont tabulaires; elle est opaque, mate, fragile, happante à la langue, un peu maigre au toucher. Sa pesanteur spécique est de 2,636, d'après Karsten. (LUC.)

ARGILETTE. BOT. CRYPT. (Bridel.) L'un des noms des Mousses du genre *Phascum*, parce qu'elles croissent en général sur la Terre argileuse. *V.* PHASQUE. (B.)

ARGILL ou HURGILL. OIS. Syn. du Jabiru Argala, *Ardea Argala*, Lath. *V.* CIGOGNE. (DR..Z.)

ARGILLITE. GÉOL. *V.* SCHISTE.

*ARGILLO-CALCITE. MIN. (Kirwan.) *V.* MARNE.

* ARGILLO-MURITE. MIN. (Kirwan.) Même chose qu'Argile légère. *V.* FARINE FOSSILE DE FABRONI. (B.)

ARGILOLITE. MIN. (Saussure.) *Verhærteter thon*, W.; *Thonstein*, R. Nous avons déjà dit, *V.* ARGILE ENDURCIE, que les caractères de ce Minéral l'éloignent tout-à-fait des Argiles. En effet, sa cassure, quoique terreuse quelquefois, est ordinairement conchoïde; certaines variétés présentent une cassure compacte, écailleuse et même feuilletée. Elle est opaque, quelquefois translucide dans ses parties minces; ses couleurs très-variées sont toujours ternes. Lorsqu'elle n'a pas une grande dureté elle se dissout dans l'eau, mais ne fait pas pâte avec elle. Sa pesanteur spécifique, d'après Karsten, est de 2,212. On la trouve en rognons dans les porphyres argileux, d'origine volcanique, parmi lesquels elle forme aussi des couches très-puissantes. La variété qu'on

nomme *Fruchstein* a des taches rouges qu'on a assimilées à des fruits. On cite particulièrement celle des environs de Freyberg en Saxe et de Schemnitz en Hongrie. (LUC.)

*ARGILOPHYRE. *V.* PORPHYRE ARGILEUX.

* ARGION. BOT. CRYPT. (Dioscoride.) Syn. d'Adianthe Capillaire de Montpellier. *V.* ADIANTHE. (B.)

ARGIRITE ou ARGYROLITHE. MIN. C'est-à-dire *Pierre semblable à de l'Argent*. Il est impossible de savoir à quelle substance métallique se rapportait ce nom chez les anciens. (B.)

ARGITAMNE. BOT. PHAN. *V.* ARGYTAMNE.

* ARGO-BUCCINUM. MOLL. Dénomination générique employée par Klein (*Ostrac.*, p. 44) pour le onzième genre de la classe des Buccins. Le type de ce genre est une Coquille, figurée par Rumph et copiée par Klein qui n'y en rapporte aucune autre. C'est le *Murex Argus* de Gmelin, p. 5547, avec lequel cet auteur a confondu plusieurs espèces distinctes. Il est figuré par Martini, IV. t. 127. f. 1223. C'est aussi l'Argus fascié à bandelettes tuberculeuses et convexes, de Favart d'Herbigny. (F.)

* ARGODERME. *Argoderma*. MOLL. Poli, dans son magnifique ouvrage sur les Mollusques des Deux-Siciles, a distingué, comme l'on sait, par le mot *derma*, *derma*, joint au nom générique qu'il a employé pour les Animaux, les Coquilles qui appartiennent à chacun de leurs genres. Ainsi il a appelé *Argoderma* la Coquille de l'Animal, dont il fait le genre *Argus* (*Testac. utriusq. Sicil.*, T. 1, *introduct.*, p. 32), employant le mot *derma* dans le même sens qu'Aristote, pour indiquer la Coquille des Testacés. Nous donnerons au mot *Argus* les caractères assignés à ce genre par Poli, et les espèces qu'il y comprend. *V.* ARGUS. (F.)

ARGOLASIA. BOT. PHAN. Genre

placé à la suite des Iridées, et caractérisé par un calice supère, velu et blanc en dehors, coloré intérieurement, tubuleux et terminé par six divisions égales, à la base desquelles s'insèrent six étamines, toutes fertiles, à filets allongés, à anthères oscillantes et inférieurement bifides; un ovaire infère, portant un seul style que termine un stigmate trifide et devenant une capsule couronnée par le calice, velue, à trois loges dont chacune contient deux ou trois graines. —De Jussieu a établi ce genre, d'après une Plante du cap de Bonne-Espérance, qui paraît la même que l'*Hyacinthus plumosus* de Linné, *Lanaria* d'Aiton et de Persoon. Il y rapporte l'*Hevilera* de Gmelin, que Persoon regarde comme congénère du *Dilatris*, et l'*Anigosanthos* de Labillardière (Labill., T. I. p. 411. tab. 22), qui n'en diffère que par son calice à tube recourbé et à limbe inégalement divisé, et par son stigmate obtus.   (A. D. J.)

ARGONAUTE, ins. Cramer applique ce nom à la troisième famille des Papillons diurnes; elle correspond en partie au genre Nymphale, et comprend les espèces dont les antennes finissent en un bouton allongé, et dont les ailes sont pourvues d'appendices en forme de queue. *V.* NYMPHALE.   (AUD.)

ARGONAUTE. *Argonauta,* MOLL. Genre de la famille des Poulpes et de l'ordre des Céphalopodes à huit pieds ou octopodes (*V.* ces mots), établi par Linné pour distinguer ceux de ces Mollusques pourvus d'un test uniloculaire, des Nautiles à Coquilles polythalames, dont les Animaux paraissent être d'ailleurs pourvus de dix pieds ou bras. C'est sous la dénomination de Nautile que les Grecs et les Romains, ainsi que tous les naturalistes jusqu'à Linné, ont parlé de l'Argonaute Argo, connu sous le nom de Nautile papyracé, et c'est aussi sous cette même dénomination que les modernes ont classé les Testacés polythalames, *V.* ce mot.

Aristote, Elien, Oppien et Philés ont célébré l'industrie de cet intéressant Mollusque, et tous les poëtes de l'antiquité ont chanté les merveilles de sa navigation. Ils l'ont signalé comme ayant appris aux hommes les premiers principes de cet art. Aristote, qui l'appelle Polype nautile ou nautique (Hist., liv. IV. ch. 1, et liv. IX. ch. 37), a parfaitement décrit les manœuvres à l'aide desquelles il vogue sur la surface des eaux, dans les temps calmes, et sa description semble être l'original de celle de Pline (Hist., liv. IX. cap. 29). Il décrit son habitant comme étant un Polype; mais il dit qu'on ne sait pas si le Nautile vivrait détaché de sa Coquille. Dans un passage précédent, il prétend cependant que son Animal n'y est point attaché, et il donne même ce caractère pour le distinguer d'une seconde espèce dont l'Animal y tient. Celui-ci, que D'Argenville et d'autres naturalistes ont pris, sans motif, pour le grand Nautile chambré, *Nautilus Pompilius* de Linné, n'est, sans doute, que la même espèce trouvée dans des circonstances différentes, car le Pompile ne se rencontre point dans la Méditerranée. L'opinion que le Polype de l'Argonaute était un hôte étranger qui venait s'y loger, comme certains Crustacés dans des Coquilles vides, a été renouvelée par les modernes; mais, depuis les anciens, on a vu beaucoup de ces Animaux naviguer sur les eaux. On en a même observé dans les cabinets, et l'on s'est convaincu que cette opinion était fausse, et que l'habitant de ces frêles nacelles est un Céphalopode très-rapproché des Poulpes, *V.* ce mot, où nous décrirons ces Animaux, et qu'il n'en diffère que par la présence de la Coquille et l'élargissement membraneux des deux longs pieds qui lui servent de voiles. Pline, qui enchérit ordinairement sur les fables rapportées par les auteurs grecs, dit que *le Nautile quitte sa Coquille pour venir paître à terre,* opinion qui vient évidemment de ce qu'on a ainsi rencontré des Poulpes, avec lesquelles il a tant de rapports, qu'on pouvait en effet les prendre pour des Argonautes isolés de leur Coquille. Cette Coquille a une forme symétrique et fort élégante. Toutes les espèces sont extrêmement minces et fragiles. Son dernier tour est extrêmement grand; elle ressemble à une petite chaloupe dont la spire serait la poupe. La carène dont elle est pourvue aide la navigation, en déplaçant avec plus de facilité le liquide. Cette barque fragile ne pourrait résister à l'agitation des flots; aussi l'Argonaute ne s'élève du fond de la mer que par les temps les plus calmes. Parvenu à la surface des eaux, il agite ses bras comme autant de balanciers; il introduit dans sa Coquille l'eau qui lui est nécessaire pour faire un lest indispensable; il étend ses bras et, s'en servant comme de rames, il vogue sur la surface de la mer. Si un vent doux se fait sentir, il dresse perpendiculairement ses deux bras palmés, il les tient écartés, et la membrane élargie et oblongue qui règne sur une partie de leur longueur présentant une plus grande surface au vent, ils servent de voile. Les trois autres bras de chaque côté servent de balanciers, et le bas du corps, qui forme un crochet hors de la Coquille, fait les fonctions de gouvernail. Il marche ainsi dans la direction qu'il veut suivre; mais si quelque ennemi s'approche, si la surface de la mer se ride, l'Argonaute retire promptement dans sa Coquille les avirons, la voile et le gouvernail, il vide son lest, fait chavirer sa nacelle et descend au fond de la mer. Ce récit de Bruguière paraîtrait fabuleux, s'il n'était appuyé par les témoignages des anciens et des modernes. De là les noms donnés par ces derniers, *Nautilus*, *Naupliva*, *Nauticus*, *Cymbium*, etc.

On conserve au Cabinet du Roi deux Argonautes avec leurs Animaux; l'un d'eux contient des œufs qui montrent les petits Mollusques déjà pourvus de leurs Coquilles, ainsi que cela a lieu pour tous les autres Mollusques ovipares.

Malgré que les navigateurs aper-

coivent assez souvent ce merveilleux Animal voguant sur la surface des eaux, rien n'est plus difficile que d'en approcher et de pouvoir en saisir un. Du reste tout porte à croire que son organisation intérieure, aux différences près que doit apporter la présence d'une Coquille, est la même que celle des autres Poulpes, dont il a la conformation extérieure. L'espèce de sac qui les enveloppe doit, chez l'Argonaute, former une sorte de tunique qui transsude la Coquille, et lui être attachée par quelques muscles, comme cela a lieu chez les autres Mollusques Testacés.

Nous avons dit qu'avant Linné les Argonautes étaient confondus avec les Nautiles. La Coquille de ceux-ci, étant pourvue de concamérations percées par un syphon, indique des différences qui ne permettent pas de les confondre dans la même famille. Aussi Bruguière, Lamarck et Cuvier ont suivi Linné, ainsi que tous ceux qui ne se sont point écartés du *Systema naturæ*. Ocken (*Lehrbuch der Zool.*, p. 336) en fait le troisième genre de sa famille des Seiches. Schweigger (*Handb. der Naturges*, p. 751) suit une marche toute nouvelle; il fait, sous le nom d'Argonaute, un genre énorme, dans lequel il comprend la généralité des Céphalopodes, et, bien qu'il les distingue entre eux par des coupes qui correspondent aux genres établis dans cette classe, on ne peut trop se rendre raison de cette manière de voir.

La classification de Goldfuss est plus étonnante encore. Il place les Argonautes, limités d'après Linné, dans les Scutibranches, loin de tous leurs rapports naturels avec les Cabochons, les Fissurelles, les Emarginules, les Haliotides et la Carinaire. Dans sa première édition des Animaux sans vertèbres, Lamarck, n'envisageant que la Coquille comme base de sa classification, a placé aussi les Argonautes loin des Seiches, qui sont dépourvues de test extérieur; mais dans l'Extrait de son Cours de zoologie, ces Animaux sont rapprochés et établis dans un ordre plus naturel, *V.* Céphalopodes et Poulpes; les Argonautes y forment une section sous le nom de *Céphalopodes Testacés monothalames*. Nous montrerons, à l'article Poulpe, qu'ils ne forment qu'une seule famille avec ces derniers Animaux, et que la considération de la présence ou de l'absence de la Coquille n'est que secondaire. C'est cette idée que le docteur Leach a cru, avec raison, devoir adopter dans la classification des Céphalopodes qu'il a publiée (*Zoologic. Miscell.*, vol. III. 1817. p. 34), et où il divise les Mollusques de cette classe en Octopodes et Décapodes. Il remplace la dénomination d'Argonaute par celle d'*Ocythoë* proposée par Rafinesque (*Précis des découvertes et des travaux somiologiques*, Palerme, 1814, p. 29); mais nous n'en différons point sous ce rapport, car nous ne voyons aucun motif pour rejeter une dénomination aussi ancienne et aussi universellement adoptée. Les Argonautes fossiles sont extrêmement rares. Ils ont été appelés *Argonautites* par Montfort; mais Schlotheim et quelques autres auteurs les confondent dans les Nautiles.

Nous allons exposer les caractères de ce genre, et mentionner l'ensemble des espèces qui le composent, ce qui n'a point encore été fait.

Le genre Argonaute, *Argonauta*, Linné, *Syst. nat.*, ?? p. 1161; id., Bruguière, Lamarck, Daudin, Cuvier, Goldfuss, *Species generis Argonauta*, Schweigger, *Ocythoë*, Rafinesque, Leach, a pour caractères un test extérieur et unilocutaire, dans lequel l'Animal se contracte à volonté; tête couronnée de huit pieds inégaux, garnis de ventouses ou suçoirs, quelquefois pédiculés sur leur face interne, et alternant sur deux séries; les pieds supérieurs plus longs, élargis vers leur extrémité en forme d'aile ou de voile; test monothalame en forme de casque ou de nacelle, à carène large ou étroite, aplatie sur les côtés, spire courte et saillant dans l'ouverture, très-fragile, transparente et tuberculeux ou muni de côtes saillantes.

† *Pieds presque égaux, les deux supérieurs munis d'une aile spongieuse.*

1. *Arg. Cranchii*, Leach, *Philos. Transact.*, juin 1817. p. 296. pl. XII. f. 1 à 6; Isis, 1819. p. 257. tab. 3. f. 1-6. Cette espèce habite le golfe de Guinée.

†† *Pieds inégaux, les deux supérieurs munis d'une aile membraneuse.*

2. *Arg. Argo*, Linné, p. 1161; Gmelin, *A. Argo*, var. γ; Brug., Encycl. méth., *A. Argo*, var. A. *Arg. sulcata*, Lam., An. s. vert., 1re édit., p. 99. *Ocythoë antiquorum*, Leach, *Miscell.*, 1817. vol. III. p. 138.—α. Le grand Nautile papyracé, Favanne, t. 7. f. A. 2. A. 8. Gualtieri, *Ind.*, t. 12. f. A. Martini, *Conch. Cab.*, t. 17. f. 157. —β. Le grand Nautile à cannelures rameuses, Favanne, t. 7. f. A. 8. Gualtieri, *Ind.*, t. 11. f. A. Cette espèce habite principalement la Méditerranée, depuis l'Espagne jusque dans l'Archipel; on la trouve aussi dans l'Océan, aux Antilles; on la cite encore dans la mer des Indes et jusqu'aux îles Moluques; enfin Fabricius la mentionne sur les côtes du Groënland. Bruguière assure que les deux suivantes ne sont que des variétés de celle-ci; mais nous ne pouvons être de son avis sur ce point, les caractères qu'elles présentent suffisant assurément pour les en distinguer, et faire reconnaître au premier coup-d'œil les diverses variétés qui semblent les ressembler les unes aux autres. Vulgairement le Nautile papyracé, le grand Nautile, le Nautile à carène étroite. Quelques individus ont plus de huit pouces de longueur.

3. *Arg. tuberculata*, Shaw, *Natur. Misc.*, n. 995; id., Dillwyn, *Arg. Argo*, var. b, Gmelin; id., var. B, Bruguière. *Arg. nodosa*, Solander; *Arg. oryzata*, *Mus. gottwisian*. Le Nautile grain de Riz, Favanne, t. 7. f. A. 9; Gualt., *Ind.*, t. 12. f. B. Martini, *Conch. Cab.*, t. 17. f. 156. Cette

espèce, recherchée des amateurs, habite les mers des Grandes-Indes: Amboine, selon Rumphius ; la côte de Mozambique, selon Favanne, et les mers du cap de Bonne-Espérance, selon Humphrey. Vulgairement le Nautile papyracé à tubercules, le Nautile grain de Riz.

4. *Arg. hians*, Solander; *id.*, Dillwyn, *Descript. catal.*, p. 334. *Arg. Argo*, var. δ, Gmelin; *id.*, Bruguière, var. c. Le Papier brouillard, Favanne, t. 7. f. A. 6; Gualt., *Ind.*, t. 12. f. c; Martini, t. 17. f. 158 et 159. Cette Coquille, assez rare et chère, vit dans les mers des Grandes-Indes, dans celles de la Chine, selon Humphrey ; au cap de Bonne-Espérance, d'après Bruguière, et sur les côtes du Mexique, selon Favanne. Vulgairement le Nautile à large carène, le Papier brouillard, la Chaloupe cannelée, la Galère.

5. *Arg. Gondola*, Dillwyn, *Descript. cat.*, p. 335. *Arg. Argo*, var. ε, Gmelin ; *Arg. navicula*, Solander. Le Nautile à oreilles, Favanne, t. 7. f. A. 7; Martini, t. 18. f. 160. Cette espèce est fort rare; elle habite la côte de Mozambique et, dit-on, l'Ile-de-France.

6. *Arg. Haustrum*, Dillwyn, *Descript. cat.*, p. 335. *Arg. Argo* ζ, Gmelin; l'Ecope de batelier, Favanne, t. 7. f. A. 5; Martini, 1. p. 238. Vig. at., p. 221. f. 2. Cette espèce est un peu douteuse; on croit que c'est une monstruosité. Elle, vient des Grandes-Indes.

7. *Arg. Cymbium*, L., *Syst. nat.*, p. 1161; Martini, t. 18. f. 161. 162. Le petit Nautile vitré, Favanne, t. 7. f. c. 1; Gualt., *Ind.*, t. 12. f. D; Bruguière, Encycl. méth., p. 194. Cette espèce, qui n'a guère que deux à trois lignes de long, habite la Méditerranée. Comme on n'a point observé son habitant, et que sa forme la rapproche des Carinaires, il n'est pas impossible qu'elle appartienne à ce dernier genre.

Gmelin comprenait encore dans le genre Argonaute, l'*Arg. vitrea* (*Patella cristata*, Linné), qui est la Carinaire vitrée, *V.* CARINAIRE ; l'Arg. cornu, que nous plaçons, d'après Fichtel et Moll, avec Cuvier, dans les Dauphinules, *V.* ce mot (c'est l'Argonaute cornet à Bouquin de Bosc, Nouv. Dict. d'Hist. nat.; genre Lippiste de Montfort), et enfin l'*Arg. arctica* de Fabricius, *Clio helicina* de Phips, qui est un Ptéropode du genre Limacine, *V.* ce mot.

Les espèces fossiles de ce genre sont:

1. *Nautilites Argonauta*, Schlotheim, *Naturg. Verstein*, im *Leonhard, Taschenbuch*, 7° an. p. 51. tab. 3. f. 1; *id.*, *Die Petrefact.*, p. 84. n° 7. D'après la description et la figure de Schlotheim, cette Coquille a beaucoup de rapport avec l'*Arg. Argo*. Il la cite dans un morceau de Calcaire alpin de la formation du Nagelfluehe du Rigi. Elle est fort rare.

2. Argonautile plissé, Montfort; Moll. du Buffon de Sonnini, T. III. p. 394. pl. 41. fig. 1. Trouvé dans les carrières de Caumont près Bonnelle, à quatre lieues de Rouen.

3. Arg. étoilé, Montfort, *loc. cit.*, p. 403. pl. 41. f. 2. des environs de Rouen.

4. Arg. caréné, Montfort, *id.*, p. 405. pl. 41. f. 3. Montagne Sainte-Catherine, près Rouen.

Nous n'avons jamais eu occasion de voir ces trois Coquilles, qui paraissent en effet appartenir au genre Argonaute, d'après les figures et les descriptions de Montfort. Nous ne citerons pas les petites espèces microscopiques qu'on rapporte encore à ce genre.

      (F.)

ARGONAUTIER. MOLL. C'est le nom donné par Lamarck (Ani. s. vert. prem. édit. p. 99) à l'animal de l'Argonaute. On sait que cet savant avait adopté, pour les Animaux de chaque genre de Coquilles, une terminaison dérivée du nom générique. Cet usage n'a pas été adopté. *V.* ARGONAUTE.

      (F.)

*ARGONAUTITES. *Argonautites.* MOLL. FOSS. C'est le nom donné par Montfort (Hist. nat. des Moll. du Buffon d e Sonnini, T. III)aux Argonautes fossil es, confondus dans les Nautilites , par Schlotheim et par plusieurs autres naturalistes. *V.* ARGONAUTE.

(F.)

ARGOPHYLLE. *Argophyllum.* BOT. PHAN. Genre placé parmi les Ericinées à ovaire totalement ou demi-infère (Vacciniées de quelques auteurs). Son calice est quinquefide , sa corolle à cinq divisions. Plus intérieurement est un tube , dont la forme est celle d'une pyramide quinquangulaire et tronquée , et le limbe frangé. C'est au-dedans de ce tube , et sur le calice , que s'insèrent les étamines, au nombre de cinq, à filets courts , à anthères présentant quatre sillons, mais non deux appendices comme plusieurs genres voisins. L'ovaire, à demi-adhérent , devient une capsule à trois loges polyspermes, s'ouvrant en trois parties. — Forster à établi ce genre d'après un bel Arbrisseau rencontré par lui dans la Nouvelle-Ecosse. Ses fleurs sont en panicules axillaires; ses feuilles, alternes et pétiolées, ont leur face inférieure couverte d'un duvet argenté , qui a fait donner son nom au genre. *V.*, pour ses détails , Lam., Illus. tab. 3. (A. D. J.)

ARGOUBHI. MAM. Même chose qu'Agouti , chez les Caraïbes. *V.* CABIAI. (B.)

ARGOUSIER ou **ARGOUSSIER** BOT. PH AN. Noms vulgaires de l'Hip-

Syn.
(A.)
ols.

dans la Méthode de Latreille : test en forme de bouclier , portant deux yeux et quatre antennes très-petites ; un bec dirigé en avant ; six paires de pieds : la première en ventouse , la seconde propre à la préhension , avec deux crochets ; et les quatre suivantes terminées par une nageoire formée de deux filets barbus sur leurs bords ; deux lames en nageoires à l'extrémité postérieure de leur queue. — On ne connaît jusqu'à présent qu'une espèce à laquelle s'appliquent les caractères qui précèdent. Cette espèce , mentionnée et figurée par un grand nombre d'auteurs, a été décrite et anatomisée avec beaucoup de soin par Jurine fils, qui l'a nommée Argule foliacé , *Argulus foliaceus.* Ce Crustacé a été mentionné, dès l'année 1666, par Léonard Baldner , pêcheur de Strasbourg , sous le nom de *Pou des Poissons.* Après lui Frisch , Lœfling, Baker en ont parlé. Linné (*Fauna Suec.* p. 497) l'a désigné sous le nom de *Monoculus foliaceus*, et l'a confondu ailleurs (*Syst. nat.*) avec le *Monoculus piscinus.* Géoffroy (Hist. des Insectes) en a fait un Binocle. C'est son Binocle du Gasteroste. Othon-Frédéric Müller (*Entomostraca*) l'a placé dans son genre Argule, et l'a appelé *Argulus Delphinus.* Fabricius (*Entom. Syst.*, T. II) a rapporté à cette espèce , sous le nom de *Monoculus Argulus*, un Crustacé qui ne lui appartient pas. Cuvier (Tabl. élément. d'Hist. nat.) l'a classé dans le genre Monocle , en l'appelant Pou de Têtard , *Monoculus Gyrini.* Latreille (Hist. nat. des Crustacés , T. IV. p. 128) en a fait d'abord un genre, sous le nom d'*Ozole*, et l'a réuni ensuite (*Genera Crust. et Ins.*) aux Binocles de Géoffroy. Dans son dernier ouvrage , il a adopté le genre Argule de Müller et de Jurine , tel que nous le mentionnons ici. Malgré les travaux de tous ces auteurs et deux bonnes figures de Hermann (Mém. aptérologique), l'Argule foliacé n'était que très-imparfaitement connu , quand les observations de Jurine fils (Ann. du Mus. d'Hist. nat., T. VII. p. 451) ont jeté le plus grand jour sur son anatomie, ses mœurs et ses caractères extérieurs. — Considéré à l'état parfait, son corps est long de cinq millimètres, et enveloppé supérieurement par un test verdâtre, transparent, légèrement convexe, divisible en trois portions ; l'une antérieure et moyenne nommée *chaperon*, les deux autres postérieures et latérales appelées *ailes*. Le chaperon supporte une paire d'yeux visibles également en dessus et en dessous ; il est arrondi en devant, et se termine postérieurement en une pointe mousse reçue entre les ailes, qui sont ovalaires et recouvrent en partie l'abdomen. L'Animal, vu inférieurement, présente d'avant en arrière, deux sortes de cornes terminées en crochet ; quatre antennes, dont deux antérieures de trois articles, situées à la base des crochets, et deux postérieures plus longues que les précédentes, et composées de quatre articles ; deux appendices pourvus de ventouses ; une seconde paire de pates coudées de cinq pièces, la première est armée de dents et la dernière munie de deux petits crochets recouverts d'une palette ; enfin, entre cette paire de pates, le cœur logé dans un tubercule ayant au devant de lui une trompe très-acérée et flexible. En arrière du tubercule, commence l'abdomen, qui est cylindrique, et n'adhère au test que par sa base. Il supporte de chaque côté quatre paires de pates natatoires terminées par deux articles pennés. Ces paires de pates sont toutes semblables entre elles, à l'exception que les deux premières ont un troisième article, et que la dernière présente chez les femelles deux petits prolongemens placés au-dessus de l'orifice du vagin. Chez le mâle, cette dernière paire et la précédente, c'est-à-dire la troisième, supportent les organes de la génération. L'abdomen contient de plus l'intestin, dans tous les cas, et la matrice dans les femelles. Il offre à son extrémité l'anus, situé entre deux lobes constituant la queue.

L'histoire des Argules est assez complète sous le rapport de l'anatomie et de la physiologie, pour que nous puissions en tracer ici une esquisse. — Le système nerveux de ce Crustacé consiste en un point noirâtre, à reflets éclatans, composé de trois lobes égaux, et qui paraît être le cerveau. Jurine ne fait mention d'aucun autre ganglion. — L'appareil digestif se compose d'un suçoir rétractile et protractile, situé entre les ventouses, et s'introduisant dans les chairs de l'Animal aux dépens duquel l'Argule vit, d'un œsophage très-court ; d'un estomac de forme ovale, donnant naissance à droite et à gauche à un prolongement intestinal qui se porte transversalement dans les ailes, et s'y divise en deux branches, qui elles-mêmes se subdivisent en un grand nombre de ramuscules. Cet estomac et ses expansions se distinguent facilement des autres parties par la matière brune qu'ils contiennent. L'estomac est terminé en arrière par un pylore gros, long et musculeux, qui s'ouvre dans un cœcum pourvu de deux appendices vermiformes, et aboutit au rectum, lequel va en se rétrécissant jusqu'à l'anus. Toutes ces parties, l'estomac surtout, ainsi que les prolongemens qui en dépendent, sont douées de mouvemens péristaltiques très-prononcés. — Nous avons fait connaître les quatre paires d'appendices abdominaux ; ces pates, en même temps qu'elles ont pour usage d'opérer la natation, paraissent aussi servir à la respiration, et méritent à ce titre le nom de pates branchiales. — Le système circulatoire consiste en un cœur logé dans un tubercule qu'avait été pris pour le suçoir. Ce cœur présente un seul ventricule, et non deux, comme le pensait Baker. En se contractant, il pousse devant lui un liquide qui gagne toutes les parties du corps, opère la nutrition de chaque organe, subit dans son trajet plusieurs changemens, et revient au cœur, pour en être chassé de nouveau et parcourir la même route ; mais ce sang, qui, dans la plupart des Animaux, circule dans des vaisseaux, paraît ici répandu et disséminé dans le parenchyme même des organes. On observe cependant des courans qui indiquent le sens dans lequel le liquide circule. Jurine a pu observer qu'à chaque contraction du cœur, il en partait antérieurement une colonne de sang, dont la direction ne tardait pas à changer, et qu'il a suivie dans une partie assez grande de son trajet, pour pouvoir établir la manière dont la circulation générale a lieu. Cette colonne sanguine est simple, ne se dichotome pas à la manière des artères, et si elle paraît se diviser, c'est pour se réunir, bientôt après, au tronc commun, au moyen d'une véritable anastomose. En dernier lieu, elle constitue un courant dorsal qui, se dirigeant d'arrière en avant, aboutit au point d'où elle était partie. Les caractères physiques du sang des Argules sont très-aisés à apercevoir. On reconnaît, à la simple inspection, que ce liquide est composé de globules diaphanes, très-petits, qui roulent les uns sur les autres.

L'appareil générateur consiste, dans la femelle, en une matrice située dans l'abdomen, au-dessus des intestins. Elle s'étend depuis la terminaison de l'œsophage, jusqu'à l'anus, où elle se continue avec l'oviductus, dont l'orifice aboutit à l'intervalle qui existe entre les pates natatoires de la dernière paire. Dans le mâle, les organes de la génération consistent en une vésicule remplie d'un liquide transparent, situé sur le premier article de la troisième paire de pates; c'est probablement un liquide fécondateur. En arrière de cette petite poche, et sur le bord antérieur du premier article des quatrièmes pates branchiales, on remarque un tubercule brun, de forme conique et de consistance cornée; dont la base est munie d'un petit crochet; c'est l'appareil copulateur. Chacune de ces parties étant double, les mâles sont pourvus de deux pénis et deux vésicules séminales, tandis que la femelle n'a qu'un oviductus. Ce fait,

attesté par Jurine, n'est en aucune manière analogue à celui que son père a observé dans des Animaux du même ordre (les Monocles), dont les femelles ont un double vagin, répondant au double appareil fécondateur du mâle; cependant notre auteur a vu plusieurs fois l'accouplement des Argules, et il dit avoir observé que le mâle employait l'un et l'autre organe pour exécuter avec une seule femelle deux accouplemens successifs. Quoi qu'il en soit, les préludes de cet acte important, la manière dont il s'exécute, l'ardeur du mâle qui attaque, le calme de la femelle qui ne répond pas de suite à l'empressement de ses désirs, seraient des objets bien dignes d'être décrits en détail, si la nature de cet ouvrage le permettait. Le mâle, pour effectuer l'accouplement, porte son abdomen latéralement, et le contourne de manière à croiser celui de la femelle; il l'embrasse alors supérieurement avec ses deux premières paires de pates natatoires, et s'étant ainsi cramponné, il engage en dessous les deux derniers appendices qui supportent l'appareil générateur. L'accouplement dure quelquefois plusieurs heures, et la fécondation des œufs contenus dans la matrice, en est le résultat; celle-ci, jusque-là très-petite, se distend de plus en plus jusqu'au treizième ou dix-neuvième jour, qui est le terme le plus éloigné de la gestation. A cette époque, la femelle pond ses œufs, en les plaçant ordinairement sur deux lignes, et les fixant à un corps solide, au moyen d'une sorte de gluten. Le nombre fourni par chaque ponte est très-variable; il est de cent à deux cents, et quelquefois s'élève à quatre cents. — C'est le trentecinquième jour environ, à dater de l'époque de la naissance, que le fœtus sort de son enveloppe; il a alors trois quarts de millimètre, et quoique sa forme ne soit pas la même que dans l'âge adulte, les organes de mouvemens sont tout-à-fait différens; cette différence est telle que Othon-Frédéric Müller, trompé par les apparences, a décrit ce Tétard, comme une espèce distincte, sous le nom d'*Argulus Charon*. Les principales dissemblances consistent dans l'apparence de deux longs bras en rames natatoires, situés, l'un au-devant des yeux, l'autre en arrière et dans l'absence des ventouses qui n'existent pas encore à la première paire de pates. Avant d'arriver à l'état parfait, le jeune Argule subit plusieurs mues, toujours accompagnées de quelques autres changemens notables. Les organes de la génération ne paraissent qu'après le cinquième jour; enfin, vers le vingt-cinquième et à la suite d'un très-grand nombre de mues qui se répètent tous les six à sept jours, l'Animal a pris tout son accroissement, et peut reproduire son espèce. — La nourriture de ces singuliers Crustacés est la même à tous les âges; ils vivent parasites sur les Epinoches, *Gasterosteus aculeatus*, Linn., ainsi que sur les Têtards de Grenouilles ou de Crapauds; ils se fixent à ces Animaux au moyen des ventouses que nous avons décrites, et se nourrissent à leurs dépens, en introduisant leur trompe acérée dans leurs chairs; s'ils veulent les abandonner pour en attaquer d'autres, ils cessent de contracter leurs ventouses, deviennent libres et nagent dans le liquide, au moyen des appendices dont leur abdomen est pourvu, jusqu'à ce qu'ils aient rencontré une proie qui leur convienne.   (AUD.)

* **ARGUROS. BOT. PHAN.** (Dioscoride.) Syn. de Mercuriale.   (B.)

ARGUS. *Argus*. OIS. Genre établi par Vieillot et adopté par Temmink, dans l'ordre des Gallinacés de ce dernier; voici ses caractères : bec de la longueur de la tête, comprimé, droit, nu à la base; mandibule supérieure voûtée, courbée vers le bout; natines placées latéralement au milieu de la mandibule supérieure, couvertes à moitié par une membrane; tête, joues et cou nus; tarses longs, grêles et sans éperon; les doigts de devant réunis par des membranes; pouce articulé sur le tarse; queue comprimée en

deux plans verticaux : les deux rectrices intermédiaires excessivement longues. Première rémige très-courte, les huitième, neuvième et dixième, plus longues. La seule espèce de ce genre qui nous soit connue, l'Argus, Luen, *Argus pavonius*, Tem.; *Phasianus Argus*, Lath. (*V.* les pl. de ce Dictionnaire, où sont figurés le mâle et la femelle), a plus de cinq pieds dans toute sa longueur, et il est à peu près de la grosseur du Dindon. La face, la gorge et une partie du cou sont nues, d'un rouge cramoisi : quelques poils noirs paraissent çà et là; le sommet de la tête et l'occiput sont couverts de petites plumes noires soyeuses, et d'autres plus longues, quoique fort étroites, à barbes désunies; le bas du cou, la poitrine et le ventre sont bruns, rougeâtres, nuancés de tiquetures jaunes et noires; le dos et les tectrices alaires sont bruns avec des taches noires, marquées de traits jaunes; les tectrices caudales sont jaunes, marquées de brun; les rémiges sont larges, couvertes d'yeux diversement colorés dans chaque rang de rémiges; les rectrices sont d'un brun-marron foncé, ornées de petits points blancs entourés de noir. La femelle n'a point le plumage aussi étendu que le mâle, ce qui la fait paraître beaucoup plus petite; sa tête et le dessus du cou sont d'un gris mêlé de brun et de fauve; la poitrine, le dos, les tectrices alaires et caudales sont d'un brun-roux bariolé, de noir; les premières rémiges d'un roux foncé, marqué de petits points noirs; les autres brunes, avec des bandes irrégulières d'un jaune sale.

Ce magnifique Oiseau habite les forêts obscures et sauvages de Java et de Sumatra, où il vit très-retiré; ce n'est même que depuis assez peu de temps que l'on est parvenu à l'habituer dans les basses-cours de Batavia, et tout porte à croire qu'il deviendra aussi commun que le Paon, auquel on le préfère à cause de la délicatesse de sa chair. Son cri, naturellement aigre et désagréable, s'adoucit un peu dans l'état de domesticité, ce qui ne fait qu'augmenter le plaisir que l'on prend à l'élever. Les dames de l'Inde se parent des belles plumes ocellées de l'Argus, et cette mode est même passée de l'Asie en Europe, où tout ce qui est nouveau est en possession de plaire. (DR..Z.)

ARGUS. REPT. Nom d'une espèce de Lézard de la section des Ameiva, V. LÉZARD, et d'une espèce de Couleuvre de la troisième section de Daudin. (B.)

ARGUS. POIS. Nom donné, comme spécifique, à plusieurs Poissons marqués de taches ocellées, tels qu'un Chétodon, un Lutjan, et un Pleuronecte. V. ces mots. (B.)

ARGUS. INS. Nom de plusieurs Lépidoptères diurnes, ayant sur les ailes des taches en figures d'yeux. Scopoli a employé ce nom comme générique. V. POLYOMMATE. (AUD.)

ARGUS. Argus. MOLL. Dénomination générique adoptée par Poli (Testac. utriusque Sicil. T. I. introd. p.52), pour distinguer un assez grand nombre de Lamellibranches (Mollusca sub-siliente, Poli), dont il donne à la Coquille le nom d'Argoderme, Argoderma. Il impose ce nom, dit-il, à cause d'un grand nombre de petits yeux verdâtres et brillans, qui ornent les cirrhes des bords du manteau de ces Mollusques. — Poli comprenait d'abord, dans le genre Argus, nous les Peignes, les Spondyles et les Limes. Il formait le genre unique de la quatrième famille, à laquelle il donne pour caractère trachea abdominali praedita, pede nullo, qu'il a conservé en séparant ensuite le genre Argus en deux, pour former le genre Glaucus, V. ce mot. Mais ce caractère n'est pas exact; car, selon l'observation de Cuvier (Règ. anim. tom. II. p. 459 et 463 notes), ce que Poli a pris pour une Trachée abdominale est un vestige de pied.

Il résulte des nouvelles observations de Poli (T. II. p. 102 et 148), que son genre Argus ne renferme plus

que les Peignes et les Spondyles; les limes lui ont fourni des caractères suffisans pour les en séparer et former le genre Glaucus. Il donne pour caractère au genre Argus, ainsi limité, une trachée abdominale, point de pied (nous venons de voir que ceci est contredit par Cuvier); l'abdomen ovale et comprimé; les branchies non réunies et élargies; le manteau pourvu (dans la plupart) d'un muscle rameux; ses bords garnis d'un grand nombre de cirrhes et d'yeux vert d'émeraude et pédonculés, un seul muscle adducteur, grand et central. — D'après les caractères que Poli donne au genre Glaucus, on voit que celui-ci diffère de l'Argus par l'absence du muscle rameux et des yeux verdâtres qui ornent les cirrhes du manteau. — Il donne comme type du genre Argus, d'après ses observations anatomiques, figurées pl. 22, 27, 28, le Spondylus Gaederopus et les Ostrea (Pecten) jacobaea, sanguinea, plica, varia de Linné, etc.

Malgré la ressemblance des Animaux, nous n'avons pas cru devoir conserver le genre Argus tel que l'a établi Poli, notre méthode étant fondée sur la réunion, l'ensemble des caractères de l'Animal et de sa Coquille; la considération de la construction de la charnière des Spondyles a suffi pour nous autoriser à les séparer des Peignes, et à suivre en cela l'exemple de tous les naturalistes de nos jours. V. PEIGNE et SPONDYLE.

Le nom d'Argus a encore été employé, et avant Poli, pour un Mollusque nu, et pour plusieurs Coquilles.

L'Argus de Bohadsch (An. Mar. cap. III. p. 65), ainsi nommé Argo par ce naturaliste, parce que les tentacules lui parurent terminés par un grand nombre d'yeux, est le Doris Argo de Linné. V. DORIS.

Plusieurs Porcelaines (Cyprœa), dont la Coquille est ornée de taches rondes, ont aussi reçu ce nom. Le grand Argus est la Cyprœa Argus; le petit Argus est la Cyprœa cribaria, le faux Argus est la Cyprœa

Exanthema de Linné et de Lamarck.
V. PORCELAINE. L'Argus fascié de
Favart d'Herbigny et de Bruguière
est, selon ce dernier, une espèce de
Pourpre qu'il avait l'intention de
nommer *Purpura Argus*. Il paraît que
c'est l'espèce figurée par Favanne,
tab. 32. f. F., qui semble se rapporter au genre Triton de Lamarck. Les
Dictionnaires répètent, d'après Bruguière, que c'est le *Purpura Argus*,
ce qui laisse dans le même embarras,
puisqu'on ne sait pas quelle est cette
Coquille. L'Argus fascié à bandelettes tuberculeuses et convexes de Favart d'Herbigny, est le *Murex Argus*
de Linné. *V*. ARGO-BUCCINUM. (F.)

* ARGUTOR. *Argutor*. INS. Genre
de l'ordre des Coléoptères, section
des Pentamères, établi par Megerle
aux dépens des Pœciles de Bonelli,
et mentionné par le général Dejean
(Catalogue des Coléoptères), qui en
possède dix-huit espèces, dont quelques-unes se trouvent en France
et aux environs de Paris. Ce genre est
intermédiaire aux Calathes et aux
Pœciles. *V*. ces mots. (AUD.)

ARGUZE. *Arguzia*. BOT. FRAN.
Même chose que Messerschmidia. *V*.
ce mot. (B.)

* ARGYCTIUS. Pois. Genre de
Poissons thoraciques, établi par Raffinesque, dont les caractères consistent dans la forme du corps très comprimée et conique, l'absence totale
de nageoire anale, une nageoire unique et fort étendue, qui règne dans
toute la longueur du dos, depuis le
front jusqu'près de la queue; et dans
les pectorales formées de trois rayons,
dont l'un est fort allongé en alêne.
Raffinesque ne mentionne qu'une espèce d'Argyctius.

ARGYCTIUS A QUATRE TACHES. *Argyctius quadrimaculatus*, sp. 146, et
t. I. f. 3. de son Ichthyologie sicilienne.
Ce Poisson, long de quatre pouces
tout au plus, a une forme assez singulière; sa queue, profondément
fourchue, a chacune de ses divisions
très-étroite et munie de trois rayons.
Sa couleur est argentée, brillante;

formée d'une substance peu adhérente comme dans certains Ables et
les Sphyrènes, avec deux taches sur
chaque côte du dos. D. 54? P. 5?
V. 3. A. o. c. 6. L'Argyctius à quatre
taches habite les mers de Sicile. (B.)

ARGYNNE. *Argynnis*. INS. Genre
de l'ordre des Lepidoptères, établi
par Fabricius, aux dépens des Papillons Nymphales de Linné, et ayant
pour caractères : antennes finissant
brusquement par un bouton court, en
forme de toupie ou ovoïde; palpes inférieurs écartés entre eux, terminés
brusquement par un article grêle et
aciculaire. Ce genre, dans la Méthode de Latreille (Considér. génér.),
appartient à la section des Diurnes,
famille des Papillonides; ailleurs
(Règne anim. de Cuv.), il le réunit
au sous-genre des Nymphales, qui
est classé dans la famille des Diurnes,
laquelle correspond à la section du
même nom. Les Argynnes ont les deux
pates antérieures très-courtes dans les
deux sexes, repliées, et n'étant d'aucun
usage pour la marche; les palpes s'élèvent manifestement au-delà du chaperon, et le second article est beaucoup plus long que le premier; les
crochets des tarses sont fortement bifides; les ailes inférieures, souvent
rondes, ont leur cellule discoïdale
ouverte postérieurement. Ce genre
peut être distingué au moyen
de ces caractères, de ceux qui l'avoisinent. Leur Chenille est plus
ou moins épineuse ou tuberculeuse;
leur chrysalide se tient suspendue
par l'extrémité postérieure, la tête en
bas, et n'est jamais enveloppée dans
une coque : ces Insectes habitent ordinairement les bois; les uns présentent, au-dessous des ailes, des taches
argentées ou nacrées; ils ont reçu le
nom vulgaire de *Papillons nacrés*;
leurs Chenilles sont appelés *Chenilles
épineuses*, à cause de deux épines,
ordinairement plus longues, qu'elles
portent sur le premier anneau. Les
autres n'offrent plus de taches métalliques, et ont été appelés *Papillons
Damiers*; leurs Chenilles sont dési-

gnées sous le nom de *Chenilles à fausses épines;* les tubercules de leurs corps sont seulement velus. Les espèces qui composent ce genre sont très-nombreuses. Latreille et Godart (Encycl. méthod. T. IX. p, 257-290) en décrivent soixante-trois espèces qui se rapportent toutes aux deux divisions suivantes.

†. Palpes inférieurs n'étant pas très-hérissés de poils ; le dernier article très-court ; Chenilles chargées d'épines, dont deux sur le cou. — Ici se rangent le genre *Argynnis* de Fabricius (Syst. Gloss.) ; l'espèce qui lui sert de type est l'Argynne, Tabac d'Espagne, *A Paphia,* ou le *Papilio Paphia* de Linné et de Fabricius (*Entom. Syst.*). Le *Pap. Valesina* de Herbst et d'Esper, ou le Valaisien d'Engramelle, est une variété de cette espèce ; celle-ci est assez commune dans toute l'Europe, au mois de juillet et d'août. L'Argynne nacrée, *Papilio Aglaia,* L., ou le Grand Nacré de Géoffroy, appartient à cette section, ainsi qu'un grand nombre d'autres. *V.* l'énumération la plus complète que nous connaissons des espèces dans l'Encyclopédie méthodique (*loc. cit*).

††. Palpes inférieurs très-poilus ; longueur de leur dernier article égalant au moins la moitié de celle du précédent ; Chenilles garnies de tubercules charnus et pubescens. — Ici se placent toutes les espèces du genre *Melitæa* de Fabricius (Syst. Gloss.) ; celle qui lui sert de type est l'Argynne Cinxia, *Melitæa Cinxia* de Fabricius (Syst. Gloss.), ou le *Papilio Cinxia,* L. C'est le Damier, variété C, de Géoffroy, ou le Damier, quatrième espèce d'Engramelle (Pap. d'Eur.), très-commune en France. Les Papilio *Euphrosyne, Dia,* de Linn. Les espèces que Fabricius nomme *Cinthia, Selene, Artemis, Phœbe,* etc., appartiennent aussi à cette division. *V.,* pour les autres espèces dont un grand nombre est exotique, l'Encyclopédie méthodique ; et pour celles des environs de Paris, l'Histoire naturelle des Lépidoptères, par Godart et Vauthier.   (AUD.)

* ARGYRODAMAS. MIN. (Pline.) Nom chez les anciens d'une Pierre qui avait de grands rapports avec celle qu'on appelait Androdamas, *V.* ce mot, et qui aujourd'hui ne nous est pas plus connue.   (B.)

ARGYRODONTE. POIS. C'est-à-dire *Dents d'Argent.* Synon. de Sciène Ombre. *V.* SCIÈNE.   (B.)

ARGYRÉE. *Argyreus.* INS. Genre de l'ordre des Lépidoptères, institué par Scopoli aux dépens des Hespéries ruricoles de Fabricius, et fondé sur des caractères peu importans dont les plus saillans sont : d'avoir des bandes dorées ou argentées sur les ailes avec des tâches arrondies ou en forme d'yeux. Ce genre est ensuite subdivisé en tribus. Latreille le réunit aux Polyommates. *V.* ce mot.   (AUD.)

ARGYREJA. BOT. PHAN. Loureiro, dans sa Flore de la Cochinchine, a établi ce genre auquel il donne les caractères suivans : un calice infère, coloré, velu, persistant et prenant de l'accroissement après la floraison, à cinq divisions dont deux extérieures plus grandes ; une corolle monopétale, dont le tube court est muni à sa gorge d'une membrane à cinq crénelures (que Loureiro appelle nectaire) et dont le limbe plié présente à son contour cinq découpures ; cinq anthères supportées par des filets épaissis et connivens à la base, et insérés à la gorge de la corolle. Le style les égale en longueur et se termine à un stigmate en tête. Le fruit est une baie sèche, à quatre loges dont chacune contient une graine arrondie par l'une de ses faces, anguleuse par l'autre.

Loureiro en décrit trois espèces originaires de la Cochinchine et de la Chine, où l'une d'elles, l'*Argyreia arborea,* est aussi cultivée dans les jardins. Ce sont des Arbrisseaux à fleurs disposées en corymbes, en panicules ou en grappes axillaires ou terminales, à feuilles alternes et entières, dont la surface pubescente présente une couleur argentée qui a fait donner le nom au genre. Il est placé à la tête des Convolvulacées, et dans la Pentandrie Monogynie de Linné.   (A. D. J.)

ARGYREIOSE. pois. Genre formé du *Zeus Vomer*, L. par Lacépède, mais qui ne compose qu'un sous-genre dans le Règne Animal de Cuvier. *V.* Vomer.   (b.)

ARGYROCHETE. *Argyrochæta.* bot. phan. Genre établi par Cavanilles et figuré table 378 de ses *Icones*; il semble devoir rentrer dans le genre Parthenium. *V.* ce mot.   (A. D. J.)

ARGYROCOME. bot. phan. Un involucre composé de folioles imbriquées, scarieuses et brillantes, dont les intérieures plus longues forment un rayon coloré; des fleurons androgyns et femelles mêlés; un réceptacle nu et glabre; une aigrette plumeuse : tels sont les caractères du genre que Gaertner nomme ainsi et qu'il a formé de plusieurs espèces du Xeranthemum de Linné, munies d'une aigrette plumeuse, et de plusieurs Gnaphalium dont l'involucre, le réceptacle et l'aigrette présentent les caractères indiqués plus haut. L'Argyrocome de Gaertner appartient donc à la famille des Corymbifères. Il en figure, T. 167. fig. 3., une espèce, l'*Argyrocome retorta.*   (A. D. J.)

*ARGYRODENDROS. bot. phan. (Commelin et Raj.) C'est-à-dire Arbre d'argent. Syn. de *Protæa argentea*, L. *V.* Prothæa.   (b.)

ARGYROLITHE. min. *V.* Argirite.

* ARGYROMELANOS. min. Nom d'une Pierre chez les anciens qu'on a cru reconnaître dans la Chaux sulfatée nacrée.   (b.)

ARGYRONETE. *Argyroneta.* arachn. Genre de l'ordre des Pulmonaires, de la famille des Fileuses ou des Aranéides, et de la première section des Tubitèles, établi par Latreille aux dépens du genre *Aranea* de Linné, et ayant pour caractères : huit yeux (ceux du milieu formant un carré; les autres situés de chaque côté et géminés); mâchoires presque droites, cylindriques, coupées obliquement à leur

sommet du côté interne, élargies à leur base; lèvre triangulaire, arrondie à son extrémité, dilatée à sa base; pates d'une étendue médiocre; la première paire étant la plus longue, la quatrième ensuite, et la troisième plus courte que toutes les autres; filières extérieures presque également longues. Walckenaer (Tabl. des Aran., p. 84) adopte ce genre, et le place dans sa division des Naïades. Lamarck (Anim, s. vert. T. v. p. 98) le réunit à celui des Araignées. —Les Argyronètes ont beaucoup d'analogie avec les Clubiones et les Théridions; elles diffèrent cependant des premières par la tronquature oblique des mâchoires, ainsi que par la forme triangulaire de leur lèvre; et on les distingue des seconds, qui appartiennent à une autre section, celle des Inéquitèles, par l'examen comparatif des caractères de ces deux sections; elles s'en éloignent encore, parce qu'elles tendent, ainsi que nous le dirons, leur toile dans l'eau.

Ce genre est composé, jusqu'à présent, d'une seule espèce, l'Argyronète aquatique, *A. aquatica*, Latr., Walck., ou l'*Aranea aquatica* de Linné, Fabricius, etc. etc.; elle a été décrite et figurée par Clerck (*Aran. suec.* p. 143, pl. 6., T. xiii. fig. 1, 2). Walckenaer (*loc. cit.* pl. 91, fig. 87 et 88) a représenté la bouche, et la position des yeux. Ces observateurs, ainsi que Degeer (Mém. Ins. T. xii. p. 395, n.° 3, pl. 19. fig. 5, 8), Lalande de Lignac (Mém. pour servir à commencer l'Histoire des Araignées aquatiques, in 8°, Paris, 1749, et in-12, ibid. 1799), Géoffroy (Ins. T. Hist. 2, p. 707), et quelques autres ont contribué à rendre plus complète l'histoire curieuse de cette Aranéide. Nous renvoyons, pour un grand nombre de détails, à leurs ouvrages, et nous nous bornerons à rapporter ici les points les plus saillans de cette histoire.

L'Argyronète vit dans les eaux tranquilles, mais non dormantes, et comme elle ne saurait respirer que de l'air, le procédé qu'elle emploie pour

s'en procurer mérite d'être décrit.
C'est à la surface de l'eau qu'elle vient
le recueillir; elle élève au-dessus de
ce fluide son abdomen qui entraîne
après lui une couche d'air assez étendue; au moyen de cette provision, elle
peut rester long-temps sous l'eau pour
y construire des piéges, s'y nourrir,
s'y accoupler, y reproduire son espèce, etc., etc.

Ses piéges consistent en des filets
soyeux disposés en différens sens, fixés
d'une part à des Plantes aquatiques, et
de l'autre à une sorte de coque centrale aussi de nature soyeuse, ovale, hémisphérique, ouverte à la partie inférieure. Cette coque, comparée
avec raison à une cloche à plongeur,
est remplie par l'air que l'Araignée y a
successivement introduit en rassem-
blant avec ses pates celui qui revêt
son corps, et en retournant à la surface de l'eau en chercher une quantité égale à celle employée. L'usage
de cette cloche se prévoit déjà; elle
fournit à l'Araignée une retraite
qu'elle peut habiter long-temps, à
cause du fluide respirable qui s'y
trouve approvisionné; mais de quel
moyen se sert l'Argyronète pour
changer cet air, lorsqu'il a été vicié
par la respiration? C'est une question
à laquelle nous ne sachons pas qu'on
ait encore répondu. Quoi qu'il en soit,
les femelles construisent ces demeures,
y transportent les Insectes aquatiques
qui sont devenus leur proie, y passent,
dit-on, l'hiver après en avoir fermé
l'ouverture, et y pondent des œufs
qu'elles enveloppent d'un cocon d'un
blanc éclatant. Les mâles, semblables sous quelques-uns de ces rapports
aux femelles, en diffèrent par des caractères importans; leur abdomen est
assez allongé, presque cylindrique,
avec l'extrémité postérieure un peu
courbée. Ils sont, en général, plus
grands, et ont les pates plus longues
que les femelles; mais ce qui les en distingue surtout, c'est l'organe sexuel
situé à l'extrémité de leurs palpes — La
ponte ne suit pas de loin l'accouplement, et a lieu vers le mois de mai ou
de juin. — L'Argyronète aquatique

est d'une couleur brune-noirâtre;
elle a sur le dos quatre points enfoncés, et une tache oblongue foncée; on la trouve assez communément au printemps en France, en
Suède, en Hollande, en Allemagne,
etc.   (AUD.)

ARGYTHAMNE. *Argythamnia.*
BOT. PHAN. Plante monoïque, appartenant à la famille des Euphorbiacées, décrite dans l'Histoire de la
Jamaïque de Brown, et dans la
Flore des Indes occidentales de
Swartz, figurée T. VIII de ce dernier
ouvrage. Dans les fleurs mâles, on
trouve un calice à huit divisions, dont
quatre intérieures, que Brown et
Swartz appellent pétales, plus courtes,
ciliées, avec quatre petites glandes
interposées; quatre étamines à filets
longs et saillans, et le rudiment du
pistil. Les fleurs femelles offrent un
calice à cinq divisions profondes et
un ovaire libre, couronné de trois
styles dont chacun se divise bientôt en
deux parties, bifides elles-mêmes à
leur extrémité. Le fruit est une capsule à trois coques dont chacune contient une seule graine et s'ouvre en
deux valves. On n'en a encore décrit
qu'une seule espèce, l'*Argythamnia
candicans*, Sw., Arbrisseau de la Jamaïque, de couleur blanc-cendré, à
feuilles alternes et parsemées de nervures, à fleurs disposées à l'aisselle
des feuilles ou à l'extrémité des rameaux en petites grappes, dans lesquelles les mâles plus petites sont
groupées supérieurement, tandis que
les femelles sont plus grosses, solitaires
en général et situées un peu plus bas.
Swartz regarde la Plante figurée, T. 86.
F. 3. de Sloane, et Adanson l'*Ate-
ramnus* de Brown, comme congénères de l'Argythamne.   (A. D. J.)

ARIA. BOT. PHAN. Espèce de *Cratægus* de Linné, rapporté au genre
Pyrus par Willdenow et au *Sorbus*
dans Persoon, d'après Crantz. *V.* SOR-
BIER.   (B.)

ARIA-BEPOU. BOT. PHAN. (Rhéed,
Malab. 4. t. 52.) Syn. d'Azedarach
au pays de Malabar.   (B.)

ARIANE. ins. Nom vulgaire donné par Engramelle à un Papillon diurne du genre Satyre. Cette espèce est la même que le Satyre de Géoffroy et le *Papilio Mœra* de Linné (*Syst. nat.*) ou le *Papilio Satyrus* du même (*Fauna Suecica.*) *V.* Satyre. (aud.)

ARIA-VELLA. bot. phan. (Rhéed, *Malab.* 9. t. 23.) Syn. de *Cleome viscosa.* Ꝉ. dans l'Inde. *V.* Cléome.
(b.)

* **ARICIE.** *Aricia.* **annel.** Genre établi par Savigny, et rangé par ce savant (Syst. des Annelides), dans l'ordre des Néréidées, famille des Néréides, section des Néréides Glycériennes. Ses caractères distinctifs sont : des acicules; point de mâchoires; trompe sans tentacule à son orifice ; antennes égales, courtes, de deux articles ; point d'antennes impaires; point de cirres tentaculaires; la première paire de pieds et les suivantes, jusqu'au vingt-troisième segment, en crêtes dentelées; cirres inférieurs comme nuls ; les supérieurs allongés, existant à tous les pieds sans interruption, de même que les branchies qui sont distinctes.

Les Aricies ont le corps linéaire, convexe à sa partie inférieure, aplati supérieurement, et composé d'anneaux très-nombreux et courts; la tête est libre et petite; la bouche est composée d'une trompe courte, non articulée, sans tentacules ni mâchoires, et garnie seulement de plis saillans ; les yeux sont peu distincts ; les antennes, au nombre de quatre, s'observent sur les côtés de la tête, et sont très-petites; le corps supporte les pieds et les branchies; les pieds sont ambulatoires et de deux sortes ; les premières paires, jusques et compris la vingt-deuxième, présentent deux rames séparées ; la rame dorsale est munie de trois faisceaux de soies, et la rame ventrale garnie de soies fines, partagées en faisceaux, et d'un triple rang intérieur, très-serré , de grosses soies courbées à leur pointe. La vingt-troisième paire et les suivantes ont aussi deux rames, mais rap-

prochées ; la première est munie également de trois faisceaux, mais la deuxième n'en a qu'un seul. Ces rames sont pourvues de cirres, les supérieurs manquent aux quatre premières paires de pieds; les inférieurs ne sont point saillans. Les branchies n'existent pas aux dix-sept premières paires de pieds ; elles se montrent à la dix-huitième, jusques et compris la vingt-deuxième, et consistent en une languette, fixée à la base supérieure de la rame ventrale ; on les retrouve ensuite aux autres paires de pieds, mais elles consistent alors en deux languettes situées à la base de cette même rame; l'une est supérieure et l'autre inférieure.

L'espèce qui sert de type à ce genre est la seule connue ; elle habite les bords de l'Océan, et a été recueillie par Dorbigny. Elle porte le nom d'Aricie sertulée, *Aricia sertulata.* L'individu, observé par Savigny, n'était pas entier. Sa couleur générale est le gris-pâle, avec quelques reflets ; son corps est long de neuf à dix pouces, et composé de deux cent soixante-douze anneaux. Les soies des rames dorsales sont très-fines et d'un jaune-clair; celles des rames ventrales, qui sont courbées à leur pointe, ont aussi la même couleur, mais leur pointe est brune; les acicules sont petits et également bruns.   (aud.)

* **ARICOT. bot. phan.** Vieille orthographe de Haricot. *V.* ce mot.
(b.)

* **ARIDA. bot. phan.** (Dioscoride) Syn. d'*Echium. V.* ce mot.   (b.)

ARIEL. mam. (Bruce). Nom arabe qu'on donne sur les confins de l'Abyssinie à un Animal fort agile, qui vit en troupes, et qui paraît appartenir au genre Antilope.   (b.)

* **ARIEL. ois.** Syn. du Héron Butor, *Ardea stellaris*, Ꝉ. en Arabie. *V.* Héron.   (dr..z.)

* **ARIENA. bot. phan.** (Pline). Syn. de Bananier, selon Adanson.
(b.)

ARIGNAN - OUSSOU ou **ARI-**

36*

GNON-AUSSOÜ. ois. Noms brasi-
liens du Dindon ou du Hocco. (B.)

*ARILLE. *Arillus.* BOT. PHAN.
Lorsque le podosperme ou le trophosperme, c'est-à-dire, le support de la
graine, se prolonge sur elle dans
une étendue plus ou moins grande,
de manière à la recouvrir en partie ou
en totalité, on donne à ce prolongement le nom d'Arille. A la rigueur,
l'Arille ne devrait pas être considéré
comme un organe distinct, et recevoir un nom particulier, puisqu'il
n'est qu'une continuation du trophosperme. Cet organe est extrêmement
variable dans sa forme, son étendue,
sa couleur et sa consistance.

L'Arille n'est point une dépendance
de la graine, ainsi que plusieurs botanistes le prétendent. Il fait essentiellement partie du péricarpe, puisqu'il
se continue manifestement avec le
trophosperme, dont il n'est en quelque sorte que l'épanouissement. C'est
donc à tort qu'on le considère comme
un tégument accessoire de la graine,
avec laquelle il n'a aucune espèce de
communication, lui étant simplement
sur-appliqué.

Examinons les principales modifications que l'Arille peut offrir. Dans
le *Polygala vulgaris*, par exemple, il
forme une sorte de petite cupule trilobée, qui embrasse la base de la graine;
dans le Fusain à bois galeux, *Evonymus verrucosus*, il constitue une sorte
de petite utricule irrégulière, enveloppant les deux tiers de la graine, et
seulement ouverte à sa partie supérieure; tandis que dans le Fusain
ordinaire, *Evonymus europæus*, et
le Fusain à larges feuilles, *Evonymus
latifolius*, l'Arille forme une membrane mince et charnue, d'une belle
couleur rouge orange, qui recouvre
la graine dans sa totalité. Dans le
Muscadier, il se présente sous la forme d'une lame charnue, d'un rouge
plus ou moins vif, découpée en lanières étroites et inégales, qui recouvrent, en s'anastomosant plusieurs
fois entre elles, toute la surface de
la graine; c'est cet Arille du Musca-

dier, qui est si connu dans les pharmacies, et employé sous le nom de
Macis.

On a souvent confondu avec l'A-
rille plusieurs autres organes des Végétaux; ainsi, l'on a pris pour un
Arille la partie extérieure du tégument propre de la graine, qui est manifestement charnue dans le Jasmin
et le *Tabernæmontana;* il en est de
même de l'endocarpe qui, dans le
Café et plusieurs Rutacées, a été
mal à propos considéré comme un
Arille.

De l'examen attentif de l'Arille,
dans les différens genres qui en
présentent un, il est résulté une loi
générale à laquelle nous ne connaissons point encore d'exception : c'est
que l'Arille ne se rencontre jamais
dans les genres ou les familles à corolle monopétale. Le *Tabernæmontana*
semblait une exception à cette loi générale; mais son prétendu Arille,
mieux examiné, n'est manifestement
que la partie extérieure du tégument
propre de la graine, qui est molle et
charnu. Cette loi a servi d'indice pour
séparer le *Polygala*, qui est évidemment polypétale, des Rhinanthacées
qui ont la corolle monopétale, afin
d'en former une famille distincte.

On appelle arillé toute semence
qui est munie d'Arille. (A. R.)

ARIMANON. ois. Espèce du genre
Perroquet, Perruche Arimanon, Buff.
pl. enl. 455, *Psittacus accipitrinus*, L.
V. PERROQUET. (DE. F.)

ARIN-DRANTO. BOT. PHAN. Arbre
de Madagascar, dont le bois pourri, étant brûlé, répand un parfum
agréable, au rapport de Flacourt. (B.)

ARION. *Arion.* MOLL. Genre de
Gastéropodes, de l'ordre des Pulmonés et de la famille des Limaces,
ces mots établis par nous (Hist.
nat. des Moll. terr. et fluv. p. 55),
pour une partie des espèces comprises
par Linné, Müller et Draparnaud dans
le genre Limax. Avant que nous
en fissions occupé, les Mollusques
de ce genre avaient été peu observés,

et les naturalistes avaient passé légèrement sur des différences d'organisation, assez marquées pour autoriser l'établissement de deux genres parmi les Limax de Linné. Nous avons appliqué aux Animaux qui forment le nouveau genre dont il est question, le passage d'Ælien (*De Anim.* lib. 10. cap. 5), où cet auteur parle des Arions comme de Limaçons qui peuvent quitter leur coquille, et nous leur avons donné ce nom pour les distinguer de ceux auxquels nous réservons celui de Limas. Cette opinion d'Ælien s'est perpétuée jusqu'à nos jours. Albert-le-Grand, Gessner, Bruckmann, Kramer, trompés par la ressemblance qui existe entre eux, ont avancé que les Limaces n'étaient que des Limaçons qui avaient quitté momentanément leur coquille, opinion que les Grecs et les modernes ont émise aussi au sujet de l'Argonaute. Les auteurs du moyen âge sont remplis de détails sur les propriétés merveilleuses des Arions et des Limas. Ces détails sont, pour la plupart, empruntés de Pline qui lui-même en a pris une partie chez les auteurs grecs. *V.* LIMACE, où nous donnons toutes les généralités communes aux Mollusques de cette famille. Swammerdam nous a donné l'anatomie de l'*Arion Empyricorum* (Bibl. nat. T. 1. p. 162 tab. 9. f. 1 à 3.) C'est le premier qui s'en soit occupé d'une manière comparative avec celle du *Limax antiquorum.* Cuvier, dans ces derniers temps, en a fait le sujet d'un beau travail, auquel nous renvoyons pour les détails de l'organisation interne des Arions (Ann. Mus. T. 7, an, 1806, p. 140 à 184. pl. 8 à 9.)

Les Arions diffèrent des Limas à l'extérieur, par la présence d'un pore muqueux situé à l'extrémité de leur corps, à la réunion des bords du plan locomoteur, par l'épaisseur de ces bords, la situation de l'orifice respiratoire qui est placé plus en arrière que chez les Limas, par l'emplacement des organes de la génération, situés sous l'orifice respiratoire, tandis que, dans les Limas, ils se trouvent près du grand tentacule droit. Leur cuirasse est ordinairement chagrinée, tandis que, dans les Limas, elle est couverte de stries concentriques. Ceux-ci enfin ont un rudiment testacé dans l'intérieur de cette cuirasse; chez les Arions, on ne trouve qu'une poussière graveleuse sans agrégation. La manière de vivre des Arions est aussi un peu différente de celle des Limas; ceux-ci sont plus agrestes, ceux-là plus domestiques. En effet, on rencontre fréquemment la grosse Limace rousse ou noire, dans les celliers, les caves, les endroits humides des maisons. Tout le monde connaît les dégats que cette espèce occasione dans les potagers, les champs, et jusque dans les endroits bas et humides des habitations, en rongeant les livres, les papiers, etc. On s'est beaucoup occupé des moyens de s'en préserver et de les détruire. Le meilleur est, sans doute, d'assainir les endroits humides, de les rendre secs; mais lorsqu'on ne le peut pas, on réussit assez bien à prendre cette Limace et à en détruire les individus, en plaçant quelques vases pleins d'une eau gommée très épaisse dans les endroits qu'elle fréquente. On trouve des Arions dans toute l'Europe, en Afrique, sur la côte de Syrie. (V., pour de plus grands détails, notre Hist. nat. des Limaces, *loc. cit.* et supplément p. 16.)

Caractères génériques. Forme générale: corps plus ou moins allongé et ovale, obtus aux deux extrémités, demi-cylindrique, c'est-à-dire, concave en dessus et plat en dessous. Couverture: une cuirasse à la partie antérieure, finement chagrinée, contenant postérieurement une couche de particules calcaires, cristalliformes, blanches et pulvérulentes, parmi lesquelles on trouve souvent quelques graviers plus gros; peau du corps couverte de rugosités ou tubercules oblongs et glandiformes qui s'anastomosent; pied étroit sans saillie, occupant le milieu du plan locomoteur dont les bords sont larges, bien prononcés et séparés du corps par un sillon ; quatre tentacules conico-cylindriques, terminés en bouton, rétractiles, inégaux ; les deux supérieurs à l'occiput, longs ; les deux inférieurs sur le devant de la tête, courts ; deux yeux au sommet des grands ; cavité pulmonaire située sous la cuirasse ; orifice à son bord droit antérieurement ; orifice du rectum immédiatement contigu ; organes de la génération réunis, ayant leur orifice sous celui de la respiration ; un pore muqueux terminal à l'extrémité postérieure du corps, entre les deux bords du plan locomoteur.

Les espèces connues de ce genre, pour la description desquelles nous renvoyons à notre ouvrage, sont : 1. *Arion Empyricorum*, N., Hist. p. 60. pl. I à III ; *Limax ater*, *rufus*, *succineus* des auteurs. Tout le monde sait la faveur populaire dont jouit cette Limace dans certaines provinces, où les charlatans vendent la poudre qu'ils en tirent par la calcination, pour guérir plusieurs maladies. Elle habite toute l'Europe. Vulg. la grande Limace rousse, rouge, noire ou brune. — 2. *A. albus*, N., Hist. p. 64. pl. II. f. 3. *Limax albus*, Müll. Celle-ci habite les Alpes et le nord de l'Europe. — 3. *A. subfuscus*, N, *Limax*, Draparnaud, p. 125. pl. IX. f. 8. Elle se trouve dans le midi de la France. — 4. *A. melanocephalus*, N., suppl. à l'Hist. des Lim. p. 18. Elle habite le Dauphiné, départem. de l'Isère. — 5. *A. fuscatus*, N., Hist. p. 64. pl. II. f. 7. Elle vit aux environs de Paris. — 6. *A. hortensis*, N., Hist. p. 65. pl. II. f. 4, 6.   (F.)

ARISARON. BOT. PHAN. Du dict. de Déterville et de Dioscoride. *V*. ARISARUM.   (B.)

* ARION. BOT. PHAN. (Dioscoride.) Syn. de Glayeul. *V*. ce mot.   (B.)

* ARISARUM. BOT. PHAN. Linné avait réuni au genre *Arum* ou Gouet, l'*Arisarum* de Tournefort sous le nom d'*Arum Arisarum*. Mais le genre de Tournefort doit être conservé, et feu Richard l'a rétabli en lui assignant les caractères suivans : spathe tubu-

leux à sa partie inférieure ; le spadice porte quelques pistils inférieurement, et au-dessus il est couvert d'étamines distinctes ; son sommet qui est claviforme est nu. Les anthères sont bivalves, à loges transversales ; l'ovaire est surmonté d'un style simple que termine un stigmate élargi et plane. Toutes les graines sont attachées à la partie inférieure de l'ovaire. Ce genre diffère de l'Arum par la forme du spathe qui est tubuleux à sa partie inférieure, par l'absence des appendices stériles et cirriformes que l'on remarque au-dessus des fleurs mâles, et par la présence du style.

Une seule espèce appartient à ce genre, c'est l'*Arisarum vulgare*, Rich., ou *Arum Arisarum*, L. Petite Plante vivace dont la racine est tubéreuse, charnue, les feuilles molles, longuement petiolées et toutes radicales, et qui croît dans les provinces méridionales de la France, en Italie, en Espagne, en Egypte, etc.   (A. R.)

* ARISTALTHÆA. BOT. PHAN. (Cæsalpin.) Syn. d'Althæa ; *Hibiscu syriacus*, L. *V*. KETMIE.   (B.)

* ARISTE. *Aristus*. INS. Genre de l'ordre des Coléoptères, section des Pentamères, établi par Ziégler et adopté par Latreille (Règne Anim. de Cuv.). Il répond à celui de *Ditomus* de Bonelli. Les Aristes rangés (*loc. cit.*) dans la cinquième division de la famille des Carnassiers ou Adéphages, ont la tête grosse, le corselet en forme de croissant, et l'abdomen pédiculé à sa base. Ils se rapprochent par là des Scarites, et diffèrent des autres genres par leurs antennes composées d'articles presque cylindriques et par leurs tarses semblables dans les deux sexes. Dans quelques espèces, les mâles ont une proéminence au devant de la tête. Ces Insectes se tiennent ordinairement cachés sous les pierres, et habitent des cavités qu'ils creusent dans la terre. Leur démarche est lente ; leurs larves sont très-carnassières et vivent aussi dans des trous pratiqués dans la terre.

Les espèces qui composent ce genre

ont été trouvées en Afrique et dans le midi de l'Europe. Une d'elles s'est rencontrée aux environs de Paris, c'est l'Ariste Bucéphale, *A. Bucephalus* ou le *Scarites Bucephalus*, d'Olivier. (Coléopt. T. III.) Les Scarites *sphœrocephalus*, *calidonius*, le *Carabus interruptus* du même, le *Carabus Buprestoides?* de Linné, le *Scarites Dama* de Rossi (*Fauna etrusca, Mant.* 1.), ainsi que le *Calosoma longicornis?* de Fabricius, peuvent être rapportés au genre Ariste.   (AUD.)

ARISTE. *Aristea*. BOT. PHAN. Iridées, Juss., Triandrie Monogynie, L. Ce genre présente une spathe bivalve, un calice à six divisions ouvertes et égales, trois étamines courtes, un ovaire infère, un style arqué que termine un stigmate infundibuliforme, à bord frangé et à trois angles peu marqués, une capsule oblongue et trigone. Aiton a établi ce genre dans son *Hort. Kewensis*, d'après l'*Ixia africana* de Linné. Persoon en mentionne cinq espèces originaires du Cap, dont deux sont figurées t. 10 et 60 d'Andrew.   (A. D. J.)

* ARISTENIE *Aristenia*. ANNEL. Genre de l'ordre des Néréidées et de la famille des Amphinomes, établi par Savigny (Syst. des Annelides). Ce genre diffère des Chloés, des Pléïones et des Euphrosynes, par le nombre des cirres, qui n'est pas de moins de sept pour chaque pied. Il se distingue encore par un grand nombre d'autres caractères que l'auteur se propose de faire connaître l'orsqu'il aura étudié de nouveau ces curieux Annelides. L'*Aristenia conspurcata* sert de type au genre, et est figurée dans l'Atlas, pl. 2. des Annelides, fig. 4. Cette espèce habite les côtes de la Mer-Rouge.   (AUD.)

ARISTIDE. *Aristida*. BOT. PHAN. Famille des Graminées, Triandrie Digynie, L. Ce genre, établi par Linné, renferme des espèces d'un port élégant, fort nombreuses et très-faciles à reconnaître. En effet, leurs fleurs sont toujours disposées en panicule; leurs épillets sont uniflores,

formés d'une lépicène à deux valves inégales ; leur glume composée de deux écailles roulées ensemble et très-allongées, dont l'interne est plus petite, tandis que l'externe plus grande, coriace, et embrassant la première dans presque toute son étendue, est terminée à son sommet par une arête ou une soie profondément trifide, quelquefois même tripartite; les deux branches latérales sont tantôt égales, tantôt beaucoup plus courtes que celle du centre.

Palisot de Beauvois, dans son Agrostographie, a divisé les Aristides en quatre genres, d'après les différences de structure et les modifications de l'arète. Ces genres sont les suivans :

1°. *Chœtaria*, qui a pour caractères distinctifs : la paillette inférieure plus ou moins prolongée en pointe, terminée par trois soies le plus souvent égales. Ce genre renferme le plus grand nombre des espèces, entre autres l'*Aristida adscencionis*, *A. hystrix*, *gigantea*, etc.

2°. *Curtopogon*, dont la paillette externe est bifide à son sommet, et qui offre une seule soie tordue entre les deux dents de la paillette. A ce genre se rapporte l'*Aristida dichotoma* de Michaux. Les deux genres que nous venons d'examiner sont pourvus d'une soie, tandis que les deux suivans offrent une arète!

3°. Dans le genre *Arthratherum*, la paillette présente une véritable arête trifide au sommet, articulée et caduque, comme dans les *Aristida pungens* de Desfontaines, *stipoides* de Brown, etc.

4°. Dans le genre *Aristida* proprement dit, dans lequel Palisot de Beauvois ne laisse que l'*Aristida lanata*. L'arète est simple, ni articulée, ni caduque, placée entre deux soies latérales.

Quelle que soit l'importance de la distinction établie entre l'arète et la soie, cependant il nous paraît impossible d'adopter la distinction que Palisot de Beauvois a prétendu établir, et les quatre genres qu'il a formés doivent, à notre avis, rester réunis et constituer seulement quatre sections dans le genre *Aristida* de Linné. (A. R.)

ARISTOLOCHE. *Aristolochia.* BOT. PHAN. Ce genre, qui a donné son nom à la famille des Aristolochiées qu'il forme avec un très-petit nombre d'autres genres, et à laquelle il fournit la plus grande partie des espèces, offre les caractères suivans : un calice coloré, ventru à la base, où se trouve souvent un petit appendice dilaté à son sommet qui se prolonge en languette ; pas de corolle ; six anthères presque sessiles, insérées au-dessous des divisions du stigmate qui sont au nombre de six ; le style est extrêmement court ; le fruit est une capsule à six loges.

Les espèces qui composent ce genre sont des Herbes ou des Arbrisseaux dont la tige est ou dressée, ou faible et couchée, ou souvent grimpante ; les feuilles alternes entières ou lobées ; les pédoncules axillaires, chargés d'une, de deux ou de plusieurs fleurs. Ces espèces sont fort nombreuses. Persoon en indique quarante, et dans la partie Botanique du Voyage de Humboldt, dix nouvelles se trouvent décrites, et sept figurées (Tab. 110, 117.) Il suffira de rappeler ici celles qui offrent le plus d'intérêt, soit comme étant indigènes, soit comme cultivées dans nos jardins, soit enfin par l'utilité que la médecine tire de quelqu'une de leurs parties.

Nous citerons donc parmi les espèces à tige dressée : l'*Aristolochia Clematitis*, L., la seule qui croisse aux environs de Paris où elle est assez commune, dont les feuilles sont en cœur arrondi, les pédoncules uniflores réunis au nombre de trois à six aux aisselles des feuilles, les corolles dressées, à languette oblongue ; elle est figurée tab. 1255 de sa Fl. Danoise. L'*A. rotunda*, L., dont les pédoncules sont solitaires.—Parmi celles dont la tige est faible et couchée, l'*A. longa*, L., et l'*A. Serpentaria*, L. connue sous le nom de Serpentaire de Virginie. Les racines de ces trois dernières espèces sont employées en médecine, et

il est probable que la plupart de leurs congénères offrent, à un degré variable, des propriétés analogues, et pourraient servir au besoin comme succédanées. — L'*A. Pistolochia*, L. qui se trouve dans le midi de la France.— Parmi les espèces à tige grimpante : l'*A. anguicida*, originaire d'Amérique, à laquelle sont attribuées des vertus qu'indique son nom. — L'*A. macrophylla* de Lam., *A. Sipho* de L'Héritier, dont les feuilles sont larges et cordées, dont les fleurs, réunies deux à deux, grandes, d'une couleur foncée et d'un aspect bizarre, se terminent par un limbe aplati et à trois lobes, et dont on forme, dans nos jardins, d'épais berceaux. Elle est figurée tab. 7 des *Stirp. nov.* de Lhéritier, et dans les planches du Dictionnaire des Sciences naturelles.

(A. D. J.)

Humboldt parle d'une espèce d'Aristoche qu'il a observée à la Nouvelle-Espagne, dont les fleurs sont si grandes que les Nègres s'en servent en guise de bonnets pour se garantir des ardeurs du soleil. (B).

ARISTOLOCHES ou **ARISTOLOCHIÉES.** *Aristolochiæ.* BOT. PHAN. Famille de Plantes dicotylédones, à pétales ou monopérianthées, à étamines épigynes, qui renferme des Végétaux herbacés ou sous-frutescens, le plus souvent sarmenteux et grimpans, à feuilles alternes, simples et pétiolées, ou plus rarement écailleux et dépourvus de feuilles ; leur ovaire est infère, à trois ou cinq loges ; le limbe du calice est tantôt divisé jusqu'à la base, tantôt tubulé, allongé, évasé vers la partie supérieure, et irrégulièrement configuré comme dans plusieurs espèces d'Aristoloches. *V.* ARISTOLOCHE. Les étamines insérées sur l'ovaire sont en nombre déterminé, mais variable dans les différens genres ; elles sont tantôt entièrement libres et distinctes, tantôt soudées intimement avec le style et le stigmate, de manière à ne former qu'un seul corps diversement configuré, placé au sommet de l'ovaire ; assez souvent le style est soudé avec les filets staminaux ; d'autres fois il est libre et surmonté par un stigmate à trois ou cinq branches rayonnantes.

Le fruit, dans les genres de la famille des Aristolochiées, est tantôt une capsule, tantôt une baie à trois ou cinq loges, renfermant chacune un grand nombre de graines attachées à l'angle rentrant ; et ces graines contiennent un embryon très-petit, renfermé dans un endosperme charnu.

Bernard de Jussieu avait placé la famille des Aristolochiées parmi les Monocotylédonées ; l'auteur du *Genera Plantarum* l'a transportée à la tête des Dicotylédonées, opinion que nous partageons entièrement, quoique quelques botanistes célèbres semblent encore douter de la véritable place que cette famille doit occuper dans la série des ordres naturels. En effet, dans l'*Aristolochia Clematitis*, L. nous avons trouvé l'embryon manifestement dicotylédoné.

Cette famille est peu nombreuse en genres : elle ne contient encore que l'*Aristolochia*, l'*Asarum* et le *Cytinus* ; encore n'est-il point certain que ce dernier genre doive y être réuni. Les caractères singuliers qu'il présente, nous paraissent propres à devenir le type d'une nouvelle famille que l'on pourrait désigner sous le nom de Cytinées. *V.* CYTINUS. (A. R.)

*ARISTOTELA. BOT. PHAN. (Adanson.) Syn. d'Othonna. *V.* ce mot.   (B.)

ARISTOTELÉE. *Aristotelea.* BOT. PHAN. (Loureiro.) Famille des Orchidées. Ce genre établi pour une Plante de la Cochinchine, paraît devoir rentrer dans le genre Neottia. *V.* ce mot.
                                (B.)

ARISTOTELIE. *Aristotelia.* BOT. PHAN. Genre dont la famille n'a pas encore été assignée avec certitude, établi par Lhéritier d'après un Arbrisseau du Chili qui y porte le nom de *Maqui*, et présente les caractères

suivans : un calice turbiné, quinquefide, épaissi intérieurement en un disque au pourtour duquel s'insèrent cinq pétales alternes avec les divisions du calice, et quinze étamines rapprochées entre elles par groupes de trois opposés à ces mêmes divisions ; leurs filets sont courts, leurs anthères longues, dressées et fixées par leur base au sommet des filets, biloculaires, et s'ouvrant supérieurement par deux pores ; Lhéritier dit les avoir toujours trouvées stériles ; doit-on en conclure que les fleurs sont dioïques ? Le nombre des divisions du calice et des pétales est quelquefois porté à six, et celui des étamines à dix-huit. L'ovaire est supère, très-petit, surmonté de trois styles ou d'un style trifide, que terminent trois stigmates. Il devient une baie pisiforme, à trois loges, contenant chacune une ou deux graines convexes d'un côté, anguleuses de l'autre, et qui logent dans un périsperme charnu un embryon plane, à radicule ascendante et en sens contraire du hile qui est inférieur.

Les rameaux sont opposés, ainsi que les feuilles qu'accompagnent des stipules caduques ; les fleurs disposées en grapes axillaires ou terminales. Les baies sont acidules et bonnes à manger ; on en fait, au Chili, une boisson qu'on emploie contre les fièvres malignes, et dont les propriétés médicinales paraissent avoir été vérifiées par l'expérience de Dombey.

Ce genre est figuré dans la tab. 16 des *Stirp. nov.* de Lhéritier ; la tab. 12 du Prodr. de Ruiz et Pavon ; la t. 399 des Illust. de Lamarck.

Commerson, dans ses manuscrits, donne le nom d'*Aristotelia* à un Arbre résineux de l'Ile-de-France, le *Terminalia angustifolia*, appelé aussi Benjoin dans le pays.   (A. D. J.)

* ARITRILLIS. BOT. PHAN. (Dioscoride.) Syn. de Mercuriale.   (B.)

* ARIVOA. BOT. PHAN. (Aublet). Espèce de Jambrosier de la Guyane.
                                (A. R.)

ARJALAS. BOT. PHAN. *V.* ARGIELAS.

ARJONA. **bot. phan.** Genre ainsi nommé en l'honneur d'un botaniste espagnol, par Cavanilles qui lui assigne les caractères suivans : un calice composé de deux petites folioles persistantes ; une corolle infundibuliforme, dont le tube est allongé, le limbe ouvert et quinqueparti ; cinq étamines à filets très-courts, insérés près de la gorge de la corolle, à anthères oblongues et incluses ; un ovaire libre, couronné par cinq petites écailles qui entourent la base d'un style filiforme, de la longueur du tube, et fermé par deux, quelquefois trois stigmates. Le fruit est une baie globuleuse à deux loges.

L'espèce que Cavanilles a décrite et figurée (*Icon.* tab. 383), la seule connue jusqu'ici, est une petite Plante herbacée, à tige droite et ramifiée, à feuilles alternes, embrassantes, petites et squamiformes, à fleurs terminales et sessiles, à racine fusiforme, dont les fibres portent des tubercules qui lui ont fait donner le nom spécifique de *tuberosa*. Elle a absolument le port d'un *Gnidia*, genre de la famille des Thymélées, auprès duquel celui-ci doit prendre place, en réformant quelques-uns des caractères donnés par Cavanilles. Ainsi, on doit considérer comme des bractées ce qu'il appelle folioles calicinales, comme un calice ce qu'il appelle corolle, et douter de l'existence de deux loges. En effet, la section horizontale du fruit qu'il figure, semble représenter moins une baie biloculaire qu'une seule graine bilobée. (A. D. J.)

* ARKÉSINE. **géol.** (Jurine.) Paraît être identique avec la Protogine du même auteur. *V.* Roche. (B.)

ARLE. **ois.** Même chose que Harle. *V.* ce mot. (B.)

ARLEQUIN. **ois.** Espèce du genre Colibri. *Trochilus multicolor*, Lath. Histoire des Colibris, pl. 39. *V.* Colibri. Klein et Rai ont donné le même nom à un Bec-Fin et à un Gobe-Mouche, mais leurs descriptions ne paraissent pas bien exactes. (DR. Z.)

ARLEQUIN DE CAYENNE. **ins.**

Nom vulgaire d'une belle espèce de Coléoptère, du genre Macrope. *V.* ce mot. (AUD.)

* ARLEQUINE. **moll.** Nom vulgaire de plusieurs Coquilles du genre Porcelaine. L'Arlequine proprement dite ou l'habit d'Arlequin est une variété du *Cypræa arabica*; la fausse Arlequine ou l'Arabique, *V.* ce mot, est la *Cypr. arabica*, L. et Lamk; l'Arlequine vraie est la *Cypr. Histrio* de Gmelin et Lamak ; *Cypr. Arlequina* de Chemnitz. *V.* Porcelaine. (B.)

* ARLEQUINÉ. **rept. saur.** Espèce d'Agame. *V.* ce mot. (B.)

ARMADILLE. **mam.** Nom collectif donné par les premiers voyageurs qui visitèrent le Nouveau-Monde, aux Quadrupèdes couverts de cuirasses écailleuses, tels que les Tatous. Séba l'étendit aux Pangolins de l'île de Ceylan. (B.)

ARMADILLE. *Armadillo.* **crust.** Genre de l'ordre des Isopodes, section des Ptérygibranches, établi par Latreille, et ayant pour caractères selon lui : quatre antennes, dont les intermédiaires très-petites, à peine distinctes, et dont les extérieures ou latérales sétacées de sept articles, insérées dans une fossette relevée sur les bords ; appendices latéraux du bord de la queue ne faisant point de saillie, terminés par un article triangulaire ; corps se roulant en boule.

Cuvier (Journ. d'Hist. nat., T. ii) a désigné, sous le même nom, un genre d'Insectes myriapodes, appelé depuis Gloméris (*V.* ce mot), par Latreille. Les Armadilles de cet auteur, dont il est ici question, diffèrent des Cloportes, des Ligies et des Philoscies par leurs antennes, et avoisinent au contraire, sous ce rapport, les Porcellions, dont ils s'éloignent cependant par les appendices postérieurs de la queue qui n'offrent pas de saillie ; ils se distinguent, d'ailleurs, de tous les Crustacés ptérygibranches, par la propriété qu'à leur corps de se contracter en boule. Celui-ci est très-convexe en-dessus, et plus ou moins concave en-dessous. Les organes respiratoires sont renfermés dans la duplicature de petites écailles branchiales et supérieures, du dessous de leur queue, présentant une rangée de trois à quatre petites ouvertures pour l'introduction de l'air. C'est aussi sous des valves de la partie inférieure du corps que ces Animaux conservent leurs œufs qui y éclosent ; ils ont, du reste, beaucoup d'analogie de mœurs avec les Cloportes, et habitent, comme eux des lieux humides, tels que les caves, les trous des murailles, les fentes des rochers ; on les rencontre dans toutes les saisons, l'hiver excepté ; à cette époque, ils sont engourdis ; leur démarche est lente.

Parmi le petit nombre d'espèces décrites jusqu'à ce jour, nous remarquerons :

1°. L'ARMADILLE COMMUN, *Armadillo vulgaris* ou l'*Oniscus Armadillo* de Linné, décrit et figuré par Cuvier (*loc. cit.* pag. 23. pl. 26. fig. 14, 15), et par Sulz (Hist. Ins. tab. 30. fig. 15). Il sert de type au genre, et se trouve communément sous les Pierres. L'*Oniscus cinereus* de Panzer (*Faun. Insect. Germ.* fasc. 62. fig. 22) est une variété de cette espèce.

2°. L'ARMADILLE DES BOUTIQUES, *Armadillo officinalis*, Duméril (Dict. des Sc. natur. T. III. p. 117); elle est grise, et a le second anneau du corps très-grand et échancré. Cette espèce, regardée autrefois comme apéritive, fondante et diurétique, était employée en médecine contre les affections de poitrine et la jaunisse ; elle est originaire de l'Italie. (AUD.)

* ARMADO. POIS. (Delaroche.) C'est-à-dire *Armé*. Syn. de Malarmat aux îles Baléares. *V.* TRIGLE.
(B.)

ARMARINTE ou ARMARINTHE. BOT. PHAN. Même chose que Cachryde. *V.* ce mot. (B.)

ARMÉ. POIS. Nom vulgaire d'un Silure, *Silurus militaris*, L., ainsi que des *Cottus quadricornis*, L. et

Cataphractus, L. *V.* SILURE et COTTE. (B.)

* ARMEL. BOT. PHAN. Syn. de *Peganum Harmala*. L. *V.* PEGANUM.
(B.)

ARMELLINA, ARMELINI et ARMELLINO. MAM. Syn. d'Hermine. *V.* PUTOIS. (A. D..NS.)

ARMENISTAIRE. *Armenistaria*. ACAL. Syn. de Méduse dans quelques pays maritimes. (LAM..X.)

ARMENTA. MAM. (Laët.) Animal d'Amérique, qui paraît un Bison. *V.* BŒUF. (A. D..NS.)

*ARMENTINE. MIN. (Lametherie.) Vulgairement Pierre d'Arménie. Variété de cuivre carbonaté bleu. *V.* CUIVRE. (B.)

ARMES. ZOOL. Organes dont un excès relatif de développement donne à certains Animaux des moyens d'attaque ou de défense. — A l'exception de quelques produits de sécrétion, comme la liqueur noire des Seiches et des Aplysies, les gaz fétides des Mouffettes, et les commotions électriques de plusieurs Poissons non congénères, tels qu'un Gymnote, un Silure, etc., les Armes, dans tout le reste des Animaux, sont des dents, des ongles, des cornes ou d'autres organes pileux et épidermiques.

Dans les Poissons seulement, le système osseux pousse à l'extérieur de la peau des productions propres à cet emploi. Les Armes osseuses les plus remarquables sont les intermaxillaires prolongés du *Squalus Pristis* et du *Xiphias Gladius*. Dans les Spares, les Perches et quelques genres voisins, les os operculaires et quelques autres os de la tête sont hérissés de dentelures et d'épines, qui sont aussi de véritables Armes. — Mais chez les Poissons, les Armes osseuses les plus communes sont les premiers rayons des nageoires dorsales et thoraciques. Il y a surtout un mécanisme fort remarquable dans le premier rayon de la nageoire thoracique des Silures et les deux premiers de la dorsale de plusieurs Balistes. Ces rayons se meuvent et se fixent comme la lame des couteaux à ressort. Ces prolongemens osseux des Poissons sont toujours couverts d'épiderme.

Les dents, les ongles et les cornes sont les Armes offensives des Mammifères. Les dents et les ongles tranchans sont exclusifs des cornes et réciproquement. Excepté l'Éléphant et le Dugong, dont les défenses sont des dents incisives, ce sont toujours les canines qui arment la bouche des Mammifères. On avait été induit en erreur sur l'implantation de la dent du Narwhal, comme nous le démontrerons à son article. Sa longue défense est une canine; les Ruminans seuls ont des cornes à la tête. Il est inutile de dire que ces Armes sont toujours mises en mouvement par des muscles proportionnés, et qui nécessitent sur les os qui les support ou les avoisinent une correspondance de dépressions et d'arêtes également proportionnées. — Il n'y a pas une loi de coexistence régulière entre les dents et les ongles, comme il y en a une d'exclusion entre ces deux sortes d'organes et les cornes. Dans les Carnassiers cependant, le degré de carnivorité se mesure bien sur la figure et la grandeur des canines et des ongles, qui y suivent réellement un même progrès; mais dans les Edentés et les Tardigrades au contraire, des ongles plus forts, plus grands même proportionnellement que ceux des Chats, coexistent avec l'absence absolue d'incisives, de canines et quelquefois même de molaires. — Dans les Tatous, les Pangolins, et dans tous les Reptiles non batraciens, l'endurcissement de l'épiderme par l'exhalation d'un mucus plus abondant ou plus dense, peut-être même chargé de quelques sels calcaires, compose les boucliers, les cuirasses et les côtes écailleuses qui protègent ces animaux. — Dans les Porcs-Epics, les Hérissons, les Tenrecs, les Echidnés et les Rhinocéros, un développement excessif des poils produit, par plusieurs emboîtemens coniques, les piquets et

les épines des quatre premiers genres, et, par leur aggrégation, les cornes du dernier. Excepté l'Ornithorynque, dont l'espèce d'ergot du pied de derrière est creux pour l'écoulement d'une liqueur empoisonnée, aucun Vertébré n'est venimeux par ses ongles ou par d'autres organes épidermiques. Dans les Vipères, une salive empoisonnée s'écoule par le canal de leurs crochets mobiles, avec et non sur l'os maxillaire.

Dans les Oiseaux, le développement des plumes et des ongles semble avoir absorbé tous les matériaux des dents, déjà appauvries dans les Edentés au profit des organes épidermiques. Les Armes des Oiseaux sont le bec et les ongles. Plusieurs espèces parmi les Echassiers, et une seule parmi les Palmipèdes, portent des ongles aux doigts de leurs ailes; le Casoar des Moluques en porte quatre; le Kamichi, les Pluviers spinosus et Cayanus et l'Oie de Gambie deux. Quelques Oiseaux portent aussi sur la tête des végétations osseuses, comparables aux cornes des Ruminans. Ces végétations sont coiffées d'une enveloppe cornée; elles sont creuses le plus souvent. Telles sont le casque du Casoar, déjà cité, celui des Calaos, des Pintades, etc. Elle est solide et d'une dureté pierreuse dans le Crax-Pauxi et dans un genre encore inconnu d'Oiseaux que ce seul caractère doit peut-être séparer des Calaos, dont on l'a rapproché. Le Muséum possède deux crânes mutilés de cet Oiseau. — Le tarse de beaucoup de Gallinacés et de quelques Echassiers est aussi armé d'une sorte d'épine appelée ergot, qui se développe plus dans les mâles que dans les femelles; mais l'Arme principale des Oiseaux est leur bec, dont les variations de figure offre d'excellens caractères de classification.

Dans les Poissons et les Reptiles, l'armure des mâchoires varie beaucoup pour la forme et l'insertion des dents, souvent implantées sur des os qui n'en portent pas dans les Mammifères. Ces os sont les palatins, les ptérygoïdiens et le vomer pour ces deux classes; les pharingiens et les hyoïdiens pour les Poissons seulement; chez ces derniers, l'os maxillaire n'en porte jamais. Les boucles des Raies nous semblent, comme à Blainville, n'être que des dents développées dans la peau. Telle est aussi vraisemblablement la nature de l'espèce d'épée tranchante qui arme la queue de la Mourine et de la Pastenague. Dans l'épaisseur de la cuirasse des Crocodiles, il se développe même de véritables os qui y forment des lignes de renforcement.

Dans les Insectes et les Crustacés, les Armes sont encore des prolongemens de la peau endurcie; les tests et les Coquilles des Mollusques ne sont autre chose que des dépôts calcaires exhalés et solidifiés dans l'épaisseur du manteau, et que l'on pourrait considérer comme des armes défensives.   (A. D. N.)

Des suçoirs, des crochets et des poils arment les Vers intestinaux; les Echinodermes, enveloppés d'un test couvert de piquans nombreux et mobiles, blessent celui qui veut les saisir. Les Méduses sont enduites d'une humeur âcre et brûlante, qui produit, quand on les touche, une sensation analogue à celle des Orties. Des Eponges, des Antipates, des Gorgones, des Alcyons possèdent la même propriété. Les Polypes des grands Polypiers madréporiques bravent les attaques de leurs ennemis dans leurs cellules calcaires. Ainsi la nature a donné à ces Animaux des Armes variées, mais plus nombreuses pour la défense que pour l'attaque.   (LAM. X.)

* ARMES. BOT. On désigne sous ce nom les aiguillons et les épines des Végétaux. V. Linné. V. Épines.

* ARMLAGHION. BOT. PHAN. Dioscoride.) Syn. d'Arum Dracunculus (V. Gouet), ont aussi reçu ce nom.

* ARMILLA. MOLL. d'après Aldrovande (Aquat. p. 407. Chama patella) ce est le nom espagnol d'une Coquille bi-

valve qu'Adanson applique à sa Came-Clonisse. Celle-ci est la *Venus verrucosa* de Linné et de Lamarck. V. Vénus.   (F.)

* ARMILLARIA. BOT. CRYPT. (*Champignons.*) Ce sous-genre établi par Fries (*Systema mycologicum*, tom. I. p. 26.) dans le genre Agaric, appartient à la tribu des Leucosporées ou Agarics dont les feuillets ne changent pas de couleur; il est caractérisé ainsi : tégument simple, ne couvrant que la face inférieure du chapeau, adhérent au pédicule et au bord du chapeau, et persistant sous forme d'anneau; pédicule plein, solide, fibreux; chapeau charnu, convexe, à épiderme toujours distinct du tégument; chair blanche, ferme; lamelles larges, inégales, se rétrécissant vers le centre, d'une couleur blanche ou jaunâtre. Fries en décrit douze espèces; nous en citerons pour exemple l'*Agaricus melleus* de Fries (*Agaricus annulatus*, Bulliard, t. 377.) Toutes ces espèces croissent en automne sur la terre ou sur les troncs des Arbres.   (AD. B.)

* ARMINE. *Armina.* MOLL. Raffinesque, dans son Prodrome, donne ce nom à un nouveau genre de Gastéropodes Inférobranches, qui paraît appartenir à la famille des Pleurobranches, et avoisiner le genre Linguelle de Blainville. Les caractères qu'il assigne à ce nouveau genre sont si brièvement exprimés, qu'il est difficile d'établir, à son sujet, une opinion positive. Voici ce qu'en dit Raffinesque : « corps oblong, déprimé; bouche nue, rétractile; les flancs lamelleux; l'anus à droite. » Il mentionne deux espèces de ce genre observées dans les mers de Sicile.

ARMINE TACHETÉE, *Armina maculata.* Dos roussâtre tacheté de blanc; deux petits tentacules ovalaires sur la tête; corps pointu en arrière.

ARMINE TIGRÉE, *Armina tigrina.* Dos noirâtre, varié de lignes ondulées blanches; point de tentacules; corps obtus postérieurement.   (F.)

ARMOIRIE. BOT. PHAN. Dérivé

d'*Armeria* latin, vieux nom de diverses Caryophyllées des champs, telles que *Dianthus superbus*, L., *Lychnis Flos Cuculi* et *Silene Armeria*, L.   (B.)

ARMOISE. *Artemisia*.. BOT. PHAN. Le genre Armoise fait partie de la famille des Corymbifères de Jussieu, Syngénésie Polygamie superflue, L. Il offre des capitules constamment petits, globuleux ou allongés, et comme cylindriques; leur phoranthe est convexe, tantôt nu, tantôt garni d'écailles sétacées; l'involucre, tantôt arrondi, tantôt cylindrique, est formé d'écailles imbriquées, arrondies, obtuses, minces et scarieuses sur leurs bords; les fleurons sont tous fertiles; ceux de la circonférence sont femelles; ceux du centre, beaucoup plus nombreux, sont hermaphrodites; dans les premiers la corolle est tubuleuse, renflée à sa base, rétrécie vers sa partie supérieure qui est simplement bifide, et comme tuberculée à sa face externe; le style est un peu plus long qu'elle, terminé par un stigmate dont les deux branches sont légèrement recourbées et obtuses; dans les fleurs hermaphrodites qui sont plus longues que les précédentes, la corolle est tubuleuse, le tube est un peu renflé dans sa moitié supérieure et terminé par un limbe court à cinq dents égales et réfléchies; les filets staminaux sont insérés vers le quart inférieur du tube; le synème ou tube anthérifère est profondément quinquefide à sa partie supérieure, c'est-à-dire, que les anthères ne sont guère soudées entre elles que par leur moitié inférieure; leur partie supérieure demeurant libre, et chacune d'elles étant terminée par un sommet très-aigu. Le fruit est obovoïde, c'est-à-dire, plus renflé à sa partie supérieure qui est entièrement dépourvue d'aigrette.

Linné a réuni en un seul les trois genres Aurone *Abrotanum*, Armoise *Artemisia* et Absinthe *Absinthium*, établis par Tournefort. Gaertner et quelques autres botanistes modernes ont de nouveau divisé le genre *Artemisia* de Linné en deux genres que nous ne considérons que comme de simples sections : l'*Absinthium*, caractérisé par ses capitules presque globuleux et surtout les soies qui garnissent son phoranthe ou réceptacle, et l'*Artemisia* dont les capitules sont ovoïdes et allongés, et le phoranthe nu. Nous citerons quelques-unes des espèces les plus intéressantes de ces deux groupes.

§ I. *Capitules globuleux : Phoranthe garni de soies.* (ABSINTHIUM.)

ABSINTHE OFFICINALE, *Artemisia Absinthium*, L. Cette espèce est vivace. Toutes ses parties sont recouvertes d'un duvet blanc, ce qui les fait paraître comme argentées; sa tige est herbacée, rameuse et comme paniculée. Ses feuilles sont bipinnatifides, à lobes obtus, cotonneuses sur les deux faces. Ses fleurs sont jaunes. L'Absinthe croît dans les lieux incultes et arides. On la cultive aussi pour l'usage de la médecine. En effet, c'est un médicament très-efficace. Sa saveur est extrêmement amère et aromatique; aussi l'emploie-t-on surtout comme tonique et stimulante, soit dans les faiblesses d'estomac, à la suite des fièvres de long cours, soit pour activer l'éruption des règles, soit enfin pour combattre les vers qui se développent dans le canal intestinal.

ABSINTHE EN ARBRE, *Artemisia arborescens*, L. Cette espèce est remarquable par sa tige ligneuse, haute de cinq à six pieds, nue dans sa partie inférieure, portant supérieurement des feuilles découpées et argentées, semblables à celle de l'absinthe ordinaire, avec laquelle elle a beaucoup de ressemblance. Ses capitules de fleurs sont plus arrondis et plus gros. Cet arbrisseau, originaire d'Italie, d'Espagne, de la Grèce, etc., se cultive dans les jardins d'agrément.

§ II. *Capitules ovoïdes : Phoranthe nu.* (ARTEMISIA.)

ARMOISE COMMUNE, *Artemisia vulgaris*, L. Cette Plante qui croît abondamment dans les lieux incultes, les décombres, le long des vieux murs, présente une tige haute de quatre à cinq pieds, rameuse et paniculée; ses feuilles sont bipinnatifides, à lobes lancéolés, aigus, blanches en dessous, vertes à leur face supérieure; les fleurs forment une grande panicule à la partie supérieure des ramifications de la tige. L'Armoise jouit à peu près des mêmes propriétés que l'Absinthe, mais à un degré plus faible.

ARMOISE DE JUDÉE, *Artemisia judaica*, L. C'est un petit Arbuste pubescent, haut d'environ un à deux pieds, d'une couleur grise cendrée; ses feuilles sont sinueuses, pinnatifides, cotonneuses, à lobes obtus; le lobe terminal est beaucoup plus grand. Les capitules sont pédonculés, et constituent une panicule terminale. Ce sont ces fleurs et celles de l'Armoise de Perse, *Artemisia-contrà*, L., qui sont connues dans le commerce sous les noms de *Sementine*, de *Barbotine*, de *Semen-contrà*, etc. On les emploie comme vermifuges.

La CITRONELLE OU AURONE DES JARDINS, *Artemisia Abrotanum*, L., est abondamment cultivée à cause de l'odeur suave de citron que répandent ses feuilles, surtout lorsqu'on les froisse entre les doigts; elles sont finement découpées en lobes linéaires; sa tige est sous-frutescente, haute de deux à trois pieds; ses capitules sont hémisphériques et pubescens. Elle croît naturellement en Orient et dans les contrées méridionales de l'Europe.

L'ESTRAGON, *Artemisia Dracunculus*, L., se fait facilement distinguer par ses feuilles simples, lancéolées, aiguës, vertes et glabres des deux côtés. Elles ont une saveur à la fois fraîche et piquante, et on les emploie fréquemment comme assaisonnement. On la mange en salade et l'on en parfume le vinaigre.   (A. R.)

ARMOL. BOT. PHAN. Syn. d'*Atriplex hortensis*, L. *V*. ARROCHE. (B.)

* ARMORARIA. BOT. PHAN. (Daléchamp.) Même chose qu'Armoise. *V*. ce mot.   (B.)

* ARMORATIA. BOT. PHAN. Seconde section, formée par De Candolle. (*Syst. veget.* 11. p. 360.) Dans le genre Cochlearia, dont le *Cochlearia Armoracia*, L., est le type, et que Baumgarten, d'après Ruppi, considère comme un genre auquel il a conservé ce nom tiré de Pline. (*Lib.* XIX, *Cap.* 5.) *V*. COCHLEARIA.   (B.)

ARMOSELLE BOT. PHAN. Nom vulgaire du genre *Seriphium* de Linné. *V*. SERIPHIUM.   (A. R.)

* ARMUS. POIS. (Gesn. *Aquat.* 96.) Poisson qu'on dit être orné des plus vives couleurs, et dans le corps duquel on trouve une Pierre. On ne sait à quel genre le rapporter.   (B.)

* ARN. OIS. Syn. de l'Aigle royal, *Falco fulvus*, L., en Allemagne. *V*. AIGLE.   (DR. Z.)

ARNAB, ERNAP ou ERNAPH. Noms arabes du Lièvre d'Afrique. *V*. LIÈVRE.   (A. D..NS.)

* ARNABO. BOT. PHAN. (C. Bauhin.) Syn. arabe de Zédoaire de Doronic, selon P. Æginete.   (A. R.)

* ARNAK. POIS. Nom arabe d'une Raie de la Mer-Rouge, encore très-peu connue et mentionnée par Forskahl.   (B.)

ARNAUCHO. BOT. PHAN. Syn. de Piment au Pérou,   (B.)

ARNAVEOU. BOT. PHAN. *V*. ARGALOU.

* ARNAVIACK. OIS. Syn. de l'Eider femelle, *Anas mollissima*, L., au Groënland. *V*. CANARD. (DR..Z.)

ARNAVIARTAK. OIS. Syn. de Canard à tête grise, *Anas spectabilis*, L., au Groënland. *V*. CANARD.   (DR..Z.)

ARNÉ, ARNIÉ ou ARTRE. OIS. Noms vulgaires du Martin-Pêcheur, *Alcedo Ispida*, L. *V*. MARTIN-PÊCHEUR.   (DR..Z.)

ARNEAT ou ERNEB. OIS. Syn. de Pie-Grièche grise, *Lanius excubitor*, dans le Piémont *V*. PIE-GRIÈCHE.   (DR..Z.)

ARNEBIA. BOT. PHAN. Genre établi par Forskahl (*Flor. arab.* p. 62.)

pour une Plante, *Arnebia tinctoria*, qui n'est qu'un Grémil. *V.* ce mot.
(B.)

ARNÉE ou ARNI. MAM. Espèce de Bufle de l'Inde. *V.* BŒUF. (B.)

* ARNION. BOT. PHAN. (Diosco-ride.) Syn. de Plantain. (B.)

ARNIQUE. *Arnica.* BOT. PHAN. Ce genre, de la famille des Corymbi-fères, réuni par Lamarck aux Doro-nic, et placé à côté par la plupart des auteurs, n'a pas avec eux autant d'af-finités qu'on le croit généralement, suivant Cassini qui le range avec doute dans sa tribu des Hélianthées. Quoi qu'il en soit, on lui donne pour caractères un involucre composé de plusieurs folioles égales, disposées sur un ou deux rangs; un réceptacle nu, ou, suivant Gaertner, couvert de poils très-courts; des fleurs radiées à fleurons hermaphrodites, à demi-fleurons, présentant une languette oblongue, terminée par trois dents et cinq filamens stériles. Ce sont ces fi-lamens et l'aigrette simple qui cou-ronnent les graines des demi-fleurons aussi bien que celle des fleurons, qui distinguent ce genre du *Doronicum*, dans lequel les graines de la circonfé-rence sont nues. Aussi a-t-on porté avec raison parmi les Arnica le *Do-ronicum Bellidiastrum* de Linné, qui ne présentait pas ce dernier carac-tère.

On a décrit trente espèces d'Arnica environ, originaires de diverses con-trées. Quatre seulement font partie de la Flore française, et la plus con-nue est celle des montagnes, l'*Arni-ca montana* L. *V.* t. 175 de Gaertner, employé en médecine pour la pro-priété excitante qui réside dans ses raci-nes et surtout dans ses fleurs. Sa tige, qui atteint jusqu'à près de deux pieds de hauteur, porte le plus souvent une, quelquefois aussi plusieurs fleurs gran-des, de couleur jaune; on y observe en général quatre feuilles opposées, deux à deux; ce qui distingue cette espèce des autres Arnica de France, dans lesquels les feuilles sont toutes radicales ou alternes. Le nom spécifi-

que de *montana*, est mal choisi, car la Plante qui le porte a été observée par Bory, et par Saint-Amand, jus-que dans les Landes aquitaniques les plus unies et les moins élevées, au-dessus du niveau de la mer (A. D. J.)

ARNIVES. BOT. PHAN. *V.* ARGA-LOU.

ARNOGLOSSE. *Arnoglosson.* BOT. PHAN. (Daléchamp.) C'est-à-dire *Lan-gue d'Agneau*, syn. de Plantain. *V.* ce mot. (B.)

* ARNOGLOSSE. *Arnoglossus.* POIS. (Rondelet.) Syn. de *Pleuronec-tes nudus*, espèce de Turbot de la Mé-diterranée. *V.* PLEURONECTE. (B.)

ARNOPOGON. *Arnopogon.* BOT. PHAN. C'est-à-dire *Barbe-d'Agneau*. Ce nom a été donné par Willdenow au genre *Urospermum* de Jussieu et de Scopoli. *V.* UROSPERME. (A. R.)

ARNOSÈRE. *Arnoseris.* BOT. PHAN. L'*Hyoseris minima* de Linné, Plante de la famille des Chicoracées, placée par plusieurs auteurs parmi les Lamp-sanes, a été figurée par Gaertner sous le nom d'*Arnoseris pusilla*, tab. 157, fig. 5, et lui a servi pour établir un nou-veau genre dont les caractères sont: un involucre composé d'un seul rang de folioles, tendant à la maturité, à se rapprocher par leurs sommet, et à former ainsi une petite tête globu-leuse relevée de bosselures longitu-dinales, et des graines couronnées d'un rebord coriace, dressé et entier. Cette Plante, qu'on rencontre aux environs de Paris, présente une ro-sette de feuilles radicales nombreuses et bordées de dents aiguës, d'où par-tent des tiges hautes d'un pied au plus, grêles et branchues. Leurs rameaux se renflent considérablement au voi-sinage des fleurs qui sont petites et d'un jaune pâle. (A. D. J.)

* AROCARPE. POLYP. Nom donné par Donati à un genre de production marine, que nous croyons être un Po-lypier flexible. (LAM...X.)

AROCIRA ET AROEIRA. BOT. PHAN. Des Dictionnaires de Déterville et des Sciences naturelles. *V.* AREIRA.

(B.)

AROIDÉES. *Aroideæ.* BOT. PHAN. Famille de Plantes endorhizes ou monocotylédonées, ayant les étamines hypogynes, appartenant par conséquent à la seconde classe de la Méthode de Jussieu ou à la Mono-hypogynie. Les Plantes de cette famille se font distinguer par un port qui leur est particulier. En effet, ce sont en général des Végétaux vivaces, à racine ordinairement tubéreuse et charnue; leurs feuilles sont fort souvent toutes radicales par le manque de tiges: plus rarement les Aroïdées sont caulescentes. Les fleurs sont disposées en spadices, et enveloppées le plus souvent dans une spathe dont la forme est extrêmement variable dans les différens genres; elles sont unisexuées, monoïques et dépourvues d'enveloppes floréales ou bien hermaphrodites, et entourées d'un calice à quatre ou six divisions. Dans le premier cas, les pistils occupent en général la partie inférieure du spadice, et doivent être considérés comme autant de fleurs femelles, et les étamines, placées au-dessus, constituent autant de fleurs mâles; rarement les étamines et les pistils sont mélangés, comme, par exemple, dans le genre Calla. Les Plantes de ce premier groupe forment la section des véritables Aroïdées de Brown. La structure de celles du second groupe, qu'il nomme Orontiacées, quoique différente en apparence de celle des Aroïdées vraies, n'en est cependant qu'une légère modification. En effet, les fleurs, que l'on décrit comme hermaphrodites et pourvues d'un périanthe, peuvent être considérées comme des fleurs unisexuées dont chaque étamine forme une fleur mâle, accompagnée d'une écaille. Cette assertion n'est point hasardée d'une manière hypothétique; elle repose sur des faits, car 1° ces écailles, que l'on regarde généralement comme constituant un calice, varient singulièrement dans leur nombre et leur disposition; 2° le genre Calla, qui pré-

sente des étamines et des pistils mélangés, mais sans écailles, ne sert-il point de passage entre les Orontiacées et les véritables Aroïdées? 3° d'ailleurs, il est impossible de méconnaître l'extrême affinité qui existe entre les genres dépourvus d'écailles et ceux qui en offrent. Ainsi donc, nous regardons toutes les Plantes de la famille des Aroïdées comme ayant des fleurs unisexuées, monandres et monogynes, tantôt nues, tantôt accompagnées d'écailles. Dans les fleurs femelles, l'ovaire, élargi à sa base, est ordinairement à une seule loge qui renferme plusieurs graines attachées à la paroi inférieure de l'ovaire, à sa partie supérieure ou même latéralement; plus rarement l'ovaire est à trois loges : le plus souvent le stigmate est sessile; d'autres fois il est porté sur un style court et simple.

Les étamines ou fleurs mâles sont extrêmement variables dans leur forme et leur structure; tantôt elles sont presque sessiles, tantôt elles sont pédicellées ou portées sur un filet assez long; l'anthère offre quelquefois une seule loge; d'autres fois elle est biloculaire : chaque loge s'ouvre, soit par un sillon transversal, dans l'*Acorus gramineus* par exemple, ou bien par un trou qui se forme à la partie supérieure de sa loge, ainsi que dans le *Richardia africana* de Kunth, ou bien enfin au moyen d'une fente longitudinale.

Le fruit est tantôt une baie, tantôt, mais plus rarement, une capsule quelquefois monosperme par l'avortement des autres graines. Ces graines, dont la surface est en général inégale, contiennent dans l'intérieur d'un endosperme charnu un embryon cylindrique dressé et endorhize. Brown dit avoir presque constamment observé près de la base du cotylédon une petite fente latérale à travers laquelle on aperçoit la gemmule.

Nous avons donné quelques développemens aux caractères de la famille des Aroïdées, parceque les Plantes qui la composent ne sont point encore parfaitement connues dans leur structure ; et qu'en second lieu, tous les botanistes ne sont point encore d'accord sur la place que cette famille doit occuper dans la série des ordres naturels. Jussieu (*Genera Plantarum*) place les Aroïdées dans les Monocotylédons à étamines hypogynes, entre les Fluviales et les Typhacées. Brown (*Prodromus Floræ Novæ-Hollandiæ*), au contraire, transporte cette famille à la fin des Monocotylédonées, entre les Orchidées et les Alismacées. Nous nous rangeons de l'avis de notre illustre compatriote, et nous pensons que la famille dont il est question, a plus de rapport et d'affinité avec les Fluviales, les Pipéritées et les Typhacées qu'avec les Orchidées et les Alismacées.

Brown réunit à la famille des Aroïdées la famille des Typhacées de Jussieu ; mais nous ne saurions approuver cette réunion. Les Typhacées constituent un groupe très-voisin, qui cependant diffère des Aroïdées, surtout par l'ovaire constamment monosperme.

Nous diviserons la famille des Aroïdées en trois sections, qui sont : 1° les Aroïdées vraies, renfermant les genres dont les fleurs sont dépourvues d'écailles caliciformes, et qui ont pour fruit une baie ; 2° les Orontiacées qui diffèrent de la section précédente par leurs fleurs entourées d'écailles en forme de calice ; 3° les Pistiacées qui se distinguent particulièrement par leurs fruits secs et capsulaires. Voici l'énumération des genres qui se rapportent à chacune de ces sections :

Iere Section. AROÏDÉES VRAIES. *Arum*, L.; *Arisarum*, Tourn.; *Caladium*, Ventenat; *Culcasia*, Palisot de Beauvois; *Calla*, L.; *Richardia*, Kunth.

IIe Section. ORONTIACÉES.

†. Spadice muni d'une spathe. *Dracontium*, L.; *Pothos*, L.; *Carludovica*, Ruiz et Pavon; *Houttuynia*, Thunberg.

††. Spadice dépourvue de spathe. *Orontium*, L.; *Acorus*, L.

IIIe Section. PISTIACÉES. *Pistia*, Juss.; *Ambrosinia*, L.

Le *Tacca* de Forster et de Brown (*Prodr.*) forme un genre intermédiaire des Aroïdées aux Aristoloches. (A. R.)

AROLE. BOT. PHAN. Syn. de *Pinus Cembra*, L. dans les Alpes. *V*. PIN. (B.)

AROMAN. BOT. PHAN. Même chose qu'Arouma. *V*. ce mot. (B.)

AROMATES. C'est ainsi que l'on appelle des Végétaux, des parties de Végétaux, et même toute substance douée d'une odeur suave, que l'on emploie, soit pour les besoins de la vie, soit pour remédier au dérangement de la santé, soit enfin pour flatter uniquement les sens de l'odorat et du goût. *V*. AROME. (DR. Z.)

AROMATITE. MIN. (Pline.) Pierrerie précieuse qui, chez les anciens, passait pour avoir la couleur et l'odeur de la Myrrhe ; on la trouvait en Arabie et en Égypte. Il est difficile de décider ce que ce pouvait être ; quelques-uns soupçonnèrent que l'Aromatite était le Succin. (B.)

AROME. Émanations subtiles, pénétrantes, invisibles, qui s'échappent soit spontanément, soit accidentellement, de tous les corps odorans. La plupart des chimistes regardent l'Arome comme le résultat de la vaporisation du corps odorant lui-même, dans la portion d'air qui vient affecter l'organe de l'odorat. M. Robiquet pense que l'Ammoniaque joue un grand rôle dans le développement des odeurs ; il ne doute pas que ce fluide, en prêtant, pour ainsi dire, sa volatilité à des corps dont l'odeur, sans lui, serait à peine sensible, ne devienne ainsi, dans beaucoup de circonstances, la cause occasionelle des odeurs ; et il pense que l'odeur qui se répand dans l'air ne doit plus être, en général, attribuée à une simple volatilisation ou émanation produite par le corps odorant lui-même ; mais bien, dans beaucoup de cas, à un gaz ou une vapeur, résultant de sa combinaison avec un véhicule approprié, et qui peut se répandre dans l'espace, suivant les lois connues. L'Arome est susceptible de se fixer, au moins pour un certain temps, à divers corps étrangers, soit qu'il en enveloppe les molécules, soit qu'il s'y combine réellement ; le véhicule est différent pour les divers Aromes : plusieurs de ceux-ci s'attachent à l'Eau ; d'autres à l'Alcohol; d'autres encore aux Huiles, aux Graisses, etc. Les moyens que l'on emploie pour enchaîner l'Arome, sont la distillation ou la simple imprégnation. (DR..Z.)

AROMPO. MAM. C'est-à-dire *Mangeur d'Hommes*, selon Valmont de Bomare qui, sans citer d'autorité, dit qu'à la Côte-d'Or, ce mot désigne un Animal à longs poils bruns ou rougeâtres, à queue longue, terminée par une touffe de poils, lequel déterre les cadavres pour s'en nourrir. J'ai suppose que ce peut être le Chacal. (B.)

ARONDE. OIS. Syn. de l'Hirondelle de fenêtre, *Hirundo urbica*, L. en Belgique. *V.* HIRONDELLE.(DR..Z.)

ARONDE. *Avicula.* MOLL. Dénomination générique proposée par Cuvier (Tabl. Elem.), pour les Coquilles bivalves appelées Hirondes par Bruguière (Enc. méth. pl. 177), et qui vient du nom vulgaire d'Hirondelle, donné à une de leurs espèces, *Mytilus Hirundo*, L. Bruguière comprenait dans le genre Hironde, outre les Arondes de Cuvier, les Marteaux, *Malleus*, de Lamarck. C'est ainsi que Duvernoy a envisagé ce genre dans le Dictionnaire des Sciences naturelles, mais en l'appelant Aronde avec Cuvier, qui a conservé ce nom dans son Règne Anim. T. II. p. 465. Le genre Aronde est le même que le genre Avicule de Lamarck (An. s. vert. prem. édit. p. 134), séparé depuis en deux genres par ce savant, Avicule et Pintadine. *V.* ces mots. (F.)

ARONDELLE ou HARONDELLE. OIS. et POIS. Vieux noms de l'Hirondelle ; on appelait aussi *Arondelle* ou *Harondelle de mer* le Dactyloptère de Lacépède. *V.* TRIGLE. (B.)

* ARONGAN. BOT. PHAN. Même chose qu'Harongana. *V.* ce mot. (B.)

* ARONGYLIUM. BOT. CRYPT. Link avait indiqué sous ce nom, par erreur typographique, le genre *Strongylium*. *V.* ce mot. (AD. B.)

ARONIA. BOT. PHAN. Genre établi par Persoon dans la première section des Rosacées, celle qu'on a nommée des Pomacées. Il en décrit sept espèces qui appartenaient aux genres *Cratægus* et *Mespilus* de Linné, le *Mespilus Chamæmespilus* entre autres. Un calice à cinq dents, cinq pétales, et pour fruit une Pomme à cinq ou dix loges, dont chacune contient une ou deux graines cartilagineuses: tels sont les caractères par lesquels il le distingue. Le mot *Aronia* est emprunté de Dioscoride. (A. D. J.)

ARORNAS. BOT. PHAN. Même chose qu'Archenas. *V.* ce mot.

ARQUAROU. BOT. PHAN. Syn. d'*Icica enneandra*, Aubl. Guyan. t. 134. *V.* ICIQUIER.

AROUGHEUM. MAM. Et non AROUGHEUN. Animal de Virginie, qui n'est guère connu que par le rapport de quelques voyageurs qui comparent sa fourrure à celle du Castor, et prétendent qu'il vit sur les Arbres comme l'Ecureil. (A. D..NS.)

AROU-HARISI. MAM. (Thévenot.) L'un des noms des Rhinocéros dans les Indes. (B.)

AROUMA ou ARROUMA. BOT. PHAN. Espèce de Marantha d'Aublet, dont les naturels de la Guyane emploient les tiges fendues pour faire de petits paniers. (B.)

* AROUMENT. BOT. PHAN. Nom caraïbe d'un *Besleria*. (A. D. J.)

AROUNIER. *Arouna*. BOT. PHAN. Arbre de la Guyane (fig. t. 5 d'Aublet) dont les feuilles sont pinnées, les fleurs en panicules, dépourvues de corolle et munies d'un calice à cinq divisions. Les étamines sont au nombre de deux; l'ovaire libre devient une capsule petite, ovoïde, contenant à l'intérieur une pulpe où se trouvent une ou deux graines. Ce genre, que Schreber nomme *Aruna*, et Necker *Cleyria*, encore imparfaitement connu, est réuni par Vahl au *Diarium*, et placé par conséquent avec lui à la suite des Légumineuses. *V.* DIARIUM.

(A. D. J.)

* AROUPOUROU. BOT. PHAN. Syn. caraïbe de *Roupourea* d'Aublet. *V.* ROUPOUREA.   (A. D. J.)

*AROUSSE ou ARROUFLE. BOT. PHAN. Nom qu'on donne en Auvergne à l'*Ervum hirsutum.*, L., ainsi qu'à plusieurs autres petites espèces de Légumineuses. On l'étend jusqu'à la Lentille ordinaire.   (B.)

* AROWROOT. BOT. Nom donné par des charlatans à l'Amidon.(DR..Z.)

*ARPACTE. *Arpactus.* INS. Dénomination imposée par Jurine à un genre de l'ordre des Hyménoptères, établi antérieurement par Latreille sous le nom de Céropale, et plus tard sous celui de Goryte. *V.* ce dernier mot.   (AUD.)

ARPAN. OIS. Syn. du Pinson de Neige, *Fringilla nivalis*, L. en Piémont. *V.* GROS-BEC.   (DR..Z.)

ARPENS. OIS. (Lachesnaie-Desbois.) Probablement le grand Duc, *Strix Bubo*, L. dans les montagnes du Dauphiné.   (B.)

ARPENTEUR. OIS. Syn. de Grand Pluvier, *Charadrius Œdicnemus*, L.   (B.)

* ARPENTEUSES. ARACH. Walckenaer (Tableau des Aranéides) désigne sous ce nom la troisième division de sa tribu des Théraphoses. Elle comprend le genre Sphase. *V.* ce mot.   (AUD.)

ARPENTEUSES ou GÉOMÈTRES. INS. Nom appliqué, comme adjectif, à des Chenilles qui semblent, dans leur démarche, mesurer le terrain qu'elles parcourent. Latreille (Règne. Anim. de Cuv. T. III, p. 570) a donné ce nom à la troisième tribu des Lépidoptères nocturnes, comprenant le genre Phalène. *V.* ce mot.   (AUD.)

ARPHIE. POIS. Même chose qu'Orphie. *V.* ESOCE,   (B.)

* ARPIDIPHORE. *Arpidiphorus.* INS. Genre de l'ordre des Coléoptères et de la section des Pentamères, établi par Ziégler et adopté par Dejean (Catalogue des Coléopt.), qui en mentionne une seule espèce trouvée en Suède. Ce genre est placé entre les Anthrènes et les Nosodendres. (AUD.)

ARPULI. BOT. PHAN. Syn. indou de *Cassia Sophera*, L. *V.* CASSE et non Canne, ainsi qu'il est écrit dans quelques Dictionnaires.   (B.)

ARQUÉ. POIS. Espèce de Pomacentre. *V.* ce mot.   (B.)

ARQUIFOUX. MIN. Même chose qu'Alquifoux. *V.* ce mot.   (LUC.)

ARRACHO. BOT. PHAN. Qu'on prononce *Aratcho*. L'un des noms vulgaires de l'Avoine dans le midi. (B.)

ARRAGONE. BOT. PHAN. L'un des noms vulgaires de la Julienne des jardins, *Hesperis matronalis*, L. (B.)

ARRAGONITE. MIN. *Excentrischer* Kalkstein, Reuss. Espèce minérale de la classe des substances terreuses, et l'une des plus remarquables par la singularité de ses modifications, et par les longues discussions qu'elle a fait naître entre les chimistes et les cristallographes. Elle est distinguée des autres espèces, et surtout de la Chaux carbonatée avec laquelle on l'a confondue, par une forme primitive qui lui est propre, savoir; celle d'un octaèdre rectangulaire. Le rectangle, qui est la base commune des deux pyramides, étant disposé verticalement, de manière que son plus court côté soit horizontal, les faces latérales font entre elles un angle de cent quinze degrés cinquante-six minutes, et les faces terminales un angle de cent neuf degrés vingt-huit minutes; les joints naturels, quelquefois offusqués par une cassure inégale, se montrent néanmoins d'une manière très-sensible dans certains Cristaux d'Espagne, et surtout de Bohême, et l'on parvient même à extraire de ces derniers l'octaèdre complet avec beaucoup de netteté. Cet octaèdre se sous-divise parallèlement au plan qui passe par le rectangle dont nous venons de parler.

Les caractères physiques de l'Arragonite le distinguent aussi fortement de la Chaux carbonatée. Sa pesanteur spécifique, qui est de 2,926, d'après Biot, est sensiblement plus considérable. Il double les images des objets, mais seulement à travers deux faces inclinées l'une sur l'autre ; son éclat est plus ou moins vif : celui de la cassure transversale est vitreux ; il est soluble en entier dans l'Acide nitrique, avec effervescence. Si l'on ajoute de l'Alcohol à la dissolution, et qu'ensuite on allume le mélange, la flamme lance bientôt des jets d'une lumière purpurine. Un petit fragment que l'on présente à la flamme d'une bougie, s'y divise en parcelles blanches qui se dispersent dans l'air.

Son analyse par Fourcroy et Vauquelin, a donné : Chaux, 58, 5 ; Acide carbonique, 41, 5. Différentes variétés d'Arragonite ont fourni à Stromeyer une certaine quantité de Strontiane carbonatée, qui a varié depuis environ une demie jusqu'à cinq pour cent, et qui doit être regardée comme accidentelle. Les nombreuses analyses qui ont été faites de l'Arragonite, se réduisent toutes au rapport indiqué plus haut entre la Chaux et l'Acide carbonique, et qui se retrouve absolument le même dans le Carbonate de Chaux ordinaire. Cette identité d'analyse dans les deux substances, a été la cause des divergences que les méthodes ont présentées relativement à leur classification, parce qu'on a méconnu long-temps la véritable notion de l'espèce minéralogique, telle que M. Haüy l'a donnée dans son Traité de Minéralogie, et qu'on n'a pas vu que la composition chimique des Molécules consistait surtout dans l'assortiment de leurs principes, et non pas uniquement dans le simple rapport numérique de ces principes, qui n'apprend rien sur la manière dont ils sont réunis. Aujourd'hui, les

minéralogistes sont généralement d'accord sur la séparation des deux substances qu'ils placent seulement l'une à côté de l'autre dans leurs méthodes.

Il est extrêmement rare de rencontrer l'Arragonite sous des formes simples, et qui soient le résultat d'une combinaison unique de lois de décroissement. Ce Minéral a une tendance presque générale à former des groupes composés de Cristaux tellement assortis, que le tout présente l'aspect d'un prisme produit d'un seul jet ; et cette tendance peut être mise au rang des différences qui le séparent de la Chaux carbonatée, dont les Cristaux se groupent toujours à la manière ordinaire, en restant libres par une partie plus ou moins grande de leur longueur, en sorte que l'œil les distingue facilement.

On trouve cependant la forme primitive produite immédiatement par la cristallisation, mais l'octaèdre est le plus souvent cunéiforme ; c'est-à-dire qu'il s'est allongé dans le sens de son axe, ce qui a fait naître deux nouvelles arêtes longitudinales à la place des angles latéraux.

Les élémens des aggrégats dont nous avons parlé, sont des prismes rhomboïdaux qui dérivent de cet octaèdre cunéiforme, dont les arêtes terminales ont été remplacées par des faces perpendiculaires à l'axe, ou bien ont subi des décroissemens qui ont fait naître de nouveaux sommets dièdres. Le nombre de ces solides élémentaires varie depuis quatre jusqu'à sept, d'après les observations d'Haüy qui a étudié avec tant de soin et de succès la structure compliquée du Minéral dont il s'agit. C'est dans ses ouvrages qu'il faut lire les descriptions de ces variétés, si intéressantes pour le cristallographe. Nous nous bornerons ici à citer l'un des aggrégats les plus ordinaires, et l'un des plus remarquables, parce qu'il offre l'aspect d'un prisme hexaèdre, que plusieurs minéralogistes ont pris pour le régulier. C'est celui qui porte le nom de *symétrique basé*. Ses pans font entre eux deux angles de cent vingt-huit degrés, et quatre de cent seize degrés. Ce solide est l'assemblage de quatre prismes droits rhomboïdaux de cent seize et soixante - quatre degrés ; mais comme ces quatre prismes ne seraient pas susceptibles par eux-mêmes de former un tout continu, la cristallisation y supplée par des additions de la même matière, qui remplissent le vide, et dont la structure est en rapport avec celle des solides élémentaires.

Il arrive souvent qu'un Cristal, est lui-même un groupe formé de Cristaux composés, semblables entre eux, et tournés dans le même sens, et quelquefois les groupes forment de nouveaux aggrégats ; en se groupant à leur tour, comme dans les Arragonites de Bastènes, département des Landes.

Les principales variétés de formes indéterminables sont : l'*Arragonite aciculaire*, dont les aiguilles sont tantôt libres, et tantôt réunies ; — l'*A. cylindroïde* de Vertaison, département de l'Allier ; — l'*A. fibreux*, conjoint ou radié, de la même localité ; — l'*A. coralloïde*, Kalksinter., W. vulgairement *Flos ferri*, composé de rameaux blancs, cylindriques et contournés, dont la surface est tantôt lisse, et tantôt hérissée de pointes cristallines ; — l'*A. compacte* de Vertaison, où il adhère à l'Arragonite fibreux.

On trouve l'Arragonite dans la Serpentine, près du mont Rose dans les Alpes ; au milieu de l'Argile, en Espagne, entre les royaumes d'Arragon et de Valence ; et dans le Basalte, à Vertaison, département de l'Allier. Dans divers pays, il s'associe à la formation des filons ou des amas de Fer oxydé brun, et quelquefois on le rencontre uni à la Chaux carbonatée elle-même.
(G. DEL.)

ARRAIN - CORRIA. pois. Nom basque d'un Poisson que Bosc rapporte à un Spare. *V.* ce mot. (B.)

ARRAS. pois. Même chose que Ara. *V.* ce mot. (DR..Z.)

ARRAYAN. bot. phan. (Joseph de Jussieu.) Espèce de Mirte du Pérou, qui a bien été citée par Frezier dans la relation de son voyage, mais qui paraît ne pas avoir encore été décrite. (B.)

ARREMON. ois. Genre formé par Vieillot d'un espèce tirée du genre Tangara. Arremon à collier, *Tangara silens*, Lath. *V.* Tangara. (DR..Z.)

ARREPIT. ois. L'un des syn. vulgaires du Troglodyte, *Motacilla Troglodytes*, L. *V.* Bec-fin. (DR..Z.)

ARRÈTE - BOEUF. bot. phan. Syn. d'Ononide. *V.* ce mot. (B.)

ARRÈTE-NEF. pois. L'un des noms vulgaires de l'*Echeneis Remora*, L., qui n'est que la traduction d'Echéneis. *V.* ce mot. (B.)

ARRHÉNATHÈRE. *Arrhenatherum.* bot. phan. Palisot de Beauvois a établi sous ce nom, dans son Agrostographie, un genre dont l'*Avena elatior* de Linné forme le type. Il diffère surtout du genre *Avena*, par ses épillets biflores, contenant une fleur hermaphrodite et une fleur neutre ou mâle, tandis que, dans les véritable Avoines, il y a constamment plusieurs fleurs, dont les deux inférieures sont hermaphrodites et fertiles. *V.* Avoine. (A. B.)

* ARRHENOGONON. bot. phan. (Téophraste.) L'un des anciens noms de la Mercuriale. (B.)

ARRHENOPTERUM. bot. crypt. (*Mousses*). Ce genre établi par Hedwig nous paraît différer à peine des Bris, et ne doit peut-être pas en être séparé. De même que ces Mousses, il présente un péristome double, l'extérieur composé de seize dents larges, l'intérieur formé par une membrane plissée et divisée en seize lobes, avec des cils placés entre les lobes ; sa coeffe est fendue latéralement ; la capsule est terminale, courbée, et s'ouvre obliquement ; ce dernier caractère qui seul le distingue de la plupart des Bryum, se retrouve pourtant dans plusieurs espèces de ce genre, et ne paraît pas assez important pour autoriser la séparation de ces deux genres.

La seule espèce rapportée au genre *Arrhonopterum* était l'*A. heterostichum* d'Hedwig. Palisot de Bauvois l'avait réuni à plusieurs autres Bryum pour en faire son genre *Orthopyxis*; et Smith l'avait placé dans son genre *Mnium* (*Trans.Linn.* vol. VII. p. 263), dont les caractères sont les mêmes que ceux de l'Ortopyxis de Palisot de Beauvois; mais ces deux genres, fondés sur des caractères peu importans, et surtout difficiles à bien fixer, n'ont pas été adoptés par les autres botanistes.   (AD. B.)

* **ARRHIZES.** *Plantæ arrhizæ.* BOT. CRYPT. Dans sa division du règne végétal en quatre classes, d'après la structure de la radicule, le savant Louis-Claude Richard, aïeul de notre collaborateur Achille Richard, et l'un des plus habiles botanistes de son temps, désignait sous ce nom les Végétaux inembryonés, nommés depuis *Acotylédons* par Jussieu, *Cryptogames* par Linné, *Agames* par Necker. En effet, les Inembryonés, étant dépourvus d'embryon, sont également privés de la radicule qui n'en est qu'une partie. *V.* ACOTYLÉDONS, CRYPTOGAMES, INEMBRYONÉS.   (B.)

ARRIAN. OIS. Espèce de Vautour. *V.* ce mot.   (DR..Z.)

ARRIÈRE FAIX. ZOOL. le placenta et les membranes qui entourent le fœtus des Quadrupèdes portent ce nom, de même que celui de délivres, de secondine; ils le doivent à ce qu'ils ne sortent qu'après l'accouchement — Le placenta est un gâteau spongieux, celluleux, composé d'un plexus de vaisseaux sanguins, adhérant d'une part à la matrice, et tenant de l'autre au fœtus par le moyen du cordon ombilical. *V.* PLACENTA. — Les membranes qui entourent le fœtus sont, en allant du dedans au-dehors, l'amnios, membrane lisse, transparente et d'une ténuité extrême; c'est elle qui exhale le fluide, au milieu duquel nage le fœtus dans le sein

de la mère. Le chorion vient ensuite; son tissu est bien plus ferme que celui de la précédente: ces deux membranes adhèrent à la matrice au moyen d'une couche couenneuse que Hunter avait nommée *membrane caduque*, et qui paraît être le produit de la sécrétion de la surface intérieure de la matrice stimulée par le produit de la génération. Le chorion et l'amnios tapissent toute la partie de la matrice qui n'est pas tapissée par le placenta; puis passent au-devant de ce dernier, et s'élèvent jusqu'à l'ombilic du fœtus, en recouvrant les deux artères et la veine qui forment le cordon.

Outre le Placenta et ses membranes, on trouve encore une poche nommée allantoïde, qui communique dans la vessie au moyen de l'ouraque, et qui, selon l'opinion commune, est destinée à servir de réservoir à l'urine; elle est très-vaste chez les Animaux, mais chez l'Homme on ne peut l'apercevoir que dans le très-jeune âge; elle perd, au bout de peu temps, ses communications avec la vessie, s'éloigne de l'ombilic de l'enfant, pour se rapprocher du placenta et pour disparaître dès le quatrième ou le cinquième mois. Cette poche porte chez l'Homme le nom de vésicule ombilicale — Au mot OEUF, on indiquera les rapports qui existent entre les membranes du fœtus des Quadrupèdes et celles qui enveloppent l'Oiseau dans sa coque.
                                      (PR..D.)

ARRIVOU-TAOU-VELOU. BOT. PHAN. Espèce indéterminée d'Exacum de Madagascar, auquel les habitans attribuent de grandes propriétés médicinales.   (B.)

ARROCHE. *Atriplex.* BOT. PHAN. Genre de la famille des Atriplicées. Il diffère du genre Chénopode en ce qu'il présente, mêlées avec des fleurs hermaphrodites, dans lesquelles l'ovaire avorte quelquefois, d'autres fleurs femelles dont le calice est seulement à deux divisions qui grandissent après la floraison et forment autour du fruit une enveloppe bivalve et comprimée.

Il renferme une vingtaine d'espèces, dont la moitié au moins se trouve en France. Celles qu'on cultive ou qui présentent quelque utilité, sont les suivantes : — L'Arroche de mer, *Atriplex Halimus*, L., Arbrisseau d'un glauque argenté, à tige très-rameuse, à feuilles deltoïdes entières. — L'Arroche Pourpier, *Atriplex Portulacoides*, L., sous-Arbrisseau d'un blanc glauque, à feuilles oblongues, courtement pétiolées et de consistance un peu charnue. — L'ARROCHE DES JARDINS, *Atriplex hortensis*, L., connu sous le nom de *Bonne-Dame*, originaire de Tartarie et cultivée dans nos jardins comme Plante potagère. Sa tige est droite, herbacée: ses feuilles sont triangulaires ; elle est tantôt d'un vert pâle, tantôt rouge. — L'ARROCHE ÉTALÉE, *Atriplex patula*, L., *V.* Gaert, T. 75. Sa tige herbacée est ordinairement étalée et couchée à terre ; ses feuilles sont lancéolées, triangulaires ; ses valves séminales dentées sur le dos. — L'ARROCHE LITTORALE, *Atriplex littoralis*, L. Herbe redressée, à feuilles alternes, linéaires, allongées, entières au sommet des rameaux, dentées à la partie inférieure de la tige.

(A. D. J.)

ARROCHE PUANTE. BOT. PHAN. Nom vulgaire et impropre du *Chenopodium vulvaria* L. *V.* CHÉNOPODE.

(B.)

ARROCHES. BOT. PHAN. Famille de Plantes qu'on désigne maintenant plus généralement sous le nom de CHÉNOPODÉES. *V.* ce mot. (A. R.)

ARROSOIR. *Aspergillum.* MOLL. ANNEL. Fut d'abord le nom vulgaire de la première et seule espèce connue de ce genre, ainsi nommée à cause de sa forme singulière, en tube fermé, à l'une de ses extrémités, par un disque percé d'une infinité de petits trous qui, dans les exemplaires bien conservés, sont garnis chacun d'un tuyau capillaire, qui, par leur réunion, ont valu aussi à cette Coquille le nom de Pinceau-de-Mer. Cette forme remarquable, suivant l'état de sa conservation, l'a fait aussi appeler par Lister *Phallus testaceus marinus*; Tuyau de Vénus par Rumphius; *Solen phalloïdes* par Klein, et enfin *Serpula Penis* par Linné, d'où les marchands l'on baptisé le Prépuce, le Brandon d'amour, etc. Les Arrosoirs sont des Coquilles très-rares, fort chères et des plus recherchées par les amateurs d'Histoire naturelle. Elles sont, en même temps, au nombre de celles qui offrent le plus d'embarras pour déterminer leur véritable place dans le système.

Les premiers conchiliologistes, Langius, Gualtieri, Lesser, d'Argenville et Martini, classaient l'espèce alors connue dans les Tuyaux de mer, *Tubuli marini*. Linné, ne sachant trop où la placer, en fit une Serpule, dont le genre entre, du moins en partie, dans la classe des Annelides. Bruguière, le premier, fit de ces singulières Coquilles, dont il distingua une seconde espèce, un genre à part parmi les Testacés univalves, sous le nom d'Arrosoir, *Penicillus*, dénominations française et latine qui furent adoptées par Lamarck dans sa 1ᵉʳ édition des Animaux sans vertèbres, p. 98. Tous les naturalistes ont suivi l'exemple de ce dernier savant, à l'exception de ceux qui sont demeurés attachés à la lettre du *Systema Naturæ*; mais les uns, et Lamarck lui-même est de ce nombre, ont changé la dénomination latine de *Penicillus* en celle d'*Aspergillum* (An. s. vert., 2ᵉ édition), et Perry en celle d'*Aquaria*. Bosc écrit *Penicellus* (Diction. des Sc. natur.). Ocken en a fait le genre Arythœne, *Arythœna* (*Lehrb. der Zool.* T. II. 379), et ce dernier nom a été adopté par Schweigger et par Goldfuss. Nous n'aurions point adopté le nom latin d'*Aspergillum*, si Cuvier n'avait créé un autre genre, sous le nom de *Penicillus*, pour une espèce de Coralline, et nous ne voyons surtout aucune raison pour choisir Arythœne, puisque la dénomination d'Arrosoir est plus ancienne. Mais le plus embarrassant est de déterminer si les Arrosoirs doivent rester dans les Mollusques où Lamarck les a placés, ou si l'on doit, avec Cuvier, les comprendre dans les Annelides. Nous venons de voir que Bruguière les a considérés comme étant des Coquilles univalves parce qu'elles présentent un tuyau continu, sans pièces articulées bien apparentes. Lamarck, en les plaçant d'abord dans les Mollusques céphalés, semble avoir suivi la même idée; mais dans l'Extrait de son Cours de zoologie, p. 108, cet habile naturaliste, ayant déjà reconnu l'analogie des deux petites valves incrustées dans les parois du tube de l'Arrosoir avec celles libres et internes des Fistulanes, crut devoir placer ces deux genres dans une même famille de Mollusques acéphalés, celle des Pholadaires. Dans la deuxième édition des Animaux sans vertèbres, les genres de la famille des Pholadaires forment deux familles distinctes, et les Arrosoirs sont compris dans celle des Tubicolées avec les Clavagelles, les Fistulanes, les Tarets, etc. L'Animal des Arrosoirs étant inconnu, il est certain qu'on ne peut se guider que par l'analogie pour classer leurs Coquilles, et alors on ne peut s'empêcher de reconnaître avec Lamarck une liaison très-marquée entre les Fistulanes que tous les naturalistes placent dans les Mollusques acéphalés et les Arrosoirs, au moyen des Clavagelles. Dans celles-ci, une seule des petites valves est adhérente à la paroi externe du tuyau, tandis que l'autre est libre dans son intérieur; enfin, la Clavagelle montre aussi sur le disque de sa massue des petits tubes saillans, analogues à ceux des Arrosoirs. D'un autre côté, Cuvier, considérant les rapports non-moins frappans qui existent entre les Arrosoirs et les Térébelles, dont plusieurs se construisent de tubes analogues, qui offrent même de petits tuyaux servant d'étuis à leurs tentacules, a placé les Arrosoirs parmi les Annelides tubicoles, et cet exemple a été suivi par Schweigger et Goldfuss. Ocken avait déjà adopté la même marche. Si la figure que donne Favanne de l'Arrosoir de Java (tab. v. f. B.) est exacte, l'opinion de Cuvier et d'Ocken semblerait être la plus juste; car, si le tube de cette espèce est fermé par le bout opposé à la massue, et qu'elle soit fixée, les apparences doivent porter à la croire une Annelide. A ce sujet, nous observerons que Bruguière assure que Hwass lui a certifié l'exactitude de la figure de Favanne, et lui a dit qu'il avait eu occasion de voir dans ses voyages des individus semblables. Il paraît que cette figure a été copiée sur celle publiée par Marvye (Méthode pour recueillir les cur. d'Hist. Nat.; Paris, in-12), qui représente un groupe d'Arrosoirs dont le bas des tuyaux est entier, sinueux et fixé sur un corps solide. La figure de Knorr, *Vergn.* T. IV. t. 28. f. 1, semble confirmer aussi celle de Favanne. Dans l'incertitude où ces faits doivent nous laisser, nous croyons cependant convenable d'attendre encore de nouvelles observations qui décideront sans doute la question.

Nous emprunterons à Lamarck (An. sans vert. 2ᵉ. édit. T. v. p. 428) les caractères qu'il assigne à ce genre: « Fourreau tubuleux, testacé, se rétrécissant insensiblement vers sa partie antérieure où il est ouvert, et grossissant en massue vers l'autre extrémité. La massue ayant d'un côté deux valves incrustées dans sa paroi; disque terminal de la massue convexe, percé de trous épars, subtubuleux, ayant une fissure au centre. »

On n'a rien trouvé jusqu'à présent parmi les Fossiles qui se rapporte au genre Arrosoir.

Ces Coquilles présentent un tube testacé, rétréci vers le côté ouvert, grossissant vers l'extrémité opposée, où il est fermé par un disque de même nature, ayant la forme d'une calotte, dont la surface convexe est parsemée de petits tubes qui ne font qu'un seul corps avec elle, et bordée par d'autres tubes qui adhèrent les uns aux autres en forme de couronne. Sur cette paroi, vers la massue, se trouve la Coquille véritablement bivalve et équivalve. Elle complète, par ses deux valves ouvertes et enchassées, une partie du tube qui contient l'Animal. Une très-belle espèce montre, vers sa base ou sa partie ouverte, des articulations foliacées en forme de manchette.

Les espèces connues de ce singulier genre sont :

ARROSOIR DE JAVA, *Asperg. javanum*, Lamarck, Anim. sans vert. T. v. p. 429. sp. n° 1. *Serpula Penis*, Linné ; *Serpula Aquaria* , Burrow , Dillwyn; *Serpula perforata* , Shaw. *Penicillus javanus*, Bruguière, Lamarck, Anim. sans vert. 1ʳᵉ édition. *Arythœna Penis* , Ocken , Schweiger , Goldfuss. L'Arrosoir, Favanne , *Conchyl*. T. v. litt. B. Gualt. tab. 10 f. M. Cette espèce habite les îles Moluques, et les Hollandais l'apportaient surtout de Java. On le trouve aussi moins communément sur les côtes de Coromandel ; Humphrey la cite encore à Madagascar et aux îles de Nicobar. On en voit qui ont jusqu'à huit pouces de longueur. Cette espèce est rare et chère. L'*Aquaria radiata* de Perry ; pl. 52 f. 5; pourrait bien être une copie exagérée de quelque figure de cette espèce.

ARROSOIR A MANCHETTES. *Asp. vaginiferum*, Lamk. sp. n° 2. Savigny, Hist. d'Egypte, atlas pl. Zoologie , Coquilles , pl, 14 f. 9. *Aquaria imbricata* , Perry, pl. 52. f. 4. Cette rare et magnifique espèce , qui vit dans la Mer-Rouge, doit avoir plusieurs pieds de longueur. Le superbe dessin qu'en a fait graver Savigny, montre cette espèce dans tous ses détails. Il semblerait, si elle est complète, que le tube ne peut être fixé de la même manière que celui de la précédente , car il ne s'amincit pas comme lui.

ARROSOIR DE LA NOUVELLE-ZÉLANDE. *Asp. Novæ-Zelandiæ* , Brug. Encycl. méth. sp. 2 , Lamarck, sp. 5 , Favanne, Conchyl. T. 79 f. E. Cette espèce qui vient de la Nouvelle-Zélande est extrêmement rare; elle est moins grande et plus en massue que la précédente.

ARROSOIR AGGLUTINANT. *Asp. ag-*

glutinans , Lamk. sp. 4. Cette espèce dont on doit la connaissance à Lamarck, habite les mers de la Nouvelle-Hollande. Elle a été rapportée par Péron et Lesueur.

Il résulte de tout ce que nous avons dit sur ce curieux genre, qu'il est très-incertain qu'il appartienne à la classe des Mollusques, mais que les faits ne permettent cependant pas encore de l'en ôter; il en est de même du genre Clavagelle. S'il est fixé , on ne peut concevoir son accroissement, comme le dit Duvernoy , qu'en supposant qu'il fait sauter son disque à des époques marquées , pour en construire un autre ; mais alors les deux petites valves doivent aussi s'oblitérer , s'effacer et se porter en avant à chaque cercle d'accroissement. Il est peut-être plus naturel de croire qu'il ne construit son disque que lorsque sa croissance est achevée, ainsi que les Coquilles univalves font à l'égard des dents ou lames , et des bords de leur ouverture. (F.)

ARROUMA. BOT. PHAN. *V.* AROUMA.

ARROUSSE. BOT. PHAN. *V.* AROUSSE.

ARROUY. BOT. PHAN. Mimeuse de Madagascar, qui paraît être le *Mimosa Sensitiva*, L. (B.)

ARROZ. BOT. PHAN. Nom espagnol du Riz. (B.)

* ARSELLA. MOLL. Syn. génois de *Venus verrucosa*, L. (F.)

ARSÉNIATES. MIN. Sels résultant de la combinaison de l'Acide arsénique avec les bases. La nature en offre quelques-uns : l'Arséniate de Chaux , en petits mamelons blancs, soyeux, de Bieber du duché de Bade; l'Arséniate de Cuivre, en Cristaux verts ou en masses olivâtres , de Cornouailles et du pays de Nassau ; l'Arséniate de Fer, en Cristaux d'un vert-olive ou brunâtre, des mêmes lieux que le précédent , ainsi qu'à St.-Léonhard en France; l'Arséniate de Cobalt , en Cristaux aciculaires , en efflorescences terreuses , d'un rouge de fleurs de

Pêcher, de Saxe, de Hongrie, d'Allemont en France, etc. Tous ces Arséniates se décèlent facilement par l'odeur d'Ail qu'ils exhalent au chalumeau.   (DR..z.)

ARSENIC. MIN. Substance métallique qui est la base d'un genre composé de trois espèces, dont l'une nous offre le Métal à l'état natif, et les deux autres le présentent combiné à l'Oxygène et au Soufre. Voici les principaux caractères de ces espèces :

ARSENIC NATIF, *Gediegen Arsenik,* Wern. On ne peut le désigner, dans l'état actuel de la science, que par des caractères étrangers à sa forme cristalline, qui est encore inconnue. Sa couleur est le gris d'Acier; il se ternit aisément par l'action de l'air. Il répand une forte odeur d'Ail par celle du feu. Sa pesanteur spécifique est de 5,763. Il est très-cassant. Lorsqu'il a été récemment limé, il présente un éclat analogue à celui du Fer; mais cet éclat disparaît bientôt pour faire place à une teinte d'un noir grisâtre, qui est sa couleur ordinaire. L'Arsenic fondu forme des masses qui paraissent composées d'aiguilles prismatiques. Les variétés connues de cette substance sont la *lamellaire;* la *tuberculeuse testacée,* en tubercules dont les couches successives sont concentriques; la *bacillaire,* qui est engagée dans une Chaux carbonatée lamellaire; la *globuliforme,* qui accompagne la Chaux carbonatée manganésifère rose, en Transylvanie, et la *massive,* qui adhère au Cuivre gris, à l'Argent rouge, au Cobalt arsénical, et à quelques autres Métaux. Parmi les matières pierreuses qui servent de gangue à l'Arsenic, les plus communes sont la Chaux carbonatée, la Baryte sulfatée et le Quartz. La Saxe, la Bohême, le Hartz, la Souabe, et la France à Sainte-Marie-aux-Mines, sont les principales localités qui renferment de l'Arsenic natif. — Cette substance, dont tout le monde connaît l'influence pernicieuse sur l'économie animale, sert à quelques usa-

ges. En le faisant fondre avec le Cuivre à parties égales, on obtient un alliage auquel on a donné le nom de *Cuivre blanc,* et dont on fabrique en Allemagne différens objets d'utilité ou d'agrément. Ce que l'on appelle *poudre à Mouches* dans le commerce est de l'Arsenic natif pulvérisé, que l'on mêle avec de l'Eau, et dont on remplit une assiette pour se débarrasser des Mouches, qui périssent aussitôt qu'elles ont bu de cette Eau. L'usage de cette poudre est sujet à de graves inconvéniens.

ARSENIC OXYDÉ, *Arsenik Blüthe,* Werner. Il est caractérisé par sa forme primitive, qui est l'octaèdre régulier, jointe à sa couleur blanche, et à l'odeur d'Ail qu'il répand lorsqu'il est chauffé. Sa pesanteur spécifique est de 3,7. Il est soluble dans l'Eau, et volatil par le feu. La variété primitive ne s'est point encore rencontrée dans la nature; mais on en obtient artificiellement des Cristaux très-parfaits. On le trouve, sous la forme aciculaire, à la surface de certaines mines arsénicales. Il paraît qu'on l'a confondu avec la Chaux arséniatée, avant que Selber et Klaproth eussent fait connaître la véritable composition de cette substance. C'est surtout à l'état d'Oxyde que l'Arsenic a une grande vertu délétère ; il ne laisse pas cependant d'être employé dans les arts. Il est devenu même une branche de commerce en Allemagne, où on le débite sous la forme d'Oxyde vitreux. Les teinturiers font usage de cet Oxyde, en l'employant comme mordant. On l'ajoute quelquefois à la matière du Verre pour le rendre plus fusible, et obtenir un Verre plus blanc. L'Oxyde naturel est assez rare ; celui du commerce se prépare artificiellement par le traitement des mines où l'Arsenic est uni à un autre Métal, tel que le Cobalt.

ARSENIC SULFURÉ, *Ranschgell,* Werner. Cette espèce est distinguée par sa forme primitive, qui est un prisme rhomboïdal oblique dans lequel l'incidence de la base sur l'arète, sur l'une des arètes longitudinales, est de cent quatorze degrés six minutes, et l'inclinaison des deux pans adjacens à cette même arête est de soixante-douze degrés dix-huit minutes. La série des variétés se soudivise en deux sous-espèces dépendantes de la couleur; l'une qui est d'un rouge aurore, et qu'on nomme vulgairement *Réalgar*, l'autre qui est d'un jaune citrin, et qui porte le nom d'*Orpiment*.

La pesanteur spécifique de la variété rouge est 3,33; celle de la variété jaune, 3,45. Les morceaux de la première sont fragiles; la seconde, réduite en lames minces, est un peu flexible. La poussière de l'Orpiment conserve la couleur jaune, qui seulement est plus claire; celle du Réalgar est d'une couleur orangée. L'Arsenic sulfuré est facile à racler avec la pointe d'un corps dur. Il acquiert, à l'aide du poli, un éclat demi-métallique. Il est volatil par l'action du chalumeau, en répandant une odeur d'Ail.

L'analyse de l'Arsenic sulfuré rouge, faite par Thénard, produit: Arsenic 75, Soufre 25, celle de la variété jaune: Arsenic 57, Soufre 43.

Les formes déterminables connues sont les suivantes: l'Arsenic *primitif*, observé par Monteiro; — l'Arsenic *octodecimal*, dont la forme est celle d'un prisme à huit pans, terminé par des sommets à cinq faces; — l'Arsenic *bisdécimal*, ou la variété précédente dont le prisme est devenu décaèdre.

Les formes indéterminables sont le *laminaire* rouge ou jaune, et quelquefois mi-partie de rouge et de jaune; — le *concrétionné globuliforme* et le *compacte*.

Le Réalgar se trouve principalement dans les Terrains primitifs, où il accompagne tantôt l'Arsenic natif, tantôt diverses autres substances métalliques, telles que le Cuivre gris et le Fer sulfuré dans la Dolomie du Saint-Gothard. La variété jaune paraît être d'une date plus récente; on la rencontre dans les Terrains secondaires où elle est accompagnée d'Argile, de·Quartz et autres substances

pierreuses. La Baryte sulfatée que l'on trouve à Offenbanya en Transylvanie, y est quelquefois colorée par l'Arsenic sulfuré jaune. Il existe de l'Arsenic sulfuré rouge dont l'origine est due à l'action de la chaleur. Il a été produit par la sublimation, sous la forme de petits Cristaux, près des cratères de différens volcans: tel est celui qu'on trouve à la Solfatarre près de Naples, à l'Etna et à la Guadeloupe.

C'est à Monteiro que l'on est redevable des premières observations qui ont fait reconnaître la véritable forme primitive de l'Arsenic sulfuré, et par suite l'identité des variétés jaune et rouge de la même substance. Quant à la diversité de couleurs qu'elles présentent, elle paraît due uniquement à l'état d'aggrégation de leurs molécules, qui ont subi une légère variation dans leur mode de rapprochement.

On emploie l'Arsenic sulfuré rouge dans la peinture, après l'avoir broyé en poudre très-fine. L'Arsenic sulfuré jaune sert aussi au même usage, et c'est là sans doute ce qui lui a fait donner le nom d'Orpiment, *Auri Pigmentum*. (G. DEL.)

ARSÉNIEUX ET ARSÉNIQUE. MIN. *V.* ACIDE.

* ARSENIKANTON. BOT. PHAN. (Dioscoride.) Syn. de *Mentha Pulegium*, L. *V.* MENTHE. (B.)

* ARSENOTA. BOT. PHAN. (Dioscoride.) Syn. de *Delphinium Stafisagria*, L. *V.* DELPHINELLE. (B.)

ARSHAN OU HARISH. MAM. (Dapper.) Nom que l'on dit être donné par les Arabes à l'Animal fabuleux appelé Licorne.

ARSIGNEUL. OIS. Syn. du Rossignol, *Sylvia Luscinia*, L., en Piémont. *V.* BEC-FIN. (DR.·Z.)

ARSIS. BOT. Loureiro, sous ce nom, fait un genre d'un Arbrisseau de la Cochinchine, à rameaux nombreux, à feuilles alternes et rugueuses, à fleurs en grappes terminales, dont le calice est à cinq sépales colorés et caducs; la corolle a cinq pétales plus courts et les étamines, au nombre de cinquante environ, filiformes, terminées par des anthères arronrondies, d'autant plus courtes qu'elles sont plus extérieures, et s'insèrent sur un long support qui soutient l'ovaire. Celui-ci est surmonté par un style que termine un seul stigmate; le fruit est une baie globuleuse, stipitée, monosperme. Dans quelle famille ce genre doit-il être placé? Est-ce près des Capparidées? Est-ce près des Rosacées? Ces questions ne sont pas encore résolues.   (A. D. J.)

* ARTAMUS. ois. (Vieillot.) Syn. de Langraïen. *V.* ce mot.   (s.)

* ARTANITA. bot. phan. (Mésué, d'après Adanson.) Syn. de Cyclamen.   (B.)

ARTÉDIE. *Artedia*. bot. phan. Ombellifère que caractérisent une ombelle composée, à involucre et involucelles pinnatifides; des fleurs stériles, et à pétales égaux au centre, tandis que celles de la circonférence sont fertiles, et présentent un pétale extérieur plus grand que les autres. Les deux akènes, qui constituent le fruit par leur accollement, offrent cinq lignes sur la surface externe, et sont environnées d'une membrane découpée en huit ou dix lobes arrondis, qui leur donne un aspect particulier et bien distinct des fruits appartenant aux autres genres de la même famille. On en a décrit une seule espèce, à feuilles multifides et linéaires, l'*Artedia squamata*, L., recueillie sur le mont Liban. *V.* Gaertn. 85, et les Illustr. de Lamarck, tab. 193.   (A. D. J)

*ARTEFI. bot. phan. (C. Bauhin.) Même chose qu'Artifi. *V.* ce mot.   (B.)

*ARTEMIDION. bot. phan. (Dioscoride.) Syn. d'*Origanum Dictamnus*, L. *V.* Origan.   (B.)

* ARTÉMISE. *Artemisia*. crust. Genre de l'ordre des Branchiopodes, formé par Leach avec le *Cancer salinus* de Linné. Latreille (Règ. Anim.

de Cuvier) mentionne ce nouveau genre qu'il réunit aux Branchipes. *V.* ce mot.   (AUD.)

ARTÉMISE. *Artemisia*. bot. phan. Syn. d'Armoise. *V.* ce mot.   (B.)

ARTENNA. ois. (Aldrovande.) Syn. du Pétrel Puffin, *Procellaria Puffinus*, L. *V.* Pétrel.   (dr..z.)

ARTÈRES. zool. On donne ce nom aux vaisseaux qui portent le sang du cœur à toutes les parties du corps, et on a nommé veines ceux qui le ramènent au point d'où il est parti. La distinction de ces deux ordres de vaisseaux n'existe que chez les Animaux qui ont un cœur. Ils ne diffèrent pas entre eux seulement par leurs usages et leur structure, la nature du sang qu'ils contiennent est encore différente. Ce dernier est d'un rouge vermeil dans les Artères, il est noirâtre dans les veines. Les Artères sont d'une structure plus forte, plus solide que les veines; leurs parois ne s'affaissent pas après la mort, et cependant chassent le sang qui s'y trouve encore contenu dans ce moment, ce qui avait fait croire aux anciens, qui les croyaient vides, qu'elles contenaient de l'air. Trois tuniques forment leurs parois; l'interne est lisse, polie, peu résistante, et de même nature que celle qui revêt l'intérieur des veines; la moyenne est jaunâtre, élastique, évidemment garnie dans les gros troncs, et surtout chez les gros Animaux, par les fibres musculaires; enfin l'extérieure est formée par un tissu lamineux très-serré. Des vaisseaux et des nerfs rampent entre les parois artérielles. L'intérieur des Artères n'est point, comme l'intérieur des veines, garni de valvules; la vive impulsion qui fait circuler le sang dans leur intérieur rendrait ces valvules inutiles. Enfin, un caractère des Artères qu'il est facile de saisir, c'est la pulsation qu'elles offrent et qu'on nomme le *pouls*. Elle naît de l'impulsion vive et brusque que le cœur imprime au sang qu'il lance dans leur intérieur. Considérées physiologiquement, les Artères offrent des

considérations particulières bien autrement intéressantes que celles
que nous venons de présenter ; ce
sont ces canaux qui portent aux organes les matériaux de leur formation, de leur entretien et de leur
accroissement. De formation première,
comme le système nerveux, elles fournissent les élémens constitutifs des
organes. Là, où elles sont grande-
ment développées, les parties le sont
aussi ; là, où elles sont peu développées,
ou même manquent entièrement, les
organes perdent en puissance ou ne
se montrent pas ; enfin, si une Artère dévie de sa situation habituelle,
l'organe qu'elle doit former change
aussi avec elle.   (PR..D.)

ARTHANITA. BOT. PHAN. Même
chose qu'ARTANITA.

ARTHÉMIDE. *Arthemis*. MOLL. Quatrième genre de la première famille
des *Mollusca subsilientia* de Poli
(*Test. utrisuq. Sicil.* T. I. Introd.
p. 3o), famille qu'il caractérise
par la présence de deux trachées ou
siphons, et d'un pied. Le type de ce
genre et l'espèce unique citée par
Poli sous le nom d'*Arthemis pudica*,
est la *Venus exoleta* de Linné, rangée par Lamarck parmi ses Cythérées
(Anim. sans vert. T. v. p. 572), avec
beaucoup de Coquilles qui se rapportent au genre *Callista* de Poli. Le genre
Arthemis a été adopté sous ce nom
par Ocken (*Lehrb. der Zool.* p. 229).
Megerle de Mühlfeld en a fait son
genre Orbicule (*Syst. der Schalth.* p.
58), *V*. ce mot ; dans lequel il comprend une partie du genre *Lorives*
d'Ocken. Poli appelle Arthemiderme,
Arthemiderma, les Coquilles de ce
genre dont il trace ainsi les caractères :

Deux siphons réunis ; les bords
du manteau ondulés et frangés ; les
branchies séparées, mais réunies à
leurs extrémités supérieures ; le pied
sémilunaire. Il diffère du genre *Callista*, surtout par la forme du pied
lancéolé dans celui-ci, et qui paraît
comprendre les Vénus de Linné, tandis que les Arthemis se rapportent

plutôt aux Cythérées de Lamarck.
Mais ces deux genres ont besoin d'ê-
tre examinés de nouveau avec le plus
grand soin, pour être convenablement limités, et cet examen est long
et difficile *V*. CYTHÉRÉE.   (F.)

* ARTHÉMIDERME. *Arthemiderma*. MOLL. C'est le nom donné aux
Coquilles bivalves du genre *Arthemis*
de Poli. *V*. ARTHÉMIDE.   (F.)

ARTHETIQUE. BOT. PHAN. (Daléchamp.) Vieux nom du *Teucrium
Iva*, L. *V*. GERMANDRÉE.   (B.)

* ARTHRAXON. *Arthraxon*. BOT.
PHAN. Genre de la famille des Graminées établi par Beauvois (Agrostographie, p. 111), voisin des Ischæ-
mum. Il présente pour caractères :
des fleurs disposées en une panicule
simple ; des épillets biflores, dont la
lépicène est bivalve, membraneuse,
plus longue que les fleurons ; le fleuron extérieur est neutre, et la glume
est univalve ; le fleuron interne est
hermaphrodite, sa glume est bivalve,
légèrement coriace ; sa paillette inférieure est bifide à son sommet, portant à sa base une arête tordue. Ce
genre ne renferme qu'une seule espèce (*Arthraxon ciliare*, Beauvois),
dont on ignore la patrie, et que Palisot de Beauvois a décrite d'après une
Plante que nous possédons dans notre herbier.   (A. R.)

* ARTHRATHERUM. BOT. PHAN.
(Palisot Beauvois.) *V*. ARISTIDE.

* ARTHRINIUM BOT. CRYPT.
(*Mucédinées*.) Kunze a établi ce genre
dans son premier Fascicule mycolo-
gique, et lui a donné les caractères suivans : filamens simples, transparens,
cloisonnés, réunis en touffes ; cloisons rapprochées, épaisses, noires ;
sporules fusiformes, opaques, entremêlés aux filamens. La seule espèce
qu'il décrit croît sur les feuilles du
Carex ciliata ; elle y forme de petites
taches noires grosses comme des graines de Pavots. Ce genre paraît différer
à peine du *Fusisporium* de Link.
                                (AD. B.)

* ARTHRITICA. BOT. PHAN. Pe-

tite espèce d'Oreille d'Ours, selon Gesner et C. Bauhin, et la Bugle selon Daléchamp.   (B.)

ARTHROCÉPHALES. crust. Nom sous lequel Duméril a établi une grande famille de la classe des Crustacés, comprenant ceux de ces Animaux qui ont la tête distincte et séparée du thorax. De ce nombre sont les Crustacés stomopodes et amphipodes de Latreille (Règne Animal de Cuvier), qui comprennent la famille des Squillares et celle des Crevettines de ses précédens ouvrages (*Gener. Crust. et Ins.* et Considér. gén.) *V.* Stomopodes et Amphipodes.   (aud.)

ARTHRODIE. *Arthrodia.* zool. ? bot. ? (*Chaodinées*?) Genre établi par Raffinesque pour une substance flottant en taches vertes sur les eaux douces de la Sicile, et qu'il regarde comme un Végétal. Il ne peut avoir aucune espèce de rapport avec les Oscillaires auxquels on l'a cependant comparé dans le Dictionnaire des sciences naturelles. Ses caractères consistent en des corpuscules allongés, libres, simples, planes, divisés en deux articles remplis de ce que Raffinesque regarde comme une fructification intérieure et granuleuse. Nous avons retrouvé depuis dans les eaux stagnantes, sur certains pots de fleurs où l'on cultive des Plantes aquatiques, et dans des gouttières de toits, une substance verte qui nous paraît absolument identique avec l'Arthrodie dont il est ici question, et qui pourrait bien être l'un des états du *Palmela rupestris* de Lyngbye. L'examen de cette substance nous la fait placer dans ce genre Palmela, que nous conserverons dans la famille des Chaodinées. *V.* ce mot.   (B.)

ARTHRODIÉES. zool.? bot.?(Du mot grec qui signifie articulation, parce que les êtres auxquels nous avons imposé ce nom consistent, du moins pendant un temps de leur existence, en filamens essentiellement articulés). Grande famille susceptible de divisions secondaires, encore fort tranchées, jusqu'ici confondue dans l'un des genres de la Cryptogamie de

Linné, et qui, si les individus dont elle se compose présentent une intime analogie avec les Végétaux auxquels on doit réserver les noms d'Algues aquatiques, d'Hydrophytes ou de Thalassiophytes, se rapproche néanmoins trop étroitement des Polypiers et des Infusoires pour en pouvoir être éloignée.

Nous sortirions du cadre de cet ouvrage, si nous entreprenions de prouver, au sujet des Arthrodiées, la nécessité d'établir un Règne intermédiaire, et si nous prétendions prouver ici que cette division générale de Règnes n'est pas plus réelle que l'existence de classes et de genres, dont les limites se confondent, au point qu'il est souvent impossible d'assigner auquel de deux groupes voisins appartiennent certaines espèces placées sur les confins de tant de divisions arbitraires. L'animalité n'est pas une chose assez déterminée; le point où elle finit, celui où le Végétal commence, ne sont ni l'un ni l'autre assez exactement fixés pour qu'on puisse en saine philosophie en affirmer l'existence, et rapporter à l'une ou l'autre des grandes divisions adoptées, des êtres qui sont tour à tour du domaine de l'une ou de l'autre.

C'est lorsqu'il sera question de la nouvelle famille des Chaodinées que nous montrerons les premiers rudimens de l'animalité et de la végétation mycroscopique; et par le nom de Chaos, réservé pour l'un des genres de cette famille, nous n'entendons point cette confusion de la matière inerte, qui dans plusieurs mythologies précède une époque improprement appelée création, mais simplement un genre de productions naturelles dont nous ne saurions faire ni un Animal, ni une Plante, et dans la substance duquel se développent, comme indifféremment, de véritables Infusoires qui sont des Animaux, de véritables Conferves qui sont des Plantes, ou des Arthrodiées, qui sont autant des Infusoires que des Végétaux. *V.* Chaos.

Nous renverrons à quelque ouvrage spécial et plus étendu, préparé par

ART

vingt ans de travaux minutieux et opiniâtres, l'examen des considérations immenses qui jaillirent pour nous de l'observation des plus petites créatures dont il nous soit donné de saisir l'existence par les moyens multiplicateurs que fournit le mycroscope, et, nous bornant dans ce Dictionnaire à l'exposition des faits les plus importans, nous indiquerons, afin que chacun puisse vérifier nos observations, les points essentiels de l'histoire des Arthrodiées, avec le prodrome de leur classification générale.

C'est ici le lieu de remarquer quel prodigieux accroissement a pris la science de la nature, à mesure que, ne se bornant plus à l'étude des apparences et de caractères extérieurs ordinairement peu essentiels, les observateurs sont descendus, pour ainsi dire, dans l'organisation intime de toute chose, afin d'y trouver la seule base réelle de toute classification. Ainsi, dans un seul genre de Linné, genre assez obscur, ou plutôt dans une fraction de l'un de ses genres long-temps dédaigné, nous avons découvert de nouvelles familles; familles nombreuses qu'il faudra tôt ou tard diviser encore, en y créant plus d'un genre que nous n'osons hasarder, dans l'état actuel de nos connaissances. Ce genre linnéen, si vaste, si fécond, est celui auquel le législateur suédois imposa le nom de *Conferva*. — Bientôt on mit en discussion l'animalité ou la végétabilité des Conferves, et comme chacun observait de son côté les êtres disparates qu'il rapportait aux Conferves de Linné, avant qu'on fût convenu de ce que c'était qu'une Conferve, la question ne tarda point à devenir fort embrouillée. — La plupart des Conferves d'alors étaient des Végétaux; quelques-unes, parmi les espèces marines, des Polypiers ; enfin le *fontinalis*, le *rivularis* avec le *bullosa* étaient mixtes, et rentrent actuellement dans la famille que nous établissons dans cet article.

Le caractère général des Arthrodiées consiste en des filamens généra-

lement simples, formés de deux tubes, dont l'un, extérieur et transparent, ne présente à l'œil le plus fortement armé aucune organisation ; on dirait un tube de verre, contenant un filament intérieur, articulé, rempli de la matière colorante, souvent presque inappréciable, mais d'autres fois fort intense, verte, pourpre ou jaunâtre ; ces filamens, ainsi composés, offrent à l'œil surpris, selon les tribus auxquelles appartiennent les espèces dont ils dépendent, des phénomènes fort étranges et différens, mais qui tous présentent un caractère réel de vie animale, si ce genre de vie se peut déduire de mouvemens indicateurs d'une volonté parfaitement marquée. — Les Arthrodiées habitent généralement, soit l'eau douce, soit l'eau de mer ; plusieurs sont communes à l'une et à l'autre. L'une d'elles, encore n'est-elle rangée qu'avec doute dans la famille qui nous occupe, le *Conferva ericetorum*, croît sur la terre ; mais sur la terre très-humide et souvent inondée. D'autres, parmi les Oscillaires, couvrent la surface humide des rocs, des chaumes, et les interstices des pavés dans les rues des villes. Il en est qui se plaisent dans les Eaux thermales dont la température est plus élevée.

Quatre tribus, susceptibles de former un jour autant de familles nouvelles très-distinctes, renfermant quatorze genres bien constatés et soixante et quelques espèces, constituent aujourd'hui la *famille* des Arthrodiées.

† LES FRAGILLAIRES.

Nous empruntons ce nom très-significatif de celui que donne Lyngbye à l'un des genres qui se trouvent compris dans cette première tribu, dont les caractères sont: tube extérieur des filamens moins distinct que dans les tribus suivantes ; corps linéaires ou articles du tube intérieur transversaux, se désunissant, en brisant le tube extérieur, avec une singulière facilité, voguant après leur désunion en forme de lames isolées, ou se fixant les uns aux autres par leurs extrémités ou par leurs angles, de manière à former un zig-zag ou toute-autre figure bizarre. Les filamens des Fragillaires sont ou entièrement transparens et vitrés, du moins dans diverses périodes de leur existence, ou teints d'une couleur fauve plus ou moins foncée. Tant que leurs segmens, réunis par leur tranche, présentent l'apparence de filamens comprimés, ou de petits rubans plus ou moins longs, nous n'y avons découvert aucun mouvement spontané; mais dès que la désunion a lieu, il s'opère une sorte de glissement ou de jet entre les segmens de quelques espèces (particulièrement parmi les Diatomes, mouvemens que l'on peut comparer à ceux de ce joujou d'enfans formé par de petites planchettes fixées entre deux rubans de fil, auxquelles on fait faire la bascule, et opérer un changement de face par leur renversement l'une sur l'autre. Toutes les espèces de cette tribu sont fragiles, changent de couleur en se desséchant sur le papier, où elles prennent un aspect plus ou moins brillant et micacé; aucune n'est parfaitement verte.

I. DIATOME, *Diatoma*, De Candolle. (*V*. pl de ce Dict., Arthrodiées, fig. 1). Segmens formés de lames plus larges que dans les genres suivans, demeurant fixés les uns aux autres par deux de leurs angles, quand, par leur désunion plus ou moins brusque, ils cessent de présenter l'aspect d'un filament comprimé. — Le type des Diatomes est une Conferve de Roth, *Conferva flocosa*, que De Candolle le premier reconnut être fort déplacée dans le vaste genre que l'auteur allemand n'a point tiré de la confusion, malgré les plus louables efforts.

II. ACHNANTHE, *Achnanthes*.(V. pl. de ce Dict., Arthrodiées, f. 2.) N. Segmens linéaires pareils à ceux des Diatomes, mais dont les angles sont émoussés, ne se désunissant point pour affecter de disposition en zig-zag, et demeurant dans un parallélisme qui semble être l'état rudimentaire du filament; une *Echinelle* de Lyngbye est le type de ce genre.

III. NÉMATOPLATE *Nematoplata*, N. *Fragillaria*, Lyngbye (*V*. pl. de ce Dict., Arthrodiées, fig. 3). Segmens affectant depuis la forme linéaire jusqu'à la plus voisine du carré, disposés parallèlement, de manière à constituer d'assez longs filamens, qui, lorsqu'ils viennent à se désunir, ne le font jamais par fractions aussi voisines de l'unité que dans les genres précédens. — Les *Conferva pertixalis* de Müller et *bronchialis* de Roth, que divers auteurs ont confondues sous l'un ou l'autre nom, présentent indifféremment l'une et l'autre le type du genre Nématoplate.

†† LES OSCILLARIÉES.

Filamens cylindriques; tube extérieur plus ou moins distinct, mais généralement très-visible à l'œil armé, probablement perforé, au moins à l'une de ses extrémités; tube intérieur formé de segmens parallèles plus larges que longs, quelquefois presque carrés (s'arrondissant par leurs angles dans le dernier genre de la tribu, au point de devenir obronds), coloré par une matière verte qui affecte diverses teintes selon les espèces; filamens doués de mouvemens très-distincts et variés; mouvemens volontaires et souvent fort vifs, d'oscillation, de reptation et d'enlacement, à l'aide desquels ils se tissent en membranes phytoïdes où tout mouvement cesse bientôt.

IV. DILWYNELLE, *Dilwynella*, N.(*V*. pl. de ce Dict., Arthrodiées, fig. 4). Double tube fort sensible; articulations du tube intérieur presque carrées; filamens libres, rampans, et se coudant quelquefois presque en équerre, pour se coller les uns contre les autres, sans cependant qu'il y ait communication de la matière colorante de l'un à l'autre tube, par la jonction des articles. — Le *Conferva mirabilis*, décrit par Dilwyn, forme le type de ce genre, auquel nous avons donné le diminutif du nom d'un naturaliste qui, par de nombreuses figures publiées, s'est rendu recommandable. Ce genre forme un passage fort marqué entre les Oscillariées et la tribu suivante des Conjugées.

V. Oscillaire, *Oscillaria*, N. *Tremella*, Adanson, Mém. de l'Ac. 1767. p. 564. *Oscillatoriæ Spec.*, Vaucher (*V.* pl. de ce Dict., Arthrodiées, fig. 5). Tube extérieur plus ou moins visible au mycroscope ; l'intérieur s'allongeant dans son étendue, dont il laisse souvent l'extrémité vide, et conséquemment transparente (extrémité prise par quelques-uns pour la tête de l'Animal ?), articulé par segmens qui ne dépassent jamais en longueur la forme carrée qu'ils n'atteignent que dans un petit nombre d'espèces.—Filamens doués d'un mouvement d'oscillation extrêmement vif et sensible en diverses circonstances, indépendans les uns des autres, mais agissant dans une mucosité commune, qui fit confondre leurs amas avec les Tremelles, illusion d'optique d'où sont provenues les erreurs les plus étranges sur l'animalité de ces dernières. productions de la nature, non moins éloignées des Oscillaires dans la série des êtres, que le sont, par exemple, une Sertulaire d'un Agaric ou bien un Lycopode d'une Méduse.—Ce sont les espèces les plus grandes et les plus communes d'Oscillaires, qui, déja remarquées par Dillen et par Micheli, comme des Byssus, devinrent le *Conferva fontinalis* de Linné. Ces êtres ont aussi été confondus avec la matière verte de Priestley.*V.* matière verte. Nous en connaissons un assez grand nombre d'espèces ; dont plusieurs se plaisent dans les eaux thermales ; la plus commune se plaît dans les rues de Paris et sur les marches même du palais de l'Institut; d'autres enfin croissent dans les fontaines les plus froides.

VI. Vaginaire, *Vaginaria*, N. *Oscillatoriæ Spec.* Vaucher. *Conferva Chthonoplastes*, Lyngb. (*V.* pl. de ce Dict., Arthrodiées, fig. 6), Filamens semblables à ceux du genre précédent, mais non libres, et se dégageant, par une sorte de mouvement de reptation, de gaines communes qui en réunissent un certain nombre en faisceaux. — Vaucher a rangé parmi ses Oscillatoires, sous le nom d'*Oscillatoria vaginata*; pl. xv, fig. 13, cette production singulière dont nous avions communiqué la découverte à Draparnaud, dès l'an vi de la république.

VII. Anabaine, *Anabaina*, N. (*V.* pl. de ce Dict., Arthrodiées, fig. 7). Filamens libres ; leur tube intérieur articulé en forme de collier, comme par ovules transparens, dont quelques-uns, plus gros que les autres, se voient de distance en distance. Ces filamens sont doués d'un mouvement de reptation très-prononcé. L'habitation des espèces de ce genre est fort variée ; quelques-unes se trouvent dans les eaux fraîches, d'autres croissent sur la terre humide, et la plus remarquable dans les eaux thermales. L'Anabaine offre un passage fort naturel à la tribu suivante, et de tels rapports avec les Trémellaires, qu'il faudra peut-être un jour l'y rapporter. — Lorsque nous avons présenté à l'Académie des Sciences le précis d'un grand travail sur les Arthrodiées, en signalant leur double nature, les illustres Vauquelin et Chaptal, qui depuis plus de vingt ans avaient analysé la prétendue *Ulva labyrinthiformis* des eaux chaudes de Dax, laquelle n'est que l'une Anabaine, déclarèrent, à l'appui de nos opinions, qu'ils avaient reconnu, dans cette substance, tous les caractères chimiques de l'animalité.

††† Les Conjugées.

Filamens cylindriques ; tube intérieur très-distinct, rempli dans sa jeunesse d'une matière colorante, parsemé de globules hyalins diversement disposés. Ce tube est articulé par l'effet des interceptions qu'y causent des valvules que les modifications, éprouvées par la matière colorante, font paraître plus ou moins distantes. Ces filamens, comme si chacun était un seul individu, sont libres et simples ; ils se cherchent et se joignent à une certaine époque de leur vie, et, comme par un mode d'accouplement entièrement animal, s'unissent pour ne faire qu'un même être, au moyen de stigmates de communication, par lesquels la substance colorante passe d'un tube dans l'autre, en laissant l'un d'eux entièrement vide, tandis que des corps ronds et gemmiformes s'organisent dans chaque article du filament opposé.

C'est Müller qui, le premier, observa la jonction de deux tubes de Conjugées; et, croyant que cette disposition était un caractère d'espèce, il appela *Conferva jugalis* (*Flor. dan.* t. 883) l'être qu'un peu auparavant, et dans l'état d'isolement, il avait nommé *Conferva nitida* (*ibid.* pl. 819). Peu à près, en l'an 5 de la République, nous observions le même phénomène sur diverses espèces; les savans Coquebert de Montbret et Romain Montbret avaient déjà signalé, dès l'an 2, un fait pareil dans le Bulletin de la Société phylomatique. Enfin Vaucher, qui, s'il n'eût quelques communications avec Draparnaid, decouvrit de son côté ce que Müller, Coquebert de Montbret, Draparnaud et moi, avions déjà découvert, a judicieusement formé, aux dépens du genre *Conferva* de Linné, un genre *Conjugata* devenu la troisième tribu de notre famille des Arthrôdiées, et que De Candolle avec Agardh considérèrent également comme un simple genre; l'un sous le nom de *Conferva*; l'autre sous celui de *Zygnema*. Nous avons rejeté le nom de Conferve qui ne convient qu'à des Végétaux, et restreint celui de Zygnema au dernier genre de nos Conjugées.

Les Conjugées ne montrent aucun mouvement propre qui les distingue des autres Végétaux, jusqu'au moment où, par une véritable élection, un filament en recherche un autre, s'en rapproche et se réunit à lui au moyen de stigmates de communication, devenant des anastomoses. A cet acte de jonction, succède une véritable intromission de substance fécondante d'un individu dans l'autre: opération après laquelle il y a séparation, éloignement, répulsion des deux parties qui s'étaient identifiées, et bientôt mort et désorganisation, comme s'il en

était des Conjugées ainsi que des Lépidoptères, dont les amours marquent le terme de l'existence. Les eaux douces seules nous ont présenté jusqu'ici des Conjugées qui flottent, dans leur profondeur, en amas nébuleux, d'un vert plus ou moins foncé, plus ou moins jaunâtre, mais toujours agréable à l'œil jusqu'à l'instant où la quantité des bulles d'air qui s'y ramassent, les contraignent à surnager en grand tapis, dont l'âge ne tarde point à altérer la teinte. Le *Conferva bullosa* de Linné, ainsi que de la plupart des botanistes qui ont traité superficiellement la Cryptogamie aquatique, véritable chaos considéré long-temps comme une seule espèce de Végétal, renferme, confondues dans les masses qu'elle forme à la surface des marais, la plupart des Conjugées.

VIII. LÉDA, *Leda*, N. (*V.* pl. de ce Diction., Arthrôdiées, fig. 8). Tubes intérieurs remplis d'une matière colorante assez homogène qui en occupe d'abord la totalité, et qui, après l'accouplement dont nous n'avons pas saisi l'époque sur toutes les espèces, s'agglomère et forme deux Gemmes dans chaque article. Il est probable que le *Conferva monilina* de Müller, rapporté au genre *Fragillaria* par Lyngbye, appartient à celui-ci, duquel notre *Conferva ericetorum*, adopté par Roth, est probablement l'une des espèces.

IX. TENDARIDÉE, *Tendaridea*, N. (*V.* pl. de ce Dict., Arthrôdiées, fig. 9). Tube intérieur rempli d'une matière, colorante assez homogène qui en occupe d'abord la totalité, mais qui bientôt s'agglomère en figures diverses plus ou moins voisines de celle d'une astérique d'imprimerie; et, dans cet état, passant d'un tube dans l'autre par l'accouplement, laisse l'un de ces tubes totalement vide pour se réunir en une seule Gemme dans chacun des articles de celui qu'on pourrait considérer comme un tube femelle. Le *Conferva stellina* de Müller (*Act. Petrop.* T. III. p. 93) est le type de ce genre dont fait aussi partie le *Conjugata pectinalis* de Vaucher.

X. Salmacis, *Salmacis*, N. (*V*. pl. de ce Dict., Arthrôdiées, fig. 10). Matière colorante disposée en filets parsemés de points hyalins, et affectant les figures les plus variées, mais toujours en spirales, jusqu'à l'instant où, par l'accouplement, cette matière s'oblitère, passe des articles d'un filament dans ceux d'un autre, et forme dans chaque article une seule Gemme. Les espèces de ce genre sont assez nombreuses et fort élégantes; la plupart se confondent souvent dans les mêmes amas, ce qui longtemps nous les avait fait considérer, sous les noms de *Conferva disjuncta* et *variabilis*, comme divers états d'une même Plante. Le *Conferva jugalis* ou *nitida* de Müller, même être désigné sous deux noms, par le même auteur, mais qui n'est pas le *Conjugata Princeps* de Vaucher, peut en être considéré comme le type.

XI. Zygnema, *Zygnema*, N. *Zygnemæ Spec.* Agardh. (*V*. pl. de ce Dict., Arthrôdiées, f. 11). Matière colorante parsemée à certaines époques de points hyalins, mais remplissant la totalité du tube intérieur sans y affecter la disposition de filamens spiraux, jusqu'à l'instant de l'accouplement où elle se condense en corpuscules linéaires. Nous n'avons point eu occasion d'observer de Gemmes dans ce genre; mais Dillwyn a représenté un fragment de son *Conferva genuflexa*, *Conjugata angulata* de Vaucher qui en est le type, avec une Gemme, laquelle se trouve située au point de jonction des deux filamens accouplés. Si cette disposition est constante, elle offre un caractère de plus pour particulariser le genre Zygnema.

††† Les Zoocarpées.

Cette tribu mérite toute l'attention des naturalistes; c'est dans plusieurs des espèces qu'elle renferme que nous avons observé le plus singulier des phénomènes révélés par le mycroscope, l'état purement végétal, et l'état entièrement animal, se succédant l'un à l'autre dans un même être. Giraud Chantrans, d'après des observa-

tions incomplètes faites sur des Conferves, sur des Arthrôdiées, ou sur diverses substances, réduites à l'état de putréfaction, ayant vu ses infusions remplies d'Animalcules, en avait conclu que les Conferves étaient des amas de petits Polypes qui, s'individualisant toutes les fois qu'ils en avaient la faculté, vivaient tantôt en liberté, ou tantôt agglomérés en forme de Plantes, s'unissant ou se divisant comme par caprice. Cette idée était aussi erronée que celle qu'on eut long-temps au sujet des Mouches végétantes, mais approchait cependant de la réalité. Les Conferves ne sont point des Polypiers, dont les Animalcules s'éparpillent de temps à autre, quand la dissolution des parties qui les tiennent captifs, leur en laisse la faculté; mais, parmi les Conferves des auteurs, le *rivularis*, les *C. punctalis*, *flacca*, *atropurpurea*, *bipartita*, *carnea*, etc., sont, durant une partie de leur existence, des Végétaux qui produisent, au lieu de Gemmes ou semences, des Animalcules que nous nommerons Zoocarpes; Zoocarpes qui à leur tour s'allongent en filamens végétans quand la nature leur en indique l'époque. Ce phénomène sera développé à l'article de chaque genre de Zoocarpées, selon les particularités qu'il y présente; et tout extraordinaire qu'il nous a paru d'abord, il n'est pas plus surprenant que le passage des Lépidoptères par l'état de Chrysalide, où, dans certaines espèces, la seule vie végétative, s'il est permis de s'exprimer ainsi, paraît se continuer.

Plusieurs Zoocarpées doivent se trouver dans la mer; nous n'en avons encore constaté l'existence que dans les eaux douces où la plupart sont assez communes, soit dans les ruisseaux courans, soit dans les rivières, soit dans les eaux des bassins de fontaines. — Trois genres composent cette tribu, véritable lien des deux grandes divisions long-temps désignées sous le nom des Règnes, et dans l'une ou l'autre desquelles il nous semble impossible de les ranger exclusivement.

XII. ANTHOPHYSE, *Anthophysis*, N. (*V*. pl. de ce Dict., Arthrōdiées, fig. 12). Filamens mycroscopiques, simples ou divisés, tubuleux, produisant par leurs extrémités des rosettes ou glomérules hyalins, doués d'un mouvement rotatoire ; les rosettes ou glomérules, se détachant bientôt de leur support, jouissent d'une faculté locomotive, et finissent par se diviser en une multitude de Zoocarpes ou Monades animés. Ce genre ne contient encore que deux espèces, dont l'une avait été décrite par Müller comme un Infusoire, *Volvox vegetans*. Elles habitent les eaux douces, et sont les seules rameuses que nous ayons encore observées dans la famille des Arthrōdiées.

XIII. TIRÉSIAS, *Tiresias*, N. *Prolifera?* Vaucher. (*V*. pl. de ce Dict., Arthrōdiées, fig. 13). Filamens cylindriques, dont le tube intérieur, rempli d'une matière colorante dans laquelle se développent des corpuscules hyalins, est articulé par espaces carrés que séparent des dissépimens. Cette matière colorante finit par s'agglomérer, dans chaque article, en une sphère ou Zoocarpe, d'apparence semblable aux Gemmes des Conjuguées, et inerte jusqu'au moment où, rompant l'article par son développement, et se mettant en contact avec le fluide environnant, elle commence à se mouvoir en divers sens, et finit par voguer librement en laissant, tout brisé et transparent comme du verre, le tube qui l'avait produite. Le *Conferva bipartita* de Dilw. (pl. 105) est certainement une espèce de Tirésias dans l'état végétal, dont les *Cercaria podura* et *viridis* de Müller sont les Zoocarpes que nous avons vus, après un certain temps de liberté, se fixer, par leur extrémité fissée, sur des débris de Végétaux ou même sur des filamens d'autres Tirésias, et s'y allonger en Végétal confervoïde. Cet état d'allongement a été fort bien vu et figuré par Leclerc dans son excellent Mémoire sur les Prolifères de Vaucher, inséré dans les Annales du Muséum, ainsi que par Dilwyn sur son *Conferva genuflexa*. Il est surprenant que ces habiles naturalistes n'eussent pas saisi la métamorphose des Enchelis en ce qu'ils appelaient des Conferves.

XIV. CADMUS, *Cadmus*, N. (*V*. pl. de ce Dictionnaire, Arthrōdiées, f. 14). Filamens cylindriques ou peut-être un peu comprimés ; la matière colorante du tube intérieur, homogène, contenue entre des dissépimens rapprochés de façon à former des articles plus larges que longs, c'est-à-dire, n'atteignant point jusqu'à la figure d'un carré, et dans chacun desquels se forment deux Zoocarpes. À une certaine époque, ces Zoocarpes rompent le tube extérieur en tout sens, s'en échappent, le laissent élargi, vide et transparent comme du verre, et nagent en grande quantité, avec des mouvemens très-rapides, autour des débris du tube qui les avait nourris.

Le *Conferva dissiliens* de Dilwyn est un Cadmus, dont les Zoocarpes nous paraissent être le *Monas* ou l'*Enchelis pulvisculus* de Müller. On voit souvent ces derniers, confondus avec la matière verte de Priestley par les naturalistes qui ont trouvé cette substance animale, colorer en nuances du plus beau vert les limites de l'eau qu'on tient dans les vases où l'on élève des Conferves, ou certains fossés dans lesquels se développent bientôt de nouveaux *Cadmus*. Nous n'avons point encore observé les Zoocarpes de ce genre au moment où ils se fixent sur quelque corps étranger, pour y subir la métamorphose que nous avons vue si distinctement dans le genre précédent.

Tels sont les genres et les tribus que nous avons cru être autorisés à établir parmi les Arthrōdiées ; nous entrerons dans quelques autres détails sur chacun de ces genres, aux articles où il en sera traité en particulier.

Certains *Scytonema* et *Bangia* de Lyngbye, quelques Prolifères de Vaucher, telles que le *vesicata*; et plusieurs de celles dont Leclerc a donné une si bonne monographie, nous paraissent pouvoir être répartis dans les

ART

genres Tirésias et Cadmus, ou devoir fournir, quand les espèces en seront examinées de nouveau ; quelqu'autre genre dans la tribu des Zoocarpées.

Le *Conferva annulina* de Roth. (*Cat.* III. p. 211. pl. 7), nous paraît devoir rentrer encore dans cette tribu, et pourra y former un genre de plus.

Quant au genre Amasperme de Raffinesque, on peut présumer, d'après la description encore imparfaite qui nous en a été donnée, que deux de ses espèces au moins appartiennent à la famille des Arthrodiées.

Le *Conferva Chthonoplastes* de Mertens (*Flor. dan.* tab. 1485) est peut-être aussi une Arthrodiée qui, mieux examinée, appartiendrait à la seconde tribu ; mais qui, à coup sûr, n'est pas la même chose que le *Chthonoplastes* de Lyngbye, évidemment une Vaginaire.

La production singulière, décrite par Müller dans les actes de l'Académie de Stockolm (1783. p. 80. T. III. f. 6 et 7), sous le nom de *Conferva armillaris*, pourrait bien être une Arthrodiée de la tribu des Fragillaires.

Enfin, Grateloup nous a communiqué, sous le nom de *Mucida*, un genre de production aquatique qui peut appartenir à la famille que nous venons d'établir ; il lui assigne les caractères suivans : filamens très-fins, articulés, oscillans, renfermés dans un mucilage, et nageant à la surface des eaux stagnantes en nébulosités fugaces presque impalpables.

Il est probable que beaucoup d'Infusoires de couleur verte sont des Zoocarpes, ou l'état animé des Arthrodiées qui se reproduisent par leur moyen. Peut-être aussi les Gemmes, de la tribu des Conjugées, sont-ils des Zoocarpes ; mais ne les ayant point encore saisis dans leur état vivant, nous ne l'affirmerons pas. La manière dont Vaucher a dessiné leur développement en filets conserviformes, et que nous avions remarquée dès long-temps, nous confirme aujourd'hui dans cette idée. (B.)

* ARTHROLOBUS. BOT. PHAN.

Genre inédit formé par Audrzejowski, aux dépens du Myagrum de Linné, et adopté par De Candolle. (*Syst. végét.* t. II. p. 450) sous le nom de *Rapistrum. V.* ce mot. Stéven, habile botaniste de Crimée, applique ce nom à un genre différent, voisin des *Cheiranthus*, également adopté par De Candolle. (*loc. cit.* p. 579) sous le nom de *Sterigma. V.* ce mot. (B.)

ARTHRONIE. *Arthronia.* BOT. CRYPT. (Lichens.) Et non *Arthonie*. Ce genre a été établi par Achari dans la Lichenographie universelle. Les espèces qu'il renferme faisaient autrefois partie du genre Opégraphe de Persoon, d'Acharius et de De Candolle. Quelques-unes avaient été placées dans les genres Verrucaires et Patellaires, par De Candolle.

Comme les Opégraphes, ces Plantes ont une croûte mince, lichenoïde, lisse, ou très-rarement pulvérulente. Les réceptacles sont de forme variable, souvent linéaires, rarement enfoncés dans la croûte, et n'ont pas de rebord particulier ; ce qui les distingue des Opégraphes.

Toutes les espèces croissent sur l'écorce des Arbres ; Acharius en avait décrit onze. Dufour, dans son Mémoire sur les espèces du genre Opégraphe qui croissent en France (*V.* Journal de Physique de 1818) en a décrit cinq espèces nouvelles. (AD. B.)

ARTHROPODIUM. BOT. PHAN. R. Brown a établi ce genre très-voisin de l'Antheric, *V.* ce mot., dont il diffère par son périanthe, dont les trois divisions intérieures sont plus grandes et crénelées sur leur bord ; ses anthères échancrées et insérées par leur base au sommet de filamens barbus ; son embryon recourbé, et ses pédicelles articulés à leur milieu. Il en décrit quatre espèces, dont l'une, l'*A. paniculatum*, est figurée sous le nom d'*Anthericum milleflorum*, tab. 58 des Liliacées de Redouté. (A.D.I.)

ARTHROSTYLIS. BOT. PHAN. Genre établi par R. Brown dans la famille des Cyperacées. Les épillets consistent en plusieurs paillettes imbriquées, les inférieurs vides ; une seule centrale, contenant une fleur. Ils forment un capitule terminal, simple et turbiné, qu'environne un involucre plus court que lui, formé de trois ou quatre folioles subulées. Le style subulé et trigone est articulé avec l'ovaire, et caduc ; il porte trois stigmates. Le fruit est triangulaire. On ne remarque pas de soies au-dessus comme dans le genre voisin, Rhincospora, où d'ailleurs le style persiste. Il se distingue d'une autre part de l'Abildgaardia, *V*. ce mot, autre genre qui le précède, par ses épillets uniflores et son port. Ses tiges grêles, simples, dépourvues de nœuds, sont engaînées à la base et.nues au-dessus; de là le nom d'*aphylla* donné à la seule espèce jusqu'ici connue.(A. D. J.)

ARTICHAUT. BOT. PHAN. Espèce du genre Cynara. *V*. ce mot. On a étendu ce nom, justifié par une sorte de rapport de figure ou d'usage, à diverses autres Plantes; ainsi on l'a appelé:

ARTICHAUT DE JÉRUSALEM, l'Arbouse ou Arbousle d'Astracan. *V*. ce mot.

ARTICHAUT DES INDES, la Patate, *Convolvulus Batatas*, L. *V*. CONVOLVULUS.

ARTICHAUT SAUVAGE, Le *Carlina acaulis*, L. *V*. CARLINE.

ARTICHAUT D'HIVER OU DE TERRE, le Topinambour, *Helianthus tuberosus*, L. *V*. HÉLIANTHE.

ARTICHAUT DES TOITS, la Joubarbe, *Sempervivum tectorum*, L. (B.)

ARTICIOCCO. BOT. PHAN. Syn. d'Artichaut, et non de *Cactus Opuntia*. (B.)

ARTICLES. ZOOL. (*Animaux articulés*.) Ayant appliqué ailleurs les mots Anneaux et Arceaux aux divisions du corps, nous avons réservé le mot *Articles* pour les pièces qui se meuvent ordinairement les unes sur les autres, entrent dans la composition de toutes sortes d'appendices, tels que les antennes, les palpes, les mâchoires, les ailes, les pates, les

tarses, etc. *V*. ces mots. Considérées sous le rapport de leur nombre, de leur forme, de leur mode d'articulation, ces parties fournissent d'excellens caractères pour la classification, et réclament une étude très-attentive. *V*. ANNEAUX et ARCEAUX. (AUD.)

ARTICLES. BOT. CRYPT. Nous avons donné ce nom aux espaces contenus dans les Conferves et Arthrôdiées entre deux dissépimens ou étranglemens qui forment le point d'articulation. Ces Articles paraissent exister dans le tube intérieur seul, et renferment la matière colorante qui, dans certaines Arthrôdiées, passe d'un Article à l'autre, au moyen d'un véritable accouplement ou par le déplament des cloisons ou valvules. *V*. ARTHRODIÉES, CONJUGÉES et CONFERVES. (B.)

*ARTICULATIONS ou JOINTURES. ZOOL. L'endroit où les os s'unissent et s'articulent. Rien de plus varié que les Articulations, soit pour la mobilité qu'elles permettent, soit pour les moyens d'union qui les constituent. C'est de là qu'elles ont pris différens noms, tous empruntés du grec, quoique les Grecs connussent à peine les objets que ces noms désignent.

On a partagé en trois classes les divers modes d'Articulations, qu'on a ensuite fort subdivisées.

Les Articulations mobiles ou *Diarthroses*, prennent le nom d'*Enarthroses*, lorsqu'elles résultent d'une tête osseuse reçue dans une cavité orbiculaire et lisse; d'*Arthrodies*, quand elles se font par des surfaces lisses et planes; de *Ginglymes*, lorsqu'elles ne permettent que des mouvemens qu'en deux sens opposés.

L'*Amphiarthrose* est, comme son nom l'indique, une articulation mixte, s'opérant à la fois par des facettes articulaires et par une substance fibrocartilagineuse intermédiaire. Les vertèbres offrent un exemple de ce mode d'Articulation.

La *Synarthrose* ou Articulation complètement immobile, prend le nom de *Suture*, quand les os se joignent par leurs bords ; de *Syndesmose*, quand ils s'unissent par des ligamens : si un os est fiché dans un autre, on nomme cette disposition *Gomphose*; c'est la *Synchondrose*, si l'union se fait par des cartilages intermédiaires. Enfin, on a donné le nom de *Sysarcose* à l'union des os au moyen des muscles.

Plus les Articulations sont solides, et moins sont étendus les mouvemens qu'elles permettent ; l'Amphiarthrose réunit la solidité à la mobilité. Les jointures les plus mobiles sont à la partie supérieure des membres, les plus solides à la partie inférieure. Celles qui sont intermédiaires pour la position, le sont aussi pour la mobilité : ces dernières ne permettent guère que des mouvemens alternatifs en deux sens opposés.

Il est des Articulations particulières à certains Animaux; telles sont celles des mâchoires si compliquées des Oursins; celles des armes épineuses des Silures, espèces d'arêtes qui s'enclavent à la manière des baïonnettes.

Une simple Articulation ou la facette osseuse par où elle s'opère, suffit quelquefois pour indiquer la nature de l'Animal ; ni la mâchoire, ni les membres des Animaux herbivores ne s'unissent comme les mêmes parties chez les Carnivores.

Beaucoup d'Articulations sont sujettes à s'enkyloser ; les tarses des Loris et des Paresseux, les vertèbres cervicales des Dauphins offrent des exemples de ce genre d'altération. *V.* Os, Squelette, etc. · (I. B. B.)

On a donné le nom d'Articulations, dans les Coquilles multiloculaires, telles que les *Ammonites*, les *Nautiles*, les *Orthocères*, etc., à la série de parties distinctes et souvent enflées qu'offrent ces Coquilles, parties séparées à l'extérieur par des espèces de nœuds ou d'étranglemens, et à l'intérieur par des cloisons qui y forment une suite de loges. Ces Articulations résultent des déplacemens successifs que l'Animal a éprouvés en grossissant. Chaque loge marque une époque d'accroissement. Les Articu-

lations sont compriméÉs, *Articuli compressi*, dans le *Nodosaria Legumen*; — cylindriques, *Art. cylindrici*, dans la *Spirula fragilis*; — ventrues, *Art. torosi*, dans le *Nodosaria Raphanus.* (F.)

On traitera des Articulations dans les Animaux articulés, au mot *Squelette.* (AUD.)

* ARTICULATIONS. bot. Point où deux parties d'un Végétal s'unissent ou s'emboîtent. Ces Articulations sont très-marquées dans les Salicornes et diverses Soudes; les *Cactus Opuntia*, *Cochenilifer*, etc. Elles donnent une grande fragilité aux feuilles de certaines Plantes, telles que les Mimeuses ; il ne faut pas les confondre avec les nœuds, encore moins avec les entrenœuds qui sont l'espace contenu entre ces nœuds, et qui répondent à ce que nous appelons articles dans les Conferves et les Arthrodiées. *V.* Articles. bot. crypt.

L'on appelle Articulés, des Végétaux ou parties de Végétaux attachés bout à bout, et où se voient des Articulations. Les tiges des Prêles, par exemple, sont articulées. Les Légumes de divers Sainfoins, Ornitopes, Hypocrépides et Acacies, les poils de plusieurs Végétaux, l'axe de divers épis de Graminées sont articulés. (B.)

ARTICULÉS. *Articulosa.* zool. Nom donné par de Lamarck (Hist. nat. des Anim. sans vertéb., t. I. p. 457), à l'une de ses deux premières divisions des Animaux invertébrés, et comprenant ceux d'entre eux dont le corps est généralement articulé ou annelé dans sa longueur, et dont les organes extérieurs, lorsqu'ils existent, sont distribués dans le même sens paires par paires. Les autres Invertébrés composent la série qu'il a nommée, par opposition, celle des Inarticulés. Les Infusoires commencent celle-ci, et à la tête de l'autre sont les Vers intestinaux, dont l'origine, dans l'opinion de ce célèbre naturaliste, est postérieure, puisqu'ils se forment et vivent exclusivement dans le corps de divers autres Animaux. Mais ils ne peuvent dès-lors ouvrir cette série, et le rameau qu'ils sont censés former, prendrait même son origine d'assez haut, puisqu'on n'a pas encore trouvé de Vers intestinaux dans les Animaux invertébrés inférieurs aux Insectes.

Sans établir, d'une manière aussi nette et aussi développée qu'il l'a fait depuis (Règne Anim., t. II. pag. 508), et sans employer la dénomination d'Articulés, Cuvier (Tab. de l'Hist. Nat. des Animaux), avait cependant formé cette distinction; car sa seconde section des Animaux à sang blanc, celle des Insectes et des Vers, répond parfaitement à la série des Articulés de De Lamarck. Il en a détaché ensuite les Vers intestinaux, et les a placés dans l'embranchement des Zoophytes, entre les Échinodermes et les Acalèphes. Les Siponcles, dernier genre des Échinodermes apodes, semblent, en effet, lier cette classe avec les Vers intestinaux les plus composés, Mais n'appartiennent-ils pas eux-mêmes à la classe des Annelides, dont quelques-unes, tels que les Arénicoles et les Thalassèmes, nous montrent des habitudes analogues? Il nous semble que, nonobstant quelques rapports, la nouvelle distribution de Cuvier, relative aux Vers intestinaux, interrompt cette série, puisque l'on passe naturellement des Échinodermes aux Acalèphes, et qu'alors cette liaison est détruite. D'après ce motif nous sommes tentés de donner la préférence à la méthode primitive, conforme d'ailleurs en ce point à celle de De Lamarck.

Les caractères extérieurs et distinctifs des Articulés sont peu prononcés dans plusieurs Vers intestinaux. Quelques Animaux de cette classe paraissent même se rapprocher, comme l'observe Rudolphi, des Radiaires; mais leur bouche, toujours antérieure ou presque antérieure, et formée en manière de trompe ou de suçoir, ainsi que celle d'un grand nombre de larves d'Insectes diptères, et leur mode d'habitation, suppléant à l'insuffisance ou à l'équivoque de ces caractères. Quant aux Articulés supérieurs en organisa-

tion, ils possèdent un système nerveux, formé de deux cordons se prolongeant dans la longueur de la partie inférieure du corps, réunis et ganglionnés par intervalles. Swammerdam, dans sa description du Bernard l'Hermite (*Pagurus Bernhardus*), distinguant éminemment les Animaux articulés de ceux de la série opposée, et pourvus pareillement de nerfs, avait observé que la moelle épinière différait par ses ganglyons de celle de l'Homme et des Quadrupèdes, et qu'elle ressemblait, sous ce rapport, à des nerfs que celle-ci produit. De la réunion par faisceaux de cette moelle épinière avec les mêmes nerfs résultait, selon lui, le cordon médullaire des Animaux invertébrés, pourvus de système nerveux; mais d'habiles anatomistes modernes n'admettent, pour cette composition, que les nerfs intercostaux. Dans ces Articulés supérieurs, la présence d'organes propres à la marche ou au vol, la manière dont s'opère la circulation, *V.* ANNELIDES, dans ceux où les mêmes organes sont nuls ou peu développés, et ne favorisent que faiblement la locomotion, viennent à l'appui des considérations précédentes. «Les anneaux articulés qui entourent le corps et souvent les membres, tiennent, dit Cuvier (Règn. Anim. T. II. P. 508 et 509), lieu de squelette, et, comme ils sont presque toujours assez durs, ils peuvent prêter au mouvement tous les points d'appui nécessaires, en sorte qu'on retrouve ici, comme parmi les Vertébrés, la marche, la course, le saut, la natation et le vol. Il n'y a que les familles dépourvues de pieds, ou dont les pieds n'ont que des articles membraneux et mous, qui soient bornées à la reptation. Cette position extérieure des parties dures, et celle des muscles dans leur intérieur, réduit chaque article à la forme d'un étui et ne lui permet que deux genres de mouvemens. Lorsqu'il tient à l'article voisin par une jointure ferme, comme il arrive souvent dans les membres, il y est fixé par deux points, et ne peut se mouvoir que par ginglymes, c'est-à-dire, dans un seul plan, ce qui exige des articulations plus nombreuses pour produire une même variété de mouvemens. Il en résulte aussi une plus grande perte de forces dans les muscles, et par conséquent plus de faiblesse générale dans chaque Animal, à proportion de sa grandeur. Mais les articles qui composent le corps, n'ont pas toujours ce genre d'articulations; le plus souvent ils sont unis seulement par des membranes flexibles, ou bien ils emboîtent l'un dans l'autre, et alors leurs mouvemens sont plus variés, mais destitués de force. »

Puisque le caractère extérieur et distinctif de ces Animaux repose sur la forme segmentaire de leur corps, essayons de faire connaître l'origine de ces articulations. La peau, composée de deux pellicules, l'épiderme et le derme, est d'abord d'égale consistance, entièrement continue, mais avec des rides ou des divisions superficielles transverses. L'épiderme devient ensuite plus solide, et présente, entre les séparations, des espaces coriaces ou cornés, en manière de bandes ou d'arceaux. L'organisation extérieure étant plus avancée, ces portions épidermiques se détachent postérieurement de la pellicule inférieure ou du derme; les intervalles compris entre les lames, restant toujours membraneux et conservant leur souplesse, se prêtent avec facilité aux mouvemens et aux diverses inflexions que le corps exécute.

La branche des Articulés embrassant une multitude prodigieuse d'Animaux, dont l'organisation et les habitudes sont très-variées, il nous est impossible de les considérer ici sous d'autres points de vue généraux. Les plus élevés dans l'échelle possèdent des facultés et un instinct qui les assimilent en quelque sorte aux Vertébrés, et dont l'exercice nous inspire souvent le plus vif intérêt. La classe des Insectes nous en fournit la preuve.

Nous séparerons d'abord tous ceux qui ont un système nerveux très-développé, des organes respiratoires propres ou circonscrits, et dans lesquels la nutrition s'effectue par le moyen d'une circulation manifeste ou d'un vaisseau dorsal. Cette section se composera des classes suivantes : Crustacés, Arachnides, Insectes et Annelides. Des caractères négatifs signaleront l'autre coupe et qui n'est formée que d'une seule classe, celle des Vers proprement dits. On peut encore diviser la série des Articulés de la manière suivante qui nous paraît plus simple et plus commode :

I. Des *pieds proprement dits*, des *yeux très-distincts*. Crustacés, Arachnides, Insectes. Ces trois classes composent une division naturelle que j'appelle *Condylopes*. Ces Animaux sont les seuls Invertébrés qui soient sujets à des mues.)

II. *Pieds soit très-imparfaits et formés d'appendices très-courts, peu articulés, ou de soies, de crochets, soit nuls; yeux nuls ou punctiformes et peu propres à la vision.* (*Point de tête, et organes de la manducation intérieurs et exsertiles dans le plus grand nombre.*)

III. *Des organes spéciaux pour la circulation et la respiration.* (*Animaux presque tous munis de fausses pates, vivant dans l'air ou dans l'eau.*) Annelides.

IV. *Point d'organes spéciaux pour la circulation et la respiration.* (*Animaux généralement apodes et vivant dans l'intérieur du corps de divers autres Animaux ou dans leur chair extérieure.*) Vers.   (LATR.)

ARTIFI. BOT. PHAN. Vieux nom du *Tragopogon porrifolium*, L. *V.* CERCIFI.   (B.)

ARTILE ou ARTILLE. OIS. *V.* ARGUILLE.

ARTIMON ENTORTILLÉ ou VOILE ROULÉE, ou FUSEAU AILÉ. MOLL. Noms vulgaires du *Strombus vittatus* de Linné. *V.* STROMBE. (F.)

* ARTISONS, ARTUSONS ou ARTOISONS. INS. On donne indistinctement ces noms à des Insectes qui se nourrissent de matières végétales ou animales, principalement de pelleteries et de toutes sortes d'étoffes. Ils

appartiennent à des genres et souvent
à des ordres très-différens. *V.* Anthrène, Dermeste, Teigne, Pso-
que, etc.   (aud.)

*ARTOCARPE ou ARBRE A
PAIN. bot. phan. *Artocarpus. V.*
Jaquier.   (a. b.)

ARTOCARPÉES. *Artocarpeæ.*
bot. phan. Section de la famille des
Urticées, dont le fruit est charnu, et
qui comprend les genres Artocarpe,
Murier, Figuier, Broussonetie, Cécro-
pie, Dorsténie, etc. *V.* ces différens
mots et Urticées.   (a. b.)

ARTOIS. mam. Racé de Chiens.
V. Chien.   (b.)

ARTOLITHE. min. Vulgairement
Miche ou *Pain pétrifié.* Noms impropres donnés à des concrétions pierreuses, telles que les *Ludus Helmon-
tii*, les gâteaux de Strontiane sulfatée de Montmartre ou des Géodes,
d'Argile endurcie, et dont la figure
rappelle celle d'un pain plus ou moins
considérable.   (b.)

ARTOLONE. *Artolon.* moll.?
annel.? Montfort (*Conchyl. syst.* T.
ii. p. 18) a établi, sous ce nom, un
nouveau genre fort douteux, dont on
pourrait considérer la coquille comme
le tuyau d'un Annelide, si le même
auteur ne décrivait son Animal comme ayant des rapports avec les Poulpes. Nous ne pourrions que rapporter
ce qu'il dit à l'article *Dactyle*, sur la
seule espèce que personne n'a observée
depuis lui. Nous y renverrons le lec-
teur.   (x.)

ARTRE. ois. (Belon.) *V.* Arnié.

ARTROLOBION. bot. phan. Indiqué, dans le Dictionnaire de Déterville, comme un genre de Desvaux.
V. Astrolobium.   (b.)

ARTURO. bot. phan. Syn. de
Celsia Arcturus, L., et, selon Lobel,
de l'*Astragalus sesameus*, L., dans
l'île de Candie.   (b.)

ARTY. bot. phan. Syn. mala-
bare d'*Ipomœa Pes-Tigridis*, L. *V.*
Quamoclit.   (b.)

ARU. ois. Syn. du Macareux, *Alca arctica*, L., au Kamtschatka. *V.*
Macareux.   (dr. z.)

ARUANA. pois. Espèce de Chætodon, selon quelques-uns peut-
être le *C. Arouanus?* L.   (b.)

ARUBA. bot. phan. (Aublet,
Guyan. T. 115.) *V.* Quassia.

ARUC. mam. (Humboldt.) Syn.
d'Atèle Béelzébuth, chez certaines
peuplades de l'Amérique méridionale.
         (b.)

ARUCO. mam. (Valmont de Bomare.) *V.* Atuco.

ARUEIRA. bot. phan. Syn. de
Lentrisque et de *Schinus Molle*, chez
les Portugais des deux mondes. (b.)

ARUM. bot. phan. *V.* Gouet.

*ARUNA. bot. phan. (Schreber.)
V. Arounier.

ARUNCO. rept. batr. (Molina.)
Nom de pays donné à une Grenouille
peu connue appelée aussi *Genco* au
Chili.   (b.)

ARUNDINAIRE. *Arundinaria.*
bot. phan. Ce genre, qui fait partie
de la famille naturelle des Graminées,
de la Triandrie Monogynie, a été établi, par feu Richard, dans la *Flora
boreali-americana* de Michaux, dont
tout le monde sait qu'il est auteur.
Les fleurs sont disposées en panicule;
les épillets sont multiflores; la lépicène est bivalve, plus courte que les
fleurons, dont chacun présente une
glume composée de deux paillettes
membraneuses, lancéolées, striées,
et aiguës; l'inférieure légèrement bifide à son sommet : ces fleurons sont
quelquefois tous mâles dans une
même panicule, et sans aucune apparence de pistils; plus souvent ils
sont tous hermaphrodites, composés
de trois étamines à anthères linéaires
allongées, et d'un ovaire linéaire surmonté de trois stigmates velus. La
caryopse est ovoïde, allongée.

A ce genre doivent être réunis le
Ludolfia glaucescens de Willdenow, et
le *Triglossum bambusinum* décrit et

figuré par Fischer dans le Catalogue du jardin de Gorenki; en sorte que l'*A-rundinaria* se compose de trois espèces qui sont : 1° l'*Arundinaria macros-perma* de Michaux, ou *Arundo gigantea* de Walther, ou *Miegia macrosperma* de Persoon, qui croît dans la Caroline, la Floride et sur les bords du Mississipi ; 2° l'*Arundinaria glaucescens*, ou *Ludolfia glaucescens*, Willd, originaire des Indes - Orientales ; 3° l'*Arundinaria bambusina*, ou *Triglossum bambustnum* de Fischer.

(A. R.)

ARUSA. POIS. Syn. arabe de Labre Girelle de Lacépède.   (B.)

ARUSET. POIS. Nom arabe d'un Holacanthe.   (B.)

ARVAN. MOLL. Espèce de Coquille du genre Vis, *Terebra* d'Adanson (Hist. nat. du Sénég. p. 53. tab. 4. f. 4), qui paraît se rapporter aussi au genre du même nom de Lamarck, mais qui n'a point encore été reconnue depuis Adanson.   (F.)

ARVEGILLA. BOT. PHAN. Syn. de *Valeriana laciniata*, au Pérou.
(B.)

ARVELA. OIS. Syn. du Martin-

Pêcheur, *Alcedo Ispida*, L. en Espagne. *V.* MARTIN-PÊCHEUR.

(DR..Z.)

* ARYAMUCHA. BOT. PHAN. (Nicolson.) Syn. de Piment, *Cepsicum*, en langue caraïbe.   (B.)

* ARYTHÆNE. *Arythæna*. MOLL. Dénomination générique proposée par Ocken (*Lehrbuch der zool.* p. 579), pour remplacer celle d'Arrosoir, *Penicillus*, déjà donnée à ce genre par Bruguière et Lamarck. Le nom d'Arythæne a été adopté par Schweigger et Goldfuss. Lamarck a changé la dénomination de *Penicillus* en celle d'*Aspergillum*. *V.* ARROSOIR.
(F.)

ARZ ou ARZI. BOT. PHAN. D'où probablement *Arroz* des Espagnols. Syn. de Riz, chez les Arabes. (B.)

* ARZÉZ. BOT. CRYPT. Nom arabe de *Marchantia polymorpha*, L. *V.* MARCHANTIE.   (B.)

ARZILLA. POIS. L'un des noms vulgaires du Miralet, espèce de Raie, dans la Méditerranée. (B.)

ARZOLLA. BOT. PHAN. (Lécluse.) Nom d'une Centaurée dans le midi de l'Espagne.   (B.)

FIN DU TOME PREMIER.

ERRATA.

Ajoutez des astérisques aux mots ARTHRO-DIÉES, ARTICLES, BOT. CRYPT.; ARNEIRA, ARVEGILLA et ARZOLLA.

Page 583, à l'article ARRHIZE, qui doit être écrit ARHIZE, ligne 5, au lieu de : Aïeul de notre collaborateur Achille Richard, lisez : Père de notre collaborateur Achille Richard.

Page 598, au lieu d'ARTHRONIE, *Arthronia*, BOT. CRYPT. (Lichens), et non *Arthonie*, lisez : ARTHONIE, *Arthonia*, BOT. CRYPT. (*Lichens*), et non *Arthronie*.

Page 605, 2e colonne, ligne 16, au lieu de Lentrisque, lisez Lentisque.

Lightning Source UK Ltd.
Milton Keynes UK
UKHW020612120219
337137UK00005B/671/P